# 微分的規則

## 基本公式

1. $\dfrac{d}{dx}(c) = 0$

2. $\dfrac{d}{dx}(cu) = cu\dfrac{du}{dx}$

3. $\dfrac{d}{dx}(u \pm v) = \dfrac{du}{dx} \pm \dfrac{dv}{dx}$

4. $\dfrac{d}{dx}(uv) = u\dfrac{dv}{dx} + v\dfrac{du}{dx}$

5. $\dfrac{d}{dx}\left(\dfrac{u}{v}\right) = \dfrac{v\dfrac{du}{dx} - u\dfrac{dv}{dx}}{v^2}$

6. $\dfrac{d}{dx}f(g(x)) = f'(g(x))g'(x)$

7. $\dfrac{d}{dx}(u^n) = nu^{n-1}\dfrac{du}{dx}$

## 指數函數與對數函數

8. $\dfrac{d}{dx}(e^u) = e^u\dfrac{du}{dx}$

9. $\dfrac{d}{dx}(a^u) = (\ln a)a^u\dfrac{du}{dx}$

10. $\dfrac{d}{dx}\ln|u| = \dfrac{1}{u}\dfrac{du}{dx}$

11. $\dfrac{d}{dx}(\log_a u) = \dfrac{1}{u\ln a}\dfrac{du}{dx}$

## 三角函數

12. $\dfrac{d}{dx}(\sin u) = \cos u\dfrac{du}{dx}$

13. $\dfrac{d}{dx}(\cos u) = -\sin u\dfrac{du}{dx}$

14. $\dfrac{d}{dx}(\tan u) = \sec^2 u\dfrac{du}{dx}$

15. $\dfrac{d}{dx}(\csc u) = -\csc u \cot u\dfrac{du}{dx}$

16. $\dfrac{d}{dx}(\sec u) = \sec u \tan u\dfrac{du}{dx}$

17. $\dfrac{d}{dx}(\cot u) = -\csc^2 u\dfrac{du}{dx}$

## 反三角函數

18. $\dfrac{d}{dx}(\sin^{-1} u) = \dfrac{1}{\sqrt{1-u^2}}\dfrac{du}{dx}$

19. $\dfrac{d}{dx}(\cos^{-1} u) = -\dfrac{1}{\sqrt{1-u^2}}\dfrac{du}{dx}$

20. $\dfrac{d}{dx}(\tan^{-1} u) = \dfrac{1}{1+u^2}\dfrac{du}{dx}$

21. $\dfrac{d}{dx}(\csc^{-1} u) = -\dfrac{1}{|u|\sqrt{u^2-1}}\dfrac{du}{dx}$

22. $\dfrac{d}{dx}(\sec^{-1} u) = \dfrac{1}{|u|\sqrt{u^2-1}}\dfrac{du}{dx}$

23. $\dfrac{d}{dx}(\cot^{-1} u) = -\dfrac{1}{1+u^2}\dfrac{du}{dx}$

## 雙曲函數

24. $\dfrac{d}{dx}(\sinh u) = \cosh u\dfrac{du}{dx}$

25. $\dfrac{d}{dx}(\cosh u) = \sinh u\dfrac{du}{dx}$

26. $\dfrac{d}{dx}(\tanh u) = \operatorname{sech}^2 u\dfrac{du}{dx}$

27. $\dfrac{d}{dx}(\operatorname{csch} u) = -\operatorname{csch} u \coth u\dfrac{du}{dx}$

28. $\dfrac{d}{dx}(\operatorname{sech} u) = -\operatorname{sech} u \tanh u\dfrac{du}{dx}$

29. $\dfrac{d}{dx}(\coth u) = -\operatorname{csch}^2 u\dfrac{du}{dx}$

## 反雙曲函數

30. $\dfrac{d}{dx}(\sinh^{-1} u) = \dfrac{1}{\sqrt{1+u^2}}\dfrac{du}{dx}$

31. $\dfrac{d}{dx}(\cosh^{-1} u) = \dfrac{1}{\sqrt{u^2-1}}\dfrac{du}{dx}$

32. $\dfrac{d}{dx}(\tanh^{-1} u) = \dfrac{1}{1-u^2}\dfrac{du}{dx}$

33. $\dfrac{d}{dx}(\operatorname{csch}^{-1} u) = -\dfrac{1}{|u|\sqrt{u^2+1}}\dfrac{du}{dx}$

34. $\dfrac{d}{dx}(\operatorname{sech}^{-1} u) = -\dfrac{1}{u\sqrt{1-u^2}}\dfrac{du}{dx}$

35. $\dfrac{d}{dx}(\coth^{-1} u) = \dfrac{1}{1-u^2}\dfrac{du}{dx}$

# 積分表

## 基本形式

1. $\int u^n \, du = \dfrac{u^{n+1}}{n+1} + C, \quad n \neq -1$

2. $\int \dfrac{du}{u} = \ln|u| + C$

3. $\int \sin u \, du = -\cos u + C$

4. $\int \cos u \, du = \sin u + C$

5. $\int \tan u \, du = \ln|\sec u| + C$

6. $\int e^u \, du = e^u + C$

7. $\int a^u \, du = \dfrac{a^u}{\ln a} + C$

8. $\int \sec u \, du = \ln|\sec u + \tan u| + C$

9. $\int \csc u \, du = \ln|\csc u - \cot u| + C$

10. $\int \cot u \, du = \ln|\sin u| + C$

11. $\int \sec^2 u \, du = \tan u + C$

12. $\int \csc^2 u \, du = -\cot u + C$

13. $\int \sec u \tan u \, du = \sec u + C$

14. $\int \csc u \cot u \, du = -\csc u + C$

15. $\int \dfrac{du}{\sqrt{a^2 - u^2}} = \sin^{-1} \dfrac{u}{a} + C$

16. $\int \dfrac{du}{u\sqrt{u^2 - a^2}} = \dfrac{1}{a} \sec^{-1} \dfrac{u}{a} + C$

17. $\int \dfrac{du}{a^2 + u^2} = \dfrac{1}{a} \tan^{-1} \dfrac{u}{a} + C$

18. $\int \dfrac{du}{a^2 - u^2} = \dfrac{1}{2a} \ln\left|\dfrac{u+a}{u-a}\right| + C$

## 含 a + bu 的形式

19. $\int \dfrac{u \, du}{a + bu} = \dfrac{1}{b^2}\left(a + bu - a\ln|a + bu|\right) + C$

20. $\int \dfrac{u^2 \, du}{a + bu}$
    $= \dfrac{1}{2b^3}\left[(a+bu)^2 - 4a(a+bu) + 2a^2 \ln|a+bu|\right] + C$

21. $\int \dfrac{u \, du}{(a+bu)^2} = \dfrac{a}{b^2(a+bu)} + \dfrac{1}{b^2}\ln|a+bu| + C$

22. $\int \dfrac{u^2 \, du}{(a+bu)^2} = \dfrac{1}{b^3}\left(a + bu - \dfrac{a^2}{a+bu} - 2a\ln|a+bu|\right) + C$

23. $\int \dfrac{du}{u(a+bu)} = \dfrac{1}{a}\ln\left|\dfrac{u}{a+bu}\right| + C$

24. $\int \dfrac{du}{u^2(a+bu)} = -\dfrac{1}{au} + \dfrac{b}{a^2}\ln\left|\dfrac{a+bu}{u}\right| + C$

25. $\int \dfrac{du}{u(a+bu)^2} = \dfrac{1}{a(a+bu)} - \dfrac{1}{a^2}\ln\left|\dfrac{a+bu}{u}\right| + C$

26. $\int \dfrac{du}{u^2(a+bu)^2} = -\dfrac{1}{a^2}\left[\dfrac{a+2bu}{u(a+bu)} + \dfrac{2b}{a}\ln\left|\dfrac{u}{a+bu}\right|\right] + C$

## 含 $\sqrt{a+bu}$ 的形式

27. $\int u\sqrt{a+bu} \, du = \dfrac{2}{15b^2}(3bu - 2a)(a+bu)^{3/2} + C$

28. $\int \dfrac{u \, du}{\sqrt{a+bu}} = \dfrac{2}{3b^2}(bu - 2a)\sqrt{a+bu} + C$

29. $\int \dfrac{u^2 \, du}{\sqrt{a+bu}} = \dfrac{2}{15b^3}(8a^2 + 3b^2u^2 - 4abu)\sqrt{a+bu} + C$

30. $\int \dfrac{du}{u\sqrt{a+bu}} = \begin{cases} \dfrac{1}{\sqrt{a}} \ln\left|\dfrac{\sqrt{a+bu} - \sqrt{a}}{\sqrt{a+bu} + \sqrt{a}}\right| + C, & a > 0 \\ \dfrac{2}{\sqrt{-a}} \tan^{-1}\sqrt{\dfrac{a+bu}{-a}} + C, & a < 0 \end{cases}$

31. $\int \dfrac{\sqrt{a+bu}}{u} \, du = 2\sqrt{a+bu} + a\int \dfrac{du}{u\sqrt{a+bu}}$

32. $\int \dfrac{\sqrt{a+bu}}{u^2} \, du = -\dfrac{\sqrt{a+bu}}{u} + \dfrac{b}{2}\int \dfrac{du}{u\sqrt{a+bu}}$

33. $\int u^n \sqrt{a+bu} \, du$
    $= \dfrac{2}{b(2n+3)}\left[u^n(a+bu)^{3/2} - na\int u^{n-1}\sqrt{a+bu} \, du\right]$

34. $\int \dfrac{u^n du}{\sqrt{a+bu}} = \dfrac{2u^n\sqrt{a+bu}}{b(2n+1)} - \dfrac{2na}{b(2n+1)}\int \dfrac{u^{n-1} \, du}{\sqrt{a+bu}}$

35. $\int \dfrac{du}{u^n \sqrt{a+bu}} = -\dfrac{\sqrt{a+bu}}{a(n-1)u^{n-1}} - \dfrac{b(2n-3)}{2a(n-1)} \int \dfrac{du}{u^{n-1}\sqrt{a+bu}}$

36. $\int \dfrac{\sqrt{a+bu}}{u^n} du = \dfrac{-1}{a(n-1)} \left[ \dfrac{(a+bu)^{3/2}}{u^{n-1}} + \dfrac{(2n-5)b}{2} \int \dfrac{\sqrt{a+bu}}{u^{n-1}} du \right], \; n \neq 1$

## 含 $\sqrt{a^2+u^2}$ 的形式，$a > 0$

37. $\int \sqrt{a^2+u^2}\, du = \dfrac{u}{2}\sqrt{a^2+u^2} + \dfrac{a^2}{2}\ln\left(u+\sqrt{a^2+u^2}\right) + C$

38. $\int u^2 \sqrt{a^2+u^2}\, du = \dfrac{u}{8}(a^2+2u^2)\sqrt{a^2+u^2}$
$\qquad - \dfrac{a^4}{8}\ln\left(u+\sqrt{a^2+u^2}\right) + C$

39. $\int \dfrac{\sqrt{a^2+u^2}}{u} du = \sqrt{a^2+u^2} - a\ln\left|\dfrac{a+\sqrt{a^2+u^2}}{u}\right| + C$

40. $\int \dfrac{\sqrt{a^2+u^2}}{u^2} du = -\dfrac{\sqrt{a^2+u^2}}{u} + \ln\left(u+\sqrt{a^2+u^2}\right) + C$

41. $\int \dfrac{du}{\sqrt{a^2+u^2}} = \ln\left(u+\sqrt{a^2+u^2}\right) + C$

42. $\int \dfrac{u^2\, du}{\sqrt{a^2+u^2}} = \dfrac{u}{2}\sqrt{a^2+u^2} - \dfrac{a^2}{2}\ln\left(u+\sqrt{a^2+u^2}\right) + C$

43. $\int \dfrac{du}{u\sqrt{a^2+u^2}} = -\dfrac{1}{a}\ln\left|\dfrac{\sqrt{a^2+u^2}+a}{u}\right| + C$

44. $\int \dfrac{du}{u^2\sqrt{a^2+u^2}} = -\dfrac{\sqrt{a^2+u^2}}{a^2 u} + C$

45. $\int \dfrac{du}{(a^2+u^2)^{3/2}} = \dfrac{u}{a^2\sqrt{a^2+u^2}} + C$

## 含 $\sqrt{a^2-u^2}$ 的形式，$a > 0$

46. $\int \sqrt{a^2-u^2}\, du = \dfrac{u}{2}\sqrt{a^2-u^2} + \dfrac{a^2}{2}\sin^{-1}\dfrac{u}{a} + C$

47. $\int u^2 \sqrt{a^2-u^2}\, du = \dfrac{u}{8}(2u^2-a^2)\sqrt{a^2-u^2} + \dfrac{a^4}{8}\sin^{-1}\dfrac{u}{a} + C$

48. $\int \dfrac{\sqrt{a^2-u^2}}{u} du = \sqrt{a^2-u^2} - a\ln\left|\dfrac{a+\sqrt{a^2-u^2}}{u}\right| + C$

49. $\int \dfrac{\sqrt{a^2-u^2}}{u^2} du = -\dfrac{1}{u}\sqrt{a^2-u^2} - \sin^{-1}\dfrac{u}{a} + C$

50. $\int \dfrac{u^2\, du}{\sqrt{a^2-u^2}} = -\dfrac{u}{2}\sqrt{a^2-u^2} + \dfrac{a^2}{2}\sin^{-1}\dfrac{u}{a} + C$

51. $\int \dfrac{du}{u\sqrt{a^2-u^2}} = -\dfrac{1}{a}\ln\left|\dfrac{a+\sqrt{a^2-u^2}}{u}\right| + C$

52. $\int \dfrac{du}{u^2\sqrt{a^2-u^2}} = -\dfrac{1}{a^2 u}\sqrt{a^2-u^2} + C$

53. $\int (a^2-u^2)^{3/2}\, du$
$\qquad = -\dfrac{u}{8}(2u^2-5a^2)\sqrt{a^2-u^2} + \dfrac{3a^4}{8}\sin^{-1}\dfrac{u}{a} + C$

54. $\int \dfrac{du}{(a^2-u^2)^{3/2}} = \dfrac{u}{a^2\sqrt{a^2-u^2}} + C$

## 含 $\sqrt{u^2-a^2}$ 的形式，$a > 0$

55. $\int \sqrt{u^2-a^2}\, du = \dfrac{u}{2}\sqrt{u^2-a^2} - \dfrac{a^2}{2}\ln\left|u+\sqrt{u^2-a^2}\right| + C$

56. $\int u^2 \sqrt{u^2-a^2}\, du$
$\qquad = \dfrac{u}{8}(2u^2-a^2)\sqrt{u^2-a^2} - \dfrac{a^4}{8}\ln\left|u+\sqrt{u^2-a^2}\right| + C$

57. $\int \dfrac{\sqrt{u^2-a^2}}{u} du = \sqrt{u^2-a^2} - a\cos^{-1}\dfrac{a}{|u|} + C$

58. $\int \dfrac{\sqrt{u^2-a^2}}{u^2} du = -\dfrac{\sqrt{u^2-a^2}}{u} + \ln\left|u+\sqrt{u^2-a^2}\right| + C$

59. $\int \dfrac{du}{\sqrt{u^2-a^2}} = \ln\left|u+\sqrt{u^2-a^2}\right| + C$

60. $\int \dfrac{u^2\, du}{\sqrt{u^2-a^2}} = \dfrac{u}{2}\sqrt{u^2-a^2} + \dfrac{a^2}{2}\ln\left|u+\sqrt{u^2-a^2}\right| + C$

61. $\int \dfrac{du}{u^2\sqrt{u^2-a^2}} = \dfrac{\sqrt{u^2-a^2}}{a^2 u} + C$

62. $\int \dfrac{du}{(u^2-a^2)^{3/2}} = -\dfrac{u}{a^2\sqrt{u^2-a^2}} + C$

## 含 sin $u$, cos $u$, tan $u$ 的形式

63. $\int \sin^2 u \, du = \frac{1}{2} u - \frac{1}{4} \sin 2u + C$

64. $\int \cos^2 u \, du = \frac{1}{2} u + \frac{1}{4} \sin 2u + C$

65. $\int \tan^2 u \, du = \tan u - u + C$

66. $\int \sin^3 u \, du = -\frac{1}{3}(2 + \sin^2 u) \cos u + C$

67. $\int \cos^3 u \, du = \frac{1}{3}(2 + \cos^2 u) \sin u + C$

68. $\int \tan^3 u \, du = \frac{1}{2} \tan^2 u + \ln|\cos u| + C$

69. $\int \sin^n u \, du = -\frac{1}{n} \sin^{n-1} u \cos u + \frac{n-1}{n} \int \sin^{n-2} u \, du$

70. $\int \cos^n u \, du = \frac{1}{n} \cos^{n-1} u \sin u + \frac{n-1}{n} \int \cos^{n-2} u \, du$

71. $\int \tan^n u \, du = \frac{1}{n-1} \tan^{n-1} u - \int \tan^{n-2} u \, du$

72. $\int \sin au \sin bu \, du = \frac{\sin(a-b)u}{2(a-b)} - \frac{\sin(a+b)u}{2(a+b)} + C$

73. $\int \cos au \cos bu \, du = \frac{\sin(a-b)u}{2(a-b)} + \frac{\sin(a+b)u}{2(a+b)} + C$

74. $\int \sin au \cos bu \, du = -\frac{\cos(a-b)u}{2(a-b)} - \frac{\cos(a+b)u}{2(a+b)} + C$

75. $\int u \sin u \, du = \sin u - u \cos u + C$

76. $\int u \cos u \, du = \cos u + u \sin u + C$

77. $\int u^n \sin u \, du = -u^n \cos u + n \int u^{n-1} \cos u \, du$

78. $\int u^n \cos u \, du = u^n \sin u - n \int u^{n-1} \sin u \, du$

79. $\int \sin^n u \cos^m u \, du$
$= -\frac{\sin^{n-1} u \cos^{m+1} u}{n+m} + \frac{n-1}{n+m} \int \sin^{n-2} u \cos^m u \, du$
$= \frac{\sin^{n+1} u \cos^{m-1} u}{n+m} + \frac{m-1}{n+m} \int \sin^n u \cos^{m-2} u \, du$

## 含 cot $u$, sec $u$, csc $u$ 的形式

80. $\int \cot^2 u \, du = -\cot u - u + C$

81. $\int \cot^3 u \, du = -\frac{1}{2} \cot^2 u - \ln|\sin u| + C$

82. $\int \sec^3 u \, du = \frac{1}{2} \sec u \tan u + \frac{1}{2} \ln|\sec u + \tan u| + C$

83. $\int \csc^3 u \, du = -\frac{1}{2} \csc u \cot u + \frac{1}{2} \ln|\csc u - \cot u| + C$

84. $\int \cot^n u \, du = \frac{-1}{n-1} \cot^{n-1} u - \int \cot^{n-2} u \, du$

85. $\int \sec^n u \, du = \frac{1}{n-1} \tan u \sec^{n-2} u + \frac{n-2}{n-1} \int \sec^{n-2} u \, du$

86. $\int \csc^n u \, du = \frac{-1}{n-1} \cot u \csc^{n-2} u + \frac{n-2}{n-1} \int \csc^{n-2} u \, du$

## 含反三角函數的形式

87. $\int \sin^{-1} u \, du = u \sin^{-1} u + \sqrt{1 - u^2} + C$

88. $\int \cos^{-1} u \, du = u \cos^{-1} u - \sqrt{1 - u^2} + C$

89. $\int \tan^{-1} u \, du = u \tan^{-1} u - \frac{1}{2} \ln(1 + u^2) + C$

90. $\int u \sin^{-1} u \, du = \frac{2u^2 - 1}{4} \sin^{-1} u + \frac{u\sqrt{1 - u^2}}{4} + C$

91. $\int u \cos^{-1} u \, du = \frac{2u^2 - 1}{4} \cos^{-1} u - \frac{u\sqrt{1 - u^2}}{4} + C$

92. $\int u \tan^{-1} u \, du = \frac{u^2 + 1}{2} \tan^{-1} u - \frac{u}{2} + C$

93. $\int u^n \sin^{-1} u \, du = \frac{1}{n+1} \left[ u^{n+1} \sin^{-1} u - \int \frac{u^{n+1} \, du}{\sqrt{1 - u^2}} \right], \; n \neq -1$

94. $\int u^n \cos^{-1} u \, du = \frac{1}{n+1} \left[ u^{n+1} \cos^{-1} u + \int \frac{u^{n+1} \, du}{\sqrt{1 - u^2}} \right], \; n \neq -1$

95. $\int u^n \tan^{-1} u \, du = \frac{1}{n+1} \left[ u^{n+1} \tan^{-1} u - \int \frac{u^{n+1} \, du}{1 + u^2} \right], \; n \neq -1$

### 含指數函數與對數函數的形式

96. $\int ue^{au}\, du = \dfrac{1}{a^2}(au-1)e^{au} + C$

97. $\int u^n e^{au}\, du = \dfrac{1}{a} u^n e^{au} - \dfrac{n}{a}\int u^{n-1} e^{au}\, du$

98. $\int e^{au}\sin bu\, du = \dfrac{e^{au}}{a^2+b^2}(a\sin bu - b\cos bu) + C$

99. $\int e^{au}\cos bu\, du = \dfrac{e^{au}}{a^2+b^2}(a\cos bu + b\sin bu) + C$

100. $\int \dfrac{du}{1+be^{au}} = u - \dfrac{1}{a}\ln(1+be^{au}) + C$

101. $\int \ln u\, du = u\ln u - u + C$

102. $\int u^n \ln u\, du = \dfrac{u^{n+1}}{(n+1)^2}[(n+1)\ln u - 1] + C$

103. $\int \dfrac{1}{u\ln u}\, du = \ln|\ln u| + C$

### 含雙曲函數的形式

104. $\int \sinh u\, du = \cosh u + C$

105. $\int \cosh u\, du = \sinh u + C$

106. $\int \tanh u\, du = \ln\cosh u + C$

107. $\int \coth u\, du = \ln|\sinh u| + C$

108. $\int \operatorname{sech} u\, du = \tan^{-1}|\sinh u| + C$

109. $\int \operatorname{csch} u\, du = \ln\left|\tanh\tfrac{1}{2}u\right| + C$

110. $\int \operatorname{sech}^2 u\, du = \tanh u + C$

111. $\int \operatorname{csch}^2 u\, du = -\coth u + C$

112. $\int \operatorname{sech} u\tanh u\, du = -\operatorname{sech} u + C$

113. $\int \operatorname{csch} u\coth u\, du = -\operatorname{csch} u + C$

### 含 $\sqrt{2au^2-u^2}$ 的形式，$a>0$

114. $\int \sqrt{2au-u^2}\, du = \dfrac{u-a}{2}\sqrt{2au-u^2} + \dfrac{a^2}{2}\cos^{-1}\left(\dfrac{a-u}{a}\right) + C$

115. $\int u\sqrt{2au-u^2}\, du = \dfrac{2u^2-au-3a^2}{6}\sqrt{2au-u^2} + \dfrac{a^3}{2}\cos^{-1}\left(\dfrac{a-u}{a}\right) + C$

116. $\int \dfrac{\sqrt{2au-u^2}}{u}\, du = \sqrt{2au-u^2} + a\cos^{-1}\left(\dfrac{a-u}{a}\right) + C$

117. $\int \dfrac{\sqrt{2au-u^2}}{u^2}\, du = -\dfrac{2\sqrt{2au-u^2}}{u} - \cos^{-1}\left(\dfrac{a-u}{a}\right) + C$

118. $\int \dfrac{du}{\sqrt{2au-u^2}} = \cos^{-1}\left(\dfrac{a-u}{a}\right) + C$

119. $\int \dfrac{u\, du}{\sqrt{2au-u^2}} = -\sqrt{2au-u^2} + a\cos^{-1}\left(\dfrac{a-u}{a}\right) + C$

120. $\int \dfrac{u^2 du}{\sqrt{2au-u^2}} = -\dfrac{(u+3a)}{2}\sqrt{2au-u^2} + \dfrac{3a^2}{2}\cos^{-1}\left(\dfrac{a-u}{a}\right) + C$

121. $\int \dfrac{du}{u\sqrt{2au-u^2}} = -\dfrac{\sqrt{2au-u^2}}{au} + C$

# 微積分
# Calculus

**Soo T. Tan** 著

曾琇瑱 譯

CENGAGE Learning

```
微積分 / Soo T. Tan 原著；曾琇瑱譯. -- 初版. -- 臺北
市 : 新加坡商聖智學習, 2011.06
    面；  公分
譯自：Calculus
ISBN 978-986-6121-19-7 (平裝)

1. 微積分

314.1                              100008581
```

## 微積分

© 2011年，新加坡商亞洲聖智學習國際出版有限公司著作權所有。本書所有內容，
未經本公司事前書面授權，不得以任何方式（包括儲存於資料庫或任何存取系統內）
作全部或局部之翻印、仿製或轉載。

**© 2011 Cengage Learning Asia Pte Ltd.**
Original: Calculus, 1e
　　By Soo T. Tan
　　ISBN: 9780534465797
　　©2010 Brooks/Cole, Cengage Learning
　　All rights reserved.

2　3　4　5　6　7　8　9　2　0　1　4　3　2

| | |
|---|---|
| 出 版 商 | 新加坡商聖智學習亞洲私人有限公司台灣分公司 |
| | 10349 臺北市鄭州路 87 號 9 樓之1 |
| | http://www.cengage.tw |
| | 電話：(02) 2558-0569　　傳眞：(02) 2558-0360 |
| 原　　著 | Soo T. Tan |
| 譯　　者 | 曾琇瑱 |
| 企劃編輯 | 邱筱薇 |
| 執行編輯 | 吳曉芳 |
| 總 經 銷 | 台灣東華書局股份有限公司 |
| | 地址：100 台北市重慶南路 1 段 147 號 3 樓 |
| | http://www.tunghua.com.tw |
| | 郵撥：00064813 |
| | 電話：(02) 2311-4027 |
| | 傳眞：(02) 2311-6615 |
| 定　　價 | 820元 |
| 出版日期 | 西元 2012 年 6 月　　初版二刷 |

ISBN 978-986-6121-19-7

(12SCCOR0)

# 目錄 Contents

## 1 前言　　1
- 1.1 線　　1
- 1.2 函數及其圖形　　11
- 1.3 三角函數　　19
- 1.4 函數的組合　　29
- 1.5 數學模型　　40
- 複習題　　52

## 2 極限　　53
- 2.1 極限的直觀介紹　　53
- 2.2 求極限的技巧　　61
- 2.3 極限的嚴謹定義　　73
- 2.4 連續函數　　80
- 2.5 切線和變化率　　91
- 複習題　　99
- 解題技巧　　100
- 挑戰題　　100

## 3 導數　　101
- 3.1 導數　　101
- 3.2 微分的基本規則　　110
- 3.3 乘法和除法規則　　116
- 3.4 三角函數的導數　　125
- 3.5 連鎖規則　　130
- 3.6 隱微分　　141
- 3.7 相關變率　　148
- 複習題　　154
- 解題技巧　　155
- 挑戰題　　156

## 4 導數的應用　　157
- 4.1 函數的極值　　157
- 4.2 均值定理　　166
- 4.3 遞增與遞減函數以及第一階導數檢驗　　171
- 4.4 凹面和反曲點　　178
- 4.5 含無窮的極限；漸近線　　188
- 4.6 繪畫曲線　　201
- 4.7 最佳化問題　　210
- 4.8 牛頓法　　221
- 複習題　　228
- 解題技巧　　229

## 5 積分　　231
- 5.1 不定積分　　231
- 5.2 積分代換法　　241
- 5.3 面積　　247
- 5.4 定積分　　264
- 5.5 微積分基本定理　　279
- 複習題　　294
- 解題技巧　　295

## 6 定積分的應用　　297
- 6.1 曲線之間的區域面積　　297
- 6.2 體積：圓盤、墊環和橫切面　　307
- 6.3 圓柱殼法求體積　　318
- 複習題　　326
- 解題技巧　　326

## 7 超越函數　　329
- 7.1 自然對數函數　　329
- 7.2 反函數　　341
- 7.3 指數函數　　348
- 7.4 一般的指數函數和對數函數　　357
- 7.5 反三角函數　　368
- 7.6 雙曲函數　　377

| | | |
|---|---|---|
| **7.7** | 不定形式與 l'Hôpital 的規則 | 386 |
| | 複習題 | 395 |

## 8 積分技巧 — 397

| | | |
|---|---|---|
| **8.1** | 分部積分 | 397 |
| **8.2** | 三角函數的積分 | 407 |
| **8.3** | 三角代換法 | 414 |
| **8.4** | 部分分式的方法 | 422 |
| **8.5** | 使用積分表積分和積分技巧的摘要 | 432 |
| **8.6** | 瑕積分 | 439 |
| | 複習題 | 451 |
| | 解題技巧 | 452 |

## 9 無窮數列與級數 — 455

| | | |
|---|---|---|
| **9.1** | 數列 | 455 |
| **9.2** | 級數 | 469 |
| **9.3** | 積分檢驗 | 480 |
| **9.4** | 比較檢驗 | 485 |
| **9.5** | 交錯級數 | 491 |
| **9.6** | 絕對收斂；比例檢驗與根式檢驗 | 497 |
| **9.7** | 冪級數 | 507 |
| **9.8** | 泰勒和馬克勞林級數 | 515 |
| **9.9** | 用泰勒多項式估算 | 529 |
| | 複習題 | 542 |
| | 解題技巧 | 543 |

## 10 二次曲線、平面曲線和極坐標 — 545

| | | |
|---|---|---|
| **10.1** | 二次曲線 | 545 |
| **10.2** | 平面曲線與參數方程式 | 562 |
| **10.3** | 參數方程式的微積分 | 570 |
| **10.4** | 極坐標 | 577 |
| **10.5** | 極坐標上的面積與弧長 | 588 |
| | 複習題 | 595 |

## 11 空間幾何和向量值函數 — 597

| | | |
|---|---|---|
| **11.1** | 空間上的線與面 | 597 |
| **11.2** | 空間中的曲面 | 608 |
| **11.3** | 向量值函數與空間曲線 | 622 |
| **11.4** | 向量值函數的微分與積分 | 629 |
| | 複習題 | 637 |

## 12 多變數函數 — 639

| | | |
|---|---|---|
| **12.1** | 兩個變數或更多變數的函數 | 639 |
| **12.2** | 極限和連續 | 650 |
| **12.3** | 偏導數 | 660 |
| **12.4** | 微分 | 670 |
| **12.5** | 連鎖規則 | 678 |
| **12.6** | 方向導數與梯度向量 | 688 |
| **12.7** | 切平面與法線 | 699 |
| **12.8** | 兩個變數函數的極值 | 707 |
| **12.9** | 拉格朗日乘數 | 716 |
| | 複習題 | 728 |

## 13 重積分 — 729

| | | |
|---|---|---|
| **13.1** | 二重積分 | 729 |
| **13.2** | 逐次積分 | 737 |
| **13.3** | 極坐標的二重積分 | 746 |
| **13.4** | 二重積分的應用 | 752 |
| **13.5** | 表面積 | 759 |
| **13.6** | 三重積分 | 763 |
| **13.7** | 重積分中的變數變換 | 774 |
| | 複習題 | 783 |

| | | |
|---|---|---|
| 附錄 | 實數線、不等式與絕對值 | 785 |
| 索引 | | 791 |

# 第 1 章 前言

線在微積分裡扮演一個重要的角色（即便是非直接性的）。因此我們以線在平面上的性質開始學習微積分，接著將焦點轉向函數的討論。更明確地，我們將看到函數如何由其他函數組合而成，以及函數如何用圖形來表示。最後會看到函數如何用數學術語及符號描述真實世界的現象。

## 1.1 線

### 線的斜率

**定義　斜率**

假設在平面坐標上有一條非垂直線 $L$，其上任意不同的兩點分別為 $P_1(x_1, y_1)$ 與 $P_2(x_2, y_2)$，則此線 $L$ 的**斜率**（slope）為

$$m = \frac{\Delta y}{\Delta x} = \frac{y_2 - y_1}{x_2 - x_1} \tag{1}$$

（圖 1.1）垂直線的斜率是沒有定義的。

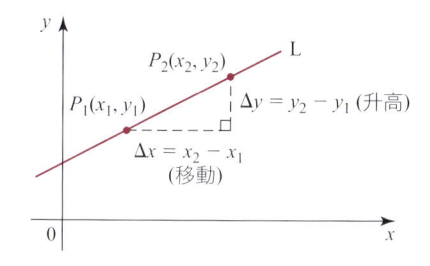

**圖 1.1**

線 $L$ 的斜率是
$$m = \frac{\Delta y}{\Delta x} = \frac{y_2 - y_1}{x_2 - x_1} = \frac{升高}{移動}$$

$\Delta y = y_2 - y_1$（$\Delta y$ 唸成 "delta y"）表示 $y$ 從 $P_1$ 到 $P_2$ 的變化量，稱為**升高**（rise）；$\Delta x = x_2 - x_1$ 表示 $x$ 從 $P_1$ 到 $P_2$ 的變化量，稱為**移動**（run）。因此，直線的斜率是該線的升高與移動的比率。

直線的斜率是測量在 $x$ 正方向陡峭度的一個數量。事實上，假如在式 (1) 中，若取 $\Delta x = x_2 - x_1$ 為 1，可得

$$m = \frac{\Delta y}{\Delta x} = \frac{\Delta y}{1} = \Delta y = y_2 - y_1$$

它是 $x$ 改變一個單位時 $y$ 的變動量。

圖 1.2 展示四條不同斜率的直線，圖中的斜率是 $x$ 移動一個單

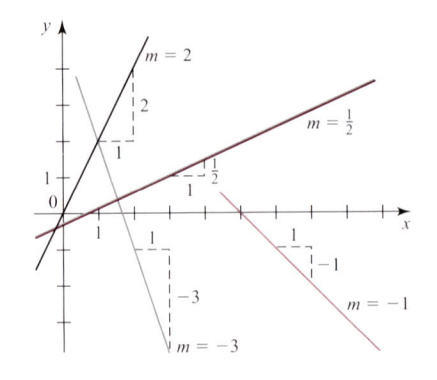

**圖 1.2**
直線的斜率是測量其陡峭度的數量

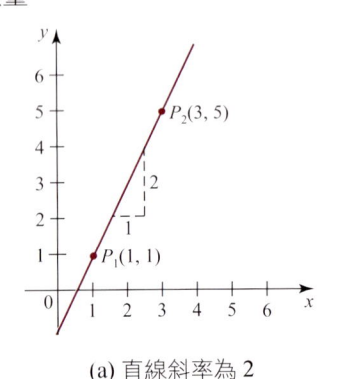

(a) 直線斜率為 2

(b) 直線斜率為 $-\frac{1}{2}$

**圖 1.3**

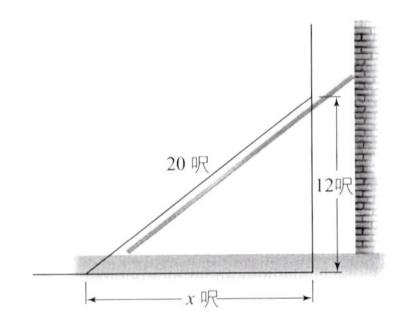

**圖 1.4**
一個梯子架在牆上

位所計算的，從圖中，可知當移動一個單位 $x$，斜率的絕對值越大，$y$ 的變化就越大，直線的陡峭度也就越大。同時當 $m > 0$ 時，則得知直線朝上傾斜；當 $m < 0$ 時，則直線朝下傾斜；最後，當 $m = 0$，直線呈水平狀態。

**例題 1** 求經過：(a) $P_1(1, 1)$ 與 $P_2(3, 5)$；及 (b) $P_1(1, 3)$ 與 $P_2(3, 2)$ 的直線斜率。

**解**

**a.** 由式 (1)，可算出斜率為

$$m = \frac{5 - 1}{3 - 1} = 2$$

由此得知當 $x$ 增加一個單位，$y$ 就增加 2 個單位（圖 1.3a）。

**b.** 由式 (1)，得到斜率為

$$m = \frac{2 - 3}{3 - 1} = -\frac{1}{2}$$

由此得知當 $x$ 增加一個單位，$y$ 就增加 $\frac{1}{2}$ 個單位（圖 1.3b）。 ■

**註** 例題 1 中，點 $P_1(1, 1)$ 和 $P_2(3, 5)$ 是隨意的。若將點指定為 $P_1(3, 5)$ 與 $P_2(1, 1)$ 時，則由式 (1) 得到斜率為

$$m = \frac{1 - 5}{1 - 3} = 2$$

與之前的相同。總之，重新指定 $P_1$ 與 $P_2$ 只是同時改變式 (1) 中分子和分母的符號。這並沒有改變該直線斜率 $m$ 的值。因此，使用式 (1) 求直線的斜率時，不用在乎哪一個點要指定為 $P_1$ 或是哪一個點要指定為 $P_2$。

**例題 2** 將一個長 20 呎的梯子靠在一面牆上，它的頂端離地面 12 呎。試問該梯子的斜率是多少？

**解** 於圖 1.4 中，$x$ 表示牆與梯子底部的距離。由畢氏定理可得

$$x^2 + 12^2 = 20^2$$
$$x^2 = 256$$

即 $x = 16$。所以梯子的斜率為

$$\frac{12}{16} = \frac{3}{4} \quad \text{升高}\atop\text{移動}$$

■

## ■ 垂直線的方程式

令 $L$ 表示在 $xy$ 平面上的垂直線，則線 $L$ 與 $x$ 軸必相交於某一

**圖 1.5**
垂直線 $L$ 上的每一點 $x$ 的座標為 $a$

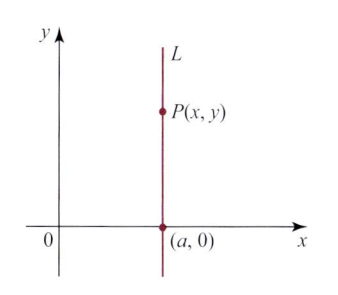

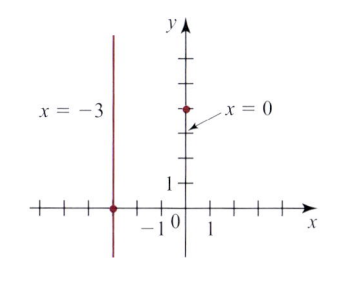

**圖 1.6**
方程式為 $x = -3$ 和 $x = 0$ 的圖形

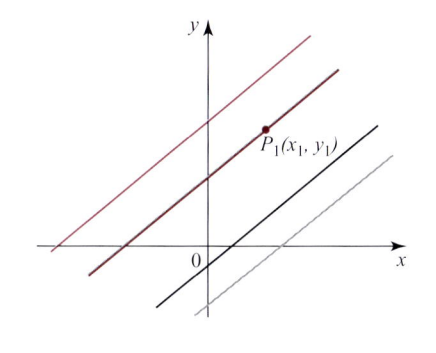

**圖 1.7**
有無窮多條斜率為 $m$ 的線，卻只有一條經過點 $P_1(x_1, y_1)$ 和斜率為 $m$ 的線

點 $(a, 0)$，如圖 1.5 所示。假如 $P(x, y)$ 為線 $L$ 上的任意一點，則 $x$ 必定是 $a$，而 $y$ 則可以是任意值，視點 $P$ 的位置而定。換言之，在線 $L$ 上的點 $(a, y)$，其坐標的唯一條件是 $x = a$ 和 $-\infty < y < \infty$。反之，所有點 $(x, y)$ 的集合中，若 $x = a$ 且 $y$ 為任意值時，這個集合就是垂直線 $L$。垂直線在坐標平面上的代數式如下。

**定義　垂直線方程式**

經過點 $(a, b)$ 的垂直線方程式為

$$x = a \qquad (2)$$

**例題 3**　$x = -3$ 的圖形是經過點 $(-3, 0)$ 的垂直線。經過點 $(0, 4)$ 的垂直線為 $x = 0$，是 $y$ 軸的方程式（圖 1.6）。∎

### ■ 非垂直線的方程式

假如線 $L$ 不是垂直的，則該線的斜率 $m$ 已經有定義。但是只知道線的斜率並無法決定特定的直線，因為斜率 $m$ 的直線有無窮多條（圖 1.7）。又在斜率 $m$ 處指定線 $L$ 經過一個特定點 $P_1(x_1, y_1)$，則 $L$ 就被決定。

欲求經過點 $P_1(x_1, y_1)$ 且斜率為 $m$ 的直線方程式，可令 $P(x, y)$ 為線 $L$ 上不同於 $P_1$ 的任意點。由式 (1) 與點 $P_1(x_1, y_1)$ 及 $P(x, y)$，可以寫出線 $L$ 的斜率為

$$\frac{y - y_1}{x - x_1}$$

但是線 $L$ 的斜率是 $m$。所以

$$\frac{y - y_1}{x - x_1} = m$$

或者式子等號兩邊同時乘以 $x - x_1$，則

$$y - y_1 = m(x - x_1) \qquad (3)$$

注意 $x = x_1$ 與 $y = y_1$ 也能滿足式 (3)，因此所有在線 $L$ 上的點都滿足這個等式。現在要讀者嘗試證明只有滿足式 (3) 的點才會落在線 $L$ 上。

式 (3) 稱為直線方程式的**點斜式**（point-slope form），因為它使用該線上的點與斜率。

## 歷史傳記

**RENÉ DESCARTES**
（1596-1650）

**我思故我在**

René Descartes 同時是位數學家、哲學家和軍人。他的貢獻是在十七和十八世紀的時候，將代數和幾何結合在一起，顛覆了數學的發現。他於 1596 年 3 月 31 日生在法國 Touraine 省的 LaHaye（現在稱為 Descartes）。從小由外婆養育，直到 10 歲才被送到 Jesuit 學校學習。由於體弱，他可以整個早上都躺臥在床上思考。他設計一套哲學，透過數學和邏輯將所有科學結合起來。他在幾何上的貢獻成為 Newton、Leibniz 和其他在物理和微積分有貢獻的學者的基礎。

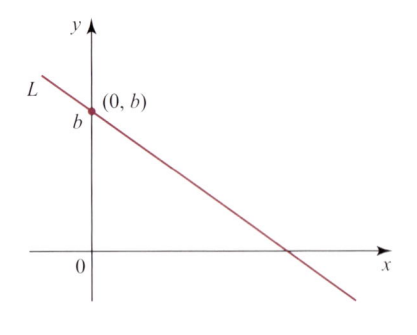

**圖 1.8**

斜率為 $m$ 且 $y$ 軸上的截距為 $b$ 的線 $L$ 之方程式為 $y = mx + b$

---

**定義　直線方程式的點斜式**

一條直線經過點 $P_1(x_1, y_1)$ 且斜率為 $m$ 的方程式為

$$y - y_1 = m(x - x_1)$$

**例題 4**　寫出經過點 $(2, 1)$ 且斜率為 $m = -\frac{1}{2}$ 的直線方程式。

**解**　將 $x_1 = 2, y_1 = 1$ 與 $m = -\frac{1}{2}$ 代入式 (3) 可得

$$y - 1 = -\frac{1}{2}(x - 2) \quad 即 \quad y = -\frac{1}{2}x + 2$$

**例題 5**　寫出經過點 $(-1, -2)$ 與 $(2, 3)$ 的直線方程式。

**解**　首先求直線的斜率，

$$m = \frac{3 - (-2)}{2 - (-1)} = \frac{5}{3}$$

然後使用式 (3) 與點 $P_1(-1, -2)$（當然也可使用另一點證實）及斜率 $m = \frac{5}{3}$，可得

$$y - (-2) = \frac{5}{3}[x - (-1)]$$

$$y = \frac{5}{3}x + \frac{5}{3} - 2 \quad 即 \quad y = \frac{5}{3}x - \frac{1}{3}$$

一條經過 $y$ 軸上的點 $(0, b)$ 之非垂直線 $L$，數字 $b$ 稱為線在 $y$ 軸上的截距或 $y$ 截距（圖 1.8）。若將點 $P_1(0, b)$ 代入式 (3)，可得

$$y - b = m(x - 0)$$

即

$$y = mx + b$$

此式乃稱為直線方程式的**斜截式**（slope-intercept form）。

---

**定義　直線方程式的斜截式**

已知一條直線的斜率 $m$ 和 $y$ 軸上的截距 $b$，則該直線的方程式為

$$y = mx + b \tag{4}$$

**例題 6**　寫出斜率為 $\frac{3}{4}$ 且 $y$ 軸上的截距為 4 的直線方程式。

**解**　將 $m = \frac{3}{4}$ 和 $b = 4$ 代入式 (4)，可得該直線方程式

$$y = \frac{3}{4}x + 4$$

## ■ 直線方程式的一般式

下列形式的方程式

$$Ax + By + C = 0 \tag{5}$$

其中 $A, B$ 與 $C$ 都是常數且 $A$ 與 $B$ 不同時為零，此式稱為 $x$ 與 $y$ 的**一次方程式**（first-degree equation）。我們可以證明下列結果。

> **定理 1　直線方程式的一般式**
>
> 每個 $x$ 與 $y$ 的一次方程式，在 $xy$ 平面上都有一直線為其圖形；反之，在 $xy$ 平面上的直線是 $x$ 和 $y$ 的一次方程式的圖形。

因為這個定理，式 (5) 通常稱為**直線方程式的一般式**（general equation of a line）或是 $x$ 與 $y$ 的**線性方程式**（linear equation）。

**例題 7**　若直線方程式為 $2x + 3y + 5 = 0$，求其斜率。

**解**　解出以 $x$ 表示的 $y$，再將直線方程式改寫成斜截式，可得

$$3y = -2x - 5 \quad 即 \quad y = -\frac{2}{3}x - \frac{5}{3}$$

比較此方程式與式 (4)，即可得此直線的斜率 $m = -\frac{2}{3}$。

**註**　例題 7 說明直線方程式寫成斜截式的好處，亦即直線的斜率就是 $x$ 的係數。

## ■ 畫直線圖

先前談過直線在 $y$ 軸的截距就是點 $(0, b)$ 在 $y$ 軸上的坐標，也就是該直線與 $y$ 軸相交處。同樣地，直線在 $x$ 軸的截距是點 $(a, 0)$ 在 $x$ 軸上的坐標，也就是該直線與 $x$ 軸相交處（圖 1.9）。在找直線 $L$ 在 $x$ 軸的截距時，因為 $x$ 軸上的點在 $y$ 的坐標為零，只要將 $y=0$ 代入直線方程式即可。同法，在找直線 $L$ 在 $y$ 軸的截距時，只要將 $x=0$ 代入直線 $L$ 的方程式。繪畫直線最簡單的方法就是找 $x$ 軸與 $y$ 軸的截距，如下個例題所示。

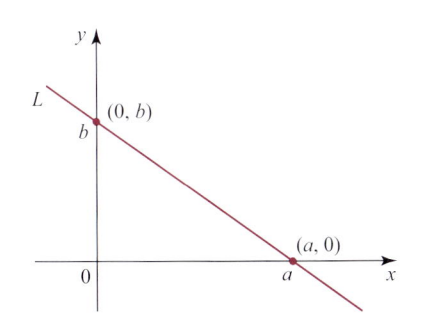

**圖 1.9**

直線 $L$ 在 $x$ 軸的截距為 $a$，在 $y$ 軸的截距為 $b$

**例題 8**　繪畫直線圖形。

**a.** $2x + 3y - 6 = 0$　　　**b.** $x - 3y = 0$

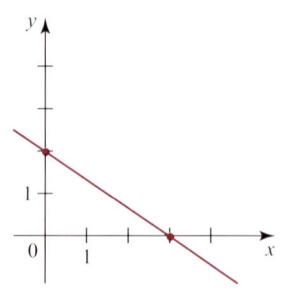

(a) $2x + 3y - 6 = 0$ 的圖形

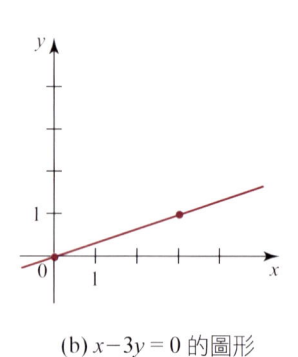

(b) $x - 3y = 0$ 的圖形

| 圖 1.10

### 解

**a.** 將 $y = 0$ 代入方程式中可得 $x$ 的截距為 3。接著將 $x = 0$ 代入方程式中可得 $y$ 的截距為 2。最後將點 (3, 0) 與 (0, 2) 標畫在坐標圖上，並畫出經過這兩點的直線，即為所求的圖形（圖 1.10a）。

**b.** 將 $y = 0$ 代入方程式中可得 $x$ 的截距 $x = 0$。接著將 $x = 0$ 代入方程式中可得 $y$ 的截距 $y = 0$。所以此直線經過原點。在這種情況下，我們需要再找另一個直線上的點，若選取 $x = 3$ 並代入方程式 $x - 3y = 0$，可得 $y$ 的坐標 $y = 1$。將點 (0, 0) 與 (3, 1) 標畫在坐標平面上並將經過這兩點的直線畫出來，即為所求的圖形（圖 1.10b）。 ■

## ■ 傾斜角度

> **定義　傾斜角度**
> 
> 　　直線 $L$ 的**傾斜角度**（angle of inclination）是從 $x$ 軸的正方向以逆時鐘方向量到 $L$ 的一個比較小的角度 $\phi$（希臘字母 *phi*）（圖 1.11）。

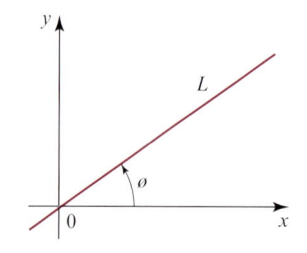

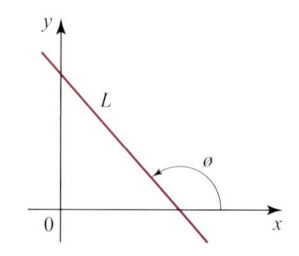

| 圖 1.11
直線 $L$ 的傾斜角度是測量從 $x$ 軸的正方向以逆時鐘方向到 $L$ 的角度

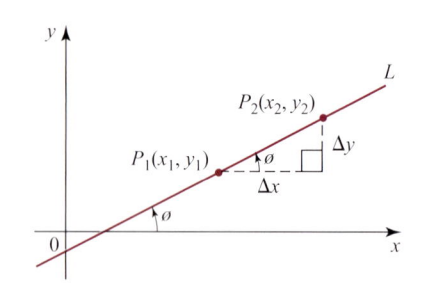

**註**　直線 $L$ 的傾斜角度 $\phi$ 滿足不等式 $0° \leq \phi < 180°$，或以弳度量表示為 $0 \leq \phi < \pi$。 ■

　　直線的斜率與它的傾斜角度之關係如圖 1.12 所示。令 $m$ 表示 $L$ 的斜率和 $\phi$ 表示 $L$ 的傾斜角度，則它們的關係式為

$$m = \tan \phi \tag{6}$$

| 圖 1.12
$L$ 的斜率為 $m = \dfrac{\Delta y}{\Delta x} = \tan \phi$

**註**

1. 即使圖 1.12 表示 $\phi$ 滿足 $0° \leq \phi < 90°$ 時式 (6) 成立，我們仍可證明 $\phi$ 滿足 $90° \leq \phi < 180°$ 時，式 (6) 也成立。
2. 已知垂直線的傾斜角度為 $90°$，但 $\tan 90°$ 沒有定義，所以垂直線的斜率是沒有定義的，如之前所述。 ■

## 例題 9

**a.** 求傾斜角度為 60°（$\pi/3$ 弳度）的直線之斜率。
**b.** 求斜率 $m = -1$ 的直線之傾斜角度。

**解**

**a.** 由式 (6) 可得直線斜率（圖 1.13）

$$m = \tan 60° = \sqrt{3}$$

**b.** 由式 (6) 可得

$$-1 = \tan \phi$$

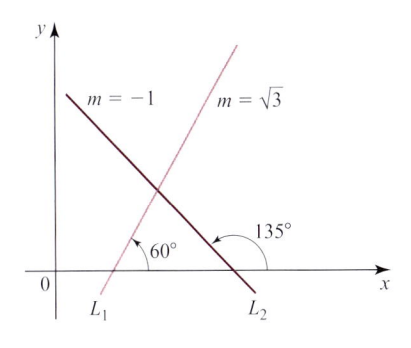

所以 $\phi = 3\pi/4$ 弳度，即 135°（圖 1.13）。

**圖 1.13**
$L_1$ 的斜率 $m = \sqrt{3}$，$L_2$ 的傾斜角度為 135°

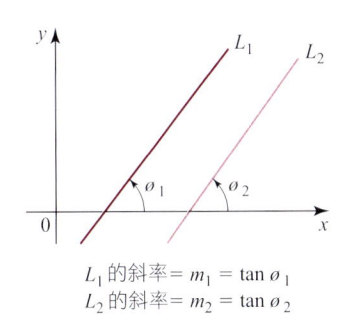

### 平行線和垂直線

兩直線平行若且唯若它們有相同的傾斜角度（圖 1.14）。因此，由式 (6) 得到下列的結果。

#### 定理 2
兩條非垂直線互相平行若且唯若它們有相同的斜率。

**註** 若兩條線都是垂直線，則它們互相平行。

假設兩互相垂直之非垂直線 $L_1$ 與 $L_2$，它們的斜率分別為 $m_1$ 與 $m_2$ 且傾斜角度分別為 $\phi_1$ 與 $\phi_2$。圖 1.15 所示 $\phi_1$ 為銳角而 $\phi_2$ 為鈍角。$90° < \phi_2 < 180°$，所以 $m_2$ 是負數且邊 $BC$ 的長度是 $-m_2$。這兩個直角三角形 $\triangle ABC$ 與 $\triangle DAC$ 是相似三角形，相似三角形的對應邊比都相等，所以

$$\frac{m_1}{1} = \frac{1}{-m_2}$$

寫成

$$m_1 = -\frac{1}{m_2} \quad 即 \quad m_1 m_2 = -1$$

**圖 1.14**
$L_1$ 與 $L_2$ 互相平行若且唯若它們有相同的斜率或都是垂直線

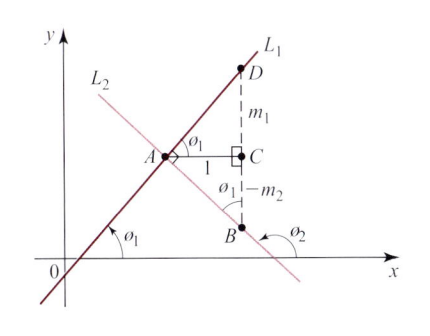

**圖 1.15**
$\triangle ABC$ 與 $\triangle DAC$ 是相似三角形

它的逆命題：假如 $m_1 m_2 = -1$，則這兩線互相垂直。這個論證倒過來就是它的逆命題的證明。

#### 定理 3　互相垂直線的斜率
斜率分別為 $m_1$ 與 $m_2$ 之兩非垂直線 $L_1$ 與 $L_2$ 互相垂直，若且唯若 $m_1 m_2 = -1$，對等於若且唯若

$$m_1 = -\frac{1}{m_2} \quad 即 \quad m_2 = -\frac{1}{m_1} \qquad (7)$$

因此，一直線的斜率為另一直線斜率的倒數再變號。

**註** 若 $L_1$ 為一垂直線（亦即它沒有斜率），則另一線 $L_2$ 垂直於它，若且唯若 $L_2$ 為一水平線（斜率為零），而且反之亦然。 ∎

**例題 10** 寫出經過點 $(6, 7)$ 且垂直於直線 $2x + 3y = 12$ 的直線方程式。

**解** 首先將方程式改寫成斜截式

$$y = -\frac{2}{3}x + 4$$

因此斜率為 $-\frac{2}{3}$。因為所求之直線垂直於已知直線，所以所求之直線斜率為

$$-\frac{1}{-\frac{2}{3}} = \frac{3}{2}$$

將 $m = -\frac{3}{2}$ 與 $P_1(6, 7)$ 代入點斜式的公式可得所求之方程式為

$$y - 7 = \frac{3}{2}(x - 6) \quad 即 \quad y = \frac{3}{2}x - 2$$ ∎

## ■ 距離的公式

直角坐標的另一個好處是求平面上兩點的距離可以直接用坐標來表示。例如：假設 $(x_1, y_1)$ 與 $(x_2, y_2)$ 為平面上的任意兩點（圖 1.16），則這兩點的距離可用下列的公式計算。

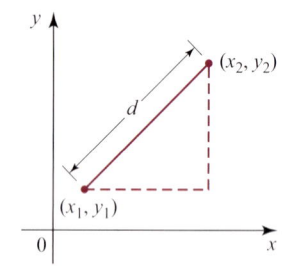

**距離的公式**

平面上任意兩點 $P_1(x_1, y_1)$ 與 $P_2(x_2, y_2)$ 之間的距離 $d$ 為

$$d = \sqrt{(x_2 - x_1)^2 + (y_2 - y_1)^2} \qquad (8)$$

**圖 1.16**
點 $(x_1, y_1)$ 與點 $(x_2, y_2)$ 的距離為 $d$

以下是幾個距離公式的應用。

**例題 11** 求點 $(-4, 3)$ 與 $(2, 6)$ 之間的距離。

**解** 令 $P_1(-4, 3)$ 與 $P_2(2, 6)$ 為平面上的點，即

$$x_1 = -4, \quad y_1 = 3, \quad x_2 = 2, \quad y_2 = 6$$

由式 (8)，可得

$$d = \sqrt{[2-(-4)]^2 + (6-3)^2}$$
$$= \sqrt{6^2 + 3^2}$$
$$= \sqrt{45} = 3\sqrt{5}$$

**例題 12** 令點 $P(x, y)$ 為在半徑 $r$ 且圓心 $C(h, k)$ 之圓上的點（圖 1.17）。寫出 $x$ 與 $y$ 的關係式。

**解** 由圓的定義得知 $C(h, k)$ 與 $P(x, y)$ 之間的距離為 $r$。
由式 (8)，可得

$$\sqrt{(x-h)^2 + (y-k)^2} = r$$

式子等號兩邊同時平方可得滿足 $x$ 與 $y$ 之等式

$$(x-h)^2 + (y-k)^2 = r^2$$

例題 12 的結果整理如下。

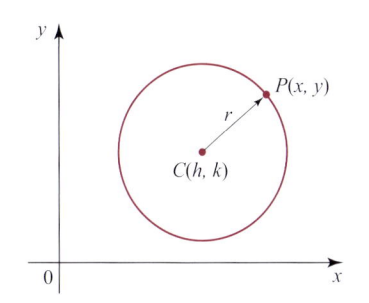

**圖 1.17**
半徑 $r$ 且圓心 $C(h, k)$ 的圓

### 圓方程式

圓心為 $C(h, k)$ 且半徑為 $r$ 之圓的方程式為

$$(x-h)^2 + (y-k)^2 = r^2 \tag{9}$$

**例題 13** 寫出滿足下列條件的圓方程式：
**a.** 半徑為 2 且圓心在 $(-1, 3)$ 處。
**b.** 半徑為 3 且圓心在原點。

**解**

**a.** 將 $r = 2, h = -1$ 與 $k = 3$ 代入式 (9)，可得

$$[x-(-1)]^2 + (y-3)^2 = 2^2 \quad 即 \quad (x+1)^2 + (y-3)^2 = 4$$

（圖 1.18a。）

**b.** 將 $r = 3$ 與 $h = k = 0$ 代入式 (9)，可得

$$x^2 + y^2 = 3^2 \quad 即 \quad x^2 + y^2 = 9$$

（圖 1.18b。）

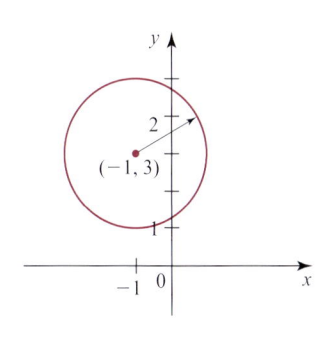

(a) 半徑 2 且圓心 $(-1, 3)$ 的圓

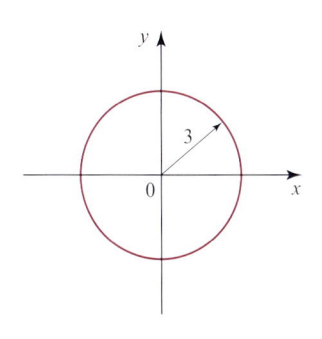

(b) 半徑 3 且圓心 $(0, 0)$ 的圓

**圖 1.18**

## 1.1 習題

1-2 題，求每一對點的斜率。

1. $(1, -2)$ 和 $(2, 4)$
2. $(1.2, 3.6)$ 和 $(3.2, 1.4)$
3. 參考下面的圖。

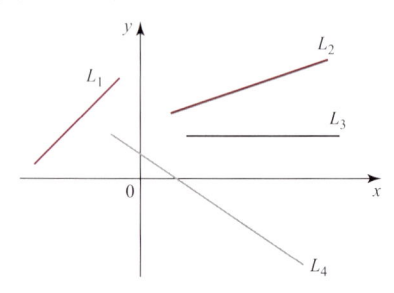

   a. 寫出圖中每條直線斜率的正負符號。
   b. 按照斜率的大小順序（由小而大）寫出直線的名字。

4. 已知經過點 $(1, 3)$ 與 $(-4, a)$ 之直線的斜率為 5，求 $a$ 值。

5-7 題，已知傾斜角度，寫出直線的斜率。

5. $45°$
6. $30°$
7. $\dfrac{\pi}{3}$

8-10 題，已知線的斜率，求它們的傾斜角度。可以使用計算機。

8. $-1$
9. $\sqrt{3}$
10. $-\dfrac{1}{\sqrt{3}}$

11-12 題，繪畫經過給予點與給予之斜率的直線圖形。

11. $(1, 2); 3$
12. $(-1, -2); -1$

13-14 題，判斷經過給予點的兩直線互相平行或互相垂直。

13. $(1, -2), (-3, -10)$ 和 $(1, 5), (-1, 1)$
14. $(-2, 5), (4, 2)$ 和 $(-1, -2), (3, 6)$
15. 若經過點 $(-1, a)$ 與 $(3, -1)$ 之直線平行於經過點 $(3, 6)$ 與 $(-5, a+2)$ 之直線，試問 $a$ 為何？
16. 點 $(-5, k)$ 在一經過點 $(1, 3)$ 的線上，且垂直於斜率為 3 的直線。試問 $k$ 為何？
17. 一直線經過點 $(3, 4)$ 與連結點 $(-1, 1)$ 和 $(3, 9)$ 的線段之中點。試證此線垂直於該線段。
18. 判斷點 $A(-2, 1), B(3, 3)$ 與 $C(6, 0)$ 是否在同一直線上。

19-21 題，寫出斜截式的直線方程式，然後寫出它的斜率與 $y$ 軸上的截距。

19. $-3x + 4y - 8 = 0$
20. $Ax + By = C, B \neq 0$
21. $\sqrt{2}x - \sqrt{3}y = 4$

22-30 題，寫出直線的傾斜角度。

22. $\sqrt{3}x - y + 4 = 0$
23. $x + y - 8 = 0$

24-30 題，寫出滿足給予條件的斜截式直線方程式。

24. 經過點 $(4, -3)$ 且斜率為 2。
25. 經過點 $(2, 4)$ 與 $(3, 8)$。
26. 經過點 $(2, 5)$ 與 $(2, 28)$。
27. 斜率為 3 與 $y$ 軸的截距為 $-5$。
28. 經過點 $(3, -5)$ 且平行於直線 $2x + 3y = 12$。
29. 經過點 $(-2, -4)$ 且垂直於直線 $3x - y - 4 = 0$。
30. 經過點 $(2, 3)$ 且傾斜角度為 $\dfrac{\pi}{6}$ 弧度。

31-32 題，判斷給予之每對直線方程式是平行、垂直或兩者都不是。

31. $x - 3 = 0$ 和 $y - 5 = 0$
32. $\dfrac{x}{a} + \dfrac{y}{b} = 1$ 和 $\dfrac{x}{b} - \dfrac{y}{a} = 1$
33. 找兩直線 $x - 3y = -1$ 與 $4x + 3y = 11$ 的交點。
34. 寫出滿足條件之圓方程式。

    a. 半徑 5 處且圓心在 $(2, -3)$ 處
    b. 圓心在原點且經過點 $(2, 3)$
    c. 圓心在 $(2, -3)$ 處且經過點 $(5, 2)$ 處
    d. 圓心在 $(-a, a)$ 處且半徑 $2a$

35. 試證經過點 $(a, 0)$ 與 $(0, b)$ 之直線 $L$，其中 $a \neq 0$ 和 $b \neq 0$，它的方程式可表示為

$$\dfrac{x}{a} + \dfrac{y}{b} = 1$$

此 $L$ 的方程式稱為**截距式**（intercept form）。

36. 使用 35 題的公式，寫出經過點 $(-4, 0)$ 與 $(0, -1)$ 之直線方程式。
37. 求由點 $(5, 3)$ 到直線 $2x - y + 3 = 0$ 的距離。
    提示：找到經過點 $(5, 3)$ 且垂直於給予之直線的交點。
38. 試證只有滿足式 (3) 的點會在經過點 $P_1(x_1, y_1)$ 且斜率為 $m$ 的直線 $L$ 上。

39-40 題，判斷下列敘述是對或是錯。如果它是對，解釋你的理由。如果它是錯，請解釋你的理由或舉例說明。

39. 已知直線 $L$ 的斜率為 $-\dfrac{1}{2}$ 且點 $P$ 位在 $L$ 上。如果另一點 $Q$ 也在 $L$ 上，並位於 $P$ 點左側 4 個單位處，則 $Q$ 位於 $P$ 點上方 2 個單位處。
40. 若線 $L_1$ 的斜率為正，則垂直於 $L_1$ 之直線 $L_2$ 的斜率為負。

## 1.2 函數及其圖形

### ■ 函數的定義

在很多情況下，一個量通常是隨著另一個量而改變。例如：

- 圓的面積隨著它的半徑改變。
- 一物體從某一建築物上墜落，它墜落的距離隨著墜落的時間長短而改變。
- 一化學反應的初始速度隨著它使用基質量的多寡而改變。
- 某一培養菌在使用過一種殺菌劑後，其數量大小隨著時間改變。
- 某廠商的利潤隨該公司的生產水準而改變。

我們可以用函數的概念來描述以上的情況。

---

**定義　函數**

**函數**（function）$f$ 從集合 $A$ 對映到集合 $B$ 是一個規則，它指定 $A$ 中的每一元素 $x$ 對應到在 $B$ 中唯一的一個元素 $y$。

---

讓我們用一個例子來詮釋為什麼 $A$ 中的每一元素 $x$ 可以有 $B$ 中的唯一元素 $y$ 跟它對應。假設 $A$ 是某一百貨公司的促銷商品所形成的集合，而 $f$ 是「價格」函數，它指定 $A$ 中每一商品的售價為 $B$ 中的某一個 $y$。注意函數的定義並沒有排除在 $A$ 中有多於一個元素對應於 $B$ 中的同一元素的可能性。在本例中，可能有兩種或多種商品的售價是完全相同。

集合 $A$ 稱為函數的**定義域**（domain）。$B$ 的元素稱為 $f$ 在 $x$ 的值，寫作 $f(x)$ 並唸作 "$f$ of $x$"。由 $f$ 定義域中的所有元素 $x$ 對應的值 $y = f(x)$ 所形成的集合稱為 $f$ 的**值域**（range）。若 $A$ 與 $B$ 是實數集合的部分集合，則 $x$ 與 $f(x)$ 也是實數，此時稱函數 $f$ 為一個**實變數**（real variable）的**實值函數**（real-valued function）。

我們可以把函數想成一部機器或一個處理器。如此，函數的定義域就是所有要輸入的東西所形成的集合，它的規則就是描述輸入的東西在機器內被處理的過程，而它的值域就是輸出的東西所形成的集合（圖 1.19）。

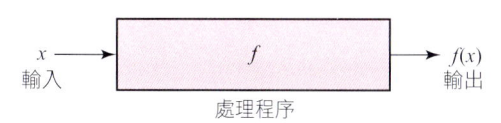

$x$ 輸入 → [ $f$ 處理程序 ] → $f(x)$ 輸出

**圖 1.19**
函數機器

考慮定義為一非負實數 $x$ 的平方根函數 $\sqrt{x}$，我們將此函數看作開方的機器，其定義域為所有非負實數所形成的集合，它的值域也是一樣。例如：輸入 4，函數開方得 $\sqrt{4}$ 並輸出 2。

另一方式則是將函數 $f$ 從集合 $A$ 對應到集合 $B$，看成是一個對映或一個轉換，它把 $A$ 中的一個元素 $x$ 對應到它在 $B$ 中的像 $f(x)$（圖 1.20）。譬如，平方根函數是從非負實數的集合對映到實數集合的函數。它將數字 4 對應到數字 2，將數字 7 對應到數字 $\sqrt{7}$ 等等。

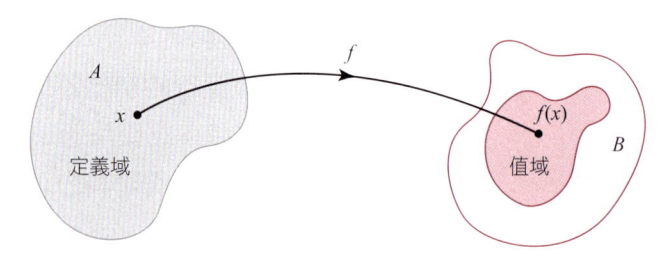

| 圖 1.20

$f$ 將定義域裡的點 $x$ 對應到它值域裡的像 $f(x)$

**註** 值域為集合 $B$ 的部分集合，不一定要等於 $B$。例如：某函數的規則是將 $x$ 對應到它的平方 $x^2$，從實數 $R$ 對應到實數 $R$（所以 $A = B = R$）。然而 $f$ 的值域是非負實數所形成的集合，所以是 $B$ 的子集合。

## ■ 描述函數

函數可以有許多不同的描述方法。早期，定義開平方的函數是用言語來描述它的規則。函數也可以用 $x$ 與 $f(x)$ 的對應關係表格來描述，當函數的定義域與值域的元素個數比較少時，用表格是特別有效的。例如：某函數表示曼哈頓旅館從 1999 年（$x=0$）直到 2006 年期間，每一年的住宿率，如表 1.1 所示。

| 表 1.1

函數 $f$ 表示曼哈頓旅館在 $x$ 年的住宿率

| $x$（年） | $y=f(x)$（百分比） |
|---|---|
| 0 | 81.1 |
| 1 | 83.7 |
| 2 | 74.5 |
| 3 | 75.0 |
| 4 | 75.9 |
| 5 | 83.2 |
| 6 | 84.9 |
| 7 | 85.1 |

資料來源：Pricewaterhouse Coopers LLP.

這裡，$f$ 的定義域為 $A = \{0, 1, 2, 3, 4, 5, 6, 7\}$ 且 $f$ 的值域為 $B = \{74.5, 75.0, ..., 85.1\}$。我們觀察到 $f$ 的規則可寫成 $f(0) = 81.1$，$f(1) = 83.7, ..., f(7) = 85.1$。

函數也可以用圖形來描述，如圖 1.21 所示，這裡的函數 $f$ 表示兩年期國庫券的年利率以百分比表示，圖中為 $f(t)$ 在 2008 年之前三個月的情形。

**例題 1** 函數 $f$ 定義為公式 $y = \sqrt{x}$ 或 $f(x) = \sqrt{x}$，就是之前提過的開方函數。此函數的定義域為所有 $x$ 在 $[0, \infty)$ 區間形成的集合。例如：$x = 16$，則 $f(x) = \sqrt{16} = 4$ 是 16 的平方根。$f$ 的值域由所有非負數的平方根組成的集合。因此它就是所有落在 $[0, \infty)$ 中的數字所形成的集合（圖 1.22）。

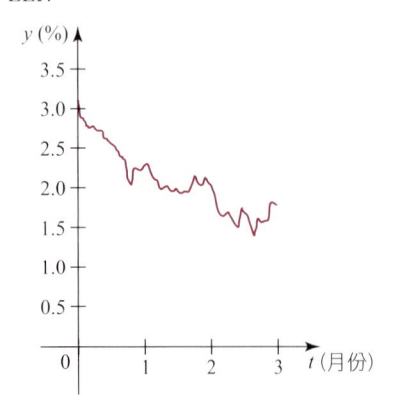

| 圖 1.21

函數 $f$ 表示 2008 年前三個月之兩年期國庫券的年利率

資料來源：*Financial Times.*

1.2　函數及其圖形　13

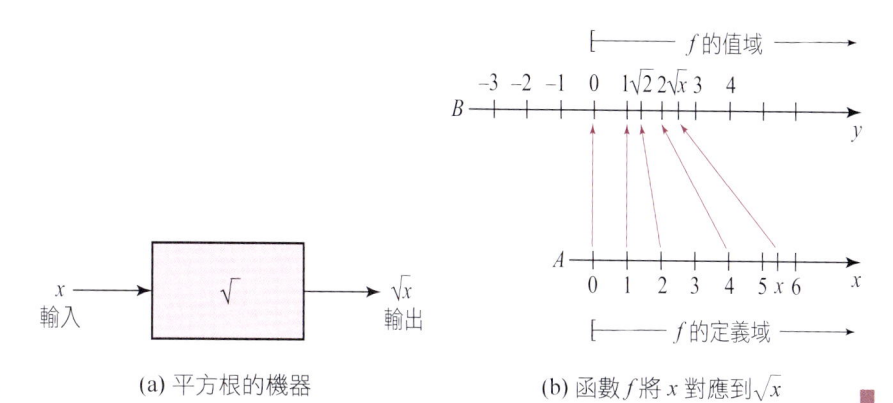

(a) 平方根的機器

(b) 函數 $f$ 將 $x$ 對應到 $\sqrt{x}$

| 圖 **1.22**

### 歷史傳記

**LEONHARD EULER**
(1707-1783)

大多數今日所使用的數學符號都是來自 Leonhard Euler。包括 $e$ 是自然對數的底數，$i$ 是 $-1$ 的平方根，和經常使用的 $f(x)$。他在數學的每個領域都有貢獻，甚至很多觀念至今仍用他的名字命名。他的記性超級強並且只要用頭腦就可以做很複雜的計算。即使他父親希望他擔任牧師，他小時候的家教老師，Johann Bernoulli（1667-1748），還是鼓勵他和說服他的父親讓他可以從事數學研究。

**註**

1. 我們常用異於 $f$ 的英文字母表示函數。例如：用 $A$ 表示面積函數，用 $P$ 表示人口函數，用 $F$ 表示函數等等。
2. 嚴格地說，用 $f(x)$ 取代 $f$（記得 $f(x)$ 是 $f$ 在 $x$ 上的值）是不恰當。但是如此用比較方便。

如果函數 $f$ 用方程式 $y = f(x)$ 表示時，我們稱 $x$ 為**自變數**（independent variable）和 $y$ 為**應變數**（dependent variable）。$y$（$f$ 在 $x$ 的值）是由 $x$ 來決定的，其中 $x$ 表示 $f$ 定義域裡的數，而 $y$ 則是 $f$ 值域裡對應於 $x$ 的唯一數。

### ■ 求函數的值

開方函數 $f$ 定義為 $f(x) = \sqrt{x}$，它也可定義成 $f(t) = \sqrt{t}$ 或 $f(u) = \sqrt{u}$。換言之，不管選擇用什麼英文字母表示自變數，再用它來描述函數的規則是沒關係的。事實上，可將函數的規則表示成

$$f(\ ) = \sqrt{(\ )} = (\ )^{1/2}$$

要計算 $f$ 在 $x$ 的值時，只要將 $x$ 放進括號空格內。如另一例子，考慮函數 $g$ 的規則為 $g(x) = 2x^2 + x$，則 $g$ 的規則亦可表示成

$$g(\ ) = 2(\ )^2 + (\ )$$

將 $x$ 放進括號裡表示成 $g(x)$。要計算 $g$ 在 $x = 2$ 的值時，只要將數字 2 放入括號裡可得

$$g(2) = 2(2)^2 + 2 = 10$$

**例題 2**　已知 $f(x) = x^2 + 2x - 1$，求：

**a.** $f(-1)$　　**b.** $f(\pi)$　　**c.** $f(t)$，$t$ 是實數
**d.** $f(x + h)$，$h$ 是實數　　**e.** $f(2x)$

**解**　將 $f(x)$ 視為

$$f(\ ) = (\ )^2 + 2(\ ) - 1$$

則

**a.** $f(-1) = (-1)^2 + 2(-1) - 1 = -2$
**b.** $f(\pi) = (\pi)^2 + 2(\pi) - 1 = \pi^2 + 2\pi - 1$
**c.** $f(t) = (t)^2 + 2(t) - 1 = t^2 + 2t - 1$
**d.** $f(x+h) = (x+h)^2 + 2(x+h) - 1 = x^2 + 2xh + h^2 + 2x + 2h - 1$
**e.** $f(2x) = (2x)^2 + 2(2x) - 1 = 4x^2 + 4x - 1$ ■

### ■ 找函數的定義域

有時候，函數的定義域是被問題的性質所決定的。例如：函數 $A(r) = \pi r^2$ 為圓的面積，是用它的半徑 $r$ 表示。因為 $r$ 必須是正數，此函數的定義域為 $(0, \infty)$。

**例題 3** 有人想要在他自家的後院用籬笆圍一個長方形的菜園，籬笆的總長度為 100 呎，試寫出一個以菜園的長 $x$ 表示之面積函數（圖 1.23）（假設他必須用完所有的籬笆）。試問此函數的定義域為何？

**解** 由圖 1.23 中，知道此長方形的周長 $(2x+2y)$ 呎須等於 100 呎。如此可得方程式

$$2x + 2y = 100 \tag{1}$$

此長方形的面積為

$$A = xy \tag{2}$$

由式 (1) 解出以 $x$ 表示的 $y$，即 $y = 50 - x$。將這個 $y$ 代入式 (2)，可得

$$A = x(50 - x)$$
$$= -x^2 + 50x$$

長方形的邊長是正數，所以 $x > 0$ 且 $50 - x > 0$，即 $0 < x < 50$。因此所求的函數為

$$A(x) = -x^2 + 50x$$

且其定義域為 $(0, 50)$。 ■

| 圖 **1.23**
尺寸為 $x$ 呎乘 $y$ 呎的矩形菜園

除非對函數 $f$ 的定義域有特別要求，否則習慣上我們所指之函數 $f$ 的定義域為使 $f(x)$ 為實數的所有實數組成的集合。

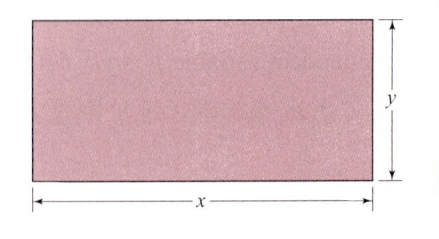

**例題 4** 寫出下列函數之定義域：

**a.** $f(x) = \dfrac{2x+1}{x^2-x-2}$  **b.** $f(x) = \dfrac{x+\sqrt{x+1}}{2x-1}$

**解**

**a.** 因為分式的分母不得為零，若 $x^2-x-2 = (x-2)(x+1) = 0$，亦即 $x = -1$ 或 $x = 2$，則 $f(x)$ 的分母為零，所以結論為 $f$ 的定義域是除了 $-1$ 與 $2$ 以外的所有實數組成的集合。同樣地，$f$ 的定義域是 $(-\infty, -1) \cup (-1, 2) \cup (2, \infty)$。

**b.** 首先看 $f(x)$ 的分子。根號內的數必須為非負數，所以 $x+1 \geq 0$ 即 $x \geq -1$。接著因為任何數都不可除以零，所以 $2x-1 \neq 0$。當 $x = \dfrac{1}{2}$，即 $2x-1 = 0$，所以 $x \neq \dfrac{1}{2}$。故 $f$ 的定義域是 $[-1, \dfrac{1}{2}) \cup (\dfrac{1}{2}, \infty)$。 ∎

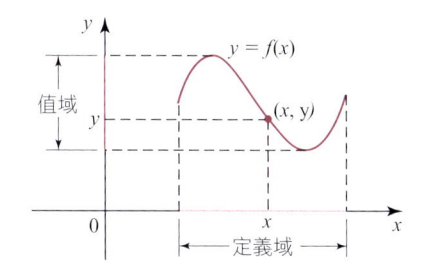

---

**定義 函數的圖形**

函數 $f$ 的圖形是由滿足 $y = f(x)$ 的所有點 $(x, y)$ 所組成的集合，其中 $x$ 在 $f$ 的定義域裡。

$f$ 圖形使我們能具體看見此函數（圖 1.24）。

**註** 若函數定義為 $y = f(x)$，則 $f$ 的定義域為所有 $x$ 值組成的集合，並且 $f$ 的值域為所有 $y$ 值組成的集合。 ∎

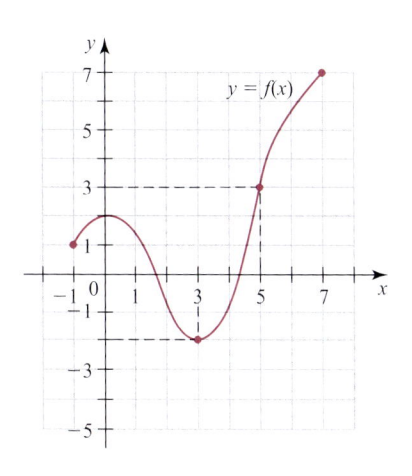

**圖 1.24** 函數 $f$ 的圖形

**例題 5** 函數 $f$ 的圖形展示於圖 1.25。

**a.** 試問 $f(3)$ 與 $f(5)$ 分別為何？

**b.** 試問點 $(3, f(3))$ 到 $x$ 軸的距離為何？點 $(5, f(5))$ 到 $x$ 軸的距離為何？

**c.** 試問 $f$ 的定義域為何？$f$ 的值域為何？

**解**

**a.** 由 $f$ 的圖形得知，當 $x = 3$，$y = -2$，結論為 $f(3) = -2$。同理可得 $f(5) = 3$。

**b.** 點 $(3, -2)$ 在 $x$ 軸的下方，所以可以看到點 $(3, f(3))$ 到 $x$ 軸的距離為 $-f(3) = -(-2) = 2$ 個單位。點 $(5, f(5))$ 在 $x$ 軸的上方，所以它到 $x$ 軸的距離為 $f(5)$，或 $3$ 個單位。

**c.** 由圖形得知 $x$ 的範圍在 $x = -1$ 與 $x = 7$ 之間且包含這兩點。所以 $f$ 的定義域為 $[-1, 7]$，接著得知所有 $y$ 的值是在 $-2$ 與 $7$ 之間並包含兩個端點（可用食指沿著 $x$ 軸從 $x = -1$ 到 $x = 7$ 畫過去，看到圖形在 $y$ 軸所對應的每個點）。因此，$f$ 的值域為 $[-2, 7]$。 ∎

**圖 1.25** 函數 $f$ 的圖形

**例題 6** 繪畫 $f(x) = \dfrac{1}{x}$ 的圖形。試問 $f$ 的值域為何？

**解** $f$ 的定義域是 $(-\infty, 0) \cup (0, \infty)$。由下面 $x$ 與 $y$ 之關係的圖表中得到圖 1.26 $f$ 的圖形。

| $x$ | $\dfrac{1}{3}$ | $\dfrac{1}{2}$ | 1 | 2 | 3 | $-3$ | $-2$ | $-1$ | $-\dfrac{1}{2}$ | $-\dfrac{1}{3}$ |
|---|---|---|---|---|---|---|---|---|---|---|
| $y$ | 3 | 2 | 1 | $\dfrac{1}{2}$ | $\dfrac{1}{3}$ | $-\dfrac{1}{3}$ | $-\dfrac{1}{2}$ | $-1$ | $-2$ | $-3$ |

令 $f(x) = y$ 可得 $\dfrac{1}{x} = y$，即 $x = \dfrac{1}{y}$，其中 $y \ne 0$。這表示對於不為零的 $y$ 在 $f$ 的定義域裡一定有一個 $x$，使得 $x$ 對應到 $y$。所以 $f$ 的值域是 $(-\infty, 0) \cup (0, \infty)$。 ■

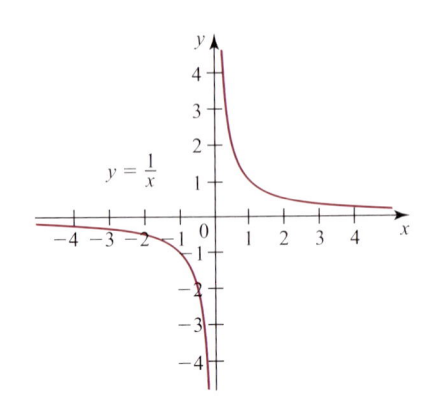

**圖 1.26**

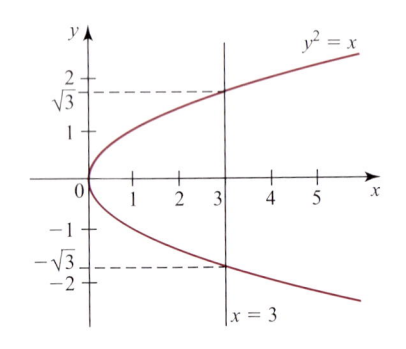

$f(x) = \dfrac{1}{x}$ 的圖形

**圖 1.27**

數 3 有兩個像——$-\sqrt{3}$ 和 $\sqrt{3}$

### ■ 垂直線檢驗

考慮方程式 $y^2 = x$。解 $y$ 為 $x$ 的函數可得

$$y = \pm\sqrt{x} \tag{3}$$

每個正數 $x$ 有兩個不同的 $y$ 值與它對應——例如：$y^2 = x$ 並沒有將 $y$ 表示成 $x$ 的函數，所以數 3 對應到兩個像 $-\sqrt{3}$ 與 $\sqrt{3}$。$y^2 = x$ 的圖形展示於圖 1.27。

注意垂直線 $x = 3$ 與圖形 $y^2 = x$ 相交於兩點分別為 $(3, -\sqrt{3})$ 和 $(3, \sqrt{3})$。幾何上證明了之前所觀察到的現象，即 $x = 3$ 對應到兩個值 $y = -\sqrt{3}$ 與 $y = \sqrt{3}$。這些觀察引導出判斷方程式圖形是否為函數的準則。

> **垂直線檢驗**
>
> $xy$ 平面上的一條曲線是方程式 $y = f(x)$ 的函數圖形，若且唯若沒有垂直線和圖形相交超過一點。

### ■ 區段定義的函數

在某些情況下，一個函數被定義成許多方程式，每個方程式只在此函數定義域的某一部分有意義。

**例題 7** 繪畫絕對值函數 $f(x) = |x|$ 的圖形。

**解** 只要找 $f$ 圖形中的幾個點並繪畫經過這幾個點之適合的圖形。或者也可依照下面的過程繪圖。回想

$$|x| = \begin{cases} x, & x \ge 0 \\ -x, & x < 0 \end{cases}$$

它顯示在函數的定義域 $(-\infty, \infty)$ 上，$f(x) = |x|$ 是定義為區段式的。

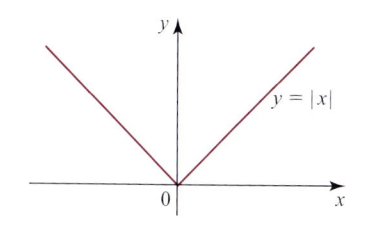

**圖 1.28**

$f = |x|$ 的圖形包含 $y = -x$ 的左半線和 $y = x$ 的右半線

**圖 1.29**

在 $f$ 的子定義域 $[0, \infty)$，$f$ 的規則是 $f(x) = x$。所以 $f$ 的圖形與 $y = x$ 在 $x \geq 0$ 時完全吻合，這就是直線方程式 $y = x$ 的右半線。在 $f$ 的子定義域 $(-\infty, 0]$，$f$ 的規則是 $f(x) = -x$，在這個範圍的 $f$ 圖形與直線方程式 $y = -x$ 的左半線完全吻合。$f$ 的圖形展示於圖 1.28。

**例題 8** 繪畫函數

$$f(x) = \begin{cases} x, & x < 1 \\ \frac{1}{4}x^2 - 1, & x \geq 1 \end{cases}$$

的圖形。

**解** $f$ 是定義為區段式的，它的定義域是 $(-\infty, \infty)$。在它的子定義域 $(-\infty, 1)$，$f$ 的規則是 $f(x) = x$，所以這一部分 $f$ 的圖形是直線方程式 $y = x$ 的一個半線。在子定義域 $[1, \infty)$，$f$ 的規則是 $f(x) = \frac{1}{4}x^2 - 1$。我們採用下列的表格繪畫這一區段 $f$ 的圖形。

| $x$ | 1 | 2 | 3 | 4 |
|---|---|---|---|---|
| $f(x) = \frac{1}{4}x^2 - 1$ | $-\frac{3}{4}$ | 0 | $\frac{5}{4}$ | 3 |

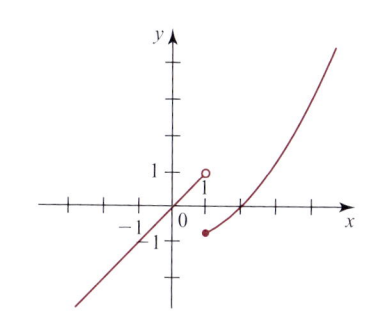

$f$ 的圖形展示於圖 1.29。

**註** 當計算一個定義為區段式的函數時，務必要確定用對方程式。例如：前一個例子要計算 $f(\frac{1}{2})$，已知 $x = \frac{1}{2}$ 是在子定義域 $(-\infty, 1)$ 內，所以使用 $f(x) = x$，可得 $f(\frac{1}{2}) = \frac{1}{2}$。要計算 $f(5)$ 時，使用 $f(x) = \frac{1}{4}x^2 - 1$，可得 $f(5) = \frac{21}{4}$。

## 偶函數與奇函數

函數 $f$ 在其定義域裡的每個元素都滿足 $f(-x) = f(x)$，稱它為**偶函數**（even function）。偶函數的圖形對稱於 $y$ 軸（圖 1.30a）。$f(-x) = (-x)^2 = x^2 = f(x)$，所以偶函數的一個例子是 $f(x) = x^2$。

函數 $f$ 在其定義域裡的每個元素都滿足 $f(-x) = -f(x)$，稱它為**奇函數**（odd function）。奇函數的圖形對稱於原點（圖 1.30b）。$f(-x) = (-x)^3 = -x^3 = -f(x)$，所以奇函數的一個例子是 $f(x) = x^3$。

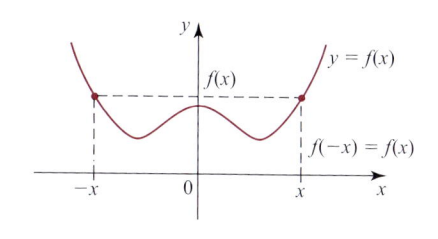

**例題 9** 判斷下列函數是偶函數、奇函數，或都不是：

**a.** $f(x) = x^3 - x$  **b.** $g(x) = x^4 - x^2 + 1$  **c.** $h(x) = x - 2x^2$

**解**

**a.** $f(-x) = (-x)^3 - (-x) = -x^3 + x = -(x^3 - x) = -f(x)$。所以，$f$ 是奇函數。

(a) $f$ 是偶函數

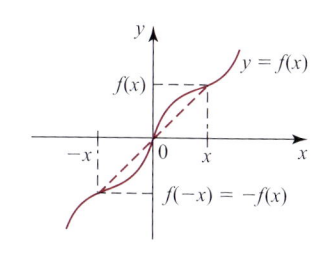

(b) $f$ 是奇函數

**圖 1.30**

**b.** $g(-x) = (-x)^4 - (-x)^2 + 1 = x^4 - x^2 + 1 = g(x)$，因此 $g$ 是偶函數。

**c.** $h(-x) = (-x) - 2(-x)^2 = -x - 2x^2$，既不等於 $h(x)$ 也不等於 $-h(x)$，因此結論為 $h$ 既不是偶函數也不是奇函數。

函數 $f$, $g$ 與 $h$ 的圖形展示於圖 1.31。

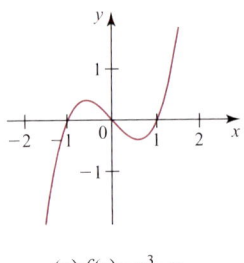

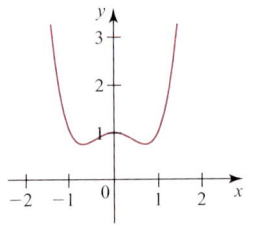

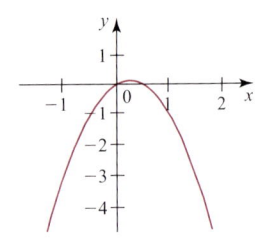

(a) $f(x) = x^3 - x$    (b) $g(x) = x^4 - x^2 + 1$    (c) $h(x) = x - 2x^2$

**圖 1.31**

## 1.2 習題

1. 已知 $f(x) = 3x + 4$，求 $f(0), f(-4), f(a), f(-a), f(a+1), f(2a), f(\sqrt{a})$ 與 $f(x+1)$。

2. 已知 $g(x) = -x^2 + 2x$，求 $g(-2), g(\sqrt{3}), g(a^2), g(a+h)$ 與 $\dfrac{1}{g(3)}$。

3. 已知 $f(x) = 2x^3 - x$，求 $f(-1), f(0), f(x^2), f(\sqrt{x})$ 與 $f(\dfrac{1}{x})$。

4. 已知 $f(x) = \begin{cases} x^2 + 1, & x \leq 0 \\ \sqrt{x}, & x > 0 \end{cases}$，求 $f(-2), f(0)$ 與 $f(1)$。

5. 已知 $f(x) = x^2$，計算並簡化 $\dfrac{f(x) - f(1)}{x - 1}$，其中 $x \neq 0$。

6. 已知 $f(x) = x - x^2$，計算並簡化 $\dfrac{f(x+h) - f(x)}{h}$，其中 $h \neq 0$。

7. **a.** 已知 $f(x) = x^2 - 2x + k$ 與 $f(1) = 3$，求 $k$。
   **b.** 已知 $g(t) = |t-1| + k$ 與 $g(-1) = 0$，求 $k$。

8-13 題，寫出下列函數的定義域。

8. $f(x) = \dfrac{3x+1}{x^2}$

9. $g(t) = \dfrac{t+1}{2t^2 - t - 1}$

10. $f(x) = \sqrt{9 - x^2}$

11. $f(x) = \sqrt{x-2} + \sqrt{4-x}$

12. $f(x) = \dfrac{\sqrt{x+2} + \sqrt{2-x}}{x^3 - x}$

13. $f(x) = \dfrac{x^3 + 1}{x\sqrt{x^2 - 1}}$

14. 參考以下的函數圖形。

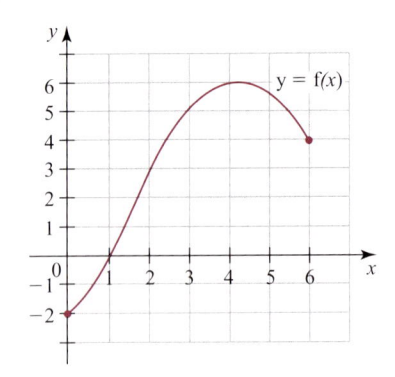

**a.** 求 $f(0)$。
**b.** 求滿足：(i) $f(x) = 3$；和 (ii) $f(x) = 0$ 的 $x$ 值。
**c.** 寫出 $f$ 的定義域。    **d.** 寫出 $f$ 的值域。

15. 判斷點 $P(3, 3)$ 是否在函數 $f(x) = \dfrac{x+1}{\sqrt{x^2 + 7}} + 2$ 的圖形上。

16-19 題，寫出下列函數的定義域並繪圖，試問函數的值域為何？

**16.** $f(x) = -2x + 1$  **17.** $g(x) = \sqrt{x-1}$

**18.** $h(x) = \sqrt{x^2 - 1}$  **19.** $f(x) = \begin{cases} -x+1, & x \le 1 \\ x^2 - 1, & x > 1 \end{cases}$

20-21 題，用垂直線檢驗法來判斷下列曲線是否為 $x$ 的函數圖形。

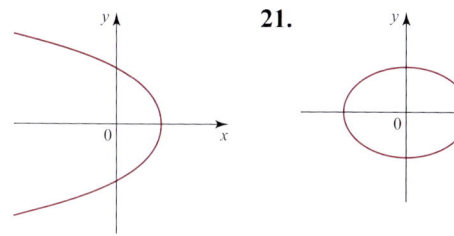

**20.**  **21.**

**22.** 參照 20 題的圖形，試問它是 $y$ 的函數圖形嗎？解釋你的結論。

23-24 題，判斷給予之圖形的函數是偶函數、奇函數，或都不是。

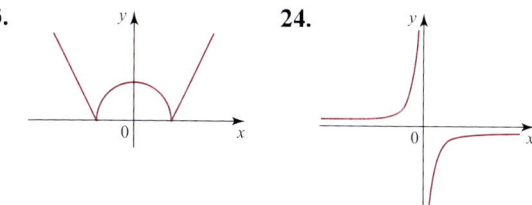

**23.**  **24.**

25-27 題，判斷給予的函數是偶函數、奇函數，或都不是。

**25.** $f(x) = 1 - 2x^2$  **26.** $f(x) = 2x^3 - 3x + 1$

**27.** $f(x) = \dfrac{|x|+1}{x^4 - 2x^2 + 3}$

**28.** 若一個函數有如下的性質：只要 $x$ 在它的定義域裡，$-x$ 也會在它的定義域裡。試證 $f$ 可表示成一個偶函數與一個奇函數的和。

29-30 題，判斷下列敘述是對或是錯。如果它是對，解釋你的理由。如果它是錯，請解釋你的理由或舉例說明。

**29.** 若 $a = b$，則 $f(a) = f(b)$。

**30.** 若 $f$ 是一個函數，則 $f(a + b) = f(a) + f(b)$。

## 1.3 三角函數

### ■ 角

一個在平面上的角是對一個射線的端點來轉動所產生的，此射線的開始位置稱為這個角的起始邊，結束位置稱為這個角的終點邊，並且兩邊相交的點稱為此角的**頂點**（vertex）（圖 1.32a）。

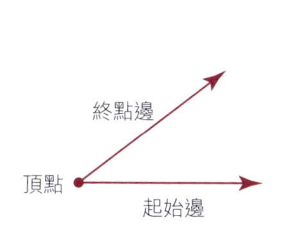

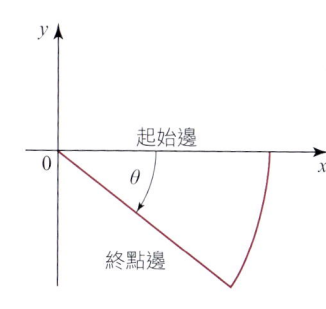

| 圖 1.32    (a) 一個角    (b) 標準位置的一個正角    (c) 標準位置的一個負角

在一直角坐標系統中，若一個角 $\theta$ 的頂點在原點而且它的初始邊與 $x$ 軸的正方向完全吻合，則稱此角（$\theta$）為在**標準位置**（standard position）。若它是以逆時針方向旋轉而得，則此角是**正的**（positive），若它是以順時針方向旋轉而得，則此角為**負的**（negative）（圖 1.32b、圖 1.32c）。

## 角度的弳度量

角度的單位可用度或弳度來表示。在微積分中,弳度量簡化了我們的工作,我們喜歡用它表示角度的單位。

> **定義　角度的弳度量**
> 若 $s$ 表示半徑為 $r$ 的圓之圓心角 $\theta$ 所對應的弧長,則
> $$\theta = \frac{s}{r} \qquad (1)$$
> 是 $\theta$ 的**弳度量**(radian measure)(圖 1.33)。

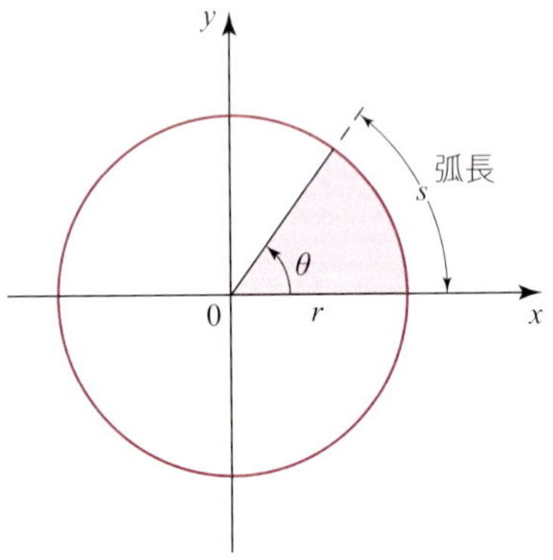

**圖 1.33**

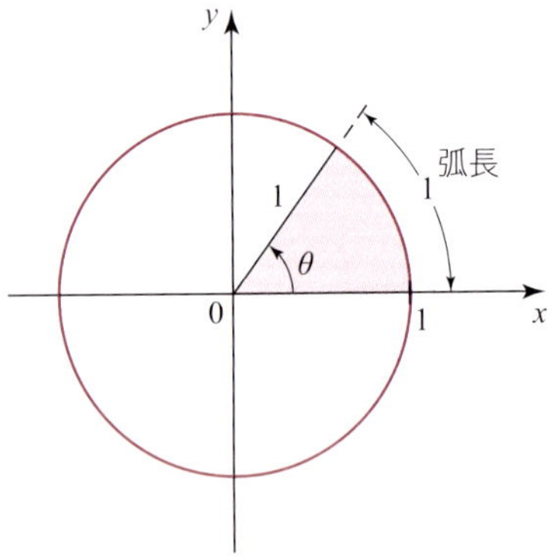

為了方便,我們講解時常用**單位圓**(unit circle),亦即,圓心在原點、半徑為 1 的圓。在單位圓上,角度為 1 弳度的弧長是 1(圖 1.34)。圖 1.34 中角度的單位寫成 $\theta = 1$ 弳度或 $\theta = 1$。習慣上,若未特別指定所用的單位時,都直接認定是用弳度。

單位圓的周長是 $2\pi$ 且圓心角旋轉一周是 $360°$,所以

$$2\pi \text{ 弳度 (rad)} = 360°$$

即

$$1 \text{ 弳度} = \left(\frac{180}{\pi}\right)° \qquad (2)$$

且

$$1° = \frac{\pi}{180} \text{ 弳度} \qquad (3)$$

**圖 1.34**
單位圓 $x^2 + y^2 = 1$

這些關係提供下列有用的轉換規則。

### 度和弳度的轉換

度轉換成弳度時只要乘上 $\frac{\pi}{180}$。

弳度轉換成度時只要乘上 $\frac{180}{\pi}$。

**例題 1** 將下列角度轉換成弳度。
**a.** $60°$ **b.** $300°$ **c.** $-225°$

**解**

**a.** $60 \cdot \frac{\pi}{180} = \frac{\pi}{3}$,即 $\frac{\pi}{3}$ 弳度　**b.** $300 \cdot \frac{\pi}{180} = \frac{5\pi}{3}$,即 $\frac{5\pi}{3}$ 弳度

**c.** $-225 \cdot \frac{\pi}{180} = -\frac{5\pi}{4}$,即 $-\frac{5\pi}{4}$ 弳度

## 1.3 三角函數

**例題 2** 將下列角度轉換成度。

**a.** $\dfrac{\pi}{3}$ 弳度  **b.** $\dfrac{3\pi}{4}$ 弳度  **c.** $-\dfrac{7\pi}{4}$ 弳度

**解**

**a.** $\dfrac{\pi}{3} \cdot \dfrac{180}{\pi} = 60$，即 $60°$  **b.** $\dfrac{3\pi}{4} \cdot \dfrac{180}{8\pi} = 135$，即 $135°$

**c.** $-\dfrac{7\pi}{4} \cdot \dfrac{180}{\pi} = -315$，即 $-315°$

同時有相同的起始邊與相同的終點邊的角度不只一個，我們稱這樣的角度為**同界角**（coterminal）。例如：角度 $4\pi/3$ 與 $\theta = -2\pi/3$ 有相同的起始邊與相同的終點邊（圖 1.35）。

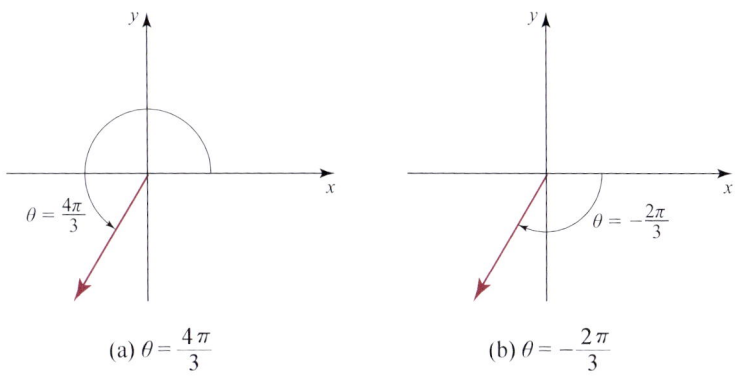

**圖 1.35**
同界角

(a) $\theta = \dfrac{4\pi}{3}$    (b) $\theta = -\dfrac{2\pi}{3}$

一個角度可以大於 $2\pi$ 弳度。譬如角度 $3\pi$ 弳度是逆時針方向旋轉一射線一圈半而得（圖 1.36a）。同理，角度 $-5\pi/2$ 弳度是順時針方向旋轉一又四分之一圈而得（圖 1.36b）。

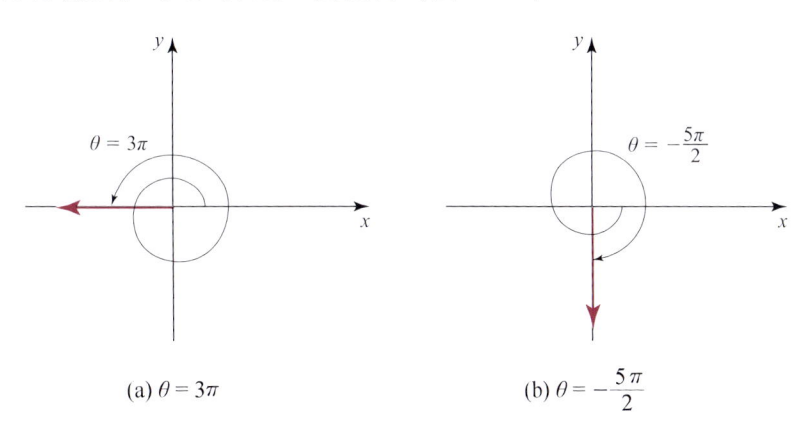

**圖 1.36**
旋轉超過一圈的角

(a) $\theta = 3\pi$    (b) $\theta = -\dfrac{5\pi}{2}$

表 1.2 展示一些常見角度的弳度與度的對照表，要完全熟記這些相對應的值。

**表 1.2**

| 度 | 0° | 30° | 45° | 60° | 90° | 120° | 135° | 150° | 180° | 270° | 360° |
|---|---|---|---|---|---|---|---|---|---|---|---|
| 弳度 | 0 | $\dfrac{\pi}{6}$ | $\dfrac{\pi}{4}$ | $\dfrac{\pi}{3}$ | $\dfrac{\pi}{2}$ | $\dfrac{2\pi}{3}$ | $\dfrac{3\pi}{4}$ | $\dfrac{5\pi}{6}$ | $\pi$ | $\dfrac{3\pi}{2}$ | $2\pi$ |

重寫式 (1)，$\theta = s/r$，可得下面圓弧長度的公式。

> 圓弧長度
> $$s = r\theta \qquad (4)$$

另一個相關的公式是求扇形面積，在後面的微積分中會用到。

> 扇形面積
> $$A = \frac{1}{2}r^2\theta \qquad (5)$$

**註** 式 (4) 與式 (5) 中的 $\theta$ 必須用弳度表示。

**例題 3** 於半徑 3 的圓中，試問圓心角為 $7\pi/6$ 弳度的弧長為何？

**解** 由式 (4) 可得弧長

$$s = 3\left(\frac{7\pi}{6}\right) = \frac{7\pi}{2}$$

由式 (5) 可得扇形面積。因此，

$$A = \frac{1}{2}r^2\theta = \frac{1}{2}(3)^2\left(\frac{7\pi}{6}\right) = \frac{21\pi}{4}$$

## ■ 三角函數

一般用兩種方式來定義六個三角函數，這裡扼要說明每一種方法。

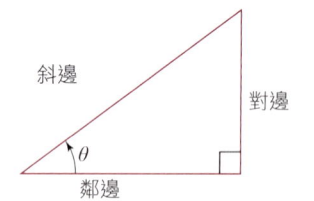

| 圖 1.37

| 圖 1.38
單位圓

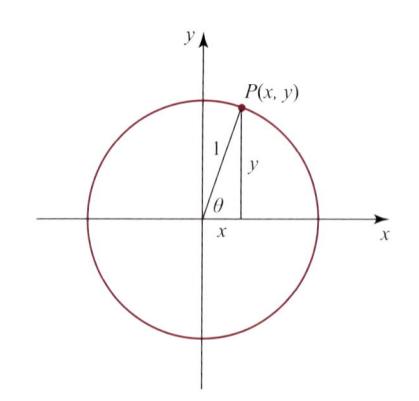

> **三角函數**
>
> **直角三角函數的定義**
>
> 對於一個銳角 $\theta$（圖 1.37）
>
> $\sin\theta = \dfrac{對邊}{斜邊}$　　$\cos\theta = \dfrac{鄰邊}{斜邊}$　　$\csc\theta = \dfrac{斜邊}{對邊}$
>
> $\sec\theta = \dfrac{斜邊}{鄰邊}$　　$\tan\theta = \dfrac{對邊}{鄰邊}$　　$\cot\theta = \dfrac{鄰邊}{對邊}$
>
> **單位圓的定義**
>
> 令 $\theta$ 表示在標準位置的一個角，且 $P(x, y)$ 表示終點邊與單位圓相交的點（圖 1.38），則

$$\sin\theta = y \qquad\qquad \cos\theta = x$$

$$\csc\theta = \frac{1}{y},\quad y\neq 0 \qquad \sec\theta = \frac{1}{x},\quad x\neq 0$$

$$\tan\theta = \frac{y}{x},\quad x\neq 0 \qquad \cot\theta = \frac{x}{y},\quad y\neq 0$$

參考在單位圓上的點 $P(x, y)$（圖 1.38），得知 $P$ 的坐標可寫成

$$x = \cos\theta \quad 與 \quad y = \sin\theta \tag{6}$$

**註** 當 $x = 0$，$\tan\theta$ 與 $\sec\theta$ 是沒有定義。當 $y = 0$，$\cot\theta$ 與 $\csc\theta$ 也沒有定義。

表 1.3 列出某些特定角的三角函數值。這些值常出現在有三角函數的題目中，將這些值背起來對將來很有幫助。圖 1.39 中的直角三角形有助於記憶這些值。

| 表 1.3

| $\theta$（弳度） | $\theta$（度） | $\sin\theta$ | $\cos\theta$ | $\tan\theta$ |
|---|---|---|---|---|
| $\dfrac{\pi}{6}$ | 30° | $\dfrac{1}{2}$ | $\dfrac{\sqrt{3}}{2}$ | $\dfrac{\sqrt{3}}{3}$ |
| $\dfrac{\pi}{4}$ | 45° | $\dfrac{\sqrt{2}}{2}$ | $\dfrac{\sqrt{2}}{2}$ | 1 |
| $\dfrac{\pi}{3}$ | 60° | $\dfrac{\sqrt{3}}{2}$ | $\dfrac{1}{2}$ | $\sqrt{3}$ |

對應於 $\theta$ 的三角函數值，它的正負符號是由 $\theta$ 終點邊所在的象限決定。圖 1.40 顯示那些在各象限是正值的函數，如此其他函數值在各象限的正負符號就容易記了，因為它們都是負的。

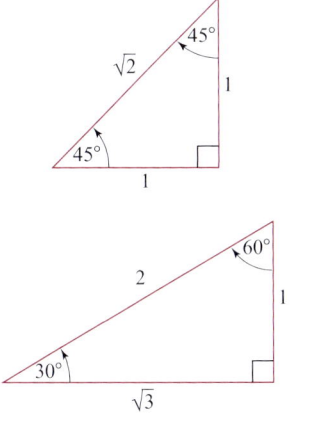

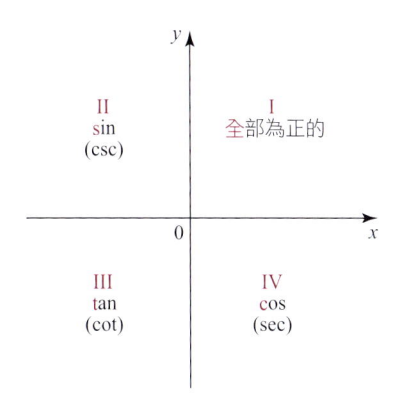

| 圖 1.39

| 圖 1.40

記住在每個象限是正值的三角函數，沒有寫出來的就是負值

我們用參考角的觀念來計算其他非第一象限的三角函數值。角 $\theta$ 的**參考角**（reference angle）是 $x$ 軸與角 $\theta$ 終點邊所夾的銳角。圖 1.41 描述各象限的參考角。

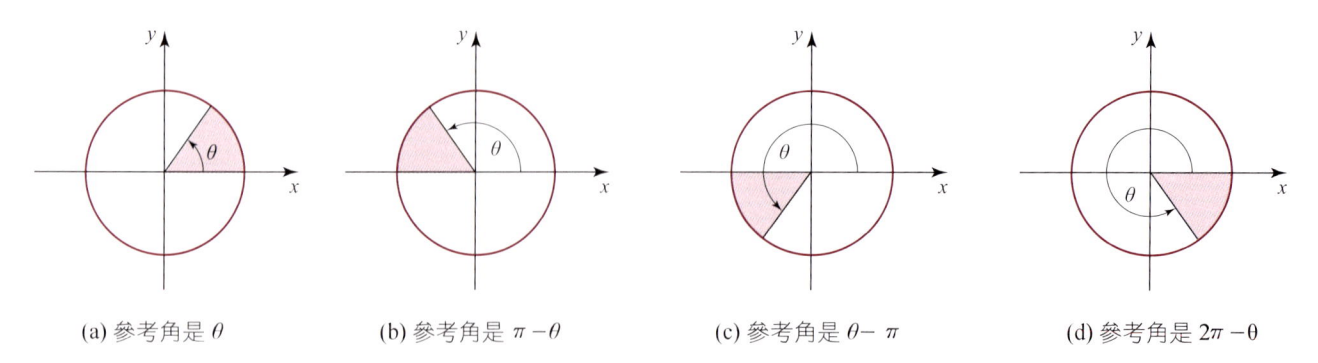

(a) 參考角是 $\theta$
(b) 參考角是 $\pi-\theta$
(c) 參考角是 $\theta-\pi$
(d) 參考角是 $2\pi-\theta$

**圖 1.41**

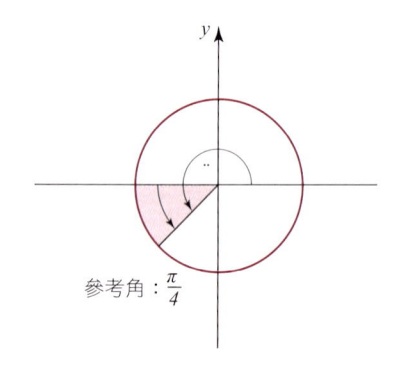

**圖 1.42**

$\theta = 5/4\pi$ 的參考角是 $\frac{\pi}{4}$ 或 $45°$

下個例題解釋如何計算角的三角函數值。

**例題 4** 求角 $5\pi/4$ 的正弦、餘弦和正切的值。

**解** 先計算給予角的參考角，如圖 1.42 所示。這個參考角是 $(5\pi/4) - \pi = \pi/4$ 或 $45°$。因為 $\sin 45° = \sqrt{2}/2$ 且正弦在第三象限是負的，所以 $\sin(5\pi/4) = -\sqrt{2}/2$。同理，$\cos 45° = \sqrt{2}/2$ 且餘弦在第三象限是負的，所以 $\cos(5\pi/4) = -\sqrt{2}/2$。最後，$\tan 45° = 1$ 且正切在第三象限為正，故 $\tan(5\pi/4) = 1$。∎

例題 4 算的三角函數值是**精確**值。若用計算機，則可計算三角函數的近似值。當使用計算機，要確定使用的模式是正確。例如：計算 $\sin(5\pi/4)$ 時，先設定為強度的模式，再輸入 $\sin(5\pi/4)$。它的結果為

$$\sin \frac{5\pi}{4} \approx -0.7071068$$

答案中小數點後的個數與使用的計算機有關。於例題 4 中 $\sin(5\pi/4)$ 的精確值為 $-\sqrt{2}/2$。注意使用計算機時，不需要用參考角。

## ■ 三角函數的圖形

再次參考圖 1.43 的單位圓，$2\pi$ 強度的角是對應於單位圓完整一周。$P(x, y) = (\cos\theta, \sin\theta)$ 是角 $\theta$ 終點邊與單位圓的交點，所以 $\cos\theta$ 與 $\sin\theta$ 的值分別在相繼旋轉的每一周都相同。

因此，

$$\sin(\theta + 2\pi) = \sin\theta \quad \text{與} \quad \cos(\theta + 2\pi) = \cos\theta \qquad \textbf{(7a)}$$

和

$$\sin(\theta + 2n\pi) = \sin\theta \quad \text{與} \quad \cos(\theta + 2n\pi) = \cos\theta \qquad \textbf{(7b)}$$

對於每個實數 $\theta$ 與整數 $n$，我們稱正弦和餘弦是週期為 $2\pi$ 的週期函數。

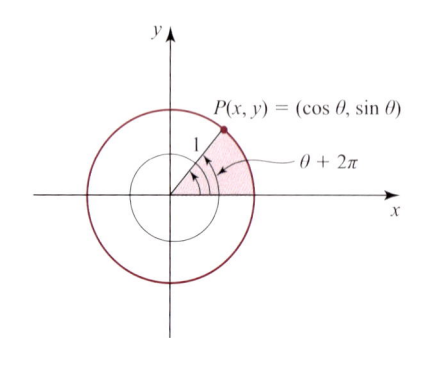

**圖 1.43**

點 $P$ 的 $x$ 和 $y$ 坐標在 $\theta$ 與 $\theta + 2\pi$ 處是相同的

一般週期函數定義如下。

### 定義　週期函數

對於 $f$ 定義域裡的每一點 $x$，若存在一個實數 $p>0$ 使得

$$f(x+p)=f(x)$$

則函數 $f$ 是**週期性的**（periodic），且最小的實數 $p$ 稱為 $f$ 的**週期**（period）。

六個三角函數圖形展示於圖 1.44。注意我們將自變數 $\theta$ 用 $x$ 取代。這裡的實數 $x$ 是以弳度為單位的角度。如圖所示，這六個三角函數都是週期函數。正弦和餘弦以及它們的倒函數——正割和餘割——的週期都是 $2\pi$，然而正切和餘切的週期是 $\pi$。

再仔細地看圖 1.44a 與圖 1.44b，我們發現圖形 $y=\sin x$ 與 $y=\cos x$ 在 $y=-1$ 與 $y=1$ 之間振盪。一般而言，$y=A\sin x$ 與 $y=A\cos x$ 的圖形在 $y=-A$ 與 $y=A$ 之間振盪，我們稱它們的振幅為 $|A|$。$y=4\sin x$

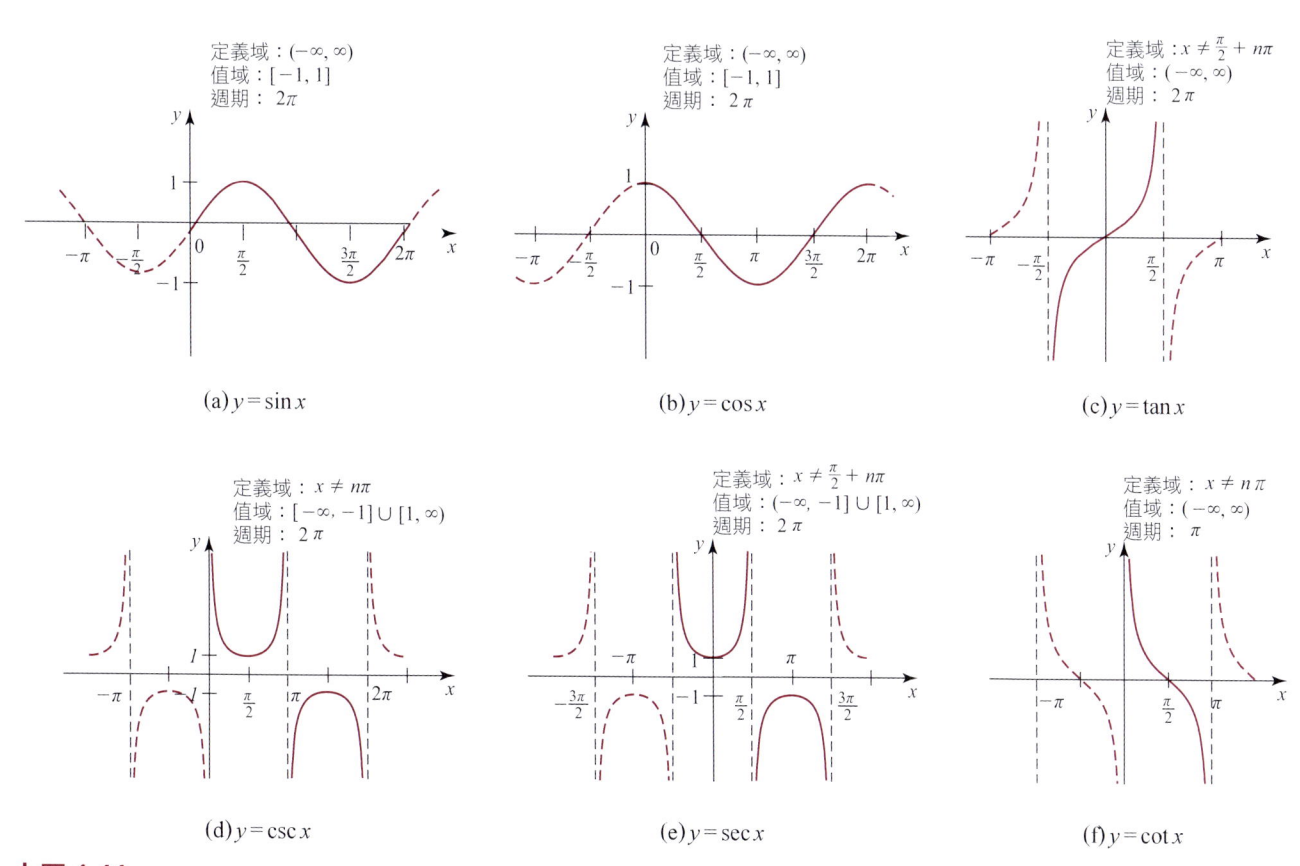

定義域：$(-\infty, \infty)$
值域：$[-1, 1]$
週期：$2\pi$

(a) $y=\sin x$

定義域：$(-\infty, \infty)$
值域：$[-1, 1]$
週期：$2\pi$

(b) $y=\cos x$

定義域：$x\neq\frac{\pi}{2}+n\pi$
值域：$(-\infty, \infty)$
週期：$2\pi$

(c) $y=\tan x$

定義域：$x\neq n\pi$
值域：$[-\infty, -1]\cup[1, \infty)$
週期：$2\pi$

(d) $y=\csc x$

定義域：$x\neq\frac{\pi}{2}+n\pi$
值域：$(-\infty, -1]\cup[1, \infty)$
週期：$2\pi$

(e) $y=\sec x$

定義域：$x\neq n\pi$
值域：$(-\infty, \infty)$
週期：$\pi$

(f) $y=\cot x$

**圖 1.44**

六個三角函數的圖形

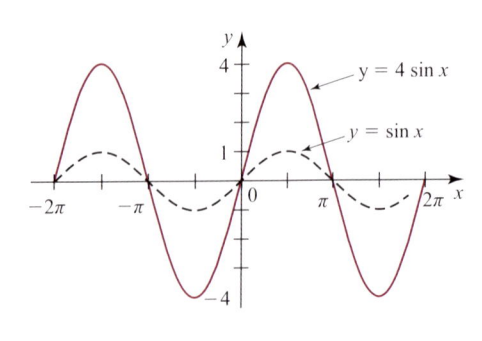

圖 1.45　(a) $y = 4 \sin x$ 的圖形與 $y = \sin x$ 的圖形重疊 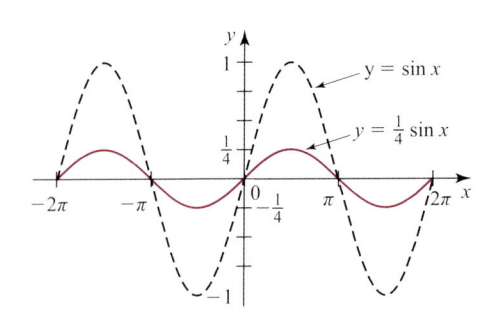　　(b) $y = \frac{1}{4} \sin x$ 的圖形與 $y = \sin x$ 的圖形重疊

與 $y = \frac{1}{4} \sin x$ 的圖形如圖 1.45a 與圖 1.45b 所示。注意 $y = 4 \sin x$ 的係數 4 表示圖形 $y = \sin x$ 在值 $-4$ 與 4 之間「延展」的意思，而 $y = \frac{1}{4} \sin x$ 的係數 $\frac{1}{4}$ 表示圖形 $y = \sin x$ 在值 $-\frac{1}{4}$ 與 $\frac{1}{4}$ 之間「壓縮」的意思。

接著將 $y = \cos 2x$ 與 $y = \cos(x/2)$ 的圖形跟 $y = \cos x$ 的圖形比較（圖 1.46a 和圖 1.46b）。要注意係數 2 有「加快」餘弦圖形的作用：它的週期從 $2\pi$ 降到 $\pi$。相對的，$\frac{1}{2}$ 有「減慢」餘弦圖形的作用：它的週期從 $2\pi$ 增加到 $4\pi$。總之，若 $B \neq 0$，則 $y = \sin Bx$ 與 $y = \cos Bx$ 的週期是 $2\pi/|B|$。

現在整理這些定義。

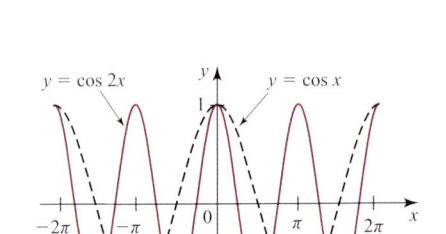

(a) $y = \cos 2x$ 的圖形與 $y = \cos x$ 的圖形重疊

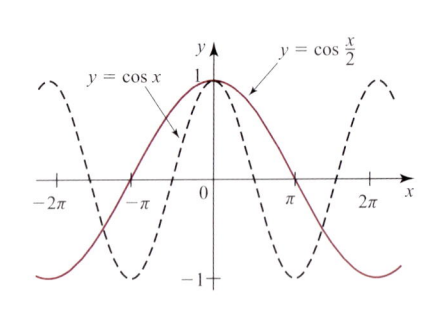

(b) $y = \cos \frac{x}{2}$ 的圖形與 $y = \cos x$ 的圖形重疊

圖 1.46

**定義　$A \sin Bx$ 和 $A \cos Bx$ 的週期和振幅**

圖形

$$f(x) = A \sin Bx \quad \text{與} \quad f(x) = A \cos Bx$$

的週期為 $2\pi/|B|$ 且**振幅**（amplitude）為 $|A|$，其中 $A \neq 0$ 和 $B \neq 0$。

**例題 5**　繪畫 $y = 3 \sin \frac{1}{2} x$ 的圖形。

**解**　$y = 3 \sin \frac{1}{2} x$ 是 $y = A \sin Bx$ 的形式，其中 $A = 3$ 與 $B = \frac{1}{2}$。所以圖形的振幅是 3 且週期為 $2\pi / |\frac{1}{2}| = 4\pi$。依據正弦曲線的圖形可畫出 $y = 3 \sin \frac{1}{2} x$ 在一個週期 $[0, 4\pi]$ 的圖形（圖 1.47）。接著正弦函數的週期特性允許我們將圖形在不同的方向各延展一個週期。

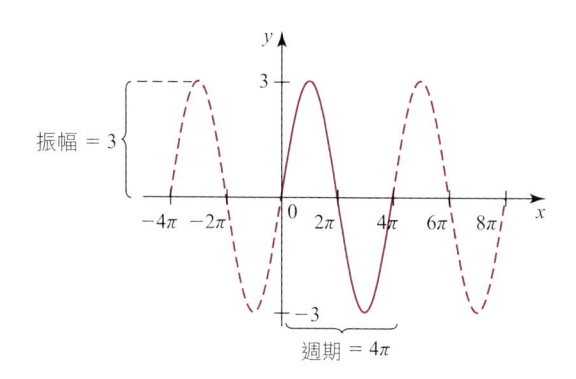

**圖 1.47**

圖形 $y = 3\sin\frac{1}{2}x$ 的振幅是 3 且週期是 $4\pi$

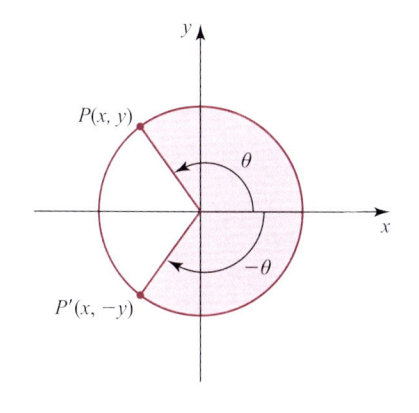

**圖 1.48**

角 $\theta$ 和 $-\theta$ 有相同的大小和相反的正負符號

### 歷史傳記

**BARTHOLOMEO PITISCUS**
(1561-1613)

數學家 Bartholomeo Pitiscus 生於 Silesia 的 Grunberg（現在的波蘭 Zielona Gora），1613 年 7 月 2 日死於德國的海德堡。1595 年，他三角函數的書（*Trigonometria*）出版後馬上成名，並且三角的名稱通用於所有數學的領域。他的書分三部分，包括平面和球面幾何、六個三角函數的故事，以及大地測量學的問題。

## 三角恆等式

圖 1.48 中，比較角 $\theta$ 與 $-\theta$，發現點 $P$ 與 $P'$ 有相同的 $x$ 坐標並且它的 $y$ 坐標只是正負符號不同。因此

$$\cos\theta = x = \cos(-\theta) \qquad (8)$$

與

$$\sin\theta = y = -\sin(-\theta) \qquad (9)$$

結論為餘弦是偶函數和正弦是奇函數。同理可證，餘割、正切和餘切都是奇函數，而正割是偶函數。這些可由各函數圖形的對稱性得證（圖 1.44）。

方程式如式 (8) 與式 (9) 表示三角函數之間的關係稱為**三角恆等式**（trigonometric identities），每個恆等式在所指定的三角函數之定義域內的 $\theta$ 都成立。

再參考單位圓上的點 $P(x, y)$（圖 1.38），等式 $x^2 + y^2 = 1$ 也可寫成

$$\cos^2\theta + \sin^2\theta = 1 \qquad (10)$$

**註** 記住 $\sin^2\theta = (\sin\theta)^2$。習慣上，$(\sin\theta)^n$ 寫成 $\sin^n\theta$。其他三角函數也一樣。

正弦和餘弦的**加**（addition）與**減**（subtraction）的公式為

$$\sin(A \pm B) = \sin A\cos B \pm \cos A\sin B \qquad (11)$$

與

$$\cos(A \pm B) = \cos A\cos B \mp \sin A\sin B \qquad (12)$$

在式 (11) 與式 (12) 中，令 $A = B$，可得**倍角**（double-angle）公式

$$\sin 2A = 2\sin A\cos A \qquad (13)$$

與

$$\cos 2A = \cos^2 A - \sin^2 A \qquad (14a)$$
$$= 2\cos^2 A - 1 \qquad (14b)$$
$$= 1 - 2\sin^2 A \qquad (14c)$$

由式 (14b) 與式 (14c) 分別解出 $\cos^2 A$ 與 $\sin^2 A$，可得**半角公式**（half-angle formulas）

$$\cos^2 A = \frac{1}{2}(1 + \cos 2A) \qquad (15)$$

與

$$\sin^2 A = \frac{1}{2}(1 - \cos 2A) \qquad (16)$$

這些和其他的三角恆等式整理於表 1.4。

**表 1.4**

| 畢氏恆等式 | 半角公式 | 加和減的公式 |
|---|---|---|
| $\cos^2\theta + \sin^2\theta = 1$ | $\cos^2 A = \frac{1}{2}(1 + \cos 2A)$ | $\sin(A \pm B) = \sin A \cos B \pm \cos A \sin B$ |
| $\tan^2\theta + 1 = \sec^2\theta$ | $\sin^2 A = \frac{1}{2}(1 - \cos 2A)$ | $\cos(A \pm B) = \cos A \cos B \mp \sin A \sin B$ |
| $\cot^2\theta + 1 = \csc^2\theta$ | | |

| 倍角公式 | 補角的餘函數 |
|---|---|
| $\sin 2A = 2\sin A \cos A$ | $\sin\theta = \cos\left(\frac{\pi}{2} - \theta\right)$ |
| $\cos 2A = \cos^2 A - \sin^2 A = 2\cos^2 A - 1$ $= 1 - 2\sin^2 A$ | $\cos\theta = \sin\left(\frac{\pi}{2} - \theta\right)$ |

**例題 6** 求方程式 $\cos 2x - \cos x = 0$ 在 $[0, 2\pi]$ 區間的解。

**解** 由恆等式 (14b)：$\cos 2x = 2\cos^2 x - 1$，可得

$$\cos 2x - \cos x = 0$$
$$(2\cos^2 x - 1) - \cos x = 0$$
$$2\cos^2 x - \cos x - 1 = 0$$
$$(2\cos x + 1)(\cos x - 1) = 0$$
$$2\cos x + 1 = 0 \quad 即 \quad \cos x - 1 = 0$$

因此，

$$\cos x = -\frac{1}{2} \quad 即 \quad \cos x = 1$$

所以 $x = 2\pi/3, 4\pi/3, 0$ 與 $2\pi$ 是在 $[0, 2\pi]$ 區間的解。∎

## 1.3 習題

1-4 題，將每個角度轉換成弧度。
1. $150°$  2. $330°$  3. $-120°$
4. $-75°$

5-8 題，將每個角度轉換成度。
5. $\dfrac{\pi}{3}$  6. $\dfrac{5\pi}{6}$  7. $-\dfrac{\pi}{2}$
8. $-\dfrac{13\pi}{4}$

9-12 題，寫出各三角函數在指定角的精確值。
9. 對於 $\theta = \pi/3$，$\sin\theta, \cos\theta$ 與 $\tan\theta$
10. 對於 $x = 2\pi/3$，$\cos x, \tan x$ 與 $\sec x$
11. 對於 $\alpha = \pi$，$\sin\alpha, \tan\alpha$ 與 $\csc\alpha$
12. 對於 $t = 17\pi/6$，$\csc t, \sec t$ 與 $\cot t$
13. 已知 $\sin\theta = \dfrac{3}{5}$ 與 $\dfrac{\pi}{2} \le \theta \le \pi$，求 $\theta$ 的其他五個三角函數值。
14. 已知 $f(x) = \sin x$，求 $f(0), f(\dfrac{\pi}{4}), f(-\dfrac{\pi}{3}), f(3\pi)$ 與 $f(a + \dfrac{\pi}{2})$。
15. 寫出 $f(t) = \sqrt{\sin t - 1}$ 的定義域。
16. 判斷下列函數是偶函數、奇函數，或都不是。
    a. $y = 2\sin x$
    b. $y = -\dfrac{\cos^2 x}{x}$
    c. $y = -\csc x$

17-21 題，證明下面的恆等式。
17. $\sec t - \cos t = \tan t \sin t$
18. $\dfrac{\sin y}{\csc y} + \dfrac{\cos y}{\sec y} = 1$
19. $\tan A + \tan B = \dfrac{\sin(A + B)}{\cos A \cos B}$
20. $\csc t - \sin t = \cos t \cot t$
21. $\sin 2\theta = 2\sin^3\theta \cos\theta + 2\sin\theta \cos^3\theta$
22. 寫出函數 $h(\theta) = 2\sin\pi\theta$ 的定義域並繪畫函數圖形，試問它的值域為何？

23-29 題，寫出函數的振幅與週期。繪畫函數一個週期的圖形。
23. $y = \sin(x - \pi)$
24. $y = \sin(x + \dfrac{\pi}{2})$
25. $y = \cos x + 2$
26. $y = 2\sin(2x + \dfrac{\pi}{2})$
27. $y = 2\sin x \cos x$
28. $y = -2\cos 3x$
29. $y = 3\cos 2x$

30-33 題，求方程式在 $[0, \pi)$ 的解。
30. $\sin 2x = 1$
31. $\cot t + 2\sec t = -3$
32. $\cos^2 x - \sin x \cos x = 0$
33. $2\cos^2 x - 3\cos x + 1 = 0$

34-36 題，判斷下列敘述是對或是錯。如果它是對，解釋你的理由。如果它是錯，請解釋你的理由或舉例說明。
34. $y = \cos x$ 和 $y = \cos(-x)$ 的圖形是一樣的。
35. $y = \cos(x + \pi)$ 和 $y = -\cos x$ 的圖形是一樣的。
36. $y = \csc x$ 的圖形對稱於 $y$ 軸。

## 1.4 函數的組合

### 函數的算術運算

許多函數是由其他簡單的函數組合的。例如：函數 $h(x) = x + (1/x)$。注意 $h$ 在 $x$ 的值是兩項的和。第一項可看成函數 $f(x) = x$，而第二項 $1/x$ 可看成函數 $g(x) = 1/x$，$h$ 可視為兩個函數 $f$ 與 $g$ 的和，即 $f + g$，定義成

$$(f + g)(x) = f(x) + g(x) = x + \dfrac{1}{x}$$

$f+g$ 的定義域是 $(-\infty, 0)\cup(0, \infty)$，它是 $f$ 與 $g$ 定義域的交集。注意方程式左邊的加號是兩個函數的運算符號（這裡是加）。

$h=f+g$ 在 $x$ 的值為 $f$ 與 $g$ 在 $x$ 之值的和，因此 $h$ 的圖形是把 $f$ 與 $g$ 的圖形在 $x$ 處所對應的 $y$ 坐標值的和視為 $h$ 在 $x$ 處的值。這個技巧可用來繪畫 $h$ 的圖形，即 $f(x)=x$ 與 $g(x)=1/x$ 之和（圖 1.49）。我們只展示在第一象限的圖形。

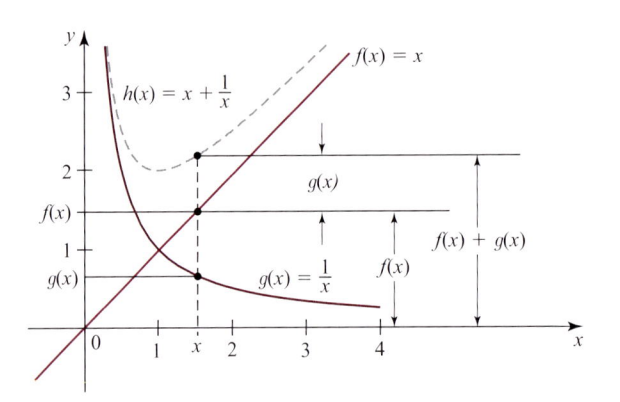

**圖 1.49**
$f, g$ 與 $h$ 的圖形

兩個函數的差、積與商也可用相似的方法定義。

---

**定義　函數的運算**

令函數 $f$ 與 $g$ 的定義域分別為 $A$ 與 $B$，則它們的和 $f+g$、差 $f-g$、積 $fg$ 與商 $f/g$ 定義如下：

$(f+g)(x) = f(x)+g(x)$ 且它的定義域為 $A\cap B$ **(1a)**

$(f-g)(x) = f(x)-g(x)$ 且它的定義域為 $A\cap B$ **(1b)**

$(fg)(x) = f(x)g(x)$ 且它的定義域為 $A\cap B$ **(1c)**

$\left(\dfrac{f}{g}\right)(x) = \dfrac{f(x)}{g(x)}$ 且它的定義域為 $\{x\,|\,x\in A\cap B$ 且 $g(x)\neq 0\}$ **(1d)**

---

**例題 1**　已知函數 $f$ 與 $g$ 定義為 $f(x)=\sqrt{x}$ 與 $g(x)=\sqrt{3-x}$。請寫出函數 $f+g, f-g, fg$ 與 $f/g$ 的定義域以及它們的規則。

**解**　$f$ 的定義域為 $[0, \infty)$，$g$ 的定義域為 $(-\infty, 3]$。所以 $f+g, f-g$ 與 $fg$ 的定義域為

$$[0, \infty) \cap (-\infty, 3] = [0, 3]$$

這些函數的規則為

$(f+g)(x) = f(x)+g(x) = \sqrt{x}+\sqrt{3-x}$　由式 (1a)

$(f-g)(x) = f(x)-g(x) = \sqrt{x}-\sqrt{3-x}$　由式 (1b)

與

$$(fg)(x) = f(x)g(x) = \sqrt{x}\sqrt{3-x} = \sqrt{3x - x^2}$$  由式 (1c)

至於 $f/g$ 的定義域必須除去使 $g(x) = \sqrt{3-x} = 0$ 的 $x$，也就是 $x = 3$。因此 $f/g$ 被定義為

$$\left(\frac{f}{g}\right)(x) = \frac{f(x)}{g(x)} = \frac{\sqrt{x}}{\sqrt{3-x}} = \sqrt{\frac{x}{3-x}}$$  由式 (1d)

它的定義域為 [0, 3)。 ■

**註**

1. 決定兩個函數的積與商的定義域時，要先檢查結合的兩個函數之定義域。常犯的一項錯誤是用它的規則推論出組合函數的定義域。例如：$f(x)=\sqrt{x}$ 與 $g(x)=2\sqrt{x}$。若 $h=fg$，則 $h(x)=f(x)g(x)=(\sqrt{x})(2\sqrt{x})=2x$。根據 $h$ 的基本規則，我們會被引導而下結論 $h$ 的定義域為 $(-\infty, \infty)$。但是記住，$h$ 是定義域為 $[0, \infty)$ 的 $f$ 與定義域為 $[0, \infty)$ 的 $g$ 相乘的函數，因此 $h$ 的定義域應為 $[0, \infty)$。

2. 方程式 (1a) 至 (1d) 可擴大應用到超過兩個函數的組合。例如：$fg-h$ 是一個函數，它的規則為

$$(fg - h)(x) = f(x)g(x) - h(x)$$ ■

## ■ 合成函數

另外有些特定函數是由更簡單的函數所建立。考慮函數 $h(x)=\sqrt{2x+1}$。令 $f$ 定義為 $f(x) = 2x+1$ 且 $g$ 定義為 $g(x) = \sqrt{x}$，則

$$h(x) = \sqrt{2x+1} = \sqrt{f(x)} = g(f(x))$$

換言之，$h$ 在 $x$ 的值可由 $g$ 在 $f(x)$ 的值計算得到。這種組合兩個函數的方法稱為**合成**（composition）。更具體的說法是 $h$ 為 $g$ 與 $f$ 的合成函數且寫成 $g \circ f$（唸成 "$g$ circle $f$"）。

---

**定義　兩個函數的合成**

已知函數 $g$ 與 $f$ 合成為一個函數並且表示為 $g \circ f$，它的定義為

$$(g \circ f)(x) = g(f(x)) \tag{2}$$

$g \circ f$ 的定義域是一個集合，它的元素 $x$ 在 $f$ 的定義域裡，同時 $f(x)$ 在 $g$ 的定義域裡。

**圖 1.50**
$f$ 的輸出是 $g$ 的輸入（依這樣的順序）

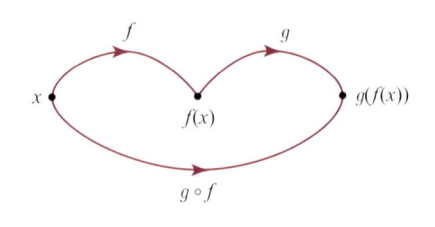

**圖 1.51**
$g \circ f$ 是經過兩個步驟將 $x$ 對應到 $g(f(x))$，先透過 $f$ 再透過 $g$

圖 1.50 詮釋合成函數 $g \circ f$，將 $g$ 和 $f$ 看作兩部機器。注意 $f$ 輸出 $f(x)$，而 $f(x)$ 是 $g$ 的輸入信息，所以 $f(x)$ 必須在 $g$ 的定義域裡。

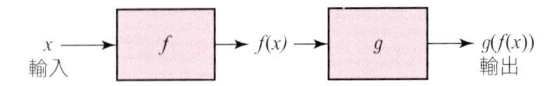

圖 1.51 展示合成函數 $g \circ f$ 可以看作變換或對應。$x$ 為 $g \circ f$ 定義域內的點對應到像 $f(x)$，它是在 $g$ 的定義域內。然後 $g$ 再把 $f(x)$ 對應到 $g(f(x))$。因此把 $g \circ f$ 看作變換，其經過兩個步驟將點 $x$ 對應到 $g(f(x))$：首先透過 $f$ 將 $x$ 對應到 $f(x)$，再透過 $g$ 將 $f(x)$ 對應到 $g(f(x))$。

**例題 2** 已知 $f$ 與 $g$ 分別定義為 $f(x) = x+1$ 與 $f(x) = \sqrt{x}$。寫出函數 $g \circ f$ 與 $f \circ g$，以及 $g \circ f$ 的定義域。

**解** $g \circ f$ 的規則是求 $g$ 在 $f(x)$ 的值。所以

$$(g \circ f)(x) = g(f(x)) = \sqrt{f(x)} = \sqrt{x+1}$$

在求 $g \circ f$ 的定義域時要記得 $f(x)$ 必須在 $g$ 的定義域內。又 $g$ 的定義域是由所有非負數所組成的集合，且 $f$ 的值域是所有 $f(x) = x+1$ 的值所組成的集合，其中 $x+1 \geq 0$ 或 $x \geq -1$。因此 $g \circ f$ 的定義域是 $[-1, \infty)$。注意所有 $x$ 都在 $f$ 的定義域裡。

$f \circ g$ 的規則是求 $f$ 在 $g(x)$ 的值。所以

$$(f \circ g)(x) = f(g(x)) = g(x) + 1 = \sqrt{x} + 1$$

$f \circ g$ 的定義域是 $[0, \infty)$，則留給讀者證明。∎

**註** 一般而言，$g \circ f \neq f \circ g$，正如例題 2 所示。所以函數的順序在合成函數中是重要的。例如：合成函數 $g \circ f$，$f$ 要先作用接著才是 $g$。∎

**例題 3** 令 $f(x) = \sin x$ 和 $g(x) = 1 - 2x$，寫出 $g \circ f$ 和 $f \circ g$ 兩個函數。它們的定義域分別為何？

**解** $(g \circ f)(x) = g(f(x)) = 1 - 2f(x) = 1 - 2\sin x$。因為 $f$ 的值域是 $[-1, 1]$，且這個區間落在 $g$ 的定義域 $(-\infty, \infty)$ 中，所以得知 $g \circ f$ 的定義域就是 $f$ 的定義域，也就是 $(-\infty, \infty)$。接著

$$(f \circ g)(x) = f(g(x)) = f(1-2x) = \sin(1-2x)$$

$g$ 的值域是 $(-\infty, \infty)$，並且它也是 $f$ 的定義域。所以 $f \circ g$ 的定義域就是 $g$ 的定義域，也就是 $(-\infty, \infty)$。∎

**例題 4** 假如 $F(x) = (x+2)^4$，寫出滿足 $F = g \circ f$ 的函數 $f$ 和 $g$。

**解** $(x+2)^4$ 可用兩個步驟來計算。首先給予任意值 $x$ 加上 2。第二

步將這個結果四次方。建議取

$$f(x) = x + 2$$

記住在 $g \circ f$ 中要先算 $f$

和

$$g(x) = x^4$$

則

$$(g \circ f)(x) = g(f(x)) = [f(x)]^4 = (x+2)^4 = F(x)$$

就得到所要的函數 $F = g \circ f$。

**註** 有許多不同的方法將函數表示成合成函數。例題 4 也可以取 $f(x) = (x+2)^2$ 和 $g(x) = x^2$。通常有一自然法則來分解一個複雜的函數。

在描述實際情形時，合成函數扮演重要的角色，一個變量跟著另一個改變，第二個跟著第三個改變。如下個例題所示。

**例題 5  油溢**  在平靜的水中，油從擱淺油輪的破裂處向各方面溢出。假設汙染的面積是圓形，其半徑是以 2 呎／秒的速度增加。寫出面積為時間的函數。

**解** 汙染的圓面積為 $g(r) = \pi r^2$，其中 $r$ 是圓的半徑，以呎為單位。圓的半徑是函數 $f(t) = 2t$，其中 $t$ 表示經過的時間，以秒為單位。所以汙染的面積 $A$ 是時間的函數 $A = g \circ f$，定義為

$$A(t) = (g \circ f)(t) = g(f(t)) = \pi [f(t)]^2 = \pi (2t)^2 = 4\pi t^2$$

合成函數可被推廣到三個或三個以上函數的合成。例如：合成函數 $h \circ g \circ f$ 是按照 $f, g$ 和 $h$ 的順序演算。所以

$$(h \circ g \circ f)(x) = h(g(f(x)))$$

**例題 6**  令 $f(x) = x - (\pi/2)$, $g(x) = 1 + \cos^2 x$ 和 $h(x) = \sqrt{x}$。求 $F = h \circ g \circ f$。

**解** $(h \circ g \circ f)(x) = h(g(f(x))) = \sqrt{g(f(x))}$，但是

$$g(f(x)) = 1 + \cos^2[f(x)] = 1 + \cos^2\left(x - \tfrac{\pi}{2}\right)$$

所以

$$(h \circ g \circ f)(x) = \sqrt{1 + \cos^2\left(x - \tfrac{\pi}{2}\right)}$$

**例題 7**  假設 $F(x) = \dfrac{1}{\sqrt{2x+3}+1}$ 且 $F = h \circ g \circ f$，求函數 $f, g$ 和 $h$。

**解** 根據 $F$ 的規則，第一步 $x$ 乘以 2 後再加 3，建議取 $f(x) = 2x + 3$。

接著將結果開平方根後再加 1，建議取 $g(x)=\sqrt{x}+1$。最後的結果取倒數，所以 $h(x) = 1/x$。因此，

$$F(x) = (h \circ g \circ f)(x) = h(g(f(x)))$$
$$= h(g(2x+3)) = h(\sqrt{2x+3}+1) = \frac{1}{\sqrt{2x+3}+1} \quad \blacksquare$$

## ■ 變換函數的圖形

有時在畫一個較複雜的圖形時，可用相關且比較簡單的圖形來變換而得。這裡將描述一些這類的變換。

**1. 垂直移位**

定義為 $g(x) = f(x) + c$ 的圖形，其中 $c$ 是一個正的常數，是由圖形 $f$ 垂直向上移動 $c$ 個單位而得（圖 1.52）。因為 $g$ 的定義域（與 $f$ 的定義域相同）裡的每個點 $x$ 在 $g$ 圖形上是點 $(x, f(x)+c)$，它剛剛好在 $f$ 圖形上的點 $(x, f(x))$ 的上面 $c$ 個單位。同樣地，定義為 $g(x) = f(x) - c$ 的圖形，其中 $c$ 是一個正的常數，可由圖形 $f$ 垂直向下移動 $c$ 個單位而得（圖 1.52）。這樣的結果是很明顯的，正如將 $g$ 想做 $f$ 與常數函數 $h(x) = c$ 的和，並且用前面講過的兩個函數和的圖形來解釋。

**2. 水平移位**

定義為 $g(x) = f(x+c)$ 的圖形，其中 $c$ 是一個正的常數，是由圖形 $f$ 向左平移 $c$ 個單位而得（圖 1.53a）。因為數 $x+c$ 是位於 $x$ 右方 $c$ 個單位，所以對於 $g$ 定義域裡的每個點 $x$ 所對應於 $g$ 圖形上的點 $(x, f(x+c))$ 剛好和 $f$ 在 $x$ 右邊 $c$ 個單位（水平測量）的點所對應的 $y$ 坐標相同。同樣地，定義為 $g(x) = f(x-c)$ 的圖形，其中 $c$ 是一個正的常數，可由圖形 $y = f(x)$ 向右平移 $c$ 個單位而得（圖 1.53b）。這些結果整理在表 1.5。

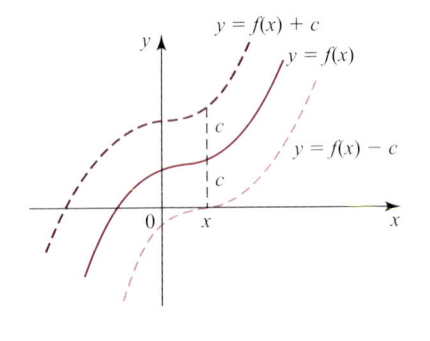

| 圖 **1.52**

圖形 $y = f(x) + c$ 和 $y = f(x) - c$，其中 $c > 0$，分別由圖形 $y = f(x)$ 垂直向上移動和垂直向下移而得

(a)      (b)

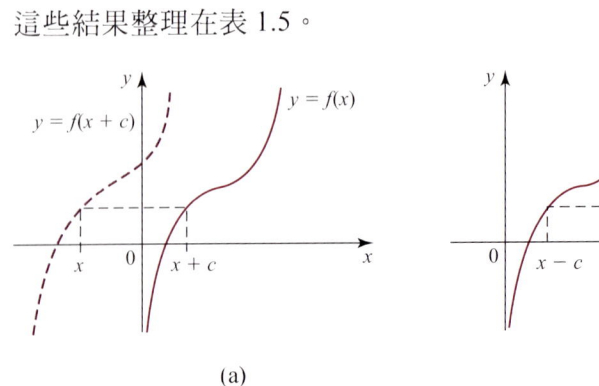

| 圖 **1.53**

圖形 $y = f(x+c)$ 和 $y = f(x-c)$，其中 $c > 0$，分別由圖形 $y = f(x)$ 向左平移和向右平移而得

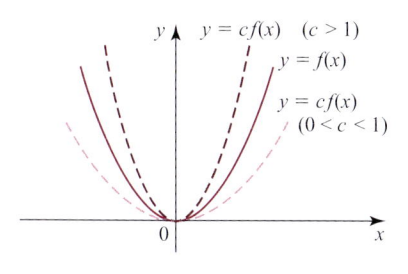

| 表 1.5
垂直和水平的移位

| 圖 1.54
圖形 $y = cf(x)$ 是由圖形 $y = f(x)$ 伸展（假如 $c > 1$）或壓縮（假如 $0 < c < 1$）而得

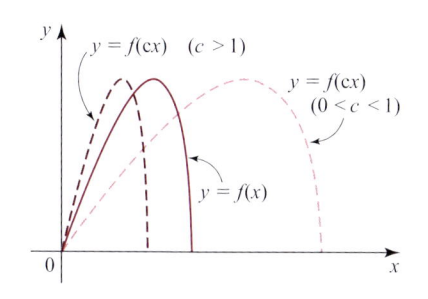

| 圖 1.55
圖形 $y = f(cx)$ 是由圖形 $y = f(x)$ 壓縮（假如 $c > 1$）和伸展（假如 $0 < c < 1$）而得

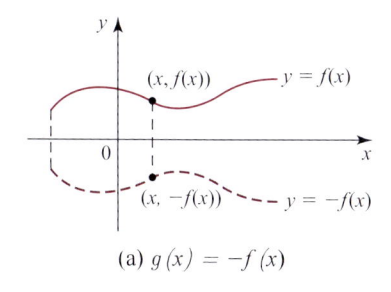

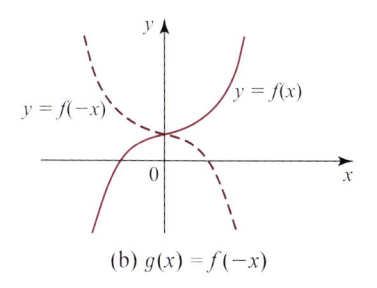

(a) $g(x) = -f(x)$

(b) $g(x) = f(-x)$

| 圖 1.56
圖形 $y = -f(x)$ 和 $y = f(-x)$ 分別是由圖形 $y = f(x)$ 對 $x$ 軸反射和對 $y$ 軸反射而得

假如 $c > 0$，則有下列情形：

| 函數 $g$ | 圖形 $g$ 由移動圖形 $f$ 而得 |
|---|---|
| $g(x) = f(x) + c$ | 向上 $c$ 個單位的距離 |
| $g(x) = f(x) - c$ | 向下 $c$ 個單位的距離 |
| $g(x) = f(x + c)$ | 向左 $c$ 個單位的距離 |
| $g(x) = f(x - c)$ | 向右 $c$ 個單位的距離 |

**3. 垂直伸展和壓縮**

定義為 $g(x) = cf(x)$ 的圖形，其中 $c$ 是一個常數並且 $c > 1$，可由圖形 $f$ 垂直伸展 $c$ 倍而得。因為 $g$ 的定義域（也是 $f$ 的定義域）裡的每個點對應於 $g$ 圖形上的點 $(x, cf(x))$，它的 $y$ 坐標是 $f$ 圖形上的點 $(x, f(x))$ 之 $y$ 坐標的 $c$ 倍（圖 1.54）。同理，假如 $0 < c < 1$，則 $g$ 的圖形可由圖形 $f$ 垂直壓縮 $1/c$ 倍而得（圖 1.54）。

**4. 水平伸展和壓縮**

定義為 $g(x) = f(cx)$ 的圖形，其中 $c$ 是一個常數並且 $0 < c < 1$，可由圖形 $f$ 水平伸展 $1/c$ 倍而得（圖 1.55）。假如 $x > 0$，則 $cx$ 位於 $x$ 的左邊。因此，$g$ 的定義域裡的每個點 $x$，圖 $g$ 上的點 $(x, g(x)) = (x, f(cx))$ 和圖 $f$ 上的 $x$ 坐標為 $cx$ 所對應的 $y$ 坐標完全相同（將 $c < 0$ 的情況留給讀者當作練習）。同理，假如 $c > 1$，則 $g$ 的圖形可由圖形 $f$ 水平壓縮 $c$ 倍而得。這些結果整理在表 1.6。

| 表 1.6　垂直和水平的伸展和壓縮

**a.** 假如 $c > 1$，則有下列情形：

| 函數 $g$ | $g$ 圖形可由 |
|---|---|
| $g(x) = cf(x)$ | 垂直伸展 $f$ 圖形 $c$ 倍而得 |
| $g(x) = f(cx)$ | 水平壓縮 $f$ 圖形 $c$ 倍而得 |

**b.** 假如 $0 < c < 1$，則有下列情形：

| 函數 $g$ | $g$ 圖形可由 |
|---|---|
| $g(x) = cf(x)$ | 垂直壓縮 $f$ 圖形 $1/c$ 倍而得 |
| $g(x) = f(cx)$ | 水平伸展 $f$ 圖形 $1/c$ 倍而得 |

**5. 反射**

函數 $g(x) = -f(x)$ 的圖形是由 $f$ 的圖形對 $x$ 軸反射而得（圖 1.56a），因為 $g$ 定義域裡的每個點 $x$ 對應於 $g$ 圖形上的點 $(x, -f(x))$ 是由點 $(x, f(x))$ 對 $x$ 軸的鏡子反射而得。同理，$g(x) = f(-x)$ 的圖形是由 $f$ 的圖形對 $y$ 軸反射而得（圖 1.56b）。這些結果整理在表 1.7。

| 表 1.7　反射

| 函數 $g$ | 圖形 $g$ 由反射圖形 $f$ 而得 |
|---|---|
| $g(x) = -f(x)$ | 對 $x$ 軸 |
| $g(x) = f(-x)$ | 對 $y$ 軸 |

**例題 8** 透過圖形 $y = x^2$ 的移動，請繪畫圖形 $y = x^2 + 2$, $y = x^2 - 2$, $y = (x+2)^2$ 和 $y = (x-2)^2$。

**解** 圖形 $y = x^2$ 如圖 1.57a 所示。圖形 $y = x^2 + 2$ 是由圖形 $y = x^2$ 垂直向上移動 2 個單位而得（圖 1.57b）。圖形 $y = x^2 - 2$ 是由圖形 $y = x^2$ 垂直向下移動 2 個單位而得（圖 1.57c）。圖形 $y = (x+2)^2$ 是由圖形 $y = x^2$ 水平向左移動 2 個單位而得（圖 1.57d）。圖形 $y = (x-2)^2$ 是由圖形 $y = x^2$ 水平向右移動 2 個單位而得（圖 1.57e）。

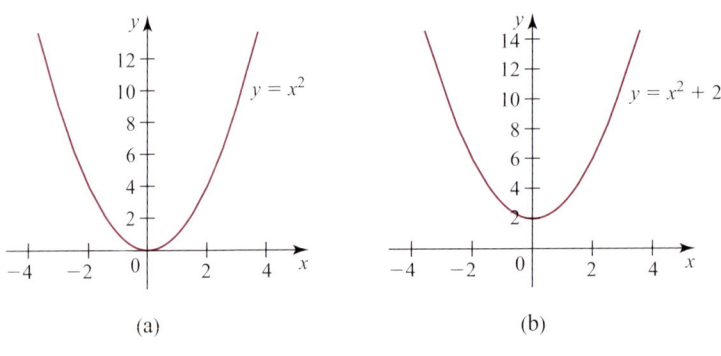

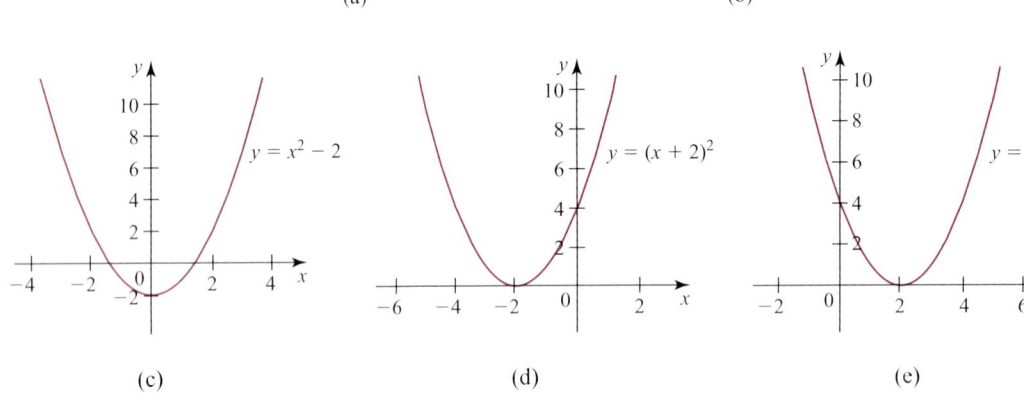

| 圖 1.57

| 圖 1.58

圖形 $y = (x-2)^2 + 2$ 是由圖形 $y = x^2$ 平移而得

**例題 9** 請繪畫函數 $f(x) = x^2 - 4x + 6$ 的圖形。

**解** 完全平方後，方程式重寫成

$$y = [x^2 - 4x + (-2)^2] + 6 - (-2)^2$$
$$= (x-2)^2 + 2$$

看出所要的圖形可由圖形 $y = x^2$ 向右移動 2 個單位後再向上移動 2 個單位而得（圖 1.58）。跟例題 8 做比較。

**例題 10** 透過圖形 $y = \sin x$ 的伸展或壓縮，畫出 $y = 2 \sin x$, $y = \frac{1}{2} \sin x$, $y = \sin 2x$ 和 $y = \sin(x/2)$ 的圖形。

**解** 圖形 $y = \sin x$ 如圖 1.59a 所示。圖形 $y = 2 \sin x$ 是由圖形 $y = \sin x$ 垂直伸展 2 倍而得（圖 1.59b）。圖形 $y = \frac{1}{2} \sin x$ 是由圖形 $y = \sin x$ 垂

直壓縮 2 倍而得（圖 1.59c）。圖形 $y = \sin 2x$ 是由圖形 $y = \sin x$ 水平壓縮 2 倍而得。事實上，$\sin x$ 的週期是 $2\pi$ 而 $\sin 2x$ 的週期是 $\pi$（圖 1.59d）。最後，圖形 $y = \sin(x/2)$ 是由圖形 $y = \sin x$ 水平伸展 2 倍而得（圖 1.59e）。

(a)

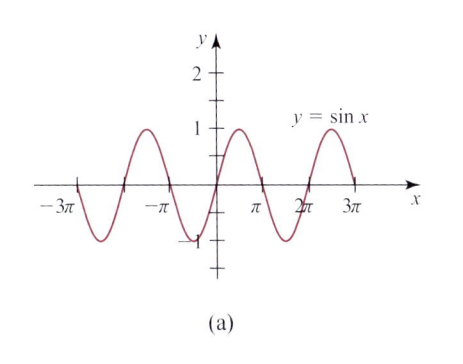

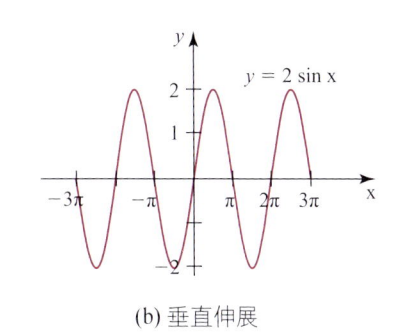

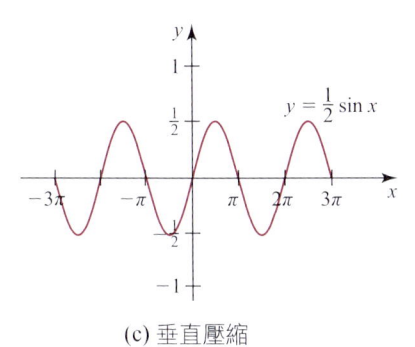

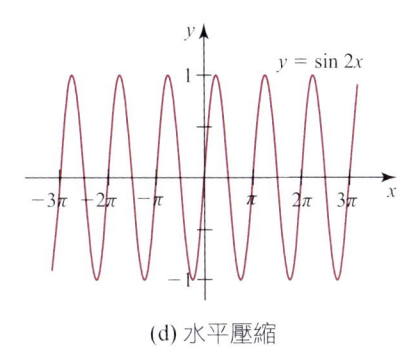

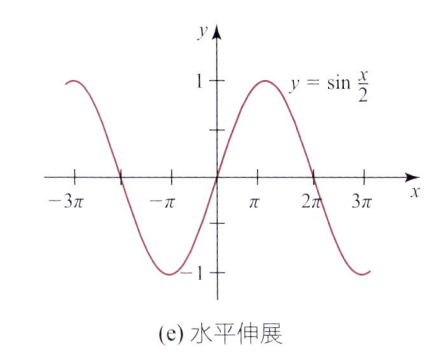

(b) 垂直伸展

(c) 垂直壓縮

(d) 水平壓縮

(e) 水平伸展

圖 1.59

**例題 11** 透過圖形 $y = \sqrt{x}$ 的伸展或壓縮，畫出 $y = -\sqrt{x}$ 和 $y = \sqrt{-x}$ 的圖形。

**解** 圖形 $y = \sqrt{x}$ 如圖 1.60a 所示。圖形 $y = -\sqrt{x}$ 是由圖形 $y = \sqrt{x}$ 對 $x$ 軸反射而得（圖 1.60b）。圖形 $y = \sqrt{-x}$ 是由圖形 $y = \sqrt{x}$ 對 $y$ 軸反射而得（圖 1.60c）。

下一個例題使用另一個有趣的變換。

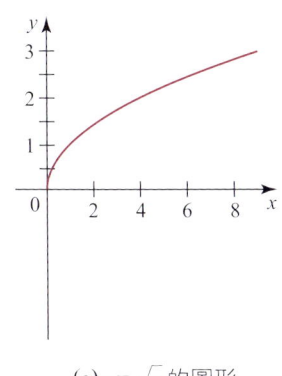

(a) $y = \sqrt{x}$ 的圖形

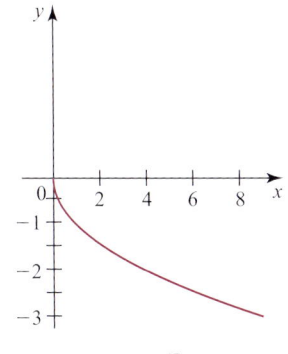

(b) $y = -\sqrt{x}$ 的圖形

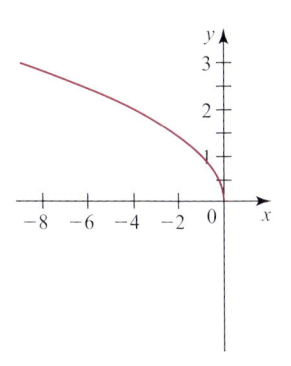

(c) $y = \sqrt{-x}$ 的圖形

圖 1.60

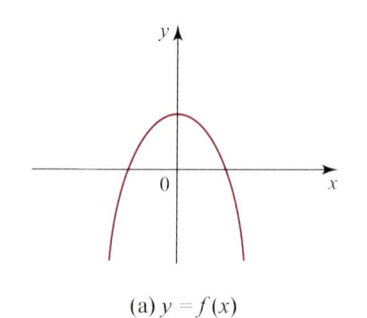

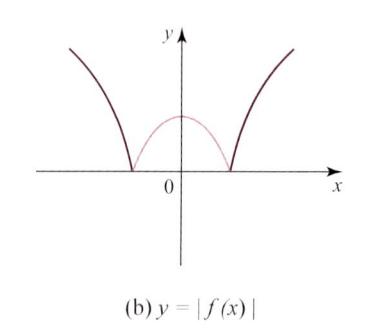

(a) $y = f(x)$

(b) $y = |f(x)|$

**圖 1.61**

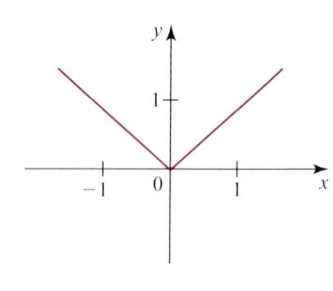

### 例題 12

**a.** 已知圖形 $y = f(x)$。解釋如何得到 $y = |f(x)|$ 的圖形。

**b.** 運用 (a) 得到的方法來畫 $y = ||x|-1|$ 的圖形。

**解**

**a.** 根據絕對值的定義，

$$|f(x)| = \begin{cases} f(x), & f(x) \geq 0 \\ -f(x), & f(x) < 0 \end{cases}$$

由圖形 $y = f(x)$（圖 1.61a）得到 $y = |f(x)|$ 的圖形，得先將 $y = f(x)$ 圖形中在 $x$ 軸上方的部分保留，再對 $x$ 軸反射 $y = f(x)$ 圖形中在 $x$ 軸下方的部分（圖 1.61b）。

**b.** 先畫出 $y = |x|$ 的圖形在圖 1.62a，接著透過將圖形 $y = |x|$ 垂直向下移動 1 個單位畫出 $y = |x|-1$ 的圖形（圖 1.62b），最後運用得到 (a) 的方法來畫所要的圖形（圖 1.62c）。

(a) $y = |x|$

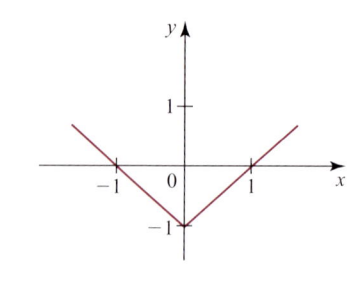

(b) $y = |x| - 1$

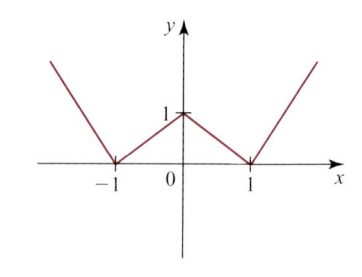

(c) $y = ||x|-1|$

**圖 1.62**

## 1.4 習題

1-2 題，寫出 (a) $f+g$；(b) $f-g$；(c) $fg$；和 (d) $f/g$。試問函數的定義域為何？

1. $f(x) = 3x$, $g(x) = x^2 - 1$
2. $f(x) = \sqrt{x+1}$, $g(x) = \sqrt{x-1}$

3-4 題，寫出 $f \circ g$ 和 $g \circ f$ 和寫出它們的定義域。

3. $f(x) = x^2$, $g(x) = 2x + 3$
4. $f(x) = \dfrac{1}{x}$, $g(x) = \dfrac{x+1}{x-1}$

5. 假如 $f(x) = \sqrt[3]{x^2 - 1}$, $g(x) = 3x^3 + 1$，其中 $h = f \circ g$，求 $h(2)$。

6. 令
$$f(x) = \begin{cases} x+1, & x < 0 \\ x-1, & x \geq 0 \end{cases}$$
和 $g(x) = x^2$。求
   a. $g \circ f$ 並畫圖。
   b. $f \circ g$ 並畫圖。

7. 令 $f(x) = x + 2$ 和 $g(x) = 2x^2 + \sqrt{x}$。求
   a. $(g \circ f)(0)$　　b. $(g \circ f)(2)$
   c. $(f \circ g)(4)$　　d. $(g \circ g)(1)$

8. 假如 $f(x) = \sqrt{x}$, $g(x) = 2x + 1$, $h(x) = x^2 - 1$，求 $f \circ g \circ h$。

9-11 題，寫出滿足 $h = g \circ f$ 的函數 $f$ 和 $g$（注意：答案不只一種）。

9. $h(x) = (3x^2 + 4)^{3/2}$
10. $h(x) = \dfrac{1}{\sqrt{x^2 - 4}}$
11. $h(t) = \sin(t^2)$

12. 寫出滿足 $F = f \circ g \circ h$ 的函數 $f, g$ 和 $h$（注意：答案不只一種）。
   a. $F(x) = \sqrt{1 - \sqrt{x}}$　　b. $F(x) = \sin^3(2x+3)$

13. 運用下面的表格計算每個合成函數。
   a. $(f \circ g)(1)$　　b. $(g \circ f)(2)$
   c. $f(g(2))$　　　　d. $g(f(0))$
   e. $f(f(2))$　　　　f. $g(g(1))$

| $x$ | 0 | 1 | 2 | 3 | 4 | 5 |
|---|---|---|---|---|---|---|
| $f(x)$ | 1 | $\sqrt{2}$ | 2 | 4 | 3 | 1 |
| $g(x)$ | 2 | 3 | 5 | 6 | 7 | 9 |

14-15 題，已知 $f$ 的圖形，將其他圖形和給予的函數配對。

14. $y = f(x) + 1$, $y = f(x) - 1$

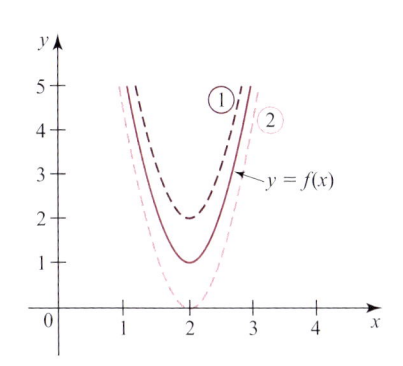

15. $y = f(2x)$, $y = f\left(\dfrac{x}{2}\right)$

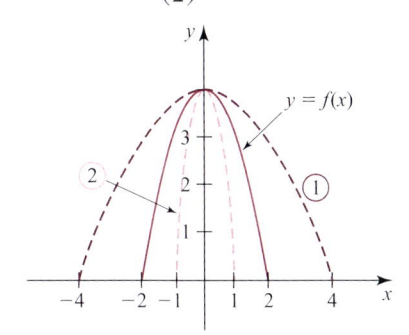

16-20 題，已知要被轉換的函數 $f$，畫出轉換後的函數圖形。

16. $f(x) = x^3 + x - 1$；垂直往上移動 3 個單位
17. $f(x) = x + \dfrac{1}{\sqrt{x}}$；水平向左移動 3 個單位
18. $f(x) = \dfrac{\sqrt{x}}{x^2 + 1}$；垂直伸展 3 倍
19. $f(x) = x \sin x$；水平伸展 2 倍
20. $f(x) = \sqrt{4 - x^2}$；向右平移 2 個單位、水平壓縮 2 倍，再垂直往上移動 1 個單位

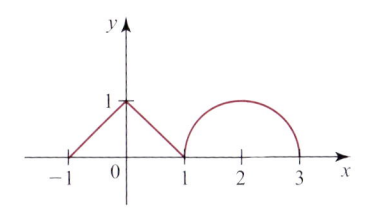

21. 函數 $f$ 的圖形如下。

用它畫下列的圖形。
   a. $y = f(x) + 1$　　　　b. $y = f(x + 2)$
   c. $y = 2f(x)$　　　　　d. $y = f(2x)$
   e. $y = -f(x)$　　　　　f. $y = f(-x)$
   g. $y = 2f(x-1) + 2$　　h. $y = -2f(x+1) + 3$

22-27 題，如果需要的話，先用描點畫第一個函數圖形，然後運用移動得到第二個函數圖形。

22. $y = x^2$, $y = x^2 - 2$
23. $y = \dfrac{1}{x}$, $y = \dfrac{1}{x-1}$
24. $y = |x|$, $y = 2|x+1| - 1$
25. $y = x^2$, $y = 2x^2 - 4x + 1$
26. $y = \sin x$, $y = 2\sin \dfrac{x}{2}$
27. $y = x^2$, $y = |x^2 - 2x - 1|$
28. **a.** 描述如何由 $y = f(x)$ 的圖形來畫 $f(|x|)$ 的圖形。
    **b.** 運用 (a) 的結果畫 $y = \sin|x|$ 的圖形。
29. **a.** 已知 $f(x) = x - 1$ 和 $h(x) = 2x + 3$，寫出滿足 $h = g \circ f$ 的函數 $g$。
    **b.** 已知 $g(x) = 3x + 4$ 和 $h(x) = 4x - 8$，寫出滿足 $h = g \circ f$ 的函數 $f$。
30. 已知 $f(x) = 2x^2 + x$ 和 $h(x) = 6x^2 + 3x - 1$，寫出滿足 $h = g \circ f$ 的函數 $g$。
31. 已知 $f(x) = \sqrt{x} + \sin x$ 定義在區間 $[0, 2\pi]$。
    **a.** 寫出一個定義在區間 $[-2\pi, 2\pi]$ 的偶函數 $g$，並且對於所有在 $[0, 2\pi]$ 的 $x$，$g(x) = f(x)$。
    **b.** 寫出一個定義在區間 $[-2\pi, 2\pi]$ 的奇函數 $h$，並且對於所有在 $[0, 2\pi]$ 的 $x$，$h(x) = f(x)$。

32-34 題，判斷下列敘述是對或是錯。如果它是對，解釋你的理由。如果它是錯，請解釋你的理由或舉例說明。

32. 假如 $f$ 和 $g$ 對 $x$ 而言都是線性函數，則 $f \circ g$ 和 $g \circ f$ 也是線性函數。
33. 假如 $f$ 和 $g$ 都是偶（奇）函數，則 $f + g$ 也是偶（奇）函數。
34. 假如 $f$ 和 $g$ 都是偶函數，則 $fg$ 也是偶函數。

## 1.5　數學模型

建立數學模型是一個用數學來分析和了解真實世界現象的過程。過程中的四個步驟展示於圖 1.63。

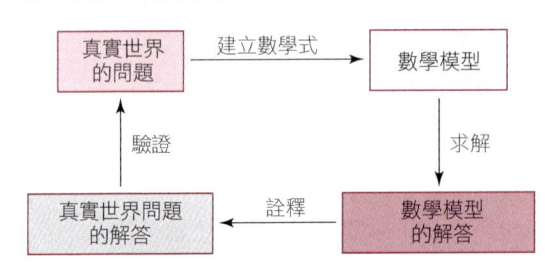

**圖 1.63**

1. **建立數學式**：對於一給定的實際問題，首要的工作是用數學語言來描述它，這樣的過程稱為建立**數學模型**（mathematical model，簡稱數模）。數學模型的建立，可完全用理論來推導，或是用數據的趨勢來架構。例如：已知某個銀行存款部門內開始的一個帳戶，我們可由理論推導來預測其後任何時間此帳戶內的存款（見 7.4 節，364-367 頁）。另一方面，本節的例題 2 與例題 3 則是要在某特定的標準下，建立一個最適合描述給予數據的函數關係來作為數學模型。在微積分中，主要關注的是一個應變數與一個或數個自變數之間的關係。基於此，我們所談的數學模型將是單變數或多變數的函數，或以方程式的形式透過隱函數的方式來呈現。

2. **求解**：數學模型建立後，即可採用本書所介紹的方法求解。
3. **詮釋**：須記住，由上一步驟所得到的只是數學模型的解，我們仍然需以該解來闡釋實際的問題。
4. **驗證**：有些數學模型的確可精確地描述實際問題。例如：步驟 1 中模擬銀行內帳戶存款的數學模型可精確地描述該帳戶存款隨時間變化的關係。但是有些數學模型充其量僅能描述實際問題的大致情況。這時就必須藉觀察此數學模型是否可適切地描述實際問題，以及是否具有預測該問題過去和／或未來情況的能力來檢驗它的精確性。如果檢驗的結果令人不滿意，則必須重新考慮在建立此數學模型時所做的假設，或者回到步驟 1，重新建立新的數學模型。

## 以函數作為模型

許多真實世界的現象，譬如：一個起子從施工中的建築物掉落的速率、化學反應速率、某特定品種細菌的數量、某國家女嬰出生後的平均壽命，或某種產品的需求，都可用適當的函數來模擬。

接著我們將回顧一些熟悉的函數以及一些使用這些函數模擬的真實現象的例子。

## 多項式函數

**$n$ 次多項式函數**（polynomial function of degree $n$）形式如下：

$$f(x) = a_n x^n + a_{n-1} x^{n-1} + \cdots + a_2 x^2 + a_1 x + a_0 \qquad a_n \neq 0$$

其中 $n$ 是個非負的整數，且數字 $a_0, a_1, ..., a_n$ 都是常數，它們稱為多項式函數的**係數**（coefficients）。例如：函數

$$f(x) = 2x^5 - 3x^4 + \frac{1}{2}x^3 + \sqrt{2}x^2 - 6$$

$$g(x) = 0.001x^3 - 0.2x^2 + 10x + 200$$

分別為五次和三次多項式。明顯的，對於每個 $x$，多項式都有定義，所以它的定義域為 $(-\infty, \infty)$。

一次多項式的形式為

$$y = f(x) = a_1 x + a_0 \qquad a_1 \neq 0$$

也是一個斜截式的直線方程式，它的斜率為 $m = a_1$ 並 $y$ 的截距為 $b = a_0$（見 1.1 節）。因此一次多項式函數稱為**線性函數**（linear function）。

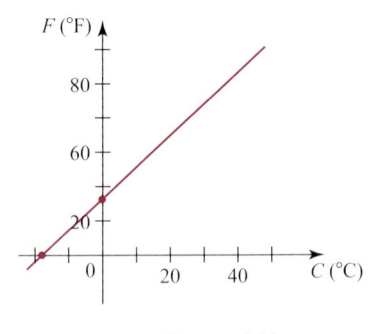

**(a) F 對 C 是線性**

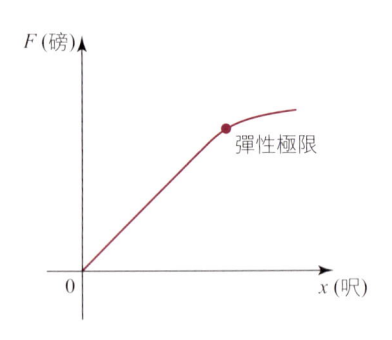

**(b) 當 x 值小，F 是線性**

**圖 1.64**
線性函數圖形和在一個小區間內是線性的函數圖形

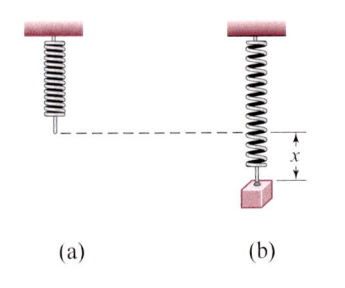

**圖 1.65**
(a) 的彈簧被一個重物拉超過原長有 x 呎，如 (b) 的情形

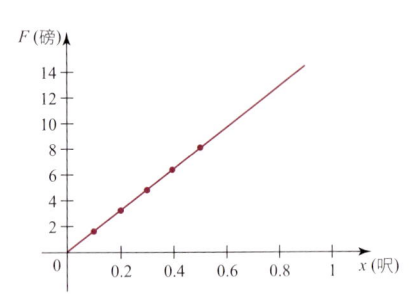

**圖 1.66**
數據點分散在通過原點的一條直線上

數學模型裡廣用線性函數的原因有二。第一是某些模型的本性是線性的。例如：溫度由攝氏度數（°C）轉換成華氏度數（°F）的公式為 $F = \dfrac{9}{5}C + 32$，並對於任意合理範圍的 $C$ 而言，$F$ 是 $C$ 的線性函數（圖 1.64a）。第二是某些自然現象在一個小範圍內呈現出線性的特質。所以在一個小區間可模擬成一個線性函數。例如：由虎克定律得知，一個彈簧要拉長 $x$ 長度需要的力 $F$ 為 $F = kx$，只要 $x$ 不是太大。假如拉長的長度超過某一個特定點（即所謂的彈性極限），則彈簧會永遠變形。即使重力移除後它也不會恢復到原來的長度。常數 $k$ 稱為彈簧常數或彈簧勁度。此時我們要局限在圖形線性的部分（圖 1.64b）。

下面的例題則是要使用虎克定律。

**例題 1** **拉長彈簧所需的力** 彈簧拉長 2.4 吋所需的力是 3.18 磅（圖 1.65）。

**a.** 用虎克定律寫出描述一個彈簧拉長 $x$ 呎所需之力 $F$ 的數學模型。
**b.** 試問彈性常數為何？
**c.** 求拉長彈簧 1.8 吋所需的力。

**解**

**a.** 由虎克定律得知，$F = kx$，其中 $k$ 為彈簧常數。接著利用給予的數據而得到

$$3.18 = 0.2k \quad \text{2.4 吋等於 0.2 呎}$$

並且算得 $k = 15.9$。因此，所要的數學模型為 $F = 15.9x$。

**b.** 由 (a) 的結果得知彈性常數為 15.9 磅／呎。

**c.** 注意 1.8 吋等於 0.15 呎。由 (a) 的數學模型得知需要的力為

$$F = (15.9)(0.15) = 2.385$$

即 2.39 磅。 ■

例題 1 的數學模型是用一次測量的數據所建立。實際上，數學模型都是用一組測量的數據所建立。一般而言，這樣會更精確。

**例題 2** **拉長彈簧所需的力** 表 1.8 提供一個彈簧要拉長 $x$ 呎所需的力。如虎克定律所預測的，將這些數據分散標繪，呈現接近一條經過原點的直線（圖 1.66）。

**表 1.8**

| $x$ (呎) | 0 | 0.1 | 0.2 | 0.3 | 0.4 | 0.5 |
|---|---|---|---|---|---|---|
| $F$ (磅) | 0 | 1.68 | 3.18 | 4.84 | 6.36 | 8.02 |

由這些數據來建立一個數學模型，用最小平方法（method of least squares）來決定函數 $f(x) = kx$（如虎克定律所建議的）。它是最適合這些數據的函數形式。得到所要的函數模型為

$$f(x) = 16.02x$$

同時它也告知此彈簧常數大約是 16.02 磅／呎。

**註**

1. 多數有畫圖功能的計算機和電腦裡都有最小平方迴歸程式，如果用例題 2 的數據找圖形，則會得到不同的數學模型，即 $g(x) = 15.94x + 0.028$。因為程式所設計的是要找最適合這些數據的圖形（即最小平方），它使用的是線性函數 $f(x) = ax + b$。

2. 因為當 $x$ 等於零，$F$ 一定為零，所以由函數中選出的最適合這些數據的函數為 $f(x) = ax$，即 $b = 0$。因此例題 2 的模型 $F = 16.02x$ 應該是比建議的數學模型 $g(x) = 15.94x + 0.028$ 好（$g(0) = 0.028 \neq 0$）。所以應該接受例題 2 的彈性常數 16.02 磅／呎，而不是用模型 $g$ 的圖形所得的 15.94 磅／呎。

一個二次多項式函數的形式為

$$y = f(x) = a_2 x^2 + a_1 x + a_0 \qquad a_2 \neq 0$$

或更簡單的 $y = ax^2 + bx + c$ 稱為一個**二次函數**（quadratic function）。一個二次函數圖形是拋物線（圖 1.67），若 $a > 0$，則拋物線開口向上，並且若 $a < 0$，則拋物線開口向下。為了解此現象，將方程式改寫為

$$f(x) = ax^2 + bx + c = x^2 \left( a + \frac{b}{x} + \frac{c}{x^2} \right) \qquad x \neq 0$$

觀察發現假如 $x$ 的絕對值大，則括號內的值接近 $a$，也就是當 $x$ 值大，$f(x)$ 類似 $ax^2$。因此當 $x$ 值大，$y = f(x)$ 的值也變大，且如果 $a > 0$（拋物線開口向上），則它的值為正（拋物線開口向上）；如果 $a < 0$（拋物線開口向下），則 $y = f(x)$ 的絕對值變大並為負。而開口向下的拋物線最高點或開口向上的拋物線最低點稱為拋物線的頂點。因為 $y = f(x)$，拋物線方程式 $y = ax^2 + bx + c$ 的頂點是 $(-b/(2a), f(-b/(2a)))$，其中 $a \neq 0$。我們可用完全平方的方法來證明這個事實。

許多現象的數學模型是二次函數。例如：牛頓運動第二定律可用來證明自由落體落地前所行的距離為 $D = \frac{1}{2} g t^2$，其中 $g$ 是赤道海

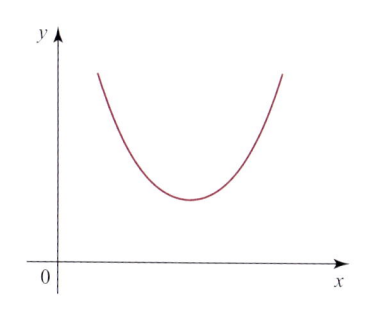

(a) 若 $a > 0$，則拋物線開口向上

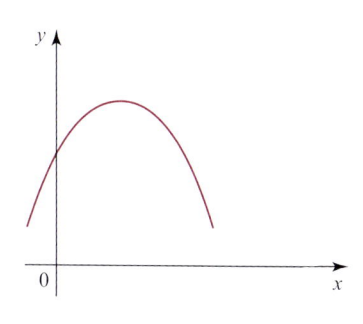

(b) 若 $a < 0$，則拋物線開口向下

**圖 1.67**

二次函數的圖形是一個拋物線

平面上的地心引力常數，大約為 32.088 呎／秒$^2$。事實上，此運動的數學模型可由實驗得到，如下面例題所示。

**例題 3** 一顆鋼球從高 10 呎處掉落，每十分之一秒測量一次距離並記錄在表 1.9，而數據的散布圖描繪於圖 1.68。由數據所繪出的圖形看出它近似於方程式為 $y = at^2$ 的拋物線 $a$ 為常數，如前面所建議的。

**表 1.9**

| 時間（秒） | 0.0 | 0.1 | 0.2 | 0.3 | 0.4 | 0.5 | 0.6 | 0.7 |
|---|---|---|---|---|---|---|---|---|
| 距離（呎） | 0 | 0.1608 | 0.6416 | 1.4444 | 2.5672 | 4.0108 | 5.7760 | 7.8614 |

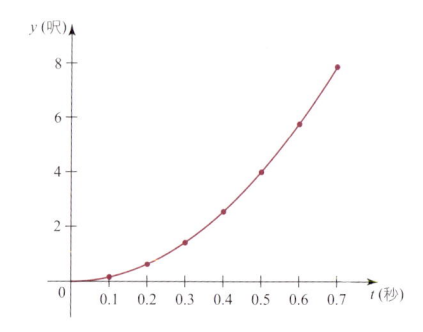

圖 1.68

要找描述此運動的數學模型，可用最小平方法找到適合數據的最佳函數 $y = at^2$，即

$$y = 16.044t^2$$

由此數學模型得知，當 $y = 10$，球掉落地面。解方程式 $16.044t^2 = 10$ 得到 $t \approx \pm 0.7895$。時間不為負的，結論是球在 0.79 秒後著地。因此，完整描述此運動的數學模型為

$$D = 16.044t^2, \quad 0 \leq t \leq 0.79$$

$D$ 表示球掉落 $t$ 秒後的距離。

**註** 即使函數 $f(t) = 16.044t^2$ 定義在 $(-\infty, \infty)$，我們仍要限制其定義域為 $[0, 0.79]$，因為一旦球落地後，函數 $f$ 就不再描述它的運動現象。

一般越高次的多項式函數，它的圖形就越扭曲。圖 1.69a 至圖 1.69c 分別展示**三次多項式**（cubic polynomial）、**四次多項式**（quartic polynomial）和**五次多項式**（quintic polynomial）的圖形。

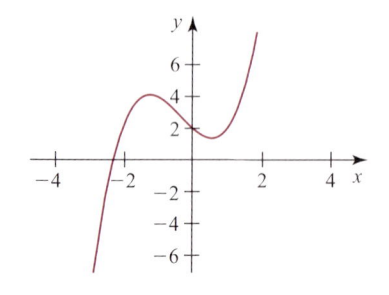

(a) $y = x^3 + x^2 - 2x + 2$
（三次式）

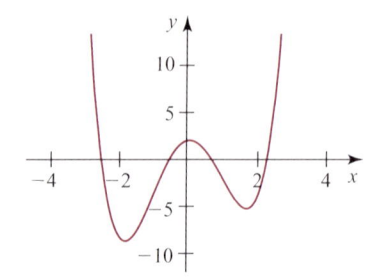

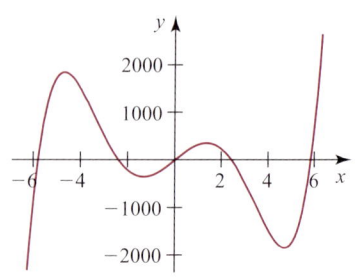

(b) $y = x^4 - 6x^2 + x + 2$
（四次式）

(c) $y = 2x^5 - 80x^3 + 400x$
（五次式）

圖 1.69

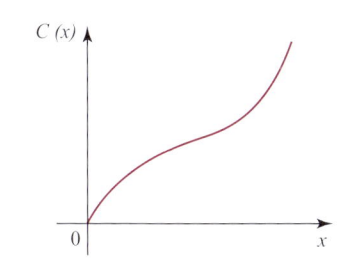

圖 1.70
總成本函數經常用三次函數來模擬

三次多項式提供一些商業和經濟學現象的數學模型。例如：$C(x)$ 表示生產某種必需品 $x$ 個單位所需的總成本。一個函數 $C$ 的典型圖形展示於圖 1.70，當產量 $x$ 增加，每個單位的成本就會減少，所以 $C$ 只會慢慢地增加。然而當單位成本開始劇烈地增加（因為加班、原料短缺和機器因過度使用而故障），$C$ 也快速增加。三次多項式的圖形可以準確地描述這樣的特性。

下面的例題闡釋如何用四次函數描述社會福利系統的資產。

**例題 4　信託基金**　社會福利信託基金估計的資產（以兆元為單位）從 2008 年到 2040 年的資料如表 1.10 所示。這些數據的散布圖描繪在圖 1.71a，$t=0$ 表示 2008 年。$A(t)$（以兆元為單位）表示 $t$ 年後信託基金資產近似值的數學模型，即

$$A(t) = -0.00000268t^4 - 0.000356t^3 + 0.00393t^2 + 0.2514t + 2.4094$$

$A$ 的圖形展示於圖 1.71b。

表 1.10

| 年 | 2008 | 2011 | 2014 | 2017 | 2020 | 2023 | 2026 | 2029 | 2032 | 2035 | 2038 | 2040 |
|---|---|---|---|---|---|---|---|---|---|---|---|---|
| 資產 | $2.4 | $3.2 | $4.0 | $4.7 | $5.3 | $5.7 | $5.9 | $5.6 | $4.9 | $3.6 | $1.7 | 0 |

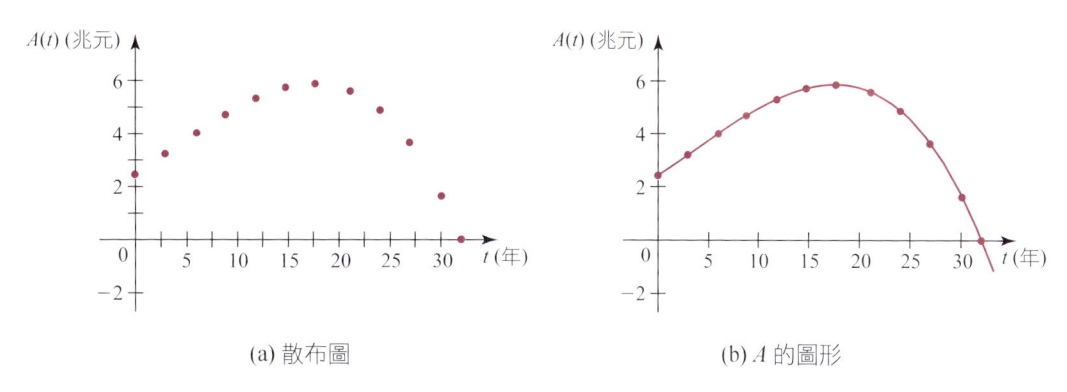

圖 1.71
資料來源：Social Security Administration.

(a) 散布圖　　(b) $A$ 的圖形

**a.** 嬰兒潮的第一代到 2011 年將是 65 歲，試問社會福利信託基金資產到那時候會是多少？嬰兒潮的最後一代到 2029 年將是 65 歲，試問社會福利信託基金資產到那時候又會是多少？

**b.** 社會福利信託基金一定會用光，這只是時間的長短問題，除非工資所得稅明顯增加和／或福利金劇烈地減少。用 $A(t)$ 的圖形來預測社會福利信託基金的資產企劃，試問幾年後它會破產？

**解**

**a.** 社會福利信託基金到 2011 年（$t=3$）為

$$A(3) = -0.00000268(3)^4 - 0.000356(3)^3 + 0.00393(3)^2 + 0.2514(3) + 2.4094 \approx 3.19$$

即 3.19 兆元。到 2029 年（$t = 21$）為

$$A(21) = -0.00000268(21)^4 - 0.000356(21)^3 \\ + 0.00393(21)^2 + 0.2514(21) + 2.4094 \approx 5.60$$

即 5.60 兆元。

**b.** 由圖 1.71b 得到 $A$ 圖形和 $t$ 軸大約相交於 $t = 32$，所以除非將系統改弦易轍，否則預估到 2040 年將會破產（到那時候嬰兒潮的第一代將是 94 歲而最後一代將是 76 歲）。

**註**　例題 4 的數學模型只用到 $f$ 圖形的一小部分，而實務上也都是如此。

### ■ 冪函數

**冪函數**（power function）是一個形式為 $f(x) = x^a$ 的函數，$a$ 是實數。假如 $a$ 是一個非負整數，則 $f$ 為只有一項的 $a$ 次多項式函數（一個單項式）。其他冪函數的例子有

$$f(x) = x^{-2} = \frac{1}{x^2}, \quad f(x) = x^{-1} = \frac{1}{x}, \quad f(x) = x^{1/2} = \sqrt{x}$$

$$\text{和 } f(x) = x^{1/3} = \sqrt[3]{x}$$

它們的圖形展示於圖 1.72。

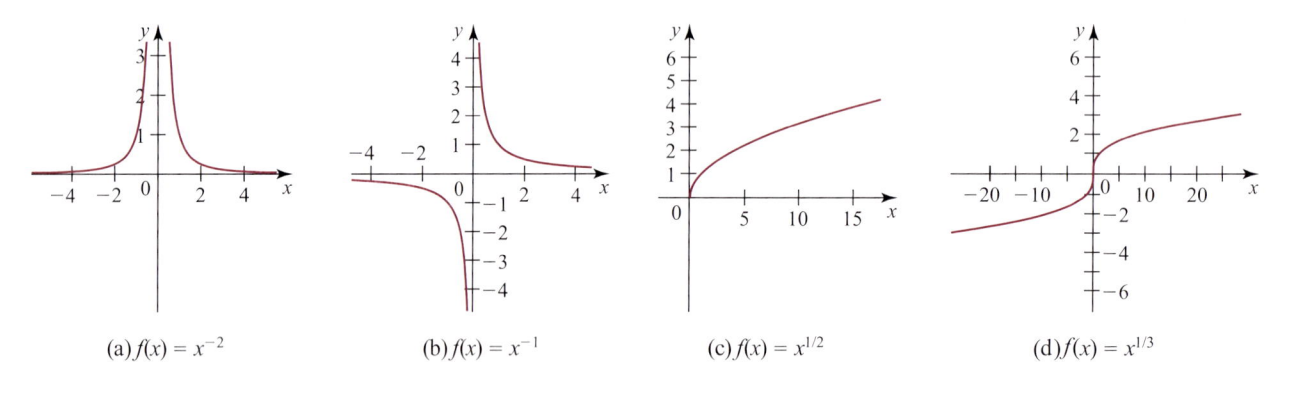

(a) $f(x) = x^{-2}$　　(b) $f(x) = x^{-1}$　　(c) $f(x) = x^{1/2}$　　(d) $f(x) = x^{1/3}$

**圖 1.72**
某些冪函數的圖形

很多研究領域用冪函數作為數學模型。例如，由牛頓萬有引力定律得知，當質量分別為 $m_1$ 和 $m_2$ 的兩個物體相距 $r$，作用於 $m_1$ 物體的力量是朝向 $m_1$ 且大小為

$$F = \frac{G m_1 m_2}{r^2}$$

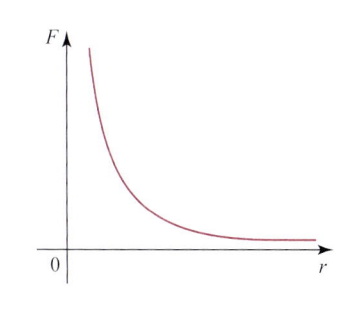

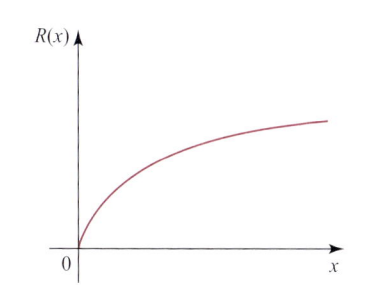

其中 G 是萬有引力常數。當 $x > 0$，$F$ 的圖形相似於 $f(x) = x^{-2}$（圖 1.73）。

### 有理函數

**有理函數**（rational function）為由兩個多項式形成的商。有理函數的例子有

$$f(x) = \frac{3x^3 + x^2 - x + 1}{x - 2} \quad \text{和} \quad g(x) = \frac{x^2 + 1}{x^2 - 1}$$

一般而言，一個有理函數的形式為

$$f(x) = \frac{P(x)}{Q(x)}$$

其中 $P$ 和 $Q$ 都是多項式。有理函數的定義域為除了使 $Q$ 為零（亦即 $Q(x) = 0$ 的根）的實數外的所有實數所組成的集合，因此，$f$ 的定義域為 $\{x | \neq 2\}$，$g$ 的定義域為 $\{x | x \neq \pm 1\}$。一個包含有理函數的數學模型為由 A. J. Clark 所提出，用來模擬他所做的實驗：一隻被注射乙醯膽素（譯註：降血壓用品）$x$ 單位（是藥物最大的有效劑量）後的青蛙心肌反應 $R(x)$。$R$ 的形式為

$$R(x) = \frac{100x}{b + x} \quad x \geq 0$$

其中 $b$ 是正的常數，由特定的青蛙而定（圖 1.74）。

### 代數函數

**代數函數**（algebraic functions）為多項式函數的和、差、積、商或根號。由定義得知，有理函數也是代數函數。

$$f(x) = 2x^3 - 3\sqrt{x} + \frac{x\sqrt[3]{x^2 + 1}}{x(x + \sqrt{x})}$$

則是另一個代數函數的例子。下一個有理函數的例子是由特殊相對論中得到。

**例題 5** **特殊相對論** 由特殊相對論得知，一個粒子以速率 $v$ 運動的相對質量為

$$m = f(v) = \frac{m_0}{\sqrt{1 - \dfrac{v^2}{c^2}}}$$

**圖 1.73**
萬有引力 $F$ 的大小

**圖 1.74**
$R(x) = \dfrac{100x}{b + x}$ 的圖形

其中 $m_0$ 為靜止時的質量（速率為零的質量）而 $c = 2.9979 \times 10^8$ 米／秒是真空狀態下的光速。當相對質量為靜止時質量的 2 倍，試問此粒子的速度為何？

**解** 由等式

$$2m_0 = \frac{m_0}{\sqrt{1 - \frac{v^2}{c^2}}}$$

解 $v$ 得到

$$2 = \frac{1}{\sqrt{1 - \frac{v^2}{c^2}}}$$

$$\sqrt{1 - \frac{v^2}{c^2}} = \frac{1}{2}$$

$$1 - \frac{v^2}{c^2} = \frac{1}{4}$$

$$\frac{v^2}{c^2} = \frac{3}{4}$$

$$v = \frac{\sqrt{3}}{2} c$$

即 0.866 乘以光速（約 $2.596 \times 10^8$ 米／秒）。 ■

## 三角函數

三角函數的特性可模擬那些具有週期性或幾乎週期性的現象，如聲波移動的變化、弦的擺動或單擺的運動。

**例題 6** 平均溫度　表 1.11 提供波士頓每個月平均溫度的紀錄（以華氏為單位）。

**表 1.11**

| 月 | 1月 | 2月 | 3月 | 4月 | 5月 | 6月 | 7月 | 8月 | 9月 | 10月 | 11月 | 12月 |
|---|---|---|---|---|---|---|---|---|---|---|---|---|
| 溫度 (°F) | 28.6 | 30.3 | 38.6 | 48.1 | 58.2 | 67.7 | 73.5 | 71.9 | 64.8 | 54.8 | 45.3 | 33.6 |

資料來源：*The Boston Globe*.

要決定一個模型來描述第 $t$ 個月的平均溫度 $T$，首先假設 $T$ 為一個週期為 12 和振幅 $\frac{1}{2}(73.5 - 28.6) = 22.45$ 的正弦函數。它的模型可能是

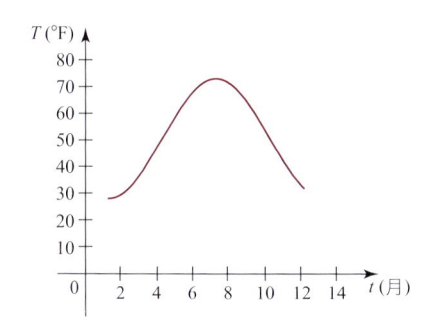

$$T = 51.05 + 22.45 \sin\left[\frac{\pi}{6}(t - 4.3)\right]$$

$t = 1$ 對應於 1 月。$T$ 的圖形在圖 1.75。

其他函數，例如指數函數和對數函數，在建立模型上也扮演著重要的角色，稍後的章節將會討論。

### ■ 建立數學模型

我們將示範如何用基礎的幾何和代數論點來建立數學模型，作為本節的結束。

建立數學模型的準則如下。

#### 建立數學模型的準則

1. 問題中的變數分別用英文字母表示，可以的話，畫圖並給予標示。
2. 找一個要求解之量的表示式。
3. 用題目所提供的條件，將要求解之量表示成單變數函數 $f$。注意問題本身在物理上的考量和 $f$ 的限制。

**例題 7** **圍起來的面積** Los Feliz 牧場的主人要用 3,000 碼的籬笆沿著河岸圍出一塊長方形的牧場，並河岸不需用籬笆。令 $x$ 表示長方形的寬，寫出用完所有籬笆所圍出的牧場面積 $f(x)$（圖 1.76）。

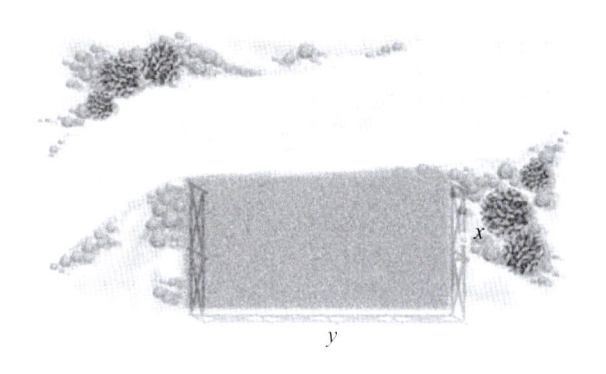

| 圖 1.75
波士頓平均溫度的模型是
$T = 51.05 + 22.45 \sin\left[\frac{\pi}{6}(t-4.3)\right]$

| 圖 1.76
寬 $x$ 和長 $y$ 的長方形牧場

**解**

1. 所有訊息都來自題目本身。
2. 長方形牧場的面積為 $A = xy$。要圍的籬笆總長度 $2x + y$ 等於 3000，亦即

$$2x + y = 3000$$

**3.** 由等式得到 $y = 3000 - 2x$。將 $y$ 代入 $A$ 式，可得

$$A = xy = x(3000 - 2x) = 3000x - 2x^2$$

最後，因為 $x$ 和 $y$ 分別代表長方形的寬和長，它們必須是正數。所以 $x > 0$ 和 $y > 0$，推得 $3000 - 2x > 0$ 或 $x < 1500$。即得所要的函數 $f(x) = 3000x - 2x^2$，而定義域為 $0 < x < 1500$。

**例題 8** **包機收益** 如果有 200 人登記要包機，則休閒世界旅行社要價每人 300 元。然而，如果有多過 200 人登記要包機（假設有這種情況），則機票每增加一人降 1 元。令 $x$ 表示超過 200 人的旅客人數，寫出此公司實際的收益函數。

**解**

**1.** 已知所有訊息。

**2.** 假設超出 200 人的旅客人數有 $x$ 位，則登記要包機的人數為 $200 + x$；並每人的票價為 $(300 - x)$ 元。

**3.** 收益是

$$R = (200 + x)(300 - x) \quad \text{旅客人數} \times \text{每人票價}$$
$$= -x^2 + 100x + 60{,}000$$

很明顯地，$x$ 必須是正數，並且 $300 - x > 0$ 或 $x < 300$。所求的函數為 $f(x) = -x^2 + 100x + 60{,}000$，而定義域為 $(0, 300)$。

## 1.5 習題

**1.** 將每一個函數分類成多項式函數（說明階數）、冪函數、有理函數、代數函數、三角函數或其他。

  **a.** $f(x) = 2x^3 - 3x^2 + x - 4$
  **b.** $f(x) = \sqrt[3]{x^2}$
  **c.** $g(x) = \dfrac{x}{x^2 - 4}$
  **d.** $f(t) = 3t^{-2} - 2t^{-1} + 4$
  **e.** $h(x) = \dfrac{\sqrt{x} + 1}{\sqrt{x} - 1}$
  **f.** $f(x) = \sin x + \cos x$

**2.** **美國的過胖小孩** 美國年齡在 12 至 19 歲的過胖小孩占的比例為

$$P(t) = \begin{cases} 0.04t + 4.6, & 0 \leq t < 10 \\ -0.01005t^2 + 0.945t - 3.4, & 10 \leq t \leq 30 \end{cases}$$

其中 $t$ 表示年齡，$t = 0$ 表示 1970 年的開始。試問年齡在 12 至 19 歲的過胖小孩占的比例在 1970 年一開始時為何？在 1985 年開始時為何？在 2000 年開始時為何？

資料來源：Centers for Disease Control and Prevention.

**3.** **線性折舊** 算所得稅時，公司行號依法可在一段時間後折舊其資產。譬如：建築物、機器、家具和汽車。線性折舊法或直線法常被用來做這些事情。假設資產的初始價值為 $C$ 元，$n$ 年後的線性折舊可折舊至剩餘價值 $S$ 元。證明此資產在任意 $t$ 年的淨值為

$$V(t) = C - \dfrac{C - S}{n}t$$

其中 $0 \leq t \leq n$。

提示：找一個經過點 $(0, C)$ 和 $(n, S)$ 的直線方程式，然後再將此方程式寫成斜截式。

4. **青蛙對藥物的反應** 由 A. J. Clark 主導的實驗，發現注射乙醯膽素 $x$ 單位（是藥物最大的有效劑量）後的青蛙心肌反應 $R(x)$ 可模擬成

$$R(x) = \frac{100x}{b+x} \qquad x \geq 0$$

其中 $b$ 是一個和青蛙有關的正值常數。

   a. 假如對某特定的青蛙使用濃度 40 單位的乙醯膽素後產生 50%的反應，寫出此青蛙的反應函數。
   b. 用 (a) 所得的模型，計算服用濃度為 60 個單位之乙醯膽素後，青蛙所產生的反應。

5. **線上瀏覽者** 因為寬頻網際網路成長得更普遍，所以 YouTube 將繼續擴展。線上瀏覽者數量（以百萬為單位）的成長是根據規則

$$N(t) = 52t^{0.531} \qquad 1 \leq t \leq 10$$

$t = 1$ 表示 2003 年。

   a. 繪畫 $N$ 的圖形。
   b. 到 2010 年，試問線上瀏覽者數量為何？

6. **圍的面積** Patricia 希望在她家後院建一個長方形的花園。她要用 80 呎長的籬笆圍一個花園。若 $x$ 表示花園的寬，寫出表示此花園面積的函數 $f(x)$。試問它的定義域為何？

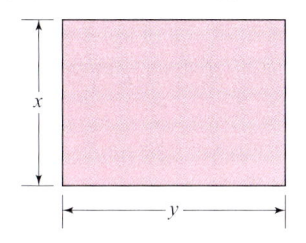

7. **包裝箱** 將一個長方形硬紙板的四個角，切除完全相同的小正方形，並且摺成上方開口的盒子。假設此長方形硬紙板長 15 吋和寬 8 吋，切除掉的正方形邊長為 $x$ 時，寫出表示此盒子體積的函數。

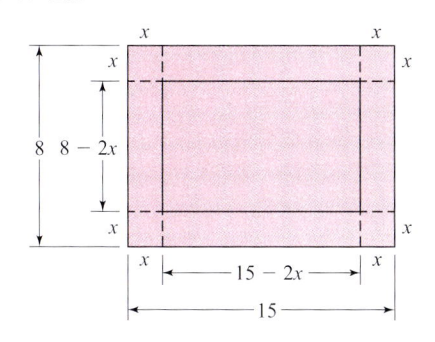

8. **諾曼窗戶的面積** 諾曼窗戶的形狀是一個長方形上面加一個半圓形。假設它的邊長為 28 呎，寫出以 $x$ 為變數的窗戶面積的函數 $f$。

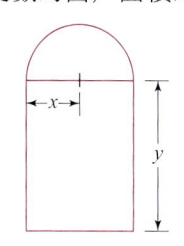

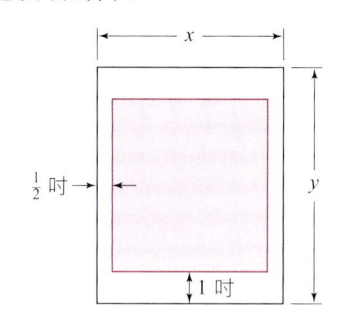

9. **書本設計** 一位書本設計者決定每頁上面和下面各留 1 吋的邊，並且兩邊各留 $\frac{1}{2}$ 吋的邊，他更要求每頁要有 50 平方吋的面積，寫出以 $x$ 為變數的每頁的印刷面積函數 $f$（圖）。試問此函數的定義域為何？

10. **包租收益** 一艘華麗汽艇的擁有者規定假如剛好有 20 人報名參加環遊希臘 4000 個小島的旅遊，則費用是每人每日 600 元。但是如果超過 20 人（最大的容量是 90 人）報名參加，則每增加一人每人每日的費用減少 4 元。假設至少有 20 人報名參加旅遊，並且令 $x$ 為超過 20 的旅客數。

    a. 求每日包租的收益函數 $R$。
    b. 若有 60 人報名參加，試問每日收益為何？
    c. 若有 80 人報名參加，試問每日收益為何？

# 第 1 章　複習題

1-2 題，求滿足給予條件的直線斜率。
1. 經過點 $(-1, 3)$ 和 $(2, -4)$
2. 和垂直於線 $-2x + 4y = -6$ 的直線有相同的斜率

3-5 題，寫出滿足給予條件的直線方程式。
3. 經過點 $(-2, -4)$ 且平行於 $x$ 軸。
4. 經過點 $(-2, 3)$ 和 $(4, -5)$。
5. 經過點 $(-1, 3)$ 且平行於經過點 $(-3, 4)$ 和 $(2, 1)$ 的直線。
6. 寫出經過點 $(2, -1)$ 且經過線 $x + 2y = 3$ 和線 $2x - 3y = 13$ 相交的點的直線方程式。
7. **衛星電視訂戶**　下列表格提供從 1998 年到 2005 年（$x = 0$ 表示 1998 年）美國的衛星電視訂戶的數量（以百萬為單位）。

| 年，$x$ | 0 | 1 | 2 | 3 | 4 | 5 | 6 | 7 |
|---|---|---|---|---|---|---|---|---|
| 數目，$y$ | 8.5 | 11.1 | 15.0 | 17.0 | 18.9 | 21.5 | 24.8 | 27.4 |

   **a.** 描繪美國的衛星電視訂戶的數量 ($y$) 對年 ($x$) 的點。
   **b.** 描繪經過點 $(0, 8.5)$ 和 $(7, 27.4)$ 的直線 $L$。
   **c.** 寫出直線 $L$ 的方程式。
   **d.** 假設此趨勢是連續的，預測到 2006 年，美國的衛星電視訂戶的數量。
   資料來源：National Cable & Telecommunications Association, Federal Communications Commission.
8. 假設 $f(x) = \tan x$，求 $f(0), f\left(\frac{\pi}{6}\right), f\left(\frac{\pi}{4}\right), f\left(\frac{\pi}{3}\right)$ 和 $f(\pi)$。

9-11 題，寫出下列函數的定義域。
9. $f(x) = \dfrac{x}{x^2 - 4}$
10. $h(x) = \dfrac{\sqrt{x - 1}}{x(x - 2)}$
11. $f(x) = \dfrac{\sin x}{2 - \cos x}$
12. 寫出函數 $g(t) = |\sin t| + 1$ 的定義域並且繪其圖形。它的值域為何？
13. 判斷函數 $g(x) = \dfrac{\sin x}{x}$，$x \neq 0$ 是偶函數、奇函數或都不是。
14. 將角度轉換成度。
    **a.** $\dfrac{11\pi}{6}$ 弳度　　**b.** $-\dfrac{5\pi}{2}$ 弳度　　**c.** $-\dfrac{7\pi}{4}$ 弳度
15. 求滿足方程式在 $[0, 2\pi)$ 區間的所有 $\theta$。
    **a.** $\cos \theta = \dfrac{1}{2}$　　**b.** $\cot \theta = -\sqrt{3}$
16. 求方程式在 $[0, 2\pi)$ 區間的解。
    **a.** $\cot^2 x - \cot x = 0$　　**b.** $\sin x + \sin 2x = 0$
17. 假如 $f(x) = x^2 - 1$ 和 $g(x) = \sqrt{x + 1}$，寫出 $g \circ f$。它的定義域為何？
18. 若 $F(x) = \cos^2(1 + \sqrt{x + 2})$，寫出滿足 $F = f \circ g \circ h$ 的函數 $f, g$ 和 $h$。

19-21 題，利用變換描繪各函數的圖形。
19. $y = x^3 - 2$　　20. $y = 2 - \sqrt{x}$
21. $y = 3 \cos \dfrac{x}{2}$
22. **Clark 規則**　Clark 規則是一種根據小孩體重來計算用藥劑量的方法。假如 $a$ 是成年人的用藥劑量（以毫克為單位），$w$ 是小孩的體重（以磅為單位），則小孩的用藥劑量為
$$D(w) = \frac{aw}{150}$$
假設某種藥物成年人的劑量是 500 毫克，試問 35 磅重的小孩劑量為何？
23. **Thurstone 學習曲線**　心理學家 L. L. Thurstone 發現學習時間 $T$ 和學習清單長度 $n$ 的關係模型為：
$$T = f(n) = An\sqrt{n - b}$$
$A$ 和 $b$ 都是常數，與個人和作業有關。假設某個人和某種作業，它們的 $A = 4$ 和 $b = 4$。求 $f(4), f(5), ..., f(12)$，並且用這些資訊繪 $f$ 的圖形。解釋你的結果。
24. **油溢**　油從擱淺油輪的破裂處流出，在平靜水面上溢向各個方向。假設 $t$ 秒後被汙染的範圍是半徑為 $r$ 的圓，並且半徑是以 2 呎／秒的速度向外擴大。
    **a.** 寫出表示汙染的面積並和 $r$ 有關的函數 $f$。
    **b.** 寫出表示汙染面積的半徑並和 $t$ 有關的函數。
    **c.** 寫出表示汙染的面積並和 $t$ 有關的函數 $h$。
    **d.** 油輪破裂 30 秒後，被汙染的面積為何？
25. 某人希望建造一個容量為 $32\pi$ 立方呎的圓柱大桶，大桶周圍的材料費是每平方呎 4 元，蓋子和底部的材料費是每平方呎 8 元。
    **a.** 繪圖並適當地標示給予的資訊。
    **b.** 寫出表示建造一個圓柱大桶的成本函數，它是以圓底半徑為自變數。
    **c.** 若建造一個半徑為 2 呎的圓柱大桶，則它的總成本為何？

# 第 2 章　極限

極限符號遍及與微積分有關的大部分工作中。直觀上，我們先從極限的概念開始介紹，然後再學習求極限的技巧，它比用定義的方式來求極限更容易。函數的極限讓我們定義函數的一項特性，即連續性。最後，在學習一個量對另一個量的變化率——微積分的主題時，極限扮演了核心的角色。

## 2.1　極限的直觀介紹

### ■ 生活中的實例

一個標準磁浮列車沿著平直的單軌鐵道移動。要描述磁浮列車行駛的現象，可將軌道想成坐標線。由測試的資料中，工程師推導出磁浮列車由起點開始過了 $t$ 秒後行駛的路徑（以呎為單位）的公式為

$$s = f(t) = 4t^2 \qquad 0 \le t \le 30 \qquad (1)$$

其中 $f$ 稱為磁浮列車的位置函數。磁浮列車由起點開始，在 $t = 0, 1, 2, 3, \ldots, 30$ 的位置為

$$f(0) = 0, f(1) = 4, f(2) = 16, f(3) = 36, \ldots, f(30) = 3600$$

（圖 2.1。）

| 圖 2.1
一個磁浮列車沿著高架單軌鐵道移動

此圖顯示磁浮列車在時間區間 [0, 30] 加速，所以列車速度在此區間會產生變化。它衍生的問題如下：單用式 (1)，可否知道列車在 (0, 30) 區間的任一時間點的速度？更具體地說，當 $t = 2$，列車的速度為何？

首先，觀察由此可計算什麼量。用式 (1)，可正確算出列車在某個時間點 $t$ 的位置，正如之前所做的。用 $f$ 的這些值，可計算列車在某時間區間的平均速度。譬如：要求列車在時間區間 [2, 4] 的平均速度時，先計算列車在那段時間的**位移**（displacement）$f(4)-f(2)$，然後再除以經過的時間。因此，

$$\frac{位移}{經過的時間} = \frac{f(4) - f(2)}{4 - 2} = \frac{4(4)^2 - 4(2)^2}{2} = \frac{64 - 16}{2} = 24$$

即 24 呎／秒。雖然這個量並非是列車在 $t = 2$ 的實際速度，但是它卻是當時速度的近似值。

有沒有更好的算法呢？直覺上，所選的時間區間越小（以 $t = 2$ 為左端點），則列車在那個區間的平均速度越接近在 $t = 2$（2 必須在區間內）的實際速度*。

現在描述一般的情形。令 $t > 2$，則磁浮列車在時間區間 $[2, t]$ 的平均速度為

$$v_{\text{av}} = \frac{f(t) - f(2)}{t - 2} = \frac{4t^2 - 4(2)^2}{t - 2} = \frac{4(t^2 - 4)}{t - 2} \quad \textbf{(2)}$$

如果所選的 $t$ 越來越接近 2，則會出現一組數列，它提供磁浮列車在越來越小的時間區間的平均速度。如同之前所見，這組數列將接近列車在 $t = 2$ 的瞬間速度。

試算一些樣本例子。應用式 (2) 並且取 $t = 2.5, 2.1, 2.01, 2.001$ 和 $2.0001$，得到

$$[2, 2.5] \text{ 區間的平均速度} = \frac{4(2.5^2 - 4)}{2.5 - 2} = 18 \text{ 呎／秒}$$

$$[2, 2.1] \text{ 區間的平均速度} = \frac{4(2.1^2 - 4)}{2.1 - 2} = 16.4 \text{ 呎／秒}$$

等等。結果整理於表 2.1。表中顯示當區間越來越小，磁浮列車的平均速度越接近 16。計算過後，得知列車在 $t = 2$ 的瞬間速度為 16 呎／秒。

| $t$ | 2.5 | 2.1 | 2.01 | 2.001 | 2.0001 |
|---|---|---|---|---|---|
| 在 $[2, t]$ 的 $v_{\text{av}}$ | 18 | 16.4 | 16.04 | 16.004 | 16.0004 |

| 表 2.1
磁浮列車的平均速度

**註** 因為 $t = 2$ 並不在平均速度函數的定義域裡，所以無法直接將 $t = 2$ 代入式 (2) 求磁浮列車在 $t = 2$ 的瞬間速度。

---

*事實上，任意包含 $t = 2$ 的區間都可以。

## 極限直覺上的定義

考慮函數 $g$ 定義為

$$g(t) = \frac{4(t^2 - 4)}{t - 2}$$

是磁浮列車的平均速度（見式 (2)）。假設當 $t$ 接近（被固定的）數字 2，求 $g(t)$。假如取 2 的右邊且接近 2 的一組 $t$ 值的數列，如之前所做，得到 $g(t)$ 逼近 16。同樣地，假如取 2 的左邊且接近 2 的一組 $t$ 值的數列，如 $t$ = 1.5, 1.9, 1.99, 1.999 和 1.9999，得到的結果列在表 2.2。

| $t$ | 1.5 | 1.9 | 1.99 | 1.999 | 1.9999 |
|---|---|---|---|---|---|
| $g(t)$ | 14 | 15.6 | 15.96 | 15.996 | 15.9996 |

| 表 2.2
當 $t$ 在 2 的左邊且接近 2，$g(t)$ 的值

當 $t$ 逼近 2，$g(t)$ 逼近 16——這是由左邊逼近。換言之，不論 $t$ 由左邊或由右邊逼近 2，$g(t)$ 都逼近 16。這個情況，我們稱當 $t$ 逼近 2，$g(t)$ 的極限為 16，並寫成

$$\lim_{t \to 2} g(t) = \lim_{t \to 2} \frac{4(t^2 - 4)}{t - 2} = 16$$

$g$ 的圖形展示於圖 2.2，它符合我們所觀察的結果。

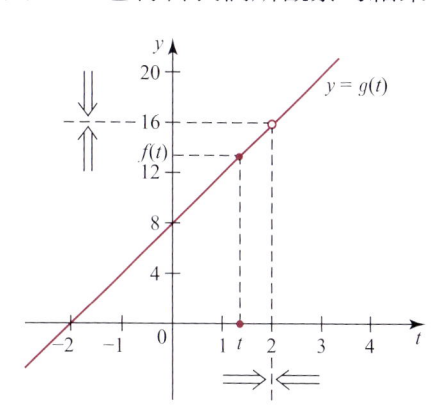

| 圖 2.2
當 $t$ 逼近 2，$g(t)$ 逼近 16

**註** 注意，數字 2 並不在 $g$ 的定義域裡（因此，點 (2, 16) 並不在 $g$ 的圖形上，此點以中空圓表示）。要更小心，不論 $g(t)$ 在 $t$ = 2 處是否存在，這與計算該處的極限是無關的。

**定義　函數在一個點的極限**

令函數 $f$ 定義在一個包含 $a$ 的開區間，也可能只有 $a$ 而已，則當 $x$ 逼近 $a$，$f(x)$ 的極限為 $L$，寫成

$$\lim_{x \to a} f(x) = L \tag{3}$$

假如 $f(x)$ 的值是可隨意來逼近 $L$，則取的 $x$ 只要夠接近 $a$ 即可。

**例題 1** 運用圖 2.3 的圖形，假如給予的極限存在，求它的值。

**a.** $\lim_{x \to 1} f(x)$ **b.** $\lim_{x \to 3} f(x)$ **c.** $\lim_{x \to 5} f(x)$ **d.** $\lim_{x \to 7} f(x)$ **e.** $\lim_{x \to 10} f(x)$

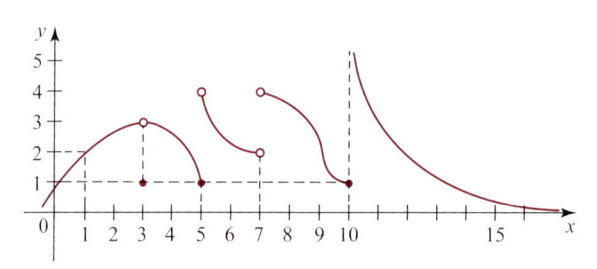

**圖 2.3**
函數 $f$ 的圖形

**解**

**a.** 因為 $f(x)$ 的值可隨我們高興逼近 2，所以只要取 $x$ 夠接近 1。因此，$\lim_{x \to 1} f(x) = 2$。

**b.** 因為 $f(x)$ 的值可隨我們高興逼近 3，所以只要取 $x$ 夠接近 3。因此，$\lim_{x \to 3} f(x) = 3$。注意雖然 $f(3) = 1$，然而它與答案無關。

**c.** 無論 $x$ 多接近 5，比 5 小的每個 $x$ 有一個接近 1 的 $f$ 值；並且比 5 大的每個 $x$ 有一個接近 4 的 $f$ 值。亦即，當 $x$ 逼近 5，$f$ 沒有唯一的值。因此，$\lim_{x \to 5} f(x)$ 不存在。雖然 $f(5) = 1$，但是它與極限的存在與否無關。

**d.** 無論 $x$ 多接近 7，一定有很接近 2 的 $f$ 值（當 $x$ 比 7 小）以及很接近 4 的 $f$ 值（當 $x$ 比 7 大）。所以 $\lim_{x \to 7} f(x)$ 不存在。雖然 $x = 7$ 並不在 $f$ 的定義域，但是它不影響我們的答案。

**e.** 當 $x$ 由右邊逼近 10，$f(x)$ 無限制地遞增。所以當 $x$ 逼近 10，$f(x)$ 無法逼近唯一的值，亦即 $\lim_{x \to 10} f(x)$ 不存在。雖然 $f(10) = 1$，但是它不影響此極限值。∎

**註** 例題 1 證明當 $x$ 逼近 $a$，求 $f$ 的極限與 $f$ 在點 $a$ 有沒有定義無關。除此之外，即使 $f$ 在點 $a$ 有定義，$f$ 在點 $a$ 的值和極限值或極限的存在無關。

**例題 2** 假如 $f$ 在 2 的極限存在，求 $\lim_{x \to 2} f(x)$，其中 $f$ 是區段定義的函數

$$f(x) = \begin{cases} 4x + 8, & x \neq 2 \\ 4, & x = 2 \end{cases}$$

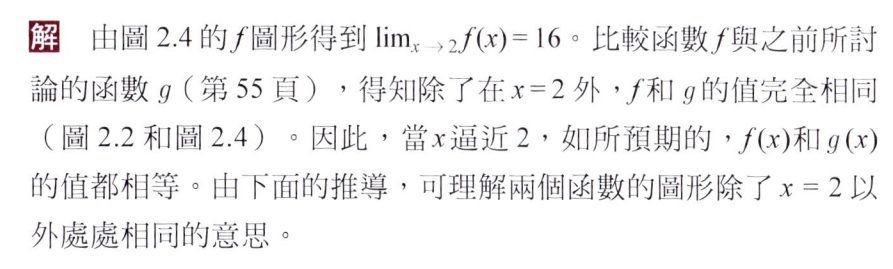

**解** 由圖 2.4 的 $f$ 圖形得到 $\lim_{x \to 2} f(x) = 16$。比較函數 $f$ 與之前所討論的函數 $g$（第 55 頁），得知除了在 $x = 2$ 外，$f$ 和 $g$ 的值完全相同（圖 2.2 和圖 2.4）。因此，當 $x$ 逼近 2，如所預期的，$f(x)$ 和 $g(x)$ 的值都相等。由下面的推導，可理解兩個函數的圖形除了 $x = 2$ 以外處處相同的意思。

$$g(x) = \frac{4(x^2 - 4)}{x - 2} \quad \text{用 } x \text{ 代替 } t$$

$$= \frac{4(x + 2)(x - 2)}{x - 2}$$

$$= 4(x + 2) \quad \text{假設 } x \neq 2$$

它和當 $x \neq 2$ 所定義的 $f$ 是一樣的。 ∎

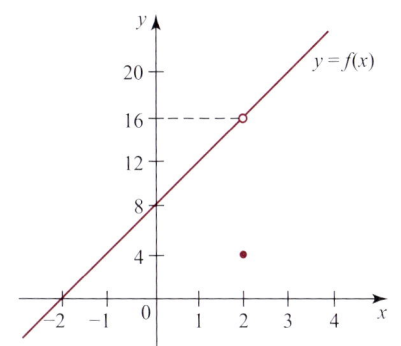

**圖 2.4**
$f$ 圖形和圖 2.2 的 $g$ 圖形，除了 $x = 2$ 外完全相同

**例題 3** **Heaviside 函數** Heaviside 函數 $H$（單位階梯函數）定義為

$$H(t) = \begin{cases} 0, & t < 0 \\ 1, & t \geq 0 \end{cases}$$

此函數以 Oliver Heaviside（1850-1925）的姓氏命名，用來描述當 $t = 0$，直流電通電的流量。證明 $\lim_{t \to 0} H(t)$ 不存在。

**解** $H$ 的圖形展示於圖 2.5。由圖中得知無論 $t$ 多靠近 0，$H(t)$ 的值為 1 或 0 要看 $t$ 在 0 的右邊或在 0 的左邊。因此當 $t$ 逼近 0，$H(x)$ 不可能逼近唯一的數 $L$。結論 $\lim_{t \to 0} H(t)$ 不存在。 ∎

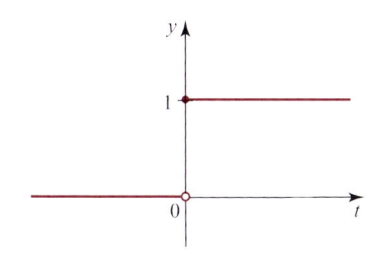

**圖 2.5**
$\lim_{t \to 0} H(t)$ 不存在

## ▪ 單邊極限

我們重新檢驗 Heaviside 函數。已知 $\lim_{t \to 0} H(t)$ 不存在，當 $t$ 大於且接近 0，應如何描述 $H(t)$ 的性質？如果再觀察圖 2.5，當 $t$ 從正值的方向（由 0 的右邊）逼近 0，很明顯地，$H(t)$ 逼近 1。描述此種情況為：當 $t$ 逼近 0 時，$H$ 的右極限為 1，寫成

$$\lim_{t \to 0^+} H(t) = 1$$

更一般的描述如下：

---

**定義  函數的右極限**

令 $f$ 定義在大於 $a$ 且接近 $a$ 的所有 $x$ 的函數。則當 $x$ 逼近 $a$，$f(x)$ 的右極限為 $L$，寫成

$$\lim_{x \to a^+} f(x) = L \qquad (4)$$

它表示，當取 $x$ 大於 $a$ 且夠接近 $a$，$f(x)$ 可隨意地接近 $L$。

**註** 式 (4) 是式 (3) 加上 $x > a$ 的限制。

也可用相同的方法定義函數的左極限。

### 定義　函數的左極限

令 $f$ 定義在小於且靠近 $a$ 的所有 $x$ 的函數。則當 $x$ 逼近 $a$，$f(x)$ 的左極限為 $L$，寫成

$$\lim_{x \to a^-} f(x) = L \qquad (5)$$

它表示，當取 $x$ 小於 $a$ 且夠接近 $a$，$f(x)$ 可隨意地接近 $L$。

因此，對於例題 3 的函數 $H$，$\lim_{t \to 0^-} H(t) = 0$。

一個函數的右極限和左極限分別為 $\lim_{x \to a^+} f(x)$ 和 $\lim_{x \to a^-} f(x)$，通常稱為**單邊極限**（one-sided limits），而 $\lim_{x \to a} f(x)$ 稱為**雙邊極限**（two-sided limit）。

某些函數只需要單邊極限。譬如：函數 $f(x) = \sqrt{x-1}$，它的定義域為 $[1, \infty)$。當 $x$ 逼近 1，只要考慮 $f(x)$ 的右極限。由圖 2.6 可得 $\lim_{x \to 1^+} f(x) = 0$。

**例題 4** 令 $f(x) = \sqrt{4-x^2}$。求 $\lim_{x \to -2^+} f(x)$ 和 $\lim_{x \to 2^-} f(x)$。

**解** $f$ 的圖形是上半圓，展示於圖 2.7。由圖中得知 $\lim_{x \to -2^+} f(x)$ 和 $\lim_{x \to 2^-} f(x) = 0$。

定理 1 說明單邊極限和雙邊極限之間的關係。

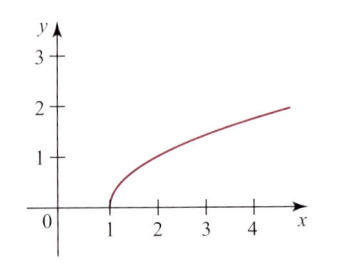

### 定理 1　單邊極限和雙邊極限之間的關係

令 $f$ 定義在包含 $a$ 的開區間，可將 $a$ 拿掉，則

$$\lim_{x \to a} f(x) = L \quad \text{若且唯若} \quad \lim_{x \to a^-} f(x) = \lim_{x \to a^+} f(x) = L \qquad (6)$$

因此，（雙邊）極限存在，若且唯若兩個單邊極限存在且相等。

**圖 2.6** 當 $x$ 逼近 1，$f(x) = \sqrt{x-1}$ 的右極限為 0

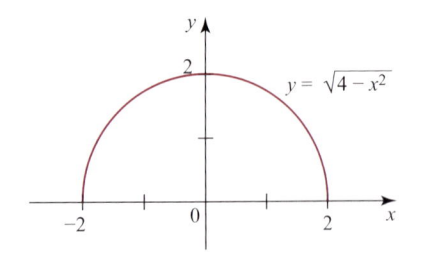

**圖 2.7** 我們只能由右邊逼近 $-2$ 和由左邊逼近 2

## 2.1 極限的直觀介紹

**例題 5** 繪畫函數 $f$ 的圖形，其中 $f$ 定義為

$$f(x) = \begin{cases} 3 - x, & x < 1 \\ 1, & x = 1 \\ 2 + \sqrt{x-1}, & x > 1 \end{cases}$$

由所繪的圖形，求 $\lim_{x \to 1^-} f(x)$, $\lim_{x \to 1^+} f(x)$ 和 $\lim_{x \to 1} f(x)$。

**解** 由圖 2.8 的圖形得知

$$\lim_{x \to 1^-} f(x) = 2 \quad 和 \quad \lim_{x \to 1^+} f(x) = 2$$

因為兩個單邊極限都存在，所以 $\lim_{x \to 1} f(x) = 2$。注意 $f(1) = 1$ 並不影響它的極限值。

| 圖 2.8

$$\lim_{x \to 1^-} f(x) = \lim_{x \to 1^+} f(x) = \lim_{x \to 1} f(x) = 2$$

**例題 6** 令 $f(x) = \dfrac{\sin x}{x}$。運用計算機完成下表。

| $x$ | $\pm 1$ | $\pm 0.5$ | $\pm 0.1$ | $\pm 0.05$ | $\pm 0.01$ | $\pm 0.005$ | $\pm 0.001$ |
|---|---|---|---|---|---|---|---|
| $\dfrac{\sin x}{x}$ | | | | | | | |

然後繪出 $f$ 的圖形並用此圖形求 $\lim_{x \to 0^-} f(x)$, $\lim_{x \to 0^+} f(x)$ 和 $\lim_{x \to 0} f(x)$ 的值。

**解** 用計算機完成表 2.3（記得要用弧度為單位！）。$f$ 圖形展示於圖 2.9。因此

$$\lim_{x \to 0^-} f(x) = 1, \quad \lim_{x \to 0^+} f(x) = 1 \quad 和 \quad \lim_{x \to 0} f(x) = 1$$

我們將在 2.2 節中證明此結果正確。

| 表 2.3

| $x$ | $\dfrac{\sin x}{x}$ |
|---|---|
| $\pm 1$ | 0.841470985 |
| $\pm 0.5$ | 0.958851077 |
| $\pm 0.1$ | 0.998334166 |
| $\pm 0.05$ | 0.999583385 |
| $\pm 0.01$ | 0.999983333 |
| $\pm 0.005$ | 0.999995833 |
| $\pm 0.001$ | 0.999999833 |

**例題 7** 令 $f(x) = \dfrac{1}{x^2}$。假如它的極限存在，求此極限。

**a.** $\lim_{x \to 0^-} f(x)$  **b.** $\lim_{x \to 0^+} f(x)$  **c.** $\lim_{x \to 0} f(x)$

**解** 某些函數值列在表 2.4，$f$ 的圖形展示於圖 2.10。

| 表 2.4

| $x$ | $\dfrac{1}{x^2}$ |
|---|---|
| $\pm 1$ | 1 |
| $\pm 0.5$ | 4 |
| $\pm 0.1$ | 100 |
| $\pm 0.05$ | 400 |
| $\pm 0.01$ | 10,000 |
| $\pm 0.001$ | 1,000,000 |

| 圖 2.9

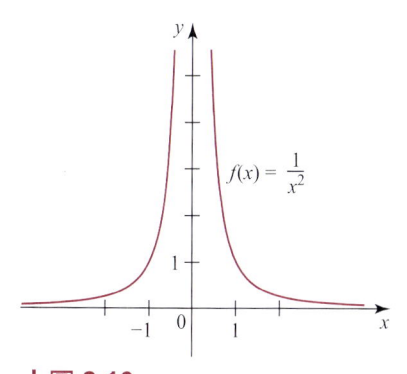

$f(x) = \dfrac{\sin x}{x}$ 的圖形

| 圖 2.10

當 $x$ 由左邊（或由右邊）逼近 0，$f(x)$ 無限制地增加

### 歷史傳記

**JOHN WALLIS**
(1616-1703)

John Wallis 是第一位使用 ∞ 表示無窮的符號。最早的微積分和其他數學領域所使用的形式、符號和名詞都是他的貢獻。他於 1616 年 11 月 23 日出生在英國肯特的 Ashiord 行政區。從小他就住校並且展現數學的天賦。他學算術兩週後就能解題目，譬如：他解 53 位數的平方根，沒有用記號就可以解到 17 位數。他算是在 Isaac Newton 之前最有影響力的英國數學家。1656年，發表他第一本主要的著作，*Arithmetica Infinitorum*。

**a.** 當 $x$ 由左邊逼近 $0$，$f(x)$ 無限制地增加，並且不會逼近獨一的數。因此 $\lim_{x \to 0^-} f(x)$ 不存在。

**b.** 當 $x$ 由右邊逼近 $0$，$f(x)$ 無限制地增加，並且不會逼近獨一的數。因此 $\lim_{x \to 0^+} f(x)$ 不存在。

**c.** 由 (a) 和 (b) 的結果得知 $\lim_{x \to 0} f(x)$ 不存在。■

**註** 即使極限 $\lim_{x \to 0} f(x)$ 不存在，仍將它寫成 $\lim_{x \to 0} (1/x^2) = \infty$，表示當 $x$ 逼近 $0$，$f(x)$ 無限制地增加。我們將在 4.5 節中學到「無窮極限」。

## 2.1 習題

1-3 題，運用函數 $f$ 的圖形求極限。

**1.** 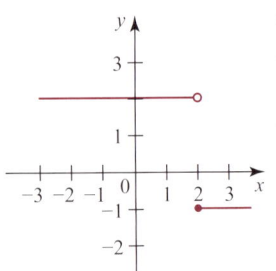
a. $\lim_{x \to 2^-} f(x)$
b. $\lim_{x \to 2^+} f(x)$
c. $\lim_{x \to 2} f(x)$

**2.** 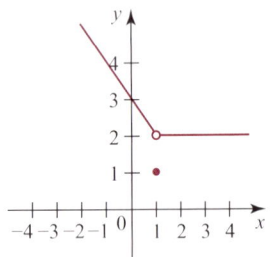
a. $\lim_{x \to 1^-} f(x)$
b. $\lim_{x \to 1^+} f(x)$
c. $\lim_{x \to 1} f(x)$

**3.** 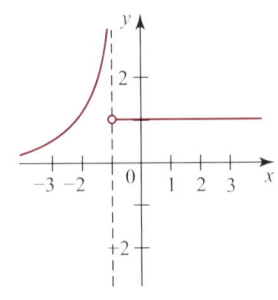
a. $\lim_{x \to -1^-} f(x)$
b. $\lim_{x \to -1^+} f(x)$
c. $\lim_{x \to -1} f(x)$

**4.** 運用函數 $f$ 的圖形判斷下列敘述是對或錯。並解釋你的答案。

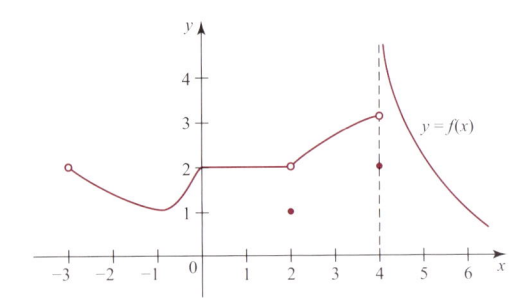

a. $\lim_{x \to -3^+} f(x) = 2$
b. $\lim_{x \to 0} f(x) = 2$
c. $\lim_{x \to 2} f(x) = 1$
d. $\lim_{x \to 4^-} f(x) = 3$
e. $\lim_{x \to 4^+} f(x)$ 不存在
f. $\lim_{x \to 4} f(x) = 2$

5-8 題，使用給予之 $x$ 值計算表中的 $f(x)$，精確度到小數點後第五位。如果 $f(x)$ 之極限存在，使用表中的 $f(x)$ 值推測之。

**5.** $\lim_{x \to 1} \dfrac{x - 1}{x^2 - 3x + 2}$

| $x$ | 0.9 | 0.99 | 0.999 | 1.001 | 1.01 | 1.1 |
|---|---|---|---|---|---|---|
| $f(x)$ | | | | | | |

**6.** $\lim_{x \to 2} \dfrac{\sqrt{x + 2} - 2}{x - 2}$

| $x$ | 1.9 | 1.99 | 1.999 | 2.001 | 2.01 | 2.1 |
|---|---|---|---|---|---|---|
| $f(x)$ | | | | | | |

**7.** $\lim_{x \to 2} \dfrac{\dfrac{1}{\sqrt{2 + x}} - \dfrac{1}{2}}{x - 2}$

| $x$ | 1.9 | 1.99 | 1.999 | 2.001 | 2.01 | 2.1 |
|---|---|---|---|---|---|---|
| $f(x)$ | | | | | | |

8. $\lim_{x\to 0}\dfrac{x}{\sin x}$

| $x$ | $-0.1$ | $-0.01$ | $-0.001$ | $0.001$ | $0.01$ | $0.1$ |
|---|---|---|---|---|---|---|
| $f(x)$ | | | | | | |

9-11 題，繪畫函數 $f$ 的圖形，並算 $f$ 在給予的 $a$ 處的值，求 (a) $\lim_{x\to a^-} f(x)$；(b) $\lim_{x\to a^+} f(x)$；和 (c) $\lim_{x\to a} f(x)$。

9. $f(x) = \begin{cases} x - 1, & x \le 3 \\ -2x + 8, & x > 3 \end{cases}; \quad a = 3$

10. $f(x) = \begin{cases} -x^2 + 4, & x \ne 0 \\ 2, & x = 0 \end{cases}; \quad a = 0$

11. $f(x) = \begin{cases} x, & x < 1 \\ 2, & x = 1; \quad a = 1 \\ -x + 2, & x > 1 \end{cases}$

符號 $[\![\ ]\!]$ 表示最大整數函數並定義為 $[\![x]\!]$ = 滿足 $n \le x$ 的最大整數 $n$。譬如：$[\![2.8]\!] = 2$ 和 $[\![-2.7]\!] = -3$。12-14 題，假如函數的極限存在，由函數圖形求極限。

12. $\lim_{x\to 3^-} [\![x]\!]$
13. $\lim_{x\to -1^+} [\![x]\!]$
14. $\lim_{x\to 3.1} [\![x]\!]$

15. 令

$$f(x) = \begin{cases} 0, & x \le 0 \\ \sin\dfrac{1}{x}, & x > 0 \end{cases}$$

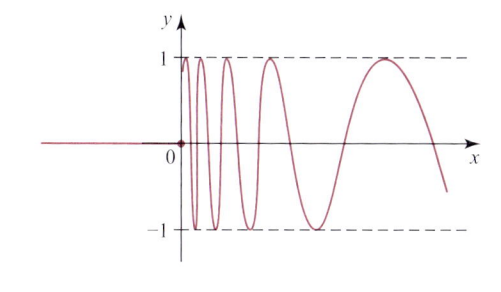

（當 $x$ 由右邊逼近 0，$y$ 振盪得更厲害）。由圖形製作表來猜測 $\lim_{x\to 0^-} f(x)$, $\lim_{x\to 0^+} f(x)$ 和 $\lim_{x\to 0} f(x)$ 的值。驗證你的答案。

16. 令

$$f(x) = \begin{cases} \dfrac{1}{x}, & x < 0 \\ \sin x, & 0 \le x < \pi \\ 0, & x \ge \pi \end{cases}$$

a. 繪畫 $f$ 圖形。
b. 寫出在 $f$ 定義域內的所有 $x$，使得 $f$ 在那裡的極限存在。
c. 寫出在 $f$ 定義域內的所有 $x$，使得 $f$ 在那裡的左極限存在。
d. 寫出在 $f$ 定義域內的所有 $x$，使得 $f$ 在那裡的右極限存在。

17. **Heaviside 函數** 例題 3 的單位階梯函數或 Heaviside 函數 $H$ 的通用定義為

$$H_c(t - t_0) = \begin{cases} 0, & t < t_0 \\ c, & t \ge t_0 \end{cases}$$

其中 $c$ 為常數且 $t_0 \ge 0$。證明假如 $c \ne 0$，則 $\lim_{t\to t_0} H_c(t - t_0)$ 不存在。

18-19 題，判斷下列敘述是對或是錯。如果它是對，解釋你的理由。如果它是錯，請解釋你的理由或舉例說明。

18. 若 $\lim_{x\to a} f(x) = c$，則 $f(a) = c$
19. 若 $\lim_{x\to a} f(x) = \lim_{x\to a} g(x)$，則 $f(a) = g(a)$

## 2.2 求極限的技巧

### ■ 運用極限法則求極限

2.1 節中，假如函數的極限存在，則用函數值表和函數圖形找它的極限，假如它存在的話。然而，此逼近的方法只適用於簡單函數的極限是否存在，並預測它的值可能是什麼。實際上，求函數的極限都是用現在要介紹的極限法則。

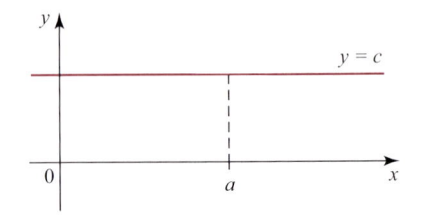

圖 2.11

對於常數函數 $f(x) = c$，$\lim_{x \to a} f(x) = c$

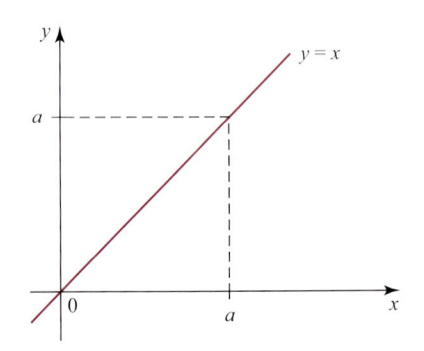

圖 2.12

假如 $f$ 是恆等函數 $f(x) = x$，則 $\lim_{x \to a} f(x) = a$

**法則 1** 常數函數 $f(x) = c$ 的極限

假如 $c$ 是實數，則

$$\lim_{x \to a} c = c$$

藉由圖 2.11 的常數函數 $f(x) = c$ 的圖形，可以直接看出此結果。2.3 節習題第 8 題會要你證明此法則。

**例題 1** $\lim_{x \to 2} 5 = 5$，$\lim_{x \to -1} 3 = 3$ 和 $\lim_{x \to 0} 2\pi = 2\pi$。 ∎

**法則 2** 恆等函數 $f(x) = x$ 的極限

$$\lim_{x \to a} x = a$$

再次，由恆等函數的圖形（圖 2.12）得知此法則。

**例題 2** $\lim_{x \to 4} x = 4$，$\lim_{x \to 0} x = 0$ 和 $\lim_{x \to -\pi} x = -\pi$。 ∎

下列法則提供代數方法求函數的極限。

**極限法則**

假如 $\lim_{x \to a} f(x) = L$ 和 $\lim_{x \to a} g(x) = M$，則

**法則 3** 加法法則

$$\lim_{x \to a} [f(x) \pm g(x)] = L \pm M$$

**法則 4** 乘法法則

$$\lim_{x \to a} [f(x) g(x)] = LM$$

**法則 5** 常數倍數法則

對每一個 $c$，$\lim_{x \to a} [cf(x)] = cL$

**法則 6** 除法法則

若 $M \neq 0$，則 $\lim_{x \to a} \dfrac{f(x)}{g(x)} = \dfrac{L}{M}$

**法則 7** 根號法則

$\lim_{x \to a} \sqrt[n]{f(x)} = \sqrt[n]{L}$，其中 $n$ 為正整數，且若 $n$ 是偶數，則 $L > 0$

這些法則以文字陳述如下：

法則 3：兩個函數和（差）的極限為它們個別的極限和（差）。

法則 4：兩個函數相乘後的極限為它們個別的極限相乘。

法則 5：常數乘上函數後的極限為常數乘上此函數的極限。

法則 6：兩個函數相除後的極限為它們個別的極限相除，其中分母的極限不為零。

法則 7：函數開 $n$ 次方的極限是此函數的極限開 $n$ 次方，其中 $n$ 為正整數，且若 $n$ 為偶數，則 $L > 0$。

（2.3 節有加法法則的證明）

雖然加法法則和乘法法則都是針對兩個函數，但它們也適用於有限數目的函數。譬如：若

$$\lim_{x \to a} f_1(x) = L_1, \quad \lim_{x \to a} f_2(x) = L_2, \quad \ldots, \quad \lim_{x \to a} f_n(x) = L_n$$

則

$$\lim_{x \to a}[f_1(x) + f_2(x) + \cdots + f_n(x)] = L_1 + L_2 + \cdots + L_n$$

和

$$\lim_{x \to a}[f_1(x)f_2(x) \cdots f_n(x)] = L_1 L_2 \cdots L_n \qquad (1)$$

若取 $f_1(x) = f_2(x) = \cdots = f_n(x) = f(x)$，則式 (1) 得到 $f$ 次方的公式如下。

---

**法則 8**

若 $n$ 為正整數，且 $\lim_{x \to a} f(x) = L$，則 $\lim_{x \to a}[f(x)]^n = L^n$。

---

接著，若取 $f(x) = x$，則由式 (1) 和法則 8，得到下列結果。

---

**法則 9**

$\lim_{x \to a} x^n = a^n$，其中 $n$ 為正整數。

---

**例題 3** 求 $\lim_{x \to 2}(2x^3 - 4x^2 + 3)$。

**解**

$$\begin{aligned}
\lim_{x \to 2}(2x^3 - 4x^2 + 3) &= \lim_{x \to 2} 2x^3 - \lim_{x \to 2} 4x^2 + \lim_{x \to 2} 3 &\text{法則 3}\\
&= 2\lim_{x \to 2} x^3 - 4\lim_{x \to 2} x^2 + \lim_{x \to 2} 3 &\text{法則 5}\\
&= 2(2)^3 - 4(2)^2 + 3 &\text{法則 9}\\
&= 3
\end{aligned}$$

### ■ 多項式和有理函數的極限

例題 3 的解法可用來證明下面的法則。

**法則 10　多項式函數的極限**

若 $p(x) = a_n x^n + a_{n-1} x^{n-1} + \cdots + a_0$ 為一個多項式函數，則

$$\lim_{x \to a} p(x) = p(a)$$

因此當 $x$ 逼近 $a$，多項式函數的極限等於函數在 $a$ 的值。

**證明**　重複用（通用的）加法法則和常數倍數法則，得到

$$\lim_{x \to a} p(x) = \lim_{x \to a}(a_n x^n + a_{n-1} x^{n-1} + \cdots + a_0)$$
$$= a_n (\lim_{x \to a} x^n) + a_{n-1} (\lim_{x \to a} x^{n-1}) + \cdots + \lim_{x \to a} a_0$$

接著用法則 1, 2 和 9，得到

$$\lim_{x \to a} p(x) = a_n a^n + a_{n-1} a^{n-1} + \cdots + a_0 = p(a)$$

由此結果，可直接算例題 3，如下：

$$\lim_{x \to 2}(2x^3 - 4x^2 + 3) = 2(2)^3 - 4(2)^2 + 3 = 3$$

**例題 4**　求 $\lim_{x \to -1}(3x^2 + 2x + 1)^5$。

**解**

$$\lim_{x \to -1}(3x^2 + 2x + 1)^5 = [\lim_{x \to -1}(3x^2 + 2x + 1)]^5 \quad \text{法則 8}$$
$$= [3(-1)^2 + 2(-1) + 1]^5 \quad \text{法則 10}$$
$$= 2^5 = 32$$

由除法法則和法則 10 得到下面的結果。

**法則 11　有理函數的極限**

假如 $f$ 為有理函數且定義為 $f(x) = P(x)/Q(x)$，其中 $P(x)$ 和 $Q(x)$ 是多項式函數且 $Q(a) \neq 0$，則

$$\lim_{x \to a} f(x) = f(a) = \frac{P(a)}{Q(a)}$$

因此當 $x$ 逼近 $a$，只要分母在 $a$ 處不為零，有理函數的極限就是此函數在 $a$ 的值。

**證明** 因為 $P$ 和 $Q$ 是多項式函數，由法則 10 得知

$$\lim_{x \to a} P(x) = P(a) \quad 和 \quad \lim_{x \to a} Q(x) = Q(a)$$

因為 $Q(a) \neq 0$，用除法法則得到

$$\lim_{x \to a} f(x) = \lim_{x \to a} \frac{P(x)}{Q(x)} = \frac{\lim_{x \to a} P(x)}{\lim_{x \to a} Q(x)} = \frac{P(a)}{Q(a)} = f(a) \quad \blacksquare$$

**例題 5** 求 $\lim_{x \to 3} \dfrac{4x^2 - 3x + 1}{2x - 4}$。

**解** 用法則 11 得到

$$\lim_{x \to 3} \frac{4x^2 - 3x + 1}{2x - 4} = \frac{4(3)^2 - 3(3) + 1}{2(3) - 4} = \frac{28}{2} = 14 \quad \blacksquare$$

**例題 6** 求 $\lim_{x \to 1} \sqrt[3]{\dfrac{2x + 14}{x^2 + 1}}$。

**解**

$$\lim_{x \to 1} \sqrt[3]{\frac{2x + 14}{x^2 + 1}} = \sqrt[3]{\lim_{x \to 1} \frac{2x + 14}{x^2 + 1}} \quad \text{法則 7}$$

$$= \sqrt[3]{\frac{2(1) + 14}{1^2 + 1}} \quad \text{法則 11}$$

$$= \sqrt[3]{8} = 2 \quad \blacksquare$$

下面的例題可以防止讀者以為只要代入數值就可得到函數的極限。

**例題 7** 求 $\lim_{x \to 2} \dfrac{x^2 - 4}{x - 2}$。

**解** 當 $x = 2$ 時，有理式的分母為 0，不可直接代入數值求極限。然而將分子因式分解後，得到

$$\frac{x^2 - 4}{x - 2} = \frac{(x + 2)(x - 2)}{x - 2}$$

假如 $x \neq 2$，分子分母可以消掉相同的因子，則

$$\frac{x^2 - 4}{x - 2} = x + 2 \quad x \neq 2$$

換言之，除了 $x = 2$ 外，在定義域內的其他 $x$ 對應的函數 $f(x) = (x^2 - 4)/(x - 2)$ 值和函數 $g(x) = x + 2$ 的值完全相等。當 $x$ 逼近 2，$f$ 的極限只跟非 2 的 $x$ 值有關。所以當 $x$ 逼近 2，我們可直接用 $g(x)$ 的極限來表示所要的極限。因此，

$$\lim_{x\to 2}\frac{x^2-4}{x-2}=\lim_{x\to 2}(x+2)=2+2=4$$

　　某些例子，譬如：當 $x$ 逼近 2，有理函數的分子和分母都為 0，它們可用例題 7 的技巧求極限。這個招數運用適當的代數技巧，找到一函數，除了 $a$ 以外恆等於原函數並用以取代原函數。然後將 $a$ 代入，即得所求的極限。

**註**

1. 若分子逼近 0，分母並沒有逼近 0，則分式的極限不存在（見 2.1 節例題 7）。
2. 將 $a$ 代入函數計算即得其極限，我們稱此函數在 $a$ 點連續（2.4 節將會學到連續）。

**例題 8** 求 $\lim\limits_{x\to -3}\dfrac{x^2+2x-3}{x^2+4x+3}$。

**解** 注意，當 $x$ 逼近 $-3$，分式的分子和分母都逼近 0。法則 6 並不適用，而計算過程如下

$$\begin{aligned}\lim_{x\to -3}\frac{x^2+2x-3}{x^2+4x+3}&=\lim_{x\to -3}\frac{(x+3)(x-1)}{(x+3)(x+1)}\\ &=\lim_{x\to -3}\frac{x-1}{x+1}\quad x\neq -3\\ &=\frac{-3-1}{-3+1}=2\end{aligned}$$

**例題 9** 求 $\lim\limits_{x\to 0}\dfrac{\sqrt{1+x}-1}{x}$。

**解** 當 $x$ 逼近 0，分式的分子和分母都逼近 0，所以法則 6 並不適用。讓我們有理化分子，亦即分子分母同乘 $\sqrt{1+x}+1$，得到

$$\begin{aligned}\lim_{x\to 0}\frac{\sqrt{1+x}-1}{x}&=\lim_{x\to 0}\frac{\sqrt{1+x}-1}{x}\cdot\frac{\sqrt{1+x}+1}{\sqrt{1+x}+1}\\ &=\lim_{x\to 0}\frac{(\sqrt{1+x}-1)(\sqrt{1+x}+1)}{x(\sqrt{1+x}+1)}\\ &=\lim_{x\to 0}\frac{1+x-1}{x(\sqrt{1+x}+1)}\quad\text{兩個平方差}\\ &=\lim_{x\to 0}\frac{1}{\sqrt{1+x}+1}=\frac{1}{2}\quad x\neq 0\end{aligned}$$

　　本節中所討論的極限法則雖然是對雙邊極限而言，但是對單邊極限也適用。

### 例題 10  令

$$f(x) = \begin{cases} -x + 3, & x < 2 \\ \sqrt{x-2} + 1, & x \geq 2 \end{cases}$$

假如 $\lim_{x \to 2} f(x)$ 存在，求其值。

**解**  函數 $f$ 是區段定義的。當 $x \geq 2$，$f(x) = \sqrt{x-2} + 1$。令 $x$ 由右邊逼近 2，則

$$\lim_{x \to 2^+} (\sqrt{x-2} + 1) = \lim_{x \to 2^+} \sqrt{x-2} + \lim_{x \to 2^+} 1 \quad \text{加法法則}$$
$$= 0 + 1 = 1$$

當 $x < 2$，$f(x) = -x + 3$，且

$$\lim_{x \to 2^-} (-x + 3) = \lim_{x \to 2^-} (-x) + \lim_{x \to 2^-} 3 \quad \text{加法法則}$$
$$= -2 + 3 = 1$$

左極限和右極限相等。因此，極限存在且

$$\lim_{x \to 2} f(x) = 1$$

$F$ 的圖形展示於圖 2.13。

**圖 2.13**
$\lim_{x \to 2^-} f(x) = \lim_{x \to 2^+} f(x) = 1$，所以 $\lim_{x \to 2} f(x) = 1$

下一個例題用到**最大整數**（greatest integer）函數，它定義為 $f(x) = [\![x]\!]$，其中 $[\![x]\!]$ 為最大整數 $n$ 使得 $n \leq x$。譬如：$[\![3]\!] = 3$，$[\![2.4]\!] = 2$，$[\![\pi]\!] = 3$，$[\![-4.6]\!] = -5$，$[\![-\sqrt{2}]\!] = -2$ 等等。求此函數值時，可用斷尾的方式計算。

### 例題 11  證明 $\lim_{x \to 2^+} [\![x]\!]$ 不存在。

**解**  最大整數函數的圖形展示於圖 2.14。觀察發現，當 $2 \leq x < 3$，則 $[\![x]\!] = 2$，且

$$\lim_{x \to 2^+} [\![x]\!] = \lim_{x \to 2^+} 2 = 2$$

接著當 $1 \leq x < 2$，則 $[\![x]\!] = 1$。所以

$$\lim_{x \to 2^-} [\![x]\!] = \lim_{x \to 2^-} 1 = 1$$

因為兩個單邊極限不相等，由 2.1 節定理 1，得知 $\lim_{x \to 2} [\![x]\!]$ 不存在。

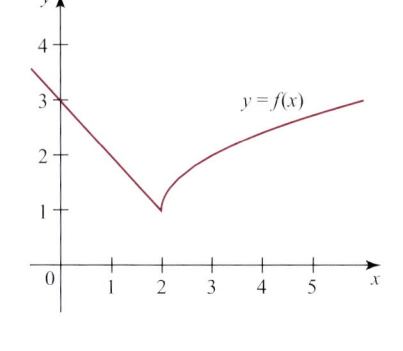

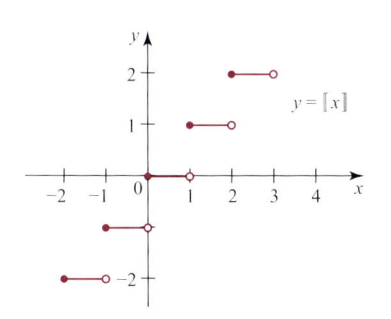

**圖 2.14**
$y = [\![x]\!]$ 圖形

## ■ 三角函數的極限

至此，已經處理代數函數的極限。下面的定理說明假如 $a$ 為某三角函數定義域內的點，則當 $x$ 逼近 $a$，此函數的極限可直接將 $a$ 代入得到。

> **定理 1　三角函數的極限**
>
> 令 $a$ 為給予三角函數定義域內的點，則
>
> **a.** $\lim\limits_{x \to a} \sin x = \sin a$　　　　**b.** $\lim\limits_{x \to a} \cos x = \cos a$
>
> **c.** $\lim\limits_{x \to a} \tan x = \tan a$　　　　**d.** $\lim\limits_{x \to a} \cot x = \cot a$
>
> **e.** $\lim\limits_{x \to a} \sec x = \sec a$　　　　**f.** $\lim\limits_{x \to a} \csc x = \csc a$

定理 1c 至定理 1d 的證明可由定理 1a、定理 1b 和極限法則得到。

**例題 12**　求 **a.** $\lim\limits_{x \to \pi/2} x \sin x$；　**b.** $\lim\limits_{x \to \pi/4}(2x^2 + \cot x)$。

**解**

**a.** $\lim\limits_{x \to \pi/2} x \sin x = \left(\lim\limits_{x \to \pi/2} x\right)\left(\lim\limits_{x \to \pi/2} \sin x\right) = \dfrac{\pi}{2} \sin \dfrac{\pi}{2} = \dfrac{\pi}{2}$

**b.** $\lim\limits_{x \to \pi/4}(2x^2 + \cot x) = \lim\limits_{x \to \pi/4} 2x^2 + \lim\limits_{x \to \pi/4} \cot x$

$= 2\left(\dfrac{\pi}{4}\right)^2 + \cot \dfrac{\pi}{4}$

$= \dfrac{\pi^2}{8} + 1 = \dfrac{\pi^2 + 8}{8}$

## ■ 夾擠定理

至今所學的技巧並不能處理所有情形。譬如：它們不能處理

$$\lim_{x \to 0} x^2 \sin \frac{1}{x}$$

這類極限我們用夾擠定理。

> **定理 2　夾擠定理**
>
> 在一個含 $a$ 的開區間，除 $a$ 外，$f(x) \le g(x) \le h(x)$ 成立。若
>
> $$\lim_{x \to a} f(x) = L = \lim_{x \to a} h(x)$$
>
> 則
>
> $$\lim_{x \to a} g(x) = L$$

夾擠定理陳述如下：當 $x$ 接近 $a$，$g(x)$ 在 $f(x)$ 和 $h(x)$ 之間被夾擠，且 $f(x)$ 和 $h(x)$ 同時接近 $L$，則 $g(x)$ 也必定接近 $L$（圖 2.15）。

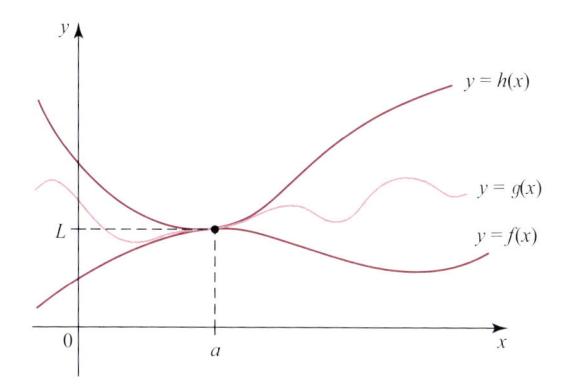

**圖 2.15**
夾擠定理的說明

**例題 13** 求 $\lim_{x \to 0} x^2 \sin \dfrac{1}{x}$。

**解** 對實數 $x$，$-1 \leq \sin x \leq 1$，所以當 $x \neq 0$，

$$-1 \leq \sin \dfrac{1}{x} \leq 1$$

因此，

$$-x^2 \leq x^2 \sin \dfrac{1}{x} \leq x^2 \qquad x \neq 0$$

令 $f(x) = -x^2$，$g(x) = x^2 \sin(1/x)$ 和 $h(x) = x^2$，則 $f(x) \leq g(x) \leq h(x)$。因為

$$\lim_{x \to 0} f(x) = \lim_{x \to 0}(-x^2) = 0 \quad \text{和} \quad \lim_{x \to 0} h(x) = \lim_{x \to 0} x^2 = 0$$

由夾擠定理得知

$$\lim_{x \to 0} g(x) = \lim_{x \to 0} x^2 \sin \dfrac{1}{x} = 0$$

（圖 2.16。）

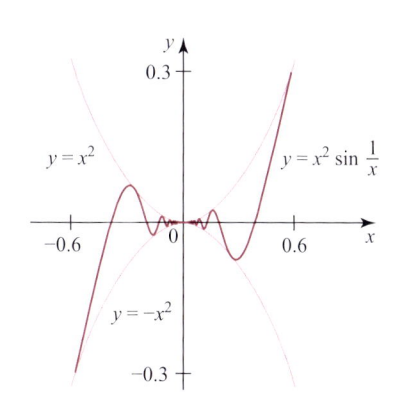

定理 3 極限的特性將在之後被用到。

**圖 2.16**
$\lim_{x \to 0} g(x) = \lim_{x \to 0} x^2 \sin \dfrac{1}{x} = 0$

---

**定理 3**

在一個含 $a$ 的開區間，可能除 $a$ 外，$f(x) \leq g(x)$ 成立。若

$$\lim_{x \to a} f(x) = L \quad \text{和} \quad \lim_{x \to a} g(x) = M$$

則

$$L \leq M$$

---

夾擠定理可被用來證明下面重要的結果，此結果後面將會用到。

### 定理 4

$$\lim_{\theta \to 0} \frac{\sin \theta}{\theta} = 1$$

**證明** 首先令 $0 < \theta < \pi/2$。圖 2.17 顯示半徑為 1 的扇形。由圖形中得知

$$\triangle OAB \text{ 的面積} = \frac{1}{2}(1)(\sin \theta) = \frac{1}{2}\sin \theta \qquad \frac{1}{2}\text{底} \cdot \text{高}$$

$$OAB \text{ 的面積} = \frac{1}{2}(1)^2\theta = \frac{1}{2}\theta \qquad \frac{1}{2}r^2\theta$$

$$\triangle OAC \text{ 的面積} = \frac{1}{2}(1)(\tan \theta) = \frac{1}{2}\tan \theta \qquad \frac{1}{2}\text{底} \cdot \text{高}$$

因為 $0 < \triangle OAB$ 的面積 $<$ 扇形 $OAB$ 的面積 $< \triangle OAC$ 的面積，所以

$$0 < \frac{1}{2}\sin \theta < \frac{1}{2}\theta < \frac{1}{2}\tan \theta$$

每一項乘以 $2/(\sin \theta)$，並且記住當 $0 < \theta < \pi/2$，$\sin \theta > 0$ 和 $\cos \theta > 0$，得到

$$1 < \frac{\theta}{\sin \theta} < \frac{1}{\cos \theta}$$

取倒數得到

$$\cos \theta < \frac{\sin \theta}{\theta} < 1 \qquad (2)$$

若 $-\pi/2 < \theta < 0$，則 $0 < -\theta < \pi/2$。並且由不等式 (2) 得到

$$\cos(-\theta) < \frac{\sin(-\theta)}{-\theta} < 1$$

或因 $\cos(-\theta) = \cos \theta$ 和 $\sin(-\theta) = -\sin \theta$，得到

$$\cos \theta < \frac{\sin \theta}{\theta} < 1$$

即為不等式 (2)。因此當 $\theta$ 在 $(-\frac{\pi}{2}, 0)$ 或 $(0, \frac{\pi}{2})$ 區間，不等式 (2) 成立。

最後，令 $f(\theta) = \cos \theta$, $g(\theta) = (\sin \theta)/\theta$ 和 $h(\theta) = 1$，並觀察到

$$\lim_{\theta \to 0} f(\theta) = \lim_{\theta \to 0} \cos \theta = 1$$

和

$$\lim_{\theta \to 0} h(\theta) = \lim_{\theta \to 0} 1 = 1$$

則由夾擠定理推得知

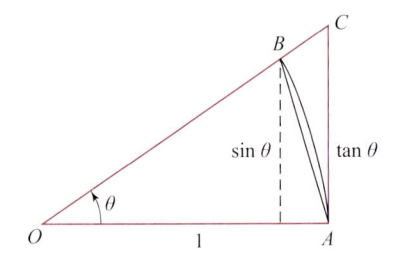

圖 2.17

$$\lim_{\theta \to 0} g(\theta) = \lim_{\theta \to 0} \frac{\sin \theta}{\theta} = 1$$

**例題 14** 求 $\lim_{x \to 0} \frac{\sin 2x}{3x}$。

**解** 將

$$\frac{\sin 2x}{3x} \quad \text{寫成} \quad \left(\frac{2}{3}\right) \frac{\sin 2x}{2x}$$

應用代換法，$\theta = 2x$，且注意當 $x \to 0$，$\theta \to 0$。得到

$$\lim_{x \to 0} \frac{\sin 2x}{3x} = \lim_{\theta \to 0} \left(\frac{2}{3}\right) \frac{\sin \theta}{\theta}$$

$$= \frac{2}{3} \lim_{\theta \to 0} \frac{\sin \theta}{\theta}$$

$$= \frac{2}{3} \quad \text{用定理 4}$$

**例題 15** 求 $\lim_{x \to 0} \frac{\tan x}{x}$。

**解**

$$\lim_{x \to 0} \frac{\tan x}{x} = \lim_{x \to 0} \left(\frac{\sin x}{x} \cdot \frac{1}{\cos x}\right)$$

$$= \left(\lim_{x \to 0} \frac{\sin x}{x}\right)\left(\lim_{x \to 0} \frac{1}{\cos x}\right)$$

$$= (1)(1)$$

$$= 1$$

定理 5 為定理 4 的推論。

**定理 5**

$$\lim_{\theta \to 0} \frac{\cos \theta - 1}{\theta} = 0$$

**證明** 若將等式 $\sin^2 x = \frac{1}{2}(1 - \cos 2x)$ 寫成

$$1 - \cos \theta = 2 \sin^2\left(\frac{\theta}{2}\right) \quad \text{令 } x = \frac{\theta}{2}$$

則

$$\lim_{\theta \to 0} \frac{\cos \theta - 1}{\theta} = \lim_{\theta \to 0} \left( \frac{-2 \sin^2\left(\frac{\theta}{2}\right)}{\theta} \right)$$

$$= \lim_{\theta \to 0} \left( -\sin \frac{\theta}{2} \right) \left( \frac{\sin \frac{\theta}{2}}{\frac{\theta}{2}} \right)$$

$$= -\left( \lim_{\theta \to 0} \sin \frac{\theta}{2} \right) \left( \lim_{\theta \to 0} \frac{\sin \frac{\theta}{2}}{\frac{\theta}{2}} \right) \quad \text{註：} \theta \to 0 \text{ 時，} \frac{\theta}{2} \to 0$$

$$= 0 \cdot 1 = 0$$

## 2.2 習題

1-11 題，求極限。

1. $\lim_{t \to 2}(3t + 4)$
2. $\lim_{h \to -1}(h^4 - 2h^3 + 2h - 1)$
3. $\lim_{x \to 1}(3x^2 - 4x + 2)^4$
4. $\lim_{x \to 1} \frac{x - 2}{x^2 + x + 1}$
5. $\lim_{x \to 2}(\sqrt{2x^3} - \sqrt{2}x)$
6. $\lim_{x \to -1^+}(x^3 - 2x^2 - 5)^{2/3}$
7. $\lim_{x \to 0^+} \frac{1 + \sqrt{x}}{\sqrt{x + 4}}$
8. $\lim_{u \to -2} \sqrt[3]{\frac{3u^2 + 2u}{3u^3 - 3}}$
9. $\lim_{x \to 1} \sin \frac{\pi x}{2}$
10. $\lim_{x \to \pi/4} \frac{\sin x}{x}$
11. $\lim_{x \to \pi} \sqrt{2 + \cos x}$

12-14 題，已知 $\lim_{x \to a} f(x) = 2$, $\lim_{x \to a} g(x) = -4$ 和 $\lim_{x \to a} h(x) = -1$，求極限。

12. $\lim_{x \to a}[2f(x) + 3g(x)]$
13. $\lim_{x \to a} \frac{f(x)}{\sqrt{g(x)}}$
14. $\lim_{x \to a}\{[h(x)]^2 - f(x)g(x)\}$
15. 已知 $\lim_{x \to -2} f(x) = 2$ 和 $\lim_{x \to a} g(x) = 3$。求 $\lim_{x \to -2}[xf(x) + (x^2 + 1)g(x)]$ 的極限。

16-18 題，應用下面的 $f$ 和 $g$ 的圖形，假如極限存在，求其值。假如極限不存在，則解釋理由。

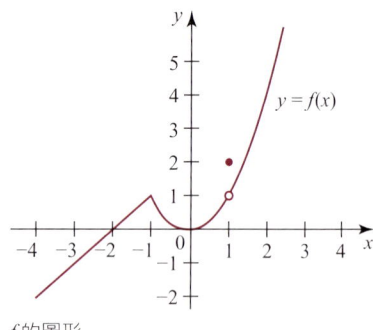

$f$ 的圖形

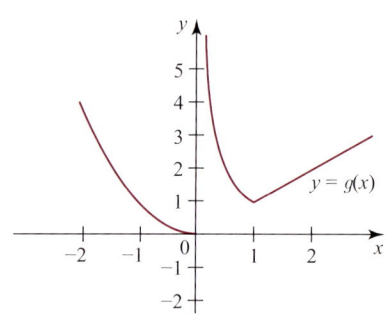

$g$ 的圖形

16. $\lim_{x \to -1}[f(x) + g(x)]$
17. $\lim_{x \to 1}[f(x)g(x)]$
18. $\lim_{x \to 0}[2f(x) + 3g(x)]$
19. 下面的推論是否正確？

$$f(x) = \frac{x^2 - 9}{x + 3} = \frac{(x + 3)(x - 3)}{x + 3} = x - 3$$

所以 $\lim_{x \to -3} f(x) = f(-3) = -6$。解釋你的答案。

20. 舉例說明下面的推論：假如 $\lim_{x \to a} f(x) = L \neq 0$ 和 $\lim_{x \to a} g(x) = 0$，則 $\lim_{x \to a}[f(x)/g(x)]$ 不存在。

21-38 題，假如極限存在，求其值。

21. $\lim_{x \to 2} \frac{x^2 - 4}{x - 2}$
22. $\lim_{t \to 1} \frac{t + 1}{(t - 1)^2}$
23. $\lim_{x \to 1} \frac{x^2 + 2x - 3}{x^2 - 1}$
24. $\lim_{x \to -1} \frac{x^2 - x - 2}{x^2 + 4x + 3}$
25. $\lim_{t \to 0} \frac{2t^3 + 3t^2}{3t^4 - 2t^2}$
26. $\lim_{x \to 1} \frac{x^3 - 1}{x - 1}$
27. $\lim_{t \to 1} \frac{\sqrt{t} - 1}{t - 1}$
28. $\lim_{t \to 1} \frac{\sqrt{t} + 1}{t - 1}$
29. $\lim_{x \to 0} \frac{\sqrt{x + 3} - \sqrt{3}}{x}$
30. $\lim_{x \to 1} \frac{\sqrt{5 - x} - 2}{\sqrt{2 - x} - 1}$
31. $\lim_{x \to 7^-} [\![x]\!]$
32. $\lim_{x \to 2^-}(x - [\![x]\!])$

33. $\lim\limits_{x\to 0}\dfrac{\sin x}{3x}$  34. $\lim\limits_{h\to 0}\dfrac{\sin 3h}{4h}$

35. $\lim\limits_{x\to 0}\dfrac{\tan^2 x}{x}$  36. $\lim\limits_{\theta\to 0}\dfrac{\cos\theta - 1}{\theta^2}$

37. $\lim\limits_{x\to \pi/4}\dfrac{\sin x - \cos x}{1 - \tan x}$  38. $\lim\limits_{x\to 0}\dfrac{\sin 3x}{\sin 2x}$

39. 求 $\lim\limits_{x\to \pi/2}\dfrac{\cos x}{x - \frac{\pi}{2}}$。
    提示：令 $t = x - (\pi/2)$。

40. 令
$$f(x) = \begin{cases} x + 2, & x < -1 \\ x^2 + 2x + 3, & x > -1 \end{cases}$$
   a. 求 $\lim\limits_{x\to -1^-}f(x)$ 和 $\lim\limits_{x\to -1^+}f(x)$。
   b. $\lim\limits_{x\to -1}f(x)$ 存在嗎？為什麼？

41. 令
$$f(x) = \begin{cases} -x^5 + x^3 + x + 1, & x < 0 \\ 2, & x = 0 \\ x^2 + \sqrt{x+1}, & x > 0 \end{cases}$$
   求 $\lim\limits_{x\to 0^-}f(x)$ 和 $\lim\limits_{x\to 0^+}f(x)$。

$\lim\limits_{x\to 0}f(x)$ 存在嗎？驗證你的答案。

42. 令
$$f(x) = \begin{cases} [\![x]\!], & x < 2 \\ \sqrt{x-2} + 1, & x \geq 2 \end{cases}$$
$\lim\limits_{x\to 2}f(x)$ 存在嗎？若存在，其值為何？

43. 令
$$f(x) = \begin{cases} x^2, & x \text{ 為有理數} \\ -x^2, & x \text{ 為無理數} \end{cases}$$
證明 $\lim\limits_{x\to 0}f(x) = 0$。

44-45 題，判斷下列敘述是對或是錯。如果它是對，解釋你的理由。如果它是錯，請解釋你的理由或舉例說明。

44. $\lim\limits_{x\to 2}\left(\dfrac{3x}{x-2} - \dfrac{2}{x-2}\right) = \lim\limits_{x\to 2}\dfrac{3x}{x-2} - \lim\limits_{x\to 2}\dfrac{2}{x-2}$

45. 假如 $\lim\limits_{x\to a}[f(x) - g(x)]$ 存在，則 $\lim\limits_{x\to a}f(x)$ 和 $\lim\limits_{x\to a}g(x)$ 也存在。

## 2.3　極限的嚴謹定義

### 極限的嚴謹定義

2.1 節函數極限的定義是直覺上的。本節我們給慣用語句如「$f(x)$ 可以隨意靠近 $L$」和「取 $x$ 夠接近 $a$」嚴謹的意義，並且著重在雙邊極限

$$\lim_{x\to a}f(x) = L \tag{1}$$

其中 $a$ 和 $L$ 為實數。

現在開始探討如何建立比較嚴謹的結果

$$\lim_{x\to 2}(2x - 1) = 3 \tag{2}$$

這裡 $f(x) = 2x - 1$，$a = 2$ 和 $L = 3$。需要證明「當 $x$ 夠接近 2，$f(x)$ 可以隨意接近 3。」

先明白「$f(x)$ 接近 3」的意思。一開始，假設我們邀請一位挑戰者明確地說明某種「忍耐力」。譬如：挑戰者認為 $f(x)$ 接近 3 是 $f(x)$ 和 3 之間相差不超過 0.1 個單位。記得 $|f(x) - 3|$ 為 $f(x)$ 和 3 的距離，我們可重新敘述為 $f(x)$ 接近 3 只要

$$|f(x) - 3| < 0.1 \qquad \text{等價於 } 2.9 < f(x) < 3.1 \tag{3}$$

（圖 2.18。）

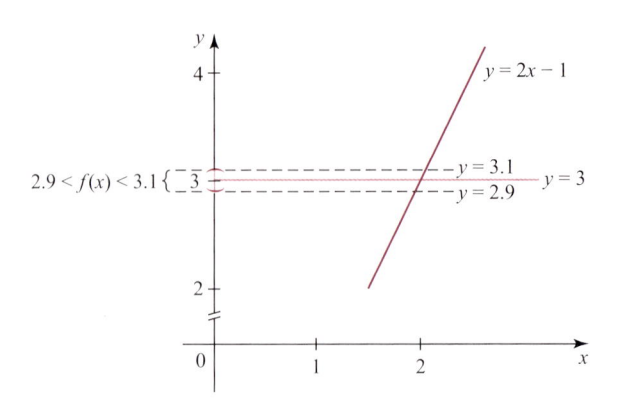

**圖 2.18**
所有使 $2.9 < f(x) < 3.1$ 成立的 $f$ 值都「接近」3

現在要證明當 $x$「夠接近 2」，不等式 (3) 成立。因為 $|x-2|$ 為 $x$ 和 2 的距離，所以只需要證明存在某正數，稱之為 $\delta$（delta），使得

$$0 < |x - 2| < \delta \quad 得到 \quad |f(x) - 3| < 0.1$$

（前半個不等式要排除 $x$ 為 2 的可能。記住當我們在求函數在點 $a$ 的極限，不要考慮此函數在點 $a$ 是否有定義，或它在點 $a$ 的值。）

為了求 $\delta$，考慮

$$|f(x) - 3| = |(2x - 1) - 3| = |2x - 4| = |2(x - 2)|$$
$$= 2|x - 2|$$

所以當

$$|x - 2| < \frac{0.1}{2} = 0.05 \quad\quad\quad (4)$$

$2|x-2| < 0.1$ 成立。假如取 $\delta = 0.05$，則 $0 < |x - 2| < \delta$，推得不等式 (4) 成立。依序推得

$$|f(x) - 3| = 2|x - 2| < 2(0.05) = 0.1$$

即得證（圖 2.19）。

我們已經記得式 (2) 了嗎？答案是還沒有。我們所了解的為限定 $x$ 必須夠接近 2，$f(x)$ 才可能「接近 3」，或對某特殊挑戰者而言，是可接受的程度。另一位挑戰者可能指定「$f(x)$ 接近 3」可接受的誤差是 $10^{-20}$。假如追溯最後的步驟，將由指定「$f(x)$ 接近 3」可接受的誤差是 $10^{-20}$ 來證明只要 $0 < |x - 2| < 5 \times 10^{-21}$，$|f(x)-3| < 10^{-20}$（選取 $\delta = 5 \times 10^{-21}$）。

為了讓所有可能表示接近的觀念一致化，設定可容忍的特定數字符號 $\varepsilon$（epsilon）表示任意正數。我們能否證明只要 $x$ 夠接近 2 時，$f(x)$ 很接近 3（可有誤差 $\varepsilon$）？換言之，給予任意數 $\varepsilon > 0$，能否找到數 $\delta > 0$，使得

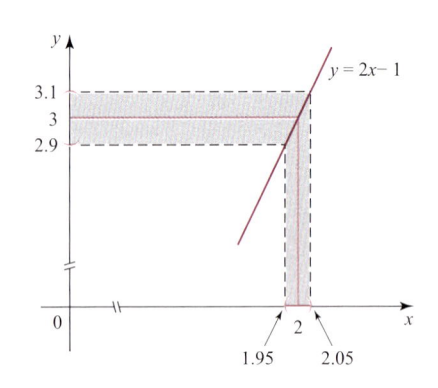

**圖 2.19**
當 $x$ 滿足 $|x-2| < 0.05$，$f(x)$ 就滿足 $|f(x) - 3| < 0.1$

$$當\quad 0<|x-2|<\delta\quad,得到\quad |f(x)-3|<\varepsilon$$

為了回答這些問題，將 0.1 換成 $\varepsilon$ 並且重複之前的運算。考慮

$$|f(x)-3|=|(2x-1)-3|=|2x-4|=2|x-2|$$

現在

$$只要\quad |x-2|<\frac{\varepsilon}{2},\ 2|x-2|<\varepsilon$$

所以取 $\delta=\varepsilon/2$，則 $0<|x-2|<\delta$ 推得 $|x-2|<\varepsilon/2$，亦即

$$|f(x)-3|=2|x-2|<2\left(\frac{\varepsilon}{2}\right)=\varepsilon$$

因為 $\varepsilon$ 是任意數，所以已經證明：當 $x$ 夠接近 2，「$f(x)$ 可以隨意接近 3」。經過如此的分析，得到下面嚴謹的極限定義。

---

**定義（嚴謹的） 函數在某一點的極限**

假設 $f$ 為定義在一含 $a$ 的開區間的函數，可不考慮 $a$，則當 $x$ 逼近 $a$，$f(x)$ 的極限為 $L$，並寫成

$$\lim_{x\to a}f(x)=L$$

的意義是對於任一給予的 $\varepsilon>0$，必可找到數 $\delta>0$，使得

$0<|x-a|<\delta$ 成立，即可推得 $|f(x)-L|<\varepsilon$ 也相應成立。

---

## 幾何意義

以下是此定義的幾何說明。已知 $\varepsilon>0$，畫線 $y=L+\varepsilon$ 和 $y=L-\varepsilon$。因為 $|f(x)-L|<\varepsilon$ 等價於 $L-\varepsilon<f(x)<L+\varepsilon$，所以只要能找到數 $\delta$，使得若 $x\neq a$ 且 $x$ 限制在 $(a-\delta,a+\delta)$ 區間，則 $y=f(x)$ 的圖形會落在寬為 $2\varepsilon$ 且被線 $y=L+\varepsilon$ 和 $y=L-\varepsilon$ 所夾的帶狀區間，我們就說 $\lim_{x\to a}f(x)$ 存在（圖 2.20）。由圖 2.20 得知只要找到 $\delta>0$，任意小於 $\delta$ 的數都會滿足所要求的。

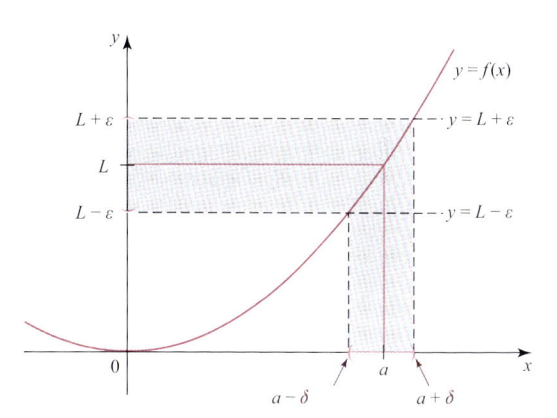

**圖 2.20**

假如 $x\in(a-\delta,a)$ 或 $(a,a+\delta)$，則 $f(x)$ 落在 $y=L+\varepsilon$ 和 $y=L-\varepsilon$ 所夾的帶狀區間

## 歷史傳記

**SOPHIE GERMAIN**
(1776-1831)

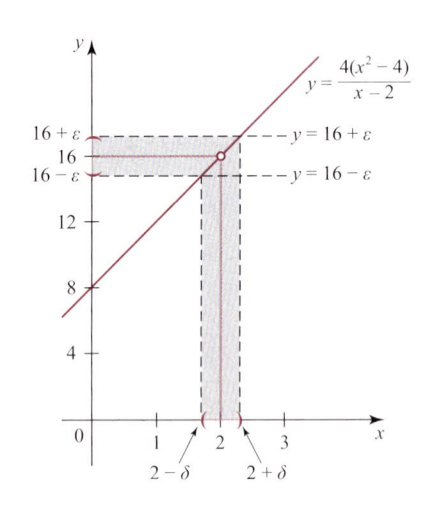

Sophie Germain 有生之年排除萬難，讓她的一些最突出的數學貢獻獲得肯定。1776 年，Germain 出生在法國的一個富裕的中產階級家庭，她可以專注在自己的研究，不用考慮經濟問題和身為女性貴族的教育一致的問題。她對幾何有興趣，但是她的家人卻認為不適合女性。因此沒收她的蠟燭，只留下床頭燈直到她睡了。然而她等到家人都睡了，再使用違禁的蠟燭做研究。儘管她必須自學數學和自學拉丁文才能看 Newton 和 Euler 的數學。她對數論方面和彈性理論方面都有很大的突破。

**圖 2.21**
假如取 $\delta = \varepsilon/4$，則
$0 < |x - 2| < \delta \Rightarrow$
$\left|\dfrac{4(x^2-4)}{x-2} - 16\right| < \varepsilon$

## ■ 一些解釋性範例

**例題 1** 證明 $\lim\limits_{x \to 2} \dfrac{4(x^2-4)}{x-2} = 16$（回顧 2.1 節所描述的極限，即磁浮列車在 $x = 2$ 處的瞬間速度）。

**解** 已知 $\varepsilon > 0$。我們必須證明存在 $\delta > 0$，使得當 $0 < |x - 2| < \delta$ 時，

$$\left|\dfrac{4(x^2-4)}{x-2} - 16\right| < \varepsilon$$

為了找 $\delta$，先考慮

$$\left|\dfrac{4(x^2-4)}{x-2} - 16\right| = \left|\dfrac{4(x-2)(x+2)}{x-2} - 16\right|$$
$$= |4(x+2) - 16| = |4x - 8| \qquad x \neq 2$$
$$= 4|x - 2|$$

因此只要

$$|x - 2| < \dfrac{1}{4}\varepsilon$$

則

$$\left|\dfrac{4(x^2-4)}{x-2} - 16\right| = 4|x - 2| < \varepsilon$$

所以可取 $\delta = \varepsilon/4$（圖 2.21）。

將順序倒過來，假如 $0 < |x - 2| < \delta$，則

$$\left|\dfrac{4(x^2-4)}{x-2} - 16\right| = 4|x - 2| < 4\left(\dfrac{1}{4}\varepsilon\right) = \varepsilon$$

因此

$$\lim\limits_{x \to 2} \dfrac{4(x^2-4)}{x-2} = 16$$

**例題 2** 證明 $\lim\limits_{x \to 2} x^2 = 4$。

**解** 已知 $\varepsilon > 0$，要證明存在 $\delta > 0$，使得只要 $|x - 2| < \delta$，則

$$|x^2 - 4| < \varepsilon$$

為了找 $\delta$，考慮

$$|x^2 - 4| = |(x+2)(x-2)|$$
$$= |x+2||x-2| \qquad (5)$$

此時可令

$$|x+2||x-2| < \varepsilon$$

且對兩邊同除 $|x+2|$，得到

$$|x-2| < \frac{\varepsilon}{|x+2|}$$

最後決定取

$$\delta = \frac{\varepsilon}{|x+2|}$$

因為 $\delta$ 不可取決於 $x$，此方法不適用於本例題。我們得由式 (5) 重新開始。因此，應該取 $|x+2|$ 的上界；亦即取正數 $k$，使得當 $x$「接近 2」，$|x+2| < k$。如之前所見，一旦找到所要的 $\delta$，則任意比 $\delta$ 更小的數也會滿足條件。因此與之前所取的 $\delta \leq 1$ 吻合（或其他任意正常數）；亦即只要考慮那些滿足 $|x-2| < 1$ 的 $x$；亦即 $-1 < x-2 < 1$ 或 $1 < x < 3$。最後一個不等式的兩邊同時加 2 得到 $1+2 < x+2 < 3+2$；$3 < x+2 < 5$；因此，$|x+2| < 5$。所以 $k=5$，且由式 (5) 得到

$$|x^2 - 4| = |x+2||x-2| < 5|x-2|$$

現在

$$5|x-2| < \varepsilon$$

所以 $|x-2| < \varepsilon/5$。故只要取 $\delta$ 為 1 和 $\varepsilon/5$ 兩個中比較小的數，保證由 $|x-2| < \delta$ 可得

$$|x^2 - 4| < 5|x-2| < 5\left(\frac{\varepsilon}{5}\right) = \varepsilon$$

即證明了推論（圖 2.22）。

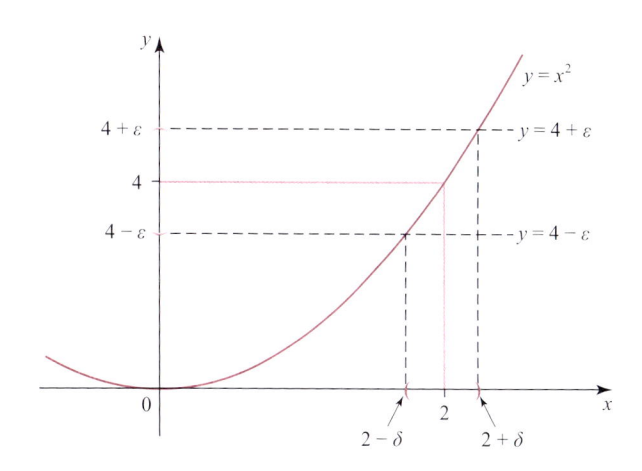

**圖 2.22**
假如取 $\delta$ 為 1 和 $\varepsilon/5$ 兩個中比較小的數，則
$|x-2| < \delta \Rightarrow |x^2 - 4| < \varepsilon$

**例題 3** 令

$$f(x) = \begin{cases} 1, & x \geq 0 \\ -1, & x < 0 \end{cases}$$

證明 $\lim_{x \to 0} f(x)$ 不存在。

**解** 假設此極限存在。我們將由此假設推出矛盾的結果。因此它的否定是對；換言之，此極限存在。

所以假設存在數 $L$ 滿足

$$\lim_{x \to 0} f(x) = L$$

則對於 $\varepsilon > 0$，存在數 $\delta > 0$ 使得 $0 < |x - 0| < \delta$ 得到

$$|f(x) - L| < \varepsilon$$

尤其是，取 $\varepsilon = 1$，存在 $\delta > 0$ 使得 $0 < |x - 0| < \delta$ 得到

$$|f(x) - L| < 1$$

若取 $x = -\delta/2$，它會落在滿足 $0 < |x - 0| < \delta$ 的區間，則

$$\left| f\left(-\frac{\delta}{2}\right) - L \right| = |-1 - L| < 1$$

此不等式即為

$$-1 < -1 - L < 1$$
$$0 < -L < 2$$

或

$$-2 < L < 0$$

接著，若取 $x = \delta/2$，它也會落在滿足不等式 $0 < |x - 0| < \delta$ 的區間，則

$$\left| f\left(\frac{\delta}{2}\right) - L \right| = |1 - L| < 1$$

此不等式即為

$$-1 < 1 - L < 1$$
$$-2 < -L < 0$$

或

$$0 < L < 2$$

但是 $L$ 不可能同時滿足不等式

$$-2 < L < 0 \quad \text{和} \quad 0 < L < 2$$

此為矛盾，故 $\lim_{x \to 0} f(x)$ 不存在。∎

我們用極限加法法則的證明來結束本單元。

**例題 4**　證明極限加法法則：假如 $\lim_{x \to a} f(x) = L$ 和 $\lim_{x \to a} g(x) = M$，則 $\lim_{x \to a} [f(x) + g(x)] = L + M$。

**解**　已知 $\varepsilon > 0$，要證明存在 $\delta > 0$ 使得當 $0 < |x - a| < \delta$，則

$$|[f(x) + g(x)] - (L + M)| < \varepsilon$$

但是由三角不等式*，

$$|[f(x) + g(x)] - (L + M)| = |(f(x) - L) + (g(x) - M)|$$
$$\leq |f(x) - L| + |g(x) - M| \quad (6)$$

並且建議分開討論 $|f(x) - L|$ 和 $|g(x) - M|$ 的限制。

因為 $\lim_{x \to a} f(x) = L$，取正數 $\varepsilon/2$，並保證存在 $\delta_1 > 0$，使得

$$\text{當 } 0 < |x - a| < \delta_1 \text{，則 } |f(x) - L| < \frac{\varepsilon}{2} \quad (7)$$

同理，因為 $\lim_{x \to a} g(x) = M$，可取 $\delta_2 > 0$ 使得

$$\text{當 } 0 < |x - a| < \delta_2 \text{，則 } |g(x) - M| < \frac{\varepsilon}{2} \quad (8)$$

假如取 $\delta$ 為 $\delta_1$ 和 $\delta_2$ 兩個數中比較小的，且它是正值，則當 $0 < |x - a| < \delta$，不等式 (7) 和 (8) 同時成立。因此由不等式 (6)，當 $0 < |x - a| < \delta$，則

$$|[f(x) + g(x)] - (L + M)| \leq |f(x) - L| + |g(x) - M|$$
$$< \frac{\varepsilon}{2} + \frac{\varepsilon}{2} = \varepsilon$$

乘法法則即得證。∎

---
*三角不等式 $|a + b| \leq |a| + |b|$ 的證明在附錄。

## 2.3 習題

1-5 題，已知 $\lim_{x \to a} f(x) = L$ 和可被接受的 $\varepsilon$。求 $\delta$，使得當 $0 < |x - a| < \delta$，則 $|f(x) - L| < \varepsilon$。

1. $\lim_{x \to 2} 3x = 6$;　$\varepsilon = 0.01$
2. $\lim_{x \to 1} (2x + 3) = 5$;　$\varepsilon = 0.01$
3. $\lim_{x \to 3} \dfrac{x^2 - 9}{x - 3} = 6$;　$\varepsilon = 0.02$
4. $\lim_{x \to 3} 2x^2 = 18$;　$\varepsilon = 0.01$
5. $\lim_{x \to 2} \dfrac{x^2 + 4}{x + 2} = 2$;　$\varepsilon = 0.01$

6-10 題，用極限嚴謹的定義證明敘述是對。

6. $\lim_{x \to 2} 3 = 3$
7. $\lim_{x \to 3} 2x = 6$
8. $\lim_{x \to a} c = c$
9. $\lim_{x \to 1} 3x^2 = 3$
10. $\lim_{x \to 2} \dfrac{x^2 - 4}{x - 2} = 4$
11. $\lim_{x \to 9} \sqrt{x} = 3$
12. 令

$$f(x) = \begin{cases} -1, & x < 0 \\ 1, & x \geq 0 \end{cases}$$

證明 $\lim_{x \to 0} f(x)$ 不存在。

13. 證明 $\lim_{x \to 0} H(x)$ 不存在，其中 $H$ 是 Heaviside 函數

$$H(x) = \begin{cases} 0, & x < 0 \\ 1, & x \geq 0 \end{cases}$$

14. 證明極限的常數倍數法則：假如 $\lim_{x \to a} f(x) = L$ 和 $c$ 是常數，則 $\lim_{x \to a}[cf(x)] = cL$。

15-16 題，判斷下列敘述是對或是錯。如果它是對，解釋你的理由。如果它是錯，請解釋你的理由或舉例說明。

15. 當 $x$ 逼近 $a$，$f(x)$ 的極限是 $L$，假如存在 $\varepsilon > 0$ 使得對於任意 $\delta > 0$，當 $0 < |x - a| < \delta$，則 $|f(x) - L| < \varepsilon$。

16. 當 $x$ 逼近 $a$，$f(x)$ 的極限為 $L$，假如對於所有 $\varepsilon > 0$，存在 $\delta > 0$ 使得當 $0 < |x - a| < \delta$，則 $|f(x) - L| < \varepsilon$。

## 2.4 連續函數

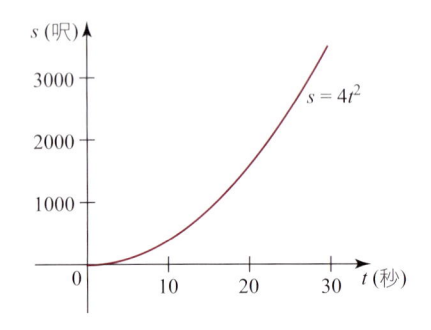

### ■ 連續函數

函數

$$s = f(t) = 4t^2 \qquad 0 \leq t \leq 30$$

的圖形表示磁浮列車在任一時間 $t$ 的位置（2.1 節所討論的），其圖形展示於圖 2.23。觀察得知，此曲線沒有缺口或突然跳躍處。它告訴我們磁浮列車的位置隨著時間 $t$ 連續變化——它不可能瞬間不見，也不可能跳過延伸的軌道後再出現於其他地方。函數 $s$ 是個連續函數（continuous function）的例子。注意當畫此函數時，我們的筆都不用離開紙面。

| 圖 2.23
$s = f(t) = 4t^2$ 表示磁浮列車在任一時間 $t$ 的位置

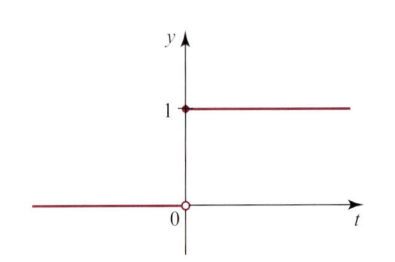

在實際應用上也會出現函數為**不連續**（discontinuous）的情形。譬如：Heaviside 函數 $H$ 定義為

$$H(t) = \begin{cases} 0, & t < 0 \\ 1, & t \geq 0 \end{cases}$$

一開始在 2.1 節的例題 3 介紹過。由 $H$ 的圖形得知，在 $t = 0$ 處，有跳躍（圖 2.24）。假如把 $H$ 想成電路線的電流，則 $t = 0$ 表示在那時候電源被打開。函數 $H$ 在 0 處為不連續。

| 圖 2.24
Heaviside 函數在 $t = 0$ 時不連續

### ■ 在一點的連續性

現在給連續一個正式的定義。

**定義　在一點的連續性**

令函數 $f$ 定義在含 $a$ 的開區間。假如

$$\lim_{x \to a} f(x) = f(a) \tag{1}$$

則稱 **$f$ 在點 $a$ 連續**（$f$ is continuous at $a$）。

假如 $x = a + h$ 且注意到，當 $h$ 逼近 $0$，$x$ 逼近 $a$，則得知 $f$ 在點 $a$ 連續的條件等價於

$$\lim_{h \to 0} f(a + h) = f(a) \tag{2}$$

簡言之，當 $x$ 逼近 $a$，$f(x)$ 越來越接近 $f(a)$，則稱 $f$ 在點 $a$ 連續。等價於假如 $x$ 接近 $a$，可得 $f(x)$ 接近 $f(a)$，則稱 $f$ 在點 $a$ 連續（圖 2.25）。

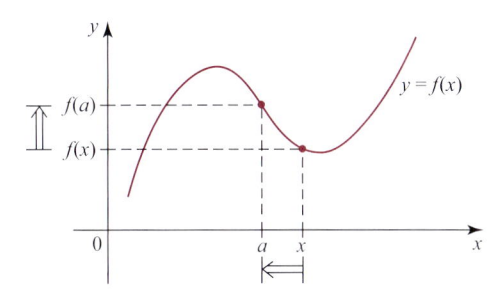

| 圖 2.25
當 $x$ 逼近 $a$，$f(x)$ 越來越接近 $f(a)$

假如 $f$ 定義在所有接近 $a$ 的點 $x$ 上，但是它並不滿足式 (1)，則 **$f$ 在點 $a$ 為不連續的**（discontinuous at $a$）或 **$f$ 在 $a$ 處有不連續點**（discontinuity at $a$）。

**註** 式 (1) 所隱含的意思為：$f(a)$ 有定義且極限 $\lim_{x \to a} f(x)$ 存在。然而為了強調，有時候定義在點 $a$ 連續需要滿足下列三個條件：(1) $f(a)$ 有定義；(2) $\lim_{x \to a} f(x)$ 存在；和 (3) $\lim_{x \to a} f(x) = f(a)$。

**例題 1** 運用圖 2.26 的函數圖形判斷函數 $f$ 是否在 $0, 1, 2, 3, 4$ 和 $5$ 處連續。

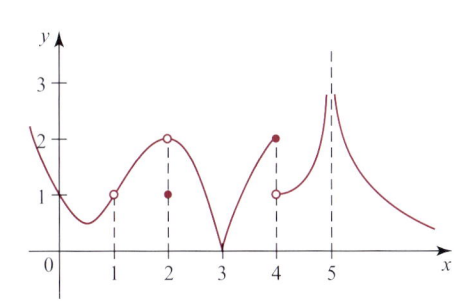

| 圖 2.26
$f$ 的圖形

**解** 因為

$$\lim_{x \to 0} f(x) = 1 = f(0)$$

所以函數 $f$ 在 $0$ 連續。因為 $f(1)$ 沒有定義，所以 $f$ 在 $1$ 不連續。因為

$$\lim_{x \to 2} f(x) = 2 \neq 1 = f(2)$$

所以 $f$ 在 $2$ 不連續。因為

$$\lim_{x \to 3} f(x) = 0 = f(3)$$

$f$ 在 3 連續。接著看到 $\lim_{x \to 4} f(x)$ 不存在,所以 $f$ 在 4 不連續。最後因為 $\lim_{x \to 5} f(x)$ 不存在,所以 $f$ 在 5 不連續。∎

參考例題 1 的函數 $f$。雖然 $f$ 在點 1 和 2 的極限存在,但是卻不連續。我們稱 $f$ 在那裡為**可移除的不連續**(removable discontinuity)。因為 $f$ 可在那裡定義或重新定義,使得 $f$ 變成連續。譬如:假如 $f(1) = 1$,則 $f$ 在點 1 連續;假如重新定義 $f(2) = 2$,則 $f$ 也變成在點 2 連續。

$f$ 在點 4 不連續,稱為**跳躍不連續**(jump discontinuity),而 $f$ 在點 4 不連續,稱為**無窮不連續**(infinite discontinuity)。因為極限在跳躍點和無窮點是不連續的,毫無疑問地,不連續是無法透過函數在那裡給定義或重新定義來移除的。

**例題 2** 令

$$f(x) = \begin{cases} \dfrac{x^2 - x - 2}{x - 2}, & x \neq 2 \\ 1, & x = 2 \end{cases}$$

證明 $f$ 有一個可移除的不連續在點 2。重新定義 $f$ 在點 2 的值,使得 $f$ 處處連續。

**解** 首先,求當 $x$ 逼近 2,$f(x)$ 的極限:

$$\lim_{x \to 2} \frac{x^2 - x - 2}{x - 2} = \lim_{x \to 2} \frac{(x-2)(x+1)}{x - 2}$$
$$= \lim_{x \to 2}(x + 1) = 3$$

因為 $\lim_{x \to 2} f(x) = 3 \neq 1 = f(2)$,$f$ 在點 2 不連續。所以可以移除此不連續點,重新定義 $f$ 在點 2 的值等於 3,使得 $f$ 處處連續(圖 2.27)。∎

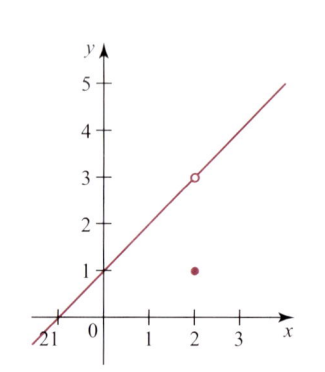

(a) $f$ 在點 2 有可移除的不連續

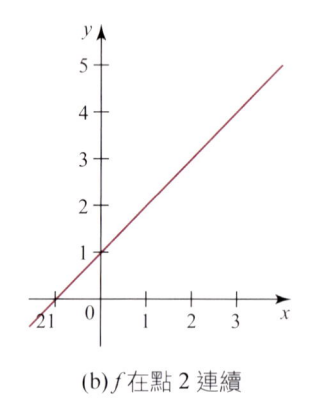

(b) $f$ 在點 2 連續

**圖 2.27**
重新定義 $f$ 在 $x = 2$ 的值,使得不連續點 2 被移除

### ■ 端點連續

當定義連續時,我們假設 $f(x)$ 在所有接近 $a$ 的點 $x$ 都有定義。有時 $f(x)$ 只定義在那些大於或等於 $a$ 的點 $x$,或那些小於或等於 $a$ 的點 $x$。譬如:$f(x) = \sqrt{x}$ 為定義在 $x \geq 0$,和 $g(x) = \sqrt{3-x}$ 為定義在 $x \leq 3$。下面的定義涵蓋這些情形。

---

**定義 左連續和右連續**

假如

$$\lim_{x \to a^+} f(x) = f(a) \tag{3a}$$

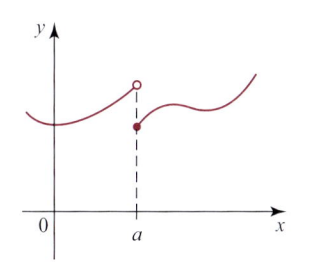

則稱函數 **$f$ 在點 $a$ 右連續**（$f$ is continuous from the right at $a$）。
　　假如

$$\lim_{x \to a^-} f(x) = f(a) \tag{3b}$$

則稱函數 **$f$ 在點 $a$ 左連續**（$f$ is continuous from the left at $a$）（圖 2.28）。

(a) $f$ 在點 $a$ 右連續

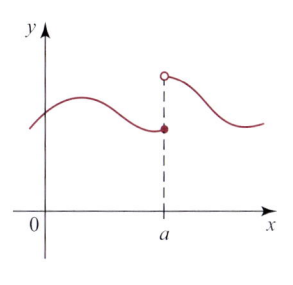

(b) $f$ 在點 $a$ 左連續

| 圖 2.28

**例題 3**　Heaviside 函數　考慮 Heaviside 函數 $H$，

$$H(t) = \begin{cases} 0, & t < 0 \\ 1, & t \geq 0 \end{cases}$$

判斷 $f$ 在點 0 是右連續且／或左連續。

**解**　因為

$$\lim_{t \to 0^+} H(t) = \lim_{t \to 0^+} 1 = 1$$

且等於 $H(0) = 1$，所以 $H$ 在點 0 是右連續。接著因為

$$\lim_{t \to 0^-} H(t) = \lim_{t \to 0^-} (0) = 0$$

且不等於 $H(0) = 1$，所以 $H$ 在點 0 不是左連續（圖 2.29）。∎

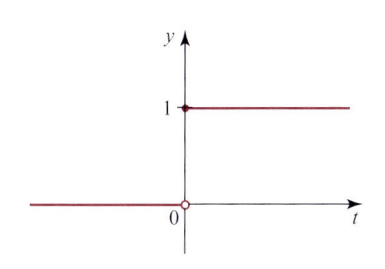

**註**　由連續的定義得知，函數 $f$ 在 $a$ 連續，若且唯若 $f$ 在 $a$ 處同時右連續和左連續。

| 圖 2.29
Heaviside 函數 $H$ 在 0 是右連續

## 區間上的連續

可能你已經注意到連續是「區域」性的概念；亦即我們稱 $f$ 在一點上連續。下面的定義告訴我們函數在區間上連續的意義。

---

**定義　在開區間和閉區間上的連續**

　　假如函數 $f$ 在 $(a, b)$ 區間內的每個點都連續，則稱 **$f$ 在開區間 $(a, b)$ 連續**（$f$ is continuous on an open interval）。假如函數 $f$ 在 $(a, b)$ 連續且也在點 $a$ 右連續和在點 $b$ 左連續，則稱 **$f$ 在閉區間 $[a, b]$ 連續**（$f$ is continuous on a closed interval）。假如函數 $f$ 在 $(a, b)$ 連續且 $f$ 分別只在點 $a$ 右連續或只在點 $b$ 左連續，則稱函數 **$f$ 在半開區間 $[a, b)$ 或 $(a, b]$ 連續**（$f$ is continuous on a half-open interval）。

**例題 4** 證明函數 $f(x) = \sqrt{4-x^2}$ 在閉區間 $[-2, 2]$ 連續。

**解** 首先證明 $f$ 在 $(-2, 2)$ 連續。令 $a$ 為 $(-2, 2)$ 內的任意點，則用極限法則得到

$$\lim_{x \to a} f(x) = \lim_{x \to a} \sqrt{4-x^2} = \sqrt{\lim_{x \to a}(4-x^2)} = \sqrt{4-a^2} = f(a)$$

即得證。

接著證明 $f$ 在 $-2$ 右連續和在 $2$ 左連續。再次運用極限的特性得到

$$\lim_{x \to -2^+} f(x) = \lim_{x \to -2^+} \sqrt{4-x^2} = \sqrt{\lim_{x \to -2^+}(4-x^2)} = 0 = f(-2)$$

和

$$\lim_{x \to 2^-} f(x) = \lim_{x \to 2^-} \sqrt{4-x^2} = \sqrt{\lim_{x \to 2^-}(4-x^2)} = 0 = f(2)$$

即得證。$f$ 的圖形展示於圖 2.30。 ∎

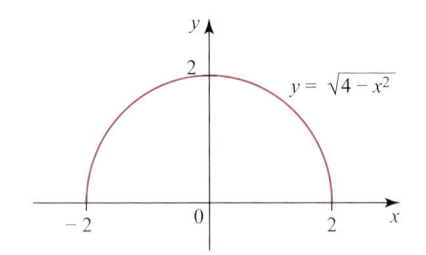

| 圖 2.30

函數 $f(x) = \sqrt{4-x^2}$ 在 $[-2, 2]$ 連續

---

**定理 1　相加、相乘和相除後的連續**

假如函數 $f$ 和 $g$ 在點 $a$ 連續，則下列函數也在點 $a$ 連續。

**a.** $f \pm g$。

**b.** $fg$。

**c.** $cf$，其中 $c$ 為任意常數。

**d.** $\dfrac{f}{g}$，若 $g(a) \neq 0$。

---

這裡將證明定理 1b。

**定理 1b 的證明**

因為 $f$ 和 $g$ 在點 $a$ 連續，所以

$$\lim_{x \to a} f(x) = f(a) \quad \text{和} \quad \lim_{x \to a} g(x) = g(a)$$

由極限乘法法則得到

$$\lim_{x \to a}[f(x)g(x)] = \lim_{x \to a} f(x) \cdot \lim_{x \to a} g(x) = f(a)g(a)$$

所以 $fg$ 在點 $a$ 連續。 ∎

**註** 如同加法和乘法法則，定理 1a 和 1b 可被擴展到無窮多個函數的加法和乘法。 ∎

下面的定理是運用 2.2 節極限法則 10 和 11 得到的結果。

> **定理 2　多項式和有理函數的連續**
> **a.** 多項式在 $(-\infty, \infty)$ 連續。
> **b.** 有理函數在它的定義域連續。

**例題 5**　求使函數

$$f(x) = x^8 - 3x^4 + x + 4 + \frac{x+1}{(x+1)(x-2)}$$

連續的所有 $x$ 值。

**解**　可將函數 $f$ 看成多項式 $g(x) = x^8 - 3x^4 + x + 4$ 和有理函數 $h(x) = (x+1)/[(x+1)(x-2)]$ 的和。由定理 2 得知，$g$ 在 $(-\infty, \infty)$ 連續，而 $h$ 除 $-1$ 和 2 外，處處連續。因此，$f$ 在 $(-\infty, -1), (-1, 2)$ 和 $(2, \infty)$ 連續。■

檢驗正弦和餘弦函數的圖形，可知它們在 $(-\infty, \infty)$ 連續。因為其他的三角函數是由這兩個函數所組成，所以其他的三角函數的連續性可由它們來決定。

> **定理 3　三角函數的連續**
> 函數 $\sin x, \cos x, \tan x, \sec x, \csc x$ 和 $\cot x$ 分別在它們的定義域連續。

譬如：因為 $\tan x = (\sin x)/(\cos x)$，可知除使 $\cos x = 0$ 的 $x$ 外，$\tan x$ 處處連續；亦即除 $\pi/2 + n\pi$ 外，其中 $n$ 為整數。換言之，$f(x) = \tan x$ 在

$$\ldots, \left(-\frac{3\pi}{2}, -\frac{\pi}{2}\right), \left(-\frac{\pi}{2}, \frac{\pi}{2}\right), \left(\frac{\pi}{2}, \frac{3\pi}{2}\right), \ldots$$

連續。

**例題 6**　求使下列函數連續的所有 $x$ 值。

**a.** $f(x) = x \cos x$　　**b.** $g(x) = \dfrac{\sqrt{x}}{\sin x}$

**解**

**a.** 因為函數 $x$ 和 $\cos x$ 處處連續，所以 $f$ 在 $(-\infty, \infty)$ 連續。

**b.** 函數 $\sqrt{x}$ 在 $[0, \infty]$ 連續。函數 $\sin x$ 處處連續且在 $n\pi$ 為 0，其中 $n$ 是整數。由定理 1d 得知，$g$ 在所有 $x$ 為正且不是 $\pi$ 的整數倍處都連續；亦即 $g$ 在 $(0, \pi), (\pi, 2\pi), (2\pi, 3\pi)$ ……連續。■

### ■ 合成函數的連續性

下面的定理說明如何求合成函數 $f \circ g$ 的極限，其中 $f$ 連續。

---
**定理 4　合成函數的極限**

假如函數 $f$ 在 $L$ 連續且 $\lim_{x \to a} g(x) = L$，則

$$\lim_{x \to a} f(g(x)) = f(L)$$

---

直覺上，定理 4 似乎是合理的。因為當 $x$ 逼近 $a$，$g(x)$ 逼近 $L$。因為 $f$ 在 $L$ 連續，只要 $g(x)$ 接近 $L$，$f(g(x))$ 就接近 $f(L)$，即為定理所陳述的。

**註**　定理 4 說明連續函數和極限符號可互換。因此，

$$\lim_{x \to a} f(g(x)) = f(\lim_{x \to a} g(x)) = f(L)$$

由定理 4 得知，連續函數的合成仍然為連續函數。

---
**定理 5　合成函數的連續性**

假如 $g$ 在點 $a$ 連續且 $f$ 在 $g(a)$ 處連續，則合成函數 $f \circ g$ 在點 $a$ 連續。

---

**證明**　計算得到

$$\begin{aligned}
\lim_{x \to a}(f \circ g)(x) &= \lim_{x \to a} f(g(x)) \\
&= f(\lim_{x \to a} g(x)) &\text{定理 4} \\
&= f(g(a)) &\text{因為 } g \text{ 在點 } a \text{ 連續} \\
&= (f \circ g)(a)
\end{aligned}$$

這與 $f \circ g$ 在點 $a$ 連續的條件完全吻合。

#### 例題 7

**a.** 證明 $h(x) = |x|$ 為處處連續。

**b.** 應用 (a) 的結果，求

$$\lim_{x \to 1} \left| \frac{-x^2 - x + 2}{x - 1} \right|$$

**解**

**a.** 對於任意 $x$，$|x| = \sqrt{x^2}$，我們可將 $h$ 看成 $h = f \circ g$，其中 $g(x) = x^2$ 且 $f(x) = \sqrt{x}$。現在 $g$ 在 $(-\infty, \infty)$ 連續，且對所有 $x$ 在 $(-\infty, \infty)$，

## 歷史傳記

**MARIN MERSENNE**
(1588-1648)

Marin Mersenne 神父是 Descartes、Fermat 與許多其他 1600 年代早期的數學家、科學家與哲學家的親密朋友。Mersenne 的名字一直被保留跟被寫成 $2^p-1$ 的質數有關，其中 $p$ 是質數。至今人類透過 Great Internet Mersenne Prime Search（GIMPS），仍然繼續尋找這類的質數。2008 年，德國一位電機工程師找到當時已知最大的 Mersenne 質數 $2^{37,156,667}-1$。此數有 11,185,272 位數長。

| 圖 2.31
$g$ 除 0 外處處連續

$g(x) \geq 0$。同時 $f$ 在 $[0, \infty)$ 連續。由定理 5 得知 $h = f \circ g$ 在 $(-\infty, \infty)$ 連續。

**b.** 由 (a) 絕對值函數的連續性和定理 4，得到

$$\lim_{x \to 1} \left| \frac{-x^2 - x + 2}{x - 1} \right| = \left| \lim_{x \to 1} \frac{-x^2 - x + 2}{x - 1} \right|$$

$$= \left| \lim_{x \to 1} \frac{-(x-1)(x+2)}{x-1} \right|$$

$$= \left| \lim_{x \to 1} (-1)(x+2) \right| = |-3| = 3$$

**例題 8** 求使下列函數連續的區間。

**a.** $f(x) = \cos(\sqrt{3}x + 4)$  **b.** $g(x) = x^2 \sin \dfrac{1}{x}$

**解**

**a.** 可將 $f$ 看成合成函數 $g \circ f$，其中 $g(x) = \cos x$ 和 $h(x) = \sqrt{3}x + 4$。因為這兩個函數都是處處連續，所以 $f$ 在 $(-\infty, \infty)$ 連續。

**b.** 函數 $f(x) = \sin(1/x)$ 是函數 $h(x) = \sin x$ 和 $k(x) = 1/x$ 的合成函數。因為 $h$ 處處連續且 $k$ 除 0 外處處連續，由定理 5 得知 $f = h \circ k$ 在 $(-\infty, 0)$ 和 $(0, \infty)$ 連續。同時 $F(x) = x^2$ 處處連續，所以由定理 1b 得到結論，即 $g$ 為 $F$ 和 $f$ 相乘的函數並在 $(-\infty, 0)$ 和 $(0, \infty)$ 連續。$g$ 的圖形展示於圖 2.31。

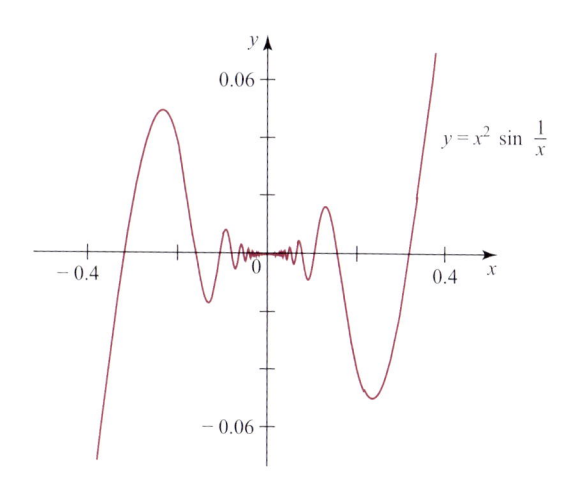

### 中間值定理

由磁浮列車在平直延伸的單軌上移動的模型，得知列車不可能瞬間消失且不可能跳躍式地移動。換言之，列車在到達 $s_1$ 和 $s_2$ 之前不可能沒有經過 $s_1$ 和 $s_2$ 之間的任何位置（圖 2.32）。為了用數學方式描述此事實，記得磁浮列車的位置函數與時間的關係為

$$s = f(t) = 4t^2 \qquad 0 \le t \le 30$$

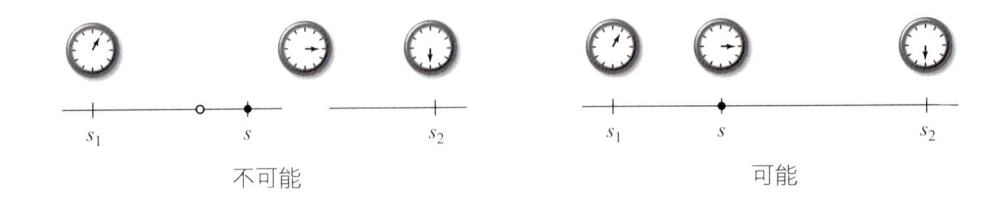

**圖 2.32**
磁浮列車位置

不可能　　　可能

假設磁浮列車 $t_1$ 的位置為 $s_1$ 且 $t_2$ 的位置為 $s_2$（圖 2.33），則若 $\bar{s}$ 為磁浮列車所經過在 $s_1$ 和 $s_2$ 之間的位置，則至少有一時間 $\bar{t}$ 在 $t_1$ 和 $t_2$ 之間，使得列車的位置為 $\bar{s}$；亦即 $f(\bar{t}) = \bar{s}$。

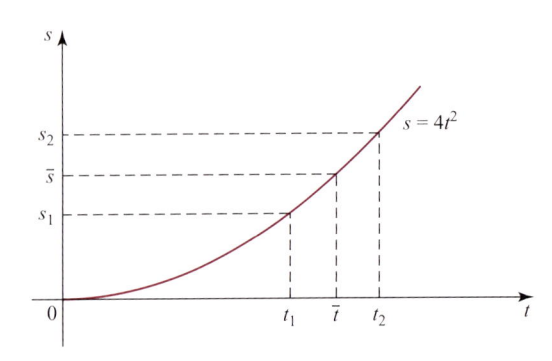

**圖 2.33**
若 $s_1 \le \bar{s} \le s_2$，則至少有 $\bar{t}$，其中 $t_1 \le \bar{t} \le t_2$，使得 $f(\bar{t}) = \bar{s}$

這個討論帶出了中間值定理的主旨。

### 定理 6　中間值定理

假如函數 $f$ 在閉區間 $[a, b]$ 連續且 $M$ 為介於 $f(a)$ 和 $f(b)$ 之間的任意數，則 $[a, b]$ 區間內至少存在數 $c$，使得 $f(c) = M$（圖 2.34）。

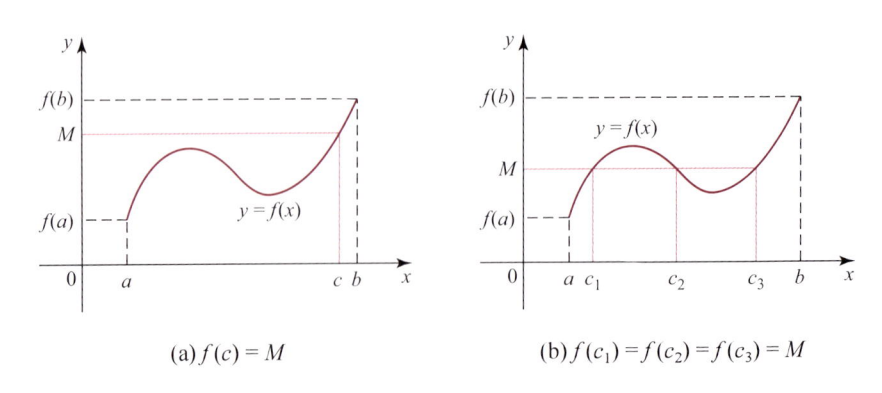

**圖 2.34**
若 $f$ 在 $[a, b]$ 連續且 $f(a) \le M \le f(b)$，則最少存在數 $c$，其中 $a \le c \le b$，使得 $f(c) = M$

(a) $f(c) = M$

(b) $f(c_1) = f(c_2) = f(c_3) = M$

為了說明中間值定理，再次觀察磁浮列車的例子（見 2.1 節圖 2.1）。列車起始位置為 $f(0) = 0$ 且其試跑終點位置為 $f(30) = 3600$。此外，函數 $f$ 在 $[0, 30]$ 連續。故中間值定理保證如果隨意取介於 0

和 3600 之間的數（例如 400）為磁浮列車的位置，則至少存在 $\bar{t}$ 介於 0 和 30 之間，使得列車位置 $\bar{s} = 400$。為求 $\bar{t}$，我們得解方程式 $f(\bar{t}) = \bar{s}$，或

$$4\bar{t}^2 = 400$$

得到 $\bar{t} = 10$（注意 $\bar{t}$ 必須介於 0 和 30 之間）。

⚠ 應用定理 6 時，要注意 $f$ 必須是連續。假如 $f$ 不連續，則中間值定理的結論是不成立。

下個定理是中間值定理的直接結果。它不僅說明函數 $f$ 的零點存在（方程式 $f(x) = 0$ 的根），且提供逼近它的基礎。

> **定理 7 連續函數的零點存在**
>
> 假如函數 $f$ 在閉區間 $[a, b]$ 連續且 $f(a)$ 和 $f(b)$ 不同號，則方程式 $f(x) = 0$ 至少有一解落在 $(a, b)$ 區間；亦即，函數 $f$ 在 $(a, b)$ 區間內至少有一個零點（圖 2.35）。

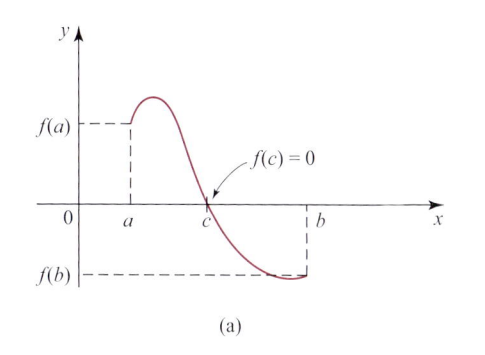

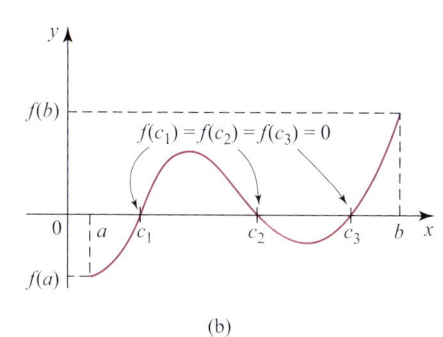

**圖 2.35**
假如 $f(a)$ 和 $f(b)$ 不同號，則最少存在一個數 $c$，其中 $a < c < b$，使得 $f(c) = 0$

**例題 9** 令 $f(x) = x^3 + x - 1$。因為 $f$ 為多項式，所以 $f$ 處處連續。注意 $f(0) = -1$ 和 $f(1) = 1$，定理 7 保證方程式 $f(x) = 0$ 至少有一根落在 $(0, 1)$*。再次應用定理 7，可更準確地找到它的根，如下：求 $f(x)$ 在 $[0, 1]$ 中間點的值。因此

$$f(0.5) = -0.375$$

因為 $f(0.5) < 0$ 且 $f(1) > 0$，由定理 7 得知有一根落在 $(0.5, 1)$。重複此程序：求 $f(x)$ 在 $[0.5, 1]$ 中間點的值，即

$$\frac{0.5 + 1}{2} = 0.75$$

---

*$f$ 僅有一個零點在 $(0, 1)$ 內。

表 2.5

| 步驟 | $f(x)=0$ 的根落在 |
|---|---|
| 1 | (0, 1) |
| 2 | (0.5, 1) |
| 3 | (0.5, 0.75) |
| 4 | (0.625, 0.75) |
| 5 | (0.625, 0.6875) |
| 6 | (0.65625, 0.6875) |
| 7 | (0.671875, 0.6875) |
| 8 | (0.6796875, 0.6875) |
| 9 | (0.6796875, 0.68359375) |

所以
$$f(0.75) = 0.171875$$

因為 $f(0.5) < 0$ 和 $f(0.75) > 0$，由定理 7 得知有一根落在 (0.5, 0.75)。這些步驟可重複。表 2.5 是由九個計算步驟得到的結果。由表 2.5 得知它的根大約為 0.68，準確度為兩位小數點。持續此步驟夠多次後，我們可隨意地求得想要的準確度的根。∎

**註** 在例題 9 中，求 $f(x)=0$ 的根的步驟稱為二分法。它雖然粗糙，卻有效。接著將學習更有效地找 $f(x)=0$ 的根的方法，稱為 Newton-Raphson 法。

## 2.4 習題

1-3 題，由圖中找函數不連續的點。

**1.**

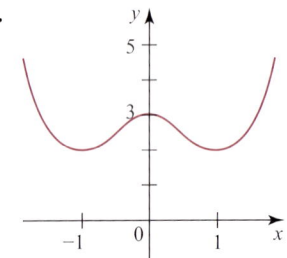

**2.**

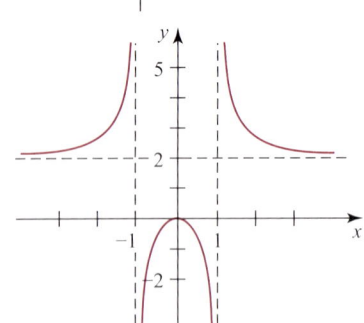

**3.**

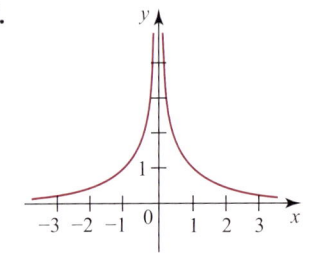

4-13 題，假如函數不連續的點存在，請找出這些點。

**4.** $f(x) = 2x^3 - 3x^2 + 4$

**5.** $f(x) = \dfrac{1}{x-2}$

**6.** $f(x) = \dfrac{x-2}{x^2-4}$

**7.** $f(x) = \dfrac{x^2 - 3x + 2}{x^2 - 2x}$

**8.** $f(x) = \left| \dfrac{x+2}{x^2+2x} \right|$

**9.** $f(x) = x - [\![x]\!]$

**10.** $f(x) = \begin{cases} 2x - 1, & x \leq 0 \\ 1, & x > 0 \end{cases}$

**11.** $f(x) = \begin{cases} \dfrac{x^2 - 1}{x+1}, & x \neq -1 \\ 1, & x = -1 \end{cases}$

**12.** $f(x) = \begin{cases} \dfrac{1}{x^2}, & x \neq 0 \\ 1, & x = 0 \end{cases}$

**13.** $f(x) = \sec 2x$

**14.** 令 $f(x) = \begin{cases} x + 2, & x \leq 1 \\ kx^2, & x > 1 \end{cases}$

求 $k$ 的值，使得 $f$ 在 $(-\infty, \infty)$ 連續。

**15.** 令
$$f(x) = \begin{cases} ax + b, & x < 1 \\ 4, & x = 1 \\ 2ax - b, & x > 1 \end{cases}$$

求 $a$ 和 $b$ 的值，使得 $f$ 在 $(-\infty, \infty)$ 連續。

16. 令

$$f(x) = \begin{cases} \dfrac{\sin 2x}{x}, & x \neq 0 \\ c, & x = 0 \end{cases}$$

求 $c$ 的值，使得 $f$ 在 $(-\infty, \infty)$ 連續。

17-18 題，判斷函數給予的閉區間是否連續。

17. $f(x) = \sqrt{16 - x^2}$, $[-4, 4]$
18. $f(x) = \begin{cases} x + 1, & x < 0 \\ 2 - x, & x \geq 0 \end{cases}$, $[-2, 4]$

19-23 題，寫出函數連續的區間。

19. $f(x) = (3x^3 + 2x^2 + 1)^4$  20. $f(x) = \sqrt{x^2 + x + 1}$
21. $f(x) = \sqrt{9 - x^2}$
22. $f(x) = \sin x^2$  23. $f(x) = \sin x + \csc x$
24. 求 $\lim_{x \to 2} \left| \dfrac{x^2 + x - 6}{x - 2} \right|$。

25-27 題，求 $a$ 的值，使得 $f$ 在 $a$ 連續。

25. $f(x) = \dfrac{3x^3 - 2x}{5x}$, $a = 0$
26. $f(x) = \dfrac{\sqrt{x + 1} - 1}{x}$, $a = 0$
27. $f(x) = \dfrac{\tan x}{x}$, $a = 0$

28-29 題，使用中間值定理求 $c$ 的值，使得 $f(c) = M$。

28. $f(x) = x^2 - x + 1$ 在 $[-1, 4]$; $M = 7$
29. $f(x) = x^3 - 2x^2 + x - 2$ 在 $[0, 4]$; $M = 10$

30-31 題，使用定理 7 證明在給予的區間內至少存在一個方程式的根。

30. $x^3 - 2x - 1 = 0$; $(0, 2)$
31. $x^5 + 2x - 7 = 0$; $(1, 2)$

32. 令 $f(x) = x^2$。使用中間值定理證明在 $[0, 2]$ 區間內，存在數 $c$，使得 $f(c) = 2$（這證明了數 $\sqrt{2}$ 的存在）。

33. 令

$$f(x) = \begin{cases} -x + 2, & -2 \leq x < 0 \\ -(x^2 + 2), & 0 \leq x \leq 2 \end{cases}$$

試問 $f$ 在 $[-2, 2]$ 區間內是否有根？解釋你的答案。

34. 蕎安由一座高 32 呎的公寓大樓的窗戶看出去，看到一個男孩從此窗戶所在的大樓旁往上投擲一顆網球。假設此球在時間 $t$（以秒為單位）時離地面的高度（以呎為單位）為

$$h(t) = 4 + 64t - 16t^2$$

a. 證明 $h(0) = 4$ 和 $h(2) = 68$。
b. 用中間值定理證明此球必經過蕎安眼睛的高度至少一次。
c. 何時此球經過蕎安眼睛的高度？解釋你的結果。

35. 證明任意實數係數的多項式函數

$$a_{2n+1}x^{2n+1} + a_{2n}x^{2n} + \cdots + a_2x^2 + a_1x + a_0 = 0$$

至少有一實根，其中 $a_{2n+1} \neq 0$。

36-37 題，判斷下列敘述是對或是錯。如果它是對，解釋你的理由。如果它是錯，請解釋你的理由或舉例說明。

36. 假如 $f$ 在點 $a$ 不連續，則 $f^2$ 在點 $a$ 連續。
37. 假如 $f$ 和 $f + g$ 都連續，則 $g$ 連續。

## 2.5 切線和變化率

### ■ 直覺的觀察

在微積分的發展上扮演基本角色的兩個問題之一是切線問題：如何找到曲線上任意點的切線（圖 2.36a）？為了直接感受任意曲線上切線的意思，可將曲線視為雲霄飛車的軌道，想像自己坐在向正前方前進的車上，車子的位置為 $P$。則曲線在點 $P$ 的切線 $T$ 即為與你的視線平行的直線（圖 2.36b）。

(a) $T$ 為曲線上點 $P$ 的切線      (b) 視線平行於 $T$

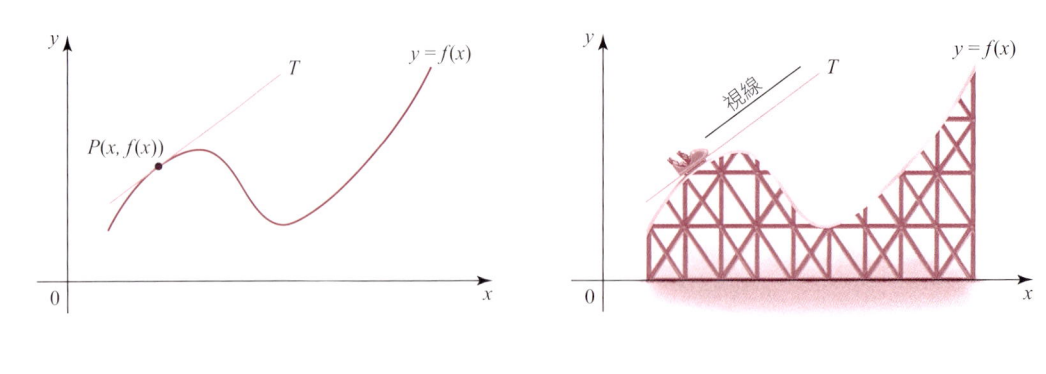

**圖 2.36**

請觀察切線 $T$ 在點 $P$ 的斜率反映曲線在點 $P$ 的「陡峭」度。換言之，在圖形 $y = f(x)$ 上點 $P(x, f(x))$ 的切線斜率表示自然尺度下量測 $y$ 量對 $x$ 量的變化率。

讓我們用一個特別的例子說明此現象。函數 $s = f(t) = 4t^2$ 表示磁浮列車於時間 $t$ 沿著平直的軌道移動的位置。圖 2.37 展示圖形 $s$ 在點 (2, 16) 的切線 $T$。注意，$T$ 的斜率為 32/2 = 16。它表示 $s$ 的變化率為每單位時間的改變，造成 $s$ 16 個單位改變；亦即，$t = 2$ 時，磁浮列車的速度為 16 呎／秒。你可能記得 2.1 節曾算過此圖形！

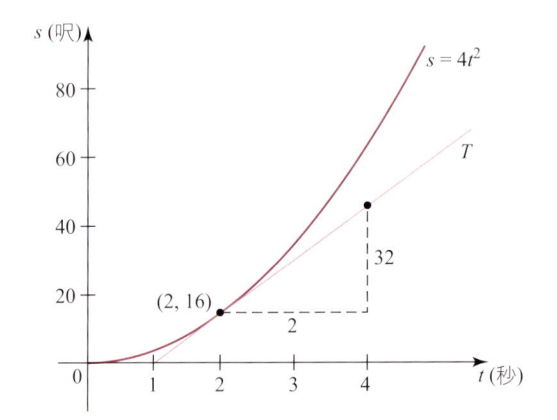

**圖 2.37**
磁浮列車在時間 $t$ 的位置

## ■ 由函數圖形估計此函數的變化率

**例題 1** 汽車燃料經濟  由美國能源部門和 Shell 開發公司的研究，典型的汽車燃料經濟可用它的速率函數表示，其圖形展示於圖 2.38。假設函數 $f$ 在任意 $x$ 的變化率為切線在點 $P(x, f(x))$ 的斜率，應用 $f$ 的圖形估算當車子分別以速度 20 mph 和速度 60 mph 行駛，典型的汽車燃料經濟的變化率，以每加侖行走的哩數（mpg）為測量的單位。

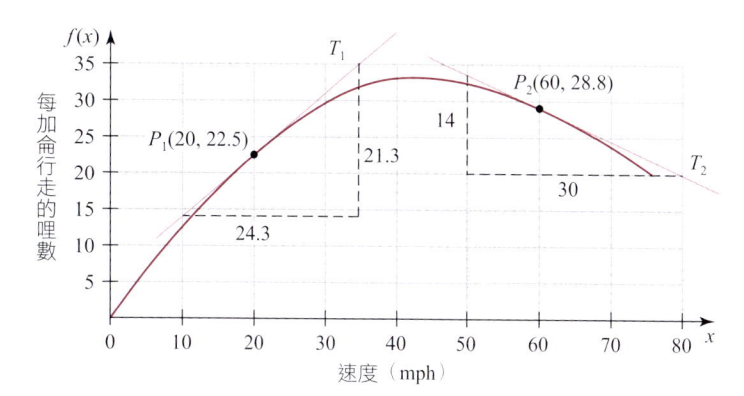

**圖 2.38**

典型的汽車燃料經濟

資料來源：U. S. Department of Energy and Shell Development Company.

**解** 圖形 $f$ 在點 $P_1(20, 22.5)$ 的切線 $T_1$ 之斜率大約為

$$\frac{21.3}{24.3} \approx 0.88 \quad \text{升高} \atop \text{移動}$$

這表示當 $x = 20$，每單位 $x$ 的改變，$f(x)$ 大約以 0.9 個單位增加。換言之，當車子以每小時 20 哩的速率行進時，它的燃料經濟變化率隨著車速每增加 1 mph 就增加大約 0.9 mpg。圖形 $f$ 在點 $P_2(60, 28.8)$ 的切線 $T_2$ 斜率為

$$-\frac{14}{30} \approx -0.47$$

這表示當 $x = 60$，每個單位 $x$ 的改變，$y$ 大約以 0.5 個單位減少。換言之，當車子以每小時 60 哩的速率行進，它的燃料經濟變化率隨著車速每增加 1 mph 就減少大約 0.5 mpg。

### ■ 定義切線

例題 1 的主要目的為說明切線和變化率的關係。理想上，問題的解應該是解析解，而非如例題 1，是依賴畫圖和估算它的切線位置有多準而得。所以首要的工作為更精準地定義曲線上的切線，然後再設計求解析的方法來求此切線的方程式。

令 $P$ 和 $Q$ 表示曲線上不同的兩個點，並考慮經過 $P$ 和 $Q$ 的割線（圖 2.39）。假如讓 $Q$ 沿著曲線向 $P$ 的方向移動，則此割線對 $P$ 旋轉且逼近固定線 $T$。我們定義 $T$ 為曲線上點 $P$ 的切線。

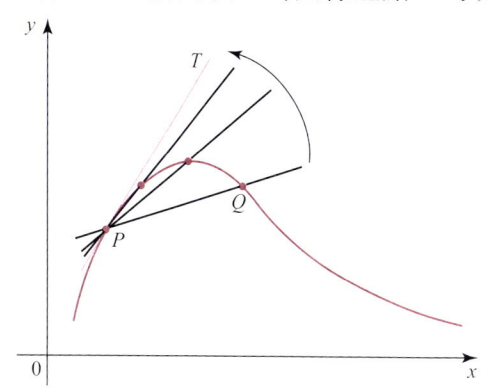

**圖 2.39**

當 $Q$ 沿著曲線逼近 $P$，割線逼近切線 $P$

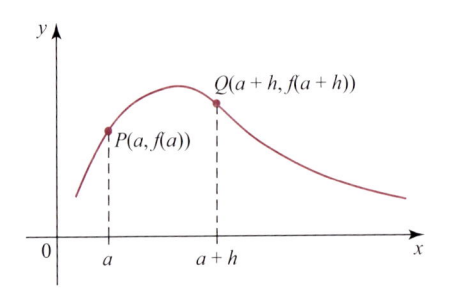

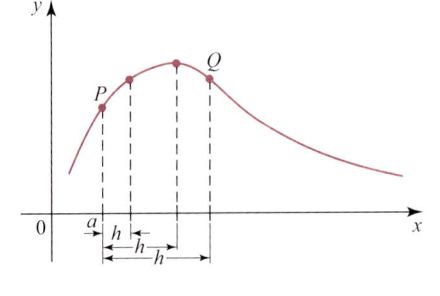

讓我們將此概念弄得更清楚：假設此曲線是定義為 $y = f(x)$ 的函數 $f$ 的圖形（圖 2.40）。令 $P(a, f(a))$ 為 $f$ 圖形上的點，並令 $Q$ 為 $f$ 圖形上異於 $P$ 的點，則 $Q$ 的 $x$ 坐標為 $x = a + h$，其中 $h$ 為某適當非零的數。假如 $h > 0$，則 $Q$ 在 $P$ 的右邊；假如 $h < 0$，則 $Q$ 在 $P$ 的左邊。$Q$ 相對應的 $y$ 坐標為 $y = f(a + h)$。換言之，可用一般的方法表示 $Q$ 為 $Q(a+h, f(a+h))$。注意，只要令 $h$ 逼近 $0$，我們就可讓 $Q$ 沿著 $f$ 的圖形向 $P$ 逼近。此情形展示於圖 2.40b（當 $h < 0$，$f$ 的圖形建議讀者自己畫）。

(a) 點 $P(a, f(a))$ 和點 $Q(a + h, f(a + h))$

(b) 當 $h$ 逼近 $0$，$Q$ 逼近 $P$

**圖 2.40**

接著應用直線的斜率公式，寫出經過 $P(a, f(a))$ 和 $Q(a+h, f(a+h))$ 的割線斜率。它為

$$m_{\text{sec}} = \frac{f(a + h) - f(a)}{(a + h) - a} = \frac{f(a + h) - f(a)}{h} \quad (1)$$

式 (1) 右邊的式子稱為**差分有理式**（difference quotient）。

如之前所見，令 $h$ 逼近 $0$，則 $Q$ 逼近 $P$，且經過 $P$ 和 $Q$ 的割線會逼近切線 $T$。建議，若點 $P$ 的切線不存在，則它的斜率 $m_{\text{tan}}$ 應該是：當 $h$ 逼近零，$m_{\text{sec}}$ 的極限。這說明下面的定義。

> **定義　切線**
>
> 令 $P(a, f(a))$ 為函數 $f$ 上的點，則圖形 $f$ 上點 $P$ 的**切線**（tangent line）（假如存在）為過 $P$ 且斜率為
>
> $$m_{\text{tan}} = \lim_{h \to 0} \frac{f(a + h) - f(a)}{h} \quad (2)$$
>
> 的線。

**註**

1. 假設式 (2) 的極限不存在，則 $m_{\text{tan}}$ 沒有定義。
2. 假設式 (2) 的極限存在，則可用直線方程式的點斜式寫出在 $P$ 的切線方程式。所以，$y - f(a) = m_{\text{tan}}(x - a)$。

**例題 2** 求圖形 $f(x) = x^2$ 在點 $P(1, 1)$ 的斜率和切線方程式。

**解** 為了求點 $P(1, 1)$ 的切線斜率，將 $a = 1$ 代入式 (2) 即可。亦即

$$m_{\tan} = \lim_{h \to 0} \frac{f(1+h) - f(1)}{h} = \lim_{h \to 0} \frac{(1+h)^2 - 1^2}{h}$$

$$= \lim_{h \to 0} \frac{(1 + 2h + h^2) - 1}{h} = \lim_{h \to 0} \frac{2h + h^2}{h}$$

$$= \lim_{h \to 0} (2 + h) = 2$$

為了求點 $P(1, 1)$ 的切線方程式，應用直線方程式的點斜式得到

$$y - 1 = 2(x - 1)$$

或

$$y = 2x - 1$$

$f$ 的圖形和在 $(1, 1)$ 的切線繪於圖 2.41。

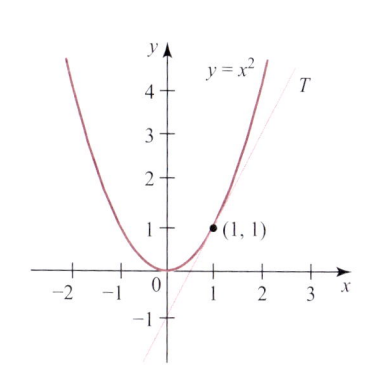

**圖 2.41**

$T$ 為圖形 $y = x^2$ 在點 $P(1, 1)$ 的切線

**例題 3** 求圖形 $y = -x^2 + 4x$ 在點 $P(2, 4)$ 的斜率和切線方程式。

**解** 將 $a = 2$ 和 $f(x) = -x^2 + 4x$ 代入式 (2)，得到點 $P(2, 4)$ 的切線斜率為

$$m_{\tan} = \lim_{h \to 0} \frac{f(2+h) - f(2)}{h}$$

$$= \lim_{h \to 0} \frac{[-(2+h)^2 + 4(2+h)] - [-(2)^2 + 4(2)]}{h}$$

$$= \lim_{h \to 0} \frac{-4 - 4h - h^2 + 8 + 4h + 4 - 8}{h} = \lim_{h \to 0} -\frac{h^2}{h}$$

$$= \lim_{h \to 0} (-h) = 0$$

點 $P(2, 4)$ 的切線方程式為

$$y - 4 = 0(x - 2) \quad 或 \quad y = 4$$

$f$ 的圖形和在 $(2, 4)$ 的切線繪於圖 2.42。

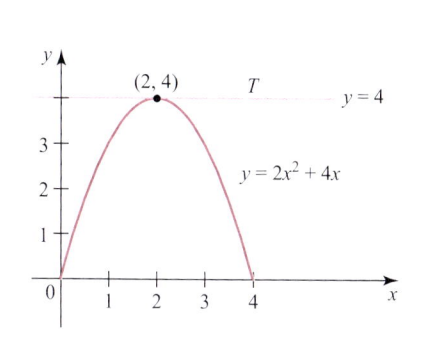

**圖 2.42**

在點 $(2, 4)$ 的切線是水平

例題 3 的解完全如預期的結果。假如我們回顧方程式 $y = -x^2 + 4x$ 的圖形，它是拋物線且頂點為 $(2, 4)$。頂點的切線為水平，所以它的斜率為零。

### ■ 切線、割線和變化率

如之前所見，函數圖形上給予的點 $P(a, f(a))$ 的切線斜率，和當 $x = a$，$f$ 的變化率似乎有關聯。讓我們證明這是對的。

考慮函數 $f$，它的圖形展示於圖 2.43a 所示。由圖 2.43a 得知，當 $x$ 由 $a$ 變到 $a+h$，則 $f(x)$ 由 $f(a)$ 變到 $f(a+h)$〔稱 $h$ 為在 $x$ 的增量（increment）〕。$f(x)$ 對 $x$ 的變化率為 $f$ 在 $[a, a+h]$ 區間的平均變化量。

> **定義　函數的平均變化率**
>
> 函數 $f$ 在 $[a, a+h]$ 區間的平均變化率（average rate of change of a function $f$）為
>
> $$\frac{f(a+h) - f(a)}{h} \tag{3}$$

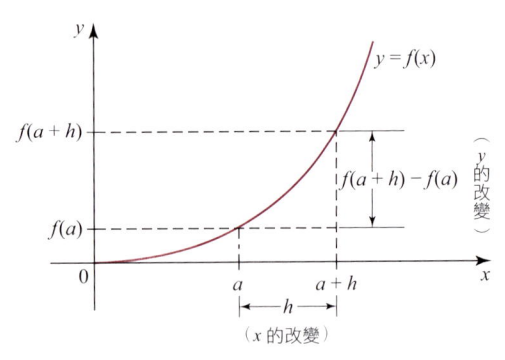

(a) $f$ 在 $[a, a+h]$ 的平均變化率為 $\dfrac{f(a+h) - f(a)}{h}$

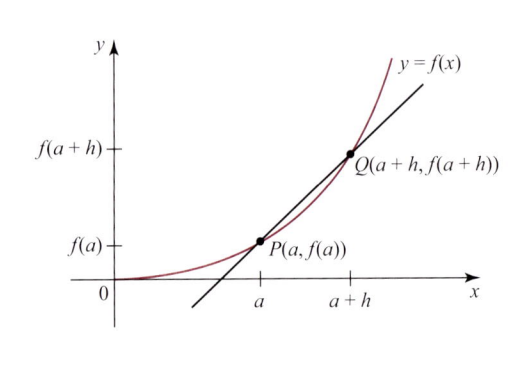

(b) $m_{\text{sec}} = \dfrac{f(a+h) - f(a)}{h}$

圖 2.43

圖 2.43b 描繪相同的函數 $f$ 的圖形。經過點 $P(a, f(a))$ 與點 $Q(a+h, f(a+h))$ 之割線的斜率為

$$m_{\text{sec}} = \frac{f(a+h) - f(a)}{(a+h) - a} = \frac{f(a+h) - f(a)}{h}$$

然而它就是式 (1)。比較式 (3) 和式 (1) 的右邊，得到 $f$ 對 $x$ 在 $[a, a+h]$ 區間平均變化率和經過點 $(a, f(a))$ 和 $(a+h, f(a+h))$ 的割線斜率相同。

接著令式 (3) 的 $h$ 逼近零，得到 $f$ 在 $a$ 處的（瞬間）變化率。

> **定義　函數的瞬間變化率**
>
> 函數 $f$ 對 $x$ 在 $a$ 處的（瞬間）變化率（(instantaneous) rate of change of a function $f$ with respect to $x$ at $a$）為

$$\lim_{h \to 0} \frac{f(a+h) - f(a)}{h} \qquad (4)$$

假如此極限存在。

然而此式子也是圖形 $f$ 上點 $P(a, f(a))$ 的切線斜率。因此，結論是 $f$ 為 $x$ 在 $a$ 處的瞬間變化率和在點 $(a, f(a))$ 上的切線斜率相同。

之前的計算指示當 $t = 2$，磁浮列車的瞬間速度為 16 呎／秒。這個論點現在得證。

**例題 4** 若磁浮列車在時間 $t$ 的位置函數為 $s = f(t) = 4t^2$，其中 $0 \le t \le 30$，則磁浮列車在 $[2, 2+h]$ 區間的平均速度為位置函數 $s$ 在 $[2, 2+h]$ 區間的平均變化率，其中 $h > 0$ 且 $2+h$ 在 $(2, 30)$ 區間。式 (3) 用 $a = 2$ 代入，得到平均速度

$$\frac{f(2+h) - f(2)}{h} = \frac{4(2+h)^2 - 4(2)^2}{h}$$

$$= \frac{16 + 16h + 4h^2 - 16}{h} = 16 + 4h$$

接著由式 (4) 得到磁浮列車在 $t = 2$ 的瞬間速度為

$$v = \lim_{h \to 0} \frac{f(2+h) - f(2)}{h} = \lim_{h \to 0}(16 + 4h) = 16$$

即 16 呎／秒，如之前所見。

## 2.5 習題

1. **車流** 開放於 1950 年代後期，位於波士頓市區的中央幹道被設計為每日可通行 75,000 輛車。右圖描述平均車速（哩／時）與車流量（千輛）之間的關係，分別估計當每日 100,000 輛和 200,000 輛的車流平均速率的變化量（由模型得知當每日車流量達 300,000 輛，則全面擁塞！）。

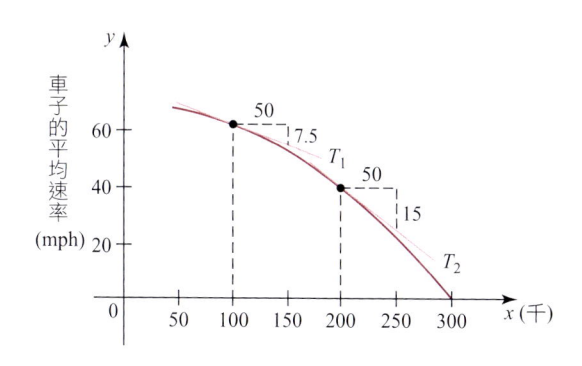

資料來源：*The Boston Globe.*
注意：可笑的事是從 2003 年起波士頓市已經改善此現象。

2. **電視收視模型** 下面的圖形顯示美國家庭週間 24 小時內看電視的比例（$t=0$ 表示上午 6:00）。應用相對應的切線斜率來估算下午 4 點和晚間 11 點看電視的家庭比例的變化率。

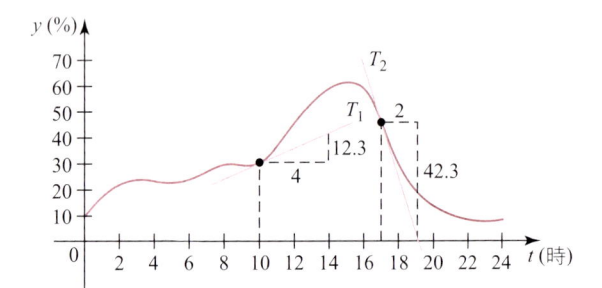

資料來源：A. C. Nielsen Company

3. 剛開始，車 $A$ 和車 $B$ 分別以速度 $v_A = f(t)$ 和 $v_B = g(t)$ 肩並肩沿著筆直的道路行駛，其中 $v$ 以每秒呎為單位，而 $t$ 以秒為單位。

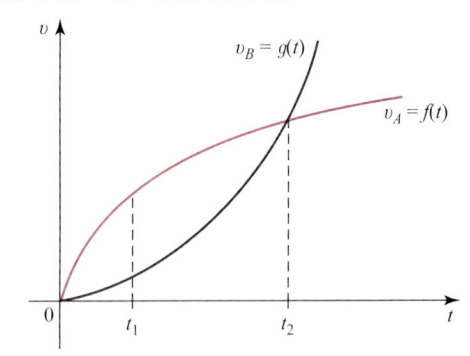

   a. 兩輛車於 $t_1$ 的速度和加速度分別為何（加速度是速度的變化）？
   b. 兩輛車於 $t_2$ 的速度和加速度分別為何？

4-7 題，(a) 由式 (1)，求經過點 $(a, f(a))$ 和 $(a+h, f(a+h))$ 的割線斜率；(b) 由 (a) 的結果和式 (2)，求點 $(a, f(a))$ 的切線斜率；和 (c) 求圖形 $f$ 上的點 $(a, f(a))$ 的切線方程式。

| 函數 | $(a, f(a))$ | 函數 | $(a, f(a))$ |
|---|---|---|---|
| 4. $f(x) = 5$ | $(1, 5)$ | 5. $f(x) = 2x^2 - 1$ | $(2, 7)$ |
| 6. $f(x) = x^3$ | $(2, 8)$ | 7. $f(x) = \dfrac{1}{x}$ | $(1, 1)$ |

8-10 題，求給予的函數在 $x = a$ 處的瞬間變化率。

8. $f(x) = 2x^2 + 1$; $a = 1$
9. $H(x) = x^3 + x$; $a = 2$
10. $f(x) = \dfrac{2}{x} + x$; $a = 1$

11-12 題，沿著直線移動的物體，它的位置函數 $s = f(t)$。此物體在時間區間 $[a, b]$ 的平均速度（average velocity）為 $f$ 在 $[a, b]$ 的平均變化率；$t = a$，它的（瞬間）速度為 $f$ 在 $a$ 處的變化率。

11. 車子在任意時間 $t$ 的位置為 $s = f(t) = \dfrac{1}{4}t^2$，$0 \leq t \leq 10$，其中 $s$ 以呎為單位，$t$ 以秒為單位。

    a. 分別求車子在時間區間 $[2, 3], [2, 2.5], [2, 2.1]$，$[2, 2.01]$ 和 $[2, 2.001]$ 的平均速度。
    b. 求 $t = 2$ 的車速。

12. **球拋向空中的速度** 有一球以初速度 128 呎／秒垂直向上拋，$t$ 秒後的高度（呎）為
    $s = f(t) = 128t - 16t^2$。

    a. 在時間區間 $[2, 3], [2, 2.5]$ 和 $[2, 2.1]$，求此球的平均速度分別為何？
    b. 當 $t = 2$，球的瞬間速度為何？
    c. 當 $t = 5$，球的瞬間速度為何？那時候此球是上升還是下墜？
    d. 此球何時落地？

13. 有一熱氣球由地面垂直上升，$t$ 秒後它的高度為 $h(t) = \dfrac{1}{2}t^2 + \dfrac{1}{2}t$ 呎，其中 $0 \leq t \leq 60$。

    a. 試問 40 秒後氣球的高度為何？
    b. 氣球在 40 秒中飛行的平均速度為何？
    c. 試問 40 秒後氣球的速度為何？

14. a. 當圓的半徑 $r$ 由 $r = 1$ 增加到 $r = 2$，求圓面積隨著 $r$ 改變的平均變化率。
    b. 當 $r = 2$，求圓面積隨著半徑 $r$ 改變的變化率。

15. **帳篷的需求** Sportsman 牌 5×7 帳篷的需求量和它的單價 $p$ 有關，其函數為

    $$p = f(x) = -0.1x^2 - x + 40$$

    其中 $p$ 以元為單位，$x$ 以千為單位。

    a. 假如帳篷的需求量分別落在 5000 和 5050 個之間；以及落在 5000 和 5010 個之間。分別求其單價的平均變化率。
    b. 假如帳篷的需求量為 5000，則單價的變化率為何？

16-18 題，下列表示式為函數 $f$ 在數 $a$ 的（瞬間）變化率。求 $f$ 和 $a$。

16. $\lim\limits_{h \to 0} \dfrac{(1+h)^5 - 1}{h}$

17. $\lim\limits_{h \to 0} \left[ \dfrac{(4+h)^2 - 16}{h} + \dfrac{\sqrt{4+h} - 2}{h} \right]$

18. $\lim\limits_{x \to 1} \dfrac{x^4 - 1}{x - 1}$

19-20 題，判斷下列敘述是對或是錯。如果它是對，解釋你的理由。如果它是錯，請解釋你的理由或舉例說明。

19. 經過點 $(a, f(a))$ 和 $(b, f(b))$ 的割線斜率為測量 $f$ 在 $[a, b]$ 區間的平均變化率。

20. 函數圖形上給予的點，可以有多於一條的切線。

## 第 2 章　複習題

1. 使用函數圖形，求 $a = 4$ 時的極限。
   (a) $\lim_{x \to a^-} f(x)$；(b) $\lim_{x \to a^+} f(x)$；和
   (c) $\lim_{x \to a} f(x)$

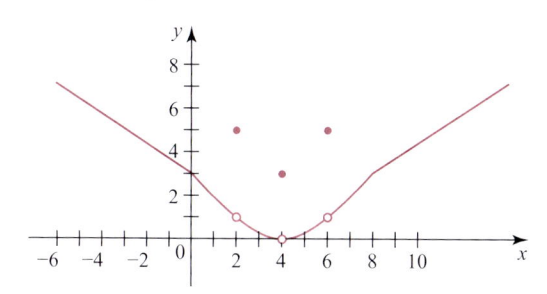

2-3 題，繪畫 $f$ 的圖形並求在 $a$ 的極限。
(a) $\lim_{x \to a^-} f(x)$；(b) $\lim_{x \to a^+} f(x)$；和 (c) $\lim_{x \to a} f(x)$

2. $f(x) = \begin{cases} -x + 5, & x \le 3 \\ 2x - 4, & x > 3 \end{cases}$；$a = 3$

3. $f(x) = \begin{cases} -x + 2, & x < 2 \\ \sqrt{x - 2}, & x \ge 2 \end{cases}$；$a = 2$

4-12 題，假如指定的極限存在，則求其值。

4. $\lim_{h \to 3}(4h^2 - 2h + 4)$
5. $\lim_{x \to 3} \sqrt{x^2 + 2x - 3}$
6. $\lim_{x \to 5}(x^2 + 2)^{2/3}$
7. $\lim_{y \to 0} \dfrac{2y^2 + 1}{y^3 - 2y^2 + y + 2}$
8. $\lim_{x \to 3} \dfrac{2x^2 - 5x - 3}{3x^2 - 10x + 3}$
9. $\lim_{h \to 0} \dfrac{(4 + h)^{-1} - 4^{-1}}{h}$
10. $\lim_{x \to 3^-} \sqrt{9 - x^2}$
11. $\lim_{x \to 0} \dfrac{2 \sin 3x}{x}$
12. $\lim_{x \to 0^+} \dfrac{\cos x}{\sqrt{x}}$

13. 證明 $\lim_{x \to 0^+} x^2 \cos(1/\sqrt{x}) = 0$。
14. 由圖形中找函數不連續的點。

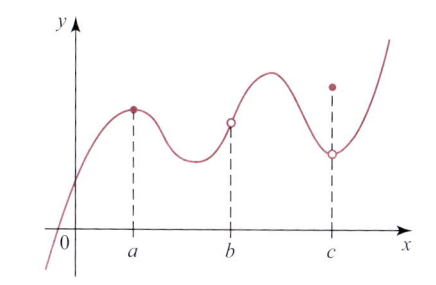

15. 由函數 $f$ 的圖形，判斷 $f$ 在給予的區間是否連續。證明你的答案。

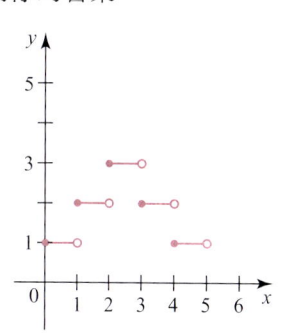

   a. $[1, 2)$
   b. $(0, 1)$
   c. $(3, 5)$

16-18 題，假如函數有不連續的點，求出這些點。

16. $f(x) = x^2 + 3x + \sqrt{-x}$
17. $f(t) = \dfrac{(t + 2)^{1/2}}{(t + 1)^{1/2}}$
18. $f(x) = \dfrac{1}{\sin x}$

19. 令
$$f(x) = \begin{cases} \dfrac{x^2 - 2x}{x^2 - 4}, & x \ne 2 \\ c, & x = 2 \end{cases}$$

求 $c$ 值，使得 $f$ 在 2 處連續。

20. 證明 $x^4 + x - 5 = 0$ 在 $(1, 2)$ 區間內至少有一個根為零。

21. 令
$$f(x) = \begin{cases} -(x^2 + 1), & -2 \le x < 0 \\ x^2 + 1, & 0 \le x \le 2 \end{cases}$$

試問在 $[2, -2]$ 內是否存在 $c$，使得 $f(c) = 0$？為什麼？

22. 用極限嚴謹的定義證明 $\lim_{x \to -1}(2x + 3) = 1$。

## 解題技巧

解題技巧的第一個例題，說明代換法（method of substitution）的功能。何時正確地使用代換法？當第一眼看到，就知道題目不能解或很難解時，通常會將它簡化成比較熟悉或比較容易解的情形。在本書解題技巧的單元裡，我們將介紹其他解題技巧。

**例題** 求 $\lim\limits_{x \to 1} \dfrac{3x - 3}{\sqrt[3]{x + 7} - 2}$。

**解** 乍看之下，以為此題要用極限的除法法則。因為當 $x$ 逼近 1，分子和分母都逼近零，所以此法則不適用。

由解此類型題目的經驗得知，分母應該先有理化。雖然可直接算，但最好先將式子簡化後再做題目。合理的代換（substitution）是令

$$t = \sqrt[3]{x + 7}$$

所以 $t^3 = x + 7$ 或 $x = t^3 - 7$。顯然地，當 $x$ 逼近 1，$t$ 逼近 2。因此，

$$\lim_{x \to 1} \frac{3x - 3}{\sqrt[3]{x + 7} - 2} = \lim_{t \to 2} \frac{3(t^3 - 7) - 3}{t - 2} = \lim_{t \to 2} \frac{3t^3 - 24}{t - 2}$$

$$= \lim_{t \to 2} \frac{3(t^3 - 2^3)}{t - 2} = \lim_{t \to 2} \frac{3(t - 2)(t^2 + 2t + 4)}{t - 2}$$

$$= \lim_{t \to 2} 3(t^2 + 2t + 4) = 36$$

## 挑戰題

1. 求 $\lim\limits_{x \to 0} \dfrac{\sqrt[3]{x + 1} - 1}{x}$。

2. 求 $\lim\limits_{x \to \pi/2} \dfrac{\cos x}{1 - \dfrac{4x^2}{\pi^2}}$。

3. 一個正 $n$ 邊多角形內接於半徑為 $R$ 的圓，另一個正 $n$ 邊多角形則外接於同一圓。下面的圖展示 $n = 6$ 的情形。

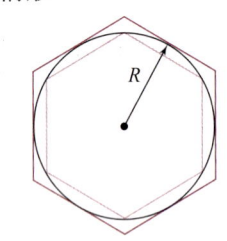

   a. 證明外接多邊形的邊長為 $2Rn \tan(\pi/n)$，和內接多邊形的邊長為 $2Rn \sin(\pi/n)$。
   b. 應用夾擠定理和 (a) 的結論，證明半徑為 $R$ 的圓周長為 $2\pi R$。

4. 函數 $f$ 定義為

   $$f(x) = \begin{cases} \dfrac{\tan^2 x}{1 - \cos x}, & x \neq 0 \\ c, & x = 0 \end{cases}$$

   求 $c$ 值，使得 $f$ 在 0 處連續。

5. 令 $f$ 為定義在 $[1, 3]$ 的連續函數且其值域為 $[0, 4]$，使得 $f(1) = 0$ 和 $f(3) = 4$。證明在 $(1, 3)$ 內至少存在點 $c$，使得 $f(c) = c$。點 $c$ 稱為 $f$ 的固定點（fixed point）。

6. 已知 $f(x) = \dfrac{1}{x^2 - x - 2}$ 和 $g(x) = \dfrac{1}{x - 1}$，求合成函數 $h = f \circ g$ 不連續的點。

7. 假設 $a, b$ 和 $c$ 都是正實數，且 $A < B < C$。證明方程式

$$\frac{a}{x - A} + \frac{b}{x - B} + \frac{c}{x - C} = 0$$

在 $A$ 和 $B$ 之間有一個根，並且在 $B$ 和 $C$ 之間也有一個根。

# 第 3 章　導數

本章將介紹函數的導數概念。導數是用來解與微分有關的問題。我們也發展出微分的規則來協助計算比較複雜的函數的導數。本章其餘的部分將專注在導數的應用。

Matt Stroshane/Getty Images

## 3.1　導數

### ■ 導數

在 2.5 節中，可看到函數 $y = f(x)$ 在點 $(a, f(a))$ 的切線斜率與 $y$ 對 $x$ 在 $a$ 處的變化率相同。假如極限存在，則這兩個值為

$$\lim_{h \to 0} \frac{f(a + h) - f(a)}{h}$$

回顧此表示式的推導，$a$ 是固定的而其他的數是變動的。因此，只要將 $a$ 換成變數 $x$ 即得到圖形 $f$ 在任意點 $(x, f(x))$ 的切線斜率的公式以及 $y$ 對 $x$ 在任意 $x$ 點的變化率。因為它是由 $f$ 推導出來，所以最後的函數稱為 $f$ 的導數。

> **定義　導數**
>
> 函數 $f$ 對 $x$ 的導數是函數 $f'$，定義為
>
> $$f'(x) = \lim_{h \to 0} \frac{f(x + h) - f(x)}{h} \tag{1}$$

$f'$ 的定義域為使此極限存在的 $x$ 所組成的集合。

下面是導數的兩個意義。

1. **導數在幾何上的意義**：假如函數 $f$ 的導數存在，則 $f'$ 為圖形 $f$ 在點 $(x, f(x))$ 的切線斜率。
2. **導數在物理上的意義**：函數 $f$ 的導數 $f'$ 為 $f$ 在 $x$ 上的瞬間變化率。（圖 3.1。）

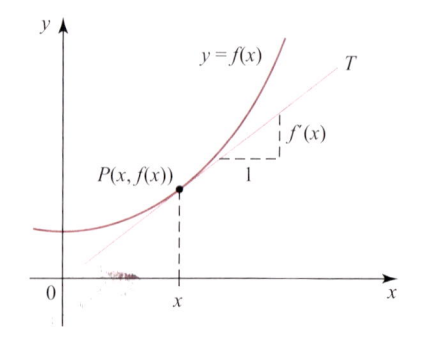

**圖 3.1**

$f'(x)$ 為 $T$ 在點 $P$ 的斜率；而 $f(x)$ 對 $x$ 的變化率為每單位的 $x$ 有 $f'(x)$ 個單位的改變

### 應用導數來描述磁浮列車的移動情形

透過磁浮列車行駛的例題得知導數的兩種意義。再次回顧磁浮列車於時間 $t$ 的位置 $s$，

$$s = f(t) = 4t^2 \qquad 0 \leq t \leq 30$$

此函數的導數為

$$\begin{aligned}
f'(t) &= \lim_{h \to 0} \frac{f(t+h) - f(t)}{h} \\
&= \lim_{h \to 0} \frac{4(t+h)^2 - 4t^2}{h} \\
&= \lim_{h \to 0} \frac{4t^2 + 8th + 4h^2 - 4t^2}{h} \\
&= \lim_{h \to 0} \frac{h(8t + 4h)}{h} = \lim_{h \to 0} (8t + 4h) \\
&= 8t
\end{aligned}$$

因此，磁浮列車於時間 $t$ 的位置對時間的變化率和圖形 $f$ 在點 $(t, f(t))$ 的切線斜率為

$$f'(t) = 8t \qquad 0 < t < 30$$

所以，$f'$ 只是速度函數，它表示磁浮列車於任一時間 $t$ 的車速。尤其是當 $t = 2$，磁浮列車的車速為

$$f'(2) = 8(2) = 16$$

即 16 呎／秒。也就是說，圖形 $f$ 在點 $P(2, 16)$ 的切線斜率為 16。$f'$ 的圖形繪於圖 3.2。

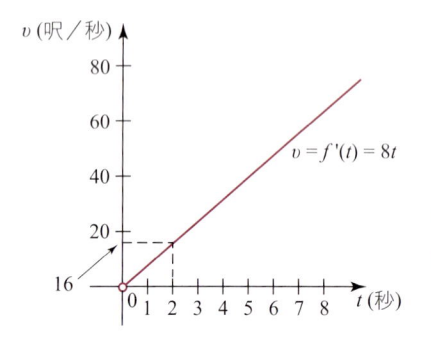

**圖 3.2**

$v = f'(t) = 8t$ 的圖形表示磁浮列車於任一時間 $t$ 的車速，稱為速度曲線

由速度圖形可看到磁浮列車的車速對時間穩定地增加。更清楚的說法是方程式 $v = 8t$ 表示斜率為 8 的斜截式的線性方程式，它說明 $v$ 為每增加一個時間單位就增加 8 個單位的變化率。換言之，磁浮列車以固定加速度 8 呎／秒／秒行駛，通常縮寫成 8 呎／秒$^2$（加速度為速度的變化率）。

雖然對此特殊情形而言，一開始時，我們只有磁浮列車的位置公式，但是現在可完整地描述磁浮列車移動的情形。

## ▰ 微分

求函數的導數的過程稱為 微分（differentiation）。可將此過程視為作用於函數 $f$ 後產生另一個函數 $f'$ 的運算。譬如：令 $D_x$ 表示 微分的運算子（differential operator），則微分的過程可寫成

$$D_x f = f' \quad \text{或} \quad D_x f(x) = f'(x)$$

微分通常是對自變數操作（記得我們將它看成應變數對自變數的變化率）。因此，若自變數為 $t$ 時，可用 $D_t$ 取代 $D_x$。另一個會用到的符號為

$$\frac{d}{dx}$$

唸成 "dee dee x of"。譬如：

$$\frac{d}{dx}f = D_x f = f' \quad \text{或} \quad \frac{d}{dx}f(x) = D_x f(x) = f'(x)$$

*f'(x)* 唸成 "*f* prime of *x*"

若將 $y$ 當作應變數，所以 $y = f(x)$，則它的導數可寫成

$$\frac{dy}{dx}$$

（唸作 "dee y, dee x"）或更簡單地寫成 $y'$（唸作 "y prime"）。

⚠ $dy/dx$ 不是分式。

$f$ 在 $a$ 處的導數值表示為 $f'(a)$。若應變數表示為 $y$，則它的導數在 $a$ 處的值表示為

$$\left.\frac{dy}{dx}\right|_{x=a}$$

（唸作「$dy/dx$ 在 $x=a$ 處的值」）。譬如：磁浮列車的位置表示為 $s$，其中 $s = f(t) = 4t^2$，當 $t = 2$，磁浮列車的速度可寫成 $f'(2) = 16$ 或

$$\left.\frac{ds}{dt}\right|_{t=2} = 8t\Big|_{t=2} = 16$$

## ▰ 求函數的導數

**例題 1** 令 $y = \sqrt{x}$。

**a.** 求 $dy/dx$ 和它的定義域。

**b.** 試問在 $x = 4$ 處，$y$ 變化多快？

**c.** 求方程式 $y = \sqrt{x}$ 的圖形在 $x = 4$ 處的切線方程式和它的斜率。

**解** 這裡 $f(x) = \sqrt{x}$。

a. $\dfrac{dy}{dx} = \lim_{h \to 0} \dfrac{f(x+h) - f(x)}{h} = \lim_{h \to 0} \dfrac{\sqrt{x+h} - \sqrt{x}}{h}$

$= \lim_{h \to 0} \dfrac{(\sqrt{x+h} - \sqrt{x})(\sqrt{x+h} + \sqrt{x})}{h(\sqrt{x+h} + \sqrt{x})}$ 分子有理化

$= \lim_{h \to 0} \dfrac{(x+h) - x}{h(\sqrt{x+h} + \sqrt{x})} = \lim_{h \to 0} \dfrac{h}{h(\sqrt{x+h} + \sqrt{x})}$

$= \lim_{h \to 0} \dfrac{1}{\sqrt{x+h} + \sqrt{x}} = \dfrac{1}{2\sqrt{x}}$

$dy/dx$ 的定義域為 $(0, \infty)$。

b. 當 $x = 4$，$y$ 對 $x$ 的變化率為

$$\left.\dfrac{dy}{dx}\right|_{x=4} = \left.\dfrac{1}{2\sqrt{x}}\right|_{x=4} = \dfrac{1}{2\sqrt{4}} = \dfrac{1}{4}$$

或每一個單位的 $x$ 有 1/4 個單位的 $y$ 改變。

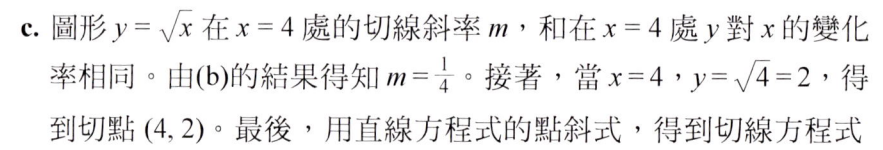

c. 圖形 $y = \sqrt{x}$ 在 $x = 4$ 處的切線斜率 $m$，和在 $x = 4$ 處 $y$ 對 $x$ 的變化率相同。由(b)的結果得知 $m = \dfrac{1}{4}$。接著，當 $x = 4$，$y = \sqrt{4} = 2$，得到切點 $(4, 2)$。最後，用直線方程式的點斜式，得到切線方程式

$$y - 2 = \dfrac{1}{4}(x - 4)$$

即 $y = \dfrac{1}{4}x + 1$。

$y = \sqrt{x}$ 的圖形和在 $(4, 2)$ 的切線繪於圖 3.3。

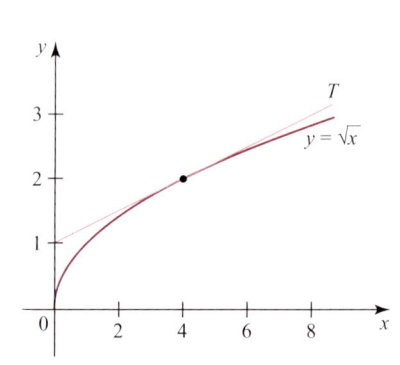

| 圖 3.3

$T$ 是 $y = \sqrt{x}$ 在 $(4, 2)$ 處的切線

**例題 2** 令 $f(x) = 2x^3 + x$。

a. 求 $f'(x)$。

b. $f$ 圖形在 $(2, 18)$ 處的切線斜率是多少？

c. 試問在 $x = 2$ 處，$f$ 變化多快？

**解**

a. $f'(x) = \lim_{h \to 0} \dfrac{f(x+h) - f(x)}{h} = \lim_{h \to 0} \dfrac{[2(x+h)^3 + (x+h)] - (2x^3 + x)}{h}$

$= \lim_{h \to 0} \dfrac{(2x^3 + 6x^2h + 6xh^2 + 2h^3 + x + h) - (2x^3 + x)}{h}$

$= \lim_{h \to 0} \dfrac{h(6x^2 + 6xh + 2h^2 + 1)}{h} = \lim_{h \to 0} (6x^2 + 6xh + 2h^2 + 1)$

$= 6x^2 + 1$

b. 所求的斜率為 $f'(2) = 6(2)^2 + 1 = 25$。

c. 由(b)得到，當 $x = 2$，每一個單位 $x$ 就有 25 個單位 $f$ 的變化。

**例題 3** 假如 $y = \dfrac{1}{x+1}$，求 $\dfrac{dy}{dx}$。

**解** 若 $y = f(x)$，則

$$\dfrac{dy}{dx} = f'(x) = \lim_{h \to 0} \dfrac{f(x+h) - f(x)}{h}$$

$$= \lim_{h \to 0} \dfrac{\dfrac{1}{(x+h)+1} - \dfrac{1}{x+1}}{h}$$

$$= \lim_{h \to 0} \dfrac{\dfrac{x+1-(x+h+1)}{(x+h+1)(x+1)}}{h} \quad \text{簡化分子}$$

$$= \lim_{h \to 0} -\dfrac{1}{(x+h+1)(x+1)} = -\dfrac{1}{(x+1)^2}$$

## 由 $f$ 的圖形畫 $f'$ 的圖形

由磁浮列車的位置函數 $f$ 可得公式 $f'(t) = 8t$，所以繪出例題所描述的磁浮列車移動的導函數 $f'$ 是件簡單的事。下一個例題介紹如何單單用 $f$ 圖形畫出 $f'$ 的草圖。此方法是採用 $f'$ 的幾何詮釋。

**例題 4　發射體的軌跡**　圖 3.4 函數 $f$ 的圖形為發射體的彈道軌跡，由原點發射出去並限制於 $xy$ 平面上運動。由此圖形畫 $f'$ 的圖形，再估算當 $x = 5000$ 和 $x = 16{,}000$，彈道高度（$y$）對 $x$（彈道水平移動的距離）的變化率。

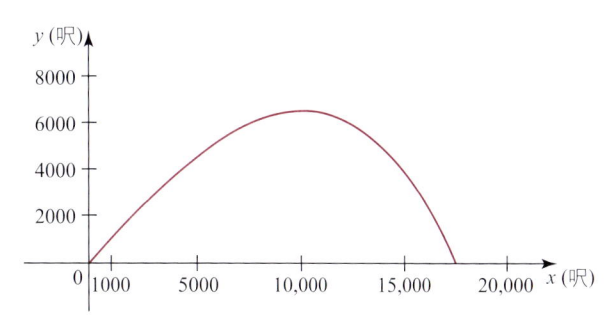

| 圖 3.4
發射體的軌跡

**解**　首先使用 2.5 節例題 1 的技巧，以目視估算切線在 $f$ 圖形上某一點的切線斜率。其結果如圖 3.5a。接著在 $xy$ 平面正下方的 $xy'$ 平面上標繪點 $(x, f'(x))$。最後將這些點連接畫成一條平滑的曲線，得到圖 3.5b 所展示的 $f'$ 圖形。由 $f'$ 的圖形得知當 $x = 5000$，彈道的高度正以大約 0.7 呎／呎的速率增加，且當 $x = 16{,}000$，彈道的高度正以大約 1.3 呎／呎的速率增加。

圖 3.5

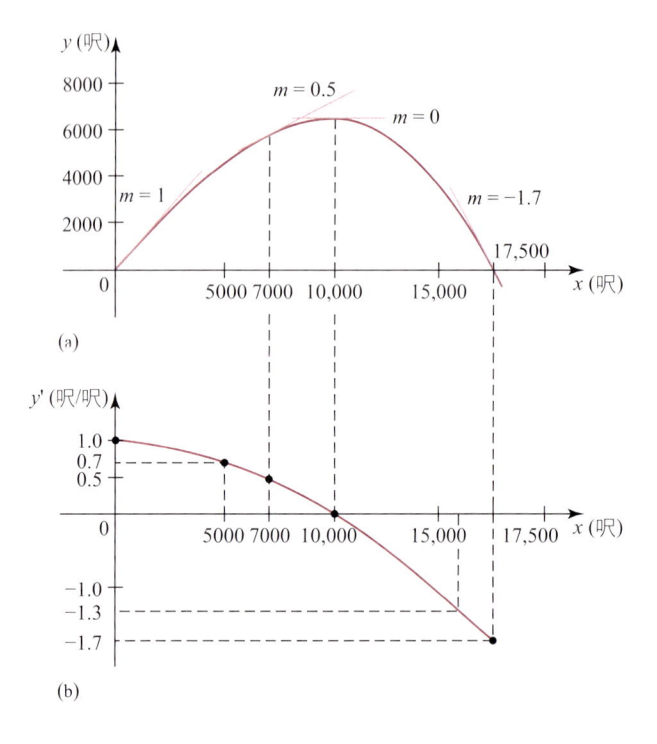

$f$ 和 $f'$ 的圖形

## 可微分性

假如函數在一點的導數存在，則此函數在此點**可微分**（differentiable）。正如即將看到的情形，一個函數可能在它的定義域裡有一處或更多處不可微。請不要驚訝，因為導數是某函數的極限值，且已知當自變數逼近某數，函數的極限值不一定存在。

簡單地說，假如函數 $f$ 的圖形在 $a$ 處切線不存在，或者存在垂直切線，則 $f$ 在 $a$ 處就沒有導數。

書中我們只處理那些在有限個 $x$ 的值沒有導數的函數。尤其是，這些值所對應的點在 $f$ 的圖形上是不連續的、或圖形上的尖角、或垂直切線。下面的例題會說明這些情況。

**例題 5** 證明 Heaviside 函數

$$H(t) = \begin{cases} 0, & t < 0 \\ 1, & t \geq 0 \end{cases}$$

在 0 處不連續且不可微分（圖 3.6）。

**解** 先證明（左）極限

$$\lim_{h \to 0^-} \frac{H(0+h) - H(0)}{h} \quad h < 0$$

不存在。由此可知

$$H'(0) = \lim_{h \to 0} \frac{H(0+h) - H(0)}{h}$$

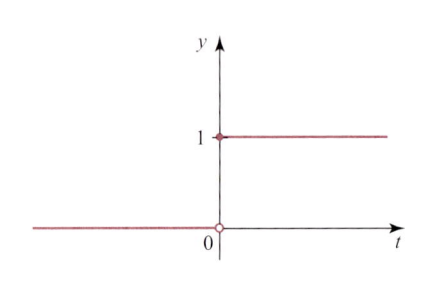

圖 3.6

Heaviside 函數在 0 處不可微分

不存在；亦即，$H$在$a$處沒有導數。現在

$$\lim_{h \to 0^-} \frac{H(h) - H(0)}{h} = \lim_{h \to 0^-} \frac{0-1}{h} = \infty \quad \text{因為 } h < 0$$

所以$H'(0)$不存在，即得證。

下一個例題證明若$f$在$a$處有一個尖角，則$f$在$a$處不可微分。

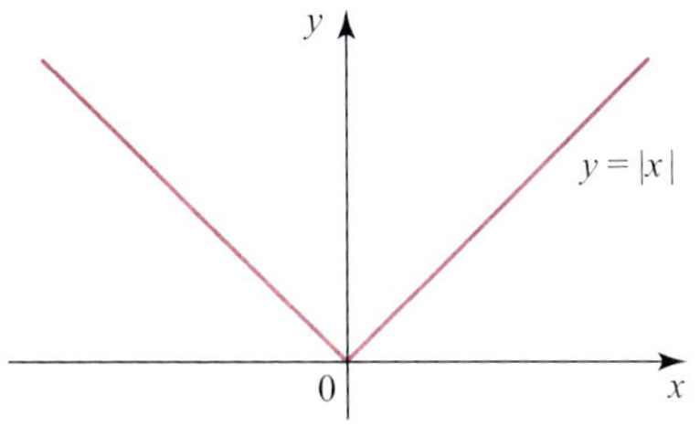

**例題 6** 證明函數$f(x) = |x|$除0外，處處可微分。

**解** $f$的圖形展示於圖3.7。為了證明$f$在0處不可微分，我們將透過說明當$h$逼近0，分式

$$\frac{f(0+h) - f(0)}{h} = \frac{f(h) - f(0)}{h} = \frac{|h| - 0}{h} = \frac{|h|}{h}$$

的左極限和右極限不相等，來證明$f'(0)$不存在。首先，假設$h > 0$，則$|h| = h$且

$$\lim_{h \to 0^+} \frac{|h|}{h} = \lim_{h \to 0^+} \frac{h}{h} = \lim_{h \to 0^+} 1 = 1$$

接著，若$h < 0$，則$|h| = -h$，所以，

$$\lim_{h \to 0^-} \frac{|h|}{h} = \lim_{h \to 0^-} \frac{-h}{h} = \lim_{h \to 0^-} (-1) = -1$$

所以，

$$f'(0) = \lim_{h \to 0} \frac{f(0+h) - f(0)}{h} = \lim_{h \to 0} \frac{|h|}{h}$$

不存在，且$f$在0處不可微分。

為了證明$f$在其他處可微分，改寫$f(x)$為

$$f(x) = |x| = \begin{cases} -x, & x < 0 \\ x, & x \geq 0 \end{cases}$$

然後求$f(x)$對$x$的微分，得到

$$f'(x) = \begin{cases} -1, & x < 0 \\ 1, & x > 0 \end{cases}$$

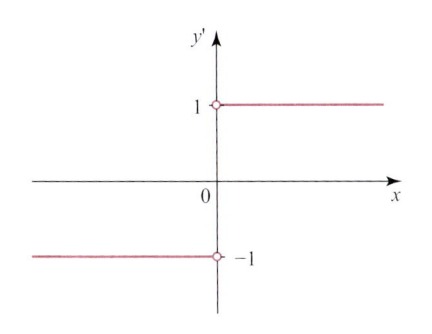

以幾何上的意義而言，考慮$f$的圖形為兩條射線（圖3.7），則結果很明顯。原始圖形左半線的斜率為$-1$，而原始圖形右半線的斜率為1。$f'$的圖形展示於圖3.8。

假如函數$f$在$a$處連續且

$$\lim_{x \to a} f'(x) = -\infty \quad \text{或} \quad \lim_{x \to a} f'(x) = \infty$$

則$f$的圖形在$a$處有一條**垂直切線**（vertical tangent line）$x = a$。

**圖 3.7**
函數$f(x) = |x|$是處處連續且在0處有個角

**圖 3.8**
$f'(0)$沒有定義；所以$f$在0處不可微分

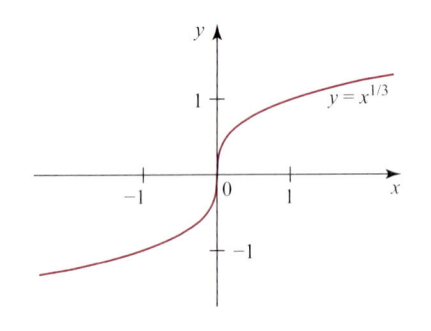

**圖 3.9**
f 的圖形在 (0, 0) 處有一條垂直切線

下一個例題證明因為函數 f 的圖形在 a 處有一條垂直切線，所以 f 在 a 處不可微分。

**例題 7** 證明函數 $f(x) = x^{1/3}$ 在 0 處不可微分。

**解** 計算

$$\lim_{h \to 0} \frac{f(0+h) - f(0)}{h} = \lim_{h \to 0} \frac{f(h) - f(0)}{h}$$

$$= \lim_{h \to 0} \frac{h^{1/3} - 0}{h} = \lim_{h \to 0} \frac{1}{h^{2/3}} = \infty$$

得證 f 在 0 處不可微分（圖 3.9）。

### ■ 可微分性和連續性

例題 6 和 7 證明一個函數在某處連續卻在該處不可微分。下個定理證明函數在某處可微分的條件比在該處連續所需要的條件還要強。

---

**定理 1**

若 f 在 a 可微分，則 f 在 a 連續。

---

**證明** 假如 x 落在 f 的定義域內且 $x \neq a$，則

$$f(x) - f(a) = \frac{f(x) - f(a)}{x - a}(x - a)$$

得到

$$\lim_{x \to a}[f(x) - f(a)] = \lim_{x \to a} \frac{f(x) - f(a)}{x - a} \cdot (x - a)$$

$$= \lim_{x \to a} \frac{f(x) - f(a)}{x - a} \cdot \lim_{x \to a}(x - a)$$

$$= f'(a) \cdot 0 = 0$$

所以，

$$\lim_{x \to a} f(x) = \lim_{x \to a}[f(a) + (f(x) - f(a))]$$

$$= \lim_{x \to a} f(a) + \lim_{x \to a}[f(x) - f(a)] = f(a) + 0 = f(a)$$

得證 f 在 a 處連續。

## 3.1 習題

1-7 題，用導數的定義求函數的導數和該函數的定義域。

1. $f(x) = 5$
2. $f(x) = 3x - 4$
3. $f(x) = 3x^2 - x + 1$
4. $f(x) = 2x^3 + x - 1$
5. $f(x) = \sqrt{x+1}$
6. $f(x) = \dfrac{1}{x+2}$
7. $f(x) = \dfrac{3}{2x+1}$

8-10 題，求函數圖形在指定的點上的切線方程式。

| 函數 | 點 |
|---|---|
| 8. $f(x) = x^2 + 1$ | $(2, 5)$ |
| 9. $f(x) = 2x^3$ | $(1, 2)$ |
| 10. $f(x) = \sqrt{x-1}$ | $(4, \sqrt{3})$ |

11-12 題，求 $y$ 在給予的 $x$ 值上對 $x$ 的變化率。

11. $y = -2x^2 + x + 1$；$x = 1$
12. $y = \sqrt{2x}$；$x = 2$

13-14 題，配對各個函數的圖形和它的導數圖形(a)-(b)。

13.

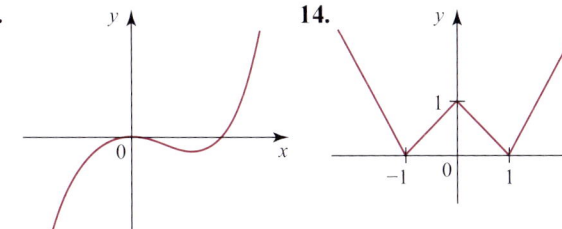

14.

(a)

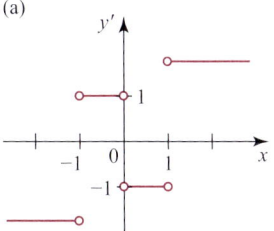

(b)

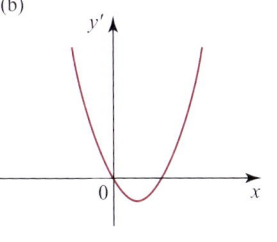

15-17 題，繪畫給予的函數 $f$ 的導數 $f'$ 的圖形。

15.

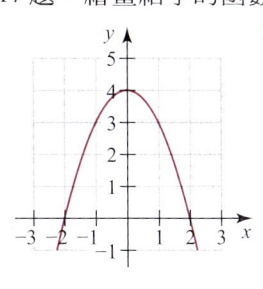

16.

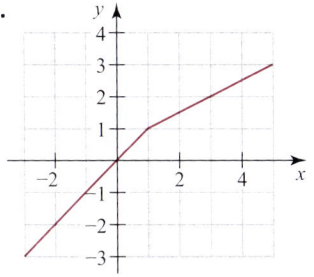

17.

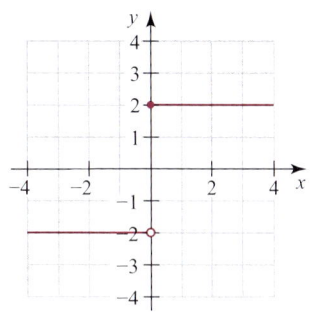

18. **氣溫和高度** 在海拔高 $h$ 呎的氣溫為華氏 $T = f(h)$ 度。
    a. 寫出 $f'(h)$ 的物理意義和它的單位。
    b. 一般而言，你會期望 $f'(h)$ 的正負符號是什麼？
    c. 已知 $f'(1000) = -0.05$，假如高度由 1000 呎升高到 1001 呎，估算氣溫的改變為何？

19. **生產成本** 假設生產 $x$ 個某特定產品的總成本為 $C(x)$ 元。
    a. $C'(x)$ 測量的是什麼？寫出它的單位。
    b. $C'$ 的正負符號為何？
    c. 已知 $C'(1000) = 20$，估算此工廠生產第 1001 個產品所需的成本為何？

20. 令 $f(x) = x^2 - 2x + 1$。
    a. 求 $f$ 的導數 $f'$。
    b. 找圖形 $f$ 上的點，使得在該處的切線為水平線。
    c. 繪畫 $f$ 的圖形和(b)所求得的點上的切線。
    d. 求 $f$ 在(b)所求得的點的變化率為何？

21-23 題，使用函數 $f$ 圖形，找 $f$ 不可微分的點 $x$ 的值。

21.

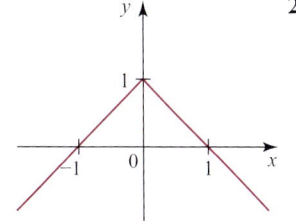

22.

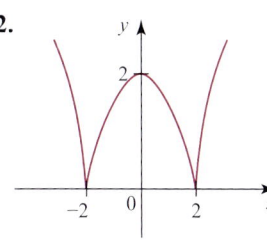

23.

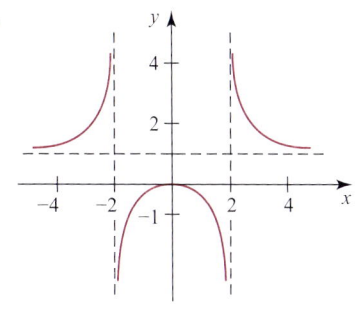

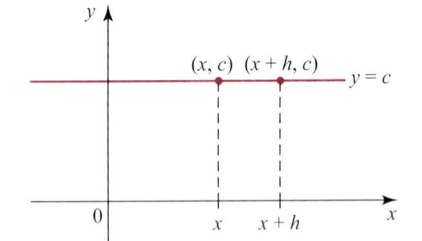

24-25題，證明函數在指定的點 $x$ 處連續但不可微分。

24. $f(x) = \begin{cases} x+2, & x \leq 0 \\ 2-3x, & x > 0 \end{cases}$ ; $x = 0$

25. $f(x) = |2x-1|$ ; $x = \dfrac{1}{2}$

26. 令 $f(x) = |x^3|$。
    **a.** 畫 $f$ 的圖形。
    **b.** 使 $f$ 值可微分的 $x$ 值為何？
    **c.** 寫出 $f'(x)$ 的公式。

27. 已知 $g(x) = |x-a|f(x)$，其中 $f$ 為連續函數且 $f(a) \neq 0$。證明 $g$ 在 $a$ 處連續卻不可微分。

28. 證明假如 $f'(x)$ 存在，則
$$\lim_{h \to 0} \frac{f(x+nh) - f[x+(n-1)h]}{h} = f'(x) \quad n \neq 0, 1$$

29-31題，判斷下列敘述是對或是錯。如果它是對，解釋你的理由。如果它是錯，請解釋你的理由或舉例說明。

29. 假如 $f$ 在 $x = 3$ 處可微分，則 $f$ 圖形在點 $(3, f(3))$ 的切線斜率為
$$\lim_{h \to 0} \frac{f(3+h) - f(3)}{h}$$

30. 假如 $f$ 和 $g$ 在 $a$ 處不可微分，則 $fg$ 在 $a$ 處也不可微分。
    提示：考慮 $f(x) = |x|$ 和 $g(x) = |x|$。

31. 函數 $f$ 和 $f'$ 有相同的定義域。

## 3.2 微分的基本規則

### 某些基本規則

至今，我們是用導數的定義求函數的導數。然而如你所見，即使是相當簡單的函數，此過程還是繁瑣的。本節中，將推導一些微分的規則來簡化求函數導數的過程。

**定理 1　常數函數的導數**
假如 $c$ 為常數，則
$$\frac{d}{dx}(c) = 0$$

**證明**　令 $f(x) = c$，則
$$f'(x) = \lim_{h \to 0} \frac{f(x+h) - f(x)}{h} = \lim_{h \to 0} \frac{c-c}{h} = \lim_{h \to 0} 0 = 0$$

此結果由幾何上來看很明顯（圖 3.10）。直線上每一點的切線就是它自己。因為常數函數 $f$ 定義為 $f(x) = c$，是水平線且它的斜率為 0。$f$ 上任意切線的斜率都是 0。因此，對於每個 $x$，$f'(x) = 0$。

| 圖 3.10
$f(x) = c$ 圖形上每一點的斜率為零。所以 $f'(x) = 0$

**例題 1**

**a.** 假如 $f(x) = 19$，則 $f'(x) = \dfrac{d}{dx}(19) = 0$。

**b.** 假如 $f(x) = -\pi^2$，則 $f'(x) = \dfrac{d}{dx}(-\pi^2) = 0$。

接著，轉向冪函數 $f(x) = x^n$ 的微分規則，其中指數 $n$ 為正整數。當 $n = 1$，$f(x) = x$。它的導數為

$$f'(x) = \lim_{h \to 0} \frac{f(x+h) - f(x)}{h} = \lim_{h \to 0} \frac{(x+h) - x}{h} = \lim_{h \to 0} 1 = 1$$

因為 $y = x$ 的圖形是斜率為 1 的直線（圖 3.11），此結果在幾何上也很明顯。所以，對於任意 $x$，$f'(x) = 1$。亦即，

$$\frac{d}{dx}(x) = 1 \tag{1}$$

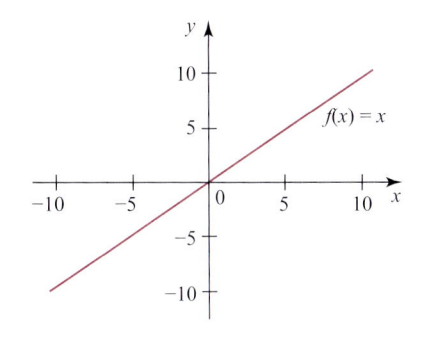

**圖 3.11**
$f(x) = x$ 圖形是斜率為 1 的直線。所以 $f'(x) = 1$

現在敘述求 $f(x) = x^n$ 的導數的通則，其中 $n$ 為正整數。

### 定理 2　冪規則

假如 $n$ 為正整數且 $f(x) = x^n$，則

$$f'(x) = \frac{d}{dx}(x^n) = nx^{n-1}$$

**證明**　令 $f(x) = x^n$，則

$$f'(x) = \lim_{h \to 0} \frac{f(x+h) - f(x)}{h} = \lim_{h \to 0} \frac{(x+h)^n - x^n}{h}$$

現在注意到

$$a^n - b^n = (a - b)(a^{n-1} + a^{n-2}b + \cdots + ab^{n-2} + b^{n-1})$$

此定理可用右邊展開的式子來證明。假如將此式的 $a$ 用 $x + h$ 取代且 $b$ 用 $x$ 取代，則

$$f'(x) = \lim_{h \to 0} \frac{[(x+h) - x][(x+h)^{n-1} + (x+h)^{n-2}x + \cdots + (x+h)x^{n-2} + x^{n-1}]}{h}$$

$$= \lim_{h \to 0} [(x+h)^{n-1} + (x+h)^{n-2}x + \cdots + (x+h)x^{n-2} + x^{n-1}]$$

$$= \underbrace{x^{n-1} + x^{n-1} + \cdots + x^{n-1} + x^{n-1}}_{n \text{ 項}}$$

$$= nx^{n-1}$$

定理 2 也可用二項式定理來證明（見習題 31 題）。

### 例題 2

**a.** 假如 $f(x) = x^{10}$，則 $f'(x) = \dfrac{d}{dx}(x^{10}) = 10x^{10-1} = 10x^9$。

**b.** 假如 $g(u) = u^3$，則 $g'(u) = \dfrac{d}{du}(u^3) = 3u^{3-1} = 3u^2$。

雖然定理 2 敘述的為冪 $n$ 為正整數的情形，然而對任意實數 $n$，冪規則都成立。譬如：若正式地應用更通用的規則求 $f(x) = \sqrt{x} = x^{1/2}$ 的導數，可得

$$f'(x) = \frac{d}{dx}(x^{1/2}) = \frac{1}{2}x^{-1/2} = \frac{1}{2\sqrt{x}}$$

這是 3.1 節中例題 1 用導數的定義所得的結果。

我們將於 3.3 節中證明當 $n$ 為負整數，冪規則成立。此規則將在 3.6 節中被延伸到包含有理冪$n$。最後在 7.4 節，將證明冪規則的通則，其中$n$是任意實數。然而現在我們將假設對於所有實數，冪規則都成立，並且將它應用在課本上。

> **定理 3　冪規則（通則）**
> 假如 $n$ 為任意實數，則
> $$\frac{d}{dx}(x^n) = nx^{n-1}$$

### 例題 3

**a.** 假如 $f(x) = \dfrac{1}{x^3}$，則 $f'(x) = \dfrac{d}{dx}\left(\dfrac{1}{x^3}\right) = \dfrac{d}{dx}(x^{-3}) = -3x^{-3-1}$

$= -3x^{-4} = -\dfrac{3}{x^4}$。

**b.** 假如 $y = x^{3/2}$，則 $\dfrac{dy}{dx} = \dfrac{d}{dx}(x^{3/2}) = \dfrac{3}{2}x^{(3/2)-1} = \dfrac{3}{2}x^{1/2} = \dfrac{3\sqrt{x}}{2}$。

**c.** 假如 $g(x) = x^{0.12}$，則 $g'(x) = \dfrac{d}{dx}(x^{0.12}) = 0.12x^{0.12-1} = 0.12x^{-0.88}$

$= \dfrac{0.12}{x^{0.88}}$。 ∎

下面的定理說明常數乘上一個函數後的導數等於此常數乘上該函數的導數。

> **定理 4　常數倍數規則**
> 假如 $f$ 為可微分的函數且 $c$ 為常數，則
> $$\frac{d}{dx}[cf(x)] = cf'(x)$$

**證明**　令 $F(x) = cf(x)$，則

$$F'(x) = \lim_{h \to 0} \frac{F(x+h) - F(x)}{h} = \lim_{h \to 0} \frac{cf(x+h) - cf(x)}{h}$$

$$= \lim_{h \to 0} c\left[\frac{f(x+h) - f(x)}{h}\right]$$

$$= c \lim_{h \to 0} \frac{f(x+h) - f(x)}{h} \qquad \text{極限的常數倍數法則}$$

$$= cf'(x)$$

**例題 4**

**a.** 若 $f(x) = 3x^5$，則 $f'(x) = \dfrac{d}{dx}(3x^5) = 3\dfrac{d}{dx}(x^5) = 3(5x^4) = 15x^4$。

**b.** 若 $y = -2u^3$，則 $\dfrac{dy}{du} = \dfrac{d}{du}(-2u^3) = -2\dfrac{d}{du}(u^3) = -2(3u^2) = -6u^2$。

下面的定理說明兩個函數相加後的導數為兩個導數的和。

**定理 5　加法規則**

假如 $f$ 和 $g$ 都是可微分的函數，則

$$\frac{d}{dx}[f(x) + g(x)] = f'(x) + g'(x)$$

**證明**　令 $F(x) = f(x) + g(x)$，則

$$F'(x) = \lim_{h \to 0} \frac{F(x+h) - F(x)}{h}$$

$$= \lim_{h \to 0} \frac{[f(x+h) + g(x+h)] - [f(x) + g(x)]}{h}$$

$$= \lim_{h \to 0} \left[\frac{f(x+h) - f(x)}{h} + \frac{g(x+h) - g(x)}{h}\right]$$

$$= \lim_{h \to 0} \frac{f(x+h) - f(x)}{h} + \lim_{h \to 0} \frac{g(x+h) - g(x)}{h} \qquad \text{極限的加法法則}$$

$$= f'(x) + g'(x)$$

### 歷史傳記

**GOTTFRIED WILHELM LEIBNIZ**
(1646-1716)

Gottfried Wilhelm Leibniz 從小就展現他在數學方面的才能，15 歲進大學，17 歲拿到學士學位，並且 19 歲就拿到博士學位。1684 年，Leibniz 發表一篇有關微分的短文，接著又發表另一篇有關積分的論文。Leibniz 是運用代數的原理發展微積分的理論，不同於 Isaac Newton 於 1689 年運用幾何的原理發展微積分的理論。雖然對於誰是第一位發表微積分有爭議，但是多數學者都認為他們的研究都是獨立發展的。

**註**

**1.** 因為 $f(x) - g(x)$ 可寫成 $f(x) + [-g(x)]$，由定理 5 得知

$$\frac{d}{dx}[f(x) - g(x)] = \frac{d}{dx}[f(x)] + \frac{d}{dx}[-g(x)]$$

$$= \frac{d}{dx}[f(x)] - \frac{d}{dx}[g(x)] \qquad \text{由定理 4 當 } c = -1$$

$$= f'(x) - g'(x)$$

定理 5 也可用在兩個函數的差。

**2.** 加（減）法規則也適用於任意有限個函數的和（差）。譬如：
假如 $f, g$ 和 $h$ 在 $x$ 處可微分，則 $f + g - h$ 在 $a$ 處也可微分，並

$$\frac{d}{dx}[f(x) + g(x) - h(x)] = f'(x) + g'(x) - h'(x)$$

**例題 5** 求 $f(x) = 4x^5 + 2x^4 - 3x^2 + 6x + 1$ 的導數。

**解** 應用加法的通則，得到

$$f'(x) = \frac{d}{dx}(4x^5 + 2x^4 - 3x^2 + 6x + 1)$$

$$= \frac{d}{dx}(4x^5) + \frac{d}{dx}(2x^4) - \frac{d}{dx}(3x^2) + \frac{d}{dx}(6x) + \frac{d}{dx}(1)$$

$$= 4\frac{d}{dx}(x^5) + 2\frac{d}{dx}(x^4) - 3\frac{d}{dx}(x^2) + 6\frac{d}{dx}(x) + \frac{d}{dx}(1)$$

$$= 4(5x^4) + 2(4x^3) - 3(2x) + 6(1) + 0$$

$$= 20x^4 + 8x^3 - 6x + 6$$

**例題 6** 求 $y = \dfrac{x^3 - 2x^2 + x - 4}{2\sqrt{x}}$ 的導數。

**解** 應用加法的通則，得到

$$\frac{dy}{dx} = \frac{d}{dx}\left(\frac{x^3 - 2x^2 + x - 4}{2x^{1/2}}\right)$$

$$= \frac{d}{dx}\left(\frac{1}{2}x^{5/2} - x^{3/2} + \frac{1}{2}x^{1/2} - 2x^{-1/2}\right)$$

$$= \frac{1}{2}\left(\frac{5}{2}x^{3/2}\right) - \frac{3}{2}x^{1/2} + \frac{1}{2}\left(\frac{1}{2}x^{-1/2}\right) - 2\left(-\frac{1}{2}x^{-3/2}\right)$$

$$= \frac{5}{4}x^{3/2} - \frac{3}{2}x^{1/2} + \frac{1}{4}x^{-1/2} + x^{-3/2}$$

**例題 7** 求 $f(x) = x^4 - 2x^2 + 2$ 圖形上的點，使得在那些點的切線為水平線。

**解** 假如圖形 $f$ 上的點的切線為水平線，則 $f$ 的導數為零。所以先求

$$f'(x) = \frac{d}{dx}(x^4 - 2x^2 + 2) = 4x^3 - 4x = 4x(x^2 - 1)$$

令 $f'(x) = 0$，得到 $4x(x^2 - 1) = 0$，且 $x = -1, 0$ 或 $1$。將所得的 $x$ 值，代入 $f(x)$，得到點 $(-1, 1), (0, 2)$ 和 $(1, 1)$，即所得（圖 3.12）。

| 圖 3.12
$f(x) = x^4 - 2x^2 + 2$ 的圖形在 $(-1, 1)$, $(0, 2)$ 和 $(1, 1)$ 有水平切線

**例題 8** **大氣中的一氧化碳** 投射在整個大氣中的一氧化碳的平均濃度大約為

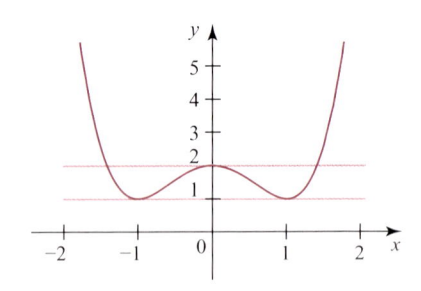

$$f(t) = 0.88t^4 - 1.46t^3 + 0.7t^2 + 2.88t + 293 \qquad 0 \le t \le 4$$

其中 $t$ 以每 40 年為一單位，$t = 0$ 表示 1860 年開始；$f(t)$ 是以體積的百萬分之一為單位。在 1900 年（$t = 1$）剛開始時和 2000 年（$t = 3.5$）剛開始時，在整個大氣中之一氧化碳的平均濃度變化多快？

資料來源：Meadows et al., "Beyoung the Limits."

**解** 一氧化碳的濃度在時間 $t$ 的變化率為

$$f'(t) = \frac{d}{dt}(0.88t^4 - 1.46t^3 + 0.7t^2 + 2.88t + 293)$$

$$= 3.52t^3 - 4.38t^2 + 1.4t + 2.88$$

份／百萬／（40 年）。所以在 1900 年剛開始時，大氣中一氧化碳的濃度變化率為

$$f'(1) = 3.52(1) - 4.38(1) + 1.4(1) + 2.88 = 3.42$$

即 3.4 份／百萬／（40 年）。在 2000 年剛開始時，它是

$$f'(3.5) = 3.52(3.5)^3 - 4.38(3.5)^2 + 1.4(3.5) + 2.88 = 105.045$$

或大約 105 份／百萬／（40 年）。

## 3.2 習題

1-16 題，求函數的導數。

1. $f(x) = 2.718$
2. $f(x) = 3x^2$
3. $f(x) = x^{2.1}$
4. $f(x) = 3\sqrt{x}$
5. $f(x) = 7x^{-12}$
6. $f(x) = x^2 - 2x + 8$
7. $f(r) = \pi r^2 + 2\pi r$
8. $f(x) = 0.03x^2 - 0.4x + 10$
9. $g(x) = x^2(2x^3 - 3x^2 + x + 4)$
10. $f(x) = \dfrac{x^3 - 4x^2 + 3}{x}$
11. $f(x) = 4x^4 - 3x^{5/2} + 2$
12. $f(x) = 3x^{-1} + 4x^{-2}$
13. $f(t) = \dfrac{4}{t^4} - \dfrac{3}{t^3} + \dfrac{2}{t}$
14. $A = 0.001x^2 - 0.4x + 5 + \dfrac{200}{x}$
15. $f(x) = 2x - 5\sqrt{x}$
16. $y = \sqrt[3]{x} + \dfrac{1}{\sqrt{x}}$

17. 令 $f(x) = 2x^3 - 4x$。求
    a. $f'(-2)$　　b. $f'(0)$　　c. $f'(2)$

18-19 題，求函數圖形上的點，使得在那些點上的切線斜率為指定的斜率。

18. $f(x) = 2x^3 + 3x^2 - 12x - 10$; $m_{\tan} = 0$
19. $h(t) = 2t + \dfrac{1}{t}$; $m_{\tan} = -2$

20. 令 $f(x) = 1/4x^4 - 1/3x^3 - x^2$。求 $f$ 圖形上的點，使得在那些點上的切線斜率等於
    a. $-2x$　　b. $0$　　c. $10x$

21. 求 $y = \dfrac{1}{3}x^3 - 2x + 5$ 圖形上的點，使得在那些點上的切線和直線 $y = x + 2$ 互相垂直。

22. 寫出經過點 $(3, 2)$ 且和拋物線 $y = x^2 - 2x$ 相切的直線方程式。

23-24 題，選取合適的函數並以算恰當點的函數導數求極限值。

提示：使用導數的定義。

23. $\displaystyle\lim_{h \to 0} \dfrac{(1 + h)^3 - 1}{h}$

24. $\displaystyle\lim_{h \to 0} \dfrac{3(2 + h)^2 - (2 + h) - 10}{h}$

25. 將 $\displaystyle\lim_{h \to 0} \dfrac{2(x + h)^7 - (x + h)^2 - 2x^7 + x^2}{h}$ 表示為 $x$ 函數的導數。

26. **溫度的改變**　明尼蘇達州 12 月某特定日子的氣

溫（以華氏為單位）為

$$T = -0.05t^3 + 0.4t^2 + 3.8t + 19.6 \quad 0 \le t \le 12$$

其中 $t$ 以小時為單位，而 $t = 0$ 表示早上 6 點。那一天什麼時候氣溫的增加速率為華氏 2.05 度／時？

27. **醫療保險的預算** 依現行法的規定，一項 2004 年的研究證實美國聯邦政府在補助方案（尤其是醫療保險）的花費，在未來將會大幅增加。此研究預測醫療保險的開銷，在 $t$ 年時〔以占國內生產毛額（GDP）的百分比計〕將是

$$P(t) = 0.27t^2 + 1.4t + 2.2 \quad 0 \le t \le 5$$

其中 $t$ 以 10 年為單位，$t = 0$ 表示 2000 年。
a. 以占 GDP 的百分比計，醫療保險的費用在 2010 年增加多少？在 2020 年增加多少？
b. 以占 GDP 的百分比計，預測醫療保險的費用在 2010 年是多少？在 2020 年是多少？

資料來源：Congressional Budget Office.

28. **健康照護費用** 個人健保費用的部分包含個人、所屬公司行號及其保險公司的支付，可用函數

$$f(t) = 2.48t^2 + 18.47t + 509 \quad 0 \le t \le 6$$

來預估，其中 $f(t)$ 以元為單位，$t$ 以年為單位，$t = 0$ 表示 1994 年一開始。相對應的政府補助——包含醫療補助計畫支出，醫療保險，以及其他屬於國家、州政府和地方政府的公共健康照護——為

$$g(t) = -1.12t^2 + 29.09t + 429 \quad 0 \le t \le 6$$

其中 $g(t)$ 以元為單位，$t$ 以年為單位。
a. 寫出一個函數，表示每個人於時間 $t$，個人和政府健康照護費用之間的差額。
b. 每個人在 1995 年一開始與在 2000 年一開始，他的和政府的健康照護費用之間差額的改變分別為何？

資料來源：Health Care Financing Administration.

29. **衛星的週期** 衛星在半徑為 $r$ 的圓形軌道上運行的週期為

$$T = \frac{2\pi r}{R}\sqrt{\frac{r}{g}}$$

其中 $R$ 為地球半徑，$g$ 為加速度常數。求週期對軌道半徑的變化率。

30. 決定常數 $A, B$ 和 $C$，使得拋物線 $y = Ax^2 + Bx + C$ 經過點 $(-1, 0)$ 並與直線 $y = x$ 相切於 $x = 1$。

31. 證明冪規則 $f'(x) = nx^{n-1}$（$n$ 為正整數）。使用二項式定理

$$(a+b)^n = a^n + na^{n-1}b$$
$$+ \frac{n(n-1)}{2}a^{n-2}b^2 + \cdots + nab^{n-1} + b^n$$

計算

$$f'(x) = \lim_{h \to 0} \frac{f(x+h) - f(x)}{h} = \lim_{h \to 0} \frac{(x+h)^n - x^n}{h}$$

並使用代換 $a = x$ 與 $b = h$ 來證明。

32-33 題，判斷下列敘述是對或是錯。如果它是對，解釋你的理由。如果它是錯，請解釋你的理由或舉例說明。

32. 假如 $f(x) = x^{2n}$，其中 $n$ 為整數，則 $f'(x) = 2nx^{2(n-1)}$。
33. 假如 $f$ 和 $g$ 都可微分，則

$$\frac{d}{dx}[2f(x) - 5g(x)] = 2f'(x) - 5g'(x)$$

## 3.3 乘法和除法規則

### ■ 乘法和除法規則

一般而言，兩個函數乘積的導數不等於它們個別導數的乘積。下面提供兩個函數乘積如何微分的規則。

---

**定理 1　乘法規則**

假如 $f$ 和 $g$ 為可微分的函數，則

$$\frac{d}{dx}[f(x)g(x)] = f(x)g'(x) + g(x)f'(x)$$

---

**證明** 令 $F(x) = f(x)g(x)$，則

$$F'(x) = \lim_{h \to 0} \frac{F(x+h) - F(x)}{h} = \lim_{h \to 0} \frac{f(x+h)g(x+h) - f(x)g(x)}{h}$$

假如將結果為零的量 $[-f(x+h)g(x) + f(x+h)g(x)]$ 加到分子，則

$$F'(x) = \lim_{h \to 0} \frac{f(x+h)g(x+h) - \mathbf{f(x+h)g(x)} + \mathbf{f(x+h)g(x)} - f(x)g(x)}{h}$$

$$= \lim_{h \to 0} \left\{ f(x+h) \left[ \frac{g(x+h) - g(x)}{h} \right] + g(x) \left[ \frac{f(x+h) - f(x)}{h} \right] \right\}$$

$$= \lim_{h \to 0} f(x+h) \cdot \lim_{h \to 0} \frac{g(x+h) - g(x)}{h}$$

$$+ \lim_{h \to 0} g(x) \cdot \lim_{h \to 0} \frac{f(x+h) - f(x)}{h} \tag{1}$$

已知 $f$ 在 $x$ 處可微分，由 3.1 節定理 1 得知 $f$ 在那裡連續。所以

$$\lim_{h \to 0} f(x+h) = f(x)$$

又因為 $g(x)$ 沒有 $h$，所以求極限的過程中可將 $g$ 看作常數和

$$\lim_{h \to 0} g(x) = g(x)$$

式 (1) 可簡化成

$$F'(x) = f(x)g'(x) + g(x)f'(x)$$

用文字敘述乘法法則：兩個函數乘積的導數為第一個函數乘以第二個的導數和第二個函數乘以第一個的導數的和。

**例題 1** 求 $f(x) = (2 + 3x^2)(x^3 - 5)$ 的導數。

**解** 用乘法規則，得到

$$f'(x) = \frac{d}{dx}[(2 + 3x^2)(x^3 - 5)]$$

$$= (2 + 3x^2) \cdot \frac{d}{dx}(x^3 - 5) + (x^3 - 5) \cdot \frac{d}{dx}(2 + 3x^2)$$

$$= (2 + 3x^2)(3x^2) + (x^3 - 5)(6x)$$

$$= 15x^4 + 6x^2 - 30x$$

$$= 3x(5x^3 + 2x - 10)$$

**註** 例題 1 也可將兩個因子先乘開後再微分，但是現在的目的是要說明乘法規則。乘法規則的真正效果將會在後面呈現。

**例題 2** 求 $f(x) = x^3(\sqrt{x} + 1)$ 的導數。

**解** 首先，將函數用指數形式表示，得到
$$f(x) = x^3(x^{1/2} + 1)$$

由乘法得知，
$$f'(x) = x^3 \frac{d}{dx}(x^{1/2} + 1) + (x^{1/2} + 1)\frac{d}{dx}(x^3)$$
$$= x^3\left(\frac{1}{2}x^{-1/2}\right) + (x^{1/2} + 1)(3x^2)$$
$$= \frac{1}{2}x^{5/2} + 3x^{5/2} + 3x^2 = \frac{7}{2}x^{5/2} + 3x^2 \qquad ■$$

**例題 3** 已知 $g(x) = (x^2 + 1)f(x), f(2) = 3$ 以及 $f'(2) = -1$。求 $g'(2)$。

**解** 用乘法規則，得到
$$g'(x) = \frac{d}{dx}[(x^2 + 1)f(x)] = (x^2 + 1)\frac{d}{dx}[f(x)] + f(x)\frac{d}{dx}(x^2 + 1)$$
$$= (x^2 + 1)f'(x) + 2xf(x)$$

所以
$$g'(2) = (2^2 + 1)f'(2) + 2(2)f(2)$$
$$= (5)(-1) + 4(3) = 7 \qquad ■$$

正如同兩個函數乘積的導數不等於它們個別導數的積，兩個函數相除後的導數不等於它們個別導數相除後的商！更重要的是我們有下面的規則。

---

**定理 2　除法規則**

假如 $f$ 和 $g$ 為可微分的函數且 $g(x) \neq 0$，則
$$\frac{d}{dx}\left[\frac{f(x)}{g(x)}\right] = \frac{g(x)f'(x) - f(x)g'(x)}{[g(x)]^2}$$

---

**證明** 令 $F(x) = \frac{f(x)}{g(x)}$，則
$$F'(x) = \lim_{h \to 0} \frac{F(x + h) - F(x)}{h}$$
$$= \lim_{h \to 0} \frac{\dfrac{f(x + h)}{g(x + h)} - \dfrac{f(x)}{g(x)}}{h}$$
$$= \lim_{h \to 0} \frac{f(x + h)g(x) - f(x)g(x + h)}{hg(x + h)g(x)}$$

分子同減加 $f(x)g(x)$，得到

$$F'(x) = \lim_{h \to 0} \frac{f(x+h)g(x) - f(x)g(x) + f(x)g(x) - f(x)g(x+h)}{hg(x+h)g(x)}$$

$$= \lim_{h \to 0} \frac{g(x)\left[\dfrac{f(x+h) - f(x)}{h}\right] - f(x)\left[\dfrac{g(x+h) - g(x)}{h}\right]}{g(x+h)g(x)}$$

$$= \frac{\lim\limits_{h \to 0} g(x) \cdot \lim\limits_{h \to 0} \dfrac{f(x+h) - f(x)}{h} - \lim\limits_{h \to 0} f(x) \cdot \lim\limits_{h \to 0} \dfrac{g(x+h) - g(x)}{h}}{\lim\limits_{h \to 0} g(x+h) \cdot \lim\limits_{h \to 0} g(x)} \quad (2)$$

如同乘法規則的證明，

$$\lim_{h \to 0} g(x) = g(x) \quad \text{和} \quad \lim_{h \to 0} f(x) = f(x)$$

因為 $g$ 在 $x$ 處連續，所以

$$\lim_{h \to 0} g(x+h) = g(x)$$

因此，式(2)為

$$F'(x) = \frac{g(x)f'(x) - f(x)g'(x)}{[g(x)]^2}$$

下面的寫法有助於記住除法規則：

$$\frac{d}{dx}\left[\frac{f(x)}{g(x)}\right] = \frac{(分母)(分子的導數)-(分子)(分母的導數)}{(分母的平方)}$$

⚠ 因為分子的部分出現負號，所以各項的順序很重要！

**例題 4** 求 $f(x) = \dfrac{2x^2 + x}{x^3 - 1}$ 的導數。

**解** 用除法規則，得到

$$f'(x) = \frac{(x^3 - 1)\dfrac{d}{dx}(2x^2 + x) - (2x^2 + x)\dfrac{d}{dx}(x^3 - 1)}{(x^3 - 1)^2}$$

$$= \frac{(x^3 - 1)(4x + 1) - (2x^2 + x)(3x^2)}{(x^3 - 1)^2}$$

$$= \frac{(4x^4 + x^3 - 4x - 1) - (6x^4 + 3x^3)}{(x^3 - 1)^2}$$

$$= -\frac{2x^4 + 2x^3 + 4x + 1}{(x^3 - 1)^2}$$

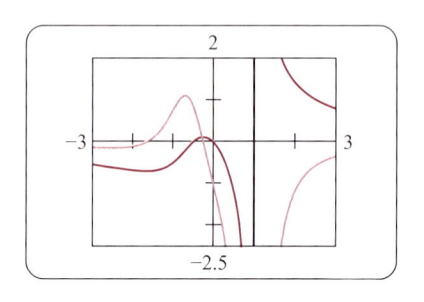

**圖 3.13**

深色表示 $f$ 的圖形，淺色表示 $f'$ 的圖形

註　圖 3.13 於同一個視窗中展示 $f$ 和 $f'$ 的圖形。注意 $f$ 的圖形在 $x \approx -1.63$ 和 $x \approx -0.24$ 處有水平切線。∎

**例題 5** 　求圖形

$$f(x) = \frac{(2x^2 + 1)(x^3 - 1)}{x^2 + 4}$$

在 $x = 1$ 的切線方程式。

**解**　圖形 $f$ 在任意 $x$ 處的切線斜率為

$$f'(x) = \frac{(x^2 + 4)\frac{d}{dx}[(2x^2 + 1)(x^3 - 1)] - (2x^2 + 1)(x^3 - 1)\frac{d}{dx}(x^2 + 4)}{(x^2 + 4)^2}$$

$$= \frac{(x^2 + 4)[(2x^2 + 1)(3x^2) + (x^3 - 1)(4x)] - (2x^2 + 1)(x^3 - 1)(2x)}{(x^2 + 4)^2}$$

注意我們已經在分子的第一部分應用乘法規則。所求的切線斜率為

$$f'(1) = \frac{(1 + 4)[(2 + 1)(3) + 0] - (2 + 1)(0)(2)}{(1 + 4)^2} = \frac{9}{5}$$

又因為只要求 $f'$ 在 $x = 1$ 處的值，所以沒有必要簡化 $f'(x)$ 的式子。當 $x = 1$，

$$y = f(1) = \frac{(2 + 1)(0)}{1 + 4} = 0$$

所以切點為 $(1, 0)$ 且切線方程式為

$$y - 0 = \frac{9}{5}(x - 1) \quad \text{或} \quad y = \frac{9}{5}x - \frac{9}{5}$$

$f$ 的圖形與圖形在 $(1, 0)$ 的切線展示於圖 3.14。∎

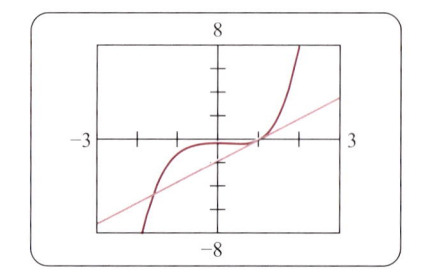

**圖 3.14**

$f$ 的圖形和在 $(1, 0)$ 處的切線

**例題 6**　**DVD 銷售的變化率**　一部熱門電影的 DVD 自版權釋出日開始 $t$ 年後的銷售總額（以百萬元計）為

$$S(t) = \frac{5t}{t^2 + 1} \qquad t \geq 0$$

**a.** 求銷售總額在時間 $t$ 的變化率。

**b.** 自版權釋出日 $(t = 0)$ 開始，DVD 的銷售總額改變多少？兩年後又如何？

**解**

**a.** 銷售總額變化率在時間 $t$ 為 $S'(t)$。應用除法規則，得到

$$S'(t) = \frac{d}{dt}\left[\frac{5t}{t^2 + 1}\right] = 5\frac{d}{dt}\left[\frac{t}{t^2 + 1}\right]$$

$$= 5\left[\frac{(t^2+1)(1)-t(2t)}{(t^2+1)^2}\right]$$

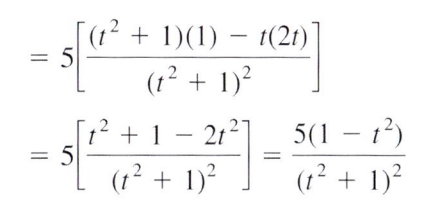

$$= 5\left[\frac{t^2+1-2t^2}{(t^2+1)^2}\right] = \frac{5(1-t^2)}{(t^2+1)^2}$$

**b.** 自版權釋出日開始，DVD 的銷售總額的變化率為

$$S'(0) = \frac{5(1-0)}{(0+1)^2} = 5$$

亦即，它們每年以 5 百萬元的速度增加。

兩年後，銷售總額的變化率為

$$S'(2) = \frac{5(1-4)}{(4+1)^2} = -\frac{3}{5} = -0.6$$

亦即，它們每年以 600,000 元的速度減少。$S$ 的圖形展示於圖 3.15。 ■

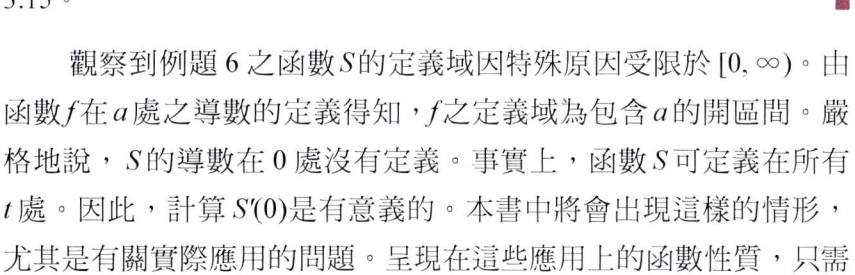

| 圖 3.15
銷售總額驚人的增加後就開始逐漸減少

觀察到例題 6 之函數 $S$ 的定義域因特殊原因受限於 $[0, \infty)$。由函數 $f$ 在 $a$ 處之導數的定義得知，$f$ 之定義域為包含 $a$ 的開區間。嚴格地說，$S$ 的導數在 0 處沒有定義。事實上，函數 $S$ 可定義在所有 $t$ 處。因此，計算 $S'(0)$ 是有意義的。本書中將會出現這樣的情形，尤其是有關實際應用的問題。呈現在這些應用上的函數性質，只需考慮單邊的導數。

## ■ 冪規則的延伸

除法規則可以用來將冪規則延伸到包括 $n$ 為負整數的情形。

> **定理 3　整數冪的冪規則**
> 假如 $f(x) = x^n$，其中 $n$ 為任意整數，則
> $$\frac{d}{dx}(x^n) = nx^{n-1}$$

**證明**　假如 $n$ 為正整數，則由 3.2 節定理 2 得知，此公式成立。假如 $n = 0$，得到

$$\frac{d}{dx}(x^0) = \frac{d}{dx}(1) = 0$$

由 3.2 節定理 1 得知，它是正確的。接著考慮 $n < 0$，則 $-n > 0$。所以存在一正整數 $m$，使得 $n = -m$。寫成

$$f(x) = x^n = x^{-m} = \frac{1}{x^m}$$

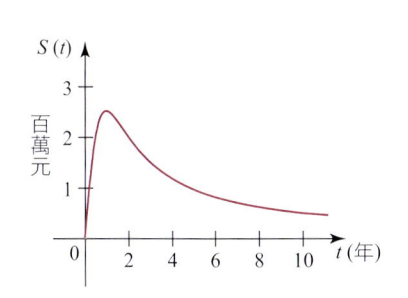

因為 $m > 0$，由 3.2 節定理 2 得知，$x^m$ 可微分。應用除法規則，得到

$$f(x) = \frac{d}{dx}(x^n) = \frac{d}{dx}\left(\frac{1}{x^m}\right)$$

$$= \frac{x^m \dfrac{d}{dx}(1) - 1 \cdot \dfrac{d}{dx}(x^m)}{x^{2m}} \quad \text{應用除法規則}$$

$$= \frac{0 - mx^{m-1}}{x^{2m}}$$

$$= -mx^{-m-1}$$

$$= nx^{n-1} \quad \text{代換 } n = -m$$

## ■ 高階導數

函數 $f$ 的導數 $f'$ 也是一個函數。如此，可考慮 $f'$ 的微分。假如 $f'$ 的導數存在，將它表示為 $f''$ 並且稱為 $f$ 的**第二階導數**（second derivative），繼續下去，得到 $f$ 的第三階、第四階、第五階和更高階的導數，只要它們存在。$f$ 的第一階、第二階、第三階和第 $n$ 階導數的符號分別為

$$f', \quad f'', \quad f''', \quad \ldots, \quad f^{(n)}$$

或

$$\frac{d}{dx}[f(x)], \quad \frac{d^2}{dx^2}[f(x)], \quad \frac{d^3}{dx^3}[f(x)], \quad \ldots, \quad \frac{d^n}{dx^n}[f(x)]$$

或

$$D_x f(x), \quad D_x^2 f(x), \quad D_x^3 f(x), \quad \ldots, \quad D_x^n f(x)$$

假如 $y$ 為應變數且 $y = f(x)$，則它的前 $n$ 階導數也可分別寫成

$$y', \quad y'', \quad y''', \quad \ldots, \quad y^{(n)}$$

或

$$\frac{dy}{dx}, \quad \frac{d^2 y}{dx^2}, \quad \frac{d^3 y}{dx^3}, \quad \ldots, \quad \frac{d^n y}{dx^n}$$

或

$$D_x y, \quad D_x^2 y, \quad D_x^3 y, \quad \ldots, \quad D_x^n y$$

**例題 7** 求函數 $f(x) = x^4 - x^3 + x^2 - 2x + 8$ 的各階導數。

**解** 得到

$$f'(x) = 4x^3 - 9x^2 + 2x - 2$$

$$f''(x) = \frac{d}{dx}f'(x) = 12x^2 - 18x + 2$$

$$f'''(x) = \frac{d}{dx}f''(x) = 24x - 18$$

$$f^{(4)}(x) = \frac{d}{dx}f'''(x) = 24$$

$$f^{(5)}(x) = \frac{d}{dx}f^{(4)}(x) = 0$$

和

$$f^{(6)}(x) = f^{(7)}(x) = \cdots = 0$$

■

**例題 8** 求函數 $y = \dfrac{1}{x}$ 的第三階導數。

**解** 改寫已知的式子 $y = x^{-1}$，得到

$$y' = \frac{d}{dx}(x^{-1}) = -x^{-2}$$

$$y'' = \frac{d}{dx}(-x^{-2}) = (-1)(-2x^{-3}) = 2x^{-3}$$

和

$$y''' = \frac{d}{dx}(2x^{-3}) = 2(-3x^{-4}) = -6x^{-4} = -\frac{6}{x^4}$$

■

正如函數 $f$ 在 $x$ 處的第一階導數 $f'$，它表示為在那一點 $f(x)$ 的變化率，$f$ 的第二階導數 $f''$ 為 $f'$ 在 $x$ 處的導數，它表示在 $x$ 處 $f'(x)$ 的變化率。$f$ 在 $x$ 處的第三階導數 $f'''$，它表示在 $x$ 處 $f''(x)$ 的變化率……等等。譬如：假如 $P = f(t)$ 表示某城市在時間 $t$ 的人口，則 $P'$ 表示此城市在時間 $t$ 的人口變化率而 $P''$ 表示此城市在時間 $t$ 的人口變化率的變化率。

第 4 章將給予函數的第二階導數的幾何意義，以及第 10 章將給予第二階導數的應用。

## 3.3 習題

1-3 題，應用乘法規則求函數的導數。
1. $f(x) = 2x(x^2 + 1)$
2. $f(t) = (t - 1)(2t + 1)$
3. $f(x) = (x^3 - 12x)(3x^2 + 2x)$

4-6 題，應用除法規則求函數的導數。
4. $f(x) = \dfrac{x}{x - 1}$
5. $h(x) = \dfrac{2x + 1}{3x - 2}$
6. $F(x) = \dfrac{2x + 3}{x^2 - 5}$

7-8 題，用兩種方法求函數的導數。
7. $F(x) = (x + 2)(x^2 - x + 1)$
8. $g(t) = (t^3 + 1)(2t^{-2} - t^{-1})$

9-16 題，求函數的導數。
9. $f(x) = (5x^2 + 1)(2\sqrt{x} - 1)$
10. $f(x) = \dfrac{2\sqrt{x}}{x^2 + 1}$
11. $y = \dfrac{2x^2}{x^2 + x + 1}$
12. $f(x) = \dfrac{(x + 1)(x^2 + 1)}{x - 2}$
13. $f(x) = \dfrac{1 + \dfrac{1}{x}}{x + 2}$
14. $f(x) = \dfrac{x + \sqrt{3x}}{3x - 1}$
15. $F(x) = \dfrac{ax + b}{cx + d}$, $a, b, c, d$ 為常數
16. $f(x) = (x^2 + 1)\left(\dfrac{2x - 1}{3x + 1}\right)$

17-18 題，求函數的導數和在給予的 $x$ 值的 $f'(x)$。
17. $f(x) = (2x - 1)(x^2 + 3); \quad x = 1$
18. $f(x) = (\sqrt{x} + 2x)(x^{3/2} - x); \quad x = 4$
19. 找圖形 $f(x) = (x^2 + 1)(2 - x)$ 上的點，使得經過該點的切線斜率為零。
20. 找圖形 $f(x) = (x^2 + 6)(x - 5)$ 上的點，使得經過該點的切線斜率為 $-2$。

21-22 題，假設函數 $f$ 和 $g$ 在 $x = 1$ 處都可微分，以及 $f(1) = 2$, $f'(1) = -1$, $g(1) = -2$ 和 $g'(1) = 3$。求 $h'(1)$。
21. $h(x) = f(x)g(x)$
22. $h(x) = \dfrac{xf(x)}{x + g(x)}$

23. 以算適當函數在恰當的 $x$ 值的導數，求極限
$$\lim_{t \to 0} \dfrac{1 - (1 + t)^2}{t(1 + t)^2}。$$

24-25 題，求 $f''(x)$。
24. $f(x) = x^8 - x^4 + 2x^2 + 1$
25. $f(x) = x^{-1} + 3x^{-2}$

26-27 題，求 $y''$。
26. $y = x^3 - 2x^2 + 1$
27. $y = (x + 2)^3$

28. **a.** 假如 $f(x) = 4x^3 - 2x^2 + 3$，求 $f''(2)$。
    **b.** 假如 $y = 2x^3 - \dfrac{1}{x}$，求 $y''\Big|_{x=1}$。

29. 求函數 $f(x) = 2x^4 - 4x^2 + 1$ 各階的導數。

30. **甲醛標準** 一項針對 900 個家庭甲醛標準的研究，指出不同化學物品的散發會隨著時間逐漸減少。研究得知一般家庭的甲醛標準（百萬份的一份）為
$$f(t) = \dfrac{0.055t + 0.26}{t + 2} \quad 0 \leq t \leq 12$$
其中 $t$ 表示屋齡，以年為單位。一般新房子的甲醛濃度下降有多快？4 年新的房子又是如何？
資料來源：Bonneville Power Administration.

31. 假如 $f(x) = |x^3|$，求 $f'' \cdot f''(0)$ 是否存在？

32-34 題，判斷下列敘述是對或是錯。如果它是對，解釋你的理由。如果它是錯，請解釋你的理由或舉例說明。

32. 假如 $f$ 和 $g$ 都可微分，則
$$\dfrac{d}{dx}[f(x)g(x)] = f'(x)g'(x)$$

33. 假如 $f$ 和 $g$ 都有第二階導數，則
$$\dfrac{d}{dx}[f(x)g'(x) - f'(x)g(x)] = f(x)g''(x) - f''(x)g(x)$$

34. 假如 $g(x) = [f(x)]^2$，其中 $f$ 可微分，則 $g'(x) = 2f(x)f'(x)$。

## 3.4 三角函數的導數

### ■ 正弦和餘弦的導數

第一個結果為如何求 sin x 的導數。

---
**定理 1**    **sin x 的導數**

$$\frac{d}{dx}(\sin x) = \cos x$$

---

**證明**    令 $f(x) = \sin x$，則

$$f'(x) = \lim_{h \to 0} \frac{f(x+h) - f(x)}{h} \qquad \text{導數的定義}$$

$$= \lim_{h \to 0} \frac{\sin(x+h) - \sin x}{h}$$

$$= \lim_{h \to 0} \frac{\sin x \cos h + \cos x \sin h - \sin x}{h} \qquad \text{應用角的加法公式展開 } \sin(x+h)$$

$$= \lim_{h \to 0} \left[ \frac{\sin x \cos h - \sin x}{h} + \frac{\cos x \sin h}{h} \right]$$

$$= \lim_{h \to 0} \left[ (\sin x)\left(\frac{\cos h - 1}{h}\right) + (\cos x)\left(\frac{\sin h}{h}\right) \right]$$

$$= \left(\lim_{h \to 0} \sin x\right)\left(\lim_{h \to 0} \frac{\cos h - 1}{h}\right) + \left(\lim_{h \to 0} \cos x\right)\left(\lim_{h \to 0} \frac{\sin h}{h}\right)$$

應用極限加法和乘法法則

因為 $\lim_{h \to 0} \sin x = \sin x$ 和 $\lim_{h \to 0} \cos x = \cos x$ 都沒有 $h$，所以以極限的程序而言，它們仍然是常數。由 2.2 節得到

$$\lim_{h \to 0} \frac{\cos h - 1}{h} = 0 \quad \text{和} \quad \lim_{h \to 0} \frac{\sin h}{h} = 1$$

應用這些結果，得到

$$f'(x) = (\sin x)(0) + (\cos x)(1) = \cos x \qquad \blacksquare$$

由繪畫函數 $f(x) = \sin x$ 和它的導數 $f'(x) = \cos x$ 的圖形（圖 3.16），可知兩者間的關係。這裡 $f'(x)$ 看作圖形 $f$ 在點 $(x, f(x))$ 的切線斜率。

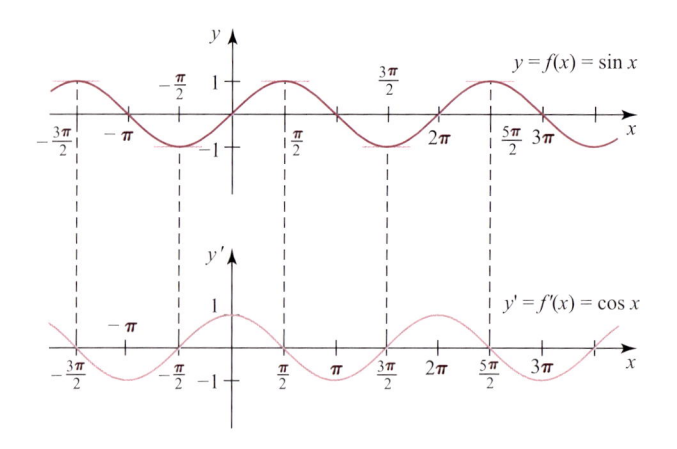

| 圖 3.16
函數 $f(x) = \sin x$ 以及它的導數 $f'(x) = \cos x$ 的圖形

**例題 1** 已知 $f(x) = x^2 \sin x$，求 $f'(x)$。

**解** 應用乘法規則和定理 1，得到

$$f'(x) = \frac{d}{dx}(x^2 \sin x) = x^2 \frac{d}{dx}(\sin x) + (\sin x)\frac{d}{dx}(x^2)$$

$$= x^2 \cos x + 2x \sin x$$

---

**定理 2** $\cos x$ 的導數

$$\frac{d}{dx}(\cos x) = -\sin x$$

---

此規則的證明和定理 1 的證明相似，留做練習（習題 22 題）。

### ■ 其他三角函數的導數

其餘的三角函數都是由正弦和餘弦的函數定義出來的。因此，

$$\tan x = \frac{\sin x}{\cos x}, \quad \csc x = \frac{1}{\sin x}, \quad \sec x = \frac{1}{\cos x} \quad 和 \quad \cot x = \frac{\cos x}{\sin x}$$

應用定理 1、定理 2 和除法規則，可以得到它們的導數。譬如：

$$\frac{d}{dx}(\tan x) = \frac{d}{dx}\left(\frac{\sin x}{\cos x}\right)$$

$$= \frac{(\cos x)\frac{d}{dx}(\sin x) - (\sin x)\frac{d}{dx}(\cos x)}{\cos^2 x} \quad \text{除法規則}$$

$$= \frac{(\cos x)(\cos x) - (\sin x)(-\sin x)}{\cos^2 x}$$

$$= \frac{\cos^2 x + \sin^2 x}{\cos^2 x} = \frac{1}{\cos^2 x} = \sec^2 x$$

亦即，
$$\frac{d}{dx}(\tan x) = \sec^2 x$$

完整的三角函數微分的規則列舉如下。其餘的三個規則的證明留做習題（見習題 23-25 題）。

---

**定理 3　三角函數微分的規則**

$$\frac{d}{dx}(\sin x) = \cos x \qquad \frac{d}{dx}(\cos x) = -\sin x$$

$$\frac{d}{dx}(\tan x) = \sec^2 x \qquad \frac{d}{dx}(\csc x) = -\csc x \cot x$$

$$\frac{d}{dx}(\sec x) = \sec x \tan x \qquad \frac{d}{dx}(\cot x) = -\csc^2 x$$

---

**註**　觀察得知三角函數名稱一開始為 "c" 的函數（$\cos x$, $\csc x$ 和 $\cot x$），它們的導數前面都有一個負號，這有助於記憶三角函數的導數的正負符號。　■

**例題 2**　微分 $y = (\sec x)(x + \tan x)$。

**解**　應用乘法規則和定理 3，得到

$$\frac{dy}{dx} = \frac{d}{dx}[(\sec x)(x + \tan x)]$$

$$= (\sec x)\frac{d}{dx}(x + \tan x) + (x + \tan x)\frac{d}{dx}(\sec x)$$

$$= (\sec x)(1 + \sec^2 x) + (x + \tan x)(\sec x \tan x)$$

$$= (\sec x)(1 + \sec^2 x + x \tan x + \tan^2 x)$$

$$= (\sec x)(2 + x \tan x + 2\tan^2 x) \qquad \sec^2 x = 1 + \tan^2 x \quad ■$$

**例題 3**　求 $y = \dfrac{\sin x}{1 - \cos x}$ 的導數。

**解**　應用除法規則以及定理 1 和 2，得到

$$\frac{dy}{dx} = \frac{d}{dx}\left(\frac{\sin x}{1 - \cos x}\right)$$

$$= \frac{(1 - \cos x)\dfrac{d}{dx}(\sin x) - (\sin x)\dfrac{d}{dx}(1 - \cos x)}{(1 - \cos x)^2}$$

$$= \frac{(1 - \cos x)(\cos x) - (\sin x)(\sin x)}{(1 - \cos x)^2}$$

$$= \frac{\cos x - \cos^2 x - \sin^2 x}{(1 - \cos x)^2} = \frac{\cos x - 1}{(1 - \cos x)^2}$$

$$= \frac{1}{\cos x - 1} \qquad ■$$

**例題 4** 寫出圖形 $y = x \sin x$ 在 $x = \pi/2$ 處的切線方程式。

**解** 圖形 $y = x \sin x$ 在 $(x, y)$ 處的切線斜率為

$$\frac{dy}{dx} = \frac{d}{dx}(x \sin x) = x\frac{d}{dx}(\sin x) + (\sin x)\frac{d}{dx}(x)$$

$$= x \cos x + \sin x$$

特別是在 $x = \pi/2$ 處的切線斜率為

$$\left.\frac{dy}{dx}\right|_{x=\pi/2} = (x \cos x + \sin x)\bigg|_{x=\pi/2}$$

$$= \frac{\pi}{2} \cos \frac{\pi}{2} + \sin \frac{\pi}{2}$$

$$= \frac{\pi}{2}(0) + 1 = 1$$

切點的 $y$ 坐標為

$$y\bigg|_{x=\pi/2} = x \sin x\bigg|_{x=\pi/2}$$

$$= \frac{\pi}{2} \sin \frac{\pi}{2} = \frac{\pi}{2}$$

使用直線方程的點斜式，得到

$$y - \frac{\pi}{2} = x - \frac{\pi}{2} \quad 或 \quad y = x$$

$y = x \sin x$ 的圖形和切線展示於圖 3.17。

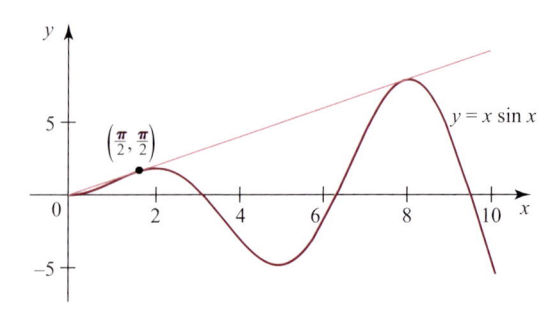

**圖 3.17**
圖形 $y = x \sin x$ 在 $\left(\frac{\pi}{2}, \frac{\pi}{2}\right)$ 的切線方程式為 $y = x$

**例題 5** **簡諧運動** 假設某個有彈性的彈簧垂直黏接於硬的支撐點上（圖 3.18a）。假如重物加在彈簧自由的一端，則它會達到某個平衡位置（圖 3.18b）。假設重物往下拉（正向），並由 $t = 0$ 之

平衡位置下方 3 個單位的靜止位置放手（圖 3.18c），則反作用力如空氣阻力，重物將以平衡位置為中心上下來回振盪。此運動稱為**簡諧運動**（simple harmonic motion）。

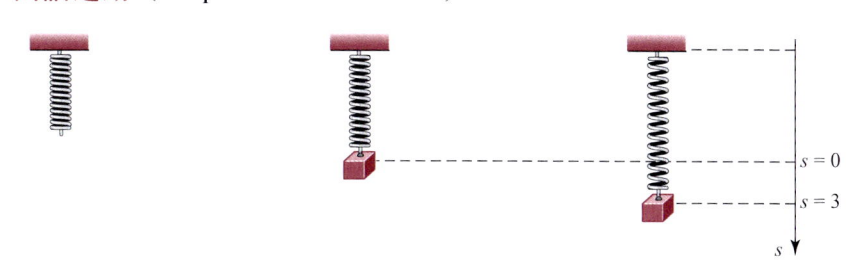

(a) 彈簧沒有負載　　(b) 彈簧加重物且在靜止狀態　　(c) 釋放前重物的位置
（注意 s 以向下為正向）

| 圖 3.18

假設一個特殊彈簧和重物的運動可用方程式

$$s = 3\cos t \qquad t \geq 0$$

來描述（圖 3.19）。

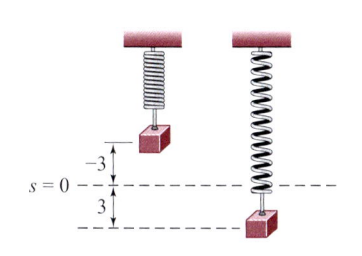

**a.** 求描述此運動的速度和加速度的函數。
**b.** 求重物經過平衡位置時的 $t$ 值。
**c.** 試問重物在任意 $t$ 值的速度和加速度分別為何？

**解**

**a.** 重物在任意 $t > 0$ 的速度為

$$v(t) = \frac{ds}{dt} = \frac{d}{dt}(3\cos t) = -3\sin t$$

以及任意 $t > 0$ 的加速度為

$$a(t) = \frac{dv}{dt} = \frac{d}{dt}(-3\sin t) = -3\cos t$$

**b.** 當 $s = 0$，重物在平衡位置。解式子

$$s = 3\cos t = 0$$

得到所要的 $t$ 值，$t = \pi/2 + n\pi$，其中 $n = 0, 1, 2, \ldots$。

**c.** 應用(a)和(b)的結果，求當重物經過平衡位置的速度與加速度：

| $t$ | $\dfrac{\pi}{2}$ | $\dfrac{3\pi}{2}$ | $\dfrac{5\pi}{2}$ | $\dfrac{7\pi}{2}$ | $\cdots$ |
|---|---|---|---|---|---|
| $v(t)$ | $-3$ | $3$ | $-3$ | $3$ | $\cdots$ |
| $a(t)$ | $0$ | $0$ | $0$ | $0$ | $\cdots$ |

(a) 重物在極端的位置

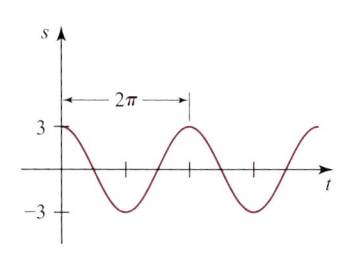

(b) 函數 $s = 3\cos t$ 的圖形描述重物的簡諧運動

| 圖 3.19

## 3.4 習題

1-11 題，求函數的導數。

1. $f(x) = 4\cos x - 2x + 1$
2. $h(t) = 3\tan t - 4\sec t$
3. $f(u) = u\cot u$
4. $s = \sin x \cos x$
5. $f(\theta) = \cos\theta(1 + \sec\theta)$
6. $g(x) = \dfrac{\sin x}{x}$
7. $y = \dfrac{x}{1 + \sec x}$
8. $f(x) = \sin 2x$
9. $f(x) = \dfrac{1 + \sin x}{1 - \cos x}$
10. $h(\theta) = \dfrac{\sin\theta + \cos\theta}{\sin\theta - \cos\theta}$
11. $f(x) = x\sin^2 x$

12-14 題，求函數的導數。

12. $f(x) = \sin x$
13. $y = 3\cos x - x\sin x$
14. $y = \sqrt{x}\cos x$

15-16 題，求於指定的 $x$ 處，$y$ 對 $x$ 的變化率。

15. $y = x^2 \sec x$; $x = \dfrac{\pi}{4}$
16. $y = \dfrac{\sin x}{1 - \cos x}$; $x = \dfrac{\pi}{2}$

17-18 題，求函數圖形上的點的 $x$ 坐標，使該處的切線斜率為指定值。

17. $f(x) = \sin x$; $m_{\tan} = 1$
18. $h(x) = \csc x$; $m_{\tan} = 0$
19. 令 $f(x) = \sin x$，求 $f^{(n)}(x)$，$n = 1, 2, 3, \ldots$。然後用你的答案證明對於任意 $x$，$|f^{(n)}(x)| \le 1$。換言之，所有正弦函數和它的導數的值都落在 $-1$ 和 $1$ 之間。

20. **簡諧運動**　一個物體沿著坐標線移動的位置函數為

$$s(t) = 2\sin t + 3\cos t \qquad t \ge 0$$

其中 $t$ 以秒為單位，$s(t)$ 是以呎為單位。求當 $t = \pi/2$，此物體的位置、速度、速率和加速度。

21. 求 $\displaystyle\lim_{h \to 0} \dfrac{\dfrac{1}{\sin(x+h)} - \dfrac{1}{\sin x}}{h}$。

22. 證明 $\dfrac{d}{dx}(\cos x) = -\sin x$。

23. 證明 $\dfrac{d}{dx}(\csc x) = -\csc x \cot x$。

24. 證明 $\dfrac{d}{dx}(\cot x) = -\csc^2 x$。

25. 證明 $\dfrac{d}{dx}(\sec x) = \sec x \tan x$。

26 題，判斷下列敘述是對或是錯。如果它是對，解釋你的理由。如果它是錯，請解釋你的理由或舉例說明。

26. 假如 $f(x) = \dfrac{1 - \sin^2 2x}{\cos^2 2x}$ $\left(x \ne \dfrac{\pi}{4} + \dfrac{n\pi}{2}, n \text{ 為整數}\right)$，則 $f'(x) = 0$。

## 3.5 連鎖規則

### ■ 合成函數

假設要對函數 $F$ 微分，此函數定義為

$$F(x) = (x^2 + 1)^{120}$$

若只用目前所學的微分規則來算，則需要將 $F(x)$ 用二項式定理展開後再逐項微分。這需要很大的工程！對於定義為 $G(x) = \sqrt{2x^2 - 1}$ 的函數，又該如何？

同樣的微分規則不能直接用來求 $G'(x)$。注意 $F$ 與 $G$ 為合成函數。譬如：$F$ 是 $g(x) = x^{120}$ 和 $f(x) = x^2 + 1$ 的合成函數。因此，

$$F(x) = (g \circ f)(x) = g[f(x)]$$
$$= [f(x)]^{120} = (x^2 + 1)^{120}$$

而 $G$ 是 $g(x) = \sqrt{x}$ 和 $f(x) = 2x^2 - 1$ 的合成函數。因此，

$$G(x) = (g \circ f)(x) = g[f(x)]$$
$$= \sqrt{f(x)} = \sqrt{2x^2 - 1}$$

注意每個組成的函數 $f$ 和 $g$，只要用已有的微分規則即可很容易微分。問題是對更複雜的合成函數 $F$ 和 $G$ 是否也有這樣的好處。後面才會回過來討論這些例題。現階段要專注在求合成函數 $h$ 的導數 $h'$ 的一般問題。

### ■ 連鎖規則

對於 $h = g \circ f$ 的定義域內的 $x$，令 $u = f(x)$ 和 $y = g(u) = g[f(x)]$。如圖 3.20 的說明，合成函數 $h$ 用一個步驟就可將 $x$ 對應到 $y$。另一方法為，$x$ 經過兩個步驟也對應到 $y$ —— 先經由 $f$（$x$ 對應到 $u$），然後再經由 $g$（$u$ 對應到 $y$）。因為它可能太難以致不能直接計算 $h' = (g \circ f)'$。問題出現了：可否將 $g'$ 和 $f'$ 結合而求得 $h'$？

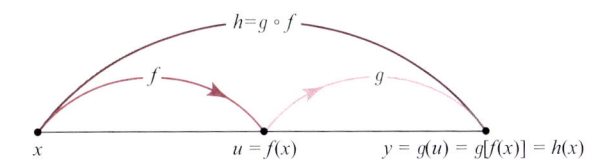

**圖 3.20**

$h$ 是 $g$ 和 $f$ 的合成函數：
$h(x) = g[f(x)]$

因為 $u$ 是 $x$ 的函數，所以可求 $u$ 對 $x$ 微分的導數，$du/dx = f'(x)$。接著，$y$ 是 $u$ 的函數，所以可求 $y$ 對 $u$ 微分的導數，$dy/du = g'(u)$。因為 $h$ 是 $g$ 和 $f$ 的合成函數，所以認定 $h'$（或 $dy/dx$）為 $f'$ 和 $g'$（$du/dx$ 和 $dy/du$）的結合是合理的。然而應該如何結合呢？

考慮下列的論點：將函數的導數詮釋為此函數的變化率，假設 $u = f(x)$ 的變化是 $x$ 的兩倍（$f'(x) = du/dx = 2$），且 $y = g(u)$ 的變化是 $u$ 的三倍（$g'(u) = dy/du = 3$），則 $y = h(x)$ 的變化是 $x$ 的六倍；亦即，

$$h'(x) = g'(u)f'(x) = (3)(2) = 6$$

或等價於

$$\frac{dy}{dx} = \frac{dy}{du} \cdot \frac{du}{dx} = (3)(2) = 6$$

雖然離證明還遠，但是此論點是如何將 $f'(x)$ 和 $g'(u) = g'[f(x)]$ 結合而得到 $h'(x)$（亦即，如何將 $du/dx$ 和 $dy/du$ 結合而得到 $dy/dx$）。只要單純地將它們相乘即可。

求合成函數的導數的規則如下。

> **定理 1　連鎖規則**
>
> 假如 $f$ 在 $x$ 處可微分且 $g$ 在 $f(x)$ 處可微分，則合成函數 $h = g \circ f$ 定義為 $h(x) = g[f(x)]$ 在 $x$ 處可微分，其導數為
>
> $$h'(x) = g'[f(x)]f'(x) \qquad \text{(a)}$$
>
> 同時，如果 $u = f(x)$ 和 $y = g(u) = g[f(x)]$，則
>
> $$\frac{dy}{dx} = \frac{dy}{du} \cdot \frac{du}{dx} \qquad \text{(b)}$$

**註**

1. 「裡面－外面」的規則：假如合成函數 $h(x) = g[f(x)]$ 標示如下

$$h(x) = g[f(x)]$$

（「裡面函數」↓　　↑「外面函數」）

則 $h'(x)$ 只求「外面函數」的導數在「裡面函數」的值乘上「裡面函數」的導數。

2. 當寫成定理 1b 的形式，連鎖規則可以記成，若將式子右邊的 $du$「消除」，即得 $dy/dx$。

## ■ 連鎖規則的應用

**例題 1**　已知 $F(x) = (x^2 + 1)^{120}$，求 $F'(x)$。

**解**　如之前所見，$F$ 可視為合成函數 $F(x) = g[f(x)]$，其中 $f(x) = x^2 + 1$ 和 $g(x) = x^{120}$，或 $g(u) = u^{120}$（記住 $x$ 和 $u$ 是假的變數）。「外面函數」的導數為

$$g'(u) = \frac{d}{du}[u^{120}] = 120u^{119}$$

將 $f(x) = x^2 + 1$ 取代 $u$，得到

$$g'[f(x)] = g'(x^2 + 1) = 120(x^2 + 1)^{119}$$

「裡面函數」的導數為

$$f'(x) = \frac{d}{dx}(x^2 + 1) = 2x$$

應用定理 1a，得到

$$F'(x) = g'[f(x)]f'(x) = 120(x^2+1)^{119} \cdot (2x)$$
$$= 240x(x^2+1)^{119}$$

**另解** 令 $u = f(x) = x^2 + 1$ 和 $y = g(u) = u^{120}$。應用定理 1a，可得

$$F'(x) = \frac{dy}{dx} = \frac{dy}{du} \cdot \frac{du}{dx}$$
$$= 120u^{119} \cdot (2x) = 240xu^{119}$$
$$= 240x(x^2+1)^{119}$$ ∎

**例題 2** 已知 $G(x) = \sqrt{2x^2 - 1}$，求 $G'(x)$。

**解** 將 $G(x)$ 看成 $G(x) = g[f(x)]$，其中 $f(x) = 2x^2 - 1$ 和 $g(x) = \sqrt{x}$（所以 $g(u) = \sqrt{u}$）。現在

$$g'(u) = \frac{d}{du}\left[\sqrt{u}\right] = \frac{1}{2\sqrt{u}}$$

$$g'[f(x)] = \frac{1}{2\sqrt{f(x)}} = \frac{1}{2\sqrt{2x^2 - 1}}$$

和

$$f'(x) = \frac{d}{dx}(2x^2 - 1) = 4x$$

因此，若應用定理 1a，可得

$$G'(x) = g'[f(x)]f'(x) = \frac{1}{2\sqrt{2x^2 - 1}} \cdot (4x)$$
$$= \frac{2x}{\sqrt{2x^2 - 1}}$$

**另解** 令 $u = f(x) = 2x^2 - 1$ 和 $y = g(u) = \sqrt{u}$。應用定理 1b，可得

$$G'(x) = \frac{dy}{dx} = \frac{dy}{du} \cdot \frac{du}{dx}$$
$$= \frac{1}{2\sqrt{u}} \cdot (4x) = \frac{1}{2\sqrt{2x^2 - 1}} \cdot (4x)$$
$$= \frac{2x}{\sqrt{2x^2 - 1}}$$ ∎

**例題 3** 已知 $y = u^3 - u^2 + u + 1$ 和 $u = x^3 + 1$，求 $dy/dx$。

**解** 此處比較適合用定理 1b。因此，

$$\frac{dy}{dx} = \frac{dy}{du} \cdot \frac{du}{dx} = \frac{d}{du}(u^3 - u^2 + u + 1) \cdot \frac{d}{dx}(x^3 + 1)$$
$$= (3u^2 - 2u + 1)(3x^2)$$

我們也可將 $dy/dx$ 寫成 $x$ 的形式如下：

$$\frac{dy}{dx} = [3(x^3 + 1)^2 - 2(x^3 + 1) + 1](3x^2)$$
$$= 3x^2(3x^6 + 4x^3 + 2)$$

**註** 當然，我們也可應用定理 1a 計算例題 3，只要令
$y = g(u) = u^3 - u^2 + u + 1$ 和 $u = f(x) = x^3 + 1$ 即可。

## ■ 冪規則的通則

雖然我們已經用連鎖規則的通則來求前面例題的導數，但是很多情況，仍然使用規則的特殊版本。譬如：有些像例題 1 和例題 2 的函數，其形式為 $y = [f(x)]^n$。這些函數稱為**廣義的冪函數**（generalized power functions）。

為了寫出求廣義的冪函數 $y = [f(x)]^n$（其中 $n$ 是整數）的導數公式，先令 $u = f(x)$ 使得 $y = u^n$。用連鎖規則可得

$$\frac{dy}{dx} = \frac{dy}{du} \cdot \frac{du}{dx}$$
$$= nu^{n-1} \cdot f'(x)$$
$$= n[f(x)]^{n-1} f'(x)$$

---

**定理 2　廣義的冪規則**

令 $y = u^n$，其中 $u = f(x)$ 是可微分的函數且 $n$ 是實數，則

$$\frac{dy}{dx} = nu^{n-1}\frac{du}{dx}$$

等價於

$$\frac{dy}{dx} = n[f(x)]^{n-1} \cdot f'(x)$$

---

進行下個例題前，我們先用定理 2 來重做例題 1。$F(x) = (x^2 + 1)^{120}$ 為 $f(x) = x^2 + 1$ 的廣義的冪函數。所以用冪規則的通則，得到

$$F'(x) = \frac{d}{dx}(x^2+1)^{120}$$

$$= \underbrace{120(x^2+1)^{119}}_{nu^{n-1}} \cdot \underbrace{\frac{d}{dx}(x^2+1)}_{\frac{du}{dx}}$$

$$= 120(x^2+1)^{119}(2x) = 240x(x^2+1)^{119}$$

如之前所得。

**例題 4** 已知 $y = \dfrac{1}{(2x^4-x^2+1)^3}$，求 $\dfrac{dy}{dx}$。

**解** 假如改寫式子為 $y = (2x^4-x^2+1)^{-3}$，然後用冪規則的通則，得到

$$\frac{dy}{dx} = -3(2x^4-x^2+1)^{-4}\frac{d}{dx}(2x^4-x^2+1)$$

$$= -3(2x^4-x^2+1)^{-4}(8x^3-2x)$$

$$= \frac{6x(1-4x^2)}{(2x^4-x^2+1)^4}$$

觀察到 $y$ 的圖形在 $x = -\frac{1}{2}, 0$ 和 $\frac{1}{2}$ 處的切線為水平線，切點都在 $x$ 軸上，並且 $y'$ 的圖形在這些點處和 $x$ 軸相交（圖 3.21）。

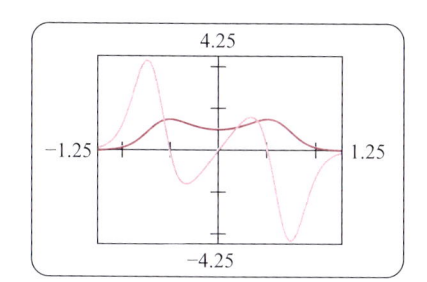

| **圖 3.21**
深色表示 $y$ 的圖形和淺色表示 $y'$ 的圖形

**例題 5** 當 $t=1$，$y = \left(\dfrac{2t-1}{t^2+1}\right)^5$ 的變化率為何？

**解** $y$ 在 $t$ 的變化率是 $dy/dt$。用廣義的冪規則求 $dy/dt$，得到

$$\frac{dy}{dt} = \frac{d}{dt}\left(\frac{2t-1}{t^2+1}\right)^5$$

$$= \underbrace{5\left(\frac{2t-1}{t^2+1}\right)^4}_{nu^{n-1}} \cdot \underbrace{\frac{d}{dt}\left(\frac{2t-1}{t^2+1}\right)}_{\frac{du}{dx}}$$

$$= 5\left(\frac{2t-1}{t^2+1}\right)^4\left[\frac{(t^2+1)\frac{d}{dt}(2t-1)-(2t-1)\frac{d}{dt}(t^2+1)}{(t^2+1)^2}\right]$$

用除法規則

$$= 5\left(\frac{2t-1}{t^2+1}\right)^4\left[\frac{(t^2+1)(2)-(2t-1)(2t)}{(t^2+1)^2}\right]$$

$$= -\frac{10(t^2-t-1)(2t-1)^4}{(t^2+1)^6}$$

尤其是當 $t=1$，

$$\left.\frac{dy}{dt}\right|_{t=1} = -\frac{10(-1)(1)}{2^6} = \frac{5}{32}$$

因此，當 $t = 1$，$y$ 以每一單位 $t$ 增加 $\frac{5}{32}$ 個單位的速度改變。 ∎

## ■ 連鎖規則和三角函數

在 3.5 節，學習計算三角函數如 $f(x) = \sin x$ 的導數的技巧。現在要如何求函數 $F(x) = \sin(x^2 - \pi)$ 的導數呢？觀察得知 $F$ 是 $g$ 和 $f$ 的合成函數 $g \circ f$，並分別定義成 $g(x) = \sin x$ 和 $f(x) = x^2 - \pi$。所以，用連鎖規則得到

$$F'(x) = \frac{d}{dx}[\sin(x^2 - \pi)]$$

$$= \underbrace{\cos(x^2 - \pi)}_{g'[f(x)]} \cdot \underbrace{\frac{d}{dx}(x^2 - \pi)}_{f'(x)} \quad f(x) = x^2 - \pi,\ g(x) = \sin x$$

$$= \cos(x^2 - \pi) \cdot (2x) = 2x \cos(x^2 - \pi)$$

另一個微分廣義的三角函數的方式，為用連鎖規則推導出公式。譬如：可為廣義正弦函數 $y = \sin[f(x)]$ 的微分找個公式，只要令 $u = f(x)$ 使得 $y = \sin u$，然後用連鎖規則，得到

$$\frac{dy}{dx} = \frac{dy}{du} \cdot \frac{du}{dx}$$

$$= \frac{d}{du}(\sin u) \cdot \frac{du}{dx}$$

$$= (\cos u)f'(x)$$

$$= \cos[f(x)] \cdot f'(x)$$

用同樣的方法可得到下列規則。

---

**定理 3　廣義三角函數的導數**

$$\frac{d}{dx}(\sin u) = \cos u \cdot \frac{du}{dx} \qquad \frac{d}{dx}(\cos u) = -\sin u \cdot \frac{du}{dx}$$

$$\frac{d}{dx}(\tan u) = \sec^2 u \cdot \frac{du}{dx} \qquad \frac{d}{dx}(\csc u) = -\csc u \cot u \cdot \frac{du}{dx}$$

$$\frac{d}{dx}(\cot u) = -\csc^2 u \cdot \frac{du}{dx} \qquad \frac{d}{dx}(\sec u) = \sec u \tan u \cdot \frac{du}{dx}$$

**例題 6** 求 $y = 3\cos x^2$ 的圖形在 $x = \sqrt{\pi/2}$ 處的切線斜率。

**解** 切線在圖形上任意點的斜率為 $dy/dx$。應用定理 3，得到

$$\frac{dy}{dx} = \frac{d}{dx}(3\cos x^2)$$

$$= 3\frac{d}{dx}(\cos x^2) \qquad \text{常數倍數規則}$$

$$= 3\underbrace{(-\sin x^2)}_{-\sin f(x)}\underbrace{(2x)}_{f'(x)}$$

$$= -6x\sin x^2$$

特別是已知方程式的圖形在 $x = \sqrt{\pi/2}$ 處的切線斜率為

$$\left.\frac{dy}{dx}\right|_{x=\sqrt{\pi/2}} = -6\left(\sqrt{\frac{\pi}{2}}\right)\sin\frac{\pi}{2} = -6\sqrt{\frac{\pi}{2}} \qquad ■$$

⚠ 切勿將 $\cos x^2$ 和 $(\cos x)^2$ 弄混，通常 $(\cos x)^2$ 寫做 $\cos^2 x$。

**例題 7** 求 $y = x^2 \sin 3x$ 的圖形在 $x = \pi/2$ 處的切線方程式。

**解** 圖形 $y = x^2 \sin 3x$ 在任意點 $(x, y)$ 的切線斜率為 $dy/dx$。用乘法規則和定理 3 可得

$$\frac{dy}{dx} = \frac{d}{dx}(x^2 \sin 3x)$$

$$= x^2 \frac{d}{dx}(\sin 3x) + (\sin 3x)\frac{d}{dx}(x^2)$$

$$= x^2(\cos 3x)\cdot\frac{d}{dx}(3x) + 2x\sin 3x$$

$$= 3x^2 \cos 3x + 2x \sin 3x$$

特別是在 $x = \pi/2$ 處的切線斜率為

$$\left.\frac{dy}{dx}\right|_{x=\pi/2} = 3\left(\frac{\pi}{2}\right)^2 \cos\frac{3\pi}{2} + 2\left(\frac{\pi}{2}\right)\sin\frac{3\pi}{2} = 0 + \pi(-1) = -\pi$$

切點的 $y$ 坐標為

$$\left.y\right|_{x=\pi/2} = \left.x^2 \sin 3x\right|_{x=\pi/2} = \left(\frac{\pi}{2}\right)^2 \sin\frac{3\pi}{2} = -\frac{\pi^2}{4}$$

因此，所要的切線方程式為

$$y - \left(-\frac{\pi^2}{4}\right) = -\pi\left(x - \frac{\pi}{2}\right) \quad \text{或} \quad y = -\pi x + \frac{\pi^2}{4}$$

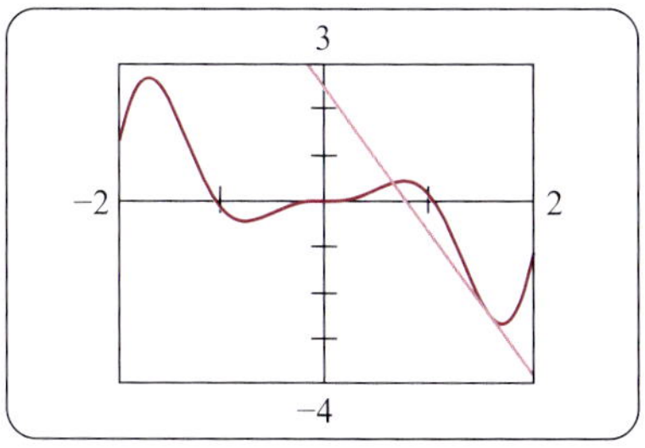

$f$ 的圖形且在 $\left(\frac{\pi}{2}, -\frac{\pi^2}{4}\right)$ 處的切線展示於圖 3.22。 ■

接下來考慮重複使用連鎖規則求函數的導數的例題。

**圖 3.22**

**例題 8** 已知 $y = \tan^3(3x^2+1)$,求 $\dfrac{dy}{dx}$。

**解**

$$\begin{aligned}
\dfrac{dy}{dx} &= \dfrac{d}{dx}[\tan^3(3x^2+1)] = \dfrac{d}{dx}[\tan(3x^2+1)]^3 \\
&= 3[\tan(3x^2+1)]^2 \cdot \dfrac{d}{dx}[\tan(3x^2+1)] \quad \text{應用廣義冪規則} \\
&= 3\tan^2(3x^2+1) \cdot \sec^2(3x^2+1) \cdot \dfrac{d}{dx}(3x^2+1) \text{ 應用定理 3} \\
&= 3\tan^2(3x^2+1) \cdot \sec^2(3x^2+1) \cdot 6x \\
&= 18x\tan^2(3x^2+1)\sec^2(3x^2+1)
\end{aligned}$$

**註**

**1.** 例題 8 的函數可看成三個函數的合成。譬如:令 $f(x) = 3x^2 + 1$,$g(u) = \tan u$ 和 $h(w) = w^3$,則 $g \circ f$ 定義為

$$(g \circ f)(x) = g[f(x)] = \tan[f(x)] = \tan(3x^2+1)$$

現在若將 $h$ 以及 $g \circ f$ 合成在一起,可得

$$[h \circ (g \circ f)](x) = h[(g \circ f)(x)] = h[\tan(3x^2+1)] = \tan^3(3x^2+1)$$

則它只是 $y$ 的表示式。

**2.** 若 $y = [h \circ (g \circ f)](x) = h\{g[f(x)]\}$。此情況下的連鎖規則為

$$\dfrac{dy}{dx} = h'\{g[f(x)]\}g'[f(x)]f'(x)$$

等價於令 $u = f(x)$ 和 $v = g(u)$,則

$$\dfrac{dy}{dx} = \dfrac{dy}{dv} \cdot \dfrac{dv}{du} \cdot \dfrac{du}{dx}$$

**例題 9** **小船的路徑** 被安置在某條河流岸邊 $O$ 點(原點)的小船,以固定速率 20 哩/時駛離岸邊,並向 $A(1000, 0)$ 處,即原點正東方的碼頭航行(圖 3.23)。河流以固定速率 5 哩/時向北方流動。此小船的路徑可表示為

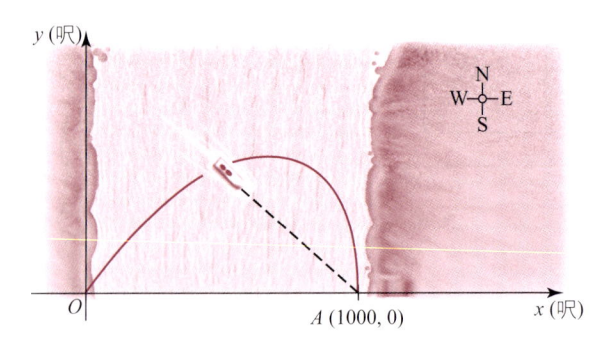

**圖 3.23**
小船的路徑

$$y = 500\left[\left(\frac{1000-x}{1000}\right)^{3/4} - \left(\frac{1000-x}{1000}\right)^{5/4}\right] \quad 0 \le x \le 1000$$

分別求當 $x = 100$ 和 $x = 900$ 的 $dy/dx$。解釋你的結果。

**解** 求得

$$\frac{dy}{dx} = 500\left[\frac{3}{4}\left(\frac{1000-x}{1000}\right)^{-1/4}\left(-\frac{1}{1000}\right) - \frac{5}{4}\left(\frac{1000-x}{1000}\right)^{1/4}\left(-\frac{1}{1000}\right)\right]$$

$$= \frac{1}{2}\left[\frac{5}{4}\left(\frac{1000-x}{1000}\right)^{1/4} - \frac{3}{4}\left(\frac{1000-x}{1000}\right)^{-1/4}\right]$$

所以，

$$\left.\frac{dy}{dx}\right|_{x=100} = \frac{1}{2}\left[\frac{5}{4}\left(\frac{9}{10}\right)^{1/4} - \frac{3}{4}\left(\frac{10}{9}\right)^{1/4}\right] \approx 0.22$$

它表示在 $x = 100$ 處，此船於 $x$ 方向以每呎 0.22 呎的比率向北方漂行。接著，

$$\left.\frac{dy}{dx}\right|_{x=900} = \frac{1}{2}\left[\frac{5}{4}\left(\frac{1}{10}\right)^{1/4} - \frac{3}{4}(10)^{1/4}\right] \approx -0.32$$

它表示在 $x = 900$ 處，此船於 $x$ 方向以每呎 0.32 呎的比率向南漂行。

## 3.5 習題

1-3 題，確認「裡面函數」$u = f(x)$ 和「外面函數」$y = g(u)$。然後用連鎖規則求 $dy/dx$。

1. $y = (2x + 4)^3$
2. $y = \dfrac{1}{\sqrt[3]{x^2+1}}$
3. $y = \sqrt{x + \cos x}$

4-27 題，求函數的導數。

4. $f(x) = (2x + 1)^5$
5. $f(t) = (2t^3 - t)^{-3}$
6. $y = \left(t + \dfrac{2}{t}\right)^6$
7. $h(u) = u^3(2u^2 - 1)^4$
8. $f(x) = \sqrt{x^3 - 2x}$
9. $g(u) = u\sqrt{1-u^2}$
10. $f(t) = \dfrac{2t+3}{(t+2t^2)^3}$
11. $y(s) = \left(1 + \sqrt{1+s^2}\right)^5$
12. $g(x) = \left(\dfrac{2x^2-1}{2x+5}\right)^{1/3}$
13. $f(x) = \sin 3x$
14. $g(t) = \tan(\pi t - 1)$
15. $f(x) = \sin^3 x$
16. $f(x) = \sin 2x + \tan\sqrt{x}$
17. $f(x) = \sin^3 x + \cos^3 x$
18. $f(x) = (1 + \sin^2 3x)^{2/3}$
19. $h(x) = (x^2 - \sec \pi x)^{-3}$
20. $y = \sqrt{1 + 2\cos x}$
21. $f(x) = \dfrac{1+\cos 3x}{1-\cos 3x}$
22. $y = \sin\dfrac{1}{x}$
23. $f(x) = \sqrt{\sin 2x - \cos 2x}$
24. $y = \sin^2\left(\dfrac{1+x}{1-x}\right)$
25. $f(x) = \dfrac{\cos 2x}{\sqrt{1+x^2}}$
26. $y = \sec^2 x \tan 3x$
27. $f(x) = \cos^3(\sin \pi x)$

28-29 題，求函數的第二階導數。

28. $f(x) = x(2x^2 - 1)^4$
29. $f(t) = \sin^2 t - \sin t^2$
30. 已知 $F = g \circ f$ 以及 $f(2) = 5, f'(2) = 4$ 和 $g'(5) = 75$。求 $F'(2)$。
31. 令 $F(x) = f[f(x)]$。$F'(x) = [f'(x)]^2$ 是否正確？
32. 圖中所示為 $f$ 和 $g$ 的圖形。令 $F(x) = g[f(x)]$ 以及 $G(x) = f[g(x)]$。求 $F'(1)$, $G'(-1)$ 和 $F'(2)$。假如導數不存在，請解釋你的理由。

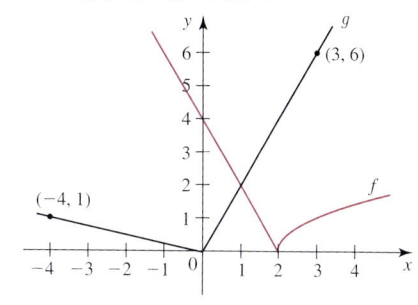

33-34 題，求 $F'(x)$。假設所有函數都可微分。

33. $F(x) = a[f(\sin x)] + b[g(\cos x)]$，其中 $a$ 和 $b$ 都是實數。

34. $F(x) = f(x^2 + 1) + g(x^2 - 1)$

35. 已知 $F(x) = x^2 f(2x)$，$f(4) = -2$，$f'(4) = 1$ 和 $f''(4) = -1$，求 $F''(2)$。

36. **簡諧運動** 物體沿著坐標線運動的位置函數為

$$s(t) = \frac{1}{2}\cos 2t + \frac{3}{4}\sin 2t \qquad t \geq 0$$

其中 $s(t)$ 以呎為單位，$t$ 以秒為單位。求當 $t = \pi/4$，此物體的位置、速度、速率和加速度。

37. **股價** Tempco Electronics 的股價在第 $t$ 日的收盤價（以元計）每股大約為

$$P(t) = 20 + 12\sin\left(\frac{\pi t}{30}\right) - 6\sin\left(\frac{\pi t}{15}\right)$$
$$+ 4\sin\left(\frac{\pi t}{10}\right) - 3\sin\left(\frac{2\pi t}{15}\right) \qquad 0 \leq t \leq 20$$

其中 $t = 0$ 表示它在主要的股市交易所交易的第一日。交易第十五日收盤時股價的變化率為何？當日收盤時的股價為何？

38. **位能** 一般使用於兩種分子之間的位能函數為 Lennard-Jones 6-12 電位，寫成

$$u(r) = u_0\left[\left(\frac{\sigma}{r}\right)^{12} - \left(\frac{\sigma}{r}\right)^6\right]$$

其中 $u_0$ 和 $\sigma$ 為常數。對應於此電位的力為 $F(r) = -u'(r)$。求 $F(r)$。

39. **電路的電流** 下圖顯示 R-C 線圈圖，包含變量電阻、電容和電動勢。假如電阻在時間 $t$ 為 $R = k_1 + k_2 t$ 歐姆，其中 $k_1 > 0$ 和 $k_2 > 0$，電容為 $C$ 法拉第，以及電動勢為常數 $E$ 伏特，則任何時間 $t$，電荷為

$$q(t) = EC + (q_0 - EC)\left(\frac{k_1}{k_1 + k_2 t}\right)^{1/(Ck_2)}$$

庫倫，其中常數 $q_0$ 表示 $t = 0$ 時的電荷。試問電荷 $i(t)$ 在時間 $t$ 為何？

提示：$i(t) = dq/dt$。

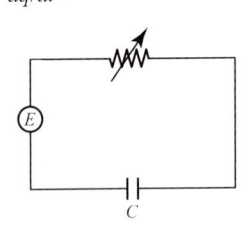

40. **帶電圓盤的電位** 均勻帶電圓盤軸上的電位為

$$V(r) = \frac{\sigma}{2\varepsilon_0}\left(\sqrt{r^2 + R^2} - r\right)$$

其中 $\varepsilon_0$ 和 $\sigma$ 為常數。對應於此電位的力為 $F(r) = -V'(r)$。求 $F(r)$。

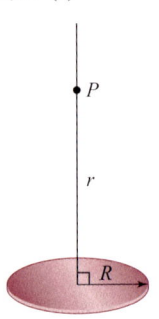

41. **圓錐形的鐘擺運動** 一顆接在長 $L$ 呎線上的金屬球繞著水平圓周旋轉，如圖所示。球速為 $v = \sqrt{Lg \sec\theta \sin^2\theta}$ 呎／秒，其中 $\theta$ 為線和垂直軸的夾角。

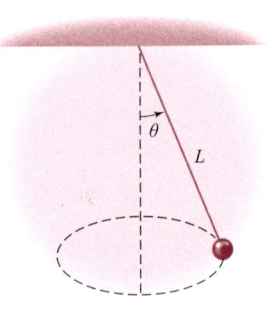

a. 證明

$$\frac{dv}{d\theta} = \frac{\sqrt{Lg}(\tan^2\theta + 2)}{2\sqrt{\sec\theta}}$$

並且解釋你的結果。

b. 已知 $L = 4$ 和 $\theta = \pi/6$ 弳度，求 $v$ 和 $dv/d\theta$（取 $g = 32$ 呎／秒$^2$）。

c. 求 $\lim_{\theta \to \pi/2} v$ 並且解釋你的結果。

d. 標繪 $v$ 的圖形，其中 $0 \leq \theta < \pi/2$，視覺上驗證 (c) 的結果。

42. 已知

$$f(x) = \begin{cases} x^2 \sin\dfrac{1}{x}, & x \neq 0 \\ 0, & x = 0 \end{cases}$$

求 $f''(x)$。$f''(0)$ 是否存在？

43. 假設 $u$ 為 $x$ 的可微分函數且 $f(x) = |u|$。證明

$$f'(x) = \frac{u'u}{|u|} \qquad u \neq 0$$

提示：$|u| = \sqrt{u^2}$。

44-45 題，應用習題 43 題的結果求函數的導數。
44. $f(x) = |x + 1|$ 　　45. $h(x) = |\sin x|$
46. 令 $f(x) = \sqrt{|(x - 1)(x - 2)|}$。
    a. 求 $f'(x)$。
       提示：見習題 43 題。
    b. 繪畫 $f$ 和 $f'$ 的圖形。

47-48 題，判斷下列敘述是對或是錯。如果它是對，解釋你的理由。如果它是錯，請解釋你的理由或舉例說明。

47. 假如 $f$ 在 $x$ 處有第二階導數，$g$ 在 $f(x)$ 處有第二階導數和 $h(x) = g[f(x)]$，則 $h''(x) = g''[f(x)]f''(x)$。
48. 假如 $f$ 可微分，則

$$\frac{d}{dx} f\left(\frac{1}{x}\right) = -\frac{f'\left(\frac{1}{x}\right)}{x^2} \qquad x \neq 0$$

## 3.6　隱微分

### 隱函數

至今所學的函數都以 $y = f(x)$ 的形式表示，其中應變數 $y$ 明顯地表示成 $x$ 的形式。然而有些時候，函數 $f$ 是隱含地被定義為 $F(x, y) = 0$。譬如：式

$$x^2 y + y - \cos x + 1 = 0 \tag{1}$$

將 $y$ 定義為 $x$ 的函數（這裡，$F(x, y) = x^2 y + y - \cos x + 1$）。事實上，由式子解 $y$ 可得

$$y = f(x) = \frac{\cos x - 1}{x^2 + 1} \tag{2}$$

如此可證明式 (2) 滿足式 (1)；亦即，

$$x^2 f(x) + f(x) - \cos x + 1 = 0$$

已知式 (1) 並希望求 $dy/dx$。可直接先求 $f$ 明顯的表示式，如式 (2)，然後依照通常的方式，微分得到 $dy/dx = f'(x)$。

至於方程式

$$4x^4 + 8x^2 y^2 - 25x^2 y + 4y^4 = 0 \tag{3}$$

（它的圖形展示於圖 3.24）該如何處理？由垂直線檢測證明式 (3) 無法將 $y$ 表示成 $x$ 的函數。並對 $x$ 和 $y$ 做適當的限制，則式 (3) 可將 $y$ 隱含地定義寫成 $x$ 的函數。圖 3.25 顯示兩個這類函數 $f$ 和 $g$ 的圖形（實線曲線）。此例子很難找到 $f$ 和 $g$ 的明顯表示式。所以要如何計算此類的 $dy/dx$ 呢？

藉連鎖規則之助，存在求函數導數的方法，可直接由它隱含的式子來計算此函數的導數。此方法稱為**隱微分**（implicit differentiation），並用接下來的幾個例題說明。

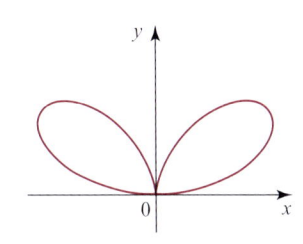

| 圖 3.24
圖形 $4x^4 + 8x^2 y^2 - 25x^2 y + 4y^4 = 0$ 為雙葉線

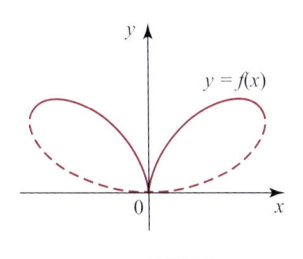

(a) $f$ 的圖形

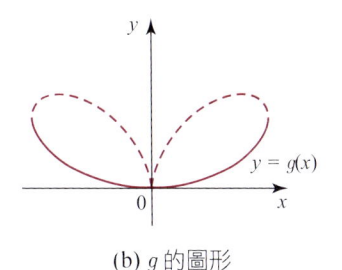

(b) $g$ 的圖形

| 圖 3.25
$f$ 和 $g$ 隱含的定義為
$4x^4 + 8x^2 y^2 - 25x^2 y + 4y^4 = 0$

## 隱微分

**例題 1**

**a.** 已知 $x^2 + y^2 = 4$，求 $dy/dx$。
**b.** 寫出圖形 $x^2 + y^2 = 4$ 在點 $(1, \sqrt{3})$ 的切線方程式。
**c.** 用函數明顯的表示式，再解一次(b)的部分。

**解**

**a.** 式子兩邊同時對 $x$ 微分，得到

$$\frac{d}{dx}(x^2 + y^2) = \frac{d}{dx}(4)$$

$$\frac{d}{dx}(x^2) + \frac{d}{dx}(y^2) = 0 \quad \text{應用導數的加法規則}$$

處理 $y^2$ 項的微分時，注意 $y$ 為 $x$ 的函數。寫成 $y = f(x)$ 是要提醒我們這件事，得到

$$\frac{d}{dx}(y^2) = \frac{d}{dx}[f(x)]^2 \quad \text{寫 } y = f(x)$$

$$= 2f(x)f'(x) \quad \text{應用連鎖規則}$$

$$= 2y\frac{dy}{dx} \quad \text{重新用 } y \text{ 取代 } f(x)$$

所以方程式

$$\frac{d}{dx}(x^2 + y^2) = \frac{d}{dx}(4)$$

等價於

$$2x + 2y\frac{dy}{dx} = 0$$

解 $dy/dx$，可得

$$\frac{dy}{dx} = -\frac{x}{y}$$

**b.** 應用 (a) 的結果，得到所要的切線斜率為

$$\left.\frac{dy}{dx}\right|_{(1,\sqrt{3})} = -\left.\frac{x}{y}\right|_{(1,\sqrt{3})} = -\frac{1}{\sqrt{3}}$$

$\left.\frac{dy}{dx}\right|_{(a,b)}$ 表示 $\frac{dy}{dc}$ 在 $x = a$ 和 $y = b$ 的值

用直線方程的斜截式，得到切線方程式

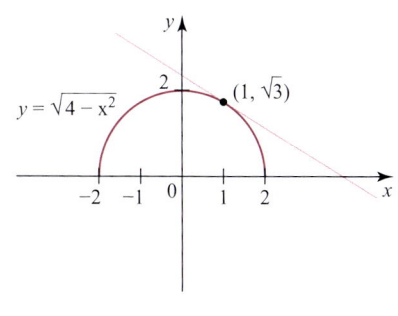

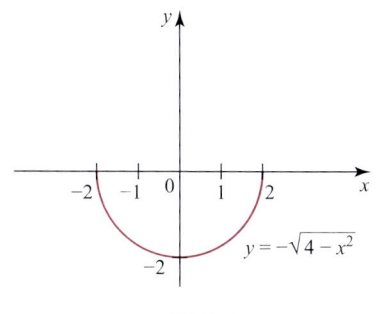

$$y - \sqrt{3} = -\frac{1}{\sqrt{3}}(x-1)$$

$$\sqrt{3}y - 3 = -(x-1) \qquad 或 \qquad x + \sqrt{3}y - 4 = 0$$

**c.** 由方程式 $x^2 + y^2 = 4$，解 $y$，得到

$$y = f(x) = \sqrt{4-x^2} \quad 和 \quad y = g(x) = -\sqrt{4-x^2}$$

$f$ 的圖形為中心在原點且半徑為 2 的上半圓（這裡 $y \geq 0$），而 $g$ 為下半圓（這裡 $y \leq 0$）（圖 3.26）。因為點 $(1, \sqrt{3})$ 在上半圓，所以取

$$f(x) = \sqrt{4-x^2} = (4-x^2)^{1/2}$$

用連鎖規則微分 $f(x)$，得到

$$f'(x) = \frac{1}{2}(4-x^2)^{-1/2}\frac{d}{dx}(4-x^2)$$

$$= \frac{1}{2}(4-x^2)^{-1/2}(-2x)$$

$$= -\frac{x}{\sqrt{4-x^2}}$$

$$= -\frac{x}{y}$$

它是 $f$ 的圖形在點 $(x, y)$ 的切線斜率。尤其是在 $(1, \sqrt{3})$ 的切線斜率，如之前所得，是

$$f'(1) = -\frac{1}{\sqrt{3}}$$

繼續下去，可得切線方程式 $x + \sqrt{3}y - 4 = 0$，如之前所得。∎

**圖 3.26**

$f(x) = \sqrt{4-x^2}$ 和
$g(x) = -\sqrt{4-x^2}$ 的圖形

**註**

**1.** 你可證明

$$g'(x) = \frac{x}{\sqrt{4-x^2}} = -\frac{x}{y} = \frac{dy}{dx}$$

所以，$f$ 和 $g$ 的導數都是 $-x/y$。

**2.** 即使 $f$ 可明顯地表示出來，然而，用隱微分求 $f'(x)$ 比較容易（見例題 1）。

**3.** 一般而言，假如用隱微分求 $dy/dx$，通常 $dy/dx$ 的表示式會同時有 $x$ 和 $y$。

函數隱微分的建議步驟如下。

### 用隱微分方法求 dy/dx

假設函數 $y = f(x)$ 被隱含地定義為包含 $x$ 和 $y$ 的方程式。求 $dy/dx$：

1. 方程式兩邊同時對 $x$ 微分。確定包含 $y$ 的每一項的導數都有 $dy/dx$ 因子。
2. 由計算出來的結果，求用 $x$ 和 $y$ 表示的 $dy/dx$。

**例題 2** 已知 $y^4 - 2y^3 + x^3y^2 - \cos x = 8$，求 $\dfrac{dy}{dx}$。

**解** 式子兩邊同時對 $x$ 微分，得到

$$\frac{d}{dx}(y^4 - 2y^3 + x^3y^2 - \cos x) = \frac{d}{dx}(8)$$

$$\frac{d}{dx}(y^4) - \frac{d}{dx}(2y^3) + \frac{d}{dx}(x^3y^2) - \frac{d}{dx}(\cos x) = 0$$

或

$$\frac{d}{dx}(y^4) - 2\frac{d}{dx}(y^3) + x^3\frac{d}{dx}(y^2) + y^2\frac{d}{dx}(x^3) - \frac{d}{dx}(\cos x) = 0$$

這裡已用乘法規則微分 $x^3y^2$ 項。接著記住 $y$ 為 $x$ 的函數，左邊前三項用連鎖規則可得

$$4y^3\frac{dy}{dx} - 6y^2\frac{dy}{dx} + 2x^3y\frac{dy}{dx} + 3x^2y^2 + \sin x = 0$$

$$(4y^3 - 6y^2 + 2x^3y)\frac{dy}{dx} = -3x^2y^2 - \sin x$$

$$\frac{dy}{dx} = -\frac{3x^2y^2 + \sin x}{2y(2y^2 - 3y + x^3)} \quad \blacksquare$$

假如要求 $dy/dx$ 在一個隱含定義的函數圖形上的點 $(a, b)$，我們不需要求 $dy/dx$ 的一般表示式，如例題 3 的說明。

**例題 3** 已知 $x \sin y - y \cos 2x = 2x$，求 $dy/dx$ 在 $(\frac{\pi}{2}, \pi)$ 的值。

**解** 方程式兩邊同時對 $x$ 微分可得

$$\frac{d}{dx}(x \sin y - y \cos 2x) = \frac{d}{dx}(2x)$$

$$\frac{d}{dx}(x \sin y) - \frac{d}{dx}(y \cos 2x) = 2$$

左邊每一項用連鎖規則，得到

$$x\frac{d}{dx}(\sin y) + (\sin y)\frac{d}{dx}(x) - y\frac{d}{dx}(\cos 2x) - (\cos 2x)\frac{d}{dx}(y) = 2$$

接著左邊第一、第三和第四項應用連鎖規則，得到

$$(x\cos y)\frac{dy}{dx} + \sin y - y(-\sin 2x)\frac{d}{dx}(2x) - (\cos 2x)\frac{dy}{dx} = 2$$

或

$$(x\cos y)\frac{dy}{dx} + \sin y + 2y\sin 2x - (\cos 2x)\frac{dy}{dx} = 2$$

最後式子的 $x$ 用 $\pi/2$ 取代，$y$ 用 $\pi$ 取代，得到

$$\left(\frac{\pi}{2}\cos\pi\right)\frac{dy}{dx} + \sin\pi + 2\pi\sin\pi - (\cos\pi)\frac{dy}{dx} = 2$$

$$-\frac{\pi}{2}\cdot\frac{dy}{dx} + \frac{dy}{dx} = 2$$

或

$$\frac{dy}{dx} = \frac{2}{1 - \frac{\pi}{2}} = \frac{4}{2 - \pi}$$ ∎

**例題 4** 求雙葉圖形

$$4x^4 + 8x^2y^2 - 25x^2y + 4y^4 = 0$$

在點 (2, 1) 的切線方程式。

**解** 雙葉圖形在點 $(x, y)$ 的切線斜率為 $dy/dx$。為求 $dy/dx$，式子兩邊同時對 $x$ 微分，得到

$$\frac{d}{dx}(4x^4 + 8x^2y^2 - 25x^2y + 4y^4) = \frac{d}{dx}(0)$$

$$\frac{d}{dx}(4x^4) + \frac{d}{dx}(8x^2y^2) - \frac{d}{dx}(25x^2y) + \frac{d}{dx}(4y^4) = 0$$

左式的第二項和第三項用乘法規則，得到

$$16x^3 + 8x^2\frac{d}{dx}(y^2) + y^2\frac{d}{dx}(8x^2) - 25x^2\frac{d}{dx}(y) - y\frac{d}{dx}(25x^2)$$

$$+ \frac{d}{dx}(4y^4) = 0$$

應用連鎖規則，得到

$$16x^3 + 16x^2y\frac{dy}{dx} + 16xy^2 - 25x^2\frac{dy}{dx} - 50xy + 16y^3\frac{dy}{dx} = 0$$

**圖 3.27**
$4x^4 + 8x^2y^2 - 25x^2y + 4y^4 = 0$ 的圖形。曲線在 (2, 1) 點的斜率為 $\left.\dfrac{dy}{dx}\right|_{(2,1)} = 3$

將 $x = 2$ 和 $y = 1$ 代入最後的式子，得到

$$16(8) + 16(4)\frac{dy}{dx} + 32 - 25(4)\frac{dy}{dx} - 100 + 16\frac{dy}{dx} = 0$$

或

$$\frac{dy}{dx} = 3$$

用直線方程式的斜截式，得到切線方程式為

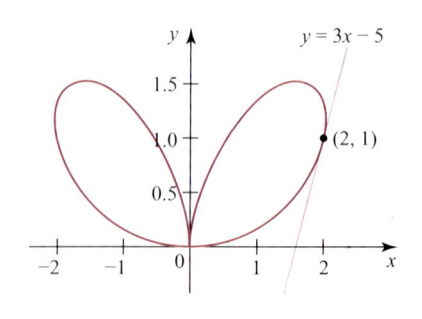

$$y - 1 = 3(x - 2) \quad 或 \quad y = 3x - 5$$

（圖 3.27。）

## ■ $x$ 的有理指數的導數

3.3 節已證明當 $n$ 為整數，

$$\frac{d}{dx}(x^n) = nx^{n-1}$$

應用隱微分技巧，現在可證明當 $x$ 的指數為有理數，此公式成立。因此，假如 $r$ 為有理數，則

$$\frac{d}{dx}(x^r) = rx^{r-1}$$

**證明**　令 $y = x^r$。因為 $r$ 為有理數，它可寫成 $r = m/n$，其中 $m$ 和 $n$ 為整數且 $n \neq 0$。所以，

$$y = x^{m/n} \quad 或 \quad y^n = x^m$$

式子兩邊用連鎖規則，同時對 $x$ 微分，得到

$$\frac{d}{dx}(y^n) = \frac{d}{dx}(x^m)$$

$$ny^{n-1}\frac{dy}{dx} = mx^{m-1}$$

$$\frac{dy}{dx} = \frac{m}{n}x^{m-1}y^{-n+1}$$

$$= \frac{m}{n}x^{m-1}(x^{m/n})^{-n+1} \quad \text{$y$ 用 $x^{m/n}$ 取代}$$

$$= \frac{m}{n}x^{m-1}x^{-m+(m/n)}$$

$$= \frac{m}{n}x^{m-1-m+(m/n)}$$

$$= \frac{m}{n}x^{(m/n)-1} = rx^{r-1} \quad \text{$\dfrac{m}{n}$ 用 $r$ 取代}$$

## 3.6 習題

1-10 題，應用隱微分的技巧，求 $dy/dx$。

1. $2x^2 + y^2 = 4$
2. $xy^2 + yx^2 - 2 = 0$
3. $x^3 - 2y^3 - y = x + 2$
4. $\dfrac{1}{x} + \dfrac{1}{y} = 1$
5. $\dfrac{xy}{x^2 + y^2} = x + 1$
6. $(x + 1)^2 + (y - 2)^2 = 9$
7. $\sqrt{x} + \sqrt{y} = 1$
8. $y^2 = \sin(x + y)$
9. $\tan^2(x^3 + y^3) = xy$
10. $\sqrt{1 + \cos^2 y} = xy$

11-12 題，應用隱微分的技巧，求曲線上指定點的切線方程式。

11. $x^2 + 4y^2 = 4;\ (1, \dfrac{-\sqrt{3}}{2})$
12. $x^{2/3} + y^{2/3} - 2;\ (1, -1)$

13-14 題，已知 $x$ 和 $y$ 的值，求 $y$ 對 $x$ 的變化率。

13. $xy^2 - x^2y - 2 = 0;\quad x = 1, y = -1$
14. $x \csc y = 2;\quad x = 1, y = \dfrac{\pi}{6}$

15-16 題，求 $d^2y/dx^2$ 表示成 $x$ 和 $y$ 的函數。

15. $xy + x^3 = 4$
16. $\sin x + \cos y = 1$

17-19 題，求已知曲線上指定點的切線方程式。

17. $\dfrac{x^2}{4} + \dfrac{y^2}{9} = 1;\ \left(-1, \dfrac{3\sqrt{3}}{2}\right)$

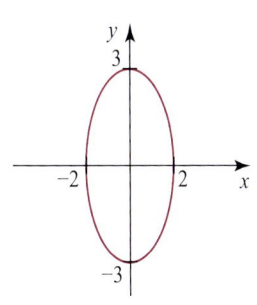

橢圓形

18. $y^2 - xy^2 - x^3 = 0;\ \left(\dfrac{1}{2}, \dfrac{1}{2}\right)$

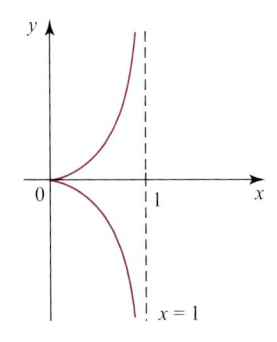

蔓葉線

19. $2(x^2 + y^2)^2 = 25(x^2 - y^2);\ (3, 1)$

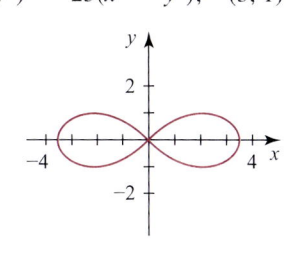

雙紐線

20. 方程式 $x^3 + y^3 = 3xy$ 的圖形稱為**葉形線**（folium of Descartes）。

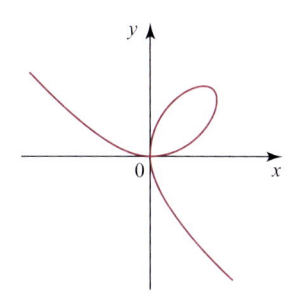

    a. 求 $y'$。
    b. 求葉形線在第一象限與直線 $y = x$ 相交的點的切線方程式。
    c. 葉形線上的切線為水平線的切點為何？

21. 水由一個截面積為 50 呎$^2$ 的水槽底部，經由截面積為 1/4 呎$^2$ 的銳孔流出。開始時水槽水位高度為 20 呎，已知 $t$ 秒後的方程式為

    $$2\sqrt{h} + \dfrac{1}{25}t - 2\sqrt{20} = 0 \qquad 0 \le t \le 50\sqrt{20}$$

    當水位高度為 9 呎，它的高度下降多快？

假如兩條曲線在相交點處的切線互相垂直，則此兩條曲線稱為**正交的**（orthogonal）。22-23 題，證明給予的方程式組的曲線是正交。

**22.** $x^2 + 2y^2 = 6$, $x^2 = 4y$

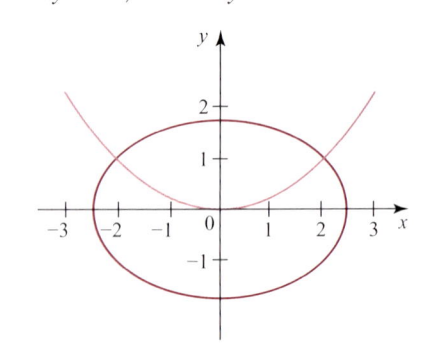

**23.** $x^2 + 3y^2 = 4$, $y = x^3$

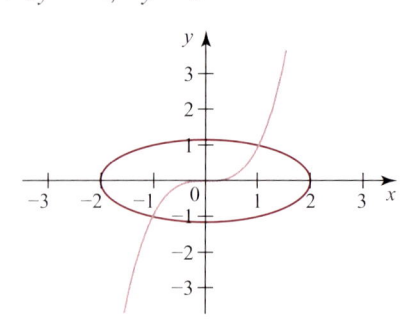

24 題，判斷下列敘述是對或是錯。如果它是對，解釋你的理由。如果它是錯，請解釋你的理由或舉例說明。

**24.** 假如 $f$ 和 $g$ 都可微分且 $f(x)g(x) = 0$，則

$$\frac{dy}{dx} = -\frac{f'(x)g(y)}{f(x)g'(y)} \qquad f(x) \neq 0$$

和 $g'(y) \neq 0$

## 3.7 相關變率

### ■ 相關變率的問題

下面是一個典型相關變率的問題：假設 $x$ 和 $y$ 為與第三個量 $t$ 有關的兩個量，且已知 $x$ 和 $y$ 的關係方程式。我們能找到 $dx/dt$ 和 $dy/dt$ 的關係式嗎？尤其是，已知其中之一在特定 $t$ 值的變化率，稱之為 $dx/dt$，我們能找到那時的另一個量 $dy/dt$ 嗎？

如例題所示，考慮航空領域的問題：假設 $x(t)$ 和 $y(t)$ 描述時間 $t$ 時，一架飛機由淺降中拉起的 $x$ 坐標和 $y$ 坐標（圖 3.28）。描述此飛機飛行路徑的方程式為

$$y^2 - x^2 = 160{,}000 \tag{1}$$

其中 $x$ 和 $y$ 都以呎為單位。

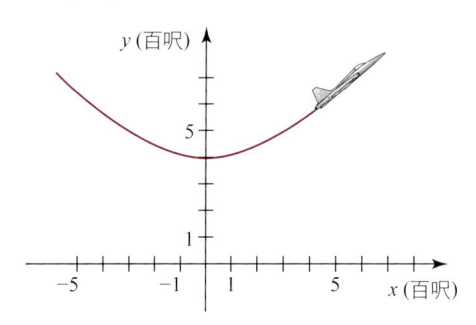

| 圖 3.28
飛機由淺降中拉起的飛行路徑

假設 $x$ 和 $y$ 都是可微分的 $t$ 函數，其中 $t$ 以秒為單位。則式 (1) 兩邊對 $t$ 隱微分，得到

$$2y\frac{dy}{dt} - 2x\frac{dx}{dt} = 0$$

是變數 x 和 y 的關係,且它們的變化率分別為 dx/dt 和 dy/dt。現在,假設當 x = 300 和 y = 500,dx/dt = 500。那時,

$$2(500)\frac{dy}{dt} - 2(300)(500) = 0$$

即 dy/dt = 300。這表示此飛機高度增加的速率為 300 呎／秒。

## 解相關變率的問題

上個例題已得到一個方程式表示 x 和 y 之間的關係。求某種相對速度的問題的解,要先確認變數群,然後建立它們之間的關係式再求解。下面的步驟可用來解這類的問題。

### 解相關變率的問題的步驟
1. 繪圖和標示變數的量。
2. 寫出已知變數的值和它們對時間的變化量。
3. 寫出和變數有關的方程式。
4. 式子兩邊同時對 t 隱微分。
5. 將第 2 步驟所得的結果代入方程式,然後解方程式並得到所要的變化率。

### 歷史傳記

**BLAISE PASCAL**
(1623-1662)

偉大的數學家中,沒有被肯定對微積分有貢獻的人就是 Blaise Pascal。其實他應該比 Leibniz 和 Newton 更早發現微積分的。16 歲就展現他數學方面的天賦並且發表他第一篇數學的發現。1642-1644 年,他製造第一個計算器。他在數學上有很多的貢獻,如 Pascal 的三角形、機率的理論基礎……等。

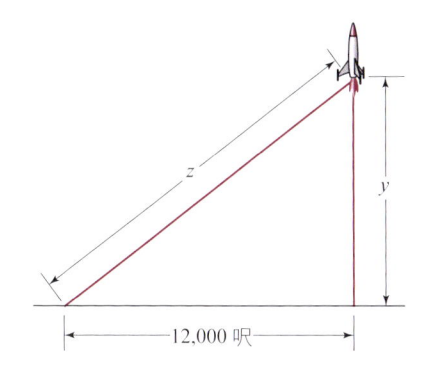

**例題 1** **火箭發射後的速率** 距離發射台 12,000 呎處,目擊者看到火箭垂直上升。試問當火箭與目擊者的距離為 13,000 呎並且以 480 呎／秒的速率增加時,此火箭瞬間的速率為何?

**解**
步驟 1 令 y = 火箭高度,z = 時間 t 時目擊者到火箭的距離(圖 3.29)。
步驟 2 已知某瞬間

$$z = 13{,}000 \quad \text{和} \quad \frac{dz}{dt} = 480$$

並且要求該瞬間的 dy/dt。

步驟 3 應用畢氏定理於圖 3.29 的直角三角形,得到

$$z^2 = y^2 + 12{,}000^2 \tag{2}$$

步驟 4 式 (2) 對 t 做隱微分,得到

$$2z\frac{dz}{dt} = 2y\frac{dy}{dt} \tag{3}$$

**圖 3.29**
當 z = 13,000 呎和 dz/dt = 480 呎／秒,求火箭的速率

步驟 5　應用式 (2)，得知當 $z = 13{,}000$，

$$y = \sqrt{13{,}000^2 - 12{,}000^2} = 5000$$

最後再將 $z = 13{,}000$, $y = 5000$ 和 $dz/dt = 480$ 代入式 (3)，得到

$$2(13{,}000)(480) = 2(5000)\frac{dy}{dt} \quad \text{和} \quad \frac{dy}{dt} = 1248$$

因此，火箭以 1248 呎／秒的速率上升。　∎

⚠ 不可在微分之前就將數值代入步驟 3 得到式 (2)。回顧例題 1 的步驟 3 至 5 並且確定完全了解微分，再將數值代入變數。

**例題 2**　**電視轉播火箭發射**　一家電視網轉播例題 1 描述的火箭發射實況。追蹤火箭發射的攝影機架設在點 $A$，如圖 3.30 所示，其中 $\phi$ 表示攝影機在 $A$ 的仰角。當火箭距離攝影機 13,000 呎且此距離正以 480 呎／秒的速率增加時，試問 $\phi$ 變化多快？

**解**　已知某瞬間

$$z = 13{,}000 \quad \text{和} \quad \frac{dz}{dt} = 480$$

並求那時的 $d\phi/dt$。由圖 3.30，得知

$$\cos\phi = \frac{12{,}000}{z}$$

此方程式對 $t$ 做隱微分，得到

$$(-\sin\phi)\frac{d\phi}{dt} = -\frac{12{,}000}{z^2}\cdot\frac{dz}{dt} \qquad (4)$$

當 $z = 13{,}000$ 時，$y = 5000$（與例題 1 得到的值相同）。所以，此瞬間，

$$\sin\phi = \frac{5{,}000}{13{,}000} = \frac{5}{13}$$

最後將 $z = 13{,}000$, $\sin\phi = 5/13$ 和 $dz/dt$ 代入式 (4)，得到

$$-\frac{5}{13}\frac{d\phi}{dt} = -\frac{12{,}000}{13{,}000^2}(480)$$

由此推得

$$\frac{d\phi}{dt} \approx 0.0886$$

因此攝影機的仰角以大約 0.09 弳度／秒，或約 5°／秒的速率變化。　∎

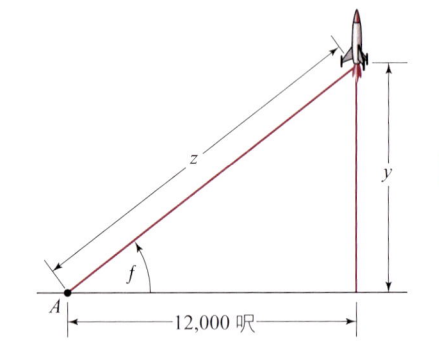

| 圖 3.30
電視攝影機追蹤火箭發射

**例題 3** 水以固定的速率 1 吋³／秒倒入錐形漏斗且以 1/2 吋³／秒的速率流出（圖 3.31a）。此漏斗為底部半徑 2 吋以及高 4 吋的直圓錐（圖 3.31b）。當水位高度為 2 吋，水位的變化為多少？

**解**

**步驟 1** 當時間 $t$（以秒為單位），令

$$V = 水在漏斗的體積$$
$$h = 水在漏斗的高度$$

和

$$r = 水在漏斗時水面的半徑$$

(a) 水倒入錐形漏斗

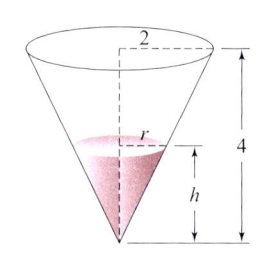

(b) 求當 $h = 2$，水位上升的速率

圖 3.31

**步驟 2** 已知

$$\frac{dV}{dt} = 1 - \frac{1}{2} = \frac{1}{2} \quad \text{流入的速率減流出的速率}$$

以及當 $h = 2$，求 $dh/dt$。

**步驟 3** 漏斗中水的體積等於圖 3.31b 錐形陰影部分的體積。因此

$$V = \frac{1}{3}\pi r^2 h$$

然而必須將 $V$ 表示成只有變數 $h$ 的式子。因此，應用相似三角形，得到

$$\frac{r}{h} = \frac{2}{4} \quad \text{或} \quad r = \frac{h}{2} \quad \text{對應邊的比值}$$

將此 $r$ 值代入 $V$ 的表示式，得到

$$V = \frac{1}{3}\pi\left(\frac{h}{2}\right)^2 h = \frac{1}{12}\pi h^3$$

**步驟 4** 最後一式對 $t$ 隱微分，得到

$$\frac{dV}{dt} = \frac{1}{4}\pi h^2 \frac{dh}{dt}$$

**步驟 5** 最後，將 $dV/dt = \frac{1}{2}$ 和 $h = 2$ 代入方程式，得到

$$\frac{1}{2} = \frac{1}{4}\pi(2^2)\frac{dh}{dt} \quad \text{或} \quad \frac{dh}{dt} = \frac{1}{2\pi} \approx 0.159$$

得知水位以 0.159 呎／秒的速率上升。■

**例題 4** 渡輪和油輪有時在早上會駛離港口；前者向北航行而後者向東航行。正午時，渡輪離港 40 哩遠且速度為 30 哩／時，當時油輪離港 30 哩遠且速度為 20 哩／時。試問當時兩艘船之間的距離變化多快？

**152** 第 3 章 導數

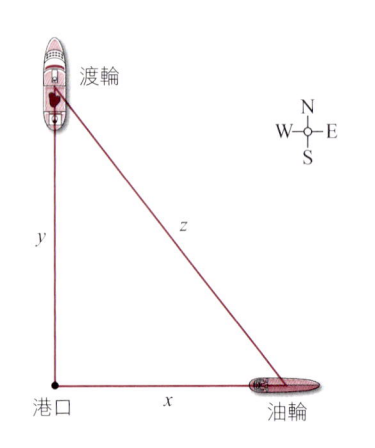

圖 **3.32**

我們要求在某個瞬間，兩艘船之間的距離變化率 $dz/dt$。

**解**

**步驟 1** 令

$$x = \text{油輪離港口的距離}$$
$$y = \text{渡輪離港口的距離}$$

和

$$z = \text{兩艘船之間的距離}$$

（圖 3.32。）

**步驟 2** 已知正午時，

$$x = 30, \quad y = 40, \quad \frac{dx}{dt} = 20 \quad \text{和} \quad \frac{dy}{dt} = 30$$

求那時的 $dz/dt$。

**步驟 3** 應用畢氏定理於圖 3.32 的直角三角形，得到

$$z^2 = x^2 + y^2 \tag{5}$$

**步驟 4** 式 (5) 對 $t$ 做隱微分，得到

$$2z\frac{dz}{dt} = 2x\frac{dx}{dt} + 2y\frac{dy}{dt} \quad \text{或} \quad z\frac{dz}{dt} = x\frac{dx}{dt} + y\frac{dy}{dt}$$

**步驟 5** 將 $x = 30$ 和 $y = 40$ 代入式 (5)，得到

$$z^2 = 30^2 + 40^2 = 2500$$

即 $z = 50$。

最後將 $x = 30$, $y = 40$, $z = 50$, $dx/dt = 20$ 和 $dy/dt = 30$ 代入步驟 4 的最後一式，得到

$$50\frac{dz}{dt} = (30)(20) + (40)(30) \quad \text{和} \quad \frac{dz}{dt} = 36$$

因此，那天正午，兩艘船以 36 哩／時的速率分開。 ∎

## 3.7 習題

1-3 題，已知 $x$ 和 $y$ 的關係式、$x$ 和 $y$ 的值，以及某瞬間的 $dx/dt$ 或 $dy/dt$ 的值。求未被指定的變數的變化率。

1. $x^2 + y^2 = 25$;  $x = 3, y = -4, \dfrac{dx}{dt} = 2$;  $\dfrac{dy}{dt} = ?$

2. $x^2 y = 8$;  $x = 2, y = 2, \dfrac{dx}{dt} = 3$;  $\dfrac{dy}{dt} = ?$

3. $\sin^2 x + \cos y = 1$;  $x = \dfrac{\pi}{4}, y = \dfrac{\pi}{3}, \dfrac{dx}{dt} = \dfrac{\sqrt{3}}{2}$;  $\dfrac{dy}{dt} = ?$

4. 邊長 $x$ 吋的立方體體積 $V$ 隨時間 $t$（以秒為單位）變化。
    a. 寫出 $dV/dt$ 與 $dx/dt$ 的關係式。
    b. 當立方體的邊長為 10 吋並以 0.5 吋／秒的速率增加，試問此立方體體積增加多少？

5. 有一點沿著曲線 $2x^2 - y^2 = 2$ 移動。當點在 $(3, -4)$ 位置，它的 $x$ 坐標以每秒 2 個單位的速度增加。試問那時候它的 $y$ 坐標改變多少？

6. **粒子的運動**　一個粒子沿著曲線 $y = \dfrac{1}{6}x^3 - x$ 運動。求使它的 $y$ 坐標的變化率比 $x$ 坐標的變化率 (a)少；(b)相等；(c) 多的 $x$ 值。

7. **油濺**　平靜的水面上有一艘油輪，油從船身破裂處向四面八方濺出。假設此汙染的範圍是圓形，試問當此圓半徑為 60 呎和擴散速率為 1/2 呎／秒，汙染的面積增加多少？

8. 假如一顆球形的雪球溶化的速率與它的表面積有關，證明它的半徑以常數速率遞減。

9. 一長 13 呎的梯子靠在牆上並且開始往下滑。試問梯子底部和牆的距離為 12 呎並以 8 呎／秒的速率移動，此梯子頂往下滑的速率有多快？

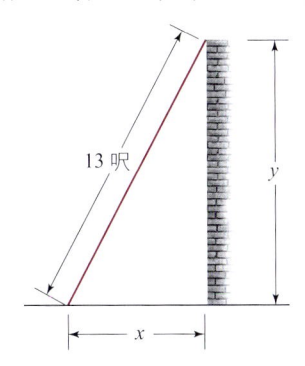

10. **棒球場的菱形地面**　棒球場的正菱形地面邊長 90 呎。二壘上的球員跑到離二壘壘包 60 呎遠處並以 22 呎／秒的速度向三壘包奔馳，試問此球員與本壘板之間距離變化？

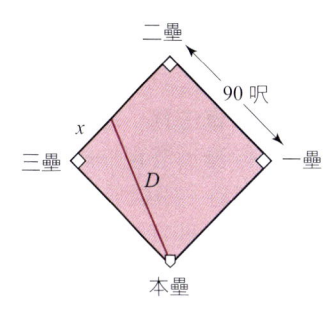

11. 半徑 4 吋的圓柱形咖啡壺以固定水流速度裝水。試問當咖啡壺的水位以 0.4 吋／秒的速度上升，流入壺中的水流速度為何？

12. 上午 8:00，船 $A$ 位於船 $B$ 東方 120 公里處。船 $A$ 以 20 公里／時的速度向北航行，而船 $B$ 則以 25 公里／時的速度向東航行。試問上午 8:30，兩船之間距離的變化為何？

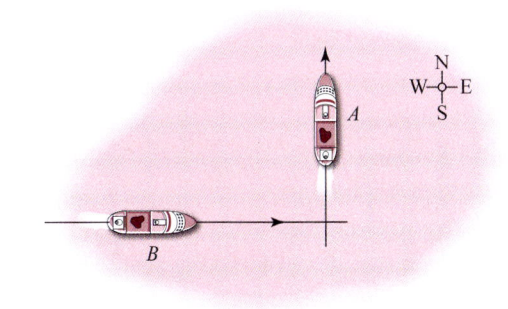

13. **運動粒子的質量**　速度 $v$ 的運動粒子的質量 $m$ 與不動時的質量 $m_0$ 的關係式為

$$m = \dfrac{m_0}{\sqrt{1 - \dfrac{v^2}{c^2}}}$$

其中 $c$（$2.98\times 10^8$ 公尺／秒）為光速。假設有一質量為 $9.11\times 10^{-31}$ 公斤的電子在某特別的加速器中被加速。試問當它的速度為 $2.92\times 10^8$ 公尺／秒且加速度為 $2.42\times 10^5$ 公尺／秒$^2$，此電子的質量變化為何？

14. **海岸巡防隊的搜尋任務** 執行搜尋任務的海岸巡防隊航空飛行員，發現一艘故障的拖網漁船並且決定靠近查看。飛機於同一高度 1000 呎和固定速度 264 呎／秒直線飛行，直接飛過拖網漁船上空。試問當飛機撤退後，距離拖網漁船 1500 呎時，飛機和拖網漁船距離離變化為何？

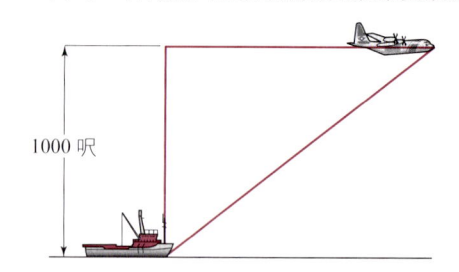

## 第 3 章　複習題

1. 使用導數的定義求函數 $f(x)=x^2-2x-4$ 的導數。
2. 固定的資金存在年利率為 $r$ 的銀行 5 年後，它的資金變為 $A=f(r)$（元）。
   a. 試問 $f'(r)$ 表示什麼？並給單位。
   b. 試問 $f'(r)$ 的正負符號為何？並解釋。
   c. 已知 $f'(6)=60{,}775.31$，年利率由 6% 變為 7%，估算 5 年後資金的變化。
3. 求函數 $f$ 和數字 $a$，滿足
$$\lim_{h\to 0}\frac{3(4+h)^{3/2}-24}{h}=f'(a)$$

4-18 題，求函數的導數。

4. $f(x)=\dfrac{1}{3}x^6-2x^4+x^2-5$
5. $s=2t^2-\dfrac{4}{t}+\dfrac{2}{\sqrt{t}}$
6. $g(t)=\dfrac{t-1}{2t+1}$　　7. $h(u)=\dfrac{\sqrt{u}}{u^2+1}$
8. $g(\theta)=\cos\theta-2\sin\theta$
9. $f(x)=x\sin x+x^2\cos x$
10. $h(t)=\dfrac{t\cos t}{1+\tan t}$　　11. $y=(t^3+2t+1)^{-3/2}$
12. $f(s)=s(s^3+s+1)^{3/2}$
13. $y=\dfrac{2t}{\sqrt{t+1}}$　　14. $f(x)=\cos(2x+1)$
15. $y=x^2+\dfrac{\sin 2x}{x}$　　16. $u=\tan\dfrac{2}{x}$
17. $w=\cot^3 x$　　18. $f(\theta)=\dfrac{\cos\theta}{\theta^2}$
19. 已知 $f(x)=\dfrac{\sqrt{x}}{x^2+1}$；$a=4$，求 $f'(a)$。

20-24 題，求函數的第二階導數。

20. $y=x^3+x^2-\dfrac{1}{x}$　　21. $y=x\sqrt{2x-1}$
22. $f(x)=\cos^2 x$　　23. $y=\cot\dfrac{\theta}{2}$
24. $f(t)=t\cot t$
25. 已知 $f(x)=\sqrt{2x+1}$ 和 $a=4$，求 $f''(a)$。
26. 假設 $f$ 和 $g$ 是在 $x=2$ 處都可微分的函數，並且 $f(2)=3, f'(2)=-1, g'(2)=2$ 和 $g'(2)=4$。已知 $h(x)=f(x)g(x)$，求 $h'(2)$。
27. 已知 $h(x)=\sqrt[3]{\dfrac{f(x)}{g(x)}}$，求用 $f$, $g$, $f'$ 和 $g'$ 表示的 $h'(x)$。

28-32 題，用隱微分求 $dy/dx$。

28. $3x^2-2y^2=6$　　29. $\dfrac{1}{x^2}+\dfrac{1}{y^2}=1$
30. $(x+y)^3+x^3+y^3=0$
31. $\cos(x+y)+x\sin y=1$
32. $\sec xy=8$
33. 已知 $y=\dfrac{\sec x}{1+\tan x}$。試問當 $x=\pi/4$，$y$ 的變化為何？
34. **血液的流速** 距離動脈中心軸 $r$ 公分處的血液流速（以公分／秒為單位）為
$$v(r)=k(R^2-r^2)$$
其中 $k$ 為常數，$R$ 為動脈的半徑。已知 $k=1000$ 和 $R=0.2$。求 $v(0.1)$ 和 $v'(0.1)$，並且解釋你的結果。

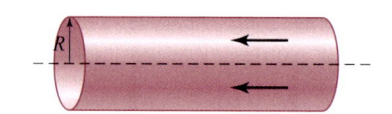

35. **人體表面積** E. F. Dubois 提供有關人體表面積 $S$（以平方公尺為單位）與對他的重量（以公斤為單位）和他的高度（以公分為單位）的關係，其經驗公式為

$$S = 0.007184 W^{0.425} H^{0.725}$$

此公式被生理學家用於新陳代謝的研究。假設有一個人高 1.83 公尺。試問當他的體重為 80 公斤，他的表面積變化為何？

36. 有一圓錐體積 $V = \pi r^2 h/3$，其中 $r$ 為底的半徑以及 $h$ 為它的高。
    **a.** 假如半徑不變，試問體積對高度的變化率為何？
    **b.** 假如高度不變，試問體積對半徑的變化率為何？

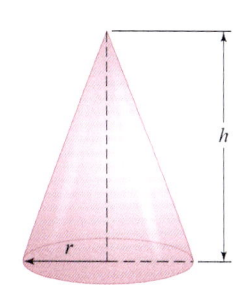

37. 已知方程式 $x^2 - y^2 = 9$，其中 $x$ 和 $y$ 都是 $t$ 的函數。假如 $x = 5, y = 4$ 和 $dx/dt = 3$，求 $dy/dt$。

38. 已知 $P$ 是雙曲線 $x^2 - y^2 = a^2$ 上的點和雙曲線在點 $P$ 的法線交 $x$ 軸於點 $Q$。證明原點和 $P$ 的距離等於 $P$ 和 $Q$ 的距離。

## 解題技巧

下面的例題顯示，有時將函數改寫成另一種形式會更好算。

**例題** 已知 $f(x) = \dfrac{x}{x^2 - 1}$，求 $f^{(n)}(x)$。

**解** 看過題目後，我們會選用除法規則來求 $f'(x), f''(x)$ 等等。我們期待要有 $f^{(n)}$ 易懂的規則或有規則可推導出 $f^{(n)}(x)$ 的公式。然而當我們計算 $f$ 的第一階和第二階導數之後，很明顯地，這個期待會落空。

讓我們試試看在微分前先改變 $f(x)$ 的形式。易證 $f(x)$ 可寫成

$$f(x) = \frac{x}{x^2 - 1} = \frac{\frac{1}{2}(x-1) + \frac{1}{2}(x+1)}{(x+1)(x-1)} = \frac{1}{2}\left[\frac{1}{x+1} + \frac{1}{x-1}\right]$$

事實上，可以有系統地推出 $f(x)$ 的最後式子。它稱為分部積分（partial fraction decomposition）並將於 8.4 節講述。方程式微分後變成

$$f'(x) = \frac{1}{2} \frac{d}{dx}\left[\frac{1}{x+1} + \frac{1}{x-1}\right]$$

$$= \frac{1}{2}\left[\frac{d}{dx}(x+1)^{-1} + \frac{d}{dx}(x-1)^{-1}\right]$$

$$= \frac{1}{2}[(-1)(x+1)^{-2} + (-1)(x-1)^{-2}]$$

$$f''(x) = \frac{1}{2}[(-1)(-2)(x+1)^{-3} + (-1)(-2)(x-1)^{-3}]$$

$$f'''(x) = \frac{1}{2}[(-1)(-2)(-3)(x+1)^{-4} + (-1)(-2)(-3)(x-1)^{-4}]$$

$$= \frac{1}{2}[(-1)^3 3!(x+1)^{-4} + (-1)^3 3!(x-1)^{-4}]$$

$$\vdots$$

$$f^{(n)}(x) = \frac{(-1)^n n!}{2}\left[\frac{1}{(x+1)^{n+1}} + \frac{1}{(x-1)^{n+1}}\right]$$

其中 $n! = n(n-1)(n-2)\ldots(1)$，$0! = 1$。

## 挑戰題

1. 求 $\lim\limits_{x\to 2}\dfrac{x^{10}-2^{10}}{x^5-2^5}$。

2. **a.** 證明 $\dfrac{2x+1}{x^2+x-2} = \dfrac{1}{x+2} + \dfrac{1}{x-1}$。
   **b.** 已知 $f(x) = \dfrac{2x+1}{x^2+x-2}$，求 $f^{(n)}(x)$。

3. 已知 $f(x) = \dfrac{1+x}{\sqrt{1-x}}$，求 $f^{(10)}(x)$。
   提示：證明 $f(x) = \dfrac{2}{\sqrt{1-x}} - \sqrt{1-x}$。

4. 假設對於所有實數 $a$ 和 $b$，$f$ 可微分且 $f(a+b) = f(a)f(b)$。證明對於所有 $x$，$f'(x) = f'(0)f(x)$。

5. 已知 $F(x) = f(\sqrt{1+x^2})$，其中 $f$ 為可微分函數。求 $F'(x)$。

6. 假設對於所有 $x$ 和 $y$，$f$ 定義在 $(-\infty, \infty)$ 並且滿足 $|f(x) - f(y)| \leq (x-y)^2$。證明 $f$ 是個常數函數。
   提示：查看 $f'(x)$。

7. 已知 $2x^2 + 2xy + xy^2 - 3x + 3y + 7 = 0$，求 $y''$ 在 $(1, -2)$ 的值。

# 第 4 章　導數的應用

本章將繼續探討作為解題工具之函數導數的威力。我們會見識到函數的第一和第二階導數是如何成為繪畫函數圖形的好幫手，也會看到透過函數的第一和第二階導數求此函數的極大值和極小值。因為許多實用的問題是要找其中一個或這兩個極值，所以決定這些極值是很重要的。譬如：工程師會對一般引擎的最大馬力有興趣，而女實業家則對某特定商品最低成本的生產量有興趣。

Marco Simoni/Getty Images

## 4.1　函數的極值

### ■ 函數的絕對極值

圖 4.1 函數 $f$ 的圖形表示熱氣球在時間區間 $I = [a, b]$ 的高度。圖形 $f$ 的最低點是 $(c, f(c))$，它表示當時間 $t = c$，熱氣球最低的高度為 $f(c)$。對於 $f$ 定義域 $I$ 內所有的 $t$ 所對應的值中，最小的是 $f(c)$，稱為 $f$ 在 $I$ 的絕對極小值（absolute minimum value）。同理，圖形 $f$ 的最高點是 $(d, f(d))$，它表示當時間 $t = d$，熱氣球最高的高度為 $f(d)$。對於 $f$ 定義域 $I$ 內的 $t$ 所對應的值中，最大的是 $f(d)$，稱為 $f$ 在 $I$ 的絕對極大值（absolute maximum value）。

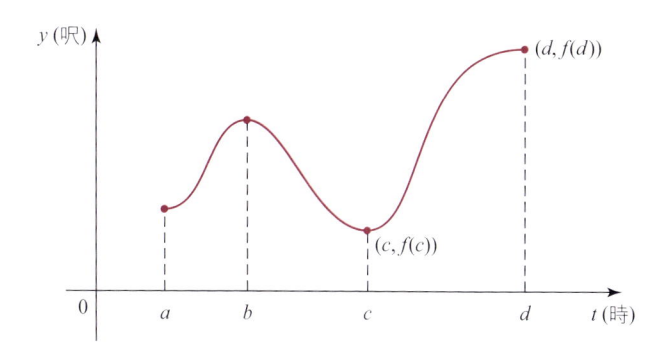

| 圖 4.1
熱氣球在區間 $a \leq t \leq d$ 的高度 $f(t)$

更一般性地，我們有下面的定義。

157

> **定義　函數 $f$ 的極值**
>
> 　　對於所有在函數 $f$ 定義域 $D$ 內的點 $x$，假如 $f(x) \leq f(c)$，則稱 $f$ 在 $c$ 處有**絕對極大**（absolute maximum）。數字 $f(c)$ 稱為 $f$ 在 $D$ 內的**極大值**（maximum value）。同理，對於所有在函數 $f$ 定義域 $D$ 內的點 $x$，假如 $f(x) \geq f(c)$，則稱 $f$ 在 $c$ 處有**絕對極小**（absolute minimum）。數字 $f(c)$ 稱為 $f$ 在 $D$ 內的**極小值**（minimum value）。這些 $f$ 在 $D$ 內的絕對極大值和絕對極小值都稱為 $f$ 在 $D$ 的**極值**（extreme values 或 extrema）。

**例題 1**　假如函數有極值，則由圖形來求此函數的極值。

**a.** $f(x) = x^2$　　**b.** $g(x) = -x^2$　　**c.** $h(x) = \dfrac{1}{x}$　　**d.** $k(x) = \dfrac{x}{\sqrt{x^2+7}}$

**解**　函數 $f, g, h$ 和 $k$ 的圖形展示於圖 4.2。

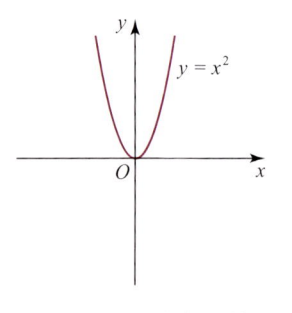

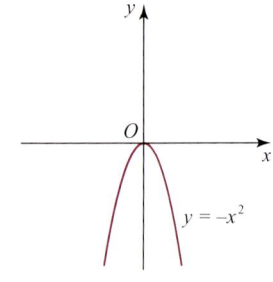

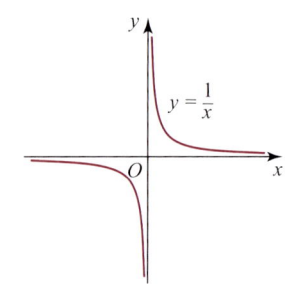

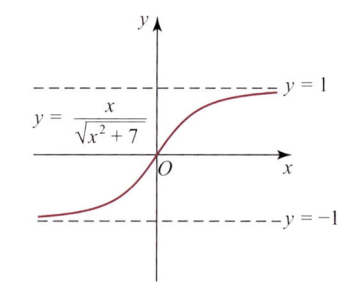

(a) $f$ 在 $O$ 處有極小值　　(b) $g$ 在 $O$ 處有極大值　　(c) $h$ 沒有極值　　(d) $k$ 沒有極值

**圖 4.2**

**a.** $f$ 在 $O$ 處有極小值 0。因為 $f$ 所對應的值沒有上界，所以 $f$ 沒有極大值。

**b.** $g$ 在 $O$ 處有極大值 0。因為 $g$ 所對應的值沒有下界，所以 $g$ 沒有極小值。

**c.** 因為 $h$ 所對應的值既沒有上界也沒有下界，所以 $h$ 沒有絕對極值。

**d.** 當 $x$ 變得越來越大，$k(x)$ 就越來越接近 1。然而此值絕對不可能得到；亦即，使得 $k(c) = 1$ 的實數 $c$ 不可能存在。故，$k$ 沒有極大值。同理，我們也可以證明 $k$ 沒有極小值。　∎

**例題 2**　求下列函數的極值：

**a.** $f(x) = x^2$　　$-1 < x < 2$
**b.** $g(x) = x^2$　　$-1 \leq x \leq 2$

**解**

**a.** $f$ 的圖形展示於圖 4.3a。由圖形得知 $f$ 在 $O$ 處有極小值 0。接著觀

察到當 $x$ 從左邊接近 2，$f(x)$ 漸增且接近 4。然而 $f$ 絕不可能有 4 的值。因此，$f$ 沒有極大值。

**b.** $g$ 的圖形展示於圖 4.3b。如之前所做，$g$ 在 $O$ 處有極小值 0。因為 2 在 $g$ 的定義域裡，所以 $g$ 確實有最大值，$g(2) = 4$。

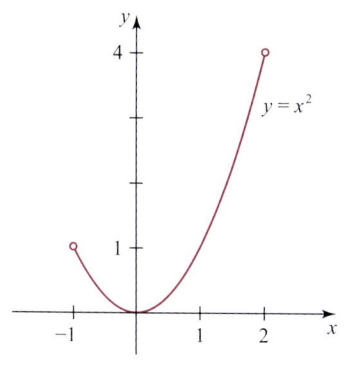

### ■ 函數的相對極值

如圖 4.4 所示，的函數 $f$ 的圖形表示熱氣球在區間 $[a, d]$ 的高度，我們發現，對點 $(b, f(b))$ 附近的點（neighboring points）而言，$(b, f(b))$ 是 $f$ 圖形的最高點（譬如：對點 $(t, f(t))$ 而言，$a < t < c$，它是最高點）。這說明，當考慮包含 $t = b$ 的時間小區間，$f(b)$ 是氣球的最大高度。數值 $f(b)$ 稱為 $f$ 的一個相對（或局部）極大值（relative (or local) maximum value）。

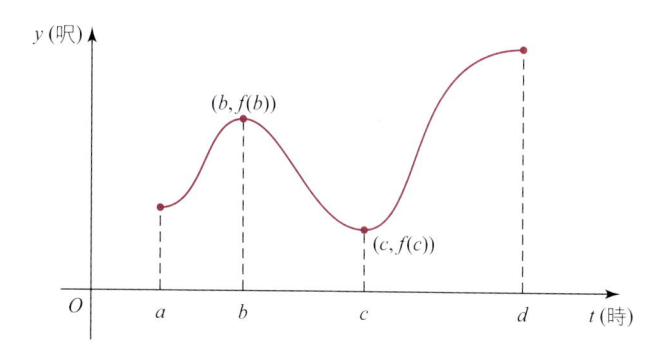

(a) $f$ 在 $O$ 處有極小值

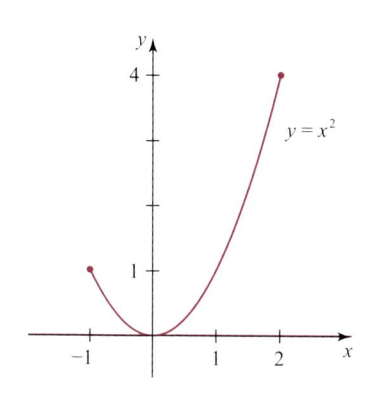

(b) $g$ 在 $O$ 處有個極小值且在 2 處有個極大值

**圖 4.3**

**圖 4.4**

某熱氣球在 $a \leq t \leq d$ 區間的高度

同理，對點 $(c, f(c))$ 附近的點而言，$(c, f(c))$ 是 $f$ 圖形的最低點。（譬如：對點 $(t, f(t))$ 而言，$b < t < d$，它是最低點）。這說明，當考慮包含 $t = c$ 的時間小區間，氣球的最低高度發生在 $t = c$ 處。數值 $f(c)$ 稱為 $f$ 的一個相對（或局部）極大值（relative (or local) minimum value）。回顧之前所見，$f(c)$ 也可能是 $f$ 的（絕對）極小值。

更一般性的定義如下。

---

**定義　函數的相對極值**

假如對於包含 $c$ 的某開區間內的所有點 $x$，函數 $f$ 滿足 $f(c) \geq f(x)$，則此函數 $f$ 在 $c$ 處有**相對（或局部）極大**（relative (or local) maximum）。同理，對於包含 $c$ 的某開區間內的所有點 $x$，$f$ 滿足 $f(c) \leq f(x)$，則此函數 $f$ 在 $c$ 處有**相對（或局部）極小**（relative (or local) minimum）。

如圖 4.5 所示，函數 $f$ 的圖形在 $a$ 和 $c$ 處有相對極大值，並且在 $b$ 和 $d$ 處有相對極小值。所以在 $f$ 有相對極值的點之切線不是水平線就是不存在。換言之，在相對極值的所有 $x$ 點，正是那些在 $f$ 定義域內且使得 $f'$ 是零或 $f'$ 不存在的點。

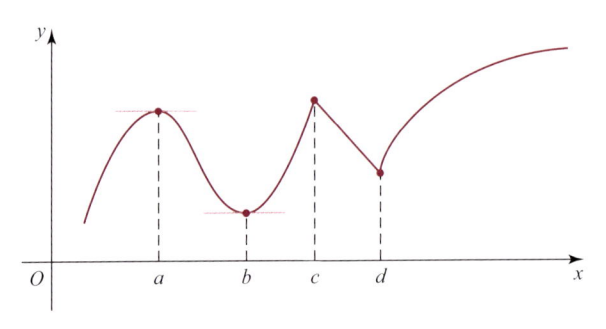

**圖 4.5**
函數 $f$ 在 $a, b, c$ 和 $d$ 處有相對極值。在 $a$ 和 $b$ 處的切線是水平的。在 $c$ 和 $d$ 處沒有切線

由這些觀察得到下面的定理，它告訴我們函數在哪裡有相對極值。

> **定理 1　Fermat 的定理**
> 若 $f$ 在 $c$ 處有相對極值，則不是 $f'(c) = 0$ 就是 $f'(c)$ 不存在。

所有使 $f'$ 為零或 $f'$ 不存在的 $x$ 有個特殊的名稱。

> **定義　$f$ 的臨界點**
> 函數 $f$ 的**臨界點**（critical number）是在 $f$ 定義域內的任意點 $c$，使得 $f'(c) = 0$ 或 $f'(c)$ 不存在。

⚠ 定理 1 說明 $f$ 的相對極值只可能發生在 $f$ 的臨界點。然而有必要知道定理 1 的逆命題是錯的。換言之，你不能下結論：假如 $c$ 是 $f$ 的臨界點，則 $f$ 在 $c$ 處必有相對極值（見例題 3）。

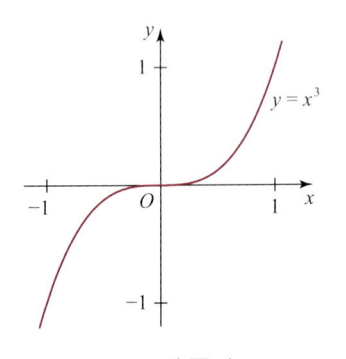

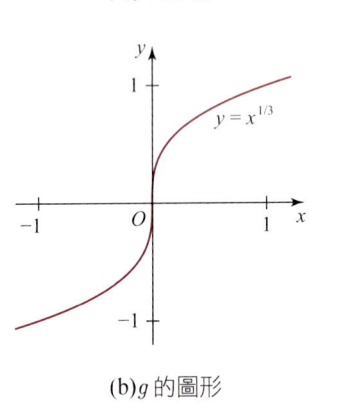

**例題 3**　證明雖然零是函數 $f(x) = x^3$ 和 $g(x) = x^{1/3}$ 的臨界點，但是在 $O$ 處，它們都沒有極值。

**解**　$f$ 和 $g$ 的圖形展示於圖 4.6。若 $x = 0$，則 $f'(x) = 3x^2 = 0$，所以 $O$ 是 $f$ 的臨界點。但是若 $x < 0$，則 $f(x) < 0$，且若 $x > 0$，則 $f(x) > 0$。這說明，$f$ 在 $O$ 處不可能有相對極值。

又

$$g'(x) = \frac{1}{3} x^{-2/3} = \frac{1}{3x^{2/3}}$$

**圖 4.6**
$O$ 同時是 $f$ 和 $g$ 的臨界點，但是在 $O$ 處它們都沒有相對極值

(a) $f$ 的圖形

(b) $g$ 的圖形

注意 $g'$ 在 $O$ 處沒有定義，但是 $g$ 在那裡有定義；所以 $O$ 是 $g$ 的臨界點。觀察得知若 $x < 0$，則 $g(x) < 0$，並且若 $x > 0$，則 $g(x) > 0$。所

以 $g$ 在 $O$ 處不可能有相對極值。

**例題 4** 求 $f(x) = x - 3x^{1/3}$ 的臨界點。

**解** $f$ 的導數是

$$f'(x) = 1 - x^{-2/3} = \frac{x^{2/3} - 1}{x^{2/3}}$$

因為，$f'$ 在 $O$ 處沒有定義，並且若 $x = \pm 1$，則 $f'(x) = 0$。所以 $f$ 的臨界點是 $-1$, $0$ 和 $1$。

我們將在 4.3 節建立一個有系統的求函數極值的方法。本節的其餘部分將講解求連續函數在閉區間內極值的技巧。

## 求連續函數在閉區間內的極值

如之前的例題所見，任意函數可能有也可能沒有極大值或極小值。然而在某重要的情況下，函數總是存在極值。定理 2 會說明它的條件。

---

**定理 2　極值定理**

假如 $f$ 在閉區間 $[a, b]$ 內是連續的，則 $f$ 必定有絕對極大值 $f(c)$ 和絕對極小值 $f(d)$，其中 $c$ 和 $d$ 都在 $[a, b]$ 內。

---

在特定應用上，不僅要求函數在閉區間 $[a, b]$ 內連續，同時也要求函數在開區間 $(a, b)$ 內，除了有限個數外，都可以微分。在此情況下，下面的過程可以用來求函數的極值。

**求連續函數 $f$ 在 $[a, b]$ 的極值的步驟**
1. 求 $f$ 在 $(a, b)$ 內的臨界點。
2. 計算 $f$ 在每一個臨界點的值並計算 $f(a)$ 和 $f(b)$。
3. $f$ 的絕對極大值和絕對極小值是第二步驟所求得的值中最大和最小的數。

這過程可以下列方式驗證：若 $f$ 的極值發生在開區間 $(a, b)$ 內的某個數，則它必須也是 $f$ 的相對極值；因此它必定是 $f$ 的臨界點，否則 $f$ 的極值必定在區間 $[a, b]$ 的其中一個或兩個端點上（圖 4.7）。

**162** 第 4 章 導數的應用

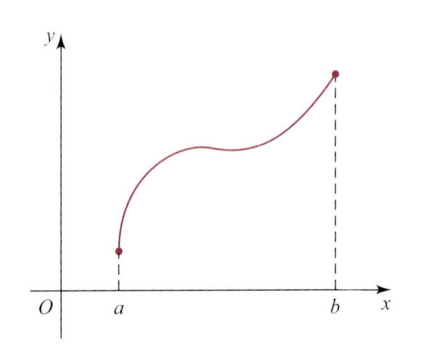

(a) $f$ 的極值發生在端點

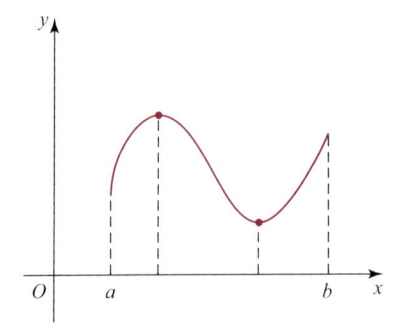

(b) $f$ 的極值發生在臨界點

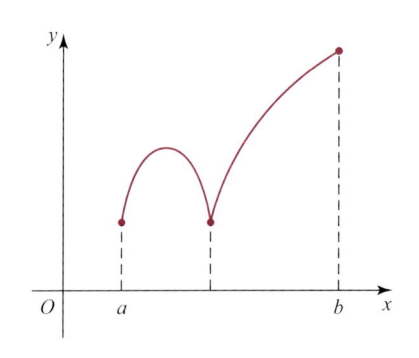

(c) $f$ 的絕對極小值發生在一個端點和一個臨界點，而 $f$ 的絕對極大值則發生在一個端點

**圖 4.7**
$f$ 在 $[a, b]$ 連續

**圖 4.8**
$f$ 的極大值是 8，極小值是 -9

**例題 5** 求函數 $f(x) = 3x^4 - 4x^3 - 8$ 在 $[-1, 2]$ 的極值。

**解** 因為 $f$ 是多項式，所以它是處處連續；特別是，它在閉區間 $[-1, 2]$ 連續。因此，可以應用極值定理。

首先，先求 $f$ 在 $(-1, 2)$ 處的臨界點：
$$f'(x) = 12x^3 - 12x^2$$
$$= 12x^2(x - 1)$$

觀察得知，$f'$ 在 $(-1, 2)$ 區間連續。接著令 $f'(x) = 0$，得到 $x = 0$ 或 $x = 1$。因此，$f$ 在 $(-1, 2)$ 區間內只有 0 和 1 是臨界點。

接下來計算 $f(x)$ 在這些臨界點與端點 $-1$ 和 2 的值。這些值顯示於下表中。

| $x$ | $-1$ | 0 | 1 | 2 |
|---|---|---|---|---|
| $f(x)$ | $-1$ | $-8$ | $-9$ | 8 |

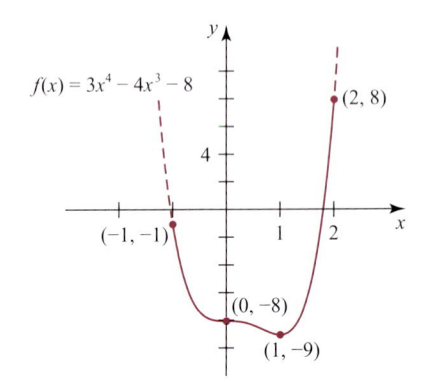

從表中得知 $f$ 在 2 處有絕對極大值 8 和在 1 處有絕對極小值 $-9$。圖 4.8 所展示的 $f$ 圖形可確認結果（不需要畫圖來解題）。∎

**例題 6** 求函數 $f(x) = 2\cos x - x$ 在 $[0, 2\pi]$ 的極值。

**解** 函數 $f$ 是處處連續；特別是，它在閉區間 $[0, 2\pi]$ 連續。因此，可以應用極值定理。

首先，先求 $f$ 在 $(0, 2\pi)$ 區間的臨界點：
$$f'(x) = -2\sin x - 1$$

觀察得知，$f'$ 在 $(0, 2\pi)$ 連續。令 $f'(x) = 0$，則
$$-2\sin x - 1 = 0$$
$$\sin x = -\frac{1}{2}$$

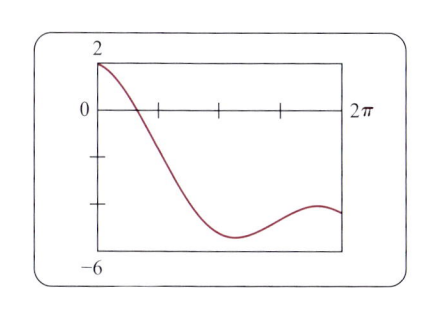

所以，$x = 7\pi/6$ 或 $11\pi/6$（記住 $x$ 必須在 $(0, 2\pi)$ 內）。故 $f$ 在 $(0, 2\pi)$ 內只有 $7\pi/6$ 和 $11\pi/6$ 是臨界點。

接下來計算 $f$ 在這些臨界點與端點 0 和 $2\pi$ 的值。這些值顯示於下表中。

| $x$ | 0 | $\dfrac{7\pi}{6}$ | $\dfrac{11\pi}{6}$ | $2\pi$ |
|---|---|---|---|---|
| $f(x)$ | 2 | $-5.40$ | $-4.03$ | $-4.28$ |

從表中得知 $f$ 在 0 處有絕對極大值 2 並在 $7\pi/6$ 處有絕對極小值大約是 $-5.4$。由圖 4.9 所展示的 $f$ 圖形可確認我們的結果。

| 圖 4.9

$f(x) = 2\cos x - x$ 在 $[0, 2\pi]$ 的圖形

### ■ 最佳化問題

許多實際問題的解都包含求函數的絕對極大值或絕對極小值。若已知要最佳化的函數在閉區間是連續，則本節的技巧可以用來解這樣的問題，下面的例題會說明。

**例題 7　樑的最大撓度**　圖 4.10 描述一個長 $L$ 和每單位長重 $w$ 的均勻樑，它的一端被牢牢地固定住，而另一端是簡單支撐著。彈性曲線（圖中的虛線曲線）的方程式是

$$y = \frac{w}{48EI}(2x^4 - 5Lx^3 + 3L^2x^2)$$

其中乘積 $EI$ 是常數，稱為樑的撓曲剛度（flexural rigidity）。證明最大撓度（從 $x$ 軸看彈性曲線的位置）發生在 $x = (15-\sqrt{33})L/16 \approx 0.578L$ 處和它的大小大約是 $0.0054wL^4/(EI)$。

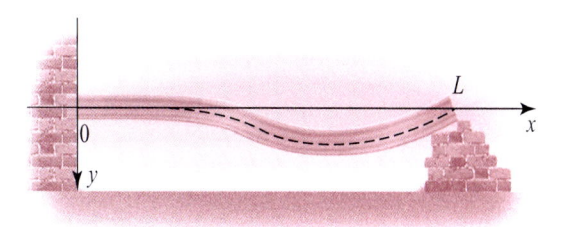

| 圖 4.10

樑固定在 $x = 0$ 處和簡單支撐在 $x = L$ 處。注意 $y$ 軸的定位

**解**　我們希望求 $x$ 在閉區間 $[0, L]$ 內的值，使得函數

$$f(x) = \frac{w}{48EI}(2x^4 - 5Lx^3 + 3L^2x^2)$$

有絕對極大值。因為 $f$ 在 $[0, L]$ 是連續，所以這個值必定是 $f$ 在 $(0, L)$ 區間的臨界點或區間的端點。為了求 $f$ 的臨界點，先計算

$$f'(x) = \frac{w}{48EI}(8x^3 - 15Lx^2 + 6L^2x)$$

$$= \frac{w}{48EI}x(8x^2 - 15Lx + 6L^2)$$

令 $f'(x) = 0$，則 $x = 0$ 或

$$x = \frac{15L \pm \sqrt{225L^2 - 192L^2}}{16}$$

$$= \frac{15L \pm \sqrt{33}L}{16}$$

因為 $(15 + \sqrt{33})L/16 > L$，所以 $f$ 在 $(0, L)$ 的唯一臨界點是 $x = (15 - \sqrt{33})L/16 \approx 0.578L$。計算 $f$ 在 $0, 0.578L$ 和 $L$ 處的值，得到下表。

| $f(0)$ | $f(0.578L)$ | $f(L)$ |
|---|---|---|
| 0 | $\dfrac{0.0054wL^4}{EI}$ | 0 |

結論是最大撓度發生在 $x = (15 - \sqrt{33})L/16 \approx 0.578L$ 處，且它的大小大約是 $0.0054wL^4/(EI)$。

最後一個例題顯示，繪圖工具如何被用來估算定義在閉區間的連續函數的極大和極小值。然而要計算正確的值則需要求題目的解析解。

**例題 8** 令 $f(x) = 2\sin x + \sin 2x$。

**a.** 使用繪圖工具在觀察視窗 $[0, \frac{3\pi}{2}] \times [-3, 3]$ 上標繪 $f$ 的圖形。估算 $f$ 在 $[0, \frac{3\pi}{2}]$ 區間的絕對極大值和絕對極小值。

**b.** 使用解析的方式求 $f$ 實際的絕對極大值和絕對極小值。

**解**

**a.** 圖 4.11 展示的是所要的圖形。由圖得知，$f$ 的絕對極大值發生在 $x \approx 1$，並且大約是 2.6。而 $f$ 的絕對極小值發生在 $x = 3\pi/2$ 處，並且是 $-2$。

**b.** 函數 $f$ 是處處連續，尤其是在 $[0, \frac{3\pi}{2}]$ 區間。所以

$$\begin{aligned} f'(x) &= 2\cos x + 2\cos 2x \\ &= 2\cos x + 2(\cos^2 x - \sin^2 x) &&\cos 2x = \cos^2 x - \sin^2 x \\ &= 2\cos x + 2(\cos^2 x - 1 + \cos^2 x) &&\sin^2 x = 1 - \cos^2 x \\ &= 2(2\cos^2 x + \cos x - 1) \end{aligned}$$

因為

$$2\cos^2 x + \cos x - 1 = (2\cos x - 1)(\cos x + 1) = 0$$

所以若 $\cos x = -1$ 或 $\frac{1}{2}$，則 $x = \pi/3$ 或 $\pi$。從下表得知，$f$ 的絕對極大值是 $3\sqrt{3}/2$ 而 $f$ 的絕對極小值是 $-2$。

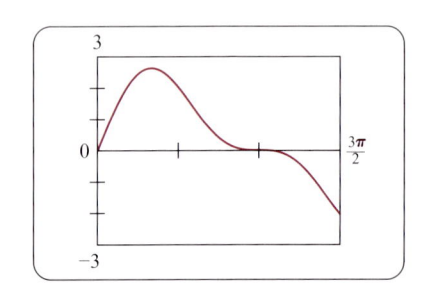

| $x$ | 0 | $\dfrac{\pi}{3}$ | $\pi$ | $\dfrac{3\pi}{2}$ |
|---|---|---|---|---|
| $f(x)$ | 0 | $\dfrac{3\sqrt{3}}{2}$ | 0 | $-2$ |

圖 4.11

## 4.1 習題

1-3 題，已知函數 $f$ 在指定之定義域的圖形。求 $f$ 的絕對極大值和絕對極小值（假如它們存在）和它們發生處。

1. $f$ 定義在 $(0, 2]$

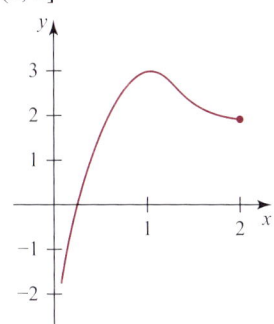

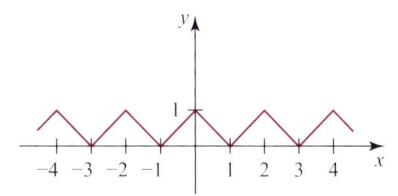

2. $f$ 定義在 $(-\infty, \infty)$

3. $f$ 定義在 $[0, 5]$

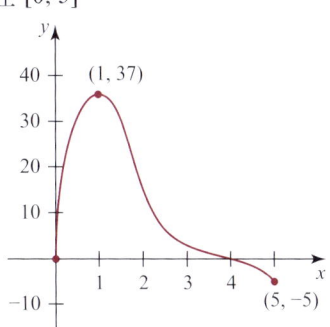

4-12 題，繪畫函數圖形，若它們的絕對極大值和絕對極小值存在，則求它們的值。

4. $f(x) = 2x + 3$ 在 $[-1, \infty)$
5. $h(t) = t^2 - 1$ 在 $(-1, 0)$
6. $g(x) = x^2 + 1$ 在 $(0, \infty)$
7. $f(x) = x^2 - 4x + 3$ 在 $(-\infty, \infty)$
8. $f(x) = \dfrac{1}{x}$ 在 $(0, 1]$
9. $f(x) = |x|$ 在 $[-2, 1)$
10. $f(t) = 2 \sin t$ 在 $(0, \dfrac{3\pi}{2})$
11. $f(\theta) = \tan \theta$ 在 $(-\dfrac{\pi}{4}, \dfrac{\pi}{2})$
12. $f(x) = \begin{cases} x, & -1 \leq x \leq 0 \\ 2 - x, & 0 < x \leq 2 \end{cases}$

13-21 題，若函數的臨界點存在，則求它的臨界點。

13. $f(x) = 2x + 3$
14. $f(x) = 2x^2 + 4x$
15. $f(x) = x^3 - 6x + 2$
16. $f(x) = 2x^3 + 6x + 7$
17. $h(x) = x^4 - 4x^3 + 12$
18. $f(x) = 3x^4 - 8x^3 - 6x^2 + 24x + 10$
19. $f(x) = x^{2/3}$
20. $h(u) = \dfrac{u}{u^2 + 1}$
21. $f(t) = \cos^2(2t)$

22-30 題，若函數的絕對極大值和絕對極小值存在，求其值。

22. $f(x) = x^2 - x - 2$ 在 $[0, 2]$
23. $h(x) = x^3 + 3x^2 + 1$ 在 $[-3, 2]$
24. $g(x) = 3x^4 + 4x^3 + 1$ 在 $[-2, 1]$
25. $f(x) = \dfrac{x}{x^2 + 1}$ 在 $[-1, 2]$
26. $g(v) = \dfrac{v}{v - 1}$ 在 $[2, 4]$
27. $f(x) = x - 2\sqrt{x}$ 在 $[0, 9]$
28. $f(x) = x^{2/3}(x^2 - 4)$ 在 $[-1, 2]$
29. $f(x) = 2 + 3\sin 2x$ 在 $[0, \dfrac{\pi}{2}]$
30. $g(t) = 2 \sin t - t$ 在 $[0, \dfrac{\pi}{2}]$

31. **利潤最大化** 若以元為單位，則TKK公司製造部和銷售部每日販賣 $x$ 打可錄製的DVD的總利潤是

$$P(x) = -0.000001x^3 + 0.001x^2 + 5x - 500$$
$$0 \leq x \leq 2000$$

求達到每天最大利潤的生產量。

32. **收益最大化** Peget手錶每個月的需求量和單價有關，其需求方程式是

$$p = \dfrac{50}{0.01x^2 + 1} \qquad 0 \leq x \leq 20$$

其中 $p$ 以元為單位，且 $x$ 的單位是千。試問要賣多少錶，製造業者才有辦法得到最大收益？

提示：記得收益函數 $R = px$。

33. **化學反應** 於自動催化的化學反應中，成品扮演反應的催化劑。若 $Q$ 表示原始原料一開始的量，且 $x$ 表示形成之催化劑的量，則化學反應對出現在反應過程中之催化劑的量的變化率為

$$R(x) = kx(Q - x) \qquad 0 \leq x \leq Q$$

其中 $k$ 是常數。證明當剛好一半量的原始原料已經被轉換時，化學反應變化率最大。

34. **辦公室租賃** 經濟疲軟後，高價位辦公大樓的租賃於1990年代後期開始下跌。函數 $R$ 表示在波士頓後灣區和金融區的頂級空間從1997 ($t = 0$)年初到2002 ($t = 5$)年初每平方呎的大約價格（以元計價）$R(t)$ 是

$$R(t) = -0.711t^3 + 3.76t^2 + 0.2t + 36.5 \qquad 0 \leq t \leq 5$$

證明辦公室空間租賃價格大約於2000年中達到頂點。求在此區間，辦公大樓出租最高的價格為何？

資料來源：Meredith & Grew Inc./Oncor.

35. **柴油引擎的使用** 歐洲的油價高，車子普遍都用柴油引擎。西歐新車使用柴油引擎的比例是函數

    $$f(t) = 0.3t^4 - 2.58t^3 + 8.11t^2 - 7.71t + 23.75$$
    $$0 \leq t \leq 4$$

    其中 $t$ 是以年計，$t = 0$ 表示 1996 年初。
    a. 使用視窗 $[0, 4] \times [0, 40]$ 標繪圖形。
    b. 於此時段，新車使用柴油引擎的最低百分比為何？

    資料來源：*German Automobile Industry Association*。

36. 高 $h$ 的圓柱形槽裝滿水。假設有一水流從槽上一洞口噴出，根據 Torricelli 的法則，此噴出之水流速度 $v = \sqrt{2gx}$，其中 $g$ 是地心引力常數。水噴出的範圍 $R$（以呎計）是 $R = 2\sqrt{x(h-x)}$。試問洞口應在何處，方可使水噴出的範圍最大？

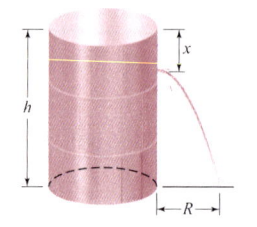

37. 某質量 $m$ 的物體以固定的角速率 $\omega$ 在橢圓形路徑上移動（圖）。我們可以證明作用在此物體的力總是向著圓心，並且它的大小為

    $$F = m\omega^2 \sqrt{a^2 \cos^2 \omega t + b^2 \sin^2 \omega t} \qquad t \geq 0$$

    其中 $a$ 和 $b$ 是常數，且 $a > b$。試問在路徑上何處此力最大和在路徑上何處此力最小？

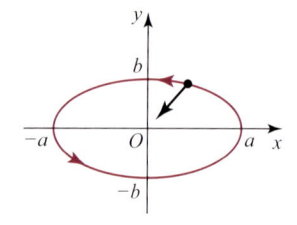

38-39 題，判斷下列敘述是對或是錯。如果它是對，解釋你的理由。如果它是錯，請解釋你的理由或舉例說明。

38. 假如 $f'(c) = 0$，則 $f$ 在 $c$ 有相對極大值或相對極小值。

39. 假如 $f$ 定義在閉區間 $[a, b]$，則 $f$ 在 $[a, b]$ 有絕對極小值。

## 4.2 均值定理

### ■ Rolle 的定理

圖 4.12 展示的函數圖形 $f$ 提供全新雙駕駛潛艇在一次潛水測試中的深度（depth）。於 $t = a\,[f(a) = 0]$ 下令潛水時，潛艇在水面上。它重新浮出水面是在 $t = b\,[f(b) = 0]$，亦即測試結束。如圖所示，在圖上至少有一個點，使得圖形在那裡的切線是水平線。

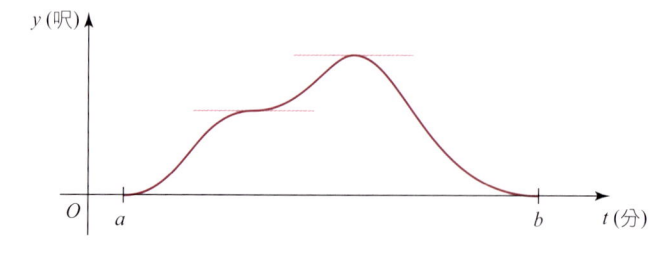

**圖 4.12** $f(t)$ 提供潛艇於時間 $t$ 的深度

我們可以透過下面直觀的論點說服自己，$f$ 圖形上至少有一個這樣的點：因為潛艇是再次浮出水面，所以當潛艇停止下潛並開始浮出水面時，$f$ 圖形上必定至少有一個點對應於此時間點，且 $f$ 圖形在此點上的切線必定是水平的。

此現象的數學描述包含在 Rolle 的定理中，定理的名稱是對法國數學家 Michel Rolle（1652-1719）的敬意。

### 歷史傳記
**MICHEL ROLLE**
(1652-1719)

有趣的是，Michel Rolle 對這個最早出現在一本 1691 年出版的幾何與代數的書中並冠以其名的定理，是許多微積分觀念基礎的定理，曾持懷疑的態度。Rolle 認為這個在當時尚處於發展階段中的微量法，如今稱為微積分，有許多錯誤。不過，Rolle 最後信服於 Pierre Varignon（1654-1722）關於微積分的概念，轉為支持的態度。其後不久，反對微積分的勢力瓦解，許多新的進展也隨之出現。如今，在許多關於微分中所介紹的題目內都可見到 Rolle 定理。

4.2 均值定理 167

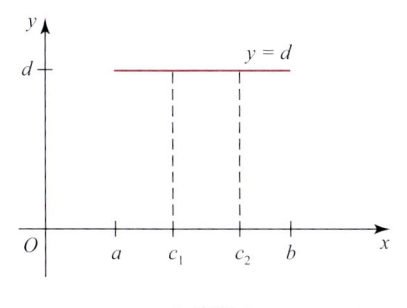

(a) 情況 1

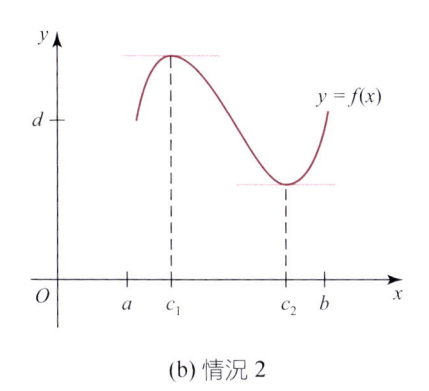

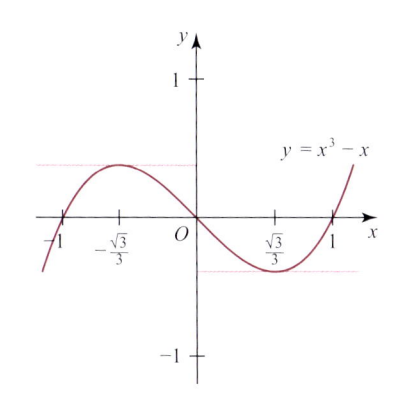

(b) 情況 2

圖 4.13
Rolle 定理的幾何說明

### 定理 1　Rolle 定理

令 $f$ 在 $[a, b]$ 連續且在 $(a, b)$ 可微分。若 $f(a) = f(b)$，則在 $(a, b)$ 內至少存在一數 $c$，使得 $f'(c) = 0$。

**證明**　令 $f(a) = f(b) = d$。考慮兩種情況（圖 4.13）。

**情況 1**　對於所有在 $[a, b]$ 內的 $x$，$f(x) = d$（圖 4.13a）。
因為此情況下，所有在 $(a, b)$ 內的 $x$，$f'(x) = 0$，所以對於在 $(a, b)$ 內的任意 $c$，$f'(c) = 0$。

**情況 2**　在 $[a, b]$ 內至少有一個 $x$ 使得 $f(x) \neq d$（圖 4.13b）。
此情況下，在 $(a, b)$ 內必存在一個 $x$ 使得 $f(x) > d$ 或 $f(x) < d$。首先假設 $f(x) > d$。因為 $f$ 在 $[a, b]$ 是連續的，所以由極值定理得知，$[a, b]$ 內存在某數 $c$，使得 $f$ 在那裡有絕對極大值。因為 $f(a) = f(b) = d$，所以此數 $c$ 不可能是端點。同時，因為假設在 $(a, b)$ 內存在某個 $x$，使得 $f(x) > d$。所以，$x$ 必定在 $(a, b)$ 內。又因為 $f$ 在 $(a, b)$ 是可微分的且 $f'(c)$ 存在，所以根據 Fermat 的定理，$f'(c) = 0$。

同理可證 $f(x) < d$ 的情況。

**例題 1**　令 $f(x) = x^3 - x$，$x$ 在 $[-1, 1]$ 內。

**a.** 證明定義在 $[-1, 1]$ 的 $f$ 滿足 Rolle 定理的假設。
**b.** 以 Rolle 定理的保證，求 $(-1, 1)$ 內的點 $c$，使得 $f'(c) = 0$。

**解**

**a.** 多項式函數 $f$ 在 $(-\infty, \infty)$ 是連續且可微分。尤其是它在 $[-1, 1]$ 是連續並在 $(-1, 1)$ 是可微分的。所以，

$$f(-1) = (-1)^3 - (-1) = 0 \quad \text{和} \quad f(1) = 1^3 - 1 = 0$$

並滿足 Rolle 定理的假設。

**b.** Rolle 定理的保證是在 $(-1, 1)$ 內必定存在數 $c$，使得 $f'(c) = 0$。因為 $f'(x) = 3x^2 - 1$，所以為了求 $c$，必須解

$$3c^2 - 1 = 0$$

得到 $c = \pm \sqrt{3}/3$。換言之，在 $(-1, 1)$ 內存在兩個數 $c_1 = -\sqrt{3}/3$ 和 $c_2 = \sqrt{3}/3$，滿足 $f'(c) = 0$（圖 4.14）。

圖 4.14
數 $c_1 = -\sqrt{3}/3$ 和 $c_2 = \sqrt{3}/3$ 滿足 $f'(c) = 0$，正如 Rolle 定理的保證

**例題 2　真實生活中 Rolle 定理的說明**　在標準雙駕駛潛艇的潛水測試期間，潛艇於時間 $t$（以分為單位）的深度（以呎為單位）為 $h(t) = t^3(t-7)^4$，其中 $0 \leq t \leq 7$。

**a.** 應用 Rolle 定理證明 0 和 7 之間存在某瞬間 $t = c$，使得 $h'(c) = 0$。
**b.** 求此數 $c$ 並解釋你的結果。

**解**

**a.** 多項式函數 $f$ 在 $[0, 7]$ 是連續且在 $(0, 7)$ 是可微分的。因為 $h(0) = 0$ 和 $h(7) = 0$，所以 Rolle 定理的假設都滿足。所以在 $(0, 7)$ 內至少存在一數 $c$，使得 $h'(c) = 0$。

**b.** 為了求 $c$ 值，先計算

$$h'(t) = 3t^2(t-7)^4 + t^3(4)(t-7)^3$$
$$= t^2(t-7)^3[3(t-7) + 4t]$$
$$= 7t^2(t-7)^3(t-3)$$

令 $h'(t) = 0$，得到 $t = 0$, $3$ 或 $7$。因為 $3$ 是在 $(0, 7)$ 內唯一滿足 $h'(3) = 0$ 的數，所以取 $c = 3$。解釋我們的結果，潛艇一開始在水面上（因為 $h(0) = 0$），並且於 7 分鐘之後再度回到水面上（因為 $h(7) = 0$）。潛艇在 $t = 3$ 的垂直速度分量為零，當時潛艇潛到最深處 $h(3) = 3^3(3-7)^4 = 6912$ 呎。$h$ 的圖形展示於圖 4.15。 ∎

Rolle 定理是個特殊情況，其更廣義的結果稱為均值定理。

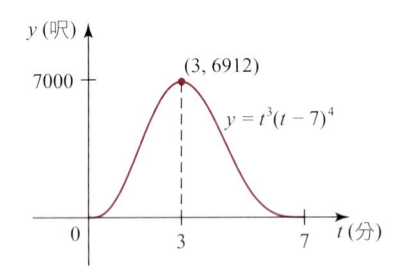

---

**定理 2　均值定理**

令 $f$ 在 $[a, b]$ 連續且 $f$ 在 $(a, b)$ 是可微分的，則在 $(a, b)$ 內至少存在一數 $c$，使得

$$f'(c) = \frac{f(b) - f(a)}{b - a} \qquad (1)$$

---

為了此定理的幾何說明，注意到式 (1) 的分式正是經過圖形 $f$ 上的點 $P(a, f(a))$ 和 $Q(b, f(b))$ 的割線斜率（圖 4.16）。然而，左邊 $f'(c)$ 的量是圖形 $f$ 在 $x = c$ 處的切線斜率。由均值定理得知，只要 $f$ 滿足適當的條件，圖形 $f$ 上至少有一個點 $(c, f(c))$，$a < c < b$，使得圖形 $f$ 在此點的切線平行於經過 $P$ 和 $Q$ 的割線。觀察得知，假如 $f(a) = f(b)$，則定理 2 簡化成 Rolle 定理。

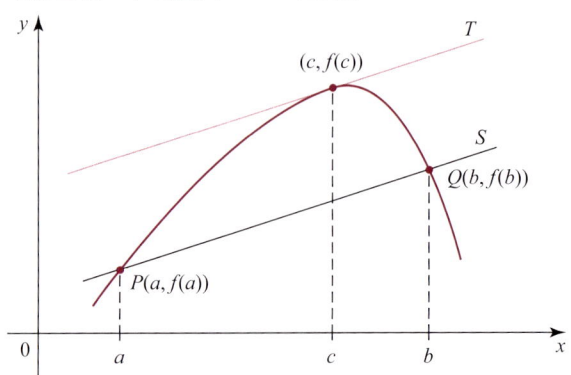

圖 4.15
潛艇在時間 $t$ 分的深度 $h(t)$ 呎

圖 4.16
點 $(c, f(c))$ 的切線 $T$ 平行於經過 $P$ 和 $Q$ 的割線 $S$

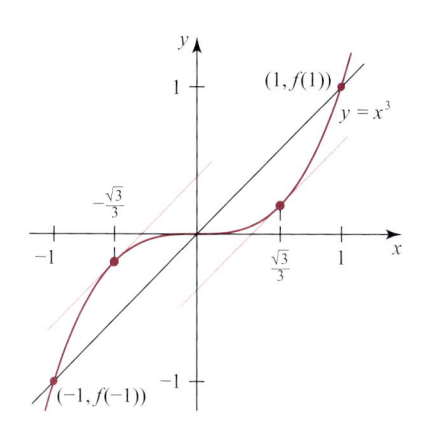

## 4.2 均值定理

**例題 3** 令 $f(x) = x^3$。

**a.** 證明在 $[-1, 1]$ 區間，$f$ 滿足均值定理的假設。

**b.** 以均值定理的保證，求 $(-1, 1)$ 內的點 $c$，滿足式 (1)。

**解**

**a.** 因為 $f$ 是多項式函數，所以它在 $(-\infty, \infty)$ 是連續且可微分的。特別是，$f$ 在 $[-1, 1]$ 是連續且在 $(-1, 1)$ 是可微分的。所以它滿足均值定理的假設。

**b.** 因為 $f'(x) = 3x^2$，所以 $f'(c) = 3c^2$。將 $a = -1$ 和 $b = 1$ 代入式 (1) 得到

$$\frac{f(1) - f(-1)}{1 - (-1)} = f'(c) \quad \text{或} \quad \frac{1 - (-1)}{1 - (-1)} = 3c^2$$

$$1 = 3c^2$$

即 $c = \pm\sqrt{3}/3$。因此在 $(-1, 1)$ 有兩個數 $c_1 = -\sqrt{3}/3$ 和 $c_2 = \sqrt{3}/3$ 滿足式 (1)（圖 4.17）。

| **圖 4.17**
如同均值定理所保證的，數 $c_1 = -\sqrt{3}/3$ 和 $c_2 = \sqrt{3}/3$ 滿足式 (1)

下一個例題是真實生活中應用均值定理的說明。

**例題 4** **均值定理與磁浮列車** 磁浮列車沿著平直的高架單軌移動，它的位置為 $s = f(t) = 4t^2$，$0 \leq t \leq 30$，其中 $s$ 以呎為單位且 $t$ 以秒為單位，則磁浮列車在前 4 秒移動的平均速度是

$$\frac{f(4) - f(0)}{4 - 0} = \frac{64 - 0}{4} = 16 \tag{2}$$

即 16 呎／秒。接著因為 $f$ 在 $[0, 4]$ 連續且在 $(0, 4)$ 是可微分的，所以根據均值定理的保證，在 $(0, 4)$ 內存在數 $c$，使得

$$\frac{f(4) - f(0)}{4 - 0} = f'(c) \tag{3}$$

然而 $f'(t) = 8t$，所以使用式 (2)，得到式 (3) 等價於

$$16 = 8c$$

即 $c = 2$。因為 $f'(t)$ 表示任意時間 $t$ 時磁浮列車的瞬間速度，由均值定理得知，從 $t = 0$ 到 $t = 4$（此情況是 $t = 2$）之間的某個 $t$，磁浮列車的瞬間速度等於在時間區間 $[0, 4]$ 磁浮列車的平均速度。

### 均值定理的某些結果

均值定理的一個重要的應用是透過它建立其他數學方面的結果。譬如：已知的常數函數的導數是零。現在我們可以證明反之亦然。

**定理 3**

對於在區間 $(a, b)$ 內的所有 $x$，若 $f'(x) = 0$，則 $f$ 在 $(a, b)$ 是常數。

### 定理 3 的推論

對於在區間 $(a, b)$ 內的所有 $x$，若 $f'(x) = g'(x)$，則 $f$ 和 $g$ 在 $(a, b)$ 只相差一個常數；亦即，對於在 $(a, b)$ 內的所有 $x$，存在常數 $c$，使得 $f(x) = g(x) + c$。

### ■ 決定函數零點的個數

最後一個例題將兩個重要的定理放在一起 —— 中間值定理和 Rolle 定理 —— 協助我們決定函數在已知區間內零點的個數。

**例題 5** 證明函數 $f(x) = x^3 + x + 1$ 在 $[-2, 0]$ 區間只有一個零點。

**解** 首先，由觀察得知，$f$ 在 $[-2, 0]$ 連續且 $f(-2) = -9$ 和 $f(0) = 1$。所以根據中間值定理，至少存在數 $c$ 滿足 $-2 < c < 0$ 使得 $f(c) = 0$。換言之，$f$ 在 $(-2, 0)$ 內至少有一個零點。

為了證明 $f$ 恰有一個零點，我們使用反證法，假設結論是錯，亦即，$f$ 至少有兩個相異的實根 —— $x_1$ 和 $x_2$。可假設 $x_1 < x_2$，則 $f(x_1) = f(x_2) = 0$。因為 $f$ 在 $(x_1, x_2)$ 是可微分的，由 Rolle 定理告訴我們，在 $x_1$ 和 $x_2$ 之間存在數 $c$，使得 $f'(c) = 0$。然而 $f'(x) = 3x^2 + 1 \geq 1$ 在 $(x_1, x_2)$ 絕不為零。這是一個矛盾，所以得證。

$f$ 的圖形展示於圖 4.18。

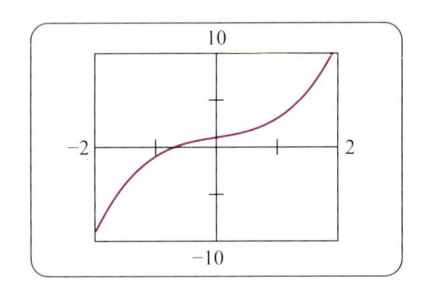

**圖 4.18**
圖中展示 $f$ 的零點

## 4.2 習題

1-4 題，證明函數在指定區間內滿足 Rolle 定理的假設，並求滿足定理結論的 $c$ 值。

1. $f(x) = x^2 - 4x + 3;\quad [1, 3]$
2. $f(x) = x^3 + x^2 - 2x;\quad [-2, 0]$
3. $f(x) = x\sqrt{1 - x^2};\quad [-1, 1]$
4. $h(t) = \sin^2 t;\quad [0, \pi]$

5-8 題，證明函數在指定區間內滿足均值定理的假設，並求滿足定理結論的 $c$ 值。

5. $f(x) = x^2 + 1;\quad [0, 2]$
6. $h(x) = \dfrac{1}{x};\quad [1, 3]$
7. $h(x) = x\sqrt{2x + 1};\quad [0, 4]$
8. $f(x) = x + \sin x;\quad \left[\dfrac{\pi}{2}, \pi\right]$

9. **飛機試飛** 對 McCord Terrier 製造的飛機進行試飛，於飛機的 VTOL（垂直起飛和降落）實驗中。當飛機打開垂直起飛的模擬後，起飛 $t$ 秒後的記錄顯示它的高度為

$$h(t) = \dfrac{1}{16}t^4 - t^3 + 4t^2 \qquad 0 \leq t \leq 8$$

使用 Rolle 定理來證明存在數 $c$，$0 < c < 8$，使得 $h'(c) = 0$。求 $c$ 值並解釋它的重要性。

10. 令 $f(x) = |x| - 1$。證明即使 $f(-1) = f(1) = 0$，$(-1, 1)$ 內沒有任何數 $c$ 滿足 $f'(c) = 0$。為什麼這並沒有和 Rolle 定理矛盾？

11. 證明 $f(x) = x^5 + 6x + 4$ 在 $(-\infty, \infty)$ 恰有一個零點。

12. 證明函數 $f(x) = x^5 - 12x + c$ 在 $[0, 1]$ 內最多有一個零點，其中 $c$ 是任意實數。

13. 假設方程式
$$a_n x^n + a_{n-1} x^{n-1} + \cdots + a_1 x = 0$$
有一正根 $r$。證明方程式
$$n a_n x^{n-1} + (n-1) a_{n-1} x^{n-2} + \cdots + a_1 = 0$$
有一小於 $r$ 的正根。
提示：使用 Rolle 定理。

14. 證明公式
$$\cos^2 x = \frac{1 + \cos 2x}{2}$$
提示：令 $f(x) = \cos^2 x - \frac{1}{2} \cos 2x$。證明在 $(-\infty, \infty)$，$f'(x) = 0$。使用定理 3 得到結論 $f(x) = C$，其中 $C$ 是常數並求 $C$。

15. 令 $f(x) = Ax^2 + Bx + C$ 和令 $[a, b]$ 是任意區間。證明均值定理應用在此函數後所得的數 $c$ 是 $[a, b]$ 區間的中點。

16. 滿足 $f(c) = c$ 的實數 $c$ 稱為函數 $f$ 的固定點（fixed point）。幾何上而言，$f$ 的固定點是將自己透過 $f$ 對映到自己的一個點。證明若 $f$ 是可微分的且對於區間 $I$ 內的所有點 $x$，$f'(x) \neq 1$，則 $f$ 在 $I$ 最多有一個固定點。

17-19 題，判斷下列敘述是對或是錯。如果它是對，解釋你的理由。如果它是錯，請解釋你的理由或舉例說明。

17. 假設 $f$ 在 $[a, b]$ 是連續且在 $(a, b)$ 是可微分的。若在 $(a, b)$ 內至少有一數 $c$，使得 $f'(c) = 0$，則 $f(a) = f(b)$。

18. 假如對於所有 $x$，$f'(x) = 0$，則 $f$ 是個常數函數。

19. 不存在任何在 $[2, 5]$ 連續且在 $(2, 5)$ 可微分的函數，它在 $[2, 5]$ 區間滿足 $|f(5) - f(2)| \leq 6$ 且對於在 $(2, 5)$ 內所有 $x$，$|f'(x)| > 2$。

## 4.3　遞增與遞減函數以及第一階導數檢驗

### ■ 遞增與遞減函數

決定飛機結構完整性的因子中，最重要的是機齡。高齡的飛機它的各個部分比較容易斷裂。如圖 4.19 所示，函數 $f$ 的圖形是參考航空工業的「浴缸曲線」。它提供某特定商用機群的壞損率與飛機服役的年齡有關的函數。

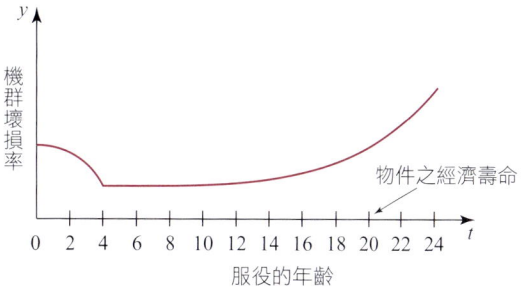

| 圖 4.19
「浴缸曲線」表示機群中壞損的飛機個數，它是機群機齡的函數

函數在 $(0, 4)$ 區間遞減（decreasing）表示於初始試航期間若問題被發現並修正，則機群壞損率會降低。函數在 $(4, 10)$ 是常數（constant），表示初始試航期間發現飛機有一些結構上的問題。此外，函數遞增（increasing）表示主金屬疲勞的結構瑕疵增加。

這些包含遞增和遞減函數的概念，可以用數學式子描述如下。

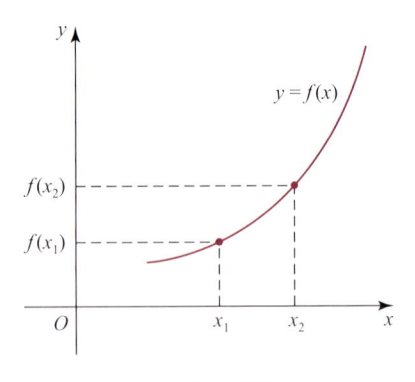

(a) $f$ 在 $I$ 遞增

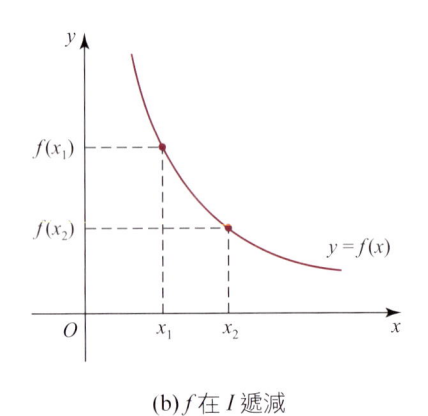

(b) $f$ 在 $I$ 遞減

**圖 4.20**

**定義　遞增和遞減函數**

對於 $I$ 內的每一對數 $x_1$ 和 $x_2$，若

$$x_1 < x_2 \quad f(x_1) < f(x_2) \quad \text{圖 4.20a}$$

則函數 $f$ 在 $I$ 區間**遞增**（increasing）。

對於 $I$ 內的每一對數 $x_1$ 和 $x_2$，若

$$x_1 < x_2 \quad f(x_1) > f(x_2) \quad \text{圖 4.20b}$$

則函數 $f$ 在 $I$ 區間**遞減**（decreasing）。

若 $f$ 在 $I$ 內不是遞增就是遞減，則它在 $I$ 區間是**單調的**（monotonic）。

因為函數的導數是測量函數的變化率，自然地，它成為我們決定可微分函數在哪些區間遞增或遞減的工具。如圖 4.21 所見，若 $f$ 的圖形在某區間的切線斜率是正，則函數在那個區間遞增。同理，若 $f$ 在某區間的切線斜率是負，則函數在那個區間遞減。同時我們知道，在 $(x, f(x))$ 點的切線斜率和 $f$ 在 $x$ 處的變化率是 $f'(x)$。因此，$f$ 在 $f'(x) > 0$ 的區間遞增並且 $f$ 在 $f'(x) < 0$ 的區間遞減。

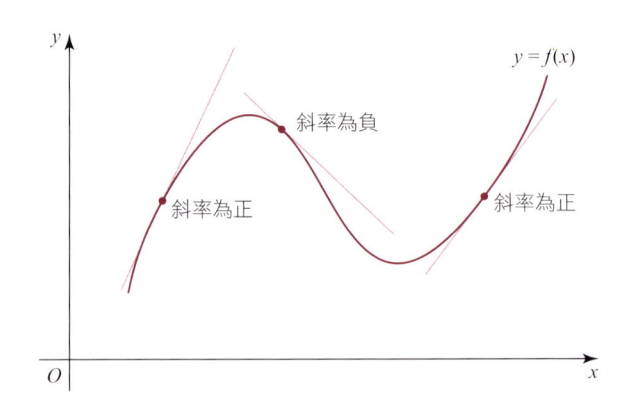

**圖 4.21**

$f$ 在 $f'(x) > 0$ 的區間遞增，且 $f$ 在 $f'(x) < 0$ 的區間遞減

由這些觀察直接引導出下面的定理。

**定理 1　假設 $f$ 在開區間 $(a, b)$ 是可微分的**

**a.** 對於在 $(a, b)$ 內的所有 $x$，若 $f'(x) > 0$，則 $f$ 在 $(a, b)$ 是遞增。
**b.** 對於在 $(a, b)$ 內的所有 $x$，若 $f'(x) < 0$，則 $f$ 在 $(a, b)$ 是遞減。
**c.** 對於在 $(a, b)$ 內的所有 $x$，若 $f'(x) = 0$，則 $f$ 在 $(a, b)$ 是常數。

**證明**

**a.** 令 $x_1$ 與 $x_2$ 是 $(a, b)$ 內的兩個數且 $x_1 < x_2$。因為 $f$ 在 $(a, b)$ 是可微分的，所以它在 $[x_1, x_2]$ 是連續且在 $(x_1, x_2)$ 是可微分的。根據均值

定理，$(x_1, x_2)$ 內存在數 $c$，使得

$$f'(c) = \frac{f(x_2) - f(x_1)}{x_2 - x_1}$$

或等價於

$$f(x_2) - f(x_1) = f'(c)(x_2 - x_1) \qquad (1)$$

現在由假設得知，$f'(c) > 0$，又 $x_1 < x_2$，亦即 $x_2 - x_1 > 0$。所以，$f(x_2) - f(x_1) > 0$ 或 $f(x_1) < f(x_2)$。這證明 $f$ 在 $(a, b)$ 遞增。
**b.** 與 **c.** 的證明與 **a.** 相似。

定理 1 提供我們建立找函數是遞增、遞減或是常數的區間方法。因此，回顧前面，我們知道函數只有經過零點處或在不連續點處才會發生符號改變。

### 決定函數遞增或遞減的區間

1. 求使 $f'(x) = 0$ 或 $f'(x)$ 不存在的所有 $x$ 值。應用這些點將 $f$ 的定義域分割成開區間群。
2. 在步驟 1 所得的每一個開區間選一個檢驗數 $c$，並決定 $f'(c)$ 在那個區間的符號。
   **a.** 若 $f'(c) > 0$，則 $f$ 在那個區間遞增。
   **b.** 若 $f'(c) < 0$，則 $f$ 在那個區間遞減。
   **c.** 若 $f'(c) = 0$，則 $f$ 在那個區間是常數。

**例題 1** 決定函數 $f(x) = x^3 - 3x^2 + 2$ 遞增的區間與遞減的區間。
**解** 因為

$$f'(x) = 3x^2 - 6x = 3x(x - 2)$$

所以 $f'$ 是處處連續並且 0 和 2 是它的根。$f'$ 的根將 $f$ 的定義域分割成 $(-\infty, 0), (0, 2)$ 和 $(2, \infty)$。為了決定 $f'(x)$ 在這些區間的符號，所以只要計算 $f'(x)$ 在每一個區間內的檢驗點。這些結果摘錄於下表。

| 區間 | 檢驗數 $c$ | $f'(c)$ | $f'(c)$ 的符號 |
|---|---|---|---|
| $(-\infty, 0)$ | $-1$ | 9 | $+$ |
| $(0, 2)$ | 1 | $-3$ | $-$ |
| $(2, \infty)$ | 3 | 9 | $+$ |

如此得到圖 4.22 $f'(x)$ 符號的示意圖。總結 $f$ 在 $(-\infty, 0)$ 和 $(2, \infty)$ 是遞增，並且在 $(0, 2)$ 是遞減。$f$ 的圖形展示於圖 4.23。

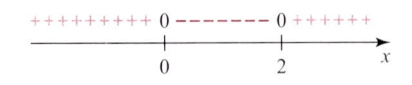

**圖 4.22**
f' 符號的示意圖

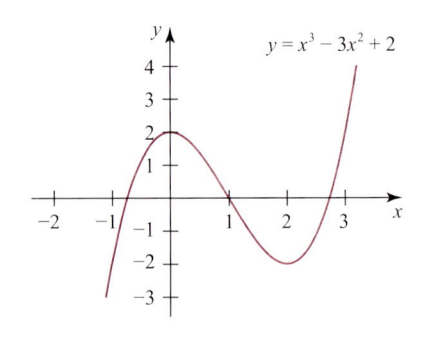

**圖 4.23**
f 在 (−∞, 0) 遞增，在 (0, 2) 遞減，在 (2, ∞) 遞增

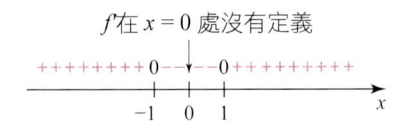

**圖 4.24**
f' 符號的示意圖

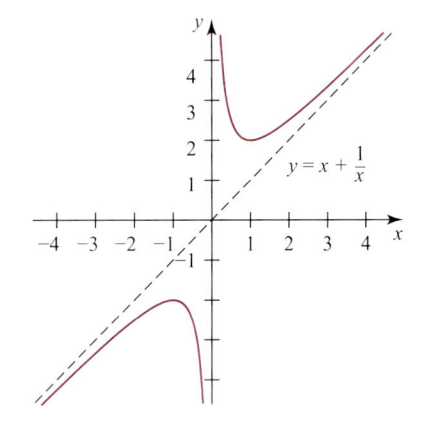

**圖 4.25**
f 的圖形

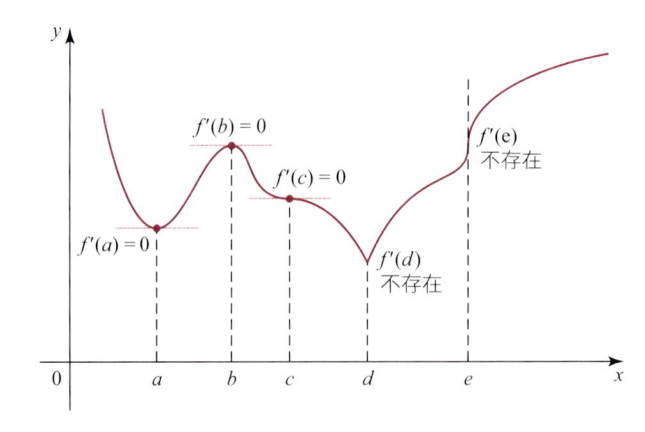

**圖 4.26**
a, b, c, d 和 e 是 f 的臨界點，然而只有 a, b 和 d 漸升到極值

**例題 2** 決定函數 $f(x) = x + 1/x$ 遞增的區間與遞減區間。

**解** f 的導數是

$$f'(x) = 1 - \frac{1}{x^2} = \frac{x^2 - 1}{x^2} = \frac{(x+1)(x-1)}{x^2}$$

所以 $f'(x)$ 除了 $x = 0$ 外處處連續，並且在 $x = -1$ 和 $x = 1$ 處有零點。這些 x 值將 f 的定義域分割成區間 $(-\infty, -1)$, $(-1, 0)$, $(0, 1)$ 和 $(1, \infty)$。計算在檢驗點 $x = -2, -\frac{1}{2}, \frac{1}{2}$ 和 2 的 $f'(x)$，得到

$$f'(-2) = \frac{3}{4}, \quad f'\left(-\frac{1}{2}\right) = -3, \quad f'\left(\frac{1}{2}\right) = -3 \quad 和 \quad f'(2) = \frac{3}{4}$$

這些提供圖 4.24 $f'(x)$ 符號的示意圖。故結論為 f 在 $(-\infty, -1)$ 和 $(1, \infty)$ 遞增，而在 $(-1, 0)$ 和 $(0, 1)$ 遞減。f 的圖形展示於圖 4.25*。注意當 f 經過不連續點時，$f'(x)$ 並沒有變號。

### 求函數的相對極值

現在我們將見識到函數 f 的導數如何用來求 f 的相對極值。假如檢視圖 4.26，將發現 f 的圖形在 b 處的相對極大值之左邊漸升（rising）並在它右邊漸降（falling）。同樣地，在 f 的相對極小值發生處（a 和 d），我們會發現 f 的圖形在這些臨界點左邊漸降並且在它們的右邊漸升。最後觀察到圖形 f 在臨界點 c 和 e 處的變化，這些點並沒有漸升到相對極值。注意 f 在這些臨界點的兩邊不是遞增就是遞減。

這些討論引導到下面的定理。

---

*當 $x \to \pm\infty$，f 的圖形逼近虛線。虛線稱為斜漸近線（slant asymptote），它將在 4.6 節中討論。

### 定理 2　第一階導數檢驗

令 $c$ 是連續函數 $f$ 在區間 $(a, b)$ 的臨界點，並且假設 $f$ 在 $(a, b)$ 內除了可能是 $c$ 本身以外每一數都可微分。

**a.** 假如 $f'(x)$ 在 $(a, c)$ 大於 0，並且 $f'(x)$ 在 $(c, b)$ 小於 0，則 $f$ 在 $c$ 處有相對極大值（圖 4.27a）。

**b.** 假如 $f'(x)$ 在 $(a, c)$ 小於 0，並且 $f'(x)$ 在 $(c, b)$ 大於 0，則 $f$ 在 $c$ 處有相對極小值（圖 4.27b）。

**c.** 假如 $f'(x)$ 在 $(a, c)$ 和在 $(c, b)$ 有相同的符號，則 $f$ 在 $c$ 處沒有相對極值（圖 4.27c）。

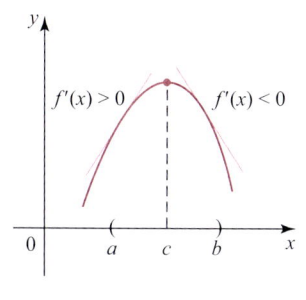

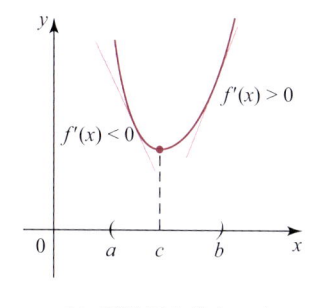

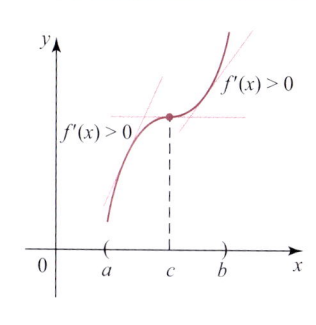

| 圖 4.27

(a) 相對極大值在 $c$ 處　　(b) 相對極小值在 $c$ 處　　(c) $c$ 處沒有相對極值

**證明**　此處只證明 (a) 的部分。當 $f'$ 經過 $c$ 處變號，從正號變為負號，則存在數 $a$ 和 $b$，對於在 $(a, c)$ 內的所有 $x$ 滿足 $f'(x) > 0$，且對於在 $(c, b)$ 內的所有 $x$，$f'(x) < 0$。根據定理 1，$f$ 在 $(a, c)$ 遞增且在 $(c, b)$ 遞減。因此，對於在 $(a, b)$ 內的所有 $x$，$f(x) \leq f(c)$。總結，$f$ 在 $c$ 處有相對極大值。

在定理 2 的基礎下，得到下面求連續函數的相對極值的步驟。

### 求函數的相對極值

1. 求 $f$ 的臨界點。
2. 決定 $f'(x)$ 在每一個臨界點的左邊和右邊的符號。

    **a.** 若 $f$ 經過臨界點 $c$，$f'(x)$ 的符號由正變負，則 $f(c)$ 是相對極大值。

    **b.** 若 $f$ 經過臨界點 $c$，$f'(x)$ 的符號由負變正，則 $f(c)$ 是相對極小值。

    **c.** 若 $f$ 經過臨界點 $c$，$f'(x)$ 的符號並沒有變號，則 $f(c)$ 不是相對極值。

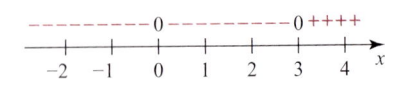

**圖 4.28**
$f'$ 符號的示意圖

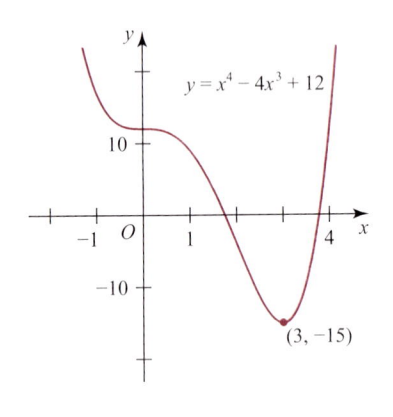

**圖 4.29**
$f$ 的圖形

**圖 4.30**
$f'$ 在 $x = 0$ 處沒有定義
$f'$ 符號的示意圖

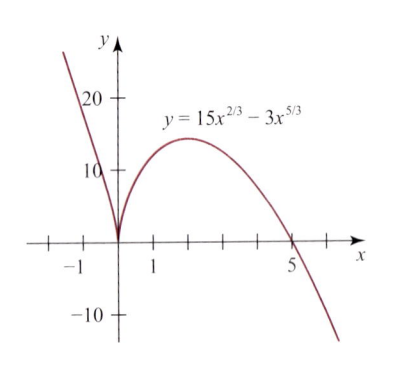

**圖 4.31**
$f$ 的圖形

**例題 3** 求 $f(x) = x^4 - 4x^3 + 12$ 的相對極值。

**解** $f$ 的導數

$$f'(x) = 4x^3 - 12x^2 = 4x^2(x - 3)$$

是處處連續。因此，$f'$ 的零點 0 和 3 是 $f$ 僅有的臨界點。圖 4.28 是 $f'$ 符號的示意圖。因為 $f'$ 在 $(-\infty, 0)$ 和 $(0, 3)$ 的符號相同，由第一階導數檢驗得知 $f$ 在 0 處並無相對極值。又當圖形經過 3 處，$f'$ 的符號由正變負，所以 $f$ 在 3 處確實下降到它的相對極小值。$f$ 的相對極小值是 $f(3) = -15$。圖 4.29 $f$ 的圖形確定此結果是對的。

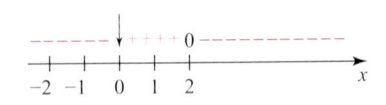

**例題 4** 求 $f(x) = 15x^{2/3} - 3x^{5/3}$ 的相對極值。

**解** $f$ 的導數是

$$f'(x) = 10x^{-1/3} - 5x^{2/3} = 5x^{-1/3}(2 - x) = \frac{5(2 - x)}{x^{1/3}}$$

注意，因為 $f'$ 在 0 處不連續並在 2 處有零點，所以 0 和 2 是 $f$ 的臨界點。參考 $f'$ 的符號示意圖（圖 4.30）和應用第一階導數檢驗，得到 $f$ 在 0 處有相對極小值和在 2 處有相對極大值。相對極小值是 $f(0) = 0$ 且相對極大值是

$$f(2) = 15(2)^{2/3} - 3(2)^{5/3} \approx 14.29$$

$f$ 的圖形展示於圖 4.31。

**例題 5** **發射體的移動** 發射體從 $xy$ 坐標系統的原點開始發射，並被限制在 $xy$ 平面上。假設發射體的軌道是

$$y = f(x) = 1.732x - 0.000008x^2 - 0.000000002x^3 \qquad 0 \le x \le 27{,}496$$

其中 $y$ 是以呎為單位所測量的發射體高度，而 $x$ 是以呎為單位所測量的發射體水平距離。

**a.** 求 $y$ 遞增的區間和 $y$ 遞減的區間。
**b.** 求 $f$ 的相對極值。
**c.** 解釋 (a) 和 (b) 所得的結果。

**解**
**a.** 觀察

$$\frac{dy}{dx} = 1.732 - 0.000016x - 0.000000006x^2$$

是處處連續。令 $dy/dx = 0$，得到

$$0.000000006x^2 + 0.000016x - 1.732 = 0$$

使用二次式的公式解此式，得到

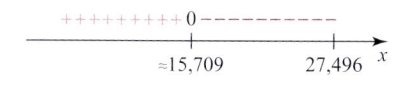

**圖 4.32**
$f'$ 符號的示意圖

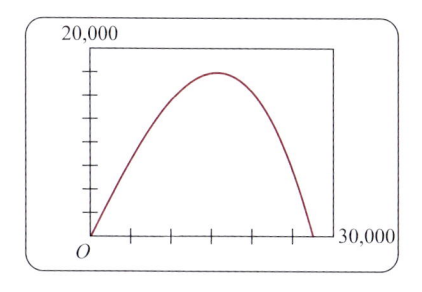

**圖 4.33**
發射體的軌道

$$x = \frac{-0.000016 \pm \sqrt{(0.000016)^2 - 4(0.000000006)(-1.732)}}{2(0.000000006)}$$

$$\approx -18{,}376 \text{ 或 } 15{,}709$$

因為 $x$ 非負，所以負根不取。因此 $y$ 的臨界點大約是 15,709。由圖 4.32 $f'$ 符號示意圖得知 $y$ 在 $(0, 15{,}709)$ 遞增和在 $(15{,}709, 27{,}496)$ 遞減。

**b.** 由 (a) 得知 $y$ 在 $x \approx 15{,}709$ 處有相對極大值，

$$y \approx 1.732x - 0.000008x^2 - 0.000000002x^3 \big|_{x=15{,}709} \approx 17{,}481$$

**c.** 發射體離開原點後，沿著試飛方向飛行並增加高度。它試飛約 15,709 呎後達到最大高度 17,481 呎。從此，導彈下墜直到衝撞地面（試飛水平距離 27,496 呎後）。發射體的軌道展示於圖 4.33。

## 4.3 習題

1-3 題，已知函數 $f$ 的圖形。(a)決定 $f$ 遞增、常數或遞減的區間；(b)假如 $f$ 有極值，求它的相對極大值和相對極小值。

**1.**

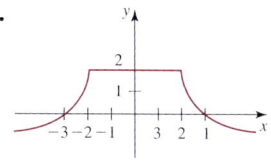

**2.**

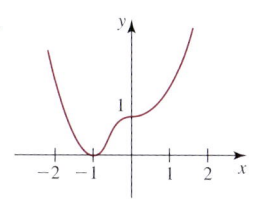

**3.**

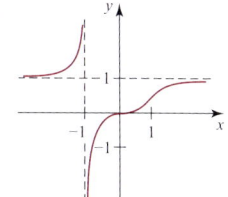

**4.** 已知函數 $f$ 的導數 $f'$ 的圖形。(a) 決定 $f$ 遞增、為常數或遞減的區間；(b)求 $f$ 的相對極大值和相對極小值的 $x$ 坐標。

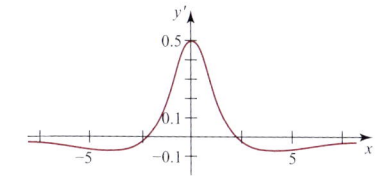

5-19 題，(a) 求 $f$ 遞增或遞減的區間；並 (b) 求 $f$ 的相對極大值和相對極小值。

**5.** $f(x) = x^2 - 2x$
**6.** $f(x) = x^3 - 6x + 1$
**7.** $f(x) = 2x^3 + 3x^2 - 12x + 5$
**8.** $f(x) = x^4 - 4x^3 + 6$
**9.** $f(x) = x^{1/3} - 1$
**10.** $f(x) = x^2(x-2)^3$
**11.** $f(x) = x + \dfrac{1}{x}$
**12.** $f(x) = \dfrac{x^2}{x-1}$
**13.** $f(x) = \dfrac{2x-3}{x^2-4}$
**14.** $f(x) = x^{2/3}(x-3)$
**15.** $f(x) = x\sqrt{x-x^2}$
**16.** $f(x) = x - 2\sin x, \quad 0 < x < 2\pi$
**17.** $f(x) = \cos^2 x, \quad 0 < x < 2\pi$
**18.** $f(x) = x\sin x + \cos x, \quad 0 < x < 2\pi$
**19.** $f(x) = \tan(x^2 + 1), \quad -\dfrac{\pi}{2} < x < \dfrac{\pi}{2}$

**20. 早晨交通擁擠** 某延伸的公路 123 在典型的週間早上 6 點到 10 點之間的車流速率是以函數

$$f(t) = 20t - 40\sqrt{t} + 52 \qquad 0 \le t \le 4$$

來估算，其中 $f(t)$ 是以哩／小時為單位，且 $t$ 是以小時為單位，$t = 0$ 表示早上 6 點。求 $f$ 遞增的區間、$f$ 遞減的區間和 $f$ 的相對極值。解釋你的結果。

**21. 求最低的平均成本** Electra Electronics 公司的子公司生產 MP3 播放器。管理部門決定每日生產這些播放器的總成本（以元為單位）是

$$C(x) = 0.0001x^3 - 0.08x^2 + 40x + 5000$$

求平均成本函數 $\overline{C}$（定義為 $\overline{C}(x) = C(x)/x$）何時遞減和何時遞增？又平均成本最低時的生產量為何？

提示：$x = 500$ 是式子 $\overline{C}'(x) = 0$ 的根。

22. **港灣的水位** 波士頓港灣的水位在某特定 24 小時期間大約是

$$H = 4.8 \sin\left(\frac{\pi}{6}(t - 10)\right) + 7.6 \qquad 0 \leq t \leq 24$$

其中 $t = 0$ 表示中午 12 點。試問何時水位上升？何時水位下降？求 $H$ 的極值並解釋你的結果。

資料來源：SMG Marketing Group.

23. **功能保健食品的產品銷售** 功能保健食品——它們保證產品超越基本營養需求——的產品銷售最近幾年急速升高。含草本和其他添加物之食品和飲料的銷售量大約是

$$S(t) = 0.46t^3 - 2.22t^2 + 6.21t + 17.25 \qquad 0 \leq t \leq 4$$

其中 $t$ 是以年為單位，$t = 0$ 表示 1997 年初。

a. 於視窗 $[0, 4] \times [15, 40]$ 內繪畫 $S$ 圖形。

b. 證明 1997 年初開始 4 年期間，銷售量是遞增的。

資料來源：Frost & Sullivan.

24. 已知方程式 $x + \sin x = b$，證明若 $b < 0$，則此方程式沒有正根和若 $b > 0$，則此方程式有一正根。

提示：證明 $f(x) = x + \sin x - b$ 遞增，以及若 $b < 0$，則 $f(0) > 0$，和若 $b > 0$，則 $f(0) < 0$。

25. 證明若 $0 < x < \pi/2$，則 $2x/\pi < \sin x < x$。

提示：證明 $f(x) = (\sin x)/x$ 在 $(0, \pi/2)$ 是遞減。

26. 令 $f(x) = ax^3 + 6x^2 + bx + 4$。決定常數 $a$ 和 $b$，使得 $f$ 在 $x = -1$ 處有相對極小值並在 $x = 2$ 處有相對極大值。

27. 令

$$f(x) = \begin{cases} \dfrac{1}{x^2}, & x < 0 \\ x^2, & x \geq 0 \end{cases}$$

證明即使 $f$ 的第一階導數經過 $x = 0$ 處沒有改變符號，$f$ 在 0 處仍有相對極小值。試問它有沒有和第一階導數檢驗發生矛盾？

28-30 題，判斷下列敘述是對或是錯。如果它是對，解釋你的理由。如果它是錯，請解釋你的理由或舉例說明。

28. 若 $f$ 在 $I$ 區間遞增，$g$ 在同一 $I$ 區間遞減，則 $f - g$ 在 $I$ 遞增。

29. 若 $f$ 和 $g$ 在 $I$ 區間都是正，且 $f$ 在 $I$ 是遞增，$g$ 在 $I$ 是遞減，則商數 $f/g$ 在 $I$ 遞增。

30. 若對於在 $(a, b)$ 區間內的每一個 $x$，$f'(x) > g'(x)$，則對於在 $(a, b)$ 區間內的每一個 $x$，$f(x) > g(x)$。

## 4.4 凹面和反曲點

### 凹面

兩輛汽車 $A$ 和 $B$ 沿著平直的道路行駛，其位置函數 $s_1$ 和 $s_2$ 的圖形如圖 4.1 所示。它們的圖形都是上升，反映出這兩輛汽車向前移動，亦即，前進的速度是正。

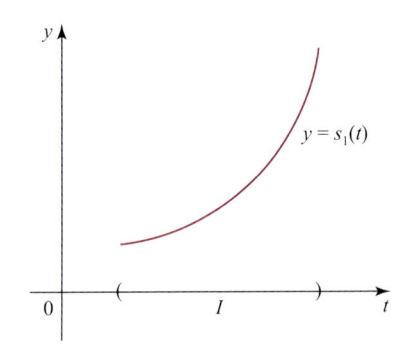

**圖 4.34**

(a) $s_1$ 在 $I$ 遞增

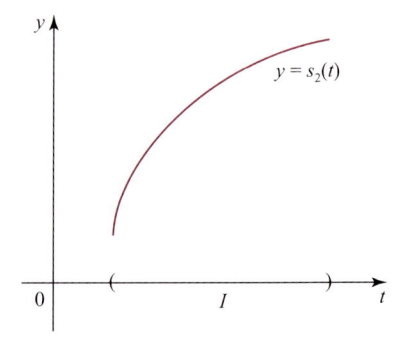

(b) $s_2$ 在 $I$ 遞增

然而由觀察得知，圖 4.34a 的圖形是開口朝上，而圖 4.34b 的圖形是開口朝下。我們要如何說明曲線彎曲所代表汽車移動的情形。讓我們用觀察每個圖形上不同點的切線斜率，來回答這個問題。

由圖 4.35a 看到當 $t$ 遞增時，圖形的切線斜率也遞增。因為在點 $(t, s_1(t))$ 的切線斜率是測量 $A$ 車在時間 $t$ 的速度，我們不僅看到 $A$ 車向前行，而且也知道在時間區間 $I$，它的速度是遞增。換言之，$A$ 車在 $I$ 區間加速前進。以相同方式分析圖 4.35b 的圖形，它顯示 $B$ 車也向前行，但是在 $I$ 區間減速前進。

我們可以用凹面的概念來描述曲線彎曲的方式。

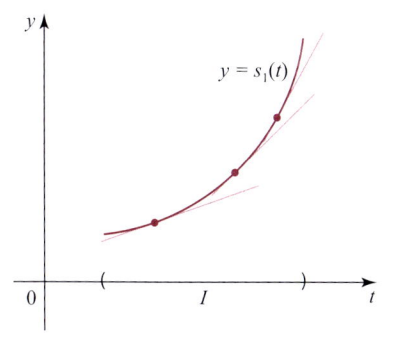

**定義　函數圖形的凹面**

假設 $f$ 在開區間 $I$ 可微分，則
a. 若 $f'$ 在 $I$ 遞增，則 $f$ 的圖形是**凹面朝上**（concave upward）。
b. 若 $f'$ 在 $I$ 遞減，則 $f$ 的圖形是**凹面朝下**（concave downward）。

**註**　這個敘述是正確的：若 $f$ 的圖形在開區間是凹面朝上，則它落在所有它的切線的上方（圖 4.35a），而且若 $f$ 的圖形在開區間是凹面朝下，則它落在所有它的切線的下方（圖 4.35b）。

圖 4.36 展示的函數圖形在 $(a, b), (c, d)$ 和 $(d, e)$ 區間是凹面朝上，在 $(b, c)$ 和 $(e, g)$ 區間是凹面朝下。

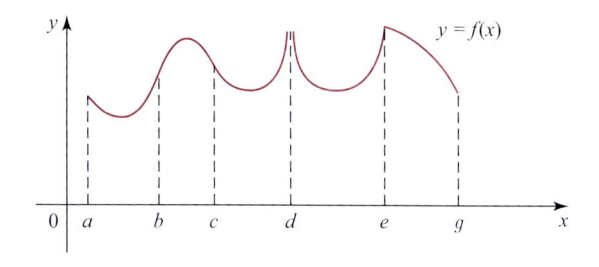

若函數 $f$ 有第二階導數 $f''$，則可以用它來決定圖形 $f$ 凹面的區間。事實上，$f$ 的第二階導數是測量 $f$ 的第一階導數的變化率，可見得對於在 $(a, b)$ 內的所有 $x$，若 $f''(x) > 0$，則 $f'$ 在開區間 $(a, b)$ 遞增；而且對於在 $(a, b)$ 內的所有 $x$，若 $f''(x) < 0$，則 $f'$ 在開區間 $(a, b)$ 遞減。因此有下面的結果。

(a) $s_1$ 圖形是凹面朝上

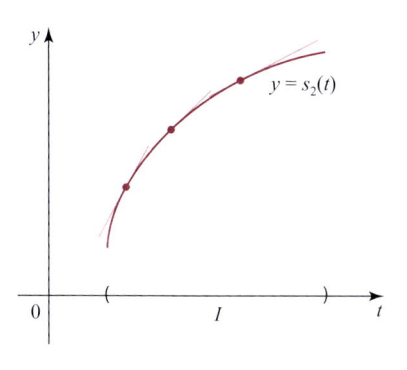

(b) $s_2$ 圖形是凹面朝下

**圖 4.35**
$s_1$ 圖形的切線斜率是遞增，而 $s_2$ 圖形的切線斜率是遞減

**圖 4.36**
區間 $[a, g]$ 被分割成小區間來顯示圖形 $f$ 在哪裡是凹面朝上和在哪裡是凹面朝下

## 歷史傳記

**JOSEPH-LOUIS LAGRANGE**
(1736-1813)

擁有法國和義大利的遺傳，Lagrange 是家裡十一個小孩中沒有夭折且僅存的二個小孩中最小的。Lagrange 的作品較偏向美學，因此純數的數學家比實用的工程學者對他的作品比較有興趣。於 1799 年，他建立公制。於 1700 至 1800 年代，他對發展新數學觀念的寫法有很多的貢獻。

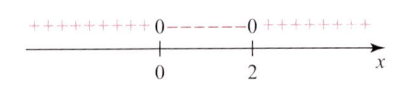

**圖 4.37**
$f''$ 符號的示意圖

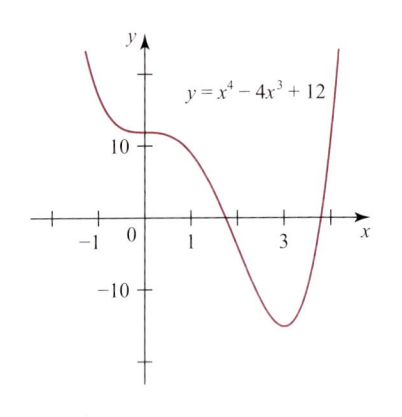

**圖 4.38**
$f$ 的圖形在 $(-\infty, 0)$ 和 $(2, \infty)$ 凹面朝上以及在 $(0, 2)$ 凹面朝下

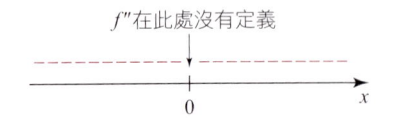

**圖 4.39**
$f''$ 符號的示意圖

### 定理 1

假設 $f$ 在開區間 $I$ 有第二階導數。
**a.** 對於在 $I$ 內的所有 $x$，若 $f''(x) > 0$，則 $f$ 的圖形在 $I$ 凹面朝上。
**b.** 對於在 $I$ 內的所有 $x$，若 $f''(x) < 0$，則 $f$ 的圖形在 $I$ 凹面朝下。

下面的步驟是根據定理 1 訂的，可以用來決定函數凹面的區間。

### 決定函數凹面的區間

1. 求所有 $x$ 的值，滿足 $f''(x) = 0$ 或 $f''(x)$ 不存在。用這些 $x$ 值將 $f$ 的定義域分割成數個開區間。
2. 於步驟 1 的每個區間內找一個檢驗數 $c$，並決定在那個區間 $f''(c)$ 的符號。
   **a.** 若 $f''(x) > 0$，則 $f$ 的圖形在那個區間凹面朝上。
   **b.** 若 $f''(x) < 0$，則 $f$ 的圖形在那個區間凹面朝下。

**註** 發展這些步驟時，我們再次用到下述事實：函數（這裡的函數是 $f''$）只有在經過零點或不連續點時才會變號。

**例題 1** 決定圖形 $f(x) = x^4 - 4x^3 + 12$ 在哪些區間凹面朝上和在哪些區間凹面朝下。

**解** 首先計算 $f$ 的第二階導數：
$$f'(x) = 4x^3 - 12x^2$$
$$f''(x) = 12x^2 - 24x = 12x(x - 2)$$

接著我們注意到 $f''$ 是處處連續，並在 0 和 2 處有零點。用這個訊息畫出 $f''$ 符號的示意圖（圖 4.37）。結論是，$f$ 的圖形在 $(-\infty, 0)$ 和 $(2, \infty)$ 凹面朝上以及在 $(0, 2)$ 凹面朝下。$f$ 圖形展示於圖 4.38。觀察 $f$ 圖形的凹面在點 $(0, 12)$ 處從開口朝上變化到開口朝下和在點 $(2, -4)$ 處從開口朝下變化到開口朝上。

**例題 2** 決定圖形 $f(x) = x^{2/3}$ 在哪裡凹面朝上和在哪裡凹面朝下。

**解** 因為
$$f'(x) = \frac{2}{3}x^{-1/3} \quad \text{和} \quad f''(x) = -\frac{2}{9}x^{-4/3} = -\frac{2}{9x^{4/3}}$$

觀察得知 $f''$ 除了 0 以外，處處連續。由圖 4.39 的 $f''$ 符號示意圖得知，$f$ 的圖形在 $(-\infty, 0)$ 和 $(0, \infty)$ 是凹面朝下（圖 4.40）。

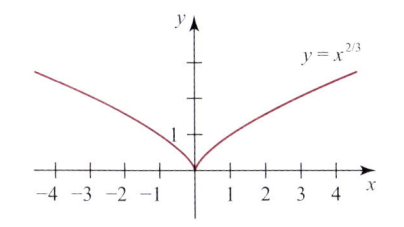

### 圖 4.40
$f$ 的圖形在 $(-\infty, 0)$ 和 $(0, \infty)$ 凹面朝下

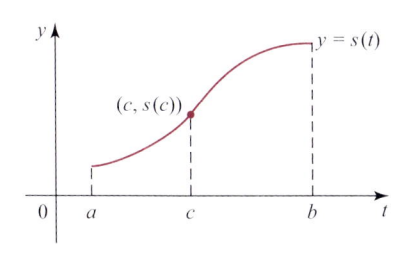

### 圖 4.41
點 $(c, s(c))$ 使 $s$ 圖形的凹面改變，稱為 $s$ 的反曲點

## 反曲點

圖 4.41 是汽車沿著平直的道路前進的位置函數圖形。觀察得知 $s$ 圖形在 $(a, c)$ 凹面朝上，在 $(c, b)$ 凹面朝下。圖形說明，當 $a < t < c$（當 $t$ 在 $(a, c)$ 內，$s''(t) > 0$），車子加速，並且當 $c < t < b$（當 $t$ 在 $(c, b)$ 內，$s''(t) < 0$），車子減速。當 $t = c$，它的加速度是零。此時車速在時間區間 $(a, b)$ 內達到最大。$s$ 圖形上的點 $(c, s(c))$ 使凹面改變，稱為反曲點（inflection point）或 $s$ 的反曲點（point of inflection）。

更一般化，我們有下面的定義。

### 定義　反曲點

令函數 $f$ 在包含點 $c$ 的開區間連續，並假設 $f$ 的圖形在 $P(c, f(c))$ 有切線。假如 $f$ 的圖形在 $P$ 處從凹面朝上改變成凹面朝下（反之亦然），則點 $P$ 稱為 $f$ 圖形的**反曲點**（inflection point）。

觀察到函數圖形與它的切線相交於反曲點（圖 4.42）。

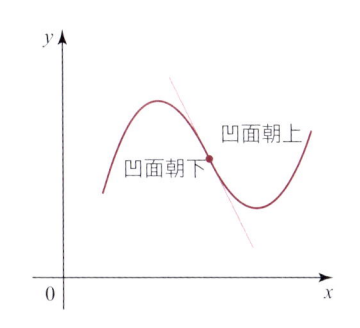

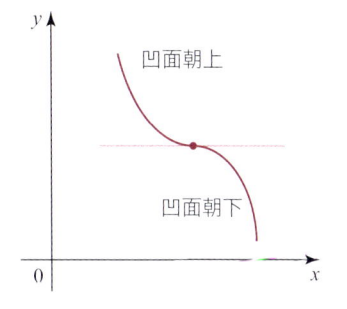

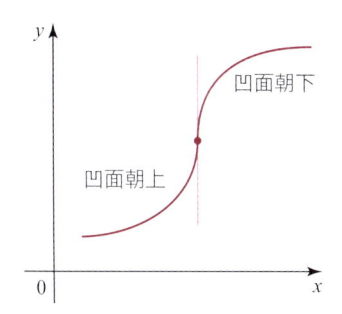

### 圖 4.42
函數圖形與它的切線相交於反曲點

下面的步驟是用來找具有第二階導數之函數的反曲點，可能除了獨立點外。

### 求反曲點

1. 求所有在 $f$ 定義域內的數 $c$，使得 $f''(c) = 0$ 或 $f''(c)$ 不存在。這些點可能是反曲點。
2. 決定步驟 1 所求得的數 $c$ 的左邊和右邊的 $f''(x)$ 的符號。假如 $f''(x)$ 的符號改變，則 $P(c, f(c))$ 點是 $f$ 的反曲點，附帶 $f$ 圖形在 $P$ 有切線。

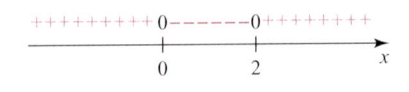

**圖 4.43**
$f''$ 符號的示意圖

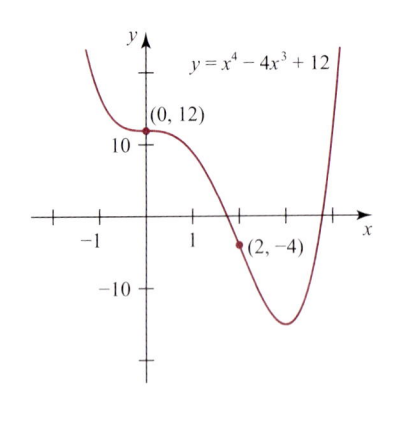

**圖 4.44**
(0, 12) 和 (2, −4) 是反曲點

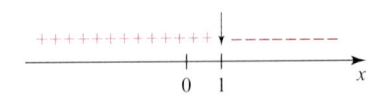

$f''$ 在此處沒有定義

**圖 4.45**
$f''$ 符號的示意圖

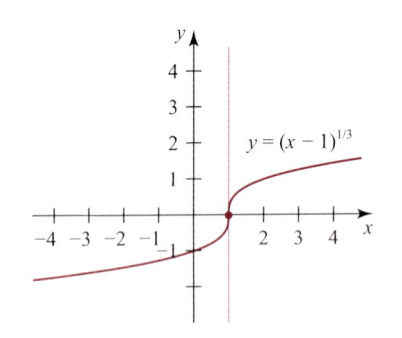

**圖 4.46**
$f$ 在 (1, 0) 處有反曲點

**例題 3** 求 $f(x) = x^4 − 4x^3 + 12$ 的反曲點。

**解** 計算

$$f'(x) = 4x^3 − 12x^2 \quad \text{和} \quad f''(x) = 12x^2 − 24x = 12x(x − 2)$$

得到 $f''$ 處處連續且在 0 和 2 有零點。這些點有可能是 $f$ 的反曲點。由圖 4.43 的 $f''$ 符號示意圖得知，當圖形經過 0 處，$f''(x)$ 變號，由正變負。因此，點 (0, 12) 是 $f$ 的反曲點。同時，當圖形經過 2 處，$f''(x)$ 變號，由負變正。所以，點 (2, −4) 也是 $f$ 的反曲點。這些反曲點如圖 4.44 所示，其中 $f$ 的圖形是草圖。∎

**例題 4** 求 $f(x) = (x−1)^{1/3}$ 的反曲點。

**解** 因為

$$f'(x) = \frac{1}{3}(x − 1)^{−2/3} \quad \text{和} \quad f''(x) = −\frac{2}{9}(x − 1)^{−5/3} = −\frac{2}{9(x − 1)^{5/3}}$$

所以除了在 1 處沒有定義外，$f''$ 處處連續。進一步得知，$f''$ 沒有零點，所以 1 可能是 $f$ 唯一的反曲點。由圖 4.45 的 $f''$ 符號示意圖得知，當圖形經過 1 處，$f''(x)$ 確實變號，由正變為負。所以 (1, 0) 確實是 $f$ 的反曲點。由觀察得知，圖形 $f$ 在那點有垂直切線（圖 4.46）。∎

⚠ 記得那些使 $f''(x) = 0$ 或 $f''$ 在那裡不連續的數有可能是 $f$ 的反曲點。譬如：你可以證明若 $f(x) = x^4$，則 $f''(0) = 0$，然而點 (0, 0) 不是 $f$ 的反曲點（圖 4.47）。同時，若 $g(x) = x^{2/3}$，則 $g''$ 在 0 處不連續，如例題 2 所示，但是點 (0, 0) 不是 $g$ 的反曲點（圖 4.48）。

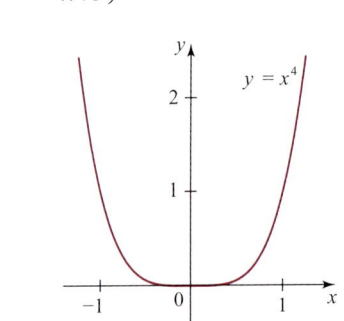

**圖 4.47**
$f''(0) = 0$，但是 (0, 0) 不是 $f$ 的反曲點

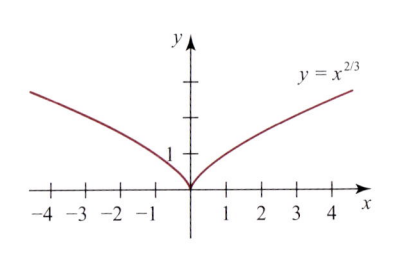

**圖 4.48**
$g''$ 在 0 處不連續，但是 (0, 0) 不是 $g$ 的反曲點

例題 5 和 6 提供兩個有反曲點函數的實例。

**例題 5** **潛艇潛水檢驗** 參考 4.2 節例題 2。回顧標準雙駕駛的潛艇於時間 $t$（以分計）下潛的深度（以呎計）為

$$h(t) = t^3(t-7)^4 \qquad 0 \le t \le 7$$

求 h 的反曲點並解釋它們的重要性。

**解** 我們有

$$h'(t) = 3t^2(t-7)^4 + t^3(4)(t-7)^3 = t^2(t-7)^3(3t-21+4t)$$
$$= 7t^2(t-3)(t-7)^3$$

$$h''(t) = \frac{d}{dt}[7(t^3 - 3t^2)(t-7)^3]$$
$$= 7[(3t^2 - 6t)(t-7)^3 + (t^3 - 3t^2)(3)(t-7)^2]$$
$$= 7[3t(t-2)(t-7)^3 + 3t^2(t-3)(t-7)^2]$$
$$= 21t(t-7)^2[(t-2)(t-7) + t(t-3)]$$
$$= 42t(t-7)^2(t^2 - 6t + 7)$$

觀察得知，$h''$ 處處連續，所以在 [0, 7] 連續。令 $h''(t) = 0$，得到 $t = 0$, $t = 7$ 或 $t^2 - 6t + 7 = 0$。使用二次公式解最後的式子，得到

$$t = \frac{6 \pm \sqrt{36-28}}{2} = 3 \pm \sqrt{2}$$

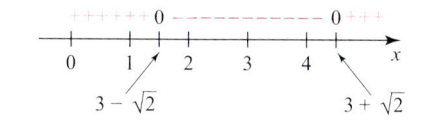

因為這兩個根都落在區間 (0, 7) 內，它們有可能是 h 的反曲點。由 $h''$ 符號示意圖得知，$t = 3 - \sqrt{2} \approx 1.59$ 和 $t = 3 + \sqrt{2} \approx 4.41$ 確實是 h 的反曲點（圖 4.49）。h 的圖形複製在圖 4.50。

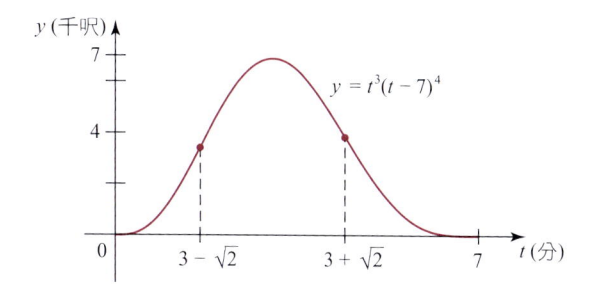

**圖 4.49**
$h''$ 符號的示意圖

**圖 4.50**
h 圖形在 $(3-\sqrt{2}, h(3-\sqrt{2}))$ 和 $(3+\sqrt{2}, h(3+\sqrt{2}))$ 處有反曲點

為了說明我們的結果，觀察得知 h 的圖形在 $(0, 3-\sqrt{2})$ 凹面向上。這說明潛艇在時間區間 (0, 1.6) 加速下潛到深度 $h(3-\sqrt{2}) \approx 3427$ 呎。（證明！）h 圖形在 $(3-\sqrt{2}, 3+\sqrt{2})$ 凹面朝下，這說明潛艇從 $t \approx 1.6$ 減速下潛到它的最低點。因此，它加速上升直到 $t \approx 4.4$。從 $t \approx 4.4$ 直到 $t = 7$，潛艇減速上升直到浮出水面，下潛測試整個過程 7 分鐘。潛艇在 $t = 3-\sqrt{2} \approx 1.6$ 時下潛速率最大且大約 $h'(3-\sqrt{2})$，或 3951 呎／秒。同時，潛艇在 $t = 3+\sqrt{2} \approx 4.4$ 時上升速率最大且大約 $-h'(3+\sqrt{2})$，或 3335 呎／秒。

**例題 6** **廣告對收益的效應** Odyssey 旅行社年總收益 R（以千元計），和花費在廣告它的服務的費用總額 x 有關，它的公式是

**184** 第 4 章 導數的應用

$$R = -0.01x^3 + 1.5x^2 + 200 \qquad 0 \le x \le 100$$

其中 $x$ 以千元計。求 $R$ 的反曲點並解釋你的結果。

**解**

$$R' = -0.03x^2 + 3x \quad \text{和} \quad R'' = -0.06x + 3$$

處處連續。令 $R'' = 0$，得到 $x = 50$，它有可能是 $R$ 的反曲點。進一步，因為當 $0 < x < 50$，$R'' > 0$ 且當 $50 < x < 100$，$R'' < 0$，所以 $(50, 2700)$ 點是函數 $R$ 的反曲點。$R$ 的圖形展示於圖 4.51。

為了解釋這些結果，觀察得知，旅行社的收入剛開始時增加得相當慢，隨著廣告費用增加，收益也跟著急速地增加，這反映了公司的廣告有效。但是它很快就達到某個點，只要超過那個點，即使增加廣告費用，它的收益增加的速率也變慢。這些開銷通常表示為逐漸減少的回饋點而且對應到 $R$ 的反曲點的 $x$ 坐標。■

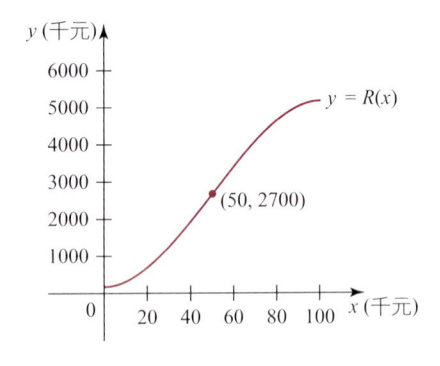

| 圖 **4.51**

$R$ 的圖形在 $x = 50$ 處有反曲點

## ■ 第二階導數檢驗

函數的第二階導數常常被用來決定臨界點是否為相對極值。假設 $c$ 是 $f$ 的臨界點，若 $f''(c) < 0$，則在包含 $c$ 的某個區間 $(a, b)$，$f$ 的圖形凹面朝下。直觀上，$f(c)$ 必須是 $(a, b)$ 內所有 $x$ 對應的 $f(x)$ 中最大的。換言之，$f$ 在 $c$ 處有相對極大值（圖 4.52a）。同理，在臨界點 $c$，若 $f''(c) > 0$，則 $f$ 在 $c$ 處有相對極小值（圖 4.52b）。

由這些觀察得到下面的定理。

---

**定理 2　第二階導數檢驗**

假設 $f$ 在包含臨界點 $c$ 的 $(a, b)$ 區間有連續的第二階導數。
**a.** 若 $f''(c) < 0$，則 $f$ 在 $c$ 有相對極大值。
**b.** 若 $f''(c) > 0$，則 $f$ 在 $c$ 有相對極小值。
**c.** 若 $f''(c) = 0$，則沒有結論。

---

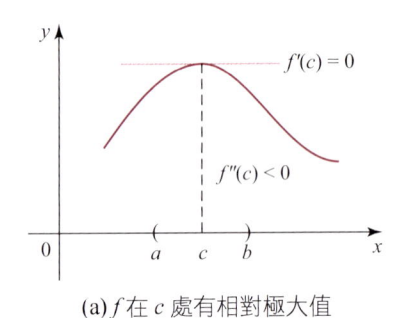

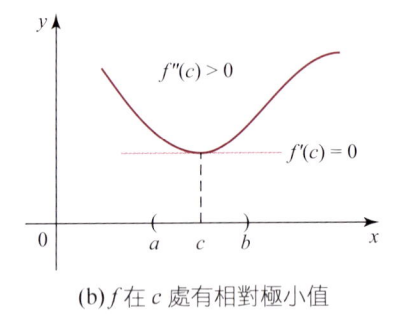

(a) $f$ 在 $c$ 處有相對極大值

(b) $f$ 在 $c$ 處有相對極小值

| 圖 **4.52**

**證明**　此處我們提供 (a) 的證明。由於 (b) 的證明類似，此處省略。若 $f''(c) < 0$，則由 $f''$ 的連續性推論得到 $f'' < 0$ 發生在包含 $c$ 的開區間 $I$。它表示 $f$ 的圖形在 $I$ 凹面朝下。因此，$f$ 的圖形落在點 $(c, f(c))$ 的切線下方（見 179 頁的註）。但是因為 $f'(c) = 0$，這條切線是水平的，這證明對於在 $I$ 內的所有 $x$，$f(x) \le f(c)$（圖 4.52a）。所以 $f$ 在 $c$ 處有相對極大值，即得證。■

### 4.4 凹面和反曲點 185

**例題 7** 使用第二階導數檢驗求 $f(x) = x^3 - 3x^2 - 24x + 32$ 的相對極值。

**解**

$$f'(x) = 3x^2 - 6x - 24 = 3(x-4)(x+2)$$

令 $f'(x) = 0$，得到 $-2$ 和 $4$ 是 $f$ 的臨界點。接著計算

$$f''(x) = 6x - 6 = 6(x-1)$$

並計算 $f''(x)$ 在臨界點 $-2$ 的值，得到

$$f''(-2) = 6(-2-1) = -18 < 0$$

由第二階導數檢驗推得 $f$ 在 $-2$ 處有相對極大值。同時

$$f''(4) = 6(4-1) = 18 > 0$$

所以 $f$ 在 $4$ 處有相對極小值。$f$ 的圖形展示於圖 4.53。

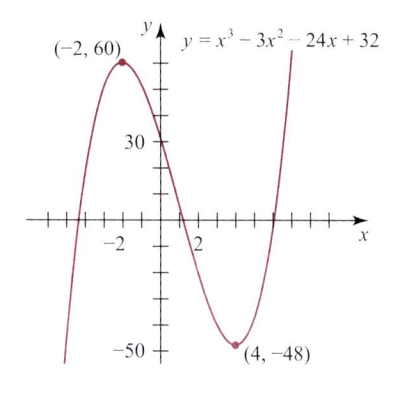

**圖 4.53**
$f$ 在 $(-2, 60)$ 處有相對極大值，在 $(4, -48)$ 處有相對極小值

在臨界點 $c$，若 $f''(c) = 0$，則第二階導數檢驗不適用。譬如：函數 $f(x) = -x^4$，$g(x) = x^4$ 和 $h(x) = x^3$ 都有臨界點 $0$。注意 $f''(0) = g''(0) = h''(0) = 0$；但是如圖 4.54 所示的函數圖形，$f$ 在 $0$ 處有相對極大值，$g$ 在 $0$ 處有相對極小值和 $h$ 在 $0$ 處沒有極值。

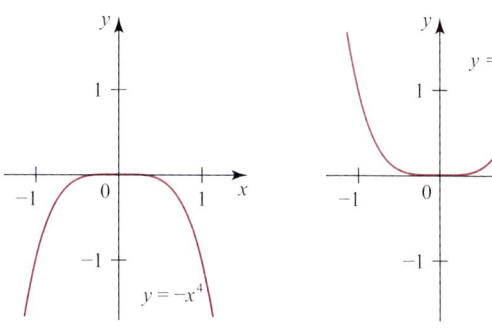

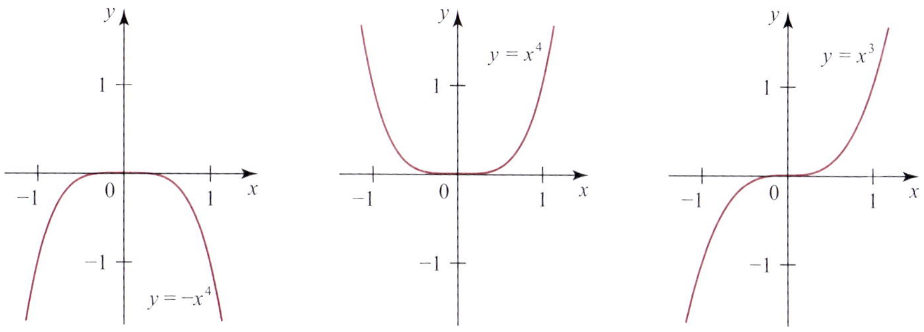

**圖 4.54**
當第二階導數在臨界點 $c$ 處是零，第二階導數檢驗不適用

使用第一階導數檢驗（FDT）和第二階導數檢驗（SDT）的正反意見為何？首先因為只有當 $f''$ 存在時 SDT 才能用，所以它比 FDT 更不好用。譬如：SDT 不能用來證明 $f(x) = x^{2/3}$ 在 $0$ 處有相對極小值。進一步看，若 $f''$ 在 $f$ 的臨界點處為零，SDT 沒有結論，而 FDT 卻可以得到結論。當 $f''$ 不容易計算時，SDT 也是不好用。然而，正面來看，若 $f''$ 容易計算，SDT 就容易使用（見例題 7）。同時，SDT 的結論也常被使用在理論分析上。

### ■ $f'$ 和 $f''$ 在決定圖形形狀上扮演的角色

現在摘要上述所討論的，使用第一和第二階導數時決定的函數圖形 $f$ 的特性：第一階導數 $f'$ 告訴我們 $f$ 在哪裡遞增和在哪裡遞減，而第二階導數告訴我們圖形 $f$ 在哪裡凹面朝上和在哪裡凹面朝下。每個這些特性都是由 $f'$ 和 $f''$ 在我們有興趣的區間內的符號來決定的，並反應在 $f$ 的圖形上。表 4.1 顯示由 $f'$ 和 $f''$ 符號的各種可能組合產生的 $f$ 圖形的特徵。

| 表 4.1

| $f'$ 和 $f''$ 符號 | $f$ 圖形的特性 | $f$ 圖形的一般形狀 |
|---|---|---|
| $f'(x) > 0$ <br> $f''(x) > 0$ | $f$ 遞增 <br> $f$ 凹面朝上 |  |
| $f'(x) > 0$ <br> $f''(x) < 0$ | $f$ 遞增 <br> $f$ 凹面朝下 |  |
| $f'(x) < 0$ <br> $f''(x) > 0$ | $f$ 遞減 <br> $f$ 凹面朝上 |  |
| $f'(x) < 0$ <br> $f''(x) < 0$ | $f$ 遞減 <br> $f$ 凹面朝下 |  |

## 4.4 習題

1-3 題，已知函數圖形 $f$。決定 $f$ 圖形凹面朝上的區間和凹面朝下的區間。求 $f$ 的所有反曲點。

**1.**

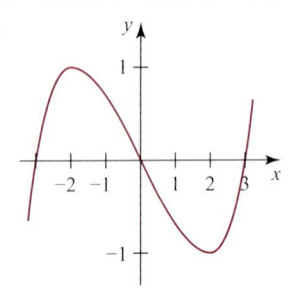

**2.**

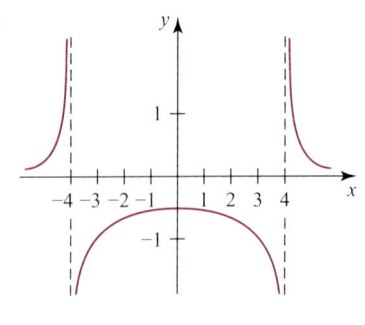

**3.**

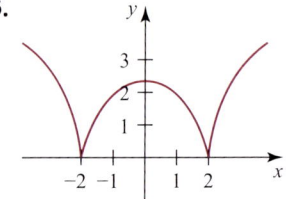

**4.** 已知函數 $f$ 的第二階導數的圖形。(a) 決定 $f$ 圖形凹面朝上的區間和凹面朝下的區間；(b) 求 $f$ 的反曲點的 $x$ 坐標。

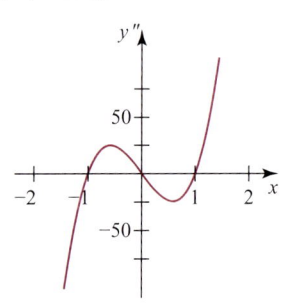

5. 決定 (a), (b) 或 (c) 哪一個圖形是函數 $f$ 的圖形，並滿足條件：$f'(0)$ 沒有定義，$f$ 在 $(-\infty, 0)$ 減小，$f$ 圖形在 $(0, 3)$ 凹面朝下和 $f$ 在 $x = 3$ 處有反曲點。解釋你的結果。

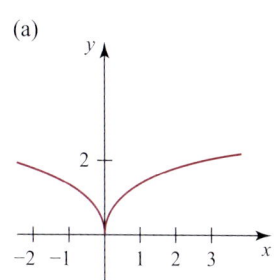

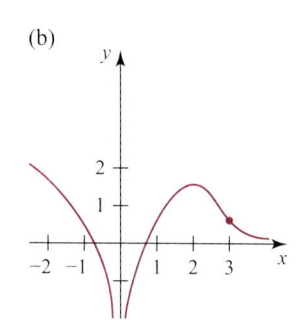

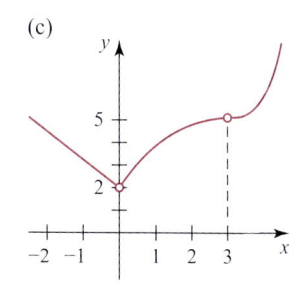

(a)

(b)

(c)

6-16 題，決定函數在哪裡圖形凹面朝上和在哪裡它的凹面朝下，並求函數所有反曲點。

6. $f(x) = x^3 - 6x$
7. $f(t) = t^4 - 2t^3$
8. $f(x) = 1 + 3x^{1/3}$
9. $h(t) = \frac{1}{3}t^2 + \frac{3}{5}t^{5/3}$
10. $h(x) = \sqrt{x^2 - x^4}$
11. $h(x) = x^2 + \frac{1}{x^2}$
12. $f(u) = \frac{u}{u^2 - 1}$
13. $f(x) = \sin 2x, \quad 0 \leq x \leq \pi$
14. $h(t) = \sin t + \cos t, \quad 0 \leq t \leq 2\pi$
15. $f(x) = \tan 2x, \quad -\pi \leq x \leq \pi$
16. $h(x) = \frac{\sin x}{1 + \cos x}, \quad -\pi < x < \pi$

17-22 題，假如有的話，求函數的相對極值。並假如可以的話，使用第二階導數檢驗。

17. $h(t) = \frac{1}{3}t^3 - 2t^2 - 5t - 10$
18. $f(x) = x^4 - 4x^3$
19. $f(t) = 2t + \frac{1}{t}$
20. $g(t) = \frac{t}{t^2 + 1}$
21. $f(x) = \sin x + \cos x, \quad 0 < x < \frac{\pi}{2}$
22. $f(x) = 2\sin x + \sin 2x, \quad 0 < x < \pi$

23-24 題，已知函數的特性，繪畫函數圖形。

23. $f(0) = 0$，$f'(0) = 0$
    在 $(-\infty, 0)$，$f'(x) < 0$
    在 $(0, \infty)$，$f'(x) > 0$
    在 $(-1, 1)$，$f''(x) > 0$
    在 $(-\infty, -1) \cup (1, \infty)$，$f''(x) < 0$

24. $f(-1) = 0$，$f'(-1) = 0$
    $f(0) = 1$，$f'(0) = 0$
    在 $(-\infty, -1)$，$f'(x) < 0$
    在 $(-1, \infty)$，$f'(x) > 0$
    在 $(-\infty, -\frac{2}{3}) \cup (0, \infty)$，$f''(x) > 0$
    在 $(-\frac{2}{3}, 0)$，$f''(x) < 0$

25. **銀行存款廣告的效果** Madison儲蓄銀行的執行長（CEO）用下面的圖形說明升遷競賽的計畫是根據下面存款的績效來決定的。函數 $D_1$ 和 $D_2$ 分別表示在有競賽和沒有競賽的情況下，接下來 12 個月銀行的總存款額。

    a. 決定在 $(0, 12)$ 區間，$D_1'(t), D_2'(t), D_1''(t)$ 和 $D_2''(t)$ 的符號。
    b. 有競賽和沒有競賽的情況下，你能對銀行總存款額成長的變化率提出什麼結論？

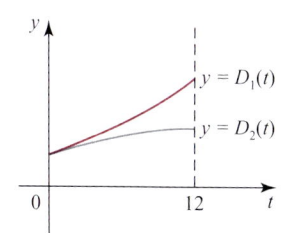

26. **水汙染** 當有機廢水被倒入池塘後，氧化過程降低了池塘內的含氧量。然而，過一段時間後，自然會再重新儲存氧氣使池塘的含氧量達到水準。下面的 $P(t)$ 圖形表示有機廢水被倒入池塘 $t$ 日後的含氧量（正常水準的百分比）。解釋反曲點 $Q$ 的重要性。

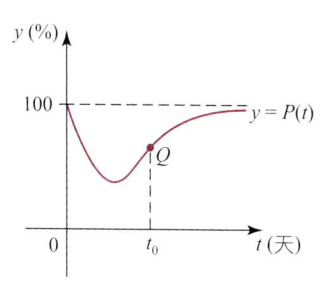

188　第 4 章　導數的應用

27. 下圖表示水以固定的速率（適當的單位）倒入瓶中，從瓶子底部開始計算，它的水位在時間 $t$ 上升到高度 $f(t)$。繪畫 $f$ 的圖形並解釋它的圖形，標示哪裡凹面朝上和哪裡凹面朝下。同時標示圖形的反曲點並解釋它的重要性。

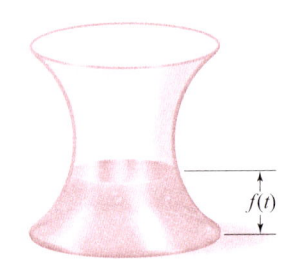

28. **禁菸的效果**　加州的餐廳和酒吧自 1993 年初（$t = 0$）直到 2000 年初（$t = 7$）的香菸銷售額（十億元）大約是

$$S(t) = 0.195t^2 + 0.32t + 23.7 \quad 0 \le t \le 7$$

　a. 證明 1995 年餐廳執行禁菸令和 1998 年酒吧執行禁菸令後，餐廳和酒吧的銷售額持續上升。

　提示：證明 $S$ 在 (2, 7) 遞增。

　b. 禁菸令執行後，有關餐廳和酒吧銷售額的上升速率，能說明什麼？

資料來源：California Board of Equalization.

29. a. 決定 $f(x) = 2 - |x^3 - 1|$ 的圖形在哪裡圖形凹面朝上和在哪裡它的凹面朝下。
　b. $f$ 圖形在 $x = 1$ 處是否有反曲點？解釋理由。
　c. 繪畫 $f$ 圖形。

30. 求 $c$ 值，使得

$$f(x) = x^4 + 2x^3 + cx^2 + 2x + 2$$

的圖形處處凹面朝上。

31. 證明奇次多項式的次數大於或等於三的函數至少有一個反曲點。

32. 假設點 $(a, f(a))$ 是圖形 $y = f(x)$ 的反曲點。證明數 $a$ 是函數 $f'$ 的相對極值。

33-34 題，判斷下列敘述是對或是錯。如果它是對，解釋你的理由。如果它是錯，請解釋你的理由或舉例說明。

33. 若 $f$ 在 $a$ 處有反曲點，則 $f'(a) = 0$。
34. 三次多項式恰有一個反曲點。

## 4.5　含無窮的極限；漸近線

### ■ 無窮的極限

2.1 節中我們僅考慮當 $x$ 逼近 $a$，$f$ 函數值是否逼近 $L$。即使 $f(x)$ 沒有逼近一個（有限的）極限，在此情況下，仍可描述當 $x$ 逼近 $a$ 時，函數 $f(x)$ 的行為。回顧當 $x$ 逼近 0 時，因為函數 $f(x) = 1/x^2$ 變得任意大，$f$ 並沒有極限（見 2.1 節例題 7）。$f$ 的圖形重現於圖 4.55。我們用

$$\lim_{x \to 0} \frac{1}{x^2} = \infty$$

來描述它的行為，這並不是一般的極限。

更廣義地說，下面的定義考慮當 $x$ 逼近 $a$，函數值是無限的函數行為。

| 圖 4.55
當 $x$ 越來越接近 0，$f(x)$ 無限制地越來越大

**定義　無窮的極限**

令函數 $f$ 是定義在包含 $a$ 但有可能除 $a$ 外的開區間。若 $x$ 夠接近 $a$ 且不等於 $a$ 時，所有 $f$ 的值都可以任意大（隨意地大），則

## 4.5 含無窮的極限；漸近線

$$\lim_{x \to a} f(x) = \infty$$

同樣地，若 $x$ 夠接近 $a$ 且不等於 $a$ 時，所有 $f$ 的值是負數且其絕對值可以任意大，則

$$\lim_{x \to a} f(x) = -\infty$$

這些定義的說明如圖 4.56 所示。

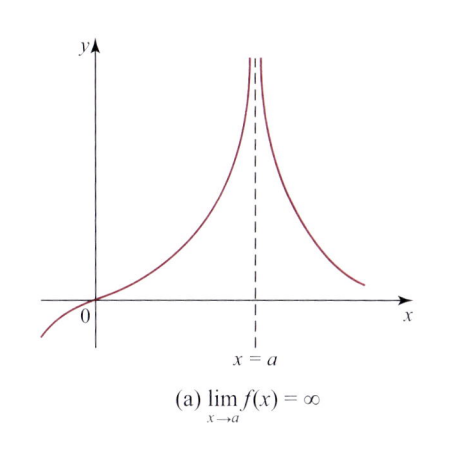

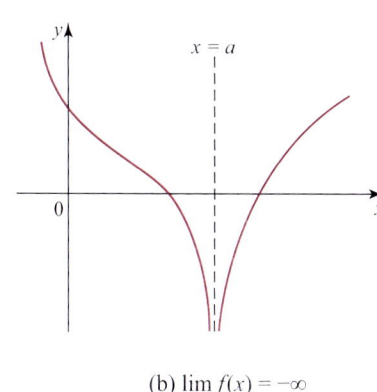

(a) $\lim\limits_{x \to a} f(x) = \infty$      (b) $\lim\limits_{x \to a} f(x) = -\infty$

**圖 4.56**
當 $x$ 逼近 $a$ 時，$f$ 有無窮極限

對於單邊極限也有類似的定義

$$\lim_{x \to a^-} f(x) = \infty \qquad \lim_{x \to a^+} f(x) = \infty$$
$$\lim_{x \to a^-} f(x) = -\infty \qquad \lim_{x \to a^+} f(x) = -\infty$$

(1)

（圖 4.57）。$\lim_{x \to a} f(x) = \infty$ 唸做「當 $x$ 逼近 $a$ 時，$f(x)$ 的極限是無窮」。$\lim_{x \to a} f(x) = -\infty$ 唸做「當 $x$ 逼近 $a$ 時，$f(x)$ 的極限是負無窮」。

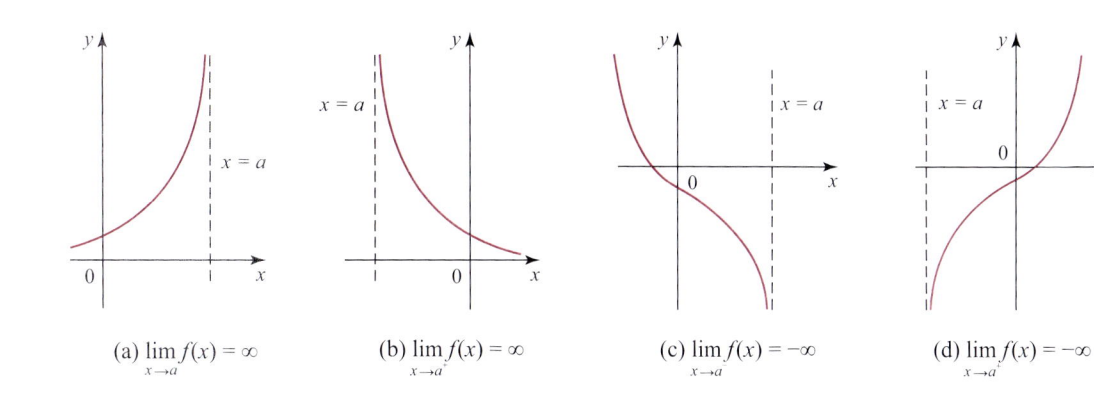

(a) $\lim\limits_{x \to a^-} f(x) = \infty$    (b) $\lim\limits_{x \to a^+} f(x) = \infty$    (c) $\lim\limits_{x \to a^-} f(x) = -\infty$    (d) $\lim\limits_{x \to a^+} f(x) = -\infty$

**圖 4.57**
當 $x$ 逼近 $a$ 時，$f$ 有單邊極限

⚠ 這裡定義的「無窮極限」並不是 2.1 節所定義的極限。它們只用來表示當 $x$ 逼近 $a$ 時，$f(x)$ 的值是無界的（正或負）方向。

## ■ 垂直漸近線

圖 4.56a-b 和圖 4.57a-d 的每一條垂直線 $x = a$ 稱為圖形 $f$ 的垂直漸近線，對繪畫 $f$ 的圖形有幫助。

---

**定義　垂直漸近線**

假如下列的敘述：

$$\lim_{x \to a^-} f(x) = \infty \quad (\text{或} -\infty); \quad \lim_{x \to a^+} f(x) = \infty \quad (\text{或} -\infty);$$

$$\lim_{x \to a} f(x) = \infty \quad (\text{或} -\infty)$$

至少有一個是對的，則線 $x = a$ 是函數 $f$ 的圖形的**垂直漸近線**（vertical asymptote）。

---

**例題 1** 求 $\displaystyle\lim_{x \to 1^-} \frac{1}{x-1}$ 和 $\displaystyle\lim_{x \to 1^+} \frac{1}{x-1}$，以及 $f(x) = \dfrac{1}{x-1}$ 圖形的垂直漸近線。

**解** 由圖 4.58 的圖形 $f(x) = 1/(x-1)$ 得知

$$\lim_{x \to 1^-} \frac{1}{x-1} = -\infty \quad \text{和} \quad \lim_{x \to 1^+} \frac{1}{x-1} = \infty$$

所以直線 $x = 1$ 是 $f$ 圖形的垂直漸近線。

| $x$   | $f(x)$ |
|-------|--------|
| 0.9   | $-10$  |
| 0.99  | $-100$ |
| 0.999 | $-1000$|

| $x$   | $f(x)$ |
|-------|--------|
| 1.1   | 10     |
| 1.01  | 100    |
| 1.001 | 1000   |

**圖 4.58**

$\displaystyle\lim_{x \to 1^-} \frac{1}{x-1} = -\infty$ 和
$\displaystyle\lim_{x \to 1^+} \frac{1}{x-1} = \infty$

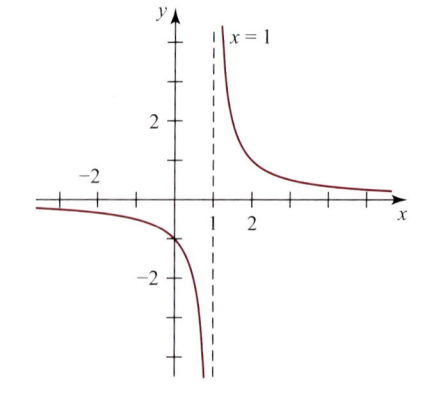

**另解** 觀察發現當 $x$ 接近並小於 1 時，則 $(x-1)$ 是個小負數。然而分子卻是不變的常數 1。因此，$1/(x-1)$ 是負數且絕對值很大。結果，當 $x$ 從左邊逼近 1，$1/(x-1)$ 是負數且絕對值變得越來越大；亦即，

$$\lim_{x \to 1^-} \frac{1}{x-1} = -\infty$$

同理，當 $x$ 接近並大於 1 時，則 $(x-1)$ 是個小正數，所以 $1/(x-1)$ 是個大的正數。因此，

$$\lim_{x \to 1^+} \frac{1}{x-1} = \infty$$

**例題 2** **特殊相對論** 根據愛因斯坦的特殊相對論，質量 $m$ 的粒子移動的速度是

$$m = f(v) = \frac{m_0}{\sqrt{1 - \dfrac{v^2}{c^2}}} \qquad (2)$$

其中 $c$ 是光速（大約 $3 \times 10^8$ 米／秒）和 $m_0$ 是靜止時的質量。

**a.** 計算 $\lim_{v \to c^-} f(v)$。

**b.** 繪畫 $f$ 的圖形並解釋你的結果。

**解**

**a.** 觀察得知當速度 $v$ 從左邊逼近 $c$ 時，$v^2/c^2$ 經過比 1 小的數逼近 1 且 $1 - (v^2/c^2)$ 逼近零。因此，式 (2) 的分母從正數方向逼近零，且分子保持常數。所以 $f(v)$ 無限的增加。因此，

$$\lim_{v \to c^-} f(v) = \lim_{v \to c^-} \frac{m_0}{\sqrt{1 - \dfrac{v^2}{c^2}}} = \infty$$

**b.** 由 (a) 的結果得知 $v = c$ 是圖形 $f$ 的垂直漸近線。圖形 $f$ 展示於圖 4.59。此數學模型告訴我們當粒子的速率逼近光速時，它的質量會無止盡地增加。這說明何以光速又稱為「極限速度」。

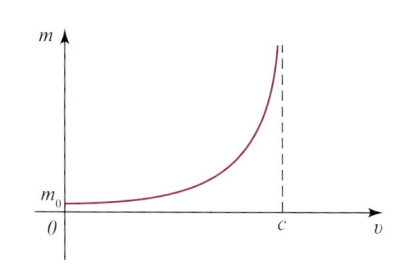

| **圖 4.59**

假如函數 $f$ 是兩函數 $g$ 和 $h$ 的商，亦即，

$$f(x) = \frac{g(x)}{h(x)}$$

則分母 $h(x)$ 為零，表示它可能是圖形 $f$ 的漸近線，如下一個例題所示。

**例題 3** 求圖形

$$f(x) = \frac{x}{x^2 - x - 2}$$

的垂直漸近線。

**解** 將分母因式分解，$f(x)$ 可改寫成

$$f(x) = \frac{x}{(x+1)(x-2)}$$

注意當 $x = -1$ 或 $x = 2$ 時，$f(x)$ 的分母為零。直線 $x = -1$ 和 $x = 2$ 可能是圖形 $f$ 的漸近線。事實上，要確定 $x = -1$ 是否為圖形 $f$ 的垂直

漸近線，我們計算

$$\lim_{x \to -1^-} f(x)$$

當 $x$ 接近並小於 $-1$ 時，$(x+1)$ 是小的負數。又 $(x-2)$ 接近 $-3$，所以 $[(x+1)(x-2)]$ 是小的正數。當 $x$ 接近 $-1$ 時，$f(x)$ 的分子接近 $-1$。因此，

$$\lim_{x \to -1^-} \frac{x}{(x+1)(x-2)} = -\infty$$

結論是 $x = -1$ 是圖形 $f$ 的垂直漸近線。另一部分留給讀者證明

$$\lim_{x \to -1^+} \frac{x}{(x+1)(x-2)} = \infty$$

它也保證 $x = -1$ 是圖形 $f$ 的垂直漸近線。

接著注意，當 $x$ 接近並小於 $2$ 時，$(x-2)$ 是小的負數。又 $(x+1)$ 接近 $3$，所以 $[(x+1)(x-2)]$ 是小的負數。又當 $x$ 接近 $2$ 時，$f(x)$ 的分子接近 $2$。因此，

$$\lim_{x \to 2^-} \frac{x}{(x+1)(x-2)} = -\infty$$

結論 $x = 2$ 也是圖形 $f$ 的垂直漸近線。另一部分留給讀者證明

$$\lim_{x \to 2^+} \frac{x}{(x+1)(x-2)} = \infty$$

$f$ 的圖形展示於圖 4.60。因為 4.6 節有繪圖的單元，這時候還不用擔心繪圖。

**例題 4** 求圖形 $f(x) = \tan x$ 的垂直漸近線。

**解**

$$f(x) = \tan x = \frac{\sin x}{\cos x}$$

若 $x = (2n+1)\pi/2$，其中 $n$ 是整數，則 $\cos x = 0$。所以 $x = (2n+1)\pi/2$ 可能是圖形 $f$ 的垂直漸近線。考慮直線 $x = \pi/2$，其中 $n = 0$。當 $x$ 接近並小於 $\pi/2$ 時，$\sin x$ 接近 $1$，但是 $\cos x$ 為正且接近 $0$。因此，$(\sin x)/(\cos x)$ 是正且大。所以

$$\lim_{x \to (\pi/2)^-} \tan x = \infty$$

接著，當 $x$ 接近並大於 $\pi/2$ 時，$\sin x$ 接近 $1$ 且 $\cos x$ 接近 $0$ 的負數。因此，$(\sin x)/(\cos x)$ 是負數且絕對值是大的。所以，

$$\lim_{x \to (\pi/2)^+} \tan x = -\infty$$

這證明直線 $x = \pi/2$ 是圖形 $f$ 的垂直漸近線。同樣地可以證明直線 $x = (2n+1)\pi/2$ 是圖形 $f$ 的垂直漸近線（圖 4.61），附帶 $n$ 是整數。

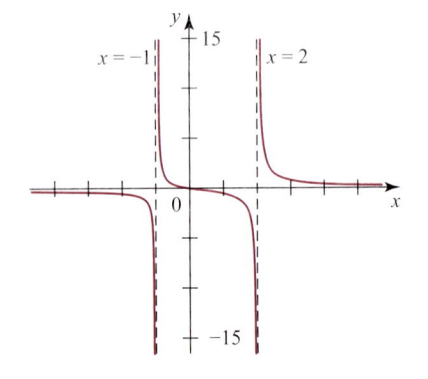

| 圖 4.60

圖形 $y = \dfrac{x}{x^2 - x - 2}$ 在 $x = -1$ 處有一條垂直漸近線，而另一條在 $x = 2$ 處

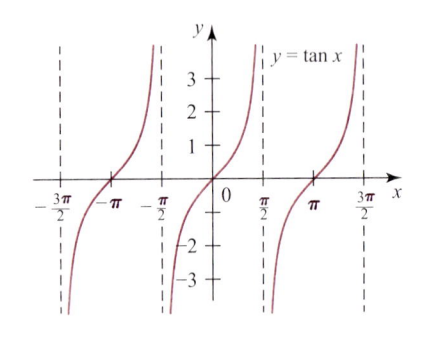

| 圖 4.61

直線 $x = (2n+1)\pi/2$（$n$ 是整數）是圖形 $f$ 的垂直漸近線

## 在無窮處的極限

到目前為止已經學到，當 x 逼近一個有限數 a 的函數極限值。有時候我們希望知道，當 x 無限制地增加時，f(x) 是否逼近唯一的值。譬如：考慮由實驗室控制的容器內的果蠅（Drosophila melanogaster），表示其數目的函數 P 和時間 t 有關。P 的圖形如圖 4.62 所示。由圖形 P 得知，當時間無止境地增加（趨近無窮）時，P(t) 逼近數目 400。此數稱為環境的飽和容量（carrying capacity），它取決於生活空間的大小和可用的食物量，以及其他環境因素。

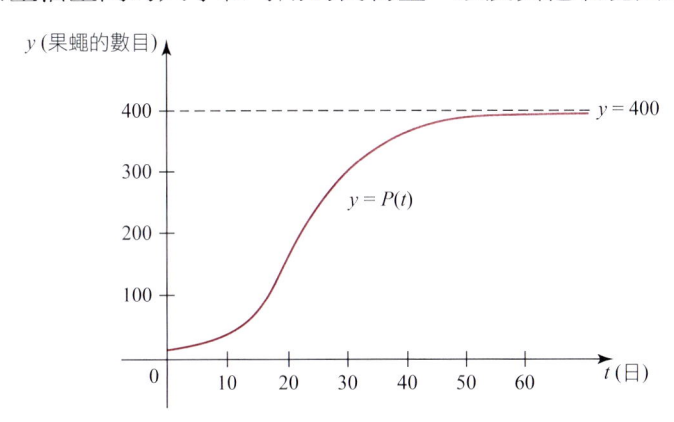

| 圖 4.62
於實驗室的實驗中，果蠅數量 P(t) 的圖形

更廣義地，我們有下面函數在無窮處的極限的直觀定義。

**定義　函數在無窮處的極限**

令 f 是定義在 $(a, \infty)$ 區間的函數，則當 x 逼近無窮（無止境地增加）時，f(x) 的極限是數 L。亦即，當 x 取夠大時，所有的 f 值可以任意地接近 L，並寫成

$$\lim_{x \to \infty} f(x) = L$$

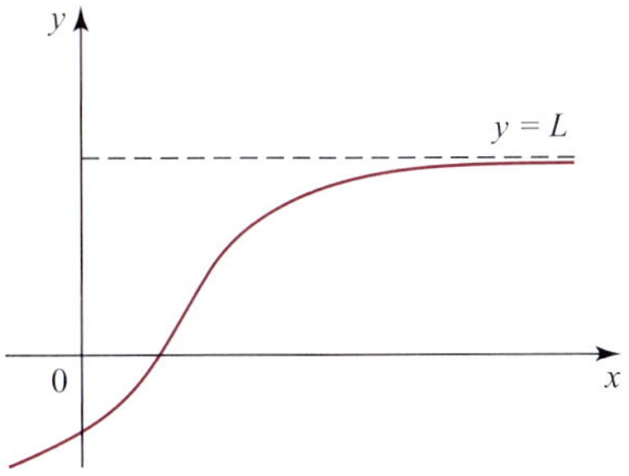

此定義的圖解在圖 4.63。

我們以相同的方式定義在負無窮處的極限。

**定義　函數在負無窮處的極限**

令 f 是定義在 $(-\infty, a)$ 區間的函數，則當 x 逼近負無窮（無止境地減少）時，f(x) 的極限是數 L。亦即，當 x 取其絕對值夠大時，所有的 f 值可以任意地接近 L（圖 4.64），並寫成

$$\lim_{x \to -\infty} f(x) = L$$

(a) $\lim_{x \to \infty} f(x) = L$

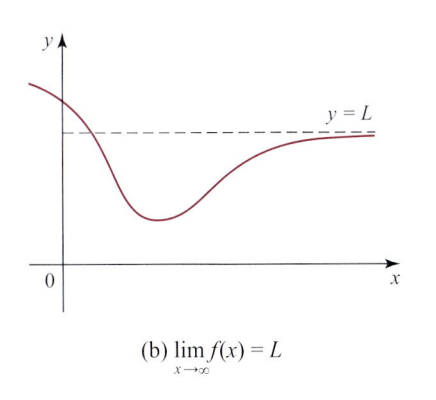

(b) $\lim_{x \to \infty} f(x) = L$

| 圖 4.63

## 水平漸近線

圖 4.63a-b 和圖 4.64a-b 中的每一條水平線 $y = L$ 稱為圖形 $f$ 的水平漸近線。

**定義　水平漸近線**

假如
$$\lim_{x \to \infty} f(x) = L \quad 或 \quad \lim_{x \to -\infty} f(x) = L$$

（或兩者皆是），則直線 $y = L$ 是圖形 $f$ 的**水平漸近線**（horizontal asymptote）。

(a) $\lim\limits_{x \to -\infty} f(x) = L$

(b) $\lim\limits_{x \to -\infty} f(x) = L$

**圖 4.64**

**例題 5** 求 $\lim\limits_{x \to \infty} \dfrac{1}{x-1}$, $\lim\limits_{x \to -\infty} \dfrac{1}{x-1}$ 和 $f(x) = \dfrac{1}{x-1}$ 圖形的水平漸近線。

**解** 因為
$$\lim_{x \to \infty} \frac{1}{x-1} = 0 \quad 和 \quad \lim_{x \to -\infty} \frac{1}{x-1} = 0$$

所以 $y = 0$ 是 $f$ 的水平漸近線（圖 4.65）。∎

下面的定理是用來計算在無窮處的極限。我們也指出，當 $x \to a$ 被 $x \to -\infty$ 或 $x \to \infty$ 取代時，則 2.2 節的極限法則也適用。

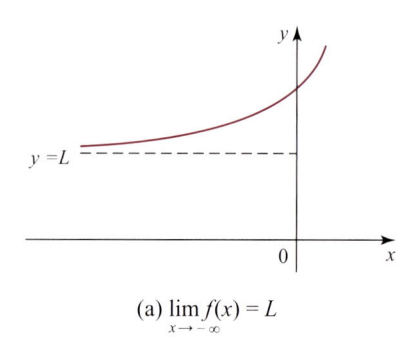

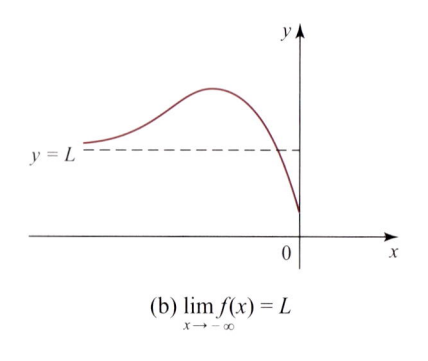

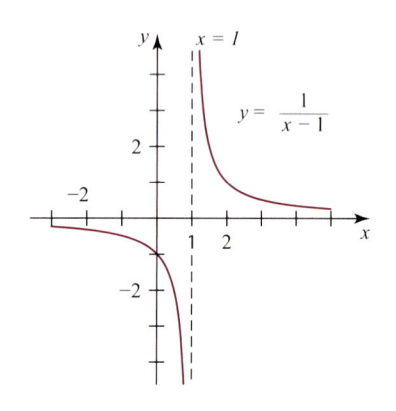

**圖 4.65**

$\lim\limits_{x \to \infty} \dfrac{1}{x-1} = 0$, $\lim\limits_{x \to -\infty} \dfrac{1}{x-1} = 0$，所以 $y = 0$ 是 $f$ 的水平漸近線

**定理 1**

令 $r > 0$ 是有理數，則
$$\lim_{x \to \infty} \frac{1}{x^r} = 0$$

同時，假如 $x^r$ 是定義在所有的 $x$，則
$$\lim_{x \to -\infty} \frac{1}{x^r} = 0$$

**例題 6** 令 $f(x) = \dfrac{2x^2 - x + 1}{3x^2 + 2x - 1}$。求 $\lim_{x \to \infty} f(x)$ 和 $\lim_{x \to -\infty} f(x)$，並求圖形 $f$ 的所有水平漸近線。

**解** 假如分子和分母同除以分母中 $x$ 的最高次方（$x^2$），則

$$\lim_{x \to \infty} \frac{2x^2 - x + 1}{3x^2 + 2x - 1} = \lim_{x \to \infty} \frac{2 - \dfrac{1}{x} + \dfrac{1}{x^2}}{3 + \dfrac{2}{x} - \dfrac{1}{x^2}}$$

$$= \frac{\lim_{x\to\infty}\left(2 - \frac{1}{x} + \frac{1}{x^2}\right)}{\lim_{x\to\infty}\left(3 + \frac{2}{x} - \frac{1}{x^2}\right)}$$

$$= \frac{\lim_{x\to\infty} 2 - \lim_{x\to\infty}\frac{1}{x} + \lim_{x\to\infty}\frac{1}{x^2}}{\lim_{x\to\infty} 3 + \lim_{x\to\infty}\frac{2}{x} - \lim_{x\to\infty}\frac{1}{x^2}}$$

$$= \frac{2 - 0 + 0}{3 + 0 - 0} = \frac{2}{3}$$

相同的方法可以證明

$$\lim_{x\to-\infty}\frac{2x^2 - x + 1}{3x^2 + 2x - 1} = \frac{2}{3}$$

結論為 $y = \frac{2}{3}$ 是 $f$ 的水平漸近線。 ■

**例題 7** 求

$$f(x) = \frac{3x}{\sqrt{x^2 + 1}}$$

的圖形的所有水平漸近線。

**解** 首先探討 $\lim_{x\to\infty} f(x)$。我們可以假設 $x > 0$，則 $\sqrt{x^2} = x$。函數 $f$ 的分子和分母同除 $x$，這是分母中最高次方的 $x$，得到

$$f(x) = \frac{\frac{1}{x}(3x)}{\frac{1}{x}\sqrt{x^2 + 1}} = \frac{3}{\frac{1}{\sqrt{x^2}}\sqrt{x^2 + 1}}$$

$$= \frac{3}{\sqrt{\frac{1}{x^2}(x^2 + 1)}} = \frac{3}{\sqrt{1 + \frac{1}{x^2}}}$$

所以，

$$\lim_{x\to\infty} f(x) = \lim_{x\to\infty}\frac{3}{\sqrt{1 + \frac{1}{x^2}}} = \frac{\lim_{x\to\infty} 3}{\lim_{x\to\infty}\sqrt{1 + \frac{1}{x^2}}}$$

$$= \frac{3}{\sqrt{\lim_{x\to\infty} 1 + \lim_{x\to\infty}\frac{1}{x^2}}} = \frac{3}{\sqrt{1 + 0}} = 3$$

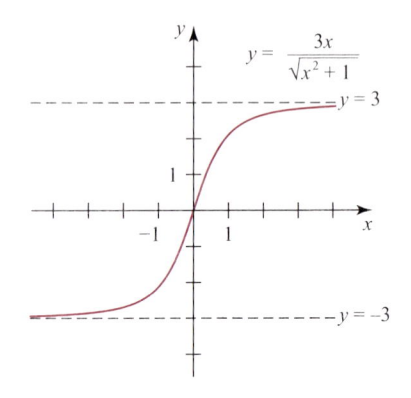

**圖 4.66**
$y=3$ 和 $y=-3$ 都是 $f$ 圖形的水平漸近線

結論為 $y = 3$ 是 $f$ 的水平漸近線。接著探討 $\lim_{x\to-\infty} f(x)$。我們可以假設 $x < 0$，則 $\sqrt{x^2} = |x| = -x$。函數 $f$ 的分子和分母同除以 $-x$，得到

$$f(x) = \frac{-\frac{1}{x}(3x)}{-\frac{1}{x}\sqrt{x^2+1}} = \frac{-3}{\frac{1}{\sqrt{x^2}}\sqrt{x^2+1}} = \frac{-3}{\sqrt{\frac{1}{x^2}(x^2+1)}} = \frac{-3}{\sqrt{1+\frac{1}{x^2}}}$$

所以，

$$\lim_{x\to-\infty} f(x) = \lim_{x\to-\infty} \frac{-3}{\sqrt{1+\frac{1}{x^2}}} = -3$$

並得知 $y = -3$ 也是 $f$ 的水平漸近線。$f$ 的圖形繪畫在圖 4.66。 ■

### ■ 在無窮處的無窮極限

符號

$$\lim_{x\to\infty} f(x) = \infty$$

是用來表示當 $x$ 無限制地增加時，$f(x)$ 變成任意地大。譬如：

$$\lim_{x\to\infty} x^3 = \infty$$

（圖 4.67）。同樣地，我們也可以定義

$$\lim_{x\to\infty} f(x) = -\infty, \qquad \lim_{x\to-\infty} f(x) = \infty, \qquad \lim_{x\to-\infty} f(x) = -\infty$$

譬如：經過檢驗圖 4.67 後，再次確認

$$\lim_{x\to-\infty} x^3 = -\infty$$

| $x$ | $f(x) = x^3$ |
|---|---|
| $-1$ | $-1$ |
| $-10$ | $-1000$ |
| $-100$ | $-1000000$ |
| $-1000$ | $-1000000000$ |

| $x$ | $f(x) = x^3$ |
|---|---|
| $1$ | $1$ |
| $10$ | $1000$ |
| $100$ | $1000000$ |
| $1000$ | $1000000000$ |

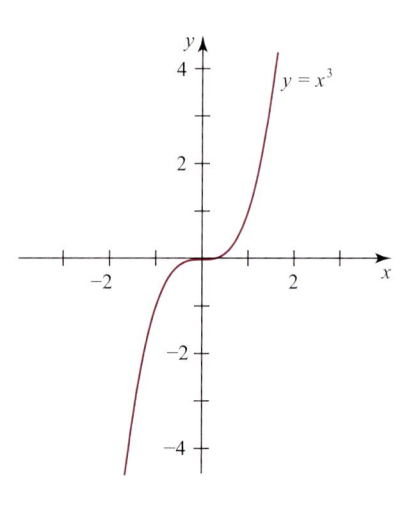

**圖 4.67**
$\lim_{x\to\infty} x^3 = \infty$ 和 $\lim_{x\to-\infty} x^3 = -\infty$

**例題 8** 求 $\lim_{x\to\infty}(2x^3 - x^2 + 1)$ 和 $\lim_{x\to-\infty}(2x^3 - x^2 + 1)$。

**解** 因為

$$2x^3 - x^2 + 1 = x^3\left(2 - \frac{1}{x} + \frac{1}{x^3}\right)$$

並注意當 $x$ 很大時，$\left(2 - \frac{1}{x} + \frac{1}{x^3}\right)$ 接近 2 且 $x^3$ 非常大。這證明

$$\lim_{x\to\infty}(2x^3 - x^2 + 1) = \infty$$

接著，注意當 $x$ 是負的數且其絕對值很大時，$x^3$ 也是如此。又 $\left(2 - \frac{1}{x} + \frac{1}{x^3}\right)$ 接近 2。所以，$x^3\left(2 - \frac{1}{x} + \frac{1}{x^3}\right)$ 是負數且數值非常大。故，

$$\lim_{x\to-\infty}(2x^3 - x^2 + 1) = -\infty$$

**例題 9** 求 $\lim_{x\to-\infty}\dfrac{x^2 + 1}{x - 2}$。

**解** 分子和分母同時除以 $x$（分母中 $x$ 的最高次方），得到

$$\lim_{x\to-\infty}\frac{x^2 + 1}{x - 2} = \lim_{x\to-\infty}\frac{x + \dfrac{1}{x}}{1 - \dfrac{2}{x}}$$

當 $x$ 是負數且其絕對值很大時，最後的式子的分母接近 1，又分子是負數且其絕對值很大。因此，此分式是負數且其絕對值很大。結論為：

$$\lim_{x\to-\infty}\frac{x^2 + 1}{x - 2} = -\infty$$

## 精確定義

我們用當 $x$ 逼近數 $a$ 時之無窮極限的精確定義做開始。

---

**定義　無窮極限**

令函數 $f$ 是定義在包含 $a$ 且有可能除了 $a$ 自己以外的開區間。假如對於任意數 $M>0$，可以找到 $\delta>0$，使得對於所有 $x$ 滿足

$$0 < |x - a| < \delta$$

則 $f(x) > M$。我們寫成

$$\lim_{x\to a} f(x) = \infty$$

圖 4.68
當 $x \in (a - \delta, a) \cup (a, a + \delta)$，則 $f(x) > M$

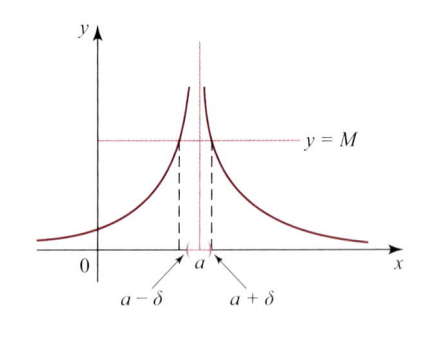

就幾何上的說明，已知 $M > 0$，繪直線 $y = M$ 如圖 4.68 所示。圖中可見到存在 $\delta > 0$，使得每當 $x$ 落在區間 $(a-\delta, a+\delta)$ 內，$y = f(x)$ 的圖形就落在直線 $y = M$ 的上方。也可以從圖形中知道一旦定義中的數 $\delta > 0$ 找到，只要任意正數小於 $\delta$，它一定會滿足定義的要求。

**例題 10** 證明 $\lim\limits_{x \to 0} \dfrac{1}{x^2} = \infty$。

**解** 已知 $M > 0$，我們要證明：存在 $\delta > 0$，每當 $0 < |x - 0| < \delta$，

$$\frac{1}{x^2} > M$$

為了求 $\delta$，考慮

$$\frac{1}{x^2} > M$$

$$x^2 < \frac{1}{M}$$

即

$$|x| < \frac{1}{\sqrt{M}}$$

可以取 $\delta$ 為 $1/\sqrt{M}$ 或小於或等於 $1/\sqrt{M}$ 的任意正數。所有步驟倒過來，若 $0 < |x| < \delta$，則

$$x^2 < \delta^2$$

所以，

$$\frac{1}{x^2} > \frac{1}{\delta^2} \geq M$$

因此，

$$\lim\limits_{x \to 0} \frac{1}{x^2} = \infty \qquad \blacksquare$$

$\lim_{x \to a} f(x) = -\infty$ 的精確定義類似 $\lim_{x \to a} f(x) = \infty$ 的。

---

**定義　無窮極限**

令函數 $f$ 是定義在包含 $a$ 且有可能除了 $a$ 自己以外的開區間。假如對於任意數 $N < 0$，可以找到 $\delta > 0$，使得對於所有 $x$ 滿足

$$0 < |x - a| < \delta$$

則 $f(x) < N$。我們寫成

$$\lim\limits_{x \to a} f(x) = -\infty$$

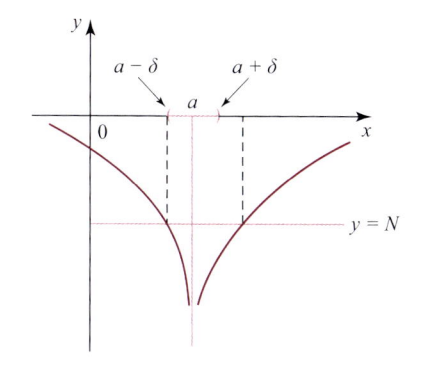

（幾何意義見圖 4.69。）

單邊無窮極限的精確定義類似前一個定義。譬如：要定義

$$\lim_{x \to a^-} f(x) = \infty$$

必須限制 $x$，使得 $x < a$。否則它的定義類似

$$\lim_{x \to a} f(x) = \infty$$

現在將注意力轉向函數在無窮處的極限。

**圖 4.69**
當 $x \in (a - \delta, a) \cup (a, a + \delta)$，則 $f(x) < N$

### 定義　在無窮處的極限

令 $f$ 是定義在 $(a, \infty)$ 區間的函數。假如對於任意數 $\varepsilon > 0$，存在數 $N$，使得對於所有 $x$ 滿足 $x > N$，則 $|f(x) - L| < \varepsilon$。我們將它寫成

$$\lim_{x \to \infty} f(x) = L$$

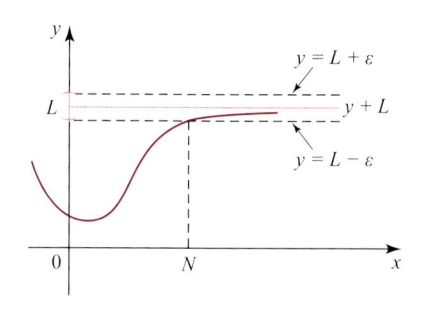

如圖 4.70 所示，此定義說明已知 $\varepsilon > 0$，我們可以找到數使得 $x < N$，推得所有 $f$ 的值都會落在寬為 $2\varepsilon$ 且被直線 $y = L - \varepsilon$ 和 $y = L + \varepsilon$ 所圍成的帶狀區域內。

最後，在無窮處的無窮極限也可以有精確的定義。譬如：$\lim_{x \to \infty} f(x) = \infty$ 的精確定義如下。

**圖 4.70**
若 $x > N$，則 $f(x)$ 落在被 $y = L - \varepsilon$ 和 $y = L + \varepsilon$ 所圍成的帶狀區域內

### 定義　在無窮處的無窮極限

令 $f$ 是定義在 $(a, \infty)$ 區間的函數。假如對於任意數 $M > 0$，存在數 $N$，使得對於所有 $x$ 滿足 $x > N$，則 $f(x) > M$。我們將它寫成

$$\lim_{x \to \infty} f(x) = \infty$$

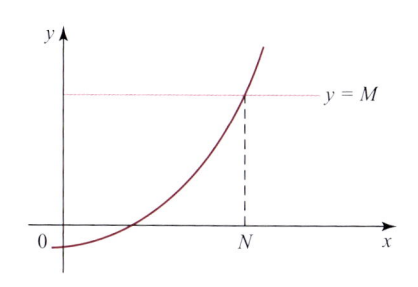

圖 4.71 提供此定義的幾何意義。$\lim_{x \to \infty} f(x) = -\infty$，$\lim_{x \to -\infty} f(x) = \infty$ 和 $\lim_{x \to -\infty} f(x) = -\infty$ 的精確定義也類似。

**圖 4.71**
若 $x > N$，則 $f(x) > M$

## 4.5 習題

1-3 題，由函數 $f$ 的圖形求所給的極限。

1. **a.** $\lim_{x \to 0} f(x)$  **b.** $\lim_{x \to 0^+} f(x)$
   **c.** $\lim_{x \to \infty} f(x)$  **d.** $\lim_{x \to -\infty} f(x)$

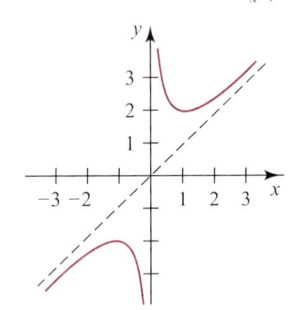

2. **a.** $\lim_{x \to 0} f(x)$  **b.** $\lim_{x \to -\infty} f(x)$  **c.** $\lim_{x \to \infty} f(x)$

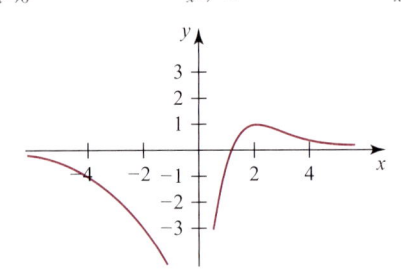

3. $\lim_{x \to 2n\pi} f(x)$, $n = 0, 1, 2, \ldots$

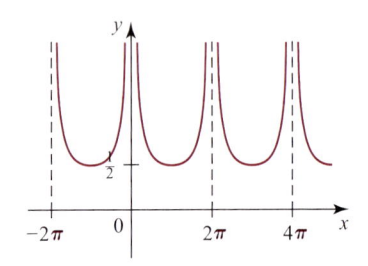

4-18 題，求極限。

4. $\lim_{x \to -1^-} \dfrac{1}{x+1}$

5. $\lim_{x \to 1^-} \dfrac{1+x}{1-x}$

6. $\lim_{u \to 4^+} \dfrac{u^2+1}{u-4}$

7. $\lim_{x \to 0^+} \dfrac{x+1}{\sqrt{x}(x-1)^2}$

8. $\lim_{x \to -2^+} \left( \dfrac{1}{x+3} - \dfrac{x}{x+2} \right)$

9. $\lim_{x \to (\pi/2)^-} \dfrac{2}{\cos x}$

10. $\lim_{t \to -(3/2)^-} \sec \pi t$

11. $\lim_{x \to -\infty} \dfrac{3x+4}{2x-3}$

12. $\lim_{x \to -\infty} \dfrac{1-2x^2}{x^3+1}$

13. $\lim_{x \to \infty} \left( \dfrac{x^3}{3x^2-2} - \dfrac{x^2}{3x+1} \right)$

14. $\lim_{x \to \infty} \dfrac{-2x^4}{3x^4-3x^2+x+1}$

15. $\lim_{t \to \infty} \left( \dfrac{t+1}{2t-1} + \dfrac{2t^2-1}{1-3t^2} \right)$

16. $\lim_{x \to \infty} \dfrac{2x}{\sqrt{3x^2+1}}$

17. $\lim_{x \to \infty} \dfrac{\cos 2x}{x}$

18. $\lim_{x \to \infty} x \sin \dfrac{1}{x}$

19. 令 $f(x) = \begin{cases} \dfrac{1}{x}, & x < 0 \\ 1, & x > 0 \end{cases}$

    求 $\lim_{x \to 0^-} f(x)$, $\lim_{x \to 0^+} f(x)$, $\lim_{x \to -\infty} f(x)$ 和 $\lim_{x \to \infty} f(x)$。

20-21 題，已知函數 $f$ 的圖形。求 $f$ 圖形的水平漸近線和垂直漸近線。

20.

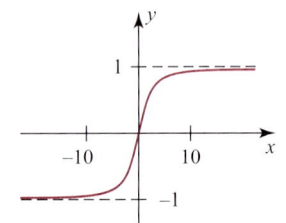

21.

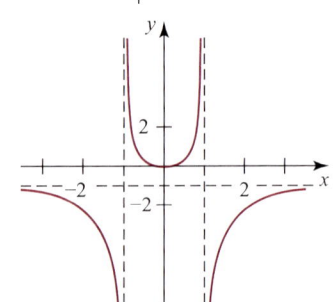

22-25 題，求函數圖形的水平漸近線和垂直漸近線。不用繪畫圖形。

22. $f(x) = \dfrac{1}{x+2}$

23. $h(x) = \dfrac{x-1}{x+1}$

24. $f(x) = \dfrac{2x}{x^2-x-6}$

25. $f(t) = \dfrac{t^2-2}{t^2-4}$

26-37 題，繪畫具備已知特性的函數圖形。

26. $f(0) = 0$, $f'(0) = 1$，在 $(-\infty, 0)$ 時 $f''(x) > 0$，在 $(0, \infty)$ 時 $f''(x) < 0$，$\lim_{x \to -\infty} f(x) = -1$，$\lim_{x \to \infty} f(x) = 1$

27. $f$ 的定義域是 $(-\infty, -1) \cup (1, \infty)$，$f(-2) = -1$，$f'(-2) = 0$，在 $(-\infty, -1) \cup (1, \infty)$ 時 $f''(x) < 0$，$\lim_{x \to -1^-} f(x) = -\infty$，$\lim_{x \to 1^+} f(x) = -\infty$，$\lim_{x \to \infty} f(x) = -\infty$

28. **終端速度** 跳傘者從熱氣球的吊籃往下跳。當她自由落下，和她的速度成正比的空氣阻力生成並與地心引力的作用達到一個平衡點。結果

用她的速度來表示如下：從靜止（速度為零）開始，她的速度增加到一個固定速度，稱為終端速度（terminal velocity）。繪畫她的速度 $v$ 對時間 $t$ 的圖形。

29. **移動中粒子的質量** 質量 $m$ 且以速率 $v$ 移動的粒子和靜止時的質量 $m_0$ 有關，其方程式為

$$m = \frac{m_0}{\sqrt{1 - \frac{v^2}{c^2}}}$$

其中常數 $c$ 是光速。證明

$$\lim_{v \to c^-} \frac{m_0}{\sqrt{1 - \frac{v^2}{c^2}}} = \infty$$

亦即證明直線 $v = c$ 是 $m$ 對 $v$ 的圖形的垂直漸近線。繪畫 $m$ 是速度函數的圖形。

30. **脫離速度** 一物體從地面上以比脫離速度（escape velocity）（發射體必須能衝破大氣層且永遠脫離地球的速度）小的初始速度 $v_0$ 垂直向上投射。假如只考慮地球的影響因素，則火箭能達到的最大高度是

$$H = \frac{v_0^2 R}{2gR - v_0^2}$$

其中 $R$ 是地球半徑，$g$ 是地心引力。

a. 證明 $H$ 的圖形在 $v_0 = \sqrt{2gR}$ 有垂直漸近線，並解釋你的結論。

b. 由(a)的結果求脫離速度。地球半徑用 4000 哩計（$g = 32$ 呎／秒$^2$）。

c. 繪畫 $v_0$ 函數 $H$ 的圖形。

31. 令

$$P(x) = \frac{a_n x^n + a_{n-1} x^{n-1} + \cdots + a_0}{b_m x^m + b_{m-1} x^{m-1} + \cdots + b_0}$$

其中 $a_n \neq 0, b_m \neq 0$，且 $m, n$ 為正整數。證明

$$\lim_{x \to \infty} P(x) = \begin{cases} \pm\infty, & n > m \\ \dfrac{a_n}{b_m}, & n = m \\ 0, & n < m \end{cases}$$

32-34 題，使用適當的精確定義證明所給的題目。

32. $\displaystyle\lim_{x \to 0} \frac{2}{x^4} = \infty$

33. $\displaystyle\lim_{x \to 0} \frac{1}{x} = -\infty$

34. $\displaystyle\lim_{x \to -\infty} \frac{x}{x+1} = 1$

35-37 題，判斷下列敘述是對或是錯。如果它是對，解釋你的理由。如果它是錯，請解釋你的理由或舉例說明。

35. $\displaystyle\lim_{x \to 2} \frac{1}{x-2} = \infty$

36. 若 $y = L$ 是函數 $f$ 的圖形的水平漸近線，則 $f$ 的圖形和 $y = L$ 沒有相交。

37. 同一個函數圖形可以有兩個不同的水平漸近線。

## 4.6 繪畫曲線

### ■ 函數的圖形

在很多情況，函數圖形可以幫助我們看到函數的特性。從實際的觀點看，只要看一下函數的圖形，就可以得到函數所有訊息的完整摘要。

譬如：考慮表示黑色星期一（1987 年 10 月 19 日）道瓊工業指數（Dow-Jones Industrial Average, DJIA）的函數圖形（圖 4.72）。此處 $t = 0$ 表示市場開市的時間上午 9:30，$t = 6.5$ 表示市場收市的時間下午 4:00。下面的訊息可從圖形得到。

從 $t = 0$ 到 $t = 1$，此圖形急速遞減，它反應出指數在交易第一個小時急劇下跌。此函數的相對極小值在 (1, 2047)，並且此扭轉點和止跌開始恢復點吻合。此短命重整顯示在區間 (1, 2) 的圖形增加的部分，但很快地，在 $t = 2$（上午 11:30）時失敗。相對極大值

**圖 4.72**
黑色星期一的道瓊工業指數（DJIA）
資料來源：*The Wall Street Journal*.

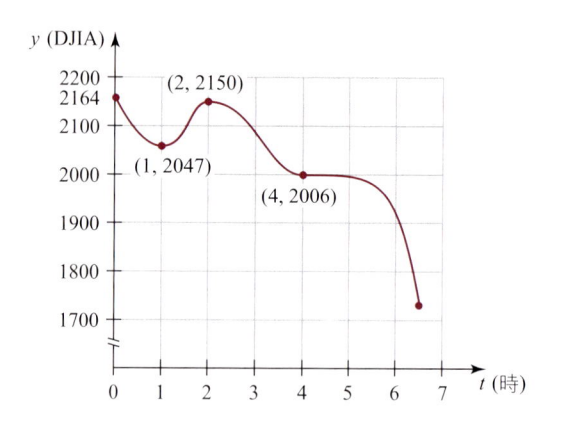

在 (2, 2150)，表示為恢復的最高點。此函數在剩下的區間是遞減，它的反曲點是 (4, 2006)；這說明在 $t = 4$（下午 1:30）時存在一個暫緩點。然而賣壓不減並且 DJIA 繼續下跌直到收盤為止。最後圖形也顯示這天指數開高（$f(0) = 2164$ 是此函數的絕對極大值）走低直到結束（$f(\frac{13}{2}) = 1739$ 是此函數的絕對極小值），跟前一個交易日比較，下跌 508 點，跌幅大約 23%。

## 繪畫曲線的步驟

要有系統地繪畫函數 $f$ 的圖形，首先要盡可能地蒐集有關 $f$ 的訊息。下面的步驟逐步教我們繪畫圖形。

### 歷史傳記

**PIERRE DE FERMAT**
(1601-1665)

Fermat 身為律師卻以數學為其休閒和享樂，並於其有生之年對數學做很大的貢獻。雖然一般人都認為分析幾何是 René Descartes（1596-1650）開創的，然而 Fermat 將失去的作品恢復，使得分析幾何的基礎原理得以完成，同時他的發現比 Descartes 的 *La géométrie* 發表早一年。Fermat 最有名的理論是「對於任意大於 2 的整數 $n$，不存在正整數 $x, y, z$，滿足 $x^n + y^n = z^n$」。

**繪畫曲線的步驟**
1. 求 $f$ 的定義域。
2. 求 $f$ 的 $x$ 和 $y$ 截距。
3. 決定圖形 $f$ 是否對稱於 $y$ 軸或原點。
4. 決定在 $x$ 的絕對值很大時 $f$ 的行為。
5. 求圖形 $f$ 的漸近線。
6. 求 $f$ 在哪個區間遞增和在哪個區間遞減。
7. 求 $f$ 的相對極值。
8. 決定圖形 $f$ 的凹面。
9. 求 $f$ 的反曲點。
10. 繪畫 $f$ 的圖形。

**例題 1** 繪畫函數 $f(x) = 2x^3 - 3x^2 - 12x + 12$ 的圖形。

**解** 首先我們得到下列有關 $f$ 的訊息。
1. 因為 $f$ 是三次多項式，所以 $f$ 的定義域是 $(-\infty, \infty)$。
2. 令 $x = 0$，得到 $y$ 的截距是 12。因為三次方程式 $2x^3 - 3x^2 - 12x + 12 = 0$

還沒有解，所以還不能求 $x$ 的截距*。

3. 因為 $f(-x) = -2x^3 - 3x^2 + 12x + 12$ 不等於 $f(x)$ 或 $-f(x)$，所以 $f$ 的圖形並沒有對 $y$ 軸對稱或對原點對稱。

4. 因為

$$\lim_{x \to -\infty} f(x) = -\infty \quad 和 \quad \lim_{x \to \infty} f(x) = \infty$$

當 $x$ 無止盡地遞減時，$f$ 也無止盡的遞減，且當 $x$ 無止盡地遞增時，$f$ 也無止盡地遞增。

5. 因為 $f$ 是多項式函數（有理函數的分母是 1，因此不為零），所以圖形 $f$ 沒有垂直漸近線。從步驟 (4) 得知 圖形 $f$ 沒有水平漸近線。

6. $f'(x) = 6x^2 - 6x - 12 = 6(x^2 - x - 2) = 6(x+1)(x-2)$ 且處處連續。令 $f'(x) = 0$，得到臨界點 $-1$ 和 $2$。$f'$ 符號示意圖表示 $f$ 在 $(-\infty, -1)$ 和 $(2, \infty)$ 遞增，且在 $(-1, 2)$ 遞減（圖 4.73）。

| 圖 4.73
$f'$ 符號的示意圖

7. 由步驟 (6) 的結果，得到 $f$ 的臨界點 $-1$ 和 $2$。又由 $f'$ 符號示意圖得知 $f$ 在 $-1$ 處有相對極大值

$$f(-1) = 2(-1)^3 - 3(-1)^2 - 12(-1) + 12 = 19$$

且在 $2$ 處有相對極小值

$$f(2) = 2(2)^3 - 3(2)^2 - 12(2) + 12 = -8$$

8. $f''(x) = 12x - 6 = 6(2x - 1)$

令 $f''(x) = 0$，得到 $x = \frac{1}{2}$。$f''$ 符號示意圖說明 $f$ 的圖形在 $(-\infty, \frac{1}{2})$ 凹面朝下並在 $(\frac{1}{2}, \infty)$ 凹面朝下（圖 4.74）。

| 圖 4.74
$f''$ 符號的示意圖

9. 由步驟 (8) 的結果得知，當 $x = \frac{1}{2}$ 時，$f$ 有反曲點。接著因為

$$f\left(\frac{1}{2}\right) = 2\left(\frac{1}{2}\right)^3 - 3\left(\frac{1}{2}\right)^2 - 12\left(\frac{1}{2}\right) + 12 = \frac{11}{2}$$

所以 $\left(\frac{1}{2}, \frac{11}{2}\right)$ 是 $f$ 的反曲點。

10. 這些訊息的摘要列在下表。

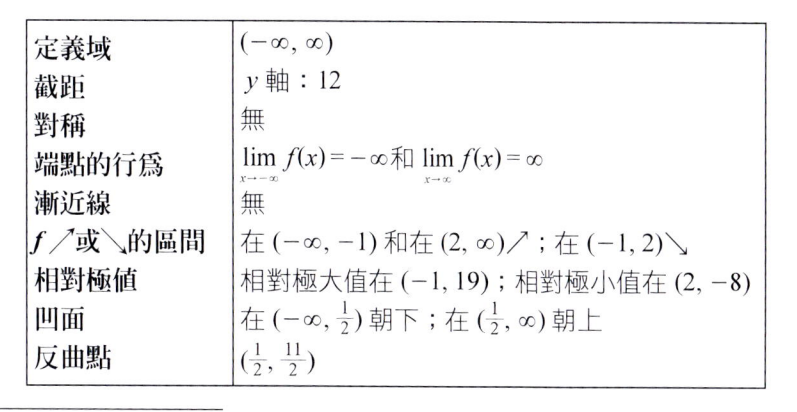

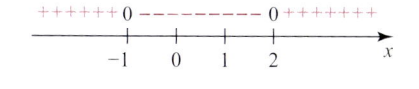

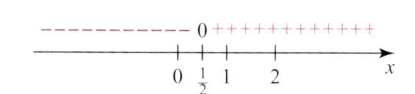

| 定義域 | $(-\infty, \infty)$ |
|---|---|
| 截距 | $y$ 軸：12 |
| 對稱 | 無 |
| 端點的行為 | $\lim_{x \to -\infty} f(x) = -\infty$ 和 $\lim_{x \to \infty} f(x) = \infty$ |
| 漸近線 | 無 |
| $f$ ↗ 或 ↘ 的區間 | 在 $(-\infty, -1)$ 和在 $(2, \infty)$ ↗；在 $(-1, 2)$ ↘ |
| 相對極值 | 相對極大值在 $(-1, 19)$；相對極小值在 $(2, -8)$ |
| 凹面 | 在 $(-\infty, \frac{1}{2})$ 朝下；在 $(\frac{1}{2}, \infty)$ 朝上 |
| 反曲點 | $\left(\frac{1}{2}, \frac{11}{2}\right)$ |

---
*若式子 $f(x) = 0$ 不容易解，就不用求 $x$ 的截距。

我們開始標繪 $f$ 的截距、反曲點和相對極值，如圖 4.75 所示。然後使用剩餘的訊息完成 $f$ 的圖形，如圖 4.76 所示。

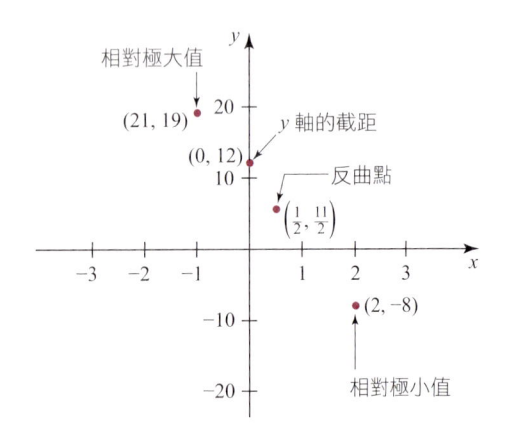

| 圖 4.75
首先標繪 $y$ 的截距、相對極值和反曲點

| 圖 4.76
$y = 2x^3 - 3x^2 - 12x + 12$ 的圖形

**例題 2** 繪畫函數 $f(x) = \dfrac{x^2}{x^2 - 1}$ 的圖形。

**解**

1. 假如 $x^2 - 1 = (x + 1)(x - 1) = 0$，亦即，當 $x = -1$ 或 $x = 1$，有理函數的分母等於零。因此，$f$ 的定義域是 $(-\infty, -1) \cup (-1, 1) \cup (1, \infty)$。

2. 令 $x = 0$，得到 $y$ 的截距是 $0$。接著令 $f(x) = 0$ 得到 $x^2 = 0$，即 $x = 0$。所以 $x$ 的截距是 $0$。

3. $f(-x) = \dfrac{(-x)^2}{(-x)^2 - 1} = \dfrac{x^2}{x^2 - 1} = f(x)$

   並證明了 $f$ 的圖形對稱於 $y$ 軸。

4. $\lim\limits_{x \to -\infty} \dfrac{x^2}{x^2 - 1} = \lim\limits_{x \to \infty} \dfrac{x^2}{x^2 - 1} = 1$

5. 因為 $f(x)$ 的分母在 $-1$ 和 $1$ 處為零，直線 $x = -1$ 和 $x = 1$ 有可能是圖形 $f$ 的垂直漸近線。因為

$$\lim_{x \to -1^-} \dfrac{x^2}{x^2 - 1} = \infty \quad \text{和} \quad \lim_{x \to 1^-} \dfrac{x^2}{x^2 - 1} = -\infty$$

所以 $x = -1$ 和 $x = 1$ 確實是垂直漸近線。由步驟 (4) 得知 $y = 1$ 是圖形 $f$ 的水平漸近線。

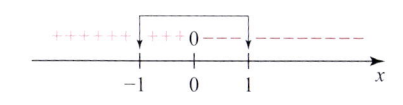

**圖 4.77**

$f'$ 符號的示意圖

6. $f'(x) = \dfrac{(x^2-1)\dfrac{d}{dx}(x^2) - x^2\dfrac{d}{dx}(x^2-1)}{(x^2-1)^2}$

$= \dfrac{(x^2-1)(2x) - x^2(2x)}{(x^2-1)^2} = -\dfrac{2x}{(x^2-1)^2}$

注意 $f'$ 除了 ±1 外，處處連續，且當 $x = 0$ 時，它也是零。$f'$ 符號示意圖展示於圖 4.77。

由圖得知 $f$ 在 $(-\infty, -1)$ 和 $(-1, 0)$ 遞增，並在 $(0, 1)$ 和 $(1, \infty)$ 遞減。

7. 由步驟 (6) 的結果得知 0 是 $f$ 的臨界點。又數 $-1$ 和 1 並不在 $f$ 的定義域內，因此它們不是 $f$ 的臨界點。同時由圖 4.77 得知 $f$ 在 $x = 0$ 處有相對極大值。它的值是 $f(0) = 0$。

8. $f''(x) = \dfrac{d}{dx}\left[\dfrac{-2x}{(x^2-1)^2}\right]$

$= \dfrac{(x^2-1)^2(-2) - (-2x)(2)(x^2-1)(2x)}{(x^2-1)^4}$

$= \dfrac{2(x^2-1)[-(x^2-1) + 4x^2]}{(x^2-1)^4} = \dfrac{2(3x^2+1)}{(x^2-1)^3}$

注意 $f''$ 除了 ±1 外處處連續，而且 $f''$ 沒有零點。由圖 4.78 的 $f''$ 符號示意圖得知 $f$ 的圖形在 $(-\infty, -1)$ 和 $(1, \infty)$ 凹面朝上，並在 $(-1, 1)$ 凹面朝下。

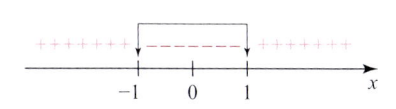

**圖 4.78**

$f''$ 符號的示意圖

9. $f$ 沒有反曲點。記住 $-1$ 和 1 並不在 $f$ 的定義域內。

10. 這些訊息的摘要列在下表。

| 定義域 | $(-\infty, -1) \cup (-1, 1) \cup (1, \infty)$ |
|---|---|
| 截距 | $x$ 和 $y$ 軸的截距：0 |
| 對稱 | 對 $y$ 軸 |
| 漸近線 | 垂直：$x = -1$ 和 $x = 1$ |
|  | 水平：$y = 1$ |
| 端點的行為 | $\lim\limits_{x \to -\infty} \dfrac{x^2}{x^2-1} = \lim\limits_{x \to \infty} \dfrac{x^2}{x^2-1} = 1$ |
| $f \nearrow$ 或 $\searrow$ 的區間 | 在 $(-\infty, -1)$ 和在 $(-1, 0) \nearrow$；在 $(0, 1)$ 和 $(1, \infty) \searrow$ |
| 相對極值 | 相對極大值在 $(0, 0)$ |
| 凹面 | 在 $(-1, 1)$ 朝下；在 $(-\infty, -1)$ 和 $(1, \infty)$ 朝上 |
| 反曲點 | 無 |

我們開始標繪 $f$ 的相對極大值和繪畫圖形 $f$ 的漸近線，如圖 4.79 所示。在此情形，多標繪幾個點可以確保得到更精確的圖形。譬如：從表

| $x$ | $\frac{1}{2}$ | $\frac{3}{2}$ | 2 |
|---|---|---|---|
| $f(x)$ | $-\frac{1}{3}$ | $\frac{9}{5}$ | $\frac{4}{3}$ |

得知點 $\left(\frac{1}{2}, -\frac{1}{3}\right)$, $\left(\frac{3}{2}, \frac{9}{5}\right)$ 和 $\left(2, \frac{4}{3}\right)$ 以及根據對稱性的點 $\left(-\frac{1}{2}, -\frac{1}{3}\right)$, $\left(-\frac{3}{2}, \frac{9}{5}\right)$ 和 $\left(-2, \frac{4}{3}\right)$ 都在 $f$ 的圖形上。最後，使用剩下有關 $f$ 的訊息繪畫它的圖形，如圖 4.80 所示。

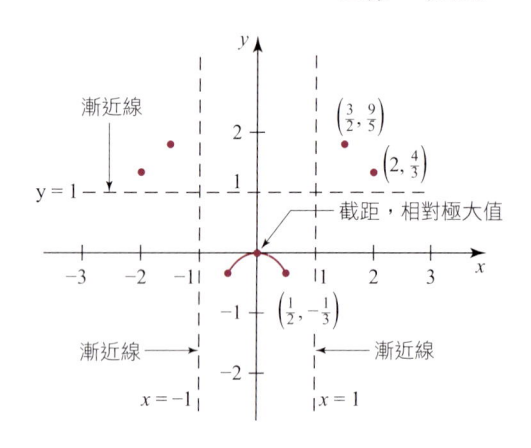

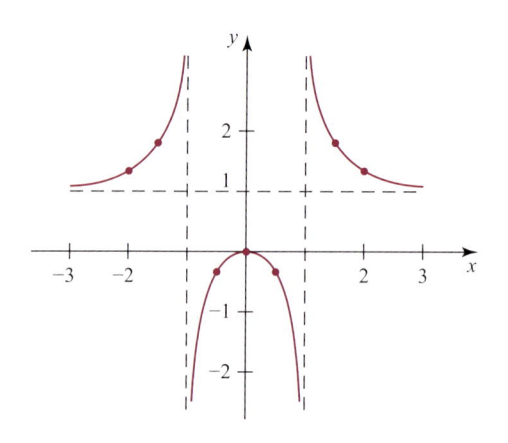

| 圖 4.79

首先標繪 $y$ 的截距、相對極大值和漸近線。
然後多標繪幾個點

| 圖 4.80

$f(x) = \dfrac{x^2}{x^2 - 1}$ 的圖形

**例題 3**　繪畫函數 $f(x) = \dfrac{1}{1 + \sin x}$ 的圖形。

**解**

1. 假如 $1 + \sin x = 0$，亦即，當 $\sin x = -1$ 或 $x = (3\pi/2) + 2n\pi$ ($n = 0, \pm 1, \pm 2, \ldots$)，$f(x)$ 的分母等於零。所以，$f$ 的定義域是 $\cdots \left(-\frac{\pi}{2}, \frac{3\pi}{2}\right) \cup \left(\frac{3\pi}{2}, \frac{7\pi}{2}\right) \cup \cdots$。

2. 令 $x = 0$，得到 $y$ 的截距 1。因為 $y \ne 0$，所以沒有 $x$ 的截距。

3. $f(-x) = \dfrac{1}{1 + \sin(-x)} = \dfrac{1}{1 - \sin x}$ 　　$\sin(-x) = -\sin x$

   既不等於 $f(x)$ 也不等於 $-f(x)$。因此，$f$ 沒有對稱於 $y$ 軸或原點。

4. $\lim\limits_{x \to -\infty} \left[\dfrac{1}{1 + \sin x}\right]$ 和 $\lim\limits_{x \to \infty} \left[\dfrac{1}{1 + \sin x}\right]$ 都不存在。

5. 當 $1 + \sin x = 0$，亦即，$x = (3\pi/2) + 2n\pi$ ($n = 0, \pm 1, \pm 2, \ldots$) 時，$f(x)$ 的分母等於零（見步驟(1)）。因為

$$\lim_{x \to (3\pi/2) + 2n\pi} \left[\dfrac{1}{1 + \sin x}\right] = \infty$$

所以直線 $x = (3\pi/2) + 2n\pi$ ($n = 0, \pm 1, \pm 2, \ldots$) 是 $f$ 圖形的垂直漸近線。由步驟 (4) 得知圖形沒有水平漸近線。

6. $f'(x) = \dfrac{d}{dx}(1 + \sin x)^{-1}$

$\phantom{f'(x)} = -(1 + \sin x)^{-2}(\cos x)$ 應用連鎖規則

$\phantom{f'(x)} = -\dfrac{\cos x}{(1 + \sin x)^2}$

注意 $f'$ 除了在 $x = (3\pi/2) + 2n\pi$（$n = 0, \pm 1, \pm 2, \ldots$）處處處連續，並在 $x = (\pi/2) + 2n\pi$（$n = 0, \pm 1, \pm 2, \ldots$）處有零點。$f'$ 符號示意圖展示於圖 4.81。由此得知，$f$ 在 $\cdots \left(-\dfrac{3\pi}{2}, -\dfrac{\pi}{2}\right), \left(\dfrac{\pi}{2}, \dfrac{3\pi}{2}\right)$ 和 $\left(\dfrac{5\pi}{2}, \dfrac{7\pi}{2}\right) \cdots$ 遞增並在 $\cdots \left(-\dfrac{5\pi}{2}, -\dfrac{3\pi}{2}\right), \left(-\dfrac{\pi}{2}, \dfrac{\pi}{2}\right)$ 和 $\left(\dfrac{3\pi}{2}, \dfrac{5\pi}{2}\right) \cdots$ 遞減。

| 圖 4.81

$f'$ 符號的示意圖

7. 由步驟 (6) 的結果得知，$(\pi/2) + 2n\pi$（$n = 0, \pm 1, \pm 2, \ldots$）是 $f$ 的臨界點。由圖 4.81 得知這些數是 $f$ 的相對極小值，因為

$$f\left(\dfrac{\pi}{2} + 2n\pi\right) = \dfrac{1}{1 + \sin\left(\dfrac{\pi}{2} + 2n\pi\right)} = \dfrac{1}{1 + \sin\dfrac{\pi}{2}} = \dfrac{1}{2}$$

所以每一點的值是 $\dfrac{1}{2}$。

8. $f''(x) = \dfrac{d}{dx}\left[-(\cos x)(1 + \sin x)^{-2}\right]$

$\phantom{f''(x)} = (\sin x)(1 + \sin x)^{-2} - (\cos x)(-2)(1 + \sin x)^{-3}(\cos x)$

$\phantom{f''(x)} = (1 + \sin x)^{-3}[(\sin x)(1 + \sin x) + 2\cos^2 x]$

$\phantom{f''(x)} = \dfrac{\sin x + \sin^2 x + 2\cos^2 x}{(1 + \sin x)^3}$

$\phantom{f''(x)} = \dfrac{\sin x + \sin^2 x + 2(1 - \sin^2 x)}{(1 + \sin x)^3} = -\dfrac{\sin^2 x - \sin x - 2}{(1 + \sin x)^3}$

$\phantom{f''(x)} = -\dfrac{(\sin x - 2)(\sin x + 1)}{(1 + \sin x)^3} = \dfrac{2 - \sin x}{(1 + \sin x)^2}$

因為對於所有 $x$，$|\sin x| \leq 1$，所以只要 $f''$ 有定義，$f''(x) > 0$。由圖 4.82 的 $f''$ 符號示意圖，得到結論 $f$ 的圖形在 $\cdots \left(-\dfrac{5\pi}{2}, -\dfrac{\pi}{2}\right)$，$\left(-\dfrac{\pi}{2}, \dfrac{3\pi}{2}\right)$ 和 $\left(\dfrac{3\pi}{2}, \dfrac{7\pi}{2}\right) \cdots$ 凹面朝上。

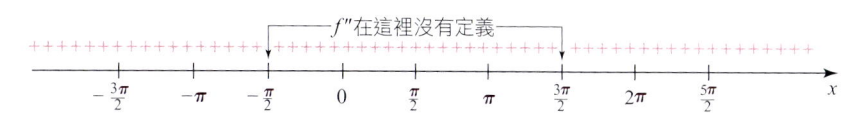

| 圖 4.82

$f''$ 符號的示意圖

9. $f$ 沒有反曲點。

10. 這些訊息的摘要列於下表。

| 定義域 | $\cdots \left(-\frac{\pi}{2}, \frac{3\pi}{2}\right) \cup \left(\frac{3\pi}{2}, \frac{7\pi}{2}\right) \cup \cdots$ |
|---|---|
| 截距 | $y$ 軸的截距：1 |
| 對稱 | 無（對 $y$ 軸或原點） |
| 端點的行為 | $\lim\limits_{x \to -\infty}\left[\dfrac{1}{1+\sin x}\right]$ 和 $\lim\limits_{x \to \infty}\left[\dfrac{1}{1+\sin x}\right]$ 都不存在 |
| 漸近線 | 垂直：$x = \frac{3\pi}{2} + 2n\pi$（$n = 0, \pm 1, \pm 2, \ldots$） |
| $f \nearrow$ 或 $\searrow$ 的區間 | 在 $\cdots \left(-\frac{3\pi}{2}, -\frac{\pi}{2}\right)$ 和在 $\left(\frac{\pi}{2}, \frac{3\pi}{2}\right) \cdots \nearrow$；<br>在 $\cdots \left(-\frac{\pi}{2}, \frac{\pi}{2}\right)$ 和在 $\left(\frac{3\pi}{2}, \frac{5\pi}{2}\right) \cdots \searrow$ |
| 相對極值 | 相對極小值在 $\cdots \left(-\frac{3\pi}{2}, \frac{1}{2}\right), \left(\frac{\pi}{2}, \frac{1}{2}\right), \left(\frac{5\pi}{2}, \frac{1}{2}\right) \cdots$ |
| 凹面 | 在 $\cdots \left(-\frac{5\pi}{2}, -\frac{\pi}{2}\right)$ 和在 $\left(-\frac{\pi}{2}, \frac{3\pi}{2}\right) \cdots$ 朝上 |
| 反曲點 | 無 |

$f$ 的圖形展示於圖 4.83。

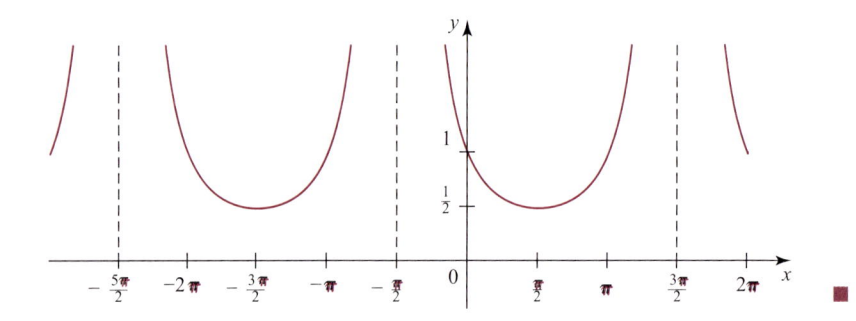

**圖 4.83**
$f(x) = \dfrac{1}{1+\sin x}$ 的圖形

**圖 4.84**
$f$ 的圖形有斜漸近線

### ■ 斜漸近線

$f$ 的圖形可能有漸近線，但是它既不是垂直也不是水平，而是斜的。假如

$$\lim_{x \to \infty} \frac{f(x)}{x} = m \quad \text{和} \quad \lim_{x \to \infty}[f(x) - mx] = b \qquad (1)$$

則我們稱方程式 $y = mx + b$ 的直線為 $f$ 圖形的**斜（右）漸近線**（slant 或 oblique (right) asymptote）。觀察得知，式 (1) 的第二個式子等價於 $\lim_{x \to \infty}[f(x) - mx - b] = 0$。因為 $|f(x) - mx - b|$ 是測量圖形 $f(x)$ 和直線 $y = mx + b$ 之間的垂直距離，式 (1) 的第二個式子簡單地說明，當 $x$ 趨近無窮時，$f$ 的圖形逼近方程式 $y = mx + b$ 的直線（圖 4.84）。

同理，假如

$$\lim_{x \to -\infty} \frac{f(x)}{x} = m \quad \text{和} \quad \lim_{x \to -\infty}[f(x) - mx] = b \qquad (2)$$

則直線 $y = mx + b$ 稱為 $f$ 圖形的**斜（左）漸近線**（slant (left) asymptote）。注意圖形 $f$ 的水平漸近線可看成斜漸近線的特殊情形，即當 $m = 0$。

看下一個例題之前，我們指出當有理函數的分子的 $x$ 指數比其分母的指數多於 1，它的圖形就有斜漸近線。事實上，當分子 $x$ 的

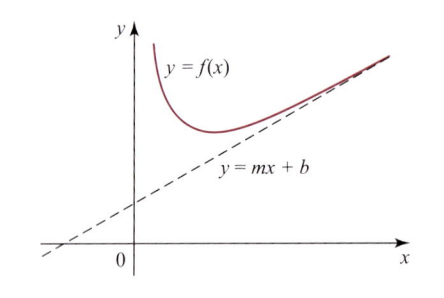

指數比分母的多 1，此斜漸近線是直線，如下一個例題所示；當分子 $x$ 的指數比分母的多 2，此斜漸近線是拋物線，諸如此類。

**例題 4** 求 $f(x) = \dfrac{2x^2 - 3}{x - 2}$ 的圖形的斜漸近線。

**解** 計算

$$\lim_{x \to \infty} \frac{f(x)}{x} = \lim_{x \to \infty} \frac{\frac{2x^2 - 3}{x - 2}}{x} = \lim_{x \to \infty} \frac{2x - \frac{3}{x}}{x - 2}$$

$$= \lim_{x \to \infty} \frac{2 - \frac{3}{x^2}}{1 - \frac{2}{x}} \qquad \text{分子和分母同除以 } x$$

$$= 2$$

接著取 $m = 2$ 並計算

$$\lim_{x \to \infty}[f(x) - mx] = \lim_{x \to \infty}\left(\frac{2x^2 - 3}{x - 2} - 2x\right)$$

$$= \lim_{x \to \infty} \frac{2x^2 - 3 - 2x^2 + 4x}{x - 2}$$

$$= \lim_{x \to \infty} \frac{4x - 3}{x - 2} = \lim_{x \to \infty} \frac{4 - \frac{3}{x}}{1 - \frac{2}{x}} = 4$$

所以取 $b = 4$，得到方程式 $y = 2x + 4$ 的直線是圖形 $f$ 的斜漸近線。可以證明，使用式 (2) 來計算也可以得到相同的結果（見習題 18 題），所以 $y = 2x + 4$ 是圖形 $f$ 唯一的斜漸近線。$f$ 的圖形繪於圖 4.85。

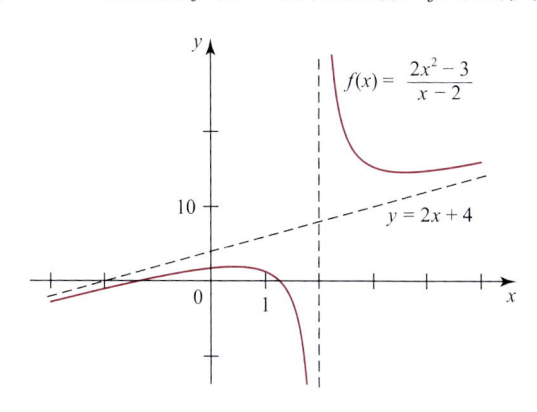

**圖 4.85**
$f$ 的圖形的斜漸近線是 $y = 2x + 4$

## 4.6 習題

1-2 題，用表中的訊息摘要繪畫 f 的圖形。

**1.** $f(x) = x^3 - 3x^2 + 1$

| 定義域 | $(-\infty, \infty)$ |
|---|---|
| 截距 | $y$ 軸的截距：1 |
| 對稱 | 無 |
| 漸近線 | 無 |
| $f \nearrow$ 或 $\searrow$ 的區間 | 在 $(-\infty, 0)$ 和在 $(2, \infty) \nearrow$；在 $(0, 2) \searrow$ |
| 相對極值 | 相對極大值在 $(0, 1)$；相對極小值在 $(2, -3)$ |
| 凹面 | 在 $(-\infty, 1)$ 朝下；在 $(1, \infty)$ 朝上 |
| 反曲點 | $(1, -1)$ |

**2.** $f(x) = \dfrac{4x - 4}{x^2}$

| 定義域 | $(-\infty, 0) \cup (0, \infty)$ |
|---|---|
| 截距 | $x$ 軸的截距：1 |
| 對稱 | 無 |
| 漸近線 | $x$ 軸；$y$ 軸 |
| $f \nearrow$ 或 $\searrow$ 的區間 | 在 $(0, 2) \nearrow$；在 $(-\infty, 0)$ 和 $(2, \infty) \searrow$ |
| 相對極值 | 相對極大值在 $(2, 1)$ |
| 凹面 | 在 $(-\infty, 0)$ 和 $(0, 3)$ 朝下；在 $(3, \infty)$ 朝上 |
| 反曲點 | $\left(3, \dfrac{8}{9}\right)$ |

3-15 題，使用 202 頁的繪畫曲線的步驟繪畫函數圖形。

**3.** $f(x) = 4 - 3x - 2x^3$

**4.** $f(x) = x^3 - 6x^2 + 9x + 2$

**5.** $f(x) = 2x^3 - 9x^2 + 12x - 3$

**6.** $g(x) = x^4 + 2x^3 - 2$  **7.** $f(x) = 4x^5 - 5x^4$

**8.** $y = (x + 2)^{3/2} + 1$  **9.** $f(x) = \dfrac{x}{x + 1}$

**10.** $h(x) = \dfrac{x}{x^2 - 9}$  **11.** $f(x) = \dfrac{x^2}{x^2 + 1}$

**12.** $h(x) = \dfrac{1}{x^2 - x - 2}$

**13.** $f(x) = x - \sin x, \quad 0 \leq x \leq 2\pi$

**14.** $f(x) = \dfrac{1}{1 - \cos x}, \quad -2\pi < x < 2\pi$

**15.** $g(x) = \dfrac{\sin x}{1 + \sin x}$

16-17 題，求函數圖形的斜漸近線並繪畫函數圖形。

**16.** $g(u) = \dfrac{u^3 + 1}{u^2 - 1}$

**17.** $f(x) = \dfrac{x^2 - 2x - 3}{2x - 2}$

**18.** 參考本節例題 4，證明

$$\lim_{x \to -\infty} \dfrac{f(x)}{x} = 2 \quad \text{和} \quad \lim_{x \to -\infty} [f(x) - 2x] = 4$$

所以 $y = 2x + 4$ 是圖形 $f(x) = \dfrac{2x^2 - 3}{x - 2}$ 的（左）斜漸近線。

**19. 工人的工作效率** Alpha 通訊公司的一個效率研究，顯示一般工人從早上 8:00 開始 $t$ 小時，裝配手機的總數量是

$$N(t) = -\dfrac{1}{2}t^3 + 3t^2 + 10t \qquad 0 \leq t \leq 4$$

繪畫函數 $N$ 的圖形並解釋你的結果。

## 4.7 最佳化問題

最佳化問題最先出現在 4.1 節。在那一節，我們使用在有界的閉區間（closed, bounded interval）求連續函數的絕對極大值或絕對極小值的方法來解特定的問題。感謝極值定理，這類的問題總是有解。

然而，實際上有些最佳化問題是求連續函數在任意區間（arbitrary interval）的絕對極值。若不是閉區間，則無法保證函數最佳的情形確實發生在那個區間的絕對極大值處或絕對極小值處（見 4.1 節例

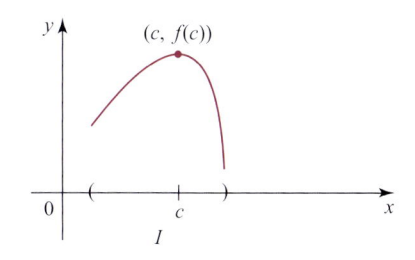

(a) 相對極大值 $f(c)$ 是絕對極大值

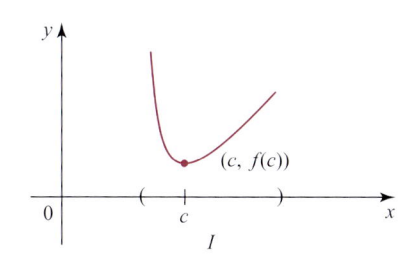

(b) 相對極小值 $f(c)$ 是絕對極小值

**圖 4.86**
$f$ 在區間 $I$ 只有一個臨界點

題 1）。因此對於這些問題，它們的解不一定存在。然而若要求極大（極小）的函數在那個區間內恰有一個相對極大值（相對極小值），則此問題有解。事實上，如圖 4.86 的建議，在臨界點的相對極值成為函數在那個區間的絕對極值。因此，這類問題的解就是在那個區間內求函數的相對極值。

讓我們先將這個重要的觀察做摘要後再繼續下去。

### 求連續函數 $f$ 在任意區間的絕對極值的步驟

假設連續函數 $f$ 在區間 $I$ 只有一個臨界點 $c$。
1. 使用第一階導數檢驗或第二階導數檢驗來確定 $f$ 在 $c$ 是否有相對極大值（極小值）。
2. **a.** 若 $f$ 在 $c$ 處有相對極大值，則數 $f(c)$ 也是 $f$ 在 $I$ 的絕對極大值。
   **b.** 若 $f$ 在 $c$ 處有相對極小值，則數 $f(c)$ 也是 $f$ 在 $I$ 的絕對極小值。

依賴這些步驟和求函數在閉區間的絕對極值的步驟，我們就可以應付更多不同的最佳化問題。

## 公式化最佳化問題

假如重新檢驗 4.1 節的最佳化問題，你將會發現要被最佳化的函數已經知道了。我們經常需要先找適合的函數，然後再最佳化。下面的步驟可被用來公式化最佳化問題。

### 解最佳化問題的步驟

1. 每一個變數指定一個英文字母。繪畫圖形並做標記（假如適合的話）。
2. 找一個表示極大或極小的量的式子。
3. 應用問題所給的條件，寫出一個變數的函數來表示要被最佳化的量。在 $f$ 的定義域上標記任何限制。
4. 使用 4.1 節的步驟和本頁的步驟求函數在定義域內的最佳化。

**例題 1** **圍籬的問題** 有個人要用 100 呎長的籬笆來圍他後院的長方形花園。假設他將所有的籬笆都用完，求他可以圍出最大面積的花園的尺寸。

**解**

**步驟 1** 令 $x$ 和 $y$ 分別表示花園的長和寬（以呎為單位）並令 $A$ 表示花園的面積（圖 4.87）。

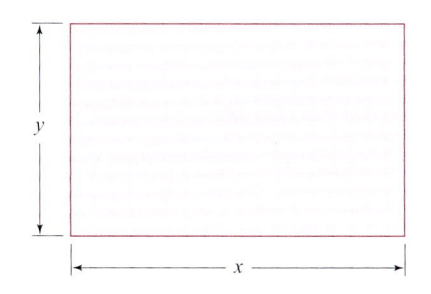

**圖 4.87**
長方形面積是 $A = xy$

**步驟 2** 長方形的面積是

$$A = xy \tag{1}$$

並要是最大化的量。

**步驟 3** 長方形的周長是 $(2x + 2y)$ 呎，它等於 100 呎。所以，得到方程式

$$2x + 2y = 100 \tag{2}$$

與變數 $x$ 和 $y$ 有關。解式 (2) 的 $y$ 為 $x$ 的函數，得到

$$y = 50 - x \tag{3}$$

將它代入式 (1)，得到

$$A = x(50 - x)$$
$$= -x^2 + 50x$$

（記得要被最佳化的函數必須只有一個變數）。因為長方形的兩邊都必須是正，$x > 0$ 和 $y = 50 - x > 0$，得到 $0 < x < 50$。所以，問題被簡化成：求 $x$ 在 $(0, 50)$ 內，並使 $f(x) = -x^2 + 50x$ 的值最大。

**步驟 4** 求 $f$ 的臨界點，計算

$$f'(x) = -2x + 50 = -2(x - 25)$$

令 $f'(x) = 0$，得到 25 是 $f$ 唯一的臨界點。因為 $f''(x) = -2 < 0$，根據第二階導數檢驗，得到 $f$ 在 $x = 25$ 處有相對極大值。但是 25 是在 $(0, 50)$ 內唯一的臨界點，所以結論是 $f$ 在 $x = 25$ 處有最大值 $f(25) = 625$。因此假設此人的花園是邊長 25 呎的正方形，則它會有最大面積（625 平方呎）的花園。∎

**例題 2** **求最大面積** 已知底在 $x$ 軸上並內接於拋物線 $y = 9 - x^2$ 的長方形，求它有最大面積時的尺寸。

**解**

**步驟 1** 考慮長方形的寬 $2x$ 和高 $y$，如圖 4.88 所示。令 $A$ 表示它的面積。

**步驟 2** 長方形的面積是 $A = 2xy$ 並要是最大化的量。

**步驟 3** 因為 $(x, y)$ 點落在拋物線上，它必須滿足拋物線的式子；亦即，$y = 9 - x^2$。所以，

$$A = 2xy$$
$$= 2x(9 - x^2)$$
$$= -2x^3 + 18x$$

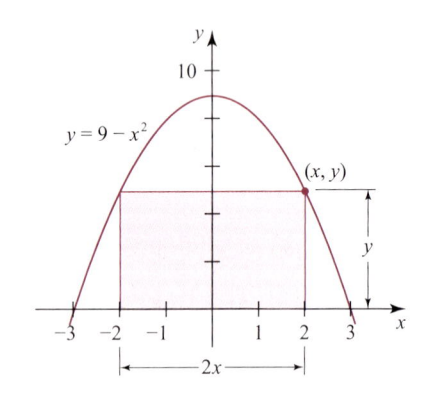

**圖 4.88**
長方形面積是 $2xy = 2x(9-x^2)$

又 $y > 0$ 推得 $9-x^2 > 0$ 或等價於 $-3 < x < 3$。因為長方形的邊必須是正，$x > 0$。所以，問題等價於求 $x$ 在 $(0, 3)$ 內，使 $f(x) = -2x^3 + 18x$ 的值最大的問題。

步驟 4　為了求 $f$ 的臨界點，我們計算

$$f'(x) = -6x^2 + 18 = -6(x^2 - 3)$$

令 $f'(x) = 0$，得到 $x = \pm\sqrt{3}$。因為 $-\sqrt{3}$ 落在區間 $(0, 3)$ 的外面，所以我們只考慮臨界點 $\sqrt{3}$。因為 $f''(x) = -12x$ 和 $f''(\sqrt{3}) = -12\sqrt{3} < 0$，根據第二階導數檢驗，$f$ 在 $x = \sqrt{3}$ 處有相對極大值。因為 $f$ 在 $(0, 3)$ 內只有一個臨界點，所以 $f$ 在 $x = \sqrt{3}$ 處有最大值。將此 $x$ 代入 $y = 9-x^2$ 得到 $y = 6$。因此，所要的長方形的尺寸是 $2\sqrt{3}$ 乘以 6，而它的面積是 $12\sqrt{3}$。 ∎

**例題 3**　**放置海底纜線的最低成本**　圖 4.89 中，點 $S$ 表示繼電器站在平直的海岸上的位置，點 $E$ 表示島上海洋生物實驗站的位置，點 $Q$ 位於點 $S$ 西方 7 哩處和點 $E$ 南方 3 哩處，並放置一纜線連接繼電器站和實驗站。假如纜線沿著海岸線放置的費用是 10,000 元／哩以及放置在水裡的費用是 30,000 元／哩。試問 $P$ 的位置應在哪裡，方可使放置纜線的費用減到最少？

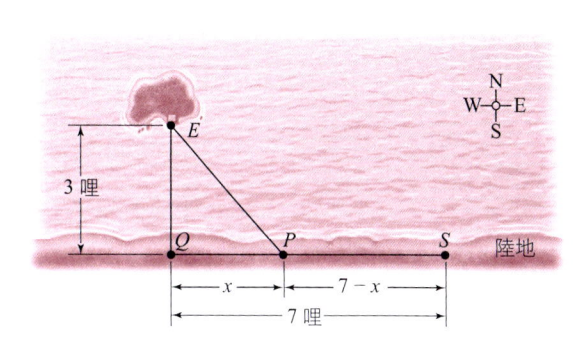

**圖 4.89**
此纜線連接 $E$ 處的海洋生物站和 $S$ 處的繼電器站。此纜線從 $E$ 到 $P$ 要放在水裡且從 $P$ 到 $S$ 要放在陸地上

**解**

步驟 1　很明顯地，點 $P$ 落在點 $Q$ 和 $S$ 之間，並含端點。令 $x$ 表示 $P$ 和 $Q$ 之間的距離（以哩為單位），並令 $C$ 表示放置纜線的費用（以千元為單位）。

步驟 2　水裡的纜線長度表示 $E$ 和 $P$ 的距離。應用畢氏定理，得到此長度為 $\sqrt{x^2+9}$ 哩，所以它的費用是 $30\sqrt{x^2+9}$ 千元。接著，陸地上的纜線長度為 $(7-x)$ 哩。因此，放置纜線的總費用是

$$C = 30\sqrt{x^2 + 9} + 10(7 - x)$$

千元，同時此數是最小的。

步驟 3　因為 $Q$ 和 $S$ 之間的距離為 7 哩，所以 $x$ 必須滿足它的限制 $0 \leq x \leq 7$。此問題在於求 $[0, 7]$ 內的 $x$ 值，使得 $f(x) = 30\sqrt{x^2+9} + 10(7-x)$ 的值達到最小。

步驟 4　觀察得知 $f$ 在閉區間 $[0, 7]$ 連續。所以，$f$ 的絕對極小值必定發生在 $[0, 7]$ 的端點上或在區間內 $f$ 的臨界點。為了求 $f$ 的臨界點，計算

$$f'(x) = \frac{d}{dx}[30(x^2+9)^{1/2} + 10(7-x)]$$

$$= (30)\left(\frac{1}{2}\right)(x^2+9)^{-1/2}(2x) - 10$$

$$= 10\left[\frac{3x}{\sqrt{x^2+9}} - 1\right]$$

令 $f'(x) = 0$，得到

$$\frac{3x}{\sqrt{x^2+9}} - 1 = 0$$

$$3x = \sqrt{x^2+9}$$

$$9x^2 = x^2 + 9$$

$$8x^2 = 9$$

或

$$x = \pm\frac{3}{2\sqrt{2}} = \pm\frac{3\sqrt{2}}{4} \approx \pm 1.06$$

因為根 $-3\sqrt{2}/4$ 落在 $[0, 7]$ 區間外，所以此根不合。現在剩下 $x = 3\sqrt{2}/4$ 是 $f$ 唯一的臨界點。最後，由下表得知 $f(x)$ 在 $x = 3\sqrt{2}/4 \approx 1.06$ 處的值最小 154.85。結論是若 $P$ 點放置在距離 $Q$ 約 1.06 哩處，則放置纜線的費用將是最少（大約 155,000 元）。

| $f(0)$ | $f(3\sqrt{2}/4)$ | $f(7)$ |
|---|---|---|
| 160 | 154.85 | 228.47 |

**例題 4　包裝**　Betty Moore 公司要求它的燉牛肉罐頭容器的容量是 64 立方吋，它是圓柱形鋁製品。決定容器的半徑和高，使得所用的金屬量最少。

**解**

步驟 1　令 $r$ 和 $h$ 分別表示容器的半徑和高（圖 4.90）。製造容器所需的鋁是整個圓柱形的表面積，以 $S$ 表示。

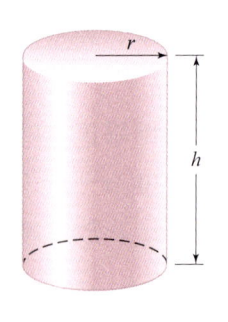

| 圖 4.90

我們要用最少的材料製造容器

**步驟 2** 圓柱形上底或下底的面積是 $\pi r^2$ 平方吋，且它的側面面積是 $2\pi rh$ 平方吋。因此，

$$S = 2\pi r^2 + 2\pi rh \tag{4}$$

且此量為最小。

**步驟 3** 所要的容量面積是 64 立方吋，換成式子

$$\pi r^2 h = 64 \tag{5}$$

由式 (5)，將 $h$ 表示為 $r$ 的函數，

$$h = \frac{64}{\pi r^2} \tag{6}$$

並代入式 (4)，得到

$$S = 2\pi r^2 + 2\pi r\left(\frac{64}{\pi r^2}\right)$$

$$= 2\pi r^2 + \frac{128}{r}$$

$S$ 的定義域是 $(0, \infty)$。問題已經簡化到求在 $(0, \infty)$ 內的 $r$ 值，使得 $f(r) = 2\pi r^2 + (128/r)$ 的值達到最小。

**步驟 4** 觀察得知 $f$ 在 $(0, \infty)$ 連續。依據本節一開始的步驟，先求 $f$ 的臨界點，

$$f'(r) = 4\pi r - \frac{128}{r^2}$$

令 $f'(r) = 0$，得到

$$4\pi r - \frac{128}{r^2} = 0$$

$$4\pi r^3 - 128 = 0$$

$$r^3 = \frac{32}{\pi}$$

即

$$r = \left(\frac{32}{\pi}\right)^{1/3} \approx 2.17$$

是 $f$ 唯一的臨界點。

為了檢視此臨界點是否有 $f$ 的相對極值，我們使用第二階導數檢驗。因為

$$f''(r) = 4\pi + \frac{256}{r^3}$$

所以

$$f''\left(\left(\frac{32}{\pi}\right)^{1/3}\right) = 4\pi + \frac{256}{\frac{32}{\pi}} = 12\pi > 0$$

因此，$f$ 在 $r = (32/\pi)^{1/3}$ 處有相對極小值。最後，因為 $f$ 在 $(0, \infty)$ 內只有一個臨界點，所以結論是，$f$ 在此點有絕對極小值。使用式 (6)，得到對應的 $h$ 值是

$$h = \frac{64}{\pi\left(\frac{32}{\pi}\right)^{2/3}} = \frac{64}{\pi\left(\frac{32}{\pi}\right)^{2/3}} \cdot \frac{\left(\frac{32}{\pi}\right)^{1/3}}{\left(\frac{32}{\pi}\right)^{1/3}}$$

$$= \frac{64}{\pi\left(\frac{32}{\pi}\right)} \cdot \left(\frac{32}{\pi}\right)^{1/3}$$

$$= 2r$$

因此，所要的容器的半徑大約是 2.17 吋，而它的高是兩倍的半徑大，即大約 4.34 吋。$S$ 的圖形展示於圖 4.91。 ■

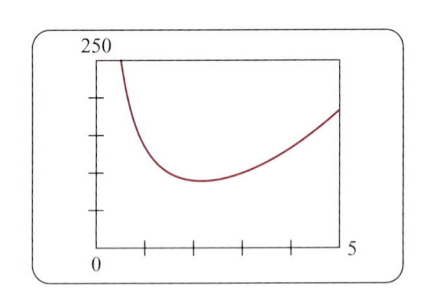

| 圖 4.91

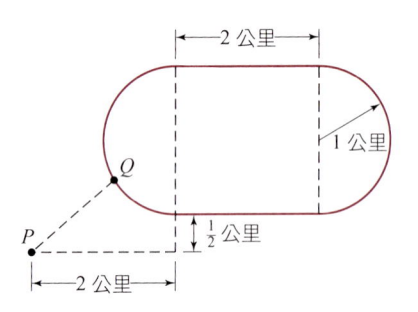

$S = 2\pi r^2 + \dfrac{128}{r}$ 的圖形

| 圖 4.92

圖中表示觀眾的位置 $P$ 和跑道的關係

**例題 5　求最小距離**　圖 4.92 是由長方形兩邊和兩個半圓所組成的跑道的鳥瞰圖。它也顯示觀眾由車頂觀看競賽時的位置 $P$。求跑道上最接近觀眾的點 $Q$。又這兩點的距離為何？

**解**

**步驟 1**　很明顯地，所求的點必須落在延伸的跑道左下半圓。讓我們建立直角為坐標系統如圖 4.93。為了求描述此曲線的方程式，以半徑 1 並圓心在原點的圓方程式 $x^2 + y^2 = 1$ 開始。解 $y$ 為 $x$ 的表示式並由觀察得知 $x$ 和 $y$ 都必須非正數，所以得到此曲線的表示式如下：

$$y = -\sqrt{1-x^2} \quad -1 \leq x \leq 0 \qquad (7)$$

接著令 $D$ 表示 $P(-2, -\frac{3}{2})$ 和式 (7) 曲線上的 $Q(x, y)$ 點之間的距離。

**步驟 2**　應用距離公式，得到 $P$ 和 $Q$ 的距離 $D$ 是

$$D = \sqrt{(x+2)^2 + \left(y + \frac{3}{2}\right)^2}$$

因此，

$$D^2 = (x+2)^2 + \left(y + \frac{3}{2}\right)^2$$

$$= x^2 + 4x + 4 + y^2 + 3y + \frac{9}{4} \qquad (8)$$

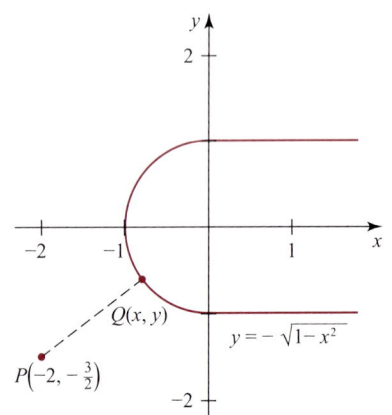

| 圖 4.93

我們要使 $P$ 和 $Q$ 的距離最小

因為 $D$ 是最小若且唯若 $D^2$ 是最小，所以我們將使用 $D^2$ 的最小取代 $D$ 的。

**步驟 3** 將式 (7) 代入式 (8)，得到

$$D^2 = x^2 + 4x + 4 + (1 - x^2) - 3\sqrt{1 - x^2} + \frac{9}{4}$$
$$= 4x - 3\sqrt{1 - x^2} + \frac{29}{4}$$

所以，問題簡化為求在 $[-1, 0]$ 內的 $x$ 值，使得 $f(x) = 4x - 3\sqrt{1 - x^2} + (29/4)$ 的值達到最小。

**步驟 4** 觀察得知 $f$ 在 $[-1, 0]$ 連續。所以 $f$ 的絕對極小值必定是 $[-1, 0]$ 的一個端點或是 $f$ 在那個區間內的一個臨界點。為了求 $f$ 的臨界點，計算

$$f'(x) = \frac{d}{dx}\left[4x - 3(1 - x^2)^{1/2} + \frac{29}{4}\right]$$
$$= 4 - 3\left(\frac{1}{2}\right)(1 - x^2)^{-1/2}(-2x) = 4 + \frac{3x}{\sqrt{1 - x^2}}$$

令 $f'(x) = 0$ 並解 $x$，得到

$$4 + \frac{3x}{\sqrt{1 - x^2}} = 0$$
$$3x = -4\sqrt{1 - x^2}$$
$$9x^2 = 16(1 - x^2)$$
$$25x^2 = 16$$

即 $x = \pm \frac{4}{5}$。只有 $-\frac{4}{5}$ 是 $f'(x) = 0$ 的解；所以它是我們有興趣的唯一的臨界點。最後，由下表

| $f(-1)$ | $f\left(-\frac{4}{5}\right)$ | $f(0)$ |
|---|---|---|
| $\frac{13}{4} = 3.25$ | $\frac{9}{4} = 2.25$ | $\frac{17}{4} = 4.25$ |

得知 $f$ 在 $-\frac{4}{5}$ 處有它的最小值 2.25。應用式 (7)，求得對應的值 $y$ 是

$$y = -\sqrt{1 - \left(-\frac{4}{5}\right)^2} = -\frac{3}{5}$$

結論是跑道上最接近觀眾的點是 $\left(-\frac{4}{5}, -\frac{3}{5}\right)$。觀眾和此點的距離是

$$\sqrt{f\left(-\frac{4}{5}\right)} = \sqrt{4\left(-\frac{4}{5}\right) - 3\sqrt{1 - \left(-\frac{4}{5}\right)^2} + \frac{29}{4}} = \sqrt{\frac{9}{4}} = \frac{3}{2}$$

即 1.5 公里。

**例題 6** 長度最小化 圖4.94a描述高樓大廈的側面。一個梯子從消防車到建築物的前牆必須避開雨遮，此物由建築物向外延伸 12 呎。求最短的梯子長度，使得消防隊可以完成此任務。

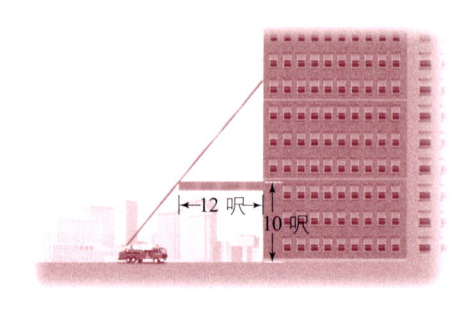

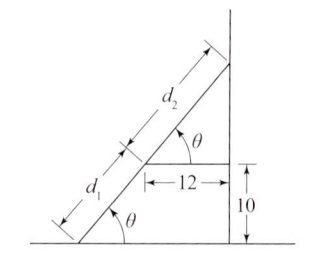

| 圖 4.94

(a) 梯子碰到雨遮的邊緣　　　(b) 梯子長度是 $L = d_1 + d_2$

**解**

**步驟 1** 令 $L$ 表示梯子長度並令 $\theta$ 是梯子和水平面之間的夾角。

**步驟 2** 由圖4.94b得知

$$L = d_1 + d_2 = 10 \csc \theta + 12 \sec \theta \qquad \csc \theta = \frac{d_1}{10} \text{ 和 } \sec \theta = \frac{d_2}{12}$$

而此量是最小的。

**步驟 3** $L$ 的定義域是 $(0, \frac{\pi}{2})$。此問題是求在 $(0, \frac{\pi}{2})$ 的 $\theta$ 值，使得 $f(\theta) = 10 \csc \theta + 12 \sec \theta$ 的值最小。

**步驟 4** 觀察 $f$ 在 $(0, \frac{\pi}{2})$ 區間連續。依照此節一開始給的步驟，先求 $f$ 的臨界點。因此，

$$f'(\theta) = -10 \csc \theta \cot \theta + 12 \sec \theta \tan \theta$$

令 $f'(\theta) = 0$，得到

$$12 \sec \theta \tan \theta = 10 \csc \theta \cot \theta$$

$$12 \left(\frac{1}{\cos \theta}\right)\left(\frac{\sin \theta}{\cos \theta}\right) = 10 \left(\frac{1}{\sin \theta}\right)\left(\frac{\cos \theta}{\sin \theta}\right)$$

$$\frac{\sin^3 \theta}{\cos^3 \theta} = \frac{10}{12}$$

$$\tan^3 \theta = \frac{5}{6}$$

或 $\theta = \tan^{-1} \sqrt[3]{5/6} \approx 0.76$。$f'$ 符號示意圖（圖 4.95）告訴我們在 $\tan^{-1} \sqrt[3]{5/6}$ 處有相對極小值。因為 $f$ 在 $(0, \frac{\pi}{2})$ 區間內有唯一的臨界點，所以此值也是 $f$ 的絕對極小值。最後，$f(0.76) \approx 31.07$，所以結論是梯子最少是 31.1 呎長。

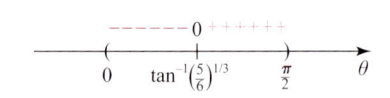

| 圖 4.95

$f'$ 符號的示意圖

## 4.7 習題

1. 求兩正數，其和為 100 且其積是最大。
2. 已知兩正數的積是 54，假如第一個數和第二個數的平方和盡可能小，求此二數。
3. 已知長方形的周長 100 公尺，求使它的面積最大的尺寸。
4. **圍籬的問題** 大農場經營者有籬笆 400 呎長，要圍成兩個相鄰的獸欄。假如她要用完所有的籬笆，並盡量圍成最大的面積，試問兩個獸欄的尺寸為何？ 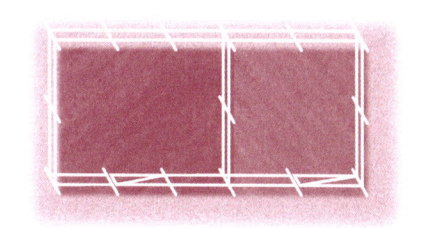
5. **包裝** 用尺寸為 $16 \times 10$ 吋的厚紙板去除 4 個角並往上摺，做成一個頂端開口的長方形盒子。試問可以做成體積最大的盒子，它的尺寸為何？ 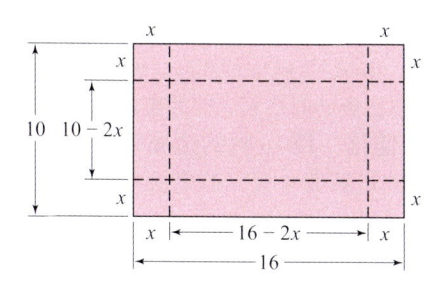 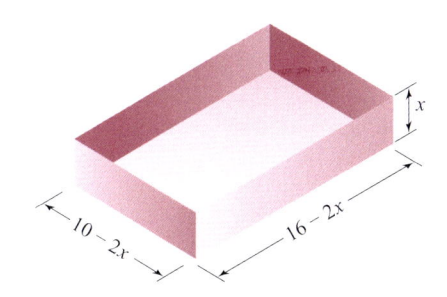
6. **包裝** 用方形錫紙做一個頂端開口的長方形盒子，它的體積是 216 立方吋。假設使用最少的材料，求此盒子的尺寸。
7. **符合郵局規定** 郵局明確規定限時郵件包裹的長與周長的和不得超過 108 吋。求可以寄限時郵件的最大容量的柱狀包裹之尺寸。試問此包裹的體積為何？

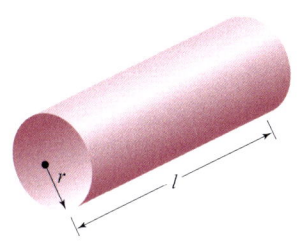

   提示：長加周長是 $2\pi r + l$。
8. **喇叭的設計** 一個箱形的喇叭系統，其內部體積為 2.4 立方呎，為了美觀，它的高是寬的 1.5 倍。假設它的底、頂和側邊的材料是表面飾板，它的成本是每平方呎 0.8 元，而前後面是用顆粒板，它的成本是每平方呎 0.4 元，求所花成本最少的音箱的尺寸。

9-10 題，求陰影區域的尺寸，使得它的面積最大。

9.

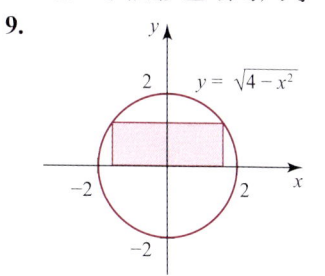

10.

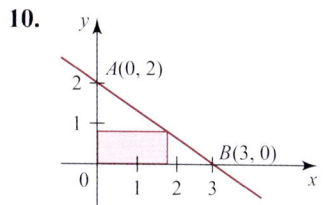

11. 求直線 $y = 2x + 5$ 上的點，使得它和原點之間的距離最近。
12. 求內接於半徑為 4 的半圓之長方形，使得它的面積最大。
13. **最大的產量** 某蘋果園裡，假如每畝種 22 株蘋果樹，它的平均收穫量是每株樹生產蘋果 36 個蒲式耳。假如增加每個單位樹的密度，則每株樹的蘋果少收成 2 個蒲式耳。試問要達到最大的收穫量，每畝應種幾株樹？
14. **包裝** 一個底是方形且有頂的長方形盒子，造價 2 元。假如底部的材料每平方呎 0.30 元，頂部的材料每平方呎 0.20 元，和邊的材料每平方呎 0.15 元，求體積最大之盒子的尺寸。
15. **地鐵價格最佳化** 某城市的 Metropolitan Transit Authority（MTA）經營地鐵線，提供往返郊區

和市區之通勤者的交通。目前，平均一天有 6000 人搭乘，它的費用是每人每次 3.00 元。MTA 為了確保服務品質，計畫提高車費為每人每次 3.50 元。以便增加更大的收益。此公司研究發現車費每增加 0.50 元。搭乘人數平均一天減少 1000 人。因此顧問公司建議 MTA 維持原來最大收益的票價 3.00 元。證明顧問的建議是對的。

16. **樑的硬度** 一個長方形截面的木樑的硬度等比於它的寬度 $w$ 和它的高度 $h$。木樑要從直徑 23 吋的圓形原木切割出來，求此木樑的截面的尺寸，使得木樑的硬度最大。

    提示：$S = kwh^3$，其中 $k$ 是比例常數。

17. **穀倉的設計** 穀倉的形狀是直圓柱形，上面加一個半球形。假如要用最少的材料建造體積為 $504\pi$ 立方呎的穀倉，決定它的半徑和高。

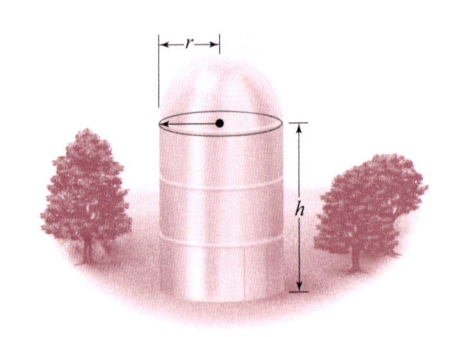

    提示：穀倉的體積是 $\pi r^2 h + 2/3\, \pi r^3$，穀倉的表面積（包括地面）是 $\pi(3r^2 + 2rh)$。

18. **最大的輸出功率** 假設電路中的電源是電池，則假如電路有阻力 $R$ 歐姆，其輸出電力 $P$（以瓦計）是

    $$P = \frac{E^2 R}{(R+r)^2}$$

    其中 $E$ 是電動勢，單位是伏特，$r$ 是電池內的阻力，單位是歐姆。假設 $E$ 和 $r$ 都是常數，求使得輸出功率達到最大的 $R$ 值。試問最大輸出功率為何？

19. **波速** 在深海中有一個波，其波長 $L$，波速

    $$v = k\sqrt{\frac{L}{C} + \frac{C}{L}}$$

    其中 $k$ 和 $C$ 都是正數。求波速最小的波長。

20. 證明半徑 $a$ 的圓，其內接最大面積的長方形是正方形。

21. 半徑 $R$ 和高 $H$ 的角錐內接一個正圓柱，它們的軸心相同。試問最大表面積的圓柱的尺寸為何？

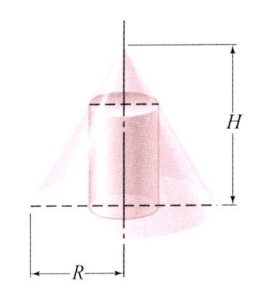

22. 求經過點 $(1, 2)$ 的直線方程式，使得它和第一象限的軸所圍成的面積最小。

23. **照明最佳化** 一個鐵路愛好者在圓桌上組一個鐵軌，擺設最近拿到的火車頭。此鐵軌半徑是 5 呎而且此擺設要有燈光，燈源要懸掛在 8 呎高的天花板並要正對桌心（圖）。試問燈源應離桌面多高，方可使照在軌道的燈光最亮？

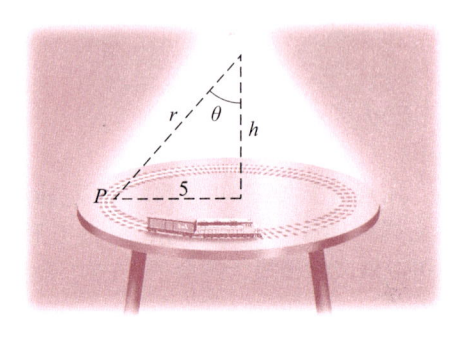

    提示：$P$ 點的燈光強度正比於入射光線與垂直光線的夾角且反比於 $P$ 與燈源之間的距離 $r$ 的平方。

24. **長度最佳化** 長 16 呎的金屬管，要水平地架在 8 呎寬的走廊與 4 呎寬的走廊相接的轉角上。試問有沒有此可能？

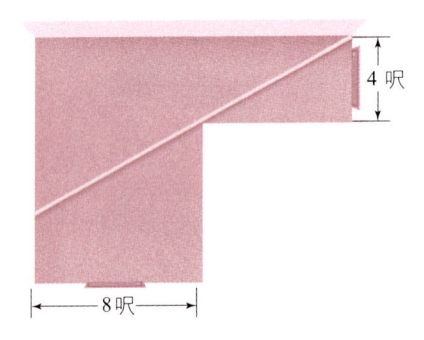

    提示：求管子可以在轉角處水平移動的最大長度。

25. **核廢料儲存** 一個用來儲存核廢料的圓柱形容器是鉛製品，其厚度為 6 吋（圖）。假設其外層柱的體積是 $16\pi$ 立方呎，求容器具有最大儲存量時，它內層柱狀體的尺寸。

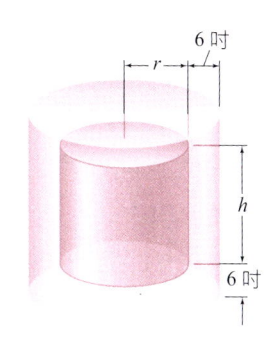

提示：證明儲存量（內部體積以立方呎計）為

$$V(r) = \pi r^2 \left[ \frac{16}{(r+\frac{1}{2})^2} - 1 \right] \quad 0 \le r \le \frac{7}{2}$$

26. **魚消耗的能量** 一條魚以對水的相關變率 $v$ 呎／秒逆游 $L$ 呎遠，假設當時的流速是 $u$ 呎／秒（$u < v$），則此魚消耗的總能量是

$$E(v) = \frac{aLv^3}{v - u}$$

其中 $E$ 是以呎／磅為單位，$a$ 是常數。

a. 求使魚總能量消耗最小的魚的速率。

b. 繪畫 $E$ 的圖形。

註：此結果經生物學家們確認過。

27. 湖中距離平直岸邊最近的點 $P$ 約 1 哩處，有一婦人在划船（圖）。她想要到岸邊距 $P$ 點約 10 哩處的 $Q$ 點；她先划到 $P$ 和 $Q$ 之間的 $R$ 點，然後再走到 $Q$ 點。假設她以每小時 3 哩的速率划行並以每小時 4 哩的速率行走，試問她要如何決定 $R$ 點的位置，使得她可以盡快到達 $Q$ 處？又她所需的時間為何？

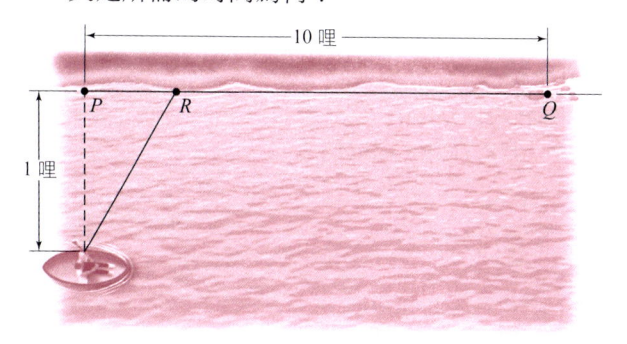

## 4.8 牛頓法

我們常需要求函數的一個或多個零點。譬如：函數的 $x$ 截距，它正是使 $f(x) = 0$ 的 $x$ 值；$f$ 的臨界點包含式子 $f'(x) = 0$ 的根；而 $f$ 的反曲點的 $x$ 坐標包含式子 $f''(x) = 0$ 的根。

假如 $f$ 是線性或二次函數，則其零點容易找。但是假如它是三次或三次以上的多項式函數，則零點就難找，除非它是容易因式分解的多項式*。當我們嘗試解超越函數，譬如：

$$x - \tan x = 0 \quad x > 0$$

也會有類似的困難。在這樣的情況下，就必須採用式子根的近似值（approximations）。

事實上，我們在實際應用中，經常有粗淺的觀念就是猜測哪裡有要找的根。我們也用圖形 $f$ 的草圖決定根的近似位置，並記錄圖形經過 $x$ 軸的位置。現在，一旦所要的根的近似值被找到，我們也要有判斷根的近似值之準確性的過程。牛頓法（Newton's method，也稱為 Newton-Raphson 法）就是提供這樣的過程。

---
*雖然有公式可以解三或四次的多項式，但因為它太複雜，所以很少被使用。至於五次或更高次的多項式之求根公式並不存在。挪威數學家 Niels Henrik Abel（1802-1829）證明此事實。

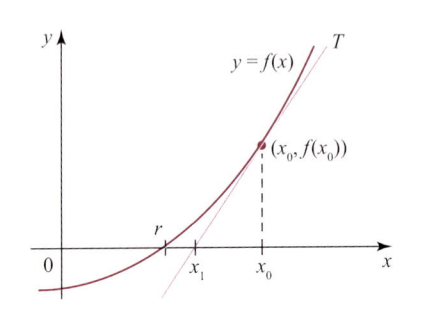

## 牛頓法

假設 $f$ 在 $r$ 有零點,並且它是我們要求的近似值(圖 4.96)。譬如:令 $x_0$ 是由 $f$ 的草圖或應用中間值定理得到之 $r$ 的一個近似值,並令 $T$ 表示圖形 $f$ 在 $(x_0, f(x_0))$ 點的切線。

由於 $T$ 上的近似點接近圖形 $f$ 的 $(x_0, f(x_0))$ 點,當 $x_0$ 接近 $r$ 時,$T$ 的 $x$ 截距(稱為 $x_1$)也會接近 $r$。所以 $x_1$ 經常是比 $x_0$ 更好的 $r$ 的近似值(這樣的情形描繪於圖 4.96)。

為了將 $x_1$ 寫成 $x_0$ 的公式,首先先求 $T$ 的方程式。因為 $T$ 的斜率是 $f'(x_0)$,且它的切點是 $(x_0, f(x_0))$,所以切線是

$$y - f(x_0) = f'(x_0)(x - x_0) \tag{1}$$

現在,若 $f'(x_0) \neq 0$,則令式 (1) 的 $y = 0$,並解 $x$,得到 $T$ 的 $x$ 截距 $x_1$。因此

$$x_1 = x_0 - \frac{f(x_0)}{f'(x_0)} \tag{2}$$

當我們重複此過程,這次並令 $x_1$ 為 $x_0$,得到另一個 $r$ 的近似值:

$$x_2 = x_1 - \frac{f(x_1)}{f'(x_1)}$$

繼續此法後,產生近似值的數列 $x_1, x_2, ..., x_n, x_{n+1}, ...$,使得

$$x_{n+1} = x_n - \frac{f(x_n)}{f'(x_n)} \tag{3}$$

附帶 $f'(x_n) \neq 0$。

透過式 (3) 的重複使用或迭代(iteration)所得的數列,它經常會收斂到 $f(x) = 0$ 的根 $r$。我們的討論得到下面求 $f(x) = 0$ 的根 $r$ 之近似值的演算法。

**圖 4.96**
若以初估值 $x_0$ 開始,則牛頓法確實給予一個更好的 $r$ 之近似值 $x_1$

### 牛頓演算法

1. 選取根 $r$ 的初估值 $x_0$。
2. 使用迭代公式

$$x_{n+1} = x_n - \frac{f(x_n)}{f'(x_n)} \quad n = 0, 1, 2, ... \tag{4}$$

產生估計數的數列。

3. 計算 $|x_n - x_{n+1}|$。假如此數小於被指定的數,就立刻停止,則所要的根 $r$ 的估計值就是 $x_{n+1}$。

**註** 根 $r$ 的初估值 $x_0$ 通常是用猜的。譬如：圖形 $f$ 的草圖通常會呈現那裡的 $x_0$ 是最好的選擇。

## 使用牛頓法

**例題 1** 已知 2.4 節的例題 9 中，$f(x) = x^3 + x - 1$ 在 $(0, 1)$ 區間內有一個根。使用牛頓法並取 $x_0 = 0.5$ 來得到此根的近似值。當 $|x_n - x_{n+1}| < 0.000001$，立刻停止迭代的動作。

**解** 已知

$$f(x) = x^3 + x - 1 \quad \text{和} \quad f'(x) = 3x^2 + 1$$

所以迭代公式(4)變成

$$x_{n+1} = x_n - \frac{f(x_n)}{f'(x_n)} = x_n - \frac{x_n^3 + x_n - 1}{3x_n^2 + 1}$$

$$= \frac{2x_n^3 + 1}{3x_n^2 + 1} \tag{5}$$

令式 (5) 中的 $n = 0$ 並令 $x_0 = 0.5$，得到

$$x_1 = \frac{2(0.5)^3 + 1}{3(0.5)^2 + 1} \approx 0.714285714$$

接著取 $n = 1$ 和剛剛得到的 $x_1$ 值，得到

$$x_2 \approx \frac{2(0.714285714)^3 + 1}{3(0.714285714)^2 + 1} \approx 0.683179724$$

繼續此法，得到

$$x_3 \approx 0.682328423 \quad \text{和} \quad x_4 \approx 0.682327804$$

因為

$$|x_3 - x_4| \approx 0.000000619 < 0.000001$$

所以整個過程結束並得到所要的近似根 0。注意 $f(0.682328) \approx 4.7 \times 10^{-7}$ 非常接近零。

**例題 2** 使用牛頓法求方程式 $\cos x - x = 0$ 的近似根，其精確度在小數第八位。

**解** 已知函數改寫成

$$\cos x = x$$

因為它的根就是圖形 $y = \cos x$ 和 $y = x$ 相交點的 $x$ 坐標。所以此觀

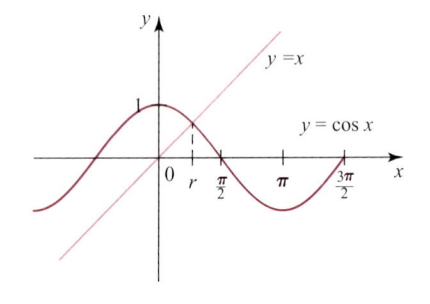

**圖 4.97**

式子 $\cos x = x$ 的根的初始估計值是 $x_0 = 0.5$

察使我們從圖中得到 $\cos x - x = 0$ 的根之初始估計值 $x_0$（圖 4.97）。

由圖 4.97 得知 $x_0 = 0.5$ 是合理的估計值。

$$f(x) = \cos x - x$$

得到

$$f'(x) = -\sin x - 1$$

和所要的迭代公式

$$x_{n+1} = x_n - \frac{f(x_n)}{f'(x_n)} = x_n - \frac{\cos x_n - x_n}{-\sin x_n - 1}$$

$$= \frac{x_n \sin x_n + \cos x_n}{\sin x_n + 1}$$

由 $x_0 = 0.5$，得到數列

$$x_1 \approx 0.755222417$$
$$x_2 \approx 0.739141666$$
$$x_3 \approx 0.739085134$$
$$x_4 \approx 0.739085133$$
$$x_5 \approx 0.739085133$$

因此，$\cos x - x = 0$ 的根大約是 0.73908513。 ∎

**例題 3** 正數平方根的近似值　觀察得知正數 $A$ 的根可以透過解方程式 $x^2 - A = 0$ 得到。因此，$\sqrt{A}$ 的近似值可透過牛頓法解方程式 $f(x) = x^2 - A = 0$ 得到。

**a.** 求 $x^2 - A = 0$ 解的迭代公式。

**b.** 使用此公式和 $x_0 = 1$，計算 $\sqrt{2}$ 直到兩個連續的近似值相差小於 0.00001 為止。

**解**

**a.** 已知 $f(x) = x^2 - A$ 和 $f'(x) = 2x$，根據式 (4)

$$x_{n+1} = x_n - \frac{f(x_n)}{f'(x_n)} = x_n - \frac{x_n^2 - A}{2x_n} = \frac{x_n^2 + A}{2x_n}$$

**b.** 令 $A = 2$ 和 $x_0 = 1$，則

$$x_1 = \frac{1^2 + 2}{2(1)} = 1.5$$

$$x_2 = \frac{(1.5)^2 + 2}{2(1.5)} \approx 1.416667$$

$$x_3 = \frac{(1.416667)^2 + 2}{2(1.416667)} \approx 1.414216$$

$$x_4 = \frac{(1.414216)^2 + 2}{2(1.414216)} \approx 1.414214$$

因為 $|x_3 - x_4| = 0.000002 < 0.00001$，所以停在此。所產生的數列收斂到 $\sqrt{2}$，它是式子 $x^2 - 2 = 0$ 的兩個根中的一個。注意 $\sqrt{2}$ 的近似值到小數第六位是 1.414214。∎

**例題 4** 混合的問題　剛開始時，水箱有含 2 磅鹽的滷水 10 加侖。每加侖含鹽 1.5 磅的滷水以 3 加侖／分的速率加入水箱內，並將它攪拌均勻後，以 4 加侖／分的速率流出（圖 4.98）。我們可以證明 $t$ 分鐘後，此水箱中鹽的濃度 $x$ 是

$$x = f(t) = 1.5(10 - t) - 0.0013(10 - t)^4 \qquad 0 \le t \le 10$$

求水箱中含鹽量是 5 磅時的時間 $t$。

**解**　解式子

$$1.5(10 - t) - 0.0013(10 - t)^4 = 5$$

即

$$(10 - t)^4 - 1153.846154(10 - t) + 3846.153846 = 0$$

令 $u = 10 - t$，則上式變成

$$u^4 - 1153.846154u + 3846.153846 = 0$$

令

$$g(u) = u^4 - 1153.846154u + 3846.153846$$

則

$$g'(u) = 4u^3 - 1153.846154$$

而牛頓迭代公式變成

$$u_{n+1} = u_n - \frac{g(u_n)}{g'(u_n)} = u_n - \frac{u_n^4 - 1153.846154 u_n + 3846.153846}{4u_n^3 - 1153.846154}$$

$$= \frac{3u_n^4 - 3846.153846}{4u_n^3 - 1153.846154}$$

圖形 $g$ 在 [0, 10] 的草圖顯示，$g$ 在靠近 $u = 3$ 和 $u = 9$ 附近有零點。初始猜測值取 $u_0 = 2$，得到下面的數列：

$u_1 \approx 3.38563, \qquad u_2 \approx 3.45677, \qquad u_3 \approx 3.45713, \qquad u_4 \approx 3.45713$

因此，$t \approx 10 - 3.45713 = 6.54287 \approx 6.54$。

**圖 4.98**

滷水以 3 加侖／分的速率倒入水箱中，混合後並以 4 加侖／分的速率流出

接著，初始猜測值取 $u_0 = 8$，得到

$u_1 = 9.44116$, $u_2 = 9.03541$, $u_3 = 8.98780$, $u_4 = 8.98716$, $u_5 = 8.98716$

所以，$t = 10 - 8.98716 = 1.01284 \approx 1.01$。

故滷水放進水箱大約 1 分鐘後和大約 6.5 分後，水箱中的鹽量為 5 磅。

## 何時牛頓法不適用？

至今我們所見的，都是使用牛頓法求函數解有效的例子。使用牛頓法以後，我們發現存在一些情形是牛頓法不適用的。圖 4.99a 說明某種情況，存在一個 $n$ 使得 $f'(x_n) = 0$（此處 $n = 2$）。因為迭代公式 (4) 的分母有 $f'(x_n)$，很清楚地知道此處牛頓法不適用。然而，有些時候，我們也可選用不同的初始猜測值 $x_0$，來避開這種情形（圖 4.99b）。

圖 4.100 展示的是更嚴重的情形，是牛頓法完全不適用的，除非初始猜測值就是此函數 $f(x)$ 的真正零點。正如此圖所見，數列 $x_1, x_2, x_3, \ldots$ 是每一次迭代所產生的，它離真正的根越來越遠，因此此法失敗。

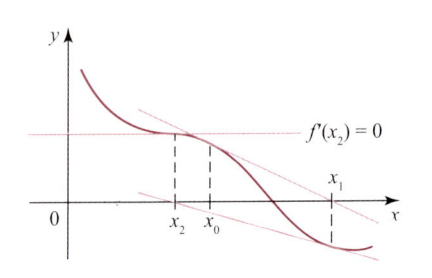

(a) 因為 $f'(x_2) = 0$，所以牛頓法失敗

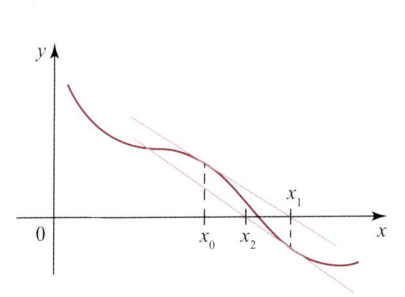

(b) 選取不同的初始猜測值 $x_0$ 解決 (a) 的情形

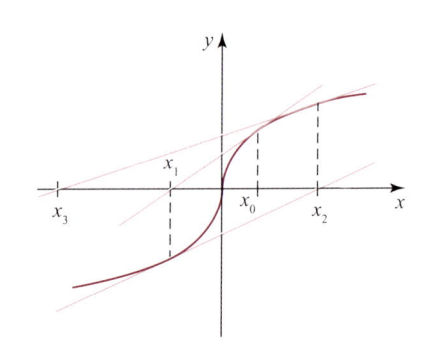

圖 4.99

圖 4.100
因為猜測值的數列是發散的，所以牛頓法失敗

## 4.8 習題

1-2 題，使用牛頓法和式子 $f(x) = 0$ 的解求 $f$ 的零根到小數點第四位，初始猜測值用 $x_0$。

1. $f(x) = -x^3 - 2x + 2$, $x_0 = 1$

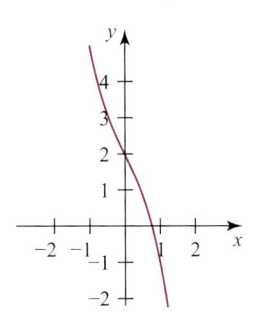

2. $f(x) = \dfrac{3}{2}x^4 - 2x^3 - 6x^2 + 8$, $x_0 = 1$ 和 $x_0 = 3$

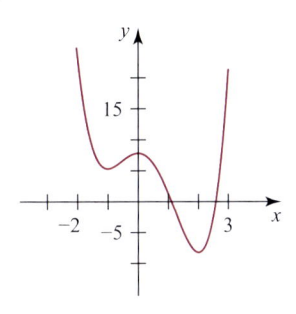

3-4 題，使用牛頓法和式子 $f(x) - g(x) = 0$ 的解，求圖形的相交點到小數點第四位。以初始猜測值 $x_0$ 作為 $x$ 坐標。

3. $f(x) = x^2$, $g(x) = \sin x$, $x_0 = 1$

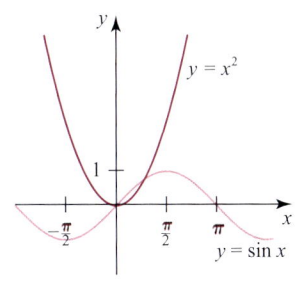

4. $f(x) = \dfrac{1}{2}\cos x$, $g(x) = x$, $x_0 = 0.5$

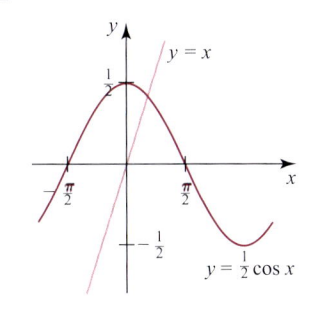

5-7 題，使用牛頓法，求所指定的函數的零點的近似值。繼續用迭代公式直到兩個連續數之間的差的絕對值小於 0.0001。

5. $f(x) = x^3 + x - 4$ 的零點介於 $x = 0$ 和 $x = 2$ 之間。取 $x_0 = 1$。

6. $f(x) = x^5 + x - 1$ 的零點介於 $x = 0$ 和 $x = 1$ 之間。取 $x_0 = 0.5$。

7. $f(x) = 5x + \cos x - 5$ 的零點介於 $x = 0$ 和 $x = 1$ 之間。取 $x_0 = 0.5$。

8. 假如超級幸運地，你的初始猜測值正好是所要找的根，則使用牛頓法所得的近似值之數列會是什麼？

9. 已知 $f(x) = x^3 - 3x - 1$，使用中間值定理證明 $f$ 在 $x = 1$ 和 $x = 2$ 之間有個零根，然後再應用牛頓法求此零根。

10-11 題，初始猜測值取 $x_0$，使用牛頓法三次迭代來解式子 $f(x) = 0$ 的近似值，準確度到小數點第四位。

10. $\sqrt{6}$; $f(x) = x^2 - 6$; $x_0 = 2.5$

11. $\sqrt[4]{20}$; $f(x) = x^4 - 20$; $x_0 = 2.1$

12. 已知 $f(x) = x - \sqrt{1 - x^2}$，解釋為什麼 $x_0 = 1$ 不可以作為使用牛頓法解式子 $f(x) = 0$ 的初始猜測值。你能否用數學理論解釋此現象？又當初始猜測值 $x_0 = 0$，會有什麼結果？

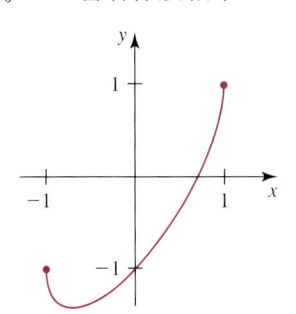

13. **追蹤潛艇** 一艘潛艇沿著路徑 $y = x^2 + 1$（$x$ 和 $y$ 以哩計）移動，被位於點 $(3, 0)$ 的聲納浮標（聲音追蹤器）追蹤，如圖所示。

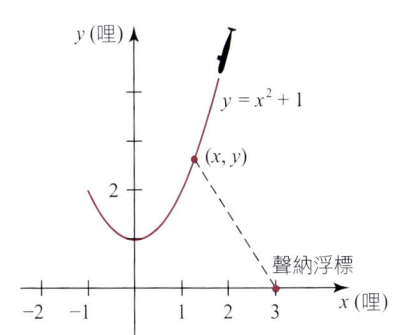

a. 證明若 $x$ 滿足方程式 $2x^3 + 3x - 3 = 0$，則潛艇最接近聲納浮標。

提示：點 $(3, 0)$ 和點 $(x, y)$ 之間的距離的平方根最小化。

b. 使用牛頓法找方程式 $2x^3 + 3x - 3 = 0$。

c. 當潛艇最接近聲納浮標時，它們之間的距離為何？

d. 使用視窗 $[0, 1] \times [2, 4]$ 繪函數 $g(x)$ 的圖形表示潛艇和聲納浮標之間的距離。然後用它來驗證 (b) 和 (c) 的結果。

14. **貸款分期償還**　年利率 $r$ 的 $N$ 年期貸款，如果貸款 $A$ 元並以月複利計算未償還部分，則每個月的還款 $k$ 是

$$k = \frac{Ar}{12\left[1 - \left(1 + \frac{r}{12}\right)^{-12N}\right]}$$

證明 $r$ 可以透過迭代

$$r_{n+1} = r_n - \frac{Ar_n + 12k\left[\left(1 + \frac{r_n}{12}\right)^{-12N} - 1\right]}{A - 12Nk\left(1 + \frac{r_n}{12}\right)^{-12N-1}}$$

來求得。

提示：使用牛頓法解式子

$$Ar + 12k\left[\left(1 + \frac{r}{12}\right)^{-12N} - 1\right] = 0$$

15. **金融公司**　參考習題 14 題。Wheaton 家向銀行貸 200,000 元購屋。銀行收取未償本金的利息是以年利率 $r$ 之月複利計息。Wheaton 家同意分 30 年攤還，平均每個月還款 1287.40 元。試問此銀行的貸款利率 $r$ 為何？

16. 對於類似於圖 4.99a 情形的具體解釋，我們考慮函數

$$f(x) = x^3 - 1.5x^2 - 6x + 2$$

a. 證明當初始猜測值取 $x_0 = -1$ 或 $x_0 = 2$，則牛頓法失敗。

b. 初始猜測值採用 $x_0 = -2.5$，$x_0 = 1$ 和 $x_0 = 2.5$，證明 $f(x) = 0$ 的三個根分別是 $-2$，0.313859 和 3.186141。

c. 使用視窗 $[-3, 4] \times [-10, 7]$ 標繪 $f$ 的圖形。

# 第 4 章　複習題

1-6 題，假如函數的絕對極大值和絕對極小值存在，則將它們找出來。

1. $f(x) = -x^2 + 4x - 3$ 在 $[-1, 3]$
2. $h(x) = x^3 - 6x^2$ 在 $[2, 5]$
3. $f(x) = 4x - \frac{1}{x^2}$ 在 $[1, 3]$
4. $f(x) = -2x^3 + 9x^2 - 12x + 6$ 在 $(0, 3)$
5. $f(x) = \cos x - \sin x$ 在 $[0, 2\pi]$
6. $f(x) = \frac{x}{2} - \sin x$ 在 $\left(0, \frac{\pi}{2}\right)$

7-9 題，證明函數在給定的區間中，滿足均值定理的假設，並求滿足此定理結論的所有 $c$ 值。

7. $f(x) = x^3$; $[-2, 1]$
8. $h(x) = x + \frac{1}{x}$; $[1, 3]$
9. $f(x) = x - \sin x$; $\left[0, \frac{\pi}{2}\right]$
10. 已知 $f(x) = \frac{x}{x + 1}$。證明在 $[-2, 0]$ 內，沒有 $c$ 滿足

$$f'(c) = \frac{f(0) - f(-2)}{0 - (-2)}$$

為什麼此結論和均值定理不矛盾？

11-15 題，(a)試問函數 $f$ 在哪個區間遞增和在哪個區間遞減；(b)求 $f$ 的相對極值；(c) 試問函數 $f$ 在哪個區間凹面朝上和在哪個區間凹面朝下；和 (d) 若 $f$ 的反曲點存在，則將它寫出來。

11. $f(x) = \frac{1}{3}x^3 - x^2 + x - 6$
12. $f(x) = x^4 - 2x^2$
13. $f(x) = \frac{x^2}{x - 1}$
14. $f(x) = (1 - x)^{1/3}$
15. $f(x) = \frac{2x}{x + 1}$
16. 證明方程式 $x^5 + 5x - 2 = 0$ 只有一個實根。

17-21 題，求極限。

17. $\lim\limits_{x \to 2} \dfrac{x^2}{x - 2}$
18. $\lim\limits_{x \to 3} \dfrac{2 - 3x}{(x - 3)^2}$

19. $\lim\limits_{x \to 0^+} \dfrac{\sqrt{x}}{\sin x}$  20. $\lim\limits_{x \to \infty} \dfrac{1 - 2x + 3x^2}{x^2 - 1}$

21. $\lim\limits_{x \to -\infty} \dfrac{\sqrt{2-x}}{x+2}$

22. 求函數 $f(x) = \dfrac{1}{2x+3}$ 圖形的水平和垂直漸近線。不用繪畫函數圖形。

23-28 題，使用 202 頁的步驟，繪畫函數圖形。

23. $f(x) = x^2 - 4x + 3$    24. $g(x) = 3x^4 - 4x^3$
25. $f(x) = x^2 + \dfrac{1}{x}$    26. $f(x) = \dfrac{x^2}{x^2 - 1}$
27. $f(x) = (1-x)^{1/3}$
28. $h(x) = 2 \sin x - \sin 2x$, $0 \le x \le 2\pi$

29. **流行病的擴散** 擴散到有人口 $M$ 的地方的傳染病之發生率（每天感染的人數）為

$$R(x) = kx(M - x)$$

其中 $k$ 是正的常數，$x$ 表示已經感染的人數。證明當半數的人口被感染，它的發生率 $R$ 最大。

30. **年長者的勞動力** 從 1970 年年初到 2000 年年初，年齡在 65 歲或更長的勞動婦女百分比大約是函數

$$P(t) = -0.0002t^3 + 0.018t^2 - 0.36t + 10$$
$$0 \le t \le 30$$

其中 $t$ 以年計，$t = 0$ 表示 1970 年年初。
**a.** 求 $P$ 遞增的區間和 $P$ 遞減的區間。
**b.** 求 $P$ 的絕對極小值。
**c.** 解釋 (a) 和 (b) 的結果。

資料來源：U.S. Census Bureau.

31. 有一長方形，它的邊平行於坐標軸，並內接於方程式為

$$\dfrac{x^2}{100} + \dfrac{y^2}{16} = 1$$

的橢圓，求其最大體積時的尺寸。

32. 求拋物線 $y = (x - 3)^2$ 上的點，使得它距離原點最近。

33. **呼吸時的吸氣** 假設一個人在時間 $t$（以秒計）呼吸時的吸氣量為

$$V(t) = \dfrac{6}{5\pi}\left(1 - \cos \dfrac{\pi t}{2}\right)$$

公升。試問何時空氣流動率最大？何時最小？

34. **包裝** 要製作一個體積為 4 立方呎的封閉長方形盒子。盒子底的長度為其寬度的兩倍。盒子上下底的材料成本為每平方呎 0.3 元，而盒子邊的材料成本為每平方呎 0.2 元。求以最低成本製成的盒子之尺寸。

35. **最大燈光強度** 有一盞燈懸掛在 2 呎乘 2 呎桌子的中心正上方。燈光直接照射在桌上的強度和燈光路徑與桌面的夾角的 sin 成正比，並被照射的點與燈之間的距離平方成反比。試問此燈應懸掛在離桌面多高的地方，才可以使桌角的燈光強度最大？

36-37 題，使用牛頓法三次迭代，求已知函數的近似零點，其準確度到小數點第四位。

36. $f(x) = x^3 + 2x + 2$ 的零點介於 $x = -1$ 和 $x = 0$ 之間。取 $x_0 = -0.5$。
37. $f(x) = x^2 - \sin x$ 的零點介於 $x = \pi/6$ 和 $x = \pi/2$ 之間。取 $x_0 = \pi/4$。
38. 已知 $f(x) = x^2 + ax + b$。決定常數 $a$ 和 $b$，使得 $f$ 在 $x = 2$ 處有相對極小值且其值為 7。
39. 已知 $f(x) = ax^6 + bx^4 + cx^2 + d$，其中 $a, b, c$ 和 $d$ 都是正的常數。試問圖形 $f$ 可能有反曲點嗎？請解釋。

## 解題技巧

如同分析有絕對值的函數的第一個步驟，我們通常將它改寫成定義為等價的片段式函數。下面的例題會說明。

**例題** 求函數 $f(x) = |x|^3 + |x - 2|^3$ 的絕對極小值。

**解** 將函數寫成

$$f(x) = |x|^3 + |x-2|^3 = \begin{cases} -x^3 - (x-2)^3, & x < 0 \\ x^3 - (x-2)^3, & 0 \leq x < 2 \\ x^3 + (x-2)^3, & x \geq 2 \end{cases}$$

將它微分後得到

$$f'(x) = \begin{cases} -3x^2 - 3(x-2)^2, & x < 0 \\ 3x^2 - 3(x-2)^2, & 0 \leq x < 2 \\ 3x^2 + 3(x-2)^2, & x \geq 2 \end{cases}$$

因為 $\lim_{x \to 0^-} f'(x) = -12 = \lim_{x \to 0^+} f'(x)$，所以 $f'$ 在 0 處存在。同理可證明 $f'$ 在 2 處存在。已知當 $x<0$ 時 $f'(x)<0$，當 $x>2$ 時 $f'(x)>0$。又觀察得知，當 $0<x<2$，$f'(x)=0$。因為

$$3x^2 - 3(x-2)^2 = 3x^2 - 3x^2 + 12x - 12 = 12(x-1) = 0$$

所以 $x=1$ 是 $f$ 的臨界點。$f'$ 符號示意圖如下。

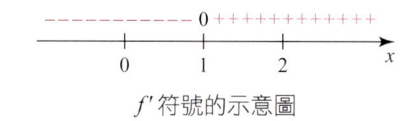

$f'$ 符號的示意圖

由 $f'$ 符號示意圖得知，$f$ 在 $x=1$ 處有相對極小值，其中 $f(1)=2$。因此，$f$ 的絕對極小值是 2。

# 第 5 章　積分

本章開始學習微積分中其他主要的分支，稱為積分（integral calculus）。以歷史觀點來看，積分的發展類似於微分的發展，都是由幾何問題發展出來的。以此情況而言，問題來自於求平面上某區域的面積。

學習積分主要的工具為定積分（definite integral），如微分的定義，都是用極限的概念來定義的。接下來的章節，我們陸續會看到，積分的概念不僅用來求面積的問題，它也用來求其他幾何問題，譬如：求曲線長度，固體的體積和表面積。積分也被證實是解物理、化學、生物、工程、經濟和其他領域的重要工具。

雖然微積分的兩個支線乍看之下彼此不相干，事實上，它們是有很親密的關係。此關係是藉由微積分基本定理建立，它是本章主要的結果。此定理也簡化那些包含許多問題求解的計算技巧。

Liu Jin/Getty Images

## 5.1　不定積分

### ■ 反導函數

回顧磁浮列車移動的例題（圖 5.1）。於第 3 章中，討論下列的問題：若已知磁浮列車任何時間 $t$ 的位置，能否得到任何時間 $t$ 的速度？結果，若磁浮列車的位置可用位置函數 $f$ 來描述，則它任何時間 $t$ 的速度為 $f'(t)$。此磁浮列車的速度 $f'$ 只是 $f$ 的導數。

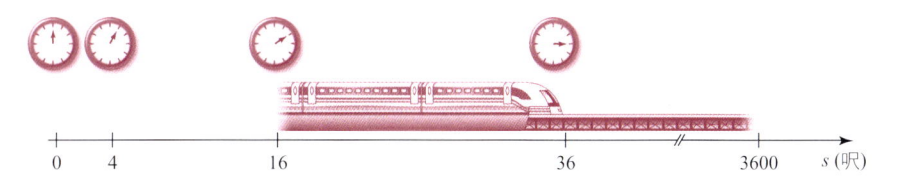

| 圖 5.1

現在，於第 5 和第 6 章中，將考慮恰恰相反的問題：已知磁浮列車任何時間 $t$ 的速度，能否得到它在任何時間 $t$ 的位置？另一說法，若已知磁浮列車的速度 $f'$，能否求得它的位置函數 $f$？為了解決此問題，我們需要有反導函數的概念。

> **定義　反導函數**
> 對於 $I$ 內的所有 $x$，若 $F'(x) = f(x)$，則函數 $F$ 為函數 $f$ 在區間 $I$ 的**反導函數**（antiderivative）。

因此，函數 $f$ 的反導函數為函數 $F$，它的導數為 $f$。

**例題 1** 證明 $F_1(x) = x^3$, $F_2(x) = x^3 + 1$ 和 $F_3(x) = x^3 - \pi$ 都是 $f(x) = 3x^2$ 的反導函數。那麼 $G(x) = x^3 + C$ 又是什麼？其中 $C$ 為任意常數。

**解** 對於 $(-\infty, \infty)$ 內的所有 $x$，很容易證得 $F'_1(x) = F'_2(x) = F'_3(x) = 3x^2 = f(x)$。所以，由反導函數的定義得知，$F_1$, $F_2$ 和 $F_3$ 都是 $f$ 的反導函數，即得證。

接著，求

$$G'(x) = \frac{d}{dx}(x^3 + C)$$
$$= 3x^2 + 0 = 3x^2 = f(x)$$

所以 $G$ 也是 $f$ 的反導函數。∎

例題 1 建議下列更一般化的結論：若 $F$ 是 $f$ 在 $I$ 的反導函數，則凡是可寫成 $G(x) = F(x) + C$ 形式的函數也都是 $f$ 在 $I$ 的反導函數，其中 $C$ 為任意常數。證明此結論，首先計算

$$G'(x) = \frac{d}{dx}[F(x) + C] = \frac{d}{dx}[F(x)] + \frac{d}{dx}(C) = F'(x) + 0 = F'(x) = f(x)$$

並檢查有沒有任何 $f$ 的反導函數異於這些？要回答此問題，令 $H$ 為 $f$ 在 $I$ 的任意其他反導函數，則

$$F'(x) = H'(x) = f(x)$$

因為在某個區間有兩個函數的導數相同，所以它們只差一個常數（根據 168 頁均值定理的推論），所以 $H(x) - F(x) = C$，其中 $C$ 為常數。它就是 $H(x) = F(x) + C$。

> **定理 1**
> 若 $F$ 是 $f$ 在 $I$ 區間的反導函數，則每一個（every）$f$ 在 $I$ 的反導函數都是
>
> $$G(x) = F(x) + C$$
>
> 的形式，其中 $C$ 為常數。

**例題 2** 已知 $f(x) = 1$。

**a.** 證明 $F(x) = x$ 是 $f$ 在 $(-\infty, \infty)$ 的反導函數。

**b.** 求 $f$ 在 $(-\infty, \infty)$ 的所有反導函數。

**解**

**a.** $F'(x) = 1 = f(x)$，這證明 $F$ 是 $f$ 的反導函數。

**b.** 由定理 1 得知，$f$ 的反導函數為 $G(x) = x + C$ 的形式，其中 $C$ 為任意常數。

　　圖 5.2 展示一些 $f(x) = 1$ 的反導函數圖形。這些圖形是由一群無限多的平行線的一部分所構成，且每一條線的斜率都是 1。因為 $f$ 的反導函數 $G$ 滿足 $G'(x) = f(x) = 1$ 且有無限多斜率為 1 的直線，是預料中的。此反導函數 $G(x) = x + C$，其中 $C$ 為任意常數，正是這群直線的函數。

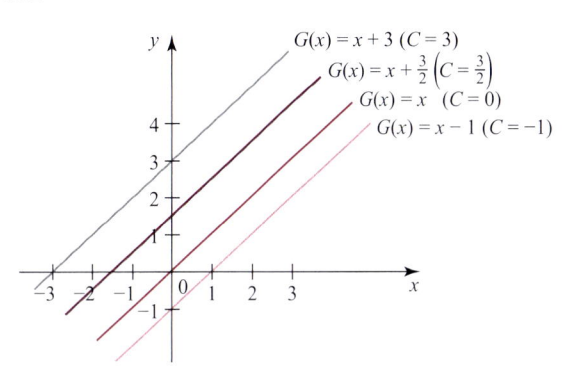

**圖 5.2**
$f(x) = 1$ 的反導函數 $G$ 的圖形是由一群斜率為 1 的直線所構成

### ■ 不定積分

　　求函數的所有反導函數的過程稱為**反微分**（antidifferentiation）或**積分**（integration）。可將此過程看作函數 $f$ 的運算，以便產生 $f$ 全部的反導函數。此積分運算子用積分符號表示，而積分過程表示為

$$\int f(x)\, dx = F(x) + C$$

唸做「$f(x)$ 對 $x$ 的**不定積分**（indefinite integral）等於 $F(x)$ 加 $C$」。要被積分的函數 $f$ 稱為**被積分函數**（integrand）。此微分 $dx$ 提醒我們，它是對 $x$ 積分。函數 $F$ 為 $f$ 的反導函數，而常數 $C$ 稱為**積分常數**（constant of integration）。使用此符號，將例題 2 的結果寫成

$$\int 1\, dx = x + C$$

## 積分的基本規則

就某種層面而言，積分和微分為相反的運算。許多積分規則是由被積分函數 $f$ 來猜它的反導函數 $F$，然後再以 $F'(x) = f(x)$ 證明 $F$ 為 $f$ 的反導函數。譬如：求 $f(x) = x^n$ 的不定積分，先回顧 $f(x) = x^n$ 微分的冪規則，得知

$$f'(x) = \frac{d}{dx}(x^n) = nx^{n-1}$$

根據下列的步驟，將此導數寫成 $nx^{n-1}$。

**步驟 1**　$x^n$ 的冪降 1 後，得到 $x^{n-1}$。

**步驟 2**　將「舊」的冪 $n$ 乘以 $x^{n-1}$，得到 $nx^{n-1}$。

現在若將每一個步驟反向運算，則得到

**步驟 1**　$x^n$ 的冪增加 1 後，得到 $x^{n+1}$。

**步驟 2**　將 $x^{n+1}$ 除以「新」的冪 $n+1$，得到 $\dfrac{x^{n+1}}{n+1}$。

由此得知

$$\int x^n \, dx = \frac{x^{n+1}}{n+1} + C \qquad n \neq -1$$

為了證明此公式正確，計算

$$\frac{d}{dx}\left[\frac{x^{n+1}}{n+1} + C\right] = \frac{n+1}{n+1} x^{(n+1)-1} = x^n$$

以類似的方法研究相對應的微分公式，並得到下列的積分公式。

### 基本的積分公式

| 微分公式 | 積分公式 |
|---|---|
| 1. $\dfrac{d}{dx}(C) = 0$ | $\int 0 \, dx = C$ |
| 2. $\dfrac{d}{dx}(x^n) = nx^{n-1}$ | $\int x^n \, dx = \dfrac{x^{n+1}}{n+1} + C \qquad n \neq -1$ |
| 3. $\dfrac{d}{dx}(\sin x) = \cos x$ | $\int \cos x \, dx = \sin x + C$ |
| 4. $\dfrac{d}{dx}(\cos x) = -\sin x$ | $\int \sin x \, dx = -\cos x + C$ |
| 5. $\dfrac{d}{dx}(\tan x) = \sec^2 x$ | $\int \sec^2 x \, dx = \tan x + C$ |
| 6. $\dfrac{d}{dx}(\sec x) = \sec x \tan x$ | $\int \sec x \tan x \, dx = \sec x + C$ |
| 7. $\dfrac{d}{dx}(\csc x) = -\csc x \cot x$ | $\int \csc x \cot x \, dx = -\csc x + C$ |
| 8. $\dfrac{d}{dx}(\cot x) = -\csc^2 x$ | $\int \csc^2 x \, dx = -\cot x + C$ |

**註** 像 $\int \tan x \, dx$ 和 $\int \sec x \, dx$ 的積分公式並不容易得到。以後將會學習如何求這類積分的公式。

**例題 3** 使用積分公式 2，可得

a. $\int 1 \, dx = \int x^0 \, dx = \dfrac{x^{0+1}}{0+1} + C = x + C$     此處 $n = 0$

b. $\int x^2 \, dx = \dfrac{x^{2+1}}{2+1} + C = \dfrac{1}{3}x^3 + C$

c. $\int \dfrac{1}{x^3} \, dx = \int x^{-3} \, dx = \dfrac{x^{-3+1}}{-3+1} + C = -\dfrac{1}{2x^2} + C$     此處 $n = -3$

d. $\int x^{1/4} \, dx = \dfrac{x^{1/4+1}}{\frac{1}{4}+1} + C = \dfrac{4}{5}x^{5/4} + C$     此處 $n = \dfrac{1}{4}$

**註** 可以透過微分每一個不定積分來驗證答案並證明其結果等於被積分函數。因此，為了證明例題 3d 的結果，計算

$$\dfrac{d}{dx}\left(\dfrac{4}{5}x^{5/4} + C\right) = \dfrac{4}{5} \cdot \dfrac{5}{4}x^{5/4-1} = x^{1/4}$$

---

**積分規則**

1. $\int c f(x) \, dx = c \int f(x) \, dx$，其中 $c$ 為常數
2. $\int [f(x) \pm g(x)] \, dx = \int f(x) \, dx \pm \int g(x) \, dx$

---

因此，常數乘上函數後的不定積分等於此常數乘上函數的不定積分，並且兩個函數和（差）的不定積分等於這兩個函數不定積分的和（差）。

規則 2 也適用於有限個函數的和（差）；亦即，

$$\int [f_1(x) \pm \cdots \pm f_n(x)] \, dx = \int f_1(x) \, dx \pm \int f_2(x) \, dx \pm \cdots \pm \int f_n(x) \, dx$$

**例題 4** 求

a. $\int 2x^3 \, dx$     b. $\int (2x + 3 \sin x) \, dx$

**解**

a. $\int 2x^3 \, dx = 2 \int x^3 \, dx$     規則 1

$\qquad\qquad = 2\left(\dfrac{1}{4}x^4 + C_1\right)$     公式 2

$\qquad\qquad = \dfrac{1}{2}x^4 + 2C_1$

其中 $C_1$ 為積分常數。因為 $C_1$ 為任意數，所以 $2C_1$ 也是。令 $2C_1$

$= C$，$C$ 為任意數。因此，

$$\int 2x^3 \, dx = \frac{1}{2}x^4 + C$$

**b.** $\int (2x + 3\sin x) \, dx = \int 2x \, dx + \int 3\sin x \, dx$  規則 2

$= 2\int x \, dx + 3\int \sin x \, dx$  規則 1

$= 2\left[\frac{1}{2}x^2 + C_1\right] + 3[-\cos x + C_2]$  公式 2 和 4

$= x^2 + 2C_1 - 3\cos x + 3C_2$

$= x^2 - 3\cos x + C$

此處 $C = 2C_1 + 3C_2$ 為任意常數。

從現在開始，將用單一的字母 $C$ 代表積分常數的組合。

**例題 5** 求 $\int (3x^5 - 2x^3 + 2 - 3x^{-1/3}) \, dx$。

**解** 使用廣義的加法規則，得到

$\int (3x^5 - 2x^3 + 2 - 3x^{-1/3}) \, dx = 3\int x^5 \, dx - 2\int x^3 \, dx + 2\int 1 \, dx - 3\int x^{-1/3} \, dx$

$= 3\left(\frac{x^6}{6}\right) - 2\left(\frac{x^4}{4}\right) + 2x - 3\left(\frac{x^{2/3}}{\frac{2}{3}}\right) + C$

$= \frac{1}{2}x^6 - \frac{1}{2}x^4 + 2x - \frac{9}{2}x^{2/3} + C$

有時在積分前，需要將被積分函數寫成不同的形式，如下一個例題。

**例題 6** 求

**a.** $\int (x + 1)(x^2 - 2) \, dx$　　**b.** $\int \frac{2x^2 - 1}{x^2} \, dx$　　**c.** $\int \frac{\sin t}{\cos^2 t} \, dt$

**解**

**a.** $\int (x + 1)(x^2 - 2) \, dx = \int (x^3 + x^2 - 2x - 2) \, dx = \frac{1}{4}x^4 + \frac{1}{3}x^3 - x^2 - 2x + C$

**b.** $\int \frac{2x^2 - 1}{x^2} \, dx = \int \left(2 - \frac{1}{x^2}\right) dx = \int (2 - x^{-2}) \, dx = 2x + x^{-1} + C = 2x + \frac{1}{x} + C$

**c.** $\int \frac{\sin t}{\cos^2 t} \, dt = \int \frac{1}{\cos t} \cdot \frac{\sin t}{\cos t} \, dt = \int \sec t \tan t \, dt = \sec t + C$

## ■ 微分方程式

讓我們回到本節一開始所提的問題上：已知函數的導數 $f'$，能否找到此函數 $f$？若已知函數

$$f'(x) = 2x - 1 \tag{1}$$

希望找到 $f(x)$。從已知的部分得知積分式 (1) 可以找到 $f$。因此，

$$f(x) = \int f'(x)\, dx = \int (2x - 1)\, dx = x^2 - x + C \quad (2)$$

此處 $C$ 為任意常數。所以有無限多個函數的導數為 $f'$；這些函數之間只差一個常數。

式 (1) 稱為微分方程式。一般，**微分方程式**（differential equations）是一個包含未知函數的導數或微分的式子（$f$ 為式 (1) 的未知函數）。在 $I$ 區間，微分方程式的**解**（solution），是在 $I$ 區間滿足此微分方程式的任意函數。因此，式 (2) 提供式 (1) 在 $(-\infty, \infty)$ 的所有解，並被稱為微分方程式 $f'(x) = 2x-1$ 的**一般解**（general solution）。

對於被選定的 $C$，$f(x) = x^2-x+C$ 的圖形展示於圖 5.3。這些圖形有一共通的特性：對於任意固定的 $x$，圖形在那裡的切線有相同的斜率。所以，這些圖形 $f(x) = x^2-x+C$ 在 $x$ 處有相同的斜率，稱為 $2x-1$。

雖然微分方程式 $f'(x) = 2x-1$ 有無限多個解，但是只要在特定的點 $x$ 給予指定的值，就可以得到一個**特殊解**（particular solution）。譬如：若規定 $f(x) = x^2-x+C$ 的解必須滿足 $f(1) = 3$ 的條件，則

$$f(1) = 1 - 1 + C = 3$$

即 $C = 3$。因此，此特殊解為 $f(x) = x^2-x+3$（圖 5.3）。條件 $f(1) = 3$ 是初始條件的一個例子。更廣義的，**初始條件**（initial condition）是指 $f$ 在某個點 $x = a$ 的值。就幾何上而言，特殊解的圖形必須經過點 $(a, f(a))$。

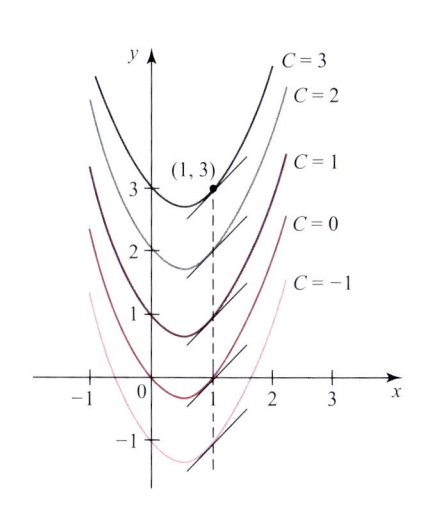

**圖 5.3**
反導函數為 $f'(x) = 2x-1$ 的一些函數圖形

## ■ 初始值問題

**初始值問題**（initial value problem）是要找函數滿足：(1) 微分方程式；和 (2) 一個或更多個初始值。其例題如下。

**例題 7** **磁浮列車的位置** 磁浮列車在一高架直線單軌上的某次試車中，速度計顯示，此磁浮列車在時間 $t$ 的速度為

$$v(t) = 8t \qquad 0 \leq t \leq 30$$

若此磁浮列車一開始時在坐標線的原點，求它的位置函數。

**解** 令 $s(t)$ 為磁浮列車在時間 $t$ 的位置，其中 $0 \leq t \leq 30$，則 $s'(t) = v(t)$。我們得到初始值問題

$$\begin{cases} s'(t) = 8t \\ s(0) = 0 \end{cases}$$

將 $s'(t) = 8t$ 兩邊對 $t$ 積分，即得

$$s(t) = \int s'(t)\,dt = \int 8t\,dt = 4t^2 + C$$

此處 $C$ 為任意常數。$C$ 值由初始值條件 $s(0) = 0$ 計算如下

$$s(0) = 4(0) + C = 0 \quad 即 \quad C = 0$$

所以，此磁浮列車的位置函數為 $s(t) = 4t^2$，其中 $0 \leq t \leq 30$。 ∎

**例題 8** **高飛球的軌跡** 若某打擊者在棒球賽中擊出一初始速度為 96 呎／秒，離地面 4 呎的高飛球。

**a.** 求此球在任意時間 $t$ 的高度函數。
**b.** 球飛得多高？
**c.** 球被擊中後在空中停留多久？

**解**

**a.** 令 $s(t)$ 為球在時間 $t$ 的位置，並令 $t = 0$ 為球被擊中的（初始）時間。若重力是球在運動過程中所受的唯一力，且重力加速度為 $-32$ 呎／秒$^2$，則 $s$ 須滿足

$$s''(t) = -32$$

當 $t = 0$

$$s(0) = 4 \qquad \text{初始高度 4 呎}$$

且

$$s'(0) = 96 \qquad \text{初始速度 96 呎／秒}$$

為了解初始值問題，先將微分方程式 $s''(t) = -32$ 等式的兩邊分別對 $t$ 積分，即得

$$s'(t) = \int s''(t)\,dt = \int -32\,dt = -32t + C_1$$

此處 $C_1$ 為任意常數，其值可由初始值條件 $s'(0) = 96$ 決定。因為

$$s'(0) = -32(0) + C_1 = 96$$

故 $C_1 = 96$。因此

$$s'(t) = -32t + 96$$

再對 $t$ 積分，可得

$$s(t) = \int s'(t)\,dt = \int (-32t + 96)\,dt = -16t^2 + 96t + C_2$$

此處 $C_2$ 為任意常數。$C_2$ 可用初始值條件 $s(0) = 4$ 計算，

$$s(0) = -16(0) + 96(0) + C_2 = 4 \quad 即 \quad C_2 = 4$$

因此，所求的位置函數為

$$s(t) = -16t^2 + 96t + 4$$

**b.** 當球達到最高點時，其速度為 0。由(a)得知球在時間 $t$ 的速度為 $v(t) = s'(t) = -32t + 96$。令 $v(t) = 0$，得到 $-32t + 96 = 0$，故 $t = 3$。將此 $t$ 值代入 $s(t)$，可得

$$s(3) = -16(3^2) + 96(3) + 4$$

故球的最高點為 $s = 148$ 呎（圖 5.4）。

**c.** 當 $s(t) = 0$ 時，球接觸地面。解此式子，可得

$$-16t^2 + 96t + 4 = 0 \quad 或 \quad 4t^2 - 24t - 1 = 0$$

接著，使用二次式的公式，可得

$$t = \frac{24 \pm \sqrt{576 + 16}}{8} = \frac{24 \pm 4\sqrt{37}}{8} \approx -0.04 \quad 即 \quad 6.04$$

由於 $t$ 必須是正值，故 $t \approx 6.04$，亦即球被擊中後在空中停留了約 6 秒。

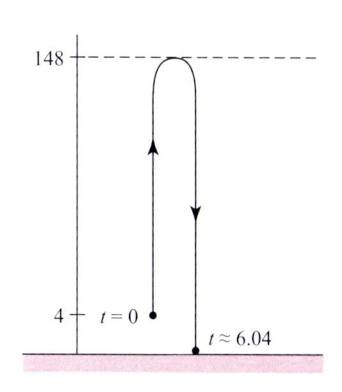

**| 圖 5.4**
此球達到最高處 148 呎高，且停留在空中約 6 秒

## 5.1 習題

1-15 題，求不定積分並用微分來驗證。

1. $\int (x + 2)\,dx$
2. $\int (3 - 2x + x^2)\,dx$
3. $\int (2x^9 - 4x^6 + 4)\,dx$
4. $\int \left(\sqrt{x} + \frac{3}{\sqrt{x}}\right) dx$
5. $\int t^{1/3}(t-1)^2\,dt$
6. $\int \frac{3}{\sqrt{u}}\,du$
7. $\int \frac{3x^4 - 2x^2 + 1}{x^4}\,dx$
8. $\int \frac{x^2 - 2x + 3}{\sqrt{x}}\,dx$
9. $\int (2x - 1)(x + 3)^2\,dx$
10. $\int (3\sin x - 4\cos x)\,dx$
11. $\int (\csc^2 x + \sqrt{x})\,dx$
12. $\int \frac{\cos x}{1 - \cos^2 x}\,dx$
13. $\int \frac{1 - 2\cot^2 x}{\cos^2 x}\,dx$
14. $\int \frac{1}{\sin^2 x \cos^2 x}\,dx$
   提示：使用等式 $\sin^2 x + \cos^2 x = 1$。
15. $\int \frac{dx}{1 - \sin x}$

16-21 題，從解初始值問題中，求函數 $f$。

16. $f'(x) = 2x + 1, \quad f(1) = 3$
17. $f'(x) = \dfrac{1}{\sqrt{x}}, \quad f(4) = 2$
18. $f'(x) = x + \sin x, \quad f(0) = 0$
19. $f''(x) = 6; \quad f(1) = 4, \quad f'(1) = 2$
20. $f''(x) = 6x^2 + 6x + 2; \quad f(-1) = \dfrac{1}{2}, \quad f'(-1) = 2$
21. $f''(t) = t^{-3/2}; \quad f(4) = 1, \quad f'(4) = 3$
22. 已知函數 $f$ 的圖形在任意點 $(x, f(x))$ 的切線斜率為 $x^2 - 2x + 3$ 且 $f$ 的圖形經過 $(1, 2)$ 點，求 $f$。

**23.** 由圖形 1 和圖形 2 判斷哪一個是函數 $f$ 與哪一個是函數 $f$ 的反導函數。並寫出你選擇的理由。

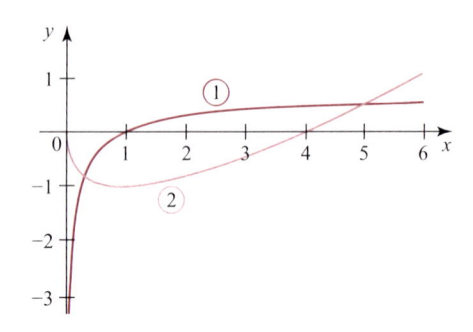

24-26 題，一個粒子沿著坐標軸移動，求其滿足給予條件的位置函數。

**24.** $v(t) = 6t^2 - 4t + 1$, $s(1) = -1$

**25.** $a(t) = 6t - 4$, $s(0) = -2$, $v(0) = 4$

**26.** $a(t) = \sin t - 2\cos t$, $s(0) = 3$, $v(0) = 0$

**27. 壓艙物從熱氣球上墜落** 壓艙物自高度為 400 呎靜止的熱氣球上墜落。求 (a) $t$ 秒後該物體的高度函數；(b) 該物體墜落地面的時間；(c) 該物體墜落地面時的速度（不計空氣阻力並令 $g = 32$ 呎／秒$^2$）。

**28.** 考慮一位於坐標軸上 $x = x_0$ 的粒子，其初始速度為 $v_0$ 呎／秒且其加速度常數 $a$ 呎／秒$^2$。證明它在任意時間 $t$ 的位置為

$$x = x_0 + v_0 t + \frac{1}{2}at^2$$

**29. 汽車煞車距離** 在直線道路上有一速率為 88 呎／秒的汽車，試問它要用多少等減速度，才能在 9 秒內停止？又煞車距離為何？

**30. 銀行存款** Madison Finance 公司在 9 月 1 日（$t = 0$）開了兩家分行。$A$ 分行位於已建立的工業園區，$B$ 分行則位於快速成長的新開發區。在最初的 180 個工作天中，$A$ 分行與 $B$ 分行的淨存款速率分別為 $f$ 與 $g$。於 180 個工作天後，哪一家分行的存款較多？確認你的答案。

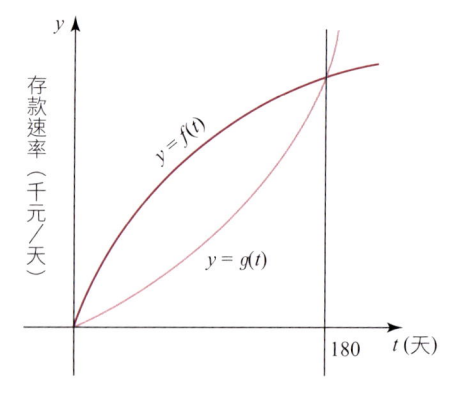

**31. 唐氏症的風險** 新生兒得唐氏症的風險之變化率大約為函數

$$r(x) = 0.004641x^2 - 0.3012x + 4.9 \qquad 20 \le x \le 45$$

其中 $r(x)$ 是以每年所有新生兒總數的百分比計，而 $x$ 為孕婦的產齡。

**a.** 已知產齡為 30 歲所生的新生兒得唐氏症的風險之變化率為 0.14%，求表示產齡為 $x$ 歲所生的新生兒得唐氏症的風險之變化率的函數 $f$。

**b.** 產齡分別為 40 歲與 45 歲的婦人，其嬰兒得唐氏症的風險之變化率分別為多少？

資料來源：*New England Journal of Medicine*.

**32. 臭氧汙染** 臭氧是一種具刺激性且會損害呼吸系統的無色氣體。5 月的某天，Riverside 市的大氣中臭氧濃度隨時間的變化率為

$$R(t) = 3.2922t^2 - 0.366t^3 \qquad 0 < t < 11$$

（以每小時汙染物標準指標計），此處的 $t$ 以小時計，並令 $t = 0$ 表示早上 7 點。若早上 7 點之臭氧濃度為 34，求任意時間 $t$ 的臭氧濃度 $A(t)$。

資料來源：*The Los Angeles Times*.

**33. 水槽的水位** 有一截面積固定為 50 呎$^2$ 的水槽，其底部有一面積為 (1/2) 呎$^2$ 的圓孔。若此水槽注入高度為 $h$ 的水後開始由底部的圓孔處排水，則 $h$ 隨時間的變化率為

$$\frac{dh}{dt} = -\frac{1}{25}\left(\sqrt{20} - \frac{t}{50}\right) \qquad 0 \le t \le 50\sqrt{20}$$

若一開始水位的高度為 20 呎，求其任意時間 $t$ 的水位高度函數。

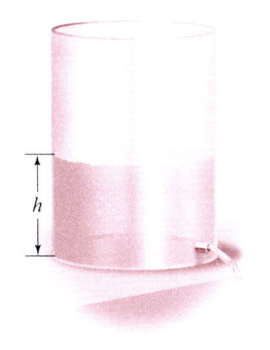

34-36 題，判斷下列敘述是對或是錯。如果它是對，解釋你的理由。如果它是錯，請解釋你的理由或舉例說明。

**34.** $\int f'(x)\, dx = f(x) + C$

**35.** $\int x f(x)\, dx = x \int f(x)\, dx = x F(x) + C$，此處 $F' = f$

**36.** 若 $R(x) = P(x)/Q(x)$ 為有理函數，則

$$\int R(x)\, dx = \frac{\int P(x)\, dx}{\int Q(x)\, dx}$$

## 5.2　積分代換法

本節將介紹一種積分技巧，它使我們能對一大類函數群做積分。像 5.1 節的積分公式，此積分技巧是由微分規則的反向得到——此情形是連鎖規則。

### ■ 代換法如何作用

考慮不定積分

$$\int 2x\sqrt{x^2 + 3}\, dx \tag{1}$$

從熟悉的積分公式知道此積分式子是不能計算的。

讓我們試著用變數變換，將變數 $x$ 用新變數 $u$ 取代並簡化此不定積分式 (1)。令

$$u = x^2 + 3$$

微分可得

$$du = 2x\, dx$$

若正式地（formally）將這些代入不定積分式 (1)，即得

$$\int 2x\sqrt{x^2 + 3}\, dx = \int \sqrt{x^2 + 3}\, (2x\, dx) = \int \sqrt{u}\, du$$

改寫　　　　　　　$\begin{cases} u = x^2 + 3 \\ du = 2x\, dx \end{cases}$

現在的積分變得容易，使用 5.1 節的式 (2) 即可。因此，

$$\int \sqrt{u}\, du = \int u^{1/2}\, du = \frac{2}{3} u^{3/2} + C$$

最後，將 $u$ 用 $x^2 + 3$ 換回來，即得

$$\int 2x\sqrt{x^2+3}\,dx = \frac{2}{3}(x^2+3)^{3/2} + C$$

為了證明此解正確，計算

$$\frac{d}{dx}\left[\frac{2}{3}(x^2+3)^{3/2} + C\right] = \frac{2}{3} \cdot \frac{3}{2}(x^2+3)^{1/2}(2x) \quad \text{使用連鎖規則}$$
$$= 2x\sqrt{x^2+3}$$

它是被積分函數，即得證。

## 積分代換法的技巧

如前一個例題所示，有時可以透過變數變換，將不定積分轉變成另一容易積分的式子。現在令 $f(x) = \sqrt{x}$ 和 $g(x) = x^2 + 3$，則 $g'(x) = 2x$，所以不定積分式 (1) 是不定積分形式為

$$\int f(g(x))g'(x)\,dx \tag{2}$$

的特例。證明積分式 (2) 可改寫為

$$\int f(u)\,du \tag{3}$$

其中 $u$ 在 $(a, b)$ 區間是可微分的，且 $f$ 在 $u$ 的值域內連續。若 $F$ 為 $f$ 的反導函數，則由連鎖規則得知

$$\frac{d}{dx}[F(g(x))] = F'(g(x))g'(x)$$

等價於

$$\int F'(g(x))g'(x)\,dx = F(g(x)) + C$$

令 $F' = f$ 並代換 $u = g(x)$，可得

$$\int f(g(x))g'(x)\,dx = F(u) + C = \int F'(u)\,du = \int f(u)\,du$$

即為所求。

做例題之前，先將這個方法的使用步驟摘要如下。

**積分代換法：計算 $\int f(g(x))g'(x)\,dx$**

**步驟 1** 令 $u = g(x)$，其中 $g(x)$ 為被積分函數的一部分，通常是合成函數 $f(g(x))$ 的「內部的函數」。

**步驟 2** 計算 $du = g'(x)\,dx$。

**步驟 3** 代換 $u = g(x)$ 和 $du = g'(x)\,dx$，將積分轉變成只有變數 $u$ 的積分：$\int f(u)\,du$。

步驟 4　計算最後的積分。

步驟 5　用 $g(x)$ 代換 $u$，使得最後的解以 $x$ 表示。

**例題 1**　求解 $\int x^2(x^3 + 2)^4\, dx$。

**解**

步驟 1　若檢視被積分函數，會發現它包含合成函數 $(x^3 + 2)^4$，其「內部的函數」為 $g(x) = x^3 + 2$。所以令 $u = x^3 + 2$。

步驟 2　計算 $du = 3x^2 dx$。

步驟 3　做變數變換，令 $u = x^3 + 2$ 和 $du = 3x^2\, dx$ 即 $x^2\, dx = \frac{1}{3}\, du$，則

$$\int x^2(x^3 + 2)^4\, dx = \int (x^3 + 2)^4\, x^2\, dx = \int u^4 \left(\frac{1}{3}\, du\right) = \frac{1}{3} \int u^4\, du$$

↑ 改寫

它是只有變數 $u$ 的積分。

步驟 4　積分後得到

$$\frac{1}{3} \int u^4\, du = \frac{1}{3} \left(\frac{u^5}{5}\right) + C = \frac{1}{15} u^5 + C$$

步驟 5　用 $x^3 + 2$ 代換 $u$，可得

$$\int x^2(x^3 + 2)^4\, dx = \frac{1}{15}(x^3 + 2)^5 + C$$

**例題 2**　求 $\int \dfrac{dx}{(2x - 4)^3}$。

**解**　首先將積分改寫成

$$\int (2x - 4)^{-3}\, dx$$

步驟 1　於合成函數 $(2x-4)^{-3}$ 中，其「內部的函數」為 $g(x) = 2x-4$。令 $u = 2x-4$。

步驟 2　得到 $du = 2\, dx$。

步驟 3　將 $u = 2x-4$ 和 $du = 2\, dx$ 即 $dx = \frac{1}{2}\, du$ 代入積分式，可得

$$\int (2x - 4)^{-3}\, dx = \int u^{-3} \left(\frac{1}{2}\, du\right) = \frac{1}{2} \int u^{-3}\, du$$

它是只有變數 $u$ 的積分。

步驟 4　積分後得到

$$\frac{1}{2} \int u^{-3}\, du = \frac{1}{2} \left(\frac{u^{-2}}{-2}\right) + C = -\frac{1}{4u^2} + C$$

**步驟 5** 用 $2x-4$ 代換 $u$，得到

$$\int \frac{dx}{(2x-4)^3} = -\frac{1}{4(2x-4)^2} + C$$

**例題 3** 求 $\int (x+1)\sqrt{2x-1}\, dx$。

**解** 首先將積分改寫成

$$\int (x+1)(2x-1)^{1/2}\, dx$$

**步驟 1** 檢查被積分函數後，得知合成函數為 $(2x-1)^{1/2}$，其「內部的函數」是 $g(x) = 2x-1$。令 $u = 2x-1$。

**步驟 2** 得到 $du = 2\,dx$。

**步驟 3** 做變數變換，令 $u = 2x-1$ 和 $du = 2\,dx$ 即 $dx = \frac{1}{2}\,du$。因為 $x+1$ 是被積分函數的因子，所以必須先解 $u = 2x-1$ 的 $x$，即得 $x = \frac{1}{2}u + \frac{1}{2}$。因此，

$$\int (x+1)(2x-1)^{1/2}\, dx = \int \left(\frac{1}{2}u + \frac{1}{2} + 1\right) u^{1/2} \left(\frac{1}{2}\,du\right)$$
$$= \frac{1}{2}\int \left(\frac{1}{2}u^{3/2} + \frac{3}{2}u^{1/2}\right) du$$
$$= \frac{1}{4}\int (u^{3/2} + 3u^{1/2})\, du$$

它是只有變數 $u$ 的積分。

**步驟 4** 積分後得到

$$\frac{1}{4}\int (u^{3/2} + 3u^{1/2})\, du = \frac{1}{4}\left(\frac{2}{5}u^{5/2} + 2u^{3/2}\right) + C$$
$$= \frac{1}{10}u^{5/2} + \frac{1}{2}u^{3/2} + C$$

**步驟 5** 用 $2x-1$ 代換 $u$，可得

$$\int (x+1)\sqrt{2x-1}\, dx = \frac{1}{10}(2x-1)^{5/2} + \frac{1}{2}(2x-1)^{3/2} + C$$

現在我們已經熟悉這些過程，接下來許多例題的解將不再標記各個步驟。

**例題 4** 求 $\int \sin 5x\, dx$。

**解** 令 $u = 5x$，則 $du = 5dx$ 即 $dx = \frac{1}{5}\,du$。將這些代入積分可得

$$\int (\sin u)\frac{1}{5}\,du = \frac{1}{5}\int \sin u\, du = -\frac{1}{5}\cos u + C = -\frac{1}{5}\cos 5x + C$$

**例題 5** 求 $\int \frac{\cos\sqrt{x}}{\sqrt{x}}\, dx$。

**解** 令 $u = \sqrt{x} = x^{1/2}$（此處，$\sqrt{x}$ 是合成函數 $y = \cos\sqrt{x}$ 的「內部函數」）。則

$$du = \frac{1}{2}x^{-1/2}\,dx = \frac{dx}{2\sqrt{x}} \quad 即 \quad \frac{dx}{\sqrt{x}} = 2\,du$$

將這些代入積分可得

$$\int (\cos u)\,2\,du = 2\int \cos u\,du = 2\sin u + C = 2\sin\sqrt{x} + C$$

**例題 6** 求 $\int \sin^3 x \cos x\,dx$。

**解** 因為被積分函數包含合成函數 $y = \sin^3 x = (\sin x)^3$。所以令 $u = \sin x$，則 $du = \cos x\,dx$，

$$\int \sin^3 x \cos x\,dx = \int u^3\,du = \frac{1}{4}u^4 + C = \frac{1}{4}\sin^4 x + C$$

**例題 7** 求初始值問題 $f'(x) = x^3(x^2+1)^{1/2}$，$f(0)=0$。

**解**

$$f(x) = \int f'(x)\,dx = \int x^3(x^2+1)^{1/2}\,dx$$

為了求此積分，令 $u = x^2 + 1$，則 $du = 2x\,dx$ 即 $x\,dx = \frac{1}{2}du$。然而做變數變換之前，先改寫此積分為

$$\int x^3(x^2+1)^{1/2}\,dx = \int x^2(x^2+1)^{1/2}\,(x\,dx)$$

現在進行代換就不會有困難。將 $(x^2+1)^{1/2}$ 和 $x\,dx$ 用含 $u$ 的表示式取代。但是被積分函數中的 $x^2$ 因子要怎麼辦？幸運地，由所取的 $u = x^2 + 1$，得到 $x^2 = u - 1$。進行代換後，可得

$$f(x) = \int x^3(x^2+1)^{1/2}\,dx = \int x^2(x^2+1)^{1/2}(x\,dx)$$
$$= \int (u-1)u^{1/2}\left(\frac{1}{2}du\right) = \frac{1}{2}\int (u^{3/2} - u^{1/2})\,du$$
$$= \frac{1}{2}\left(\frac{2}{5}u^{5/2} - \frac{2}{3}u^{3/2}\right) + C$$
$$= \frac{1}{5}(x^2+1)^{5/2} - \frac{1}{3}(x^2+1)^{3/2} + C$$

最後由初始條件 $f(0) = 0$，得知

$$f(0) = \frac{1}{5}(1) - \frac{1}{3}(1) + C = 0 \quad 即 \quad C = \frac{2}{15}$$

因此，

$$f(x) = \frac{1}{5}(x^2+1)^{5/2} - \frac{1}{3}(x^2+1)^{3/2} + \frac{2}{15}$$

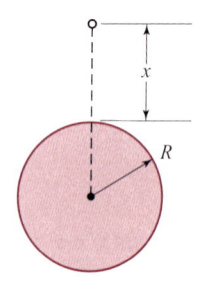

**圖 5.5**
火箭自地表垂直向上發射

**例題 8** 火箭的飛行　一火箭由地表以逃逸速度（escape velocity）（克服地球引力之速度）為初始速度垂直向上發射。若忽略太陽與其他行星重力的影響、地球轉動與空氣阻力，我們可以證明其運動可表示成微分方程式

$$\frac{dt}{dx} = \frac{\sqrt{x+R}}{R\sqrt{2g}}$$

其中 $t$ 為時間（秒），$x$ 為火箭與地表的垂直距離，$R$ 為地球半徑（約為 4,000 哩），$g$ 為重力加速度（約為 32 呎／秒$^2$）（圖 5.5）。求此火箭飛行 $x$ 哩需多久？飛行 100,000 哩需多久？

**解**　將給予的運動方程式對時間 $x$ 積分，可得

$$t = \int \frac{dt}{dx} dx = \int \frac{\sqrt{x+R}}{R\sqrt{2g}} dx = \frac{1}{R\sqrt{2g}} \int (x+R)^{1/2} dx$$

令 $u = x + R$，$du = dx$，則

$$t = \frac{1}{R\sqrt{2g}} \int u^{1/2} du = \frac{2u^{3/2}}{3R\sqrt{2g}} + C = \frac{2(x+R)^{3/2}}{3R\sqrt{2g}} + C$$

此處 $C$ 為積分常數，其值可由初值條件 $t = 0$，$x = 0$ 決定。所以

$$0 = \frac{2R^{3/2}}{3R\sqrt{2g}} + C \quad 即 \quad C = -\frac{2R^{3/2}}{3R\sqrt{2g}}$$

故

$$t = \frac{2(x+R)^{3/2}}{3R\sqrt{2g}} - \frac{2R^{3/2}}{3R\sqrt{2g}} = \frac{2}{3R\sqrt{2g}}[(x+R)^{3/2} - R^{3/2}]$$

是該火箭飛行 $x$ 哩所需的時間。欲求此火箭飛行 100,000 哩所需的時間，將

$$R = 4000(5280) = 21{,}120{,}000 \quad （呎）$$

和

$$x = 100{,}000(5280) = 528{,}000{,}000 \quad （呎）$$

代入上式，可得

$$t = \frac{2}{3(21{,}120{,}000)\sqrt{64}}(549{,}120{,}000^{3/2} - 21{,}120{,}000^{3/2}) \approx 50{,}389.2$$

故此火箭飛行 100,000 哩需時約 50,000 秒，即 14 小時。∎

## 5.2 習題

1-3 題，使用指定的代換求積分。

1. $\int (2x+3)^5\,dx,\quad u=2x+3$

2. $\int \dfrac{x}{\sqrt{x^2+1}}\,dx,\quad u=x^2+1$

3. $\int \tan^3 x \sec^2 x\,dx,\quad u=\tan x$

4-21 題，求不定積分。

4. $\int 2x(x^2+1)^4\,dx$

5. $\int 3x(2x^2+3)^5\,dx$

6. $\int (x^2+x-1)^3(2x+1)\,dx$

7. $\int \sqrt{1-2x}\,dx$

8. $\int s^3(s^4-1)^{3/2}\,ds$

9. $\int \dfrac{x}{(2x^2+3)^3}\,dx$

10. $\int \dfrac{4u}{\sqrt{4-u^2}}\,du$

11. $\int \dfrac{x}{\sqrt{x-1}}\,dx$

12. $\int \dfrac{x^5}{\sqrt{1+x^2}}\,dx$

13. $\int 2\cos\dfrac{x}{2}\,dx$

14. $\int x\cos \pi x^2\,dx$

15. $\int \sin \pi x \cos \pi x\,dx$

16. $\int \tan 3x \sec 3x\,dx$

17. $\int \dfrac{\sin u^{-1}}{u^2}\,du$

18. $\int \dfrac{\csc^2 3x}{\cot^3 3x}\,dx$

19. $\int \dfrac{\cos 2t}{\sqrt{2+\sin 2t}}\,dt$

20. $\int \dfrac{\sec x \tan x}{(\sec x - 1)^2}\,dx$

21. $\int \sin^2 \pi x\,dx$

   提示：$\sin^2 \theta = \dfrac{1-\cos 2\theta}{2}$

22-24 題，求不定積分。

22. $\int x\sqrt{x-4}\,dx$

23. $\int x^3(x^2+1)^{5/2}\,dx$

24. $\int \dfrac{dx}{\sqrt{x}+\sqrt{x+1}}$

   提示：首先將被積分函數的分母有理化。

25. 已知函數 $f$ 的導數 $f'(x)=x\sqrt{1+x^2}$，求 $f$ 與經過 $(0,1)$ 點的 $f$ 圖形。

26. **直線運動** 一物體沿著坐標軸運動，在任意時間 $t$，$0\le t\le 4$，其速率為
$$v(t)=t\sqrt{16-t^2}$$
若此物體初始位置在坐標的原點，求其位置函數。

27. **女性的平均壽命** 假設某國家的女性平均壽命與其出生時間的變化率為
$$g'(t)=\dfrac{5.45218}{(1+1.09t)^{0.9}}$$
年／年。此處，$t$ 以年計且 $t=0$ 代表 1900 年初。若 1900 年初的平均壽命為 50.02 年，則求以出生時間（年）為變數之該國女性平均壽命的函數 $g(t)$。並求該國的女嬰於 2000 年初出生的平均壽命為何？

28. **呼吸循環** 假設一個人呼吸時，於時間 $t$ 吸入空氣體積的速率為 $r(t)=\dfrac{3}{5}\sin\dfrac{\pi t}{t}$ 升／秒。令 $V(o)=0$，求任意時間 $t$，肺部吸入空氣的體積 $V(t)$。

29 題，判斷下列敘述是對或是錯。如果它是對，解釋你的理由。如果它是錯，請解釋你的理由或舉例說明。

29. 若 $f$ 為連續函數，則 $\int x\,f(x^2)\,dx = \dfrac{1}{2}\int f(u)\,du$，此處 $u=x^2$。

## 5.3 面積

### 直接觀察

考慮某汽車以速度函數

$$v(t)=44 \qquad 0\le t\le 10$$

在平直的道路上行駛，其中 $t$ 以秒計和 $v(t)$ 以呎／秒計。已知汽車在此時間區間的速率 $v(t)>0$。已知此汽車從 $t=1$ 到 $t=5$ 所行駛的

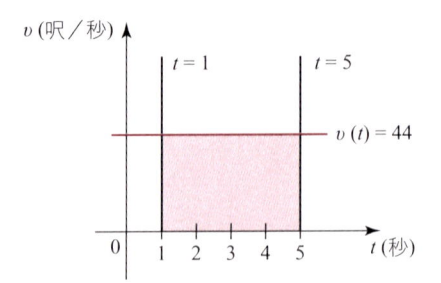

**圖 5.6**
此車行走的距離可表示為長方形面積

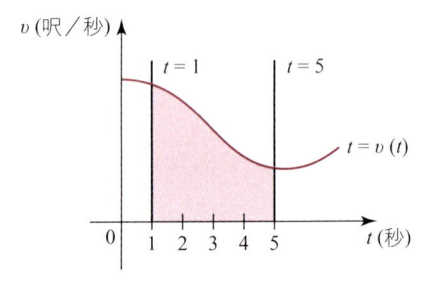

**圖 5.7**
汽車行駛的距離為陰影區域的「面積」

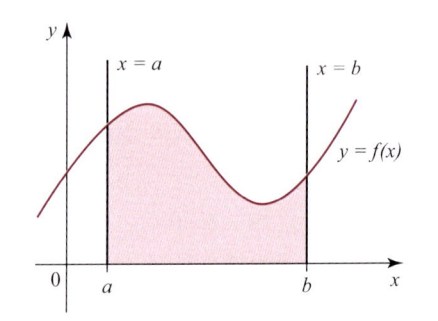

**圖 5.8**
陰影的區域為圖形 $f$ 在 $[a, b]$ 區間下方的面積

距離為

$$(44)(5-1) \quad \text{常數速率 · 時間}$$

即 176 呎。若檢視圖 5.6 的圖形 $v$，將發現此距離就是以圖形 $v$ 為上界、$t$ 軸為下界且垂直線 $t=1$ 和 $t=5$ 分別為兩邊所圍成的長方形區域的面積。

假設同一輛汽車在平直的道路上行駛，但是這次它的速度函數 $v$ 在時間區間內是正的且不是常數。試問汽車從 $t=1$ 到 $t=5$ 行駛的總距離為何？我們可能會嘗試此推論，即距離為以圖形 $v$ 為上界、$t$ 軸為下界，並垂直線 $t=1$ 和 $t=5$ 分別是兩邊所圍成的區域「面積」（圖 5.7）。之後我們會證明它確實是如此。

此例題產生兩個問題：
1. 所謂像圖 5.7 所示區域的「面積」是什麼意思？
2. 要如何求區域的面積？

## ■ 面積問題

這裡已經接觸到微積分第二基本問題：對於上界是非負（non-negative）函數 $f$ 的圖形、下界為 $x$ 軸，且左右兩邊分別為垂直線 $x=a$ 和 $x=b$ 所圍成的區域，如圖 5.8 所示，應如何求它的面積？參照此區域的面積如同在 $[a, b]$ 區間**圖形 $f$ 下方的面積**（area under the graph of $f$）。

## ■ 定義函數圖形下方區域的面積

當定義在函數圖形上某處的切線斜率，得先使用割線的斜率（可計算的量）來逼近它。然後再看這些逼近的極限後，得到此切線斜率。現在用平行逼近來定義函數圖形下方區域的面積。

這裡的概念是用長方形面積和（可計算的量）來估算區域的面積*。然後再取其極限，得到所要的面積。讓我們從一特定的例題開始。

**例題 1** 考慮以拋物線 $f(x)=x^2$ 為上界，$x$ 軸為下界，以及垂直線 $x=0$ 和 $x=1$ 分別為左邊和右邊所圍成的區域 $S$（圖 5.9）。如圖所示，區域 $S$ 的面積 $A$ 可用底在 $[0, 1]$ 區間上和高為 $f(x)=x^2$ 在 $[0, 1]$ 中點的值之長方形 $R_1$ 的面積 $A_1$ 來逼近。因此，

$$A \approx A_1 = 1 \cdot f\left(\frac{1}{2}\right) = (1)\left(\frac{1}{2}\right)^2 = \frac{1}{4}$$

---
\* 面積（area）這個名詞將參考直觀的面積概念，直到面積的正式定義出爐。

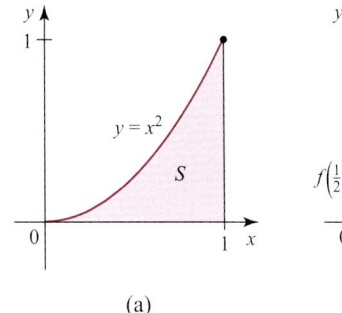

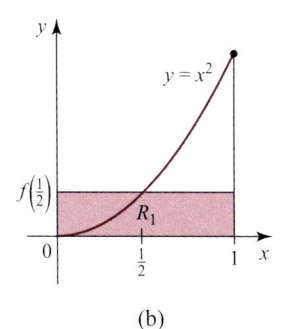

**圖 5.9**

(a) 中區域 $S$ 的面積是由 (b) 中的長方形 $R_1$ 的面積來估算

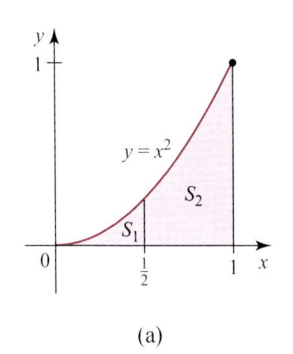

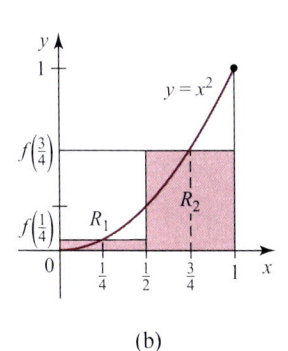

**圖 5.10**

(a) 中的子區域 $S_1$ 和 $S_2$ 是由 (b) 中的長方形 $R_1$ 和 $R_2$ 估算

因為用 [0, 1] 區間的中點來估算長方形的高是合理的選擇，所以就這樣計算。但是我們也要說服自己，區間內其他的點也行，包括端點都可以。當然逼近值會因所選的點而有所不同。

但有可能做得更好嗎？譬如：將 [0, 1] 區間分成兩個子區間 $[0, \frac{1}{2}]$ 和 $[\frac{1}{2}, 1]$，每一個長度（相等）都是 $\frac{1}{2}$。圖 5.10a 所示區域 $S$ 為兩個不重疊的子區域 $S_1$ 和 $S_2$ 的聯集，它們的底分別在 $[0, \frac{1}{2}]$ 和 $[\frac{1}{2}, 1]$ 上。圖 5.10b 所示長方形 $R_1$，其底在 $[0, \frac{1}{2}]$ 上和高 $f(\frac{1}{4})$ 為 $f$ 在 $[0, \frac{1}{2}]$ 中點的值，以及長方形 $R_2$，其底在 $[\frac{1}{2}, 1]$ 上和高 $f(\frac{3}{4})$，其中 $x = \frac{3}{4}$ 是 $[\frac{1}{2}, 1]$ 的中點。若用 $R_1$ 的面積來估算 $S_1$ 的面積和用 $R_2$ 的面積來估算 $S_2$ 的面積，並將這兩個長方形面積和用 $A_2$ 表示，則

$$A \approx A_2 = \frac{1}{2} f\left(\frac{1}{4}\right) + \frac{1}{2} f\left(\frac{3}{4}\right)$$

$$= \frac{1}{2}\left(\frac{1}{4}\right)^2 + \frac{1}{2}\left(\frac{3}{4}\right)^2$$

$$= \frac{1}{2}\left(\frac{1}{16} + \frac{9}{16}\right) = \frac{5}{16}$$

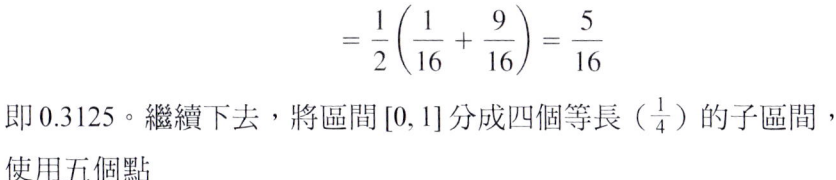

即 0.3125。繼續下去，將區間 [0, 1] 分成四個等長（$\frac{1}{4}$）的子區間，使用五個點

$$x_0 = 0, \quad x_1 = \frac{1}{4}, \quad x_2 = \frac{1}{2}, \quad x_3 = \frac{3}{4} \quad 和 \quad x_4 = 1$$

最後的子區間為

$$[0, \tfrac{1}{4}], \quad [\tfrac{1}{4}, \tfrac{1}{2}], \quad [\tfrac{1}{2}, \tfrac{3}{4}] \quad 和 \quad [\tfrac{3}{4}, 1]$$

圖 5.11a 所示區域 $S$ 為四個不重疊的子區域 $S_1, S_2, S_3$ 和 $S_4$ 的聯集，它們的底分別在這些子區間上，且這些子區間的中點分別為

$$c_1 = \frac{1}{8}, \quad c_2 = \frac{3}{8}, \quad c_3 = \frac{5}{8} \quad 和 \quad c_4 = \frac{7}{8}$$

這些長方形 $R_1, R_2, R_3$ 和 $R_4$，它們的底分別在這些子區間上，且高分別為這些子區間的中點，如圖 5.11b 所示。用長方形 $R_i$ 來估算子

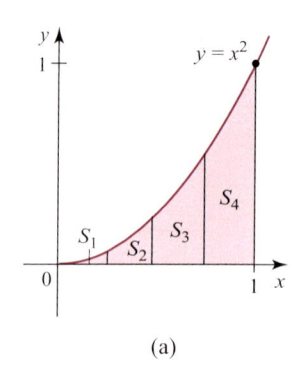

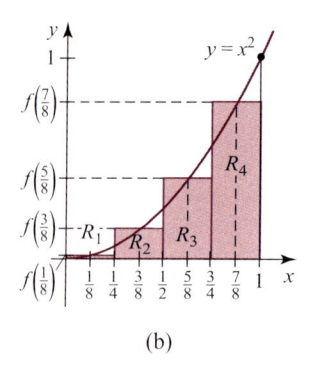

## 圖 5.11
(a) 中的子區域 $S_i$ 是由 (b) 中的長方形 $R_i$ 估算，其中 $1 \le i \le 4$

區域 $S_i$ 的面積，其中 $1 \le i \le 4$，並令 $A_4$ 為四個長方形面積和。得到 $S$ 的面積 $A$ 的另一個估算：

$$A \approx A_4 = \frac{1}{4}f\left(\frac{1}{8}\right) + \frac{1}{4}f\left(\frac{3}{8}\right) + \frac{1}{4}f\left(\frac{5}{8}\right) + \frac{1}{4}f\left(\frac{7}{8}\right)$$

$$= \frac{1}{4}\left(\frac{1}{8}\right)^2 + \frac{1}{4}\left(\frac{3}{8}\right)^2 + \frac{1}{4}\left(\frac{5}{8}\right)^2 + \frac{1}{4}\left(\frac{7}{8}\right)^2$$

$$= \frac{1}{4}\left(\frac{1}{64} + \frac{9}{64} + \frac{25}{64} + \frac{49}{64}\right) = \frac{21}{64}$$

即 $0.32815$。

繼續下去，若用八個長方形估算區域 $S$ 的面積，則如圖 5.12a 所示，若用十六個長方形做，則如圖 5.12b 所示。

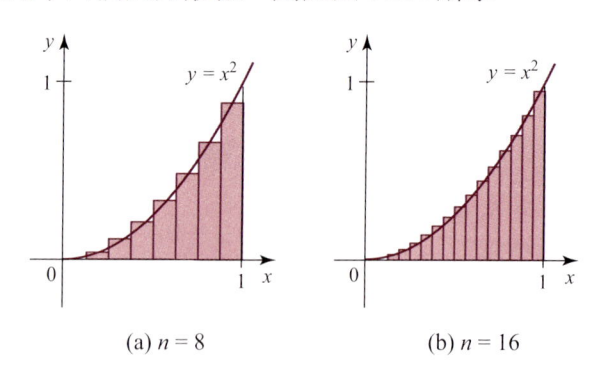

## 圖 5.12
當長方形的個數增加，$S$ 的面積就得到改善

透過電腦的幫助，使用 $n$ 個長方形估算區域 $S$ 的面積。下表是使用 $n$ 個長方形估算的結果，此處 $A_n$ 表示 $A$ 的估算值。此結果包括之前的估算（$n = 1, 2, 4$），計算到小數第四位。

## 歷史傳記

### SONYA KOVALEVSKAYA
(1850-1891)

Sonya Kovalevskaya 是 Karl Weierstrass 所喜愛的學生，於 1850 年 1 月 15 日誕生在莫斯科一間自家的房間內，那裡的牆壁上貼著印有 Mikhailo Ostrogradsky 講授微積分內容的壁紙，而她幼年時就花了許多時間嘗試求解其中的式子。15 歲的時候 Kovalevskaya 已經能夠很容易地了解微積分及其基本原則。Kovalevskaya 不顧一切地想進入大學就讀並獲得數學學位，然而卻未獲其父的同意。因此她嫁給了一位允許她到外地就學的丈夫。在德國 Heidelberg 大學就讀了三個學期之後，Kovalevskaya 前往柏林尋求有名的數學家 Weierstrass 的指導，並獲 Weierstrass 同意。Weierstrass 私下指導 Kovalevskaya。1874 年時 Kovalevskaya 已經完成了三篇具學位水準的論文，Weierstrass 將其中最深奧的那篇送至 Göttingen 大學審查。Kovalevskaya 的論文獲評為最優等，並且在當年成為史上第一位女性數學博士。不幸的是，由於她的性別關係，一直到 1884 年她都無法在大學任教。1891 年，Kovalevskaya 在她數學生涯的高峰時死於流行性感冒。

| $n$ | $A_n$ |
|---|---|
| 1 | 0.25 |
| 2 | 0.3125 |
| 4 | 0.328125 |
| 8 | 0.3320313 |
| 16 | 0.3330078 |
| 50 | 0.3333000 |
| 100 | 0.3333250 |
| 500 | 0.3333330 |
| 1000 | 0.3333333 |

由這些結果得知，當 $n$ 變得越來越大，$A_n$ 越接近 $\frac{1}{3}$，即 $\lim_{n \to \infty} A_n = \frac{1}{3}$。所以區域 $S$ 的面積為 $\frac{1}{3}$。

## sigma 記號

確認此結果之前，先介紹一個符號，它可以將相加項數很多的式子寫成簡略的表示式。此符號是大寫的希臘字母 sigma $\Sigma$，並稱為 sigma 記號（sigma notation）。

---

**定義　sigma 記號**

$a_1, a_2, a_3, ..., a_n$，$n$ 項的和簡寫為 $\sum_{k=1}^{n} a_k$。因此，

$$\sum_{k=1}^{n} a_k = a_1 + a_2 + a_3 + \cdots + a_k + \cdots + a_n$$

變數 $k$ 稱為**總和的根指數**（index of summation），$a_k$ 項稱為總和的**第 $k$ 項**（$k$th term），且數字 $n$ 和 1 分別稱為**總和的上限和下限**（upper and lower limits of summation）。

---

總和 $\sum_{k=1}^{n} a_k$ 讀作「$a_k$ 的總和，其中 $k$ 從 1 到 $n$」。

**例題 2** 寫出下列各題的總和之展開式：

**a.** $\sum_{k=1}^{5} k$　**b.** $\sum_{k=1}^{10} k^2$　**c.** $\sum_{k=1}^{20} \frac{1}{(k+1)^2}$　**d.** $\sum_{k=1}^{15} (-1)^k k^3$　**e.** $\sum_{k=1}^{10} \sin\left(\frac{k\pi}{4}\right)$

**解**

**a.** $\sum_{k=1}^{5} k = 1 + 2 + 3 + 4 + 5$　這裡，$a_k = k$，所以 $a_1 = 1, a_2 = 2, a_3 = 3, a_4 = 4$ 和 $a_5 = 5$

**b.** $\sum_{k=1}^{10} k^2 = 1^2 + 2^2 + 3^2 + \cdots + 10^2$　這裡，$a_k = k^2$，所以 $a_1 = 1^2, a_2 = 2^2$

c. $\displaystyle\sum_{k=1}^{20}\frac{1}{(k+1)^2} = \frac{1}{2^2} + \frac{1}{3^2} + \frac{1}{4^2} + \cdots + \frac{1}{21^2}$ 　這裡，$a_k = \dfrac{1}{(k+1)^2}$

d. $\displaystyle\sum_{k=1}^{15}(-1)^k k^3 = (-1)^1 1^3 + (-1)^2 2^3 + (-1)^3 3^3 + \cdots + (-1)^{15} 15^3$
$= -1 + 2^3 - 3^3 + \cdots - 15^3$

e. $\displaystyle\sum_{k=1}^{10}\sin\left(\frac{k\pi}{4}\right) = \sin\frac{\pi}{4} + \sin\frac{2\pi}{4} + \sin\frac{3\pi}{4} + \cdots + \sin\frac{10\pi}{4}$ ∎

到目前為止，我們把 $k$ 當作總和的根指數，然而它可以用其他英文字母取代。譬如下列各項：

$$\sum_{k=1}^{5}a_k, \quad \sum_{i=1}^{5}a_i \quad \text{和} \quad \sum_{j=1}^{5}a_j$$

均表示 $a_1 + a_2 + a_3 + a_4 + a_5$。有時，總和的下界用異於 1 的數字會更方便。譬如寫成：

$$\sum_{k=2}^{6}(2k+1) = 5 + 7 + 9 + 11 + 13$$

等價於

$$\sum_{k=1}^{5}(2k+3) = 5 + 7 + 9 + 11 + 13$$

同時，若總和的上限和下限一樣，則此和只有一項。譬如：

$$\sum_{k=1}^{1}\frac{1}{k} = \frac{1}{1} = 1 \quad \text{$k$ 從 1 到 1}$$

下個例題中請記住，總和的上限 $n$ 對總和而言（with respect to the summation）是常數。

**例題 3** 寫出下列各題的總和展開式：

a. $\displaystyle\sum_{k=1}^{n}\frac{1}{n}(2k-1)$ 　　b. $\displaystyle\sum_{k=1}^{n}\left(1+\frac{k}{n}\right)^3\left(\frac{1}{n}\right)$ 　　c. $\displaystyle\sum_{k=1}^{n-1}\sin\left(\frac{k\pi}{n}\right)$

**解**

a. $\displaystyle\sum_{k=1}^{n}\frac{1}{n}(2k-1) = \frac{1}{n}(2-1) + \frac{1}{n}(4-1) + \frac{1}{n}(6-1) + \cdots$
$+ \frac{1}{n}(2n-1)$
$= \frac{1}{n} + \frac{3}{n} + \frac{5}{n} + \cdots + \frac{2n-1}{n}$

**b.** $\displaystyle\sum_{k=1}^{n}\left(1+\frac{k}{n}\right)^3\left(\frac{1}{n}\right) = \left(1+\frac{1}{n}\right)^3\left(\frac{1}{n}\right) + \left(1+\frac{2}{n}\right)^3\left(\frac{1}{n}\right)$
$$+ \left(1+\frac{3}{n}\right)^3\left(\frac{1}{n}\right) + \cdots + \left(1+\frac{n}{n}\right)^3\left(\frac{1}{n}\right)$$
$$= \left(\frac{1}{n}\right)\left[\left(1+\frac{1}{n}\right)^3 + \left(1+\frac{2}{n}\right)^3 + \left(1+\frac{3}{n}\right)^3 + \cdots + 2^3\right]$$

**c.** $\displaystyle\sum_{k=1}^{n-1}\sin\left(\frac{k\pi}{n}\right) = \sin\frac{\pi}{n} + \sin\frac{2\pi}{n} + \sin\frac{3\pi}{n} + \cdots + \sin\frac{(n-1)\pi}{n}$ ■

## ■ 總和公式

下列的規則對使用 sigma 記號運算總和有幫助。

---

**總和規則**

**1.** $\displaystyle\sum_{k=1}^{n} ca_k = c\sum_{k=1}^{n} a_k$ ，其中 $c$ 是常數

**2.** $\displaystyle\sum_{k=1}^{n}(a_k + b_k) = \sum_{k=1}^{n} a_k + \sum_{k=1}^{n} b_k$

**3.** $\displaystyle\sum_{k=1}^{n}(a_k - b_k) = \sum_{k=1}^{n} a_k - \sum_{k=1}^{n} b_k$

---

**證明** 可以分別將這三個規則寫成展開式後再證明。譬如：證明規則 1，先寫成

$$\sum_{k=1}^{n} ca_k = ca_1 + ca_2 + \cdots + ca_n = c(a_1 + a_2 + \cdots + a_n)$$

使用分配律

$$= c\sum_{k=1}^{n} a_k$$

規則 2 的證明留做習題。規則 3 的證明類似規則 2。 ■

**例題 4** 使用總和規則展開每一個總和：

**a.** $\displaystyle\sum_{k=1}^{10} 3k^2$ **b.** $\displaystyle\sum_{k=2}^{8}(k + 3k^3)$

**解**

**a.** $\displaystyle\sum_{k=1}^{10} 3k^2 = 3\sum_{k=1}^{10} k^2 = 3(1^2 + 2^2 + 3^2 + \cdots + 10^2)$

**b.** $\displaystyle\sum_{k=2}^{8}(k + 3k^3) = \sum_{k=2}^{8} k + \sum_{k=2}^{8} 3k^3 = \sum_{k=2}^{8} k + 3\sum_{k=2}^{8} k^3$
$$= (2 + 3 + \cdots + 8) + 3(2^3 + 3^3 + \cdots + 8^3)$$ ■

下面的總和公式將會在後面用到。

> **定理 1　總和公式**
>
> **a.** $\sum_{k=1}^{n} c = nc$，$c$ 是常數
>
> **b.** $\sum_{k=1}^{n} k = \dfrac{n(n+1)}{2}$
>
> **c.** $\sum_{k=1}^{n} k^2 = \dfrac{n(n+1)(2n+1)}{6}$
>
> **d.** $\sum_{k=1}^{n} k^3 = \left[\dfrac{n(n+1)}{2}\right]^2$

證明省略。

**例題 5**　使用定理 1 計算每一個和：

**a.** $\sum_{k=1}^{10} 3$　　**b.** $\sum_{k=1}^{20} k$　　**c.** $\sum_{k=1}^{50} k^2$

**解**

**a.** $\sum_{k=1}^{10} 3 = \underbrace{3 + 3 + 3 + \cdots + 3}_{10 \text{ 項}} = 10(3) = 30$　使用定理 1a

**b.** $\sum_{k=1}^{20} k = 1 + 2 + 3 + \cdots + 20 = \dfrac{20(20+1)}{2} = 210$　使用定理 1b

**c.** $\sum_{k=1}^{50} k^2 = 1^2 + 2^2 + 3^2 + \cdots + 50^2$

$= \dfrac{50(50+1)(2 \cdot 50+1)}{6} = 42{,}925$　使用定理 1c

**例題 6**　計算 $\sum_{k=1}^{10} 3k^2(2k+1)$。

**解**

$$\sum_{k=1}^{10} 3k^2(2k+1) = \sum_{k=1}^{10} (6k^3 + 3k^2)$$

$$= 6 \sum_{k=1}^{10} k^3 + 3 \sum_{k=1}^{10} k^2$$

$$= 6\left[\dfrac{10(10+1)}{2}\right]^2 + 3\left[\dfrac{10(10+1)(20+1)}{6}\right]$$

$$= 18{,}150 + 1{,}155 = 19{,}305$$

**例題 7**　計算

$$\lim_{n \to \infty} \sum_{k=1}^{n} \left[\left(\dfrac{k}{n}\right)^2 + 2\right]\left(\dfrac{4}{n}\right)$$

**解**
$$\lim_{n\to\infty} \sum_{k=1}^{n} \left[\left(\frac{k}{n}\right)^2 + 2\right]\left(\frac{4}{n}\right)$$
$$= \lim_{n\to\infty} \sum_{k=1}^{n} \left(\frac{4k^2}{n^3} + \frac{8}{n}\right)$$
$$= \lim_{n\to\infty} \left[\frac{4}{n^3} \sum_{k=1}^{n} k^2 + \frac{8}{n} \sum_{k=1}^{n} 1\right] \quad \text{記住對總和而言，} n \text{ 是常數}$$
$$= \lim_{n\to\infty} \left[\frac{4}{n^3} \cdot \frac{n(n+1)(2n+1)}{6} + \frac{8}{n} \cdot n\right] \quad \text{使用定理 1a 和 1c}$$
$$= \lim_{n\to\infty} \left[\frac{2}{3} \left(\frac{n}{n}\right)\left(\frac{n+1}{n}\right)\left(\frac{2n+1}{n}\right) + 8\right]$$
$$= \lim_{n\to\infty} \left[\frac{2}{3} \left(1 + \frac{1}{n}\right)\left(2 + \frac{1}{n}\right) + 8\right]$$
$$= \frac{2}{3}(1)(2) + 8 = \frac{28}{3}$$

## 面積的直接觀察（續）

現在繼續討論面積的觀念。

**例題 8** 依照例題 1 的程序，可以使用 $n$ 個長方形估算在 $[0, 1]$ 區間的圖形 $f(x) = x^2$ 下方區域的面積，並得到 $A_n$。然後將 $n$ 增加成很大的數，證明

$$\lim_{n\to\infty} A_n = \frac{1}{3}$$

為了求此式，先將 $[0, 1]$ 區間切割成 $n$ 個等長（$1/n$）的小區間，並使用 $(n+1)$ 個點

$$x_0 = 0, \quad x_1 = \frac{1}{n}, \quad x_2 = \frac{2}{n}, \quad x_3 = \frac{3}{n}, \quad \ldots, \quad x_k = \frac{k}{n}, \quad \ldots, \quad x_n = 1$$

這些子區間分別為

$$\left[0, \frac{1}{n}\right], \quad \left[\frac{1}{n}, \frac{2}{n}\right], \quad \left[\frac{2}{n}, \frac{3}{n}\right], \quad \ldots, \quad \left[\frac{k-1}{n}, \frac{k}{n}\right], \quad \ldots, \quad \left[\frac{n-1}{n}, 1\right]$$

第 1 個子區間　第 2 個子區間　第 3 個子區間　　　第 $k$ 個子區間　　　第 $n$ 個子區間

接著，注意到這些子區間的中點分別為

$$c_1 = \frac{1}{2n}, \quad c_2 = \frac{3}{2n}, \quad c_3 = \frac{5}{2n}, \quad \ldots, \quad c_k = \frac{2k-1}{2n}, \quad \ldots, \quad c_n = \frac{2n-1}{2n}$$

其 $n$ 個相對應的長方形的高分別為

$$f\left(\frac{1}{2n}\right),\ f\left(\frac{3}{2n}\right),\ f\left(\frac{5}{2n}\right),\ \ldots,\ f\left(\frac{2k-1}{2n}\right),\ \ldots,\ f\left(\frac{2n-1}{2n}\right)$$

（圖 5.13。）令 $A_n$ 表示這 $n$ 個長方形面積的總和，則

$$\begin{aligned}
A_n &= \frac{1}{n}f\left(\frac{1}{2n}\right) + \frac{1}{n}f\left(\frac{3}{2n}\right) + \frac{1}{n}f\left(\frac{5}{2n}\right) + \cdots + \frac{1}{n}f\left(\frac{2k-1}{2n}\right) \\
&\quad + \cdots + \frac{1}{n}f\left(\frac{2n-1}{2n}\right) \\
&= \frac{1}{n}\left[f\left(\frac{1}{2n}\right) + f\left(\frac{3}{2n}\right) + f\left(\frac{5}{2n}\right) + \cdots + f\left(\frac{2k-1}{2n}\right)\right. \\
&\quad \left. + \cdots + f\left(\frac{2n-1}{2n}\right)\right] \qquad \text{提出因子}\frac{1}{n} \\
&= \frac{1}{n}\sum_{k=1}^{n} f\left(\frac{2k-1}{2n}\right) \qquad \text{使用 sigma 記號} \\
&= \frac{1}{n}\sum_{k=1}^{n}\left(\frac{2k-1}{2n}\right)^2 \qquad f(x)=x^2 \\
&= \frac{1}{n}\sum_{k=1}^{n}\left(\frac{4k^2-4k+1}{4n^2}\right) \qquad \text{將總和符號後的式子展開} \\
&= \frac{1}{4n^3}\sum_{k=1}^{n}(4k^2-4k+1) \qquad \text{對總和而言，}n\text{ 是常數} \\
&= \frac{1}{4n^3}\left[4\sum_{k=1}^{n}k^2 - 4\sum_{k=1}^{n}k + \sum_{k=1}^{n}1\right] \qquad \text{使用總和規則} \\
&= \frac{1}{4n^3}\left[\frac{4n(n+1)(2n+1)}{6} - \frac{4n(n+1)}{2} + n\right] \qquad \text{使用定理 1a, 1b 和 1c} \\
&= \frac{1}{4n^3}\cdot\frac{n(4n^2-1)}{3} \\
&= \frac{4n^2-1}{12n^2}
\end{aligned}$$

**圖 5.13**
第 1 個長方形面積為 $\frac{1}{n}\cdot f\left(\frac{1}{2n}\right)$，
第 2 個長方形面積為 $\frac{1}{n}\cdot f\left(\frac{3}{2n}\right)$，
…第 $n$ 個長方形面積為
$\frac{1}{n}\cdot f\left(\frac{2n-1}{2n}\right)$

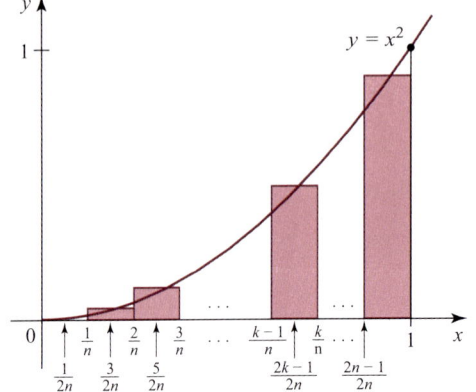

譬如：分別取 $n$ 為 4, 10 和 100，可得

$$A_4 = \frac{4(4)^2 - 1}{12(4)^2} = 0.328125 \quad \text{\color{red}和例題 1 做比較}$$

$$A_{10} = \frac{4(10)^2 - 1}{12(10)^2} = 0.3325$$

和

$$A_{100} = \frac{4(100)^2 - 1}{12(100)^2} = 0.333325$$

我們的計算顯示，當 $n$ 變得越來越大，$A_n$ 越逼近 $\frac{1}{3}$。下面的計算確認了這個結果：

$$\lim_{n \to \infty} A_n = \lim_{n \to \infty} \frac{4n^2 - 1}{12n^2}$$
$$= \lim_{n \to \infty} \left( \frac{1}{3} - \frac{1}{12n^2} \right)$$
$$= \frac{1}{3}$$

例題 8 的結果，建議定義（define）在 [0, 1] 區間的圖形 $f(x) = x^2$ 下方區域 $S$ 的面積為 $\frac{1}{3}$。

### ■ 定義函數圖形下方區域的面積

例題 8 為定義非負函數圖形 $f$ 下方區域在 $[a, b]$ 區間的面積鋪路（圖 5.14）。首先使用 $n + 1$ 個等距離的點

$$a = x_0 < x_1 < x_2 < x_3 < \cdots < x_{n-1} < x_n = b$$

分割 $[a, b]$ 區間，稱為 $[a, b]$ 的<u>正規分割</u>（regular partition）。分割後的子區間分別為

$$[x_0, x_1], \quad [x_1, x_2], \quad [x_2, x_3], \quad \ldots, \quad [x_{n-1}, x_n]$$

其中 $x_0 = a$ 和 $x_n = b$。每個子區間的寬度為

$$\Delta x = \frac{b - a}{n}$$

此為分割將 $S$ 區域切割成 $n$ 個沒有重疊的子區域 $S_1, S_2, S_3, \ldots, S_n$，其中 $S_1$ 為圖形 $f$ 下方在 $[x_0, x_1]$ 區間的區域，$S_2$ 為圖形 $f$ 下方在 $[x_1, x_2]$ 區間的區域，依此類推（圖 5.15）。

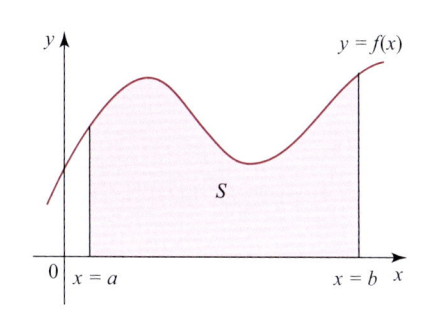

| 圖 5.14

圖形 $f$ 下方在 $[a, b]$ 區間的區域 $S$

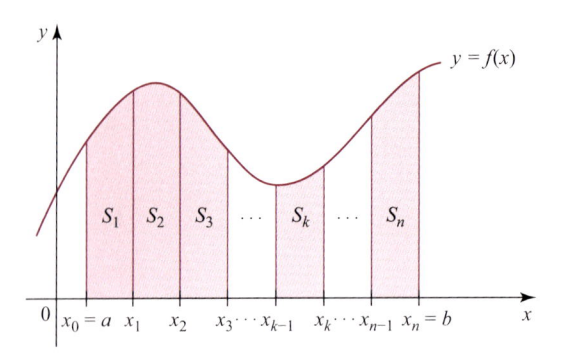

**圖 5.15**

S 區域是 n 個沒有重疊的子區域的聯集

接著，用底 $[x_0, x_1]$ 和高 $f(c_1)$（其中 $c_1$ 是子區間 $[x_0, x_1]$ 內任意選的點）的長方形 $R_1$ 的面積估算子區域 $S_1$ 的面積（圖 5.16）。因此，

$$S_1 \text{ 的面積} \approx R_1 \text{ 的面積} = f(c_1)\Delta x$$

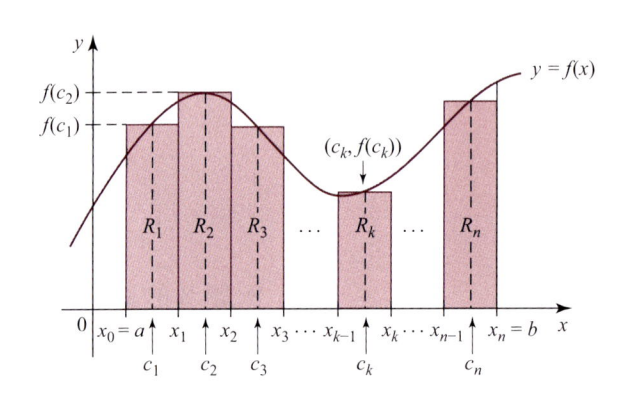

**圖 5.16**

圖 5.15 中的子區域 $S_k$ 的面積是用長方形 $R_k$ 的面積估算

同理，子區域 $S_2$ 的面積是用底 $[x_1, x_2]$ 和高 $f(c_2)$（其中 $c_2$ 是子區間 $[x_1, x_2]$ 內任意選的點）的長方形 $R_2$ 的面積估算。因此，

$$S_2 \text{ 的面積} \approx R_2 \text{ 的面積} = f(c_2)\Delta x$$

一般而言，子區域 $S_k$ 的面積是用底 $[x_{k-1}, x_k]$ 和高 $f(c_k)$（其中 $c_k$ 是子區間 $[x_{k-1}, x_k]$ 內任意選的點）的長方形 $R_k$ 的面積估算。因此，

$$S_k \text{ 的面積} \approx R_k \text{ 的面積} = f(c_k)\Delta x$$

若把 $A$ 記作 S 區域的面積和 $A_n$ 記作 n 個長方形面積的總和，則直觀上會得到

$$A \approx A_n = f(c_1)\Delta x + f(c_2)\Delta x + \cdots + f(c_n)\Delta x = \sum_{k=1}^{n} f(c_k)\Delta x$$

若讓分割點的數目 n 增加，則子區域也會增加，如圖 5.17 所示，此近似值似乎有改善。

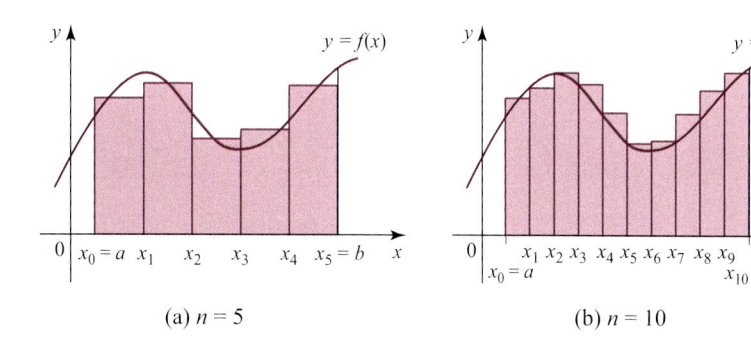

圖 5.17
當 n 增加，近似值似乎有改善

(a) n = 5

(b) n = 10

### 定義　函數圖形下方區域的面積

令 $f$ 為定義在 $[a,b]$ 區間連續且非負的函數。若用 $(n+1)$ 個等距離的點

$$a = x_0 < x_1 < x_2 < \cdots < x_n = b$$

把 $[a,b]$ 切割成 $n$ 個等長（$\Delta x = (b-a)/n$）的子區間，則圖形 $f$ 在 $[a,b]$ 區間的區域 $S$ 的面積為

$$A = \lim_{n \to \infty} A_n = \lim_{n \to \infty} \sum_{k=1}^{n} f(c_k)\Delta x \tag{1}$$

此處 $c_k$ 是第 $k$ 個子區間 $[x_{k-1}, x_k]$ 內的點。

因為有 $f$ 連續的假設，所以不論 $[x_{k-1}, x_k]$ 內的點 $c_k$ 如何選，$1 \leq k \leq n$，定義中的極限總是存在。於習題第 24 題，計算在 $[0, 1]$ 區間的圖形 $f(x) = x^2$ 下方區域 $S$ 的面積，其中 $c_k$ 是子區間 $[x_{k-1}, x_k]$ 的左端點，亦即，$c_k = x_{k-1}$，$1 \leq k \leq n$。此結果事實上就是例題 8 所得的，其中 $c_k$ 是選子區間 $[x_{k-1}, x_k]$ 的中點。

**例題 9**　求在 $[-2, 1]$ 區間圖形 $f(x) = 4-x^2$ 下方區域的面積。

**解**　由觀察得知 $f$ 在 $[-2, 1]$ 連續且非負。被考慮的區域如圖 5.18 所示。若用 $n+1$ 個點將 $[-2, 1]$ 區間切割成 $n$ 個等長的子區間，則每個子區間的寬為

$$\Delta x = \frac{b-a}{n} = \frac{1-(-2)}{n} = \frac{3}{n}$$

且切割點分別為

$$x_0 = -2, \quad x_1 = -2 + \frac{3}{n}, \quad x_2 = -2 + 2\left(\frac{3}{n}\right),$$

$$x_k = -2 + k\left(\frac{3}{n}\right), \quad \ldots, \quad x_n = 1$$

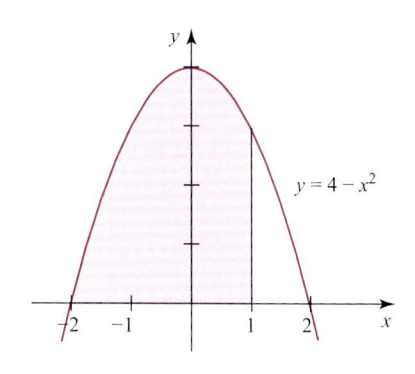

圖 5.18
在 $[-2, 1]$，圖形 $f(x) = 4-x^2$ 下方區域

因為 $f$ 連續,所以可以在 $[x_{k-1}, x_k]$ 內隨意選 $c_k$。若選 $c_k$ 為子區間的右端點;亦即,

$$c_k = x_k = -2 + \frac{3k}{n}$$

並使用函數圖形下方區域的面積的定義,得到所求的面積為

$$\begin{aligned}
A &= \lim_{n \to \infty} \sum_{k=1}^{n} f(c_k) \Delta x \\
&= \lim_{n \to \infty} \sum_{k=1}^{n} f\left(-2 + \frac{3k}{n}\right)\left(\frac{3}{n}\right) \\
&= \lim_{n \to \infty} \sum_{k=1}^{n} \left[4 - \left(-2 + \frac{3k}{n}\right)^2\right]\left(\frac{3}{n}\right) \quad f(x) = 4 - x^2 \\
&= \lim_{n \to \infty} \frac{3}{n} \sum_{k=1}^{n} \left(4 - 4 + \frac{12k}{n} - \frac{9k^2}{n^2}\right) \\
&= \lim_{n \to \infty} \frac{3}{n} \left[\frac{12}{n} \sum_{k=1}^{n} k - \frac{9}{n^2} \sum_{k=1}^{n} k^2\right] \\
&= \lim_{n \to \infty} \frac{3}{n} \left[\frac{12}{n} \cdot \frac{n(n+1)}{2} - \frac{9}{n^2} \cdot \frac{n(n+1)(2n+1)}{6}\right] \quad \text{使用定理 1b 和 1c} \\
&= \lim_{n \to \infty} \left[18\left(1 + \frac{1}{n}\right) - \frac{9}{2}\left(1 + \frac{1}{n}\right)\left(2 + \frac{1}{n}\right)\right] \\
&= 18 - \frac{9}{2}(2) = 9
\end{aligned}$$

**註** 習題 25 題要求再解一次例題 9,這次用的 $c_k$ 是子區間的中點。當然,應該會得到相同的結果。

### ■ 面積和距離

現在要證明若 $v$ 是一輛行駛在直線上的汽車之(連續)速度函數且在 $[a, b]$,$v(t) \geq 0$,則汽車從 $t = a$ 到 $t = b$ 之間所行駛的距離,其數值上等於速度函數圖形下方區域在 $[a, b]$ 的面積(圖 5.19)。用等距離的點,將區間 $[a, b]$ 分割成 $n$ 個子區間,每個都等長,為 $\Delta t = (b-a)/n$。

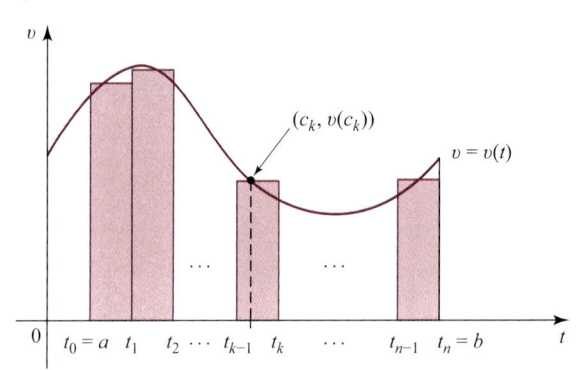

**圖 5.19**
$v$ 是在 $[a, b]$ 的速度函數

$$t_0 = a, \quad t_1 = a + \Delta t, \quad t_2 = a + 2(\Delta t), \quad \ldots,$$
$$t_k = a + k(\Delta t), \quad \ldots, \quad t_n = b$$

觀察得知，若 $n$ 很大，則時間區間 $[t_0, t_1], [t_2, t_3], ..., [t_{n-1}, t_n]$ 都是一樣小。

讓我們專注在第一個區間 $[t_0, t_1]$。因為 $v$ 連續，汽車的速率在那個區間並沒有變化很大，並可以用常數（constant）速率 $v(c_1)$ 表示，其中 $c_1$ 為 $[t_0, t_1]$ 內任意點*。因此，汽車從 $t=t_0$ 到 $t=t_1$ 之間所行駛的距離大約為

$$v(c_1)\Delta t \qquad \text{距離＝常數速率．經過的時間}$$

同法，汽車從 $t=t_1$ 到 $t=t_2$ 之間所行駛的距離大約為

$$v(c_2)\Delta t$$

其中 $c_2$ 為 $[t_1, t_2]$ 內任意點。繼續下去，汽車從 $t_{k-1}$ 到 $t_k$ 之間所行駛的距離大約為

$$v(c_k)\Delta t$$

其中 $c_k$ 為 $[t_{k-1}, t_k]$ 內任意點。因此，汽車從 $t=a$ 到 $t=b$ 之間所行駛的距離大約為

$$v(c_1)\Delta t + v(c_2)\Delta t + \cdots + v(c_n)\Delta t = \sum_{k=1}^{n} v(c_k)\Delta t \qquad \textbf{(2)}$$

當 $n$ 越來越大，這時間小區間的長度就越來越小。直觀上，我們期待近似值會改善。因此，它似乎是合理的，即定義汽車所行駛的距離為

$$\lim_{n \to \infty} \sum_{k=1}^{n} v(c_k)\Delta t$$

然而如圖 5.19 所示，此量也是圖形 $v$ 下方區域在 $[a, b]$ 的面積。

**例題 10** 自行車騎士所騎之距離　下表記錄了某一自行車騎士之騎速，每隔 4 秒記錄一次，共記錄了 32 秒：

| 時間（秒） | 0 | 4 | 8 | 12 | 16 | 20 | 24 | 28 | 32 |
|---|---|---|---|---|---|---|---|---|---|
| 速率（呎／秒） | 2 | 4 | 6 | 10 | 12 | 14 | 10 | 8 | 6 |

令 $v$ 代表時間區間 $[0, 32]$ 內此自行車騎士之騎速。雖然 $v$ 應為連續函數，但是僅知其在上表內所列之離散點的值。使用式 (2)，以下述各種方式求此騎士自 $t=0$ 至 $t=32$ 所騎的距離 $D$：

---

*回顧若函數 $f$ 在 $t$ 連續，則 $t$ 的小改變推得 $f(t)$ 也小改變。

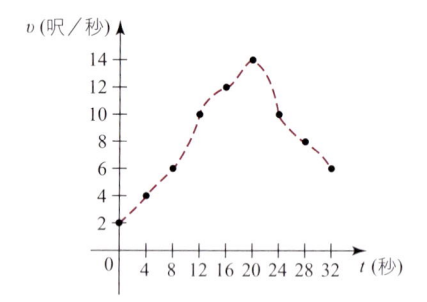

**圖 5.20**
圖形 $v$ 在 $[0, 32]$ 的近似值

**a.** 8 個矩形（$n = 8$），且 $c_k$ 為第 $k$ 個區間的左端點。
**b.** 8 個矩形（$n = 8$），且 $c_k$ 為第 $k$ 個區間的右端點。
**c.** 4 個矩形（$n = 4$），且 $c_k$ 為第 $k$ 個區間的中點。

**解** 圖 5.20 為 $v(t)$ 的近似圖（記住僅知 $v$ 在 $t = 0, 4, 8, \ldots, 32$ 的值）。

**a.** 使用八個矩形，令 $t_0 = 0, t_1 = 4, t_2 = 8, \ldots, t_8 = 32$ 和 $c_1 = 0, c_2 = 4, c_3 = 8, \ldots, c_8 = 28$，得到所要的近似距離為

$$D = \sum_{k=1}^{8} v(c_k)\Delta t = \sum_{k=1}^{8} v(t_{k-1})\Delta t = v(t_0) \cdot 4 + v(t_1) \cdot 4 + \cdots + v(t_7) \cdot 4$$
$$= v(0) \cdot 4 + v(4) \cdot 4 + v(8) \cdot 4 + \cdots + v(28) \cdot 4$$
$$= 2 \cdot 4 + 4 \cdot 4 + 6 \cdot 4 + 10 \cdot 4 + 12 \cdot 4 + 14 \cdot 4 + 10 \cdot 4 + 8 \cdot 4$$
$$= 264$$

即 264 呎。

**b.** 使用(a)的分割，令 $c_1 = 4, c_2 = 8, c_3 = 12, \ldots, c_8 = 32$，則

$$D = \sum_{k=1}^{8} v(c_k)\Delta t = \sum_{k=1}^{8} v(t_k)\Delta t = v(t_1) \cdot 4 + v(t_2) \cdot 4 + \cdots + v(t_8) \cdot 4$$
$$= v(4) \cdot 4 + v(8) \cdot 4 + v(12) \cdot 4 + \cdots + v(32) \cdot 4$$
$$= 4 \cdot 4 + 6 \cdot 4 + 10 \cdot 4 + 12 \cdot 4 + 14 \cdot 4 + 10 \cdot 4 + 8 \cdot 4 + 6 \cdot 4$$
$$= 280$$

即 $D = 280$ 呎。

**c.** 使用四個矩形，令 $t_0 = 0, t_1 = 8, t_2 = 16, t_3 = 24, t_4 = 32$ 和 $c_1 = 4, c_2 = 12, c_3 = 20, c_4 = 28$，則

$$D = \sum_{k=1}^{4} v(c_k)\Delta t = v(c_1) \cdot 8 + v(c_2) \cdot 8 + v(c_3) \cdot 8 + v(c_4) \cdot 8$$
$$= v(4) \cdot 8 + v(12) \cdot 8 + v(20) \cdot 8 + v(28) \cdot 8$$
$$= 4 \cdot 8 + 10 \cdot 8 + 14 \cdot 8 + 8 \cdot 8$$
$$= 288$$

即 $D = 288$ 呎。

## 5.3 習題

1-6 題，已知函數 $f$，區間 $[a, b]$，數字 $n$ 為分割 $[a, b]$ 的子區間（每個長度是 $\Delta x = (b-a)/n$）個數，和 $[x_{k-1}, x_k]$ 內任意點 $c_k$，$1 \le k \le n$。(a) 繪畫 $f$ 以及底在 $[x_{k-1}, x_k]$ 上和高 $f(c_k)$ 的長方形圖形；和 (b) 求圖形 $f$ 下方在 $[a, b]$ 區間區域 $S$ 的面積的近似值 $\sum_{k=1}^{4} f(c_k)\Delta x$。

1. $f(x) = x$, $[0, 1]$, $n = 5$, $c_k$ 為左端點
2. $f(x) = 2x + 3$, $[0, 4]$, $n = 5$, $c_k$ 為右端點
3. $f(x) = 8 - 2x$, $[1, 3]$, $n = 4$, $c_k$ 為中點
4. $f(x) = x^2$, $[1, 3]$, $n = 4$, $c_k$ 為中點
5. $f(x) = 16 - x^2$, $[1, 3]$, $n = 5$, $c_k$ 為右端點
6. $f(x) = \dfrac{1}{x}$, $[1, 2]$, $n = 10$, $c_k$ 為左端點

7-10 題，先展開再求它的和。

7. $\sum_{k=1}^{10} 1$
8. $\sum_{k=1}^{5} (2k - 1)$
9. $\sum_{k=1}^{5} k^2$
10. $\sum_{k=1}^{4} \sqrt{k}$

11-15 題，使用 sigma 記號重寫它的和。不用計算。

11. $2 + 4 + 6 + 8 + \cdots + 60$
12. $3 + 5 + 7 + 9 + \cdots + 23$
13. $\left[2\left(\dfrac{1}{5}\right) + 1\right] + \left[2\left(\dfrac{2}{5}\right) + 1\right] + \left[2\left(\dfrac{3}{5}\right) + 1\right]$
    $+ \left[2\left(\dfrac{4}{5}\right) + 1\right] + \left[2\left(\dfrac{5}{5}\right) + 1\right]$
14. $\left[2\left(\dfrac{1}{n}\right)^3 - 1\right]\left(\dfrac{1}{n}\right) + \left[2\left(\dfrac{2}{n}\right)^3 - 1\right]\left(\dfrac{1}{n}\right)$
    $+ \left[2\left(\dfrac{3}{n}\right)^3 - 1\right]\left(\dfrac{1}{n}\right) + \cdots + \left[2\left(\dfrac{n}{n}\right)^3 - 1\right]\left(\dfrac{1}{n}\right)$
15. $\dfrac{1}{n}\sin\left(1 + \dfrac{1}{n}\right) + \dfrac{1}{n}\sin\left(1 + \dfrac{2}{n}\right)$
    $+ \dfrac{1}{n}\sin\left(1 + \dfrac{3}{n}\right) + \cdots + \dfrac{1}{n}\sin\left(1 + \dfrac{n}{n}\right)$

16-19 題，使用總和規則和總和公式求總和。

16. $\sum_{k=1}^{10} (2k + 1)$
17. $\sum_{k=1}^{10} k(k - 2)$
18. $\sum_{k=1}^{10} k(2k + 1)^2$
19. $\sum_{k=1}^{n} (2k + 1)^2$

20-22 題，首先求它的總和（表示成 $n$ 的函數），然後再使用總和公式求它的極限。

20. $\lim_{n \to \infty} \sum_{k=1}^{n} \dfrac{2k}{n^2}$
21. $\lim_{n \to \infty} \sum_{k=1}^{n} \left(\dfrac{k}{n} + 2\right)\left(\dfrac{3}{n}\right)$
22. $\lim_{n \to \infty} \sum_{k=1}^{n} \left(1 + \dfrac{2k}{n}\right)^2 \left(\dfrac{1}{n}\right)$

23-26 題，使用面積定義（259 頁）和指定選取的 $c_k$，求圖形 $f$ 下方在 $[a, b]$ 區間的區域面積。

23. $f(x) = 2x + 1$, $[0, 2]$, $c_k$ 為左端點
24. $f(x) = x^2$, $[0, 1]$, $c_k$ 為左端點
25. $f(x) = 4 - x^2$, $[-2, 1]$, $c_k$ 為中點
26. $f(x) = x^2 + 2x + 2$, $[-1, 1]$, $c_k$ 為右端點
27. 如圖所示，半徑 $r$ 的圓的內接 $n$ 邊形，其中 $n = 6$。

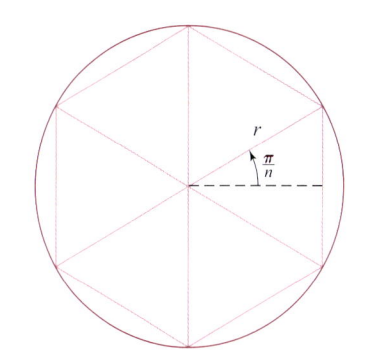

   **a.** 證明多邊形的面積為 $A_n = \dfrac{1}{2} nr^2 \sin(2\pi/n)$。
   **b.** 計算 $\lim_{n \to \infty} A_n$ 並得到圓面積 $A = \pi r^2$。
   提示：應用 $\lim_{x \to 0} \dfrac{\sin x}{x} = 1$。

28. 證明 $\sum_{k=1}^{n} (a_k + b_k) = \sum_{k=1}^{n} a_k + \sum_{k=1}^{n} b_k$

29-30 題，判斷下列敘述是對或是錯。如果它是對，解釋你的理由。如果它是錯，請解釋你的理由或舉例說明。

29. 若 $f$ 為非負的函數，對於 $[a, b]$ 內某點 $x$ 使得 $f(x)$ 為嚴格正數，其中 $[a, b]$ 被分割成 $n$ 個等長度的子區間，且 $c_k$ 落於第 $k$ 個子區間 $[x_{k-1}, x_k]$ 內，則 $\sum_{k=1}^{n} f(c_k)\Delta x$ 必定是嚴格正數。
30. $\left(\sum_{k=1}^{n} a_k\right)\left(\sum_{k=1}^{n} b_k\right) = \sum_{k=1}^{n} a_k b_k$

## 5.4 定積分

### 定積分的定義

於 5.3 節中，知道連續且非負的函數圖形下方在 $[a, b]$ 區間的區域面積被定義為極限的形式是

$$\lim_{n \to \infty} \sum_{k=1}^{n} f(c_k)\Delta x = \lim_{n \to \infty} [f(c_1)\Delta x + f(c_2)\Delta x + \cdots + f(c_n)\Delta x] \quad (1)$$

其中 $\Delta x = (b-a)/n$ 和 $c_k$ 為 $[x_{k-1}, x_k]$ 內的點。我們發現物體在直線上以正速度移動的距離，也是計算類似的極限。

本節將專注於式(1)所定義的極限，其中 $f$ 可以有正和負的值。之後將提供廣義情況的幾何意義並說明此極限為以正的速度和負的速度移動之物體的位置。當嘗試求彎曲金屬線的長度和質量、物體的質心、固體的體積、表面的面積、流體在一個容器內對抗內壁的壓力、某特定時期裝滿的油量、某特定時期百貨公司銷售總額和某特定時期篩檢出 AIDS 帶原的總數等的一些應用，就會看到這類的極限。

下面的定義和之前的一樣，將假設 $f$ 連續。如此之後發展的內容會變得相對簡單。

> **定義　定積分**
>
> 令 $f$ 為定義在 $[a, b]$ 區間的連續函數。若 $[a, b]$ 被 $n + 1$ 個等距離的點切割成 $n$ 個等長度（$\Delta x = (b - a)/n$）的子區間。
>
> $$a = x_0 < x_1 < x_2 < \cdots < x_n = b$$
>
> 令 $c_1, c_2, ..., c_n$ 分別為每個子區間內的任意點，其中 $c_k$ 落在第 $k$ 個子區間 $[x_{k-1}, x_k]$ 內，則 **$f$ 在 $[a, b]$ 的定積分**（definite integral of $f$ on $[a, b]$），記做 $\int_a^b f(x)\, dx$，並寫成
>
> $$\int_a^b f(x)\, dx = \lim_{n \to \infty} \sum_{k=1}^{n} f(c_k)\Delta x \quad (2)$$

若極限 (2) 存在，也稱 **$f$ 在 $[a, b]$ 是可積分的**（integrable on $[a, b]$）。求定積分的過程稱為**積分**（integration）。定義中的數 $a$ 稱為**積分下限**（lower limit of integration），而數 $b$ 稱為**積分上限**（upper limit of integration）。數 $a$ 和 $b$ 一起稱為**積分界限**（limits of integra-

---

### 歷史傳記

**BERNHARD RIEMANN**
(1826-1866)

Bernhard Riemann 是少數幾位與 Carl Friedrich Gauss 同時代，且能夠令 Gauss 欣賞的數學家之一，他的研究工作持續且深切地影響當今的數學界。Riemann 誕生於德國北部，是一個貧窮鄉下牧師的孩子。他依然能夠獲得堅實的教育訓練，且在他年輕時即對數學有極為難得的洞見。Riemann 在中學時就開始接觸 Euler 與 Legendre 的研究，且在一週內即已精通 Legendre 關於數論的論著內容。在 1851 年完成了關於複變函數的理論分析論文後，Riemann 獲得了 Göttingen 大學的博士學位。1854 年 Riemann 獲聘為該校數學系的無給職講師，不過，他需要先對系內教授給一個演講。Riemann 交出了三個題目，讓當時的系主任 Gauss 選一個主題。Gauss 慣例選演講者自己排在第一的題目。但是他對 Riemann 的第三個題目──幾何學的基礎，極有興趣，所以就選了那個題目。在準備了 2 個月之後，Riemann 發表了如今被視為最偉大的數學經典傑作之一的演講。按文獻記載，當時 Gauss 對其印象深刻。著名的 Riemann 臆測（Riemann Hypothesis），迄今仍是待解的問題，依然吸引了許多研究者的投入。這個題目被 Clay Mathematics Institute 列為七個待解的重要問題之一，解出其中任一問題者將可獲得 100 萬元的獎金。

tion）。如不定積分的情形，要被積分的函數 $f$ 稱為**被積分函數**（integrand）。

定義中的和 $\sum_{k=1}^{n} f(c_k)\Delta x$ 稱為**黎曼和**（Riemann sum），表示對德國數學家 Bernhard Riemann（1826-18661）的敬意。事實上，這個和是黎曼和的廣義形式，即沒有任何假設的特殊情形，如 $f$ 在 $[a, b]$ 連續或此區間被分割成等長的子區間。為了完整性，將在本節的末了討論廣義的情形。

註

1. $f$ 在 $[a, b]$ 連續的假設保證定積分一定存在。換言之，對於所有選擇的計算（evaluation）點 $c_k$，式 (2) 的極限存在且唯一。進一步，若 $f$ 非負，則因為式 (2) 的極限簡化成式 (1)，定積分為圖形 $f$ 下方區域在 $[a, b]$ 的面積，見 5.3 節第 259 頁。

2. 定積分定義中的符號 $\int$ 和函數的不定積分的符號相同〔記住，定積分是個數字，相對於不定積分，它是個函數群（$f$ 的反導函數）〕。

**例題 1** 用五個子區間（$n=5$）並取要計算的點為每個子區間的中點來計算 $f(x) = 4-x^2$ 在 $[-1, 3]$ 的黎曼和。

**解** 此處，$a=-1$，$b=3$ 和 $n=5$。所以每個子區間的長度為

$$\Delta x = \frac{b-a}{n} = \frac{3-(-1)}{5} = \frac{4}{5}$$

且分割點分別為

$$x_0 = -1, \quad x_1 = -1 + \frac{4}{5} = -\frac{1}{5}, \quad x_2 = -1 + 2\left(\frac{4}{5}\right) = \frac{3}{5},$$

$$x_3 = \frac{7}{5}, \quad x_4 = \frac{11}{5} \quad \text{和} \quad x_5 = 3$$

子區間的中點為 $c_k = \frac{1}{2}(x_k + x_{k-1})$，即

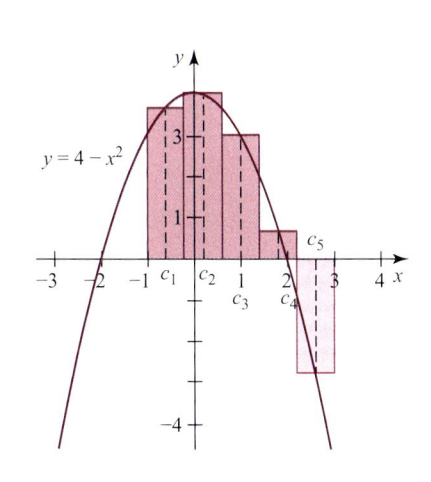

$$c_1 = -\frac{3}{5}, \quad c_2 = \frac{1}{5}, \quad c_3 = 1, \quad c_4 = \frac{9}{5} \quad \text{和} \quad c_5 = \frac{13}{5}$$

（圖 5.21。）

因此，所求的黎曼和為

$$\sum_{k=1}^{5} f(c_k)\Delta x = f(c_1)\Delta x + f(c_2)\Delta x + f(c_3)\Delta x + f(c_4)\Delta x + f(c_5)\Delta x$$

$$= \left[f\left(-\frac{3}{5}\right) + f\left(\frac{1}{5}\right) + f(1) + f\left(\frac{9}{5}\right) + f\left(\frac{13}{5}\right)\right]\Delta x$$

**圖 5.21**
黎曼和的正項是與那些在 $x$ 軸上方的長方形有關；負項是與那些在 $x$ 軸下方的長方形有關

$$= \left(\frac{4}{5}\right)\left\{\left[4 - \left(-\frac{3}{5}\right)^2\right] + \left[4 - \left(\frac{1}{5}\right)^2\right] + [4 - (1)^2]\right.$$
$$\left. + \left[4 - \left(\frac{9}{5}\right)^2\right] + \left[4 - \left(\frac{13}{5}\right)^2\right]\right\}$$
$$= \left(\frac{4}{5}\right)(3.64 + 3.96 + 3 + 0.76 - 2.76)$$
$$= 6.88$$

例題 1 所計算的黎曼和是五項的和。如圖 5.21 所見，這些項即為面積所見的五個長方形。此正項為那些在 $x$ 軸上方的長方形面積；而此負項為那些在 $x$ 軸下方的長方形面積。

**例題 2** 計算 $\int_{-1}^{3} (4 - x^2)\, dx$。

**解** 此處，$a = -1$ 和 $b = 3$。進一步，$f(x) = 4 - x^2$ 在 $[-1, 3]$ 連續，所以 $f$ 在 $[-1, 3]$ 可積分。為了計算給予的定積分，將 $[-1, 3]$ 區間分割成 $n$ 個等長的子區間，其長度為

$$\Delta x = \frac{b - a}{n} = \frac{3 - (-1)}{n} = \frac{4}{n}$$

且分割點分別為

$$x_0 = -1, \quad x_1 = -1 + \frac{4}{n}, \quad x_2 = -1 + 2\left(\frac{4}{n}\right), \quad \ldots,$$
$$x_{k-1} = -1 + (k - 1)\left(\frac{4}{n}\right), \quad x_k = -1 + k\left(\frac{4}{n}\right), \quad \ldots, \quad x_n = 3$$

接著，取 $c_k$ 為子區間 $[x_{k-1}, x_k]$ 的右端點，即

$$c_k = x_k = -1 + k\left(\frac{4}{n}\right) = -1 + \frac{4k}{n}$$

則

$$\int_{-1}^{3} (4 - x^2)\, dx = \int_{-1}^{3} f(x)\, dx = \lim_{n \to \infty} \sum_{k=1}^{n} f(c_k) \Delta x$$
$$= \lim_{n \to \infty} \sum_{k=1}^{n} f\left(-1 + \frac{4k}{n}\right)\left(\frac{4}{n}\right)$$
$$= \lim_{n \to \infty} \sum_{k=1}^{n} \left[4 - \left(-1 + \frac{4k}{n}\right)^2\right]\left(\frac{4}{n}\right) \quad f(x) = 4 - x^2$$
$$= \lim_{n \to \infty} \left(\frac{4}{n}\right) \sum_{k=1}^{n} \left(3 + \frac{8k}{n} - \frac{16k^2}{n^2}\right)$$

$$= \lim_{n \to \infty} \left[ \frac{4}{n} \sum_{k=1}^{n} 3 + \frac{32}{n^2} \sum_{k=1}^{n} k - \frac{64}{n^3} \sum_{k=1}^{n} k^2 \right]$$

$$= \lim_{n \to \infty} \left[ \frac{4}{n} (3n) + \frac{32}{n^2} \cdot \frac{n(n+1)}{2} - \frac{64}{n^3} \cdot \frac{n(n+1)(2n+1)}{6} \right]$$

$$= \lim_{n \to \infty} \left[ 12 + 16 \left( 1 + \frac{1}{n} \right) - \frac{32}{3} \left( 1 + \frac{1}{n} \right) \left( 2 + \frac{1}{n} \right) \right]$$

$$= 12 + 16 - \frac{64}{3} = \frac{20}{3} = 6 \frac{2}{3}$$

（和例題 1 得到之 $\int_{-1}^{3} (4 - x^2)\, dx$ 的近似值作比較。）

**例題 3** 證明 $\int_{a}^{b} x\, dx = \frac{1}{2}(b^2 - a^2)$。

**解** 將 $[a, b]$ 區間分割成 $n$ 個子區間，其長度為

$$\Delta x = \frac{b-a}{n}$$

且切割點分別為

$$x_0 = a, \quad x_1 = a + \frac{b-a}{n}, \quad x_2 = a + 2\left(\frac{b-a}{n}\right), \quad \ldots,$$

$$x_k = a + k\left(\frac{b-a}{n}\right), \quad \ldots, \quad x_n = b$$

接著選要計算的點 $c_k$ 為子區間 $[x_{k-1}, x_k]$ 的右端點，其中 $1 \leq k \leq n$；亦即，對於每個 $1 \leq k \leq n$，取 $c_k = x_k$，則

$$\int_{a}^{b} x\, dx = \lim_{n \to \infty} \sum_{k=1}^{n} f(c_k) \Delta x$$

$$= \lim_{n \to \infty} \sum_{k=1}^{n} \left[ a + \left( \frac{b-a}{n} \right) k \right] \left( \frac{b-a}{n} \right)$$

$$= (b - a) \lim_{n \to \infty} \frac{1}{n} \sum_{k=1}^{n} \left[ a + \left( \frac{b-a}{n} \right) k \right]$$

$$= (b - a) \lim_{n \to \infty} \frac{1}{n} \left[ \sum_{k=1}^{n} a + \left( \frac{b-a}{n} \right) \sum_{k=1}^{n} k \right]$$

$$= (b - a) \lim_{n \to \infty} \frac{1}{n} \left[ na + \left( \frac{b-a}{n} \right) \cdot \frac{n(n+1)}{2} \right]$$

$$= (b - a) \lim_{n \to \infty} \left[ a + \left( \frac{b-a}{2} \right) \cdot \frac{n(n+1)}{n^2} \right]$$

$$= (b - a) \left[ a + \left( \frac{b-a}{2} \right) \lim_{n \to \infty} \frac{n+1}{n} \right]$$

$$= (b-a)\left(a + \frac{b-a}{2}\right) = (b-a)\left(\frac{2a+b-a}{2}\right)$$

$$= \frac{1}{2}(b-a)(b+a) = \frac{1}{2}(b^2 - a^2) \qquad \blacksquare$$

**例題 4** 將區間 [2, 5] 分割成 $n$ 個等長度的子區間，並令 $c_k$ 為 $[x_{k-1}, x_k]$ 內任意點。將

$$\lim_{n\to\infty} \sum_{k=1}^{n} \sqrt{1 + (c_k)^2}\, \Delta x$$

寫成積分的形式。

**解** 題中的表示式和式 (2) 作比較，得知它就是函數 $f(x) = \sqrt{1+x^2}$ 在 [2, 5] 之黎曼和的極限。接著因為 $f$ 在 [2, 5] 連續，此極限存在，所以根據式 (2)，

$$\lim_{n\to\infty} \sum_{k=1}^{n} \sqrt{1 + (c_k)^2}\, \Delta x = \int_{2}^{5} \sqrt{1+x^2}\, dx \qquad \blacksquare$$

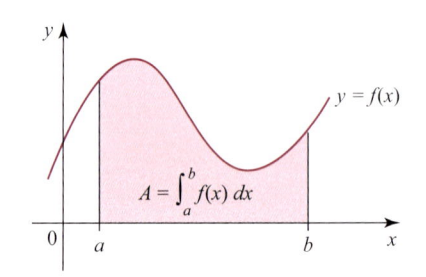

## ■ 定積分的幾何意義

如前所述，若 $f$ 在 $[a, b]$ 連續且非負，則定積分 $\int_a^b f(x)\, dx$ 表示圖形 $f$ 下方在 $[a, b]$ 區間的區域面積（圖 5.22）。

**例題 5** 使用幾何說明來計算定積分。

**a.** $\int_0^2 (4 - 2x)\, dx$ **b.** $\int_0^4 \sqrt{16 - x^2}\, dx$

**解**

**a.** 被積分函數 $f(x) = 4 - 2x$ 在 [0, 2] 的圖形是直線，展示於圖 5.23。因為在 [0, 2]，$f(x) \geq 0$，所以可以解釋此積分即圖中三角形的面積。因此，

$$\int_0^2 (4-2x)\, dx = \frac{1}{2}(2)(4) = 4 \qquad \text{面積} = \frac{1}{2}\text{底} \cdot \text{高}$$

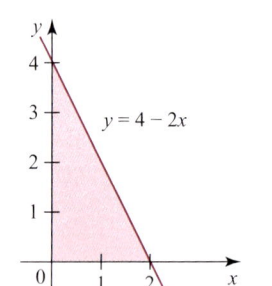

**b.** 被積分函數 $f(x) = \sqrt{16 - x^2}$ 表示中心為原點和半徑 4 的圓方程式 $x^2 + y^2 = 16$ 之 $y$ 解的正根；因此它代表圖 5.24 展示的上半圓。因為在 [0, 4]，$f(x) \geq 0$，此積分可解釋為此圓在第一象限的面積。因為此面積為 $\frac{1}{4}\pi(4^2) = 4\pi$，所以

$$\int_0^4 \sqrt{16 - x^2}\, dx = 4\pi \qquad \blacksquare$$

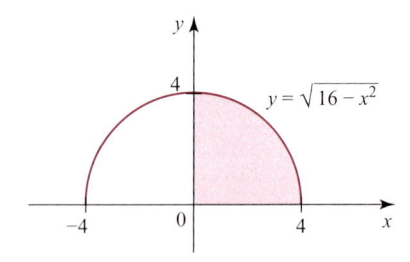

接著在假設 $f$ 在 $[a, b]$ 有正和負值的情況下看定積分的幾何意義。考慮函數 $f$ 典型的黎曼和，

| 圖 5.22
若在 $[a, b]$，$f(x) \geq 0$，則 $\int_a^b f(x)\, dx$ 表示圖形 $f$ 下方在 $[a, b]$ 區間的區域面積

| 圖 5.23
$\int_0^2 (4 - 2x)\, dx =$ 三角形的面積

| 圖 5.24
$f(x) = \sqrt{16 - x^2}$ 表示上半圓

$$\sum_{k=1}^{n} f(c_k)\Delta x$$

其對應的切割 $P$ 之細分點為

$$a = x_0 < x_1 < x_2 < \cdots < x_{k-1} < x_k < \cdots < x_{n-1} < x_n = b$$

並取在 $[x_{k-1}, x_k]$ 要計算的點 $c_k$。總和包括 $n$ 項,其正項對應於那些在 $x$ 軸上方且高為 $f(c_k)$ 的長方形面積,而其負項對應於那些在 $x$ 軸下方且高為 $-f(c_k)$ 的長方形面積(圖 5.25,其中 $n = 6$)。

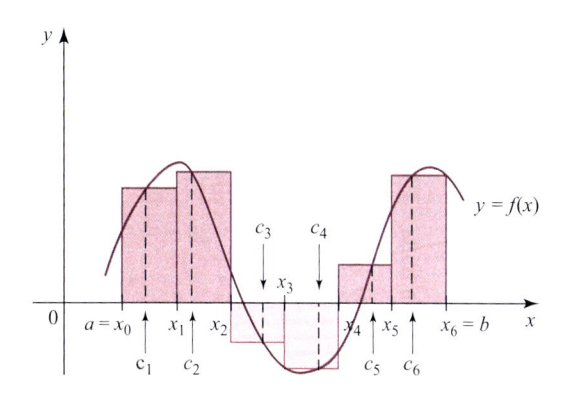

| 圖 5.25

黎曼和中的正(負)項是和那些在 $x$ 軸上(下)面的長方形面積有關

當 $n$ 越來越大,那些在 $x$ 軸上方的長方形面積總和就是 $x$ 軸上方區域的面積,它的近似值越來越好。同理,那些在 $x$ 軸下方的長方形面積總和就是 $x$ 軸下方區域的面積,它的近似值越來越好(圖 5.26,其中 $n = 12$)。

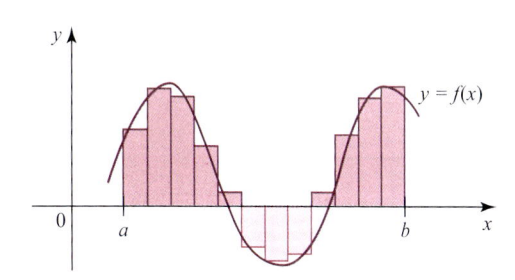

| 圖 5.26

使用 12 個長方形來逼近 $\int_a^b f(x)\, dx$

此觀察得到如同面積差之定積分為

$$\int_a^b f(x)\, dx = \lim_{n \to \infty} \sum_{k=1}^{n} f(c_k)\Delta x$$

即

$$\int_a^b f(x)\, dx = S_1 \text{ 的面積} - S_2 \text{ 的面積} + S_3 \text{ 的面積}$$

其中 $S_2$ 為在圖形 $f$ 的上方(above)和在 $x$ 軸的下方的區域(圖 5.27)。更一般地,

$$\int_a^b f(x)\, dx = 在 [a, b] 上方區域的面積 - 在 [a, b] 下方區域的面積$$

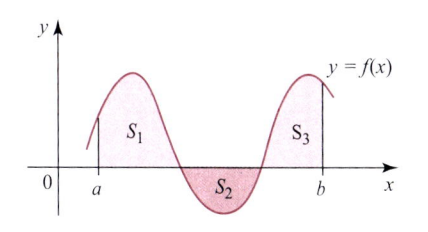

| 圖 5.27

$\int_a^b f(x)\, dx = S_1$ 的面積 $- S_2$ 的面積 $+ S_3$ 的面積

## 定積分和位移

於 5.3 節中，我們知道若 $v(t)$ 是汽車行駛在一直線道路上的非負速度函數，則此車從 $t = a$ 到 $t = b$ 行駛的距離為速度函數圖形下方在時間區間 $[a, b]$ 的區域面積。因為非負函數 $v(t)$ 圖形下方在 $[a, b]$ 的區域面積即 $v$ 在 $[a, b]$ 的定積分，寫成

$$\int_a^b v(t)\,dt = \text{此車從 } t = a \text{ 到 } t = b \text{ 的位移}$$

若用 $s(t)$ 表示此車在任何時間 $t$ 的位置，則它在 $t = a$ 的位置為 $s(a)$。所以它在 $t = b$ 的最終位置為

$$s(b) = s(a) + \int_a^b v(t)\,dt$$

（圖 5.28。）

| 圖 5.28
汽車在 $t = b$ 的位置為
$s(b) = s(a) + \int_a^b v(t)\,dt$

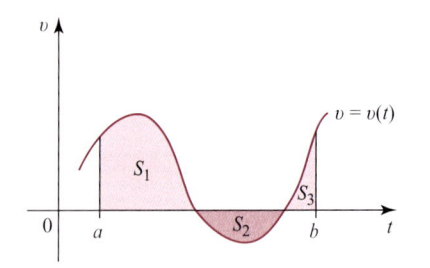

| 圖 5.29
$S_1$ 的面積和 $S_3$ 的面積表示此車在正方向行駛的距離，而 $S_2$ 的面積表示此車在負方向行駛的距離

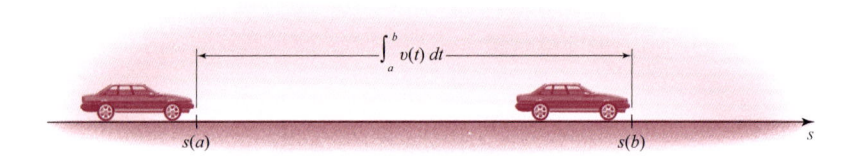

現在若 $v(t)$ 在 $[a, b]$ 同時有正和負值（圖 5.29）。則

$$\int_a^b v(t)\,dt = \text{在 } [a, b] \text{ 上方區域的面積} - \text{在 } [a, b] \text{ 下方區域的面積}$$
$$= \text{此車在正方向行駛的距離} - \text{此車在負方向行駛的距離}$$
$$= \text{此車從 } t = a \text{ 到 } t = b \text{ 的位移}$$

換言之，此車在 $t = b$ 的終點位置為

$$s(b) = s(a) + \int_a^b v(t)\,dt$$

和前面的一樣。

**例題 6** 一輛在直線道路上行駛的汽車，其速度函數為 $v(t) = t - 20$，$0 \le t \le 40$，其中 $v(t)$ 與 $t$ 的單位分別為（呎／秒）與秒。證明該車在 $t = 40$ 的時候會回到起點。

**解** $v$ 的圖形展示於圖 5.30。因為

$$\int_0^{40} v(t)\,dt = S_2 \text{ 的面積} - S_1 \text{ 的面積}$$
$$= \frac{1}{2}(20)(20) - \frac{1}{2}(20)(20)$$
$$= 200 - 200 = 0$$

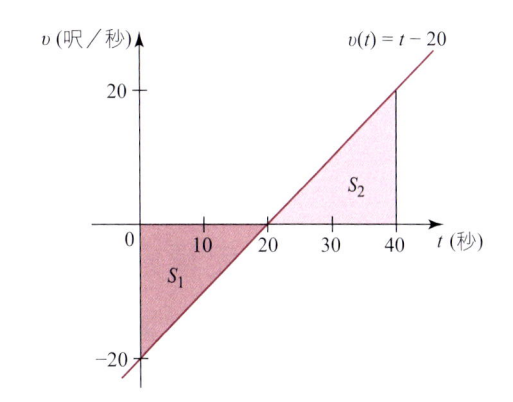

**圖 5.30**
$S_1$ 的面積等於 $S_2$ 的面積

所以
$$s(40) = s(0) + \int_0^{40} v(t)\,dt = s(0)$$

亦即此車位置的淨改變量為 0。

這個結果可解釋如下：此車在前 20 秒內向負的方向行駛 200 呎，接著後 20 秒內向正的方向行駛 200 呎，故總行駛距離為 0。

**另解**

令 $s(t)$ 為此車在時間 $t$ 的位置，則
$$\frac{ds}{dt} = v(t)$$

由於 $v(t) = t - 20$，所以
$$\frac{ds}{dt} = t - 20$$

上式對 $t$ 積分，可得
$$s(t) = \int (t-20)\,dt$$
$$= \frac{1}{2}t^2 - 20t + C \quad C \text{ 為任意常數}$$

此車在 $t = 0$ 的位置為 $s(0)$，所以
$$s(0) = \frac{1}{2}(0) - 20(0) + C \quad \text{即} \quad C = s(0)$$

故此車在時間 $t$ 的位置為

$$s(t) = \frac{1}{2}t^2 - 20t + s(0)$$

所以

$$s(40) = \frac{1}{2}(40^2) - 20(40) + s(0) = s(0)$$

故得證。 ∎

**註** 另解中所用的方法牽涉到函數的定積分與其不定積分間的關係。下一節中將進一步探討這個關係。 ∎

## 定積分的特性

當定義定積分 $\int_a^b f(x)\,dx$ 時，會先假設 $a < b$。現在要將定義延伸到 $a = b$ 和 $a > b$ 的情況。

---
**定義　兩個特殊的定積分**

1. $\displaystyle\int_a^a f(x)\,dx = 0$

2. $\displaystyle\int_a^b f(x)\,dx = -\int_b^a f(x)\,dx, \quad a > b$

---

若

$$\Delta x = \frac{b-a}{n} = \frac{a-a}{n} = 0$$

第一個定義和定積分的定義是可並存的。若將 $a$ 和 $b$ 互換，則因為

$$\Delta x = \frac{b-a}{n} = -\frac{a-b}{n}$$

所以得到的黎曼和的符號改變，第二個定義和此定義也是可並存的。

**例題 7** 計算定積分：

**a.** $\displaystyle\int_2^2 (x^2 - 2x + 4)\,dx$ 　　**b.** $\displaystyle\int_3^{-1} (4 - x^2)\,dx$

**解**

**a.** $\displaystyle\int_2^2 (x^2 - 2x + 4)\,dx = 0$

**b.** $\displaystyle\int_3^{-1} (4 - x^2)\,dx = -\int_{-1}^{3} (4 - x^2)\,dx = -6\frac{2}{3}$ 　使用例題 2 的結果。 ∎

式子 $\int_a^b f(x)\,dx$ 中，積分的變數 $x$ 稱為掛名的變數（dummy variable），意思是它可以被其他字母取代，而不會改變積分值。譬如：例題 2 的結果可寫成

$$\int_{-1}^{3}(4-x^2)\,dx = \int_{-1}^{3}(4-u^2)\,du = \int_{-1}^{3}(4-s^2)\,ds = 6\frac{2}{3}$$

假設 $c>0$。將 $\int_a^b c\,dx$ 解釋為圖形 $f(x)=c$ 下方在 $[a,b]$ 的區域面積，即

$$\int_a^b c\,dx = c(b-a)$$

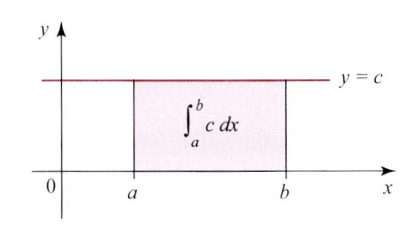

（圖 5.31。）

### 圖 5.31
若 $c>0$，則將 $\int_a^b c\,dx$ 解釋為圖形 $f(x)=c$ 下方在 $[a,b]$ 的區域面積，得到 $\int_a^b f(x)\,dx = c(b-a)$

現在要看定積分的一些特性，它們有助於計算積分。如之前所做，此處假設所有函數都是連續。

#### 常數函數的定積分
若 $c$ 為實數，則

$$\int_a^b c\,dx = c(b-a) \qquad (3)$$

之前已討論過 $c>0$ 的特殊情形。

**例題 8** 計算 $\int_2^7 3\,dx$。

**解** 將 $c=3$, $a=2$ 和 $b=7$ 代入式 (3)，可得

$$\int_2^7 3\,dx = 3(7-2) = 15$$

接下來兩個定積分的特性類似不定積分的積分規則（見 5.1 節）。

#### 定積分的特性
**1. 和（差）**

$$\int_a^b [f(x) \pm g(x)]\,dx = \int_a^b f(x)\,dx \pm \int_a^b g(x)\,dx$$

**2. 倍數**

$$\int_a^b cf(x)\,dx = c\int_a^b f(x)\,dx, \text{ 其中 } c \text{ 為任意常數}$$

特性 1 敘述和（差）的積分等於積分的和（差）。特性 2 敘述函數倍數的積分等於積分後的倍數。因此，常數（且只有常數！）可以被移到積分符號前面。這些特性都是由相對應的極限法則推導出來的。譬如：為了證明特性 2，用定積分的定義寫

$$\int_a^b cf(x)\,dx = \lim_{n\to\infty} \sum_{k=1}^{n} cf(c_k)\Delta x$$

$$= c \lim_{n\to\infty} \sum_{k=1}^{n} f(c_k)\Delta x \quad \text{極限的倍數法則}$$

$$= c \int_a^b f(x)\,dx$$

**例題 9** 使用 5.3 節例題 8 的結果，$\int_0^1 x^2\,dx = \dfrac{1}{3}$，計算

**a.** $\int_0^1 (x^2 - 4)\,dx$ **b.** $\int_0^1 5x^2\,dx$

**解**

**a.** $\int_0^1 (x^2 - 4)\,dx = \int_0^1 x^2\,dx - \int_0^1 4\,dx$ 　特性 1

$$= \frac{1}{3} - 4(1)$$

$$= -\frac{11}{3}$$

**b.** $\int_0^1 5x^2\,dx = 5\int_0^1 x^2\,dx$ 　特性 2

$$= 5\left(\frac{1}{3}\right) = \frac{5}{3}$$

若 $f$ 在 $[a, b]$ 連續且非負，則 $\int_a^b f(x)\,dx$ 為圖形 $f$ 下方在 $[a, b]$ 的區域面積。接著，若 $a < c < b$，則 $\int_a^c f(x)\,dx$ 且 $\int_c^b f(x)\,dx$ 為圖形 $f$ 下方在 $[a, c]$ 和 $[c, b]$ 的區域面積。因此，如圖 5.32 所見，

$$\int_a^b f(x)\,dx = \int_a^c f(x)\,dx + \int_c^b f(x)\,dx$$

觀察得到下列定積分的特性。

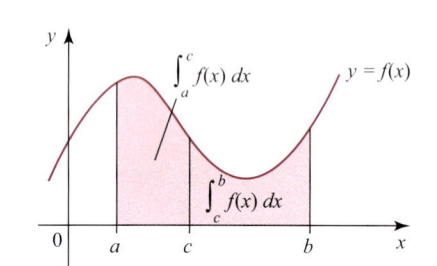

**圖 5.32**
$\int_a^b f(x)\,dx = \int_a^c f(x)\,dx + \int_c^b f(x)\,dx$

**定積分的特性**

**3.** 若在 $[a, b]$ 中，$c$ 是任意數，則

$$\int_a^b f(x)\,dx = \int_a^c f(x)\,dx + \int_c^b f(x)\,dx$$

註　對於任意三個數 $a, b, c$，特性 3 的結論成立。

**例題 10**　已知 $\int_1^6 f(x)\,dx = 8$ 和 $\int_4^6 f(x)\,dx = 5$，則 $\int_1^4 f(x)\,dx$ 為何？

**解**　用特性 3，可得

$$\int_1^6 f(x)\,dx = \int_1^4 f(x)\,dx + \int_4^6 f(x)\,dx$$

由此得知

$$\int_1^4 f(x)\,dx = \int_1^6 f(x)\,dx - \int_4^6 f(x)\,dx = 8 - 5 = 3$$

接下來三個定積分特性都包含不等式。

### 定積分的特性

**4.** 若在 $[a, b]$，$f(x) \geq 0$，則

$$\int_a^b f(x)\,dx \geq 0$$

**5.** 若在 $[a, b]$，$f(x) \geq g(x)$，則

$$\int_a^b f(x)\,dx \geq \int_a^b g(x)\,dx$$

**6.** 若在 $[a, b]$，$m \leq f(x) \leq M$，則

$$m(b - a) \leq \int_a^b f(x)\,dx \leq M(b - a)$$

由觀察得知，非負的函數圖形下方區域的面積為非負的，這是特性 4 的延伸。同時，若 $g$ 和 $f$ 在 $[a, b]$ 都為非負，則特性 5 的敘述是圖形 $f$ 下方區域的面積大於圖形 $g$ 下方區域的面積（圖 5.53）。根據圖 5.34 得到類似特性 6 的性質，其中 $m$ 和 $M$ 分別為 $f$ 在 $[a, b]$ 的絕對極小值和絕對極大值：圖形 $f$ 下方在 $[a, b]$ 的區域面積 $\int_a^b f(x)\,dx$，大於高 $m$ 的長方形面積 $m(b-a)$，並小於高 $M$ 的長方形面積 $M(b-a)$。

應該提醒讀者的是定積分所有特性都可以透過數學嚴格地證明，不需要考慮 $f(x)$ 符號的假設。

**例題 11**　使用特性 6 估算 $\int_1^3 \sqrt{3 + x^2}\,dx$。

**解**　因為被積分函數 $f(x) = \sqrt{3 + x^2}$ 在 $[1, 3]$ 為遞增，所以它的絕對極小值發生在 $x = 1$ 處（此區間的左端點），且它的絕對極大值

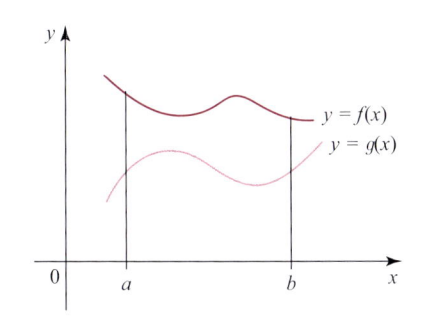

| **圖 5.33**
若在 $[a, b]$，$f(x) \geq g(x)$，則圖形 $f$ 下方區域的面積大於圖形 $g$ 下方區域的面積

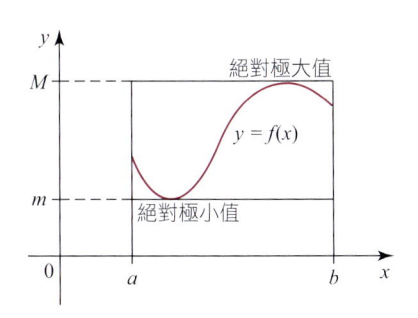

| **圖 5.34**
圖形 $f$ 下方區域的面積大於或等於 $m(b-a)$ 且小於或等於 $M(b-a)$

發生在 $x = 3$ 處（此區間的右端點）。若取 $m = f(1) = 2$，$M = f(3) = 2\sqrt{3}$，$a = 1$ 和 $b = 3$，則由特性 6 得知

$$2(3-1) \leq \int_1^3 \sqrt{3+x^2}\,dx \leq 2\sqrt{3}(3-1)$$

$$4 \leq \int_1^3 \sqrt{3+x^2}\,dx \leq 4\sqrt{3}$$

■

### ■ 定積分更廣義的定義

如之前所指出的，[a, b] 區間所選取的分割點不一定要等距離。一般情形，**[a, b] 的分割點**（partition of [a, b]）為任何滿足

$$a = x_0 < x_1 < x_2 < \cdots < x_{n-1} < x_n = b$$

的集合 $P = \{x_0, x_1, \ldots, x_n\}$。對應於 [a, b] 所分割的子區間分別為

$$[x_0, x_1], \quad [x_1, x_2], \quad \ldots, \quad [x_{k-1}, x_k], \quad \ldots, \quad [x_{n-1}, x_n]$$

第 $k$ 個子區間的長度為

$$\Delta x_k = x_k - x_{k-1}$$

圖 5.35 展示 [a, b] 的一個可能的分割。

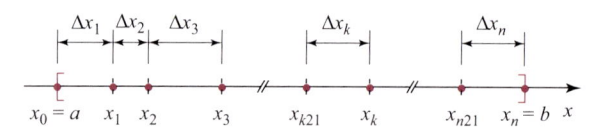

**圖 5.35**
[a, b] 的一個可能的分割

最大的子區間長度，表示為 $\|P\|$，稱為 $P$ 的**常模**（norm）。譬如：圖 5.36 的分割，

$$\Delta x_1 = \frac{1}{4}, \quad \Delta x_2 = \frac{1}{4}, \quad \Delta x_3 = \frac{1}{2}, \quad \Delta x_4 = \frac{1}{4},$$

$$\Delta x_5 = \frac{1}{8}, \quad \Delta x_6 = \frac{1}{8}, \quad \Delta x_7 = \frac{1}{4} \quad 和 \quad \Delta x_8 = \frac{1}{4}$$

所以它的常模為 $\frac{1}{2}$。

**圖 5.36**
[0, 2] 的一個可能的分割

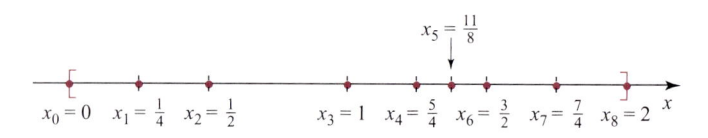

若 $n+1$ 個 [a, b] 的分割點等距離地被選取，使得 $n$ 個子區間有相等的長度，則此分割稱為**正規的**（regular）。對於一個正規的分割，它的常模滿足

$$\|P\| = \Delta x = \frac{b-a}{n}$$

對於一般的分割 $P$，

$$\|P\| \geq \frac{b-a}{n} \quad 或 \quad n \geq \frac{b-a}{\|P\|}$$

由此不等式得知，當分割的常模逼近 0，子區間的個數趨近於無窮。然而，反之不然。譬如：圖 5.37 中，$[0, 1]$ 區間的分割 $P$ 為

$$0 < \frac{1}{2} < \frac{3}{4} < \frac{7}{8} < \cdots < 1 - \frac{1}{2^{n-1}} < 1 - \frac{1}{2^n} < 1$$

對於任意正數 $n$，它的常模為 $\frac{1}{2}$。因此，$n \to \infty$ 並不能推得 $\|P\| \to 0$。但是對於一般的分割，

$$\|P\| \to 0 \quad 若且唯若 \quad n \to \infty$$

此事實很快會被用到。

圖 5.37
當子區間的個數趨近於無窮，$\|P\|$ 不會逼近 0

現在給予一個更廣義的定積分定義，先觀察，若存在某正實數 $M$，對於 $[a, b]$ 內的所有點 $x$，若 $|f(x)| \leq M$，則此函數 $f$ 在 $[a, b]$ 是**有界**（bounded）。

---

**定義　定積分（廣義的定義）**

令 $f$ 為定義在 $[a, b]$ 區間的有界函數，若 $[a, b]$ 的所有（all）分割 $P$ 的極限和在 $[x_{k-1}, x_k]$ 內所有（all）$c_k$ 都存在，則 **$f$ 在 $[a, b]$ 的定積分**（definite integral of $f$ on $[a, b]$），記作 $\int_a^b f(x)\, dx$，為

$$\int_a^b f(x)\, dx = \lim_{\|P\| \to 0} \sum_{k=1}^n f(c_k)\Delta x \qquad (4)$$

---

可以證明，若 $f$ 在 $[a, b]$ 連續，則 $f$ 在 $[a, b]$ 的定積分一定存在。因此對於所有選定的分割 $P$ 和 $c_k$，極限(4)存在。尤其是，如之前所做的，取正規的分割，此極限存在。事實上，對於正規的分割，$\|P\| \to 0$ 若且唯若 $n \to \infty$。所以極限(4)等價於

$$\int_a^b f(x)\, dx = \lim_{n \to \infty} \sum_{k=1}^n f(c_k)\Delta x$$

它正是之前定義的定積分。

最後，加註定積分嚴謹的定義。

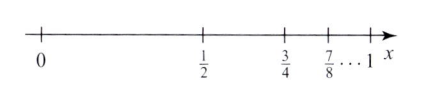

### 定義　定積分嚴謹的定義

對於任意數 $\varepsilon > 0$，存在數 $\delta > 0$，使得對於 $[a, b]$ 的每一個分割 $P$，若 $\|P\| < \delta$ 且對於每個 $[x_{k-1}, x_k]$ 內選的點 $c_k$，不等式

$$\left| \sum_{k=1}^{n} f(c_k) \Delta x_k - \int_a^b f(x)\, dx \right| < \varepsilon$$

都成立，則 $f$ 在 $[a, b]$ 的定積分為

$$\int_a^b f(x)\, dx$$

## 5.4 習題

**1.** 圖中為函數 $f$ 在 $[0, 8]$ 區間的圖形。使用四個等長度的子區間並選要計算的點分別為子區間的 (a) 左端點；(b) 右端點；和 (c) 中點，計算 $f$ 在 $[0, 8]$ 區間的黎曼和。

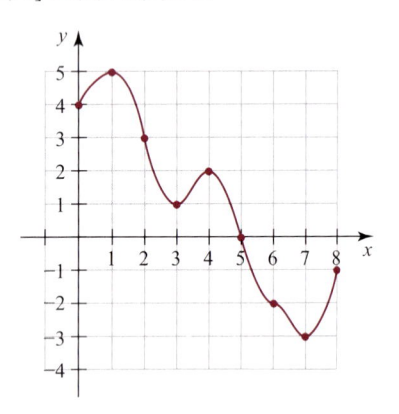

2-3 題，已知定義在 $[a, b]$ 的函數 $f$，等長度 $\Delta x = (b-a)/n$ 的子區間 $n$ 個和在 $[x_{k-1}, x_k]$ 內要被計算的點 $c_k$。(a) 繪畫 $f$ 的圖形與黎曼和在 $[a, b]$ 的長方形；和 (b) 求黎曼和。

**2.** $f(x) = 2x - 3$，$[0, 2]$，$n = 4$，$c_k$ 為中點

**3.** $f(x) = \sqrt{x} - 1$，$[0, 3]$，$n = 6$，$c_k$ 為右端點

4-6 題，使用式 (2) 計算積分。

**4.** $\int_0^2 x\, dx$

**5.** $\int_{-1}^3 (x - 2)\, dx$

**6.** $\int_1^2 (3 - 2x^2)\, dx$

7-8 題，已知的表示式為函數 $f$ 在 $[a, b]$ 的黎曼和之極限。將此表示式寫成在 $[a, b]$ 的定積分。

**7.** $\lim_{n \to \infty} \sum_{k=1}^n (4c_k - 3) \Delta x$，$[-3, -1]$

**8.** $\lim_{n \to \infty} \sum_{k=1}^n \dfrac{2c_k}{c_k^2 + 1} \Delta x$，$[1, 2]$

**9.** 使用圖中所示的圖形，以幾何方式計算積分。

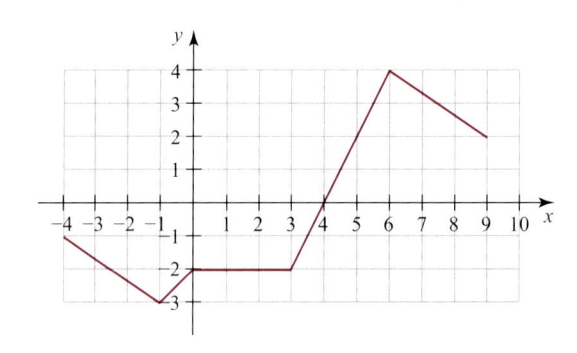

**a.** $\int_{-4}^{-1} f(x)\, dx$  　　**b.** $\int_{-1}^{4} f(x)\, dx$

**c.** $\int_{4}^{9} f(x)\, dx$  　　**d.** $\int_{-4}^{9} f(x)\, dx$

10-13 題，已知定積分 $\int_b^a f(x)\, dx$。描繪 $f$ 在 $[a, b]$ 的圖形並以幾何方式計算它的積分。

**10.** $\int_{-2}^4 3\, dx$  　　**11.** $\int_0^3 (-3x + 6)\, dx$

12. $\int_{-1}^{2} |x - 1|\, dx$ 　　　13. $\int_{0}^{3} -\sqrt{9 - x^2}\, dx$

14. 已知 $\int_{0}^{2} f(x)\, dx = 3$ 和 $\int_{2}^{5} f(x)\, dx = -1$，計算下列的積分。

   a. $\int_{0}^{5} f(x)\, dx$ 　　　b. $\int_{5}^{2} f(x)\, dx$

   c. $\int_{0}^{2} 2f(x)\, dx$ 　　　d. $\int_{2}^{5} [f(x) - 4]\, dx$

15. 已知 $\int_{-1}^{3} f(x)\, dx = 5$ 和 $\int_{-1}^{3} g(x)\, dx = -2$，計算下列的積分。

   a. $\int_{-1}^{3} [f(x) + g(x)]\, dx$

   b. $\int_{-1}^{3} [g(x) - f(x)]\, dx$

   c. $\int_{-1}^{3} [3f(x) - 2g(x)]\, dx$

16. 計算 $\int_{2}^{2} \sqrt[3]{x^2 + x + 1}\, dx$。

17-18 題，使用積分的特性證明不等式，不要計算它的積分。

17. $\int_{0}^{1} \dfrac{\sqrt{x^3 + x}}{x^2 + 1}\, dx \geq 0$

18. $\int_{0}^{\pi/4} \sin^2 x \cos x\, dx \leq \int_{0}^{\pi/4} \sin^2 x\, dx$

19-21 題，使用定積分的特性 (6) 估算定積分。

19. $\int_{1}^{2} \sqrt{1 + 2x^3}\, dx$ 　　　20. $\int_{-1}^{2} (x^2 - 2x + 2)\, dx$

21. $\int_{\pi/6}^{\pi/4} \sin x\, dx$

22. 若 $f$ 在 $[a, b]$ 連續且 $f(x) \leq 0$。證明 $\int_{b}^{a} f(x)\, dx \leq 0$。

23. 使用特性 (5) 證明不等式
$$\int_{2}^{4} \sqrt{x^4 + x}\, dx \geq \frac{56}{3}$$

24. 使用定積分的特性 (6)，估算定積分 $\int_{0}^{1} \sqrt{1 + x^2}\, dx$。

25. 求常數 $b$ 使得 $\int_{0}^{b} (2\sqrt{x} - x)\, dx$ 盡可能最大。解釋你的結論。

26. 判斷 Dirichlet 函數
$$f(x) = \begin{cases} 1, & x \text{ 為有理數} \\ 0, & x \text{ 為無理數} \end{cases}$$

   是否在 $[0, 1]$ 可微分。請解釋。

27-29 題，判斷下列敘述是對或是錯。如果它是對，解釋你的理由。如果它是錯，請解釋你的理由或舉例說明。

27. 若 $f$ 和 $g$ 在 $[a, b]$ 連續且 $c$ 為常數，則
$$\int_{a}^{b} [f(x) + cg(x)]\, dx = \int_{a}^{b} f(x)\, dx + c\int_{a}^{b} g(x)\, dx$$

28. 若 $f$ 在 $[a, b]$ 連續，則
$\int_{a}^{b} xf(x)\, dx = x\int_{a}^{b} f(x)\, dx$。

29. 若 $f$ 在 $[a, b]$ 連續且遞減，則
$(b - a)f(b) \leq \int_{a}^{b} f(x)\, dx \leq (b - a)f(a)$。

## 5.5　微積分基本定理

### ■ 微分和積分的關係

　　於 5.4 節中，用黎曼和的極限定義定積分。但是發現使用此定義求定積分的過程相當繁瑣，即便簡單的函數也是如此。這使我們聯想到使用函數之差商的極限求函數導數的過程。幸運地，存在更好且更簡單的方法求定積分。

　　本節將專注在微積分裡最重要的定理。因為它建立微分和積分之間的關係，稱為**微積分基本定理**（Fundamental Theorem of Calculus）。它分別由英國的 Isaac Newton（1643-1727）和德國的 Gottfried

Wilhelm Leibniz（1646-1716）各自獨立地發現。看此定理之前，需要下面定理的結果。

### ■ 定積分的均值定理

若磁浮列車在一平直的軌道上行駛，其速度為 $v(t)$ 呎／秒，且 $t$ 在 $t = a$ 和 $t = b$ 之間並以秒計。試問磁浮列車在時間區間 $[a, b]$ 的平均速度為何？

為了回答此問題，先假設 $v$ 在 $[a, b]$ 連續並用等距離的點

$$\Delta t = \frac{b - a}{n}$$

將區間 $[a, b]$ 分割成 $n$ 個等長度的子區間，其長度為

$$a = t_0 < t_1 < t_2 < \cdots < t_n = b$$

接著分別在子區間 $[t_0, t_1]$，$[t_1, t_2]$，$\ldots$，$[t_{n-1}, t_n]$ 內選取要被計算的點分別為 $c_1$，$c_2$，$\ldots$，$c_n$，並計算磁浮列車在這些點的速度：

$$v(c_1), \quad v(c_2), \quad \ldots, \quad v(c_n)$$

這些數的平均為

$$\frac{v(c_1) + v(c_2) + \cdots + v(c_n)}{n} = \frac{1}{n} \sum_{k=1}^{n} v(c_k)$$

即磁浮列車在 $[a, b]$ 的平均速度。因為

$$n = \frac{b - a}{\Delta t}$$

所以表示式改寫為

$$\frac{1}{n} \sum_{k=1}^{n} v(c_k) = \frac{1}{\frac{b-a}{\Delta t}} \sum_{k=1}^{n} v(c_k) = \frac{1}{b-a} \sum_{k=1}^{n} v(c_k) \Delta t$$

當 $n$ 越來越大，即表示使用越來越小的時間區間內的點所求的速度估算磁浮列車的平均速度。直覺上，隨著 $n$ 遞增，近似值會更好。這建議我們定義磁浮列車在區間 $[a, b]$ 的平均速度為

$$\lim_{n \to \infty} \frac{1}{b-a} \sum_{k=1}^{n} v(c_k) \Delta t$$

然而根據定積分的定義，

$$\lim_{n \to \infty} \frac{1}{b-a} \sum_{k=1}^{n} v(c_k) \Delta t = \frac{1}{b-a} \lim_{n \to \infty} \sum_{k=1}^{n} v(c_k) \Delta t$$

$$= \frac{1}{b-a} \int_a^b v(t)\, dt$$

因此，定義磁浮列車在時間區間 $[a, b]$ 的**平均速度**（average velocity）為

$$\frac{1}{b-a}\int_a^b v(t)\, dt$$

更廣義地，我們有下面函數 $f$ 在 $[a, b]$ 區間的平均值定義。

**定義　函數的平均值**

若 $f$ 在 $[a, b]$ 可積分，則 $f$ 在 $[a, b]$ **的平均值**（average value of $f$）為數

$$f_{av} = \frac{1}{b-a}\int_a^b f(x)\, dx \qquad (1)$$

若 $f$ 非負，則有下列 $f$ 在 $[a, b]$ 的平均值之幾何意義。參照圖 5.38，發現 $f_{av}$ 為底在 $[a, b]$ 區間上的長方形的高，且此長方形的面積和圖形 $f$ 下方在 $[a, b]$ 的區域面積相同。

回到磁浮列車移動的例題，若在 $[a, b]$，$v(t) \geq 0$，則磁浮列車在 $[a, b]$ 期間行駛的距離為 $\int_a^b v(t)dt$，即圖形 $v$ 下方在 $[a, b]$ 的區域面積。但是這個面積等於 $(b-a)v_{av}$，此處 $v_{av}$ 為速度函數 $v$ 的平均值。因此，磁浮列車從 $t=a$ 到 $t=b$，以 $v(t)$ 呎／秒的速率行駛的距離可以表示成在相同期間以常數（constant）速率（稱為平均速率 $v_{av}$ 呎／秒）行駛的距離。

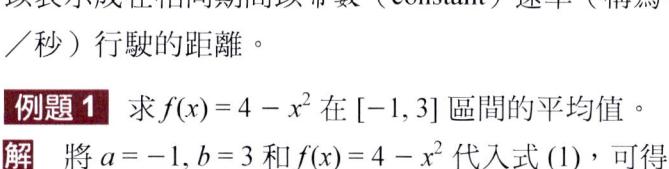

**例題 1** 求 $f(x) = 4 - x^2$ 在 $[-1, 3]$ 區間的平均值。

**解** 將 $a = -1$，$b = 3$ 和 $f(x) = 4 - x^2$ 代入式 (1)，可得

$$\begin{aligned}
f_{av} &= \frac{1}{b-a}\int_a^b f(x)\, dx \\
&= \frac{1}{3-(-1)}\int_{-1}^3 (4-x^2)\, dx \\
&= \frac{1}{4}\left(\frac{20}{3}\right) \quad \text{使用 5.4 節例題 2 的結果} \\
&= \frac{5}{3}
\end{aligned}$$

若再看一次圖 5.38，會發現在 $[a, b]$ 內有一數 $c$，滿足 $f(c) = f_{av}$（圖 5.39）。

下面的定理保證，若 $f$ 在 $[a, b]$ 連續，則在此區間內至少有一數，它所對應的值為 $f_{av}$。

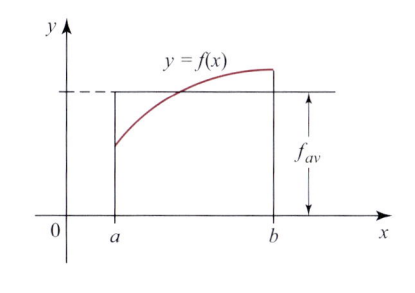

**圖 5.38**

長方形的面積為
$(b-a)f_{av} = \int_a^b f(x)\, dx =$ 圖形 $f$ 下方區域的面積

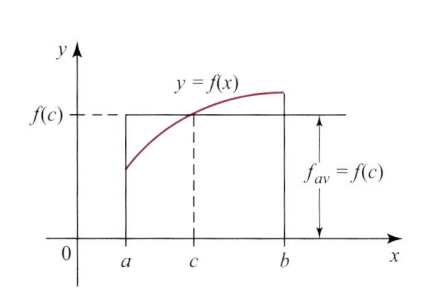

**圖 5.39**

$f_{av} = \dfrac{1}{b-a}\int_a^b f(x)\, dx$

> **定理 1　積分的均值定理**
>
> 若 $f$ 在 $[a, b]$ 連續，則在 $[a, b]$ 內存在數 $c$，使得
>
> $$f(c) = f\frac{1}{b-a}\int_a^b f(c)\, dx$$

**證明**　因為 $f$ 在 $[a, b]$ 區間連續，極值定理告訴我們，$f$ 在 $[a, b]$ 內有一點達到絕對極小值 $m$，並於 $[a, b]$ 內有一點達到絕對極大值 $M$。所以對於在 $[a, b]$ 內的所有 $x$，$m \leq f(x) \leq M$。

根據積分特性 6，可得

$$m(b-a) \leq \int_a^b f(x)\, dx \leq M(b-a)$$

若 $b > a$，則式子同除 $(b-a)$，可得

$$m \leq \frac{1}{b-a}\int_a^b f(x)\, dx \leq M$$

因為數

$$\frac{1}{b-a}\int_a^b f(x)\, dx$$

落在 $m$ 和 $M$ 之間，所以中間值定理保證在 $[a, b]$ 內至少存在數 $c$ 滿足

$$f(c) = \frac{1}{b-a}\int_a^b f(x)\, dx$$

即得證。

**例題 2**　求數 $c$，使得 $f(x) = 4-2x$ 在 $[0, 2]$ 區間的積分滿足均值定理的條件。

**解**　函數 $f(x) = 4-2x$ 在 $[0, 2]$ 區間連續。所以，積分的均值定理敘述在 $[0, 2]$ 內存在一數 $c$ 使得

$$\frac{1}{b-a}\int_a^b f(x)\, dx = f(c)$$

其中 $a = 0$ 和 $b = 2$。因此，

$$\frac{1}{2-0}\int_0^2 (4-2x)\, dx = 4 - 2c$$

但是

$$\int_0^2 (4-2x)\,dx = 4 \quad \text{見 5.4 節例題 5a}$$

所以

$$\frac{1}{2}(4) = 4 - 2c$$

即 $c = 1$（圖 5.40）。

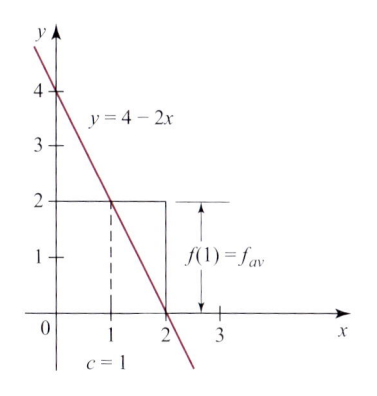

圖 5.40

在 [0, 2] 內的點 $c = 1$ 滿足 $f(c) = f_{av}$ 正如積分的均值定理所保證

### ■ 微積分基本定理的第一部分

若 $f$ 為定義在 $[a, b]$ 連續且非負的函數且 $x$ 為 $[a, b]$ 內任意點。令

$$A(x) = \int_a^x f(t)\,dt$$

（因為用 $x$ 表示積分的上限，所以使用掛名的變數 $t$。）則因為 $f$ 非負，所以 $A(x)$ 可解釋為圖形 $f$ 下方在 $[a, x]$ 區間的區域面積，如圖 5.41 所示。對於在 $[a, b]$ 內的每個點 $x$，數 $A(x)$ 是唯一的，所以 $A$ 為定義在 $[a, b]$ 的 $x$ 函數。

接著看一個特例。假設在 $[0, 1]$ 區間 $f(x) = x$。若用 5.4 節例題 3 的結果，將 $a = 0$ 和 $b = x$ 代入式子，則

$$A(x) = \int_0^x t\,dt = \frac{1}{2}x^2 \quad 0 \le x \le 1$$

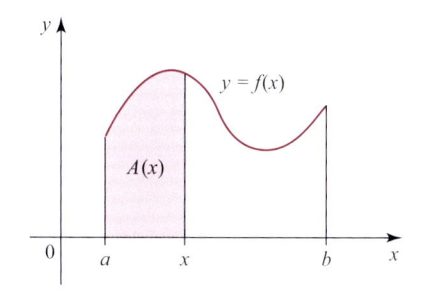

圖 5.41

$A(x) = \int_a^x f(t)\,dt$ 為圖形 $f$ 下方在 $[a, x]$ 的區域面積

若參考圖 5.42 並將積分 $\int_0^x t\,dt$ 解釋為三角形陰影的面積，則此結果也是明顯的。觀察

$$A'(x) = \frac{d}{dx}\int_0^x t\,dt = \frac{d}{dx}\left(\frac{1}{2}x^2\right) = x = f(x)$$

所以 $A(x)$ 為 $f(x) = x$ 的反導函數。對於所有連續函數 $f$，若

$$\frac{d}{dx}\int_a^x f(t)\,dt = f(x)$$

成立，則這是很令人驚訝的。因為它提供微分的過程和積分的過程之間的聯繫。大致上，此式子陳述微分不能做積分所做的：這兩個運算子是互逆的。因此微分（求曲線上的切線斜率）和積分（求曲線所包圍的區域的面積）表面上似乎是不相干的問題，事實上卻是有親密的關係。

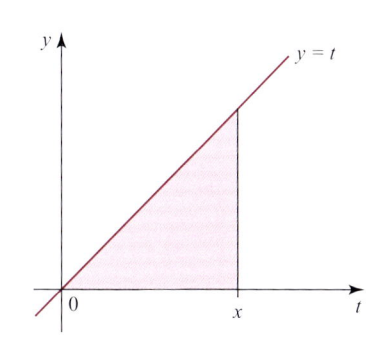

圖 5.42

三角形的面積為 $\frac{1}{2}(x)(x) = \frac{1}{2}x^2$

由於它的重要性被稱為微積分基本定理，所以結論是正確的。

> **定理 2  微積分基本定理的第一部分**
>
> 若 $f$ 在 $[a, b]$ 連續，則函數 $F$ 被定義為
>
> $$F(x) = \int_a^x f(t)\, dt \qquad a \leq x \leq b$$
>
> 在 $(a, b)$ 可微分且
>
> $$F'(x) = \frac{d}{dx}\int_a^x f(t)\, dt = f(x) \tag{2}$$

**證明**　固定 $(a, b)$ 內的點 $x$ 並令 $x + h$ 在 $(a, b)$ 內，其中 $h \neq 0$，則

$$\begin{aligned}
F(x + h) - F(x) &= \int_a^{x+h} f(t)\, dt - \int_a^x f(t)\, dt \\
&= \int_a^x f(t)\, dt + \int_x^{x+h} f(t)\, dt - \int_a^x f(t)\, dt \quad \text{根據特性 3}\\
&= \int_x^{x+h} f(t)\, dt
\end{aligned}$$

積分的均值定理告訴我們，在 $x$ 和 $x + h$ 之間存在數 $c$，使得

$$\int_x^{x+h} f(t)\, dt = f(c) \cdot h$$

因此，

$$\frac{F(x + h) - F(x)}{h} = \frac{1}{h}\int_x^{x+h} f(t)\, dt = \frac{f(c) \cdot h}{h} = f(c)$$

接著觀察得知，當 $h$ 逼近 $0$，落在 $x$ 和 $x + h$ 之間的數 $c$ 因為夾擠的關係逼近 $x$，並根據連續性，$f(c)$ 逼近 $f(x)$。所以，

$$F'(x) = \lim_{h \to 0} \frac{F(x + h) - F(x)}{h} = \lim_{h \to 0} \frac{1}{h}\int_x^{x+h} f(t)\, dt = \lim_{h \to 0} f(c) = f(x)$$

即得證。 ∎

**例題 3**　求函數的導數：

**a.** $F(x) = \displaystyle\int_{-1}^x \frac{1}{1 + t^2}\, dt$　　**b.** $G(x) = \displaystyle\int_x^3 \sqrt{1 + t^2}\, dt$

**解**

**a.** 被積分函數

$$f(t) = \frac{1}{1 + t^2}$$

處處連續。使用微積分基本定理的第一部分,可得

$$F'(x) = \frac{d}{dx}\int_{-1}^{x} \frac{1}{1+t^2}\,dt = f(x) = \frac{1}{1+x^2}$$

**b.** 被積分函數 $\sqrt{1+t^2}$ 處處連續。所以,

$$G'(x) = \frac{d}{dx}\int_{x}^{3}\sqrt{1+t^2}\,dt = \frac{d}{dx}\left[-\int_{3}^{x}\sqrt{1+t^2}\,dt\right] \qquad \int_{a}^{b} f(x)\,dx = -\int_{b}^{a} f(x)\,dx$$

$$= -\frac{d}{dx}\int_{3}^{x}\sqrt{1+t^2}\,dt$$

$$= -\sqrt{1+x^2}$$

**例題 4** 若 $y = \int_{0}^{x^3} \cos t^2\,dt$,$\dfrac{dy}{dx}$ 是什麼?

**解** 注意積分的上限不是 $x$,所以目前的題目還不適用微積分基本定理的第一部分。令

$$u = x^3 \quad \text{則} \quad \frac{du}{dx} = 3x^2$$

使用連鎖規則和微積分基本定理的第一部分,可得

$$\frac{dy}{dx} = \frac{dy}{du}\cdot\frac{du}{dx} = \left[\frac{d}{du}\int_{0}^{u}\cos t^2\,dt\right]\cdot\frac{du}{dx}$$

$$= (\cos u^2)(3x^2) = 3x^2\cos x^6$$

## 微積分基本定理的第二部分

下面的定理,是微積分基本定理的第一部分的結果,表示如何透過找被積分函數的反導函數來計算定積分,而不是仰賴計算黎曼合的極限。因此,這工作變得簡單多了。

---

**定理 3　微積分基本定理的第二部分**

若 $f$ 在 $[a, b]$ 連續,則

$$\int_{a}^{b} f(x)\,dx = F(b) - F(a) \qquad (3)$$

此處 $F$ 為 $f$ 的任意反導函數,亦即,$F' = f$。

---

**證明** 令 $G(x) = \int_{a}^{x} f(t)\,dt$。根據定理 2 得知 $G$ 為 $f$ 的反導函數。若 $F$ 為 $f$ 的另一個反導函數,則 5.1 節的定理 1 說明,$F$ 和 $G$ 之間相差一個常數。換言之,$F(x) = G(x) + C$。為了決定 $C$,我們令 $x = a$ 並代入式子,即得

$$F(a) = G(a) + C = \int_a^a f(t)\,dt + C = C \quad \int_a^a f(x)\,dx = 0$$

又計算 $F$ 在 $b$ 的值，

$$F(b) = G(b) + C = \int_a^b f(t)\,dt + F(a)$$

由此得到結論

$$F(b) - F(a) = \int_a^b f(x)\,dx$$

當使用微積分基本定理時，使用下面的記號比較方便。

$$\left[F(x)\right]_a^b = F(b) - F(a) \quad \text{「}F(x)\text{在 }b\text{ 的值減掉 }F(x)\text{在 }a\text{ 的值」}$$

譬如：使用此記號，式 (3) 可寫成

$$\int_a^b f(x)\,dx = \left[F(x)\right]_a^b = F(b) - F(a)$$

同時根據微積分基本定理，若 $F(x)+C$ 為 $f$ 的任意反導函數，則

$$\int_a^b f(x)\,dx = \left[F(x) + C\right]_a^b$$
$$= [F(b) + C] - [F(a) + C]$$
$$= F(b) - F(a) = \left[F(x)\right]_a^b$$

此結果顯示，當使用微積分基本定理時，可以把積分的常數拿掉。

由於微積分基本定理的第二部分，從此以後，可以使用求反導函數的知識來計算定積分。

**例題 5** 計算

**a.** $\int_1^2 (x^3 - 2x^2 + 1)\,dx$　　**b.** $\int_0^4 2\sqrt{x}\,dx$　　**c.** $\int_0^{\pi/2} \cos x\,dx$

**解**

**a.** $\int_1^2 (x^3 - 2x^2 + 1)\,dx = \left[\dfrac{1}{4}x^4 - \dfrac{2}{3}x^3 + x\right]_1^2$

$$= \left(4 - \dfrac{16}{3} + 2\right) - \left(\dfrac{1}{4} - \dfrac{2}{3} + 1\right) = \dfrac{1}{12}$$

**b.** $\int_0^4 2\sqrt{x}\,dx = \int_0^4 2x^{1/2}\,dx = \left[\dfrac{4}{3}x^{3/2}\right]_0^4 = \dfrac{4}{3}(4)^{3/2} - \dfrac{4}{3}(0) = \dfrac{32}{3}$

**c.** $\int_0^{\pi/2} \cos x\,dx = \left[\sin x\right]_0^{\pi/2} = 1 - 0 = 1$

下一個例題說明如何計算定義為片段式之函數的定積分。

**例題 6** 計算 $\int_{-2}^{2} f(x)\,dx$，其中

$$f(x) = \begin{cases} -x^2 + 1, & x < 0 \\ x^3 + 1, & x \geq 0 \end{cases}$$

**解** 圖形 $f$ 展示於圖 5.43。觀察得知，$f$ 在 $[-2, 2]$ 連續。因為 $f(x)$ 以不同的規則定義在兩個子區間 $[-2, 0)$ 和 $[0, 2]$，所以使用定積分的特性 3 來計算

$$\int_{-2}^{2} f(x)\,dx = \int_{-2}^{0} f(x)\,dx + \int_{0}^{2} f(x)\,dx$$

$$= \int_{-2}^{0} (-x^2 + 1)\,dx + \int_{0}^{2} (x^3 + 1)\,dx$$

$$= \left[-\frac{1}{3}x^3 + x\right]_{-2}^{0} + \left[\frac{1}{4}x^4 + x\right]_{0}^{2}$$

$$= 0 - \left(\frac{8}{3} - 2\right) + (4 + 2) - 0 = \frac{16}{3}$$

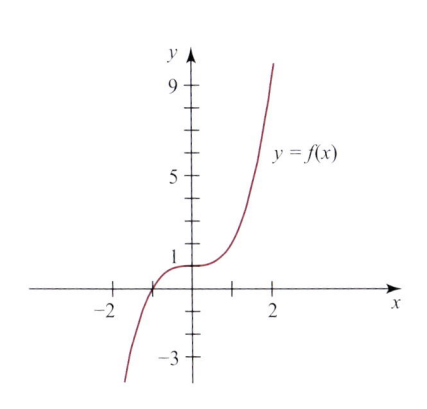

| 圖 5.43

$\int_{-2}^{2} f(x)\,dx = \int_{-2}^{0} f(x)\,dx + \int_{0}^{2} f(x)\,dx$

## 使用代換法計算定積分

下面兩個例題說明代換法如何用來幫助計算定積分。

**例題 7** 計算 $\int_{0}^{2} x\sqrt{x^2 + 4}\,dx$。

**解** 方法 I：考慮相對應的不定積分

$$I = \int x\sqrt{x^2 + 4}\,dx = \int x(x^2 + 4)^{1/2}\,dx$$

令 $u = x^2 + 4$，則 $du = 2x\,dx$ 即 $x\,dx = \frac{1}{2}du$。將這些等式代入積分後，可得

$$I = \int \frac{1}{2} u^{1/2}\,du = \frac{1}{3} u^{3/2} + C = \frac{1}{3}(x^2 + 4)^{3/2} + C$$

由函數 $f(x) = x\sqrt{x^2 + 4}$ 的反導函數知識，計算給予的積分如下：

$$\int_{0}^{2} x\sqrt{x^2 + 4}\,dx = \left[\frac{1}{3}(x^2 + 4)^{3/2}\right]_{0}^{2} = \frac{1}{3}(8)^{3/2} - \frac{1}{3}(4)^{3/2} = \frac{8}{3}(2\sqrt{2} - 1)$$

**解** 方法 II：改變積分的極限　如之前所做的代換，令 $u = x^2 + 4$，則 $du = 2x\,dx$ 即 $x\,dx = \frac{1}{2}du$。接著直接觀察：給予的積分之上下限分別為 0 和 2，因此所給予的積分範圍（range of integration）為 $[0, 2]$ 區間。要進行的代換 $u = x^2 + 4$ 是將原來的積分轉換為另一個以新

的變數 $u$ 為變數的積分。

為了得到積分新的極限，注意到當 $x = 0$，$u = 0 + 4 = 4$，得到對 $u$ 積分時積分的下限。同理，當 $x = 2$，$u = 4 + 4 = 8$，得到積分的上限。因此，當此積分是對 $u$ 積分時，積分範圍變為 $[4, 8]$。由於此，積分式可寫成

$$\int_0^2 x(x^2 + 4)^{1/2}\, dx = \int_4^8 \frac{1}{2} u^{1/2}\, du = \left[\frac{1}{3} u^{3/2}\right]_4^8$$

$$= \frac{1}{3}(8)^{3/2} - \frac{1}{3}(4)^{3/2} = \frac{8}{3}(2\sqrt{2} - 1)$$

如之前所得。 ∎

**例題 8** 計算 $\displaystyle\int_0^{\pi/4} \cos^3 2x \sin 2x\, dx$。

**解** 令 $u = \cos 2x$，則 $du = -2\sin 2x\, dx$ 即 $\sin 2x\, dx = \frac{1}{2}\, du$。又若 $x = 0$，則 $u = 1$。當 $x = \pi/4$，$u = 0$，得到 0 和 1 分別為對 $u$ 積分的上限和下限。做這樣的代換後，可得

$$\int_0^{\pi/4} \cos^3 2x \sin 2x\, dx = \int_1^0 u^3 \left(-\frac{1}{2}\, du\right)$$

$$= -\frac{1}{8} u^4 \bigg|_1^0$$

$$= 0 - \left(-\frac{1}{8}\right) = \frac{1}{8} \quad \blacksquare$$

**註** 不要被對 $u$ 積分的上限和下限從 0 積到 1 的事實嚇到。當使用代換法積分，發生這種事是很正常的。當然，

$$\int_1^0 u^3 \left(-\frac{1}{2}\, du\right) = -\int_0^1 u^3 \left(-\frac{1}{2}\, du\right) \quad \int_a^b f(x)\, dx = -\int_b^a f(x)\, dx$$

可以自行證明。 ∎

### ■ 奇函數和偶函數的定積分

下面的定理使用被積分函數的對稱性來幫助計算定積分。

---

**定理 4** 奇函數和偶函數的積分

假設 $f$ 在 $[-a, a]$ 連續。

**a.** 若 $f$ 是偶的，則 $\displaystyle\int_{-a}^{a} f(x)\, dx = 2\int_0^a f(x)\, dx$。

**b.** 若 $f$ 是奇的，則 $\displaystyle\int_{-a}^{a} f(x)\, dx = 0$。

**證明** 因為

$$\int_{-a}^{a} f(x)\,dx = \int_{-a}^{0} f(x)\,dx + \int_{0}^{a} f(x)\,dx = -\int_{0}^{-a} f(x)\,dx + \int_{0}^{a} f(x)\,dx \quad (4)$$

對於積分

$$\int_{0}^{-a} f(x)\,dx$$

令 $u = -x$，則 $du = -dx$。又若 $x = 0$，則 $u = 0$。當 $x = -a$，$u = a$。所以

$$\int_{0}^{-a} f(x)\,dx = \int_{0}^{a} f(-u)(-du) = -\int_{0}^{a} f(-x)\,dx$$

因此，式 (4) 可寫成

$$\int_{-a}^{a} f(x)\,dx = \int_{0}^{a} f(-x)\,dx + \int_{0}^{a} f(x)\,dx = \int_{0}^{a} [f(-x) + f(x)]\,dx \quad (5)$$

若 $f$ 是偶的，則 $f(-x) = f(x)$，使用式 (5)，可得

$$\int_{-a}^{a} f(x)\,dx = \int_{0}^{a} [f(x) + f(x)]\,dx = 2\int_{0}^{a} f(x)\,dx$$

若 $f$ 是奇的，則

$$\int_{-a}^{a} f(x)\,dx = \int_{0}^{a} [-f(x) + f(x)]\,dx = 0 \qquad ■$$

圖 5.44 是定理 4 的幾何說明。圖 5.44a 中，此非負函數 $f$ 圖形下方從 $-a$ 到 0 的區域面積和圖形 $f$ 下方從 0 到 $a$ 的區域面積相同，所以圖形 $f$ 下方從 $-a$ 到 $a$ 的區域面積等於從 0 到 $a$ 的兩倍。但是每一個這些面積都有一個適合的積分，所以得到此定理的第一個結果。圖 5.44b 中，圖形 $f$ 上方和 $x$ 軸下方從 $-a$ 到 0 的區域面積等於圖形 $f$ 下方從 0 到 $a$ 的區域面積；前面的是負（negative）的積分從 0 積到 $a$。

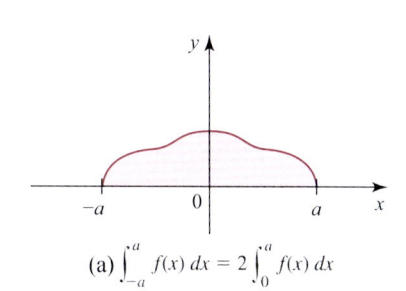

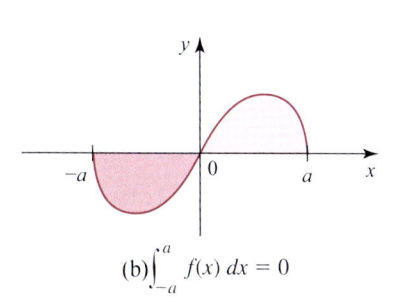

**圖 5.44**
(a) 偶函數和 (b) 奇函數的積分

(a) $\int_{-a}^{a} f(x)\,dx = 2\int_{0}^{a} f(x)\,dx$

(b) $\int_{-a}^{a} f(x)\,dx = 0$

**例題 9** 計算

a. $\int_{-1}^{1} (x^2 + 2)\,dx$ 　　　b. $\int_{-2}^{2} \dfrac{\sin x}{\sqrt{1 + x^2}}\,dx$

**解**

a. 此處 $f(-x) = (-x)^2 + 2 = x^2 + 2 = f(x)$，所以根據定理 4，

$$\int_{-1}^{1} (x^2 + 2)\,dx = 2\int_{0}^{1} (x^2 + 2)\,dx = 2\left(\frac{1}{3}x^3 + 2x\right)\bigg|_{0}^{1}$$

$$= 2\left(\frac{1}{3} + 2\right) = \frac{14}{3}$$

**b.** 此處

$$f(-x) = \frac{\sin(-x)}{\sqrt{1+(-x)^2}} = -\frac{\sin x}{\sqrt{1+x^2}} = -f(x)$$

所以 $f$ 是奇的。根據定理 4，

$$\int_{-2}^{2} \frac{\sin x}{\sqrt{1+x^2}}\,dx = 0$$

## ◾ 定積分作為淨變動量

於真實世界的應用中，經常出現某時期的淨變動量。譬如：假設 $P$ 為人口函數，$P(t)$ 表示某城市於時間 $t$ 的人口。則人口在 $t = a$ 到 $t = b$ 期間的淨變動為

$$P(b) - P(a) \quad \text{$t = b$ 時的人口減 $t = a$ 時的人口}$$

若 $P$ 的導函數 $P'$ 在 $[a, b]$ 連續，則可以使用微積分基本定理的第二部分，寫成

$$P(b) - P(a) = \int_a^b P'(t)\,dt \quad \text{$P$ 為 $P'$ 的反導函數}$$

因此，若知道人口在時間 $t$ 的變化率（rate of change），則可以透過計算適當的定積分來計算人口在 $t = a$ 到 $t = b$ 期間的淨變動。

**例題 10** **Clark 郡的人口成長** Nevada 州的 Clark 郡（首府 Las Vegas 市）為美國最快速成長的都會區之一，其人口自 1970 年至 2000 年的成長速率為

$$R(t) = 133{,}680t^2 - 178{,}788t + 234{,}633 \qquad 0 \le t \le 4$$

$R(t)$ 的單位為（人口數／10 年），$t = 0$ 表示 1970 年初。該郡自 1980 年初至 1990 年初人口數的淨改變量是多少？

資料來源：U.S. Census Bureau.

**解** 該郡自 1980 年初（$t = 1$）至 1990 年初（$t = 2$）人口數的淨改變量為 $P(2) - P(1)$，其中 $P$ 表示該郡在時間 $t$ 的人口數。由於 $P' = R$，

$$P(2) - P(1) = \int_1^2 P'(t)\,dt = \int_1^2 R(t)\,dt$$

$$= \int_1^2 (133{,}680t^2 - 178{,}788t + 234{,}633)\,dt$$

$$= \left[44{,}560t^3 - 89{,}394t^2 + 234{,}633t\right]_1^2$$
$$= [44{,}560(2^3) - 89{,}394(2^2) + 234{,}633(2)]$$
$$\quad - [44{,}560 - 89{,}394 + 234{,}633]$$
$$= 278{,}371$$

故該時間間隔內人口數的淨改變量為 278,371 人。 ∎

更廣義地，我們有下面的結果。假設 $f$ 有一個連續的導函數，即使只要 $f'$ 是可積分就夠了。

> **淨變動公式**
>
> 若 $f'$ 在 $[a, b]$ 連續，則函數 $f$ 在 $[a, b]$ 的淨變動為
>
> $$f(b) - f(a) = \int_a^b f'(x)\, dx \tag{6}$$

另一個函數 $f$ 的淨變動例題，我們考慮物體在直線上的運動。假設此物體的位置函數和速度函數分別為 $s$ 和 $v$。因為 $s'(t) = v(t)$，所以式 (6) 為

$$s(b) - s(a) = \int_a^b s'(t)\, dt = \int_a^b v(t)\, dt$$

它表示此物體在 $[a, b]$ 期間位置的淨變動。此位置的淨變動是物體在 $t = a$ 到 $t = b$ 期間的位移（displacement）（記得此結論在 5.4 節也有討論過）。

為了計算物體在 $t = a$ 到 $t = b$ 期間移動的距離，觀察得知，若在 $[c, d]$ 區間，$v(t) \geq 0$，則物體在 $t = c$ 到 $t = d$ 期間移動的距離為它的位移 $\int_c^d v(t)\, dt$。換言之，若在 $[c, d]$ 區間，$v(t) \leq 0$，則物體在 $t = c$ 到 $t = d$ 期間移動的距離為負的位移，亦即 $-\int_c^d v(t)\, dt$。但是 $-\int_c^d v(t)\, dt = \int_c^d -v(t)\, dt$。因為

$$|v(t)| = \begin{cases} v(t), & v(t) \geq 0 \\ -v(t), & v(t) < 0 \end{cases}$$

我們知道不論哪一種情況，物體移動的距離是對物體的速率作積分的。因此，物體在 $t = a$ 和 $t = b$ 之間移動的距離為

$$\int_a^b |v(t)|\, dt \tag{7}$$

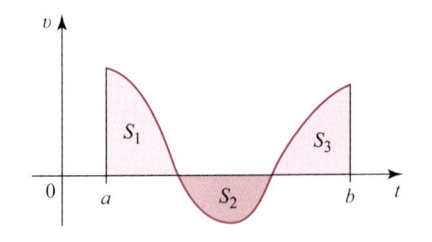

**圖 5.45**

位移是 $\int_a^b v(t)\,dt = S_1$ 的面積 $- S_2$ 的面積 $+ S_3$ 的面積，且距離為 $\int_a^b |v(t)|\,dt = S_1$ 的面積 $+ S_2$ 的面積 $+ S_3$ 的面積

圖 5.45 為物體位移的幾何說明和物體移動的距離。

**例題 11** 一輛在直線道路上行駛的汽車，其速度函數為

$$v(t) = t^2 + t - 6 \qquad 0 \leq t \leq 10$$

其中 $v(t)$ 的單位為呎／秒。

**a.** 求該車在 $t = 1$ 到 $t = 4$ 之間的位移。

**b.** 求該車在 $t = 1$ 到 $t = 4$ 之間所行駛的距離。

**解**

**a.** 利用式 (6) 可得位移為

$$s(4) - s(1) = \int_1^4 v(t)\,dt = \int_1^4 (t^2 + t - 6)\,dt$$

$$= \left[\frac{1}{3}t^3 + \frac{1}{2}t^2 - 6t\right]_1^4 = 10\frac{1}{2}$$

亦即該車在 $t = 4$ 的位置為其在 $t = 1$ 位置的右方 $10\frac{1}{2}$ 呎。

**b.** 若將 $v(t)$ 寫為 $v(t) = t^2 + t - 6 = (t-2)(t+3)$，則在 $[1, 2]$ 區間 $v(t) \leq 0$，而在 $[2, 4]$ 區間 $v(t) \geq 0$（圖 5.46）。使用式 (7) 計算，可得該車在 $t = 1$ 到 $t = 4$ 之間所行駛的距離為

$$\int_1^4 |v(t)|\,dt = \int_1^2 (-v(t))\,dt + \int_2^4 v(t)\,dt$$

$$= \int_1^2 (-t^2 - t + 6)\,dt + \int_2^4 (t^2 + t - 6)\,dt$$

$$= \left[-\frac{1}{3}t^3 - \frac{1}{2}t^2 + 6t\right]_1^2 + \left[\frac{1}{3}t^3 + \frac{1}{2}t^2 - 6t\right]_2^4$$

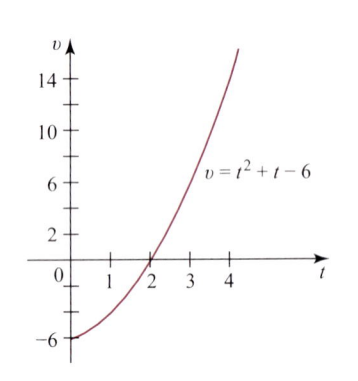

$$= 14\frac{5}{6}$$

即 $14\frac{5}{6}$ 呎。∎

**圖 5.46**

當 $t \in [1, 2]$，則 $v(t) \leq 0$，且當 $t \in [2, 4]$，則 $v(t) \geq 0$

## 5.5 習題

1. 令 $F(x) = \int_2^x t^2 \, dt$。
   a. 使用微積分基本定理的第一部分求 $F'(x)$。
   b. 使用微積分基本定理的第二部分計算 $\int_2^x t^2 \, dt$，得到 $F(x)$ 的另一種表示。
   c. 對 (b) 得到的式子微分並比較 (a) 得到的結果。評論你的結論。

2-6 題，求函數的導數。

2. $F(x) = \int_0^x \sqrt{3t+5} \, dt$
3. $g(x) = \int_2^x \dfrac{1}{t^2+1} \, dt$
4. $F(x) = \int_x^\pi \sin 2t \, dt$
5. $g(x) = \int_2^{\sqrt{x}} \dfrac{\sin t}{t} \, dt$
6. $F(x) = \int_1^{\cos x} \dfrac{t^2}{t+1} \, dt$

7-16 題，計算積分。

7. $\int_{-3}^{2} 4 \, dx$
8. $\int_{-1}^{1} (t^2 - 4) \, dt$
9. $\int_{-2}^{1} (3t+2)^2 \, dt$
10. $\int_{1}^{4} \dfrac{1}{\sqrt{x}} \, dx$
11. $\int_{4}^{9} \dfrac{x-1}{\sqrt{x}} \, dx$
12. $\int_{2}^{0} \sqrt{x}(x+1)(x-2) \, dx$
13. $\int_{\pi/6}^{\pi/4} \sec^2 t \, dt$
14. $\int_{0}^{\pi} \sin 2x \cos x \, dx$
15. $\int_{\pi/4}^{\pi/3} \dfrac{dx}{\sin^2 x \cos^2 x}$
16. $\int_{-1}^{1} f(x) \, dx$ 此處 $f(x) = \begin{cases} -x+1, & x \le 0 \\ 2x^2+1, & x > 0 \end{cases}$

17-23 題，計算積分。

17. $\int_{0}^{1} (3-2x)^4 \, dx$
18. $\int_{1}^{2} 8t(t^2-1)^7 \, dt$
19. $\int_{1}^{4} \sqrt[3]{5-u} \, du$
20. $\int_{1}^{4} \dfrac{1}{\sqrt{x}(\sqrt{x}+1)^2} \, dx$
21. $\int_{\pi/2}^{\pi} \cos\left(\dfrac{1}{2}x\right) dx$
22. $\int_{1/\pi}^{2/\pi} \dfrac{\sin\frac{1}{x}}{x^2} \, dx$
23. $\int_{0}^{3} \dfrac{x}{\sqrt{x+1} + \sqrt{5x+1}} \, dx$

24-26 題，求圖形 $f$ 下方在 $[a, b]$ 的區域面積。

24. $f(x) = x^2 - 2x + 2; \quad [-1, 2]$
25. $f(x) = \dfrac{1}{x^2}; \quad [1, 2]$
26. $f(x) = \sec^2 x; \quad \left[0, \dfrac{\pi}{4}\right]$

27-28 題，將極限寫成函數在 $[a, b]$ 區間的黎曼和的極限後，求此極限。

27. $\lim\limits_{n \to \infty} \dfrac{1}{n^5} \sum\limits_{k=1}^{n} k^4; \quad [0, 1]$
28. $\lim\limits_{n \to \infty} \dfrac{2}{n} \sum\limits_{k=1}^{n} \left(2 + \dfrac{2k}{n}\right)^2; \quad [2, 4]$

29-31 題，求函數在指定區間的平均值 $f_{\text{av}}$。

29. $f(x) = 2x^2 - 3x; \quad [-1, 2]$
30. $f(x) = x\sqrt{x^2+4}; \quad [0, 2]$
31. $f(x) = \sin x; \quad [0, \pi]$

32-33 題，(a) 假設函數 $f$ 在 $[a, b]$ 區間滿足均值定理的條件，求數 $c$；和 (b) 繪畫 $f$ 在 $[a, b]$ 的圖形和底在 $[a, b]$ 的長方形，它和圖形 $f$ 下方區域的面積相同。

32. $f(x) = x^2 + 2x; \quad [0, 1]$
33. $f(x) = \sqrt{x+3}; \quad [1, 6]$

34. **汽車行駛距離** 一輛在直線道路上行駛的汽車，其速度函數 $v(t)$ 為

$$v(t) = 2t^2 + t - 6 \qquad 0 \le t \le 8$$

其中 $v(t)$ 的單位為呎／秒。
   a. 求該車在時間 $t = 0$ 秒到 $t = 3$ 秒之間的位移。
   b. 求該車在前述時間間隔內所行駛的距離。

35. **鐵鎚的墜落速度** 建造高層公寓時，一個工人的鐵鎚不慎墜落，墜落的垂直距離為 $h$ 呎。已知當墜落的垂直距離為 $x$ 呎，鐵鎚的速度為 $\bar{v} = \sqrt{2gx}$ 呎／秒，$0 \le x \le h$。證明在墜落距離為 $h$ 呎的時間內鐵鎚的平均速度為 $\bar{v} = \frac{2}{3}\sqrt{2gh}$。

36. **血液在動脈中的流動** 在一半徑為 $R$ 的圓柱形動脈中，距離中心軸 $r$ 公分的血液流速為 $v(r) = k(R^2 - r^2)$，其中 $v(r)$ 的單位為公分／秒且 $k$ 為常數。若 $k = 1000$，$R = 0.2$，求血液在動脈橫截面上的平均流速。

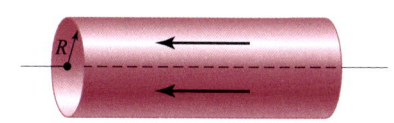

37. **捕食者－被捕食者的數目** 在北方某一地區，狼與北美馴鹿的數目與時間 $t$ 的關係分別為

$$P_1(t) = 8000 + 1000 \sin \dfrac{\pi t}{24}$$

和

$$P_2(t) = 40{,}000 + 12{,}000 \cos \dfrac{\pi t}{24}$$

其中 $t$ 的單位為月,則狼與北美馴鹿在時間區間 [0, 6] 內的平均數目是多少?

38. **全球暖化問題** 大氣中二氧化碳量的增加是全球暖化問題的主因。依據 Scripps Institution of Oceanography 的教授 Charles David Keeling 博士的數據顯示,1958 年至 2007 年期間大氣中各年的平均二氧化碳量可以下式估算:

$$A(t) = 0.010716t^2 + 0.8212t + 313.4 \quad 1 \le t \le 50$$

其中 $A(t)$ 的單位為每百萬的部分體積(ppmv),$t$ 為時間以年計,令 $t = 0$ 表示 1958 年初。求 1958 年至 2007 年期間大氣中的平均二氧化碳量的年平均值。

資料來源:Scripps Institution of Oceanography.

39. 若以 $a$ 呎長的圍籬來圍繞一矩形花園,證明該花園的平均面積為 $a^2/24$ 呎$^2$。

40. 已知函數

$$F(x) = \int_0^x \frac{\sin t}{t} dt \quad x > 0$$

求相對極值的 $x$ 坐標。

41. 計算 $\int_{-1/2}^{1/2} \dfrac{x^7 - 2x^5 + 3x^3 + 2x^2 + x - 2}{x^2 - 1} dx$。

42. 計算 $\int_{-\pi/4}^{\pi/4} (\cos x + 1) \tan^3 x \, dx$。

43. **a.** 證明 $\int_0^\pi x f(\sin x) \, dx = (\pi/2) \int_0^\pi f(\sin x) \, dx$。
    提示:用 $x = \pi - u$ 代換。
    **b.** 使用(a)的結果計算 $\int_0^\pi x \sin x \, dx$。

44. 使用等式

$$\frac{\sin\left(n + \frac{1}{2}\right)x}{2\sin\frac{x}{2}} = \frac{1}{2} + \cos x + \cos 2x + \cdots + \cos nx$$

證明

$$\int_0^\pi \frac{\sin\left(n + \frac{1}{2}\right)x}{\sin\frac{x}{2}} dx = \pi$$

45-46 題,判斷下列敘述是對或是錯。如果它是對,解釋你的理由。如果它是錯,請解釋你的理由或舉例說明。

45. 若積分存在且 $f$ 是偶的,則
$\int_{-a}^a f(x^3) \, dx = 2 \int_0^a f(x^3) \, dx$。

46. 若積分存在且 $f$ 是偶的且 $g$ 是奇的,則
$\int_{-a}^a f(x)[g(x)]^2 \, dx = 2 \int_0^a f(x)[g(x)]^2 \, dx$。

# 第 5 章 複習題

1-10 題,求不定積分。

1. $\int (2x^3 - 4x^2 + 3x + 4) \, dx$

2. $\int (x^{5/3} - 2x^{2/5}) \, dx$

3. $\int \left(x^{2/3} - \dfrac{2}{x^4} + 3\right) dx$

4. $\int (1 + 2t)^3 \, dt$

5. $\int (3t - 4)^8 \, dt$

6. $\int (x + x^{-1})^2 \, dx$

7. $\int \dfrac{3x + 1}{(3x^2 + 2x)^3} \, dx$

8. $\int \cos^4 t \sin t \, dt$

9. $\int \dfrac{\cos \theta}{\sqrt{1 - \sin \theta}} \, d\theta$

10. $\int x \csc x^2 \cot x^2 \, dx$

11-16 題,計算定積分。

11. $\int_0^2 (3x + 5) \, dx$

12. $\int_1^2 \left(\dfrac{1}{x^2} - \dfrac{1}{x^3}\right) dx$

13. $\int_0^4 \dfrac{1}{\sqrt{1 + 2x}} \, dx$

14. $\int_0^1 (x + 1)(2x + 3)^2 \, dx$

15. $\int_0^{\pi/8} \dfrac{\sin 2x}{\cos^2 2x} \, dx$

16. $\int_{\pi/6}^{\pi/4} (\csc \theta + \cot \theta)(1 - \cos \theta) \, d\theta$

17-18 題,求函數在給予區間的平均值。

17. $f(x) = x^3$; [0, 2]

18. $f(t) = t^{3/2}$; [0, 4]

19. 一電鑽自一棟高 128 呎的建築中的大樓邊緣滾落。
    **a.** 求該電鑽 $t$ 秒後的位置。
    **b.** 電鑽何時落至地面?
    **c.** 電鑽落至地面時的速度為何?

20. 一輛在直線道路上行駛的汽車以定減速率的方式使其速率在 8 秒內由 44 呎/秒減到 22 呎/秒。若該車維持前述定減速率,使其速率再由 44 呎/秒減到靜止,則該車在後一階段內行駛的距離為何?

21. **交通流量** 某城市的交通部門估計該市 $t$ 年後之機動車數（千輛）將為
$$0.2t^4 + 4t + 84$$
求未來 5 年內該市之平均機動車數。

22. **旅館的住房率** Paramount 旅館位於某一主題公園附近，在某一年度內，它的住房率可用下面的函數估算：
$$v(t) = -\frac{5}{216}t^3 - \frac{5}{6}t^2 + \frac{25}{2}t + 60 \qquad 0 \le t \le 12$$
其中 $t$ 與 $v(t)$ 的單位分別是月與相對於 1 月 1 日的百分率。求該旅館該年度的平均住房率。

23. **總利潤** Advanced Visuals Systems 公司每週的邊際利潤為
$$P'(x) = -0.000006x^2 - 0.04x + 200$$
其單位為元／組，$x$ 表示售出 42 吋電漿電視的組數。若 $P(0) = -80{,}000$，求該公司每週的總獲利函數 $P$。

24. **行動電話上的電視** 以行動電話觀賞電視的人數預期以
$$N'(t) = \frac{5.4145}{\sqrt{1 + 0.91t}}\,dt \qquad 0 \le t \le 4$$
的速率遞增，其單位為百萬／年。2007 年初（$t = 0$）時以行動電話觀賞電視的人數為 11.9 百萬。
  a. 求每年以行動電話觀賞電視的人數。
  b. 按這個預測，2011 年初以行動電話觀賞電視的人數是多少？
  資料來源：International Data Corporation, U.S. forecast.

25. **呼吸循環** 某人在其呼吸週期中所吸入的空氣體積（升）隨時間（秒）的變化可表示為
$$V(t) = \frac{6}{5\pi}\left(1 - \cos\frac{\pi t}{2}\right)$$
求在其呼吸週期中，0 到 4 秒所吸入的平均空氣體積。

26. 證明 $\dfrac{d}{dx}\displaystyle\int_x^c f(t)\,dt = -f(x)$

## 解題技巧

下面的例題介紹一個技巧，就是將一個定積分轉換成與原來的積分有相同值的另一個積分的技巧。

### 例題

a. 證明若 $f$ 為連續函數，則
$$\int_0^a f(x)\,dx = \int_0^a f(a - x)\,dx$$
b. 使用 (a) 的結果證明 $\int_0^{\pi/2} \sin^m x\,dx = \int_0^{\pi/2} \cos^m x\,dx$。
c. 使用 (b) 的結果計算 $\int_0^{\pi/2} \sin^2 x\,dx$ 與 $\int_0^{\pi/2} \cos^2 x\,dx$。

### 解

a. 將積分的右邊用 $u = a - x$ 代換，所以 $du = -dx$。為了得到積分的極限，觀察得知，當 $x = 0$，$u = a$，且當 $x = a$，$u = 0$。將這些代入式子，即得
$$\int_0^a f(a - x)\,dx = -\int_a^0 f(u)\,du = \int_0^a f(u)\,du = \int_0^a f(x)\,dx$$

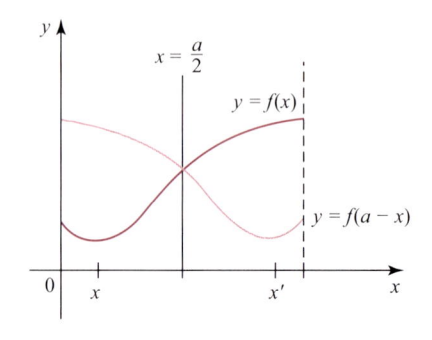

此推論得證。

對此結果有一個簡單的幾何說明。$f$ 在 $[0, a]$ 區間的圖形是 $f(a-x)$ 在相同區間的圖形對稱於垂直線 $x = a/2$ 的鏡像。事實上，若 $A$ 點在 $x$ 軸上且其 $x$ 坐標為 $x$，則 $A'$ 點為它對稱於直線 $x = a/2$ 的鏡像，其 $x$ 坐標為 $x' = a-x$。所以，$f(a-x') = f(a-(a-x)) = f(x)$（圖 5.47）。因為一致的圖形有相等的面積，所以可將定積分視為面積即得此結論。

**b.** 使用 (a) 的結果，得知

$$\int_0^{\pi/2} \sin^m x \, dx = \int_0^{\pi/2} \sin^m\left(\frac{\pi}{2} - x\right) dx$$

$$= \int_0^{\pi/2} \left(\sin\frac{\pi}{2}\cos x - \cos\frac{\pi}{2}\sin x\right)^m dx$$

$$= \int_0^{\pi/2} \cos^m x \, dx$$

**c.** 使用 (b) 的結果和 $m = 2$，可得

$$I = \int_0^{\pi/2} \sin^2 x \, dx = \int_0^{\pi/2} \cos^2 x \, dx$$

因此，

$$2I = \int_0^{\pi/2} \sin^2 x \, dx + \int_0^{\pi/2} \cos^2 x \, dx$$

$$= \int_0^{\pi/2} (\sin^2 x + \cos^2 x) \, dx = \int_0^{\pi/2} dx = \frac{\pi}{2}$$

所以 $I = \pi/4$。 ∎

**圖 5.47**
$f(x)$ 和 $f(a-x)$ 的圖形為對稱於 $x = a/2$ 的鏡像

# 第 6 章　定積分的應用

本章繼續運用積分作為解多種不同問題的工具。尤其是使用積分技巧求曲線之間區域的面積、固體的體積、平面曲線的長度和固體的表面積。

## 6.1　曲線之間的區域面積

### ■ 真實生活的說明

兩輛汽車行駛在平直延伸的高速公路上。$A$ 車和 $B$ 車的速度函數分別為 $v = f(t)$ 和 $v = g(t)$。這些函數的圖形展示於圖 6.1。

| 圖 6.1
陰影區域 $S$ 是 $A$ 車在時間 $t = b$ 時超越 $B$ 車的距離

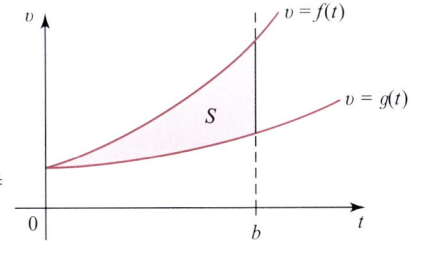

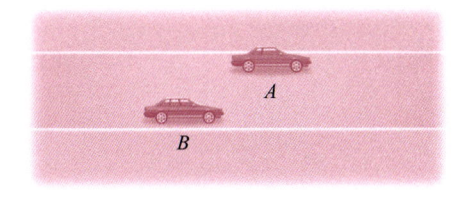

圖形 $f$ 下方從 $t = 0$ 到 $t = b$ 之間的區域面積表示 $A$ 車行駛 $b$ 秒的總距離。而 $B$ 車於相同的時段行駛的距離為圖形 $g$ 下方在 $[0, b]$ 區間的區域面積。直覺上，知道圖形 $f$ 和 $g$ 在 $[0, b]$ 區間所夾的（陰影）區域 $S$ 的面積表示 $A$ 車在時間 $t = b$ 時超越 $B$ 車的距離。

由於圖形 $f$ 下方在 $[0, b]$ 區間的區域面積為

$$\int_0^b f(t)\, dt$$

且圖形 $g$ 下方在 $[0, b]$ 的區域面積為

$$\int_0^b g(t)\, dt$$

得知區域 $S$ 的面積為

$$\int_0^b f(t)\, dt - \int_0^b g(t)\, dt = \int_0^b [f(t) - g(t)]\, dt$$

所以 $A$ 車在時間 $t = b$ 的時候超越 $B$ 車的距離為

$$\int_0^b [f(t) - g(t)]\, dt$$

此例題顯示，有些應用問題可以透過求兩曲線之間所夾區域的面積來求解，其結果可以透過合適的定積分得到。

## ■ 兩曲線之間區域的面積

假設函數 $f$ 和 $g$ 在 $[a, b]$ 都連續並在 $[a, b]$，$f(x) \geq g(x)$，則圖形 $f$ 在圖形 $g$ 的上方或和它重疊。考慮圖 6.2 中，被圖形 $f$ 和 $g$ 以及垂直線 $x = a$ 和 $x = b$ 所包圍的區域 $S$。選取 $[a, b]$ 的正規分割，

$$a = x_0 < x_1 < x_2 < x_3 < \cdots < x_n = b$$

並將此分割組成函數 $f - g$ 的黎曼和：

$$\sum_{k=1}^n [f(c_k) - g(c_k)]\Delta x$$

其中 $c_k$ 是子區間 $[x_{k-1}, x_k]$ 內要被計算的點且 $\Delta x = (b-a)/n$。此總和的第 $k$ 項表示高 $[f(c_k) - g(c_k)]$ 和寬 $\Delta x$ 的長方形面積。如圖 6.3 所示，此面積是圖形 $f$ 和 $g$ 之間在 $[x_{k-1}, x_k]$ 區間的子區域 $S$ 的面積之近似值。

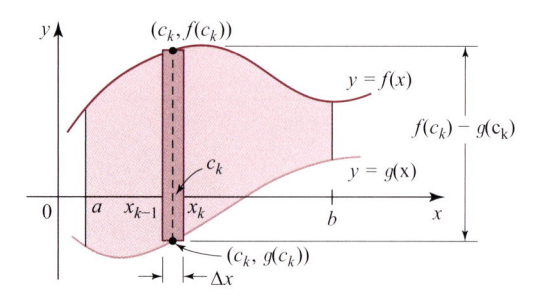

| 圖 6.2
圖形 $f$ 和 $g$ 之間在 $[a, b]$ 的區域 $S$

| 圖 6.3
$f - g$ 黎曼和的第 $k$ 項表示寬 $\Delta x$ 的第 $k$ 個長方形面積

因此，直覺上認定的 $S$ 面積（圖 6.4），可以用黎曼和來逼近。當 $n$ 越來越大，我們期待它有越來越好的近似值。所以將積分定義為

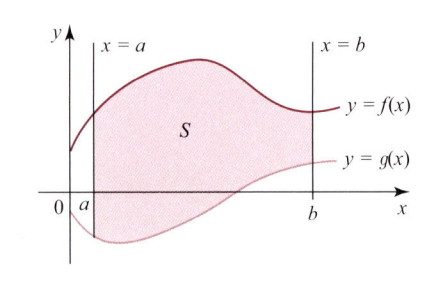

$$A = \lim_{n \to \infty} \sum_{k=1}^{n} [f(c_k) - g(c_k)]\Delta x \quad (1)$$

因為 $f-g$ 在 $[a, b]$ 連續，式 (1) 存在並等於 $f-g$ 從 $a$ 到 $b$ 的定積分。這帶出 $S$ 之面積 $A$ 的定義如下。

### 定義　兩曲線之間區域的面積

令 $f$ 和 $g$ 在 $[a, b]$ 連續，並假設 $[a, b]$ 內的所有 $x$，$f(x) \geq g(x)$，則由圖形 $f$ 和 $g$ 以及垂直線 $x = a$ 和 $x = b$ 所圍成的區域的面積為

$$A = \int_a^b [f(x) - g(x)]\, dx \quad (2)$$

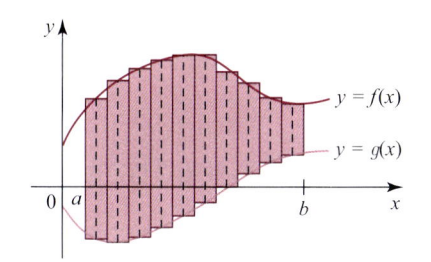

| 圖 6.4

$f-g$ 的黎曼和近似 $S$ 的面積

### 註

1. 假如在 $[a, b]$ 內的所有 $x$，$g(x) = 0$，則區域 $S$ 正是圖形 $f$ 在 $[a, b]$ 下方的區域。所以它的面積為

$$\int_a^b [f(x) - 0]\, dx = \int_a^b f(x)\, dx$$

如所預期的（圖 6.5a）。

2. 假如在 $[a, b]$ 內的所有 $x$，$f(x) = 0$，則區域 $S$ 在 $x$ 軸上或在它的下方，且它的面積為

$$\int_a^b [0 - g(x)]\, dx = -\int_a^b g(x)\, dx$$

這說明可以將負函數的定積分解釋為圖形 $g$ 上方的區域在 $[a, b]$ 的負面積（圖 6.5b）。

(a) 假如在 $[a, b]$，$g(x) = 0$，則 $\int_a^b f(x)\, dx$ 表示 $S$ 的面積

(b) 假如在 $[a, b]$，$f(x) = 0$，則 $-\int_a^b g(x)\, dx$ 表示 $S$ 的面積

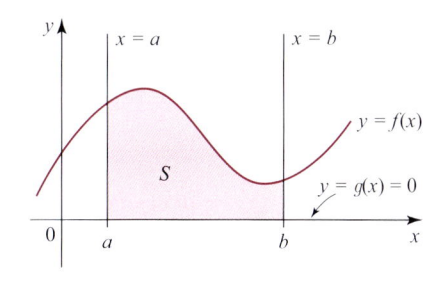

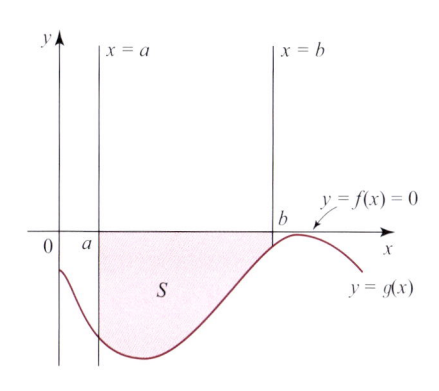

| 圖 6.5

下面的步驟對建立式 (2) 的積分有幫助。

## 歷史傳記
### GILLES PERSONE DE ROBERVAL
### (1602-1675)

生於法國 Beauvais 附近，Gilles Persone（有時拼為 Personier）取自他所出生的村莊的名字，de Roberval。他 14 歲開始學習數學，其後並在旅遊中以教授數學維生，最後獲聘於法國皇家學院擔任數學講座。這是一個具競爭性的職位，因為現任講座必須定期地提出一些數學問題並徵求解答。如果有人解得比現任講座好，現任講座將被要求辭去其職務。終其餘生，Roberval 保有此講座的職務達 41 年之久。不過，由於他寧可私藏其研究成果，以持有一些別人無法解的問題，他很少將那些研究成果發表。他的諸多貢獻之一，是發現如何由一曲線推導另一曲線的方法，這個方法可應用於求某些曲線與其漸近線間的有限面積。

| 圖 6.6
直立式長方形的面積為
$\Delta A = [f(x)-g(x)]\Delta x$

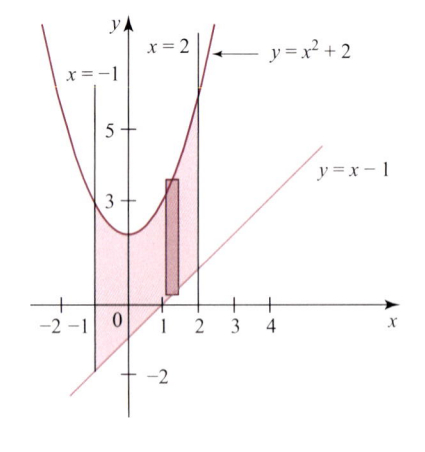

| 圖 6.7
在 $[-1, 2]$，圖形 $f(x) = x^2 + 2$ 在圖形 $g(x) = x-1$ 的上方

### 求兩曲線之間所夾區域的面積

1. 繪畫圖形 $f$ 和 $g$ 之間在 $[a, b]$ 所夾的區域。
2. 繪畫高 $[f(x)-g(x)]$ 和寬 $\Delta x$ 的代表性的長方形並標記它的面積為

$$\Delta A = [f(x)-g(x)]\Delta x$$

3. 觀察得知長方形的高 $[f(x)-g(x)]$，是式 (2) 的被積分函數。寬 $\Delta x$ 提醒我們要對 $x$ 積分。因此，

$$A = \int_a^b [f(x)-g(x)]\, dx$$

（圖 6.6。）

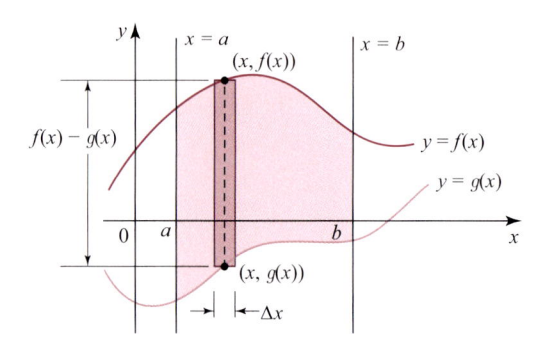

**例題 1** 求由圖形 $y = x^2 + 2$ 和 $y = x-1$ 以及垂直線 $x = -1$ 和 $x = 2$ 所圍成的區域面積。

**解** 首先先畫此區域和所代表的長方形（圖 6.7）。觀察到圖形 $y = x^2 + 2$ 在圖形 $y = x-1$ 的上方。令 $f(x) = x^2 + 2$ 和 $g(x) = x-1$，則在 $[-1, 2]$，$f(x) \geq g(x)$。同時，由圖中可得直立式的長方形面積為

$$\Delta A = [f(x) - g(x)]\Delta x = [(x^2 + 2) - (x - 1)]\Delta x = (x^2 - x + 3)\Delta x$$

（上面的函數－下面的函數）$\Delta x$

故所求區域的面積為

$$A = \int_a^b [f(x) - g(x)]\, dx = \int_{-1}^{2} (x^2 - x + 3)\, dx$$

$$= \left[\frac{1}{3}x^3 - \frac{1}{2}x^2 + 3x\right]_{-1}^{2}$$

$$= \left(\frac{8}{3} - 2 + 6\right) - \left(-\frac{1}{3} - \frac{1}{2} - 3\right) = \frac{21}{2} \text{ 或 } 10\frac{1}{2} \qquad \blacksquare$$

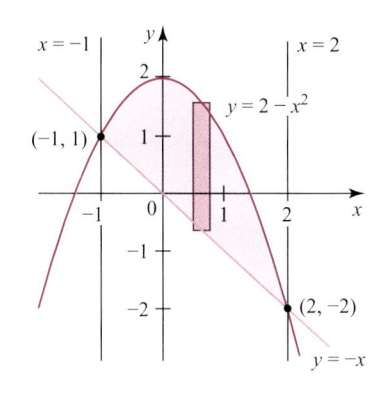

6.1 曲線之間的區域面積　301

**例題 2**　求由圖形 $y = 2-x^2$ 和 $y = -x$ 所圍成的區域面積。

**解**　首先先畫出所求的區域和代表性的長方形（圖 6.8）。解聯立方程式 $y = 2-x^2$ 和 $y = -x$，得到它們的交點，並將第二式代入第一式，

$$-x = 2 - x^2$$
$$x^2 - x - 2 = 0$$
$$(x+1)(x-2) = 0$$

得到交點的 $x$ 坐標 $x = -1$ 和 $x = 2$。可以將此區域的界限看成垂直線 $x = -1$ 和 $x = 2$。它們是積分的上下限，如式 (2) 中的 $a = -1$ 和 $b = 2$。接著令 $f(x) = 2-x^2$ 和 $g(x) = -x$，則在 $[-1, 2]$，$f(x) \geq g(x)$，且代表性的長方形面積為

$$\Delta A = [f(x) - g(x)]\Delta x = [(2-x^2)-(-x)]\Delta x = (-x^2+x+2)\Delta x$$

因此，所求區域的面積為

$$A = \int_a^b [f(x) - g(x)]\,dx = \int_{-1}^{2}(-x^2+x+2)\,dx$$

$$= \left[-\frac{1}{3}x^3 + \frac{1}{2}x^2 + 2x\right]_{-1}^{2}$$

$$= \left(-\frac{8}{3}+2+4\right) - \left(\frac{1}{3}+\frac{1}{2}-2\right) = \frac{27}{6} \quad \text{或} \quad 4\frac{1}{2} \quad \blacksquare$$

**圖 6.8**
在 $[-1, 2]$，圖形 $f(x) = 2-x^2$ 在 $g(x) = -x$ 的上方

**例題 3**　求被圖形 $x = y^2$ 和 $y = x-2$ 所圍成的區域面積。

**解**　區域 $S$ 展示於圖 6.9。解聯立方程式 $x = y^2$ 和 $y = x-2$，得到兩曲線的交點，並將第一式代入第二式

$$y = y^2 - 2$$
$$y^2 - y - 2 = 0$$
$$(y+1)(y-2) = 0$$

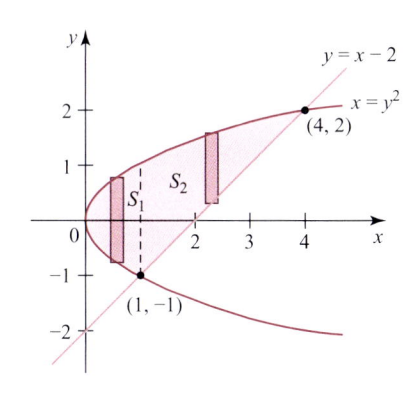

得到交點的 $y$ 坐標，$y = -1$ 和 $y = 2$。其對應的 $x$ 坐標為 $x = 1$ 和 $x = 4$。

觀察到當 $0 \leq x \leq 1$，代表性的長方形位於函數 $g(x) = -\sqrt{x}$（$x = y^2$ 解 $y$）的半拋物線和函數 $f(x) = \sqrt{x}$ 的半拋物線之間；而當 $1 \leq x \leq 4$，代表性的長方形位於直線 $y = h(x) = x-2$ 和 $y = f(x) = \sqrt{x}$ 的半拋物線之間。由此得知 $S$ 的面積為 $S_1$ 和 $S_2$ 的面積和。

於 $S_1$ 內，代表性的長方形面積為

$$\Delta A = [f(x) - g(x)]\Delta x = [\sqrt{x} - (-\sqrt{x})]\Delta x = 2\sqrt{x}\,\Delta x$$

故區域 $S_1$ 的面積為

**圖 6.9**
區域 $S$ 為兩個不重疊的區域 $S_1$ 和 $S_2$ 的聯集

$$A_1 = \int_0^1 2\sqrt{x}\, dx$$

同理，於 $S_2$ 內，代表性的長方形面積為

$$\Delta A = [f(x) - h(x)]\Delta x = [\sqrt{x} - (x-2)]\Delta x = (\sqrt{x} - x + 2)\Delta x$$

因為區域 $S_2$ 的面積為

$$A_2 = \int_1^4 (\sqrt{x} - x + 2)\, dx$$

故區域 $S$ 的面積為

$$\begin{aligned} A_1 + A_2 &= 2\int_0^1 \sqrt{x}\, dx + \int_1^4 (\sqrt{x} - x + 2)\, dx \\ &= \left[\frac{4}{3}x^{3/2}\right]_0^1 + \left[\frac{2}{3}x^{3/2} - \frac{1}{2}x^2 + 2x\right]_1^4 \\ &= \frac{4}{3} + \left(\frac{16}{3} - 8 + 8\right) - \left(\frac{2}{3} - \frac{1}{2} + 2\right) = \frac{9}{2} \quad \text{或} \quad 4\frac{1}{2} \blacksquare \end{aligned}$$

### ■ 對 $y$ 積分

有時在求區域面積時，對 $y$ 積分會比對 $x$ 積分更容易。譬如：圖 6.10 展示的區域是由圖形 $x = f(y)$ 和 $x = g(y)$ 以及水平線 $y = c$ 和 $y = d$ 所圍成的，其中 $f(y) \geq g(y)$ 和 $c \leq d$。

由條件 $f(y) \geq g(y)$ 推得圖形 $f$ 在圖形 $g$ 的右邊。考慮長 $[f(y) - g(y)]$ 和寬 $\Delta y$ 的長方形，它的面積為

$$\Delta A = [f(y) - g(y)]\Delta y$$

所以 $S$ 的面積為

$$A = \int_c^d [f(y) - g(y)]\, dy \tag{3}$$

因為式 (3) 的推演與式 (2) 基本上是一樣，所以此處省略。 ∎

**| 圖 6.10**
在 $[c, d]$，區域 $S$ 的左邊界限是圖形 $x = g(y)$ 且右邊界限是圖形 $x = f(y)$

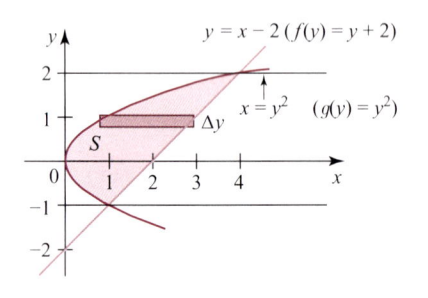

**| 圖 6.11**
水平長方形的面積為 $[f(y) - g(y)]\Delta y$

**例題 4** 使用對 $y$ 積分的方式解例題 3 的問題。

**解** 檢查區域 $S$，得知它是由圖形 $f(y) = y + 2$（$y = x - 2$ 解 $x$），$g(y) = y^2$，和水平線 $y = -1$ 與 $y = 2$ 所圍成的（圖 6.11）。在 $[-1, 2]$ 內的所有 $y$，$f(y) \geq g(y)$。所以代表性的水平長方形面積為

$$\Delta A = [f(y) - g(y)]\Delta y = [(y+2) - y^2]\Delta y = (y + 2 - y^2)\Delta y$$

（右邊的函數 − 左邊的函數）$\Delta y$

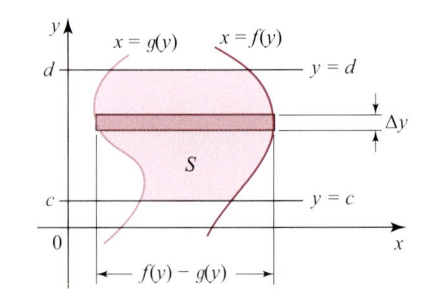

因此

$$A = \int_{-1}^{2} (y + 2 - y^2)\, dy = \left[\frac{1}{2}y^2 + 2y - \frac{1}{3}y^3\right]_{-1}^{2}$$

$$= \left(2 + 4 - \frac{8}{3}\right) - \left(\frac{1}{2} - 2 + \frac{1}{3}\right) = \frac{9}{2} \quad \text{即} \quad 4\frac{1}{2} \qquad \blacksquare$$

**註** 有時候，我們比較喜歡用式 (3) 代替式 (2) 或反之亦然。一般而言，公式的選取和區域的形狀有關。通常選擇可以使積分時將被積分的區域分割最少的變數來積分。但是當使用其中一個變數積分比較困難時，我們就會使用另一個來積分。

## ■ 當曲線糾纏在一起時，應該怎麼辦？

有時候，我們所求的面積是兩曲線所夾的區域 $S$，這兩曲線在某些 $x$ 處，函數 $f$ 在另一個函數 $g$ 的上方（$f(x) \geq g(x)$），並在其他 $x$ 處，函數 $f$ 在另一個函數 $g$ 的下方（$f(x) \leq g(x)$）。

為了求區域 $S$ 的面積，先將它分成小區域 $S_1, S_2, ..., S_n$，每一個有其獨自的條件 $f(x) \geq g(x)$ 或 $f(x) \leq g(x)$。圖 6.12 有 $n = 3$ 的情形。接著再使用之前的步驟計算每個小區域的面積。最後將這些面積加起來就是 $S$ 的面積。因此，圖 6.12 是圖形 $f$ 和 $g$ 以及垂直線 $x = a$ 和 $x = b$ 所圍成的區域 $S$，其面積為

$$A = \int_a^c [f(x) - g(x)]\, dx + \int_c^d [g(x) - f(x)]\, dx + \int_d^b [f(x) - g(x)]\, dx$$

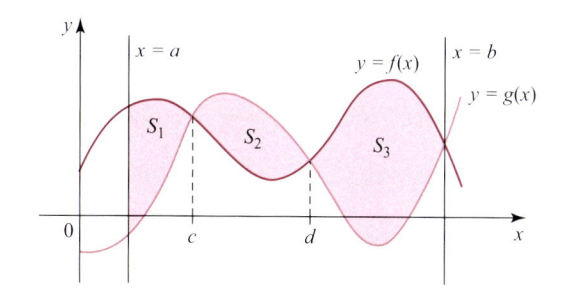

| **圖 6.12**

區域 $S$ 是 $f(x) \geq g(x)$ 的 $S_1$，$f(x) \leq g(x)$ 的 $S_2$，和 $f(x) \geq g(x)$ 的 $S_3$ 的聯集

因為

$$|f(x) - g(x)| = \begin{cases} f(x) - g(x), & f(x) \geq g(x) \\ g(x) - f(x), & f(x) \leq g(x) \end{cases}$$

所以 $A$ 可簡寫成

$$A = \int_a^b |f(x) - g(x)|\, dx \qquad (4)$$

圖 6.13

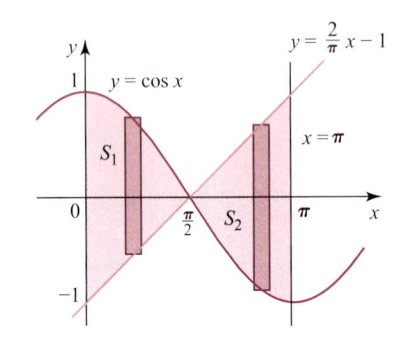

$S$ 的面積是 $S_1$ 和 $S_2$ 的面積和

然而當使用式 (4) 時，仍需決定 $[a, b]$ 區間的哪些子區間 $f(x) \geq g(x)$ 且／或 $g(x) \geq f(x)$，然後將 $A$ 寫成這些子區間之子區域面積的積分和。

**例題 5** 已知由圖形 $y = \cos x$ 和 $y = (2/\pi) x - 1$ 以及垂直線 $x = 0$ 和 $x = \pi$ 所圍的區域，求區域 $S$ 的面積。

**解** 區域 $S$ 展示於圖 6.13。為了找圖形 $y = \cos x$ 和 $y = (2/\pi) x - 1$ 的交點，我們求兩方程式的聯立解。將第一式代入第二式，得到

$$\cos x = \frac{2}{\pi} x - 1$$

檢視圖形，得知 $x = \pi/2$ 是唯一的解。所以交點是 $(\frac{\pi}{2}, 0)$。令 $f(x) = \cos x$ 和 $g(x) = (2/\pi) x - 1$。參考圖 6.13，得知子區域 $S_1$ 和 $S_2$ 的面積 $A_1$ 和 $A_2$ 分別為

$$A_1 = \int_0^{\pi/2} [f(x) - g(x)] \, dx \qquad f(x) \geq g(x)$$

$$= \int_0^{\pi/2} \left[ \cos x - \left( \frac{2}{\pi} x - 1 \right) \right] dx = \int_0^{\pi/2} \left( \cos x - \frac{2}{\pi} x + 1 \right) dx$$

$$= \left[ \sin x - \frac{1}{\pi} x^2 + x \right]_0^{\pi/2} = 1 - \frac{1}{\pi} \left( \frac{\pi}{2} \right)^2 + \frac{\pi}{2}$$

$$= \frac{4\pi - \pi^2 + 2\pi^2}{4\pi} = \frac{4 + \pi}{4}$$

和

$$A_2 = \int_{\pi/2}^{\pi} [g(x) - f(x)] \, dx \qquad g(x) \geq f(x)$$

$$= \int_{\pi/2}^{\pi} \left( \frac{2}{\pi} x - 1 - \cos x \right) dx$$

$$= \left[ \frac{1}{\pi} x^2 - x - \sin x \right]_{\pi/2}^{\pi} = \left[ \frac{1}{\pi} (\pi^2) - \pi - 0 \right] - \left[ \frac{1}{\pi} \left( \frac{\pi}{2} \right)^2 - \frac{\pi}{2} - 1 \right]$$

$$= \pi - \pi - \frac{\pi}{4} + \frac{\pi}{2} + 1 = \frac{4 + \pi}{4}$$

因此所求的面積為

$$A = A_1 + A_2 = \frac{4 + \pi}{4} + \frac{4 + \pi}{4} = \frac{4 + \pi}{2} = 2 + \frac{\pi}{2}$$ ∎

下面的例題取自知名的彈性理論（theory of elasticity），對於兩曲線之間的區域面積，它給予另一種物理說明。

**例題 6** **彈性遲滯現象** 圖 6.14 為經硫化後之橡膠的拉伸力與伸張量之間的關係，其中最大伸張長度為原長度的 7 倍（700 %）。

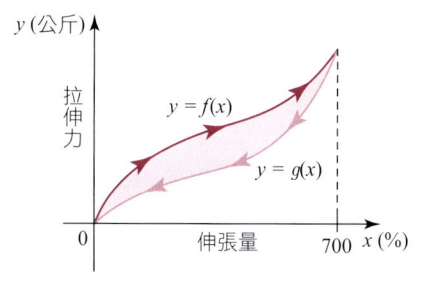

# 6.1 曲線之間的區域面積

函數 f 的圖形為上方的曲線，它描述施加負載（拉伸力）於此橡膠材料時的情況。由於橡膠是彈性材料，當負載移除後，預期它應按原途徑恢復原狀。不過，觀察結果卻是按函數 g 所示途徑恢復原狀。

這樣的行為稱為**彈性遲滯**（elastic hysteresis）現象。在 [0, 700] 區間，f 與 g 的圖形成了此橡膠材料的遲滯迴路。我們可以證明，由遲滯迴路所圍繞出來的面積正比於該橡膠材料內的能量損耗。因此，此橡膠材料的彈性遲滯可表示為

$$\int_0^{700} [f(x) - g(x)]\, dx \quad \text{因為在 } [0, 700]，f(x) \geq g(x)$$

某些橡膠材料的遲滯迴路較大，可作為吸震材料。由於橡膠材料內大部分的能量是以熱的形式損耗，故可將傳遞至機械裝置的震動能減至最少。

**圖 6.14**
一經硫化後之橡膠樣品的拉伸力與伸張量之間的關係：上方的曲線為施加負載時的情況，下方的則為負載減少時的情況

## 6.1 習題

1-3 題，求陰影部分的面積。

**1.** $y = x + 1$, $y = -x^2 - 1$

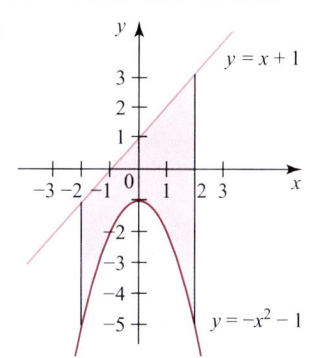

**2.** $y = -x^2 + 4x$, $y = x - 2\sqrt{x}$

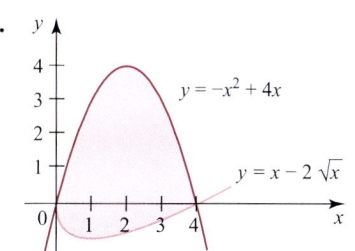

**3.** $y = x^3$, $x = 2y^2 - 1$

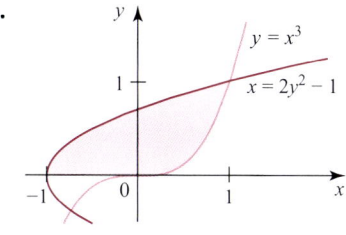

**4. 石油產量不足** 關於全球石油產量將於何時會開始減少的問題，能源專家的看法不一致。下圖中函數 f 為美國能源部所估計從 1980 年到 2050 年之間的全球石油產量（單位為 10 億桶／年）。函數 g 則為長期探討石油開採問題的地質學家 Colin Campbell 所估計的產量。寫出表示在前述時間內石油產量的不足量的定積分，它包含函數 f 與 g，並請留意 Campbell 的不樂觀警告。

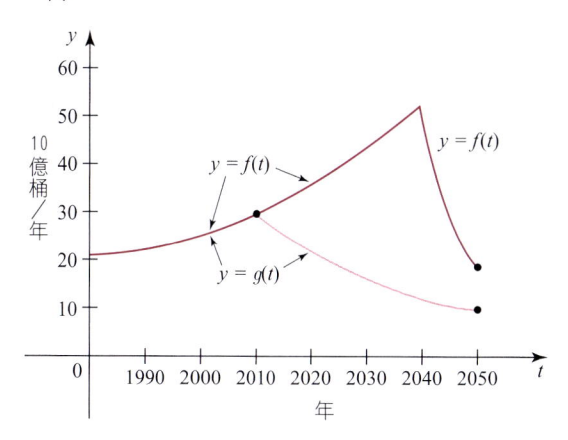

資料來源：U.S. Department of Energy and Colin Campbell.

5-19 題，繪畫被已知方程式的圖形所包圍的區域並求其面積。

5. $y = x^2 + 3$, $y = x + 1$, $x = -1$, $x = 1$
6. $y = -x^2 + 4$, $y = 3x + 4$
7. $y = x^2 - 4x + 3$, $y = -x^2 + 2x + 3$
8. $y = x$, $y = x^3$
9. $y = \sqrt{x}$, $y = x^2$
10. $y = \sqrt{x}$, $y = -\frac{1}{2}x + 1$, $x = 1$, $x = 4$
11. $y = \frac{1}{x^2}$, $y = x^2$, $x = 3$
12. $y = -x^2 + 6x + 5$, $y = x^2 + 5$
13. $y = \frac{x}{\sqrt{16 - x^2}}$, $y = 0$, $x = 3$
14. $x = y^2$, $x = y - 3$, $y = -1$, $y = 2$
15. $y = -x^3 + x$, $y = x^4 - 1$
16. $y = |x|$, $y = x^2 - 2$
17. $y = \sin 2x$, $y = \cos x$, $x = \frac{\pi}{6}$, $x = \frac{\pi}{2}$
18. $y = \sec^2 x$, $y = 2$, $x = -\frac{\pi}{4}$, $x = \frac{\pi}{4}$
19. $y = 2\sin x + \sin 2x$, $y = 0$, $x = 0$, $x = \pi$
20. 求被拋物線 $y = x^2$ 和 $y = \frac{1}{4}x^2$ 以及線 $y = 2$ 所包圍的區域在第一象限的面積。
21. 已知三角形三頂點 $(0, 0)$, $(1, 6)$ 和 $(4, 2)$，使用積分的方式求它的面積。
22. 求被曲線 $y = x^3$, $y = 2x + 4$ 和 $x = 0$ 所包圍的區域面積：(a) 用對 $x$ 積分計算；(b) 用對 $y$ 積分計算。
23. **廣告對收益之影響** 下圖中，函數 $f$ 描述 Odyssey Travel 公司的收益隨花費在目前廣告公司的廣告經費 $x$ 的變化率。經與另一家廣告公司接觸後，Odyssey Travel 公司預期它的收益隨廣告費用之變化率將可用函數 $g$ 描述。試問區域 $S$ 的面積 $A$ 表示什麼？並將 $A$ 表示為包含 $f$ 和 $g$ 的定積分。

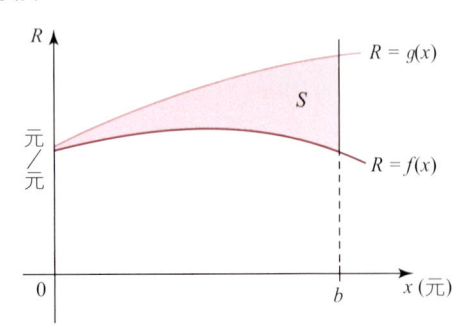

24. **裝有渦輪增壓器的引擎** 《汽車測試雜誌》（*Auto Test Magazine*）針對兩部相同 Phoenix Elite 車款的車輛進行測試，一輛為標準車，另一輛則為裝有渦輪增壓器的車。在風門全開的情況下，前者由靜止到時間 $t$ 秒後的加速度（呎／秒²）為

$$a = f(t) = 4 + 0.8t \qquad 0 \le t \le 12$$

後者的加速度（呎／秒²）則為

$$a = g(t) = 4 + 1.2t + 0.03t^2 \qquad 0 \le t \le 12$$

試問當風門全開，10 秒後裝有渦輪增壓器的車比標準車快多少？

25. 求被圖形 $f(x) = \sqrt{x}$、$y$ 軸和圖形 $f$ 在 $(1, 1)$ 處的切線所圍成的區域面積。

26. 由 $x$ 軸與圖形 $f(x) = x^4 - 2x^3$ 所圍成的已知區域，其右邊達到經過 $f$ 之絕對極小值的點之垂直線，求此區域面積。

27. 令 $A(x)$ 表示被圖形 $f(x) = x^m$ 和 $g(x) = x^{1/m}$ 所包圍並在第一象限的區域面積，其中 $m$ 是正整數。
    **a.** 寫出 $A(m)$ 的表示式。
    **b.** 計算 $\lim_{m \to 1} A(m)$ 和 $\lim_{m \to \infty} A(m)$ 並給予幾何說明。

28-29 題，判斷下列敘述是對或是錯。如果它是對，解釋你的理由。如果它是錯，請解釋你的理由或舉例說明。

28. 假如 $A$ 表示在 $[a, b]$ 區間被圖形 $f$ 和 $g$ 所包圍的區域面積，則

$$A^2 = \int_a^b [f(x) - g(x)]^2 \, dx$$

29. 一平直道路上的兩併排車輛於時間 $t = 0$ 同時出發。20 秒後 $A$ 車落後 $B$ 車 30 呎。若連續函數 $v_1(t)$ 與 $v_2(t)$ 分別為 $A$ 車與 $B$ 車的車速，單位為呎／秒，則

$$\int_0^{20} v_2(t) \, dt = \int_0^{20} v_1(t) \, dt + 30$$

## 6.2 體積：圓盤、墊環和橫切面

於 6.1 節中，知道求平面區域面積的定積分所扮演的角色。接下來的兩節，將看到定積分如何協助我們求展示於圖 6.15 的固體體積。

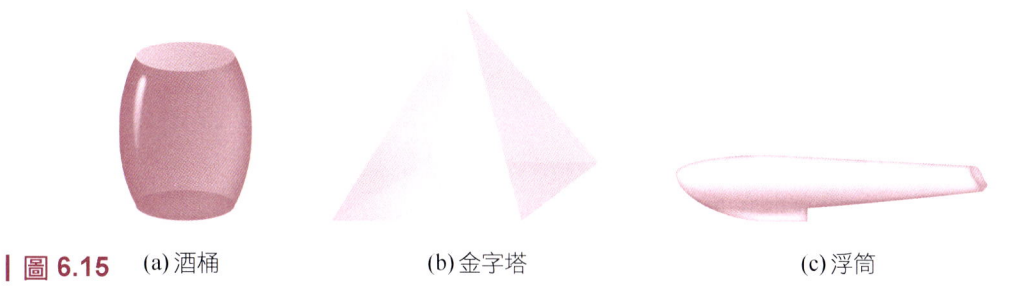

圖 **6.15**　(a) 酒桶　　(b) 金字塔　　(c) 浮筒

圖 6.15c 描述海面上的浮筒。設計浮筒時，工程師必須知道浮筒在水面下的部分所排出的水體積才能決定浮筒的浮力（阿基米德原理）。

### ■ 旋轉體

**旋轉體**（solid of revolution）是平面上的某區域對平面上的直線旋轉而產生的。此直線稱為**旋轉軸**（axis of revolution）。譬如：展示於圖 6.16 的區域 $R$ 是圖形 $f$ 下方在 $[a, b]$ 區間的區域，將它繞 $x$ 軸旋轉後得到圖 6.16b 所示的旋轉體 $S$。此固體的旋轉軸是 $x$ 軸。

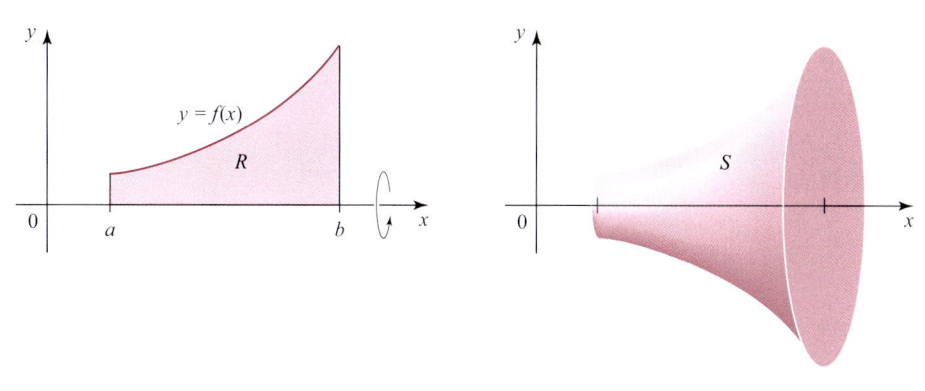

圖 **6.16**　(a) 圖形 $f$ 下方的區域 $R$　　(b) $R$ 繞 $x$ 軸旋轉產生的旋轉體

### ■ 圓盤法

為了定義旋轉體的體積並設計其計算的方法，考慮由圖 6.17a 的區域所旋轉出來的旋轉體。令 $P = \{x_0, x_1, ..., x_n\}$ 是 $[a, b]$ 的正規分割。此分割將區域 $R$ 分割成 $n$ 個不重疊的子區域 $R_1, R_2, ..., R_n$。當這

些區域繞 $x$ 軸旋轉，產生 $n$ 個不重疊的旋轉體 $S_1, S_2, ..., S_n$，它們的聯集就是 $S$（圖 6.17b）。

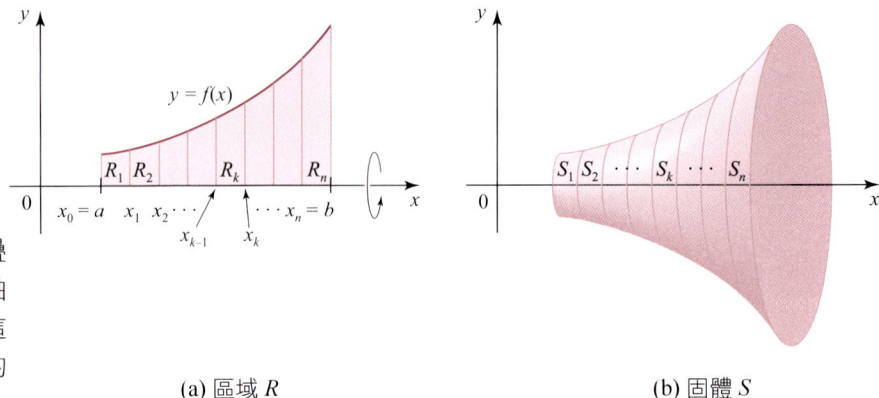

| 圖 6.17
[a, b] 的正規分割產生 $n$ 個不重疊的子區域 $R_1, R_2, ..., R_n$。它們繞 $x$ 軸旋轉得到 $n$ 個固體 $S_1, S_2, ..., S_n$，這些固體放在一起就形成 $S$（此處的 $n = 8$）

(a) 區域 $R$

(b) 固體 $S$

讓我們專注於圖形 $f$ 下方在 $[x_{k-1}, x_k]$ 區間的區域 $R_k$ 旋轉產生的旋轉體。此區域被放大展示於圖 6.18。若 $c_k$ 為 $[x_{k-1}, x_k]$ 內要被計算的點，則面積 $R_k$ 可用長 $f(c_k)$ 和寬 $\Delta x = (b-a)/n$ 的長方形來估算。若此長方形對 $x$ 軸旋轉產生半徑 $f(c_k)$ 和厚度 $\Delta x$ 的圓盤，則它的體積為

$$\Delta V_k = \pi [f(c_k)]^2 \Delta x \qquad \pi(\text{半徑})^2 \cdot \text{寬}$$

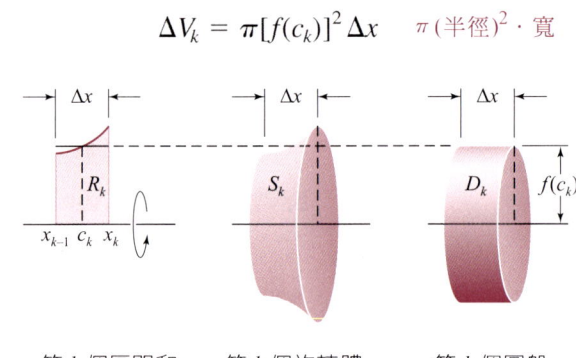

| 圖 6.18
陰影部分的區域 $R_k$ 是用長方形來估算的。$S_k$ 的體積是用圓盤 $D_k$ 的體積來估算的

第 $k$ 個區間和估算的長方形　　第 $k$ 個旋轉體　　第 $k$ 個圓盤

$D_k$ 的體積提供體積 $S_k$ 的近似值。所以每個固體 $S_1, S_2, ..., S_n$ 的體積用相對應之圓盤 $D_1, D_2, ... D_n$ 的體積來估算，故 $S$ 的體積 $V$ 是用這些圓盤體積的總和來估算（圖 6.19）。因此，

$$V \approx \sum_{k=1}^{n} \Delta V_k = \sum_{k=1}^{n} \pi [f(c_k)]^2 \Delta x$$

我們可看出此總和就是函數 $\pi f^2$ 在 $[a, b]$ 區間的黎曼和，所以

$$\lim_{n \to \infty} \sum_{k=1}^{n} \pi [f(c_k)]^2 \Delta x = \int_a^b \pi [f(x)]^2 \, dx$$

6.2 體積：圓盤、墊環和橫切面　　309

**定義　旋轉體的體積**（區域繞 $x$ 軸旋轉）

令 $f$ 在 $[a, b]$ 是連續且非負的函數，並令 $R$ 是圖形 $f$ 下方在 $[a, b]$ 區間的區域。$R$ 繞 $x$ 軸旋轉的旋轉體體積為

$$V = \lim_{n \to \infty} \sum_{k=1}^{n} \pi [f(c_k)]^2 \Delta x = \int_a^b \pi [f(x)]^2 \, dx \quad\quad (1)$$

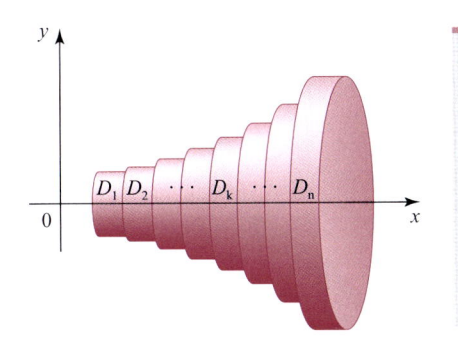

**圖 6.19**
旋轉體 $S$ 的體積 $V$ 是用 $n$ 個圓盤 $D_1, D_2, ..., D_n$ 的體積來估算

正如將曲線下方的面積看成代表性的長方形面積，我們可將式 (1) 看作代表性長方形繞 $x$ 軸旋轉所得的圓盤面積。

進行的過程如下：繪畫圖形 $y = f(x)$ 下方在 $[a, b]$ 區間的區域，並畫出高為 $[a, b]$ 區間內的 $x$ 所對應的 $f(x)$ 或 $y$，和寬為 $\Delta x$ 的代表性直立長方形（圖 6.20）。將圓盤的體積

$$\Delta V = \pi [f(x)]^2 \Delta x = \pi y^2 \Delta x \quad\quad \pi(\text{半徑})^2 \cdot \text{寬}$$

看成固體體積的體元。現在注意 $x$ 旁邊的 $y^2$，它是式 (1) 的被積分函數（the integrand）。

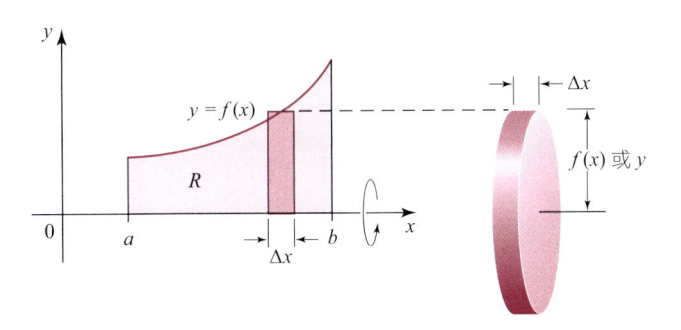

**圖 6.20**
若代表性直立長方形繞 $x$ 軸旋轉，則它會產生半徑 $f(x)$ 或 $y$，和厚度 $\Delta x$ 的圓盤

**圓盤法的體積**（區域繞 $x$ 軸旋轉）

$$V = \pi \int_a^b [f(x)]^2 \, dx = \pi \int_a^b y^2 \, dx \qquad f \geq 0$$

從現在起，透過黎曼和介紹一個符號且／或推導一個公式，我們將經常用啟發式的方式把黎曼和的一般項（沒有下標）看成代表元素來協助我們回想適當的公式。

**例題 1**　已知圖形 $y = \sqrt{x}$ 下方在 $[0, 2]$ 區間的區域繞 $x$ 軸旋轉產生一旋轉體，求它的體積。

**解**　由圖 6.21a 所畫的圖 $y = \sqrt{x}$，得知在 $[0, 2]$ 區間內某特定點 $x$ 所對應的代表性圓盤的半徑為 $y$，或 $\sqrt{x}$。因此，圓盤的體積為

$$\Delta V = \pi y^2 \Delta x \quad \text{此處 } y = f(x) = \sqrt{x}$$
$$= \pi(\sqrt{x})^2 \Delta x = \pi x (\Delta x)$$

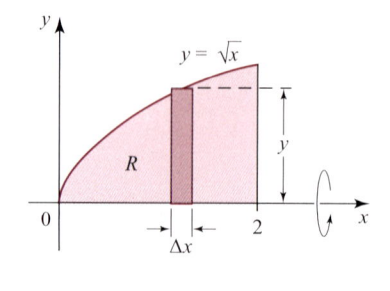

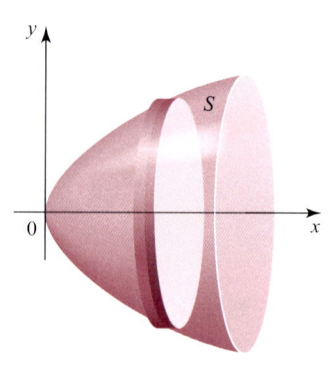

(a) 區域 R

(b) 固體 S

**圖 6.21**
若 R 繞 x 軸旋轉，則得到旋轉體 S

將這些圓盤體積加起來並取極限，得到此旋轉體的體積為

$$V = \int_0^2 \pi x \, dx = \pi \int_0^2 x \, dx$$
$$= \frac{1}{2} \pi x^2 \Big|_0^2 = \frac{1}{2} \pi (4-0) \quad \text{或} \quad 2\pi \quad \blacksquare$$

**例題 2** 將圖形 $y = \sqrt{r^2 - x^2}$ 下方在 $[-r, r]$ 區間的區域繞 x 軸旋轉，證明半徑 r 的球體體積為 $V = \frac{4}{3}\pi r^3$。

**解** 圖形 $y = \sqrt{r^2 - x^2}$ 是半圓，如圖 6.22a 所示。由此得知代表性圓盤半徑為 y，也就是直立長方形的高。所以圓盤面積為

$$\Delta V = \pi y^2 \Delta x$$
$$= \pi(r^2 - x^2)\Delta x \quad \text{因為 } y = \sqrt{r^2 - x^2}$$

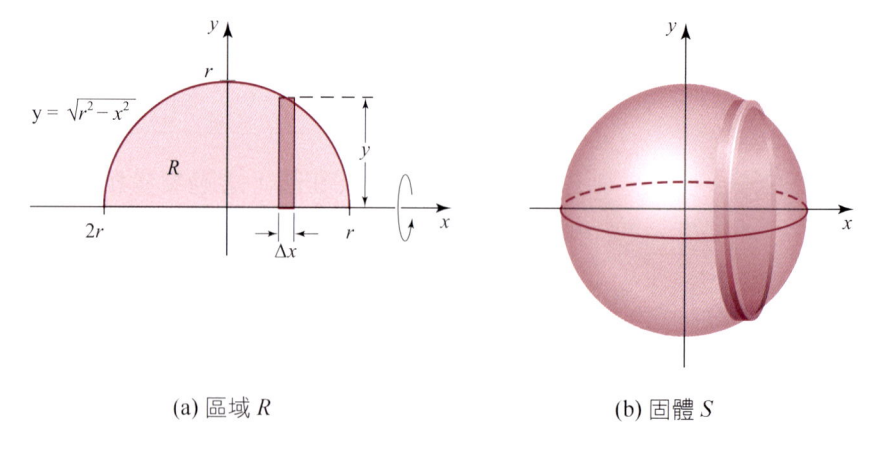

(a) 區域 R

(b) 固體 S

**圖 6.22**
區域 R 繞 x 軸旋轉後產生半徑為 r 的球

將這些圓盤的體積加起來並取極限，得到所要的體積

$$V = \int_{-r}^{r} \pi(r^2 - x^2)\, dx$$

$$= \pi \int_{-r}^{r} (r^2 - x^2)\, dx$$

$$= 2\pi \int_{0}^{r} (r^2 - x^2)\, dx \quad \text{使用區域的對稱性}$$

$$= 2\pi \left[ r^2 x - \frac{1}{3} x^3 \right]_{0}^{r}$$

$$= 2\pi \left( r^3 - \frac{1}{3} r^3 \right)$$

$$= \frac{4}{3} \pi r^3$$

式 (1) 是用來求旋轉軸為 $x$ 軸的旋轉體體積。為了推導由某區域繞 $y$ 軸旋轉的旋轉體體積的公式，我們考慮由圖形 $x = g(y)$, $x = 0$, $y = c$ 和 $y = d$ 所圍成的區域 $R$，如圖 6.23 所示。

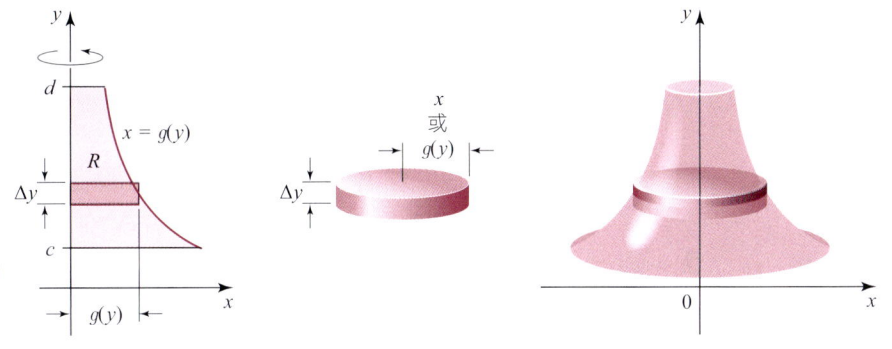

**圖 6.23**
若代表的水平長方形繞 $y$ 軸旋轉，則產生半徑 $g(y)$ 或 $x$，和厚度 $\Delta y$ 的圓盤，其體積為 $\Delta V = \pi x^2 \Delta y$

若 $R$ 繞 $y$ 軸旋轉，則由長 $x$ 或 $g(y)$，和厚度 $\Delta y$ 的代表性水平長方形（垂直於旋轉軸）所產生的圓盤，其體積為

$$\Delta V = \pi [g(y)]^2 \Delta y = \pi x^2 \Delta y$$

將這些圓盤的體積加起來並取極限，得到下面的公式。

> **圓盤法的體積**（區域繞 $y$ 軸旋轉）
> $$V = \pi \int_{c}^{d} [g(y)]^2\, dy = \pi \int_{c}^{d} x^2\, dy \qquad g \geq 0$$

**例題 3** 已知圖形 $y = x^3$, $y = 8$ 和 $x = 0$ 所包圍的區域繞 $y$ 軸旋轉產生的一旋轉體，求其體積。

**解** 區域 $R$ 和它繞 $y$ 軸旋轉產生的旋轉體展示於圖 6.24。代表性的長方形掃出一個半徑 $x$ 和厚度 $\Delta y$ 的圓盤。故它的體積為

$$\Delta V = \pi x^2 \Delta y$$
$$= \pi (y^{1/3})^2 \Delta y \quad \text{$y = x^3$ 解 $x$}$$
$$= \pi y^{2/3} \Delta y$$

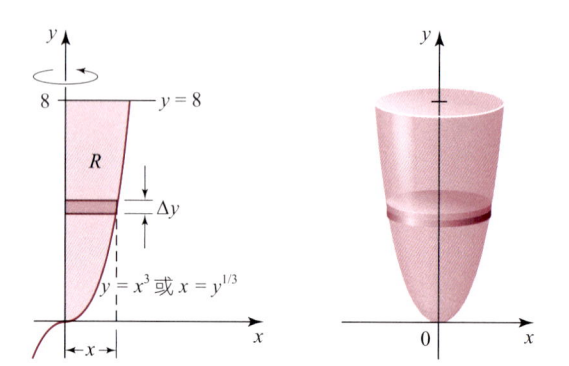

| 圖 6.24
水平長方形繞 $y$ 軸旋轉，產生半徑 $g(y) = y^{1/3}$ 或 $x$，和厚度 $\Delta y$ 的圓盤

若將這些圓盤的體積加起來並取極限，就得到所求的體積

$$V = \pi \int_0^8 y^{2/3} \, dy$$
$$= \frac{3}{5} \pi y^{5/3} \Big|_0^8 = \frac{3}{5} \pi (8^{5/3}) \quad \text{或} \quad \frac{96\pi}{5}$$

## 墊環法

令 $R$ 為函數 $f$ 和 $g$ 的圖形之間以及垂直線 $x = a$ 和 $x = b$ 之間的區域，並在 $[a, b]$ 區間，$f(x) \geq g(x) \geq 0$。若 $R$ 繞 $x$ 軸旋轉，則產生中空的旋轉體（圖 6.25）。注意，當曲線中間代表性的直立長方形繞 $x$ 軸旋轉，最後旋轉體體積的體元是墊環的形狀，其外圈半徑為 $f(x)$ 而內圈半徑為 $g(x)$。此體元的體積為

$$\Delta V = \pi [f(x)]^2 \Delta x - \pi [g(x)]^2 \Delta x \quad \text{(外圈半徑)}^2 \cdot \text{寬} - \text{(內圈半徑)}^2 \cdot \text{寬}$$
$$= \pi \{[f(x)]^2 - [g(x)]^2\} \Delta x$$

| 圖 6.25
當代表性的直立長方形繞 $x$ 軸旋轉，產生一個墊環，其外圈半徑為 $f(x)$ 而內圈半徑為 $g(x)$ 以及厚度為 $\Delta x$

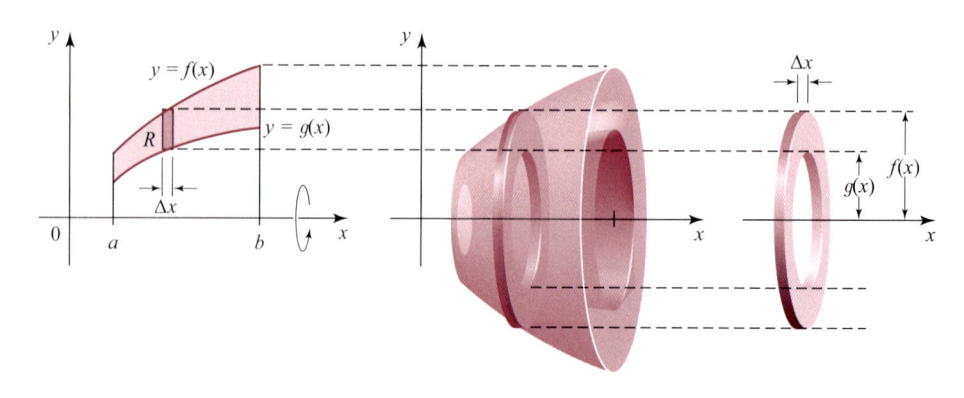

若將這些墊環的體積加起來並取極限，即可得旋轉體 $S$ 的體積 $V$ 如下。

## 歷史傳記

**EVANGELISTA TORRICELLI**
(1608–1647)

EVANGELISTA TORRICELLI（1608-1647）Evangelista Torricelli 生於一貧困的家庭，沒有錢讓他受教育。所幸藉其叔叔，一位 Camaldolese 修士與教會間的關係，使他得以被送到羅馬，隨從 Benedictine Benedetto Castelli，一位 Collegio della Sapienza 的數學教授，學習。Castelli 將 Galileo（伽利略）的研究成果介紹給 Torricelli，這也促成了他與 Galileo 的交往並前往法國與 Galileo 一起研究，直到 Galileo 去世後三個月為止。Torricelli 架構了許多正切函數與求面積之間的逆向關係，後來這些被發展成微分與積分。他也發明了氣壓計與 Gabriel 號角（也稱為 Torricelli 號角）的圖形，該圖形之表面積為無限大，但所圍成之體積卻為有限值。Gabriel 號角是聖經中天使 Gabriel 所吹的，並宣告末日審判，它表示與神無限地聯結。

---

**墊環法的體積**（區域繞 $x$ 軸旋轉）

$$V = \pi \int_a^b \{[f(x)]^2 - [g(x)]^2\} \, dx \qquad f \geq g \geq 0$$

**例題 4** 已知圖形 $y = \sqrt{x}$ 和 $y = x$ 所包圍的區域繞 $x$ 軸旋轉產生一旋轉體，求其體積。

**解** 由 $y = \sqrt{x}$ 和 $y = x$ 所包圍的區域展示於圖 6.26。曲線 $y = \sqrt{x}$ 和 $y = x$ 相交於 $(0, 0)$ 和 $(1, 1)$，解聯立方程式即得。由所展示的代表性直立長方形所產生的墊環，其外圈和內圈半徑分別為 $f(x) = \sqrt{x}$ 和 $g(x) = x$。因此，它的體積為

$$\Delta V = \pi\{[f(x)]^2 - [g(x)]^2\}\Delta x$$
$$= \pi(x - x^2)\Delta x$$

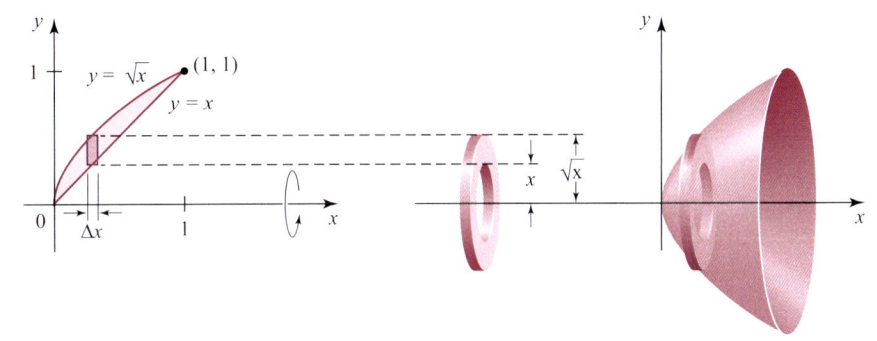

**圖 6.26**

若直立長方形繞 $x$ 軸旋轉，則所產生的墊環，其外圈半徑為 $\sqrt{x}$ 而內圈半徑為 $x$ 以及厚度為 $\Delta x$

將這些墊環的體積加起來並取極限，就得到所要的體積為

$$V = \int_0^1 \pi(x - x^2) \, dx$$
$$= \pi \int_0^1 (x - x^2) \, dx$$
$$= \pi \left[\frac{1}{2}x^2 - \frac{1}{3}x^3\right]_0^1 = \pi\left(\frac{1}{2} - \frac{1}{3}\right) \quad 或 \quad \frac{\pi}{6}$$

**例題 5** 已知例題 4 的區域繞 $y = 2$ 旋轉產生的旋轉體，求其體積。

**解** 此區域和旋轉出來的旋轉體展示於圖 6.27。若代表的直立長方形繞直線 $y = 2$ 旋轉，得到的固體是個墊環，其外圈半徑為 $2 - x$，內圈半徑為 $2 - \sqrt{x}$，且厚度為 $\Delta x$。因此其面積為

$$\Delta V = \pi[(2 - x)^2 - (2 - \sqrt{x})^2]\Delta x$$

$\pi[(外圈半徑)^2 - (內圈半徑)^2]\Delta x$

$$= \pi(x^2 - 5x + 4\sqrt{x})\Delta x$$

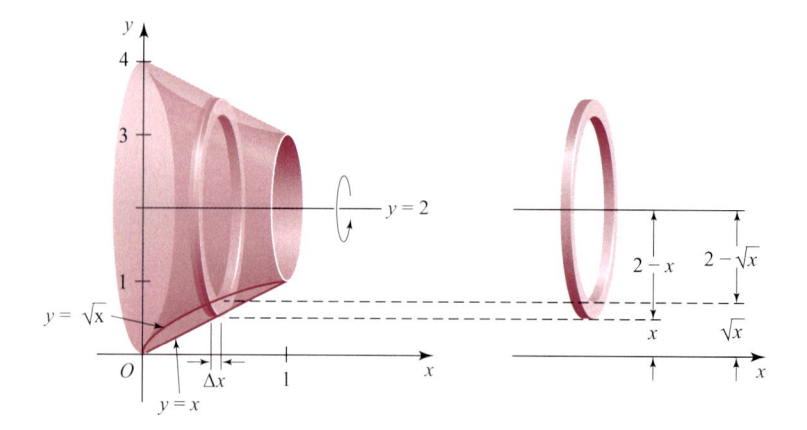

### 圖 6.27
若直立長方形繞直線 $y = 2$ 旋轉，則產生墊環，其外圈半徑為 $2-x$，內圈半徑為 $2-\sqrt{x}$，且厚度為 $\Delta x$

將這些墊環的體積加起來並取極限，即得到所求的體積

$$V = \int_0^1 \pi(x^2 - 5x + 4\sqrt{x})\,dx$$

$$= \pi\left[\frac{1}{3}x^3 - \frac{5}{2}x^2 + \frac{8}{3}x^{3/2}\right]_0^1$$

$$= \pi\left(\frac{1}{3} - \frac{5}{2} + \frac{8}{3}\right) \quad \text{即} \quad \frac{\pi}{2}$$

**例題 6** 已知例題 4 的區域繞 $y$ 軸旋轉產生的旋轉體，求其體積。

**解** 此區域和旋轉產生的旋轉體展示於圖 6.28。若水平長方形繞 $y$ 軸旋轉，產生的旋轉體是個墊環，其外圈半徑為 $y$，內圈半徑為 $y^2$，且厚度為 $\Delta y$。因此其面積為

$$\Delta V = \pi(y^2 - y^4)\Delta y$$

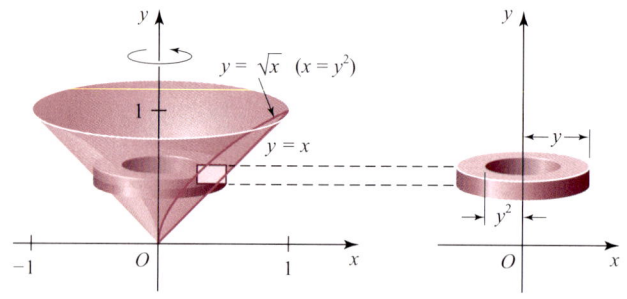

### 圖 6.28
若水平長方形繞 $y$ 軸旋轉，所產生的墊環，其外圈半徑為 $y$，內圈半徑為 $y^2$，且厚度為 $\Delta y$

將這些墊環的體積加起來並取極限，就得到所求的體積

$$V = \int_0^1 \pi(y^2 - y^4)\,dy = \pi\int_0^1 (y^2 - y^4)\,dy$$

$$= \pi\left[\frac{1}{3}y^3 - \frac{1}{5}y^5\right]_0^1 = \pi\left(\frac{1}{3} - \frac{1}{5}\right) \quad \text{即} \quad \frac{2\pi}{15}$$

### ■ 橫切面法

現在轉向更一般性的問題，就是定義不規則形狀的體積。譬如：考慮水中的浮筒為此類浮筒的側面圖展示於圖 6.29。浮筒在 $x$

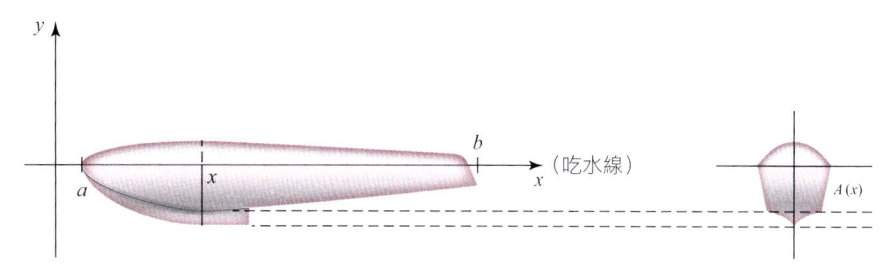

點的橫切面（和 $x$ 軸垂直的平面）則展示於圖右。

**圖 6.29**
$A(x)$ 是浮筒在 $x$ 點的橫切面

為了求浮筒的體積，取 $[a, b]$ 區間的正規分割 $P = \{x_0, x_1, ..., x_n\}$。在分割點和垂直於 $x$ 軸的平面上將浮筒分割成「厚片」，它很像長條麵包片。在 $x = x_{k-1}$ 和 $x = x_k$ 之間的第 $k$ 個厚片的體積 $V$ 是由常數（constant）橫切面面積 $A(c_k)$ 和高 $\Delta x$ 的圓柱體體積來估算，其中 $c_k$ 為 $[x_{k-1}, x_k]$ 內的點（圖 6.30）。因此，

$$\Delta V \approx A(c_k) \Delta x$$

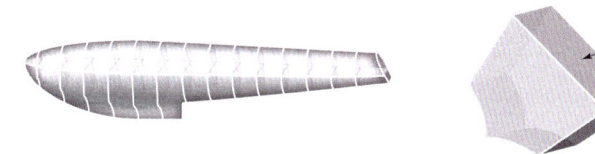

**圖 6.30**
第 $k$ 個厚片的體積近似於 $A(c_k)\Delta x$

將這 $n$ 項加起來，即得到浮筒體積的近似值。當 $n \to \infty$，可以預知此近似值越來越接近真實值。確認此總和即為函數 $A(x)$ 在 $[a, b]$ 區間的黎曼和後，即得到下面的定義。

### 定義　已知橫切面的旋轉體體積

令 $S$ 為旋轉體，並被垂直於 $x$ 軸且在 $x = a$ 和 $x = b$ 上的平面所包圍。若 $S$ 在 $[a, b]$ 區間內的點 $x$ 上的橫切面面積為 $A(x)$，其中 $A$ 在 $[a, b]$ 連續，則 $S$ 的**體積**（volume）為

$$V = \lim_{n \to \infty} \sum_{k=1}^{n} A(c_k) \Delta x = \int_a^b A(x)\, dx \tag{2}$$

**例題 7**　有個圓底半徑為 2 的某固體，垂直於其底的平行橫切面為正三角形。試問此固體的體積為何？

**解**　若此固體的圓底為方程式 $x^2 + y^2 = 4$ 圍成的區域。此固體展示於圖 6.31a 且對特定的橫切面做強調。為了求橫切面的面積，觀察到三角形橫切面的底為 $2y$，如圖 6.31b 所示。使用畢氏定理得知橫切面的高為 $\sqrt{3}\,y$（圖 6.31c）。因此，此代表性的橫切面面積 $A(x)$ 為

$$A(x) = \frac{1}{2}(2y)(\sqrt{3}\,y) = \sqrt{3}\,y^2 = \sqrt{3}(4 - x^2) \qquad y^2 = 4 - x^2$$

| 圖 6.31　　　　(a) 固體　　　　(b) 橫切面的底　　　　(c) 橫切面

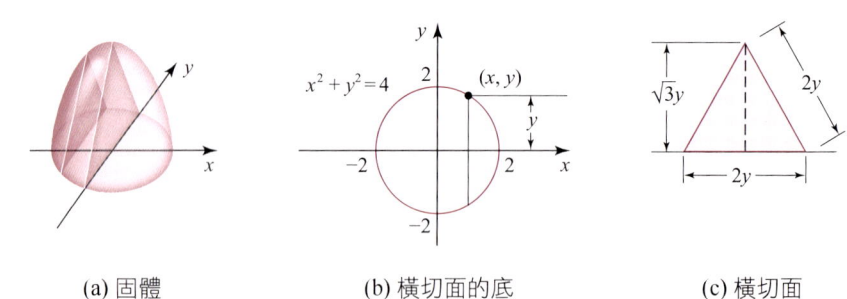

使用式 (2)，得知此固體的體積為

$$V = \int_{-2}^{2} A(x)\, dx = \int_{-2}^{2} \sqrt{3}(4 - x^2)\, dx = 2\int_{0}^{2} \sqrt{3}(4 - x^2)\, dx$$

被積分函數是偶函數

$$= 2\sqrt{3}\left[4x - \frac{1}{3}x^3\right]_0^2 = \frac{32\sqrt{3}}{3}$$

**例題 8**　求正金字塔的體積，附帶其正方形邊長為 $b$ 且高為 $h$。

**解**　將金字塔底部的中心放在原點，如圖 6.32a 所示。金字塔垂直於 $y$ 軸的代表性橫切面是維度為 $2x$ 乘以 $2x$ 的正方形。由圖 6.32b 並使用相似三角形，得知

$$\frac{x}{\frac{b}{2}} = \frac{h - y}{h} \quad \text{即} \quad x = \frac{b}{2h}(h - y)$$

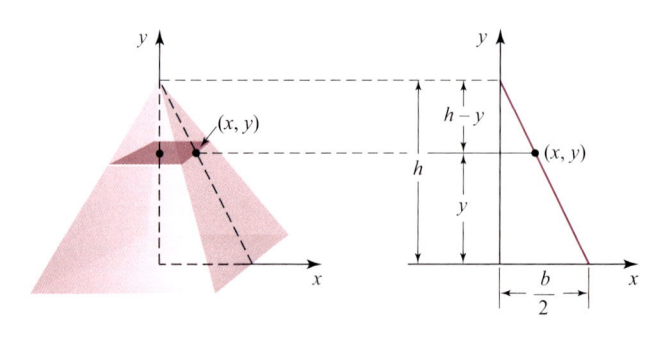

| 圖 6.32　　　　(a) 正金字塔　　　　(b) 金字塔的側面

因此，橫切面面積為

$$A(y) = (2x)(2x) = 4x^2 = \frac{b^2}{h^2}(h - y)^2$$

金字塔位於 $y = 0$ 和 $y = h$ 之間。所以它的體積為

$$V = \int_0^h A(y)\, dy = \int_0^h \frac{b^2}{h^2}(h - y)^2\, dy$$

$$= \left[-\frac{b^2}{3h^2}(h - y)^3\right]_0^h = 0 - \left(-\frac{b^2}{3h^2}\right)(h^3) = \frac{1}{3}b^2 h$$

## 6.2 習題

1-6 題，已知給予的區域，求它繞著指定的軸或直線旋轉產生的旋轉體體積。

**1.**

**2.**

**3.**

**4.**

**5.**

**6.**

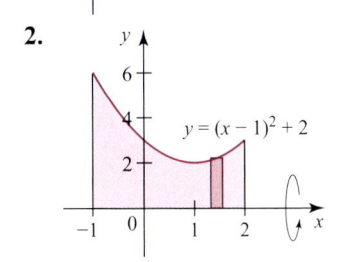

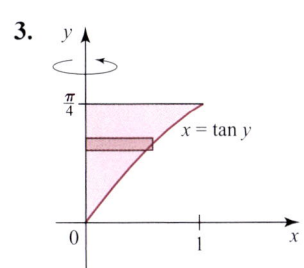

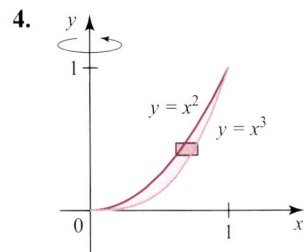

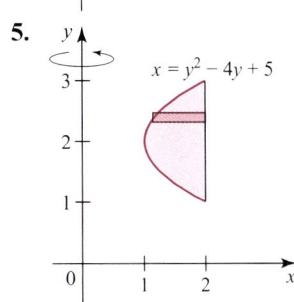

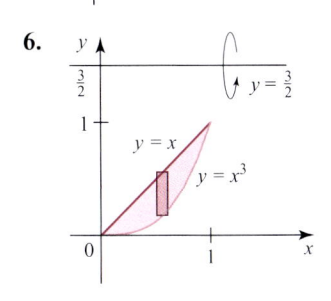

7-15 題，已知等式和／或不等式的圖形圍成的區域繞著指定的軸旋轉產生的旋轉體，求其體積。

7. $y = x^2$, $y = 0$, $x = 2$；$x$ 軸
8. $y = -x^2 + 2x$, $y = 0$；$x$ 軸
9. $x = \dfrac{1}{y}$, $x = 0$, $y = 1$, $y = 2$；$y$ 軸
10. $x = \sqrt{4 - y^2}$, $x = 0$, $y = 0$；$y$ 軸
11. $x^2 - y^2 = 4$, $x \geq 0$, $y = -2$, $y = 2$；$y$ 軸
12. $x = y\sqrt{4 - y^2}$, $x = 0$；$y$ 軸
13. $y = \cos x$, $x = 0$, $y = 0$, $x = \dfrac{\pi}{2}$；$x$ 軸
14. $y = x^2$, $y = \sqrt{x}$；$x$ 軸
15. $x^2 + y^2 = 1$, $y^2 = \dfrac{3}{2}x$, $y \geq 0$；$x$ 軸；（較小的區域）

16-18 題，已知等式圖形圍成的區域繞著指定的直線旋轉產生的旋轉體，求其體積。

16. $y = -x^2 + 2x$, $y = 0$；直線 $y = 2$
17. $y = 4 - x^2$, $y = 0$；直線 $y = 5$
18. $x = y^2 - 4y + 5$, $x = 2$；直線 $x = -1$

19-20 題，繪畫平面區域和指定的旋轉軸，使得最後的旋轉體體積是所給予的積分（答案不只一個）。

19. $\pi \displaystyle\int_0^{\pi/2} \sin^2 x \, dx$   20. $\pi \displaystyle\int_0^1 (x^2 - x^4) \, dx$

21. 已知圖形 $x^{1/2} + y^{1/2} = a^{1/2}$ 和坐標軸所包圍的區域繞 $x$ 軸旋轉產生的旋轉體，求其體積。

22. 已知圖形 $y^2 = \dfrac{1}{4}(2x^3 - x^4)$ 所包圍的區域繞 $x$ 軸旋轉產生的旋轉體（其中 $y \geq 0$），求其體積。

23. 函數 $f$ 定義為
$$f = \begin{cases} \sqrt{x}, & 0 \leq x \leq 1 \\ x^2 - 2x + 2, & 1 < x \leq 2 \end{cases}$$
已知圖形 $f$ 下面在 $[0, 2]$ 區間的區域繞 $x$ 軸旋轉產生的旋轉體，求其體積。

24. 直圓錐的錐台高為 $h$，下底半徑為 $R$，和上底半徑為 $r$，求其體積。

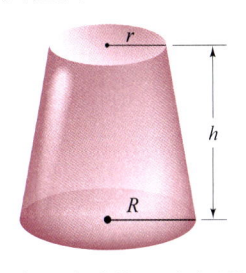

25. 求半徑 $r$ 的球且高度為 $h$ 之帽蓋。

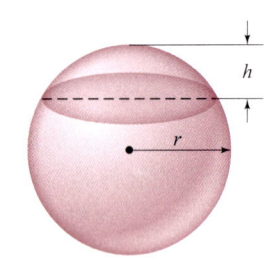

318　第 6 章　定積分的應用

的。又垂直於 $x$ 軸的橫切面是等邊三角形。求此其體積。

29. 一木質楔形物之底面為一半徑為 $a$ 的半圓，其頂面為一平面，該平面經過底面半圓之直徑且與底面之夾角為 45°。求此楔形物之體積。

26-27 題，已知底 $R$ 和每個垂直於 $x$ 軸之橫切面形狀的旋轉體，求其體積。

26. 橫切面：方形

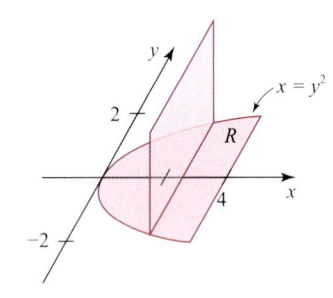

27. 橫切面：等邊三角形

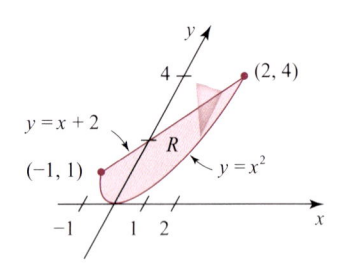

28. 固體底部的區域是圖形 $y = 4 - x^2$ 和 $y = 0$ 所圍成

30. **Cavalieri 定理**　Cavalieri 定理為：若兩固體之高度相同且所有與底面平行且等距的橫截面面積都相等，則此二固體有相同的體積。

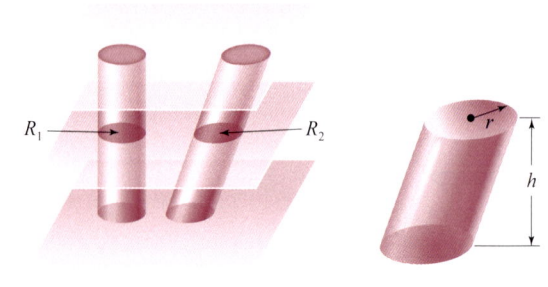

    (a) $R_1$ 的面積 = $R_2$ 的面積　　(b) 斜的圓柱體

    **a.** 證明 Cavalieri 定理。
    **b.** 使用 Cavalieri 定理求圖 (b) 斜的圓柱體體積。

## 6.3　圓柱殼法求體積

於 6.2 節中，學習到如何用圓盤法和墊環法求旋轉體體積。有時候，這些方法使用起來有困難或不方便。譬如：假設要求由圖形 $y = -x^3 + 3x^2$，$y = 0$，$x = 0$ 和 $x = 3$ 圍成的區域 $R$ 繞 $y$ 軸旋轉產生的旋轉體體積（圖 6.33）。

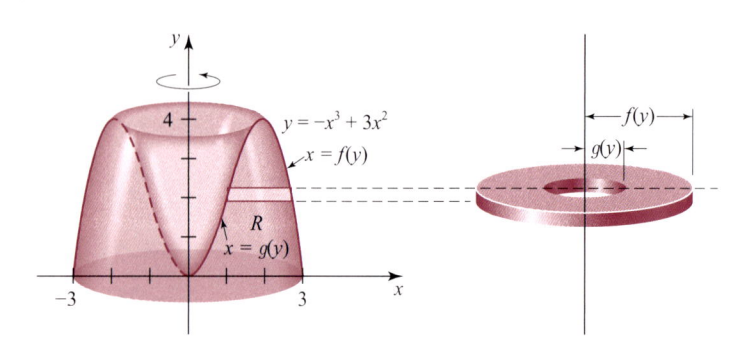

| 圖 6.33
此墊環是由代表性的水平長方形繞 $y$ 軸旋轉產生的，其外圈半徑為 $f(y)$ 和內圈半徑為 $g(y)$

如圖所示，代表性的水平長方形繞 y 軸旋轉產生的墊環，其外圈半徑為 $f(y)$ 和內圈半徑為 $g(y)$。所以此固體體積為

$$\pi \int_0^b \{[f(y)]^2 - [g(y)]^2\}\, dy$$

其中 $b$ 為 $F(x) = -x^3 + 3x^2$ 在 $[0, 3]$ 內的最大值。使用 4.1 節的技巧，得到 $b = 4$。因此找積分的區間並不是很困難，至少在這個情況是如此。然而在找函數 $f$ 和 $g$ 就完全不是這麼一回事。此處，求 $x$ 需要解三次方程式 $x^3 - 3y^2 + y = 0$，它是更複雜的。幸好，有別的方法可以解決這樣的問題。於介紹圓柱殼法（method of cylindrical shells）之後，我們再完成例題 1 的問題。

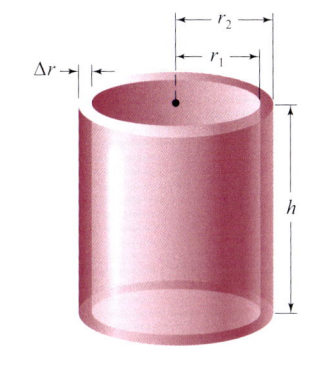

## 圓柱殼法

正如其名，圓柱殼法用圓柱殼（或管子）來估算旋轉體的體積。以圓柱殼體積的表示式的起源開始。

假設有一圓柱殼，其外圈半徑 $r_2$，內圈半徑 $r_1$ 和高 $h$，如圖 6.34 所示。此殼的體積為外圓柱體積減去內圓柱體積，即

$$\begin{aligned} V &= V_2 - V_1 \\ &= \pi r_2^2 h - \pi r_1^2 h = \pi(r_2^2 - r_1^2)h \\ &= \pi(r_2 + r_1)(r_2 - r_1)h \\ &= 2\pi\left(\frac{r_2 + r_1}{2}\right)(r_2 - r_1)h \end{aligned}$$

所以，最後的式子可寫成

$$V = 2\pi r h\, \Delta r \tag{1}$$

其中 $r = (r_1 + r_2)/2$ 為此殼的平均半徑且 $\Delta r = r_2 - r_1$ 為此殼的厚度。式 (1) 也可寫成下面的形式。

> **圓柱殼的體積**
> $V = 2\pi$ (平均半徑)(高)(厚度)

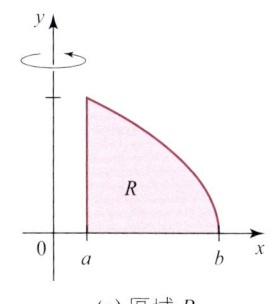

| 圖 6.34
圓柱殼，其外圈半徑 $r_2$，內圈半徑 $r_1$ 和高 $h$

| 圖 6.35
(a) 區域 $R$
(b) 固體 $S$ 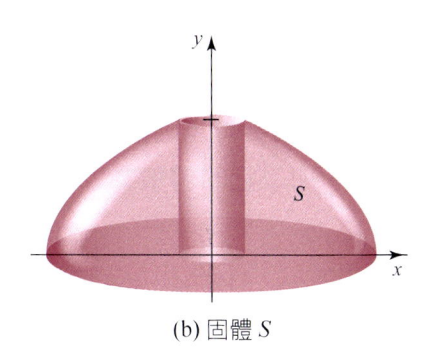

現在令 $R$ 為圖形 $f$ 下方在 $[a, b]$ 區間的區域，其中 $a \geq 0$，展示於圖 6.35a。假設此區域繞 y 軸旋轉，產生圖 6.35b 的旋轉體。

令 $P = \{x_0, x_1, x_2, \ldots x_n\}$ 是 $[a, b]$ 區間的正規分割，並令 $c_k$ 是 $[x_{k-1}, x_k]$ 子區間的中點；亦即，

$$c_k = \frac{1}{2}(x_k + x_{k-1})$$

若底 $[x_{k-1}, x_k]$ 和高 $f(c_k)$ 的直立長方形繞 $y$ 軸旋轉，並產生平均半徑 $c_k$，高 $f(c_k)$ 和厚度 $\Delta x = (b-a)/n$ 的圓柱殼（圖 6.36）。則由式 (1) 得知，此殼的體積為

$$\Delta V_k = 2\pi c_k f(c_k) \Delta x$$

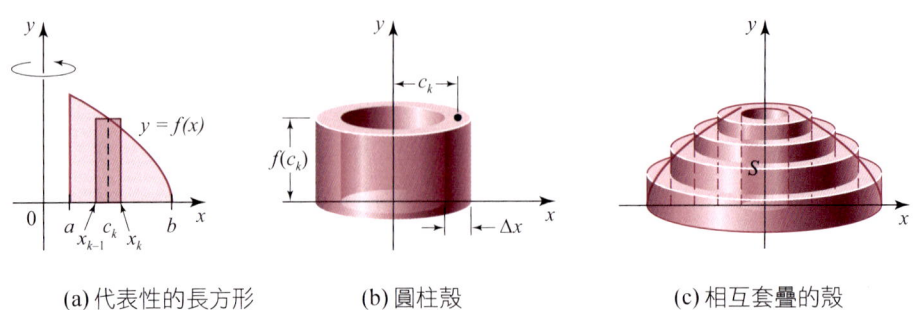

**圖 6.36**
若 (a) 的直立長方形繞 $y$ 軸旋轉，產生圓柱殼 (b)。$S$ 的體積由相互套疊的殼 (c) 的體積來估算

(a) 代表性的長方形　　(b) 圓柱殼　　(c) 相互套疊的殼

$S$ 的體積 $V$ 是由這些殼（圖 6.32c）的總和來估算。所以，

$$V \approx \sum_{k=1}^{n} \Delta V_k = \sum_{k=1}^{n} 2\pi c_k f(c_k) \Delta x$$

我們可看出此總和就是函數 $2\pi x f(x)$ 在 $[a, b]$ 區間的黎曼和。由此得知

$$\lim_{n \to \infty} \sum_{k=1}^{n} 2\pi c_k f(c_k) \Delta x = \int_a^b 2\pi x f(x)\, dx = 2\pi \int_a^b x f(x)\, dx$$

此討論引入下面的定義。

> **圓柱殼法**（區域繞 $y$ 軸旋轉）
> 
> 令 $f$ 為在 $[a, b]$ 連續且非負的函數，其中 $0 \le a \le b$，並令 $R$ 為圖形 $f$ 下方在 $[a, b]$ 區間的區域。由 $R$ 繞 $y$ 軸旋轉產生的旋轉體的體積 $V$ 為
> 
> $$V = \lim_{n \to \infty} \sum_{k=1}^{n} 2\pi c_k f(c_k) \Delta x = \int_a^b 2\pi x f(x)\, dx \qquad (2)$$

如前所述，有一種簡單記憶此方法的技巧。畫出高 $f(x)$ 或 $y$，和寬 $\Delta x$ 的代表性直立長方形。此處的 $x$ 取長方形底的中點。觀察得知此長方形平行於旋轉軸。若此長方形繞 $y$ 軸旋轉，則產生半徑 $x$，高 $f(x)$ 和厚度 $\Delta x$ 的圓柱殼（圖 6.37）。所以它的體積為

$$\Delta V = 2\pi x f(x) \Delta x$$

將這些殼的體積加起來並取極限，即得到旋轉體體積

$$V = \int_a^b 2\pi x f(x)\, dx$$

## 6.3 圓柱殼法求體積　321

**圖 6.37**
若此代表性的直立長方形繞 $y$ 軸旋轉，產生半徑 $x$、高 $f(x)$ 和厚度 $\Delta x$ 的圓柱殼。因此體積為
$\Delta V = 2\pi x f(x) \Delta x$

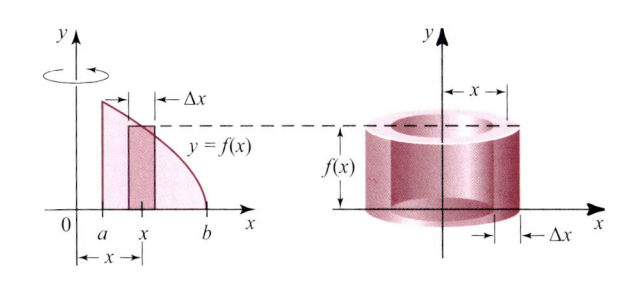

### 圓柱殼法的應用

**例題 1** 已知圖形 $y = -x^3 + 3x^2$ 下方在 $[0, 3]$ 區間的區域繞 $y$ 軸旋轉。求此旋轉體的體積。

**解** 此區域和最後的旋轉體展示於圖 6.38。若代表性的直立長方形繞 $y$ 軸旋轉所產生的圓柱殼，其平均半徑 $x$，高 $-x^3 + 3x^2$ 和厚度 $\Delta x$。因此它的體積為

$$\Delta V = 2\pi x(-x^3 + 3x^2)\Delta x$$
$$= 2\pi(-x^4 + 3x^3)\Delta x$$

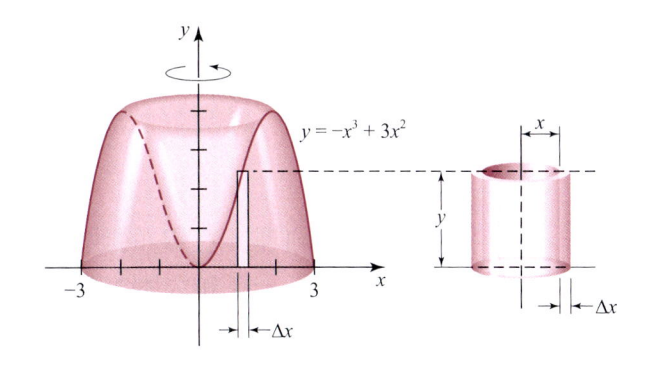

**圖 6.38**
若代表性的直立長方形繞 $y$ 軸旋轉，則所產生的圓柱殼體積為
$\Delta V = 2\pi x y \Delta x$

將這些圓柱殼的體積加起來並取極限，即得到此旋轉體的體積

$$V = \int_0^3 2\pi(-x^4 + 3x^3)\,dx = 2\pi \int_0^3 (-x^4 + 3x^3)\,dx$$
$$= 2\pi\left[-\frac{1}{5}x^5 + \frac{3}{4}x^4\right]_0^3$$
$$= 2\pi\left(-\frac{243}{5} + \frac{243}{4}\right) \quad \text{即} \quad \frac{243\pi}{10}$$

有時候，某一種方法比另一種方法更好。下一個例題，使用圓柱法比使用墊環法更容易。

**例題 2** 已知 $R$ 表示由圖形 $y = x^2 + 1$，$y = -x + 1$ 和 $x = 1$ 圍成的區域。此區域繞 $y$ 軸旋轉產生一旋轉體。使用 (a) 墊環法和 (b) 圓柱殼法求其體積。

**圖 6.39**

每一個在 (b) 的水平長方形繞 $y$ 軸旋轉，產生的旋轉體為墊環。在 (c) 的直立長方形繞 $y$ 軸旋轉，產生的旋轉體為圓柱殼

(a) 區域 $R$　　(b) 墊環法　　(c) 殼法

**解** 區域 $R$ 展示於圖 6.39a。

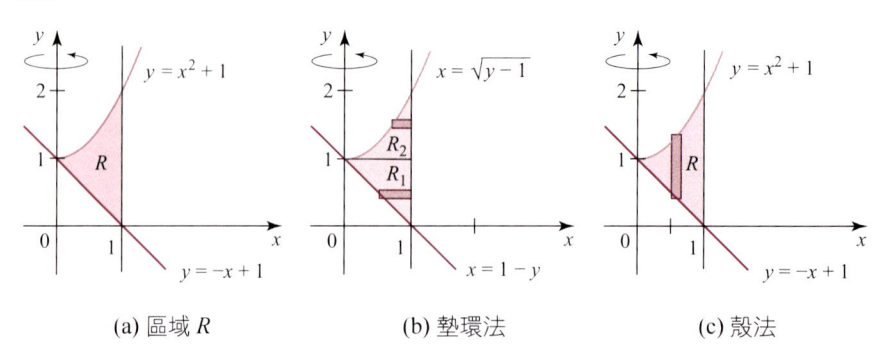

**a.** 使用墊環法，將區域 $R$ 看成由兩個子區域 $R_1$ 和 $R_2$ 組成的（圖 6.39b）。觀察到在 $R_1$ 的代表性水平長方形繞 $y$ 軸旋轉，並產生外圈半徑 $x=1$ 和內圈半徑 $x=1-y$（求式子 $y=-x+1$ 的 $x$ 解）的墊環。所以它的體積為

$$\Delta V_1 = \pi\{[f(y)]^2 - [g(y)]^2\}\Delta y$$
$$= \pi[1 - (1-y)^2]\Delta y \quad \text{此處 } f(y)=1 \text{ 和 } g(y)=1-y$$
$$= \pi(2y - y^2)\Delta y$$

將這些墊環的體積加起來並取極限，即得到子區域 $R_1$ 繞 $y$ 軸旋轉的旋轉體體積為

$$V_1 = \int_0^1 \pi(2y - y^2)\,dy$$

同理，在 $R_2$ 的代表性水平長方形繞 $y$ 軸旋轉，並產生外圈半徑 $x=1$ 和內圈半徑 $x=\sqrt{y-1}$（求式子 $y=x^2+1$ 的 $x$ 解）的墊環，其中 $x \geq 0$。所以它的體積為

$$\Delta V_2 = \pi\{[f(y)]^2 - [g(y)]^2\}\Delta y$$
$$= \pi[1 - (\sqrt{y-1})^2]\Delta y \quad \text{此處 } f(y)=1 \text{ 和 } g(y)=\sqrt{y-1}$$
$$= \pi(2 - y)\Delta y$$

將這些墊環的體積加起來並取極限，即得到子區域 $R_2$ 繞 $y$ 軸旋轉的旋轉體體積為

$$V_2 = \int_1^2 \pi(2 - y)\,dy$$

因此所求的體積為

$$V_1 + V_2 = \int_0^1 \pi(2y - y^2)\,dy + \int_1^2 \pi(2 - y)\,dy$$
$$= \pi\left[y^2 - \frac{1}{3}y^3\right]_0^1 + \pi\left[2y - \frac{1}{2}y^2\right]_1^2$$

$$= \pi\left(1 - \frac{1}{3}\right) + \pi\left\{\left[2(2) - \frac{1}{2}(4)\right] - \left[2 - \frac{1}{2}\right]\right\} = \frac{7\pi}{6}$$

**b.** 若代表性的直立長方形繞 $y$ 軸旋轉，並產生平均半徑 $x$，高 $[(x^2+1)-(-x+1)]$ 或 $x^2+x$，和厚度 $\Delta x$ 的圓柱殼（圖 6.39c）。則它的體積為

$$\Delta V = 2\pi x(x^2+x)\Delta x$$
$$= 2\pi(x^3+x^2)\Delta x$$

將這些圓柱殼的體積加起來並取極限，即得到此旋轉體的體積為

$$V = \int_0^1 2\pi(x^3+x^2)\,dx = 2\pi \int_0^1 (x^3+x^2)\,dx$$
$$= 2\pi\left[\frac{1}{4}x^4 + \frac{1}{3}x^3\right]_0^1 = 2\pi\left(\frac{1}{4}+\frac{1}{3}\right) \text{ 即 } \frac{7\pi}{6} \quad \blacksquare$$

**註** 圖 6.39 再次呈現墊環法和圓柱殼法之間本質上的差異。於墊環法中，代表性的長方形一定垂直（perpendicular）於此旋轉體的旋轉軸。於圓柱殼法中，代表性的長方形一定平行（parallel）於旋轉軸。

### ■ 一區域繞 $x$ 軸旋轉產生的殼

圓柱殼法也能用來求一區域繞 $x$ 軸旋轉所產生的旋轉體體積。譬如：若區域 $R$ 被圖形 $x=f(y)$, $x=0$, $y=c$ 和 $y=d$ 包圍，並繞 $x$ 軸旋轉，其中 $f \geq 0$ 和 $c \leq d$（圖 6.40）。則所產生的旋轉體體積之計算公式如下。

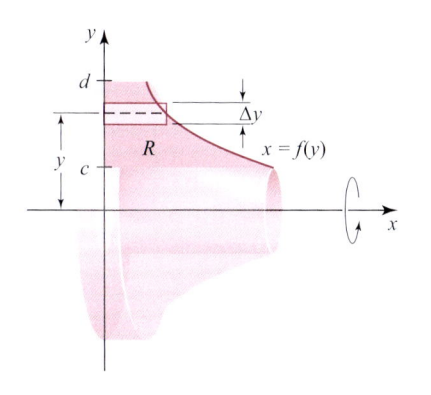

> **使用圓柱殼法求體積**（區域繞 $x$ 軸旋轉）
>
> $$V = \int_c^d 2\pi y f(y)\,dy \quad (3)$$

| 圖 **6.40**
代表性水平長方形繞 $x$ 軸旋轉，所產生的圓柱殼的體積為 $\Delta V = 2\pi y f(y)\Delta y$

若將 $x$ 和 $y$ 互換，則式 (2) 就變成式 (3)。由此觀察也可得知：圖 6.40 所示的由代表性長方形旋轉所產生的旋轉體，它是個平均半徑 $y$，高 $f(y)$，和厚度 $\Delta y$ 的圓柱殼。所以它的體積為 $\Delta V = 2\pi y f(y)\Delta y$。將這些殼的體積加起來並取極限，可得旋轉體體積為

$$V = \int_c^d 2\pi y f(y)\,dy$$

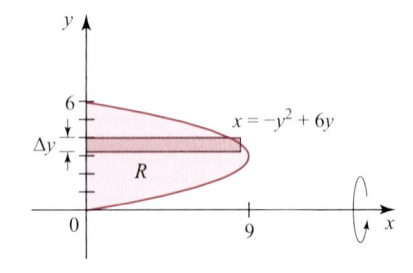

圖 6.41

若水平長方形繞 x 軸旋轉，則所產生的圓柱殼的體積為
$\Delta V = 2\pi yx\Delta y$

**例題 3** 令 $R$ 是被圖形 $x = -y^2 + 6y$ 和 $x = 0$ 包圍的區域。求 $R$ 繞 $x$ 軸旋轉產生的旋轉體體積。

**解** 區域 $R$ 展示於圖 6.41。若代表性水平長方形繞 $x$ 軸旋轉，則所產生的圓柱殼具有平均半徑 $y$、高 $x$ 或 $-y^2 + 6y$，和厚度 $\Delta y$。因此它的體積為

$$\Delta V = 2\pi y(-y^2 + 6y)\Delta y$$
$$= 2\pi(-y^3 + 6y^2)\Delta y$$

將這些圓柱殼的體積加起來並取極限，即得到此旋轉體的體積為

$$V = \int_0^6 2\pi(-y^3 + 6y^2)\,dy = 2\pi\int_0^6 (-y^3 + 6y^2)\,dy$$
$$= 2\pi\left[-\frac{1}{4}y^4 + 2y^3\right]_0^6 = 2\pi(-324 + 432) = 216\pi$$

**例題 4** 已知 $R$ 為圖形 $y = 4 - x^2$ 和 $y = -x + 2$ 圍成的區域。求 $R$ 繞直線 $x = 4$ 旋轉所產生的旋轉體體積。

**解** 區域展示於圖 6.42。若代表性的直立長方形繞直線 $x = 4$ 旋轉，則產生平均半徑 $4 - x$，高 $(4 - x^2) - (-x + 2)$ 或 $-x^2 + x + 2$ 和厚度 $\Delta x$ 的圓柱殼。因此它的體積為 $\Delta V = 2\pi(4 - x)(-x^2 + x + 2)\Delta x$。將這些圓柱殼的體積加起來並取極限，即得到此旋轉體的體積

$$V = \int_{-1}^2 2\pi(4 - x)(-x^2 + x + 2)\,dx = 2\pi\int_{-1}^2 (x^3 - 5x^2 + 2x + 8)\,dx$$
$$= 2\pi\left[\frac{1}{4}x^4 - \frac{5}{3}x^3 + x^2 + 8x\right]_{-1}^2$$
$$= 2\pi\left[\left(4 - \frac{40}{3} + 4 + 16\right) - \left(\frac{1}{4} + \frac{5}{3} + 1 - 8\right)\right] = \frac{63\pi}{2}$$

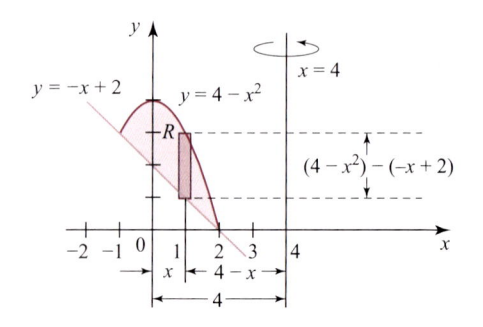

圖 6.42

若直立長方形繞直線 $x = 4$ 旋轉，則產生平均半徑 $4 - x$，高 $(4 - x^2) - (-x + 2)$ 和厚度 $\Delta x$ 的圓柱殼

## 6.3 習題

1-3 題，已知某區域繞指定的軸或直線旋轉，並產生旋轉體。使用圓柱殼法求其體積。

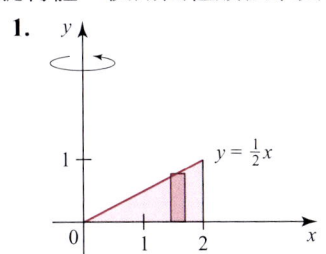

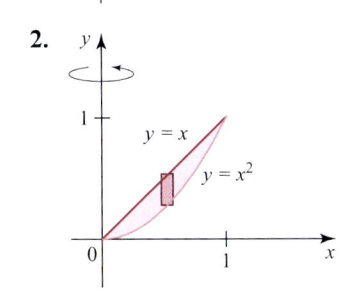

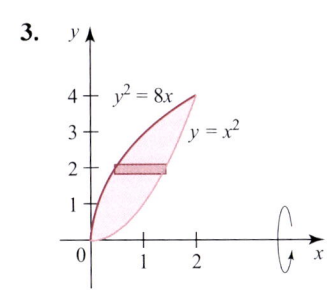

**1.**

**2.**

**3.**

4-10 題，已知等式和／或不等式圍成的區域繞指定的軸旋轉，並產生旋轉體。使用圓柱殼法求其體積。繪畫此區域與代表性的長方形。

**4.** $y = x^2$, $y = 0$, $x = 2$; $y$ 軸
**5.** $y = -x^2 + 2x$, $y = 0$; $y$ 軸
**6.** $y = \dfrac{1}{x}$, $y = 0$, $x = 1$, $x = 2$; $y$ 軸
**7.** $x = \sqrt{9 - y^2}$, $x = 0$, $y = 0$; $x$ 軸
**8.** $y = x^2 + 1$, $x \geq 0$, $y = 5$; $y$ 軸
**9.** $y = \sqrt{1 - x^2}$, $y = -x + 1$; $y$ 軸
**10.** $y^2 = \dfrac{3}{2}x$; $x^2 + y^2 = 1$, $y \geq 0$; $x$ 軸

11-13 題，已知等式圍成的區域繞指定的軸旋轉產生旋轉體，使用圓盤或墊環法或圓柱殼法，求其體積。繪畫此區域與代表性的長方形。

**11.** $y = \sqrt{x}$, $y = x - 2$, $y = 0$; $x$ 軸
**12.** $y = x^2$, $y = 2x - 1$, $y = 4$; $y$ 軸
**13.** $y = 2x^2$, $y = x + 1$, $y = 0$; $x$ 軸

14-16 題，已知等式圍成的區域繞指定的直線旋轉，並產生旋轉體，求其體積。繪畫此區域和代表性的長方形。

**14.** $y = x$, $y = 0$, $x = 2$; 直線 $x = 4$
**15.** $y = 4 - x^2$, $y = 0$; 直線 $x = -2$
**16.** $y = \sqrt{x - 1}$, $y = x - 1$; 直線 $x = 3$

17-18 題，繪畫平面區域和指定的旋轉軸，使得由它們所產生的旋轉體體積（使用殼法）是所給予的積分（答案可能不只一個）。

**17.** $2\pi \displaystyle\int_0^\pi x \sin x \, dx$    **18.** $2\pi \displaystyle\int_0^1 y(y^{1/3} - y) \, dy$

**19.** 已知由頂點為 $(0, 0), (h, 0)$ 與 $(0, r)$ 的三角形區域繞 $x$ 軸旋轉產生的旋轉體。使用圓柱殼法計算該旋轉體來證明直圓錐體積的公式。

**20.** 已知由圖形

$$\dfrac{x^2}{a^2} + \dfrac{y^2}{b^2} = 1 \qquad x \geq 0$$

圍成的橢圓區域繞 $y$ 軸產生的橢圓體。使用圓柱殼法求橢圓體體積。

**21.** 環體（甜甜圈形狀物體）是由圓 $x^2 + y^2 = a^2$ 繞垂直線 $x = b$ 旋轉產生的（其中 $0 < a < b$）。求其體積。

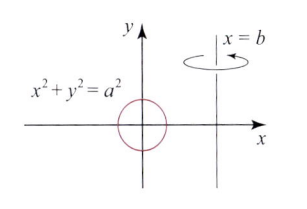

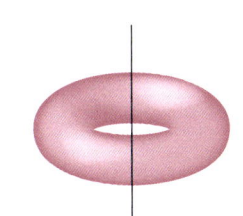

**22. 旋轉容器內液體的體積**   半徑 2 呎和高 4 呎的圓柱形容器內裝了一部分液體。當此容器以定角速率繞著其中心軸轉動，液面的截面為一拋物線描述如下：

$$y = 2 + \dfrac{\omega^2 x^2}{2g}$$

若與容器壁接觸的液面高度為 3 呎，求此容器內液體的體積。

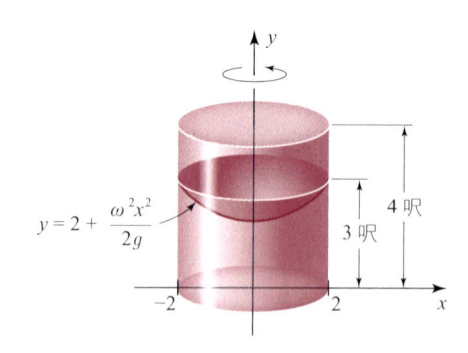

# 第 6 章　複習題

1-8 題，繪畫由式子的圖形圍成的區域，並求此區域的面積。

1. $y = \dfrac{1}{x^3}$, $y = 0$, $x = 1$, $x = 2$
2. $y = x^2 + 2$, $y = x + 1$, $x = 0$, $x = 1$
3. $y = 2x^2 + 2x - 3$, $y = 3x^2 + 2x - 4$
4. $y = \sqrt{x-1}$, $y = 2$, $y = 0$, $x = 0$
5. $x = (y-1)^2$, $x = 1$
6. $x = y^2 - 1$, $x = 1 - y$
7. $y = \cos x$, $y = -\sin x$, $x = 0$, $x = \dfrac{\pi}{2}$
8. $\sqrt{x} + \sqrt{y} = 1$, $x + y = 1$

9-12 題，已知由等式的圖形所圍成的區域繞指定的直線旋轉產生的旋轉體，求其體積。

9. $y = \sqrt{x+1}$, $y = 0$, $x = 3$; $x$ 軸
10. $y = x^{1/3}$, $y = x$; $y$ 軸
11. $y = x^2$, $y = x^3$; 直線 $x = 2$
12. $y = \cos x^2$, $x \geq 0$, $y = 0$; $y$ 軸
13. 求完全被拋物線 $y = x^2 - 6x + 11$ 以及過點 $(1, 0)$ 和拋物線頂點的直線圍成的區域面積。
14. 一紀念碑高 50 公尺。離頂端 $x$ 公尺之水平截面為邊長 $x/5$ 公尺之正三角形。試問此紀念碑的體積為何？

## 解題技巧

下面的例題引用微分規則解含積分的問題。

**例題　拋射體能達到的高度**　一拋射體自地表垂直拋射，其初始速率 $v_0$ 小於逃逸速率。若此物體的運動僅受地心引力影響，則其運動可以由下面的微分方程式來描述

$$\dfrac{d^2 x}{dt^2} = -\dfrac{gR^2}{(x+R)^2}$$

其中時間 $t$ 以秒計，以哩計的 $x$ 為其自地表面量起的距離，$R$ 為地球半徑，$g$ 為重力加速度。證明此拋射體能達到的最大高度為 $v_0^2 R/(2gR - v_0^2)$。

**解**　最初的想法是將上述微分方程式對 $t$ 積分，但由於此方程式右邊帶有未知數 $x$，故不可行。此處可採用連鎖規則的技巧，先將原

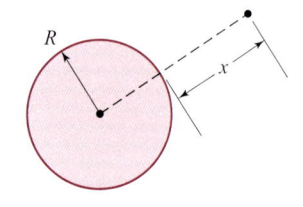

式的左邊改寫為

$$\frac{d^2x}{dt^2} = \frac{d}{dt}\left(\frac{dx}{dt}\right) = \frac{dv}{dt} = \frac{dv}{dx} \cdot \frac{dx}{dt} = \frac{dv}{dx}v$$

故原式變為

$$v\frac{dv}{dx} = -\frac{gR^2}{(x+R)^2}$$

兩邊同時對 $x$ 積分，得到

$$\int v\frac{dv}{dx}dx = -gR^2\int (x+R)^{-2}dx$$

$$\frac{1}{2}v^2 = \frac{gR^2}{x+R} + C$$

即

$$v^2 = \frac{2gR^2}{x+R} + C$$

積分等式右邊，使用 $u = x + R$ 的變數變換。積分常數 $C$ 可由初始條件 $v = v_0$ 求得，亦即

$$v_0^2 = \frac{2gR^2}{R} + C \quad 即 \quad C = v_0^2 - 2gR$$

因此

$$v^2 = \frac{2gR^2}{x+R} + v_0^2 - 2gR$$

當拋射體達到最大高度時，$v = 0$。所以

$$0 = \frac{2gR^2}{x+R} + v_0^2 - 2gR$$

$$\frac{2gR^2}{x+R} = 2gR - v_0^2$$

$$x + R = \frac{2gR^2}{2gR - v_0^2}$$

$$x = \frac{2gR^2}{2gR - v_0^2} - R = \frac{2gR^2 - 2gR^2 + v_0^2 R}{2gR - v_0^2}$$

$$= \frac{v_0^2 R}{2gR - v_0^2}$$

故得證。

# 第 7 章 超越函數

本章一開始應用定積分定義自然對數函數。此舉提供簡單且嚴謹的方法來建立函數的性質。

接著展示由某些函數推導出之其他與原函數有特別關係的函數。這些函數彼此是互逆（inverses）的關係。自然對數函數的反函數是自然指數函數。然而三角函數的定義域適當地被限制後，也推導出反三角函數。

最後考慮經常被使用的某種指數函數的組合，它們有特別的名稱：雙曲函數。

本章所考慮的函數有被用來描述懸掛的電纜因其本身的重量所產生的形狀、培養菌生長以及輻射材料樣品的蛻變的方式、物體在具黏滯性的環境中的運動現象，與錢存放在銀行的增長方式——只是其中一些應用。

Flirt Collection/PhotoLibrary

## 7.1 自然對數函數

本節用微積分基本定理的第一部分定義一個重要的函數：自然對數函數。此舉允許用簡單且不失嚴謹的方法來建立該函數的所有特性。

回顧微積分基本定理的第一部分，若 $f$ 在開區間 $I$ 連續且 $a$ 為 $I$ 內任意點，則一個可微分函數 $F$ 定義為：

$$F(x) = \int_a^x f(t)\, dt \qquad x \in I$$

現在考慮定義在 $(0, \infty)$ 區間的函數 $f(t) = 1/t$（圖 7.1）。

因為 $f$ 在 $(0, \infty)$ 連續，則微積分基本定理的第一部分保證在 $(0, \infty)$，一個可微分函數定義如下。

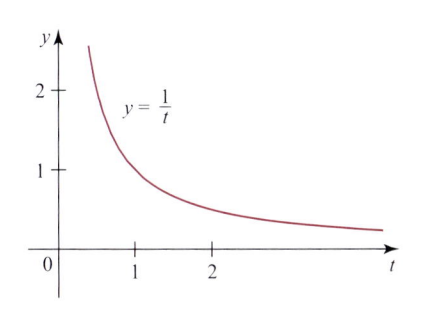

| 圖 7.1
函數 $f(t) = 1/t$ 在 $(0, \infty)$ 是連續

**定義 自然對數函數**

**自然對數函數**（natural logarithmic function），記作 **ln**，是定義為

$$\ln x = \int_1^x \frac{1}{t}\, dt \tag{1}$$

的函數，其中 $x > 0$。

式子 ln $x$，唸作 "ell-en of $x$"，因它具備對數函數的所有特性（後面會看到），所以稱它為 **$x$ 的自然對數**（natural logarithm of $x$）。

**註** 積分的冪規則，當 $n = -1$，$1/(n+1)$ 是沒有定義的，所以只有當 $n \neq 1$，式子

$$\int_a^x t^n \, dt = \frac{t^{n+1}}{n+1}\bigg|_a^x = \frac{1}{n+1}(x^{n+1} - a^{n+1})$$

成立。依照函數 $f(t) = 1/t = t^{-1}$ 的積分定義，現在有當 $n = -1$，$f(t) = t^n$ 的積分公式。因此，

$$\int_a^x t^n \, dt = \begin{cases} \dfrac{1}{n+1}(x^{n+1} - a^{n+1}), & n \neq -1 \\ \ln x - \ln a, & n = -1, x > 0 \text{ 且 } a > 0 \end{cases}$$

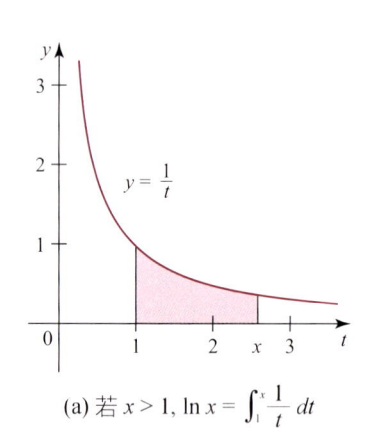

若 $x > 1$，ln $x$ 可解釋為圖形 $y = 1/t$ 下面在 $[1, x]$ 區間的區域面積（圖 7.2）。

當 $x = 1$，

$$\ln 1 = \int_1^1 \frac{1}{t} \, dt = 0$$

若 $0 < x < 1$，則

$$\ln x = \int_1^x \frac{1}{t} \, dt = -\int_x^1 \frac{1}{t} \, dt < 0$$

所以 ln $x$ 可以解釋為圖形 $y = 1/t$ 下面在 $[x, 1]$ 區間之區域的負（negative）面積（圖 7.2b）。

(a) 若 $x > 1$，$\ln x = \int_1^x \frac{1}{t} \, dt$

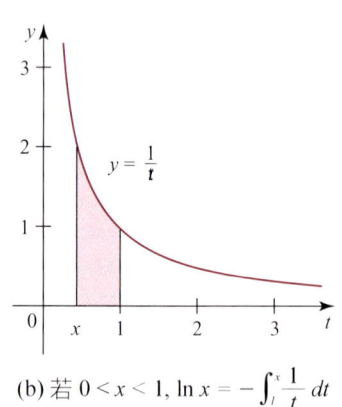

(b) 若 $0 < x < 1$，$\ln x = -\int_x^1 \frac{1}{t} \, dt$

**圖 7.2**
ln $x$ 解釋為面積

### ■ ln $x$ 的導數

回顧微積分基本定理的第一部分，若 $f$ 在開區間 $I$ 連續且函數 $F$ 定義為

$$F(x) = \int_a^x f(t) \, dt \qquad a \in I$$

則 $F'(x) = f(x)$。應用此定理到函數 $f(t) = 1/t$，可得

$$\frac{d}{dx} \ln x = \frac{d}{dx} \int_1^x \frac{1}{t} \, dt = \frac{1}{x} \qquad x > 0 \tag{2}$$

接著使用連鎖規則得知，若 $u$ 是 $x$ 的可微分函數，則

$$\frac{d}{dx} \ln u = \frac{1}{u} \frac{du}{dx} \qquad u > 0 \tag{3}$$

## ◼ 對數法則

對數函數的微分法則可用來證明下列熟悉的對數法則。

---

**定理 1　對數法則**

令 $x$ 與 $y$ 為正數且令 $r$ 為有理數，則

**a.** $\ln 1 = 0$　　　　　　**b.** $\ln xy = \ln x + \ln y$

**c.** $\ln \dfrac{x}{y} = \ln x - \ln y$　　　**d.** $\ln x^r = r \ln x$

---

**證明**

**a.** 法則 a 在 330 頁已經證明了。

**b.** 定義函數 $F(x) = \ln ax$，其中 $a$ 為正的常數。接著使用式 (3)，可得

$$F'(x) = \frac{d}{dx}(\ln ax) = \frac{1}{ax}\frac{d}{dx}(ax) = \frac{a}{ax} = \frac{1}{x}$$

然而根據式 (2)

$$\frac{d}{dx}\ln x = \frac{1}{x}$$

故，$F(x)$ 與 $\ln x$ 有相同的導數，根據 5.1 節定理 1，得知它們之間相差一個常數；亦即，

$$F(x) = \ln ax = \ln x + C$$

令式子中的 $x = 1$ 且知道 $\ln 1 = 0$，則

$$\ln a = \ln 1 + C = C$$

故

$$\ln ax = \ln x + \ln a$$

因為 $a$ 為任意正實數，所以

$$\ln xy = \ln x + \ln y$$

**c.** 應用 (b) 的結果，令 $x = 1/y$，可得

$$\ln \frac{1}{y} + \ln y = \ln\left(\frac{1}{y} \cdot y\right) = \ln 1 = 0$$

所以

$$\ln \frac{1}{y} = -\ln y$$

再次應用 (b) 的結果，

$$\ln \frac{x}{y} = \ln\left(x \cdot \frac{1}{y}\right) = \ln x + \ln \frac{1}{y} = \ln x - \ln y$$

即得證。

**d.** 分別定義 $F$ 與 $G$ 為 $F(x) = \ln x^r$ 與 $G(x) = r \ln x$。接著使用式 (3)，可得

$$F'(x) = \frac{1}{x^r} \cdot rx^{r-1} = \frac{r}{x}$$

最後再使用式 (2)，可得

$$G'(x) = \frac{r}{x}$$

因此，$F$ 與 $G$ 必定相差一個常數；亦即，

$$\ln x^r = r \ln x + C$$

令式子中的 $x = 1$，則

$$\ln 1 = r \ln 1 + C$$

即 $C = 0$，故

$$\ln x^r = r \ln x$$

即得證。 ■

**例題 1** 展開下列各式：

**a.** $\ln \dfrac{x^2 + 1}{\sqrt{x}}$      **b.** $\ln \dfrac{x^3 \cos^2 \pi x}{\sqrt{x^2 + 1}}$

**解**

**a.** $\ln \dfrac{x^2 + 1}{\sqrt{x}} = \ln \dfrac{x^2 + 1}{x^{1/2}} = \ln(x^2 + 1) - \ln x^{1/2}$    使用定理 1c

$\qquad\qquad\; = \ln(x^2 + 1) - \dfrac{1}{2} \ln x$    使用定理 1d

**b.** $\ln \dfrac{x^3 \cos^2 \pi x}{\sqrt{x^2 + 1}} = \ln \dfrac{x^3 (\cos \pi x)^2}{(x^2 + 1)^{1/2}}$

$\qquad\qquad\qquad\; = \ln x^3 + \ln(\cos \pi x)^2 - \ln(x^2 + 1)^{1/2}$    使用定理 1b

$\qquad\qquad\qquad\; = 3 \ln x + 2 \ln \cos \pi x - \dfrac{1}{2} \ln(x^2 + 1)$ ■

**例題 2** 將 $\ln x + \frac{1}{3} \ln y$ 寫成單一對數的形式。

**解**
$$\ln x + \frac{1}{3} \ln y = \ln x + \ln y^{1/3} = \ln xy^{1/3} = \ln x\sqrt[3]{y}$$ ■

## ■ 自然對數函數的圖形

要繪畫自然對數函數的圖形，首先要知道 $f(x) = \ln x$ 具備下列特性：

**1.** 根據定義，$f$ 的定義域為 $(0, \infty)$。

**2.** 因為 $f$ 在 $(0, \infty)$ 可微分，所以它在那裡連續。

**3.** 因為在 $(0, \infty)$，$f'(x) = \frac{1}{x} > 0$，所以在 $(0, \infty)$，$f$ 遞增。

**4.** 因為在 $(0, \infty)$，$f''(x) = -\frac{1}{x^2} < 0$，所以在 $(0, \infty)$，$f$ 圖形凹面向下。

應用 $f(x) = \ln x$ 的特性，由上表的樣本值推出

$$\lim_{x \to 0^+} \ln x = -\infty \quad \text{和} \quad \lim_{x \to \infty} \ln x = \infty$$

它們將在本節的最後出現，$f(x) = \ln x$ 的圖形展示於圖 7.3。

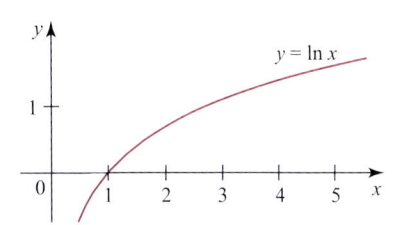

**| 圖 7.3**
自然對數函數 $y = \ln x$ 的圖形

## ■ 對數函數的導數

之前已經建立自然對數函數的微分規則（式 (2) 和式 (3)）。更廣義的情形，此規則仍然成立，如下面定理所述。

---

**定理 2　自然對數函數的導數**

令 $u$ 為 $x$ 的可微分函數，則

**a.** $\dfrac{d}{dx} \ln |x| = \dfrac{1}{x} \qquad x \neq 0$ 　　**b.** $\dfrac{d}{dx} \ln |u| = \dfrac{1}{u} \cdot \dfrac{du}{dx} \qquad u \neq 0$

---

**證明**

**a.** 若 $x > 0$，則 $|x| = x$，根據式(2)，

$$\frac{d}{dx} \ln |x| = \frac{d}{dx} \ln x = \frac{1}{x}$$

若 $x < 0$，則 $|x| = -x$，根據式 (3)，

$$\frac{d}{dx} \ln |x| = \frac{d}{dx} \ln(-x) = -\frac{1}{x} \frac{d}{dx}(-x) = -\frac{1}{x}(-1) = \frac{1}{x}$$

**b.** 由連鎖規則即得結果。

## 歷史傳記

### JOHN NAPIER
(1550–1617)

John Napier 因發明了描述於其所出版的兩篇著作內的對數而成名；*Mirifici logarithmorum canonis descriptio*（A Description of the Wonderful Canon of Logarithms）發表於 1614 年，*Mirifici logarithmorum canonis constructio*（The Construction of the Wonderful Canon of Logarithms），發表於 1619 年。1550 年 Napier 誕生在蘇格蘭愛丁堡附近 Merchiston 堡的一個顯要的貴族家族中。13 歲的時候他進入蘇格蘭的 St. Andrews 大學就讀；不過在那裡他只停留了短暫的時間，隨後就前往歐洲學習。雖然他在這段時間內培養出對天文學與數學的喜好，但是由於他主要的興趣是神學，前兩者只被視為是業餘的愛好。然而，天文學是如此令他著迷，使他在 20 年的研究過程中發展出對數的觀念，據以處理相關研究中所需面對關於極大數值的計算問題。其後，Henry Briggs 獲得 Napier 的同意，將最初的 Napier 對數作了一些改進；例如：以 10 為底數的對數。Napier 與 Briggs 的重要成果成為 Johannes Kepler 以及後續的 Isaac Newton 關於行星運動研究的基礎。Napier 與 Briggs 的成果也成為直到發明了計算器和電腦之前人們所廣泛使用的標準對數表。

**例題 3** 求下列各式的導數。

**a.** $f(x) = \ln(2x^2 + 1)$ **b.** $g(x) = x^2 \ln 2x$ **c.** $y = \ln|\cos x|$

**解**

**a.** $f'(x) = \dfrac{d}{dx} \ln(2x^2 + 1) = \dfrac{1}{2x^2 + 1} \dfrac{d}{dx}(2x^2 + 1) = \dfrac{4x}{2x^2 + 1}$

**b.** $g'(x) = \dfrac{d}{dx}(x^2 \ln 2x) = x^2 \dfrac{d}{dx}(\ln 2x) + (\ln 2x)\dfrac{d}{dx}(x^2)$ 　使用乘法規則

$= x^2\left(\dfrac{1}{2x}\right)(2) + (\ln 2x)(2x) = x(1 + 2\ln 2x)$

**c.** $\dfrac{dy}{dx} = \dfrac{d}{dx}\ln|\cos x| = \dfrac{1}{\cos x}\dfrac{d}{dx}(\cos x) = -\dfrac{\sin x}{\cos x} = -\tan x$ ∎

若式子中有自然對數，則在微分之前（before）先使用對數法則簡化此式子，如例題 4 與例題 5 所示。

**例題 4** 求 $f(x) = \ln\sqrt{x^2 + 1}$ 的導數。

**解** 首先改寫式子為

$$f(x) = \ln(x^2 + 1)^{1/2} = \dfrac{1}{2}\ln(x^2 + 1)$$

對此函數微分，可得

$$f'(x) = \dfrac{d}{dx}\left[\dfrac{1}{2}\ln(x^2 + 1)\right] = \dfrac{1}{2} \cdot \dfrac{d}{dx}[\ln(x^2 + 1)]$$

$$= \dfrac{1}{2} \cdot \dfrac{1}{x^2 + 1}\dfrac{d}{dx}(x^2 + 1) = \dfrac{1}{2} \cdot \dfrac{1}{x^2 + 1}(2x) = \dfrac{x}{x^2 + 1}$$ ∎

**例題 5** 當 $x = 1$，求

$$f(x) = \ln\left[\dfrac{x^2(2x^2 + 1)^3}{\sqrt{5 - x^2}}\right]$$

的變化率。

**解** 對於任意 $x$，$f(x)$ 的變化率為 $f'(x)$。求 $f'(x)$ 之前先將 $f(x)$ 改寫為

$$f(x) = \ln\left[\dfrac{x^2(2x^2 + 1)^3}{(5 - x^2)^{1/2}}\right] = 2\ln x + 3\ln(2x^2 + 1) - \dfrac{1}{2}\ln(5 - x^2)$$

然後再微分，可得

$$f'(x) = \dfrac{2}{x} + \dfrac{3}{2x^2 + 1}\dfrac{d}{dx}(2x^2 + 1) - \dfrac{1}{2(5 - x^2)}\dfrac{d}{dx}(5 - x^2)$$

$$= \dfrac{2}{x} + \dfrac{12x}{2x^2 + 1} + \dfrac{x}{5 - x^2}$$

由此得知，$f(x)$ 在 $x = 1$ 處的變化率為

$$f'(1) = 2 + \frac{12}{3} + \frac{1}{4}$$

即每單位的 $x$ 有 $\frac{25}{4}$ 單位的變化。

## ■ 對數微分

看過對數的法則如何簡化與微分對數相關的式子後，現在來看此過程，它是怎樣利用這些對數法則來微分一些乍看之下似乎與對數無關的函數。此方法稱為**對數微分**（logarithmic differentiation），它對含乘積、商且／或冪之函數的微分特別有用，可以利用對數將它們簡化。

**例題 6** 求 $y = \dfrac{(2x-1)^3}{\sqrt{3x+1}}$ 的導數。

**解** 首先對等號兩邊同時取對數，可得

$$\ln y = \ln \frac{(2x-1)^3}{(3x+1)^{1/2}}$$

即

$$\ln y = 3\ln(2x-1) - \frac{1}{2}\ln(3x+1) \quad \text{應用對數法則}$$

接著等號兩邊同時對 $x$ 隱微分，可得

$$\frac{1}{y}(y') = \frac{3}{2x-1}(2) - \frac{1}{2(3x+1)}(3)$$

$$= \frac{6}{2x-1} - \frac{3}{2(3x+1)} = \frac{6(2)(3x+1) - 3(2x-1)}{2(2x-1)(3x+1)}$$

$$= \frac{15(2x+1)}{2(2x-1)(3x+1)}$$

最後等號兩邊同乘 $y$，即得

$$y' = \frac{15(2x+1)}{2(2x-1)(3x+1)} \cdot y$$

$$= \frac{15(2x+1)}{2(2x-1)(3x+1)} \cdot \frac{(2x-1)^3}{\sqrt{3x+1}} \quad \text{代換 } y$$

$$= \frac{15(2x+1)(2x-1)^2}{2(3x+1)^{3/2}}$$

下面有此過程的總結。

**應用對數微分求 *dy/dx***

已知式子 $y = f(x)$。計算 $dy/dx$ 的步驟如下：

1. 對等號兩邊同時取對數，並應用對數法則簡化最後的式子。
2. 等號兩邊同時對 $x$ 隱微分。
3. 由步驟 2 所得的式子解 $dy/dx$。
4. 代換 $y$。

## ■ 含對數函數的積分

將此規則倒轉

$$\frac{d}{dx}\ln|u| = \frac{1}{u}\frac{du}{dx}$$

可得下列積分規則。

---

**定理 3　積分 $\frac{1}{u}$ 的規則**

令 $u = g(x)$，其中 $g$ 為可微分且 $g(x) \neq 0$，則

$$\int \frac{1}{u}\,du = \ln|u| + C$$

---

**例題 7**　求 $\displaystyle\int \frac{1}{2x+1}\,dx$。

**解**　令 $u = 2x+1$, $du = 2\,dx$ 即 $dx = \frac{1}{2}\,du$。將這些式子代入積分式，可得

$$\int \frac{1}{2x+1}\,dx = \frac{1}{2}\int \frac{1}{u}\,du = \frac{1}{2}\ln|u| + C$$

$$= \frac{1}{2}\ln|2x+1| + C \qquad ■$$

**例題 8**　求 $\displaystyle\int \frac{\sqrt{\ln x}}{x}\,dx$。

**解**　令 $u = \ln x$，$du = \frac{1}{x}\,dx$，則

$$\int \frac{\sqrt{\ln x}}{x}\,dx = \int \sqrt{u}\,du = \int u^{1/2}\,du = \frac{2}{3}u^{3/2} + C$$

$$= \frac{2}{3}(\ln x)^{3/2} + C \qquad ■$$

**例題 9** 求 $\int \tan x \, dx$。

**解** 首先改寫原積分式為

$$\int \tan x \, dx = \int \frac{\sin x}{\cos x} dx$$

接著使用代換法，令 $u = \cos x$, $du = -\sin x \, dx$ 即 $\sin x \, dx = -du$，可得

$$\int \frac{\sin x}{\cos x} dx = -\int \frac{1}{u} du = -\ln|u| + C$$

因此，

$$\int \tan x \, dx = -\ln|\cos x| + C \quad \text{或} \quad \ln|\sec x| + C \quad \blacksquare$$

觀察到 $\cot x = (\cos x)/(\sin x)$，以相似的方法可以推得 $\int \cot x \, dx$ 的公式。

**例題 10** 求 $\int \sec x \, dx$。

**解** 被積分函數的分子與分母同乘 $\sec x + \tan x$，可得

$$\int \sec x \, dx = \int \sec x \frac{\sec x + \tan x}{\sec x + \tan x} dx = \int \frac{\sec^2 x + \sec x \tan x}{\sec x + \tan x} dx$$

接著使用代換法，令

$$u = \sec x + \tan x \qquad \text{使得} \qquad du = (\sec x \tan x + \sec^2 x) \, dx$$

所以

$$\int \sec x \, dx = \int \frac{1}{u} du = \ln|u| + C = \ln|\sec x + \tan x| + C \quad \blacksquare$$

使用相同的技巧找出 $\int \csc x \, dx$ 的公式。例題 9 與例題 10 的結果摘要於下面的定理，如此即完成我們所列的三角函數的積分公式。

---

**定理 4　三角函數的積分**

**a.** $\displaystyle\int \tan u \, du = \ln|\sec u| + C$

**b.** $\displaystyle\int \cot u \, du = \ln|\sin u| + C$

**c.** $\displaystyle\int \sec u \, du = \ln|\sec u + \tan u| + C$

**d.** $\displaystyle\int \csc u \, du = \ln|\csc u - \cot u| + C$

---

**例題 11** 求 $\int x \sec x^2 \, dx$。

**解** 應用代換法，令 $u = x^2$, $du = 2x \, dx$ 即 $x \, dx = \frac{1}{2} du$。將這些代入積分式子，可得

$$\int x \sec x^2 \, dx = \frac{1}{2} \int \sec u \, du = \frac{1}{2} \ln|\sec u + \tan u| + C$$

$$= \frac{1}{2} \ln|\sec x^2 + \tan x^2| + C$$

**例題 12** Weber-Fechner 法則描述如下的刺激 $S$ 與反應 $R$ 之間的關係：

$$R = k \ln \frac{S}{S_0}$$

其中 $k$ 與 $S_0$ 都是正的常數；$S_0$ 為閾值，即可偵測到的最小刺激值；$k$ 與受測對象有關。求 $dR/dS$，並闡釋你的結果。

**解** 由於

$$R = k \ln \frac{S}{S_0} = k(\ln S - \ln S_0) = k \ln S - k \ln S_0$$

故

$$\frac{dR}{dS} = \frac{d}{dS}(k \ln S - k \ln S_0)$$

$$= \frac{k}{S}$$

亦即，反應隨刺激改變的變化率與刺激量成反比，$k$ 為比例常數。換言之，$R$ 的變化率隨 $S$ 的增加而減少。這與一般的經驗吻合，亦即當音量或聲壓值較小時，比較容易感受到其變化。例如：音量由 20 分貝（耳語的平均值）增至 22 分貝與由 70 分貝（交通繁忙時的值）增至 72 分貝，比較容易感受到前者的變化。$R = k \ln(S/S_0)$ 的圖形展示在圖 7.4。

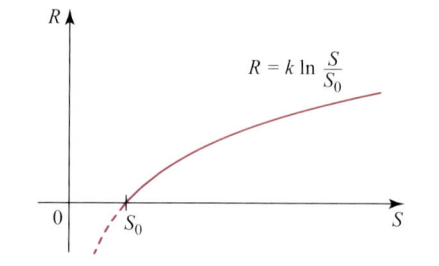

**圖 7.4**
圖形說明 Weber-Fechner 法則

**例題 13** **血流中藥物的濃度** 某藥物注射於病人後 $t$ 小時，該病人血液中的濃度（毫克/cc）為

$$C(t) = \frac{0.2t}{t^2 + 1}$$

求病人於注射此藥物後 4 小時內，其血液中的平均濃度（毫克/cc）。

**解** 於時間區間 $[0, 4]$ 內，藥物在該病人血液中的平均濃度為

$$A = \frac{1}{4-0} \int_0^4 C(t) \, dt = \frac{1}{4} \int_0^4 \frac{0.2t}{t^2+1} \, dt$$

計算此定積分前，先作變數變換：

令　　$u = t^2 + 1$　　則　　$du = 2t \, dt$　　即　　$t \, dt = \dfrac{du}{2}$

當 $t=0$，$u=0^2+1=1$，並當 $t=4$，$u=4^2+1=17$，故以 $u$ 為此積分的變數時，此積分的下限與上限分別為 1 與 17。所以

$$A = \frac{1}{20}\int_0^4 \frac{t}{t^2+1}\,dt$$
$$= \frac{1}{20}\left(\frac{1}{2}\right)\int_1^{17} \frac{1}{u}\,du = \left[\frac{1}{40}\ln u\right]_1^{17} = \frac{1}{40}(\ln 17 - \ln 1)$$

約 0.071 毫克/cc。

本節以證明下面的結果結束。

---

**定理 5**

**a.** $\displaystyle\lim_{x\to\infty} \ln x = \infty$      **b.** $\displaystyle\lim_{x\to 0^+} \ln x = -\infty$

---

**證明**

**a.** 根據對數法則 (d)（定理 1），對於任意正數 $n$，$\ln 2^n = n\ln 2$。因為 $\ln 2 > 0$，如之前所解說的，當 $n\to\infty$，$\ln 2^n \to\infty$。但是 $\ln x$ 為遞增函數，所以

$$\lim_{x\to\infty} \ln x = \infty$$

即得證。

**b.** 令 $t = 1/x$，則當 $x\to 0^+$，$t\to\infty$。由 (a) 可得

$$\lim_{x\to 0^+} \ln x = \lim_{t\to\infty}\ln\left(\frac{1}{t}\right) = \lim_{t\to\infty}(-\ln t) = -\infty$$

## 7.1 習題

1-2 題，已知 $\ln 2 \approx 0.6931$, $\ln 3 \approx 1.0986$ 和 $\ln 5 \approx 1.6094$，使用對數法則求下列各式的近似值。

**1.** **a.** $\ln 6$      **b.** $\ln \dfrac{3}{2}$

**2.** **a.** $\ln 30$      **b.** $\ln 7.5$

3-5 題，使用對數法則將下列各式展開。

**3.** $\ln \dfrac{2\sqrt{3}}{5}$      **4.** $\ln \dfrac{x^{1/3} y^{2/3}}{z^{1/2}}$

**5.** $\ln\left(\dfrac{x+1}{x-1}\right)^{1/3}$

6-7 題，使用對數法則將下列各式寫成單一的對數式。

**6.** $\ln 4 + \ln 6 - \ln 12$      **7.** $3\ln 2 - \dfrac{1}{2}\ln(x+1)$

8-10 題，利用 $y=\ln x$ 的圖形來繪畫函數圖形。

**8.** $f(x) = 2\ln x$      **9.** $y = 1 + \ln x$

**10.** $g(x) = \ln(x+1)$

11-12 題，求函數的定義域。

**11.** $f(x) = \ln(2x+1)$      **12.** $g(x) = \ln(\cos x)$

13-23 題，求函數的導數。

**13.** $f(x) = \ln(2x+3)$      **14.** $h(x) = \ln\sqrt{x}$

**15.** $g(u) = \ln \dfrac{u}{u+1}$      **16.** $y = x(\ln x)^2$

**17.** $g(x) = \dfrac{\ln x}{x+1}$      **18.** $f(x) = \ln(\ln x)$

**19.** $f(x) = \ln(x\ln x)$      **20.** $g(x) = \sin(\ln x)$

**21.** $f(x) = x^2 \ln\cos x$      **22.** $h(u) = \ln|\sec u|$

**23.** $g(t) = \ln\left|\dfrac{\sin t + 1}{\cos t + 2}\right|$

24-25 題，使用隱微分求 $dy/dx$。

**24.** $\ln y - x \ln x = -1$  **25.** $\ln\dfrac{x}{y} + x - y^2 = 0$

**26.** 證明函數 $y = 2x^2 + 3x^2 \ln x$ 是微分方程式 $x^2 y'' - 3x' + 4y = 0$ 的解。

**27.** 寫出圖形 $y = x \ln x$ 在 $(1, 0)$ 處的切線方程式。

**28.** 求函數 $f(x) = x \ln x - x$ 在 $[\tfrac{1}{2}, 2]$ 區間的絕對極值。

29-30 題，使用 4.6 節的指引方針繪畫函數圖形。

**29.** $f(x) = x + \ln x$  **30.** $f(x) = \ln(x^2 + 1)$

**31.** 使用牛頓法求 $x \ln x - 1 = 0$ 的根，精確度到小數點第五位。

32-33 題，運用對數微分求函數的導數。

**32.** $y = (2x + 1)^2 (3x^2 - 4)^3$

**33.** $y = \sqrt[3]{\dfrac{x - 1}{x^2 + 1}}$

**34.** 已知 $y = x^x$，求 $y''$。

35-41 題，求積分。

**35.** $\displaystyle\int \dfrac{2}{3x}\, dx$   **36.** $\displaystyle\int_0^1 \dfrac{x^2}{3x^3 + 1}\, dx$

**37.** $\displaystyle\int \dfrac{1}{x^{2/3}(x^{1/3} + 1)}\, dx$   **38.** $\displaystyle\int \dfrac{1}{x \ln x}\, dx$

**39.** $\displaystyle\int \dfrac{\cos x}{1 + \sin x}\, dx$   **40.** $\displaystyle\int (\sec\theta + \cos\theta)\, d\theta$

**41.** $\displaystyle\int \dfrac{1 + \ln x}{2 + x \ln x}\, dx$

**42.** 求被圖形 $y = \dfrac{x}{x^2 + 1}$，$y = -\dfrac{1}{2}x^2$ 與 $x = 1$ 圍成之區域面積。

**43.** 求圖形
$$y = \dfrac{1}{2}\left[x\sqrt{x^2 - 1} - \ln\left(x + \sqrt{x^2 - 1}\right)\right]$$
在 $[1, 3]$ 區間的長度。

**44.** 已知 $y = \displaystyle\int_x^{x^2} \ln t\, dt$，$x > 0$，求 $dy/dx$。

**45.** 一輛轎車沿直線道路行駛，於 $t$ 秒時，其速度為 $v(t) = 1056t/(t^2 + 36)$ 呎／秒。求其在最初 20 秒內所跑的距離。

**46. 汽艇行駛的距離**　有一汽艇沿著直線行駛，在其引擎關掉 $t$ 秒後所行駛的距離（呎）為
$$x = \dfrac{1}{k}\ln(v_0 kt + 1)$$
其中 $k$ 是常數，$v_0$ 是汽艇在 $t = 0$ 時的速率。
**a.** 求此汽艇在引擎關掉時間 $t$ 後的速度與加速度。
**b.** 證明此汽艇加速度的方向與其速度方向相反，和加速度正比於速度的平方根。
**c.** 利用 (a) 的結果證明此汽艇在行駛 $x$ 呎後的速度為
$$v = v_0 e^{-kx}$$

**47. 捕食者－被捕食者的模型**　某一地區在時間 $t$ 的時候，兔子的數目 $y(t)$ 與狐狸的數目 $x(t)$ 之關係式為
$$-C \ln y + Dy = A \ln x - Bx + E$$
其中 $A, B, C, D$ 與 $E$ 都為常數。上述關係式是由 Lotka（1880-1949）與 Volterra（1860-1940）在分析被捕食者和捕食者之間的生態平衡時所建構的模型。使用隱微分的方法求兔子數目的變化率與狐狸數目的變化率之間的關係。

**48. 平均溫度**　處於某熱平衡狀態之均質中空金屬球的內徑為 $r_1$，外徑為 $r_2$。距其中心 $r$ 的溫度 $T$ 為
$$T = T_1 + \dfrac{r_1 r_2 (T_2 - T_1)}{(r_1 - r_2)}\left(\dfrac{1}{r} - \dfrac{1}{r_1}\right) \qquad r_1 \le r \le r_2$$
其中 $T_1$ 與 $T_2$ 分別為此球內表面與外表面的溫度。求此球在沿半徑方向，介於 $r = r_1$ 與 $r = r_2$ 之間的平均溫度。

49-52 題，判斷下列敘述是對或是錯。如果它是對，解釋你的理由。如果它是錯，請解釋你的理由或舉例說明。

**49.** 對於所有正數 $a > b > 0$，$\ln a - \ln b = \ln(a - b)$。

**50.** $f(x) = \ln|x|$ 的定義域為 $(-\infty, 0) \cup (0, \infty)$。

**51.** 函數 $f(x) = 1/(\ln x)$ 在 $(1, \infty)$ 連續。

**52.** $\displaystyle\int_1^3 \dfrac{dx}{x - 2} = -\int_3^1 \dfrac{dx}{x - 2}$

## 7.2 反函數

### 反函數

位置函數

$$s = f(t) = 4t^2 \qquad 0 \leq t \leq 30 \tag{1}$$

表示磁浮列車在它的定義域 [0, 30] 內任意時間 $t$ 的位置。$f$ 的圖形在圖 7.5。式 (1) 讓我們可以用代數計算磁浮列車在任意時間 $t$ 的位置。幾何上，沿著圖 7.5 所示之時間 $t$ 的位置 $f(t)$，我們可以求任意時間 $t$ 磁浮列車的位置。

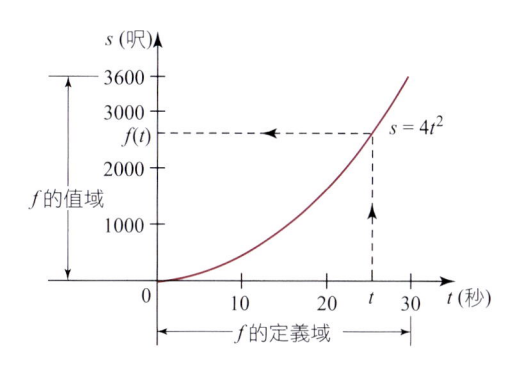

**圖 7.5**
磁浮列車在 $f$ 定義域內每個時間 $t$ 的（唯一）位置 $s = f(t)$。

現在考慮反過來的問題：已知磁浮列車的位置函數，可不可能得知此列車到達給予的位置所需的時間？幾何上，此問題容易解：將對應於給予之位置的點標示於 $s$ 軸，並沿著之前所考慮之路徑的反（opposite）方向前進。此路徑結合給予之位置 $s$ 與所需的時間 $t$。

代數上，我們可以將解式 (1) 的 $t$ 表示為 $s$，即得到此列車到達 $s$ 位置所需之時間 $t$ 的公式。因此，

$$t = \frac{1}{2}\sqrt{s}$$

（$t$ 在 [0, 30] 內，所以不取負根）。觀察到函數 $g$ 定義為

$$t = g(s) = \frac{1}{2}\sqrt{s}$$

其定義域為 [0, 3600]（$f$ 的值域）且值域為 [0, 30]（$f$ 的定義域）。$g$ 的圖形展示於圖 7.6。

函數 $f$ 與 $g$ 具備下列特性：
1. $g$ 的定義域為 $f$ 的值域且反之亦然。
2. 它們滿足下列關係

**圖 7.6**
g 的定義域內的每一個 s 對映於（唯一）時間 t = g(s)

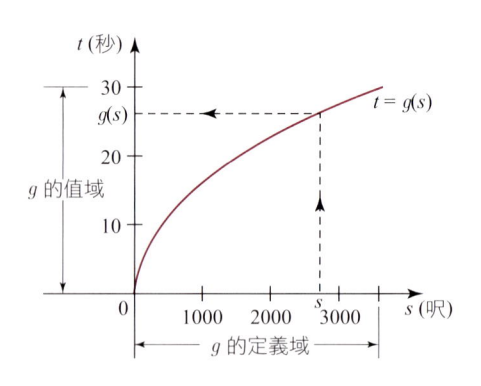

$$(g \circ f)(t) = g[f(t)] = \frac{1}{2}\sqrt{f(t)} = \frac{1}{2}\sqrt{4t^2} = t$$

與

$$(f \circ g)(t) = f[g(t)] = 4[g(t)]^2 = 4\left(\frac{1}{2}\sqrt{t}\right)^2 = t$$

換言之，$f$ 將 $t$ 對映至 $s = f(t)$ 且 $g$ 將 $s = f(t)$ 對映回到 $t$，所以其中一個不能處理另一個所處理的問題。

函數 $f$ 與 $g$ 互為反（inverse）函數。更廣義地，我們有下面的定義。

---

**定義　反函數**

對於在 $g$ 之定義域內的每個 $x$，若

$$f[g(x)] = x$$

與對於在 $f$ 之定義域內的每個 $x$，若

$$g[f(x)] = x$$

則函數 $g$ 是函數 $f$ 的反函數。對等於，對於 $f$ 定義域內每個 $x$ 與它的值域內每個 $y$，若下面的條件：

$$y = f(x) \quad \text{若且唯若} \quad x = g(y)$$

成立，則 $g$ 是 $f$ 的反函數。

---

**註**　$f$ 的反函數一般記作 $f^{-1}$（唸作 "$f$ inverse"），且整本書都會使用此符號。

⚠ 不要把 $f^{-1}(x)$ 和 $[f(x)]^{-1} = \dfrac{1}{f(x)}$ 弄混了。

**例題 1**　證明函數 $f(x) = x^{1/3}$ 和 $g(x) = x^3$ 互為反函數。

**解**　首先觀察到 $f$ 與 $g$ 的定義域和值域都是 $(-\infty, \infty)$。所以，合成

函數 $f \circ g$ 與 $g \circ f$ 都有定義。接著計算

$$(f \circ g)(x) = f[g(x)] = [g(x)]^{1/3} = (x^3)^{1/3} = x$$

與

$$(g \circ f)(x) = g[f(x)] = [f(x)]^3 = (x^{1/3})^3 = x$$

因為對於 $(-\infty, \infty)$ 內的 $x$，$f[g(x)] = x$，且對於 $(-\infty, \infty)$ 內的 $x$，$g[f(x)] = x$，所以結論 $f$ 與 $g$ 互為反函數。簡言之，$f^{-1}(x) = x^3$。∎

**結論說明**

我們可以將 $f$ 看成三次根的提煉機器而將 $g$ 看成「形成立方」的機器。由此看出，其中一個函數不能解另一個函數所解的問題。故 $f$ 與 $g$ 彼此確實是對方的反函數。

■ **反函數的圖形**

圖形 $f(x) = x^{1/3}$ 與 $f^{-1}(x) = x^3$ 展示於圖 7.7。它們似乎在說，反函數的圖形是彼此對直線 $y = x$ 的鏡像。一般而言，這是真的。現在說明如下。

假設 $(a, b)$ 為函數 $f$ 圖形上的任意點（圖 7.8），則 $b = f(a)$，且

$$f^{-1}(b) = f^{-1}[f(a)] = a$$

這說明 $(b, a)$ 在 $f^{-1}$ 的圖形上（圖 7.8）。同理可證，若 $(b, a)$ 在 $f^{-1}$ 的圖形上，則 $(a, b)$ 必定在 $f$ 的圖形上。但是點 $(b, a)$，如圖 7.8 所見，為點 $(a, b)$ 對直線 $y = x$ 的反射。如此我們已經證明下面的敘述。

**反函數的圖形**

$f^{-1}$ 的圖形為 $f$ 的圖形對直線 $y = x$ 反射所產生的，且反之亦然。

**例題 2**　繪畫 $f(x) = \sqrt{x-1}$ 的圖形。然後將 $f$ 的圖形對直線 $y = x$ 反射得到 $f^{-1}$ 的圖形。

**解**　$f$ 和 $f^{-1}$ 的圖都畫在圖 7.9。∎

■ **哪些函數有反函數**

是否每個函數都有反函數？譬如：定義在 $(-\infty, \infty)$ 的函數 $y = x^2$ 且其值域為 $[0, \infty)$。由圖 7.10 中的圖形得知，每個 $f$ 值域

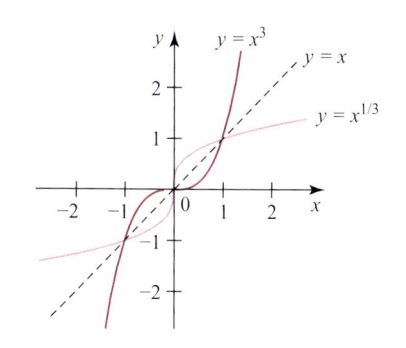

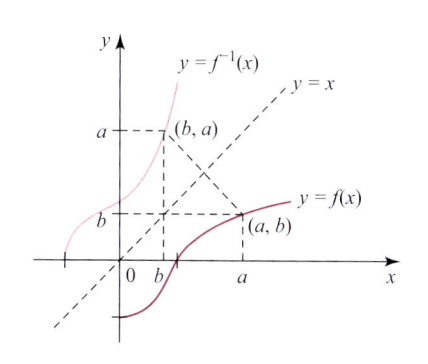

| 圖 7.7
函數 $y = x^{1/3}$ 和 $y = x^3$ 互為反函數

| 圖 7.8
$f^{-1}$ 的圖形

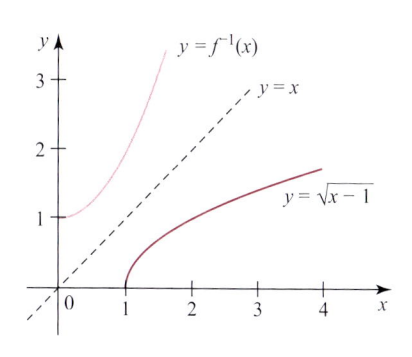

| 圖 7.9
$f$ 的圖形對直線 $y = x$ 反射後得到 $f^{-1}$ 的圖形

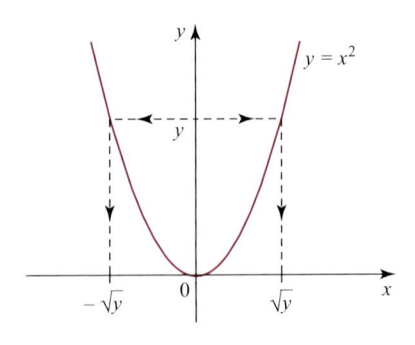

**圖 7.10**
每個 $y$ 值有兩個不同的 $x$ 點

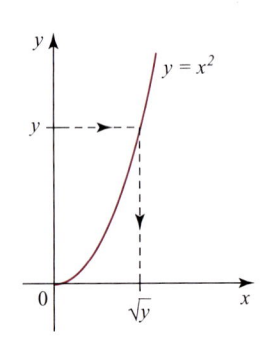

**圖 7.11**
每個 $y$ 值恰有一個 $x$ 點

$[0, \infty)$ 內的點 $y$，在 $f$ 定義域 $(-\infty, \infty)$ 內恰有兩（two）個點 $x = \pm\sqrt{y}$（除了在 $y = 0$ 處）。由此推得 $f$ 並沒有反函數。主要是函數的唯一性在此情形下不被滿足。又任意水平線 $y = c$ 與圖形 $f$ 相交超過一點，其中 $c > 0$。

接著考慮與 $f$ 相同規則定義之函數 $g$，稱為 $y = x^2$，但是其定義域限制在 $[0, \infty)$。由圖 7.11 的 $g$ 圖形知道，$g$ 之值域內的每一點 $y$ 對應到 $g$ 之定義域內恰有一（one）點，$x = \sqrt{y}$。在此情況，定義 $g$ 之反函數從 $g$ 的值域 $[0, \infty)$ 對映到 $g$ 的定義域 $[0, \infty)$。為了找 $g^{-1}$ 的規則，求式子 $y = x^2$ 的解，將 $x$ 寫成 $y$ 的函數。因為 $x \geq 0$，且 $x = \sqrt{y}$，所以 $g^{-1}(y) = \sqrt{y}$，或是 $y$ 為名義上的變數，所以可以寫作 $g^{-1}(x) = \sqrt{x}$。我們也看到每一條水平線與 $g$ 的圖形相交最多只有一點。

對函數 $f$ 與 $g$ 的分析顯示兩個函數之間重大的差異如下：$g$ 可以有反函數而 $f$ 卻不行。由於 $f$ 對應到同一值兩次；亦即，有兩個不同的 $x$ 點對應到同一個 $y$ 值（$y = 0$ 除外）。另一方面，$g$ 絕不會對應到同一點多過一次；亦即，任意兩點有不同的像。此函數 $g$ 稱為一對一（one-to-one）。

---

**定義　一對一函數**

若函數 $f$ 的定義域 $D$ 內沒有任意兩個相異點有相同的像，亦即，

$$\text{每當 } x_1 \neq x_2, f(x_1) \neq f(x_2)$$

則稱此函數在 $D$ 為**一對一**（one-to-one）。

---

幾何上，若每一條水平線與函數的圖形相交最多只有一點，則此函數為一對一。此方法稱為**水平線檢驗**（horizontal line test）。

如此可得下面有關反函數存在的重要定理。

---

**定理 1　反函數的存在性質**

一個函數有反函數，若且唯若它是一對一。

---

習題 27 要求讀者證明此定理。

**例題 3**　判斷下列函數是否有反函數。

**a.** $f(x) = x^{1/3}$　　**b.** $f(x) = x^3 - 3x + 1$

**解**

**a.** 參考圖 7.7。使用水平線檢驗，得知 $f$ 在 $(-\infty, \infty)$ 為一對一。因

此，$f$ 在 $(-\infty, \infty)$ 有反函數。

**b.** 圖形 $f$ 展示於圖 7.12。觀察到水平線 $y = 1$ 與 $f$ 的圖形相交三點，所以 $f$ 沒有經過水平線檢驗。因此，$f$ 不是一對一。事實上，此三點 $x = -\sqrt{3}, 0$ 與 $\sqrt{3}$ 都對應到點 1。根據定理 1，$f$ 沒有反函數。

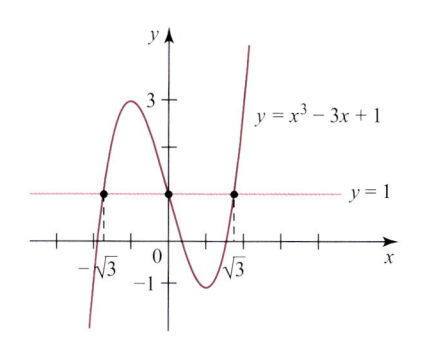

圖 **7.12**
$f$ 沒有通過水平線檢驗，所以 $f$ 不是一對一

### ■ 求函數的反函數

看下一個例題之前，先假設函數的反函數存在，並歸納求反函數的步驟。

#### 求函數之反函數的步驟
**1.** 寫下 $y = f(x)$。
**2.** 求式子的 $x$ 解，並以 $y$ 表示（如果可能的話）。
**3.** $x$ 與 $y$ 交換得到 $y = f^{-1}(x)$。

**例題 4** 求函數 $f(x) = \dfrac{1}{\sqrt{2x-3}}$ 的反函數。

**解** 圖 7.13 的 $f$ 圖形顯示 $f$ 與 $f^{-1}$ 都是一對一。為了求反函數，寫下

$$y = \frac{1}{\sqrt{2x-3}}$$

然後再求式子的 $x$ 解：

$$y^2 = \frac{1}{2x-3} \quad \text{等號兩邊同時平方}$$

$$2x - 3 = \frac{1}{y^2} \quad \text{取倒數}$$

$$2x = \frac{1}{y^2} + 3 = \frac{3y^2+1}{y^2}$$

即

$$x = \frac{3y^2+1}{2y^2}$$

最後，將 $x$ 與 $y$ 交換可得

$$y = \frac{3x^2+1}{2x^2}$$

即為 $f^{-1}$，

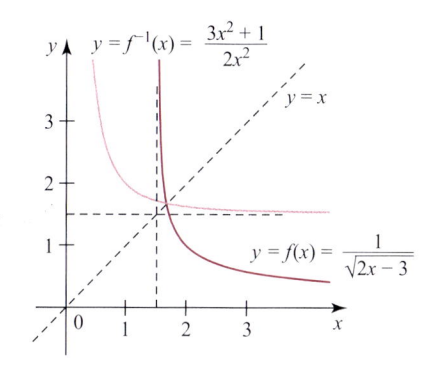

圖 **7.13**
$f$ 與 $f^{-1}$ 的圖形。注意它們對直線 $y = x$ 而言，彼此是對方的反映

$$f^{-1}(x) = \frac{3x^2+1}{2x^2}$$

$f$ 與 $f^{-1}$ 的圖形展示於圖 7.13。

### 反函數的連續性與可微分性

由於反函數的反射特性（reflective property），我們可以期待 $f$ 與 $f^{-1}$ 有相似的特性。

---

**定理 2　反函數的連續性與可微分性**

令 $f$ 為一對一，所以它有反函數 $f^{-1}$。
1. 若 $f$ 在它的定義域連續，則 $f^{-1}$ 在它的定義域連續。
2. 若 $f$ 在 $c$ 處可微分且 $f'(c) \neq 0$，則 $f^{-1}$ 在 $f(c)$ 處可微分。

---

下一個定理說明如何計算反函數的導數。

---

**定理 3　反函數的導數**

令 $f$ 在它的定義域可微分且有反函數 $g = f^{-1}$，則 $g$ 的導數為

$$g'(x) = \frac{1}{f'[g(x)]} \tag{2}$$

附帶 $f'[g(x)] \neq 0$。

---

**證明**　由定理 2 得知，$g$ 是可微分的。接著應用反函數的定義，可得

$$x = f[g(x)]$$

此式等號兩邊同時對 $x$ 微分並使用連鎖規則，可得

$$1 = \frac{d}{dx}f[g(x)] = f'[g(x)]g'(x)$$

由此得知

$$g'(x) = \frac{1}{f'[g(x)]}$$

**註**　令 $y = f^{-1}(x) = g(x)$，則 $x = f(y)$ 且式 (2) 可寫成

$$\frac{dy}{dx} = \frac{1}{\dfrac{dx}{dy}} \tag{3}$$

**例題 5** 令 $f(x) = x^2$，其中 $x$ 在 $[0, \infty)$。

**a.** 證明點 $(2, 4)$ 在 $f$ 的圖形上。

**b.** 求 $g'(4)$，其中 $g$ 為 $f$ 的反函數。

**解**

**a.** $f(2) = 4$，所以點 $(2, 4)$ 確實在 $f$ 的圖形上。

**b.** $f'(x) = 2x$，由式 (2) 可得

$$g'(4) = \frac{1}{f'[g(4)]} = \frac{1}{f'(2)} = \frac{1}{2x}\bigg|_{x=2} = \frac{1}{2(2)} = \frac{1}{4}$$

## 7.2 習題

1-3 題，以證明 $f[g(x)] = x$ 與 $g[f(x)] = x$ 來證明 $f$ 與 $g$ 互為反函數。

1. $f(x) = \frac{1}{3}x^3$; $g(x) = \sqrt[3]{3x}$
2. $f(x) = 2x + 3$; $g(x) = \frac{x-3}{2}$
3. $f(x) = 4(x+1)^{2/3}$，其中 $x \geq -1$；
   $g(x) = \frac{1}{8}(x^{3/2} - 8)$，其中 $x \geq 0$

4-6 題，已知函數 $f$ 的圖形，判斷 $f$ 是否一對一。

4.

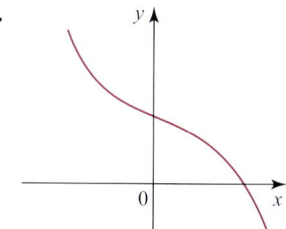

5.

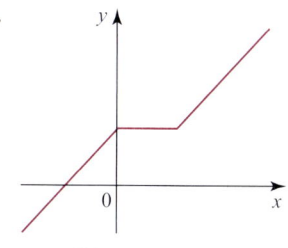

6.

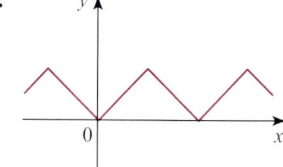

7-9 題，判斷所給予之函數是否一對一。

7. $f(x) = 4x - 3$
8. $f(x) = \sqrt{1-x}$
9. $f(x) = -x^4 + 16$
10. 假設函數 $f$ 為一對一，並滿足 $f(2) = 5$。求 $f^{-1}(5)$。

11-13 題，已知函數 $f$ 與實數 $a$，求 $f^{-1}(a)$。

11. $f(x) = x^3 + x - 1$; $a = -1$
12. $f(x) = \frac{3}{\pi}x + \sin x$; $-\frac{\pi}{2} < x < \frac{\pi}{2}$; $a = 1$
13. $f(x) = \cot(2x)$, $0 < x < \frac{\pi}{2}$; $a = 0$
14. 已知 $f$ 之圖形。於同一個坐標系統上繪畫 $f^{-1}$ 的圖形。

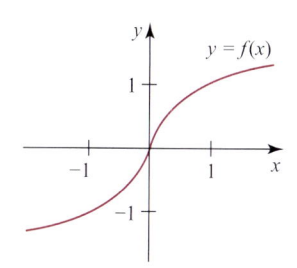

15-17 題，求 $f$ 的反函數。在同一個坐標系統上繪畫 $f$ 與 $f^{-1}$ 的圖形。

15. $f(x) = 3x - 2$
16. $f(x) = x^3 + 1$
17. $f(x) = \sqrt{9 - x^2}$, $x \geq 0$
18. **溫度轉換** 華氏溫度 $F$ 度與攝氏溫度 $C$ 度之間的關係為 $F = f(C) = \frac{9}{5}C + 32$，其中 $C \geq -273.15$。
    
    **a.** 求 $f^{-1}$，並解釋你的結果。
    
    **b.** 試問 $f^{-1}$ 的定義域為何？

19. **族群老化** 美國人 55 歲及 55 歲以上的人口占總人口的百分比可以用下面的函數來近似：
    
    $$f(t) = 10.72(0.9t + 10)^{0.3} \qquad 0 \leq t \leq 25$$
    
    其中 $t$ 的單位為年且 $t = 0$ 表示西元 2000 年。
    
    **a.** 求 $f^{-1}$。
    
    **b.** 求 $f^{-1}(25)$，並解釋你的結果。
    
    資料來源：U.S. Census Bureau。

20. 若 $f(x) = x^2$，其中 $x$ 在 $[0,\infty)$ 內，並令 $g$ 為 $f$ 的反函數。
    a. 使用式 (2) 計算 $g'(x)$。
    b. 先計算 $g(x)$ 後，再求 $g'(x)$。

21-24 題，令 $g$ 表示為函數 $f$ 的反函數。(a) 證明點 $(a, b)$ 在圖形 $f$ 上。(b) 求 $g'(b)$。

21. $f(x) = 2x + 1$;  (2, 5)
22. $f(x) = x^5 + 2x^3 + x - 1$;  (0, $-1$)
23. $f(x) = (x^3 + 1)^3$;  (1, 8)
24. $f(x) = \dfrac{1}{1+x^2}$，其中 $x \geq 0$;  $\left(2, \frac{1}{5}\right)$
25. 假設 $g$ 為函數 $f$ 的反函數。若 $f(2) = 4$ 且 $f'(2) = 3$，求 $g'(4)$。
26. 若 $f(x) = \displaystyle\int_2^x \dfrac{dt}{\sqrt{1+t^3}}$，其中 $x \geq 1$，則 $(f^{-1})'(0)$ 為何？
27. 證明一個函數有反函數若且唯若它是一對一。

28-31 題，判斷下列敘述是對或是錯。如果它是對，解釋你的理由。如果它是錯，請解釋你的理由或舉例說明。

28. 若 $f$ 在 $(-\infty, \infty)$ 是一對一，則 $a$ 為實數，可推得 $f^{-1}(f(a)) = a$。
29. 函數 $f(x) = 1/x^2$ 在不含原點的區間 $(a, b)$ 有反函數，其中 $a < b$。
30. 不連續函數的反函數也是不連續。
31. 若 $f(x) = a_{2n+1}x^{2n+1} + a_{2n-1}x^{2n-1} + \cdots + a_1 x$，其中 $a_1, a_3, \ldots, a_{2a+1}$ 都是非負的數（$a_{2n+1} \neq 0$），則 $f^{-1}$ 存在。

## 7.3　指數函數

於 7.1 節中，定義為 $y = \ln x$ 之自然對數在 $(0,\infty)$ 區間連續且遞增。由圖 7.3，可知 $\ln x$ 在 $(0,\infty)$ 為一對一。因此，它有反函數。此反函數稱為自然指數函數並定義如下。

> **定義　自然指數函數**
>
> **自然指數函數**（natural exponential function），記做 **exp**，為滿足下列條件的函數：
> 1. $\ln(\exp x) = x$，其中 $x$ 在 $(-\infty, \infty)$。
> 2. $\exp(\ln x) = x$，其中 $x$ 在 $(-\infty, \infty)$。
>
> 等價於，
>
> $$\exp(x) = y \text{ 若且唯若 } \ln y = x$$

$\ln$ 的值域為 $(-\infty, \infty)$ 且其定義域為 $(0, \infty)$，所以 exp 之定義域為 $(-\infty, \infty)$ 且其值域為 $(0, \infty)$。$y = \exp(x)$ 之圖形可由 $y = \ln x$ 的圖形對直線 $y = x$ 反射得到（圖 7.14）。

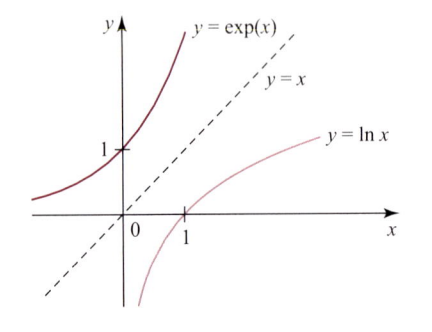

**| 圖 7.14**
圖形 $y = \exp(x)$ 是圖形 $y = \ln x$ 對直線 $y = x$ 反射產生的

### ■ 數 $e$

記得自然對數函數是連續且一對一，並且它的值域為 $(-\infty, \infty)$。因此由中間值定理得知，必定存在唯一的實數 $x_0$，使得 $\ln x_0 = 1$。

將 $x_0$ 記作 $e$ 並考慮 ln 的定義，數 $e$ 可被定義如下。

---
**定義　數 $e$**

數 $e$ 為滿足

$$\ln e = \int_1^e \frac{1}{t}\,dt = 1$$

的數。

---

圖 7.15 提供數 $e$ 的幾何意義。可以證明數 $e$ 是個無理數且它大約是：

$$e \approx 2.718281828$$

可以用具繪圖功能的計算機驗證。標繪函數 $y_1 = \ln x$ 與 $y_2 = 1$ 的圖形，並使用求兩曲線交點之函數來估算交點的 $x$ 坐標。

下一節將看另一個方法定義 $e$。

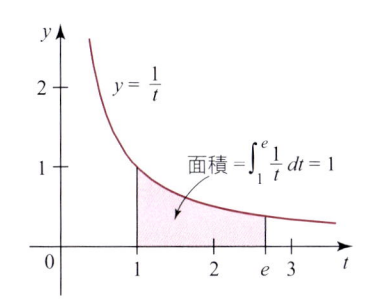

**圖 7.15**
在圖形 $f(t) = 1/t$ 下方 $[1, e]$ 區間之區域的面積為 1

## ■ 定義自然指數函數

對數法則 (d)（7.1 節定理 1）得知，若 $r$ 為有理（rational）數，則

$$\ln e^r = r \ln e = r(1) = r$$

它等價於，$e^r = y$ 若且唯若 $\ln y = r$。式子 $\ln e^r = r$ 可以被用作 $e^x$ 的定義，其中 $x$ 為任意實數（real）。

---
**定義　$e^x$**

若 $x$ 為任意實數，則

$$e^x = y \text{ 若且唯若 } \ln y = x$$

---

由自然指數函數的定義得知

$$\exp(x) = y \quad \text{若且唯若} \quad \ln y = x$$

比較這個定義與 $e^x$ 的定義可得下面的規則定義自然指數函數。

---
**定義　自然指數函數**

自然指數函數 exp 定義為

$$\exp(x) = e^x$$

由此得到下面的定理，它提供另一個表示exp與ln互為反函數的方法。

---
**定理 1**
**a.** $\ln e^x = x$，其中 $x \in (-\infty, \infty)$      **b.** $e^{\ln x}$，其中 $x \in (0, \infty)$

---

**例題 1** 解 $e^{2-3x} = 6$。

**解** 式子等號兩邊同時取自然對數，可得

$$\ln e^{2-3x} = \ln 6$$
$$2 - 3x = \ln 6 \qquad \text{應用定理 1a}$$
$$3x = 2 - \ln 6$$
$$x = \frac{1}{3}(2 - \ln 6)$$
$$\approx 0.0694 \qquad \text{使用計算機}$$

**例題 2** 解 $\ln(2x + 5) = 4$。

**解** 由對數的定義可得

$$e^{\ln(2x+5)} = e^4$$
$$2x + 5 = e^4 \qquad \text{應用定理 1b}$$
$$2x = e^4 - 5$$
$$x = \frac{1}{2}(e^4 - 5)$$
$$\approx 24.80 \qquad \text{使用計算機}$$

之前（圖 7.14）已經畫過自然指數函數 $y = e^x$ 的圖形。摘要此函數的重要特性如下。

---
**自然指數函數的特性**
1. 函數 $f(x) = e^x$ 的定義域為 $(-\infty, \infty)$ 且其值域為 $(0, \infty)$。
2. 函數 $f(x) = e^x$ 在 $(-\infty, \infty)$ 連續且遞增。
3. $f(x) = e^x$ 的圖形在 $(-\infty, \infty)$ 凹面向上。
4. $\lim\limits_{x \to -\infty} e^x = 0$ 與 $\lim\limits_{x \to \infty} e^x = \infty$。

**例題 3** 求 $\lim_{t \to \infty} \dfrac{e^{2t} + 1}{e^{2t} - 1}$。

**解** 當 $t$ 逼近無窮時，分子與分母同時都逼近無窮，所以極限的除法規則不適用。分子與分母同除 $e^{2t}$，可得

$$\lim_{t \to \infty} \frac{e^{2t} + 1}{e^{2t} - 1} = \lim_{t \to \infty} \frac{1 + e^{-2t}}{1 - e^{-2t}}$$

又

$$\lim_{t \to \infty} e^{-2t} = \lim_{t \to \infty} \frac{1}{e^{2t}} = \frac{1}{\lim_{t \to \infty} e^{2t}} = 0$$

故

$$\lim_{t \to \infty} \frac{e^{2t} + 1}{e^{2t} - 1} = \lim_{t \to \infty} \frac{1 + e^{-2t}}{1 - e^{-2t}} = \frac{1 + 0}{1 - 0} = 1$$

## 指數法則

當計算指數函數時，下列指數法則很有用。

---

**定理 2　指數法則**

令 $x$ 與 $y$ 為實數且 $r$ 為有理數。則

**a.** $e^x e^y = e^{x+y}$　　　**b.** $\dfrac{e^x}{e^y} = e^{x-y}$　　　**c.** $(e^x)^y = e^{yx}$

---

**證明** 我們將證明 (a)。其他兩個法則的證明都相似，所以略過。此處

$$\ln(e^x e^y) = \ln e^x + \ln e^y = x + y = \ln e^{x+y}$$

自然對數函數為一對一，所以

$$e^x e^y = e^{x+y}$$

## 指數函數的導數

可微分函數的反函數也是可微分的，如所知的自然指數函數。事實上，如下面定理所示，自然指數函數本身就是它自己的導數。

---

**定理 3　指數函數的導數**

令 $u$ 為 $x$ 的可微分函數，則

**a.** $\dfrac{d}{dx} e^x = e^x$　　　**b.** $\dfrac{d}{dx} e^u = e^u \dfrac{du}{dx}$

**證明**

**a.** 令 $y = e^x$，所以 $\ln y = x$。後面的式子等號兩邊同時對 $x$ 做隱微分，可得

$$\frac{1}{y}\frac{dy}{dx} = 1 \quad 即 \quad \frac{dy}{dx} = y = e^x$$

**b.** 由 (a) 與連鎖規則即得。∎

**例題 4** 求下列的導數。

**a.** $f(x) = e^{-x^2}$  **b.** $y = e^{\sqrt{x+1}}$

**解**

**a.** $f'(x) = \dfrac{d}{dx} e^{-x^2} = e^{-x^2} \dfrac{d}{dx}(-x^2) = -2xe^{-x^2}$

**b.** $\dfrac{dy}{dx} = \dfrac{d}{dx} e^{\sqrt{x+1}} = e^{\sqrt{x+1}} \dfrac{d}{dx}(x+1)^{1/2} = e^{\sqrt{x+1}} \left(\dfrac{1}{2}\right)(x+1)^{-1/2} \dfrac{d}{dx}(x)$

$= \dfrac{e^{\sqrt{x+1}}}{2\sqrt{x+1}}$ ∎

**例題 5** 求 $y = \ln(e^{2x} + e^{-2x})$ 的導數。

**解** 使用對自然對數函數微分之規則，可得

$$\frac{dy}{dx} = \frac{d}{dx}\ln(e^{2x} + e^{-2x})$$

$$= \frac{1}{e^{2x} + e^{-2x}} \frac{d}{dx}(e^{2x} + e^{-2x})$$

$$= \frac{1}{e^{2x} + e^{-2x}}(2e^{2x} - 2e^{-2x})$$

$$= \frac{2(e^{2x} - e^{-2x})}{e^{2x} + e^{-2x}}$$ ∎

**例題 6** 使用繪圖的指引方針（4.6 節）繪畫 $f(x) = e^{-x^2}$ 的圖形。

**解** 首先必須得到下列函數 $f$ 的訊息。

**1.** $f$ 的定義域為 $(-\infty, \infty)$。

**2.** 令 $x = 0$ 可得 $y$ 的截距 1。因為 $e^{-x^2} = 1/e^{x^2}$ 絕不會為零，所以沒有 $x$ 的截距。

**3.** 因為

$$f(-x) = e^{-(-x)^2} = e^{-x^2} = f(x)$$

所以圖形 $f$ 對稱於 $y$ 軸。

**4.** 和 **5.**

$$\lim_{x \to -\infty} e^{-x^2} = \lim_{x \to -\infty} \frac{1}{e^{x^2}} = 0 = \lim_{x \to \infty} e^{-x^2}$$

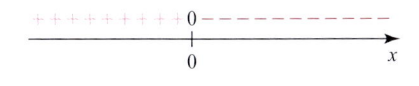

圖 7.16
$f'$ 的符號圖示

所以 $y = 0$ 為圖形 $f$ 之水平漸近線。

6. $f'(x) = \dfrac{d}{dx} e^{-x^2} = e^{-x^2} \dfrac{d}{dx}(-x^2) = -2xe^{-x^2}$

 令 $f'(x) = 0$，得到 $x = 0$。由 $f'$ 的符號圖示顯示 $f$ 在 $(-\infty, 0)$ 遞增且在 $(0, \infty)$ 遞減（圖 7.16）。

7. 由步驟 6 的結果得知，0 是 $f$ 唯一的臨界點。又由 $f'$ 的符號圖示得知，$f$ 在 $x = 0$ 處有相對極大值且其值為 $f(0) = e^0 = 1$。

8. $f''(x) = \dfrac{d}{dx}\left[-2xe^{-x^2}\right]$

 $\quad = -2e^{-x^2} - 2xe^{-x^2}(-2x)$　使用乘法規則與連鎖規則

 $\quad = 2(2x^2 - 1)e^{-x^2}$

 令 $f''(x) = 0$ 得到 $2x^2 - 1 = 0$，即 $x = \pm\sqrt{2}/2$。由 $f''$ 的符號圖示顯示 $f$ 在 $(-\infty, -\tfrac{\sqrt{2}}{2})$ 與 $(\tfrac{\sqrt{2}}{2}, \infty)$ 凹面向上且在 $(-\tfrac{\sqrt{2}}{2}, \tfrac{\sqrt{2}}{2})$ 凹面向下（圖 7.17）。

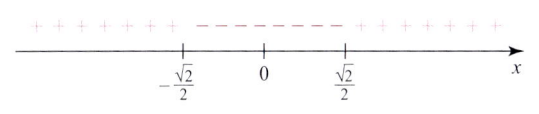

圖 7.17
$f'$ 的符號圖示

9. 由步驟 8 的結果得知，$f$ 在 $x = \pm\sqrt{2}/2$ 處有反曲點。
 $f(-\tfrac{\sqrt{2}}{2}) = e^{-1/2} = f(\tfrac{\sqrt{2}}{2})$，所以 $(-\tfrac{\sqrt{2}}{2}, e^{-1/2})$ 與 $(\tfrac{\sqrt{2}}{2}, e^{-1/2})$ 為 $f$ 的反曲點。

10. $f(x) = e^{-x^2}$ 的圖形畫於圖 7.18。

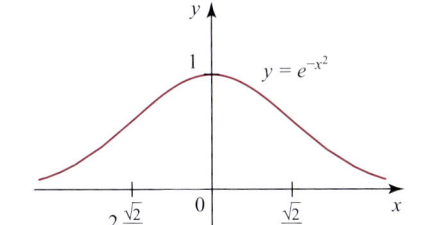

圖 7.18
$y = e^{-x^2}$ 的圖形

## 自然指數函數的積分

自然指數函數的導數是它自己，所以下面的定理立即可得。

**定理 4**

令 $u$ 為 $x$ 的可微分函數，則

$$\int e^u\,du = e^u + C$$

**例題 7** 求

**a.** $\displaystyle\int e^{5x}\,dx$　　**b.** $\displaystyle\int \dfrac{e^{2/x}}{x^2}\,dx$

**解**

**a.** 令 $u = 5x$，則 $du = 5\,dx$，即 $dx = \tfrac{1}{5}du$。將這些代換後可得

$$\int e^{5x}\,dx = \dfrac{1}{5}\int e^u\,du = \dfrac{1}{5}e^u + C = \dfrac{1}{5}e^{5x} + C$$

**b.** 令 $u = 2/x$，則

$$du = -\frac{2}{x^2} dx \quad \text{即} \quad \frac{dx}{x^2} = -\frac{1}{2} du$$

將這些代換後可得

$$\int \frac{e^{2/x}}{x^2} dx = -\frac{1}{2} \int e^u \, du = -\frac{1}{2} e^u + C = -\frac{1}{2} e^{2/x} + C \quad \blacksquare$$

**例題 8** 計算 $\int_0^1 \frac{e^x}{1+e^x} dx$。

**解** 令 $u = 1 + e^x$，則 $du = e^x dx$。若 $x = 0$，則 $u = 2$；又當 $x = 1$，則 $u = 1 + e$。這些就是對 $u$ 積分的下限與上限。故

$$\int_0^1 \frac{e^x}{1+e^x} dx = \int_2^{1+e} \frac{1}{u} du = \Big[\ln u\Big]_2^{1+e} = \ln(1+e) - \ln 2 \approx 0.620 \quad \blacksquare$$

**例題 9** 求 $\int e^{-x} \sec e^{-x} dx$。

**解** 令 $u = e^{-x}$，則 $du = -e^{-x} dx$，即 $e^{-x} dx = -du$。將這些代換後可得

$$\int e^{-x} \sec e^{-x} dx = -\int \sec u \, du = -\ln|\sec u + \tan u| + C$$

$$= -\ln|\sec e^{-x} + \tan e^{-x}| + C \quad \blacksquare$$

**例題 10** 求被圖形 $f(x) = e^x$, $g(x) = x$, $x = 0$ 與 $x = 1$ 包圍之區域的面積。

**解** 區域 $R$ 展示於圖 7.19。在 $[0, 1]$，圖形 $f(x) = e^x$ 總是在圖形 $g(x) = x$ 的上方，所以要求的面積為

$$A = \int_0^1 [f(x) - g(x)] \, dx = \int_0^1 (e^x - x) \, dx$$

$$= \Big[e^x - \frac{1}{2} x^2\Big]_0^1 = \Big(e - \frac{1}{2}\Big) - (1 - 0)$$

$$= e - \frac{3}{2} \approx 1.22 \quad \blacksquare$$

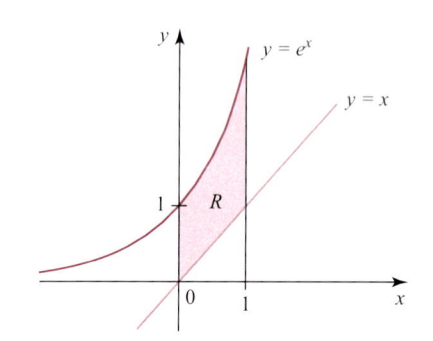

**圖 7.19**

在 $[0, 1]$，圖形 $y = e^x$ 在圖形 $y = x$ 的上方

## 7.3 習題

1-2 題，簡化下列式子。

**1.** **a.** $\ln e^3$ **b.** $\ln e^{x^2}$

**2.** **a.** $e^{2\ln 3}$ **b.** $e^{\ln \sqrt{x}}$

3-5 題，求下列式子的解。

**3.** **a.** $e^{\ln x} = 2$ **b.** $\ln e^{-2x} = 3$

**4.** **a.** $2e^{x+2} = 5$ **b.** $\ln \sqrt{x+1} = 1$

**5.** **a.** $\dfrac{50}{1+4e^{0.2x}} = 20$ **b.** $e^{2x} - 5e^x + 6 = 0$

6-7 題，證明每一對函數彼此互為反函數，並在同一坐標系統上繪畫每一對函數的圖形。

**6.** $f(x) = e^{2x}$ 且 $g(x) = \ln \sqrt{x}$

**7.** $f(x) = e^{x/2}$ 且 $g(x) = 2 \ln x$

8-10 題，求極限。

**8.** $\lim\limits_{x \to \infty} \dfrac{2e^x + 1}{3e^x + 2}$ 
**9.** $\lim\limits_{t \to \infty} \left( \dfrac{3t^2 + 1}{2t^2 - 1} \right) e^{-0.1t}$

**10.** $\lim\limits_{x \to (\pi/2)^-} \dfrac{2e^{\tan x}}{2x - \pi}$

11-20 題，對函數微分。

**11.** $f(x) = e^{-4x}$ **12.** $f(t) = e^{\sqrt{t}}$

**13.** $g(x) = \dfrac{e^{2x}}{1+e^{-x}}$ **14.** $f(x) = \sqrt{e^x + e^{-x}}$

**15.** $y = e^{\cos x}$ **16.** $h(t) = e^{t \ln t}$

**17.** $f(x) = \cos e^{2x}$ **18.** $y = (e^x + \ln x^2)^3$

**19.** $f(x) = x^2 \ln(e^{2x} + 1)$ **20.** $f(x) = (e^{2x} - \ln 3x)^{3/2}$

21-22 題，使用隱微分求 $dy/dx$。

**21.** $xe^{2y} - x^3 + 2y = 5$ **22.** $e^x \sec y - xy^2 = 0$

23-24 題，證明函數 $y = f(x)$ 是微分方程式的一個解。

**23.** $y = 2e^{-x/2} + 5e^{3x/2}$; $\quad 4y'' - 4y' - 3y = 0$

**24.** $y = e^x(\cos 4x + 2 \sin 4x)$; $\quad y'' - 2y' + 17y = 0$

**25.** 寫出在圖形 $y = xe^{-x}$ 上 $(1, e^{-1})$ 處的切線方程式。

**26.** 已知 $f(x) = xe^{-x}$，求它在 $[-1, 2]$ 區間的絕對極值。

27-28 題，使用 4.6 節中的繪圖引導方針來繪畫函數圖形。

**27.** $f(x) = xe^{-x}$ **28.** $f(x) = \dfrac{e^x - e^{-x}}{2}$

**29.** **百歲以上的人口數** 根據人口調查局的數據，美國百歲以上的人口期望數為

$$P(t) = 0.07e^{0.54t} \qquad 0 \le t \le 4$$

其中 $P(t)$ 的單位為百萬，$t$ 的單位為 10 年，$t = 0$ 相當於 2000 年初。

**a.** 試問美國百歲以上的人口數於 2000 年初時是多少？於 2030 年初呢？

**b.** 試問美國百歲以上的人口數於 2000 年初時的變化率是多少？於 2030 年初呢？

資料來源：U.S. Census Bureau.

**30.** **受感染人數的增長** 在一場流感中，Woodhaven Community School System 在第 $t$ 天時受感染的孩童數為

$$N(t) = \dfrac{5000}{1 + 99e^{-0.8t}}$$

（$t = 0$ 相當於開始蒐集數據時。）

**a.** 試問第一天有多少孩童受感染？

**b.** 試問第三天（$t = 2$）流感的傳播速率是多少？

**c.** 試問何時流感的傳播速率最快？

**d.** 試問最終會有多少孩童受感染？

**31.** **小兒麻痺症免疫** 小兒麻痺為一種令人恐懼的致命疾病。自從 Jonas Salk 開發出去活性之小兒麻痺疫苗且許多孩童接種後，美國自 1950 年代起此病症的案例即顯著地減少。自 1959 年初至 1963 年初，美國小兒麻痺的案例數近似於下面的函數：

$$N(t) = 5.3e^{0.095t^2 - 0.85t} \qquad 0 \le t \le 4$$

其中 $N(t)$（千人）為時間 $t$（年）得小兒麻痺症的人數，$t = 0$ 相當於 1959 年初。

**a.** 證明在所考慮的時間區間內，函數 $N$ 隨時間遞減。

**b.** 試問於 1959 年初得小兒麻痺症的人數的遞減速率為何？於 1962 年初呢？

註：自 1963 年 Albert B. Sabin 博士引進口服疫苗後，小兒麻痺症在美國基本上已絕跡。

**32.** **摩托車騎士在路面轉彎過程中所受到的力** 體重為 180 磅的摩托車騎士以 30 哩／時的固定速率在一個可以用圖形 $y = 100e^{0.01x}$，其中 $-200 \le x \le 50$，來描述的路面轉彎。可以證明施加於此騎士之法線方向的力之大小（磅）約為

$$F = \dfrac{10{,}890 e^{0.1x}}{(1 + 100e^{0.2x})^{3/2}}$$

求此騎士在轉彎過程中所受到最大的力。

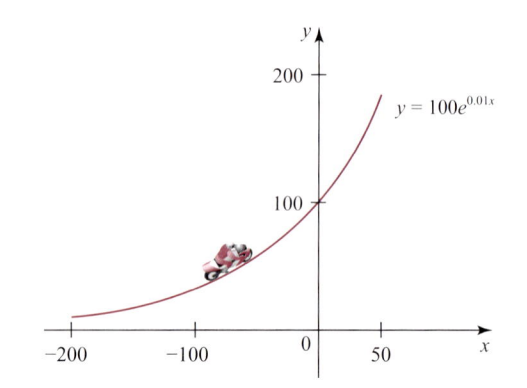

**33. 中風的死亡數** 1950 年之前，人類對中風所知仍有限，不過到了 1960 年，諸如高血壓等的危險因子已被鑑定出來。近年來，由於電腦斷層掃描的使用，中風發生的機會得以降低，使得因中風死亡的案例也大幅減少。下面的函數描述自 1950 年初至 2010 年初每 100,000 人中因中風死亡的人數。

$$N(t) = 130.7e^{-0.1155t^2} + 50 \qquad 0 \leq t \leq 6$$

其中 $t$ 的單位為 10 年，$t = 0$ 相當於 1950 年初。

**a.** 試問於 1950 年初，每 100,000 人中有多少人因中風死亡？

**b.** 試問於 1950 年初，每 100,000 人中因中風死亡的人數變化率為何？於 1960 年初呢？於 1970 年初呢？於 1980 年初呢？

**c.** 試問何時每 100,000 人中因中風死亡的人數下降最多？

**d.** 試問按前述趨勢，於 2010 年初，每 100,000 人中，有多少人因中風死亡？

資料來源：American Heart Association, Centers for Disease Control and Prevention 和 National Institutes of Health。

**34. 藥物的吸收** 液體將藥物以每秒 $a$ 立方公分的速率帶入體積為 $V$ 立方公分之人體器官內，並以相同的速率流出。若流入之液體的藥物濃度為每立方公分 $c$ 公克，則於時間 $t$，留在該器官內之藥物濃度為 $x(t) = c(1 - e^{-at/V})$，其中 $a$ 為正的常數與器官有關。假設在器官內某藥物的濃度不可超過 $m$ 克/cm³，$m < c$。證明含此藥物的液體輸入該器官內的時間（分鐘）不可超過

$$T = \left(\frac{V}{a}\right) \ln\left(\frac{c}{c-m}\right)$$

**35. 生物分子反應** 考慮一個二次生物分子反應

$$S_1 + S_2 \xrightarrow{k} P$$

其中 1 分子的基質（反應物）$S_1$ 與 1 分子的基質 $S_2$ 結合生成 1 分子的產物 $P$。若 $S_1$ 的初始濃度為 4 摩爾／升，$S_2$ 的初始濃度為 2 摩爾／升，$P$ 一開始並不存在且 $k = 2$，則可證 $t$ 秒後產物 $P(t)$ 的濃度以摩爾／升計為

$$p(t) = \frac{4(e^{4t} - 1)}{2e^{4t} - 1}$$

**a.** 證明 $p(t)$ 隨 $t$ 增加。

**b.** 求 $\lim_{t \to \infty} p(t)$，並解釋所獲得的結果。

**36. 滑落之鏈條** 一固定於桌面上的鏈條總長為 6 公尺，其中 1 公尺自桌緣垂下。當鏈條不再被固定時，它開始自桌面滑落。若忽略磨擦損耗，鏈條垂在桌下的那端隨時間 $t$（秒）之位移 $s(t)$ 為

$$s(t) = \frac{1}{2}\left(e^{\sqrt{g/6}\,t} + e^{-\sqrt{g/6}\,t}\right)$$

其中 $g = 9.8$ 公尺／秒²。

**a.** 求整個鏈條滑落所需之時間。

**b.** 整個鏈條滑落之瞬間，其速率為何？

**37. 女性勞工的百分比** 美國人口調查局的數據顯示，美國女性勞工占全國勞工總數的百分比 $P(t)$，$t$ 為第 $t$ 個 10 年的年初（$t = 0$ 相當於 1900 年），可用下面的模式表示：

$$P(t) = \frac{74}{1 + 2.6e^{-0.166t + 0.04536t^2 - 0.0066t^3}} \quad 0 \leq t \leq 11$$

**a.** 試問於 2000 年初，美國女性勞工占全國勞工總數的百分比是多少？

**b.** 試問於 2000 年初，美國女性勞工占全國勞工總數之百分比的成長率為何？

資料來源：U.S. Census Bureau。

**38.** 使用牛頓法解方程式

$$320(t + 10e^{-0.1t}) - 13,200 = 0$$

精確度到小數點第五位。

**39.** 計算 $\displaystyle\int_1^e \frac{\ln x}{x} e^{(\ln x)^2} dx$。

**40.** 已知圖形 $y = e^x, y = 0, x = 0$ 與 $x = 1$ 包圍之區域繞 $x$ 軸旋轉。求所產生之旋轉體體積。

41-43 題，判斷下列敘述是對或是錯。如果它是對，解釋你的理由。如果它是錯，請解釋你的理由或舉例說明。

**41.** $f(x) = \dfrac{\cos x}{e^x}$ 在 $x = 0$ 處沒有定義。

**42.** $\dfrac{d}{dx} e^x = xe^{x-1}$

**43.** $\displaystyle\int e^{\ln x} dx = \frac{1}{2} x e^{\ln x} + C$

## 7.4 一般的指數函數和對數函數

### ■ 底為 $a$ 的指數函數

定義為 $f(x) = e^x$ 之自然指數函數的底為 $e$。現在考慮底非 $e$ 之指數函數。為了定義這些函數，回顧

$$\text{對於每一個 } x > 0 \text{，} e^{\ln x} = x \quad \text{7.3 節定理 1}$$

與

$$(e^p)^r = e^{pr} \quad \text{7.3 節定理 2}$$

其中 $p$ 為實數且 $r$ 為有理數。運用這些關係得知，若 $a$ 為正實數，則

$$a^r = (e^{\ln a})^r = e^{r \ln a}$$

由此得到下面的定義。

---

**定義　底為 $a$ 的指數函數**

令 $a$ 為正實數且 $a \neq 1$。對於每一個實數 $x$，底為 $a$ 的指數函數是定義為

$$f(x) = a^x = e^{x \ln a}$$

函數 $f$。

---

**例題 1** 計算下列式子，精確度到小數點第五位。
**a.** $3^{\sqrt{2}}$　　**b.** $2^\pi$

**解**

**a.** 由定義得知 $3^{\sqrt{2}} = e^{\sqrt{2} \ln 3} \approx 4.72880$。
**b.** $2^\pi = e^{\pi \ln 2} \approx 8.82498$ ∎

**註**　如此定義的結果，可以證明對數第四法則：對於所有實數（real）指數

$$\ln x^r = r \ln x$$

成立，指數是有理數的部分已經證明過了（7.1 節的定理 1d）。由 $a^x$ 的定義與 7.3 節的定理 1a 得知，若 $y$ 為任意實數，則

$$\ln a^y = \ln e^{y \ln a} = y \ln a \quad \blacksquare$$

下面的定理陳述底為 $a$ 之指數函數具有指數的一般規則。

> **定理 1　指數法則**
>
> 令 $a$ 與 $b$ 為正數。若 $x$ 與 $y$ 都是實數，則
>
> **a.** $a^x a^y = a^{x+y}$　　**b.** $(a^x)^y = a^{xy}$　　**c.** $(ab)^x = a^x b^x$
>
> **d.** $\dfrac{a^x}{a^y} = a^{x-y}$　　**e.** $\left(\dfrac{a}{b}\right)^x = \dfrac{a^x}{b^y}$

**證明**　此處將證明第一個法則，並將其他的法則留做習題。

$$\begin{aligned}
a^x a^y &= e^{x \ln a} e^{y \ln a} &&\text{根據定義}\\
&= e^{x \ln a + y \ln a} &&\text{根據 7.3 節的定理 2a}\\
&= e^{(x+y) \ln a}\\
&= a^{x+y} &&\text{根據定義}
\end{aligned}$$

### ■ $a^x$ 和 $a^u$ 的導數

下面的定理告訴我們如何對底不為 $e$ 的指數函數微分。

> **定理 2　$a^x$ 和 $a^u$ 的導數**
>
> 令 $a$ 為正數且 $a \neq 1$，並令 $u$ 為 $x$ 的可微分函數。則
>
> **a.** $\dfrac{d}{dx} a^x = (\ln a) a^x$　　　　**b.** $\dfrac{d}{dx} a^u = (\ln a) a^u \dfrac{du}{dx}$

**證明**　用 $a^x$ 的定義與 7.3 節的定理 3b 來證明定理 2a。所以

$$\frac{d}{dx} a^x = \frac{d}{dx} e^{x \ln a} = e^{x \ln a} \frac{d}{dx}(x \ln a) = e^{x \ln a}(\ln a) = (\ln a) a^x$$

使用連鎖規則就可得到定理 2b。

**註**　這些規則與自然指數函數 $f(x) = e^x$ 以及函數 $g(x) = e^u$ 的微分規則只相差一個常數因子 $\ln a$。若 $a = e$，則這些規則都一樣，這是預料中的事。此觀察也說明每當在處理指數函數時，如果可以的話，我們比較喜歡用 $e$ 做底。

**例題 2**　求下列函數的導數

**a.** $f(x) = 2^x$　　**b.** $g(x) = 3^{\sqrt{x}}$　　**c.** $y = 10^{\cos 2x}$

**解**

**a.** $f'(x) = \dfrac{d}{dx} 2^x = (\ln 2) 2^x$

**b.** $g'(x) = \dfrac{d}{dx} 3^{\sqrt{x}} = (\ln 3) 3^{\sqrt{x}} \dfrac{d}{dx} x^{1/2} = (\ln 3) 3^{\sqrt{x}} \left(\dfrac{1}{2} x^{-1/2}\right) = \dfrac{(\ln 3) 3^{\sqrt{x}}}{2\sqrt{x}}$

**c.** $\dfrac{dy}{dx} = \dfrac{d}{dx} 10^{\cos 2x} = (\ln 10)10^{\cos 2x} \dfrac{d}{dx}\cos 2x$

$\qquad\qquad = (\ln 10)10^{\cos 2x}(-\sin 2x)\dfrac{d}{dx}(2x)$

$\qquad\qquad = -2(\ln 10)(\sin 2x)10^{\cos 2x}$

## ■ $y = a^x$ 的圖形

若 $a > 1$，則 $\ln a > 0$，且

$$\dfrac{d}{dx}(a^x) = a^x \ln a > 0$$

這證明圖形 $y = a^x$ 在 $(-\infty, \infty)$ 是上升的。若 $0 < a < 1$，則 $\ln a < 0$，且

$$\dfrac{d}{dx}(a^x) = a^x \ln a < 0$$

由此得知，若 $0 < a < 1$，圖形 $y = a^x$ 在 $(-\infty, \infty)$ 是下降的。圖形 $y = a^x$ 的一般形狀展示於圖 7.20。

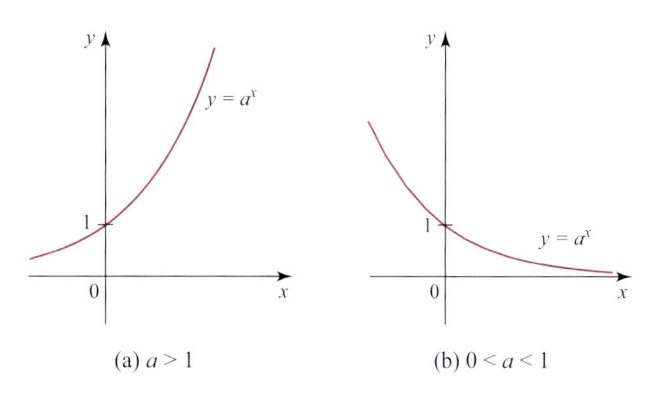

| 圖 **7.20**

若 $a > 1$，則圖形 $y = a^x$ 在 $(-\infty, \infty)$ 是上升的，且若 $0 < a < 1$，則它是下降的

(a) $a > 1$　　(b) $0 < a < 1$

**例題 3** 繪畫 (a) $y = 2^x$ 和 (b) $y = 2^{-x}$ 的圖形。

**解**

**a.** $y = 2^x$ 的圖形展示於圖 7.21。

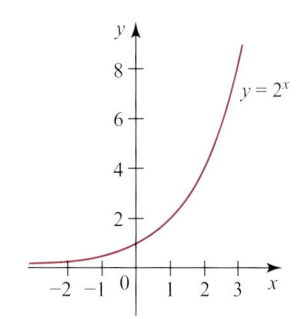

| 圖 **7.21**

圖形 $y = 2^x$ 在 $(-\infty, \infty)$ 是上升的

| $x$ | $y$ |
|---|---|
| $-2$ | $\frac{1}{4}$ |
| $-1$ | $\frac{1}{2}$ |
| $0$ | $1$ |
| $1$ | $2$ |
| $2$ | $4$ |
| $3$ | $8$ |

**b.** 觀察

$$y = 2^{-x} = \frac{1}{2^x} = \left(\frac{1}{2}\right)^x$$

且它的圖形是下降的，如圖 7.22 所示。

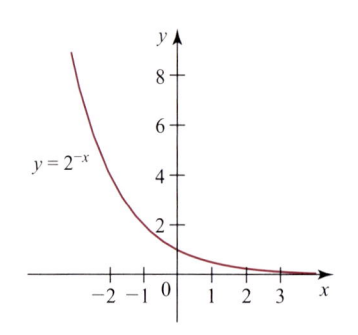

| $x$ | $y$ |
|---|---|
| $-2$ | $4$ |
| $-1$ | $2$ |
| $0$ | $1$ |
| $1$ | $\frac{1}{2}$ |
| $2$ | $\frac{1}{4}$ |
| $3$ | $\frac{1}{8}$ |

| **圖 7.22**
圖形 $y = 2^{-x}$ 在 $(-\infty, \infty)$ 是下降的

⚠ 要特別注意冪函數與指數函數之間的不同，冪函數的形式為

$$g(x) = [f(x)]^n$$

其指數（exponent）（冪）是常數，而指數函數

$$h(x) = a^{f(x)} \qquad a > 0, \quad a \neq 1$$

它的底（base）為常數。冪函數是用冪規則微分。另一方面，指數函數的導數則是由對這樣的函數微分的規則（定理 2）產生的。

函數

$$F(x) = [f(x)]^{g(x)}$$

它的底與指數都是 $x$ 的函數，等號兩邊先取對數再微分，如下一個例題的說明。

**例題 4** 求 $f(x) = x^x$ 的導數。

**解** 令 $y = x^x$。等號兩邊同時取自然對數，可得

$$\ln y = \ln x^x = x \ln x$$

此式子等號的兩邊同時對 $x$ 微分，可得

$$\frac{y'}{y} = \frac{d}{dx}(x \ln x) = x\frac{d}{dx}(\ln x) + (\ln x)\frac{d}{dx}(x) \quad \text{使用乘法規則}$$

因此，等號兩邊同乘 $y$ 即得

$$y' = (1 + \ln x)y = (1 + \ln x)x^x$$

**另解**

$$y = x^x = e^{x \ln x}$$

故
$$y' = \frac{d}{dx}(e^{x \ln x}) = (e^{x \ln x})\frac{d}{dx}(x \ln x) = e^{x \ln x}\left[\ln x + x\left(\frac{1}{x}\right)\right]$$
$$= (1 + \ln x)e^{x \ln x}$$ ∎

## ■ $a^x$ 的積分

底為 $a$ 之指數函數的積分公式是將定理 2 的微分公式倒轉過來的。

> **$a^x$ 積分**
> $$\int a^x \, dx = \frac{a^x}{\ln a} + C \qquad a > 0 \quad \text{和} \quad a \neq 1 \tag{1}$$

**例題 5** 計算 $\int_0^3 2^x \, dx$。

**解**
$$\int_0^3 2^x \, dx = \frac{2^x}{\ln 2}\Big|_0^3 = \frac{2^3}{\ln 2} - \frac{2^0}{\ln 2} = \frac{7}{\ln 2} \approx 10.1$$ ∎

## ■ 底為 $a$ 的對數函數

若 $a$ 為正實數且 $a \neq 1$，則函數 $f$ 定義為 $f(x) = a^x$ 在 $(-\infty, \infty)$ 一對一且值域為 $(0, \infty)$。所以它在 $(0, \infty)$ 區間有反函數。此函數稱為底為 $a$ 之對數函數，並記做 $\log_a$。

> **定義　底為 $a$ 的對數函數**
> 底為 $a$ 的對數函數（logarithmic function with base $a$），記做 $\log_a$，為滿足下列關係的函數：
> $$y = \log_a x \quad \text{若且唯若} \quad x = a^y$$

觀察到若 $a = e$，則此定義簡化為自然對數函數 ln 與指數函數 exp 之間的關係。

要把 $\log_a x$ 表示成 $\ln x$ 的形式，先考慮 $y = \log_a x$ 或它的等價 $x = a^y$，然後再將最後一式等號兩邊同時取自然對數，可得
$$\ln x = \ln a^y = y \ln a$$
$$y = \frac{\ln x}{\ln a}$$

因此有下面的換底公式，將任意底的對數換成自然對數。

> **換底公式**
> $$\log_a x = \frac{\ln x}{\ln a} \qquad a > 0 \quad 和 \quad a \neq 1 \tag{2}$$

**例題 6** 計算下列各式，準確性到小數第五位。

**a.** $\log_4 7$　　**b.** $\log_\pi 5$

**解**

**a.** 由式 (2) 可得

$$\log_4 7 = \frac{\ln 7}{\ln 4} \approx 1.40368$$

**b.** $\log_\pi 5 = \dfrac{\ln 5}{\ln \pi} \approx 1.40595$

## 冪規則（廣義形式）

已經定義冪為實數的情形，現在可以證明廣義的冪規則。

> **定理 3　冪規則（廣義形式）**
> 若 $n$ 為實數，則
> $$\frac{d}{dx}(x^n) = nx^{n-1}$$

**證明**　令 $y = x^n$ 且式子

$$|y| = |x^n| = |x|^n \qquad x \neq 0$$

等號兩邊同時取自然對數可得

$$\ln|y| = n \ln|x|$$

等號兩邊再同時對 $x$ 微分，則產生

$$\frac{y'}{y} = \frac{n}{x}$$

即

$$y' = \frac{ny}{x} = \frac{nx^n}{x} = nx^{n-1}$$

**例題 7**　求 $f(x) = (x + \cos x)^{\sqrt{2}}$ 的導數。

**解**　使用廣義的冪規則與連鎖規則，可得

$$f'(x) = \sqrt{2}(x + \cos x)^{\sqrt{2}-1}(1 - \sin x)$$

## ■ 底為 $a$ 之對數函數的導數

底為 $a$ 之對數函數的微分規則可直接由自然對數函數的微分規則與連鎖規則推得。

---

**定理 4　底為 $a$ 之對數函數的導數**

令 $u$ 為可微分的 $x$ 函數，則

**a.** $\dfrac{d}{dx}\log_a |x| = \dfrac{1}{x \ln a} \qquad x \neq 0$

**b.** $\dfrac{d}{dx}\log_a |u| = \dfrac{1}{u \ln a} \cdot \dfrac{du}{dx} \qquad u \neq 0$

---

**例題 8**　求下列函數的導數：(a) $f(x) = \log_3 x$ 和 (b) $y = \log_2 |\tan x|$。

**解**

**a.** $f'(x) = \dfrac{d}{dx}\log_3 x = \dfrac{1}{x \ln 3}$

**b.** $\dfrac{dy}{dx} = \dfrac{d}{dx}\log_2 |\tan x| = \dfrac{1}{(\ln 2)\tan x} \cdot \dfrac{d}{dx}\tan x$

$\qquad = \dfrac{1}{(\ln 2)\tan x} \cdot \sec^2 x = \dfrac{\cos x}{(\ln 2)\sin x} \cdot \dfrac{1}{\cos^2 x}$

$\qquad = \dfrac{\csc x \sec x}{\ln 2}$

底為 10 之對數稱為**常用對數**（common logarithms），通常只寫 log 而不是 $\log_{10}$。

**例題 9**　求 $f(x) = x^2 \log(e^{2x} + 1)$ 的導數。

**解**　使用乘法規則可得

$f'(x) = \dfrac{d}{dx}[x^2 \log(e^{2x} + 1)]$

$\qquad = \left[\dfrac{d}{dx}(x^2)\right]\log(e^{2x} + 1) + x^2 \dfrac{d}{dx}\log(e^{2x} + 1)$

$\qquad = 2x \log(e^{2x} + 1) + \dfrac{x^2}{(e^{2x} + 1)\ln 10} \cdot \dfrac{d}{dx}(e^{2x} + 1)$

$\qquad = 2x \log(e^{2x} + 1) + \dfrac{2x^2 e^{2x}}{(e^{2x} + 1)\ln 10}$

## 定義表示為極限的數字 $e$

若我們使用導數之極限定義來計算 $f'(1)$，其中 $f(x) = \ln x$，則

$$f'(1) = \lim_{h \to 0} \frac{f(1+h) - f(1)}{h}$$

$$= \lim_{h \to 0} \frac{\ln(1+h) - \ln 1}{h} = \lim_{h \to 0} \frac{\ln(1+h)}{h} \quad \text{\textcolor{red}{$\ln 1 = 0$}}$$

$$= \lim_{h \to 0} \ln(1+h)^{1/h}$$

$$= \ln\left[\lim_{h \to 0}(1+h)^{1/h}\right] \quad \text{\textcolor{red}{使用 ln 的連續性}}$$

但是

$$f'(1) = \left[\frac{d}{dx} \ln x\right]_{x=1} = \left[\frac{1}{x}\right]_{x=1} = 1$$

所以

$$\ln\left[\lim_{h \to 0}(1+h)^{1/h}\right] = 1$$

即

$$\lim_{h \to 0}(1+h)^{1/h} = e \tag{3}$$

式 (3) 有時被用來定義數字 $e$。表 7.1 提供 $(1+h)^{1/h}$ 的值，其中 $h$ 是很小的數。當計算到小數第六位時，$e = 2.718282$。如果式 (3) 中的 $n = 1/h$，則當 $h \to 0^+$，$n \to \infty$。它提供下面對等的 $e$ 之定義：

$$\lim_{n \to \infty}\left(1 + \frac{1}{n}\right)^n = e \tag{4}$$

表 7.1

| $h$ | $(1+h)^{1/h}$ | $h$ | $(1+h)^{1/h}$ |
|---|---|---|---|
| 0.1 | 2.5937425 | $-0.1$ | 2.8679720 |
| 0.01 | 2.7048138 | $-0.01$ | 2.7319990 |
| 0.001 | 2.7169239 | $-0.001$ | 2.7196422 |
| 0.0001 | 2.7181459 | $-0.0001$ | 2.7184178 |
| 0.00001 | 2.7182682 | $-0.00001$ | 2.7182954 |
| 0.000001 | 2.7182805 | $-0.000001$ | 2.7182832 |
| 0.0000001 | 2.7182817 | $-0.0000001$ | 2.7182820 |

## 複利

指數函數的重要應用是計算貸款的利息。

單利（simple interest）是只計算原來的本金之利息。若 $I$ 表示本金 $P$（元）投資在年利率 $r$ 之標的物上 $t$ 年後的利息，則

$$I = Prt$$

**本利和**（accumulated amount）$A$ 即 $t$ 年後的本金及利息和，它是

$$A = P + I = P + Prt$$
$$= P(1 + rt) \tag{5}$$

並且它是線性函數。

相對於單利，**複利**（compound interest）是週期性地將利息加在本金上變成新的本金後再以原利率計算利息（即所謂的利滾利）。為找本利和的公式，假設 $P$ 元（本金）放在銀行做 $t$ 年期的定存，利息為年利率 $r$（稱為**名目的** (nominal) 或**指定的利率** (stated rate)）之複利，則由式 (5) 得到滿一年後的本利和

$$A_1 = P(1 + rt)$$

若要計算滿兩年後的本利和，則再用式 (5) 計算。因為本金與利息一併賺第 1 年的利息，所以這次將 $P = A_1$ 代入式子，可得

$$A_2 = A_1(1 + rt) = P(1 + rt)(1 + rt) = P(1 + rt)^2$$

繼續下去，可得 $t$ 年後的本利和

$$A = P(1 + r)^t \tag{6}$$

式 (6) 是以年（annually）複利計算利息推導出來的。然而實際應用上，以複利計息的，一年都不只一次計息。相繼計息日的時間間距稱為**避險期**（conversion period）。

若本金 $P$ 元且名目年利率 $r$，它是一年 $m$ 次的複利，則每個避險期的單利率為

$$i = \frac{r}{m} \quad \substack{\text{年利率} \\ \text{一年的週期個數}}$$

譬如：若名目年利率 8%（$r = 0.08$）且利息為季複利（$m = 4$）計，則

$$i = \frac{r}{m} = \frac{0.08}{4} = 0.02$$

即每期 2%。

當本金 $P$ 元存在銀行 $t$ 年為一期，其名目年利率 $r$ 且每年複利 $m$ 次，依照之前的過程求其本利和的公式。以利率 $i = r/m$ 代入式 (6) 並重複運用，得到每一期期末的本利和如下：

第 1 週期：$A_1 = P(1 + i)$

第 2 週期：$A_2 = A_1(1 + i) = [P(1 + i)](1 + i) = P(1 + i)^2$

$\vdots$

第 $n$ 週期：$A_n = A_{n-1}(1 + i) = [P(1 + i)^{n-1}](1 + i) = P(1 + i)^n$

但是 $t$ 年有 $n = mt$ 個週期（避險期期數乘以期間）。故滿 $t$ 年後的本利和為

$$A = P\left(1 + \frac{r}{m}\right)^{mt} \tag{7}$$

**例題 10** 若年利率為 8%，且投資的本金為 1000 元，求 3 年後之本利和。假設一年有 365 天，分別按年、半年、季、月或天的複利計算。

**解** 將 $P = 1000$，$r = 0.08$，以及 $m = 1, 2, 4, 12$ 與 365 代入式 (7)，其結果總結於表 7.2。

| 表 7.2　當利息是以一年 $m$ 次之複利計算，3 年後的本利和為 $A$ 元

| $m$ | $A$（元） |
|---|---|
| 1 | 1259.71 |
| 2 | 1265.32 |
| 4 | 1268.24 |
| 12 | 1270.24 |
| 365 | 1271.22 |

例題 10 的結果顯示，若儲蓄的時間長度固定，則本利和隨著複利計算次數的增加而增加，但是增加很緩慢。這引發了下述問題：當以複利計算的時段逐漸縮短（或頻率逐漸增加）時，本利和會不會無限制地增加，或者它是否有其上限？為回答這個問題，將式 (7) 中的 $m$ 趨近於無窮大可得

$$A = \lim_{m \to \infty} P\left(1 + \frac{r}{m}\right)^{mt}$$

$$= \lim_{m \to \infty} P\left[\left(1 + \frac{r}{m}\right)^m\right]^t$$

令 $u = m/r$，則當 $m \to \infty$，$u \to \infty$。故

$$A = \lim_{u \to \infty} P\left[\left(1 + \frac{1}{u}\right)^{ur}\right]^t = \lim_{u \to \infty} P\left[\left(1 + \frac{1}{u}\right)^u\right]^{rt}$$

$$= P\left[\lim_{u \to \infty}\left(1 + \frac{1}{u}\right)^u\right]^{rt}$$

由於其中的極限值為 $e$（式 (4)），故

$$A = Pe^{rt} \tag{8}$$

式 (8) 為本金 $P$ 元，年利率 $r$，且以**連續複利**（compound continously）計算所得之 $t$ 年期本利和（元）。

**例題 11** 若本金 1000 元之投資在年利率 8% 之連續複利的存款上，求 3 年後的本利和。

**解** 將 $P = 1000, r = 0.08$ 與 $t = 3$ 代入式 (8) 可得

$$A = 1000e^{(0.08)(3)} \approx 1271.25$$

約 1271.25 元。

觀察到若以每日為基礎之複利計算（例題 10）並用連續複利計算，所得結果差不多。這個例題說明使用式 (8) 來計算本利和比較簡單。

## 7.4 習題

1-2 題，將下列的表示寫成底為 $e$ 的指數。
1. $2^{\sqrt{3}}$
2. $2^{\tan x}$

3-4 題，計算下列的表示。
3. $\log_{10} 100$
4. $\log_{125} 25$

5. 將指數式子寫成對數式子。
   a. $3^4 = 81$
   b. $5^{-3} = \dfrac{1}{125}$

6. 將對數式子寫成指數式子。
   a. $\log \dfrac{1}{1000} = -3$
   b. $\log_{1/3} 9 = -2$

7-8 題，以適當的（指數）函數圖形對直線 $y = x$ 反射繪畫函數圖形。
7. $f(x) = \log_2 x$
8. $y = \log_{1/2} x$

9. 使用式 (2) 計算（精確度到小數第三位）
   a. $\log_3 6$
   b. $\log_2 8$
   c. $\log_{\sqrt{2}} \pi$

10-16 題，求函數的導數。
10. $f(x) = 3^x$
11. $f(v) = (\cos v)(7^{1/v})$
12. $f(x) = x^e + e^x$
13. $f(x) = \dfrac{2^{3x}}{x}$
14. $y = 2^{\cot x}$
15. $f(x) = \log_2(x^2 + x + 1)$
16. $f(t) = \log\sqrt{t^2 + 1}$

17-19 題，運用對數的微分求函數的導數。
17. $y = 3^x$
18. $y = (x + 2)^{1/x}$
19. $y = (\sqrt{\cos x})^x$

20-23 題，求積分。
20. $\displaystyle\int_0^1 3^x\, dx$
21. $\displaystyle\int (x + 1)3^{x^2 + 2x}\, dx$
22. $\displaystyle\int 2^x \sin 2^x\, dx$
23. $\displaystyle\int \dfrac{3^x}{1 + 3^x}\, dx$

24. **地震強度** 根據芮氏規模（Richter scale），地震強度可表示為

$$R = \log \dfrac{I}{I_0}$$

其中 $I$ 為地震強度，$I_0$ 為標準參考強度。
   a. 試問強度 $R = 5$ 的地震強度 $I$ 為多少（以 $I_0$ 表之）？
   b. 試問強度 $R = 8$ 的地震強度 $I$ 為多少（以 $I_0$ 表之）？又 $R = 8$ 的地震強度與 $R = 5$ 者相較如何？
   c. 當代造成最大生命損失的地震是 1976 年發生在中國的唐山地震，其芮氏規模為 8.2。試問唐山地震的強度與 1989 年發生在美國舊金山的地震強度（$R = 6.9$）相較如何？

25. **Halley 定律** Halley 定律的內容為在海拔 $x$ 哩處的氣壓（吋汞柱）約為

$$p(x) = 29.92 e^{-0.2x} \qquad x \geq 0$$

**a.** 假設熱氣球搭乘者所測得的氣壓為 20 吋汞柱，則此熱氣球的高度為何？

**b.** 假設氣壓在此海拔以 1 吋／時的速率降低，試問此熱氣球上升得多快？

26. 求圖形 $y = 2^x + 1$ 在 $(0, 2)$ 處的切線方程式。

27. 試問 $f(x) = (\log x)/x$ 在哪個區間遞增和在哪個區間遞減。

28. 求圖形 $y = (\log x)/x$ 下方在 $[1, 10]$ 區間之區域面積。

29. 已知圖形 $y = 3x^2$ 下方在 $[0, 1]$ 區間之區域繞 $y$ 軸旋轉。求此旋轉體體積。

30. 已知本金 5000 元且年利率為 10％，分別以下列的複利計算，求 5 年後之本利和：(a) 年為單位，(b) 半年為單位，(c) 季為單位，(d) 月為單位，(e) 天為單位，(f) 連續的時間為單位。

31. **投資年回收率** 某私人投資集團以 2.1 百萬元購入一公寓區，並於 6 年後以 4.4 百萬元售出。若以複利（連續複利）的方式計算，求他們的投資年回收率。

32. **通貨膨脹對薪水的影響** Gilbert 先生目前的年薪為 75,000 元。若通膨率為每年 5%，試問今後十年他需要賺多少來維持他目前的購買力？假設通膨率需以連續複利計算。

33. **a.** 若 $x \geq 0$，證明 $e^x \geq 1 + x$。
    **b.** 若 $x \geq 0$，證明 $e^x \geq 1 + x + x^2/2$。
    提示：證明 $f(x) = e^x - 1 - x - x^2/2$ 在 $x \geq 0$ 區間遞增。

34. 證明
$$\int_{-1/2}^{1/2} 2^{\cos x}\, dx = 2\int_{0}^{1/2} 2^{\cos x}\, dx$$

35-37 題，判斷下列敘述是對或是錯。如果它是對，解釋你的理由。如果它是錯，請解釋你的理由或舉例說明。

35. 若 $a > 0, a \neq 1, b > 0$ 且 $b \neq 1$，則
$$\frac{\log_b x}{\log_a x} = \frac{\ln a}{\ln b} \qquad x \neq 1$$

36. $\lim\limits_{x \to 0} \dfrac{a^x - 1}{x} = \ln a$，其中 $a > 0$

37. $\lim\limits_{x \to 0} \dfrac{\log(3 + x) - \log 3}{x} = \dfrac{1}{3 \ln 10}$

## 7.5 反三角函數

本節要看六個反三角函數。一般而言，三角函數為週期性且非一對一的函數。因此它們並沒有反函數。譬如：檢驗圖 7.23 中的圖形，因為水平線的檢驗失敗，所以此函數不是一對一。然而觀察可知，限制函數 $f(x) = \sin x$ 在 $\left[-\frac{\pi}{2}, \frac{\pi}{2}\right]$ 區間，則它就是一對一且它的值域為 $[-1, 1]$（圖 7.24a）。故由 7.2 節定理 1 得知，$f$ 有反函數且其定義域為 $[-1, 1]$ 與值域為 $\left[-\frac{\pi}{2}, \frac{\pi}{2}\right]$。此函數稱為**反正弦函數**（inverse sine function）或 **arcsine 函數**（arcsine function），並記作 arcsin 或 $\sin^{-1}$。故

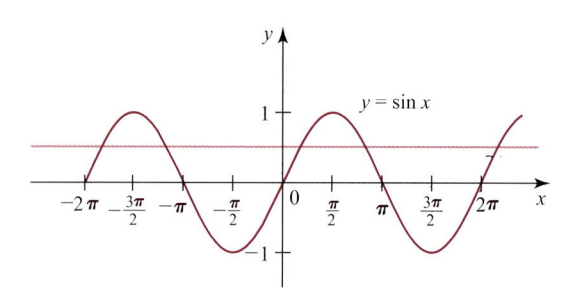

$$y = \sin^{-1} x \quad \text{若且唯若} \quad \sin y = x$$

其中 $-1 \leq x \leq 1$ 與 $-\frac{\pi}{2} \leq y \leq \frac{\pi}{2}$。$y = \sin^{-1} x$ 展示於圖 7.25a。

| 圖 **7.23**

水平線與 $y = \sin x$ 圖形相交無窮多點，所以正弦函數不是一對一

同理，只要將其他五個三角函數的定義域適當地限制，則每個函數也都是一對一。所以每個函數都有反函數。圖 7.24 展示六個三角函數圖形與它們限制的定義域。

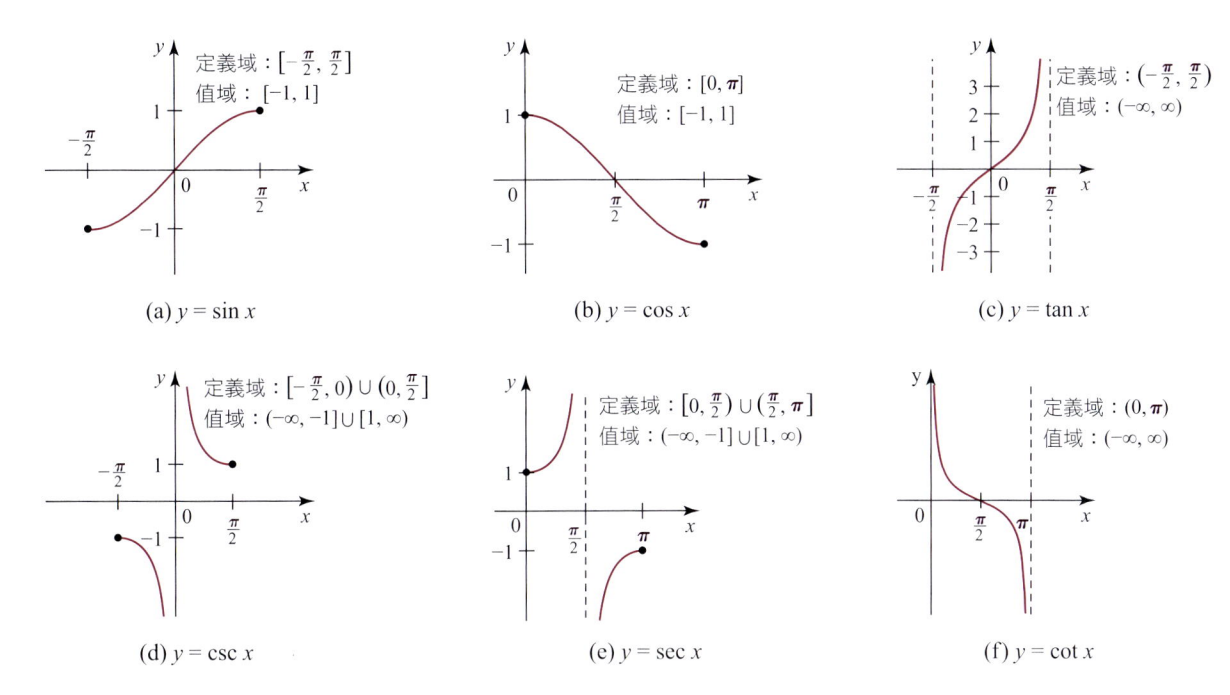

(a) $y = \sin x$ 定義域：$[-\frac{\pi}{2}, \frac{\pi}{2}]$，值域：$[-1, 1]$

(b) $y = \cos x$ 定義域：$[0, \pi]$，值域：$[-1, 1]$

(c) $y = \tan x$ 定義域：$(-\frac{\pi}{2}, \frac{\pi}{2})$，值域：$(-\infty, \infty)$

(d) $y = \csc x$ 定義域：$[-\frac{\pi}{2}, 0) \cup (0, \frac{\pi}{2}]$，值域：$(-\infty, -1] \cup [1, \infty)$

(e) $y = \sec x$ 定義域：$[0, \frac{\pi}{2}) \cup (\frac{\pi}{2}, \pi]$，值域：$(-\infty, -1] \cup [1, \infty)$

(f) $y = \cot x$ 定義域：$(0, \pi)$，值域：$(-\infty, \infty)$

**圖 7.24**
當限制在指定的定義域時，六個三角函數都是一對一

於這些限制下，所對應的反三角函數定義如下。

**定義　反三角函數**

|  |  |  | 定義域 |  |
|---|---|---|---|---|
| $y = \sin^{-1} x$ | 若且唯若 | $x = \sin y$ | $[-1, 1]$ | (1a) |
| $y = \cos^{-1} x$ | 若且唯若 | $x = \cos y$ | $[-1, 1]$ | (1b) |
| $y = \tan^{-1} x$ | 若且唯若 | $x = \tan y$ | $(-\infty, \infty)$ | (1c) |
| $y = \csc^{-1} x$ | 若且唯若 | $x = \csc y$ | $(-\infty, -1] \cup [1, \infty)$ | (1d) |
| $y = \sec^{-1} x$ | 若且唯若 | $x = \sec y$ | $(-\infty, -1] \cup [1, \infty)$ | (1e) |
| $y = \cot^{-1} x$ | 若且唯若 | $x = \cot y$ | $(-\infty, \infty)$ | (1f) |

六個反三角函數的圖形展示於圖 7.25a-25f。

**例題 1** 計算

a. $\sin^{-1} \dfrac{1}{2}$　　b. $\cos^{-1}\left(-\dfrac{\sqrt{3}}{2}\right)$　　c. $\tan^{-1} \sqrt{3}$　　d. $\cos^{-1} 0.6$

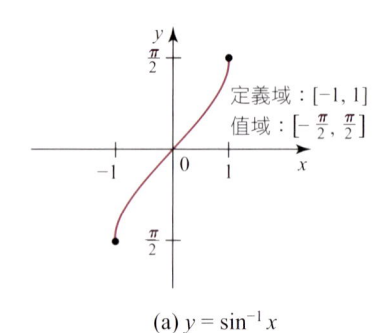

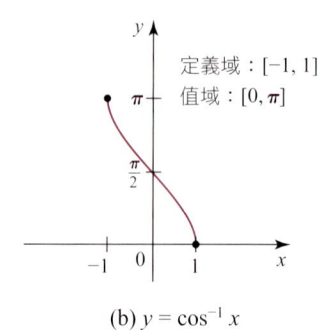

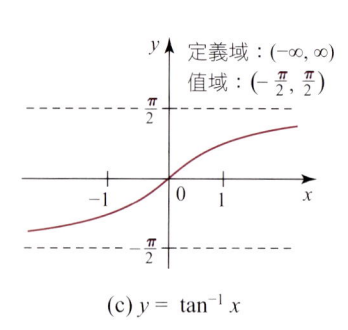

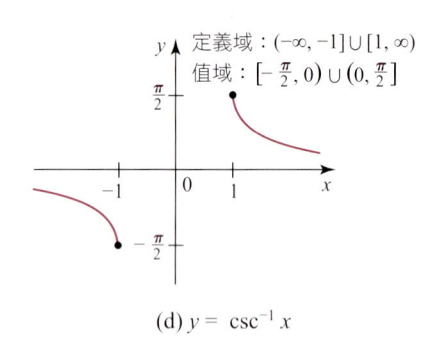

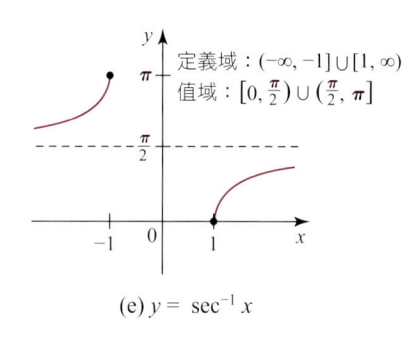

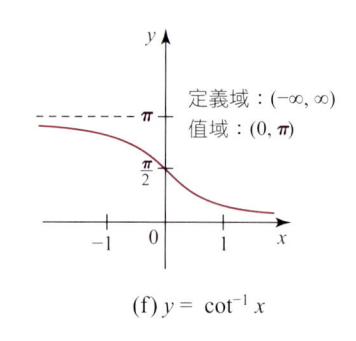

### 圖 7.25

(a) $y = \sin^{-1} x$　定義域：$[-1, 1]$，值域：$[-\frac{\pi}{2}, \frac{\pi}{2}]$

(b) $y = \cos^{-1} x$　定義域：$[-1, 1]$，值域：$[0, \pi]$

(c) $y = \tan^{-1} x$　定義域：$(-\infty, \infty)$，值域：$(-\frac{\pi}{2}, \frac{\pi}{2})$

(d) $y = \csc^{-1} x$　定義域：$(-\infty, -1] \cup [1, \infty)$，值域：$[-\frac{\pi}{2}, 0) \cup (0, \frac{\pi}{2}]$

(e) $y = \sec^{-1} x$　定義域：$(-\infty, -1] \cup [1, \infty)$，值域：$[0, \frac{\pi}{2}) \cup (\frac{\pi}{2}, \pi]$

(f) $y = \cot^{-1} x$　定義域：$(-\infty, \infty)$，值域：$(0, \pi)$

**解**

a. 令 $y = \sin^{-1} \frac{1}{2}$，則由公式 (1a) 得到 $\sin y = \frac{1}{2}$。因為 $y$ 必須落在 $[-\frac{\pi}{2}, \frac{\pi}{2}]$ 區間內，所以 $y = \pi/6$。故

$$\sin^{-1} \frac{1}{2} = \frac{\pi}{6}$$

b. 令 $y = \cos^{-1}(-\sqrt{3}/2)$，則由公式 (1b) 得到 $\cos y = -\sqrt{3}/2$。因為 $y$ 必須落在 $[0, \pi]$ 區間內，所以 $y = 5\pi/6$。故

$$\cos^{-1}\left(-\frac{\sqrt{3}}{2}\right) = \frac{5\pi}{6}$$

c. 令 $y = \tan^{-1} \sqrt{3}$，則 $\tan y = \sqrt{3}$。因為 $y$ 必須落在 $(-\frac{\pi}{2}, \frac{\pi}{2})$ 區間內，所以 $y = \pi/3$。故

$$\tan^{-1} \sqrt{3} = \frac{\pi}{3}$$

d. 此處用計算機計算

$$\cos^{-1} 0.6 \approx 0.9273 \quad \text{記住計算機要設定在弳度的模式} \quad \blacksquare$$

**例題 2** 計算 $\cot\left(\sin^{-1} \frac{1}{3}\right)$。

**解**　令 $\theta = \sin^{-1} \frac{1}{3}$，則 $\theta$ 為直角三角形邊長 1 所對的角且斜邊長為 3（圖 7.26）。所以，由畢氏定理得知此直角三角形鄰邊長為

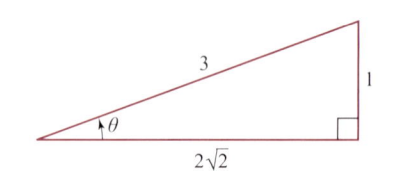

### 圖 7.26
式子 $\theta = \sin^{-1} \frac{1}{3}$ 之直角三角形

$$\sqrt{9-1} = 2\sqrt{2}$$

且

$$\cot\left(\sin^{-1}\frac{1}{3}\right) = \cot\theta = \frac{2\sqrt{2}}{1} = 2\sqrt{2}$$

記得若 $f$ 與 $f^{-1}$ 互為反函數，則

$$f(f^{-1}(x)) = x \quad 且 \quad f^{-1}(f(x)) = x$$

對於三角函數正弦、餘弦與正切（且其他三個三角函數也相似），這些關係轉化成下列的性質。

### 三角函數的逆特性

| | | |
|---|---|---|
| $\sin(\sin^{-1} x) = x$ | $-1 \leq x \leq 1$ | **(2a)** |
| $\sin^{-1}(\sin x) = x$ | $-\frac{\pi}{2} \leq x \leq \frac{\pi}{2}$ | **(2b)** |
| $\cos(\cos^{-1} x) = x$ | $-1 \leq x \leq 1$ | **(2c)** |
| $\cos^{-1}(\cos x) = x$ | $0 \leq x \leq \pi$ | **(2d)** |
| $\tan(\tan^{-1} x) = x$ | $-\infty \leq x \leq \infty$ | **(2e)** |
| $\tan^{-1}(\tan x) = x$ | $-\frac{\pi}{2} \leq x \leq \frac{\pi}{2}$ | **(2f)** |

⚠ 這些特性只對特定的 $x$ 值有效。譬如：$\sin^{-1}(\sin\pi) = \sin^{-1}(0) = 0$，然而當 $x = \pi$ 時，不小心地使用性質 $\sin^{-1}(\sin x) = x$，此 $x$ 並不在 $\left[-\frac{\pi}{2}, \frac{\pi}{2}\right]$ 區間內——導致錯誤的結果 $\sin^{-1}(\sin\pi) = \pi$。

**例題 3** 計算

**a.** $\sin(\sin^{-1} 0.7)$ **b.** $\cos^{-1}(\cos(3\pi/2))$

**解**

**a.** 因為 0.7 在區間 $[-1, 1]$ 內，由公式 (2a) 得知結果為

$$\sin(\sin^{-1} 0.7) = 0.7$$

**b.** 注意 $3\pi/2$ 不在區間 $[0, \pi]$ 內，所以不能用公式 (2d)。然而觀察得知 $\cos(3\pi/2) = 0$，又 0 在 $[-1, 1]$ 區間內，所以

$$\cos^{-1}\left(\cos\frac{3\pi}{2}\right) = \cos^{-1} 0 = \frac{\pi}{2}$$

## ■ 反三角函數的導數

接著得到反三角函數的導數規則。這裡，函數 $u = g(x)$ 對 $x$ 可微分。

> **反三角函數的導數**
>
> $$\frac{d}{dx}(\sin^{-1} u) = \frac{1}{\sqrt{1-u^2}}\frac{du}{dx} \qquad \frac{d}{dx}(\csc^{-1} u) = -\frac{1}{|u|\sqrt{u^2-1}}\frac{du}{dx}$$
>
> $$\frac{d}{dx}(\cos^{-1} u) = -\frac{1}{\sqrt{1-u^2}}\frac{du}{dx} \qquad \frac{d}{dx}(\sec^{-1} u) = \frac{1}{|u|\sqrt{u^2-1}}\frac{du}{dx}$$
>
> $$\frac{d}{dx}(\tan^{-1} u) = \frac{1}{1+u^2}\frac{du}{dx} \qquad \frac{d}{dx}(\cot^{-1} u) = -\frac{1}{1+u^2}\frac{du}{dx}$$

**證明** 這裡只證明第一個公式，其他的留做習題。令 $y = \sin^{-1} x$，所以 $\sin y = x$，其中 $-\frac{\pi}{2} \leq y \leq \frac{\pi}{2}$。後面的式子對 $x$ 做隱微分，可得

$$(\cos y)\frac{dy}{dx} = 1 \quad \text{即} \quad \frac{dy}{dx} = \frac{1}{\cos y}$$

因為 $-\frac{\pi}{2} \leq y \leq \frac{\pi}{2}$，$\cos y \geq 0$，所以

$$\cos y = \sqrt{1 - \sin^2 y} = \sqrt{1 - x^2} \qquad \text{記得 } x = \sin y$$

因此，

$$\frac{dy}{dx} = \frac{1}{\cos y} = \frac{1}{\sqrt{1-x^2}} \qquad -1 < x < 1$$

若 $u$ 為 $x$ 的可微分函數，則由連鎖規則可得

$$\frac{d}{dx}\sin^{-1} u = \frac{1}{\sqrt{1-u^2}}\frac{du}{dx}$$

**例題 4** 求下列函數的導數。

**a.** $f(x) = \cos^{-1} 3x$ **b.** $g(x) = \tan^{-1}\sqrt{2x+3}$ **c.** $y = \sec^{-1} e^{-2x}$

**解**

**a.** $f'(x) = \dfrac{d}{dx}\cos^{-1} 3x \qquad u = 3x$

$$= -\frac{1}{\sqrt{1-(3x)^2}} \cdot \frac{d}{dx}(3x) = -\frac{3}{\sqrt{1-9x^2}}$$

**b.** $g'(x) = \dfrac{d}{dx}\tan^{-1}(2x+3)^{1/2} \qquad u = (2x+3)^{1/2}$

$$= \frac{1}{1+[(2x+3)^{1/2}]^2} \cdot \frac{d}{dx}(2x+3)^{1/2}$$

$$= \frac{1}{1+2x+3} \cdot \frac{1}{2}(2x+3)^{-1/2}\frac{d}{dx}(2x)$$

$$= \frac{1}{2(x+2)\sqrt{2x+3}}$$

**c.** $\dfrac{dy}{dx} = \dfrac{d}{dx}\sec^{-1}e^{-2x}$  $\quad u = e^{-2x}$

$\qquad = \dfrac{1}{e^{-2x}\sqrt{(e^{-2x})^2 - 1}} \dfrac{d}{dx}e^{-2x}$

$\qquad = \dfrac{-2e^{-2x}}{e^{-2x}\sqrt{e^{-4x} - 1}} = -\dfrac{2}{\sqrt{e^{-4x} - 1}}$ ∎

**例題 5** **觀察直升機起飛**　距離直升機起降場 200 呎的目擊者觀察直升機起飛。該直升機以 8 呎／秒² 的定加速度垂直起飛，並於 $t$ 秒後達到 $h(t) = 4t^2$ 的高度（呎），其中 $0 \le t \le 10$（圖 7.27）。於直升機升高的過程中，$d\theta/dt$ 最初慢慢增加，然後逐漸加快，最後再慢下來。當 $d\theta/dt$ 最大時，目擊者感覺直升機的上升速率最快，求此時直升機的高度。

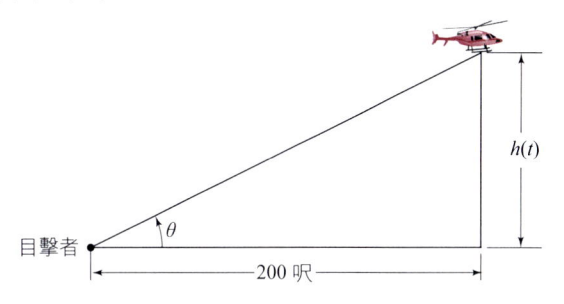

**圖 7.27**
直升機於 $t$ 秒後達高度 $h(t) = 4t^2$

**解**　時間 $t$ 的時候，目擊者的視線與地平線之間的夾角為

$$\theta(t) = \tan^{-1}\left(\dfrac{h(t)}{200}\right) = \tan^{-1}\left(\dfrac{4t^2}{200}\right) = \tan^{-1}\left(\dfrac{t^2}{50}\right)$$

故

$$\dfrac{d\theta}{dt} = \dfrac{1}{1 + \left(\dfrac{t^2}{50}\right)^2} \cdot \dfrac{d}{dt}\left(\dfrac{t^2}{50}\right) = \dfrac{2500}{2500 + t^4} \cdot \dfrac{2t}{50}$$

$$= \dfrac{100t}{2500 + t^4}$$

為求 $d\theta/dt$ 的最大值，先計算

$$\dfrac{d^2\theta}{dt^2} = \dfrac{(2500 + t^4)100 - 100t(4t^3)}{(2500 + t^4)^2} = \dfrac{100(2500 - 3t^4)}{(2500 + t^4)^2}$$

然後令 $d^2\theta/dt^2 = 0$，得到 $t = (2500/3)^{1/4} \approx 5.37$，它是 $d\theta/dt$ 唯一的臨界值。使用一次或二次微分的檢驗法，我們可以證明於此臨界點時，$d\theta/dt$ 有極大值。此時直升機的高度為

$$h(\sqrt[4]{2500/3}) = 4(\sqrt[4]{2500/3})^2 = 4\sqrt{2500/3} \approx 115.47$$

即約 115 呎。 ∎

## ■ 包含反三角函數的積分

假如更仔細地檢查這六個反三角函數的導數，我們將發現其中三個等於其他三個函數的負數。所以只需要考慮下面三個包含反三角函數的積分公式。

> **包含反三角函數的積分**
>
> $$\int \frac{1}{\sqrt{1-u^2}} du = \sin^{-1} u + C \tag{3a}$$
>
> $$\int \frac{1}{1+u^2} du = \tan^{-1} u + C \tag{3b}$$
>
> $$\int \frac{1}{u\sqrt{u^2-1}} du = \sec^{-1} u + C \tag{3c}$$

**例題 6** 求

**a.** $\displaystyle\int \frac{1}{\sqrt{1-9x^2}} dx$      **b.** $\displaystyle\int \frac{1}{\sqrt{4-x^2}} dx$

**解**

**a.** 對照公式 (3a)，使用代換法並令 $u = 3x$，則 $du = 3\,dx$ 即 $dx = \frac{1}{3} du$。故，

$$\int \frac{1}{\sqrt{1-9x^2}} dx = \int \frac{1}{\sqrt{1-(3x)^2}} dx$$

$$= \frac{1}{3} \int \frac{1}{\sqrt{1-u^2}} du$$

$$= \frac{1}{3} \sin^{-1} u + C = \frac{1}{3} \sin^{-1}(3x) + C$$

**b.** 再次對照公式 (3a) 可得

$$\int \frac{1}{\sqrt{4-x^2}} dx = \int \frac{1}{2\sqrt{1-\left(\frac{x}{2}\right)^2}} dx$$

令 $u = x/2$，得到 $du = 1/2\,dx$ 即 $dx = 2\,du$。

$$\int \frac{1}{\sqrt{4-x^2}} dx = \frac{1}{2}(2) \int \frac{1}{\sqrt{1-u^2}} du$$

$$= \sin^{-1} u + C = \sin^{-1}\left(\frac{x}{2}\right) + C \qquad ∎$$

**例題 7** 求

**a.** $\int \dfrac{e^x}{e^{2x}+1}\,dx$    **b.** $\int \dfrac{1}{x\sqrt{x^4-16}}\,dx$

**解**

**a.** 令 $u = e^x$，得到 $du = e^x\,dx$。則

$$\int \dfrac{e^x}{e^{2x}+1}\,dx = \int \dfrac{1}{u^2+1}\,du$$

$$= \tan^{-1} u + C = \tan^{-1} e^x + C$$

**b.** 令 $u = x^2$。則 $du = 2x\,dx$ 以及 $\dfrac{1}{2}\dfrac{du}{u} = \dfrac{x\,dx}{x^2} = \dfrac{1}{x}\,dx$。使用代換法，可得

$$\int \dfrac{1}{x\sqrt{x^4-16}}\,dx = \dfrac{1}{2}\int \dfrac{1}{u^2\sqrt{u^2-16}}\,du$$

$$= \dfrac{1}{2}\int \dfrac{2x}{x^2\sqrt{x^4-16}}\,dx = \dfrac{1}{2}\int \dfrac{1}{u\sqrt{u^2-16}}\,du \qquad x^2 \text{ 用 } u \text{ 取代}$$

$$= \dfrac{1}{2}\cdot\dfrac{1}{4}\int \dfrac{1}{u\sqrt{\left(\dfrac{u}{4}\right)^2-1}}\,du$$

接著令 $v = u/4$，得到 $dv = 1/4\,du$ 即 $du = 4\,dv$。則

$$\int \dfrac{1}{x\sqrt{x^4-16}}\,dx = \left(\dfrac{1}{8}\right)4\int \dfrac{1}{4v\sqrt{v^2-1}}\,dv$$

$$= \dfrac{1}{8}\int \dfrac{1}{v\sqrt{v^2-1}}\,dv$$

$$= \dfrac{1}{8}\sec^{-1} v + C = \dfrac{1}{8}\sec^{-1}\left(\dfrac{x^2}{4}\right) + C \qquad\blacksquare$$

**例題 8** 參考圖 7.28。求圖形

$$y = \dfrac{1}{4}x^2 \quad\text{與}\quad y = \dfrac{8}{x^2+4}$$

包圍之區域面積。

**解** 首先求兩圖形交點之 $x$ 坐標，即解聯立方程式

$$\begin{cases} y = \tfrac{1}{4}x^2 \\ y = \dfrac{8}{x^2+4} \end{cases}$$

可得

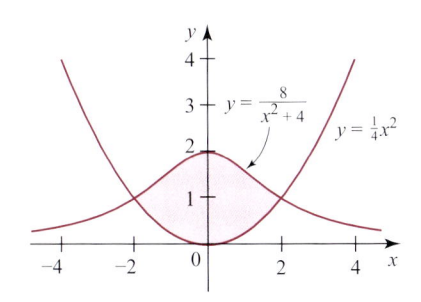

**圖 7.28**

圖形 $y = \dfrac{8}{x^2+4}$ 與 $y = \dfrac{x^2}{4}$ 包圍之區域

$$\frac{1}{4}x^2 = \frac{8}{x^2+4}$$
$$x^4 + 4x^2 - 32 = 0$$
$$(x^2+8)(x^2-4) = 0$$

且 $x = \pm 2$。接著觀察發現，在 $[-2, 2]$ 區間，圖形 $f(x) = 8/(x^2+4)$ 落在圖形 $g(x) = x^2/4$ 上方，所以

$$A = \int_{-2}^{2}\left(\frac{8}{x^2+4} - \frac{x^2}{4}\right)dx$$
$$= 2\int_{0}^{2}\left(\frac{8}{x^2+4} - \frac{x^2}{4}\right)dx \quad \text{被積分函數是偶的}$$
$$= 2\left[4\tan^{-1}\frac{x}{2} - \frac{1}{12}x^3\right]_{0}^{2}$$
$$= 2\left(4\tan^{-1} 1 - \frac{8}{12}\right) = 2\pi - \frac{4}{3} \quad \blacksquare$$

## 7.5 習題

1-12 題，求所給予之表示的值。

1. $\sin^{-1} 0$
2. $\sin^{-1}\frac{1}{2}$
3. $\tan^{-1} 1$
4. $\tan^{-1}\sqrt{3}$
5. $\sin^{-1}\left(\frac{\sqrt{3}}{2}\right)$
6. $\tan^{-1}\left(\frac{1}{\sqrt{3}}\right)$
7. $\sec^{-1} 2$
8. $\sin^{-1}\left(-\frac{1}{2}\right)$
9. $\sin\left(\sin^{-1}\frac{1}{\sqrt{2}}\right)$
10. $\cos\left(\sin^{-1}\frac{\sqrt{3}}{2}\right)$
11. $\tan\left(\sin^{-1}\frac{\sqrt{2}}{2}\right)$
12. $\sec\left(\sin^{-1}\frac{3}{5}\right)$

13-16 題，將下列表示寫成代數式。

13. $\cos(\sin^{-1} x)$
14. $\tan(\tan^{-1} x)$
15. $\sec(\sin^{-1} x)$
16. $\sin(2\tan^{-1} x)$

17-29 題，求函數的導數。

17. $f(x) = \sin^{-1} 3x$
18. $f(x) = \tan^{-1} x^2$
19. $g(t) = t \tan^{-1} 3t$
20. $f(u) = \sec^{-1} 2u$
21. $h(x) = \sin^{-1} x + 2\cos^{-1} x$
22. $g(x) = \tan^{-1} x + x \cot^{-1} x$
23. $y = (x^2+1)\tan^{-1} x$
24. $g(t) = \tan^{-1}\left(\frac{t-1}{t+1}\right)$
25. $y = \tan^{-1}(\sin 2x)$
26. $f(x) = \sin^{-1}(e^{2x})$
27. $h(x) = \cot(\cos^{-1} x^2)$
28. $f(\theta) = (\sec^{-1}\theta)^{-1}$
29. $f(t) = \frac{1}{4}\ln(1+4t^2) - t\tan^{-1} 2t$
30. 求函數 $f(x) = \sin^{-1} x - 2x$ 的相對極值。
31. 求函數圖形 $f(x) = \sin^{-1} x$ 的反曲點。

32-42 題，求下列積分。

32. $\int \frac{1}{\sqrt{16-x^2}} dx$
33. $\int_{0}^{1/2} \frac{1}{1+4x^2} dx$
34. $\int \frac{1}{x\sqrt{x^4-81}} dx$
35. $\int \frac{1}{t\sqrt{t^6-16}} dt$
36. $\int_{0}^{1} \frac{e^{2x}}{1+e^{4x}} dx$
37. $\int \frac{\sin x}{\sqrt{4-\cos^2 x}} dx$
38. $\int_{0}^{1} \frac{x^3}{1+x^8} dx$
39. $\int_{0}^{\sqrt{3}/2} \frac{\sin^{-1} x}{\sqrt{1-x^2}} dx$
40. $\int \frac{\tan^{-1} x}{1+x^2} dx$
41. $\int \frac{1}{\sqrt{x}(4+x)} dx$
42. $\int \frac{1}{4+(x-2)^2} dx$
43. 求圖形 $y = \frac{1}{4+x^2}$ 下方區域在 $[0, 1]$ 的面積。
44. 參考下圖，某餐館老板擬於沿著直線海岸公路且相距 1,000 呎的兩個防波堤之間開設餐館。若想獲得最寬闊的海洋景觀，試問他的餐館應建

在距離較長的防波堤多遠處？

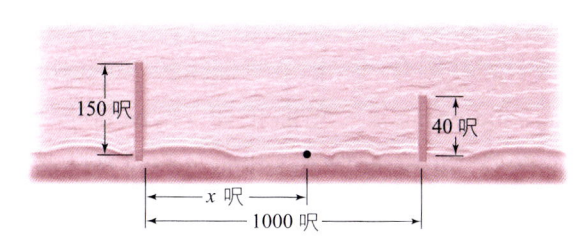

45. 觀察者站在與直線測試道路平行之直線道路上。當 $t = 0$，一輛一級方程式賽車與觀察者反方向且位於距她 200 呎遠處。她觀察到，此車正以 20 呎／秒$^2$ 的定加速度行駛，$t$ 秒後此車距離其起點 $10t^2$ 呎，其中 $0 \leq t \leq 15$。當車移動時，$d\theta/dt$ 最初隨時間緩慢增加，然後逐漸加快，最後又減慢下來。當 $d\theta/dt$ 為最大值時，觀察者覺得此車移動得最快，求此時車子的位置。

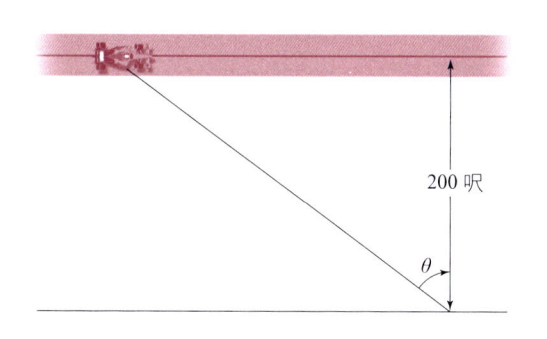

46. 一水槽長度為 $L$ 呎，其橫切面是半徑為 $r$ 呎的半圓。若水槽內裝水，使得液面與槽頂之間的距離為 $h$ 呎時，則槽內水的體積為

$$V = L\left[\frac{1}{2}\pi r^2 - r^2 \sin^{-1}\left(\frac{h}{r}\right) - h\sqrt{r^2 - h^2}\right]$$

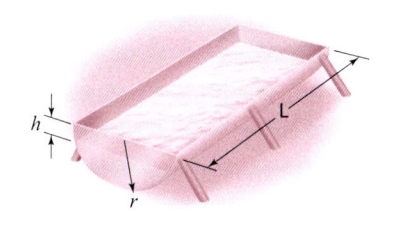

假設有 $L=10$ 與 $r=1$ 之水槽且其底部會漏水。已知在某一瞬間 $h = 0.4$ 呎且 $dv/dt = -0.2$ 呎$^3$／秒。求在此瞬間 $h$ 的變化率。

47-49 題，判斷下列敘述是對或是錯。如果它是對，解釋你的理由。如果它是錯，請解釋你的理由或舉例說明。

47. $\sin^{-1} x = \dfrac{1}{\sin x}$

48. $(\sin^{-1} x)^2 + (\cos^{-1} x)^2 = 1$

49. $f(x) = \cos^{-1} x$ 是遞減函數。

## 7.6 雙曲函數

圖 7.27 所繪的是均勻材質的纜線懸掛於兩根柱子的端點上，如電話線或電力線。此纜線的形狀稱為懸垂線（catenary），源於拉丁語中的 catena，它的意思是「鍊子」。圖 7.27b 為熱追蹤式飛彈鎖定其追蹤的飛機後並成功地攔截的路徑。假設此飛機以一定的高度與固定的速率沿直線飛行，而此飛彈則以固定速率並一直朝著此飛機飛行。此飛彈的軌跡稱為追蹤曲線（pursuit curve）。

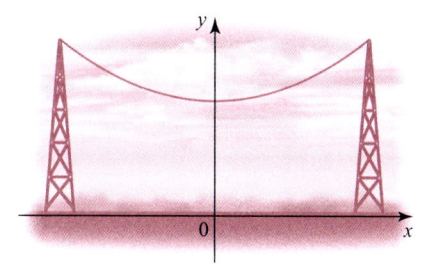

| 圖 7.29

(a) 懸掛的電纜呈現懸垂線的形狀　　(b) 火箭的軌道稱為追蹤曲線

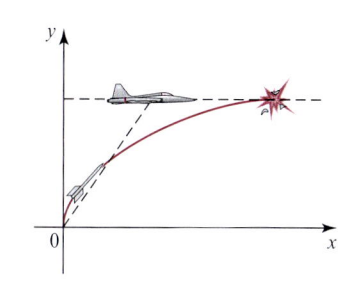

## 歷史傳記

**JOHANN HEINRICH LAMBERT**
(1728–1777)

由於家境並不富裕，Johann Lambert 於 12 歲時被迫離開學校，和他的父親做裁縫以維持家庭的生計。之後數年中，Lambert 除了在夜間持續其求學的過程外，也做了各種不同的工作，包括擔任鐵工廠的職員和一家 Basel 報紙編輯的秘書。他的父親在 1747 年過世。之後不久，Lambert 受顧於 von Salis，擔任其孩子們的家庭教師，開始有較多的時間致力於自己的科學研究工作。科學界終究注意到他在天文學方面的研究成果，Lambert 並開始受到越來越多具名望的學術機構的聘請。1761 年他成為 Prussian Academy of Sciences 的一員，和 Leonhard Euler 及 Joseph-Louis Lagrange 共事。在此學院工作的期間，Lambert 寫了超過 150 篇的論文。他在 1776 年發表了一本關於非歐氏幾何的書，不過他許多的研究成果迄今仍未發表。在 Lambert 諸多重要的貢獻中，包括最先系統化地處理雙曲正弦、雙曲正弦與雙曲正切函數。

如同這類問題的分析，涉及指數函數 $e^{-cx}$ 與 $e^{cx}$ 的組合，其中 $c$ 是常數，的問題。因為這種組合的函數經常出現在數學以及其應用上，它們有特別的名稱。這些組合——稱為**雙曲正弦**（hyperbolic sine）、**雙曲餘弦**（hyperbolic cosine）、**雙曲正切**（hyperbolic tangent）等——是參照**雙曲函數**（hyperbolic functions）與三角函數命名的，因它們有很多特性與三角函數相同。

### 定義　雙曲函數

$$\sinh x = \frac{e^x - e^{-x}}{2} \qquad \cosh x = \frac{e^x + e^{-x}}{2} \qquad \tanh x = \frac{\sinh x}{\cosh x}$$

$$\operatorname{csch} x = \frac{1}{\sinh x}, \quad x \neq 0 \qquad \operatorname{sech} x = \frac{1}{\cosh x} \qquad \coth x = \frac{\cosh x}{\sinh x}, \quad x \neq 0$$

**註**　$\sinh x$ 唸做 "cinch $x$"，而 $\cosh x$ 唸做 "kosh $x$"，也可唸做 "gosh $x$"。

### ■ 雙曲函數的圖形

繪畫 $y = \sinh x$ 的圖形，首先繪畫 $y = \frac{1}{2}e^x$ 與 $y = -\frac{1}{2}e^{-x}$ 的圖形，接著將圖形中對應於每個點 $x$ 的 $y$ 坐標相加，就得到 $y = \sinh x$ 的圖形（圖 7.30a）。同理，繪畫 $y = \cosh x$ 的圖形，首先繪畫 $y = \frac{1}{2}e^x$ 與 $y = \frac{1}{2}e^{-x}$ 的圖形，接著將圖形中對應於點 $x$ 之 $y$ 坐標相加，就得到 $y = \cosh x$ 的圖形（圖 7.30b）。

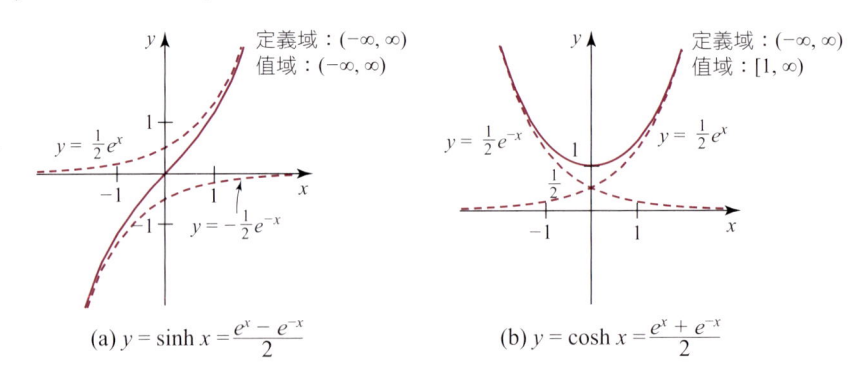

(a) $y = \sinh x = \dfrac{e^x - e^{-x}}{2}$　　定義域：$(-\infty, \infty)$　值域：$(-\infty, \infty)$

(b) $y = \cosh x = \dfrac{e^x + e^{-x}}{2}$　　定義域：$(-\infty, \infty)$　值域：$[1, \infty)$

**圖 7.30**　雙曲正弦與餘弦函數的圖形

其他四個雙曲函數圖形展示於圖 7.31。

(a) $y = \tanh x = \dfrac{\sinh x}{\cosh x}$　定義域：$(-\infty, \infty)$　值域：$(-1, 1)$

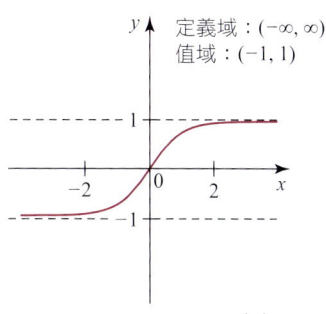

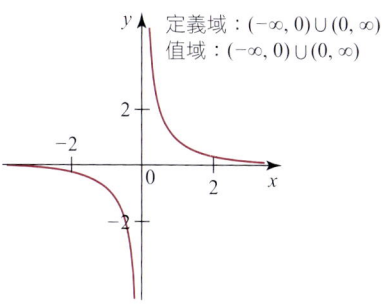

(b) $y = \operatorname{csch} x = \dfrac{1}{\sinh x}$　定義域：$(-\infty, 0) \cup (0, \infty)$　值域：$(-\infty, 0) \cup (0, \infty)$

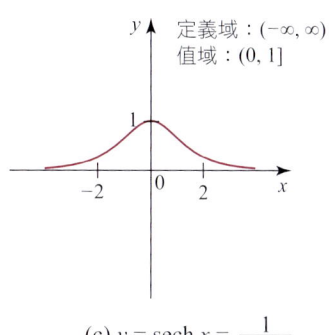

(c) $y = \operatorname{sech} x = \dfrac{1}{\cosh x}$　定義域：$(-\infty, \infty)$　值域：$(0, 1]$

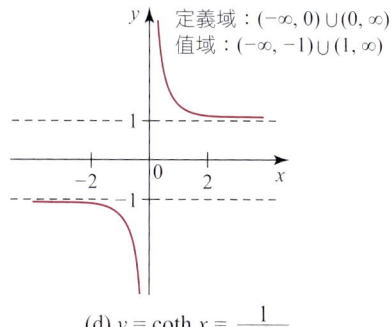

(d) $y = \coth x = \dfrac{1}{\tanh x}$　定義域：$(-\infty, 0) \cup (0, \infty)$　值域：$(-\infty, -1) \cup (1, \infty)$

**圖 7.31**
雙曲正切、餘割、正割與餘切函數的圖形

### 雙曲恆等式

雙曲函數滿足某些恆等式，它們很像那些滿足三角函數的恆等式。譬如：與 $\sin(-x) = -\sin x$ 相似的是 $\sinh(-x) = -\sinh x$。要證明此恆等式，只要簡單地計算

$$\sinh(-x) = \frac{e^{(-x)} - e^{-(-x)}}{2} = \frac{e^{-x} - e^{x}}{2} = -\frac{e^{x} - e^{-x}}{2} = -\sinh x$$

一些經常使用的雙曲恆等式列於表 7.3。

**表 7.3**　雙曲函數的等式

| | |
|---|---|
| $\sinh(-x) = -\sinh x$ | $\cosh(-x) = \cosh x$ |
| $\cosh^2 x - \sinh^2 x = 1$ | $\operatorname{sech}^2 x = 1 - \tanh^2 x$ |
| $\sinh(x + y) = \sinh x \cosh y + \cosh x \sinh y$ | $\cosh(x + y) = \cosh x \cosh y + \sinh x \sinh y$ |
| $\sinh 2x = 2 \sinh x \cosh x$ | $\cosh 2x = \cosh^2 x + \sinh^2 x$ |
| $\cosh^2 x = \frac{1}{2}(1 + \cosh 2x)$ | $\sinh^2 x = \frac{1}{2}(-1 + \cosh 2x)$ |

我們將在例題 1 中證明 $\cosh^2 x - \sinh^2 x = 1$。其他的證明留做習題。

**例題 1**　證明恆等式 $\cosh^2 x - \sinh^2 x = 1$。

**解**　計算

$$\cosh^2 x - \sinh^2 x = \left(\frac{e^x + e^{-x}}{2}\right)^2 - \left(\frac{e^x - e^{-x}}{2}\right)^2$$

$$= \frac{e^{2x} + 2 + e^{-2x}}{4} - \frac{e^{2x} - 2 + e^{-2x}}{4}$$

$$= \frac{4}{4} = 1$$

即得證。 ■

### ■ 雙曲函數的導數和積分

雙曲函數被定義為 $e^x$ 與 $e^{-x}$ 的函數，所以它們的導數容易計算。譬如：

$$\frac{d}{dx}(\sinh x) = \frac{d}{dx}\left(\frac{e^x - e^{-x}}{2}\right) = \frac{e^x + e^{-x}}{2} = \cosh x$$

同理可以證明

$$\frac{d}{dx}(\cosh x) = \sinh x$$

接著使用這些結果就可以計算

$$\frac{d}{dx}(\tanh x) = \frac{d}{dx}\frac{\sinh x}{\cosh x} = \frac{\cosh x \frac{d}{dx}(\sinh x) - \sinh x \frac{d}{dx}(\cosh x)}{\cosh^2 x}$$

$$= \frac{\cosh^2 x - \sinh^2 x}{\cosh^2 x} = \frac{1}{\cosh^2 x} = \operatorname{sech}^2 x$$

以下是這六個雙曲函數的微分公式與積分公式。我們已經假設 $u = g(x)$，其中 $g$ 是可微分函數，同時也使用連鎖規則。這些公式的證明留做習題。

---

**雙曲函數的導數和積分**

$$\frac{d}{dx}(\sinh u) = (\cosh u)\frac{du}{dx} \qquad \int \cosh u\, du = \sinh u + C$$

$$\frac{d}{dx}(\cosh u) = (\sinh u)\frac{du}{dx} \qquad \int \sinh u\, du = \cosh u + C$$

$$\frac{d}{dx}(\tanh u) = (\operatorname{sech}^2 u)\frac{du}{dx} \qquad \int \operatorname{sech}^2 u\, du = \tanh u + C$$

$$\frac{d}{dx}(\operatorname{csch} u) = -(\operatorname{csch} u \coth u)\frac{du}{dx} \qquad \int \operatorname{csch} u \coth u\, du = -\operatorname{csch} u + C$$

$$\frac{d}{dx}(\operatorname{sech} u) = -(\operatorname{sech} u \tanh u)\frac{du}{dx} \qquad \int \operatorname{sech} u \tanh u\, du = -\operatorname{sech} u + C$$

$$\frac{d}{dx}(\coth u) = -(\operatorname{csch}^2 u)\frac{du}{dx} \qquad \int \operatorname{csch}^2 u\, du = -\coth u + C$$

**例題 2**

**a.** $\dfrac{d}{dx}\sinh(x^2+1) = \cosh(x^2+1)\dfrac{d}{dx}(x^2+1) = 2x\cosh(x^2+1)$

**b.** $\dfrac{d}{dx}\cosh^2(\ln 2x) = 2\cosh(\ln 2x)\dfrac{d}{dx}\cosh(\ln 2x)$

$\qquad\qquad\qquad\;\; = 2\cosh(\ln 2x)\sinh(\ln 2x)\dfrac{d}{dx}\ln 2x$

$\qquad\qquad\qquad\;\; = \dfrac{2}{x}\cosh(\ln 2x)\sinh(\ln 2x)$ ■

**例題 3** 求 $\int \cosh^2 3x \sinh 3x \, dx$。

**解** 令 $u = 3x$，則 $du = 3dx$ 即 $dx = \dfrac{1}{3}du$。

$$\int \cosh^2 3x \sinh 3x \, dx = \dfrac{1}{3}\int \cosh^2 u \sinh u \, du$$

接著，令 $v = \cosh u$，則 $dv = \sinh u \, du$。

$$\dfrac{1}{3}\int \cosh^2 u \sinh u \, du = \dfrac{1}{3}\int v^2 \, dv = \dfrac{1}{9}v^3 + C$$

故

$$\int \cosh^2 3x \sinh 3x \, dx = \dfrac{1}{9}\cosh^3 3x + C$$ ■

## ■ 反雙曲函數

如果檢查圖 7.30a 與圖 7.31a，則會注意到 $\sinh x$ 與 $\tanh x$ 在 $(-\infty, \infty)$ 都是一對一（one-to-one）。因此它們都有反函數，並分別記作 $\sinh^{-1} x$ 與 $\tanh^{-1} x$。又檢查圖 7.30b 得知 $\cosh x$ 在 $[0, \infty)$ 是一對一，如果限制在這個定義域，則它有反函數，是 $\cosh^{-1} x$。檢查其他雙曲函數的圖形並對其定義域做必要的限制，如此就能定義其他的反雙曲函數。

**定義　反雙曲函數**

|  |  |  | 定義域 |
|---|---|---|---|
| $y = \sinh^{-1} x$ | 若且唯若 | $x = \sinh y$ | $(-\infty, \infty)$ |
| $y = \cosh^{-1} x$ | 若且唯若 | $x = \cosh y$ | $[1, \infty)$ |
| $y = \tanh^{-1} x$ | 若且唯若 | $x = \tanh y$ | $(-1, 1)$ |
| $y = \operatorname{csch}^{-1} x$ | 若且唯若 | $x = \operatorname{csch} y$ | $(-\infty, 0)\cup(0, \infty)$ |
| $y = \operatorname{sech}^{-1} x$ | 若且唯若 | $x = \operatorname{sech} y$ | $(0, 1]$ |
| $y = \coth^{-1} x$ | 若且唯若 | $x = \coth y$ | $(-\infty, -1)\cup(1, \infty)$ |

$y = \sinh^{-1} x$, $y = \cosh^{-1} x$ 和 $y = \tanh^{-1} x$ 展示於圖 7.32。

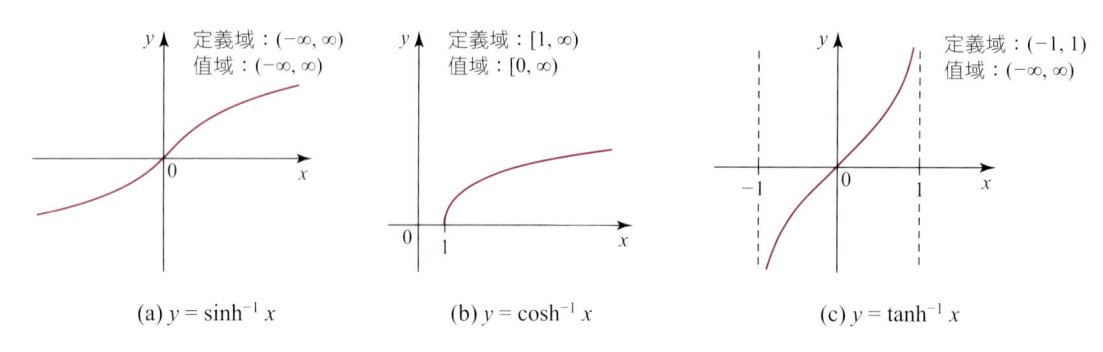

定義域：$(-\infty, \infty)$
值域：$(-\infty, \infty)$

定義域：$[1, \infty)$
值域：$[0, \infty)$

定義域：$(-1, 1)$
值域：$(-\infty, \infty)$

(a) $y = \sinh^{-1} x$    (b) $y = \cosh^{-1} x$    (c) $y = \tanh^{-1} x$

| 圖 7.32

因為雙曲函數被定義為指數函數，自然地，它的反函數就表示成對數函數。

**例題 4** 證明 $\sinh^{-1} x = \ln\left(x + \sqrt{x^2 + 1}\right)$。

**解** 令 $y = \sinh^{-1} x$，則

$$x = \sinh y = \frac{e^y - e^{-y}}{2} \quad \text{或} \quad e^y - 2x - e^{-y} = 0$$

式子等號兩邊同乘 $e^y$ 可得

$$e^{2y} - 2xe^y - 1 = 0$$

它是 $e^y$ 的二次式。使用二次式的公式可得

$$e^y = \frac{2x \pm \sqrt{4x^2 + 4}}{2} = x \pm \sqrt{x^2 + 1}$$

只有此根 $x + \sqrt{x^2 + 1}$ 合適。理由是，$e^y > 0$ 且 $x - \sqrt{x^2 + 1} < 0$，所以 $x < \sqrt{x^2 + 1}$。因此，

$$e^y = x + \sqrt{x^2 + 1}$$

故

$$y = \ln\left(x + \sqrt{x^2 + 1}\right)$$

亦即，

$$\sinh^{-1} x = \ln\left(x + \sqrt{x^2 + 1}\right)$$

以類似的程序可得其他五個反雙曲函數表示成對數函數的樣子。下面有三個這樣的表示。

> **反雙曲函數表示為對數函數**　　　　　　　　　**定義域**
>
> $$\sinh^{-1} x = \ln\left(x + \sqrt{x^2 + 1}\right) \qquad (-\infty, \infty)$$
>
> $$\cosh^{-1} x = \ln\left(x + \sqrt{x^2 - 1}\right) \qquad [1, \infty)$$
>
> $$\tanh^{-1} x = \frac{1}{2} \ln\left(\frac{1 + x}{1 - x}\right) \qquad (-1, 1)$$

## ■ 反雙曲函數的導數

反雙曲函數的導數可以直接對函數微分得到。譬如：

$$\frac{d}{dx} \sinh^{-1} x = \frac{d}{dx} \ln\left(x + \sqrt{x^2 + 1}\right)$$

$$= \frac{1}{x + \sqrt{x^2 + 1}} \left[1 + \frac{1}{2}(x^2 + 1)^{-1/2}(2x)\right]$$

$$= \frac{1}{x + \sqrt{x^2 + 1}} \cdot \frac{\sqrt{x^2 + 1} + x}{\sqrt{x^2 + 1}}$$

$$= \frac{1}{\sqrt{x^2 + 1}}$$

另一方法，其過程如下：

$$y = \sinh^{-1} x \quad \text{若且唯若} \quad x = \sinh y$$

此最後的式子對 $x$ 做隱微分可得

$$\frac{d}{dx}(x) = \frac{d}{dx}(\sinh y)$$

$$1 = (\cosh y)\frac{dy}{dx}$$

即

$$\frac{dy}{dx} = \frac{1}{\cosh y} = \frac{1}{\sqrt{\sinh^2 y + 1}} = \frac{1}{\sqrt{x^2 + 1}}$$

如之前所得。

使用這些技巧可得下列反雙曲函數的微分公式（再次令 $u = g(x)$，其中 $g$ 是可微分的函數）。

> **反雙曲函數的導數**
>
> $$\frac{d}{dx}\sinh^{-1} u = \frac{1}{\sqrt{u^2+1}}\frac{du}{dx} \qquad \frac{d}{dx}\cosh^{-1} u = \frac{1}{\sqrt{u^2-1}}\frac{du}{dx}$$
>
> $$\frac{d}{dx}\tanh^{-1} u = \frac{1}{1-u^2}\frac{du}{dx} \qquad \frac{d}{dx}\operatorname{csch}^{-1} u = -\frac{1}{|u|\sqrt{u^2+1}}\frac{du}{dx}$$
>
> $$\frac{d}{dx}\operatorname{sech}^{-1} u = -\frac{1}{u\sqrt{1-u^2}}\frac{du}{dx} \qquad \frac{d}{dx}\coth^{-1} u = \frac{1}{1-u^2}\frac{du}{dx}$$

**例題 5** 求 $y = x^2 \operatorname{sech}^{-1} 3x$ 的導數。

**解**

$$\frac{dy}{dx} = \operatorname{sech}^{-1} 3x \cdot \frac{d}{dx}(x^2) + x^2 \frac{d}{dx}\operatorname{sech}^{-1} 3x \quad \text{使用乘法規則}$$

$$= 2x\operatorname{sech}^{-1} 3x - x^2\left[\frac{1}{3x\sqrt{1-9x^2}}\right]\frac{d}{dx}(3x)$$

$$= 2x\operatorname{sech}^{-1} 3x - \frac{x}{\sqrt{1-9x^2}}$$

### ■ 應用

**例題 6** **電線的長度** 如圖 7.33 所示，電線懸掛於兩座電塔之間，其形狀稱為懸垂線，它的方程式為

$$y = 80\cosh\frac{x}{80} \qquad -100 \leq x \leq 100$$

其中 $x$ 的單位為呎。求電線的長度。

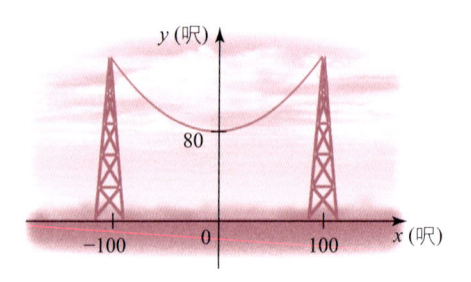

**圖 7.33**
懸掛的電纜，其形狀是懸垂線

**解** 利用本問題的對稱性，此電纜的長度可表示為

$$L = 2\int_0^{100}\sqrt{1+\left(\frac{dy}{dx}\right)^2}\,dx$$

由於

$$\frac{dy}{dx} = \frac{d}{dx}\left[80\cosh\frac{x}{80}\right] = 80\sinh\frac{x}{80}\cdot\frac{d}{dx}\left(\frac{x}{80}\right) = \sinh\frac{x}{80}$$

故
$$\sqrt{1+\left(\frac{dy}{dx}\right)^2} = \sqrt{1+\sinh^2\left(\frac{x}{80}\right)} = \sqrt{1+\cosh^2\left(\frac{x}{80}\right)-1}$$
$$= \sqrt{\cosh^2\left(\frac{x}{80}\right)} = \cosh\frac{x}{80}$$

因此
$$L = 2\int_0^{100} \cosh\frac{x}{80}\, dx \qquad \text{使用代換 } u = \frac{x}{80}$$
$$= 2\left[80\sinh\frac{x}{80}\right]_0^{100}$$
$$= 160\sinh\frac{100}{80} = 160\sinh\frac{5}{4}$$

約 256 呎。

## 7.6 習題

1-3 題，求下列函數值，準確度到小數點第四位。

1. **a.** $\sinh 2$ **b.** $\cosh 4$ **c.** $\text{sech } 3$
2. **a.** $\cosh 0$ **b.** $\text{sech}(-1)$ **c.** $\text{csch}(\ln 2)$
3. **a.** $\text{csch}^{-1} 2$ **b.** $\text{csch}^{-1}(-2)$ **c.** $\coth^{-1}\frac{3}{2}$

4-8 題，證明等式。

4. $\cosh(-x) = \cosh x$
5. $\text{sech}^2 x + \tanh^2 x = 1$
6. $\cosh^2 x = \dfrac{1+\cosh 2x}{2}$
7. $\cosh 2x = \cosh^2 x + \sinh^2 x$
8. $\cosh(x+y) = \cosh x \cosh y + \sinh x \sinh y$
9. 已知 $\sinh x = \frac{4}{3}$，求其他雙曲函數在 $x$ 的值。

10-27 題，求函數的導數。

10. $f(x) = \sinh 3x$
11. $g(x) = \tanh(1-3x)$
12. $f(t) = e^t \sinh t$
13. $F(x) = \ln(\cosh x)$
14. $g(u) = \tanh(\cosh u^2)$
15. $f(t) = \cosh^2(3t^2+1)$
16. $g(v) = v \sinh v^2$
17. $f(x) = \tanh(e^{2x}+1)$
18. $f(x) = (\cosh x - \sinh x)^{2/3}$
19. $g(x) = \tanh^{-1}(\cosh x)$
20. $f(x) = \dfrac{\sinh x}{1+\cosh x}$
21. $y = \dfrac{\cosh^{-1} t}{1+\tanh 2t}$
22. $f(x) = \sinh^{-1} 3x$
23. $y = \sqrt{\cosh^{-1} 2x}$
24. $f(x) = \text{sech}^{-1}\sqrt{2x+1}$
25. $y = x \cosh^{-1} x^2$
26. $f(x) = \text{sech}^{-1}\sqrt{x}$
27. $y = \sqrt{9x^2-1} - 3\cosh^{-1} 3x$

28-31 題，求積分。

28. $\int \cosh(2x+3)\, dx$
29. $\int \sqrt{\sinh x}\cosh x\, dx$
30. $\int \coth 3x\, dx$
31. $\int \dfrac{\sinh x}{1+\cosh x}\, dx$
32. 求旋轉體體積，它是由懸垂線 $y = a\cosh(x/a)$ 下方在 $[-b, b]$（$b > 0$）區間之區域繞 $x$ 軸旋轉產生的。
33. 證明 $\dfrac{d}{dx}\cosh u = (\sinh u)\dfrac{du}{dx}$。
34. 證明 $\dfrac{d}{dx}\text{sech } u = -(\text{sech } u \tanh u)\dfrac{du}{dx}$。

35-36 題，判斷下列敘述是對或是錯。如果它是對，解釋你的理由。如果它是錯，請解釋你的理由或舉例說明。

35. 對於所有在 $(-\infty, \infty)$ 的 $x$，$(\sinh x + \cosh x)^3 > 0$。
36. $\int_{-\pi}^{\pi} (\cos x)\sinh x\, dx = 0$

## 7.7 不定形式與 l'Hôpital 的規則

於 2.1 節中，當計算磁浮列車於時間 $t = 2$ 的車速，我們使用極限

$$\lim_{t \to 2} \frac{4(t^2 - 4)}{t - 2} \qquad (1)$$

又於 2.2 節中，學到

$$\lim_{x \to 0} \frac{\sin x}{x} \qquad (2)$$

觀察式 (1) 中的分子與分母，發現當 $t$ 逼近 2，它們都逼近 0。同樣，式 (2) 中的分子與分母，當 $x$ 逼近 0，它們也都逼近 0。

更一般化地，若 $\lim_{x \to a} f(x) = 0$ 與 $\lim_{x \to a} g(x) = 0$，則極限

$$\lim_{x \to a} \frac{f(x)}{g(x)}$$

稱為**不定形式的類型 0/0**（indeterminate form of the type 0/0）。如其名，如果極限存在，此未定義的式子 0/0 並沒有給予確定的答案有關其極限的存在或它的極限值。

回顧我們計算 (1) 的極限，使用一點代數技巧。

$$\lim_{t \to 2} \frac{4(t^2 - 4)}{t - 2} = \lim_{t \to 2} \frac{4(t + 2)(t - 2)}{t - 2} = \lim_{t \to 2} 4(t + 2) = 16$$

然而此技巧不適用於計算 (2) 的極限。於 2.2 節中，我們用幾何推論證明

$$\lim_{x \to 0} \frac{\sin x}{x} = 1$$

這些例題引出下列的問題：已知它是不定形式的類型 0/0，是否存在更一般且有效的方法可以解決極限

$$\lim_{x \to a} \frac{f(x)}{g(x)}$$

存在的問題，倘若它存在，試問其極限為何？

### ■ 不定形式 0/0 和 ∞/∞

為更了解不定形式的類型 0/0，考慮下列的極限：

**a.** $\lim_{x \to 0^+} \frac{x^2}{x}$  **b.** $\lim_{x \to 0^+} \frac{2x}{3x}$  **c.** $\lim_{x \to 0^+} \frac{x}{x^2}$

每個極限都是不定形式的類型 0/0。其計算如下：

**a.** $\lim_{x \to 0^+} \dfrac{x^2}{x} = \lim_{x \to 0^+} x = 0$

**b.** $\lim_{x \to 0^+} \dfrac{2x}{3x} = \lim_{x \to 0^+} \dfrac{2}{3} = \dfrac{2}{3}$

**c.** $\lim_{x \to 0^+} \dfrac{x}{x^2} = \lim_{x \to 0^+} \dfrac{1}{x} = \infty$

讓我們仔細檢查每一個極限。於 (a) 中，當 $x$ 逼近 0 時，分子 $f_1(x) = x^2$ 比分母 $g_1(x) = x$ 更快逼近零。所以當 $x$ 逼近 0 時，此比值 $f_1(x)/g_1(x)$ 應該會逼近 0。於 (b) 中，分子 $f_2(x) = 2x$ 以 $(2x)/(3x) = \frac{2}{3}$ 倍 $g_2(x) = 3x$ 的速率逼近零。所以答案是合理的。最後，於 (c) 中，分母 $g_3(x) = x^2$ 比分子 $f_3(x) = x$ 更快逼近零，所以結果就是預期會「爆掉」。

這三個例題說明極限是否存在和極限值都與分子 $f(x)$ 和分母 $g(x)$ 誰逼近零快有關。由此觀察得到下列計算這些不定形式的技巧：當 $x$ 逼近 0，$f(x)$ 與 $g(x)$ 都逼近 0，所以不能用極限除法規則計算此極限。因為它們的導數是測量 $f(x)$ 與 $g(x)$ 的變化有多快，所以考慮使用它們的導數（derivatives），$f'(x)$ 與 $g'(x)$，之比例求極限。換言之，當 $x \to 0$，$f(x) \to 0$ 且 $g(x) \to 0$，則

$$\lim_{x \to 0} \dfrac{f(x)}{g(x)} = \lim_{x \to 0} \dfrac{f'(x)}{g'(x)}$$

將此技巧同時用在 (1) 與 (2)。於 (1)

$$\lim_{t \to 2} \dfrac{4(t^2 - 4)}{t - 2} = \lim_{t \to 2} \dfrac{\frac{d}{dt}[4(t^2 - 4)]}{\frac{d}{dt}(t - 2)} = \lim_{t \to 2} \dfrac{8t}{1} = 16$$

它是之前所得的值！至於 (2) 中的極限，我們發現

$$\lim_{x \to 0} \dfrac{\sin x}{x} = \lim_{x \to 0} \dfrac{\frac{d}{dx}(\sin x)}{\frac{d}{dx}(x)} = \lim_{x \to 0} \dfrac{\cos x}{1} = 1$$

是 2.2 節中所得的。

根據知名的 l'Hôpital 規則，此方法是有效的。此定理是以法國數學家 Guillaume François Antoine de l'Hôpital（1661–1704）命名，他於 1696 年出版第一本微積分課本。然而陳述 l'Hôpital 的規則之前，我們需要先定義另一類型的不定形式。

若 $\lim_{x \to a} f(x) = \pm\infty$ 與 $\lim_{x \to a} g(x) = \pm\infty$，則

## 歷史傳記

**G. F. A. DE L'HÔPITAL**
(1661–1704)

家境富有的 Guillaume François Antoine de l'Hôpital (也拼為 l'Hôspital) 曾聘請數學家 Johann Bernoulli 教授其微分與積分學，甚至以薪資作為購買 Bernoulli 研究成果的條件。雖然這似乎令人驚訝，但是 Bernoulli 同意這樣的作法。之後 l'Hôpital 發表了許多 Bernoulli 所獲得的結果。事實上，l'Hôpital 取用了 Bernoulli 擬於 1696 年出版的第一部關於微分與積分學的書內許多令人欽佩的成果之一，*Analyse des infiniment petits pour l'intelligence des lignes courbes*。l'Hôpital 的文風很卓越，他所寫的書在其後一個世紀中出版許多版本。在序言中，l'Hôpital 表達了他對 Bernoulli 的感激，但是卻未明述此偉大的工作是 Bernoulli 所完成的。l'Hôpital 在世時，Bernoulli 保持沉默，但在其過世之後，Bernoulli 卻譴責了 l'Hôpital 的剽竊行為。然而當時，Bernoulli 的譴責並未受到重視，且自 1696 年起，那個處理不確定函數的規則被稱為 l'Hôpital 的規則。直到相關的歷史研究以及 Bernoulli 與 l'Hôpital 之間的往來信件被發表後，才證明稱為 l'Hôpital 的規則，其實是 Johann Bernoulli 的洞見。

$$\lim_{x \to a} \frac{f(x)}{g(x)}$$

稱為不定形式的類型 $\infty/\infty, -\infty/\infty, \infty/-\infty$ 或 $-\infty/-\infty$。為了解為什麼此極限是不定形式，只要寫成

$$\lim_{x \to a} \frac{f(x)}{g(x)} = \lim_{x \to a} \frac{\frac{1}{g(x)}}{\frac{1}{f(x)}}$$

其類型為 0/0，因此，它是不定形式。因為正負符號不影響其不定形式，所以這些極限中的每一個都被視為**不定形式的類型 $\infty/\infty$**（indeterminate form of the type $\infty/\infty$）。

### 定理 1　l'Hôpital 的規則

假設 $f$ 與 $g$ 在包含 $a$ 點的區間 $I$，允許除 $a$ 點外，是可微分的，且對於所有 $I$ 內的點 $x$，$g'(x) \neq 0$。若 $\lim_{x \to a} \frac{f(x)}{g(x)}$ 為不定形式的類型 0/0 或 $\infty/\infty$，則

$$\lim_{x \to a} \frac{f(x)}{g(x)} = \lim_{x \to a} \frac{f'(x)}{g'(x)}$$

其中右極限存在或是無窮。

⚠ 式子 $f'(x)/g'(x)$ 是 $f(x)$ 與 $g(x)$ 的導數之比例——它並不是 $f/g$ 用除法法則得到的。

**註**

1. l'Hôpital 的規則也適用於單邊極限與在無窮的極限或在負無窮的極限；亦即，"$x \to a$" 可用任一個 $x \to a^+$, $x \to a^-$, $x \to \infty$ 或 $x \to -\infty$ 取代。

2. 在應用 l'Hôpital 的規則之前，先檢查此極限確實為一種不定形式的類型。譬如：當 $x \to 0^+$, $\cos x \to 1$，則

$$\lim_{x \to 0^+} \frac{\cos x}{x} = \infty$$

如果沒有檢查就直接應用 l'Hôpital 的規則計算此極限，則有可能得到錯誤的結果

$$\lim_{x \to 0^+} \frac{\cos x}{x} = \lim_{x \to 0^+} \frac{-\sin x}{1} = 0$$

## 7.7 不定形式與 l'Hôpital 的規則

**例題 1** 計算 $\displaystyle\lim_{x\to 0}\frac{e^x-1}{2x}$。

**解** 本題不定形式的類型為 0/0。應用 l'Hôpital 的規則可得

$$\lim_{x\to 0}\frac{e^x-1}{2x}=\lim_{x\to 0}\frac{\dfrac{d}{dx}(e^x-1)}{\dfrac{d}{dx}(2x)}=\lim_{x\to 0}\frac{e^x}{2}=\frac{1}{2}$$

（圖 7.34。）

**圖 7.34**
圖形 $y=\dfrac{e^x-1}{2x}$ 提供例題 1 的結果之視覺確認

**例題 2** 計算 $\displaystyle\lim_{x\to\infty}\frac{\ln x}{x}$。

**解** 本題不定形式的類型為 ∞/∞。應用 l'Hôpital 的規則可得

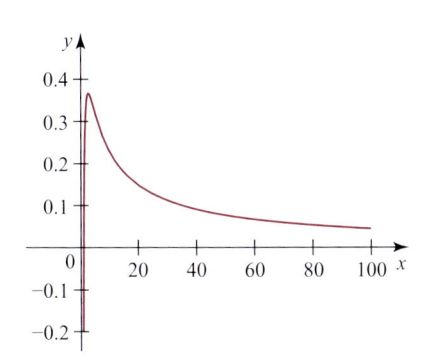

$$\lim_{x\to\infty}\frac{\ln x}{x}=\lim_{x\to\infty}\frac{\dfrac{d}{dx}(\ln x)}{\dfrac{d}{dx}(x)}=\lim_{x\to\infty}\frac{1}{x}=0$$

（圖 7.35。）

**圖 7.35**
圖形 $y=\dfrac{\ln x}{x}$ 說明當 $x\to\infty$，$y\to 0$

**例題 3** 計算 $\displaystyle\lim_{x\to 1^+}\frac{\sin\pi x}{\sqrt{x-1}}$。

**解** 本題不定形式的類型為 0/0。應用 l'Hôpital 的規則可得

$$\lim_{x\to 1^+}\frac{\sin\pi x}{(x-1)^{1/2}}=\lim_{x\to 1^+}\frac{\pi\cos\pi x}{\frac{1}{2}(x-1)^{-1/2}}$$
$$=\lim_{x\to 1^+}2\pi(\cos\pi x)\sqrt{x-1}$$
$$=0$$

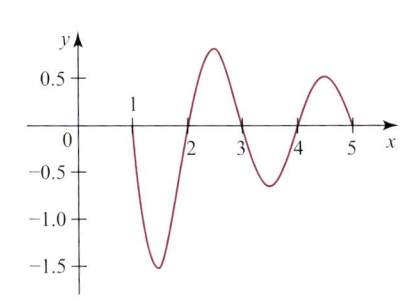

（圖 7.36。）

有時候在計算包含不定形式的極限時，需要使用 l'Hôpital 的規則不只一次。下面兩個例題說明此情形。

**例題 4** 計算 $\displaystyle\lim_{x\to\infty}\frac{x^3}{e^{2x}}$。

**解** 應用 l'Hôpital 的規則（三次）可得

$$\lim_{x\to\infty}\frac{x^3}{e^{2x}}=\lim_{x\to\infty}\frac{3x^2}{2e^{2x}}\qquad\text{類型：}\infty/\infty$$
$$=\lim_{x\to\infty}\frac{6x}{4e^{2x}}\qquad\text{類型：}0/0$$
$$=\lim_{x\to\infty}\frac{6}{8e^{2x}}=0$$

**圖 7.36**
圖形 $y=\dfrac{\sin\pi x}{(x-1)^{1/2}}$
顯示 $\displaystyle\lim_{x\to 1^+}\frac{\sin\pi x}{(x-1)^{1/2}}=0$

（圖 7.37。）

390　第 7 章　超越函數

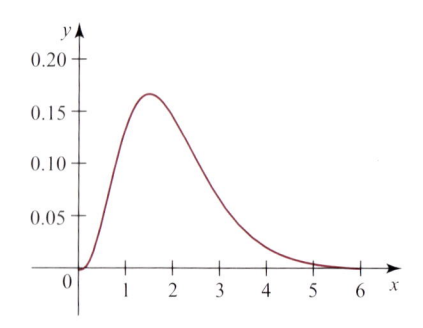

圖 7.37

圖形 $y = \dfrac{x^3}{e^{2x}}$ 說明當 $x \to \infty$，$y \to 0$

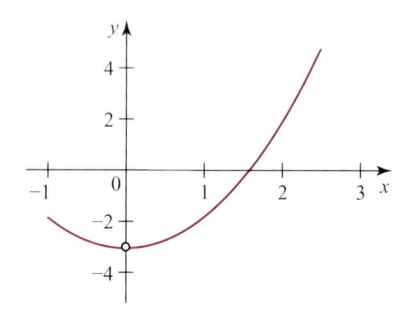

圖 7.38

圖形 $y = \dfrac{x^3}{x - \tan x}$ 說明當 $x \to 0$，$y \to -3$。注意，$y$ 在 $x = 0$ 處沒有定義

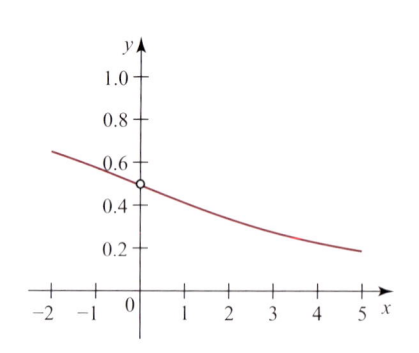

圖 7.39

圖形 $y = \dfrac{1}{x} - \dfrac{1}{e^x - 1}$

說明 $\lim\limits_{x \to 0^+}\left(\dfrac{1}{x} - \dfrac{1}{e^x - 1}\right) = \dfrac{1}{2}$

**例題 5**　計算 $\lim\limits_{x \to 0} \dfrac{x^3}{x - \tan x}$。

**解**　本題不定形式的類型為 0/0。重複應用 l'Hôpital 的規則可得

$$\lim_{x \to 0} \frac{x^3}{x - \tan x} = \lim_{x \to 0} \frac{3x^2}{1 - \sec^2 x} \quad \text{類型：0/0}$$

$$= \lim_{x \to 0} \frac{6x}{-2\sec^2 x \tan x} \quad \text{類型：0/0}$$

$$= \lim_{x \to 0} \frac{6}{-4\sec^2 x \tan^2 x - 2\sec^4 x} = \frac{6}{-2} = -3$$

（圖 7.38。）

### 不定形式 ∞ − ∞ 和 0 · ∞

若 $\lim\limits_{x \to a} f(x) = \infty$ 和 $\lim\limits_{x \to a} g(x) = \infty$，則

$$\lim_{x \to a}[f(x) - g(x)]$$

稱為**不定形式的類型 ∞ − ∞**（indeterminate form of the type ∞ − ∞）。此類型的不定形式常用代數運算表示成類型 0/0 或 ∞/∞ 中的一種。下個例題會說明。

**例題 6**　計算 $\lim\limits_{x \to 0^+}\left(\dfrac{1}{x} - \dfrac{1}{e^x - 1}\right)$。

**解**　本題不定形式的類型為 ∞ − ∞。將括號內的式子表示成單一的分式後，其不定形式的類型為 0/0。如此我們可以使用 l'Hôpital 的規則計算最後的式子

$$\lim_{x \to 0^+}\left(\frac{1}{x} - \frac{1}{e^x - 1}\right) = \lim_{x \to 0^+} \frac{e^x - x - 1}{x(e^x - 1)} \quad \text{類型：0/0}$$

$$= \lim_{x \to 0^+} \frac{e^x - 1}{e^x - 1 + xe^x} \quad \text{應用 l'Hôpital 的規則}$$

$$= \lim_{x \to 0^+} \frac{e^x}{(x + 2)e^x} = \frac{1}{2} \quad \text{應用 l'Hôpital 的規則}$$

（圖 7.39。）

若 $\lim\limits_{x \to a} f(x) = 0$ 和 $\lim\limits_{x \to a} g(x) = \pm\infty$，則 $\lim\limits_{x \to a} f(x)g(x)$ 稱為**不定形式的類型 0 · ∞**（indeterminate form of the type 0 · ∞）。此類型的不定形式也可以用代數運算表示成類型 0/0 或 ∞/∞ 中的一種，如下面例題的說明。

### 例題 7  計算 $\lim_{x \to 0^+} x \ln x$。

**解**  本題不定形式的類型為 $0 \cdot \infty$。寫

$$x \ln x = \frac{\ln x}{\frac{1}{x}}$$

本題極限不定形式的類型可寫成 $\infty/\infty$。應用 l'Hôpital 的規則可得

$$\lim_{x \to 0^+} x \ln x = \lim_{x \to 0^+} \frac{\ln x}{\frac{1}{x}} \qquad \text{類型：} \infty/\infty$$

$$= \lim_{x \to 0^+} \frac{\frac{1}{x}}{-\frac{1}{x^2}} = \lim_{x \to 0^+} (-x) = 0$$

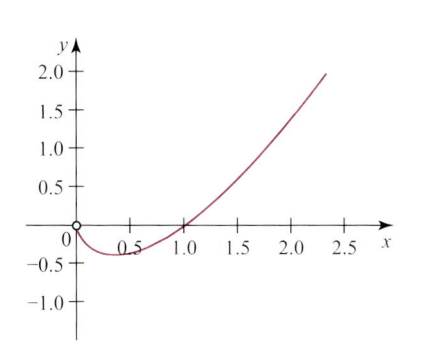

（圖 7.40。）

**圖 7.40**
圖形 $y = x \ln x$ 提供例題 7 的結果之視覺確認

## ■ 不定形式 $0^0, \infty^0$ 和 $1^\infty$

極限

$$\lim_{x \to a} [f(x)]^{g(x)}$$

稱為**不定形式的類型**（indeterminate form of the type）

$0^0$ 其中 $\lim_{x \to a} f(x) = 0$ 和 $\lim_{x \to a} g(x) = 0$

$\infty^0$ 其中 $\lim_{x \to a} f(x) = \infty$ 和 $\lim_{x \to a} g(x) = 0$

$1^\infty$ 其中 $\lim_{x \to a} f(x) = 1$ 和 $\lim_{x \to a} g(x) = \pm\infty$

這些不定形式通常取自然對數或使用等式

$$[f(x)]^{g(x)} = e^{g(x) \ln f(x)}$$

被轉變成不定形式的類型 $0 \cdot \infty$。

### 例題 8  計算 $\lim_{x \to 0^+} x^x$。

**解**  本題不定形式的類型為 $0^0$。令

$$y = x^x$$

則

$$\ln y = \ln x^x = x \ln x$$

並用例題 7 的結果可得

$$\lim_{x \to 0^+} \ln y = \lim_{x \to 0^+} x \ln x = 0$$

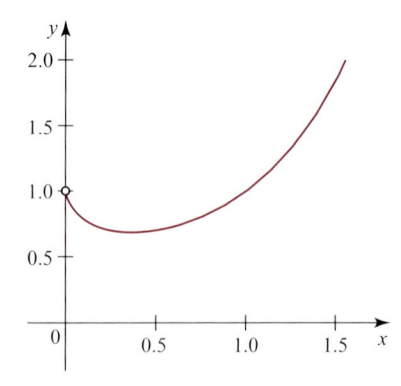

**392** 第 7 章 超越函數

最後使用等式 $y = e^{\ln y}$ 與指數函數的連續性可得

$$\lim_{x \to 0^+} x^x = \lim_{x \to 0^+} y = \lim_{x \to 0^+} e^{\ln y} = e^{\lim_{x \to 0^+} \ln y} = e^0 = 1$$

（圖 7.41。）

**圖 7.41**
圖形 $y = x^x$ 說明 $\lim_{x \to 0^+} x^x = 1$

**例題 9** 計算 $\lim_{x \to 0^+} \left(\dfrac{1}{x}\right)^{\sin x}$。

**解** 本題不定形式的類型為 $\infty^0$。令

$$y = \left(\frac{1}{x}\right)^{\sin x}$$

則

$$\ln y = \ln\left(\frac{1}{x}\right)^{\sin x} = (\sin x)\ln \frac{1}{x}$$

且

$$\lim_{x \to 0^+} \ln y = \lim_{x \to 0^+} (\sin x)\ln \frac{1}{x}$$

最後一個極限不定形式的類型為 $0 \cdot \infty$。所以

$$(\sin x)\ln\left(\frac{1}{x}\right) = \frac{\ln \dfrac{1}{x}}{\dfrac{1}{\sin x}}$$

可被轉變成不定形式的類型 $\infty/\infty$。然後使用 l'Hôpital 的規則可得

$$\lim_{x \to 0^+} \ln y = \lim_{x \to 0^+} \frac{\ln \dfrac{1}{x}}{\dfrac{1}{\sin x}} \qquad \text{類型：} \infty/\infty$$

$$= \lim_{x \to 0^+} -\frac{\ln x}{\dfrac{1}{\sin x}} \qquad \text{改寫 } \ln\left(\frac{1}{x}\right)$$

$$= \lim_{x \to 0^+} \frac{-\dfrac{1}{x}}{-\dfrac{\cos x}{\sin^2 x}} = \lim_{x \to 0^+} \frac{\sin^2 x}{x \cos x} \qquad \text{使用 l'Hôpital 的規則}$$

$$= \lim_{x \to 0^+} \left(\frac{\sin x}{x}\right)(\tan x) = 0 \qquad \lim_{x \to 0^-} \frac{\sin x}{x} = 1$$

因為指數函數為連續（圖 7.42），所以

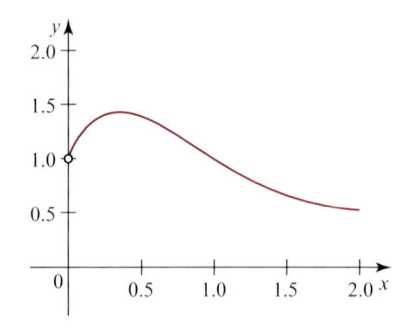

**圖 7.42**
圖形 $y = \left(\dfrac{1}{x}\right)^{\sin x}$
說明 $\lim_{x \to 0^+} \ln y = 1$

$$\lim_{x\to 0^+}\left(\frac{1}{x}\right)^{\sin x} = \lim_{x\to 0^+} y = \lim_{x\to 0^+} e^{\ln y} = e^{\lim_{x\to 0^+}\ln y} = e^0 = 1$$

**例題 10** 計算 $\lim_{x\to\infty}\left(1+\frac{1}{x}\right)^x$。

**解** 我們有不定形式的類型 $1^\infty$。令

$$y = \left(1+\frac{1}{x}\right)^x$$

則

$$\ln y = \ln\left(1+\frac{1}{x}\right)^x = x\ln\left(1+\frac{1}{x}\right)$$

所以

$$\lim_{x\to\infty}\ln y = \lim_{x\to\infty} x\ln\left(1+\frac{1}{x}\right)$$

有不定形式的類型 $0\cdot\infty$。重寫並使用 l'Hôpital 的規則，可得

$$\lim_{x\to\infty}\ln y = \lim_{x\to\infty} x\ln\left(1+\frac{1}{x}\right) \qquad \text{類型：} 0\cdot\infty$$

$$= \lim_{x\to\infty} \frac{\ln\left(1+\frac{1}{x}\right)}{\frac{1}{x}} \qquad \text{類型：} 0/0$$

$$= \lim_{x\to\infty} \left[\frac{\left(\frac{1}{1+\frac{1}{x}}\right)\left(-\frac{1}{x^2}\right)}{-\frac{1}{x^2}}\right] \qquad \text{使用 l'Hôpital 的規則}$$

$$= \lim_{x\to\infty} \frac{1}{1+\frac{1}{x}} = 1$$

因為指數函數為連續（圖 7.43），所以

$$\lim_{x\to\infty}\left(1+\frac{1}{x}\right)^x = \lim_{x\to\infty} y = \lim_{x\to\infty} e^{\ln y} = e^{\lim_{x\to\infty}\ln y} = e^1 = e$$

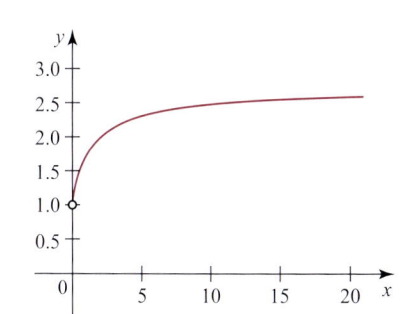

**圖 7.43**

圖形 $y = \left(1+\frac{1}{x}\right)^x$ 顯示當 $x\to\infty$，$y\to e \approx 2.718$

## 7.7 習題

1-30 題，求極限，假如適合的話，可以使用 l'Hôpital 的規則。

1. $\lim\limits_{x \to 1} \dfrac{x-1}{x^2-1}$
2. $\lim\limits_{x \to 2} \dfrac{x^3-8}{x-2}$
3. $\lim\limits_{x \to 0} \dfrac{e^x-1}{x^2+x}$
4. $\lim\limits_{t \to \pi} \dfrac{\sin t}{\pi - t}$
5. $\lim\limits_{\theta \to 0} \dfrac{\tan 2\theta}{\theta}$
6. $\lim\limits_{x \to \infty} \dfrac{x+\cos x}{2x+1}$
7. $\lim\limits_{x \to 0} \dfrac{\sin x - x\cos x}{\tan^3 x}$
8. $\lim\limits_{x \to \infty} \dfrac{\sqrt{x}}{\ln x}$
9. $\lim\limits_{x \to \infty} \dfrac{(\ln x)^3}{x^2}$
10. $\lim\limits_{x \to \infty} \dfrac{\ln(1+e^x)}{x^2}$
11. $\lim\limits_{x \to -1} \dfrac{\sqrt{x+2}+x}{\sqrt[3]{2x+1}+1}$
12. $\lim\limits_{x \to 0^+} \dfrac{e^{x^2}+x-1}{1-\sqrt{1-x^2}}$
13. $\lim\limits_{x \to 0} \dfrac{\sin x - x}{e^x - e^{-x} - 2x}$
14. $\lim\limits_{x \to 0} \dfrac{\sin^{-1}(2x)}{x}$
15. $\lim\limits_{x \to 0} \left(\cot x - \dfrac{1}{x}\right)$
16. $\lim\limits_{x \to 0} \dfrac{(\sin x)^2}{1-\sec x}$
17. $\lim\limits_{u \to 0} \dfrac{\sinh u}{\sin u}$
18. $\lim\limits_{x \to 0^+} \left(\dfrac{1}{x} - \dfrac{1}{1-\cos x}\right)$
19. $\lim\limits_{x \to 1} \left(\dfrac{1}{\ln x} - \dfrac{1}{x-1}\right)$
20. $\lim\limits_{x \to 0^+} [\csc x \cdot \ln(1-\sin x)]$
21. $\lim\limits_{x \to \infty} \left(\dfrac{1}{x}\right) e^{-x}$
22. $\lim\limits_{x \to 0^+} (1-\cos x)^{\tan x}$
23. $\lim\limits_{x \to \infty} (\ln x)^{1/x}$
24. $\lim\limits_{x \to 0^+} \left(\dfrac{1}{x}\right)^{\tanh x}$
25. $\lim\limits_{x \to \frac{\pi}{2}^-} (\tan x)^{\cos x}$
26. $\lim\limits_{x \to \infty} \left(1+\dfrac{1}{x}\right)^{x^3}$
27. $\lim\limits_{x \to \infty} \left(\dfrac{2x+1}{2x-1}\right)^{\sqrt{x}}$
28. $\lim\limits_{x \to \infty} (x - \sqrt{x^2+1})$
29. $\lim\limits_{x \to \infty} \dfrac{2\tan^{-1} x - \pi}{e^{1/x^2}-1}$
30. $\lim\limits_{x \to 0^+} \dfrac{\ln x}{2+3\ln(\sin x)}$

31. $\lim\limits_{x \to 1} \dfrac{x^5-1}{x^2-1} = \lim\limits_{x \to 1} \dfrac{5x^4}{2x} = \lim\limits_{x \to 1} \dfrac{20x^3}{2} = 10$

此題錯誤地使用 l'Hôpital 的規則。請找出它的錯誤，並將它更正為正確的結果。

32. **連續複利公式** 見 7.4 節。由複利公式
$$A = P\left(1+\dfrac{r}{m}\right)^{mt}$$
其中 $A$ 為本利和，$P$ 為本金，$t$ 為時間（年），$r$ 為年利率，$m$ 為每年計算的次數，使用 l'Hopital 的規則推導連續複利公式
$$A = Pe^{rt}$$

33. **電路中之電流** 如下圖所示，一串聯 RL 電路由電阻 R 與電感 L 所組成。令電動力 $E(t)$ 為 V（伏特），電阻為 R（歐姆），電感為 L（亨利），$V, R$ 與 $L$ 皆為正的常數，則在時間 $t$ 的電流（安培）為
$$I(t) = \dfrac{V}{R}\left(1-e^{-Rt/L}\right)$$
使用 l'Hôpital 的規則計算 $\lim\limits_{R \to 0^+} I$，並用它求電阻為 0 歐姆之電路中的電流。

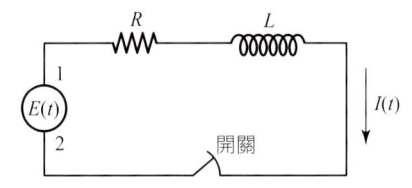

34. **生物分子反應** 於一生物分子反應 $A + B \to M$ 中，$a$ 莫爾／公升的 $A$ 分子與 $b$ 莫爾／公升的 $B$ 分子結合。經過時間 $t$ 後，每公升反應掉的莫爾數為
$$x = \dfrac{ab[1-e^{(b-a)kt}]}{a-be^{(b-a)kt}} \quad a \neq b$$
其中正常數 $k$ 稱為反應速率常數。若 $a = b$，求 $x$，並計算 $\lim\limits_{t \to \infty} x$。解釋所得到的結果。

35. 證明：對於每個正常數 $k$，$\lim\limits_{x \to \infty} \dfrac{\ln x}{x^k} = 0$。這證明當 $x$ 逼近無窮時，自然對數函數比冪函數慢逼近無窮。

36. 證明
$$\lim\limits_{x \to 0} \dfrac{x^2 \sin\left(\dfrac{1}{x}\right)}{\sin x} = 0$$
試問 l'Hôpital 的規則能否使用在此極限？

積分 $\int_0^x \cos t^2\, dt$ 和 $\int_0^x \sin t^2\, dt$ 稱為 Fresnel 積分。它們被用來解釋光線衍射現象。37-38 題，計算給予的極限。

37. $\lim\limits_{x \to 0} \dfrac{1}{x}\int_0^x \cos t^2\, dt$
38. $\lim\limits_{x \to 0} \dfrac{1}{x^3}\int_0^x \sin t^2\, dt$

39 題，判斷下列敘述是對或是錯。如果它是對，解釋你的理由。如果它是錯，請解釋你的理由或舉例說明。

39. 若 $\lim\limits_{x \to a} f(x) = 0$ 和 $\lim\limits_{x \to a} g(x) = 0$，則
$$\lim\limits_{x \to a} \dfrac{f(x)}{g(x)} = \lim\limits_{x \to a} \dfrac{d}{dx}\left[\dfrac{f(x)}{g(x)}\right]$$

# 第 7 章　複習題

1-7 題，求方程式的解 $x$。

**1.** $\ln x = \dfrac{2}{5}$　　**2.** $\log_3 x = 2$

**3.** $e^{\sqrt{x}} = 4$　　**4.** $2 + 3e^{-x} = 6$

**5.** $\ln x + \ln(x-2) = 0$　　**6.** $3^{2x} - 12 \cdot 3^x + 27 = 0$

**7.** $\tan^{-1} x = 1$

**8.** 求方程式 $y = e^{2x} + 2$ 的解 $x$，寫成 $y$ 的函數。

**9.** 假設所有變數都是正的，將表示 $\ln x^3 \sqrt{y/z^2}$ 展開。

10-11 題，將表示寫成單一對數。

**10.** $2\ln x + \ln \dfrac{x^3}{y^2} - 4\ln\sqrt{x+y}$

**11.** $3\ln x - \dfrac{1}{3}\ln(yz) + 6\ln\sqrt{xy}$

12-27 題，求 $dy/dx$。

**12.** $y = \ln\sqrt{x+1}$　　**13.** $y = \sqrt{x}\ln x$

**14.** $y = e^{-x}(\cos 2x + 3\sin 2x)$

**15.** $x\ln y + y\ln x = 3$

**16.** $y = \ln(x^2 e^{-2x})$　　**17.** $y = \dfrac{e^x}{\sqrt{1+e^{-x}}}$

**18.** $y = e^{\csc x}$　　**19.** $y = e^{e^x}$

**20.** $ye^{-x} + xe^{y^2} = 8$　　**21.** $y = 3^{x\cot x}$

**22.** $y = \ln(\sinh 2x)$　　**23.** $y = x\sec^{-1} x$

**24.** $y = \tan(\cos^{-1} 2x)$　　**25.** $y = \sin^{-1}\left(\dfrac{x+1}{x+2}\right)$

**26.** $x\cosh y + e^{\sinh y} = 10$

**27.** $y = e^{ax}\cosh bx$

**28.** 求 $f(x) = 2x^2 - \ln x$ 遞增與遞減的區間。

**29.** 求圖形 $y = (2x)/(\ln x)$ 在 $(e, 2e)$ 處的切線方程式。

**30.** 求 $f(x) = (\ln x)/x$ 在 $[1, 5]$ 區間的絕對極值。

31-32 題，使用 4.6 節之曲線繪圖指引繪畫函數圖形。

**31.** $f(x) = x\ln x$　　**32.** $f(x) = \dfrac{3}{1+e^{-x}}$

33-40 題，求積分。

**33.** $\displaystyle\int \dfrac{1}{5x-3}\,dx$　　**34.** $\displaystyle\int_1^2 \dfrac{x^3 - 2x + 1}{x^2}\,dx$

**35.** $\displaystyle\int \dfrac{2x+1}{3x+2}\,dx$　　**36.** $\displaystyle\int t \cdot 2^{t^2}\,dt$

**37.** $\displaystyle\int \dfrac{\sin(\ln x)}{x}\,dx$　　**38.** $\displaystyle\int_0^1 \dfrac{e^{3x}}{1+e^{3x}}\,dx$

**39.** $\displaystyle\int \dfrac{\sin^{-1} x}{\sqrt{1-x^2}}\,dx$　　**40.** $\displaystyle\int \dfrac{\sec t \tan t}{1+\sec t}\,dt$

**41.** 使用積分特性證明不等式

$$\int_0^1 \sqrt{1+e^{4x}}\,dx \geq \dfrac{1}{2}(e^2 - 1)$$

**42.** 已知 $f(x) = \displaystyle\int_0^{x^2} \dfrac{e^t}{t^2+1}\,dt$，求 $f'(x)$。

**43.** 求圖形 $y = xe^{-x^2}$ 下方在 $[0, 4]$ 區間之區域的面積。

**44.** 求 $f(x) = (\ln x^2)/x$ 在 $[1, 2]$ 區間的平均值。

45-51 題，求極限。

**45.** $\displaystyle\lim_{x\to 1} \dfrac{x^3 - 2x^2 + x}{x^5 - 1}$　　**46.** $\displaystyle\lim_{x\to 0} \dfrac{\sin 2x}{\sin 3x}$

**47.** $\displaystyle\lim_{x\to\infty} e^{-x}\cos x$　　**48.** $\displaystyle\lim_{x\to 0}\left(\csc x - \dfrac{1}{x}\right)$

**49.** $\displaystyle\lim_{x\to 0^+}\left(\dfrac{1}{x} - \dfrac{1}{e^x - 1}\right)$

**50.** $\displaystyle\lim_{x\to\infty}(\sqrt{x+1} - \sqrt{x-1})$

**51.** $\displaystyle\lim_{x\to 0} \dfrac{\sin x - x}{x - \tan x}$

**52.** 若一物體的運動方程式為 $x(t) = ae^t + be^{-t}$，其中 $a$ 與 $b$ 為常數，證明其加速度的數值與其所移動的距離相同。

**53.** **特技表演飛機的路徑**　在飛行特技表演中，飛機的路徑可以描述如下：

$$y = 200(e^{0.01x} + e^{-0.02x})$$

其中 $x$ 與 $y$ 的單位為呎。試問飛機最接近地面的距離是多少？

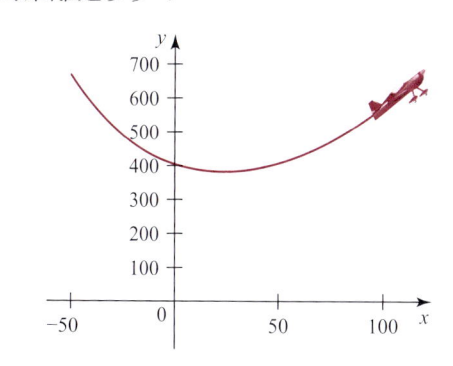

# 第 8 章　積分技巧

至今,我們都是依賴積分公式和代換法來計算積分。本章將專注在積分技巧上,它們可以協助我們計算比較複雜的函數。

首先介紹分部積分的方法,它類似代換法,是積分的一般技巧。接著專注在三角函數和有理函數的特殊積分技巧上。我們也探討積分表和計算機代數系統如何計算一般性的積分。

最後,我們要學習瑕積分(improper integrals),這類積分的區間是無限的或被積分函數是無界的(或兩者都是)。

Brand X/Alamy

## 8.1　分部積分

如所見,積分規則常常是由所對應的微分規則顛倒過來的。本節我們將考慮由微分的乘法公式顛倒過來的積分方法。

### ■ 分部積分的方法

回顧乘法規則:若 $f$ 與 $g$ 都可微分,則

$$\frac{d}{dx}[f(x)g(x)] = f(x)g'(x) + g(x)f'(x)$$

將此式等號兩邊對 $x$ 積分,可得

$$\int \frac{d}{dx}[f(x)g(x)]\,dx = \int [f(x)g'(x) + g(x)f'(x)]\,dx$$

即

$$f(x)g(x) = \int f(x)g'(x)\,dx + \int g(x)f'(x)\,dx$$

它也可寫成

$$\int f(x)g'(x)\,dx = f(x)g(x) - \int g(x)f'(x)\,dx \tag{1}$$

397

公式 (1) 稱為**分部積分公式**（formula for integration by parts）。應用此公式將一個積分表示成另一個更容易計算的積分。

使用微分可以簡化公式 (1)。令 $u = f(x)$ 與 $v = g(x)$，得到 $du = f'(x)\,dx$ 與 $dv = g'(x)\,dx$。將這些代入公式 (1) 產生下面版本的分部積分公式。

---
**分部積分公式**
$$\int u\,dv = uv - \int v\,du \tag{2}$$
---

**例題 1** 求 $\int xe^x\,dx$。

**解** 應用公式 (2) 並取

$$u = x \quad \text{與} \quad dv = e^x\,dx$$

得到

$$du = dx \quad \text{與} \quad v = \int e^x\,dx = e^x \qquad \text{任意的反導函數都行}\ \text{——見例題後面的註}$$

由此得知

$$\int xe^x\,dx = uv - \int v\,du$$
$$= xe^x - \int e^x\,dx$$
$$= xe^x - e^x + C = (x-1)e^x + C \qquad \blacksquare$$

**註**

1. 由表示 $dv$ 的式子得到的 $v$ 不需要加積分常數（亦即，取 $C = 0$）。為了解此情形，令公式 (2) 中的 $v$ 為 $v + C$，則

$$\int u\,dv = u(v+C) - \int (v+C)\,du = uv + Cu - \int v\,du - \int C\,du$$
$$= uv + Cu - \int v\,du - Cu = uv - \int v\,du$$

換言之，$C$ 被「拿掉」。

2. 要使分部積分的方法成功，在於明智的選取 $u$ 與 $dv$。譬如：於例題 1，選取 $u = e^x$ 與 $dv = x\,dx$，得到 $du = e^x dx$ 與 $v = x^2/2$，則

$$\int xe^x\,dx = uv - \int v\,du$$
$$= \frac{1}{2}x^2 e^x - \int \frac{1}{2}x^2 e^x\,dx$$

因為此式右邊的積分比原來的積分更複雜，所以我們沒有對 $u$ 與 $dv$ 做很好的選擇。

於例題 1 選取 $u$ 與 $dv$ 的啟示，得到下面的綱領。

### 選擇 *u* 和 *dv* 的綱領

選擇 $u$ 與 $dv$，使得
1. $du$ 比 $u$ 更簡單（如果可以的話）。
2. $dv$ 是容易積分的。

**例題 2** 求 $\int x \ln x\,dx$。

**解** 令
$$u = \ln x \quad \text{與} \quad dv = x\,dx$$
使得
$$du = \frac{1}{x}dx \quad \text{與} \quad v = \int x\,dx = \frac{1}{2}x^2$$
所以由公式 (2) 得到
$$\int x \ln x\,dx = \frac{1}{2}x^2 \ln x - \int \frac{1}{2}x^2\left(\frac{1}{x}\right)dx$$
$$= \frac{1}{2}x^2 \ln x - \frac{1}{4}x^2 + C = \frac{1}{4}x^2(2\ln x - 1) + C$$

積分時，有時要使用分部積分公式不只一次，如下面兩個例題的說明。

**例題 3** 求 $\int x^2 \sin x\,dx$。

**解** 令
$$u = x^2 \quad \text{與} \quad dv = \sin x\,dx$$
使得
$$du = 2x\,dx \quad \text{與} \quad v = \int \sin x\,dx = -\cos x$$
由公式 (2) 得到

$$\int x^2 \sin x \, dx = -x^2 \cos x + \int 2x \cos x \, dx \qquad (3)$$

即使等式右邊的積分還不能直接積分，它還是比原來的積分簡單。事實上，被積分函數中 $x$ 的指數已經變為 1 而不再是 2 了。它顯示再次使用分部積分是正確的。因此，再次應用分部積分來計算 $\int 2x \cos x \, dx$，取

$$u = 2x \quad \text{與} \quad dv = \cos x \, dx$$

可得

$$du = 2 \, dx \quad \text{與} \quad v = \int \cos x \, dx = \sin x$$

由公式 (2) 可得

$$\int 2x \cos x \, dx = 2x \sin x - \int 2 \sin x \, dx = 2x \sin x + 2 \cos x + C \qquad (4)$$

最後，將式 (4) 代入式 (3) 得到

$$\int x^2 \sin x \, dx = -x^2 \cos x + 2x \sin x + 2 \cos x + C \qquad \blacksquare$$

**例題 4** 求 $\int e^x \sin 2x \, dx$。

**解** 取

$$u = e^x \quad \text{與} \quad dv = \sin 2x \, dx$$

使得

$$du = e^x \, dx \quad \text{與} \quad v = \int \sin 2x \, dx = -\frac{1}{2} \cos 2x$$

（在此情況下，如果選 $u = \sin 2x$ 與 $dv = e^x \, dx$，也一樣好計算。）將這些式子代入公式 (2)，可得

$$\int e^x \sin 2x \, dx = -\frac{1}{2} e^x \cos 2x + \frac{1}{2} \int e^x \cos 2x \, dx \qquad (5)$$

此式等號右邊的積分還不能積分。然而它確實沒有原式那麼複雜。所以再次使用分部積分，取

$$u = e^x \quad \text{與} \quad dv = \cos 2x \, dx$$

使得

$$du = e^x \, dx \quad \text{與} \quad v = \int \cos 2x \, dx = \frac{1}{2} \sin 2x$$

使用式 (2) 可得

$$\int e^x \cos 2x \, dx = \frac{1}{2} e^x \sin 2x - \frac{1}{2} \int e^x \sin 2x \, dx \qquad (6)$$

將式 (6) 代入式 (5) 產生

$$\int e^x \sin 2x \, dx = -\frac{1}{2} e^x \cos 2x + \frac{1}{4} e^x \sin 2x - \frac{1}{4} \int e^x \sin 2x \, dx$$

等式右邊的積分是一個常數乘以等式左邊（原來）的積分，所以將它們合起來可得

$$\frac{5}{4} \int e^x \sin 2x \, dx = -\frac{1}{2} e^x \cos 2x + \frac{1}{4} e^x \sin 2x + C_1$$

故

$$\int e^x \sin 2x \, dx = -\frac{2}{5} e^x \cos 2x + \frac{1}{5} e^x \sin 2x + C \qquad C = \frac{4}{5} C_1$$

$$= \frac{1}{5} e^x (\sin 2x - 2 \cos 2x) + C \qquad \blacksquare$$

**註** 「若式 (5) 等號右邊的積分，取 $u = \cos 2x$ 與 $dv = e^x \, dx$ 來求積分，則最後會出現 $\int e^x \sin 2x \, dx = \int e^x \sin 2x \, dx$」，這段敘述留給讀者去證明。它是正確的敘述句，但是對計算此積分並沒有幫助。 $\blacksquare$

**例題 5** 計算 $\int_0^{\pi/4} \sec^3 x \, dx$。

**解** 首先求不定積分

$$\int \sec^3 x \, dx = \int \sec x \cdot \sec^2 x \, dx$$

取

$$u = \sec x \quad \text{與} \quad dv = \sec^2 x \, dx$$

使得

$$du = \sec x \tan x \, dx \quad \text{與} \quad v = \int \sec^2 x \, dx = \tan x$$

由公式 (2) 可得

$$\int \sec^3 x \, dx = \sec x \tan x - \int \tan^2 x \sec x \, dx$$

$$= \sec x \tan x - \int (\sec^2 x - 1) \sec x \, dx \qquad \sec^2 x = 1 + \tan^2 x$$

$$= \sec x \tan x - \int \sec^3 x \, dx + \int \sec x \, dx$$

$$= \sec x \tan x + \ln|\sec x + \tan x| - \int \sec^3 x\, dx$$

將相同的積分合併，可得

$$2\int \sec^3 x\, dx = \sec x \tan x + \ln|\sec x + \tan x| + C_1$$

即

$$\int \sec^3 x\, dx = \frac{1}{2}\sec x \tan x + \frac{1}{2}\ln|\sec x + \tan x| + C \quad C = \tfrac{1}{2}C_1$$

最後，使用此結果可得

$$\int_0^{\pi/4} \sec^3 x\, dx = \left[\frac{1}{2}\sec x \tan x + \frac{1}{2}\ln|\sec x + \tan x|\right]_0^{\pi/4}$$

$$= \left[\frac{1}{2}(\sqrt{2})(1) + \frac{1}{2}\ln|\sqrt{2}+1|\right] - \left[\frac{1}{2}(1)(0) + \frac{1}{2}\ln 1\right]$$

$$= \frac{1}{2}[\sqrt{2} + \ln(\sqrt{2}+1)] \approx 1.148$$

$f(x) = \sec^3 x$ 在 $[0, \frac{\pi}{4}]$ 為正，所以此例題中的積分可解釋為圖形 $f$ 下方在 $[0, \frac{\pi}{4}]$ 區間的區域面積（圖 8.1）。 ∎

| 圖 8.1
陰影區域的面積為 $\int_0^{\pi/4} \sec^3 x\, dx$

使用分部積分計算定積分的另一種方法是根據下面的公式。這裡假設 $f'$ 與 $g'$ 都是連續。由微積分基本定理第二部分得知

$$\int_a^b f(x)g'(x)\, dx = f(x)g(x)\Big|_a^b - \int_a^b g(x)f'(x)\, dx$$

令 $u = f(x)$ 與 $v = g(x)$，要記得的是積分的上限與下限都是針對 $x$ 的。我們有下面的公式。

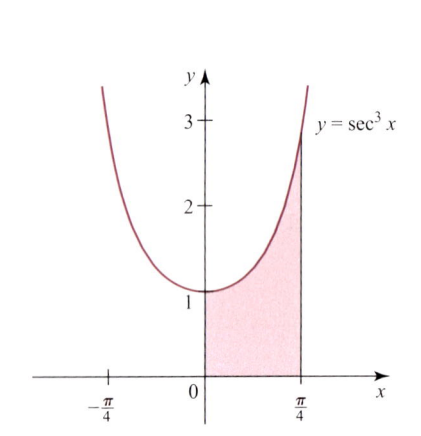

> **定積分的分部積分公式**
>
> $$\int_a^b u\, dv = \big[uv\big]_a^b - \int_a^b v\, du \qquad (7)$$

下個例題中有使用此公式的說明。

**例題 6** (a) 求圖形 $f(x) = \ln x$ 下方的區域 $R$ 在 $[1, e]$ 區間的面積。
(b) 求 $\bar{x} = \int_1^e x \ln x\, dx$。 (c) 求 $\bar{y} = \frac{1}{2}\int_1^e (\ln x)^2\, dx$。

**解** (a) 所考慮的區域 $R$ 展示於圖 8.2。$R$ 的面積為

$$A = \int_1^e \ln x\, dx$$

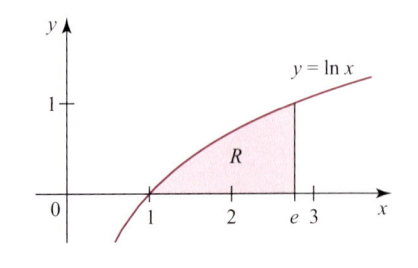

| 圖 8.2
區域 $R$

使用部分積分，取

$$u = \ln x \quad 與 \quad dv = dx$$

使得

$$du = \frac{1}{x} dx \quad 與 \quad v = x$$

由式 (7) 可得

$$A = \left[x \ln x\right]_1^e - \int_1^e dx$$

$$= (e \ln e - \ln 1) - x\Big|_1^e$$

$$= e - (e - 1) \qquad \ln e = 1 \text{ 與 } \ln 1 = 0$$

$$= 1$$

(b)

$$\bar{x} = \frac{1}{A} \int_a^b x f(x)\, dx = \frac{1}{1} \int_1^e x \ln x\, dx$$

$$= \left[\frac{1}{4} x^2 (2 \ln x - 1)\right]_1^e \qquad 使用例題 2 的結果$$

$$= \frac{1}{4} e^2 (2 \ln e - 1) - \frac{1}{4}(2 \ln 1 - 1) = \frac{1}{4}(e^2 + 1)$$

與

$$\bar{y} = \frac{1}{A} \int_a^b \frac{1}{2} [f(x)]^2\, dx = \frac{1}{1} \int_1^e \frac{1}{2} (\ln x)^2\, dx$$

$$= \frac{1}{2} \int_1^e (\ln x)^2\, dx$$

再次使用分部積分，並取

$$u = (\ln x)^2 \quad 與 \quad dv = dx$$

使得

$$du = \frac{2 \ln x}{x} dx \quad 與 \quad v = x$$

可得(c)

$$\bar{y} = \frac{1}{2} \left\{\left[x(\ln x)^2\right]_1^e - \int_1^e 2 \ln x\, dx\right\}$$

$$= \frac{1}{2} \left\{\left[e(\ln e)^2 - 1(\ln 1)^2\right] - 2 \int_1^e \ln x\, dx\right\}$$

$$= \frac{1}{2}e - 1$$

其中 $\int_1^e \ln x \, dx = 1$。

### ■ 降階公式

計算某些積分的**降階公式**（reduction formulas）可以透過分部積分公式來推導。這些公式將此積分表示成被積分函數之變數的次方較低的積分。接下來的兩個例題將推導這些公式並說明如何使用它們。

**例題 7** 求 $\int \sin^n x \, dx$ 的降階公式，其中整數 $n \geq 2$。

**解** 首先改寫積分為

$$\int \sin^n x \, dx = \int \sin^{n-1} x \sin x \, dx$$

接著使用分部積分，並取

$$u = \sin^{n-1} x \quad \text{與} \quad dv = \sin x \, dx$$

使得

$$du = (n-1)\sin^{n-2} x \cos x \, dx \quad \text{與} \quad v = -\cos x$$

將它們代入公式可得

$$\int \sin^n x \, dx = uv - \int v \, du$$

$$= -\sin^{n-1} x \cos x + (n-1)\int \sin^{n-2} x \cos^2 x \, dx$$

$\cos^2 x = 1 - \sin^2 x$，所以

$$\int \sin^n x \, dx = -\sin^{n-1} x \cos x + (n-1)\int \sin^{n-2} x \, dx - (n-1)\int \sin^n x \, dx$$

將等號右邊最後一項移到等號左邊，並與等號左邊的積分合併可得

$$n \int \sin^n x \, dx = -\sin^{n-1} x \cos x + (n-1)\int \sin^{n-2} x \, dx$$

---

### 歷史傳記

**MARY FAIRFAX SOMERVILLE**
(1780–1872)

Mary Fairfax Somerville 生於蘇格蘭。當時女孩子無法接受正規教育，而她的幼年教育啟蒙於聖經閱讀。其後，為了避免她在 Scottish 海岸虛擲光陰，Somerville 的父母將她送到寄宿學校就讀。雖然 Somerville 只在那裡待了 12 個月，她接觸了算術文法與法文，並且培養出閱讀的興趣。她的好奇心引導她學習代數與歐基里德的《幾何原理》（*Elements of Geometry*）。不過，由於她的父親不許她學數學，直到 27 歲那年她的丈夫去逝後，她才能夠自由且認真地追求她有興趣的課題。Somerville 於 1812 年再婚，她的第二任丈夫鼓勵她持續地進行研究工作並發表她的研究成果。她的第一本書，*The Mechanism of the Heavens*，於 1831 年出版，受到審查者的極力讚揚；這本書詮釋了 Pierre Simon Laplace 介紹天體運動力學著作。Somerville 的其他好書也陸續地出版，最後一部主要的著作出版於 1869 年。基於她的成就，Mary Somerville 成為皇家天文學會首批的女性成員之一。Somerville 活到 92 歲；直到在世的最後一天，她都積極、勤奮地投入她所熱愛的數學研究工作。

即

$$\int \sin^n x\, dx = -\frac{1}{n}\sin^{n-1} x \cos x + \frac{n-1}{n}\int \sin^{n-2} x\, dx$$

**例題 8** 使用例題 7 所得的降階公式，求 $\int \sin^4 x\, dx$。

**解** 將 $n = 4$ 代入降階公式可得

$$\int \sin^4 x\, dx = -\frac{1}{4}\sin^3 x \cos x + \frac{3}{4}\int \sin^2 x\, dx$$

式子等號的右邊再次使用降階公式，以 $n = 2$ 代入可得

$$\int \sin^2 x\, dx = -\frac{1}{2}\sin x \cos x + \frac{1}{2}\int dx$$

$$= -\frac{1}{2}\sin x \cos x + \frac{1}{2}x + C_1$$

故

$$\int \sin^4 x\, dx = -\frac{1}{4}\sin^3 x \cos x + \frac{3}{4}\left(-\frac{1}{2}\sin x \cos x + \frac{1}{2}x + C_1\right)$$

$$= -\frac{1}{4}\sin^3 x \cos x - \frac{3}{8}\sin x \cos x + \frac{3}{8}x + C$$

其中 $C = \frac{3}{4}C_1$。

## 8.1 習題

1-22 題，求積分。

1. $\int xe^{2x}\, dx$
2. $\int x \sin x\, dx$
3. $\int x \ln 2x\, dx$
4. $\int x^2 e^{-x}\, dx$
5. $\int x^2 \cos x\, dx$
6. $\int \tan^{-1} x\, dx$
7. $\int \sqrt{t} \ln t\, dt$
8. $\int x \sec^2 x\, dx$
9. $\int e^{2x} \cos 3x\, dx$
10. $\int u \sin(2u + 1)\, du$
11. $\int x \tan^2 x\, dx$
12. $\int \sqrt{x} \cos \sqrt{x}\, dx$
13. $\int \sec^5 \theta\, d\theta$
14. $\int x^3 \sinh x\, dx$
15. $\int e^{-x} \ln(e^x + 1)\, dx$
16. $\int \frac{\ln x}{\sqrt{1-x}}\, dx$
17. $\int_1^e x^2 \ln x\, dx$
18. $\int_0^{1/2} \cos^{-1} x\, dx$
19. $\int_{\sqrt{e}}^e x^{-2} \ln x\, dx$
20. $\int_1^2 x \sec^{-1} x\, dx$
21. $\int_0^1 \ln(1 + t^2)\, dt$
22. $\int_{\pi/4}^{\pi/3} \frac{\theta}{\sin^2 \theta}\, d\theta$

23. 求圖形 $y = (\ln x)^2$ 下方在 $[1, e]$ 區間的區域面積。
24. 求圖形 $y = \tan^{-1} x$ 與 $y = (\pi/4)x$ 圍成的區域面積。
    提示：圖形相交於 $(0, 0)$ 與 $(1, \pi/4)$。
25. 圖形 $y = \sqrt{\cos^{-1} x}$ 下方在 $[0, 1]$ 區間的區域繞 $x$ 軸旋轉，求此旋轉體的體積。

26. 圖形 $y = e^{x/2}\cos x, x = 0, y = 0$ 與 $x = \pi/2$ 圍成的區域繞 $x$ 軸旋轉，求此旋轉體的體積。

27. 已知由圖形 $y = \sin x, y = 0, x = 0$，與 $x = \pi$ 圍成的區域繞直線 $x = -1$ 旋轉產生的旋轉體。求該旋轉體的體積。

28. **能源生產** 為滿足全球性的需求，Metro Mining 公司計畫增加其蒸氣煤的產量，它是一種鍋爐生火發電的燃料。目前此燃料的年產量為 20 百萬公噸；此公司計畫在往後 10 年內，每年增產 $2te^{-0.05t}$ 百萬公噸，其中 $t$ 為時間，以年計。求表示此公司於 $t$ 年末蒸氣煤之總產量的函數。若計畫執行順利，試問此公司在往後 10 年內共生產多少蒸氣煤？

29. **具阻尼之簡諧運動** 下圖中某具質量之物體被懸掛在由彈簧與緩衝元件所構成的系統底部。假設當 $t = 0$，此物體被移離平衡位置，使得於時間 $t$ 它的速度為

$$v(t) = 3e^{-4t}(1-4t)$$

求此物體在時間 $t$ 的位置函數 $x(t)$。

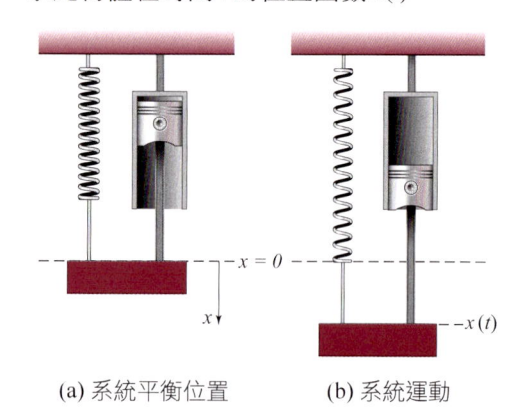

(a) 系統平衡位置　　(b) 系統運動

30. **火箭發射** 質量為 $m$（含燃料）的火箭在 $t = 0$ 的時候自地表垂直發射。若在時間區間 $0 \le t \le T$ 內，其燃料以固定速率 $r$ 消耗，且其所噴廢氣的速率（相對於火箭）為常數 $s$，則此火箭在時間 $t$ 的速度為

$$v(t) = v_0 - gt - s\ln\left(1 - \frac{r}{m}t\right)$$

其中 $v_0$ 為火箭的初速度，$g$ 為重力常數。求在燃料耗盡（$t = T$）前，此火箭在時間 $t$ 的高度 $h(t)$。

31. **擴散** 內徑 $r_1$ 公分與外徑 $r_2$ 公分的中空圓柱形薄膜，其中空部分裝有含某種化學物的溶液，將此薄膜放置於裝有維持定濃度 $c_2$（摩爾／升）的鹽域內。若薄膜中空部分之化學物的濃度 $c_1$（摩爾／升）保持不變，則此化學物由薄膜內滲出的濃度（摩爾／升）為

$$c(r) = \left(\frac{c_1 - c_2}{\ln r_1 - \ln r_2}\right)(\ln r - \ln r_2) + c_2 \qquad r_1 < r < r_2$$

求此化學物在薄膜內由 $r = r_1$ 到 $r = r_2$ 的平均濃度。

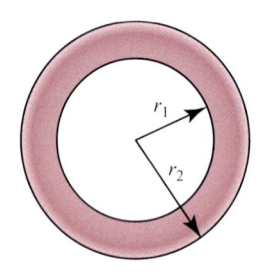

32. 假設 $f''$ 在 $[1, 3]$ 連續且 $f(1) = 2, f(3) = -1$，$f'(1) = 2$ 與 $f'(3) = 5$。計算 $\int_1^3 x f''(x)\, dx$。

33 題，判斷下列敘述是對或是錯。如果它是對，解釋你的理由。如果它是錯，請解釋你的理由或舉例說明。

33. $\int e^x f'(x)\, dx = e^x f(x) - \int e^x f(x)\, dx$

## 8.2 三角函數的積分

本節中要探討計算含三角函數之組合的積分技巧。此類的積分有

$$\int \sin^5 x \cos^2 x \, dx, \quad \int \csc 4x \cot^4 x \, dx \quad \text{與} \quad \int \sin 5x \cos 4x \, dx$$

我們將看到，這些技巧是建立在適當的三角恆等式上。

### ∫ sin^m x cos^n x dx 類型的積分

以

$$\int \sin^m x \cos^n x \, dx \tag{1}$$

類型的積分開始探討，其中

**1.** $m$ 且／或 $n$ 為正奇數。
**2.** $m$ 與 $n$ 都是非負整數。

例題 1 與例題 2 說明如何計算屬於第 1 類型的積分，而例題 3 則說明如何計算屬於第 2 類型的積分。

**例題 1** 求 $\int \sin^5 x \cos^2 x \, dx$。

**解** 這裡的 $m$（$\sin x$ 的次方）是正奇數。將積分寫成

$$\begin{aligned}\sin^5 x &= (\sin^4 x)(\sin x) &&\text{保留一個 } \sin x \text{ 因子}\\ &= (\sin^2 x)^2 \sin x \\ &= (1 - \cos^2 x)^2 \sin x &&\text{使用等式 } \sin^2 x + \cos^2 x = 1\text{，}\\ & &&\text{將另一個因子轉換成 } \cos x \text{ 的函數}\\ &= (1 - 2\cos^2 x + \cos^4 x)\sin x\end{aligned}$$

則

$$\begin{aligned}\int \sin^5 x \cos^2 x \, dx &= \int \cos^2 x (1 - 2\cos^2 x + \cos^4 x)\sin x \, dx \\ &= \int (\cos^2 x - 2\cos^4 x + \cos^6 x)\sin x \, dx\end{aligned}$$

若用 $u = \cos x$ 代換，則 $du = -\sin x \, dx$。所以

$$\begin{aligned}\int \sin^5 x \cos^2 x \, dx &= \int (u^2 - 2u^4 + u^6)(-du) \\ &= -\int (u^2 - 2u^4 + u^6) \, du\end{aligned}$$

$$= -\left(\frac{1}{3}u^3 - \frac{2}{5}u^5 + \frac{1}{7}u^7\right) + C$$

$$= -\frac{1}{3}\cos^3 x + \frac{2}{5}\cos^5 x - \frac{1}{7}\cos^7 x + C$$

**例題 2** 求 $\int \sin^4 x \cos^3 x \, dx$。

**解** 這裡的 $n$（$\cos x$ 的次方）是正奇數。將積分寫成

$$\cos^3 x = (\cos^2 x)(\cos x)$$
$$= (1 - \sin^2 x)\cos x$$

保留一個 $\cos x$ 因子

使用等式 $\sin^2 x + \cos^2 x = 1$，將另一個因子轉換成 $\sin x$ 的函數

則

$$\int \sin^4 x \cos^3 x \, dx = \int \sin^4 x (1 - \sin^2 x) \cos x \, dx$$
$$= \int (\sin^4 x - \sin^6 x) \cos x \, dx$$

若用 $u = \sin x$ 代換，則 $du = \cos x \, dx$。所以

$$\int \sin^4 x \cos^3 x \, dx = \int (u^4 - u^6) \, du$$
$$= \frac{1}{5}u^5 - \frac{1}{7}u^7 + C$$
$$= \frac{1}{5}\sin^5 x - \frac{1}{7}\sin^7 x + C$$

**例題 3** 求 $\int \sin^4 x \, dx$。

**解** 這裡的 $m = 4$ 與 $n = 0$。所以 $m$ 與 $n$ 都是非負的偶數。於此情形，使用 $\sin^2 x$ 的半角公式：

$$\sin^2 x = \frac{1}{2}(1 - \cos 2x)$$

將被積分函數寫成

$$\sin^4 x = (\sin^2 x)^2$$
$$= \left[\frac{1}{2}(1 - \cos 2x)\right]^2$$
$$= \frac{1}{4}(1 - 2\cos 2x + \cos^2 2x)$$

使用另一個 $\cos^2 x$ 的半角公式：

$$\cos^2 x = \frac{1}{2}(1 + \cos 2x)$$

可得
$$\sin^4 x = \frac{1}{4}\left(1 - 2\cos 2x + \frac{1}{2} + \frac{1}{2}\cos 4x\right)$$
$$= \frac{1}{4}\left(\frac{3}{2} - 2\cos 2x + \frac{1}{2}\cos 4x\right)$$

故
$$\int \sin^4 x\,dx = \frac{1}{4}\int\left(\frac{3}{2} - 2\cos 2x + \frac{1}{2}\cos 4x\right)dx$$
$$= \frac{3}{8}x - \frac{1}{4}\sin 2x + \frac{1}{32}\sin 4x + C \quad\blacksquare$$

通常會依照下面的步驟計算 $\int \sin^m x \cos^n x\,dx$ 類型的積分。

### 計算 $\int \sin^m x \cos^n x\,dx$ 的步驟

**1.** 若 $\sin x$ 的次方為正奇數（$m = 2k + 1$），則保留一個 $\sin x$ 因子，並使用恆等式 $\sin^2 x = 1 - \cos^2 x$ 將積分式改寫為

$$\int \sin^{2k+1} x \cos^n x\,dx = \int (\sin^2 x)^k \cos^n x \sin x\,dx$$
$$= \int (1-\cos^2 x)^k \cos^n x \sin x\,dx$$

然後用 $u = \cos x$ 代換後再積分。

**2.** 若 $\cos x$ 的次方為正奇數（$n = 2k + 1$），則保留一個 $\cos x$ 因子，並使用恆等式 $\cos^2 x = 1 - \sin^2 x$ 將積分式改寫為

$$\int \sin^m x \cos^{2k+1} x\,dx = \int \sin^m x\,(\cos^2 x)^k \cos x\,dx$$
$$= \int \sin^m x\,(1-\sin^2 x)^k \cos x\,dx$$

然後用 $u = \sin x$ 代換後再積分。

**3.** 若 $\sin x$ 與 $\cos x$ 的次方都是非負的偶數，則使用半角公式（如果題目需要，則可以重複使用）：

$$\sin^2 x = \frac{1}{2}(1-\cos 2x) \quad \text{與} \quad \cos^2 x = \frac{1}{2}(1+\cos 2x)$$

**例題 4** 求 $\displaystyle\int_0^{\pi/2} \sin^3 x \cos^{1/2} x\,dx$。

**解** $\sin x$ 的次方為正奇數，所以要保留一個 $\sin x$ 因子。因此

$$\int_0^{\pi/2} \sin^3 x \cos^{1/2} x\,dx = \int_0^{\pi/2} \sin^2 x \cos^{1/2} x \sin x\,dx$$

$$= \int_0^{\pi/2} (1 - \cos^2 x)\cos^{1/2} x \sin x \, dx$$

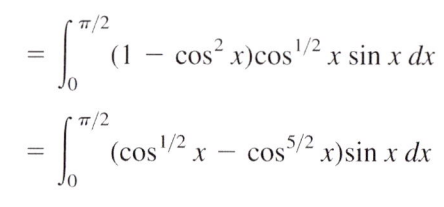

$$= \int_0^{\pi/2} (\cos^{1/2} x - \cos^{5/2} x)\sin x \, dx$$

取 $u = \cos x$，則 $du = -\sin x \, dx$。注意對 $u$ 而言，當 $x = 0$，此積分的下限為 $u = \cos 0 = 1$；當 $x = \pi/2$，此積分的上限為 $u = \cos(\pi/2) = 0$。將這些代入式子中可得

$$\int_0^{\pi/2} \sin^3 x \cos^{1/2} x \, dx = \int_1^0 (u^{1/2} - u^{5/2})(-du) = -\int_1^0 (u^{1/2} - u^{5/2}) \, du$$

$$= \left[-\frac{2}{3} u^{3/2} + \frac{2}{7} u^{7/2}\right]_1^0 = \left[0 - \left(-\frac{2}{3} + \frac{2}{7}\right)\right] = \frac{8}{21}$$

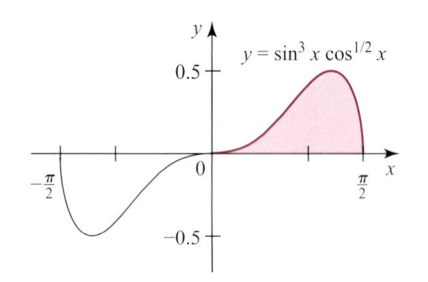

在 $[0, \frac{\pi}{2}]$ 區間，$f(x) = \sin^3 x \cos^{1/2}$，所以可以將此例題的積分看成圖形 $f$ 下方在 $[0, \frac{\pi}{2}]$ 區間的區域面積（圖 8.3）。■

| 圖 8.3

陰影區域的面積為
$\int_0^{\pi/2} \sin^3 x \cos^{1/2} x \, dx$

### ∫tan$^m$ x sec$^n$ x dx 與 cot$^m$ x csc$^n$ x dx 類型的積分

以類似的方法推導

$$\int \tan^m x \sec^n x \, dx$$

類型的積分技巧。這類的積分步驟如下。

#### 計算 ∫tan$^m$ x sec$^n$ x dx 的步驟

**1.** 若 $\tan x$ 的次方為正奇數（$m = 2k + 1$），則保留一個 $\sec x \tan x$ 因子，並使用恆等式 $\tan^2 x = \sec^2 x - 1$ 將積分式改寫為

$$\int \tan^{2k+1} x \sec^n x \, dx = \int (\tan^2 x)^k \sec^{n-1} x \sec x \tan x \, dx$$

$$= \int (\sec^2 x - 1)^k \sec^{n-1} x \sec x \tan x \, dx$$

然後用 $u = \sec x$ 代換後再積分。

**2.** 若 $\sec x$ 的次方為正偶數（$n = 2k, k \geq 2$），則保留一個 $\sec^2 x$ 因子，並使用恆等式 $\sec^2 x = 1 + \tan^2 x$ 將積分式改寫為

$$\int \tan^m x \sec^{2k} x \, dx = \int \tan^m x (\sec^2 x)^{k-1} \sec^2 x \, dx$$

$$= \int \tan^m x (1 + \tan^2 x)^{k-1} \sec^2 x \, dx$$

然後用 $u = \tan x$ 代換後再積分。

計算 $\int \cot^m x \csc^n x \, dx$ 的步驟與計算 $\int \tan^m x \sec^n x \, dx$ 的步驟相似。

**例題 5** 求 $\int \tan^3 x \sec^7 x \, dx$。

**解** 這裡的 $m$（$\tan x$ 的次方）為正奇數。所以保留被積分函數中的 $\sec x \tan x$ 因子，並將被積分函數改寫為

$$\begin{aligned}\tan^3 x \sec^7 x &= \tan^2 x \sec^6 x (\sec x \tan x)\\ &= (\sec^2 x - 1)\sec^6 x (\sec x \tan x)\\ &= (\sec^8 x - \sec^6 x)\sec x \tan x\end{aligned}$$

使用恆等式 $\tan^2 x = \sec^2 x - 1$，並將其他的因子轉換成 $\sec x$ 的函數

則

$$\int \tan^3 x \sec^7 x \, dx = \int (\sec^8 x - \sec^6 x)\sec x \tan x \, dx$$

令 $u = \sec x$，得到 $du = \sec x \tan x \, dx$。所以

$$\begin{aligned}\int \tan^3 x \sec^7 x \, dx &= \int (u^8 - u^6) \, du\\ &= \frac{1}{9}u^9 - \frac{1}{7}u^7 + C\\ &= \frac{1}{9}\sec^9 x - \frac{1}{7}\sec^7 x + C\end{aligned}$$ ■

**例題 6** 求 $\int_0^{\pi/4} \sqrt{\tan x} \sec^6 x \, dx$。

**解** 這裡的 $n$（$\sec x$ 的次方）為正偶數。所以保留一個 $\sec^2 x$ 因子。故

$$\begin{aligned}\int_0^{\pi/4} \sqrt{\tan x} \sec^6 x \, dx &= \int_0^{\pi/4} \tan^{1/2} x \sec^4 x \sec^2 x \, dx\\ &= \int_0^{\pi/4} (\tan^{1/2} x)(1 + \tan^2 x)^2 \sec^2 x \, dx\\ &= \int_0^{\pi/4} (\tan^{1/2} x + 2\tan^{5/2} x + \tan^{9/2} x)\sec^2 x \, dx\end{aligned}$$

$\sec^2 x = 1 + \tan^2 x$

取 $u = \tan x$，可得 $du = \sec^2 x \, dx$。對 $u$ 而言，此積分的下限與上限分別為 $u = 0$（令 $x = 0$）與 $u = 1$（令 $x = \pi/4$）。將這些式子代入積分式中可得

$$\int_0^{\pi/4} \sqrt{\tan x}\, \sec^6 x\, dx = \int_0^1 (u^{1/2} + 2u^{5/2} + u^{9/2})\, du$$

$$= \left[ \frac{2}{3} u^{3/2} + \frac{4}{7} u^{7/2} + \frac{2}{11} u^{11/2} \right]_0^1$$

$$= \frac{2}{3} + \frac{4}{7} + \frac{2}{11} = \frac{328}{231} \qquad \blacksquare$$

$\int \cot^m x\, \csc^n x\, dx$ 類型的積分，可以使用類似的方法來計算，下個例題會說明。

**例題 7** 求 $\int \cot^5 x\, \csc^5 x\, dx$。

**解** 這裡 $\cot x$ 的次方是正奇數。所以保留被積分函數中的 $\csc x \cot x$ 因子。因此

$$\int \cot^5 x\, \csc^5 x\, dx = \int \cot^4 x\, (\csc^4 x)(\csc x \cot x)\, dx$$

$$= \int (\csc^2 x - 1)^2 \csc^4 x\, \csc x \cot x\, dx \quad \cot^2 x = \csc^2 x - 1$$

$$= \int (\csc^8 x - 2\csc^6 x + \csc^4 x)\, \csc x \cot x\, dx$$

令 $u = \csc x$，可得 $du = -\csc x \cot x\, dx$。則

$$\int \cot^5 x\, \csc^5 x\, dx = -\int (u^8 - 2u^6 + u^4)\, du$$

$$= -\frac{1}{9} u^9 + \frac{2}{7} u^7 - \frac{1}{5} u^5 + C$$

$$= -\frac{1}{9} \csc^9 x + \frac{2}{7} \csc^7 x - \frac{1}{5} \csc^5 x + C \qquad \blacksquare$$

## ■ 轉換成正弦函數與餘弦函數

至於那些含有剛剛沒有考慮過的三角函數次方的積分，有時可以將積分中之被積分函數轉換成正弦函數與餘弦函數後再計算，如下面例題的說明。

**例題 8** 求 $\int \dfrac{\tan x}{\sec^2 x}\, dx$。

**解**

$$\int \frac{\tan x}{\sec^2 x}\, dx = \int \left( \frac{\sin x}{\cos x} \right) \cos^2 x\, dx = \int \sin x \cos x\, dx$$

$$= \frac{1}{2} \sin^2 x + C \qquad \text{取 } u = \sin x \qquad \blacksquare$$

## ∫ sin *mx* sin *nx dx*, ∫ sin *mx* cos *nx dx* 與 ∫ cos *mx* cos *nx dx* 類型的積分

計算被積分函數為不同（different）角度的正弦與餘弦相乘的積分時，要藉助於下列的恆等式。

### 三角恆等式

$$\sin mx \sin nx = \frac{1}{2}[\cos(m-n)x - \cos(m+n)x] \quad (2a)$$

$$\sin mx \cos nx = \frac{1}{2}[\sin(m-n)x + \sin(m+n)x] \quad (2b)$$

$$\cos mx \cos nx = \frac{1}{2}[\cos(m-n)x + \cos(m+n)x] \quad (2c)$$

**例題 9** 求 $\int \sin 4x \cos 5x \, dx$。

**解** 使用式 (2b) 可得

$$\int \sin 4x \cos 5x \, dx = \int \frac{1}{2}[\sin(-x) + \sin 9x] \, dx$$

$$= \frac{1}{2}\int (-\sin x + \sin 9x) \, dx$$

$$= \frac{1}{2}\left(\cos x - \frac{1}{9}\cos 9x\right) + C$$

## 8.2 習題

1-23 題，求積分。

1. $\int \sin^3 x \cos x \, dx$
2. $\int \cos^3 2x \sin^5 2x \, dx$
3. $\int \sin^3 x \, dx$
4. $\int_0^\pi \cos^2 \frac{x}{2} \, dx$
5. $\int_0^1 \sin^4 \pi x \, dx$
6. $\int \sin^2\left(\frac{x}{2}\right)\cos^2\left(\frac{x}{2}\right) dx$
7. $\int_0^\pi \sin^2 x \cos^4 x \, dx$
8. $\int x \cos^4(x^2) \, dx$
9. $\int x \sin^2 x \, dx$
    提示：分部積分。
10. $\int_0^{\pi/4} \tan^2 x \, dx$
11. $\int \tan^5 \frac{x}{2} \, dx$
12. $\int \sec^2(\pi x)\tan^3(\pi x) \, dx$
13. $\int \sec^4 3x \tan^2 3x \, dx$
14. $\int \sec^4 \theta \sqrt{\tan \theta} \, d\theta$
15. $\int \cot^2 2x \, dx$
16. $\int \csc^3 x \, dx$
    提示：分部積分。
17. $\int \csc^4 t \, dt$
18. $\int \cot^6 t \, dt$
19. $\int_0^{\pi/4} \frac{1}{\cos^4 x} dx$
20. $\int_0^{\pi/2} \sin x \cos 2x \, dx$
21. $\int \cos 2\theta \cos 4\theta \, d\theta$
22. $\int \cos^2 2\theta \cot 2\theta \, d\theta$
23. $\int \frac{\tan^3 \sqrt{t} \sec^2 \sqrt{t}}{\sqrt{t}} dt$
24. $\int \frac{1 - \tan^2 x}{\sec^2 x} dx$
25. 求 $f(x) = \cos^2 x$ 在 $[0, 2\pi]$ 區間的平均值。
26. 求圖形 $y = \sin^2 \pi x$ 在 $[0, 1]$ 區間的面積。
27. 圖形 $y = \tan^2 x$ 下方在 $[0, \frac{\pi}{4}]$ 區間的區域繞 $x$ 軸旋轉。求此旋轉體的體積。
28. 位於原點的粒子沿著坐標軸運動 $t$ 秒後的速度

為 $v(t) = \sin^3 \pi t$ 呎／秒。試問在最初 6 秒內此粒子移動的距離為何？此粒子在 $t = 6$ 的位置為何？

**29.** 圖形 $f(x) = (\sin x)/(\cos^3 x)$ 下方在 $[0, \frac{\pi}{4}]$ 區間的區域繞 $x$ 軸旋轉。求此旋轉體的體積。

**30. 交流電的電流密度** 交流電的電流密度 $I$ 隨時間 $t$ 的變化描述如下：

$$I = I_0 \cos(\omega t + \alpha)$$

其中 $I_0, \omega$ 與 $\alpha$ 都是常數。求時間區間 $[0, \frac{\pi}{\omega}]$ 的平均電流密度。

**31. 交流電所生之熱** 按焦耳－楞次定律（Joule-Lenz Law），交流電

$$I = I_0 \sin\left(\frac{2\pi t}{T} - \phi\right)$$

在時間 $t = T_1$ 至 $t = T_2$ 間經過電阻為 $R$ 歐姆之導體所產生的熱量（焦耳）為

$$Q = 0.24R \int_{T_1}^{T_2} I^2 \, dt$$

求在一個週期內（$t = 0$ 至 $t = T$）所產生的熱量。

**32.** 證明若 $m$ 與 $n$ 為正整數，則

$$\int_{-\pi}^{\pi} \sin mx \cos nx \, dx = 0$$

**33.** 證明若 $m$ 與 $n$ 為正整數，則

$$\int_{-\pi}^{\pi} \cos mx \cos nx \, dx = \begin{cases} 0, & m \neq n \\ \pi, & m = n \end{cases}$$

## 8.3 三角代換法

圖 8.4a 描述一個沿著海岸線駕車看風景的鳥瞰。點 $A$ 到點 $B$ 的行程可由在 $[0, 1]$ 區間的圖形 $f(x) = \frac{1}{2} x^2$ 來估算，其中 $x$ 與 $f(x)$ 是以哩計（圖 8.4b）。試問 $A$ 與 $B$ 之間的路徑為何？

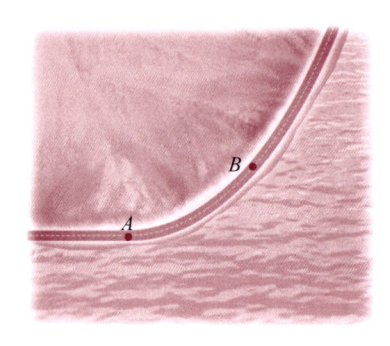

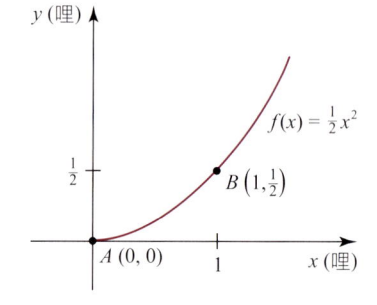

| 圖 8.4

(a) 延伸的海岸線　　　　(b) 描述路程的函數圖形

為了回答這個問題，需要求圖形 $f$ 從 $A(0, 0)$ 到 $B(1, \frac{1}{2})$ 的弧長。其弧長為

$$L = \int_0^1 \sqrt{1 + [f'(x)]^2} \, dx = \int_0^1 \sqrt{1 + x^2} \, dx \tag{1}$$

觀察得知其中的被積分函數可寫成 $\sqrt{1^2 + x^2}$——兩個平方和的平方根。事實上，可以將它視為直角三角形的斜邊，如圖 8.5 所示。因此使用代換法，並取

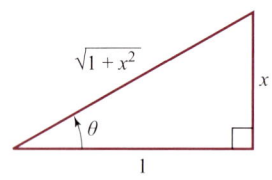

| 圖 8.5
與式 (1) 的被積分函數有關之直角三角形

$$\tan\theta = \frac{x}{1} \quad \text{即} \quad x = \tan\theta$$

可得

$$\sqrt{1+x^2} = \sqrt{1+\tan^2\theta} = \sqrt{\sec^2\theta}$$
$$= \sec\theta$$

其中 $\frac{-\pi}{2} < \theta < \frac{\pi}{2}$。取 $x = \tan x$，則 $dx = \sec^2\theta\, d\theta$。故

$$\int \sqrt{1+x^2}\, dx = \int \sec\theta\,(\sec^2\theta)\, d\theta$$
$$= \int \sec^3\theta\, d\theta$$
$$= \frac{1}{2}\left(\sec\theta\tan\theta + \ln|\sec\theta + \tan\theta|\right) + C$$

見 8.1 節例題 5

最後再參考圖 8.5，得知

$$\sec\theta = \sqrt{1+x^2} \qquad \text{斜邊／鄰邊}$$

故

$$\int \sqrt{1+x^2}\, dx = \frac{1}{2}\left(\sqrt{1+x^2}\cdot x + \ln\left|\sqrt{1+x^2} + x\right|\right) + C$$

由 $A$ 到 $B$ 的行程之距離為

$$L = \int_0^1 \sqrt{1+x^2}\, dx = \frac{1}{2}\left[x\sqrt{1+x^2} + \ln\left(\sqrt{1+x^2} + x\right)\right]_0^1$$
$$= \frac{1}{2}\left[\sqrt{2} + \ln(\sqrt{2}+1)\right] \approx 1.148$$

大約 1.15 哩。

## ■ 三角代換法

在解我們介紹的例題時，所使用的技巧包含**三角代換法**（trigonometric substitution）。一般而言，此方法可用來計算含有根號的函數

$$\sqrt{a^2 - x^2}, \quad \sqrt{a^2 + x^2} \quad \text{與} \quad \sqrt{x^2 - a^2}$$

其中 $a > 0$。

此技巧的關鍵在於應用適當的三角代換並使用三角恆等式

$$\cos^2\theta = 1 - \sin^2\theta \quad \text{與} \quad \sec^2\theta = 1 + \tan^2\theta$$

使得積分的根號不見。然後再使用之前的技巧計算最後的三角函數的積分（trigonometric integral）。最後將變數還原，由 $\theta$ 變為 $x$。

計算含根號的函數之積分時所使用的三角代換陳列於表 8.1。

**表 8.1** 三角代換

| 積分式中有 | 使用的代換 | 應用的恆等式 | 與代換有關的直角三角形 |
|---|---|---|---|
| $\sqrt{a^2 - x^2}, a > 0$ | $x = a \sin \theta, -\frac{\pi}{2} \leq \theta \leq \frac{\pi}{2}$ | $1 - \sin^2 \theta = \cos^2 \theta$ | |
| $\sqrt{a^2 + x^2}, a > 0$ | $x = a \tan \theta, -\frac{\pi}{2} < \theta < \frac{\pi}{2}$ | $1 + \tan^2 \theta = \sec^2 \theta$ | |
| $\sqrt{x^2 - a^2}, a > 0$ | $x = a \sec \theta, 0 \leq \theta < \frac{\pi}{2}$ 或 $\frac{\pi}{2} < \theta \leq \pi$ | $\sec^2 \theta - 1 = \tan^2 \theta$ | |

注意在每種情況下，$\theta$ 的限制是為保證代換 $x = g(\theta)$ 中的函數 $g$ 是一對一（one-to-one），因此它有反函數。所以可以將 $\theta$ 解為 $x$ 的函數，並將答案表示成原來的變數 $x$。

**例題 1** 求 $\displaystyle\int \frac{x^2}{\sqrt{9 - x^2}} dx$。

**解** 注意被積分函數中有根號的函數 $\sqrt{a^2 - x^2}$，其中 $a = 3$。所以使用三角代換法，取

$$x = 3 \sin \theta \quad \text{使得} \quad dx = 3 \cos \theta \, d\theta$$

其中 $-\frac{\pi}{2} < \theta < \frac{\pi}{2}$。本例題必須再加限制 $\theta \neq \pm \pi/2$ 以保證 $x \neq \pm 3$（被積分函數在這些點沒有定義）。將這些代入積分中可得

$$\int \frac{x^2}{\sqrt{9 - x^2}} dx = \int \frac{9 \sin^2 \theta}{\sqrt{9 - 9 \sin^2 \theta}} (3 \cos \theta \, d\theta)$$

$$= 9 \int \sin^2 \theta \, d\theta$$

$$= \frac{9}{2} \int (1 - \cos 2\theta) \, d\theta \qquad \text{使用半角公式}$$

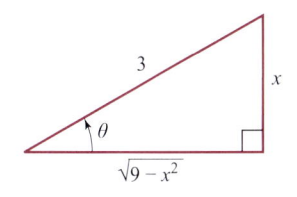

**圖 8.6**
與代換 $x = 3 \sin \theta$ 有關的直角三角形

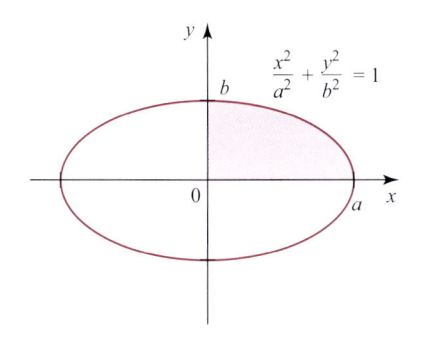

**圖 8.7**
橢圓圍成的面積是它在第一象限之面積的四倍

$$= \frac{9}{2}\left(\theta - \frac{1}{2}\sin 2\theta\right) + C$$

最後將結果表示為原來的變數 $x$。因為 $\sin \theta = x/3$，所以 $\theta = \sin^{-1}(x/3)$。又 $\sin 2\theta = 2 \sin \theta \cos \theta$ 與圖 8.6 的幫助，得到

$$\sin 2\theta = 2(\sin \theta)(\cos \theta) = 2\left(\frac{x}{3}\right)\left(\frac{\sqrt{9-x^2}}{3}\right)$$

因此

$$\int \frac{x^2}{\sqrt{9-x^2}} dx = \frac{9}{2}\left[\sin^{-1}\left(\frac{x}{3}\right) - \frac{1}{9}x\sqrt{9-x^2}\right] + C \quad \blacksquare$$

**例題 2** 求被橢圓 $\dfrac{x^2}{a^2} + \dfrac{y^2}{b^2} = 1$ 所包圍的面積。

**解** 橢圓圖形展示於圖 8.7。根據對稱性，我們知道被此橢圓所包圍的面積 $A$ 為它在第一象限之面積的四倍。接著先求它在第一象限的面積，即解已知方程式的 $y$。

$$\frac{y^2}{b^2} = 1 - \frac{x^2}{a^2} = \frac{a^2 - x^2}{a^2} \quad \text{即} \quad y = \pm\frac{b}{a}\sqrt{a^2 - x^2}$$

第一象限的 $y > 0$，所以所要的函數為 $f(x) = (b/a)\sqrt{a^2 - x^2}$，其中 $x$ 在 $[0, a]$ 區間。因此面積 $A$ 為

$$A = 4\int_0^a \frac{b}{a}\sqrt{a^2 - x^2}\, dx = \frac{4b}{a}\int_0^a \sqrt{a^2 - x^2}\, dx$$

為求此積分，取

$$x = a\sin\theta \quad \text{使得} \quad dx = a\cos\theta\, d\theta$$

注意當 $x=0$，$\sin\theta=0$，得到 $\theta=0$，它是對 $\theta$ 積分的下限；當 $x=a$，$\sin\theta=1$，得到 $\theta=\pi/2$，它是對 $\theta$ 積分的上限。同時

$$\sqrt{a^2 - x^2} = \sqrt{a^2 - a^2\sin^2\theta} = a\sqrt{1 - \sin^2\theta}$$
$$= a\sqrt{\cos^2\theta} = a|\cos\theta| = a\cos\theta$$

其中 $0 \leq \theta \leq \frac{\pi}{2}$。故

$$A = \frac{4b}{a}\int_0^a \sqrt{a^2 - x^2}\, dx = \frac{4b}{a}\int_0^{\pi/2} a\cos\theta \cdot a\cos\theta\, d\theta$$

$$= 4ab\int_0^{\pi/2} \cos^2\theta\, d\theta$$

$$= 4ab\int_0^{\pi/2} \frac{1}{2}(1 + \cos 2\theta)\, d\theta \quad \text{使用半角公式}$$

$$= 2ab\left[\theta + \frac{1}{2}\sin 2\theta\right]_0^{\pi/2} = 2ab\left[\left(\frac{\pi}{2} + 0\right) - 0\right]$$

即 $\pi ab$。

**註** 對於圓，$a = b = r$，其中 $r$ 為圓的半徑，且例題 2 的結果是圓的面積 $\pi r^2$，如所預期的。

**例題 3** 求 $\int \frac{1}{(4+x^2)^{3/2}}\,dx$。

**解** 觀察知道被積分函數的分母可寫成 $\left(\sqrt{4+x^2}\right)^3$，且可表示為根號形式 $\sqrt{a^2+x^2}$，其中 $a = 2$。所以取

$$x = 2\tan\theta \quad \text{使得} \quad dx = 2\sec^2\theta\,d\theta$$

則

$$\sqrt{4+x^2} = \sqrt{4+4\tan^2\theta} = 2\sqrt{1+\tan^2\theta} = 2\sqrt{\sec^2\theta} = 2\sec\theta$$

故

$$\int \frac{1}{(4+x^2)^{3/2}}\,dx = \int \frac{1}{(2\sec\theta)^3} \cdot 2\sec^2\theta\,d\theta$$

$$= \frac{1}{4}\int \cos\theta\,d\theta$$

$$= \frac{1}{4}\sin\theta + C$$

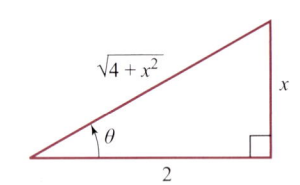

**圖 8.8**
跟代換 $x = 2\tan\theta$ 有關的直角三角形

最後由與代換 $x = 2\tan\theta$ 有關的直角三角形得知 $\sin\theta = x/\sqrt{4+x^2}$（圖 8.8）。故

$$\int \frac{1}{(4+x^2)^{3/2}}\,dx = \frac{x}{4\sqrt{4+x^2}} + C$$

**例題 4** 求 $\int \frac{\sqrt{x^2-16}}{x}\,dx$。

**解** 此處的被積分函數含有根號的形式為 $\sqrt{x^2-a^2}$，其中 $a = 4$。令

$$x = 4\sec\theta \quad \text{使得} \quad dx = 4\sec\theta\tan\theta\,d\theta$$

則

$$\sqrt{x^2-16} = \sqrt{16\sec^2\theta - 16} = 4\sqrt{\sec^2\theta - 1} = 4\sqrt{\tan^2\theta} = 4\tan\theta$$

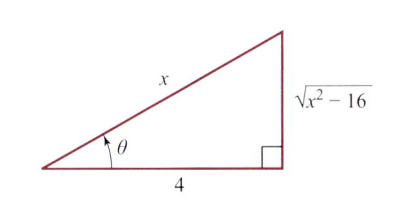

故

$$\int \frac{\sqrt{x^2-16}}{x} dx = \int \frac{4\tan\theta}{4\sec\theta} \cdot 4\sec\theta\tan\theta\, d\theta$$

$$= 4\int \tan^2\theta\, d\theta$$

$$= 4\int (\sec^2\theta - 1)\, d\theta = 4\int \sec^2\theta\, d\theta - 4\int d\theta$$

$$= 4\tan\theta - 4\theta + C$$

$x = 4\sec\theta$ 即 $\sec\theta = x/4$，所以 $\theta = \sec^{-1}(x/4)$。進一步檢視跟代換有關的三角函數，得知

$$\tan\theta = \frac{\sqrt{x^2-16}}{4}$$

（圖 8.9。）故

$$\int \frac{\sqrt{x^2-16}}{x} dx = \sqrt{x^2-16} - 4\sec^{-1}\left(\frac{x}{4}\right) + C \qquad \blacksquare$$

**圖 8.9**
跟代換 $x = 4\sec\theta$ 有關的直角三角形

有時候可以應用完全平方的技巧改寫含有二次式的被積分函數，使它變成之前的三角代換的形式。將在下一個例題中說明。

**例題 5** 求 $\int \dfrac{dx}{\sqrt{x^2+4x+7}}$。

**解** 將被積分函數中根號部分的二次式完全平方後，得到

$$x^2 + 4x + 7 = [x^2 + 4x + (2)^2] + 7 - 4 = (x+2)^2 + 3$$

取 $u = x + 2$，則

$$x^2 + 4x + 7 = u^2 + 3 \quad 與 \quad du = dx$$

所以

$$\int \frac{dx}{\sqrt{x^2+4x+7}} = \int \frac{du}{\sqrt{u^2+3}}$$

觀察被積分函數 $\sqrt{u^2+3}$ 具備 $\sqrt{u^2+a^2}$ 的形式，其中 $a = \sqrt{3}$。所以取

$$u = \sqrt{3}\tan\theta \quad 使得 \quad du = \sqrt{3}\sec^2\theta\, d\theta$$

則

$$\sqrt{u^2+3} = \sqrt{3\tan^2\theta + 3} = \sqrt{3}\sqrt{\tan^2\theta + 1}$$
$$= \sqrt{3}\sqrt{\sec^2\theta} = \sqrt{3}\sec\theta$$

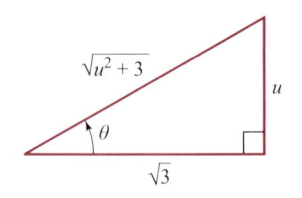

**圖 8.10**
跟代換 $u = \sqrt{3}\tan\theta$ 有關的直角三角形

因此
$$\int \frac{du}{\sqrt{u^2+3}} = \int \frac{\sqrt{3}\sec^2\theta}{\sqrt{3}\sec\theta}d\theta = \int \sec\theta\, d\theta$$
$$= \ln|\sec\theta + \tan\theta| + C$$

由 $u = \sqrt{3}\tan\theta$ 得知 $\tan\theta = u/\sqrt{3}$。由跟代換 $u = \sqrt{3}\tan\theta$ 有關的直角三角形得知 $\theta = \sqrt{u^2+3}/\sqrt{3}$（圖 8.10）。所以

$$\int \frac{du}{\sqrt{u^2+3}} = \ln\left|\frac{\sqrt{u^2+3}}{\sqrt{3}} + \frac{u}{\sqrt{3}}\right| + \ln C_1$$

即
$$\int \frac{dx}{\sqrt{x^2+4x+7}} = \ln|\sqrt{x^2+4x+7} + x + 2| + C \quad C = \ln\left(\frac{C_1}{\sqrt{3}}\right) \quad \blacksquare$$

**例題 6** **視窗所受之流體靜力** 某橫臥的圓柱形儲油槽，其半徑為 3 呎且長為 10 呎。若此油槽內裝有高 5 呎，密度為 50 磅／呎³ 的油料，求油料施加於此儲油槽一端的力。

**解** 令儲油槽一端（半徑為 3 呎的圓盤）的中心位於所採用的坐標系的原點，則此油槽一端可以用 $x^2 + y^2 = 9$ 描述（圖 8.11）。深色陰影部分的矩形，其長度為 $L(y) = 2x = 2\sqrt{9-y^2}$，故此矩形的面積為

$$\Delta A = L(y)\Delta y = 2\sqrt{9-y^2}\,\Delta y$$

油料加於此矩形的壓力為

$$\delta(2-y) = 50(2-y) \qquad \text{密度·深度}$$

所以相對應的力為

$$\delta(2-y)\Delta A = 50(2-y)(2)\sqrt{9-y^2}\,\Delta y \qquad \text{壓力·面積}$$
$$= 100(2-y)\sqrt{9-y^2}\,\Delta y$$

將施加於這些矩形的力加總起來，並取其極限，可得

$$F = \int_{-3}^{2} 100(2-y)\sqrt{9-y^2}\,dy$$
$$= 200\int_{-3}^{2}\sqrt{9-y^2}\,dy - 100\int_{-3}^{2} y\sqrt{9-y^2}\,dy$$

上式中等號右邊的第二項與第一項可分別由 $u = 9 - y^2$ 與 $y = 3\sin\theta$ 來代換後再計算。計算得到油料施加於此儲油槽一端的力約為 2890 磅。

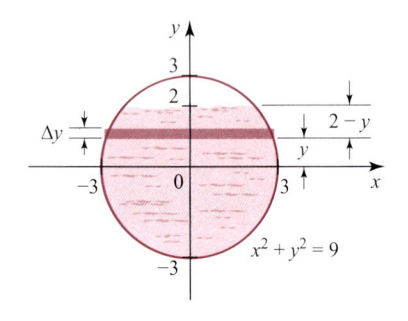

**圖 8.11**
圓柱形的儲油槽一端的側視圖

## 8.3 習題

1-16 題，使用適當的三角代換求積分。

1. $\displaystyle\int \frac{x}{\sqrt{9-x^2}}\,dx$

2. $\displaystyle\int x\sqrt{4-x^2}\,dx$

3. $\displaystyle\int \frac{1}{x\sqrt{4+x^2}}\,dx$

4. $\displaystyle\int \frac{1}{x^2\sqrt{x^2+4}}\,dx$

5. $\displaystyle\int x^3\sqrt{1-x^2}\,dx$

6. $\displaystyle\int \frac{x^3}{\sqrt{x^2+9}}\,dx$

7. $\displaystyle\int \frac{1}{(x^2-9)^{3/2}}\,dx$

8. $\displaystyle\int \frac{\sqrt{16x^2-9}}{x}\,dx$

9. $\displaystyle\int \frac{\sqrt{1-x^2}}{x^4}\,dx$

10. $\displaystyle\int \frac{1}{x\sqrt{9x^2+4}}\,dx$

11. $\displaystyle\int_{-\sqrt{3}}^{\sqrt{3}} \sqrt{4-x^2}\,dx$

12. $\displaystyle\int_{1}^{\sqrt{3}} \frac{1}{(1+x^2)^{3/2}}\,dx$

13. $\displaystyle\int e^x\sqrt{4-e^{2x}}\,dx$

14. $\displaystyle\int_{1/2}^{\sqrt{3}/2} \frac{dx}{x\sqrt{1-x^2}}$

15. $\displaystyle\int \frac{1}{\sqrt{2t-t^2}}\,dt$

16. $\displaystyle\int \frac{1}{(x^2+4x+8)^2}\,dx$

17. 求在圖形 $y = \dfrac{1}{x\sqrt{4-x^2}}$ 下方 $[1,\sqrt{2}]$ 區間的區域面積。

18. 求橢圓 $\dfrac{x^2}{a^2} + \dfrac{y^2}{b^2} = 1$ 正 $y$ 軸的平均值。

19. 在圖形 $y = \dfrac{x}{\sqrt{16-x^2}}$ 下方 $[0,2]$ 區間的區域繞 $y$ 軸旋轉，求此旋轉體的體積。

20. **觀察站所受之力**　一具可沉入水中且用於海洋學研究之新式環形觀察站其半徑為 1 呎。若其四分之三沉入水中，求海水施加其上的力。假設海水的密度為 64（磅／呎$^3$）。

21. 已知由橢圓 $\dfrac{x^2}{a^2} + \dfrac{y^2}{b^2} = 1$，$a > b$，繞 $x$ 軸旋轉產生的橢圓球體，求此球體的表面積。

22. **空氣汙染**　5 月中某日，長堤市（Long Beach）大氣中的一種危害呼吸的棕色氣體——二氧化氮的量大約是

$$A(t) = \frac{544}{4 + (t-4.5)^2} + 28 \qquad 0 \le t \le 11$$

其中 $A(t)$ 的單位為汙染物標準指標（PSI），$t$ 以小時為單位，$t = 0$ 相當於早上 7 點。求當日早上 7 點至中午大氣中的二氧化氮平均量。

資料來源：*The Los Angeles Times*。

23-24 題，使用三角代換法來推導公式。

23. $\displaystyle\int \sqrt{a^2-u^2}\,du = \frac{u}{2}\sqrt{a^2-u^2} + \frac{a^2}{2}\sin^{-1}\frac{u}{a} + C$

24. $\displaystyle\int \frac{du}{u\sqrt{a^2+u^2}} = -\frac{1}{a}\ln\left|\frac{\sqrt{a^2+u^2}+a}{u}\right| + C$

25. **a.** 使用三角代換法來證明

$$\int \frac{dx}{x^2+a^2} = \ln\left(x + \sqrt{x^2+a^2}\right) + C$$

**b.** 使用分部積分和 (a) 的結果來求

$$\int \frac{x\tan^{-1}x}{\sqrt{1+x^2}}\,dx$$

26. 證明

$$\int_0^x \sqrt{a^2-u^2}\,du = \frac{1}{2}x\sqrt{a^2-x^2} + \frac{a^2}{2}\sin^{-1}\frac{x}{a} + C$$

其中 $0 \le x \le a$，以幾何方式解釋此積分。

## 8.4　部分分式的方法

### 部分分式

於代數中，我們知道如何將兩個或兩個以上的有理式（分式）合併成一個式子，就是將分母通分後合併。譬如：

$$\frac{2}{x-3} - \frac{1}{x+1} = \frac{2(x+1) - (x-3)}{(x-3)(x+1)} = \frac{x+5}{(x-3)(x+1)} \quad (1)$$

然而有時候將過程倒轉過來會更好，亦即，將一個複雜的式子拆成簡單的式子之和或差。例如：假設要計算積分

$$\int \frac{x+5}{x^2 - 2x - 3} dx \quad (2)$$

透過式 (1) 的協助，將被積分函數寫成

$$\frac{x+5}{x^2 - 2x - 3} = \frac{x+5}{(x-3)(x+1)} = \frac{2}{x-3} - \frac{1}{x+1} \quad (3)$$

式子等號兩邊再對 x 積分可得

$$\int \frac{x+5}{x^2 - 2x - 3} dx = \int \left(\frac{2}{x-3} - \frac{1}{x+1}\right) dx$$
$$= 2\ln|x-3| - \ln|x+1| + C$$

式 (3) 右邊的表示式稱為 $(x+5)/(x^2-2x-3)$ 的部分分式分解（partial fraction decomposition），且每一項稱為部分分式（partial fraction）。我們已經使用計算式 (2) 中的被積分函數的積分技巧稱為**部分分式的方法**（method of partial fractions），此方法也可以用來積分任意有理函數。

假設 f 為有理函數且定義為

$$f(x) = \frac{P(x)}{Q(x)}$$

此處 $P(x)$ 與 $Q(x)$ 都是多項式。若 $P(x)$ 的次方大於或等於 $Q(x)$ 的，可用長除法將 $f(x)$ 表示為

$$f(x) = S(x) + \frac{R(x)}{Q(x)} \quad (4)$$

此處 S 為多項式（polynomial）且 $R(x)$ 的次方低於 $Q(x)$ 的次方。例如：若

$$f(x) = \frac{x^3 - 4x^2 + 3x - 5}{x^2 - 1}$$

則使用長除法可得

$$f(x) = x - 4 + \frac{4x - 9}{x^2 - 1}$$

現在若對 $f$ 積分，則由式 (4) 可得

$$\int f(x)\, dx = \int S(x)\, dx + \int \frac{R(x)}{Q(x)}\, dx$$

式子等號右邊的第一個積分是多項式，所以比較容易積分。為計算第二個積分，先將 $R(x)/Q(x)$ 分解成部分分式的和，然後再逐項積分。$R(x)/Q(x)$ 之所以可以被分解是由於下面代數的結果，此處只有敘述並沒有證明：

1. 每個多項式 $Q$ 可以被因式分解為線性因子的乘積（$ax + b$ 的形式）與不可分解的二次因子（$ax^2 + bx + c$ 的形式，其中 $b^2 - 4ac < 0$）。

2. 每一個有理函數 $R(x)/Q(x)$，若 $R(x)$ 的次方低於（less than）$Q(x)$ 的次方，則它可以被分解成形式為

$$\frac{A}{(ax + b)^k} \quad \text{或} \quad \frac{Ax + B}{(ax^2 + bx + c)^k}$$

的部分分式的和。

有理函數 $R(x)/Q(x)$ 被分解成部分分式的形式取決於 $Q(x)$ 的形式，並可以經由檢驗四種情形來說明。

---

**情形 1：相異的線性因子**

若

$$\frac{R(x)}{Q(x)} = \frac{R(x)}{(a_1 x + b_1)(a_2 x + b_2) \cdots (a_n x + b_n)}$$

其中所有因子 $a_k x + b_k$（$k = 1, 2, ..., n$）都不相同，則存在常數 $A_1, A_2, ..., A_n$，使得

$$\frac{R(x)}{Q(x)} = \frac{A_1}{a_1 x + b_1} + \frac{A_2}{a_2 x + b_2} + \cdots + \frac{A_n}{a_n x + b_n}$$

---

**例題 1** 求 $\displaystyle\int \frac{4x^2 - 4x + 6}{x^3 - x^2 - 6x}\, dx$。

**解** 被積分函數的分子之次方低於分母的，所以這裡不需要使用長除法。又分母可以寫成 $x(x-3)(x+2)$ 的形式，即三個不同的線性因子相乘。所以它的部分分式為

$$\frac{4x^2 - 4x + 6}{x(x - 3)(x + 2)} = \frac{A}{x} + \frac{B}{x - 3} + \frac{C}{x + 2}$$

接著要決定 $A, B$ 和 $C$。式子等號兩邊同乘 $x(x-3)(x+2)$，可得

$$4x^2 - 4x + 6 = A(x-3)(x+2) + Bx(x+2) + Cx(x-3)$$

若將式子等號右邊各項通分後合併再將等次方的 $x$ 放一起，則會得到式子

$$4x^2 - 4x + 6 = (A+B+C)x^2 + (-A+2B-3C)x - 6A$$

兩個多項式相等，所以它們相同次方的 $x$ 項之係數必須相等。由 $x^2$, $x^1$ 與 $x^0$ 的係數依序對等後可得 $A, B$ 與 $C$ 的線性聯立方程式：

$$A + B + C = 4$$
$$-A + 2B - 3C = -4$$
$$-6A = 6$$

其解為 $A = -1$, $B = 2$ 與 $C = 3$。因此，被積分函數經過分解後的部分分式為

$$\frac{4x^2 - 4x + 6}{x^3 - x^2 - 6x} = -\frac{1}{x} + \frac{2}{x-3} + \frac{3}{x+2}$$

最後，式子兩邊同時積分可得

$$\int \frac{4x^2 - 4x + 6}{x^3 - x^2 - 6x} dx = \int \left( -\frac{1}{x} + \frac{2}{x-3} + \frac{3}{x+2} \right) dx$$
$$= -\ln|x| + 2\ln|x-3| + 3\ln|x+2| + K$$

此處 $K$ 為積分常數。■

**註** 例題 1 的 $A, B$ 與 $C$ 有另一種求法。對於所有（all）$x$，式子

$$4x^2 - 4x + 6 = A(x-3)(x+2) + Bx(x+2) + Cx(x-3)$$

都成立。令 $x = 0$，則式子等號右邊第二項與第三項都等於零，得到 $6 = -6A$，即 $A = -1$。接著令 $x = 3$，使得式子等號右邊第一項與第三項都等於零，得到 $30 = 15B$，即 $B = 2$。最後令 $x = -2$，得到 $30 = 10C$，即 $C = 3$。■

**例題 2** 求 $\displaystyle\int \frac{4x^3 + x}{2x^2 + x - 3} dx$。

**解** 被積分函數的分子之次方大於分母的，所以這裡使用長除法得到

$$\frac{4x^3 + x}{2x^2 + x - 3} = 2x - 1 + \frac{8x - 3}{2x^2 + x - 3} \tag{5}$$

## 歷史傳記

**JOHANN BERNOULLI**
(1667–1748)

儘管他的父親希望他將來從商，Johann Bernoulli 依然私下和他的哥哥 Jacob，Basel 大學的數學教授，學習數學。Johann 如此地投入數學，以至於 25 歲時他已經寫了兩本關於微積分的書。這兩本書許久之後仍未出版，這期間他成為 Guillaume François Antoine, Marquis de l'Hôpital 的家庭教師。l'Hôpital 以薪俸的方式來購買 Bernoulli 的數學研究成果。事實上，Johann Bernoulli 對微積分最偉大的貢獻之一出現在 l'Hôpital 的 *Analyse des infiniment petits pour l'intelligence des lignes courbes*（1696）一書中，且其後被稱為 l'Hôpital 的規則。Bernoulli 與 Liebniz 一直保持通訊聯絡，並且他強烈認定 Liebniz 的方法超越 Isaac Newton 的。部分分式是 Bernoulli 對微積分的諸多貢獻之一，這個方法有助於某些有理函數的積分。在其生涯中，Johann Bernoulli 獲得極大的聲譽，並被視為是當代的阿基米德。數學天賦深深地延伸於 Bernoulli 家族中；除了哥哥 Jacob 外，Johann Bernoulli 的三個兒子也都是數學家。

接著將 $(8x-3)/(2x^2+x-3)$ 分解成為部分分式的和。$(2x^2+x-3)=(2x+3)(x-1)$ 為兩個不同的線性因子相乘，所以

$$\frac{8x-3}{2x^2+x-3} = \frac{8x-3}{(2x+3)(x-1)} = \frac{A}{2x+3} + \frac{B}{x-1}$$

式子等號兩邊同乘 $(2x+3)(x-1)$ 可得

$$8x-3 = A(x-1) + B(2x+3)$$

令 $x=1$，則 $5=5B$，即 $B=1$。接著令 $x=-\frac{3}{2}$，得到 $-15=-\frac{5}{2}A$，即 $A=6$。因此

$$\frac{8x-3}{2x^2+x-3} = \frac{6}{2x+3} + \frac{1}{x-1}$$

將此式等號右邊的式子代入式 (5) 後，式子兩邊同時對 $x$ 積分，即得所求的結果：

$$\int \frac{4x^3+x}{2x^2+x-3} dx = \int \left(2x-1 + \frac{6}{2x+3} + \frac{1}{x-1}\right) dx$$
$$= x^2 - x + 3\ln|2x+3| + \ln|x-1| + K$$

觀察到在計算式子等號右邊第三項和最後一項的積分時，已經分別使用代換 $u=2x+3$ 與 $u=x-1$。∎

---

**情形 2：重複的線性因子**

若 $Q(x)$ 有 $(ax+b)^r$ 的因子，且 $r>1$，則 $R(x)/Q(x)$ 可被分解為 $r$ 個部分分式的和，其形式為

$$\frac{A_1}{ax+b} + \frac{A_2}{(ax+b)^2} + \cdots + \frac{A_r}{(ax+b)^r}$$

此處的 $A_k$ 都是實數。

---

譬如：

$$\frac{2x^4-3x^2+x-4}{x(x-1)(2x+3)^3} = \frac{A}{x} + \frac{B}{x-1} + \frac{C}{2x+3} + \frac{D}{(2x+3)^2} + \frac{E}{(2x+3)^3}$$

**例題 3** 求 $\displaystyle\int \frac{2x^2+3x+7}{x^3+x^2-x-1} dx$。

**解** 被積分函數的分子之次方低於分母的，所以這裡不需要使用長除法。注意

$$Q(x) = x^3+x^2-x-1 = x^2(x+1) - (x+1) = (x+1)(x^2-1)$$
$$= (x-1)(x+1)^2$$

因為 $-1$ 是重根（這裡的 $r = 2$），所以被積分函數的部分分式為

$$\frac{2x^2 + 3x + 7}{(x + 1)^2(x - 1)} = \frac{A}{x + 1} + \frac{B}{(x + 1)^2} + \frac{C}{x - 1}$$

式子兩邊同乘 $(x + 1)^2(x - 1)$ 可得

$$2x^2 + 3x + 7 = A(x + 1)(x - 1) + B(x - 1) + C(x + 1)^2$$

令 $x = 1$，則 $12 = 4C$，即 $C = 3$。接著令 $x = -1$，則 $6 = -2B$，即 $B = -3$。最後令 $x = 0$（它是最方便的選擇），得到 $7 = -A - B + C$。將 $B$ 與 $C$ 代入式子，即得 $A = -B + C - 7 = -1$。故

$$\int \frac{2x^2 + 3x + 7}{x^3 + x^2 - x - 1} dx = \int \left( -\frac{1}{x + 1} - \frac{3}{(x + 1)^2} + \frac{3}{x - 1} \right) dx$$

$$= -\ln|x + 1| + \frac{3}{x + 1} + 3\ln|x - 1| + K$$

$$= \frac{3}{x + 1} + \ln\left|\frac{(x - 1)^3}{x + 1}\right| + K \qquad \blacksquare$$

記得若一個二次式 $ax^2 + bx + c$ 不可寫成實根之線性因子的乘積，則它稱為**不可約的**（irreducible）。

---

**情形 3：相異不可約的線性因子**

若

$$\frac{R(x)}{Q(x)} = \frac{R(x)}{(a_1x^2 + b_1x + c_1)(a_2x^2 + b_2x + c_2)\cdots(a_nx^2 + b_nx + c_n)}$$

並且所有因子 $a_kx^2 + b_kx + c_k$（$k = 1, 2, \ldots, n$）都不相同且不可約的，則存在常數 $A_1, A_2, \ldots, A_n, B_1, B_2, \ldots, B_n$，使得

$$\frac{R(x)}{Q(x)} = \frac{A_1x + B_1}{a_1x^2 + b_1x + c_1} + \frac{A_2x + B_2}{a_2x^2 + b_2x + c_2} + \cdots + \frac{A_nx + B_n}{a_nx^2 + b_nx + c_n}$$

---

例如：

$$\frac{3x^3 + 8x^2 + 7x + 5}{(x^2 + 1)(x^2 + 2x + 2)} = \frac{Ax + B}{x^2 + 1} + \frac{Cx + D}{x^2 + 2x + 2}$$

**例題 4** 求 $\displaystyle\int \frac{x^4 + 3x^3 + 14x^2 + 14x + 41}{(x^2 + 4)(x^2 + 2x + 5)} dx$。

**解** 被積分函數的分子之次方不低於分母的，所以要使用長除法計算

$$\frac{x^4 + 3x^3 + 14x^2 + 14x + 41}{(x^2 + 4)(x^2 + 2x + 5)} = \frac{x^4 + 3x^3 + 14x^2 + 14x + 41}{x^4 + 2x^3 + 9x^2 + 8x + 20}$$

$$= 1 + \frac{x^3 + 5x^2 + 6x + 21}{(x^2 + 4)(x^2 + 2x + 5)}$$

注意因為二次式 $x^2 + 2x + 5$ 的判別式為

$$b^2 - 4ac = 2^2 - 4(1)(5) = -16 < 0$$

所以此二次式是不可約的。又二次式的因子都不相同，所以

$$\frac{x^3 + 5x^2 + 6x + 21}{(x^2 + 4)(x^2 + 2x + 5)} = \frac{Ax + B}{x^2 + 4} + \frac{Cx + D}{x^2 + 2x + 5}$$

等式兩邊同乘 $(x^2 + 4)(x^2 + 2x + 5)$ 可得

$$\begin{aligned} x^3 + 5x^2 + 6x + 21 &= (Ax + B)(x^2 + 2x + 5) + (Cx + D)(x^2 + 4) \\ &= (A + C)x^3 + (2A + B + D)x^2 \\ &\quad + (5A + 2B + 4C)x + (5B + 4D) \end{aligned}$$

比較 $x$ 次方相同的各項係數後可得

$$\begin{aligned} A + \phantom{2B} + C \phantom{+ 4D} &= 1 \\ 2A + B \phantom{+ 4C} + D &= 5 \\ 5A + 2B + 4C \phantom{+ 4D} &= 6 \\ \phantom{2A +} 5B \phantom{+ 4C} + 4D &= 21 \end{aligned}$$

此聯立方程式的解為 $A = 0, B = 1, C = 1$ 與 $D = 4$。因此

$$\int \frac{x^4 + 3x^3 + 14x^2 + 14x + 41}{(x^2 + 4)(x^2 + 2x + 5)} dx$$

$$= \int \left( 1 + \frac{1}{x^2 + 4} + \frac{x + 4}{x^2 + 2x + 5} \right) dx$$

$$= x + \frac{1}{2} \tan^{-1}\left(\frac{x}{2}\right) + \int \frac{x + 4}{x^2 + 2x + 5} dx$$

為計算等號右邊的積分，將被積分函數的分母完全平方，亦即，$x^2 + 2x + 5 = (x + 1)^2 + 4$。接著使用 $u = x + 1$ 代換，得到 $du = dx$ 與 $x = u - 1$，所以

$$\int \frac{x + 4}{x^2 + 2x + 5} dx = \int \frac{x + 4}{(x + 1)^2 + 4} dx = \int \frac{(u - 1) + 4}{u^2 + 4} du$$

$$= \int \frac{u + 3}{u^2 + 4} du = \int \frac{u}{u^2 + 4} du + \int \frac{3}{u^2 + 4} du$$

$$= \frac{1}{2}\ln(u^2+4) + \frac{3}{2}\tan^{-1}\left(\frac{u}{2}\right) + C_1$$

$$= \frac{1}{2}\ln(x^2+2x+5) + \frac{3}{2}\tan^{-1}\left(\frac{x+1}{2}\right) + C_1$$

故

$$\int \frac{x^4+3x^3+14x^2+14x+41}{(x^2+4)(x^2+2x+5)}dx$$

$$= x + \frac{1}{2}\tan^{-1}\left(\frac{x}{2}\right) + \frac{1}{2}\ln(x^2+2x+5) + \frac{3}{2}\tan^{-1}\left(\frac{x+1}{2}\right) + C$$

∎

---

**情形 4：重複不可約的二次式因子**

若 $Q(x)$ 含 $(ax^2+bx+c)^r$ 且 $r>1$，其中 $ax^2+bx+c$ 是不可約的，則 $R(x)/Q(x)$ 可被分解為含 $r$ 個部分分式和的形式，即

$$\frac{A_1 x + B_1}{ax^2+bx+c} + \frac{A_2 x + B_2}{(ax^2+bx+c)^2} + \cdots + \frac{A_r x + B_r}{(ax^2+bx+c)^r}$$

並且 $A_k$ 與 $B_k$ 都是實數。

---

例如：

$$\frac{x^4-3x^3+x+1}{x(x-1)^2(x^2+1)(x^2+x+1)^2}$$

$$= \frac{A}{x} + \frac{B}{x-1} + \frac{C}{(x-1)^2} + \frac{Dx+E}{x^2+1} + \frac{Fx+G}{(x^2+x+1)} + \frac{Hx+I}{(x^2+x+1)^2}$$

**例題 5** 求 $\displaystyle\int \frac{x^3-2x^2+3x+2}{x(x^2+1)^2}dx$。

**解** 被積分函數的部分分式分解為

$$\frac{x^3-2x^2+3x+2}{x(x^2+1)^2} = \frac{A}{x} + \frac{Bx+C}{x^2+1} + \frac{Dx+E}{(x^2+1)^2}$$

等式兩邊同乘 $x(x^2+1)^2$ 可得

$$x^3 - 2x^2 + 3x + 2$$
$$= A(x^2+1)^2 + (Bx+C)x(x^2+1) + (Dx+E)x$$
$$= A(x^4+2x^2+1) + B(x^4+x^2) + C(x^3+x) + Dx^2 + Ex$$
$$= (A+B)x^4 + Cx^3 + (2A+B+D)x^2 + (C+E)x + A$$

比較相同次方的 $x$ 之係數後可得

$$\begin{aligned} A + B &= 0 \\ C &= 1 \\ 2A + B + D &= -2 \\ C + E &= 3 \\ A &= 2 \end{aligned}$$

此聯立方程式的解為 $A = 2, B = -2, C = 1, D = -4$ 與 $E = 2$。所以

$$\int \frac{x^3 - 2x^2 + 3x + 2}{x(x^2 + 1)^2} dx$$

$$= \int \left( \frac{2}{x} + \frac{-2x + 1}{x^2 + 1} + \frac{-4x + 2}{(x^2 + 1)^2} \right) dx$$

$$= 2 \int \frac{dx}{x} - 2 \int \frac{x}{x^2 + 1} dx + \int \frac{dx}{x^2 + 1} - 4 \int \frac{x}{(x^2 + 1)^2} dx$$

$$\quad + 2 \int \frac{1}{(x^2 + 1)^2} dx$$

$$= 2 \ln|x| - \ln(x^2 + 1) + \tan^{-1} x + \frac{2}{x^2 + 1} + 2 \int \frac{1}{(x^2 + 1)^2} dx$$

為求等號右邊的積分，取

$$x = \tan \theta \quad , 則 \quad dx = \sec^2 \theta \, d\theta$$

又 $x^2 + 1 = \tan^2 \theta + 1 = \sec^2 \theta$。所以

$$\int \frac{1}{(x^2 + 1)^2} dx = \int \frac{1}{\sec^4 \theta} \cdot \sec^2 \theta \, d\theta = \int \cos^2 \theta \, d\theta$$

$$= \frac{1}{2} \int (1 + \cos 2\theta) \, d\theta = \frac{1}{2} \left( \theta + \frac{1}{2} \sin 2\theta \right) + K$$

$$= \frac{1}{2} (\theta + \sin \theta \cos \theta) + K \quad \text{\textcolor{red}{$\sin 2\theta = 2 \sin \theta \cos \theta$}}$$

$$= \frac{1}{2} \left( \tan^{-1} x + \frac{x}{\sqrt{x^2 + 1}} \cdot \frac{1}{\sqrt{x^2 + 1}} \right) + K \text{ 見圖 8.12}$$

$$= \frac{1}{2} \left( \tan^{-1} x + \frac{x}{x^2 + 1} \right) + K$$

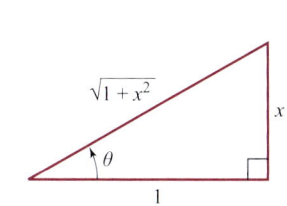

故

$$\int \frac{x^3 - 2x^2 + 3x + 2}{x(x^2 + 1)^2} dx$$

$$= \ln \frac{x^2}{x^2 + 1} + \tan^{-1} x + \frac{2}{x^2 + 1} + \tan^{-1} x + \frac{x}{x^2 + 1} + K$$

| 圖 8.12
與代換 $x = \tan \theta$ 有關的直角三角形

$$= \ln \frac{x^2}{x^2+1} + 2\tan^{-1} x + \frac{x+2}{x^2+1} + K \qquad \blacksquare$$

**註** 有些有理函數的積分使用代換法會更容易計算。譬如：積分

$$\int \frac{6x^2+4x+2}{x(x^2+x+1)} dx$$

可以取

$$u = x(x^2+x+1) = x^3 + x^2 + x$$

則 $du = (3x^2+2x+1)\,dx$，故

$$\int \frac{6x^2+4x+2}{x(x^2+x+1)} dx = \int \frac{2}{u} du$$
$$= 2\ln|u| + C$$
$$= \ln(x^3+x^2+x)^2 + C$$

然而此類的積分在實務上比較少見。 $\blacksquare$

**例題 6** **廢棄物處理** 有機廢棄物若被倒入池塘中，池塘內的氧含量將因氧化作用而降低。然而過一段時間後，池塘內的氧含量又會藉自然的作用恢復到其原來的水準。假設自從有機廢棄物被倒入池塘 $t$ 天後，池塘內的氧含量與其原含量之百分比為

$$f(t) = 100 \left( \frac{t^2+10t+100}{t^2+20t+100} \right)$$

求有機廢棄物被倒入池塘後，最初 10 天內池塘的平均氧含量為何？

**解** 池塘內的平均氧含量為

$$C = \frac{1}{10} \int_0^{10} f(t)\,dt = 10 \int_0^{10} \frac{t^2+10t+100}{t^2+20t+100} dt$$

上式右邊的被積分函數之分子的次方與分母的相同，所以須先以長除法處理，得到

$$\frac{t^2+10t+100}{t^2+20t+100} = 1 - \frac{10t}{t^2+20t+100}$$

接著，由於 $t^2+20t+100 = (t+10)^2$，所以

$$\frac{10t}{t^2+20t+100} = \frac{10t}{(t+10)^2} = \frac{A}{t+10} + \frac{B}{(t+10)^2}$$

此處 $A$ 與 $B$ 為待定實數。將上式等號兩邊同乘 $(t+10)^2$，可得

$$10t = A(t+10) + B$$

比較相同次方的 $t$ 後，得到 $A = 10$ 與 $10A + B = 0$，故 $B = -100$。

$$C = 10\int_0^{10}\left(1 - \frac{10}{t+10} + \frac{100}{(t+10)^2}\right)dt$$

$$= 10\left[t - 10\ln(t+10) - \frac{100}{t+10}\right]_0^{10}$$

$$= 10[(10 - 10\ln 20 - 5) - (0 - 10\ln 10 - 10)] = 80.69$$

約為 $81\%$。

## 8.4 習題

1-3 題，將有理式寫成部分分式。不用求其數值係數。

1. **a.** $\dfrac{3}{x(x-5)}$ **b.** $\dfrac{2x}{(x+1)(3x-2)}$

2. **a.** $\dfrac{2x^2-1}{x^3+x^2}$ **b.** $\dfrac{7}{x^2+3x-4}$

3. **a.** $\dfrac{x^3-2x+1}{x^4-16}$ **b.** $\dfrac{x^2-x-27}{2x^3-x^2+8x-4}$

4-26 題，求積分。

4. $\displaystyle\int \frac{dx}{x(x-4)}$

5. $\displaystyle\int \frac{t+3}{t(t+1)}\,dt$

6. $\displaystyle\int_3^4 \frac{1}{x^2-4}\,dx$

7. $\displaystyle\int \frac{x-1}{x^2-x-2}\,dx$

8. $\displaystyle\int \frac{2x^2+3x+6}{(x+3)(x^2-4)}\,dx$

9. $\displaystyle\int \frac{2x^2+x-1}{x^2-x}\,dx$

10. $\displaystyle\int \frac{2x^2-3x+3}{x^3-2x^2+x}\,dx$

11. $\displaystyle\int \frac{4x^2+3x+2}{x^3+x^2}\,dx$

12. $\displaystyle\int \frac{v^3+1}{v(v-1)^3}\,dv$

13. $\displaystyle\int \frac{x^3-x+2}{x^3+2x^2+x}\,dx$

14. $\displaystyle\int \frac{dx}{x(x^2-1)^2}$

15. $\displaystyle\int \frac{6x^2+28x+28}{x^3+4x^2+x-6}\,dx$

16. $\displaystyle\int \frac{x^3+3}{(x+1)(x^2+1)}\,dx$

17. $\displaystyle\int \frac{5x^3-3x^2+7x-3}{(x^2+1)^2}\,dx$

18. $\displaystyle\int \frac{8-3x}{(x+1)(x^2-4x+6)}\,dx$

19. $\displaystyle\int \frac{x}{x^3+1}\,dx$

20. $\displaystyle\int_0^1 \frac{3x^3+5x^2+5x+1}{(x+1)^2(x^2+1)}\,dx$

21. $\displaystyle\int \frac{3x^2+x+2}{(x^2+x+1)^2}\,dx$

22. $\displaystyle\int \frac{3x^2-x+4}{(2x^3-x^2+8x+4)^2}\,dx$

23. $\displaystyle\int \frac{\sin x}{\cos^3 x + \cos^2 x}\,dx$

24. $\displaystyle\int \frac{e^t}{(e^t-1)(e^t+2)}\,dt$

25. $\displaystyle\int \frac{e^{4t}}{(e^t+2)(e^{2t}-1)}\,dt$

26. $\displaystyle\int \frac{x^{1/3}}{1+x}\,dx$
提示：令 $u = x^{1/3}$。

27-30 題，已知若 $u = \tan\dfrac{x}{2}$，$-\pi < x < \pi$，則 $\cos x = \dfrac{1-u^2}{1+u^2}$，$\sin x = \dfrac{2u}{1+u^2}$ 與 $dx = \dfrac{2}{1+u^2}\,du$。用這些等式求積分。

27. $\displaystyle\int \frac{1}{1+\cos x}\,dx$

28. $\displaystyle\int \frac{1}{5+\sin x - 3\cos x}\,dx$

29. $\displaystyle\int_0^{\pi/2} \frac{1}{1+\cos x+\sin x}\,dx$

30. $\displaystyle\int \frac{1}{1+\tan x}\,dx$

31. 求圖形 $y = \dfrac{1}{x(x+1)}$ 下方在 $[1, 2]$ 區間的區域面積。

32. 圖形 $y = \dfrac{1}{x(x+1)}$ 下方在 $[1, 2]$ 區間的區域繞 $x$ 軸旋轉。求此旋轉體的體積。

33. 已知圖形 $y = 2\ln\left(\dfrac{4}{4-x^2}\right)$，求此圖形從 $A(0, 0)$ 到 $B(1, 2\ln\dfrac{4}{3})$ 的線長。

34. **城市規劃** 某重要公司擬在 Glen Cove 郊區籌建 4325 英畝的複合社區，它包括住家、辦公室、商店、學校與教會。規劃者估計此建設案自目

前算起，$t$ 年後 Glen Cove 的人口數（以千為單位）將是

$$P(t) = \frac{3t^2 + 130t + 270}{t^2 + 6t + 45}$$

試問 10 年後 Glen Cove 的平均人口數將是多少？

35-36 題，判斷下列敘述是對或是錯。如果它是對，解釋你的理由。如果它是錯，請解釋你的理由或舉例說明。

35. $\dfrac{x^3 + 2x}{(x+1)(x-2)}$ 可以寫成 $\dfrac{A}{x+1} + \dfrac{B}{x-2}$ 的形式。

36. $\dfrac{1}{x(x-1)^2}$ 可以寫成 $\dfrac{A}{x} + \dfrac{B}{(x-1)^2}$ 的形式。

## 8.5　使用積分表積分和積分技巧的摘要

到目前為止，我們所學的積分技巧可用於廣大多樣化的函數之積分上。然而實用上，這些技巧並不適用於許多函數，即使可以用也不是很有效率。其他已經有的技巧可用來對許多複雜的函數積分。依據這些技巧，彙集了積分公式的延伸表。這些公式的一小樣本列於書前參考頁面的積分表中。這些公式是依據下面被積分函數的基本形式來分類的：$a + au$, $\sqrt{a+bu}$, $\sqrt{a^2 \pm u^2}$, $\sqrt{u^2 - a^2}$, $\sqrt{2au^2 - u^2}$、三角、反三角、指數、對數與雙曲函數。

### ◼ 使用積分表

積分表提供我們對複雜函數積分的便捷方法。此概念是配對積分中的被積分函數與表中適當的積分之被積分函數（已知它的反導函數）。有時候需要用代換或分部積分的公式，先重組所給予之積分，然後再使用積分表來求積分。

**例題 1** 使用積分表求 $\displaystyle\int \frac{3x}{\sqrt{2+x}}\,dx$。

**解** 首先將積分寫成

$$\int \frac{3x}{\sqrt{2+x}}\,dx = 3\int \frac{x}{\sqrt{2+x}}\,dx$$

檢查積分表中被積分函數有 $\sqrt{a+bu}$ 形式的，查到是公式 28

$$\int \frac{u}{\sqrt{a+bu}}\,du = \frac{2}{3b^2}(bu - 2a)\sqrt{a+bu} + C$$

是合適的選擇。取 $a = 2$, $b = 1$ 與 $u = x$ 可得

$$\int \frac{3x}{\sqrt{2+x}}\,dx = 3\left[\frac{2}{3}(x-4)\sqrt{2+x}\right] + C$$

$$= 2(x-4)\sqrt{2+x} + C$$

**例題 2** 使用積分表求 $\int \dfrac{\sqrt{3-4x^2}}{x^2}\,dx$。

**解** 查積分表中有 $\sqrt{a^2-u^2}$ 形式的積分，得知公式 49

$$\int \dfrac{\sqrt{a^2-u^2}}{u^2}\,du = -\dfrac{1}{u}\sqrt{a^2-u^2} - \sin^{-1}\dfrac{u}{a} + C$$

最接近所要的。比較這兩個被積分函數，取 $u = 2x$，得到 $du = 2\,dx$，所以

$$\int \dfrac{\sqrt{3-4x^2}}{x^2}\,dx = \int \dfrac{\sqrt{3-u^2}}{(u/2)^2}\left(\dfrac{du}{2}\right) = 2\int \dfrac{\sqrt{3-u^2}}{u^2}\,du$$

則使用公式 49 與取 $a = \sqrt{3}$ 可得

$$\int \dfrac{\sqrt{3-4x^2}}{x^2}\,dx = 2\int \dfrac{\sqrt{3-u^2}}{u^2}\,du = 2\left[-\dfrac{1}{u}\sqrt{3-u^2} - \sin^{-1}\dfrac{u}{\sqrt{3}}\right] + C$$

$$= -\dfrac{\sqrt{3-4x^2}}{x} - 2\sin^{-1}\left(\dfrac{2x}{\sqrt{3}}\right) + C \qquad ■$$

**例題 3** 使用積分表求 $\int x^3 \cos x\,dx$。

**解** 查看積分表中被積分函數有三角函數的部分，得知公式 78

$$\int u^n \cos u\,du = u^n \sin u - n\int u^{n-1}\sin u\,du$$

它是降階公式。取 $n = 3$，所以

$$\int x^3 \cos x\,dx = x^3 \sin x - 3\int x^2 \sin x\,dx$$

接著使用公式 77 與公式 76 可得

$$\int x^3 \cos x\,dx = x^3 \sin x - 3\left[-x^2 \cos x + 2\int x \cos x\,dx\right]$$

$$= x^3 \sin x + 3x^2 \cos x - 6(\cos x + x \sin x) + C$$

$$= x^3 \sin x + 3x^2 \cos x - 6x \sin x - 6\cos x + C \qquad ■$$

## ■ 使用積分表計算定積分

**例題 4** 使用積分表計算 $\displaystyle\int_0^{\pi/2} \dfrac{\sin 2x}{\sqrt{3-2\cos x}}\,dx$。

**解** 先計算相對應的不定積分，它可以改寫成

$$\int \dfrac{\sin 2x}{\sqrt{3-2\cos x}}\,dx = \int \dfrac{2\sin x \cos x}{\sqrt{3-2\cos x}}\,dx$$

然而積分表中找不到任何這些形式的積分，因此考慮先使用代換法。令 $u = \cos x$，得到 $du = -\sin x\, dx$，則

$$\int \frac{\sin 2x}{\sqrt{3-2\cos x}}\, dx = -2 \int \frac{\cos x\,(-\sin x)}{\sqrt{3-2\cos x}}\, dx = -2\int \frac{u}{\sqrt{3-2u}}\, du$$

檢查積分表中被積分函數有 $\sqrt{a+bu}$ 形式的，查到是公式 28

$$\int \frac{u}{\sqrt{a+bu}}\, du = \frac{2}{3b^2}(bu - 2a)\sqrt{a+bu} + C$$

取 $a = 3$ 與 $b = -2$，可得

$$-2\int \frac{u}{\sqrt{3-2u}}\, du = -2\left(\frac{2}{12}\right)(-2u - 6)\sqrt{3-2u} + C$$
$$= \frac{2}{3}(u+3)\sqrt{3-2u} + C$$

所以

$$\int \frac{\sin 2x}{\sqrt{3-2\cos x}}\, dx = \frac{2}{3}(u+3)\sqrt{3-2u} + C$$
$$= \frac{2}{3}(\cos x + 3)\sqrt{3-2\cos x} + C \quad \text{因為 } u = \cos x$$

故

$$\int_0^{\pi/2} \frac{\sin 2x}{\sqrt{3-2\cos x}}\, dx = \left[\frac{2}{3}(\cos x + 3)\sqrt{3-2\cos x}\right]_0^{\pi/2}$$
$$= \frac{2}{3}(3)\sqrt{3-0} - \frac{2}{3}(1+3)\sqrt{3-2} = 2\sqrt{3} - \frac{8}{3}$$
$$= \frac{6\sqrt{3} - 8}{3} \quad \blacksquare$$

**例題 5** 圖形 $y = \cos^{-1} x$ 下方在 $[0, 1]$ 區間的區域 $R$ 繞 $y$ 軸旋轉。求此旋轉體的體積。

**解** 區域 $R$ 展示於圖 8.13。使用圓柱殼法得到所求的體積為

$$V = 2\pi \int_0^1 x \cos^{-1} x\, dx$$

應用積分表中的公式 91 計算此積分。所以

$$V = 2\pi \int_0^1 x \cos^{-1} x\, dx = 2\pi \left[\frac{2x^2 - 1}{4}\cos^{-1} x - \frac{x\sqrt{1-x^2}}{4}\right]_0^1$$
$$= 2\pi\left[\frac{1}{4}\cos^{-1} 1 - \left(-\frac{1}{4}\cos^{-1} 0\right)\right] = 2\pi\left[\frac{1}{4}(0) + \frac{1}{4}\left(\frac{\pi}{2}\right)\right]$$
$$= \frac{\pi^2}{4} \quad \blacksquare$$

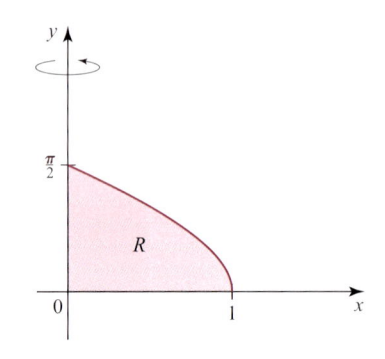

**圖 8.13**
圖形 $y = \cos^{-1} x$ 下方在 $[0, 1]$ 的區域 $R$

## 積分技巧的摘要

第一個表提供本章與上一章所討論的基本積分公式之摘要。

### 基本積分公式

| | | |
|---|---|---|
| **1.** $\int u^n\, du = \dfrac{u^{n+1}}{n+1} + C,\ n \neq -1$ | **9.** $\int \sec u \tan u\, du = \sec u + C$ | **17.** $\int \dfrac{du}{1+u^2} = \tan^{-1} u + C$ |
| **2.** $\int \dfrac{1}{u}\, du = \ln|u| + C$ | **10.** $\int \csc u \cot u\, du = -\csc u + C$ | **18.** $\int \sinh u\, du = \cosh u + C$ |
| **3.** $\int e^u\, du = e^u + C$ | **11.** $\int \sec u\, du = \ln|\sec u + \tan u| + C$ | **19.** $\int \cosh u\, du = \sinh u + C$ |
| **4.** $\int a^u\, du = \dfrac{a^u}{\ln a} + C$ | **12.** $\int \csc u\, du = -\ln|\csc u + \cot u| + C$ | **20.** $\int \operatorname{sech}^2 u\, du = \tanh u + C$ |
| **5.** $\int \sin u\, du = -\cos u + C$ | **13.** $\int \tan u\, du = \ln|\sec u| + C$ | **21.** $\int \operatorname{csch} u \coth u\, du = -\operatorname{csch} u + C$ |
| **6.** $\int \cos u\, du = \sin u + C$ | **14.** $\int \cot u\, du = \ln|\sin u| + C$ | **22.** $\int \operatorname{sech} u \tanh u\, du = -\operatorname{sech} u + C$ |
| **7.** $\int \sec^2 u\, du = \tan u + C$ | **15.** $\int \dfrac{du}{\sqrt{1-u^2}} = \sin^{-1} u + C$ | **23.** $\int \operatorname{csch}^2 u\, du = -\coth u + C$ |
| **8.** $\int \csc^2 u\, du = -\cot u + C$ | **16.** $\int \dfrac{du}{u\sqrt{u^2-1}} = \sec^{-1}|u| + C$ | |

下個表列出第 5 章（積分代換法）與本章的積分方法。

### 積分的方法

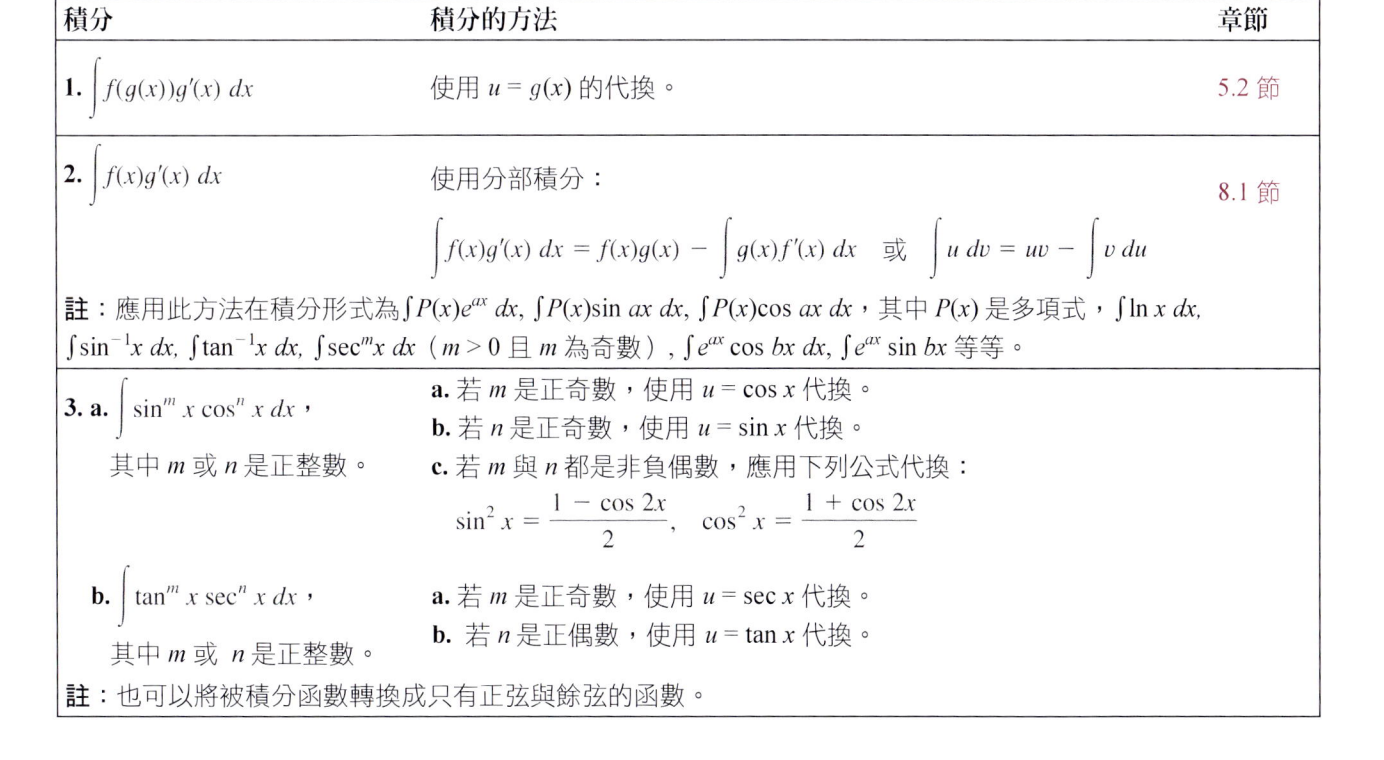

| 積分 | 積分的方法 | 章節 |
|---|---|---|
| **1.** $\int f(g(x))g'(x)\, dx$ | 使用 $u = g(x)$ 的代換。 | 5.2 節 |
| **2.** $\int f(x)g'(x)\, dx$ | 使用分部積分： $$\int f(x)g'(x)\, dx = f(x)g(x) - \int g(x)f'(x)\, dx \quad \text{或} \quad \int u\, dv = uv - \int v\, du$$ | 8.1 節 |

**註**：應用此方法在積分形式為 $\int P(x)e^{ax}\, dx$, $\int P(x)\sin ax\, dx$, $\int P(x)\cos ax\, dx$，其中 $P(x)$ 是多項式，$\int \ln x\, dx$, $\int \sin^{-1} x\, dx$, $\int \tan^{-1} x\, dx$, $\int \sec^m x\, dx$ ($m > 0$ 且 $m$ 為奇數)，$\int e^{ax} \cos bx\, dx$, $\int e^{ax} \sin bx$ 等等。

| | | |
|---|---|---|
| **3. a.** $\int \sin^m x \cos^n x\, dx$，<br>其中 $m$ 或 $n$ 是正整數。 | **a.** 若 $m$ 是正奇數，使用 $u = \cos x$ 代換。<br>**b.** 若 $n$ 是正奇數，使用 $u = \sin x$ 代換。<br>**c.** 若 $m$ 與 $n$ 都是非負偶數，應用下列公式代換：<br>$$\sin^2 x = \dfrac{1-\cos 2x}{2},\quad \cos^2 x = \dfrac{1+\cos 2x}{2}$$ | |
| **b.** $\int \tan^m x \sec^n x\, dx$，<br>其中 $m$ 或 $n$ 是正整數。 | **a.** 若 $m$ 是正奇數，使用 $u = \sec x$ 代換。<br>**b.** 若 $n$ 是正偶數，使用 $u = \tan x$ 代換。 | |

**註**：也可以將被積分函數轉換成只有正弦與餘弦的函數。

## 積分的方法（續）

| 積分 | 積分的方法 | 章節 |
|---|---|---|
| **c.** $\int \sin mx \sin nx \, dx$ <br> $\int \sin mx \cos nx \, dx$ <br> $\int \cos mx \cos nx \, dx$ | 使用恆等式： <br> $\sin mx \sin nx = \frac{1}{2}[\cos(m-n)x - \cos(m+n)x]$ <br> $\sin mx \cos nx = \frac{1}{2}[\sin(m-n)x + \sin(m+n)x]$ <br> $\cos mx \cos nx = \frac{1}{2}[\cos(m-n)x + \cos(m+n)x]$ | |
| **4.** $\int f(x)\,dx$，其中 $f$ 含 <br> $\sqrt{a^2 - x^2}$ <br> $\sqrt{a^2 + x^2}$ <br> $\sqrt{x^2 - a^2}$ | 使用 $x = a\sin\theta$ 代換，$-\frac{\pi}{2} \le \theta \le \frac{\pi}{2}$ <br> 使用 $x = a\tan\theta$ 代換，$-\frac{\pi}{2} < \theta < \frac{\pi}{2}$ <br> 使用 $x = a\sec\theta$ 代換，$0 \le \theta < \frac{\pi}{2}$ 或 $\frac{\pi}{2} < \theta \le \pi$ | 8.3 節 |
| **5.** $\int \dfrac{P(x)}{Q(x)}\,dx$，<br>其中 $P(x)$ 次方 $< Q(x)$ 次方，且 <br> $Q(x) = (p_1 x + q_1)^k (p_2 x + q_2)^l$ <br> $\cdots (ax^2 + bx + c)^m \cdots$ | 將被積分函數寫成部分分式的形式： <br> $\dfrac{P(x)}{Q(x)} = \dfrac{A_1}{p_1 x + q_1} + \dfrac{A_2}{(p_1 x + q_1)^2} + \cdots + \dfrac{A_k}{(p_1 x + q_1)^k}$ <br> $\quad + \dfrac{B_1}{p_2 x + q_2} + \dfrac{B_2}{(p_2 x + q_2)^2} + \cdots + \dfrac{B_l}{(p_2 x + q_2)^l}$ <br> $\quad + \cdots + \dfrac{M_1 x + N_1}{ax^2 + bx + c} + \dfrac{M_2 x + N_2}{(ax^2 + bx + c)^2} + \cdots$ <br> $\quad + \dfrac{M_m x + N_m}{(ax^2 + bx + c)^m} + \cdots$ | 8.4 節 |

**例題 6** 標示積分時使用的積分公式，並解釋你為什麼做這樣的選擇。

**a.** $\int x^2 (1-x)^{30}\,dx$    **b.** $\int \dfrac{x \sin^{-1} x}{\sqrt{1-x^2}}\,dx$    **c.** $\int \sin x \sin 2x \cos 3x\,dx$

**d.** $\int \dfrac{\cos^4 x}{\sin^3 x}\,dx$    **e.** $\int \dfrac{x+4}{(x-1)(x^2+1)^2}\,dx$

**解**

**a.** 用 $u = 1-x$ 代換，$du = -dx$。所以

$$\int x^2 (1-x)^{30}\,dx = -\int (1-u)^2 u^{30}\,du = -\int (1 - 2u + u^2) u^{30}\,du$$

$$= -\int (u^{30} - 2u^{31} + u^{32})\,du$$

如此就容易積分。

**b.** 被積分函數有 $\sin^{-1} x$，所以嘗試用分部積分，取

$$u = \sin^{-1} x \quad 與 \quad dv = \frac{x}{\sqrt{1-x^2}}\,dx$$

則

$$du = \frac{1}{\sqrt{1-x^2}}\,dx \quad 與 \quad v = \int \frac{x}{\sqrt{1-x^2}}\,dx = -\sqrt{1-x^2}$$

所以

$$\int \frac{x \sin^{-1} x}{\sqrt{1-x^2}}\,dx = -(\sin^{-1} x)\sqrt{1-x^2} + \int \frac{\sqrt{1-x^2}}{\sqrt{1-x^2}}\,dx$$

$$= -(\sin^{-1} x)\sqrt{1-x^2} + x + C$$

**c.** 使用 8.2 節的三角恆等式。

$$\sin x \sin 2x \cos 3x = [(\sin x)(\sin 2x)]\cos 3x$$

$$= \frac{1}{2}(\cos x - \cos 3x)\cos 3x$$

$$= \frac{1}{2}[(\cos x)(\cos 3x) - (\cos 3x)(\cos 3x)]$$

$$= \frac{1}{4}(\cos 2x + \cos 4x - 1 - \cos 6x)$$

故

$$\int \sin x \sin 2x \cos 3x\,dx = \frac{1}{4}\int (\cos 2x + \cos 4x - \cos 6x - 1)\,dx$$

即可直接積分。

**d.** 改寫積分為

$$I = \int \frac{\cos^4 x}{\sin^3 x}\,dx = \int \frac{\cos^4 x \sin x}{\sin^4 x}\,dx$$

令 $u = \cos x$，則 $du = -\sin x\,dx$，所以

$$I = \int \frac{\cos^4 x \sin x}{(\sin^2 x)^2}\,dx = \int \frac{\cos^4 x \sin x}{(1-\cos^2 x)^2}\,dx$$

$$= -\int \frac{u^4}{(1-u^2)^2}\,du$$

必須先使用長除法，然後再使用部分分式分解，即可計算該積分。

**e.** 被積分函數是有理函數，且其分子的次方低於分母的。所以使用部分分式的方法積分。其分解後為

$$\frac{A}{x-1} + \frac{Bx+C}{x^2+1} + \frac{Dx+E}{(x^2+1)^2}$$

求出 $A, B, C, D$ 與 $E$ 後，即可積分。　■

## 8.5 習題

1-18 題，使用積分表求積分。

1. $\int x\sqrt{1+2x}\,dx$
2. $\int \dfrac{x^2}{(1+2x)^2}\,dx$
3. $\int \dfrac{\sqrt{3+2x}}{x^2}\,dx$
4. $\int \dfrac{1}{x\sqrt{3+2x^2}}\,dx$
5. $\int \dfrac{\sqrt{2-x^2}}{x}\,dx$
6. $\int \dfrac{\sqrt{x^2-3}}{x}\,dx$
7. $\int \dfrac{e^x}{(1-e^{2x})^{3/2}}\,dx$
8. $\int x\cos^{-1} 2x\,dx$
9. $\int x^3 \sin(x^2+1)\,dx$
10. $\int_0^1 \sin^{-1}\sqrt{x}\,dx$
    提示：令 $u=\sqrt{x}$。
11. $\int e^{-2x}\sin 3x\,dx$
12. $\int x^3 e^{-2x}\,dx$
13. $\int \dfrac{\sin x}{1+\cos^2 x}\,dx$
14. $\int x^3 \ln 5x\,dx$
15. $\int \sqrt{6x-x^2}\,dx$
16. $\int \dfrac{x^2}{\sqrt{8x-3x^2}}\,dx$
17. $\int_1^{e^2} \dfrac{\ln t}{t\sqrt{1+\ln t}}\,dt$
18. $\int e^{\cos x}\sin 2x\,dx$

19. 求圖形 $y = x^2 \ln x$ 下方在 $[1, e]$ 區間的區域面積。
20. 圖形 $y = \cos^2 x$ 下方在 $\left[0, \frac{\pi}{2}\right]$ 的區域繞 $x$ 軸旋轉。求此旋轉體的體積。
21. **進入主題樂園的人數** Astro World（The Amusement Park of the Future）的經理估計自早上 8 點開園時算起，$t$ 小時後的訪客入園率（千人／時）為

$$R(t) = \dfrac{60}{(2+t^2)^{3/2}}$$

求自早上 8 點至中午入園訪客的總數。

22. **果蠅的生長** 基於實驗所獲得的數據，某生物學家發現，在食物供應有限的情況下，果蠅（Drosophila melanogaster）的數目可以下面的式子來近似：

$$N(t) = \dfrac{1000}{1+24e^{-0.02t}}$$

其中 $t$ 為實驗開始後的天數。求實驗開始後的第一個 10 天內與第一個 20 天內果蠅的平均數。

23. 在 $0 \le x \le 1$ 區間之圖形 $y = x^2$ 繞 $x$ 軸旋轉，求此旋轉體的表面積。

24-25 題，證明積分公式。

24. $\int \dfrac{\sqrt{a^2-u^2}}{u^2}\,du = -\dfrac{1}{u}\sqrt{a^2-u^2} - \sin^{-1}\dfrac{u}{a} + C$

25. $\int u^n \tan^{-1} u\,du$

$$= \dfrac{1}{n+1}\left[u^{n+1}\tan^{-1} u - \int \dfrac{u^{n+1}}{1+u^2}\,du\right],\ n \ne 1$$

26-44 題，求積分。

26. $\int \dfrac{x}{\sqrt[3]{2-x}}\,dx$
27. $\int \dfrac{\cos\frac{1}{x}}{x^2}\,dx$
28. $\int_0^{1/2} \dfrac{x+1}{\sqrt{1-x^2}}\,dx$
29. $\int_0^1 \dfrac{x}{x^4+3}\,dx$
30. $\int \dfrac{dx}{x\sqrt{1+(\ln x)^2}}$
31. $\int_1^e \dfrac{\sqrt{\ln x + 3}}{x}\,dx$
32. $\int x^2(3^{x^3+1})\,dx$
33. $\int x\sin^{-1} x\,dx$
34. $\int_2^{\sqrt{5}} \sqrt{x^2-4}\,dx$
35. $\int_1^2 \dfrac{\ln x}{x^2}\,dx$
36. $\int x\tan^2 x\,dx$
37. $\int_0^{\pi/3} \sqrt{1-\cos x}\,dx$
38. $\int \dfrac{dx}{x+1+\sqrt{x+1}}$
39. $\int \dfrac{dx}{\sqrt{x^2-6x}}$
40. $\int \cot^4(2x)\,dx$
41. $\int \dfrac{\sqrt{x^2+9}}{x}\,dx$
42. $\int \dfrac{dx}{x^3-1}$
43. $\int \dfrac{dx}{x^4+x^2+1}$
44. $\int xe^{x^2+e^{x^2}}\,dx$

## 8.6 瑕積分

定義定積分 $\int_b^a f(x)\,dx$ 時，積分區間 $[a, b]$ 必須是有限的且 $f$ 是有界的。然而在許多應用上，這些條件並不成立。本節中，將定積分的概念延伸到包含下列情形：

1. 積分區間是無窮大的（圖 8.14a）。
2. $f$ 是無界的（圖 8.14b）。

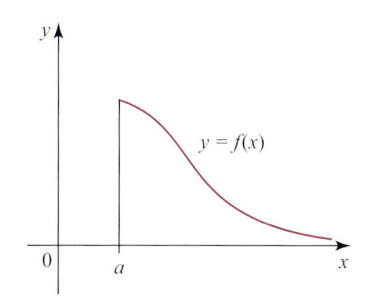

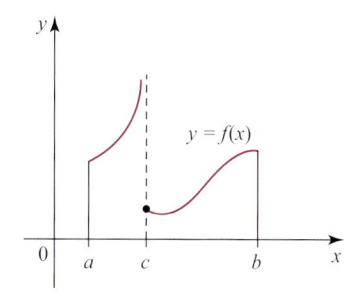

**圖 8.14**

(a) 積分區間 $[a, \infty)$ 是無限的。

(b) $f$ 在 $c$ 處有無限的不連續：當 $x \to c^-$，$f(x) \to \infty$。所以 $f$ 在 $[a, b]$ 區間無界

積分區間是無窮大的或被積分函數是無界的那些積分都稱為**瑕積分**（improper integrals）。

### ■ 積分區間是無限的

假設要求圖形 $f(x) = 1/x^2$ 下方在 $[1, \infty)$ 區間之無界區域 $A$ 的面積，如圖 8.15a 所示。因為 $[1, \infty)$ 是無限的，所以之前的積分定義並不適用，並且需要一個新方法來解此問題。然而若 $b > 1$，則 $A$ 可以用圖形 $f$ 下方在 $[1, b]$ 區間的面積 $A(b)$ 來近似（圖 8.15b）。

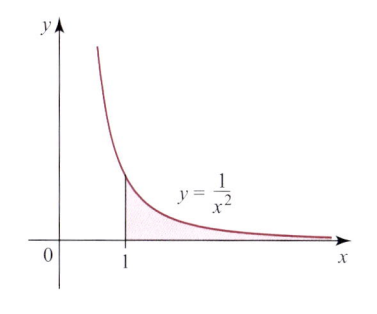

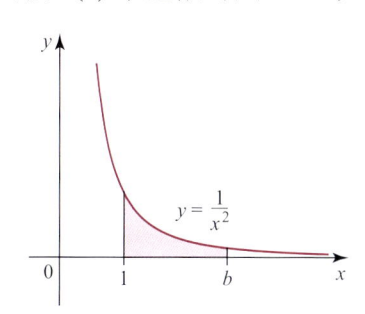

**圖 8.15**
(a) 陰影部分的面積可以用 (b) 陰影部分的面積來近似

(a) 圖形 $y = 1/x^2$ 下方在 $[1, \infty)$ 的區域 $A$ 的面積

(b) 圖形 $y = 1/x^2$ 下方在 $[1, b]$ 的區域 $A(b)$ 的面積

當 $b$ 越來越大，近似值就越來越好（圖 8.16）。因為 $[1, b]$ 是有限的，所以

(a) 圖形 $f$ 下方在 [1, 2] 區間的區域面積

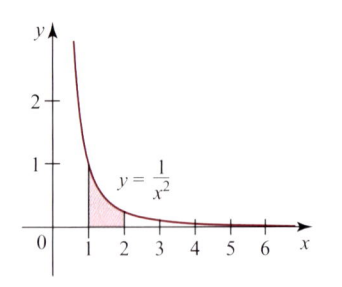

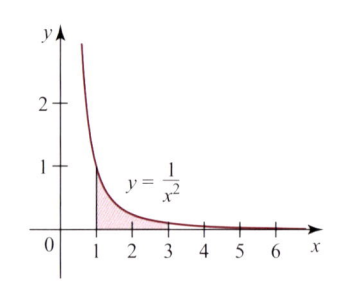

(b) 圖形 $f$ 下方在 [1, 3] 區間的區域面積

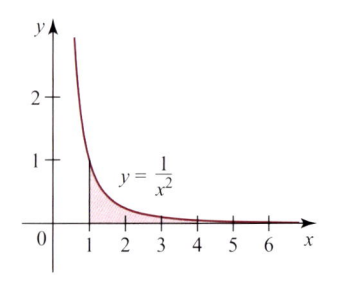

(c) 圖形 $f$ 下方在 [1, 4] 區間的區域面積

| 圖 8.16
當 $b$ 遞增，由定積分近似的 $A$ 值就更好

$$A(b) = \int_1^b f(x)\,dx = \int_1^b \frac{1}{x^2}\,dx = -\frac{1}{x}\bigg|_1^b = -\frac{1}{b} + 1$$

令 $b \to \infty$，則

$$\lim_{b \to \infty} A(b) = \lim_{b \to \infty}\left(-\frac{1}{b} + 1\right) = 1$$

所以定義（define）$A$ 的面積為 1 並寫成

$$A = \int_1^\infty \frac{1}{x^2}\,dx = \lim_{b \to \infty} \int_1^b \frac{1}{x^2}\,dx = 1$$

此例題說明我們如何定義一個無限區間的積分為有限區間的積分之極限。更精確的說法是下面的定義（注意 $f$ 在區間內並不需要是正的）。

### 定義　積分的上（下）限有無窮大的瑕積分

1. 若 $f$ 在 $[a, \infty)$ 連續，則

$$\int_a^\infty f(x)\,dx = \lim_{b \to \infty} \int_a^b f(x)\,dx \qquad (1)$$

此處要求極限存在。

2. 若 $f$ 在 $(-\infty, b]$ 連續，則

$$\int_{-\infty}^b f(x)\,dx = \lim_{a \to -\infty} \int_a^b f(x)\,dx \qquad (2)$$

此處要求極限存在。

3. 若 $f$ 在 $(-\infty, \infty)$ 連續，則

$$\int_{-\infty}^\infty f(x)\,dx = \int_{-\infty}^c f(x)\,dx + \int_c^\infty f(x)\,dx \qquad (3)$$

其中 $c$ 為任意實數，此處要求式子等號右邊的兩個瑕積分都存在。

### 收斂與發散

若式 (1) 與式 (2) 中的每個瑕積分之極限存在，則稱它們為**收斂的**（convergent），若它們的極限不存在，則稱它們為**發散的**（divergent）。若式 (3) 等號右邊的兩個瑕積分都收斂，則式子等號左邊的瑕積分為**收斂的**（convergent），若式子等號右邊的兩個瑕積分中，其中一個或兩個都是發散的，則式子等號左邊的瑕積分為**發散的**（divergent）。

**例題 1** 求 $\int_1^\infty \frac{1}{x} dx$。

**解** 由式 (1) 可得

$$\int_1^\infty \frac{1}{x} dx = \lim_{b \to \infty} \int_1^b \frac{1}{x} dx = \lim_{b \to \infty} \Big[\ln x\Big]_1^b$$
$$= \lim_{b \to \infty} (\ln b - \ln 1) = \infty$$

故此瑕積分為發散的。

讓我們比較一下例題 1 的積分 $\int_1^\infty (1/x)\, dx$ 與之前的 $\int_1^\infty (1/x^2)\, dx$。若將每個積分看成函數圖形下方在無限區間 $[1, \infty)$ 的區域面積，則 $\int_1^\infty (1/x^2)\, dx = 1$ 表示圖形 $y = 1/x^2$ 下方的面積等於 1，所以是有限的，而 $\int_1^\infty (1/x)\, dx = \infty$ 卻表示圖形 $y = 1/x$ 下方的面積是無限的。觀察到 $y = 1/x^2$ 與 $y = 1/x$ 的圖形是相似的（圖 8.17）。當 $x$ 逼近無窮時，$1/x^2$ 與 $1/x$ 都逼近零，但是 $1/x^2$ 逼近零的速度比 $1/x$ 更快。

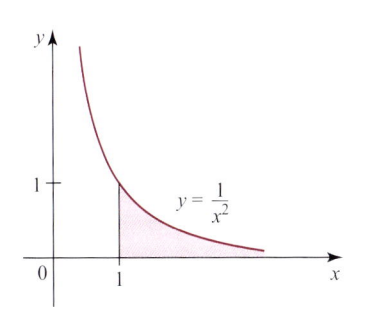

(a) 無界的區域有有限（finite）的面積

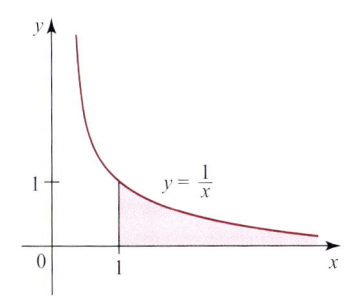

(b) 無界的區域有無限（infinite）的面積

| 圖 8.17

這些例子呈現出瑕積分在收斂與發散之間的美好界限。但是有句警語：當 $x$ 逼近無窮時，並不需要 $f(x)$ 逼近零才可使積分 $\int_a^\infty f(x)\, dx$ 收斂。

**例題 2** 求使 $\int_1^\infty \frac{1}{x^p}\,dx$ 收斂的 $p$ 值。

**解** 由例題 1 的結果得知，若 $p=1$，則此積分是發散的。所以假設 $p \neq 1$。

$$\int_1^\infty \frac{1}{x^p}\,dx = \lim_{b\to\infty}\int_1^b x^{-p}\,dx$$

$$= \lim_{b\to\infty}\left[\frac{x^{-p+1}}{-p+1}\right]_1^b$$

$$= \frac{1}{1-p}\lim_{b\to\infty}\left[\frac{1}{b^{p-1}}-1\right]$$

若 $p<1$，則 $1-p>0$，且

$$\lim_{b\to\infty}\frac{1}{b^{p-1}} = \lim_{b\to\infty} b^{1-p} = \infty$$

故此積分發散。若 $p>1$，則 $p-1>0$，且

$$\lim_{b\to\infty}\frac{1}{b^{p-1}} = 0$$

故此積分收斂到 $1/(p-1)$。總結

$$\int_1^\infty \frac{1}{x^p}\,dx = \begin{cases} \dfrac{1}{p-1}, & p>1 \\ 發散, & p \leq 1 \end{cases}$$

∎

**例題 3** 求

**a.** $\int_{-1}^\infty e^{-x}\,dx$  **b.** $\int_0^\infty \cos x\,dx$

**解**

**a.** $\int_{-1}^\infty e^{-x}\,dx = \lim_{b\to\infty}\int_{-1}^b e^{-x}\,dx = \lim_{b\to\infty}\left[-e^{-x}\right]_{-1}^b = \lim_{b\to\infty}(-e^{-b}+e^1) = e$

**b.** $\int_0^\infty \cos x\,dx = \lim_{b\to\infty}\int_0^b \cos x\,dx = \lim_{b\to\infty}\left[\sin x\right]_0^b = \lim_{b\to\infty}(\sin b - 0)$

$\lim_{b\to\infty}\sin b$ 不存在，所以結論為此積分是發散的（只要檢查圖形 $y=\sin x$ 就知道原因）。 ∎

**例題 4** 求 $\int_{-\infty}^0 xe^x\,dx$。

**解** 由式 (2) 得知

$$\int_{-\infty}^0 xe^x\,dx = \lim_{a\to-\infty}\int_a^0 xe^x\,dx$$

由 8.1 節例題 1 的結果得知

## 歷史傳記

**KARL THEODOR WILHELM WEIERSTRASS**
(1815–1887)

雖然如今 Karl Weierstrass 已被認為是 19 世紀最偉大的數學家之一，但是直到 1854 年為止，他並未受到讚賞。Weierstrass 的父親希望他將來能夠成為一名官員，因此 1834 年 Weierstrass 進入 Bonn 大學學習法律、金融與經濟。然而，他對數學早已極具興趣，只是 Weierstrass 在 Bonn 大學並未認真地學習。反之，他大部分的時間都花在社交與劍術活動，因此 4 年後也沒有獲得學位。Weierstrass 沒有順利畢業的事情使其父親感到羞愧；為了挽救其家庭的聲譽，他要 Weierstrass 設法取得教師執照以擔任教師。至此，Weierstrass 對數學的奉獻與興趣才再度展開。Weierstrass 後來成為一位傑出的教師和講者，也在 1854 年成為在 Abelian 函數課題上發表論文的卓越數學家之一。Weierstrass 曾獲 Königsberg 大學的榮譽博士學位，並於 1856 年擔任柏林皇家科技學校（Royal Polytechnic School）的數學教授。許多 Weierstrass 的學生後來成為 19 世紀著名的數學家，其中包括 Sonya Kovalevskaya，一位因當時被禁止在大學受教，而由 Weierstrass 私下指導的女性數學家。

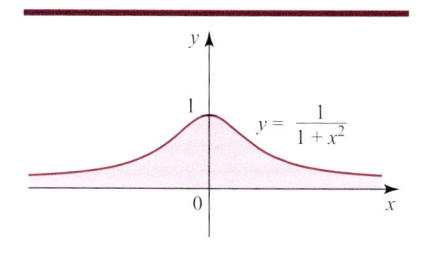

**圖 8.18**

圖形 $y = \dfrac{1}{1+x^2}$ 下方在 $(-\infty, \infty)$ 的區域面積為 $\pi$

$$\int xe^x \, dx = xe^x - \int e^x \, dx = (x-1)e^x + C$$

所以

$$\int_{-\infty}^{0} xe^x \, dx = \lim_{a \to -\infty} \int_{a}^{0} xe^x \, dx = \lim_{a \to -\infty} \left[(x-1)e^x\right]_{a}^{0}$$

$$= \lim_{a \to -\infty} [-1 - (a-1)e^a]$$

為計算式子等號右邊的極限，觀察到

$$\lim_{a \to -\infty} e^a = 0$$

並使用 l'Hôpital 的規則，

$$\lim_{a \to -\infty} ae^a = \lim_{a \to -\infty} \frac{a}{e^{-a}} \qquad \text{不確定的形式為：} -\infty/\infty$$

$$= \lim_{a \to -\infty} \frac{1}{-e^{-a}} = 0$$

因此

$$\int_{-\infty}^{0} xe^x \, dx = \lim_{a \to -\infty} (-1 - ae^a + e^a)$$

$$= \lim_{a \to -\infty}(-1) - \lim_{a \to -\infty} ae^a + \lim_{a \to -\infty} e^a$$

$$= -1 - 0 + 0 = -1$$

**例題 5** 計算 $\displaystyle\int_{-\infty}^{\infty} \dfrac{1}{1+x^2} \, dx$，並以幾何解釋你的結果。

**解** 由式 (3) 得知

$$\int_{-\infty}^{\infty} \frac{1}{1+x^2} \, dx = \int_{-\infty}^{0} \frac{1}{1+x^2} \, dx + \int_{0}^{\infty} \frac{1}{1+x^2} \, dx \qquad \text{為了方便，取 } c = 0$$

$$= \lim_{a \to -\infty} \int_{a}^{0} \frac{1}{1+x^2} \, dx + \lim_{b \to \infty} \int_{0}^{b} \frac{1}{1+x^2} \, dx$$

$$= \lim_{a \to -\infty} \left[\tan^{-1} x\right]_{a}^{0} + \lim_{b \to \infty} \left[\tan^{-1} x\right]_{0}^{b}$$

$$= \lim_{a \to -\infty} (\tan^{-1} 0 - \tan^{-1} a) + \lim_{b \to \infty} (\tan^{-1} b - \tan^{-1} 0)$$

$$= \left[0 - \left(-\frac{\pi}{2}\right)\right] + \left(\frac{\pi}{2} - 0\right) = \pi$$

被積分函數 $f(x) = 1/(1+x^2)$ 在 $(-\infty, \infty)$ 是非負的，所以將此瑕積分視為圖形 $f$ 下方在 $(-\infty, \infty)$ 區間的區域面積（$\pi$）（圖 8.18）。

## 444　第 8 章　積分技巧

**例題 6** **火箭的發射**　自地表垂直發射一枚重 $P$ 磅的火箭，求使其完全脫離地球之重力場所需作的功。

**解**　按牛頓重力定律，地球對此火箭的引力 $F(x)$ 為

$$F(x) = \frac{GmM}{x^2}$$

此處 $m$ 與 $M$ 分別為火箭與地球的質量，$x$ 是火箭與地心之間的距離，$G$ 則是萬有引力常數。令 $k = GmM$，則

$$F(x) = \frac{k}{x^2} \qquad R \le x < \infty$$

其中 $R$ 為地球半徑。由於火箭在地表重 $P$ 磅，所以

$$F(R) = \frac{k}{R^2} = P$$

故 $k = PR^2$，且

$$F(x) = \frac{PR^2}{x^2}$$

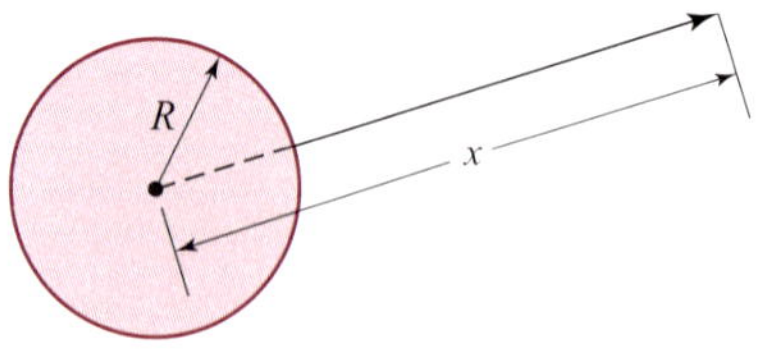

| 圖 8.19
某距離地心 $x$ 的火箭所受的地球引力為 $F = PR^2/x^2$，$R \le x \le \infty$

（圖 8.19。）因此，將火箭推進到無限高度（完全脫離地球的重力場）所需作的功為

$$W = \int_R^\infty F(x)\,dx = \int_R^\infty \frac{PR^2}{x^2}\,dx$$
$$= \lim_{b\to\infty} \int_R^b \frac{PR^2}{x^2}\,dx = \lim_{b\to\infty}\left[-\frac{PR^2}{x}\right]_R^b$$
$$= \lim_{b\to\infty}\left(-\frac{PR^2}{b} + \frac{PR^2}{R}\right) = PR$$

譬如：若某個火箭在地表重 20 噸（40,000 磅）且地球半徑約為 4000 哩（21,120,000 呎），則它所需作的功為 $W \approx 40{,}000 \times 21{,}120{,}000$，約 $8.448 \times 10^{11}$ 呎–磅。　∎

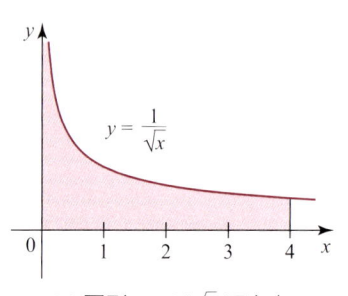

(a) 圖形 $y = 1/\sqrt{x}$ 下方在 $(0, 4]$ 區間的區域面積 $A$

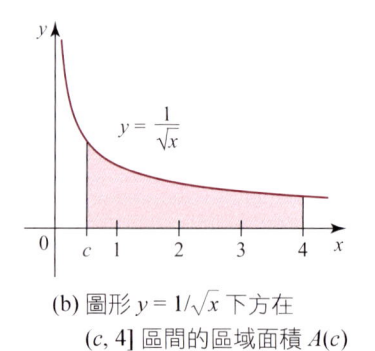

(b) 圖形 $y = 1/\sqrt{x}$ 下方在 $(c, 4]$ 區間的區域面積 $A(c)$

| 圖 8.20
(a) 陰影部分區域的面積可以用
(b) 陰影部分區域的面積來估算

### ■ 不連續點在無窮處的瑕積分

如之前提過的，存在另一類的瑕積分：那些積分的被積分函數在積分區間內是無界的（圖 8.14b）。要了解如何定義此類的積分，考慮圖 8.20a 所示的問題：求圖形 $f(x) = 1/\sqrt{x}$ 下方在 $(0, 4]$ 區間的無界區域之面積。

被積分函數在 $(0, 4]$ 區間是無界的（亦即，當 $x \to 0^+$，$1/\sqrt{x} \to \infty$），第 5 章中的積分定義不能用來求 $A$。但是若 $c$ 為任意數，$0 < c < 4$，則 $A$ 可以用圖形 $f$ 下方在 $[c, 4]$ 區間的區域面積 $A(c)$ 來估算（圖

8.20b）。觀察得知，當 $c$ 從右邊逼近 0，此估算會越來越好。$f(x) = 1/\sqrt{x}$ 在有限區間 $[c, 4]$ 是有界的，所以

$$A(c) = \int_c^4 f(x)\,dx = \int_c^4 \frac{1}{\sqrt{x}}\,dx = 2\sqrt{x}\Big|_c^4 = 4 - 2\sqrt{c}$$

令 $c \to 0^+$，則

$$\lim_{c \to 0^+} A(c) = \lim_{c \to 0^+}(4 - 2\sqrt{c}) = 4$$

這表示 $A$ 的面積定義（define）為 4 並寫成

$$A = \int_0^4 \frac{1}{\sqrt{x}}\,dx = \lim_{c \to 0^+}\int_c^4 \frac{1}{\sqrt{x}}\,dx = 4$$

此例子說明我們如何將被積分函數有無窮不連續的點的積分定義為被積分函數是有界的積分之極限。更嚴格的說法是下面的定義（再次注意 $f$ 在區間內並不需要是正的）。

### 定義　被積分函數有無窮不連續點的瑕積分

**1.** 若 $f$ 在 $[a, b)$ 連續且 $f$ 在 $b$ 處有無窮不連續點，則

$$\int_a^b f(x)\,dx = \lim_{c \to b^-}\int_a^c f(x)\,dx \tag{4}$$

此處極限必須存在（圖 8.21a）。

**2.** 若 $f$ 在 $(a, b]$ 連續且 $f$ 在 $a$ 處有無窮不連續點，則

$$\int_a^b f(x)\,dx = \lim_{c \to a^+}\int_c^b f(x)\,dx \tag{5}$$

此處極限必須存在（圖 8.21b）。

**3.** 若 $f$ 在 $c$ 處有無窮不連續點，其中 $a < c < b$，且 $f$ 在 $[a, b]$ 內除 $c$ 外處處連續，則

$$\int_a^b f(x)\,dx = \int_a^c f(x)\,dx + \int_c^b f(x)\,dx \tag{6}$$

此處等式右邊的兩個瑕積分都存在（圖 8.21c）。

### 收斂與發散

於式 (4) 與式 (5) 中的每一個瑕積分，若其極限存在，則稱它為**收斂的**（convergent），若其極限不存在，則稱它為**發散的**（divergent）。若式子等號右邊的兩個瑕積分都收斂，則式子等號左邊的瑕積分為**收斂的**（convergent），若式子等號右邊的兩個瑕積分中有一個或兩個都發散，則式子等號左邊的瑕積分為**發散的**（divergent）。

**446** 第 8 章 積分技巧

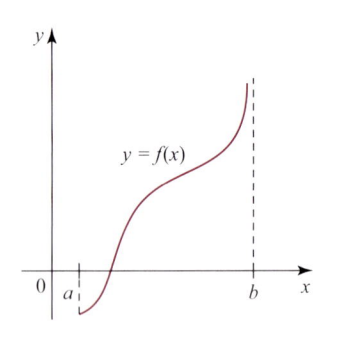

(a) $f$ 在 $b$ 處有個無窮不連續點

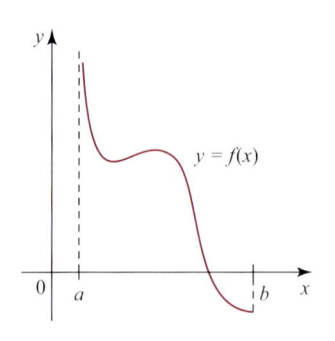

(b) $f$ 在 $a$ 處有個無窮不連續點

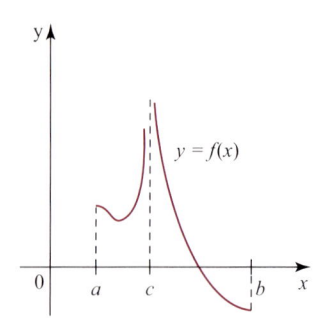

(c) $f$ 在 $c$ 處有個無窮不連續點

| 圖 8.21

| 圖 8.22
圖形 $y = 1/\sqrt{4-x}$ 下方在 $[2, 4]$ 區間的區域面積是 $2\sqrt{2}$

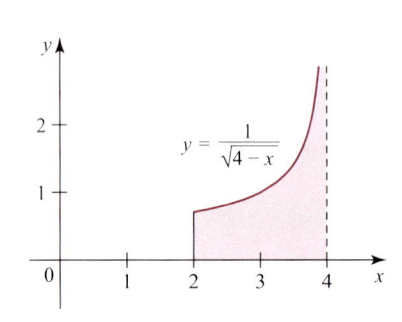

**例題 7** 求 $\int_2^4 \dfrac{1}{\sqrt{4-x}}\, dx$，並用幾何說明你的結果。

**解** 被積分函數 $f(x) = 1/\sqrt{4-x}$ 在 $x = 4$ 處有個無窮不連續點，如圖 8.22 所示。使用式 (4) 可得

$$\int_2^4 \frac{1}{\sqrt{4-x}}\, dx = \lim_{c \to 4^-} \int_2^c \frac{1}{\sqrt{4-x}}\, dx$$

$$= \lim_{c \to 4^-} \left[-2\sqrt{4-x}\right]_2^c \qquad \text{使用 } u = 4-x \text{ 代換來積分}$$

$$= \lim_{c \to 4^-} (-2\sqrt{4-c} + 2\sqrt{2}) = 2\sqrt{2}$$

被積分函數在 $[2, 4)$ 為正的，所以此瑕積分可以解釋為圖形 $f$ 下方在 $[2, 4)$ 區間的區域面積。 ∎

**例題 8** 求 $\int_0^1 \dfrac{dx}{x^2}$。

**解** 被積分函數 $1/x^2$ 在 $x = 0$ 處有無窮不連續點。使用式 (5) 可得

$$\int_0^1 \frac{dx}{x^2} = \lim_{a \to 0^+} \int_a^1 \frac{dx}{x^2} = \lim_{a \to 0^+} \left[-\frac{1}{x}\right]_a^1 = \lim_{a \to 0^+} \left(-1 + \frac{1}{a}\right) = \infty$$

結論為此瑕積分是發散的。 ∎

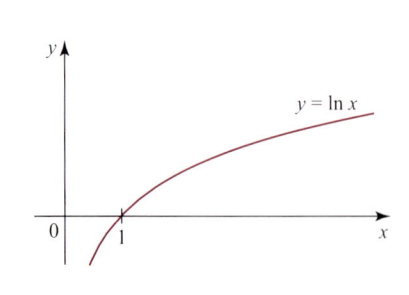

**例題 9** 求 $\int_0^1 \ln x\, dx$。

**解** 被積分函數 $f$ 在 $x = 0$ 處有無窮不連續點（圖 8.23）。所以積分可寫成

$$\int_0^1 \ln x\, dx = \lim_{a \to 0^+} \int_a^1 \ln x\, dx$$

$$= \lim_{a \to 0^+} \left[x \ln x - x\right]_a^1 \qquad \text{用分部積分並令 } u = \ln x \text{ 與 } dv = dx$$

$$= \lim_{a \to 0^+} (0 - 1 - a \ln a + a)$$

| 圖 8.23
當 $x$ 從右邊逼近 $0$，被積分函數 $f(x) = \ln x$ 逼近 $-\infty$

應用 l'Hôpital 的規則來計算等式右邊的極限可得

$$\lim_{a \to 0^+} a \ln a = \lim_{a \to 0^+} \frac{\ln a}{\frac{1}{a}} = \lim_{a \to 0^+} \frac{\frac{1}{a}}{-\frac{1}{a^2}} = \lim_{a \to 0^+} (-a) = 0$$

因此

$$\int_0^1 \ln x \, dx = \lim_{a \to 0^+} (-1 - a \ln a + a) = -1 - 0 + 0 = -1 \quad \blacksquare$$

**例題 10** 求 $\int_{-1}^{1} \frac{dx}{x^2}$。

**解** 被積分函數 $f(x) = 1/x^2$ 在 $x = 0$ 處有無窮不連續點（圖 8.24）。使用式 (6) 可得

$$\int_{-1}^{1} \frac{dx}{x^2} = \int_{-1}^{0} \frac{dx}{x^2} + \int_{0}^{1} \frac{dx}{x^2}$$

現在由例題 8 的結果得知等號右邊的第二個積分為發散的；亦即，

$$\int_0^1 \frac{dx}{x^2} = \infty$$

因此，題目所給予之瑕積分為發散的。注意等式右邊的第一個積分並不需要計算出來。 $\blacksquare$

**註** 假如不知道 $f(x) = 1/x^2$ 在 $x = 0$ 處有無窮不連續點，則可能會計算如下：

$$\int_{-1}^{1} \frac{dx}{x^2} = -\frac{1}{x}\Big|_{-1}^{1} = -1 + (-1) = -2$$

得到錯誤（wrong）的答案。畢竟一個正的被積分函數不可能被積分成負數！ $\blacksquare$

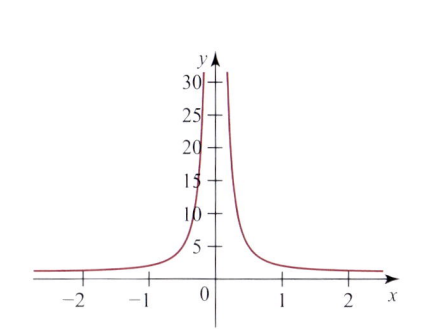

| 圖 8.24

當 $x$ 逼近 0，被積分函數 $f(x) = 1/x^2$ 逼近 $\infty$

**例題 11** 追逐曲線的長度　方程式

$$y = \frac{1}{3}\sqrt{x}(x-3) + \frac{2}{3}$$

的圖形 $C$ 描述某海岸巡防隊的巡邏艇（$A$ 船）追逐並最後攔截到一艘涉嫌走私的 $B$ 船時之路徑（圖 8.25）。巡邏艇最初位於 $P$ 點，$B$ 船則位於原點並朝北方前進。若巡邏艇在 $Q$ 點攔截到 $B$ 船，求巡邏艇在追逐過程所行的距離。

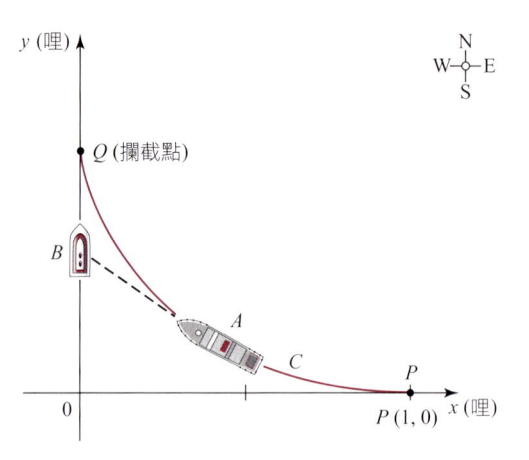

**圖 8.25**
追逐曲線 $C$ 描述巡邏艇（$A$ 船）的路徑

**解** 巡邏艇所行的距離為曲線 $C$ 由 $x = 0$ 到 $x = 1$ 的長度 $L$。使用式 (5) 之前，必須先計算

$$\frac{dy}{dx} = \frac{d}{dx}\left[\frac{1}{3}x^{3/2} - x^{1/2} + \frac{2}{3}\right]$$

$$= \frac{1}{2}x^{1/2} - \frac{1}{2}x^{-1/2} = \frac{1}{2}(x^{1/2} - x^{-1/2})$$

與

$$1 + \left(\frac{dy}{dx}\right)^2 = 1 + \frac{1}{4}(x^{1/2} - x^{-1/2})^2 = 1 + \frac{1}{4}(x - 2 + x^{-1})$$

$$= \frac{4x + x^2 - 2x + 1}{4x} = \frac{x^2 + 2x + 1}{4x} = \frac{(x+1)^2}{4x}$$

故

$$L = \int_0^1 \sqrt{1 + \left(\frac{dy}{dx}\right)^2}\, dx = \int_0^1 \sqrt{\frac{(x+1)^2}{4x}}\, dx = \frac{1}{2}\int_0^1 \frac{x+1}{\sqrt{x}}\, dx$$

$$= \frac{1}{2}\int_0^1 x^{1/2}\, dx + \frac{1}{2}\int_0^1 x^{-1/2}\, dx$$

由於上式右邊的第二個積分中，於 $x = 0$ 處有一個無窮不連續點，所以將上式改寫為

$$L = \frac{1}{2}\int_0^1 x^{1/2}\, dx + \frac{1}{2}\lim_{t \to 0^+}\int_t^1 x^{-1/2}\, dx$$

$$= \left(\frac{1}{2}\right)\left(\frac{2}{3}x^{3/2}\right)\bigg|_0^1 + \frac{1}{2}\lim_{t \to 0^+}\left[2x^{1/2}\right]_t^1$$

$$= \frac{1}{3} + \frac{1}{2}\lim_{t \to 0^+}(2 - 2t^{1/2}) = \frac{1}{3} + 1 = \frac{4}{3}$$

亦即，自巡邏艇觀察到 $B$ 船後，開始追逐直到將它攔截為止所行進的距離為 4/3 哩。

下個例題的積分含有一個無窮大的上限與一個無窮不連續點。

**例題 12** 求 $\int_0^\infty \dfrac{e^{-\sqrt{x}}}{\sqrt{x}}\,dx$。

**解** 將積分寫成

$$\begin{aligned}
\int_0^\infty \frac{e^{-\sqrt{x}}}{\sqrt{x}}\,dx &= \int_0^1 \frac{e^{-\sqrt{x}}}{\sqrt{x}}\,dx + \int_1^\infty \frac{e^{-\sqrt{x}}}{\sqrt{x}}\,dx \\
&= \lim_{t\to 0^+}\int_t^1 \frac{e^{-\sqrt{x}}}{\sqrt{x}}\,dx + \lim_{b\to\infty}\int_1^b \frac{e^{-\sqrt{x}}}{\sqrt{x}}\,dx \\
&= \lim_{t\to 0^+}\left[-2e^{-\sqrt{x}}\right]_t^1 + \lim_{b\to\infty}\left[-2e^{-\sqrt{x}}\right]_1^b \\
&= \lim_{t\to 0^+}\left(-2e^{-1}+2e^{-\sqrt{t}}\right) + \lim_{b\to\infty}\left(-2e^{-\sqrt{b}}+2e^{-1}\right) \\
&= -2e^{-1} + 2 + 2e^{-1} = 2
\end{aligned}$$

### 瑕積分的比較檢驗

有時候瑕積分不可能得到精確值。在這種情況下，需要判斷此積分為收斂或為發散。若可以確定此瑕積分為收斂，則可以找到夠接近它的估算值，實際上也都是如此。下面的定理只有敘述沒有證明，但是檢驗一下圖 8.26 就能明白。

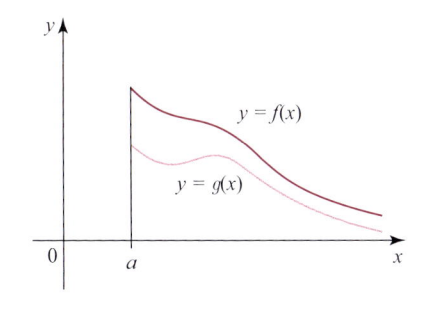

---

**定理 1** 瑕積分的比較檢驗

令 $f$ 和 $g$ 都連續，並假設對於所有 $x \geq a$，$f(x) \geq g(x) \geq 0$；亦即，在 $[a, \infty)$ $f$ 支配 $g$。

**a.** 若 $\int_a^\infty f(x)\,dx$ 收斂，則 $\int_a^\infty g(x)\,dx$ 也是。

**b.** 若 $\int_a^\infty g(x)\,dx$ 發散，則 $\int_a^\infty f(x)\,dx$ 也是。

---

| 圖 8.26

在 $[a, \infty)$ 函數 $f$ 支配函數 $g$

在看下一個例題之前，我們先了解已經處理過的函數有多項式函數、有理函數、冪函數、指數函數、對數函數、三角函數與反三角函數或是將這些函數經由加、減、乘、除以及合成的運算產生的函數。這些函數稱為基本函數（elementary functions）。

**例題 13** 證明 $\int_0^\infty e^{-x^2}\,dx$ 收斂。

**解** 被積分函數的反導函數並不是基本函數，所以我們不能直接計算此積分。為證明此積分收斂，必須將積分寫成

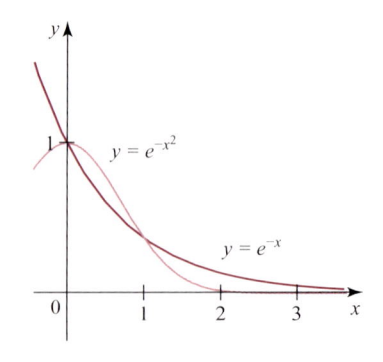

$$\int_0^\infty e^{-x^2}\,dx = \int_0^1 e^{-x^2}\,dx + \int_1^\infty e^{-x^2}\,dx$$

觀察得知，式子等號右邊的第一個積分是一般的定積分，所以它的值是有限的；即使如此，我們還是不知道整個積分的值。至於式子等號右邊的第二個積分，當 $x \geq 1$，$x^2 \geq x$，所以在 $[1,\infty)$，$e^{-x^2} \leq e^{-x}$（圖 8.27）。現在

$$\int_1^\infty e^{-x}\,dx = \lim_{b\to\infty}\int_1^b e^{-x}\,dx = \lim_{b\to\infty}\left[-e^{-x}\right]_1^b = \lim_{b\to\infty}(-e^{-b}+e^{-1}) = \frac{1}{e}$$

因此，令 $f(x) = e^{-x}$ 與 $g(x) = e^{-x^2}$，則依據比較檢驗得知，$\int_1^\infty e^{-x^2}\,dx$ 是收斂的。故 $\int_0^\infty e^{-x^2}\,dx$ 收斂。 ■

**圖 8.27**
使用比較檢驗顯示
$\int_0^\infty e^{-x^2}\,dx = \int_0^1 e^{-x^2}\,dx + \int_1^\infty e^{-x^2}\,dx$
是收斂的

## 8.6 習題

1-3 題，若面積存在，求陰影區域的面積。

**1.**

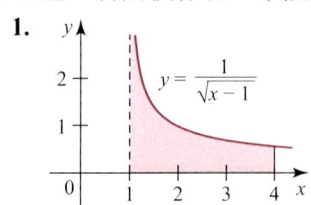

**2.**

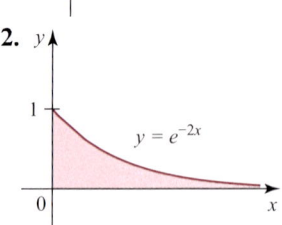

**3.**

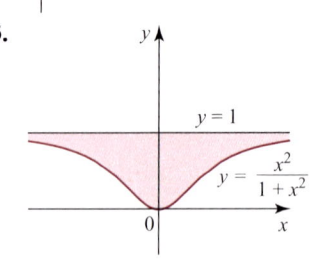

4-21 題，判斷瑕積分是收斂或發散，假如它是收斂，則求其值。

**4.** $\int_1^\infty \dfrac{1}{x^3}\,dx$

**5.** $\int_1^\infty \dfrac{1}{x^{1.01}}\,dx$

**6.** $\int_1^\infty \dfrac{1}{(x+2)^{3/2}}\,dx$

**7.** $\int_1^\infty e^{-2x}\,dx$

**8.** $\int_0^\infty \sin x\,dx$

**9.** $\int_0^\infty \dfrac{x}{1+x^2}\,dx$

**10.** $\int_{-\infty}^\infty \dfrac{1}{x^2+4}\,dx$

**11.** $\int_{-\infty}^\infty \dfrac{e^x}{1+e^{2x}}\,dx$

**12.** $\int_{-\infty}^\infty \dfrac{x}{(x^2+1)^{3/2}}\,dx$

**13.** $\int_0^1 \dfrac{1}{x^{2/3}}\,dx$

**14.** $\int_{-8}^1 \dfrac{1}{\sqrt[3]{x}}\,dx$

**15.** $\int_1^4 \dfrac{1}{(4-x)^{2/3}}\,dx$

**16.** $\int_0^4 \dfrac{1}{\sqrt{x-1}}\,dx$

**17.** $\int_0^1 x\ln x\,dx$

**18.** $\int_{\pi/6}^{\pi/2} \dfrac{\cos x}{\sqrt{1-\sin x}}\,dx$

**19.** $\int_1^\infty \dfrac{\ln x}{x^{3/2}}\,dx$

**20.** $\int_{-\infty}^\infty \dfrac{1}{x^{4/3}}\,dx$

**21.** $\int_0^1 \dfrac{\ln x}{\sqrt{x}}\,dx$

22-24 題，使用比較檢驗法，跟第二個積分做比較並判斷積分是收斂或發散。

**22.** $\int_1^\infty \dfrac{1}{1+x^2}\,dx$; $\int_1^\infty \dfrac{1}{x^2}\,dx$

**23.** $\int_1^\infty \dfrac{\cos^2 x}{x^2}\,dx$; $\int_1^\infty \dfrac{1}{x^2}\,dx$

**24.** $\int_1^\infty \dfrac{2+\cos x}{\sqrt{x}}\,dx$; $\int_1^\infty \dfrac{1}{\sqrt{x}}\,dx$

**25.** 計算 $\int_0^\infty x^5 e^{-x^2}\,dx$。

26. 圖形 $y = 2\left(\dfrac{1}{x^2} - \dfrac{1}{x^4}\right)$ 下方在 $[1,\infty)$ 區間的區域繞 $x$ 軸旋轉，求此旋轉體的體積。

27. 圖形 $y = e^{-x}$ 下方在 $[0, \infty)$ 區間的區域繞 $x$ 軸旋轉，求此旋轉體的體積。

28. 求由圖形 $y = 1/\sqrt{1-x^2}$，$y = 0$，$x = 0$ 與 $x = 1$ 所圍成的區域面積。

29. **房地產的資本價值** 以年租金 $R$ 元被長期租用之房地產的資產價值（capital value）（現售值）$CV$ 為
$$CV \approx \int_0^\infty Re^{-it}\,dt$$
其中 $i$ 是以連續複利方式計算的年利率。
   a. 證明 $CV \approx R/i$。
   b. 若年租金 10,000 元且 $i = 10\%$，求此房地產的 $CV$。

30. 求常數 $C$，使得
$$\int_1^\infty \left(\dfrac{1}{\sqrt{x}} - \dfrac{C}{\sqrt{x+1}}\right)dx$$
收斂。然後以此數 $C$ 計算此積分。

31. 分別求使積分 $\int_0^1 1/x^p\,dx$ 收斂與發散的 $p$ 值。

32. 證明 $\displaystyle\int_0^1 \dfrac{\sin\dfrac{1}{\sqrt{x}}}{\sqrt{x}}\,dx$ 收斂。

已知 $f(t)$ 連續，$t > 0$。$f$ 的**拉普拉斯轉換**（Laplace transform）是定義為
$$F(s) = \int_0^\infty f(t)e^{-st}\,dt$$
的函數 $F$ 且要求此積分存在。33-35 題，使用此定義作答。

33. 求 $f(t) = 1$ 的拉普拉斯轉換。

34. 求 $f(t) = t$ 的拉普拉斯轉換。

35. 假設 $f'$ 連續，其中 $t > 0$ 且 $f$ 滿足 $\lim_{t\to\infty} e^{-st}f(t) = 0$。證明 $f'(t)$ 的拉普拉斯轉換 $G$，其中 $t > 0$，使得 $G(s) = sF(s) - f(0)$，其中 $s > 0$ 且 $F$ 是 $f$ 的拉普拉斯轉換。

36-39 題，判斷下列敘述是對或是錯。如果它是對，解釋你的理由。如果它是錯，請解釋你的理由或舉例說明。

36. 若 $f$ 在 $[0, \infty)$ 連續，且 $\lim_{x\to\infty} f(x) = 0$，則 $\int_0^\infty f(x)\,dx$ 收斂。

37. 若 $\int_a^\infty f(x)\,dx$ 與 $\int_a^\infty g(x)\,dx$ 都收斂，則 $\int_a^\infty [f(x) + g(x)]\,dx$ 收斂。

38. 對於 $[0,\infty)$ 內每一點 $x$，若 $f(x) \leq g(x)$ 且 $\int_a^\infty g(x)\,dx$ 發散，則 $\int_a^\infty f(x)\,dx$ 可以是收斂的。

39. 假設 $f$ 在 $[a, b)$ 區間連續且 $f$ 在 $b$ 處有一個無窮不連續。進一步，假設 $\int_c^b f(x)\,dx$ 收斂，其中數 $c$ 是介於 $a$ 和 $b$ 之間，則 $\int_a^b f(x)\,dx$ 收斂。

---

# 第 8 章　複習題

1-21 題，求積分。

1. $\displaystyle\int \dfrac{2x}{x+1}\,dx$
2. $\displaystyle\int \dfrac{x^3}{\sqrt{9-x^2}}\,dx$
3. $\displaystyle\int x^2 \ln x\,dx$
4. $\displaystyle\int \dfrac{1}{1-\cos\theta}\,d\theta$
5. $\displaystyle\int \dfrac{x+1}{x^4 + 6x^3 + 9x^2}\,dx$
6. $\displaystyle\int \sqrt{x^2 - 4}\,dx$
7. $\displaystyle\int \theta \sin^{-1}\theta\,d\theta$
8. $\displaystyle\int_1^{e^\pi} \cos(\ln x)\,dx$
9. $\displaystyle\int \dfrac{x+2}{(x^2+x)(x^2+1)}\,dx$
10. $\displaystyle\int \sec^4 2x \tan^6 2x\,dx$
11. $\displaystyle\int \dfrac{\cos x}{1+\cos x}\,dx$
12. $\displaystyle\int \dfrac{(\ln x)^3}{x}\,dx$
13. $\displaystyle\int \dfrac{1}{x\sqrt{4x-1}}\,dx$
14. $\displaystyle\int \sec^2 x \ln(\tan x)\,dx$
15. $\displaystyle\int \sin x \cos 3x\,dx$
16. $\displaystyle\int \dfrac{1}{\sqrt{1-(2x+3)^2}}\,dx$
17. $\displaystyle\int \sin^2 t \cos^4 t\,dt$
18. $\displaystyle\int \dfrac{\sqrt{x}}{\sqrt{x}-1}\,dx$
19. $\displaystyle\int x\cos^{-1} 2x\,dx$
20. $\displaystyle\int e^{-x}\cosh x\,dx$
21. $\displaystyle\int \dfrac{1}{\sqrt{4x^2+4x+10}}\,dx$

22-25 題，計算積分或證明它是發散。

22. $\displaystyle\int_{-\infty}^0 e^x\,dx$
23. $\displaystyle\int_{-\infty}^\infty \dfrac{x}{1+x^2}\,dx$

24. $\int_{-8}^{1} \dfrac{1}{\sqrt[3]{x}}\, dx$   25. $\int_{1}^{e} \dfrac{1}{x(\ln x)^{1/3}}\, dx$
26. 求 $\int e^x f(x)\, dx + \int f'(x)\, e^x\, dx$，其中 $f'$ 是連續。
27. 求由圖形 $y = 1/x^{2/3}$，$y = 0$，$x = -1$ 與 $x = 1$ 所圍成的區域面積。
28. 求橢圓 $9x^2 + 4y^2 = 36$ 所圍成的區域面積。
29. 圖形 $y = x \ln x$ 下方在 $[1, e]$ 區間的區域繞 $y$ 軸旋轉。求此旋轉體的體積。
30. 已知圖形 $y = \tfrac{1}{2}x^2$，求圖形從 $(0, 0)$ 到 $(\sqrt{3}, \tfrac{3}{2})$ 的線長。
31. **短程加速賽車的速度**　某短程加速賽車在離開起跑線 $t$ 秒後的速度為 $v(t) = 80te^{-0.2t}$ 呎／秒。試問此車在最初 10 秒內所跑的距離為何？

## 解題技巧

下列的例題證實只要選用適當的代換，有時候也可以計算定積分，即使它的不定積分不能表示成基本函數的組合，亦即，像到目前所學之函數的和、差、積、商或合成。

**例題 1**　計算 $I = \displaystyle\int_{0}^{\pi} \dfrac{x \sin x}{1 + \cos^2 x}\, dx$。

**解**　令 $u = \pi - x$ 即 $x = \pi - u$，則 $du = -dx$。進一步，若 $x = 0$，則 $u = \pi$，並且若 $x = \pi$，則 $u = 0$。將這些代入式子，則

$$I = \int_{0}^{\pi} \dfrac{x \sin x}{1 + \cos^2 x}\, dx = -\int_{\pi}^{0} \dfrac{(\pi - u)\sin(\pi - u)}{1 + \cos^2(\pi - u)}\, du$$

$$= \int_{0}^{\pi} \dfrac{(\pi - u)\sin(\pi - u)}{1 + \cos^2(\pi - u)}\, du$$

接著，

$$\sin(\pi - u) = \sin\pi \cos u - \cos\pi \sin u = \sin u$$

$$\cos(\pi - u) = \cos\pi \cos u + \sin\pi \sin u = -\cos u$$

所以

$$I = \int_{0}^{\pi} \dfrac{(\pi - u)\sin u}{1 + \cos^2 u}\, du = \pi \int_{0}^{\pi} \dfrac{\sin u}{1 + \cos^2 u}\, du - \int_{0}^{\pi} \dfrac{u \sin u}{1 + \cos^2 u}\, du$$

但是式子等號右邊的第二個積分與 $I$ 相同。因此，

$$2I = \pi \int_{0}^{\pi} \dfrac{\sin u}{1 + \cos^2 u}\, du$$

即

$$I = \dfrac{\pi}{2} \int_{0}^{\pi} \dfrac{\sin u}{1 + \cos^2 u}\, du$$

此時，$I$ 就容易被算出來。事實上，取 $t = \cos u$，則 $dt = -\sin u\, du$，且觀察到當 $u = 0$，則 $t = 1$，與當 $u = \pi$，則 $t = -1$。所以

$$I = -\frac{\pi}{2}\int_1^{-1} \frac{dt}{1+t^2} = -\frac{\pi}{2}\tan^{-1} t\Big|_1^{-1} = -\frac{\pi}{2}[\tan^{-1}(-1) - \tan^{-1}(1)]$$

$$= -\frac{\pi}{2}\left(-\frac{\pi}{4} - \frac{\pi}{4}\right) = \frac{\pi^2}{4}$$

若注意到積分形式為 $\int P(x)e^{ax}\, dx$ 的結果，其中 $P$ 為多項式函數，且 $a$ 為常數，則會發現 $\int P(x)e^{ax}\, dx = Q(x)e^{ax} + C$，其中 $Q$ 與 $P$ 為有相同次方的多項式。類似的觀察證實應用分部積分可得

$$\int P(x)\sin ax\, dx = P_1(x)\sin ax + Q_1(x)\cos ax + C$$

與

$$\int P(x)\cos ax\, dx = P_2(x)\cos ax + Q_2(x)\sin ax + C$$

其中 $P_1, P_2, Q_1$ 與 $Q_2$ 都是與 $P$ 相同次方的多項式。

這些觀察的結果，將之前所討論的積分形式之問題簡化為解代數的問題：解由多項式之待定係數所產生的聯立方程式。

**例題 2** 求 $I = \int (2x^3 - 3x^2 + 8)e^{2x}\, dx$。

**解** $\int (2x^3 - 3x^2 + 8)e^{2x}\, dx = (Ax^3 + Bx^2 + Dx + E)e^{2x} + C$，式子等號兩邊同時對 $x$ 微分，得到

$(2x^3 - 3x^2 + 8)e^{2x} = (3Ax^2 + 2Bx + D)e^{2x} + 2(Ax^3 + Bx^2 + Dx + E)e^{2x}$

$2x^3 - 3x^2 + 8 = 2Ax^3 + (3A + 2B)x^2 + (2B + 2D)x + (D + 2E)$

對於任意 $x$，這些式子都成立。所以等次方的每一項之係數必須相等。因此，

$$\begin{aligned} 2A &= 2 \\ 3A + 2B &= -3 \\ 2B + 2D &= 0 \\ D + 2E &= 8 \end{aligned}$$

解此聯立方程式，得到 $A = 1, B = -3, D = 3$ 與 $E = \frac{5}{2}$。所以

$$\int (2x^3 - 3x^2 + 8)\, e^{2x}\, dx = \left(x^3 - 3x^2 + 3x + \frac{5}{2}\right)e^{2x} + C$$

# 第 9 章　無窮數列與級數

假使允許一個實數數列的項數可無限增加，就會得到一個無窮數列。就實用與理論而言，無窮數列都是收斂的（convergent）。事實上，它是運用收斂數列的概念，並允許定義無窮級數的和（讓級數的項數無限增加後所得到的級數）。本章中，將看到如何將稱為冪級數之特殊型態的無窮級數表示成函數的另一種方式。如此才有辦法解那些可能找不到解的問題。

Horizon International Images Limited/Alamy

## 9.1　數列

一顆理想化的超級球由高 1 公尺處掉落在平面上。假設此球每次撞擊平面後就會反彈到前一次高度的 2/3 處。若 $a_1$ 表示此球一開始的高度，$a_2$ 表示此球第一次反彈的最大高度，$a_3$ 表示此球第二次反彈的最大高度等等，則

$$a_1 = 1, \quad a_2 = \frac{2}{3}, \quad a_3 = \frac{4}{9}, \quad a_4 = \frac{8}{27}, \quad \ldots$$

（圖 9.1）。數組 $a_1, a_2, a_3, \ldots$ 為無窮數列（infinite sequence）或簡稱數列（sequence）的例子。若函數 $f$ 定義為 $f(x) = \left(\frac{2}{3}\right)^{x-1}$，且 $x$ 為正整數，其中 $x = 1, 2, 3, \ldots, n, \ldots$，則數列 $a_1, a_2, a_3, \ldots$，可看成函數 $f$ 在這些點的值。因此，

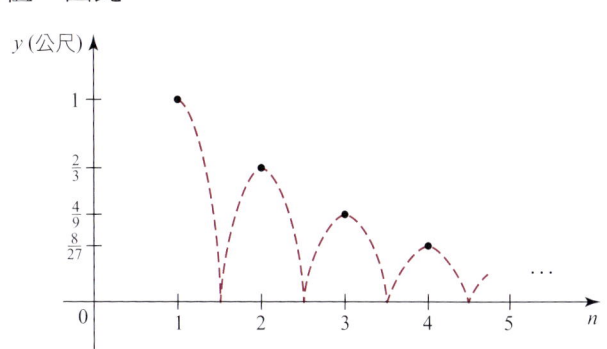

| 圖 9.1
此球撞擊到平面後再反彈到之前高度的 2/3 處

455

$$f(1)=1 \quad f(2)=\frac{2}{3} \quad f(3)=\frac{4}{9} \quad \cdots \quad f(n)=\left(\frac{2}{3}\right)^{n-1} \quad \cdots$$

$$\downarrow \qquad \downarrow \qquad \downarrow \qquad\qquad \downarrow$$

$$a_1 \qquad a_2 \qquad a_3 \qquad\qquad a_n \qquad \cdots$$

如此得到下面的定義。

---

**定義　數列**

　　一個**數列**（sequence）$\{a_n\}$ 是個函數，它的定義域為正整數所組成的集合。函數值 $a_1, a_2, a_3, ..., a_n, ...$ 稱為數列的**項**（terms）且 $a_n$ 項稱為數列的**第 $n$ 項**（$n$th term）。

---

**註**

1. 數列 $\{a_n\}$ 也可表示為 $\{a_n\}_{n=1}^{\infty}$。
2. 有時候數列以 $a_k$ 開始會方便些。此情形下數列表示為 $\{a_n\}_{n=k}^{\infty}$ 且它的各項為 $a_k, a_{k+1}, a_{k+2}, ..., a_n, ...$。

**例題 1** 列出給予數列的各項。

**a.** $\left\{\dfrac{n}{n+1}\right\}$　**b.** $\left\{\dfrac{\sqrt{n}}{2^{n-1}}\right\}$　**c.** $\{(-1)^n\sqrt{n-2}\}_{n=2}^{\infty}$　**d.** $\left\{\sin\dfrac{n\pi}{3}\right\}_{n=0}^{\infty}$

**解**

**a.** 這裡，$a_n = f(n) = \dfrac{n}{n+1}$。所以，

$$a_1 = f(1) = \frac{1}{1+1} = \frac{1}{2}, \quad a_2 = f(2) = \frac{2}{2+1} = \frac{2}{3},$$

$$a_3 = f(3) = \frac{3}{3+1} = \frac{3}{4}, \quad \cdots$$

已知數列可寫成

$$\left\{\frac{n}{n+1}\right\} = \left\{\frac{1}{2}, \frac{2}{3}, \frac{3}{4}, \frac{4}{5}, ..., \frac{n}{n+1}, ...\right\}$$

**b.** $\left\{\dfrac{\sqrt{n}}{2^{n-1}}\right\} = \left\{\dfrac{\sqrt{1}}{2^0}, \dfrac{\sqrt{2}}{2^1}, \dfrac{\sqrt{3}}{2^2}, \dfrac{\sqrt{4}}{2^3}, ..., \dfrac{\sqrt{n}}{2^{n-1}}, ...\right\}$

**c.** $\{(-1)^n\sqrt{n-2}\}_{n=2}^{\infty} = \{(-1)^2\sqrt{0}, (-1)^3\sqrt{1}, (-1)^4\sqrt{2},$

$$(-1)^5\sqrt{3}, ..., (-1)^n\sqrt{n-2}, ...\}$$

$$= \{0, -\sqrt{1}, \sqrt{2}, -\sqrt{3}, ..., (-1)^n\sqrt{n-2}, ...\}$$

注意此例題的 $n$ 以 2 開始（見本頁的註 2）。

**d.** $\left\{\sin\dfrac{n\pi}{3}\right\}_{n=0}^{\infty}$

$= \left\{\sin 0, \sin\dfrac{\pi}{3}, \sin\dfrac{2\pi}{3}, \sin\dfrac{3\pi}{3}, \sin\dfrac{4\pi}{3}, \sin\dfrac{5\pi}{3}, \ldots, \sin\dfrac{n\pi}{3}, \ldots\right\}$

$= \left\{0, \dfrac{\sqrt{3}}{2}, \dfrac{\sqrt{3}}{2}, 0, -\dfrac{\sqrt{3}}{2}, -\dfrac{\sqrt{3}}{2}, \ldots, \sin\dfrac{n\pi}{3}, \ldots\right\}$

再次參考註 2。 ■

通常先研究數列開始的前幾項，然後再決定它第 $n$ 項的型態。

**例題 2** 寫出給予數列的第 $n$ 項。

**a.** $\left\{2, \dfrac{3}{\sqrt{2}}, \dfrac{4}{\sqrt{3}}, \dfrac{5}{\sqrt{4}}, \ldots\right\}$　**b.** $\left\{1, \dfrac{1}{8}, \dfrac{1}{27}, \dfrac{1}{64}, \ldots\right\}$　**c.** $\left\{1, -\dfrac{1}{2}, \dfrac{1}{3}, -\dfrac{1}{4}, \ldots\right\}$

**解**

**a.** 此數列的前幾項為

$$a_1 = \dfrac{1+1}{\sqrt{1}}, \quad a_2 = \dfrac{2+1}{\sqrt{2}}, \quad a_3 = \dfrac{3+1}{\sqrt{3}}, \quad a_4 = \dfrac{4+1}{\sqrt{4}}, \quad \ldots$$

所以 $a_n = \dfrac{n+1}{\sqrt{n}}$。

**b.** 這裡，

$$a_1 = \dfrac{1}{1^3}, \quad a_2 = \dfrac{1}{2^3}, \quad a_3 = \dfrac{1}{3^3}, \quad a_4 = \dfrac{1}{4^3}, \quad \ldots$$

所以 $a_n = \dfrac{1}{n^3}$。

**c.** 注意當 $r$ 為偶數，$(-1)^r$ 等於 1，而且當 $r$ 為奇數，$(-1)^r$ 等於 $-1$。由此結果得到

$$a_1 = \dfrac{(-1)^0}{1}, \quad a_2 = \dfrac{(-1)^1}{2}, \quad a_3 = \dfrac{(-1)^2}{3}, \quad a_4 = \dfrac{(-1)^3}{4}, \quad \ldots$$

結論是第 $n$ 項為 $a_n = (-1)^{n-1}/n$。 ■

有些數列是由**遞迴地**（recursively）定義出來；亦即，數列被定義為已知第一項或前幾項與可算出數列其他各項的規則，這些其他各項是由它們的前項或前幾項來決定的。

**例題 3** 由遞迴地定義之數列 $a_1 = 2$, $a_2 = 4$ 與 $a_{n+1} = 2a_n - a_{n-1}$，其中 $n \geq 2$，列出它的前五項。

**解** 數列前兩項為 $a_1 = 2$ 與 $a_2 = 4$。為求數列的第三項，將 $n = 2$ 代入遞迴公式可得

$$a_3 = 2a_2 - a_1 = 2 \cdot 4 - 2 = 6$$

接著將 $n=3$ 與 $n=4$ 接續代入遞迴公式，可得

$$a_4 = 2a_3 - a_2 = 2 \cdot 6 - 4 = 8$$

與

$$a_5 = 2a_4 - a_3 = 2 \cdot 8 - 6 = 10$$

■

因為數列是個函數，所以可繪畫它的圖形。數列 $\{n/(n+1)\}$ 與 $\{(-1)^n\}$ 的圖形展示於圖 9.2。它們就是函數 $f(n) = n/(n+1)$ 與函數 $g(n) = (-1)^n$，$n = 1, 2, 3, \ldots$ 的圖形。

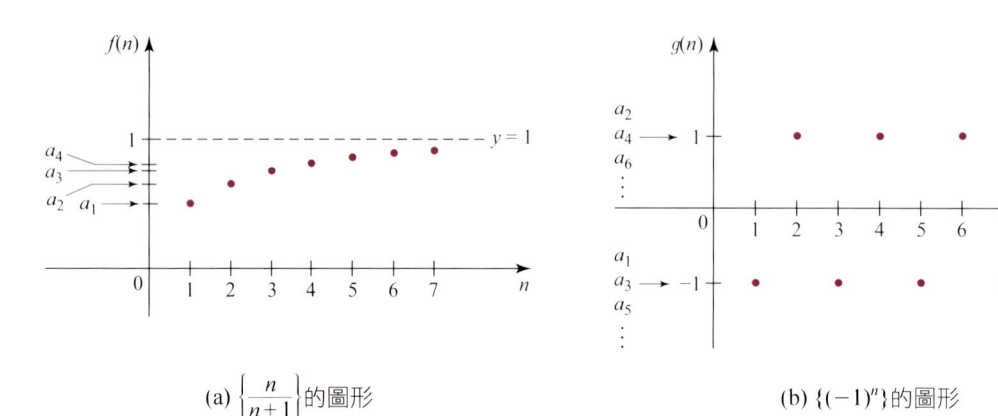

(a) $\left\{\dfrac{n}{n+1}\right\}$ 的圖形　　　　　(b) $\{(-1)^n\}$ 的圖形

| 圖 9.2

### ■ 數列的極限

當檢查圖 9.2a 的數列 $\{n/(n+1)\}$ 圖形，將發現當 $n$ 越來越大，數列各項就越來越接近 1。於此情形，稱數列 $\{n/(n+1)\}$ 收斂到極限（limit）1，並寫成

$$\lim_{n \to \infty} \frac{n}{n+1} = 1$$

一般而言，有下面非正式定義的數列之極限。

---

**定義　數列的極限**

當 $n$ 夠大，$a_n$ 可隨意接近 $L$，則數列 $\{a_n\}$ 有**極限**（limit）$L$，並寫成

$$\lim_{n \to \infty} a_n = L$$

若 $\lim_{n \to \infty} a_n$ 存在，則稱此數列**收斂**（converge）。反之，稱此數列**發散**（diverge）。

數列的極限更嚴謹之定義如下。

> **定義（嚴謹的）　數列的極限**
> 　　對於每個 $\varepsilon > 0$，若存在正整數 $N$，當 $n > N$，$|a_n - L| < \varepsilon$，則數列 $\{a_n\}$ **收斂**（converge）並有**極限**（limit）$L$，寫成
> $$\lim_{n \to \infty} a_n = L$$

　　為說明此定義，假設一挑戰者選取 $\varepsilon > 0$，則要證明存在正整數 $N$，當 $n > N$，所有圖形 $\{a_n\}$ 上的點 $(n, a_n)$ 都落在以線 $y = L$ 為中心與一寬 $2\varepsilon$ 的帶子內（圖 9.3）。

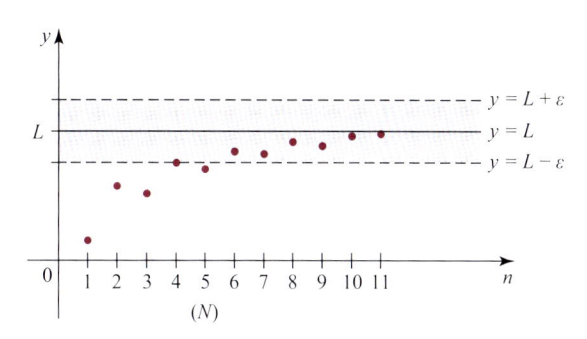

| 圖 9.3
當 $n > N$，則 $L - \varepsilon < a_n < L + \varepsilon$ 或 $|a_n - L| < \varepsilon$

　　為使此定義與極限的直觀定義一致，記住 $\varepsilon$ 是任意值。因此，選取 $\varepsilon$ 非常小，使得挑戰者確定 $a_n$「接近」$L$。進一步，若對照於**每個**（each）選定的 $\varepsilon$，它將產生一個 $N$，使得當 $n > N$，$|a_n - L| < \varepsilon$，所以當 $n$ 夠大，可證得 $a_n$ 隨意地接近 $L$。

　　注意數列的極限定義與 4.5 節的函數在無窮處的極限非常相似。在 $(0, \infty)$ 區間的函數 $f$ 定義為 $y = f(x)$ 與定義為 $a_n = f(n)$ 的數列 $\{a_n\}$ 之間的差別為 $n$ 是整數（圖 9.4）。由此得知通常我們以計算 $\lim_{x \to \infty} f(x)$ 的方式來計算 $\lim_{n \to \infty} a_n$，其中 $f$ 定義在 $(0, \infty)$ 且 $a_n = f(n)$。

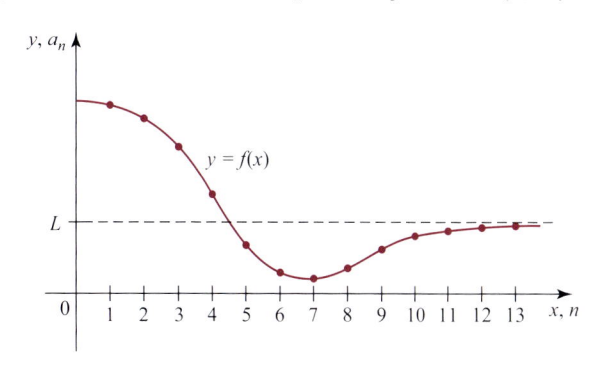

| 圖 9.4
$\{a_n\}$ 的圖形是由 $y = f(x)$ 圖形上的點 $(n, f(n))$ 組成

## 第 9 章　無窮數列與級數

> **定理 1**
>
> 　　若 $\lim_{x\to\infty} f(x) = L$ 且數列 $\{a_n\}$ 定義為 $a_n = f(n)$，其中 $n$ 是正整數，則 $\lim_{n\to\infty} a_n = L$。

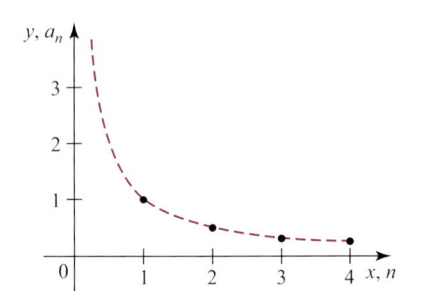

**例題 4**　已知 $r > 0$，求 $\lim_{n\to\infty} \dfrac{1}{n^r} < 0$。

**解**　令 $a_n = 1/n^r$，則 $f(x) = 1/x^r$ 且 $x > 0$。由 4.5 節定理 1 得知

$$\lim_{x\to\infty} \frac{1}{x^r} = 0$$

由定理 1 得知

$$\lim_{n\to\infty} \frac{1}{n^r} = 0$$

（圖 9.5）。

| **圖 9.5**
當 $n = 1, 2, 3, 4$ 與 $r = 1$，$\{1/n^r\}$ 的圖形。虛線為 $f(x) = 1/x^r$ 的圖形

⚠ 定理 1 反過來是錯的。譬如：考慮數列 $\{\sin n\pi\} = \{0\}$。明顯地，數列的每一項都為 0 且此數列收斂到 0。然而 $\lim_{x\to\infty} \sin \pi x$ 並不存在（圖 9.6）。

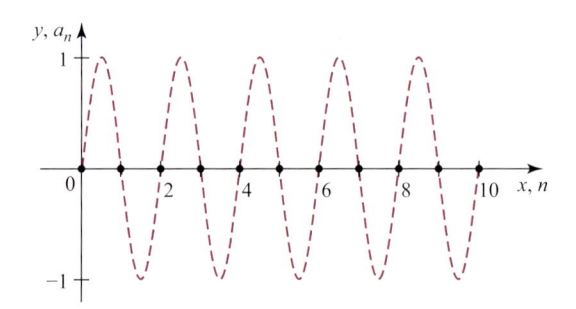

| **圖 9.6**
當 $n = 1, 2, ..., 10$，$\{\sin n\pi\}$ 的圖形。虛線為 $f(x) = \sin \pi x$ 的圖形

下面數列的極限法則與 2.2 節函數的極限法則相似，並可以相似的方式證明。

> **定理 2　數列的極限法則**
>
> 　　假設 $\lim_{n\to\infty} a_n = L$ 與 $\lim_{n\to\infty} = b_n = M$，且 $c$ 為常數，則
>
> 1. $\lim_{n\to\infty} ca_n = cL$
> 2. $\lim_{n\to\infty} (a_n \pm b_n) = L \pm M$
> 3. $\lim_{n\to\infty} a_n b_n = LM$
> 4. $\lim_{n\to\infty} \dfrac{a_n}{b_n} = \dfrac{L}{M}$，$b_n \neq 0$ 和 $M \neq 0$ 是它的條件
> 5. 若 $p > 0$ 與 $a_n > 0$，則 $\lim_{n\to\infty} a_n^p = L^p$

**例題 5** 判斷給予之數列是收斂或發散。

**a.** $\left\{\dfrac{n}{n+1}\right\}$   **b.** $\{(-1)^n\}$

**解**

**a.** 當 $n$ 趨近無窮，$n/(n+1)$ 的分子與分母都趨近無窮。因此它們的極限不存在，所以不可使用定理 2 的法則 4。但是可將分子與分母同除以 $n$ 並使用法則 4 計算最後的極限。故

$$\lim_{n\to\infty}\frac{n}{n+1}=\lim_{n\to\infty}\frac{1}{1+\dfrac{1}{n}}=1$$

並得到結論，此數列收斂到 1（圖 9.2a）。

**b.** 數列的各項為

$$-1,\,1,\,-1,\,1,\ldots$$

顯然此數列不會逼近唯一的數，結論為它是發散的（圖 9.2b）。

**例題 6** 求

**a.** $\displaystyle\lim_{n\to\infty}\frac{\ln n}{n}$   **b.** $\displaystyle\lim_{n\to\infty}\frac{e^n}{n^2}$

**解**

**a.** 觀察到當 $n\to\infty$，$(\ln n)/n$ 的分子與分母逼近無窮。因此，不可直接使用定理 2 的法則 4。$a_n = f(n) = (\ln n)/n$，所以令函數 $f(x) = (\ln x)/x$ 並使用 l'Hôpital 的規則求

$$\lim_{x\to\infty}\frac{\ln x}{x}=\lim_{x\to\infty}\frac{1/x}{1}=\lim_{x\to\infty}\frac{1}{x}=0$$

由定理 1 得到

$$\lim_{n\to\infty}\frac{\ln n}{n}=0$$

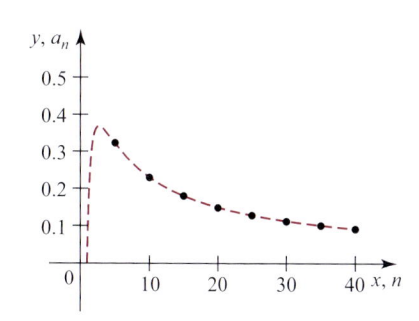

（圖 9.7）。

**b.** 再次，當 $n\to\infty$，$e^n$ 與 $n^2$ 都逼近無窮。令 $f(x)=e^x/x^2$，並使用 l'Hôpital 的規則兩次可得

$$\lim_{x\to\infty}\frac{e^x}{x^2}=\lim_{x\to\infty}\frac{e^x}{2x}=\lim_{x\to\infty}\frac{e^x}{2}=\infty$$

由此得知

$$\lim_{n\to\infty}\frac{e^n}{n^2}=\infty$$

結論是數列 $\{e^n/n^2\}$ 為發散（圖 9.8）。 ∎

| 圖 9.7
$\{(\ln n)/n\}$ 的圖形，$n = 5, 10, 15, ..., 40$。虛線為 $f(x) = (\ln x)/x$ 的圖形

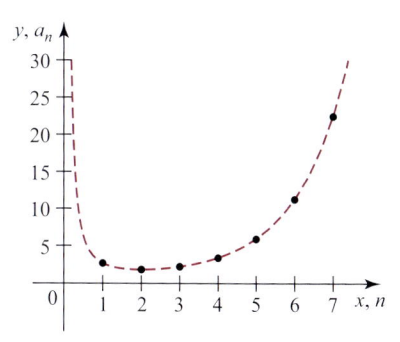

| 圖 9.8
$\{e^n/n^2\}$ 的圖形。虛線為 $f(x) = e^x/x^2$ 的圖形

夾擠定理有下列數列方面相對應的定理（它的證明與夾擠定理相似，此處省略）。

### 定理 3　數列的夾擠定理

若存在某整數 $N$，對於所有 $n \geq N$，$a_n \leq b_n \leq c_n$ 且 $\lim_{n\to\infty} a_n = \lim_{n\to\infty} c_n = L$，則 $\lim_{n\to\infty} b_n = L$。

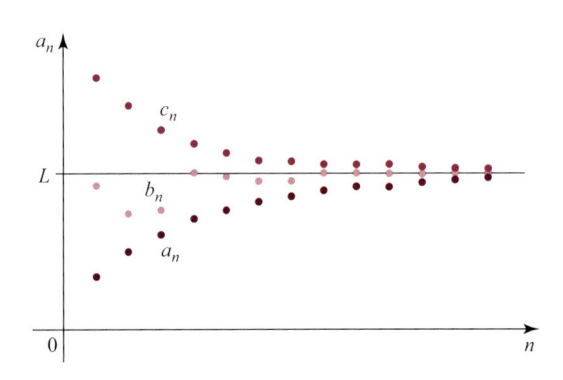

（圖 9.9）。

**圖 9.9**
數列 $\{b_n\}$ 被數列 $\{a_n\}$ 與 $\{c_n\}$ 夾擠

**例題 7**　求 $\displaystyle\lim_{n\to\infty}\frac{n!}{n^n}$，其中 $n!$（唸做 "$n$ factorial"）定義為

$$n! = n(n-1)(n-2)\cdots 1$$

**解**　令 $a_n = n!/n^n$。$\{a_n\}$ 前幾項為

$$a_1 = \frac{1!}{1} = 1, \quad a_2 = \frac{2!}{2^2} = \frac{2 \cdot 1}{2 \cdot 2}, \quad a_3 = \frac{3!}{3^3} = \frac{3 \cdot 2 \cdot 1}{3 \cdot 3 \cdot 3}$$

且它第 $n$ 項為

$$a_n = \frac{n!}{n^n} = \frac{n(n-1)\cdots\cdot 3 \cdot 2 \cdot 1}{n \cdot n \cdots\cdot n \cdot n \cdot n}$$

$$= \left(\frac{n}{n}\right)\left(\frac{n-1}{n}\right)\cdots\cdot\left(\frac{3}{n}\right)\left(\frac{2}{n}\right)\left(\frac{1}{n}\right) \leq \frac{1}{n}$$

因此，

$$0 < a_n \leq \frac{1}{n}$$

因為 $\lim_{n\to\infty} 1/n = 0$，由夾擠定理得知

$$\lim_{n\to\infty} a_n = \lim_{n\to\infty}\frac{n!}{n^n} = 0$$

下一個定理是夾擠定理的直接結果。

### 定理 4

若 $\lim_{n\to\infty} |a_n| = 0$，則 $\lim_{n\to\infty} a_n = 0$。

**例題 8** 求 $\lim_{n\to\infty} \dfrac{(-1)^n}{n}$。

**解**
$$\lim_{n\to\infty} \left|\dfrac{(-1)^n}{n}\right| = \lim_{n\to\infty} \dfrac{1}{n} = 0$$

由定理 4 得知
$$\lim_{n\to\infty} \dfrac{(-1)^n}{n} = 0$$

數列 $\{(-1)^n/n\}$ 的圖形確定此結果（圖 9.10）。

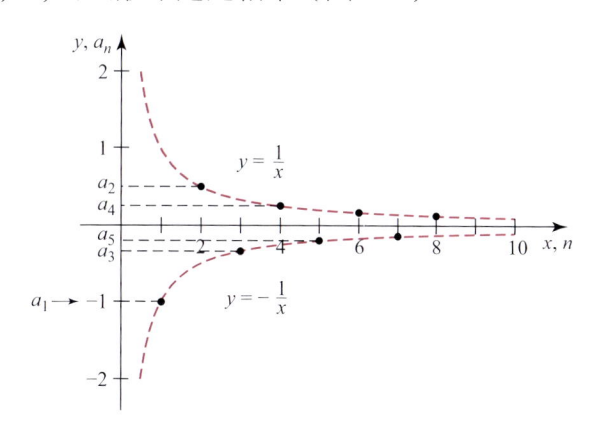

**圖 9.10**
數列 $\{(-1)^n/n\}$ 的各項在圖形 $y = 1/x$ 和 $y = -1/x$ 之間震盪

若將函數 $f$ 與數列 $\{a_n\}$ 合成，則產生另一個數列 $\{f(a_n)\}$。下面的定理說明如何計算它的極限。

### 定理 5

若 $\lim_{n\to\infty} a_n = L$ 且函數 $f$ 在 $L$ 處連續，則
$$\lim_{n\to\infty} f(a_n) = f(\lim_{n\to\infty} a_n) = f(L)$$

**註** 將此定理與 2.4 節定理 4 做比較。

**例題 9** 求 $\lim_{n\to\infty} e^{\sin(1/n)}$。

**解** 令 $e^{\sin(1/n)} = f(a_n)$，其中 $f(x) = e^x$ 且 $a_n = \sin(1/n)$。因為
$$\lim_{n\to\infty} \sin\dfrac{1}{n} = 0$$

且 $f$ 在 0 處連續，則由定理 5 得知 $\lim_{n\to\infty} e^{\sin(1/n)} = e^{\lim_{n\to\infty}\sin(1/n)} = e^0 = 1$。∎

### ■ 有界的單調數列

至今我們所處理的收斂數列都是現成的。然而，有時候即使數列的極限還不知道，仍然需要證明它是收斂的。目前最重要的事就是尋找能保證數列是收斂的條件。為此，需要使用數列的兩個更深一層的特性。

---

**定義　單調數列**

若
$$a_1 < a_2 < a_3 < \cdots < a_n < a_{n+1} < \cdots$$
則數列 $\{a_n\}$ 稱為**遞增**（increasing）；並且若
$$a_1 > a_2 > a_3 > \cdots > a_n > a_{n+1} > \cdots$$
則它稱為**遞減**（decreasing）。

若一個數列是遞增或遞減，則它稱為**單調的**（monotonic）。

---

**例題 10**　證明數列 $\left\{\dfrac{n}{n+1}\right\}$ 為遞增。

**解**　令 $a_n = n/(n+1)$。必須證明當 $n \geq 1$，$a_n \leq a_{n+1}$；亦即，
$$\frac{n}{n+1} \leq \frac{n+1}{(n+1)+1}$$
即
$$\frac{n}{n+1} \leq \frac{n+1}{n+2}$$
為證明此不等式成立，我們有下面等價的不等式：當 $n \geq 1$，
$$n(n+2) \leq (n+1)(n+1) \quad \text{交叉相乘}$$
$$n^2 + 2n \leq n^2 + 2n + 1$$
$$0 \leq 1$$
成立。因此，$a_n \leq a_{n+1}$，所以 $\{a_n\}$ 為遞增。

**另解**　此處，$a_n = f(n) = n/(n+1)$。考慮函數 $f(x) = x/(x+1)$。
$$f'(x) = \frac{(x+1)(1) - x(1)}{(x+1)^2} = \frac{1}{(x+1)^2} > 0 \quad \text{若 } x > 0$$
所以 $f$ 在 $(0, \infty)$ 區間為遞增。故給予之數列為遞增。∎

**例題 11** 證明數列 $\left\{\dfrac{n}{e^n}\right\}$ 為遞減。

**解** 我們需要證明當 $n \geq 1$，$a_n \geq a_{n+1}$；亦即，當 $n \geq 1$，

$$\frac{n}{e^n} \geq \frac{n+1}{e^{n+1}}$$

$$ne^{n+1} \geq (n+1)e^n$$

$$ne \geq n+1 \qquad \text{兩邊同除 } e^n$$

$$n(e-1) \geq 1$$

成立，所以 $\{n/e^n\}$ 為遞減。 ∎

接著解釋有界（bounded）數列的意義。

---

**定義　有界數列**

對於數列 $\{a_n\}$，若存在數 $M$，使得

$$\text{當 } n \geq 1，a_n \leq M$$

則此數列有**上界**（bounded above）。

對於此數列，若存在數 $m$，使得

$$\text{當 } n \geq 1，m \leq a_n$$

則此數列有**下界**（bounded below）。

若此數列同時有上界與下界，則此數列**有界**（bounded）。

---

譬如：數列 $\{n\}$ 有下界 0，但是沒有上界。數列 $\{n/(n+1)\}$ 有下界 1/2 與上界 1，所以它是有界的（圖 9.2a）。

有界的數列不一定收斂。譬如：$-1 \leq (-1)^n \leq 1$，數列 $\{(-1)^n\}$ 有界；很明顯地，它是發散的（圖 9.2b）。又單調數列不一定收斂。譬如：數列 $\{n\}$ 為遞增並且明顯地為發散。然而，若數列有界並單調，則它一定為收斂。

---

**定理 6　數列的單調收斂定理**

每個有界且單調的數列都收斂。

---

由圖 9.11 的數列 $\{n/(n+1)\}$ 圖形得知定理 6 是可信的。此數列為遞增並有上界 $M \geq 1$。因此，當 $n$ 遞增，各項 $a_n$ 由下逼近一個數（它不會大於 $M$）。這個情況的數 $M$ 是 1，它也是此數列的極限。

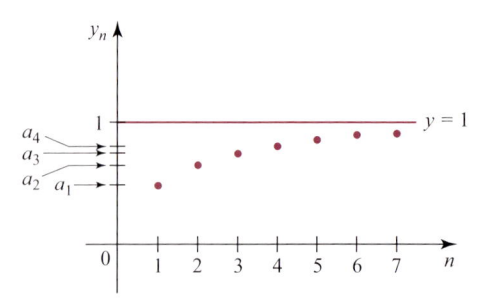

**圖 9.11**
遞增並有界的數列 $\{n/(n+1)\}$ 是收斂的

定理 6 可用來間接地求收斂數列的極限，如下個例題所示。它在級數中也扮演重要的角色（9.2-9.9 節）。

**例題 12** 證明數列 $\left\{\dfrac{2^n}{n!}\right\}$ 為收斂並求它的極限。

**解** 這裡 $a_n = 2^n/n!$。此數列的前幾項為

$a_1 = 2, \quad a_2 = 2, \quad a_3 \approx 1.333333, \quad a_4 \approx 0.666667, \quad a_5 \approx 0.266667,$
$a_6 \approx 0.088889, \quad \ldots, \quad a_{10} \approx 0.000282$

由這幾項得知數列由 $n = 2$ 開始為遞減。為了證明，我們計算

$$\frac{a_{n+1}}{a_n} = \frac{\dfrac{2^{n+1}}{(n+1)!}}{\dfrac{2^n}{n!}} = \frac{2^{n+1} n!}{2^n (n+1)!} = \frac{2n!}{(n+1)n!} = \frac{2}{n+1} \tag{1}$$

所以

$$\text{當 } n \geq 1, \quad \frac{a_{n+1}}{a_n} \leq 1$$

因此當 $n \geq 1$，$a_{n+1} \leq a_n$，即得證。數列的每一項都為正，所以 $\{a_n\}$ 有下界 0。故此數列遞減並有下界。由定理 6 得知，它收斂到非負的極限 $L$。

為了求 $L$，首先將式 (1) 寫成

$$a_{n+1} = \frac{2}{n+1} a_n \tag{2}$$

$\lim_{n \to \infty} a_n = L$ 且 $\lim_{n \to \infty} a_{n+1} = L$，所以將式 (2) 兩邊同時取極限並使用數列的極限法則 (3) 可得

$$L = \lim_{n \to \infty} a_{n+1} = \lim_{n \to \infty}\left(\frac{2}{n+1} a_n\right) = \lim_{n \to \infty} \frac{2}{n+1} \cdot \lim_{n \to \infty} a_n = 0 \cdot L = 0$$

結論為 $\lim_{n \to \infty} 2^n/n! = 0$。

**另解** 觀察得知

$$a_2 = \frac{2 \cdot 2}{2 \cdot 1} = 2, \ a_3 = \frac{2 \cdot 2 \cdot 2}{3 \cdot 2 \cdot 1} = 2\left(\frac{2}{3}\right),$$

$$a_4 = \frac{2 \cdot 2 \cdot 2 \cdot 2}{4 \cdot 3 \cdot 2 \cdot 1} = \left(\frac{2}{4}\right)\left(\frac{2}{3}\right)2 < 2\left(\frac{2}{3}\right)^2,$$

$$a_5 = \frac{2 \cdot 2 \cdot 2 \cdot 2 \cdot 2}{5 \cdot 4 \cdot 3 \cdot 2 \cdot 1} = \left(\frac{2}{5}\right)\left(\frac{2}{4}\right)\left(\frac{2}{3}\right)2 < 2\left(\frac{2}{3}\right)^3$$

與

$$a_n = \frac{2 \cdot 2 \cdot 2 \cdots 2}{n \cdot (n-1) \cdot (n-2) \cdots 1} < 2\left(\frac{2}{3}\right)^{n-2}$$

因此，

$$0 < a_n < 2\left(\frac{2}{3}\right)^{n-2}$$

又 $\lim_{n \to \infty} \left(\frac{2}{3}\right)^{n-2} = 0$，由夾擠定理得到結論。∎

下個例題包含一些在這裡使用夾擠定理所推導出來的結果。

**例題 13** 已知 $|r| < 1$，證明 $\lim_{n \to \infty} r^n = 0$。

**解** 若 $r = 0$，則數列 $\{r^n\}$ 的每一項都為 0，且此數列收斂到 0。現在假設 $0 < |r| < 1$，則 $1/|r|$ 比 1 大。所以存在正數 $p$ 使得

$$\frac{1}{|r|} = 1 + p$$

使用二項式定理可得

$$(1 + p)^n = 1 + np + \frac{n(n-1)}{2!}p^2 + \cdots + p^n > np$$

故

$$0 < |r|^n = \frac{1}{(1+p)^n} < \frac{1}{np}$$

然而

$$\lim_{n \to \infty} \frac{1}{np} = 0$$

由夾擠定理得知

$$\lim_{n \to \infty} |r|^n = 0$$

最後由定理 4 得到結論 $\lim_{n \to \infty} r^n = 0$。∎

若 $r = 1$，則對於所有 $n$，$r^n = 1$，很明顯地，數列 $\{r^n\}$ 收斂到 1。若 $r = -1$，則數列 $\{r^n\} = \{(-1)^n\}$ 發散（例題 5b）。若 $|r| > 1$，則存在某正整數 $p$，使得 $|r| = 1 + p$。再次使用二項式定理可得

$$|r|^n = (1+p)^n > np$$

$p > 0$，所以 $\lim_{n \to \infty} np = \infty$。這證明若 $|r| > 1$，則 $\{r^n\}$ 發散。

這些結果摘要於下。

**數列 $\{r^n\}$ 的特性**

若 $-1 < r \leq 1$ 且

$$\lim_{n \to \infty} r^n = \begin{cases} 0, & -1 < r < 1 \\ 1, & r = 1 \end{cases}$$

則數列 $\{r^n\}$ 收斂。對於其他 $r$ 值，它是發散的。

## 9.1 習題

1-3 題，寫出給予第 $n$ 項之數列 $\{a^n\}$ 的前五項。

1. $a_n = \dfrac{n+1}{2n-1}$
2. $a_n = \sin \dfrac{n\pi}{2}$
3. $a_n = \dfrac{2^n}{(2n)!}$

4-6 題，求給予之數列的一般項 $a^n$（假設此模式連續）。

4. $\left\{ \dfrac{1}{2}, \dfrac{2}{3}, \dfrac{3}{4}, \dfrac{4}{5}, \dfrac{5}{6}, \cdots \right\}$
5. $\left\{ -1, \dfrac{1}{2}, -\dfrac{1}{6}, \dfrac{1}{24}, -\dfrac{1}{120}, \cdots \right\}$
6. $\left\{ \dfrac{1}{1 \cdot 2}, \dfrac{2}{2 \cdot 3}, \dfrac{3}{3 \cdot 4}, \dfrac{4}{4 \cdot 5}, \dfrac{5}{5 \cdot 6}, \cdots \right\}$

7-21 題，判斷數列 $\{a^n\}$ 收斂或發散。若它收斂，則求它的極限。

7. $a_n = \dfrac{2n}{n+1}$
8. $a_n = 1 + 2(-1)^n$
9. $a_n = \dfrac{n-1}{n} - \dfrac{2n+1}{n^2}$
10. $a_n = \dfrac{2n^2 - 3n + 4}{3n^2 + 1}$
11. $a_n = \dfrac{2 + (-1)^n}{n}$
12. $a_n = \dfrac{2n}{\sqrt{n+1}}$
13. $a_n = \dfrac{n^{1/2} + n^{1/3}}{n + 2n^{2/3}}$
14. $a_n = \sin \dfrac{n\pi}{2}$
15. $a_n = \dfrac{\sin \sqrt{n}}{\sqrt{n}}$
16. $a_n = \tanh n$
17. $a_n = \dfrac{2^n}{3^n + 1}$
18. $a_n = \sqrt{n+1} - \sqrt{n}$
19. $a_n = \left(1 + \dfrac{2}{n}\right)^{1/n}$
20. $a_n = \dfrac{\sin^2 n}{\sqrt{n}}$
21. $a_n = \dfrac{1}{n^2} + \dfrac{2}{n^2} + \dfrac{3}{n^2} + \cdots + \dfrac{n}{n^2}$
22. 計算 $\lim_{n \to \infty} \dfrac{1 - \left(1 - \dfrac{1}{n}\right)^9}{1 - \left(1 - \dfrac{1}{n}\right)}$。

提示：使用定理 1。

23-26 題，判斷給予之數列 $\{a_n\}$ 是否單調。此數列是否有界？

23. $a_n = \dfrac{3}{2n+5}$
24. $a_n = 3 - \dfrac{1}{n}$
25. $a_n = \dfrac{\sin n}{n}$
26. $a_n = \dfrac{n}{2^n}$

27. **複利** 若以本金 $P$（元）存入年利率 $r$ 並按月計算複利的帳戶，則於第 $n$ 個月的本利和為

$$A_n = P\left(1 + \dfrac{r}{12}\right)^n$$

a. 若 $P = 10{,}000$，$r = 0.105$，寫出數列 $\{A_n\}$ 前六項並解釋你的結果。
b. 試問數列 $\{A_n\}$ 收斂或發散？

28. **年金** 年金為一按固定時間區間之支付數列。假設每個月的月底將總和 200 元存入年利率 12% 之月複利的帳戶，則於第 $n$ 個月的月底，存入的款項總和（稱為年金之未來值）為 $f(n) = 20{,}000[(1.01)^n - 1]$。定義數列 $\{a_n\}$ 為 $a_n = f(n)$。
a. 求此數列的第 24 項，並解釋它的結果。
b. 求 $\lim_{n \to \infty} a_n$，並解釋它的結果。

29. **浮體** 半徑為 1 呎之木球的比重為 $\frac{2}{3}$。若將此球置入水中，它沉入水中的深度為 $h$ 呎，則可證明 $h$ 滿足下式：
$$h^3 - 3h^2 + \frac{8}{3} = 0$$
求 $h$，精確度至小數後第三位。
提示：先證明該方程式可改寫為 $h = \frac{1}{3}\sqrt{3h^3 + 8}$。並定義 $g(h) = \frac{1}{3}\sqrt{3h^3 + 8}$，寫出 $\{h_n\}$。

30. 已知數列 $\{a_n\}$ 定義為 $a_1 = \sqrt{2}$ 與 $a_n = \sqrt{2 + a_{n-1}}$，且 $n \geq 2$。假設此數列收斂，求它的極限。
註：使用數學歸納法的原則證明 $\{a_n\}$ 遞增且上限不超過 2，由定理 6 得知它收斂。

31. 令數列 $\{a_n\}$ 定義為
$$a_n = 1 + \frac{1}{2^2} + \frac{1}{3^2} + \cdots + \frac{1}{n^2}$$

a. 證明 $\{a_n\}$ 遞增。
b. 證明 $\{a_n\}$ 有上界且對於 $n \geq 2$，$a_n < 2 - 1/n$。
提示：當 $n \geq 2$，$\frac{1}{n^2} < \frac{1}{n(n-1)} = \frac{1}{n-1} - \frac{1}{n}$。
c. 試問由 (a) 與 (b) 的結果，推論出 $\{a_n\}$ 收斂的情形為何？

32. 令數列 $\{a_n\}$ 定義為
$$a_1 = \frac{a_0}{2 + a_0}, \qquad a_2 = \frac{a_1}{2 + a_1},$$
$$a_3 = \frac{a_2}{2 + a_2}, \qquad \ldots, \qquad a_n = \frac{a_{n-1}}{2 + a_{n-1}}, \qquad \ldots$$
其中 $a_n > 0$。
a. 證明 $\{a_n\}$ 收斂。
b. 求 $\{a_n\}$ 的極限。

33-36 題，判斷下列敘述是對或是錯。如果它是對，解釋你的理由。如果它是錯，請解釋你的理由或舉例說明。

33. 若 $\{a_n\}$ 與 $\{b_n\}$ 都發散，則 $\{a_n + b_n\}$ 發散。
34. 若 $\{a_n\}$ 收斂到 $L$ 且 $\{b_n\}$ 收斂到 0，則 $\{a_n b_n\}$ 收斂到 0。
35. 若 $\{a_n\}$ 有界且 $\{b_n\}$ 收斂，則 $\{a_n b_n\}$ 收斂。
36. 若 $\lim_{n \to \infty} a_n b_n$ 存在，則 $\lim_{n \to \infty} a_n$ 與 $\lim_{n \to \infty} b_n$ 都存在。

## 9.2 級數

再次考慮涉及彈性球的例題。稍早我們求得描述此類球每次擊落在平面後反彈最大高度所組成的數列。接下來的問題則是：如何求得此球經過的路徑之總距離？為回答此問題，記錄初始高度以及每次反彈回來的最大高度分別為

$$1, \quad \frac{2}{3}, \quad \left(\frac{2}{3}\right)^2, \quad \left(\frac{2}{3}\right)^3, \quad \ldots$$

公尺（圖 9.12）觀察得知此球第一次擊中地面所經過的距離為 1 公尺。當它第二次擊中地面所經過的距離為

$$1 + 2\left(\frac{2}{3}\right) \quad \text{即} \quad 1 + \frac{4}{3}$$

公尺。當它第三次擊中地面所經過的距離為

$$1 + 2\left(\frac{2}{3}\right) + 2\left(\frac{2}{3}\right)^2 \quad \text{即} \quad 1 + \frac{4}{3} + \frac{8}{9}$$

公尺。繼續下去，可得它經過的總距離為

$$1 + 2\left(\frac{2}{3}\right) + 2\left(\frac{2}{3}\right)^2 + 2\left(\frac{2}{3}\right)^3 + \cdots \tag{1}$$

公尺。觀察到這個最後的式子，它包含無窮多項的和。

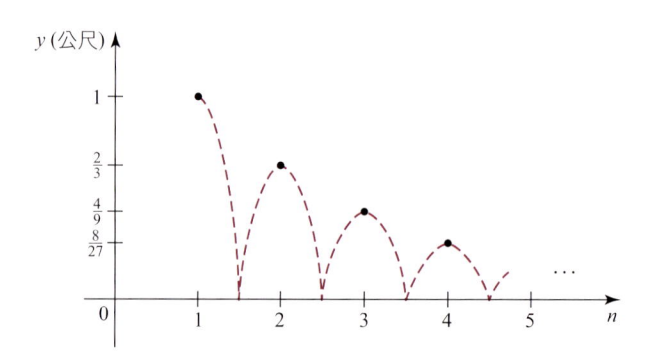

圖 9.12

一般而言，表示為

$$a_1 + a_2 + a_3 + \cdots + a_n + \cdots$$

之形式的式子稱為**無窮級數**（infinite series）或簡稱為**級數**（series）。數 $a_1, a_2, a_3, \ldots$ 稱為級數的**項**（term）；$a_n$ 稱為此級數的**第 $n$ 項**（$n$th term），或**一般項**（general term）；並且此級數表示為符號

$$\sum_{n=1}^{\infty} a_n$$

或簡單表示為 $\Sigma a_n$。

如果無窮級數的「和」存在，我們應如何定義？為回答此問題，我們使用之前用過很多次的技巧：使用可計算的數量來定義新的數量。譬如：定義函數圖形上的切線斜率，我們取割線斜率（此數量可計算）的極限；又定義函數圖形下方的面積，我們取長方形面積和（此數量也可計算）的極限。這裡定義無窮級數的和為此級數有限（finite）項的和（此數量可計算）之數列的級數。

由表示為彈性球經過的總距離之級數 (1) 得到的資訊，定義數列 $\{S_n\}$ 為

$$S_1 = 1$$
$$S_2 = 1 + 2\left(\frac{2}{3}\right)$$
$$S_3 = 1 + 2\left(\frac{2}{3}\right) + 2\left(\frac{2}{3}\right)^2$$
$$\vdots$$
$$S_n = 1 + 2\left(\frac{2}{3}\right) + 2\left(\frac{2}{3}\right)^2 + \cdots + 2\left(\frac{2}{3}\right)^{n-1}$$

分別是此球擊中表面第一次、第二次、第三次、⋯與第 $n$ 次反彈經過的總垂直距離。若級數 (1) 的和為 $S$（此球經過的總距離），則此數列 $\{S_n\}$ 中的各項形成一個逼近 $S$ 正確度遞增的數列。因此定義

$$S = \lim_{n \to \infty} S_n$$

將於例題 5 完成此問題的解。

此討論的動機讓我們定義出無窮級數的和。

---

### 定義　無窮級數的收斂性

已知無窮級數

$$\sum_{n=1}^{\infty} a_n = a_1 + a_2 + a_3 + \cdots + a_n + \cdots$$

它的 **$n$ 項部分和**（*n*th partial sum）為

$$S_n = \sum_{k=1}^{n} a_k = a_1 + a_2 + a_3 + \cdots + a_n$$

若部分和的數列 $\{S_n\}$ **收斂**（converge）到數 $S$，亦即，若 $\lim_{n \to \infty} S_n = S$，則此級數 $\Sigma\, a_n$ **收斂**（converge）且它的**和**（sum）為 $S$，寫成

$$\sum_{n=1}^{\infty} a_n = a_1 + a_2 + a_3 + \cdots + a_n + \cdots = S$$

若 $\{S_n\}$ 發散，則級數 $\Sigma\, a_n$ **發散**（diverge）。

---

⚠ 要確實分辨數列與級數的不同。數列為各項的**序列**（succession），而級數則是各項的和（sum）。

**例題 1** 判斷給予的級數是否收斂。若它為收斂，求它的和。

**a.** $\sum_{n=1}^{\infty} n$   **b.** $\sum_{n=1}^{\infty} \left( \frac{1}{n} - \frac{1}{n+1} \right)$

**解**

**a.** 此級數的 $n$ 項部分和為

$$S_n = 1 + 2 + 3 + \cdots + n = \frac{n(n+1)}{2}$$

因為

$$\lim_{n \to \infty} S_n = \lim_{n \to \infty} \frac{n(n+1)}{2} = \infty$$

結論為此極限不存在且 $\sum_{n=1}^{\infty} n$ 為發散。

**b.** 此級數的 $n$ 項部分和為

$$S_n = \left(1 - \frac{1}{2}\right) + \left(\frac{1}{2} - \frac{1}{3}\right) + \left(\frac{1}{3} - \frac{1}{4}\right) + \cdots$$
$$+ \left(\frac{1}{n-1} - \frac{1}{n}\right) + \left(\frac{1}{n} - \frac{1}{n+1}\right)$$

將小括號移除，得知 $S_n$ 的各項除第一項與最後一項外都相互對消。故

$$S_n = 1 - \frac{1}{n+1}$$

因為

$$\lim_{n \to \infty} S_n = \lim_{n \to \infty} \left(1 - \frac{1}{n+1}\right) = 1$$

所以此級數收斂且它的和為 1，亦即，

$$\sum_{n=1}^{\infty} \left( \frac{1}{n} - \frac{1}{n+1} \right) = 1$$

例題 1b 的級數稱為**相嵌級數**（telescoping series）。

**例題 2** 證明級數 $\sum_{n=1}^{\infty} \frac{4}{4n^2 - 1}$ 收斂並求它的和。

**解** 首先使用部分分式分解且改寫它的一般式 $a_n = 4/(4n^2 - 1)$ 為：

$$a_n = \frac{4}{4n^2 - 1} = \frac{4}{(2n-1)(2n+1)} = \frac{2}{2n-1} - \frac{2}{2n+1}$$

則級數的 $n$ 項部分和可寫成

$$S_n = \sum_{k=1}^{n} \frac{4}{4k^2 - 1} = \sum_{k=1}^{n} \left( \frac{2}{2k-1} - \frac{2}{2k+1} \right)$$

$$= \left( \frac{2}{1} - \frac{2}{3} \right) + \left( \frac{2}{3} - \frac{2}{5} \right) + \left( \frac{2}{5} - \frac{2}{7} \right) + \cdots + \left( \frac{2}{2n-1} - \frac{2}{2n+1} \right)$$

$$= 2 - \frac{2}{2n+1} \qquad \text{此為相嵌級數}$$

因為

$$\lim_{n \to \infty} S_n = \lim_{n \to \infty} \left( 2 - \frac{2}{2n+1} \right) = 2$$

結論為給予的級數為收斂且它的和為 2；亦即，

$$\sum_{n=1}^{\infty} \frac{4}{4n^2 - 1} = 2$$

## 幾何級數

幾何級數在數學分析中扮演重要的角色。它也經常在財金領域中出現。幾何級數的收斂性與發散性很容易被建立。

**定義　幾何級數**

形式為

$$\sum_{n=1}^{\infty} ar^{n-1} = a + ar + ar^2 + \cdots + ar^{n-1} + \cdots \qquad a \neq 0$$

的級數稱為公比為 $r$ 的**幾何級數**（geometric series）。

下面的定理提供級數為收斂的條件。

**定理 1**

若 $|r| < 1$，則幾何級數

$$\sum_{n=1}^{\infty} ar^{n-1} = a + ar + ar^2 + \cdots + ar^{n-1} + \cdots$$

收斂，且它的和為 $\sum_{n=1}^{\infty} ar^{n-1} = \frac{a}{1-r}$。若 $|r| \geq 1$，則此級數為發散。

**證明**　此級數的 $n$ 項部分和為

$$S_n = a + ar + ar^2 + \cdots + ar^{n-1}$$

此式子等號兩邊同乘 $r$ 可得

$$rS_n = ar + ar^2 + ar^3 + \cdots + ar^n$$

第一式減第二式後可得

$$(1-r)S_n = a - ar^n = a(1-r^n)$$

若 $r \neq 1$，則由最後一式可得

$$S_n = \frac{a(1-r^n)}{1-r}$$

由 9.1 節例題 13 得知，若 $|r|<1$，則 $\lim\limits_{n\to\infty} r^n = 0$。故

$$\lim_{n\to\infty} S_n = \lim_{n\to\infty} \frac{a(1-r^n)}{1-r} = \frac{a}{1-r}$$

由此可得

$$\sum_{n=1}^{\infty} ar^{n-1} = \frac{a}{1-r} \qquad |r|<1$$

若 $|r|>1$，則數列 $\{r^n\}$ 發散，所以 $\lim_{n\to\infty} S_n$ 不存在。它表示此幾何級數發散。當 $r=\pm 1$，$\{S_n\}$ 發散，這部分的證明留給續者自行練習，所以這些 $r$ 值的級數也都發散。∎

**例題 3** 判斷給予的級數是收斂或發散。若它為收斂，則求它的和。

a. $\sum\limits_{n=1}^{\infty} 3\left(-\dfrac{1}{2}\right)^{n-1} = 3 - \dfrac{3}{2} + \dfrac{3}{4} - \dfrac{3}{8} + \cdots$

b. $\sum\limits_{n=1}^{\infty} 5\left(\dfrac{4}{3}\right)^{n-1} = 5 + \dfrac{20}{3} + \dfrac{80}{9} + \dfrac{320}{27} + \cdots$

**解**

a. 此級數為 $a=3$ 且公比為 $r=-\dfrac{1}{2}$ 的幾何級數。因為 $\left|-\dfrac{1}{2}\right|<1$，由定理 1 得知此級數收斂且它的和為

$$\sum_{n=1}^{\infty} 3\left(-\frac{1}{2}\right)^{n-1} = \frac{3}{1-\left(-\frac{1}{2}\right)} = 2$$

此級數的 $\{a_n\}$ 和 $\{S_n\}$ 的圖形如圖 9.13a 所示。

b. 此級數為 $a=5$ 且公比為 $r=\dfrac{4}{3}$ 的幾何級數。因為 $\dfrac{4}{3}>1$，由定理 1 得知此級數發散。此級數的 $\{a_n\}$ 與 $\{S_n\}$ 的圖形如圖 9.13b 所示。

9.2 級數 475

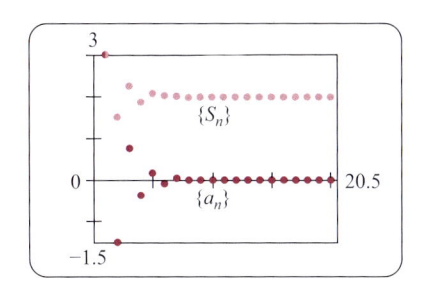

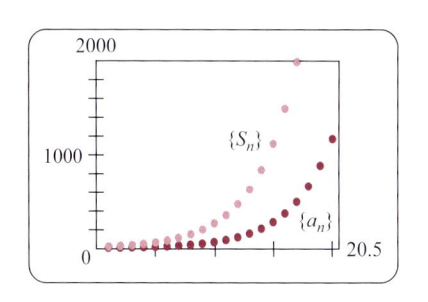

| 圖 9.13　　(a) 因為 $|r|<1$，此幾何級數收斂　　(b) 因為 $|r|>1$，此幾何級數發散

**例題 4** 將數 $3.2\overline{14} = 3.2141414\ldots$ 表示為有理數。

**解** 改寫此數為

$$3.2141414\ldots = 3.2 + \frac{14}{10^3} + \frac{14}{10^5} + \frac{14}{10^7} + \cdots$$

$$= \frac{32}{10} + \frac{14}{10^3}\left[1 + \frac{1}{10^2} + \frac{1}{10^4} + \cdots\right]$$

$$= \frac{32}{10} + \sum_{n=1}^{\infty}\left(\frac{14}{10^3}\right)\left(\frac{1}{10^2}\right)^{n-1}$$

此式第一項之後的級數為 $a = \frac{14}{1000}$ 且 $r = \frac{1}{100}$ 的幾何級數。由定理 1 得知

$$3.2141414\ldots = \frac{32}{10} + \frac{\frac{14}{1000}}{1 - \frac{1}{100}}$$

$$= \frac{32}{10} + \frac{14}{990} = \frac{3182}{990}$$

**例題 5** 請完成於本節開始時所介紹之球落地後反彈的解。記得它是以公尺為單位，算此球於最終靜止在地面之前所經過的總垂直距離為

$$1 + 2\left(\frac{2}{3}\right) + 2\left(\frac{2}{3}\right)^2 + 2\left(\frac{2}{3}\right)^3 + \cdots$$

公尺。

**解** 令 $d$ 為此球於最終靜止在地面之前所經過的總垂直距離，則

$$d = 1 + \sum_{n=1}^{\infty}\left(\frac{4}{3}\right)\left(\frac{2}{3}\right)^{n-1}$$

等式等號右邊第一項之後為 $a = \frac{4}{3}$ 與 $r = \frac{2}{3}$ 的幾何級數。由定理 1 可得

$$d = 1 + \frac{\frac{4}{3}}{1 - \frac{2}{3}} = 1 + 4 = 5$$

故此球於最終靜止在地面之前所經過的總垂直距離為 5 公尺。

## 調和級數

級數

$$\sum_{n=1}^{\infty} \frac{1}{n} = 1 + \frac{1}{2} + \frac{1}{3} + \frac{1}{4} + \cdots$$

稱為**調和級數**（harmonic series）。於證明此級數發散之前，觀察到：若 $\{b_n\}$ 收斂，則由母數列 $\{b_n\}$ 刪除任意幾項後產生的任意子數列（subsequence）也必定收斂到相同的極限。因此，若要證明某數列發散，只要證明由此數列所產生的某一子數列發散即可。

為確認此策略，我們要證明調和級數的部分和所組成的數列 $\{S_n\}$ 的子數列

$$S_2, S_4, S_8, S_{16}, \ldots, S_{2^n}, \ldots$$

為發散。由於

$$S_2 = 1 + \frac{1}{2}$$

$$S_4 = 1 + \frac{1}{2} + \left(\frac{1}{3} + \frac{1}{4}\right) > 1 + \frac{1}{2} + \left(\frac{1}{4} + \frac{1}{4}\right) = 1 + 2\left(\frac{1}{2}\right)$$

$$S_8 = 1 + \frac{1}{2} + \left(\frac{1}{3} + \frac{1}{4}\right) + \left(\frac{1}{5} + \frac{1}{6} + \frac{1}{7} + \frac{1}{8}\right)$$

$$> 1 + \frac{1}{2} + \left(\frac{1}{4} + \frac{1}{4}\right) + \left(\frac{1}{8} + \frac{1}{8} + \frac{1}{8} + \frac{1}{8}\right)$$

$$= 1 + \frac{1}{2} + \frac{1}{2} + \frac{1}{2} = 1 + 3\left(\frac{1}{2}\right)$$

$$S_{16} = 1 + \frac{1}{2} + \left(\frac{1}{3} + \frac{1}{4}\right) + \left(\frac{1}{5} + \cdots + \frac{1}{8}\right) + \left(\frac{1}{9} + \cdots + \frac{1}{16}\right)$$

$$> 1 + \frac{1}{2} + \left(\frac{1}{4} + \frac{1}{4}\right) + \underbrace{\left(\frac{1}{8} + \cdots + \frac{1}{8}\right)}_{\text{4 項}} + \underbrace{\left(\frac{1}{16} + \cdots + \frac{1}{16}\right)}_{\text{8 項}}$$

$$= 1 + \frac{1}{2} + \frac{1}{2} + \frac{1}{2} + \frac{1}{2} = 1 + 4\left(\frac{1}{2}\right)$$

且一般項 $S_{2^n} > 1 + n\left(\frac{1}{2}\right)$。所以

$$\lim_{n \to \infty} S_{2^n} = \infty$$

故 $\{S_n\}$ 為發散。這證明調和級數為發散。

## 發散性的檢驗

下個定理說明收斂級數的各項最後必須逼近零。

---
**定理 2**

若 $\sum_{n=1}^{\infty} a_n$ 收斂，則 $\lim_{n \to \infty} a_n = 0$。

---

**證明** $S_n = a_1 + a_2 + \cdots + a_{n-1} + a_n = S_{n-1} + a_n$，所以 $a_n = S_n - S_{n-1}$。又 $\sum_{n=1}^{\infty} a_n$ 收斂，所以數列 $\{S_n\}$ 收斂。令 $\lim_{n \to \infty} S_n = S$，則

$$\lim_{n \to \infty} a_n = \lim_{n \to \infty}(S_n - S_{n-1}) = \lim_{n \to \infty} S_n - \lim_{n \to \infty} S_{n-1} = S - S = 0$$

此發散性的檢驗（Divergence Test）為定理 2 的一個重要結果。

---
**定理 3　發散性的檢驗**

若 $\lim_{n \to \infty} a_n$ 不存在或 $\lim_{n \to \infty} a_n \neq 0$，則 $\sum_{n=1}^{\infty} a_n$ 發散。

---

發散性的檢驗並不是說，若 $\lim_{n \to \infty} a_n = 0$，則 $\sum_{n=1}^{\infty} a_n$ 必定收斂。換言之，定理 2 反過來是不成立。譬如：$\lim_{n \to \infty} 1/n = 0$，而調和級數 $\sum_{n=1}^{\infty} 1/n$ 為發散。簡言之，發散性的檢驗是排除第 $n$ 項不會逼近零的級數，但是若 $a_n$ 逼近零卻沒能得到任何訊息——亦即，此級數可能收斂，也可能不收斂。

**例題 6** 證明下列級數為發散。

**a.** $\displaystyle\sum_{n=1}^{\infty}(-1)^{n-1}$ 　　**b.** $\displaystyle\sum_{n=1}^{\infty}\frac{2n^2+1}{3n^2-1}$

**解**

**a.** 此處 $a_n = (-1)^{n-1}$，且

$$\lim_{n \to \infty} a_n = \lim_{n \to \infty}(-1)^{n-1}$$

不存在。由發散性的檢驗得知此級數發散。

**b.** 此處 $a_n = \dfrac{2n^2+1}{3n^2-1}$，且

$$\lim_{n \to \infty} a_n = \lim_{n \to \infty}\frac{2n^2+1}{3n^2-1} = \lim_{n \to \infty}\frac{2+\dfrac{1}{n^2}}{3-\dfrac{1}{n^2}} = \frac{2}{3} \neq 0$$

由發散性的檢驗得知此級數發散。

## 收斂級數的特性

下面級數的特性是由所對應之數列的極限特性之直接結果。它們的證明省略。

> **定理 4　收斂級數的特性**
>
> 若 $\sum_{n=1}^{\infty} a_n = A$ 且 $\sum_{n=1}^{\infty} b_n = B$ 都收斂，$c$ 為任意實數，則 $\sum_{n=1}^{\infty} ca_n$ 與 $\sum_{n=1}^{\infty} (a_n \pm b_n)$ 也都收斂，以及
>
> **a.** $\displaystyle\sum_{n=1}^{\infty} ca_n = c \sum_{n=1}^{\infty} a_n = cA$
>
> **b.** $\displaystyle\sum_{n=1}^{\infty} (a_n \pm b_n) = \sum_{n=1}^{\infty} a_n \pm \sum_{n=1}^{\infty} b_n = A \pm B$

**例題 7**　證明級數 $\displaystyle\sum_{n=1}^{\infty} \left[ \frac{2}{n(n+1)} - \frac{4}{3^n} \right]$ 為收斂，並求它的和。

**解**　首先考慮級數 $\sum_{n=1}^{\infty} 1/[n(n+1)]$。使用部分分式分解，此級數可寫成

$$\sum_{n=1}^{\infty} \frac{1}{n(n+1)} = \sum_{n=1}^{\infty} \left( \frac{1}{n} - \frac{1}{n+1} \right)$$

由例題 1 得知

$$\sum_{n=1}^{\infty} \frac{1}{n(n+1)} = 1$$

接著，觀察到 $\displaystyle\sum_{n=1}^{\infty} \frac{4}{3^n}$ 為 $a = \frac{4}{3}$ 與 $r = \frac{1}{3}$ 的幾何級數，所以

$$\sum_{n=1}^{\infty} \frac{4}{3^n} = \frac{\frac{4}{3}}{1 - \frac{1}{3}} = 2$$

因此由定理 4 得知給予的級數收斂且

$$\sum_{n=1}^{\infty} \left[ \frac{2}{n(n+1)} - \frac{4}{3^n} \right] = 2 \sum_{n=1}^{\infty} \frac{1}{n(n+1)} - \sum_{n=1}^{\infty} \frac{4}{3^n}$$
$$= 2 \cdot 1 - 2 = 0$$

## 9.2 習題

1-3 題，求相嵌級數前 $n$ 項部分和 $S_n$，並用它判斷給予的級數收斂或發散。若它收斂，則求其和。

1. $\sum_{n=2}^{\infty}\left(\dfrac{1}{n-1}-\dfrac{1}{n}\right)$
2. $\sum_{n=1}^{\infty}\dfrac{4}{(2n+3)(2n+5)}$
3. $\sum_{n=2}^{\infty}\left(\dfrac{1}{\ln n}-\dfrac{1}{\ln(n+1)}\right)$

4-7 題，判斷給予的幾何級數收斂或發散。若它收斂，則求其和。

4. $4+\dfrac{8}{3}+\dfrac{16}{9}+\dfrac{32}{27}+\cdots$
5. $\dfrac{5}{3}-\dfrac{5}{9}+\dfrac{5}{27}-\dfrac{5}{81}+\cdots$
6. $\sum_{n=0}^{\infty}2\left(-\dfrac{1}{\sqrt{2}}\right)^{n}$
7. $\sum_{n=0}^{\infty}2^{n}3^{-n+1}$

8-11 題，證明給予的級數發散。

8. $\dfrac{1}{2}+\dfrac{2}{3}+\dfrac{3}{4}+\cdots$
9. $\sum_{n=1}^{\infty}\dfrac{2n}{3n+1}$
10. $\sum_{n=1}^{\infty}2(1.5)^{n}$
11. $\sum_{n=1}^{\infty}\dfrac{1}{2+3^{-n}}$

12-24 題，判斷給予的級數收斂或發散。若它收斂，則求其和。

12. $\sum_{n=1}^{\infty}\dfrac{1}{n(n+2)}$
13. $\sum_{n=0}^{\infty}\dfrac{2^{n}}{5^{n}}$
14. $\sum_{n=0}^{\infty}\dfrac{(-3)^{n}}{2^{n+1}}$
15. $\sum_{n=1}^{\infty}\dfrac{2n-1}{3n+1}$
16. $\sum_{n=0}^{\infty}3(1.01)^{n}$
17. $\sum_{n=1}^{\infty}\left[\dfrac{1}{2^{n}}-\dfrac{1}{n(n+1)}\right]$
18. $\sum_{n=1}^{\infty}\dfrac{2}{1+(0.2)^{n}}$
19. $\sum_{n=1}^{\infty}\left[\cos\left(\dfrac{1}{n}\right)-\cos\left(\dfrac{1}{n+1}\right)\right]$
20. $\sum_{n=1}^{\infty}[2(0.1)^{n}+3(-1)^{n}(0.2)^{n}]$
21. $\sum_{n=0}^{\infty}\left(\dfrac{2^{n}+3^{n}}{6^{n}}\right)$
22. $\sum_{n=1}^{\infty}\tan^{-1}n$
23. $\sum_{n=1}^{\infty}n\sin\dfrac{1}{n}$
24. $\sum_{n=2}^{\infty}\dfrac{n}{\ln n}$

25-26 題，將每個數表示為有理數。

25. $0.\overline{4}=0.444\ldots$
26. $1.\overline{213}=1.213213213\ldots$

27-28 題，求使給予的級數收斂的 $x$ 值，並求該級數的和（提示：首先證明給予的級數是幾何級數）。

27. $\sum_{n=0}^{\infty}(-x)^{n}$
28. $\sum_{n=1}^{\infty}2^{n}(x-1)^{n}$

29. **彈跳球經過的距離** 一橡膠球自 2 公尺的高處落向平面。它每次撞擊平面後，將回彈到原高度的一半。求此球最後靜止於平面之前所經過的距離。

30. **擲骰子的獲勝機率** 彼得與保羅輪流投擲一對骰子，誰先擲出 7 點即獲勝。若彼得先擲，則可證明他獲勝的機率為
$$p=\dfrac{1}{6}+\left(\dfrac{1}{6}\right)\left(\dfrac{5}{6}\right)^{2}+\left(\dfrac{1}{6}\right)\left(\dfrac{5}{6}\right)^{4}+\cdots$$
求 $p$。

31. **終生養老金之本金** 終生養老金的本金 $P$（元）於固定時間間隔之末，將此款項存入年利率 $r$，連續計算複利的基金。此養老金可表示為
$$A=Pe^{-r}+Pe^{-2r}+Pe^{-3r}+\cdots$$
試以不含無窮級數的式子來表示 $A$。

32. 假設 $\Sigma a_n$（$a_n\neq 0$）收斂。證明 $\Sigma 1/a_n$ 發散。
33. 假設 $\Sigma a_n$ 發散且 $c\neq 0$。證明 $\Sigma ca_n$ 發散。
    提示：用定理 4 與反證法證明。
34. 證明 $\sum_{n=1}^{\infty}\dfrac{1}{n^{2}}$ 收斂且 $\dfrac{3}{2}\leq\sum_{n=1}^{\infty}\dfrac{1}{n^{2}}\leq 2$。
    提示：見 9.1 節習題 31 題。

35-37 題，判斷下列敘述是對或是錯。如果它是對，解釋你的理由。如果它是錯，請解釋你的理由或舉例說明。

35. 若 $\lim_{n\to\infty}a_{n}=0$，則 $\sum_{n=1}^{\infty}a_{n}$ 收斂。
36. 對於所有 $x$ 在 $[0,2\pi]$ 區間，$\sum_{n=1}^{\infty}\sin^{n}x$ 收斂。
37. 若由級數 $\Sigma a_n$ 的所有部分和組成的數列有上界，則 $\Sigma a_n$ 必定收斂。

## 9.3 積分檢驗

由於有簡單的公式包含相嵌級數或幾何級數的 $n$ 項部分和 $S_n$ 的有限個項，所以判斷它們是收斂或發散變得相對地簡單。如 9.2 節所見，此情形只要計算 $\lim_{n \to \infty} S_n$，即為收斂級數的和。然而，常常很困難或不可能得到無窮級數的 $n$ 項部分和的簡單公式。因此，被迫另覓方法探討此級數的收斂性或發散性。

於本節與下一節中，我們將發展以檢驗級數的第 $n$ 項 $a_n$ 的幾個檢驗，它們可判斷無窮級數為收斂或發散。這些檢驗只能確定級數的收斂性並不能求級數的和。然而由實用的觀點來看，這就是我們需要的。一旦級數確定為收斂，即可估算它的和，以它 $n$ 項部分和增加項數達到所要的準確度來估算，附帶條件為選取的 $n$ 要夠大。這裡與 9.4 節所提供的收斂檢驗都只用在各項都為正的級數。

### ■ 積分檢驗

積分檢驗將無窮級數 $\sum_{n=1}^{\infty} a_n$ 為收斂或發散與瑕積分 $\int_1^{\infty} f(x)\,dx$ 為收斂或發散結合在一起，其中 $f(n) = a_n$。

---

**定理 1　積分檢驗**

假設 $f$ 在 $[1, \infty)$ 區間為連續、正值並遞減的函數。當 $n \geq 1$ 且 $f(n) = a_n$，則

$$\sum_{n=1}^{\infty} a_n \quad \text{與} \quad \int_1^{\infty} f(x)\,dx$$

同為收斂或同為發散。

---

**證明**　檢視圖 9.14a 得知，第一個長方形的高度為 $a_2 = f(2)$。因為它的寬為 1，所以它的面積也是 $a_2 = f(2)$。同理，第二個長方形的面積為 $a_3$，等等。比較圖形 $f$ 在 $[1, n]$ 區間的區域面積與它的前 $n-1$ 個內接長方形的面積和，可得

$$a_2 + a_3 + \cdots + a_n \leq \int_1^n f(x)\,dx$$

故

$$S_n = a_1 + a_2 + a_3 + \cdots + a_n \leq a_1 + \int_1^n f(x)\,dx \tag{1}$$

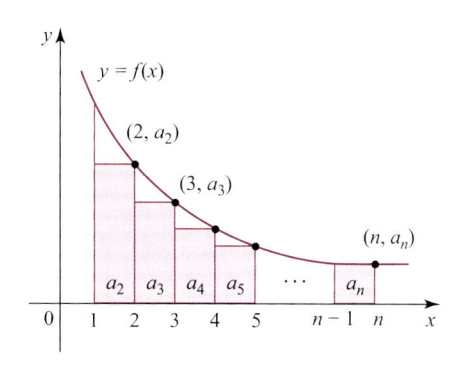

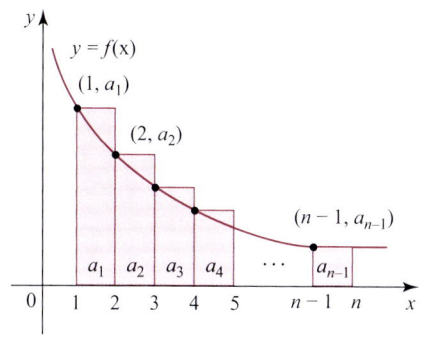

**圖 9.14** (a) $a_2 + a_3 + \cdots + a_n \leq \int_1^n f(x)\,dx$ (b) $\int_1^n f(x)\,dx \leq a_1 + a_2 + \cdots + a_{n-1}$

若 $\int_1^\infty f(x)\,dx$ 收斂且它的值為 $L$，則

$$S_n \leq a_1 + \int_1^n f(x)\,dx \leq a_1 + L$$

這證明 $\{S_n\}$ 有上界。又

$$S_{n+1} = S_n + a_{n+1} \geq S_n \qquad \text{因為 } a_{n+1} = f(n+1) \geq 0$$

這證明 $\{S_n\}$ 也是遞增。因此，由 9.1 節的定理 6 得知 $\{S_n\}$ 收斂。換言之，$\sum_{n=1}^\infty a_n$ 收斂。

接著，檢視圖 9.14b 得知

$$\int_1^n f(x)\,dx \leq a_1 + a_2 + \cdots + a_{n-1} = S_{n-1} \tag{2}$$

所以若 $\int_1^\infty f(x)\,dx$ 發散到無窮（因為 $f(x) \geq 0$），則 $\lim_{n\to\infty} S_{n-1} = \lim_{n\to\infty} S_n = \infty$ 且 $\sum_{n=1}^\infty a_n$ 收斂。∎

**註**

1. 由積分檢驗只能知道級數是收斂或發散。若已知級數收斂，不可下結論將由所使用的瑕積分計算出來的（有限）值當作此收斂級數的和。

2. 因為無窮級數的收斂性並不會因級數本身增加或減少有限個項而改變，有時我們會選擇用 $\sum_{n=N}^\infty a_n = a_N + a_{N+1} + \cdots$ 而不是 $\sum_{n=1}^\infty a_n$ 來研究級數。於此情況下，將此級數與瑕積分 $\int_N^\infty f(x)\,dx$ 相比，如將看到的例題 2。∎

**例題 1** 使用積分檢驗來判斷 $\sum_{n=1}^\infty \dfrac{1}{n^2+1}$ 為收斂或發散。

**解** 此處 $a_n = f(n) = 1/(n^2+1)$，考慮函數 $f(x) = 1/(x^2+1)$。因為 $f$ 在 $[1, \infty)$ 為連續、正值且遞減，所以可使用積分檢驗。接著，

$$\int_1^\infty \frac{1}{x^2+1}\,dx = \lim_{b\to\infty}\int_1^b \frac{1}{x^2+1}\,dx = \lim_{b\to\infty}\left[\tan^{-1} x\right]_1^b$$
$$= \lim_{b\to\infty}(\tan^{-1} b - \tan^{-1} 1) = \frac{\pi}{2} - \frac{\pi}{4} = \frac{\pi}{4}$$

因為 $\int_1^\infty 1/(x^2+1)\,dx$ 收斂，所以結論 $\sum_{n=1}^\infty 1/(n^2+1)$ 也收斂。 ∎

**例題 2** 使用積分檢驗來判斷 $\displaystyle\sum_{n=1}^\infty \frac{\ln n}{n}$ 為收斂或發散。

**解** 此處 $a_n = (\ln n)/n$，考慮函數 $f(x) = (\ln x)/x$。觀察到 $f$ 在 $[1, \infty)$ 為連續且正值。接著計算

$$f'(x) = \frac{x\left(\dfrac{1}{x}\right) - \ln x}{x^2} = \frac{1 - \ln x}{x^2}$$

注意若 $\ln x > 1$，亦即，若 $x > e$，則 $f'(x) < 0$。這說明 $f$ 在 $[3, \infty)$ 遞減。所以可使用積分檢驗：

$$\int_3^\infty \frac{\ln x}{x}\,dx = \lim_{b\to\infty}\int_3^b \frac{\ln x}{x}\,dx = \lim_{b\to\infty}\left[\frac{1}{2}(\ln x)^2\right]_3^b$$
$$= \lim_{b\to\infty}\frac{1}{2}[(\ln b)^2 - (\ln 3)^2] = \infty$$

並得結論 $\sum_{n=1}^\infty (\ln n)/n$ 發散。 ∎

## $p$ 級數

下面的級數在之後的章節中將扮演重要的角色。

**定義** $p$ **級數**

形式為

$$\sum_{n=1}^\infty \frac{1}{n^p} = 1 + \frac{1}{2^p} + \frac{1}{3^p} + \cdots$$

的級數稱為 $p$ **級數**（$p$-series），其中 $p$ 為常數。

觀察得知若 $p = 1$，則 $p$ 級數就是調和級數 $\sum_{n=1}^\infty 1/n$。

$p$ 級數為收斂或發散的條件可由此級數的積分檢驗得到。

**定理 2** $p$ **級數的收斂性**

若 $p > 1$，則 $p$ 級數 $\displaystyle\sum_{n=1}^\infty \frac{1}{n^p}$ 收斂，若 $p \leq 1$，則它為發散。

**證明** 若 $p<0$，則 $\lim_{n\to\infty}(1/n^p) = \infty$。若 $p=0$，則 $\lim_{n\to\infty}(1/n^p) = 1$。因為其中任一種情形，$\lim_{n\to\infty}(1/n^p) \neq 0$，所以由發散性的檢驗得知，此 $p$ 級數發散。

若 $p > 0$，則函數 $f(x) = 1/x^p$ 在 $[1, \infty)$ 區間連續、正值且遞減。於 8.6 節例題 2，若 $p > 1$，則 $\int_1^\infty 1/x^p\, dx$ 收斂，且若 $p \leq 1$，則它為發散。使用此結果與積分檢驗，得到結論若 $p > 1$，則 $\sum_{n=1}^\infty 1/n^p$ 收斂，且若 $0 < p \leq 1$，則它為發散。故，若 $p > 1$，則 $\sum_{n=1}^\infty 1/n^p$ 收斂，若 $p \leq 1$，則它為發散。

**例題 3** 判斷給予的級數為收斂或發散。

**a.** $\displaystyle\sum_{n=1}^\infty \frac{1}{n^2}$   **b.** $\displaystyle\sum_{n=1}^\infty \frac{1}{\sqrt{n}}$   **c.** $\displaystyle\sum_{n=1}^\infty n^{-1.001}$

**解**

**a.** 因為此 $p$ 級數的 $p = 2 > 1$，所以由定理 2 得知它收斂。

**b.** 改寫此級數為 $\sum_{n=1}^\infty 1/n^{1/2}$，所以此級數為 $p$ 級數且 $p = \frac{1}{2} < 1$，由定理 2 得知它發散。

**c.** 改寫此級數為 $\sum_{n=1}^\infty 1/n^{1.001}$，所以此級數為 $p$ 級數且 $p = 1.001 > 1$，並得結論為它是收斂的。

## 9.3 習題

1-4 題，使用積分檢驗來判斷給予的級數為收斂或發散。

**1.** $\displaystyle\sum_{n=1}^\infty \frac{1}{n^4}$   **2.** $\displaystyle\sum_{n=1}^\infty e^{-n}$

**3.** $\dfrac{1}{2} + \dfrac{1}{5} + \dfrac{1}{10} + \dfrac{1}{17} + \dfrac{1}{26} + \cdots$

**4.** $\displaystyle\sum_{n=1}^\infty \frac{n}{(n^2 + 1)^{3/2}}$

5-7 題，判斷給予的 $p$ 級數為收斂或發散。

**5.** $\displaystyle\sum_{n=1}^\infty \frac{1}{n^3}$   **6.** $\displaystyle\sum_{n=1}^\infty \frac{1}{n^{1.01}}$

**7.** $\displaystyle\sum_{n=1}^\infty n^{-\pi}$

8-16 題，判斷給予的級數為收斂或發散。

**8.** $\displaystyle\sum_{n=0}^\infty \frac{1}{\sqrt{n+1}}$   **9.** $\displaystyle\sum_{n=1}^\infty \frac{1}{n\sqrt{n}}$

**10.** $\displaystyle\sum_{n=1}^\infty \left(\frac{1}{n\sqrt{n}} + \frac{2}{n^2}\right)$   **11.** $\displaystyle\sum_{n=2}^\infty \frac{\ln n}{n}$

**12.** $\displaystyle\sum_{n=2}^\infty \frac{1}{n(\ln n)^2}$   **13.** $\displaystyle\sum_{n=1}^\infty \frac{\sin\left(\frac{1}{n}\right)}{n^2}$

**14.** $\displaystyle\sum_{n=1}^\infty \frac{1}{4n^2 - 1}$   **15.** $\displaystyle\sum_{n=1}^\infty \frac{\tan^{-1} n}{n^2 + 1}$

**16.** $\displaystyle\sum_{n=1}^\infty \frac{1}{n^2 + 2n + 5}$

**17.** 求 $p$ 值，使得級數 $\displaystyle\sum_{n=2}^\infty \frac{1}{n(\ln n)^p}$ 為收斂。

**18.** 求 $a$ 值，使得級數 $\displaystyle\sum_{n=1}^\infty \left[\frac{a}{n+1} - \frac{1}{n+2}\right]$ 為收斂。驗證你的答案。

**19. 尤拉常數**

a. 證明
$$\ln(n+1) \le 1 + \frac{1}{2} + \cdots + \frac{1}{n}$$

所以
$$0 < \ln(n+1) - \ln n \le 1 + \frac{1}{2} + \cdots + \frac{1}{n} - \ln n$$

因此，推論出定義為
$$a_n = 1 + \frac{1}{2} + \cdots + \frac{1}{n} - \ln n$$

的數列 $\{a_n\}$ 有下界。

提示：使用 481 頁的不等式 (2)，其中 $f(x) = 1/x$。

b. 證明
$$\frac{1}{n+1} < \int_n^{n+1} \frac{1}{x} dx = \ln(n+1) - \ln n$$

並用此結果證明定義於 (a) 的數列 $\{a_n\}$ 為遞減。

提示：繪畫類似圖 9.14 的圖形。

c. 使用單調收斂定理來證明 $\{a_n\}$ 收斂。

注意：數
$$\gamma = \lim_{n \to \infty} a_n = \lim_{n \to \infty} \left(1 + \frac{1}{2} + \cdots + \frac{1}{n} - \ln n\right)$$

它的值是 0.5772...，稱為尤拉常數。

**20.** 令 $a_k = f(k)$，其 $f$ 在 $[n, \infty)$ 區間為連續、正值且遞減的函數，並假設 $\sum_{n=1}^{\infty} a_n$ 為收斂。

a. 以繪出適當的圖形證明若 $R_n = S - S_n$，其中 $S = \sum_{n=1}^{\infty} a_n$ 且 $S_n = \sum_{k=1}^{n} a_k$，則
$$\int_{n+1}^{\infty} f(x) dx \le R_n \le \int_n^{\infty} f(x) dx$$

註：$R_n$ 為積分檢驗所估算的誤差。

b. 使用 (a) 的結果推論出
$$S_n + \int_{n+1}^{\infty} f(x) dx \le S \le S_n + \int_n^{\infty} f(x) dx$$

21-22 題，若給予的級數是由 $S_n$ 來估算，使用 20 題的結果求它的最大誤差。

**21.** $\sum_{n=1}^{\infty} \frac{2}{n^2}$；$S_{40}$  **22.** $\sum_{n=1}^{\infty} \frac{1}{n^2+1}$；$S_{50}$

23-25 題，使用 20 題的結果求給予的級數之項數，使得由此估算的級數和的正確性達到小數第二位。

**23.** $\sum_{n=1}^{\infty} \frac{1}{n^2}$  **24.** $\sum_{n=1}^{\infty} \frac{\tan^{-1} n}{1+n^2}$

**25.** a. 證明
$$\sum_{n=1}^{\infty} \frac{1}{n(n+1)(n+2)}$$
$$= \sum_{n=1}^{\infty} \left[\frac{1}{2n(n+1)} - \frac{1}{2(n+1)(n+2)}\right]$$

b. 使用 (a) 的結果計算
$$\sum_{n=1}^{\infty} \frac{1}{n(n+1)(n+2)}$$

26-27 題，判斷下列敘述是對或是錯。如果它是對，解釋你的理由。如果它是錯，請解釋你的理由或舉例說明。

**26.** 假設 $f$ 在 $[1, \infty)$ 區間為連續、正值且遞減的函數。若對於 $n \ge 1$，$f(n) = a_n$，且 $\sum_{n=1}^{\infty} a_n$ 為發散，則 $\sum_{n=1}^{\infty} a_n \le a_1 + \int_1^{\infty} f(x) dx$，其中 $N$ 為正整數。

**27.** $\int_1^{\infty} \frac{dx}{x(x+1)} < \infty$

## 9.4 比較檢驗

比較檢驗的基本原理為判斷給予之級數 $\Sigma\, a_n$ 為收斂或發散，以它的各項與已知是收斂或發散之檢驗級數（test series）相對應的各項做比較。本節所考慮的級數之各項都為正。

### ■ 比較檢驗

假設級數 $\Sigma\, a_n$ 的每一項都比級數 $\Sigma\, b_n$ 相對應的每一項小。圖 9.15 中說明此情形，每個級數的每項分別以長方形表示，它們的寬都是 1 並有相對應的高。

若 $\Sigma\, b_n$ 收斂，則它表示此級數的所有長方形總面積有限。表示級數 $\Sigma\, a_n$ 的每個長方形都包含在相對應之表示級數 $\Sigma\, b_n$ 各項的長方形內，所以表示級數 $\Sigma\, a_n$ 的長方形總面積也必定是有限；亦即，此級數 $\Sigma\, a_n$ 必定收斂。相似的論點為若級數 $\Sigma\, a_n$ 的所有各項都比相對應並已知為發散的級數 $\Sigma\, b_n$ 各項大，則 $\Sigma\, a_n$ 必定為發散。由這些觀察得到下面的定理。

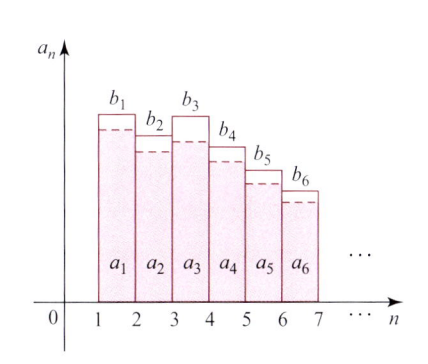

| 圖 9.15
每一個表示 $a_n$ 的長方形都包含在每一個表示 $b_n$ 的長方形內

---

**定理 1　比較檢驗**

假設級數 $\Sigma\, a_n$ 與 $\Sigma\, b_n$ 的各項都為正。
**a.** 若 $\Sigma\, b_n$ 為收斂且對於所有 $n$，$a_n \le b_n$，則 $\Sigma\, a_n$ 也為收斂。
**b.** 若 $\Sigma\, b_n$ 為發散且對於所有 $n$，$a_n \ge b_n$，則 $\Sigma\, a_n$ 也為發散。

---

**證明**　令

$$S_n = \sum_{k=1}^{n} a_k \quad 與 \quad T_n = \sum_{k=1}^{n} b_k$$

分別為 $\Sigma\, a_n$ 與 $\Sigma\, b_n$ 部分和數列的第 $n$ 項。兩個級數的各項都為正，所以 $\{S_n\}$ 與 $\{T_n\}$ 都為遞增。

**a.** 若 $\sum_{n=1}^{\infty} b_n$ 收斂，則存在數 $L$ 使得 $\lim_{n\to\infty} T_n = L$ 且對於所有 $n$，$T_n \le L$。對於所有 $n$，$a_n \le b_n$，所以 $S_n \le T_n$。由此得知對於所有 $n$，$S_n \le L$。我們已經證明 $\{S_n\}$ 為遞增且有上界，所以由 9.1 節數列的單調收斂定理得知，$\Sigma a_n$ 收斂。

**b.** 若 $\sum_{n=1}^{\infty} b_n$ 發散，則由於 $\{T_n\}$ 遞增，$\lim_{n\to\infty} T_n = \infty$。然而對於所有 $n$，$a_n \ge b_n$，由此得知對於所有 $n$，$S_n \ge L$，這表示 $\lim_{n\to\infty} S_n = \infty$。故 $\Sigma a_n$ 發散。

為了使用比較檢驗，我們需要將已知為收斂的檢驗級數與已知為發散的檢驗級數分類。目前可用幾何級數與 $p$ 級數為檢驗級數。

**例題 1** 判斷級數 $\sum_{n=1}^{\infty} \dfrac{1}{n^2 + 2}$ 為收斂或為發散。

**解** 令

$$a_n = \frac{1}{n^2 + 2}$$

若 $n$ 夠大，則將 $n^2 + 2$ 看成 $n^2$。故 $a_n$ 就像

$$b_n = \frac{1}{n^2}$$

由此得知將 $\Sigma\, a_n$ 與 $p = 2$ 之收斂 $p$ 級數 $\Sigma\, b_n$ 做比較。現在

$$0 < \frac{1}{n^2 + 2} < \frac{1}{n^2} \qquad n \geq 1$$

且給予之級數確實比檢驗級數 $\Sigma\, 1/n^2$「小」。檢驗級數收斂，所以由比較檢驗得到結論，$\Sigma\, 1/(n^2 + 2)$ 也收斂。∎

**例題 2** 判斷級數 $\sum_{n=1}^{\infty} \dfrac{1}{3 + 2^n}$ 為收斂或為發散。

**解** 令

$$a_n = \frac{1}{3 + 2^n}$$

若 $n$ 夠大，則將 $3 + 2^n$ 看成 $2^n$。故 $a_n$ 就像 $b_n = \left(\dfrac{1}{2}\right)^n$。由此得知將 $\Sigma\, a_n$ 與 $\Sigma\, b_n$ 做比較。現在級數 $\Sigma \dfrac{1}{2^n} = \Sigma \left(\dfrac{1}{2}\right)^n$ 為 $r = \dfrac{1}{2} < 1$ 的幾何級數，所以它為收斂。又

$$a_n = \frac{1}{3 + 2^n} < \frac{1}{2^n} = b_n \qquad n \geq 1$$

由比較檢驗得知給予的級數收斂。∎

**註** 一個級數不會因為少了有限項數而改變它的收斂性或發散性，因此條件「對於所有 $n$，$a_n \leq b_n$（或 $a_n \geq b_n$）」可以用條件「對於某整數 $N$，所有 $n \geq N$，$a_n \leq b_n$（或 $a_n \geq b_n$）」來取代。∎

**例題 3** 判斷級數 $\sum_{n=2}^{\infty} \dfrac{1}{\sqrt{n} - 1}$ 為收斂或為發散。

**解** 令

$$a_n = \frac{1}{\sqrt{n} - 1}$$

若 $n$ 夠大，則可將 $\sqrt{n} - 1$ 看成 $\sqrt{n}$。故 $a_n$ 就像

$$b_n = \frac{1}{\sqrt{n}}$$

現在此級數

$$\sum_{n=2}^{\infty} b_n = \sum_{n=2}^{\infty} \frac{1}{\sqrt{n}} = \sum_{n=2}^{\infty} \frac{1}{n^{1/2}}$$

為 $p = \frac{1}{2} < 1$ 的 $p$ 級數，故它為發散。

$$\text{對於 } n \geq 2, \qquad a_n = \frac{1}{\sqrt{n-1}} > \frac{1}{\sqrt{n}} = b_n$$

由比較檢驗得到結論，給予之級數為發散。∎

## ■ 極限比較檢驗

考慮級數

$$\sum_{n=1}^{\infty} \frac{1}{\sqrt{n}+1}$$

若 $n$ 夠大，則將 $\sqrt{n}+1$ 看成 $\sqrt{n}$。故給予之級數的第 $n$ 項

$$a_n = \frac{1}{\sqrt{n}+1}$$

就像

$$b_n = \frac{1}{\sqrt{n}}$$

級數 $\sum_{n=1}^{\infty} b_n = \sum_{n=1}^{\infty} 1/\sqrt{n}$ 為 $p = \frac{1}{2}$ 的發散 $p$ 級數，所以級數 $\sum_{n=1}^{\infty} 1/(\sqrt{n}+1)$ 也是發散。但是由不等式

$$a_n = \frac{1}{\sqrt{n}+1} < \frac{1}{\sqrt{n}} = b_n \qquad n \geq 1$$

得知 $\sum_{n=1}^{\infty} a_n$ 比某個發散級數「更小」，若我們執意要使用比較檢驗，則得不到答案！

像這種情況，可使用極限比較檢驗（Limit Comparison Test）。此檢驗的基本原理如下：假設級數 $\Sigma a_n$ 與 $\Sigma b_n$ 的各項都為正並假設 $\lim_{n \to \infty}(a_n/b_n) = L$，其中 $L$ 為正的常數。若 $n$ 夠大，則 $a_n/b_n \approx L$，即 $a_n \approx L b_n$。推測級數 $\Sigma a_n$ 與 $\Sigma b_n$ 不是都收斂就是都發散，此推論是合理的。

> **定理 2　極限比較檢驗**
>
> 假設級數 $\Sigma\, a_n$ 與 $\Sigma\, b_n$ 的各項都為正且
>
> $$\lim_{n\to\infty}\frac{a_n}{b_n}=L$$
>
> 其中 $L$ 為正數，則這兩個級數不是都收斂就是都發散。

**證明**　$\lim_{n\to\infty}(a_n/b_n)=L>0$，所以存在整數 $N$ 使得當 $n\ge N$，

$$\left|\frac{a_n}{b_n}-L\right|<\frac{1}{2}L$$

$$\frac{1}{2}L<\frac{a_n}{b_n}<\frac{3}{2}L$$

即

$$\frac{1}{2}Lb_n<a_n<\frac{3}{2}Lb_n$$

若 $\Sigma\, b_n$ 收斂，則 $\Sigma\,\frac{3}{2}Lb_n$ 也收斂。因此由比較檢驗得知，最後一個不等式的右邊不等式的結論為 $\Sigma a_n$ 收斂。反之，若 $\Sigma b_n$ 發散，則 $\Sigma\,\frac{1}{2}Lb_n$ 也發散，並由比較定理得知，最後一個不等式的左邊不等式的結論為 $\Sigma a_n$ 發散。

**例題 4**　證明級數 $\displaystyle\sum_{n=1}^{\infty}\frac{1}{\sqrt{n}+1}$ 發散。

**解**　如之前所見，當 $n$ 夠大，$1/(\sqrt{n}+1)$ 與 $1/\sqrt{n}$ 相似。所以使用極限比較檢驗，取 $a_n=1/(\sqrt{n}+1)$ 與 $b_n=1/\sqrt{n}$，可得

$$\lim_{n\to\infty}\frac{a_n}{b_n}=\lim_{n\to\infty}\frac{\dfrac{1}{\sqrt{n}+1}}{\dfrac{1}{\sqrt{n}}}=\lim_{n\to\infty}\frac{\sqrt{n}}{\sqrt{n}+1}=\lim_{n\to\infty}\frac{1}{1+\dfrac{1}{\sqrt{n}}}=1$$

$\sum_{n=1}^{\infty}1/\sqrt{n}$ 為發散（它是 $p=\frac{1}{2}$ 的 $p$ 級數），所以結論為給予之級數也發散。

**註**　也可以使用比較檢驗來解此題。簡單地觀察得知

$$當\ n\ge 1,\ \frac{1}{\sqrt{n}+1}\ge\frac{1}{\sqrt{n}+\sqrt{n}}=\frac{1}{2\sqrt{n}}$$

取 $b_n=1/(2\sqrt{n})$ 的 $\Sigma\, b_n$ 作為檢驗的級數。

**例題 5** 判斷級數 $\sum_{n=1}^{\infty} \dfrac{2n^2 + n}{\sqrt{4n^7 + 3}}$ 為收斂或為發散。

**解** 若 $n$ 夠大，則將 $2n^2 + n$ 看成 $2n^2$，並將 $4n^7 + 3$ 看成 $4n^7$。因此，

$$a_n = \frac{2n^2 + n}{\sqrt{4n^7 + 3}}$$

就像

$$\frac{2n^2}{\sqrt{4n^7}} = \frac{2n^2}{2n^{7/2}} = \frac{1}{n^{3/2}} = b_n$$

現在

$$\lim_{n \to \infty} \frac{a_n}{b_n} = \lim_{n \to \infty} \frac{2n^2 + n}{(4n^7 + 3)^{1/2}} \cdot \frac{n^{3/2}}{1}$$

$$= \lim_{n \to \infty} \frac{2n^{7/2} + n^{5/2}}{(4n^7 + 3)^{1/2}}$$

$$= \lim_{n \to \infty} \frac{2 + \dfrac{1}{n}}{\left(4 + \dfrac{3}{n^7}\right)^{1/2}} \qquad \text{分子分母同除 } n^{7/2}$$

$$= 1$$

$\sum 1/n^{3/2}$ 收斂（它是 $p = \dfrac{3}{2}$ 的 $p$ 級數），所以由極限比較檢驗得知給予之級數為收斂。∎

**例題 6** 判斷級數 $\sum_{n=1}^{\infty} \dfrac{\sqrt{n} + \ln n}{n^2 + 1}$ 為收斂或為發散。

**解** 若 $n$ 夠大，則 $\sqrt{n} + \ln n$ 可看成 $\sqrt{n}$。要了解這個情形，比較 $f(x) = \sqrt{x}$ 與 $g(x) = \ln x$ 的導數：

$$f'(x) = \frac{1}{2\sqrt{x}} \quad \text{與} \quad g'(x) = \frac{1}{x}$$

觀察到當 $x \to \infty$，$g'(x)$ 趨近零比 $f'(x)$ 趨近零更快。這表示 $\sqrt{x}$ 增長得比 $\ln x$ 更快。又若 $n$ 夠大，則 $n^2 + 1$ 可看成 $n^2$。因此，

$$a_n = \frac{\sqrt{n} + \ln n}{n^2 + 1}$$

就像

$$\frac{\sqrt{n}}{n^2} = \frac{1}{n^{3/2}} = b_n$$

接著計算

$$\lim_{n\to\infty}\frac{a_n}{b_n} = \lim_{n\to\infty}\frac{n^{1/2}+\ln n}{n^2+1}\cdot\frac{n^{3/2}}{1}$$

$$= \lim_{n\to\infty}\frac{n^2+n^{3/2}\ln n}{n^2+1}$$

$$= \lim_{n\to\infty}\frac{1+\dfrac{\ln n}{n^{1/2}}}{1+\dfrac{1}{n^2}} \quad \text{分子分母同除 } n^2$$

我們必須計算

$$\lim_{x\to\infty}\frac{\ln x}{x^{1/2}} = \lim_{x\to\infty}\frac{\dfrac{1}{x}}{\dfrac{1}{2}x^{-1/2}} = \lim_{x\to\infty}\frac{2}{\sqrt{x}} = 0 \quad \text{使用 l'Hôpital 的規則}$$

（此結論支持之前的觀察，即 $\sqrt{x}$ 比 $\ln x$ 成長得更快。）由此結論可得

$$\lim_{n\to\infty}\frac{a_n}{b_n} = \lim_{n\to\infty}\frac{1+\dfrac{\ln n}{n^{1/2}}}{1+\dfrac{1}{n^2}} = 1$$

$\Sigma\, 1/n^{3/2}$ 收斂（它是 $p=\frac{3}{2}$ 的 $p$ 級數），所以由極限比較檢驗得知給予之級數為收斂。∎

## 9.4 習題

1-6 題，使用比較檢驗來判斷級數為收斂或為發散。

1. $\displaystyle\sum_{n=1}^{\infty}\frac{1}{2n^2+1}$
2. $\displaystyle\sum_{n=3}^{\infty}\frac{1}{n-2}$
3. $\displaystyle\sum_{n=2}^{\infty}\frac{1}{\sqrt{n^2-1}}$
4. $\displaystyle\sum_{n=0}^{\infty}\frac{2^n}{3^n+1}$
5. $\displaystyle\sum_{n=2}^{\infty}\frac{\ln n}{n}$
6. $\displaystyle\sum_{n=1}^{\infty}\frac{2+\sin n}{3^n}$

7-12 題，使用極限比較檢驗來判斷級數為收斂或為發散。

7. $\displaystyle\sum_{n=2}^{\infty}\frac{n}{n^2+1}$
8. $\displaystyle\sum_{n=2}^{\infty}\frac{n}{\sqrt{n^5-1}}$
9. $\displaystyle\sum_{n=1}^{\infty}\frac{3n^2+1}{2n^5+n+2}$
10. $\displaystyle\sum_{n=2}^{\infty}\frac{1}{\sqrt{n^3-n-1}}$
11. $\displaystyle\sum_{n=1}^{\infty}\frac{n}{2^n-1}$
12. $\displaystyle\sum_{n=1}^{\infty}\sin\frac{1}{n}$

13-20 題，判斷級數為收斂或為發散。

13. $\displaystyle\sum_{n=1}^{\infty}\frac{n+1}{(n+2)(2n^2+1)}$
14. $\displaystyle\sum_{n=1}^{\infty}\frac{n-1}{n^3+2}$
15. $\displaystyle\sum_{n=1}^{\infty}\frac{2^{n-1}}{n^2+n}$
16. $\displaystyle\sum_{n=1}^{\infty}\frac{\sin^2 n}{n\sqrt{n+1}}$
17. $\displaystyle\sum_{n=2}^{\infty}\frac{1}{\ln n}$
18. $\displaystyle\sum_{n=0}^{\infty}\frac{1}{n!}$
19. $\displaystyle\sum_{n=1}^{\infty}\frac{n!}{n^n}$
20. $\displaystyle\sum_{n=1}^{\infty}\frac{\sqrt{n}+\ln n}{2n^2+3}$

21. 令級數 $\Sigma\, a_n$ 與 $\Sigma\, b_n$ 的各項關係為 $0 \leq a_n \leq b_n$，並假設 $\Sigma\, b_n$ 收斂到 $T$，則由極限比較檢驗得知 $\Sigma\, a_n$ 也收斂，且它的和為 $S$。令 $R_n = S - S_n$ 與 $T_n = T - U_n$，其中 $U_n$ 為 $\Sigma\, b_n$ 的 $n$ 項部分和。證明剩餘項 $R_n$ 與 $T_n$ 滿足 $R_n \leq T_n$。

22-23 題，使用 21 題的結果與給予之級數的部分和來估算級數的和，精確度到小數第二位。

22. $\displaystyle\sum_{n=1}^{\infty} \frac{\sin n + 2}{n^4}$   23. $\displaystyle\sum_{n=1}^{\infty} \frac{\tan^{-1} n}{2^n}$

24. 假設 $\Sigma\, a_n$ 與 $\Sigma\, b_n$ 都是各項為正的收斂級數。證明 $\Sigma\, a_n b_n$ 收斂。

    提示：存在整數 $N$，使得若 $n \geq N$，則 $b_n \leq 1$。因此當 $n \geq N$，$a_n b_n \leq a_n$。

25. 證明若 $a_n \geq 0$ 且 $\Sigma\, a_n$ 收斂，則 $\Sigma\, a_n^2$ 也收斂。反過來是否正確？請解釋。

26. **a.** 假設級數 $\Sigma\, a_n$ 與級數 $\Sigma\, b_n$ 中的每一項都為正，且級數 $\Sigma\, b_n$ 收斂。證明若 $\lim_{n \to \infty} a_n/b_n = 0$，則級數 $\Sigma\, a_n$ 收斂。

    **b.** 使用 (a) 的結果，證明級數 $\displaystyle\sum_{n=1}^{\infty} \frac{\ln n}{n^2}$ 收斂。

27. **a.** 證明若各項為正的級數 $\Sigma\, a_n$ 收斂，則 $\Sigma \sin a_n$ 也收斂。

    **b.** 若 $\Sigma\, a_n$ 發散，試問 $\Sigma \sin a_n$ 可以為收斂嗎？請解釋。

28-29 題，判斷下列敘述是對或是錯。如果它是對，解釋你的理由。如果它是錯，請解釋你的理由或舉例說明。

28. 若 $0 \leq a_n \leq b_n$ 且 $\Sigma\, a_n$ 收斂，則 $\Sigma\, b_n$ 發散。

29. 若 $a_n > 0$ 與 $b_n > 0$，且 $\Sigma\, a_n b_n$ 收斂，則 $\Sigma\, a_n$ 與 $\Sigma\, b_n$ 都收斂。

## 9.5 交錯級數

至今主要探討的是各項為正的級數以及只能應用於這些級數的收斂檢驗。於本節與 9.6 節，將考慮同時有正項與負項的級數。各項的正負符號交替的級數稱為**交錯級數**。

**交錯調和級數**（alternating harmonic series）的例子有

$$\sum_{n=1}^{\infty} \frac{(-1)^{n-1}}{n} = 1 - \frac{1}{2} + \frac{1}{3} - \frac{1}{4} + \frac{1}{5} - \frac{1}{6} + \cdots$$

與

$$\sum_{n=1}^{\infty} \frac{(-1)^n n^2}{(n+1)!} = -\frac{1}{2!} + \frac{4}{3!} - \frac{9}{4!} + \frac{16}{5!} - \frac{25}{6!} + \cdots$$

更一般地，**交錯級數**（alternating series）的形式為

$$\sum_{n=1}^{\infty} (-1)^{n-1} a_n \quad \text{或} \quad \sum_{n=1}^{\infty} (-1)^n a_n$$

其中 $a_n$ 為正數。必須用交錯級數檢驗（Alternating Series Test）來判斷這些級數的收斂性。

**定理 1　交錯級數檢驗**

若交錯級數

$$\sum_{n=1}^{\infty} (-1)^{n-1} a_n = a_1 - a_2 + a_3 - a_4 + a_5 - a_6 + \cdots \quad a_n > 0$$

滿足條件
1. 對於所有 $n$，$a_{n+1} \leq a_n$
2. $\lim\limits_{n\to\infty} a_n = 0$

則此級數收斂。

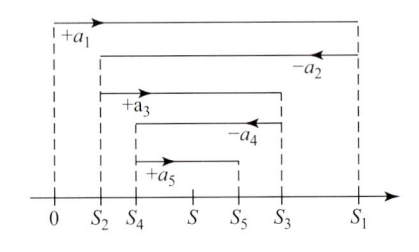

圖 9.16
{$S_n$} 各項以越來越小的步距振盪並由此得到 $\lim_{n\to\infty} S_n = S$

由圖 9.16 得到定理 1 的可信度，它將交錯級數

$$\sum_{n=1}^{\infty} (-1)^{n-1} a_n = a_1 - a_2 + a_3 - \cdots$$

的部分和所組成的數列 {$S_n$} 的前幾項標繪在數線上。$S_2$ 為 $S_1$ 減去正數 $a_2$，所以點 $S_2 = a_1 - a_2$ 位於點 $S_1 = a_1$ 的左邊。但 $a_2 \leq a_1$，所以點 $S_2$ 位於原點右邊。點 $S_3 = a_1 - a_2 + a_3 = S_2 + a_3$ 為 $S_2$ 加 $a_3$，故它位於 $S_2$ 右邊。然而 $a_3 < a_2$，所以 $S_3$ 位於 $S_1$ 左邊。如此繼續下去，得知對應於部分和 {$S_n$} 的點為振盪的。又 $\lim_{n\to\infty} a_n = 0$，所以它們之間的間隔越來越小。故此數列 {$S_n$} 會趨近某個極限。尤其是觀察到此數列 {$S_n$} 的偶數項為遞增，而它的奇數項為遞減。由此得知子數列 {$S_{2n}$} 將由左邊逼近極限 $S$ 與子數列 {$S_{2n+1}$} 將由右邊逼近極限 $S$。這些觀察形成定理 1 的證明的基礎。

**定理 1 的證明**　首先，由觀察得知子數列 {$S_{2n}$} 是由 {$S_n$} 的偶數項組成。現在

$$S_2 = a_1 - a_2 \geq 0 \qquad \text{因為 } a_1 \geq a_2$$
$$S_4 = S_2 + (a_3 - a_4) \geq S_2 \qquad \text{因為 } a_3 \geq a_4$$

又一般項為

$$S_{2n+2} = S_{2n} + (a_{2n+1} - a_{2n+2}) \geq S_{2n} \qquad \text{因為 } a_{2n+1} \geq a_{2n+2}$$

這證明

$$0 \leq S_2 \leq S_4 \leq \cdots \leq S_{2n} \leq \cdots$$

亦即，{$S_{2n}$} 遞增。接著，將 $S_{2n}$ 寫成

$$S_{2n} = a_1 - (a_2 - a_3) - (a_4 - a_5) - \cdots - (a_{2n-2} - a_{2n-1}) - a_{2n}$$

並觀察到每個在括號內的部分都是非負（因為 $a_{n+1} \leq a_n$）。所以對於所有 $n$，$S_{2n} \leq a_1$。這證明數列 {$S_{2n}$} 有上界。由 9.1 節數列的單調收斂定理得知數列 {$S_{2n}$} 收斂；亦即，存在數 $S$ 使得 $\lim_{n\to\infty} S_{2n} = S$。

接下來，考慮由 $\{S_n\}$ 的奇數項組成的子數列 $\{S_{2n+1}\}$。
$S_{2n+1} = S_{2n} + a_{2n+1}$ 並知道 $\lim_{n\to\infty} a_{2n+1} = 0$，所以

$$\lim_{n\to\infty} S_{2n+1} = \lim_{n\to\infty}(S_{2n} + a_{2n+1})$$
$$= \lim_{n\to\infty} S_{2n} + \lim_{n\to\infty} a_{2n+1}$$
$$= S$$

部分和之數列 $\{S_n\}$ 的子數列 $\{S_{2n}\}$ 與 $\{S_{2n+1}\}$ 都收斂到 $S$，又 $\lim_{n\to\infty} S_n = S$，所以此級數收斂。 ∎

**例題 1** 證明交錯調和級數

$$\sum_{n=1}^{\infty} \frac{(-1)^{n-1}}{n} = 1 - \frac{1}{2} + \frac{1}{3} - \frac{1}{4} + \cdots$$

收斂。

**解** 此級數為 $a_n = 1/n$ 的交錯調和級數，所以可用交錯級數的檢驗。我們必須驗證 (1) $a_{n+1} \leq a_n$ 與 (2) $\lim_{n\to\infty} a_n = 0$。然而驗證第一個條件得計算

$$a_{n+1} = \frac{1}{n+1} < \frac{1}{n} = a_n$$

而第二個條件由

$$\lim_{n\to\infty} a_n = \lim_{n\to\infty} \frac{1}{n} = 0$$

得到。因此，由交錯級數檢驗得知給予之級數收斂。 ∎

**例題 2** 判斷給予之級數為收斂或發散。

**a.** $\displaystyle\sum_{n=1}^{\infty}(-1)^n \frac{2n}{4n-1}$  **b.** $\displaystyle\sum_{n=1}^{\infty}(-1)^{n-1}\frac{3n}{4n^2-1}$

**解** 兩個級數都是交錯級數，所以可以使用交錯級數檢驗。

**a.** 此處 $a_n = 2n/(4n-1)$。

$$\lim_{n\to\infty}\frac{2n}{4n-1} = \frac{1}{2} \neq 0$$

所以交錯級數檢驗的條件 (2) 並不滿足。事實上，這個計算顯示

$$\lim_{n\to\infty}(-1)^n \frac{2n}{4n-1}$$

並不存在，又由發散檢驗得知此級數為發散。

**b.** 此處 $a_n = 3n/(4n^2-1)$。先證明對於所有 $n$，$a_n \geq a_{n+1}$。這可由證明對於所有 $x \geq 0$，$f(x) = 3x/(4x^2-1)$ 遞減得知。計算

$$f'(x) = \frac{(4x^2-1)(3) - (3x)(8x)}{(4x^2-1)^2}$$

$$= \frac{-12x^2 - 3}{(4x^2-1)^2} < 0$$

得到所要的結論。接著計算

$$\lim_{n\to\infty} a_n = \lim_{n\to\infty} \frac{3n}{4n^2 - 1} = \lim_{n\to\infty} \frac{\frac{3}{n}}{4 - \frac{1}{n^2}} = 0$$

交錯級數檢驗的條件都滿足，所以結論為此級數收斂。∎

**註**

1. 例題 2a 再次提醒我們，使用發散檢驗檢驗級數是否為發散是開始研究級數為收斂的好方法。
2. 因為級數的有限項不會影響到該級數為收斂或發散的結果，所以交錯級數檢驗的第一個條件可被條件：當 $n \geq N$，$a_{n+1} \leq a_n$ 取代，其中 $N$ 為某個正整數。∎

## ■ 以 $S_n$ 來估算交錯級數的和

假設能證明級數 $\Sigma\, a_n$ 為收斂，則它的和為 $S$。若 $\{S_n\}$ 為 $\Sigma\, a_n$ 的部分和之數列，則 $\lim_{n\to\infty} S_n = S$，即

$$\lim_{n\to\infty}(S - S_n) = 0$$

因此，收斂級數的和可用它的 $n$ 項部分和 $S_n$ 來估算且可達到任意精確度，附帶 $n$ 必須足夠大。為計算估算的準確度，我們介紹某個量

$$R_n = S - S_n = \sum_{k=1}^{\infty} a_k - \sum_{k=1}^{n} a_k = \sum_{k=n+1}^{\infty} a_k = a_{n+1} + a_{n+2} + a_{n+3} + \cdots$$

稱為級數 $\sum_{n=1}^{\infty} a_n$ 的 **$n$ 項後的餘數**（remainder after $n$ terms）。此餘數為當 $S$ 由 $S_n$ 來估算時產生的誤差。

一般而言，要決定這個近似值的準確度並不容易，但是對於交錯級數而言，下面的定理提供一個簡單的誤差估算的方法。

---

**定理 2　交錯級數近似值的誤差估算**

假設 $\sum_{n=1}^{\infty} (-1)^{n-1} a_n$ 為交錯級數並滿足

1. 對於所有 $n$，$0 \leq a_{n+1} \leq a_n$
2. $\lim_{n\to\infty} a_n = 0$

若 $S$ 為級數的和，則

$$|R_n| = |S - S_n| \leq a_{n+1}$$

換言之，由 $S_n$ 估算 $S$ 的近似值所產生的誤差的絕對值不會大於 $a_{n+1}$，第一項略過。

**證明**

$$S - S_n = \sum_{k=1}^{\infty}(-1)^{k-1}a_k - \sum_{k=1}^{n}(-1)^{k-1}a_k = \sum_{k=n+1}^{\infty}(-1)^{k-1}a_k$$

$$= (-1)^n a_{n+1} + (-1)^{n+1}a_{n+2} + (-1)^{n+2}a_{n+3} + \cdots$$

$$= (-1)^n(a_{n+1} - a_{n+2} + a_{n+3} - \cdots)$$

又

$$a_{n+1} - a_{n+2} + a_{n+3} - a_{n+4} + \cdots$$
$$= (a_{n+1} - a_{n+2}) + (a_{n+3} - a_{n+4}) + \cdots$$
$$\geq 0 \qquad \text{因為對於所有 } n, a_{n+1} \leq a_n$$

所以

$$|S - S_n| = a_{n+1} - a_{n+2} + a_{n+3} - a_{n+4} + a_{n+5} - \cdots$$
$$= a_{n+1} - (a_{n+2} - a_{n+3}) - (a_{n+4} - a_{n+5}) - \cdots$$

又每個小括號內的數都為非負，所以 $|S - S_n| \leq a_{n+1}$ ■

⚠ 此誤差估算只有對交錯級數有用。

**例題 3** 證明級數 $\displaystyle\sum_{n=0}^{\infty}(-1)^n\frac{1}{n!}$ 收斂，並求它的和，準確度到小數第三位。

**解** 對於所有 $n$，

$$a_{n+1} = \frac{1}{(n+1)!} = \frac{1}{n!(n+1)} < \frac{1}{n!} = a_n$$

且

$$\lim_{n\to\infty} a_n = \lim_{n\to\infty}\frac{1}{n!} = 0$$

由交錯級數檢驗得知此級數收斂。

為了決定此級數所需的項數，以便達到它的近似值之準確度，由定理 2 可得

$$|R_n| = |S - S_n| \leq a_{n+1} = \frac{1}{(n+1)!}$$

因為要求 $|R_n| < 0.0005$，所以只要

$$\frac{1}{(n+1)!} < 0.0005 \quad 即 \quad (n+1)! > \frac{1}{0.0005} = 2000$$

可得滿足最後的不等式的最小正整數為 $n = 6$。因此，所要的近似值為

$$S \approx S_6 = \frac{1}{0!} - \frac{1}{1!} + \frac{1}{2!} - \frac{1}{3!} + \frac{1}{4!} - \frac{1}{5!} + \frac{1}{6!}$$

$$= 1 - 1 + \frac{1}{2} - \frac{1}{6} + \frac{1}{24} - \frac{1}{120} + \frac{1}{720}$$

$$\approx 0.368$$

## 9.5 習題

1-12 題，判斷級數為收斂或為發散。

1. $\sum_{n=1}^{\infty} \frac{(-1)^{n-1}}{n+2}$
2. $\sum_{n=1}^{\infty} \frac{(-1)^{n+1}}{n^2}$
3. $\sum_{n=1}^{\infty} \frac{(-1)^{n-1}}{\sqrt{n}}$
4. $\sum_{n=2}^{\infty} \frac{(-1)^{n-1}\sqrt{n+1}}{n-1}$
5. $\sum_{n=2}^{\infty} \frac{(-1)^n n}{\ln n}$
6. $\sum_{n=1}^{\infty} \frac{(-1)^n n}{2^n}$
7. $\sum_{n=0}^{\infty} \frac{(-1)^{n+1} e^n}{\pi^{n+1}}$
8. $\sum_{n=1}^{\infty} \frac{1}{\sqrt{n}} \sin \frac{(2n-1)\pi}{2}$
9. $\sum_{n=1}^{\infty} \frac{\sin\left(\frac{n\pi}{2}\right)}{\sqrt{n^3+1}}$
10. $\sum_{n=1}^{\infty} (-1)^n n \sin\left(\frac{\pi}{n}\right)$
11. $\sum_{n=2}^{\infty} \frac{(-1)^n \ln n}{e^n}$
12. $\sum_{n=1}^{\infty} \frac{(-1)^n}{\sqrt{n}+\sqrt{n+1}}$

13. 求 $p$ 值，使得級數 $\sum_{n=2}^{\infty} \frac{(-1)^n}{(\ln n)^p}$ 收斂。

14. 證明級數

$$\frac{1}{2} - \frac{1}{3} + \frac{1}{4} - \frac{1}{9} + \frac{1}{8} - \frac{1}{27} + \cdots + \frac{1}{2^n} - \frac{1}{3^n} + \cdots$$

收斂，並求其和。試問為什麼交錯級數檢驗不適用於此級數？

15. **a.** 假設 $\Sigma a_n$ 與 $\Sigma b_n$ 都收斂。試問由此可否推斷 $\Sigma a_n b_n$ 收斂？證明你的答案。
    **b.** 假設 $\Sigma a_n$ 和 $\Sigma b_n$ 都發散。試問由此是否可推斷 $\Sigma a_n b_n$ 必定發散？證明你的答案。

16. **a.** 證明 $\sum_{n=1}^{\infty} \frac{(-1)^n (2n+1)}{n(n+1)}$ 收斂。
    **b.** 求 (a) 的級數和。

17-18 題，判斷下列敘述是對或是錯。如果它是對，解釋你的理由。如果它是錯，請解釋你的理由或舉例說明。

17. 若交錯級數 $\sum_{n=1}^{\infty} (-1)^{n-1} a_n$ 發散，其中 $a_n > 0$，則級數 $\sum_{n=1}^{\infty} a_n$ 也發散。

18. 若交錯級數 $\sum_{n=1}^{\infty} (-1)^{n+1} a_n$ 收斂，其中 $a_n > 0$，則級數 $\sum_{n=1}^{\infty} a_{2n-1}$ 與 $\sum_{n=1}^{\infty} a_{2n}$ 也收斂。

## 9.6 絕對收斂；比例檢驗與根式檢驗

### 絕對收斂

至今，我們所考慮的級數為每項都為正的級數與正負交錯的級數。現在考慮級數

$$\sum_{n=1}^{\infty} \frac{\sin 2n}{n^2} = \sin 2 + \frac{\sin 4}{2^2} + \frac{\sin 6}{3^2} + \cdots$$

藉由計算機的幫助，我們可證明此級數的第一項為正，接下來的兩項都為負，再下一項為正。所以此級數既不是每項都是正的級數，也不是交錯級數。為了研究這類級數的收斂性，我們介紹絕對收斂（absolute convergence）的概念。

假設 $\sum_{n=1}^{\infty} a_n$ 為任意級數，則此級數改寫為

$$\sum_{n=1}^{\infty} |a_n| = |a_1| + |a_2| + |a_3| + \cdots$$

即將給予之級數的每項都取絕對值。此級數只有正項，所以可使用 9.3 節與 9.4 節的檢驗來判斷它為收斂或發散。

---

**定義　絕對收斂級數**

若級數 $\Sigma\ |a_n|$ 收斂，則級數 $\Sigma\ a_n$ 為**絕對收斂**（absolute convergence）。

---

注意若級數 $\Sigma a_n$ 的每項都為正，則 $|a_n| = a_n$。這種情形下，絕對收斂與一般收斂是完全相同的。

**例題 1** 證明級數

$$\sum_{n=1}^{\infty} \frac{(-1)^{n-1}}{n^2} = 1 - \frac{1}{2^2} + \frac{1}{3^2} - \frac{1}{4^2} + \cdots$$

為絕對收斂。

**解**　將級數的每項取絕對值，則

$$\sum_{n=1}^{\infty} \left| \frac{(-1)^{n-1}}{n^2} \right| = \sum_{n=1}^{\infty} \frac{1}{n^2} = 1 + \frac{1}{2^2} + \frac{1}{3^2} + \frac{1}{4^2} + \cdots$$

為收斂的 $p$ 級數（$p=2$）。所以此級數為絕對收斂。

**例題 2** 證明此交錯調和級數

$$\sum_{n=1}^{\infty} \frac{(-1)^{n-1}}{n} = 1 - \frac{1}{2} + \frac{1}{3} - \frac{1}{4} + \cdots$$

不是絕對收斂。

**解** 將級數的每項取絕對值，則

$$\sum_{n=1}^{\infty} \left| \frac{(-1)^{n-1}}{n} \right| = \sum_{n=1}^{\infty} \frac{1}{n} = 1 + \frac{1}{2} + \frac{1}{3} + \cdots$$

為發散的調和級數。所以此級數不是絕對收斂。

由例題 2 得知，交錯調和級數不是絕對收斂；然而如之前證明的，交錯調和級數為收斂。所以這種級數稱為**條件收斂**。

> **定義　條件收斂級數**
>
> 若級數 $\Sigma a_n$ 為收斂但並不是絕對收斂，則它稱為**條件收斂**（conditional convergent）。

下面的定理說明絕對收斂比一般收斂更強。

> **定理 1**
>
> 若級數 $\Sigma a_n$ 為絕對收斂，則它一定收斂。

**證明** 使用絕對值的特性，

$$-|a_n| \leq a_n \leq |a_n|$$

不等式兩邊同時加 $|a_n|$，可得

$$0 \leq a_n + |a_n| \leq 2|a_n|$$

令 $b_n = a_n + |a_n|$，則最後的不等式變為 $0 \leq b_n \leq 2|a_n|$。若 $\Sigma a_n$ 為絕對收斂，則 $\Sigma |a_n|$ 收斂。由 9.2 節定理 4a 得知，$\Sigma 2|a_n|$ 收斂。因此，由比較檢驗得知，$\Sigma b_n$ 收斂。最後，因為 $a_n = b_n - |a_n|$，由 9.2 節定理 4b 得知，$\Sigma a_n = \Sigma b_n - \Sigma |a_n|$ 收斂。

如例題的說明，例題 1 的級數 $\Sigma (-1)^{n-1}/n^2$ 為交錯級數，由交錯級數檢驗得知，它為收斂。或者可由證明此級數為絕對收斂（如例題 1 所做）並根據定理 1，得知它收斂。

### 例題 3　判斷級數

$$\sum_{n=1}^{\infty} \frac{\sin 2n}{n^2} = \sin 2 + \frac{\sin 4}{2^2} + \frac{\sin 6}{3^2} + \cdots$$

為收斂或發散。

**解**　如本節一開始所指出的，此級數同時有正項與負項，但它的第一項為正，接下來的兩項都為負，且再下一項為正，所以它並不是交錯級數。

讓我們證明此級數為絕對收斂。為此，考慮級數

$$\sum_{n=1}^{\infty} \left| \frac{\sin 2n}{n^2} \right| = \sum_{n=1}^{\infty} \frac{|\sin 2n|}{n^2}$$

對於所有 $n$，$|\sin 2n| \leq 1$，所以

$$\frac{|\sin 2n|}{n^2} \leq \frac{1}{n^2}$$

又 $\Sigma\ 1/n^2$ 為收斂 $p$ 級數，由比較檢驗得知 $\sum_{n=1}^{\infty} |\sin 2n|/n^2$ 收斂。這證明給予的級數為絕對收斂，並由定理 1 得知它為收斂。∎

## 比例檢驗

比例檢驗（Ratio Test）是為了判斷級數是否為絕對收斂的檢驗。當然對於各項都為正的級數而言，此比例檢驗也只不過是另一種級數收斂性的檢驗。為了探討此比例檢驗的可行性，考慮級數 $\Sigma\ |a_n|$ 的連續項的比例：

$$\frac{|a_2|}{|a_1|}, \quad \frac{|a_3|}{|a_2|}, \quad \frac{|a_4|}{|a_3|}, \quad \cdots$$

若此數列的各項都小於 1，則級數 $\Sigma\ |a_n|$ 的各項也都像 $0 < r < 1$ 的幾何級數的各項，並可期待此級數為收斂。換言之，若此數列的各項都大於 1，則可期待此級數為發散。

---

### 定理 2　比例檢驗

令 $\Sigma\ a_n$ 為各項都非零的級數。

**a.** 若 $\lim\limits_{n \to \infty} \left| \dfrac{a_{n+1}}{a_n} \right| = L < 1$，則 $\sum\limits_{n=1}^{\infty} a_n$ 絕對收斂。

**b.** 若 $\lim\limits_{n \to \infty} \left| \dfrac{a_{n+1}}{a_n} \right| = L > 1$ 或 $\lim\limits_{n \to \infty} \left| \dfrac{a_{n+1}}{a_n} \right| = \infty$，則 $\sum\limits_{n=1}^{\infty} a_n$ 發散。

**c.** 若 $\lim\limits_{n \to \infty} \left| \dfrac{a_{n+1}}{a_n} \right| = L = 1$，則此檢驗沒有結論，並得用其他的檢驗。

**證明**

**a.** 假設

$$\lim_{n\to\infty}\left|\frac{a_{n+1}}{a_n}\right| = L < 1$$

令 $r$ 為任意數,使得 $0 \le L < r < 1$,則存在整數 $N$ 使得

$$\left|\frac{a_{n+1}}{a_n}\right| < r$$

其中 $n \ge N$,即

$$|a_{n+1}| < |a_n|r$$

其中 $n \ge N$。令 $n$ 為連續數 $N, N+1, N+2, \ldots$,則

$$|a_{N+1}| < |a_N|r$$
$$|a_{N+2}| < |a_{N+1}|r < |a_N|r^2$$
$$|a_{N+3}| < |a_{N+2}|r < |a_N|r^3$$

且它的一般項

$$|a_{N+k}| < |a_N|r^k \quad k \ge 1$$

級數

$$\sum_{k=1}^{\infty} |a_N|r^k = |a_N|r + |a_N|r^2 + |a_N|r^3 + \cdots \tag{1}$$

為收斂的幾何級數,其中 $0 < r < 1$,且級數

$$\sum_{k=1}^{\infty} |a_{N+k}| = |a_{N+1}| + |a_{N+2}| + |a_{N+3}| + \cdots \tag{2}$$

的各項都小於幾何級數 (1) 相對應的各項。由比較檢驗得知級數 (2) 收斂。由於級數的收斂性與發散性不會因減少有限項而改變,所以級數 $\sum_{n=1}^{\infty} |a_n|$ 也收斂。

**b.** 假設

$$\lim_{n\to\infty}\left|\frac{a_{n+1}}{a_n}\right| = L > 1$$

令 $r$ 為任意數,使得 $L > r > 1$,則存在整數 $N$,使得

$$\left|\frac{a_{n+1}}{a_n}\right| > r > 1$$

其中 $n \ge N$。由此得知,當 $n \ge N$,$|a_{n+1}| > |a_n|$,則 $\lim_{n\to\infty} a_n \ne 0$,並由發散檢驗得知 $\Sigma\, a_n$ 發散。

**c.** 考慮級數 $\sum_{n=1}^{\infty} 1/n$ 與 $\sum_{n=1}^{\infty} 1/n^2$。對於第一個級數,

$$\lim_{n\to\infty}\left|\frac{a_{n+1}}{a_n}\right| = \lim_{n\to\infty}\frac{1}{n+1}\cdot\frac{n}{1} = \lim_{n\to\infty}\frac{1}{1+\frac{1}{n}} = 1$$

對於第二個級數則是

$$\lim_{n\to\infty}\left|\frac{a_{n+1}}{a_n}\right| = \lim_{n\to\infty}\frac{1}{(n+1)^2}\cdot\frac{n^2}{1} = \lim_{n\to\infty}\frac{1}{\left(1+\frac{1}{n}\right)^2} = 1$$

因此兩個級數都是

$$\lim_{n\to\infty}\left|\frac{a_{n+1}}{a_n}\right| = 1$$

第一個級數為發散的調和級數，而第二個級數則為 $p=2$ 的收斂 $p$ 級數。故，若 $L=1$，此級數可能為收斂也可能為發散，所以由比例檢驗無法得到結論。

**例題 4** 判斷級數 $\sum_{n=1}^{\infty}(-1)^{n-1}\frac{n^2+1}{2^n}$ 為絕對收斂、條件收斂或發散。

**解** 使用比例檢驗並取 $a_n = (-1)^{n-1}(n^2+1)/2^n$。

$$\lim_{n\to\infty}\left|\frac{a_{n+1}}{a_n}\right| = \lim_{n\to\infty}\left|\frac{(-1)^n[(n+1)^2+1]}{2^{n+1}}\cdot\frac{2^n}{(-1)^{n-1}(n^2+1)}\right|$$

$$= \lim_{n\to\infty}\frac{1}{2}\left(\frac{n^2+2n+2}{n^2+1}\right) = \frac{1}{2} < 1$$

所以由比例檢驗得知此級數為絕對收斂。

**例題 5** 判斷級數 $\sum_{n=1}^{\infty}\frac{n!}{n^n}$ 為收斂或發散。

**解** 令 $a_n = n!/n^n$，則

$$\lim_{n\to\infty}\left|\frac{a_{n+1}}{a_n}\right| = \lim_{n\to\infty}\frac{a_{n+1}}{a_n} \qquad \text{因為 } a_n \text{ 與 } a_{n+1} \text{ 都為正}$$

$$= \lim_{n\to\infty}\frac{(n+1)!}{(n+1)^{n+1}}\cdot\frac{n^n}{n!}$$

$$= \lim_{n\to\infty}\frac{(n+1)n!}{(n+1)(n+1)^n}\cdot\frac{n^n}{n!}$$

$$= \lim_{n\to\infty}\left(\frac{n}{n+1}\right)^n$$

$$= \lim_{n\to\infty}\frac{1}{\left(\frac{n+1}{n}\right)^n} = \lim_{n\to\infty}\frac{1}{\left(1+\frac{1}{n}\right)^n} = \frac{1}{\lim_{n\to\infty}\left(1+\frac{1}{n}\right)^n} = \frac{1}{e} < 1$$

故由比例檢驗得知此級數收斂。

**例題 6** 判斷級數 $\sum_{n=1}^{\infty} (-1)^n \dfrac{n!}{3^n}$ 為絕對收斂、條件收斂或發散。

**解** 令 $a_n = (-1)^n n!/3^n$，則

$$\lim_{n\to\infty} \left|\dfrac{a_{n+1}}{a_n}\right| = \lim_{n\to\infty} \left|\dfrac{(-1)^{n+1}(n+1)!}{3^{n+1}} \cdot \dfrac{3^n}{(-1)^n n!}\right|$$

$$= \lim_{n\to\infty} \dfrac{n+1}{3} = \infty$$

所以由比例檢驗得知給予的級數發散。

**另解** 觀察得知當 $n \geq 2$，

$$\dfrac{n!}{3^n} = \dfrac{n \cdot (n-1) \cdots 3 \cdot 2 \cdot 1}{3 \cdot 3 \cdots 3 \cdot 3 \cdot 3} \geq \dfrac{2 \cdot 1}{3 \cdot 3} = \dfrac{2}{9} \neq 0$$

所以，$\lim_{n\to\infty} a_n = \lim_{n\to\infty} (-1)^n n!/3^n$ 並不存在，故由發散檢驗得知此級數必定發散。

## 根式檢驗

當級數的第 $n$ 項有 $n$ 次冪，則下面的檢驗特別有用。它的證明類似比例檢驗的證明，所以省略。

---

**定理 3　根式檢驗**

　　令 $\sum_{n=1}^{\infty} a_n$ 為級數。
**a.** 若 $\lim_{n\to\infty} \sqrt[n]{|a_n|} = L < 1$，則 $\sum_{n=1}^{\infty} a_n$ 絕對收斂。
**b.** 若 $\lim_{n\to\infty} \sqrt[n]{|a_n|} = L > 1$ 或 $\lim_{n\to\infty} \sqrt[n]{|a_n|} = \infty$，則 $\sum_{n=1}^{\infty} a_n$ 發散。
**c.** 若 $\lim_{n\to\infty} \sqrt[n]{|a_n|} = 1$，則此檢驗沒有結論，並得用其他的檢驗。

---

**例題 7** 判斷級數 $\sum_{n=1}^{\infty} (-1)^{n-1} \dfrac{2^{n+3}}{(n+1)^n}$ 為絕對收斂、條件收斂或發散。

**解** 使用根式檢驗並取 $a_n = (-1)^{n-1} 2^{n+3}/(n+1)^n$，則

$$\lim_{n\to\infty} \sqrt[n]{|a_n|} = \lim_{n\to\infty} \sqrt[n]{\left|(-1)^{n-1} \dfrac{2^{n+3}}{(n+1)^n}\right|} = \lim_{n\to\infty} \left|\dfrac{2^{n+3}}{(n+1)^n}\right|^{1/n}$$

$$= \lim_{n\to\infty} \dfrac{2^{1+3/n}}{n+1} = 0 < 1$$

結論為此級數為絕對收斂。

### 判斷級數為收斂與發散的檢驗的摘要

1. **發散檢驗**（Divergent Test）經常快又簡單地處理級數為收斂或發散的問題：

    若 $\lim_{n \to \infty} a_n \neq 0$，則此級數發散。

2. 若確定此級數為

    a. **幾何級數**（geometric series）$\sum_{n=1}^{\infty} ar^{n-1}$，則當 $|r| < 1$，它收斂到和 $a/(1-r)$。當 $|r| \geq 1$，此級數發散。

    b. **相嵌級數**（telescoping series）$\sum_{n=1}^{\infty} b_n = \sum_{n=1}^{\infty}(a_n - a_{n+1})$，則使用部分分式分解（如果有必要）來求它的 $n$ 項部分和 $S_n$。接著以算 $\lim_{n \to \infty} S_n$ 來決定此級數為收斂或發散。

    c. ***p* 級數**（*p*-series）$\sum_{n=1}^{\infty} 1/n^p$，則當 $p > 1$，此級數收斂，且當 $p \leq 1$，此級數發散。

    有時需要一些代數運算，使得給予的級數變成上面形式中的一種。又級數可能是上面幾個形式的合成（譬如：加或減）。

3. 當 $n \geq 1$，$f(n) = a_n$，其中 $f$ 在 $[1, \infty)$ 為連續、正值、遞減函數並已經可積分，則可使用**積分檢驗**（Integral Test）：

    若 $\int_1^\infty f(x)\, dx$ 收斂，則 $\sum_{n=1}^{\infty} a_n$ 收斂，且若 $\int_1^\infty f(x)\, dx$ 發散，則 $\sum_{n=1}^{\infty} a_n$ 發散。

4. 若 $a_n$ 為正且當 $n$ 夠大，它類似幾何級數或 $p$ 級數，則由比較檢驗或極限比較檢驗得到下列的結論：

    a. 對於所有 $n$，若 $a_n \leq b_n$ 且 $\sum b_n$ 收斂，則 $\sum a_n$ 收斂。

    b. 對於所有 $n$，若 $a_n \geq b_n \geq 0$ 且 $\sum b_n \geq 0$ 發散，則 $\sum a_n$ 發散。

    c. 若 $b_n$ 為正且 $\lim_{n \to \infty}(a_n/b_n) = L > 0$，則此二級數同時收斂或同時發散。

    比較檢驗也可用於檢測 $\sum |a_n|$ 是否為絕對收斂。

5. 若此級數為**交錯級數**（alternating series），$\sum_{n=1}^{\infty}(-1)^n a_n$ 或 $\sum_{n=1}^{\infty}(-1)^{n-1} a_n$，則可用交錯級數檢驗：

    若對於所有 $n$，$a_n \geq a_{n+1}$ 且 $\lim_{n \to \infty} a_n = 0$，則此級數收斂。

6. 若 $a_n$ 含階乘或 $n$ 次方，則可使用**比例檢驗**（Ratio Test）。

    a. 若 $\lim_{n \to \infty} \left| \dfrac{a_{n+1}}{a_n} \right| < 1$，此級數絕對收斂。

    b. 若 $\lim_{n \to \infty} \left| \dfrac{a_{n+1}}{a_n} \right| > 1$ 或 $\lim_{n \to \infty} \left| \dfrac{a_{n+1}}{a_n} \right| = \infty$，此級數發散。

    若 $\lim_{n \to \infty} \left| \dfrac{a_{n+1}}{a_n} \right| = 1$，則此檢驗無效。

7. 若 $a_n$ 含 $n$ 次方，則可使用**根式檢驗**（Root Test）。
   a. 若 $\lim_{n\to\infty}\sqrt[n]{|a_n|} < 1$，此級數絕對收斂。
   b. 若 $\lim_{n\to\infty}\sqrt[n]{|a_n|} > 1$ 或 $\lim_{n\to\infty}\sqrt[n]{|a_n|} = \infty$，此級數發散。
   若 $\lim_{n\to\infty}\sqrt[n]{|a_n|} = 1$，則此檢驗無效。
8. 若級數 $\Sigma\, a_n$ 含正項與負項，但是它們並非交替的，則有時候證明 $\Sigma\, |a_n|$ 收斂即可證明此級數收斂。

## 級數的重組

級數的項數為有限時，它各項的位置重組不會影響到它的和。然而對級數的項數為無限的情況就會變得更複雜。下面的例題說明收斂級數若經過重組後可能出現不同的和！

**例題 8** 考慮收斂到 $\ln 2$ 的交錯調和級數（見 9.8 節的習題 28 題）：

$$1 - \frac{1}{2} + \frac{1}{3} - \frac{1}{4} + \frac{1}{5} - \frac{1}{6} + \frac{1}{7} - \frac{1}{8} + \cdots = \ln 2$$

若將此級數重組為每個正項後面接兩個負項的級數，可得

$$1 - \frac{1}{2} - \frac{1}{4} + \frac{1}{3} - \frac{1}{6} - \frac{1}{8} + \frac{1}{5} - \frac{1}{10} - \frac{1}{12} + \cdots$$

$$= \left(1 - \frac{1}{2}\right) - \frac{1}{4} + \left(\frac{1}{3} - \frac{1}{6}\right) - \frac{1}{8} + \left(\frac{1}{5} - \frac{1}{10}\right) - \frac{1}{12} + \cdots$$

$$= \frac{1}{2} - \frac{1}{4} + \frac{1}{6} - \frac{1}{8} + \frac{1}{10} - \frac{1}{12} + \cdots$$

$$= \frac{1}{2}\left(1 - \frac{1}{2} + \frac{1}{3} - \frac{1}{4} + \frac{1}{5} - \frac{1}{6} + \cdots\right) = \frac{1}{2}\ln 2$$

因此，重組後的級數和為原級數和的一半！ ∎

我們應該注意到例題 8 的交錯調和級數為**條件收斂**（conditionally convergent）。又 Riemann 證明下面的結果：

若 $x$ 為任意實數且 $\sum_{n=1}^{\infty} a_n$ 為條件收斂，則存在一個重組的級數 $\sum_{n=1}^{\infty} a_n$，它會含收斂到 $x$。

此結果的證明可在更深入的教科書中找到。

Riemann 的結果說明對於條件收斂級數，不可重組它們各項，否則會得到完全不同的級數，亦即，不一樣和的級數。事實上，對於條件收斂級數，我們可能會得到重組後的級數為發散到無窮、發散到負無窮或在兩個已知數之間振盪！

所以哪種收斂級數經過重組後，仍然收斂到原級數的和？答案可由下面的結論得到。我們只給敘述並沒有證明：

若 $\sum_{n=1}^{\infty} a_n$ 絕對收斂且 $\sum_{n=1}^{\infty} b_n$ 為 $\sum_{n=1}^{\infty} a_n$ 的任意重組級數，則 $\sum_{n=1}^{\infty} b_n$ 收斂且 $\sum_{n=1}^{\infty} a_n = \sum_{n=1}^{\infty} b_n$。

最後，因為各項為正的收斂級數為絕對收斂，所以它們的各項可重組，重組後的級數將收斂並與原級數有相同的和。

**例題 9** 指明用來判斷級數為收斂或發散的檢驗，並解釋你如何選擇。

**a.** $\sum_{n=1}^{\infty} \dfrac{2n-1}{3n+1}$  **b.** $\sum_{n=1}^{\infty} \left[ \dfrac{2}{3^n} - \dfrac{1}{n(n+1)} \right]$  **c.** $\sum_{n=1}^{\infty} \left( \dfrac{1}{n} \right)^e$

**d.** $\sum_{n=3}^{\infty} \dfrac{1}{n\sqrt{\ln n}}$  **e.** $\sum_{n=3}^{\infty} \dfrac{\ln n}{n^2}$  **f.** $\sum_{n=1}^{\infty} \dfrac{\sqrt{n^3+2}}{n^4+3n^2+1}$

**g.** $\sum_{n=1}^{\infty} (-1)^n \dfrac{\sqrt{n}}{n^2+1}$  **h.** $\sum_{n=1}^{\infty} \dfrac{n}{2^n}$  **i.** $\sum_{n=1}^{\infty} \dfrac{\sin n}{\sqrt{n^3+1}}$

**解**

**a.**
$$\lim_{n\to\infty} a_n = \lim_{n\to\infty} \dfrac{2n-1}{3n+1} = \dfrac{2}{3} \neq 0$$

所以使用發散檢驗。

**b.** 此級數為幾何級數與相嵌級數的差。所以使用這兩個級數的特性判定它為收斂。

**c.** 這裡 $a_n = \left( \dfrac{1}{n} \right)^e = \dfrac{1}{n^e}$ 為 $p$ 級數，所以使用 $p$ 級數的特性判定它為收斂。

**d.** 函數 $f(x) = \dfrac{1}{x\sqrt{\ln x}}$ 在 $[3, \infty)$ 為連續、正值且遞減並可積分，所以使用積分檢驗。

**e.** 這裡
$$a_n = \dfrac{\ln n}{n^2} < \dfrac{\sqrt{n}}{n^2} = \dfrac{1}{n^{3/2}} = b_n$$

使用比較檢驗與檢驗級數 $\sum b_n$。

**f.** 當 $n$ 夠大，$a_n = \dfrac{(n^3+2)^{1/2}}{n^4+3n^2+1}$ 為正並像

$$b_n = \dfrac{(n^3)^{1/2}}{n^4} = \dfrac{n^{3/2}}{n^4} = \dfrac{1}{n^{5/2}}$$

所以使用極限比較檢驗與檢驗級數 $\sum_{n=1}^{\infty} 1/n^{5/2}$。

**g.** 此級數為交錯級數，可使用交錯級數檢驗。

**h.** 這裡，$a_n = \dfrac{n}{2^n} = \left(\dfrac{n^{1/n}}{2}\right)^n$ 包含 $n$ 次方，所以可使用根式檢驗。事實上，$\lim\limits_{n\to\infty} \sqrt[n]{|a_n|} = \lim\limits_{n\to\infty} \dfrac{\sqrt[n]{n}}{2} = \dfrac{1}{2} < 1$ 且級數收斂。

**i.** 此級數同時有正項與負項，但並不是交錯級數。所以可使用絕對收斂的檢驗。 ∎

## 9.6 習題

1-17 題，判斷給予的級數為收斂、絕對收斂、條件收斂，或為發散。

1. $\displaystyle\sum_{n=1}^{\infty} \dfrac{(-1)^{n-1}}{\sqrt{n}}$
2. $\displaystyle\sum_{n=1}^{\infty} \dfrac{(-2)^{n-1}}{n^2}$
3. $\displaystyle\sum_{n=1}^{\infty} \dfrac{(-1)^{n+1}}{n+1}$
4. $\displaystyle\sum_{n=1}^{\infty} \dfrac{(-1)^n n^2}{n^2+3}$
5. $\displaystyle\sum_{n=2}^{\infty} \dfrac{(-1)^n}{n \ln n}$
6. $\displaystyle\sum_{n=1}^{\infty} \dfrac{n!}{e^n}$
7. $\displaystyle\sum_{n=1}^{\infty} (-1)^{n-1} \sin\left(\dfrac{1}{n}\right)$
8. $\displaystyle\sum_{n=1}^{\infty} \dfrac{2^n}{n!\, n}$
9. $\displaystyle\sum_{n=1}^{\infty} \dfrac{(-2)^n n}{(n+1) 3^{n-1}}$
10. $\displaystyle\sum_{n=2}^{\infty} \dfrac{(-1)^n \ln n}{2^n}$
11. $\displaystyle\sum_{n=2}^{\infty} \dfrac{\sin\left(\dfrac{n\pi}{4}\right)}{n(\ln n)^2}$
12. $\displaystyle\sum_{n=1}^{\infty} \dfrac{(-1)^{n+1} n^n}{n!}$
13. $\displaystyle\sum_{n=2}^{\infty} \dfrac{(-1)^n}{(\ln n)^n}$
14. $\displaystyle\sum_{n=1}^{\infty} (-1)^n \tan\left(\dfrac{1}{n}\right)$
15. $\displaystyle\sum_{n=1}^{\infty} \dfrac{(-n)^n}{[(n+1)\tan^{-1} n]^n}$
16. $\displaystyle\sum_{n=1}^{\infty} (-1)^{n-1} \dfrac{3\cdot 5\cdot 7\cdots(2n+1)}{1\cdot 4\cdot 7\cdots(3n-2)}$
17. $\displaystyle\sum_{n=1}^{\infty} \dfrac{4\cdot 7\cdot 10\cdots(3n+1)}{4^n(n+1)!}$
18. 分別求使得級數 $\displaystyle\sum_{n=1}^{\infty} \dfrac{x^n}{n}$ 為 (a) 絕對收斂和 (b) 條件收斂的所有 $x$ 的值。
19. 證明對 $p$ 級數使用根式檢驗是沒有結論的。
20. 證明若 $\Sigma\, a_n$ 發散，則 $\Sigma\, |a_n|$ 發散。
21. 假設 $\Sigma\, a_n^2$ 與 $\Sigma\, b_n^2$ 都為收斂。證明 $\Sigma\, a_n b_n$ 為絕對收斂。

    提示：使用 $(a+b)^2$ 與 $(a-b)^2$ 證明 $2\,|ab| \le a^2 + b^2$。

22. **a.** 證明級數 $\sum_{n=1}^{\infty} np^n$ 收斂，其中 $0 < p < 1$。

    **b.** 證明其和為 $S = \dfrac{p}{(1-p)^2}$。

    提示：求 $S_n - pS_n$ 的式子。

23. 證明若 $\sum_{n=1}^{\infty} |a_n|$ 收斂，則 $\sum_{n=2}^{\infty} |a_n - a_{n-1}|$ 也收斂。

24-25 題，判斷下列敘述是對或是錯。如果它是對，解釋你的理由。如果它是錯，請解釋你的理由或舉例說明。

24. 若 $\sum_{n=1}^{\infty} a_n$ 與 $\sum_{n=1}^{\infty} b_n$ 絕對收斂，則 $\sum_{n=1}^{\infty} (a_n + b_n)$ 絕對收斂。

25. 若 $\sum_{n=1}^{\infty} \sqrt{a_n^2 + b_n^2}$ 收斂，則 $\sum_{n=1}^{\infty} a_n$ 與 $\sum_{n=1}^{\infty} b_n$ 絕對收斂。

## 9.7　冪級數

### ◻ 冪級數

至今，我們已經學習各項為常數的級數。於本節中，將學習形式為

$$\sum_{n=0}^{\infty} a_n x^n = a_0 + a_1 x + a_2 x^2 + a_3 x^3 + \cdots + a_n x^n + \cdots$$

的無窮級數，其中 $x$ 為變數。更一般地，將考慮形式為

$$\sum_{n=0}^{\infty} a_n (x-c)^n = a_0 + a_1(x-c) + a_2(x-c)^2 + a_3(x-c)^3 \\ + \cdots + a_n(x-c)^n + \cdots$$

將 $c = 0$ 代入上式，即得特殊情形的 $\sum_{n=0}^{\infty} a_n x^n$。我們可將此無窮級數看成多項式的一般化符號。

冪級數的例子有

$$\sum_{n=0}^{\infty} x^n = 1 + x + x^2 + x^3 + \cdots$$

$$\sum_{n=0}^{\infty} \frac{(-1)^n x^n}{n!} = 1 - x + \frac{x^2}{2!} - \frac{x^3}{3!} + \cdots$$

與

$$\sum_{n=0}^{\infty} \frac{(-1)^n \left(x - \frac{\pi}{4}\right)^{2n+1}}{(2n+1)!} = \left(x - \frac{\pi}{4}\right) - \frac{\left(x - \frac{\pi}{4}\right)^3}{3!} + \frac{\left(x - \frac{\pi}{4}\right)^5}{5!} - \cdots$$

觀察得知，將這些級數切割，則得到多項式。

---

**定義　冪級數**

令 $x$ 為變數。**$x$ 的冪級數**（power series in $x$）是形式為

$$\sum_{n=0}^{\infty} a_n x^n = a_0 + a_1 x + a_2 x^2 + a_3 x^3 + \cdots + a_n x^n + \cdots$$

的級數，其中 $a_n$ 為常數並稱它為此級數的**係數**（coefficients）。
更一般地，**$(x-c)$ 的冪級數**（power series in $(x-c)$）是形式為

$$\sum_{n=0}^{\infty} a_n (x-c)^n = a_0 + a_1(x-c) + a_2(x-c)^2 \\ + a_3(x-c)^3 + \cdots + a_n(x-c)^n + \cdots$$

的級數，其中 $c$ 為常數。

註

1. $(x-c)$ 的冪級數也稱為**中心為 $c$ 的冪級數**（power series centered at $c$）或**對 $c$ 的冪級數**（power series about $c$）。因此，$x$ 的冪級數就是以原點為中心的級數。
2. 為簡化冪級數的符號，習慣用 $(x-c)^0 = 1$，即 $x = c$。

將冪級數看做函數 $f$ 定義成

$$f(x) = \sum_{n=0}^{\infty} a_n(x-c)^n$$

$f$ 的定義域（domain）為所有使此冪級數收斂的 $x$ 組成的集合，而 $f$ 的值域（range）為由所有 $f$ 定義域中的 $x$ 代入得到的所有此級數和所組成的集合。若函數 $f$ 以此方式定義，則稱它為**以冪級數 $\sum_{n=0}^{\infty} a_n(x-c)^n$ 表示的 $f$**（$f$ is represented by the power series）。

**例題 1** 考慮冪級數

$$\sum_{n=0}^{\infty} x^n = 1 + x + x^2 + x^3 + \cdots + x^n + \cdots \tag{1}$$

確認此級數為公比 $x$ 的幾何級數，所以當 $-1 < x < 1$，它為收斂。因此，冪級數 (1) 為定義在 $(-1, 1)$ 區間的函數 $f$ 的規則；亦即，

$$f(x) = \sum_{n=0}^{\infty} x^n = 1 + x + x^2 + x^3 + \cdots + x^n + \cdots$$

幾何級數 (1) 有個簡單的公式，即 $1/(1-x)$，並得知此函數可由此級數表示為

$$f(x) = \frac{1}{1-x} \qquad -1 < x < 1$$

即使函數 $g(x) = 1/(1-x)$ 的定義域為除 $x = 1$ 以外的所有實數所組成的集合，冪級數 (1) 也只能在此級數的收斂區間表示函數 $g(x) = 1/(1-x)$（圖 9.17）。觀察到當 $-1 < x < 1$ 且 $n$ 遞增，則 $\sum_{n=0}^{\infty} x^n$ 的 $n$ 項部分和 $S_n(x) = 1 + x + x^2 + \cdots + x^n$ 近似 $g(x)$ 越來越好。但是此區間外的區域，$S_n(x)$ 離 $g(x)$ 越來越遠（圖 9.18）。

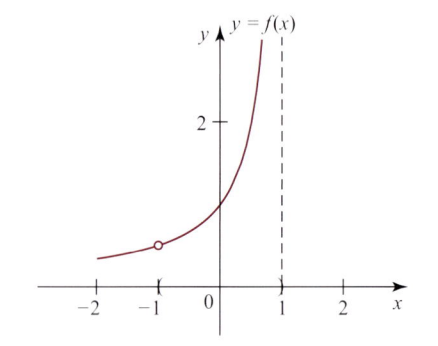

**圖 9.17**
函數 $f(x) = \sum_{n=0}^{\infty} x^n$ 表示只在 $(-1, 1)$ 區間的函數 $g(x) = \dfrac{1}{1-x}$

**圖 9.18**
觀察到當 $-1 < x < 1$ 且 $n \to \infty$，則 $S_n(x) = \sum_{k=0}^{\infty} x^k$ 近似 $g(x)$ 越來越好

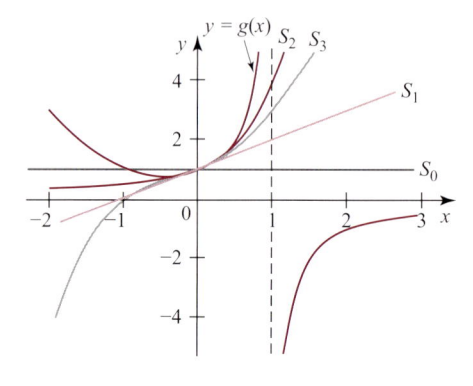

例題 1 顯示函數以冪級數來表示的缺點，然而如之後將看到的，它的好處遠比壞處多得多。

## 收斂區間

如何決定由冪級數表示的函數之定義域？假設函數 $f$ 表示為冪級數

$$f(x) = \sum_{n=0}^{\infty} a_n(x-c)^n = a_0 + a_1(x-c) + a_2(x-c)^2 + a_3(x-c)^3 + \cdots + a_n(x-c)^n + \cdots \quad \textbf{(2)}$$

$f(c) = a_0$，所以 $f$ 的定義域至少有一點（冪級數的中心點），即非空集合。下面的定理（只陳述而無證明）說明冪級數的定義域經常是一個包含它的中心點 $x = c$ 的區間。於極端的情形，此定義域包含無窮區間 $(-\infty, \infty)$ 或只有點 $x = c$，可看成退化區間。

---

**定理 1　冪級數的收斂**

已知冪級數 $\sum_{n=0}^{\infty} a_n(x-c)^n$，下列只有一項成立：
**a.** 此級數只在 $x = c$ 處收斂。
**b.** 此級數處處收斂，亦即，對於每個 $x$，它都收斂。
**c.** 存在數 $R > 0$，當 $|x-c| < R$，此級數收斂，並且當 $|x-c| > R$，此級數發散。

---

參考定理 1 得知數 $R$ 稱為此冪級數的**收斂半徑**（radius of convergence）。(a) 的情形，收斂半徑為 $R = 0$，而 (b) 的情形則是 $R = \infty$。所有使冪級數收斂的 $x$ 值組成的集合稱為**收斂區間**（interval of convergence）。因此，由定理 1 得知冪級數以 $c$ 為中心的收斂區間為 (a) 只有單點 $c$，(b) $(-\infty, \infty)$ 區間，或 (c) $(c-R, c+R)$ 區間（圖 9.19）。然而最後那種情形並沒告知端點 $x = c-R$ 與 $x = c+R$ 是否包含在收斂區間內。要知道端點是否含在區間內，只要分別將 $x = c-R$ 與 $x = c+R$ 代入冪級數 (2) 中的 $x$ 並使用收斂檢驗結果即可。

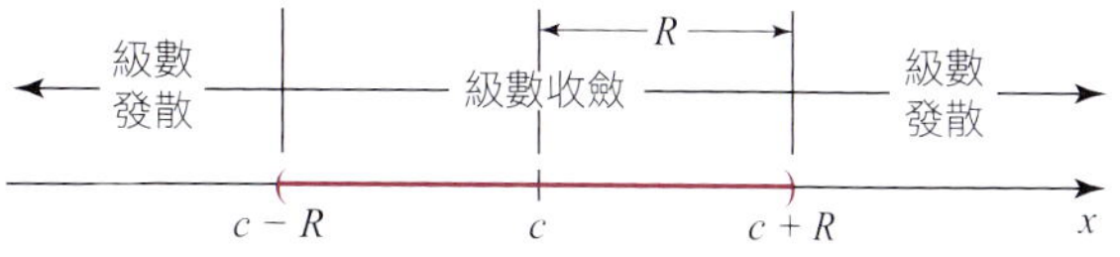

**圖 9.19**
當 $|x-c| < R$，冪級數 $\sum_{n=0}^{\infty} a_n(x-c)^n$ 收斂，並且當 $|x-c| > R$，此級數發散

**例題 2**　求 $\sum_{n=0}^{\infty} n! \, x^n$ 的收斂半徑與收斂區間。

**解**　將給予之級數看作 $\sum_{n=0}^{\infty} u_n$，其中 $u_n = n! \, x^n$。應用比例檢驗得知

$$\lim_{n\to\infty}\left|\frac{u_{n+1}}{u_n}\right| = \lim_{n\to\infty}\left|\frac{(n+1)!\,x^{n+1}}{n!\,x^n}\right| = \lim_{n\to\infty}(n+1)|x| = \infty$$

其中 $x \neq 0$，並得到結論為只要 $x \neq 0$，此級數發散。因此，此級數只在 $x = 0$ 處收斂，且它的收斂半徑為 $R = 0$。

**例題 3** 求

$$\sum_{n=0}^{\infty} \frac{(-1)^n x^{2n}}{(2n)!}$$

的收斂半徑與收斂區間。

**解** 固定 $x$ 的值並令

$$u_n = \frac{(-1)^n x^{2n}}{(2n)!}$$

則

$$\lim_{n\to\infty}\left|\frac{u_{n+1}}{u_n}\right| = \lim_{n\to\infty}\left|\frac{(-1)^{n+1} x^{2n+2}}{(2n+2)!} \cdot \frac{(2n)!}{(-1)^n x^{2n}}\right|$$

$$= \lim_{n\to\infty} \frac{x^2}{(2n+1)(2n+2)} = 0 < 1$$

由比例檢驗得知，對於所有 $x$，給予的級數收斂。因此，它的收斂半徑為 $R = \infty$ 且它的收斂區間為 $(-\infty, \infty)$。

**例題 4** 求 $\sum_{n=1}^{\infty} \dfrac{x^n}{n}$ 的收斂半徑與收斂區間。

**解** 令 $u_n = x^n/n$，則

$$\lim_{n\to\infty}\left|\frac{u_{n+1}}{u_n}\right| = \lim_{n\to\infty}\left|\frac{x^{n+1}}{n+1} \cdot \frac{n}{x^n}\right| = \lim_{n\to\infty}\left(\frac{n}{n+1}\right)|x| = |x|$$

由比例檢驗得知，若 $|x| < 1$，亦即，$-1 < x < 1$，此級數收斂。因此，此級數的收斂半徑為 $R = 1$。為了決定此冪級數的收斂區間，需要檢查此級數於端點 $x = -1$ 與 $x = 1$ 的現象。當 $x = -1$，此級數變為

$$\sum_{n=1}^{\infty} \frac{(-1)^n}{n}$$

它是收斂的交錯調和級數。所以 $x = -1$ 在此冪級數的收斂區間。當 $x = 1$，得到調和級數 $\sum_{n=1}^{\infty} 1/n$，它為發散。所以 $x = 1$ 不在此冪級數的收斂區間。結論為給予之級數的收斂區間為 $[-1, 1)$，如圖 9.20 所示。

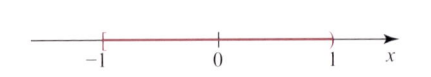

**圖 9.20**

$\sum_{n=1}^{\infty} x^n/n$ 的收斂區間為以 $c = 0$ 為中心的區間 $[-1, 1)$，且它的半徑為 $R = 1$

**例題 5** 求 $\sum_{n=1}^{\infty} \dfrac{(x-2)^n}{n^2 \cdot 3^n}$ 的收斂半徑與收斂區間。

**解** 令

$$u_n = \frac{(x-2)^n}{n^2 \cdot 3^n}$$

則

$$\lim_{n\to\infty}\left|\frac{u_{n+1}}{u_n}\right| = \lim_{n\to\infty}\left|\frac{(x-2)^{n+1}}{(n+1)^2 3^{n+1}} \cdot \frac{n^2 \cdot 3^n}{(x-2)^n}\right|$$

$$= \lim_{n\to\infty}\left(\frac{n}{n+1}\right)^2 \frac{|x-2|}{3} = \frac{|x-2|}{3}$$

由比例檢驗得知，若 $|x-2|/3 < 1$，即 $|x-2| < 3$，則此級數收斂。後面的不等式說明給予之級數的收斂半徑為 $R = 3$，且對於在 $(-1, 5)$ 區間的 $x$，此冪級數收斂。

接著要檢查端點 $x = -1$ 與 $x = 5$。當 $x = -1$，此冪級數變為

$$\sum_{n=1}^{\infty} \frac{(-3)^n}{n^2 \cdot 3^n} = \sum_{n=1}^{\infty} \frac{(-1)^n}{n^2}$$

它是收斂的交錯級數。所以 $x = -1$ 在它的收斂區間。當 $x = 5$，可得

$$\sum_{n=1}^{\infty} \frac{3^n}{n^2 \cdot 3^n} = \sum_{n=1}^{\infty} \frac{1}{n^2}$$

它是收斂的 $p$ 級數。所以 $x = 5$ 也在它的收斂區間。結論為給予之冪級數的收斂區間為 $[-1, 5]$，如圖 9.21 所示。

**圖 9.21**
$\sum_{n=1}^{\infty} \dfrac{(x-2)^n}{n^2 \cdot 3^n}$ 的收斂區間為以 $c = 2$ 為中心並以 $R = 3$ 為半徑的區間 $[-1, 5]$

**例題 6** 求 $\sum_{n=0}^{\infty} \dfrac{(-1)^n 2^n x^n}{\sqrt{n+1}}$ 的收斂半徑與收斂區間。

**解** 令

$$u_n = \frac{(-1)^n 2^n x^n}{\sqrt{n+1}}$$

則

$$\lim_{n\to\infty}\left|\frac{u_{n+1}}{u_n}\right| = \lim_{n\to\infty}\left|\frac{(-1)^{n+1} 2^{n+1} x^{n+1}}{\sqrt{n+2}} \cdot \frac{\sqrt{n+1}}{(-1)^n 2^n x^n}\right|$$

$$= \lim_{n\to\infty} 2\sqrt{\frac{n+1}{n+2}}|x| = 2|x|\lim_{n\to\infty}\sqrt{\frac{1+(1/n)}{1+(2/n)}} = 2|x|$$

由比例檢驗得知，若 $2|x| < 1$，即 $|x| < \frac{1}{2}$，則此級數收斂。後面的不等式說明此冪級數的收斂半徑為 $R = \frac{1}{2}$，且它的收斂區間為 $\left(-\frac{1}{2}, \frac{1}{2}\right)$。

接著要檢查端點 $x = -\frac{1}{2}$ 與 $x = \frac{1}{2}$。當 $x = -\frac{1}{2}$，此冪級數變為

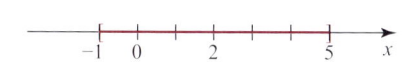

## 歷史傳記

**FRIEDRICH WILHELM BESSEL**
(1784–1846)

Friedrich Bessel 是首位使用光年來描述極遙遠距離的人。他所證明關於天鵝座的雙星 61 Cygni 為距離地球最近的恆星之一，兩者相距約 10 光年（超過 60 兆哩）的事，震驚當時的天文學界。基於自己的計算方法，Bessel 彙編出一本內容包括 50,000 顆恆星的位置的目錄。就一位未受過大學教育的數學家與天文學家而言，這絕非簡單的工作。Bessel 於 1784 年 7 月 22 日誕生於德國 Minden。當他決定從事國際貿易後，便開始學習航海學、地理學與外國語文。於航海學的學習中，Bessel 產生對天文學的興趣，而他在數學與分析方面的天分也迅速地展現出來。他對天文學有許多貢獻，而他在數學領域中的研究成果往往源自於前者。Bessel 廣泛地探討被稱為 Bessel 函數的函數。該函數迄今依然在數學領域中扮演重要角色，也在諸如地質學、物理與工程領域中有重要的應用。

$$\sum_{n=0}^{\infty} \frac{(-1)^n 2^n \left(-\frac{1}{2}\right)^n}{\sqrt{n+1}} = \sum_{n=0}^{\infty} \frac{1}{\sqrt{n+1}}$$

由極限比較檢驗得知它為發散（與 $p$ 級數 $\sum_{n=1}^{\infty} 1/n^{1/2}$ 比較）。當 $x = \frac{1}{2}$，可得

$$\sum_{n=0}^{\infty} \frac{(-1)^n 2^n \left(\frac{1}{2}\right)^n}{\sqrt{n+1}} = \sum_{n=0}^{\infty} \frac{(-1)^n}{\sqrt{n+1}}$$

由交錯級數檢驗得知它為收斂。因此，此冪級數的收斂區間為 $(-\frac{1}{2}, \frac{1}{2}]$。

### 冪級數的微分與積分

假設 $f$ 為可用以 $c$ 為中心的冪級數表示的函數，亦即，

$$f(x) = \sum_{n=0}^{\infty} a_n(x-c)^n$$

其中 $x$ 在此級數的收斂區間（$f$ 的定義域）內。自然會出現下面的問題：能否對 $f$ 微分和積分？若可行，有什麼級數可表示 $f$ 的微分與積分？下個定理肯定地回答此問題，並說明將表示 $f$ 的冪級數逐項微分和逐項積分後的級數可分別表示 $f$ 的微分與積分（證明省略）。

**定理 2　冪級數的微分與積分**

假設冪級數 $\sum_{n=0}^{\infty} a_n(x-c)^n$ 的收斂半徑 $R > 0$，則對於 $(c-R, c+R)$ 內所有 $x$，$f$ 定義為

$$f(x) = \sum_{n=0}^{\infty} a_n(x-c)^n = a_0 + a_1(x-c) + a_2(x-c)^2 + a_3(x-c)^3 + \cdots$$

它在 $(c-R, c+R)$ 區間同時可微分和積分。又 $f$ 的導數與 $f$ 的積分為

**a.** $f'(x) = a_1 + 2a_2(x-c) + 3a_3(x-c)^2 + \cdots = \sum_{n=1}^{\infty} na_n(x-c)^{n-1}$

**b.** $\int f(x)\, dx = C + a_0(x-c) + a_1\frac{(x-c)^2}{2} + a_2\frac{(x-c)^3}{3} + \cdots$

$$= \sum_{n=0}^{\infty} a_n \frac{(x-c)^{n+1}}{n+1} + C$$

**註**

1. 定理 2 (a) 與 2 (b) 的級數有相同的收斂半徑 $R$，和級數 $\sum_{n=0}^{\infty} a_n(x-c)^n$ 的一樣。但是它們的收斂區間可能不同。更明確地說，當對級數微分，可能會失去它在端點的收斂性，當對級數微分，可能又得

到它在端點的收斂性（例題 9）。

**2.** 由定理 2 得知在 $(c-R, c+R)$ 區間可用冪級數表示的函數，它在該區間連續。由 3.1 節定理 1 可得此結果。∎

**例題 7** 以對表示 $f(x) = 1/(1-x)$ 的冪級數微分，求在 $(-1, 1)$ 區間表示 $1/(1-x)^2$ 的冪級數。

**解** 回顧 $1/(1-x)$ 為幾何級數之和，所以

$$f(x) = \frac{1}{1-x} = 1 + x + x^2 + x^3 + \cdots = \sum_{n=0}^{\infty} x^n \qquad |x| < 1$$

式子等號兩邊同時對 $x$ 微分並使用定理 2，可得

$$f'(x) = \frac{1}{(1-x)^2} = 1 + 2x + 3x^2 + \cdots = \sum_{n=1}^{\infty} nx^{n-1} \qquad ∎$$

**例題 8** 求在 $(-1, 1)$ 區間表示 $\ln(1-x)$ 的冪級數。

**解** 以式子

$$\frac{1}{1-x} = 1 + x + x^2 + x^3 + \cdots = \sum_{n=0}^{\infty} x^n \qquad |x| < 1$$

開始，此式等號的兩邊同時對 $x$ 積分。由定理 2 可得

$$\int \frac{1}{1-x} dx = \int (1 + x + x^2 + x^3 + \cdots) dx$$

即

$$-\ln(1-x) = x + \frac{1}{2}x^2 + \frac{1}{3}x^3 + \cdots + C$$

為決定 $C$ 值，將 $x = 0$ 代入此式得到 $-\ln 1 = 0 = C$。由此 $C$ 值得知

$$\ln(1-x) = -x - \frac{1}{2}x^2 - \frac{1}{3}x^3 - \cdots = -\sum_{n=1}^{\infty} \frac{x^n}{n} \qquad |x| < 1 \quad ∎$$

**例題 9** 對表示 $f(x) = 1/(1+x^2)$ 的冪級數積分，求在 $(-1, 1)$ 區間表示 $\tan^{-1} x$ 的冪級數。

**解** 觀察得知只要將式子

$$\frac{1}{1-x} = 1 + x + x^2 + \cdots \qquad |x| < 1$$

的 $x$ 用 $-x^2$ 取代，即可得到 $f$ 表示的冪級數。因此，

$$\frac{1}{1+x^2} = \frac{1}{1-(-x^2)} = 1 + (-x^2) + (-x^2)^2 + (-x^2)^3 + \cdots$$

$$= 1 - x^2 + x^4 - x^6 + \cdots = \sum_{n=0}^{\infty} (-1)^n x^{2n}$$

當 $|x|<1$，此幾何級數收斂。所以當 $|-x^2|<1$，亦即，$x^2<1$ 或 $|x|<1$，此級數收斂。最後對此式積分，由定理 2 可得

$$\tan^{-1} x = \int \frac{1}{1+x^2} dx = \int (1 - x^2 + x^4 - x^6 + \cdots) dx$$

$$= C + x - \frac{x^3}{3} + \frac{x^5}{5} - \frac{x^7}{7} + \cdots$$

要求 $C$，則由 $\tan^{-1} 0 = 0$ 得知 $0 = C$。故

$$\tan^{-1} x = x - \frac{x^3}{3} + \frac{x^5}{5} - \frac{x^7}{7} + \cdots = \sum_{n=0}^{\infty} (-1)^n \frac{x^{2n+1}}{2n+1}$$

將此級數的收斂區間為 $[-1, 1]$ 的證明留給讀者。

## 9.7 習題

1-15 題，求冪級數的收斂半徑和收斂區間。

1. $\sum_{n=0}^{\infty} \frac{x^n}{n+1}$
2. $\sum_{n=1}^{\infty} \frac{x^n}{\sqrt{n}}$
3. $\sum_{n=0}^{\infty} \frac{(2x)^n}{n!}$
4. $\sum_{n=1}^{\infty} (nx)^n$
5. $\sum_{n=2}^{\infty} \frac{x^n}{\ln n}$
6. $\sum_{n=1}^{\infty} \frac{e^n x^n}{n}$
7. $\sum_{n=1}^{\infty} \frac{(-1)^n (x-3)^n}{\sqrt{n}}$
8. $\sum_{n=1}^{\infty} \frac{(-1)^{n-1}(x-2)^n}{n \cdot 3^n}$
9. $\sum_{n=0}^{\infty} \frac{(-1)^n n(x-1)^n}{n^2+1}$
10. $\sum_{n=0}^{\infty} \frac{(-1)^n (x+2)^{2n+1}}{(2n+1)!}$
11. $\sum_{n=1}^{\infty} \frac{2^n (x+2)^n}{n^n}$
12. $\sum_{n=2}^{\infty} \frac{(-1)^n (3x+5)^n}{n \ln n}$
13. $\sum_{n=2}^{\infty} \frac{x^n}{n(\ln n)^2}$
14. $\sum_{n=1}^{\infty} \frac{2 \cdot 4 \cdot 6 \cdots 2n}{3 \cdot 5 \cdot 7 \cdots (2n+1)} x^{2n+1}$
15. $\sum_{n=1}^{\infty} \frac{(-1)^n 2^n n! x^n}{5 \cdot 8 \cdot 11 \cdots (3n+2)}$

16. **Bessel 函數** 函數 $J_1$ 定義為

$$J_1(x) = \sum_{n=0}^{\infty} \frac{(-1)^n x^{2n+1}}{n!(n+1)! 2^{2n+1}}$$

稱為一階 Bessel 函數。求它的定義域。

17. 若冪級數 $\Sigma a_n x^n$ 的收斂半徑是 $R$，試問冪級數 $\Sigma a_n x^{2n}$ 的收斂半徑為何？

18. 假設 $\lim_{n \to \infty} \sqrt[n]{|a_n|} = L$ 且 $L \neq 0$，試問冪級數 $\Sigma a_n x^n$ 的收斂半徑為何？

19. 已知 $f(x) = \sum_{n=1}^{\infty} \frac{x^n}{n^2}$，求 $f'(x)$ 與 $f''(x)$。試問 $f, f'$ 和 $f''$ 的收斂區間為何？

20. 若 $|x|<1$，求級數 $\sum_{n=1}^{\infty} nx^{n-1}$ 的和。
    提示：對幾何級數 $\sum_{n=0}^{\infty} x^n$ 微分。

21. 假設級數 $\sum_{n=0}^{\infty} a_n(x-c)^n$ 的收斂區間為 $(c-R, c+R]$。證明級數在 $c+R$ 處是條件收斂。

22. **a.** 求表示 $1/(1-t^2)$ 的冪級數。
    **b.** 應用 (a) 的結果和關係式

$$\tanh^{-1} x = \int_0^x \frac{1}{1-t^2} dt$$

求表示 $\tanh^{-1} x$ 的冪級數。試問此級數的收斂半徑為何？

23. 使用例題 9 的結果

$$\tan^{-1} x = \sum_{n=0}^{\infty} (-1)^n \frac{x^{2n+1}}{2n+1}$$

求 $\pi$ 的近似值，精確度到小數第五位。
提示：使用 9.5 節的定理 2。

24-25 題，判斷下列敘述是對或是錯。如果它是對，解釋你的理由。如果它是錯，請解釋你的理由或舉例說明。

24. 若 $x=3$，冪級數 $\sum_{n=0}^{\infty} a_n x^n$ 收斂，則當 $x=-2$，它也收斂。

25. 若 $\sum_{n=0}^{\infty} a_n x^n$ 的收斂區間為 $[-2, 2)$，則 $\sum_{n=0}^{\infty} a_n (x-3)^n$ 的收斂區間為 $[1, 5)$。

## 9.8 泰勒和馬克勞林級數

於 9.7 節中，看到每一個冪級數所表示的函數，其定義域剛好就是此級數的收斂半徑。我們也碰觸到其倒過來的問題：已知函數 $f$ 定義在含 $c$ 點的某區間，試問 $f$ 是否可以表示為以 $c$ 為中心的冪級數？若可以的話，又應該如何找？所能找的函數只有那些表示為由幾何級數產生出來的冪級數。

現在我們要專注在求函數的冪級數之一般問題上。問題主要是尋找下面兩個疑問的答案：

**1.** 函數 $f$ 的冪級數是什麼形式？（換言之，$a_n$ 是什麼樣式？）
**2.** 什麼條件可以保證 $f$ 適用這樣的冪級數表示？

這裡只討論第一個疑問並將第二個疑問留在 9.9 節。

### ■ 泰勒和馬克勞林級數

假設某函數 $f$ 可以表示為以 $c$ 為中心且收斂半徑為 $R > 0$ 的冪級數。若 $|x-c| < R$，則

$$f(x) = a_0 + a_1(x-c) + a_2(x-c)^2 + a_3(x-c)^3 + a_4(x-c)^4 \\ + \cdots + a_n(x-c)^n + \cdots$$

重複使用 9.7 節定理 2，可得

$$f'(x) = a_1 + 2a_2(x-c) + 3a_3(x-c)^2 + 4a_4(x-c)^3 \\ + \cdots + na_n(x-c)^{n-1} + \cdots$$

$$f''(x) = 2a_2 + 3 \cdot 2a_3(x-c) + 4 \cdot 3a_4(x-c)^2 \\ + \cdots + n(n-1)a_n(x-c)^{n-2} + \cdots$$

$$f'''(x) = 3 \cdot 2a_3 + 4 \cdot 3 \cdot 2a_4(x-c) \\ + \cdots + n(n-1)(n-2)a_n(x-c)^{n-3} + \cdots$$

$$\vdots$$

$$f^{(n)}(x) = n(n-1)(n-2)(n-3) \cdots 2a_n + \cdots$$

$$\vdots$$

當 $x$ 滿足 $|x-c| < R$，這些級數都成立。將 $x = c$ 代入上面每個等式可得

$$f(c) = a_0, \quad f'(c) = a_1, \quad f''(c) = 2a_2,$$
$$f'''(c) = 3! \, a_3, \quad \ldots, \quad f^{(n)}(c) = n! \, a_n, \quad \ldots$$

由此得知

$$a_0 = f(c), \qquad a_1 = f'(c), \qquad a_2 = \frac{f''(c)}{2!},$$

$$a_3 = \frac{f'''(c)}{3!}, \qquad \ldots, \qquad a_n = \frac{f^{(n)}(c)}{n!}, \qquad \ldots$$

我們已經證明若 $f$ 可表示成冪級數，則此級數必有下面定理的形式。

---

**定理 1**   $f$ 在 $c$ 處的泰勒級數

若 $f$ 表示為在 $c$ 處的冪級數，亦即，若

$$f(x) = \sum_{n=0}^{\infty} a_n (x-c)^n \qquad |x-c| < R$$

則對於任意正整數 $n$，$f^{(n)}(c)$ 存在且

$$a_n = \frac{f^{(n)}(c)}{n!}$$

故

$$\begin{aligned} f(x) &= \sum_{n=0}^{\infty} \frac{f^{(n)}(c)}{n!}(x-c)^n \\ &= f(c) + f'(c)(x-c) + \frac{f''(c)}{2!}(x-c)^2 \\ &\quad + \frac{f'''(c)}{3!}(x-c)^3 + \cdots \end{aligned} \qquad (1)$$

---

此形式的級數稱為**函數 $f$ 在 $c$ 處的泰勒級數**（Taylor series of the function $f$ at $c$），以英國數學家 Brook Taylor（1685-1731）命名。

在 $c = 0$ 的特殊情形，此泰勒級數變成

$$f(x) = \sum_{n=0}^{\infty} \frac{f^{(n)}(0)}{n!} x^n = f(0) + f'(0)x + \frac{f''(0)}{2!}x^2 + \frac{f'''(0)}{3!}x^3 + \cdots \quad (2)$$

此級數只是 $f$ 以原點為中心的泰勒級數。它稱為**$f$ 的馬克勞林級數**（Maclaurin series of $f$），以蘇格蘭數學家 Colin Maclaurin（1698-1746）命名。

**註**   定理 1 敘述若函數 $f$ 表示在 $c$ 處的冪級數，則此（唯一的）級數必定是在 $c$ 處的泰勒級數。反之，則不成立。已知函數 $f$ 與它在 $c$ 處的所有階次導數，則可以計算 $f$ 在 $c$ 處的泰勒係數

$$\frac{f^{(n)}(c)}{n!} \qquad n = 0, 1, 2, \ldots$$

---

**歷史傳記**

**BROOK TAYLOR**
(1685–1731)

Brook Taylor 誕生於一個小貴族的家庭。直到 1703 年他被接受進入位於英格蘭劍橋的聖約翰學院（St. John's College）就讀前，他都是以家教的方式接受教育。1709 年他在那裡獲得了法律學士，不過，他早已完成了他的第一篇數學論文。1712 年他獲選進入皇家學會。在那裡，他被指定擔任一個決定 Newton 或者 Leibniz 是首位發明微積分者的委員會之委員。任職於皇家學會的時光中，Taylor 寫了許多論文，其中包括 *Methodus incrementorum directa et inversa*。這篇論文中，他提出了廣為人知的泰勒級數的定理。雖然其他數學家也曾推導出這樣的級數，但都只是針對一些特定的函數，在 Taylor 之前沒有人推導出適用於單變數函數的廣義級數展開式。Taylor 在數學領域的研究成果極具深度，但卻因他寫作的風格過於精簡而令人難以理解，讀者往往必須自行推導他文章中的許多細節。因這個緣故，許多他的成就到他死後才為人所知。

與 $f$ 在 $c$ 處的泰勒級數（式 (1)）。然而此級數若以此方式正式地（formally）得到，則它並不一定表示 $f$。類似這種情況並不多見（習題 35 題有這類函數的例子）。因此，本節以下的部分，除非有另外的說明，否則將假設函數的泰勒級數可以表示該函數。

**例題 1** 已知 $f(x) = e^x$。求 $f$ 的馬克勞林級數並求它的收斂半徑。

**解** $f(x) = e^x$ 的第一階與第二階導數分別為 $f'(x) = e^x$ 和 $f''(x) = e^x$，且一般而言，$f^{(n)}(x) = e^x$，其中 $n \geq 1$。所以

$$f(0) = 1, \quad f'(0) = 1, \quad f''(0) = 1, \quad \ldots, \quad f^{(n)}(0) = 1, \quad \ldots$$

若使用式 (2)，$f$ 的馬克勞林級數（$f$ 在 0 處的泰勒級數）為

$$\sum_{n=0}^{\infty} \frac{f^{(n)}(0)}{n!} x^n = \sum_{n=0}^{\infty} \frac{1}{n!} x^n = 1 + x + \frac{x^2}{2!} + \frac{x^3}{3!} + \cdots + \frac{x^n}{n!} + \cdots$$

為求此冪級數的收斂半徑，應用比例檢驗，並取 $u_n = x^n/n!$。因為

$$\lim_{n \to \infty} \left| \frac{u_{n+1}}{u_n} \right| = \lim_{n \to \infty} \left| \frac{x^{n+1}}{(n+1)!} \cdot \frac{n!}{x^n} \right| = \lim_{n \to \infty} \frac{|x|}{n+1} = 0$$

結論為此級數的收斂半徑 $R = \infty$。 ■

**例題 2** 求 $f(x) = \ln x$ 在 1 處的泰勒級數並求它的收斂區間。

**解** 計算 $f$ 與它的各階導數在 1 處之值。所以

$$f(x) = \ln x \qquad\qquad f(1) = \ln 1 = 0$$

$$f'(x) = \frac{1}{x} = x^{-1} \qquad\qquad f'(1) = 1$$

$$f''(x) = -x^{-2} \qquad\qquad f''(1) = -1$$

$$f'''(x) = 2x^{-3} \qquad\qquad f'''(1) = 2$$

$$f^{(4)}(x) = -3 \cdot 2 x^{-4} \qquad\qquad f^{(4)}(1) = -3 \cdot 2$$

$$\vdots \qquad\qquad\qquad \vdots$$

$$f^{(n)}(x) = (-1)^{n-1}(n-1)! \, x^{-n} \qquad f^{(n)}(1) = (-1)^{n-1}(n-1)!$$

由式 (1) 可得 $f(x) = \ln x$ 的泰勒級數：

$$\sum_{n=0}^{\infty} \frac{f^{(n)}(1)}{n!} (x-1)^n$$

$$= f(1) + f'(1)(x-1) + \frac{f''(1)}{2!}(x-1)^2 + \frac{f'''(1)}{3!}(x-1)^3 + \cdots$$

$$= (x-1) - \frac{1}{2!}(x-1)^2 + \frac{2}{3!}(x-1)^3 - \frac{3!}{4!}(x-1)^4 + \cdots$$

$$= (x-1) - \frac{(x-1)^2}{2} + \frac{(x-1)^3}{3} - \frac{(x-1)^4}{4} + \cdots$$

$$= \sum_{n=1}^{\infty} (-1)^{n-1} \frac{(x-1)^n}{n}$$

為求此級數的收斂區間,應用比例檢驗,並取 $u_n = (-1)^{n-1}(x-1)^n/n$。因為

$$\lim_{n \to \infty} \left| \frac{u_{n+1}}{u_n} \right| = \lim_{n \to \infty} \left| \frac{(-1)^n(x-1)^{n+1}}{n+1} \cdot \frac{n}{(-1)^{n-1}(x-1)^n} \right|$$

$$= \lim_{n \to \infty} |x-1| \left( \frac{n}{n+1} \right) = |x-1| \lim_{n \to \infty} \frac{1}{1+\frac{1}{n}} = |x-1|$$

所以當 $x$ 在 (0, 2) 區間,此級數收斂。接著注意到當 $x = 0$,此級數變成

$$\sum_{n=1}^{\infty} \frac{(-1)^{2n-1}}{n} = -\sum_{n=1}^{\infty} \frac{1}{n}$$

它是負的調和級數,所以它為發散。若 $x = 2$,則此級數變成

$$\sum_{n=1}^{\infty} \frac{(-1)^{n-1}}{n}$$

它是交錯調和級數,因此它為收斂。故 $f(x) = \ln x$ 在 1 處的泰勒級數的收斂區間為 (0, 2]。

**例題 3** 求 $f(x) = \sin x$ 的馬克勞林級數並求它的收斂區間。

**解** 計算 $f$ 與它的各階導數在 $x = 0$ 處之值。即

$$f(x) = \sin x \qquad f(0) = 0$$
$$f'(x) = \cos x \qquad f'(0) = 1$$
$$f''(x) = -\sin x \qquad f''(0) = 0$$
$$f'''(x) = -\cos x \qquad f'''(0) = -1$$
$$f^{(4)}(x) = \sin x \qquad f^{(4)}(0) = 0$$

很明顯地,$f$ 接下來的導數依循同樣的模式,所以不用繼續計算。由式 (2) 可得 $f(x) = \sin x$ 的馬克勞林級數:

$$\sum_{n=0}^{\infty} \frac{f^{(n)}(0)}{n!} x^n = f(0) + f'(0)x + \frac{f''(0)}{2!}x^2 + \frac{f'''(0)}{3!}x^3 + \frac{f^{(4)}(0)}{4!}x^4 + \cdots$$

$$= x - \frac{x^3}{3!} + \frac{x^5}{5!} - \frac{x^7}{7!} + \cdots$$

$$= \sum_{n=0}^{\infty} \frac{(-1)^n}{(2n+1)!} x^{2n+1}$$

為求此級數的收斂區間，應用比例檢驗，並取 $u_n = (-1)^n x^{2n+1}/(2n+1)!$。因為

$$\lim_{n\to\infty} \left|\frac{u_{n+1}}{u_n}\right| = \lim_{n\to\infty} \left|\frac{(-1)^{n+1} x^{2n+3}}{(2n+3)!} \cdot \frac{(2n+1)!}{(-1)^n x^{2n+1}}\right|$$

$$= \lim_{n\to\infty} \frac{|x|^2}{(2n+2)(2n+3)} = 0 < 1$$

結論為此級數的收斂區間是 $(-\infty, \infty)$。

**例題 4** 求 $f(x) = \cos x$ 的馬克勞林級數。

**解** 可仿照例題 3 的作法，然而使用 9.7 節定理 2 對表示 $\sin x$ 的冪級數微分更容易。因此，

$$f(x) = \cos x = \frac{d}{dx}(\sin x) = \frac{d}{dx}\left(x - \frac{x^3}{3!} + \frac{x^5}{5!} - \frac{x^7}{7!} + \cdots\right)$$

$$= 1 - \frac{x^2}{2!} + \frac{x^4}{4!} - \frac{x^6}{6!} + \cdots$$

$$= \sum_{n=0}^{\infty} \frac{(-1)^n}{(2n)!} x^{2n}$$

對於所有 $x$，$\sin x$ 的馬克勞林級數都收斂，所以由 9.7 節定理 2 得知此級數的收斂區間也是 $(-\infty, \infty)$。

**例題 5** 求 $f(x) = (1+x)^k$ 的馬克勞林級數，其中 $k$ 為實數。

**解** 計算 $f$ 與它的各階導數在 $x = 0$ 處之值，即

$$f(x) = (1+x)^k \qquad f(0) = 1$$
$$f'(x) = k(1+x)^{k-1} \qquad f'(0) = k$$
$$f''(x) = k(k-1)(1+x)^{k-2} \qquad f''(0) = k(k-1)$$
$$f'''(x) = k(k-1)(k-2)(1+x)^{k-3} \qquad f'''(0) = k(k-1)(k-2)$$
$$\vdots \qquad\qquad \vdots$$
$$f^{(n)}(x) = k(k-1)\cdots(k-n+1)(1+x)^{k-n} \qquad f^{(n)}(0) = k(k-1)\cdots(k-n+1)$$

所以 $f(x) = (1+x)^k$ 的馬克勞林級數為

$$\sum_{n=0}^{\infty} \frac{f^{(n)}(0)}{n!} x^n = f(0) + f'(0)x + \frac{f''(0)}{2!}x^2 + \frac{f'''(0)}{3!}x^3 + \cdots$$

$$= 1 + kx + \frac{k(k-1)}{2!}x^2 + \frac{k(k-1)(k-2)}{3!}x^3 + \cdots$$

$$= \sum_{n=0}^{\infty} \frac{k(k-1)(k-2)\cdots(k-n+1)}{n!} x^n$$

觀察到，若 k 為正整數，則此級數為有限個非 0 項（根據二項式定理），故對於所有 x，此級數收斂。

若 k 不是正整數，則使用比例檢驗求收斂半徑。用 $u_n$ 表示此級數的第 n 項，所以

$$\lim_{n\to\infty}\left|\frac{u_{n+1}}{u_n}\right|$$

$$=\lim_{n\to\infty}\left|\frac{k(k-1)\cdots(k-n+1)(k-n)x^{n+1}}{(n+1)!}\cdot\frac{n!}{k(k-1)\cdots(k-n+1)x^n}\right|$$

$$=\lim_{n\to\infty}\frac{|k-n|}{n+1}|x|=\lim_{n\to\infty}\frac{\left|\frac{k}{n}-1\right|}{1+\frac{1}{n}}|x|=|x|$$

故對於 (−1,1) 區間內的 x，此級數都收斂。∎

例題 5 中的級數稱為**二項式級數**（binomial series）。

---

**二項式級數**

若 k 為整數且 $|x|<1$，則

$$(1+x)^k = 1+kx+\frac{k(k-1)}{2!}x^2+\frac{k(k-1)(k-2)}{3!}x^3+\cdots$$

$$=\sum_{n=0}^{\infty}\binom{k}{n}x^n \tag{3}$$

---

**註**

1. 二項式級數的係數就是所謂的**二項式係數**（binomial coefficients）並表示為

$$\binom{k}{n}=\frac{k(k-1)\cdots(k-n+1)}{n!}\quad n\geq 1,\quad\binom{k}{0}=1$$

2. 若 k 為正整數且 n > k，則此二項式係數包含因子 (k−k)，則對於 n > k，$\binom{k}{n}=0$。此二項式級數最後簡化成 k 階多項式：

$$(1+x)^k=1+kx+\frac{k(k-1)}{2!}x^2+\cdots+x^k=\sum_{n=0}^{k}\binom{k}{n}x^n$$

換言之，若 k 為正整數，式子 $(1+x)^k$ 表示為有限項的和，並且若 k 不是正整數，則式子 $(1+x)^k$ 表示為無限級數。因此，可將二項式級數看成延伸到 k 為非正整數的二項式定理。

3. 即使 −1 < x < 1，二項式級數還是收斂的，但是端點 x = −1 處或 x = 1 處的收斂性與 k 值有關。我們可以證明當 −1 < k < 0 時，此

級數收斂，並且當 $k \geq 0$ 時，在兩個端點處 $x = \pm 1$，此級數收斂。

4. 在 $(1+x)^k$ 可以表示為冪級數的前提下，我們已經推導出式 (3)。

**例題 6** 已知 $f(x) = \sqrt{1+x}$，求表示它的冪級數。

**解** 將 $k = \frac{1}{2}$ 代入式 (3)，可得

$$f(x) = (1+x)^{1/2} = 1 + \frac{1}{2}x + \frac{\frac{1}{2}(\frac{1}{2}-1)}{2!}x^2 + \frac{\frac{1}{2}(\frac{1}{2}-1)(\frac{1}{2}-2)}{3!}x^3 + \cdots$$

$$+ \frac{\frac{1}{2}(\frac{1}{2}-1)\cdots(\frac{1}{2}-n+1)}{n!}x^n + \cdots$$

$$= 1 + \frac{1}{2}x - \frac{1}{2 \cdot 2^2}x^2 + \frac{1 \cdot 3}{3! \cdot 2^3}x^3 + \cdots$$

$$+ (-1)^{n+1}\frac{1 \cdot 3 \cdot 5 \cdots (2n-3)}{n! \, 2^n}x^n + \cdots$$

$$= 1 + \frac{1}{2}x + \sum_{n=2}^{\infty}(-1)^{n+1}\frac{1 \cdot 3 \cdot 5 \cdots (2n-3)}{n! \, 2^n}x^n$$

當 $|x| \leq 1$，此式成立。

圖形 $f$ 與前三個部分和 $P_1(x) = 1$, $P_2(x) = 1 + \frac{1}{2}x$ 與 $P_3(x) = 1 + \frac{1}{2}x - \frac{1}{8}x^2$ 都展示於圖 9.22。觀察到當 $n$ 遞增，$f$ 的部分和 $P_n(x)$ 在此級數的收斂區間內估算 $f$ 越來越準確。

**圖 9.22**
圖形 $f(x) = \sqrt{1+x}$ 與二項式級數的前三個部分和

### ■ 求泰勒級數的技巧

函數的泰勒級數經常由式 (1) 得到，但是如 9.7 節的例題 7、例題 8 與例題 9 和本節的例題 4 所示，由某些知名級數的代數演算、微分或積分，可以比較容易求得此級數。現在要開始說明這些技巧，首先陳列一些常用的函數表示與表示它們的冪級數於表 9.1。

**表 9.1**

| 馬克勞林級數 | 收斂區間 |
|---|---|
| 1. $\dfrac{1}{1-x} = 1 + x + x^2 + x^3 + \cdots = \sum\limits_{n=0}^{\infty} x^n$ | $(-1, 1)$ |
| 2. $e^x = 1 + x + \dfrac{x^2}{2!} + \dfrac{x^3}{3!} + \cdots = \sum\limits_{n=0}^{\infty} \dfrac{x^n}{n!}$ | $(-\infty, \infty)$ |
| 3. $\sin x = x - \dfrac{x^3}{3!} + \dfrac{x^5}{5!} - \dfrac{x^7}{7!} + \cdots = \sum\limits_{n=0}^{\infty} (-1)^n \dfrac{x^{2n+1}}{(2n+1)!}$ | $(-\infty, \infty)$ |
| 4. $\cos x = 1 - \dfrac{x^2}{2!} + \dfrac{x^4}{4!} - \dfrac{x^6}{6!} + \cdots = \sum\limits_{n=0}^{\infty} (-1)^n \dfrac{x^{2n}}{(2n)!}$ | $(-\infty, \infty)$ |

## 表 9.1 （續）

| 馬克勞林級數 | 收斂區間 |
|---|---|
| 5. $\ln(1+x) = x - \dfrac{x^2}{2} + \dfrac{x^3}{3} - \dfrac{x^4}{4} + \cdots = \sum\limits_{n=1}^{\infty} (-1)^{n-1} \dfrac{x^n}{n}$ | $(-1, 1]$ |
| 6. $\sin^{-1} x = x + \dfrac{x^3}{2 \cdot 3} + \dfrac{1 \cdot 3 x^5}{2 \cdot 4 \cdot 5} + \cdots = \sum\limits_{n=0}^{\infty} \dfrac{(2n)!\, x^{2n+1}}{(2^n n!)^2 (2n+1)}$ | $[-1, 1]$ |
| 7. $\tan^{-1} x = x - \dfrac{x^3}{3} + \dfrac{x^5}{5} - \dfrac{x^7}{7} + \cdots = \sum\limits_{n=0}^{\infty} (-1)^n \dfrac{x^{2n+1}}{2n+1}$ | $[-1, 1]$ |
| 8. $(1+x)^k = \sum\limits_{n=0}^{\infty} \binom{k}{n} x^n = 1 + kx + \dfrac{k(k-1)}{2!} x^2 + \dfrac{k(k-1)(k-2)}{3!} x^3 + \cdots$ | $(-1, 1)$ |

表中除了公式 (5) 與公式 (6)，在本節與之前各節（見 516-517 頁的註）都已經推導過。由 9.7 節的例題 8 並以 $x$ 替代 $-x$，即得公式 (5)。例題 14 有公式 (6) 的推導。

**例題 7** 求 $f(x) = \dfrac{1}{1+x}$ 在 $x = 2$ 處的泰勒級數。

**解** 首先將 $f(x)$ 改寫成含 $(x-2)$ 形式的式子

$$f(x) = \frac{1}{1+x} = \frac{1}{3+(x-2)} = \frac{1}{3\left[1 + \left(\dfrac{x-2}{3}\right)\right]} = \frac{1}{3} \cdot \frac{1}{1 + \left(\dfrac{x-2}{3}\right)}$$

接著使用表 9.1 的公式 (1) 以及 $x$ 用 $-(x-2)/3$ 取代可得

$$\begin{aligned}
f(x) &= \frac{1}{3}\left\{\frac{1}{1 - \left[-\left(\dfrac{x-2}{3}\right)\right]}\right\} \\
&= \frac{1}{3}\left\{1 + \left[-\left(\frac{x-2}{3}\right)\right] + \left[-\left(\frac{x-2}{3}\right)\right]^2 + \left[-\left(\frac{x-2}{3}\right)\right]^3 + \cdots\right\} \\
&= \frac{1}{3}\left[1 - \left(\frac{x-2}{3}\right) + \left(\frac{x-2}{3}\right)^2 - \left(\frac{x-2}{3}\right)^3 + \cdots\right] \\
&= \frac{1}{3} - \frac{1}{3^2}(x-2) + \frac{1}{3^3}(x-2)^2 - \frac{1}{3^4}(x-2)^3 + \cdots \\
&= \sum_{n=0}^{\infty} (-1)^n \frac{(x-2)^n}{3^{n+1}}
\end{aligned}$$

在 $|(x-2)/3| < 1$，此級數收斂，亦即，$|x-2| < 3$ 即 $-1 < x < 5$。我們可以證明此級數在兩個端點都收斂。 ∎

**例題 8** 求 $f(x) = x^2 \sin 2x$ 的馬克勞林級數。

**解** 表 9.1 的公式 (3) 以 $2x$ 取代 $x$，可得

$$\sin 2x = (2x) - \frac{(2x)^3}{3!} + \frac{(2x)^5}{5!} - \frac{(2x)^7}{7!} + \cdots$$

$$= 2x - \frac{2^3 x^3}{3!} + \frac{2^5 x^5}{5!} - \frac{2^7 x^7}{7!} + \cdots = \sum_{n=0}^{\infty} (-1)^n \frac{2^{2n+1} x^{2n+1}}{(2n+1)!}$$

在 $(-\infty, \infty)$ 內的所有 $x$，此式都成立。因此，由 9.2 節定理 4a 得知

$$f(x) = x^2 \sin 2x = x^2 \left( 2x - \frac{2^3 x^3}{3!} + \frac{2^5 x^5}{5!} - \frac{2^7 x^7}{7!} + \cdots \right)$$

$$= 2x^3 - \frac{2^3 x^5}{3!} + \frac{2^5 x^7}{5!} - \frac{2^7 x^9}{7!} + \cdots$$

$$= \sum_{n=0}^{\infty} (-1)^n \frac{2^{2n+1} x^{2n+3}}{(2n+1)!}$$

所以在 $(-\infty, \infty)$ 內的所有 $x$，它都收斂。■

下個例題說明如何使用三角恆等式求三角函數的泰勒級數。

**例題 9** 求 $f(x) = \sin x$ 在 $x = \pi/6$ 處的泰勒級數。

**解** 將 $f(x)$ 寫成

$$f(x) = \sin x = \sin \left[ \left( x - \frac{\pi}{6} \right) + \frac{\pi}{6} \right]$$

$$= \sin \left( x - \frac{\pi}{6} \right) \cos \frac{\pi}{6} + \cos \left( x - \frac{\pi}{6} \right) \sin \frac{\pi}{6}$$

$$= \frac{\sqrt{3}}{2} \sin \left( x - \frac{\pi}{6} \right) + \frac{1}{2} \cos \left( x - \frac{\pi}{6} \right)$$

再使用表 9.1 的公式 (3) 與公式 (4) 以及 $x$ 用 $x-(\pi/6)$ 取代可得

$$f(x) = \frac{\sqrt{3}}{2} \sum_{n=0}^{\infty} \frac{(-1)^n}{(2n+1)!} \left( x - \frac{\pi}{6} \right)^{2n+1} + \frac{1}{2} \sum_{n=0}^{\infty} \frac{(-1)^n}{(2n)!} \left( x - \frac{\pi}{6} \right)^{2n}$$

在 $(-\infty, \infty)$ 內的所有 $x$，它都收斂。■

表示某些函數的冪級數也可經由熟悉的函數之馬克勞林級數或泰勒級數的加、乘或除得到，如下面例題所示。

**例題 10** 求 $f(x) = \sinh x$ 的馬克勞林級數。

**解** 將 $f(x)$ 寫成

$$f(x) = \sinh x = \frac{1}{2}(e^x - e^{-x}) = \frac{1}{2} e^x - \frac{1}{2} e^{-x}$$

$$= \frac{1}{2} \left( 1 + x + \frac{x^2}{2!} + \frac{x^3}{3!} + \cdots \right) - \frac{1}{2} \left( 1 - x + \frac{x^2}{2!} - \frac{x^3}{3!} + \cdots \right)$$

$$= x + \frac{x^3}{3!} + \frac{x^5}{5!} + \cdots = \sum_{n=0}^{\infty} \frac{x^{2n+1}}{(2n+1)!}$$

在 $(-\infty, \infty)$ 內的所有 $x$，$e^x$ 與 $e^{-x}$ 的馬克勞林級數都收斂，所以對於所有 $x$，$\sinh x$ 的這個式子都成立。

**例題 11** 求 $f(x) = e^x \cos x$ 的馬克勞林級數的前三項。

**解** 由表 9.1 的公式 (2) 與公式 (4) 得知

$$f(x) = e^x \cos x = \left(1 + x + \frac{x^2}{2} + \frac{x^3}{6} + \cdots\right)\left(1 - \frac{x^2}{2} + \frac{x^4}{24} - \cdots\right)$$

它們相乘後合併相同的各項可得

$$f(x) = (1)\left(1 - \frac{x^2}{2} + \frac{x^4}{24} - \cdots\right) + x\left(1 - \frac{x^2}{2} + \frac{x^4}{24} - \cdots\right)$$

$$+ \frac{x^2}{2}\left(1 - \frac{x^2}{2} + \frac{x^4}{24} - \cdots\right) + \frac{x^3}{6}\left(1 - \frac{x^2}{2} + \cdots\right) + \cdots$$

$$= 1 - \frac{x^2}{2} + \frac{x^4}{24} - \cdots + x - \frac{x^3}{2} + \frac{x^5}{24} - \cdots + \frac{x^2}{2} - \frac{x^4}{4}$$

$$+ \frac{x^6}{48} - \cdots + \frac{x^3}{6} - \frac{x^5}{12} + \cdots$$

$$= 1 + x - \frac{x^3}{3} + \cdots$$

**例題 12** 求 $f(x) = \tan x$ 的馬克勞林級數的前三項。

**解** 由表 9.1 的公式 (3) 與公式 (4) 得知

$$f(x) = \tan x = \frac{\sin x}{\cos x} = \frac{x - \dfrac{x^3}{3!} + \dfrac{x^5}{5!} - \cdots}{1 - \dfrac{x^2}{2!} + \dfrac{x^4}{4!} - \cdots}$$

使用長除法計算

$$\begin{array}{r}
x + \frac{1}{3}x^3 + \frac{2}{15}x^5 + \cdots \\
1 - \frac{1}{2}x^2 + \frac{1}{24}x^4 - \cdots \overline{\smash{\big)}\, x - \frac{1}{6}x^3 + \frac{1}{120}x^5 - \cdots} \\
\underline{x - \frac{1}{2}x^3 + \frac{1}{24}x^5 - \cdots} \\
\frac{1}{3}x^3 - \frac{1}{30}x^5 + \cdots \\
\underline{\frac{1}{3}x^3 - \frac{1}{6}x^5 + \cdots} \\
\frac{2}{15}x^5 + \cdots
\end{array}$$

得到

$$f(x) = \tan x = x + \frac{1}{3}x^3 + \frac{2}{15}x^5 + \cdots$$

於例題 11 與例題 12，我們對每個級數都只計算前三項。實際上，每個級數的前三項就足夠用來估算問題的解。

對那些無法使用基本函數求函數的反導數之函數（見 539 頁），我們也可使用泰勒級數來積分。這類的函數如 $e^{-x^2}$ 和 $\sin x^2$。尤其是，包含此類函數的定積分可使用泰勒級數來估算，如下面的例題所示。

### 例題 13

**a.** 求 $\int e^{-x^2} dx$。

**b.** 估算 $\int_0^{0.5} e^{-x^2} dx$，準確度到小數第四位。

**解**

**a.** 在表 9.1 公式 (2) 的 $x$ 用 $-x^2$ 取代可得

$$e^{-x^2} = 1 - x^2 + \frac{x^4}{2!} - \frac{x^6}{3!} + \cdots = \sum_{n=0}^{\infty} (-1)^n \frac{x^{2n}}{n!}$$

此式等號兩邊同時對 $x$ 積分並應用定理 2，可得

$$\int e^{-x^2} dx = \int \left(1 - x^2 + \frac{x^4}{2!} - \frac{x^6}{3!} + \cdots\right) dx$$

$$= C + x - \frac{1}{3}x^3 + \frac{1}{5 \cdot 2!}x^5 - \frac{1}{7 \cdot 3!}x^7 + \cdots$$

$$= C + \sum_{n=0}^{\infty} (-1)^n \frac{1}{(2n+1) \cdot n!} x^{2n+1}$$

對於 $(-\infty, \infty)$ 內所有 $x$，表示 $e^{-x^2}$ 的冪級數都收斂，對於所有 $x$ 此結論都成立。

**b.** 由 (a) 的結果可得

$$\int_0^{0.5} e^{-x^2} dx$$

$$= \left[x - \frac{1}{3}x^3 + \frac{1}{5 \cdot 2!}x^5 - \frac{1}{7 \cdot 3!}x^7 + \frac{1}{9 \cdot 4!}x^9 - \frac{1}{11 \cdot 5!}x^{11} + \cdots\right]_0^{1/2}$$

$$= \frac{1}{2} - \frac{1}{3}\left(\frac{1}{2}\right)^3 + \frac{1}{5 \cdot 2!}\left(\frac{1}{2}\right)^5 - \frac{1}{7 \cdot 3!}\left(\frac{1}{2}\right)^7 + \frac{1}{9 \cdot 4!}\left(\frac{1}{2}\right)^9 - \cdots$$

$$= \frac{1}{2} - \frac{1}{24} + \frac{1}{320} - \frac{1}{5376} + \frac{1}{110592} - \cdots$$

$$\approx 0.4613$$

此級數是交替的，並且它的各項遞減到 0，所以由 9.5 節定理 2 得知，此估算的誤差不會超過

$$\frac{1}{9 \cdot 4!}\left(\frac{1}{2}\right)^9 = \frac{1}{110592} \approx 0.000009 < 0.00005$$

故此結果的準確度在小數點後第四位，即為所求。 ∎

**例題 14** 求表示 $\sin^{-1} x$ 的冪級數。

**解** 觀察得知

$$\sin^{-1} x = \int_0^x \frac{1}{\sqrt{1-t^2}}\, dt$$

使用式 (3) 並以 $k = -\frac{1}{2}$ 與 $x = -t^2$ 代入式中可得

$$\begin{aligned}
\frac{1}{\sqrt{1-t^2}} &= (1-t^2)^{-1/2} \\
&= 1 + \left(-\frac{1}{2}\right)(-t^2) + \frac{-\frac{1}{2}\left(-\frac{1}{2}-1\right)}{2!}(-t^2)^2 + \cdots \\
&\quad + \frac{-\frac{1}{2}\left(-\frac{1}{2}-1\right)\cdots\left(-\frac{1}{2}-n+1\right)}{n!}(-t^2)^n + \cdots \\
&= 1 + \frac{1}{2}t^2 + \frac{1\cdot 3}{2!\, 2^2}t^4 + \cdots + \frac{1\cdot 3\cdot 5\cdots(2n-1)}{n!\, 2^n}t^{2n} + \cdots
\end{aligned}$$

所以

$$\begin{aligned}
\sin^{-1} x = \int_0^x \frac{1}{\sqrt{1-t^2}}\, dt &= x + \frac{1}{2\cdot 3}x^3 + \frac{1\cdot 3}{2!\, 2^2\cdot 5}x^5 + \cdots \\
&= x + \sum_{n=1}^{\infty} \frac{1\cdot 3\cdot 5\cdots(2n-1)}{2\cdot 4\cdot 6\cdots(2n)}\cdot \frac{x^{2n+1}}{2n+1} \\
&= \sum_{n=0}^{\infty} \frac{(2n)!\, x^{2n+1}}{(2^n n!)^2(2n+1)}
\end{aligned}$$

我們可以證明在 $[-1, 1]$ 區間，此級數收斂。 ∎

**例題 15** **愛因斯坦的特殊相對論** 按愛因斯坦的特殊相對論，因物體具有質量（mass），質量為 $m_0$ 的靜止物體之靜止能量（rest energy）為 $E_0 = m_0 c^2$（常數 $c$ 為光速）。若此物體的速率為 $v$，則它所具備的總能量（total energy）為

$$E = \frac{m_0 c^2}{\sqrt{1 - \frac{v^2}{c^2}}}$$

此物體的動能，即因它運動所產生的能量，為它總能量與靜止能量的差，可表示為

$$K = E - E_0 = \frac{m_0 c^2}{\sqrt{1 - \frac{v^2}{c^2}}} - m_0 c^2$$

證明若 $v$ 遠小於 $c$，則此物體的動能可表示為它的古典式子 $K = \frac{1}{2} m_0 v_2$。

**解** 此物體的動能 $K$ 可表示為

$$K = \frac{m_0 c^2}{\sqrt{1 - \frac{v^2}{c^2}}} - m_0 c^2 = m_0 c^2 \left[ \left(1 - \frac{v^2}{c^2}\right)^{-1/2} - 1 \right]$$

將 $k = -\frac{1}{2}$ 與 $x = -v^2/c^2$ 代入式 (3)，可得

$$\left(1 - \frac{v^2}{c^2}\right)^{-1/2} = 1 - \frac{1}{2}\left(-\frac{v^2}{c^2}\right) + \frac{(-\frac{1}{2})(-\frac{1}{2} - 1)}{2!}\left(-\frac{v^2}{c^2}\right)^2 + \cdots$$

$$= 1 + \frac{1}{2} \cdot \frac{v^2}{c^2} + \frac{3}{8} \cdot \frac{v^4}{c^4} + \cdots$$

故動能為

$$K = m_0 c^2 \left[ \left(1 + \frac{1}{2} \cdot \frac{v^2}{c^2} + \frac{3}{8} \cdot \frac{v^4}{c^4} + \cdots \right) - 1 \right]$$

$$= m_0 c^2 \left( \frac{1}{2} \cdot \frac{v^2}{c^2} + \frac{3}{8} \cdot \frac{v^4}{c^4} + \cdots \right)$$

若 $v$ 遠小於 $c$，則等式右邊除了第一項以外，其餘各項都可忽略，所以

$$K = \frac{1}{2} m_0 v^2$$

此即為物體動能的古典式子。

## 9.8 習題

註：於本習題中，假設所有函數都可以用冪級數來表示。

1-5 題，使用式 (1) 求 $f$ 在給予點 $c$ 的泰勒級數。然後再求級數的收斂半徑。

1. $f(x) = e^{2x}, \quad c = 0$
2. $f(x) = e^x, \quad c = 2$
3. $f(x) = \sin 2x, \quad c = 0$
4. $f(x) = \cos x, \quad c = -\dfrac{\pi}{6}$
5. $f(x) = \ln x, \quad c = 2$

6-14 題，使用本節所建立的函數表示為冪級數，求 $f$ 在給予點 $c$ 的泰勒級數。然後再求級數的收斂半徑。

6. $f(x) = \dfrac{1}{1+x}, \quad c = 1$
7. $f(x) = \dfrac{1}{1-2x}, \quad c = 1$
8. $f(x) = \dfrac{x^2}{x^2-1}, \quad c = 0$
9. $f(x) = xe^{-x}, \quad c = 0$
10. $f(x) = x^2 \cos x, \quad c = 0$
11. $f(x) = \cos^2 x, \quad c = 0$
    提示：$\cos^2 x = \dfrac{1}{2}(1 + \cos 2x)$
12. $f(x) = \sin x, \quad c = \dfrac{\pi}{3}$
13. $f(x) = \sqrt{x} \sin^{-1} x, \quad c = 0$
14. $f(x) = \ln(1 + x^2), \quad c = 0$

15-17 題，應用二次式級數，求函數的冪級數。然後再求級數的收斂半徑。

15. $f(x) = \dfrac{1}{(1+x)^2}$
16. $f(x) = \sqrt{1-x^2}$
17. $f(x) = (1-x)^{3/5}$

18-20 題，求 $f$ 在給予點 $c$ 之泰勒級數的前三項。

18. $f(x) = \tan x, \quad c = \dfrac{\pi}{4}$
19. $f(x) = \sin^{-1} x, \quad c = \dfrac{1}{2}$
20. $f(x) = e^{-x} \sin x, \quad c = 0$
21. 應用 $e^{-x^2}$ 的馬克勞林級數，計算 $e^{-0.01}$ 精確度到小數第五位。

22-24 題，求表示不定積分的冪級數。

22. $\displaystyle\int \dfrac{1}{1+x^3} dx$
23. $\displaystyle\int \sin x^2 \, dx$
24. $\displaystyle\int \dfrac{\ln(1+x)}{x} dx$

25-27 題，應用冪級數，求定積分的近似值，精確度到小數第四位。

25. $\displaystyle\int_0^1 e^{-x^2} dx$
26. $\displaystyle\int_0^{0.5} \cos x^2 \, dx$
27. $\displaystyle\int_0^{0.5} x \cos x^3 \, dx$

28-30 題，求所給予的級數和（提示：每個級數是函數在適合的點之馬克勞林級數）。

28. $\displaystyle\sum_{n=1}^{\infty} (-1)^{n-1} \dfrac{1}{n}$
29. $\displaystyle\sum_{n=0}^{\infty} (-1)^n \dfrac{\pi^{2n}}{(2n)!}$
30. $\displaystyle\sum_{n=1}^{\infty} (-1)^{n-1} \dfrac{1}{n 2^n}$

31. 計算 $\displaystyle\lim_{x \to 0} \dfrac{\sin x - x + \frac{1}{6}x^3}{x^5}$。
    提示：應用 $\sin x$ 的馬克勞林級數。
32. 計算 $\displaystyle\lim_{x \to 0} \dfrac{\tan x - x - \frac{1}{3}x^3}{x^5}$。
    提示：應用例題 12 的結果。
33. a. 求表示 $\dfrac{1}{\sqrt{1-u^2}}$ 的冪級數。
    b. 應用 (a) 的結果，求表示
    $$\sin^{-1} x = \int_0^x \dfrac{1}{\sqrt{1-t^2}} dt$$
    的冪級數。試問此級數的收斂半徑為何？
34. **飲水槽內水的體積** 一飲水槽長 $L$ 呎，截面為半徑 $r$ 呎的半圓。若於槽中注入水，水面與槽頂之距離為 $h$ 呎，則槽中所蓄的水之體積為
    $$V = L\left[\dfrac{1}{2}\pi r^2 - r^2 \sin^{-1}\left(\dfrac{h}{r}\right) - h\sqrt{r^2 - h^2}\right]$$
    若 $h$ 小於 $r$（即 $h/r$ 小），求證
    $$V \approx L\left[\dfrac{1}{2}\pi r^2 - 2rh + \dfrac{1}{2} \cdot \dfrac{h^3}{r}\right]$$

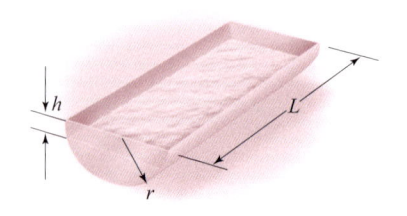

35. 定義函數 $f$ 為
    $$f(x) = \begin{cases} e^{-1/x^2}, & x \neq 0 \\ 0, & x = 0 \end{cases}$$
    證明 $f$ 不能用馬克勞林級數表示。
36. 證明 $(1+x)^n > 1 + nx$，其中 $x > 0$ 與 $n > 1$。

37-39題，判斷下列敘述是對或是錯。如果它是對，解釋你的理由。如果它是錯，請解釋你的理由或舉例說明。

37. 若 $P(x)$ 是 $n$ 階多項式函數，則 $P$ 的馬克勞林級數是 $P$。

38. 函數 $f(x) = x^{5/3}$ 有馬克勞林級數。

39. $f(x) = (2+x)^k$ 的馬克勞林級數為
$$\sum_{n=0}^{\infty} \binom{k}{n} 2^{k-n} x^n \text{。}$$

## 9.9 用泰勒多項式估算

於 9.8 節中，我們看到函數的馬克勞林級數與泰勒級數如何協助求它們的函數值。我們也可用這些級數求它們的反導函數與那些無法用其他方法計算的定積分。回顧一下，只要保留該級數前幾項就可得到這些量滿意的近似值。這些被切割的級數——表示函數之冪級數的 $n$ 項部分和——為多項式。$f$ 在 $c$ 處之泰勒級數的 $n$ 項部分和

$$P_n(x) = \sum_{k=0}^{n} \frac{f^{(k)}(c)}{k!} (x-c)^k$$

$$= f(c) + \frac{f'(c)}{1!}(x-c) + \frac{f''(c)}{2!}(x-c)^2 + \cdots + \frac{f^{(n)}(c)}{n!}(x-c)^n$$

(1)

稱為 **$f$ 在 $c$ 處的 $n$ 階泰勒多項式**（$n$th-degree Taylor polynomial of $f$ at $c$）。若 $c = 0$，則稱它為 **$f$ 的 $n$ 階馬克勞林多項式**（$n$th-degree Maclaurin polynomial of $f$）。

函數 $f$ 以泰勒多項式在 $c$ 附近近似，它準確性的圖形展示於圖 9.23。此處函數 $f(x) = e^x$ 的馬克勞林級數為

$$f(x) = 1 + x + \frac{x^2}{2!} + \frac{x^3}{3!} + \cdots + \frac{x^n}{n!} + \cdots$$

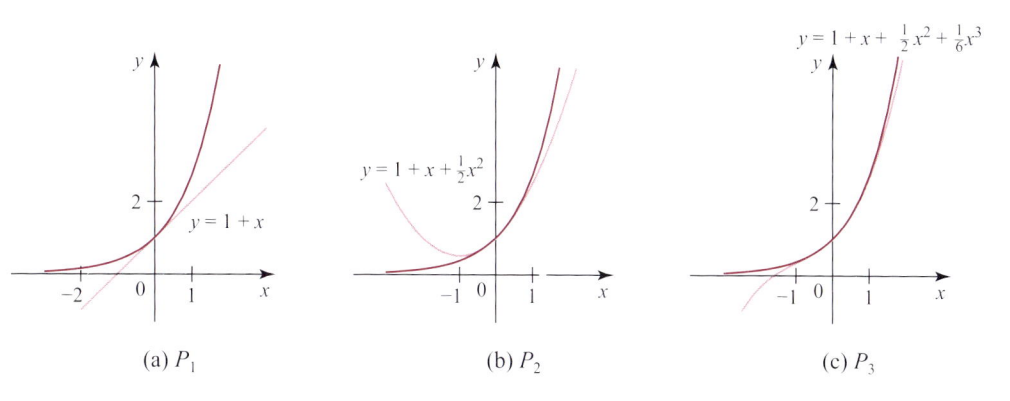

(a) $P_1$  (b) $P_2$  (c) $P_3$

**圖 9.23**

當 $n$ 遞增，在 $x = 0$ 附近，$P_n(x)$ 提供 $f(x)$ 越來越好的近似

它是用 1, 2 和 3 階的馬克勞林多項式來近似：

$$P_1(x) = 1 + x, \quad P_2(x) = 1 + x + \frac{1}{2}x^2$$

與

$$P_3(x) = 1 + x + \frac{1}{2}x^2 + \frac{1}{6}x^3$$

觀察到圖形

$$P_1(x) = 1 + x$$

為一直線，它是 $f$ 在 $(0, 1)$ 處的切線（$P_1(0) = f(0)$ 與 $P_1'(0) = f'(0)$）。圖形

$$P_2(x) = 1 + x + \frac{1}{2}x^2$$

為經過 $(0, 1)$（$P_2(0) = f(0)$）的拋物線。它有條切線與 $f$ 在 $(0, 1)$（$P_2'(0) = f'(0)$）處的切線重疊，並且圖形凹口向上與圖形 $f$ 在 $(0, 1)$（$P_2''(0) = f''(0)$）處的情形相同。圖形

$$P_3(x) = 1 + x + \frac{1}{2}x^2 + \frac{1}{6}x^3$$

在 $(0, 1)$ 處提供 $f$ 圖形的近似比 $P_2(x)$ 的更好。不僅它與 $f$ 在 $(0, 1)$ 處有相同的切線和圖形都凹口向上（$P_3'(0) = f'(0)$ 與 $P_3''(0) = f''(0)$），同時 $P_3$ 與 $f$ 都滿足 $P_3'''(0) = f'''(0)$ 的條件。

一般而言，若 $P_n$ 為 $f$ 在 $c$ 處的 $n$ 階泰勒多項式，則 $P_n$ 在 $c$ 處的導數可達到 $n$ 階，並且與 $f$ 在 $c$ 處的一致。這說明為什麼當 $n$ 越來越大，$P_n$ 的圖形越來越接近在 $x = c$ 附近的 $f$ 圖形。

圖 9.24 說明函數 $f(x) = \cos x$ 的馬克勞林多項式 $P_2, P_4, P_6$ 與 $P_8$ 如何增加其近似 $f$ 的準確度。固定 $n$，當離中心 $c$ 的距離遞增，其近似值的準確度就遞減。

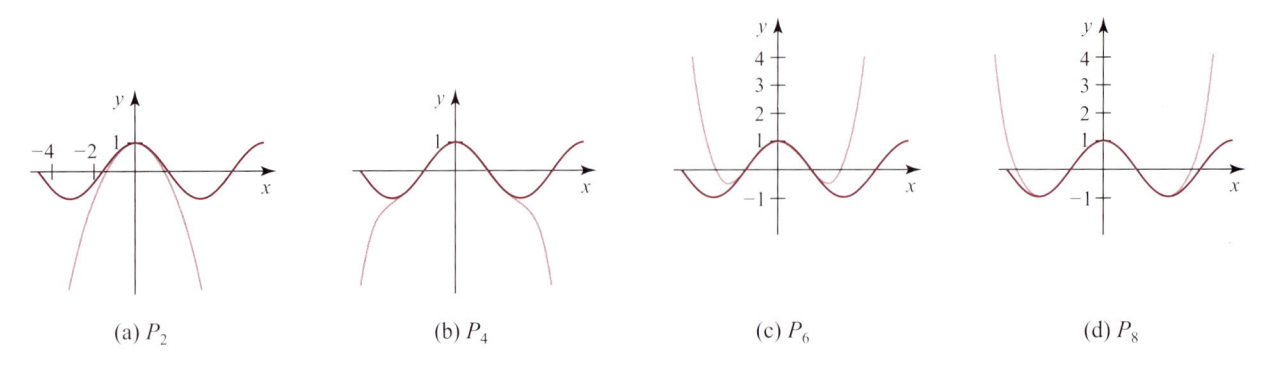

(a) $P_2$　　(b) $P_4$　　(c) $P_6$　　(d) $P_8$

**圖 9.24**

隨著 $n$ 遞增，$P_{2n}(x)$ 近似 $f(x)$ 的準確度也遞增

當 $x$ 離中心很遠，為了得到相同的準確度，需要使用更高次的多項式來近似。圖 9.25 展示使用 24 階馬克勞林多項式 $P_{24}(x)$ 近似 $f(x) = \cos x$。

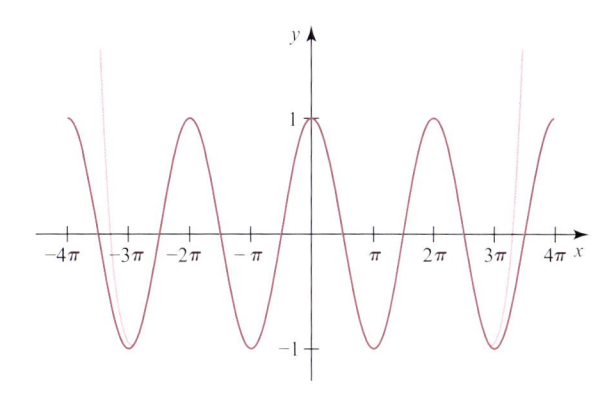

**圖 9.25**

使用 24 階馬克勞林多項式近似 $f(x) = \cos x$

## 附帶餘項的泰勒公式

當函數 $f$ 以泰勒多項式 $P_n$ 近似，有兩個重要的疑問出現：

**1.** 此近似有多好？

**2.** $n$ 要多大才可保證所得的近似值達到指定的準確度？

為回答這些問題，需要下面有 $f$ 與 $P_n$ 之間的關係之定理。

---

**定理 1　泰勒定理**

若在包含 $c$ 的區間 $I$，$f$ 的導數可達到 $n+1$ 階，則對於 $I$ 內的每個點 $x$，在 $x$ 與 $c$ 之間存在數 $z$，使得

$$f(x) = f(c) + f'(c)(x-c) + \frac{f''(c)}{2!}(x-c)^2 + \cdots$$
$$+ \frac{f^{(n)}(c)}{n!}(x-c)^n + R_n(x)$$
$$= P_n(x) + R_n(x)$$

此處

$$R_n(x) = \frac{f^{(n+1)}(z)}{(n+1)!}(x-c)^{n+1} \tag{2}$$

---

**證明**　令 $x$ 為 $I$ 內異於 $c$ 的任意點，並定義

$$R_n(x) = f(x) - P_n(x)$$

其中 $P_n(x)$ 為 $f$ 在 $c$ 處的 $n$ 階泰勒多項式。對於 $I$ 內任意點 $t$，定義函數 $g$ 為

## 歷史傳記

**COLIN MACLAURIN**
(1698–1746)

有趣的是，在 Colin Maclaurin 所有數學與應用物理學領域中的原創著作中，他的名字最常被繫於一個廣為其他數學家所研究的級數，該級數是一更為廣義的泰勒級數的特例。Maclaurin 所受的正式教育始於 Glasgow 大學。在那裡，數學系的 Robert Simson 教授啟發他，使他專注於幾何學的研究。Maclaurin 於 1715 年發表他的論文 "On the Power of Gravity"。這篇是他 14 歲時完成的論文，Maclaurin 詳盡地闡述 Newton 理論的觀點。1717 年 Maclaurin 獲聘擔任 Aberdeen 大學的數學系教授，持續他有興趣之牛頓物理學的相關研究。1719 年 Maclaurin 前往倫敦，在那裡見到當代的數位科學家與數學家，Newton 也在其中。次年 Maclaurin 發表 *Geometrica organica, sive descriptio linearum curvarum universalis*，其中他闡釋高維平面曲線與圓錐曲線。這篇著作證明許多由 Newton 所提出的理論。其後 Maclaurin 寫了一篇題目為〈在浪潮中〉的論文，文中他根據 Newton 的《力學原理》(*Principia*)，陳述潮汐的理論。終其一生，Maclaurin 一直是 Newton 的擁護者，並捍衛其研究成果直到他 48 歲過世為止。

$$g(t) = f(x) - f(t) - f'(t)(x-t) - \cdots - \frac{f^{(n)}(t)}{n!}(x-t)^n \\ - R_n(x)\frac{(x-t)^{n+1}}{(x-c)^{n+1}}$$

若此式等號兩邊同時對 $t$ 微分，則所得的式子等號右邊為相嵌有限級數（只要寫出前面幾項就知道）。同次項對消可得下面 $g'(t)$ 的式子：

$$g'(t) = -\frac{f^{(n+1)}(t)}{n!}(x-t)^n + (n+1)R_n(x)\frac{(x-t)^n}{(x-c)^{n+1}}$$

使用 Rolle 定理在定義於 $[c,x]$ 或 $[x,c]$ 區間（由 $c<x$ 或 $c>x$ 決定）的函數 $g$。不論哪種情形，都會得到 $g(x)=0$。進一步，

$$\begin{aligned}g(c) &= f(x) - f(c) - f'(c)(x-c) - \cdots - \frac{f^{(n)}(c)}{n!}(x-c)^n \\ &\quad - R_n(x)\frac{(x-c)^{n+1}}{(x-c)^{n+1}} \\ &= f(x) - P_n(x) - R_n(x) \\ &= f(x) - P_n(x) - [f(x) - P_n(x)] \quad \text{由 } R_n(x) \text{的定義} \\ &= 0\end{aligned}$$

所以 $g$ 滿足 Rolle 的定理之條件，因此，在 $c$ 與 $x$ 之間存在數 $z$，使得 $g'(z)=0$。使用之前得到的 $g'$，可得

$$g'(z) = -\frac{f^{(n+1)}(z)}{n!}(x-z)^n + (n+1)R_n(x)\frac{(x-z)^n}{(x-c)^{n+1}} = 0$$

解 $R_n(x)$，可得

$$R_n(x) = \frac{f^{(n+1)}(z)}{(n+1)!}(x-c)^{n+1}$$

最後，因為 $g(c)=0$

$$0 = f(x) - f(c) - f'(c)(x-c) - \cdots - \frac{f^{(n)}(c)}{n!}(x-c)^n - R_n(x)$$

即

$$f(x) = f(c) + f'(c)(x-c) + \cdots + \frac{f^{(n)}(c)}{n!}(x-c)^n + R_n(x) \quad \blacksquare$$

$R_n(x)$ 的式子稱為 ***f 在 c 處的泰勒餘項***（Taylor remainder of $f$ at $c$）。若 $c=0$，則 $R_n(x)$ 稱為 ***f 的馬克勞林餘項***（Maclaurin remainder of $f$）。可將

$$R_n(x) = f(x) - P_n(x)$$

看做 $f(x)$ 以 $f$ 在 $c$ 處的 $n$ 階泰勒多項式來近似的誤差。通常我們不會知道式 (2) 中的 $z$ 值——我們只知道它在 $x$ 與 $c$ 之間——我們常用式 (2) 求此近似值的誤差的界限而不是求它的誤差本身。附帶地，式 (2) 中的因子 $(x-c)^{n+1}$ 存在說明為什麼（對固定的 $n$）當 $x$ 越接近 $c$，$P_n(x)$ 提供更好的近似值。

**例題 1** 已知 $f(x) = \ln x$。

**a.** 求在 $c = 1$ 處的四階泰勒多項式，並用它來求 $\ln 1.1$ 的近似值。

**b.** 估算 (a) 所得的近似值之精確度。

**解**

**a.** $f(x) = \ln x$ 的前五個導數分別為

$$f'(x) = \frac{1}{x},\ f''(x) = -\frac{1}{x^2},\ f'''(x) = \frac{2}{x^3},\ f^{(4)}(x) = -\frac{3!}{x^4}$$

與

$$f^{(5)}(x) = \frac{4!}{x^5}$$

且 $f(x)$ 與它在 $x = 1$ 處的前四個導數的值分別為

$$f(1) = 0,\quad f'(1) = 1,\quad f''(1) = -1,\quad f'''(1) = 2$$

與

$$f^{(4)}(1) = -3!$$

將 $n = 4$ 與 $c = 1$ 代入式 (1)，可得

$$P_4(x) = f(1) + f'(1)(x-1) + \frac{f''(1)}{2!}(x-1)^2 + \frac{f'''(1)}{3!}(x-1)^3$$
$$+ \frac{f^{(4)}(1)}{4!}(x-1)^4$$
$$= (x-1) - \frac{1}{2}(x-1)^2 + \frac{1}{3}(x-1)^3 - \frac{1}{4}(x-1)^4$$

$x$ 用 1.1 取代，即得所求的近似值

$$\ln 1.1 \approx 0.1 - \frac{1}{2}(0.1)^2 + \frac{1}{3}(0.1)^3 - \frac{1}{4}(0.1)^4$$

$$\approx 0.09530833$$

**b.** 將 $n = 4, c = 1$ 與 $x = 1.1$ 代入式 (2)，可得此近似值的誤差。因此，

$$R_4(1.1) = \frac{f^{(5)}(z)}{5!}(1.1 - 1)^5 = \frac{(0.1)^5}{5z^5}$$

其中 $1 < z < 1.1$。當 $z = 1$，$R_4(1.1)$ 為可能的最大值（在 $[1, 1.1]$ 區間的此 $z$ 值使 $R_4(1.1)$ 的分母最小）。故

$$R_4(1.1) < \frac{(0.1)^5}{5} = 0.000002$$

此近似值的誤差小於 0.000002。

**另解** 將 9.8 節公式 (5) 中的 $x$ 用 $x-1$ 取代，得到表示 $f(x)$ 的冪級數：

$$\ln x = (x-1) - \frac{1}{2}(x-1)^2 + \frac{1}{3}(x-1)^3 - \frac{1}{4}(x-4)^4 + \frac{1}{5}(x-1)^5 \\ - \cdots \quad 0 < x \le 2$$

所以

$$\ln 1.1 = 0.1 - \frac{1}{2}(0.1)^2 + \frac{1}{3}(0.1)^3 - \frac{1}{4}(0.1)^4 + \frac{1}{5}(0.1)^5 - \cdots$$

若只用此級數等號右邊前四項來近似 $\ln 1.1$，可得由 $P_4(1.1)$ 近似的 $\ln 1.1$。接著，由於此級數為交錯級數（alternating series）且各項遞減到 0，所以此近似的誤差不再比 $\frac{1}{5}(0.1)^5$ 大，第一項被省略——亦即，不比 0.000002 大，它與之前得到的結果一致。 ∎

**例題 2** 已知 $f(x) = \sqrt{x}$。
**a.** 求在 $c = 4$ 處的二階泰勒多項式 $P_2(x)$。
**b.** 若 $f$ 在 [3, 5] 區間由 $P_2(x)$ 近似，試問它的最大誤差為何？

**解**
**a.** $f(x) = \sqrt{x}$ 的前兩個導數分別為

$$f'(x) = \frac{1}{2}x^{-1/2} \quad \text{與} \quad f''(x) = -\frac{1}{4}x^{-3/2}$$

且 $f(x)$ 的值與它在 $x = 4$ 處的前兩個導數分別為

$$f(4) = 2, \quad f'(4) = \frac{1}{4} \quad \text{與} \quad f''(4) = -\frac{1}{32}$$

因此，所求的泰勒多項式為

$$P_2(x) = f(4) + f'(4)(x-4) + \frac{f''(4)}{2!}(x-4)^2$$
$$= 2 + \frac{1}{4}(x-4) - \frac{1}{64}(x-4)^2$$

**b.** 此泰勒餘項為

$$R_2(x) = \frac{f'''(z)}{3!}(x-4)^3$$

其中 $z$ 落在 4 與 $x$ 之間。但是

$$f'''(x) = \frac{3}{8}x^{-5/2}$$

所以
$$R_2(x) = \frac{3}{8} z^{-5/2} \frac{(x-4)^3}{3!} = \frac{(x-4)^3}{16 z^{5/2}}$$

若 $x$ 在 [3, 5] 區間內，則 $3 \leq x \leq 5$，所以 $-1 \leq x \leq -4 \leq 1$，即 $|x-4| \leq 1$。更進一步，$z > 3$，所以
$$z^{5/2} > 3^{5/2} > 15$$

故 $f$ 在 [3, 5] 區間，由 $P_2$ 近似所產生的誤差有上限，它是
$$|R_2(x)| = \frac{|x-4|^3}{16 z^{5/2}} < \frac{1}{16 \cdot 15} < 0.0042$$

**例題 3** 求函數 $f(x) = e^x$ 的馬克勞林多項式的階數，使得估算的 $\sqrt{e}$ 值至精確度 0.0001。使用多項式求此估算值。

**解** 我們要估算 $\sqrt{e} = e^{1/2} = f(\frac{1}{2})$。對於所有 $n$，$f^{(n)}(x) = e^x$ 都成立，所以使用 $P_n(x)$ 近似 $f(x)$ 的誤差為
$$R_n(x) = \frac{f^{(n+1)}(z)}{(n+1)!} x^{n+1} = \frac{e^z}{(n+1)!} x^{n+1}$$

其中 $z$ 介於 $c = 0$ 與 $c = x$ 之間。由於要估計 $e^{1/2}$，所以取 $x = \frac{1}{2}$，則 $0 < z < \frac{1}{2}$。因為 $g(z) = e^z$ 為 $z$ 之遞增函數，故
$$e^z < e^{1/2} < 4^{1/2} = 2$$

因此，
$$R_n\left(\frac{1}{2}\right) < \frac{e^{1/2}}{(n+1)!}\left(\frac{1}{2}\right)^{n+1} < \frac{2}{(n+1)! \, 2^{n+1}} = \frac{1}{(n+1)! \, 2^n}$$

先嘗試 $n = 4$，則
$$R_4\left(\frac{1}{2}\right) < \frac{1}{5! \, 2^4} \approx 0.0005$$

由於此上界不在特定的精確度 0.0001 內，所以再試 $n = 5$，可得
$$R_5\left(\frac{1}{2}\right) < \frac{1}{6! \, 2^5} \approx 0.00004$$

它符合精確度的要求。因此採用下面的式子來近似：
$$P_5(x) = 1 + x + \frac{x^2}{2!} + \frac{x^3}{3!} + \frac{x^4}{4!} + \frac{x^5}{5!}$$

可得

$$e^{1/2} \approx P_5\left(\frac{1}{2}\right) = 1 + \frac{1}{2} + \frac{1}{2!}\left(\frac{1}{2}\right)^2 + \frac{1}{3!}\left(\frac{1}{2}\right)^3 + \frac{1}{4!}\left(\frac{1}{2}\right)^4 + \frac{1}{5!}\left(\frac{1}{2}\right)^5$$

$$\approx 1.64870$$ ∎

如同之前所見，若以函數 $f$ 的泰勒多項式 $P_n$（其中心為 $c$），來近似 $f$，則 $x$ 與 $c$ 距離越遠，其精確度越差。若欲以 $f$ 的泰勒多項式來近似 $f(x_0)$，則所選的 $c$ 越接近 $x_0$ 越好。這將於下個例題中說明。

**例題 4** 若以 $x = \pi/4$ 為中心的 $f(x) = \cos x$ 之二階泰勒多項式 $P_2(x)$ 來求 $\cos 50°$ 的近似值（注意 $\pi/4$ 弳度 $= 45°$ 接近 $50°$）。

**a.** 求 $P_2(x)$。

**b.** 若 $|x-(\pi/4)| < 0.1$，求 $f(x)$ 的近似 $= P_2(x)$ 的最大誤差。

**c.** 使用 (a) 與 (b) 的結果求 $\cos 50°$。試問你的估算有多準確？

**解**

**a.** 因為

$$f(x) = \cos x, \quad f'(x) = -\sin x, \quad f''(x) = -\cos x$$

與

$$f'''(x) = \sin x$$

所以

$$f\left(\frac{\pi}{4}\right) = \frac{1}{\sqrt{2}}, \quad f'\left(\frac{\pi}{4}\right) = -\frac{1}{\sqrt{2}} \quad \text{和} \quad f''\left(\frac{\pi}{4}\right) = -\frac{1}{\sqrt{2}}$$

故所求的泰勒多項式為

$$P_2(x) = f\left(\frac{\pi}{4}\right) + f'\left(\frac{\pi}{4}\right)\left(x - \frac{\pi}{4}\right) + \frac{1}{2}f''\left(\frac{\pi}{4}\right)\left(x - \frac{\pi}{4}\right)^2$$

$$= \frac{1}{\sqrt{2}} - \frac{1}{\sqrt{2}}\left(x - \frac{\pi}{4}\right) - \frac{1}{2\sqrt{2}}\left(x - \frac{\pi}{4}\right)^2$$

$$= \frac{1}{\sqrt{2}}\left[1 - \left(x - \frac{\pi}{4}\right) - \frac{1}{2}\left(x - \frac{\pi}{4}\right)^2\right]$$

**b.** $f(x)$ 的近似 $\approx P_2(x)$ 的誤差為

$$R_2(x) = \frac{f'''(z)}{3!}\left(x - \frac{\pi}{4}\right)^3 = \frac{\sin z}{6}\left(x - \frac{\pi}{4}\right)^3$$

其中 $z$ 落在 $\pi/4$ 與 $x$ 之間。對於任意 $z$，$|\sin z| \leq 1$，若 $|x-(\pi/4)| < 0.1$，則

$$|R_2(x)| = \frac{|\sin z|}{6}\left|x - \frac{\pi}{4}\right|^3 < \frac{(0.1)^3}{6} \approx 0.000167 < 0.0002$$

因此，對於滿足 $|x-(\pi/4)|<0.1$ 的 $x$，以 $P_2(x)$ 計算的 $f(x)$ 之近似的最大誤差小於 0.0002。

**c.**
$$5° = \frac{5\pi}{180} = \frac{\pi}{36}$$

所以
$$50° = 45° + 5° = \frac{\pi}{4} + \frac{\pi}{36}$$

因此，使用 (a) 的結果可得
$$\cos 50° = \cos\left(\frac{\pi}{4} + \frac{\pi}{36}\right) = \frac{1}{\sqrt{2}}\left[1 - \frac{\pi}{36} - \frac{1}{2}\left(\frac{\pi}{36}\right)^2\right] \approx 0.643$$

又 $\pi/36 \approx 0.0873 < 0.1$，故 (b) 的結果保證此近似值的誤差準確度到小數點第三位。$\cos 50°$ 大約是 0.642787610。

## 用級數表示函數

現在要專注在找尋條件，使得函數 $f$ 可用冪級數表示。這些條件在下面的定理中有詳細的說明。

### 定理 2

假設 $f$ 在包含 $c$ 的 $I$ 區間有所有階次的導數，且 $R_n(x)$ 為 $f$ 在 $c$ 處的泰勒餘項。對於 $I$ 內每個 $x$，若
$$\lim_{n\to\infty} R_n(x) = 0$$
則 $f(x)$ 可用它在 $c$ 處的泰勒級數來表示；亦即，
$$f(x) = \sum_{n=0}^{\infty} \frac{f^{(n)}(c)}{n!}(x-c)^n$$

**證明** 如之前所述，$P_n(x)$ 為 $f$ 在 $c$ 處的泰勒級數之 $n$ 項部分和。由泰勒定理得知 $P_n(x) = f(x) - R_n(x)$，且對於 $I$ 內所有的 $x$，
$$\lim_{n\to\infty} P_n(x) = \lim_{n\to\infty}[f(x) - R_n(x)] = \lim_{n\to\infty} f(x) - \lim_{n\to\infty} R_n(x)$$
$$= f(x) - \lim_{n\to\infty} R_n(x) = f(x) - 0 = f(x)$$

因此，對於 $I$ 內每個 $x$，由部分和所組成的數列收斂到 $f(x)$。故得證。

進入定理 2 的應用之前，先敘述下面的結果，它將被用來求解。

> **定理 3**
>
> 若 $x$ 為任意實數，則
> $$\lim_{n\to\infty} \frac{|x|^n}{n!} = 0$$

**證明** 於 9.8 節的例題 1 中，證明：對於任意實數 $x$，冪級數 $\sum_{n=0}^{\infty} x^n/n!$ 為絕對收斂。當 $n$ 趨近無窮，收斂級數的第 $n$ 項必須趨近零（9.2 節定理 2），所以

$$\lim_{n\to\infty} \frac{|x|^n}{n!} = 0$$

**例題 5** 證明函數 $f(x) = e^x$ 的馬克勞林級數 $\sum_{n=0}^{\infty} x^n/n!$ 就是 $f$。

**解** 以 $c = 0$ 代入泰勒定理中。$f^{(n+1)}(x) = e^x$，所以

$$R_n(x) = \frac{f^{(n+1)}(z)}{(n+1)!} x^{n+1} = \frac{e^z}{(n+1)!} x^{n+1}$$

其中 $z$ 是在 0 與 $x$ 之間的數。因為函數 $f(x) = e^x$ 遞增，所以若 $x > 0$，則 $e^z < e^x$。因此，

$$0 < R_n(x) < \frac{e^x}{(n+1)!} x^{n+1}$$

由定理 3 得知

$$\lim_{n\to\infty} \frac{e^x}{(n+1)!} x^{n+1} = e^x \lim_{n\to\infty} \frac{x^{n+1}}{(n+1)!} = 0$$

故由夾擠定理可得

$$\lim_{n\to\infty} R_n(x) = 0$$

若 $x < 0$，則 $z < 0$，所以 $e^z < e^0 = 1$。故

$$0 < |R_n(x)| < \left|\frac{x^{n+1}}{(n+1)!}\right| = \frac{|x|^{n+1}}{(n+1)!}$$

並再次使用夾擠定理可得

$$\lim_{n\to\infty} R_n(x) = 0$$

由定理 2 得知，對於所有 $x \neq 0$，函數 $f$ 可用 $f(x) = e^x$ 的馬克勞林級數表示。最後由於 $f(0) = e^0 = 1$，所以此級數表示 $f$ 在 0 處的值，又它也表示此級數在 0 處的和。

**例題 6** 證明函數 $f(x) = \sin x$ 的馬克勞林級數 $\sum_{n=0}^{\infty} (-1)^n \dfrac{x^{2n+1}}{(2n+1)!}$ 就是 $f$。

**解** 以 $c = 0$ 代入泰勒定理中可得

$$R_n(x) = \frac{f^{(n+1)}(z)}{(n+1)!} x^{n+1}$$

其中 $z$ 是在 $0$ 與 $x$ 之間的數。但是對於任意 $n$（$n = 0, 1, 2, \ldots$），$f^{(n+1)}(x)$ 不是 $\pm \sin x$ 就是 $\pm \cos x$。所以 $|f^{(n+1)}(z)| \leq 1$，且

$$|R_n(x)| = \frac{|f^{(n+1)}(z)|}{(n+1)!} |x|^{n+1} \leq \frac{|x|^{n+1}}{(n+1)!}$$

由定理 3 得知

$$\lim_{n \to \infty} \frac{|x|^{n+1}}{(n+1)!} = 0$$

故由夾擠定理可得

$$\lim_{n \to \infty} R_n(x) = 0$$

由定理 2 得知，

$$f(x) = \sum_{n=0}^{\infty} (-1)^n \frac{x^{2n+1}}{(2n+1)!}$$

即得證。　∎

下一個例題說明泰勒多項式如何被用來估算那些積分，它的被積分函數之反導函數不可表示成基本函數。

**例題 7** **服務業的成長** 某國的服務業人力目前佔其非農業勞動力的 30%。據估計，其服務業人力於 $t$ 個 10 年後的成長率（百分率／10 年）為

$$R(t) = 5e^{1/(t+1)}$$

請估計 10 年後，此國服務業佔其非農業勞動力的百分率。

**解** 往後數十年，此國服務業佔其非農業勞動力的百分率為

$$P(t) = \int 5e^{1/(t+1)} \, dt \qquad P(0) = 30$$

這個積分式無法以基本函數表示。為得到它的近似解，先作下面的變數變換

$$u = \frac{1}{t+1}$$

所以
$$t + 1 = \frac{1}{u} \quad 即 \quad t = \frac{1}{u} - 1$$
與
$$dt = -\frac{1}{u^2} du$$
原積分變為
$$F(u) = 5\int e^u \left(-\frac{du}{u^2}\right) = -5\int \frac{e^u}{u^2} du$$

其次，將在 $u = 0$ 的 $e^u$ 以四階泰勒多項式近似。使用 9.8 節中的公式 2 可得
$$e^u \approx 1 + u + \frac{u^2}{2!} + \frac{u^3}{3!} + \frac{u^4}{4!}$$
故
$$F(u) \approx -5\int \frac{1}{u^2}\left(1 + u + \frac{u^2}{2} + \frac{u^3}{6} + \frac{u^4}{24}\right) du$$
$$= -5\int \left(\frac{1}{u^2} + \frac{1}{u} + \frac{1}{2} + \frac{u}{6} + \frac{u^2}{24}\right) du$$
$$= -5\left(-\frac{1}{u} + \ln u + \frac{1}{2}u + \frac{u^2}{12} + \frac{u^3}{72}\right) + C$$

因此，
$$P(t) \approx -5\left[-(t + 1) + \ln\left(\frac{1}{t + 1}\right) + \frac{1}{2(t + 1)} + \frac{1}{12(t + 1)^2} + \frac{1}{72(t + 1)^3}\right] + C$$

由 $P(0) = 30$ 的條件可得
$$30 = P(0) \approx -5\left(-1 + \ln 1 + \frac{1}{2} + \frac{1}{12} + \frac{1}{72}\right) + C$$

即 $C \approx 29.79$。故
$$P(t) \approx -5\left[-(t + 1) + \ln\left(\frac{1}{t + 1}\right) + \frac{1}{2(t + 1)} + \frac{1}{12(t + 1)^2} + \frac{1}{72(t + 1)^3}\right] + 27.99$$

10 年後此國服務業占其非農業勞動力的百分率為

$$P(1) \approx -5\left[-2 + \ln\left(\frac{1}{2}\right) + \frac{1}{4} + \frac{1}{48} + \frac{1}{576}\right] + 27.99 \approx 40.09$$

約 40.1%。

## 9.9 習題

1-7 題，求函數 $f$ 在 $c$ 處和給予之 $n$ 值的 $n$ 階泰勒多項式 $P_n(x)$ 及其泰勒餘項 $R_n(x)$。

1. $f(x) = 2x^3 + 3x^2 + x + 1$, $c = 1$, $n = 4$
2. $f(x) = \sin x$, $c = \frac{\pi}{2}$, $n = 3$
3. $f(x) = \tan x$, $c = \frac{\pi}{4}$, $n = 2$
4. $f(x) = \sqrt[3]{x}$, $c = -8$, $n = 3$
5. $f(x) = \tan^{-1} x$, $c = 1$, $n = 2$
6. $f(x) = xe^x$, $c = -1$, $n = 3$
7. $f(x) = e^x \cos 2x$, $c = \frac{\pi}{6}$, $n = 2$

8-13 題，求函數 $f$ 在 $c$ 處與給予之 $n$ 值的泰勒或馬克勞林多項式 $P_n(x)$。然後在給予的區間，使用 $P_n(x)$ 近似 $f(x)$，求其產生的誤差上界。

8. $f(x) = x^4 - 1$, $c = 1$, $n = 2$, $[0.8, 1.2]$
9. $f(x) = \cos x$, $c = \frac{\pi}{4}$, $n = 4$, $\left[0, \frac{\pi}{2}\right]$
10. $f(x) = e^{2x}$, $c = 1$, $n = 4$, $[1, 1.1]$
11. $f(x) = \sqrt{x}$, $c = 9$, $n = 3$, $[8, 10]$
12. $f(x) = \tan x$, $c = 0$, $n = 3$, $\left[0, \frac{\pi}{4}\right]$
13. $f(x) = \ln(x + 1)$, $c = 3$, $n = 3$, $[2, 4]$

14-18 題，在指定的精確度內，以合適的函數於適當點估算給予之數，求該函數之最小階次的泰勒多項式 $P_n(x)$。

14. $e^{0.2}$, 0.0001
15. $\sqrt{9.01}$, 0.00005
16. $-\dfrac{1}{2.1}$, 0.0005
17. $\sin 0.1$, 0.00001
18. $\cos 32°$, 0.0001

19-21 題，證明給予之函數確實可以表示成所給之泰勒（馬克勞林）級數。

19. $\displaystyle\sum_{n=0}^{\infty} (-1)^n \frac{x^n}{n!}$, $f(x) = e^{-x}$
20. $\dfrac{1}{\sqrt{2}} \displaystyle\sum_{n=0}^{\infty} (-1)^{n(n-1)/2} \dfrac{\left(x - \frac{\pi}{4}\right)^n}{n!}$, $f(x) = \sin x$
21. $\displaystyle\sum_{n=0}^{\infty} \frac{x^{2n}}{(2n)!}$, $f(x) = \cosh x$

22. **服務業的成長** 某國服務業的人力目前占其非農業勞動力的 30%。據估計，此比例將持續成長，且 $t$ 個 10 年後之成長率（百分率／10 年）為

$$R(t) = 6e^{1/(2t+1)}$$

求 20 年後該國服務業占其非農業勞動力的百分率。

23. 證明 $y = P_1(x)$ 為圖形 $f$ 在 $(c, f(c))$ 處的切線方程式，其中 $P_1$ 為 $f$ 在 $c$ 處的一階泰勒多項式。

24. 證明若 $x > 0$，則

$$x - \frac{x^2}{2} < \ln(1 + x) < x$$

提示：使用泰勒定理，其中 $c = 0$ 以及 $n = 1$ 和 $n = 2$。

25-26 題，判斷下列敘述是對或是錯。如果它是對，解釋你的理由。如果它是錯，請解釋你的理由或舉例說明。

25. 若 $f$ 為 $n$ 階多項式，則 $f$ 的 $n$ 階馬克勞林多項式是 $f$ 自己本身。
26. 對於所有實數 $x$，不等式 $1 + x \leq e^x$ 成立。

## 第 9 章　複習題

1-4 題，已知給予之數列的第 $n$ 項，判斷該數列是收斂或是發散。若它是收斂，則求其極限值。

1. $a_n = \dfrac{n}{3n-2}$
2. $a_n = 2 + 3(0.9)^n$
3. $a_n = \dfrac{n}{\ln n}$
4. $a_n = \dfrac{\cos n}{n}$

5-6 題，求級數的和。

5. $\displaystyle\sum_{n=0}^{\infty} \left(\dfrac{2}{3}\right)^n$
6. $\displaystyle\sum_{n=1}^{\infty} \dfrac{1}{n(n+3)}$

7-13 題，判斷下列級數是收斂或是發散。

7. $\displaystyle\sum_{n=1}^{\infty} \dfrac{n}{2n^3+1}$
8. $\displaystyle\sum_{n=1}^{\infty} \dfrac{n^3}{2^n}$
9. $\displaystyle\sum_{n=1}^{\infty} \dfrac{1}{\sqrt{n^3+n}}$
10. $\displaystyle\sum_{n=1}^{\infty} \dfrac{n+\cos n}{n^3+1}$
11. $\displaystyle\sum_{n=1}^{\infty} \dfrac{(-1)^n 3^n}{n \cdot 2^n}$
12. $\displaystyle\sum_{n=2}^{\infty} \dfrac{1}{n(\ln n)^2}$
13. $\displaystyle\sum_{n=1}^{\infty} \dfrac{1 \cdot 3 \cdot 5 \cdots (2n-1)}{2 \cdot 5 \cdot 8 \cdots (3n-1)}$

14-16 題，判斷下列級數是絕對收斂、條件收斂或發散。

14. $\displaystyle\sum_{n=1}^{\infty} \dfrac{(-1)^{n-1}}{2n+1}$
15. $\displaystyle\sum_{n=2}^{\infty} \dfrac{(-1)^n}{(\ln n)^{n/2}}$
16. $\displaystyle\sum_{n=1}^{\infty} \dfrac{(-1)^n \sqrt{n}}{2n+1}$

17. 將 $1.\overline{3617} = 1.3617617617\ldots$ 表示為有理數。
18. 對或錯？若 $\lim_{n\to\infty} a_n \neq 0$，則 $\Sigma\, a_n$ 是條件收斂但不是絕對收斂。
19. 對或錯？若 $\Sigma\, a_n$ 發散，則 $\Sigma\, |a_n|$ 也是發散。
20. 求使級數 $\sum_{n=1}^{\infty} (\cos x)^n$ 收斂的所有 $x$ 值。
21. 證明 $\sum_{n=1}^{\infty} a_n$（$a_n > 0$）收斂若且唯若 $\Sigma\, a_n$ 的部分和的數列 $S_n$ 為有界且 $n \geq 1$。

22-24 題，求冪級數的收斂半徑與收斂區間。

22. $\displaystyle\sum_{n=0}^{\infty} \dfrac{(-1)^n x^n}{n+1}$
23. $\displaystyle\sum_{n=0}^{\infty} \dfrac{(-2x)^n}{n^2+1}$
24. $\displaystyle\sum_{n=2}^{\infty} \dfrac{x^n}{n(\ln n)^2}$

25-27 題，求在給予值 $c$ 的泰勒級數。

25. $f(x) = \dfrac{x^3}{1+x},\quad c = 0$
26. $f(x) = \cos x^2,\quad c = 0$
27. $f(x) = \sqrt{1+x^2},\quad c = 0$

28. 求級數 $\displaystyle\sum_{n=1}^{\infty} \dfrac{(2n)!}{(n!)^2} x^n$ 的收斂半徑。
29. 求 $\displaystyle\int \dfrac{e^{-x}}{x}\, dx$ 的冪級數。
30. 求 $\displaystyle\int_0^{0.2} \sqrt{1-x^2}\, dx$ 的近似值到小數第三位。
31. 使用泰勒多項式估算 $e^{-0.25}$，其誤差小於 $0.0010$。

32-33 題，已知函數 $f$ 與 $c$ 及 $n$ 的值，求其泰勒多項式 $P_n(x)$ 與其泰勒餘數 $R_n(x)$。

32. $f(x) = \sqrt{x},\quad c = 1,\quad n = 3$
33. $f(x) = \csc x,\quad c = \dfrac{\pi}{2},\quad n = 2$
34. 假設級數 $\sum_{n=1}^{\infty} a_n$ 與 $\sum_{n=1}^{\infty} b_n$ 都收斂且每項都為正。證明 $\sum_{n=1}^{\infty} \sqrt{a_n b_n}$ 收斂。

提示：$(\sqrt{a_n} - \sqrt{b_n})^2 \geq 0$

## 解題技巧

即使 l'Hôpital 的規則對求未定形式的極限是很強的工具，它並不是個理想的選擇。下面的技巧說明有用地使用泰勒級數解此類的問題。

**例題** 求 $\displaystyle\lim_{x\to 0}\dfrac{e^{x^2}\sin x - x\left(1 + \frac{5}{6}x^2\right)}{x^5}$。

**解** 計算此極限，發現它是未定形式 0/0。直接想到的是使用 l'Hôpital 規則求極限。然而因為在過程中（微分）計算的數，使我們很快就打消此念頭。但是，可以應用冪級數函數來替代並解題。

將函數展開，寫到五次方，即

$$\lim_{x\to 0}\frac{e^{x^2}\sin x - x\left(1 + \frac{5}{6}x^2\right)}{x^5}$$

$$= \lim_{x\to 0}\frac{\left(1 + x^2 + \frac{x^4}{2!} + \cdots\right)\left(x - \frac{x^3}{6} + \frac{x^5}{120} - \cdots\right) - x - \frac{5}{6}x^3}{x^5}$$

$$= \lim_{x\to 0}\frac{x - \frac{x^3}{6} + \frac{x^5}{120} + x^3 - \frac{x^5}{6} + \frac{x^5}{2} + \cdots - x - \frac{5}{6}x^3}{x^5}$$

$$= \lim_{x\to 0}\frac{\frac{41}{120}x^5 + \cdots}{x^5} = \frac{41}{120} \approx 0.342$$

# 第 10 章 二次曲線、平面曲線和極坐標

二次曲線是由雙葉正圓錐與一平面相交產生的曲線。本章的目標為使用代數式描述二次曲線。接著是二次曲線的應用，從吊橋的設計到衛星訊號接受盤的設計，以及畫廊低語的設計，即人站在畫廊中某個點可聽到另一人在畫廊另一點的低語。

參數方程式為描述平面上與空間中之曲線的一種方法。我們將使用這些表示來描述發射體的運動與其他物體之運動現象。

極坐標為表示平面上的點之另一種方法。我們將看到某特定曲線用極坐標表示比用直角坐標表示更簡單。我們也要用極坐標求曲線的弧長、曲線圍成之區域的面積與曲線繞給予直線旋轉產生之表面的表面積。

James Osmond/Alamy

## 10.1 二次曲線

圖 10.1 展示無線電望遠鏡之反射器。此反射器之曲面形狀是由稱為拋物線（parabola）之平面曲線繞它的對稱軸旋轉產生的（圖 10.2a）。圖 10.2b 描述繞太陽 $S$ 之某顆行星 $P$ 的軌跡，它的曲線稱為橢圓（ellipse）。圖 10.2c 描述入射之阿伐粒子，先是頭朝內然後再被位於 $F$ 點之巨型原子核擊退。它的彈道是雙曲線（hyperbola）的一支。

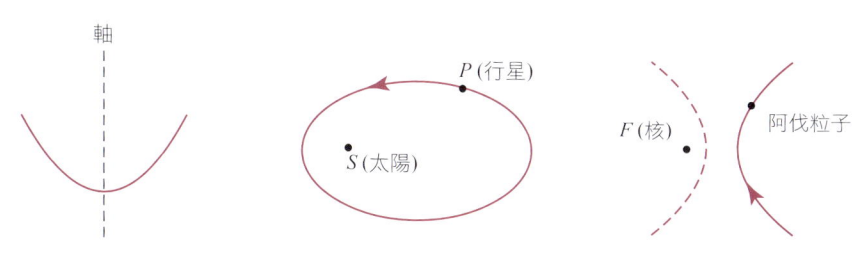

Photodisc/Getty Images

| 圖 10.1
無線電望遠鏡之反射器

(a) 無線電望遠鏡之橫切面為拋物線的一部分　(b) 繞太陽之行星的軌跡為橢圓　(c) 於拉塞福散射之阿伐粒子之彈道為雙曲線的一支的一部分

| 圖 10.2

這些曲線 —— 拋物線、橢圓與雙曲線 —— 統稱為二次曲線（conic section or conic），它們是由平面與雙葉圓錐相交產生的，

545

如圖 10.3 所示。

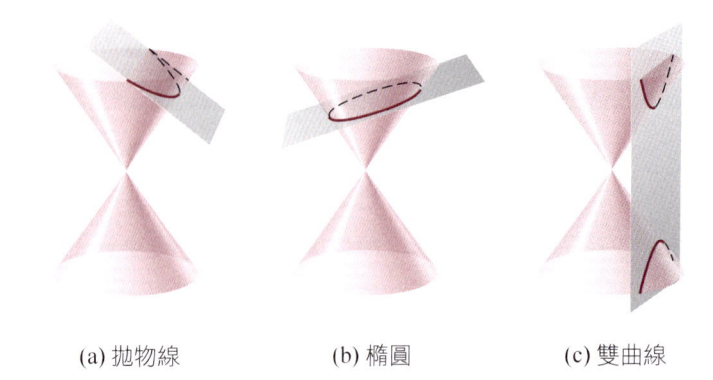

| 圖 10.3
二次曲線　　　　　　　　　(a) 拋物線　　(b) 橢圓　　(c) 雙曲線

於本節中，我們給予每一條二次曲線之幾何定義，並推導描述每一條二次曲線的代數方程式。

### 拋物線

首先考慮稱為拋物線的二次曲線。

**定義　拋物線**

**拋物線**（parapola）是平面上由某固定點〔稱為**焦點**（focus）〕到某固定直線〔稱為**準線**（directrix）〕等距離之點所組成的集合（圖 10.4）。

由定義得知，點從焦點經過此拋物線到準線之路徑的中點落在此拋物線上。點 $V$ 稱為此拋物線的**頂點**（vertex）。經過此焦點且垂直於準線的直線稱為此拋物線的**軸**（axis）。此拋物線對稱於它的軸。

為了求拋物線的方程式，將此拋物線的頂點放置於原點並將它的軸放在 $y$ 軸上，如圖 10.5 所示。又令它的焦點 $F$ 在 $(0, p)$ 且它的準線為 $y = -p$，則對於此拋物線任意點 $P(x, y)$，$P$ 與 $F$ 之間的距離為

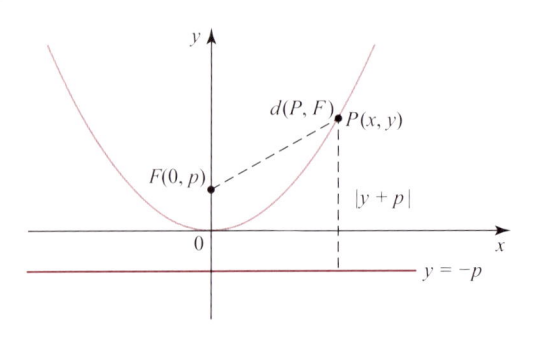

| 圖 10.4
拋物線上的點 $P$ 到它的焦點 $F$ 之距離與 $P$ 到拋物線之準線 $l$ 的距離相等

| 圖 10.5
焦點 $F(0, p)$ 且準線 $y = -p$（$p > 0$）之拋物線

$$d(P, F) = \sqrt{x^2 + (y-p)^2}$$

而 $P$ 與它的準線之間的距離為 $|y+p|$。由定義得知它們相等，所以

$$\sqrt{x^2 + (y-p)^2} = |y+p|$$

等號兩邊同時平方並簡化，可得

$$x^2 + (y-p)^2 = |y+p|^2 = (y+p)^2$$
$$x^2 + y^2 - 2py + p^2 = y^2 + 2py + p^2$$
$$x^2 = 4py$$

> **拋物線的標準式**
> 焦點 $(0, p)$ 且準線為 $y = -p$ 之拋物線的方程式為
> $$x^2 = 4py \tag{1}$$

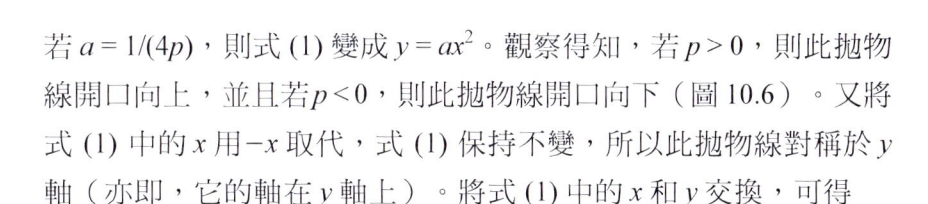

若 $a = 1/(4p)$，則式 (1) 變成 $y = ax^2$。觀察得知，若 $p > 0$，則此拋物線開口向上，並且若 $p < 0$，則此拋物線開口向下（圖 10.6）。又將式 (1) 中的 $x$ 用 $-x$ 取代，式 (1) 保持不變，所以此拋物線對稱於 $y$ 軸（亦即，它的軸在 $y$ 軸上）。將式 (1) 中的 $x$ 和 $y$ 交換，可得

$$y^2 = 4px \tag{2}$$

它是焦點為 $F(p, 0)$ 且準線為 $x = -p$ 的拋物線方程式。當 $p > 0$，此拋物線開口向右，並且當 $p < 0$，此拋物線開口向左（圖 10.7）。這兩種情形的拋物線，它們的軸都在 $x$ 軸上。

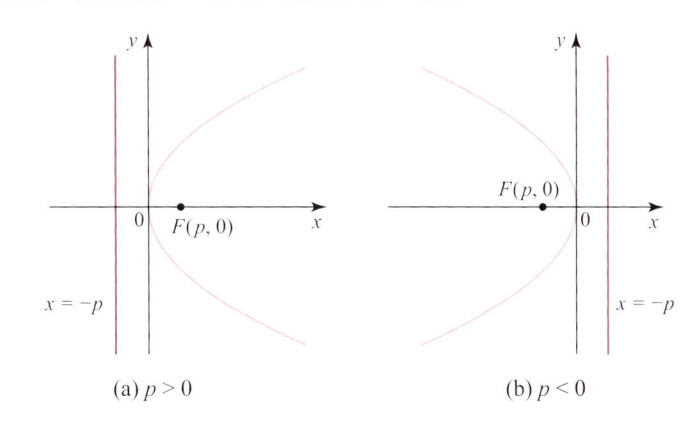

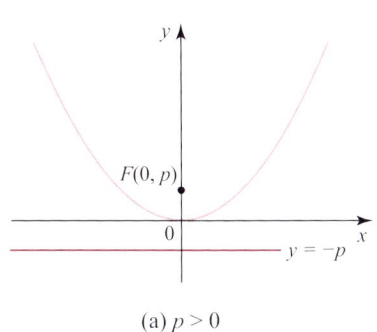

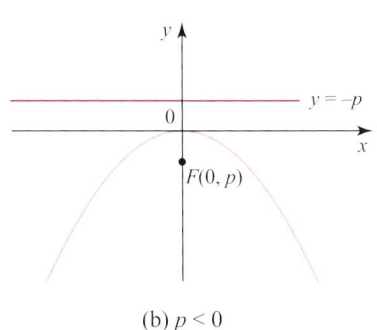

(a) $p > 0$

(b) $p < 0$

| 圖 **10.6**
當 $p > 0$，拋物線 $x^2 = 4py$ 開口向上，並且當 $p < 0$，它開口向下

(a) $p > 0$      (b) $p < 0$

| 圖 **10.7**
當 $p > 0$，拋物線 $y^2 = 4px$ 開口向右，並且當 $p < 0$，它開口向左

**註** 頂點在原點且軸在 $x$ 軸或 $y$ 軸上的拋物線，我們稱它在**標準位置**（standard position）（圖 10.6 和圖 10.7）。

**圖 10.8**
拋物線 $y^2 + 6x = 0$

**圖 10.9**
拋物線 $y = -\frac{4}{9}x^2$

**圖 10.10**
長為 $2a$ 並由彈性纜線懸吊之橋

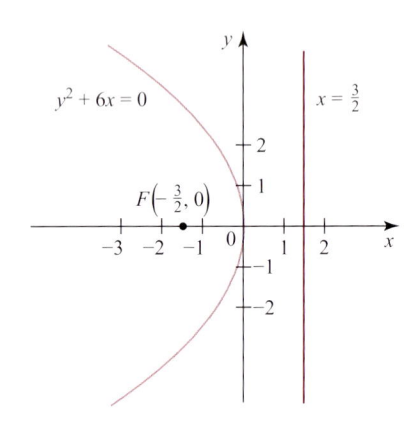

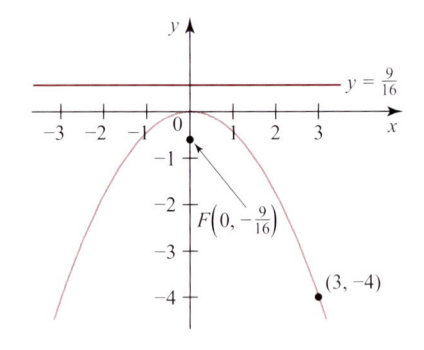

**例題 1** 求拋物線 $y^2 + 6x = 0$ 的焦點與準線，並繪畫此拋物線圖形。

**解** 將式子改寫成 $y^2 = -6x$ 並跟式 (2) 比較，得到 $4p = -6$ 或 $p = -\frac{3}{2}$。故此拋物線的焦點為 $F(-\frac{3}{2}, 0)$ 且它的準線為 $x = \frac{3}{2}$。此拋物線圖形繪於圖 10.8。∎

**例題 2** 求拋物線方程式，它的頂點在原點且對稱於 $y$ 軸，同時又經過點 $P(3, -4)$。此拋物線的焦點與準線為何？

**解** 此拋物線方程式之形式為 $y = ax^2$。為了求 $a$，將已知條件與此拋物線的點 $P(3, -4)$ 代入式子中，得到 $-4 = a(3)^2$，即 $a = -\frac{4}{9}$。所以，此拋物線方程式為

$$y = -\frac{4}{9}x^2$$

於求它的焦點時，則先觀察式子，得知它的形式為 $F(0, p)$。現在

$$p = \frac{1}{4a} = \frac{1}{4(-\frac{4}{9})} = -\frac{9}{16}$$

故焦點為 $F(0, -\frac{9}{16})$ 且它的準線為 $y = -p = -(-\frac{9}{16})$，即 $y = -\frac{9}{16}$。此拋物線圖形繪於圖 10.9。∎

拋物線有許多應用。譬如：吊橋纜線之形狀即為拋物線。

**例題 3** **吊橋的纜線** 圖 10.10 所示為一由彈性纜線懸吊之橋。若纜線的重量相較於橋本身可被忽略，則可證明纜線的形狀為

$$y = \frac{Wx^2}{2H}$$

其中 $W$ 磅／呎為橋的重量，$H$ 為在纜線最低點處（即原點）的張力（見習題 43 題）。令橋長為 $2a$ 呎，橋柱頂端距橋面 $h$ 呎。

**a.** 求描述此纜線形狀的方程式，式子中需包含 $a$ 與 $h$。
**b.** 若橋的長度為 400 呎且橋柱頂端距橋面 80 呎，求此纜線的長度。

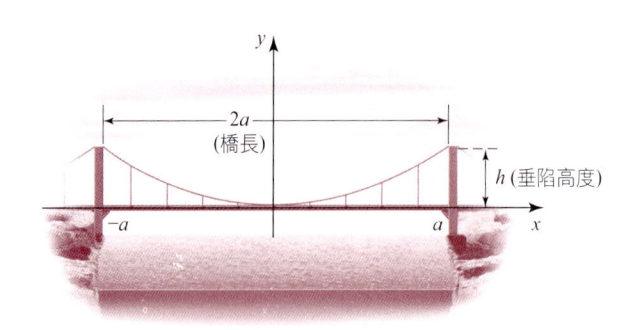

## 解

**a.** 所給予之式子可改寫為 $y = kx^2$，其中 $k = W/(2H)$。由於 $(a, h)$ 為拋物線 $y = kx^2$ 上的點，所以

$$h = ka^2$$

即 $k = h/a^2$，所求之方程式為 $y = hx^2/a^2$。

**b.** 由於 $a = 200$ 且 $h = 80$，所以描述此纜線形狀之方程式為

$$y = \frac{80x^2}{200^2} = \frac{x^2}{500}$$

且纜線的長度為

$$s = 2\int_0^{200} \sqrt{1 + (y')^2}\, dx$$

又 $y' = x/250$，所以

$$s = 2\int_0^{200} \sqrt{1 + \left(\frac{x}{250}\right)^2}\, dx = \frac{1}{125}\int_0^{200} \sqrt{250^2 + x^2}\, dx$$

計算此積分式的最簡單方法為使用積分表的公式：

$$\int \sqrt{a^2 + u^2}\, du = \frac{u}{2}\sqrt{a^2 + u^2} + \frac{a^2}{2}\ln|u + \sqrt{a^2 + u^2}| + C$$

令 $a = 250$ 且 $u = x$，則

$$s = \frac{1}{125}\left[\frac{x}{2}\sqrt{250^2 + x^2} + \frac{250^2}{2}\ln|x + \sqrt{250^2 + x^2}|\right]_0^{200}$$

$$= \frac{1}{125}\left[100\sqrt{62500 + 40000} + 31250\ln|200 + \sqrt{62500 + 40000}|\right.$$

$$\left. - 31250\ln 250\right]$$

$$= \frac{4}{5}\sqrt{102500} + 250\ln\left(\frac{200 + \sqrt{102500}}{250}\right) \approx 439$$

即 439 呎。

拋物線的其他應用包括不考慮空氣阻力之拋射物體的軌跡。

### ■ 拋物線的反射特性

假設 $P$ 為焦點 $F$ 之拋物線上的點，並令 $l$ 為此拋物線上 $P$ 點的切線（圖 10.11）。反射特性表示 $l$ 與線段 $FP$ 所夾的角之角度 $\alpha$ 等於 $l$ 與經過 $P$ 並平行於拋物線的軸之直線所夾的角之角度 $\beta$。此特

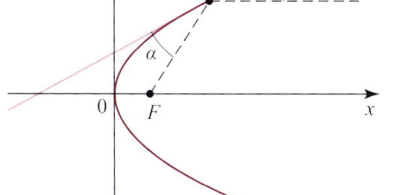

**圖 10.11**

反射特性敘述 $\alpha = \beta$

性為許多應用上的依據。

如之前所述，無線電望遠鏡之反射器的形狀是由拋物線繞它的軸旋轉產生的。圖 10.12a 展示此反射器的橫切面。無線電波來自遠方，假設它平行於拋物線的軸，並擊中反應器之表面後反射到集電器的位置，即焦點 $F$（入射角等於反射角）。

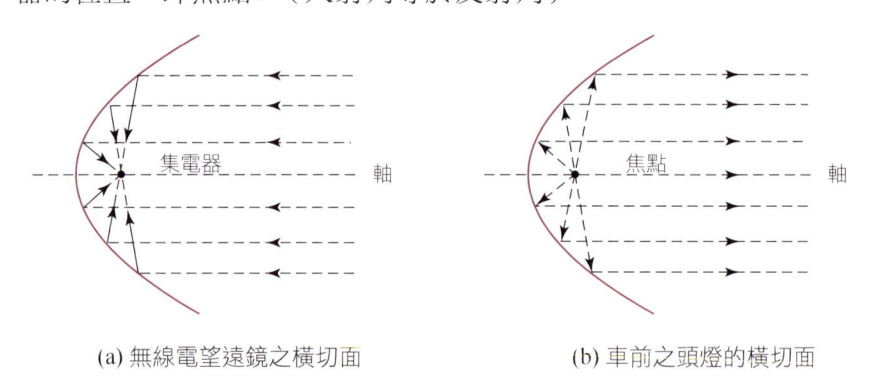

(a) 無線電望遠鏡之橫切面　　(b) 車前之頭燈的橫切面

| 圖 10.12
拋物線的反射特性之應用

拋物線的反射特性也用來設計車前的頭燈。此處，燈泡被放置於拋物線的焦點處。光線由燈泡發出射到反射器的表面並沿著平行於拋物線之軸之方向反射出去（圖 10.12b）。

## 橢圓

接著考慮稱為橢圓之二次曲線。

**定義　橢圓**

橢圓為平面上到兩固定點〔稱為焦點（foci）〕的距離和為常數的點所組成的集合。

圖 10.13 展示焦點為 $F_1$ 與 $F_2$ 的橢圓。直線經過焦點並與橢圓相交之兩點 $V_1$ 和 $V_2$，稱為此橢圓的頂點（vertices）。連結兩頂點的弦稱為橢圓的長軸（major axis），並且它的中點稱為此橢圓的中心（center）。經過中心並垂直於長軸的弦稱為橢圓的短軸（minor axis）。

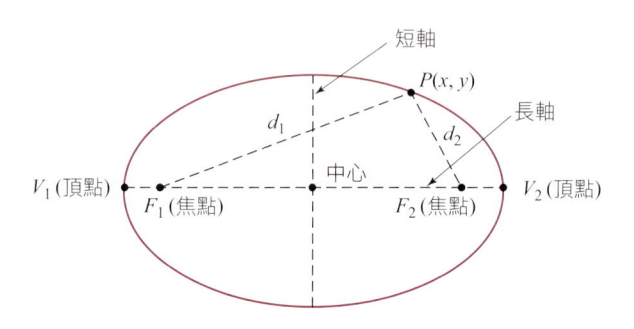

| 圖 10.13
焦點為 $F_1$ 和 $F_2$ 的橢圓。點 $P(x, y)$ 在橢圓上若且唯若 $d_1 + d_2 =$ 常數

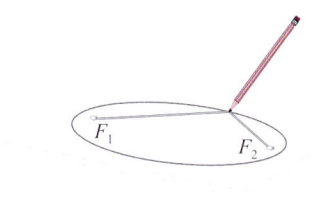

## 圖 10.14
使用圖釘、線段與鉛筆在紙上繪畫橢圓

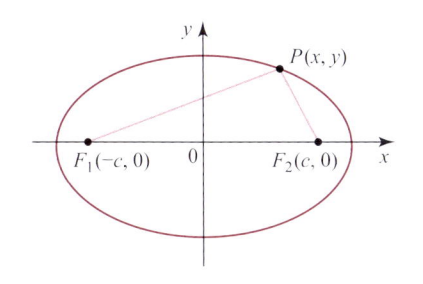

## 圖 10.15
焦點為 $F_1(-c, 0)$ 與 $F_2(c, 0)$ 的橢圓

**註** 可用下面的方法在紙上繪畫橢圓：在平面木板上放置一張紙，接著用圖釘將線段的兩端固定在兩個點（橢圓的焦點），然後以鉛筆拉線段，如圖 10.14 所示，繪畫所要的橢圓軌跡，務必在任何時候都保持拉緊線段。

為求橢圓方程式，先將橢圓的長軸放在 $x$ 軸上並以圓點為中心，如圖 10.15 所示，它的焦點 $F_1$ 與 $F_2$ 分別位於 $(-c, 0)$ 與 $(c, 0)$。令橢圓上任意點 $P(x,y)$ 到它的焦點之距離和為 $2a$，其中 $2a > 2c > 0$。由橢圓之定義得知

$$d(P, F_1) + d(P, F_2) = 2a$$

亦即

$$\sqrt{(x+c)^2 + y^2} + \sqrt{(x-c)^2 + y^2} = 2a$$

即

$$\sqrt{(x-c)^2 + y^2} = 2a - \sqrt{(x+c)^2 + y^2}$$

將此式之等號兩邊同時平方，可得

$$x^2 - 2cx + c^2 + y^2 = 4a^2 - 4a\sqrt{(x+c)^2 + y^2} + x^2 + 2cx + c^2 + y^2$$

簡化後為

$$a\sqrt{(x+c)^2 + y^2} = a^2 + cx$$

等號兩邊再同時平方，可得

$$a^2(x^2 + 2cx + c^2 + y^2) = a^4 + 2a^2cx + c^2x^2$$

所以

$$(a^2 - c^2)x^2 + a^2y^2 = a^2(a^2 - c^2)$$

由於 $a > c$，$a^2 - c^2 > 0$。令 $b^2 = a^2 - c^2$，且令 $b > 0$，則此橢圓方程式變成

$$b^2x^2 + a^2y^2 = a^2b^2$$

將等號兩邊同除 $a^2b^2$，可得

$$\frac{x^2}{a^2} + \frac{y^2}{b^2} = 1$$

將 $y = 0$ 代入式子可得 $x = \pm a$，所以 $(-a, 0)$ 與 $(a, 0)$ 為此橢圓的頂點。同理，將 $x = 0$ 代入式子可知 $(0, -b)$ 與 $(0, b)$ 為此橢圓與 $y$ 軸的交點。若 $x$ 用 $-x$ 替代且 $y$ 用 $-y$ 替代，此方程式不變。所以此橢圓對稱於它的雙軸。

因為
$$b^2 = a^2 - c^2 < a^2$$
所以 $b<a$。故長軸之長度 $2a$ 大於短軸之長度 $2b$。最後，若兩個焦點重合，則 $c=0$ 且 $a=b$。故此橢圓為半徑 $r=a=b$ 的圓。

將此橢圓的長軸置於 $y$ 軸上並將它的中心置於原點，則方程式中的 $x$ 與 $y$ 對換位置。總結如下。

---

**橢圓的標準式**

焦點 $(\pm c, 0)$ 與頂點 $(\pm a, 0)$ 的橢圓方程式為

$$\frac{x^2}{a^2} + \frac{y^2}{b^2} = 1 \qquad a \geq b > 0 \tag{3}$$

焦點 $(0, \pm c)$ 與頂點 $(0, \pm a)$ 的橢圓方程式為

$$\frac{x^2}{b^2} + \frac{y^2}{a^2} = 1 \qquad a \geq b > 0 \tag{4}$$

其中 $c^2 = a^2 - b^2$（圖 10.16）。

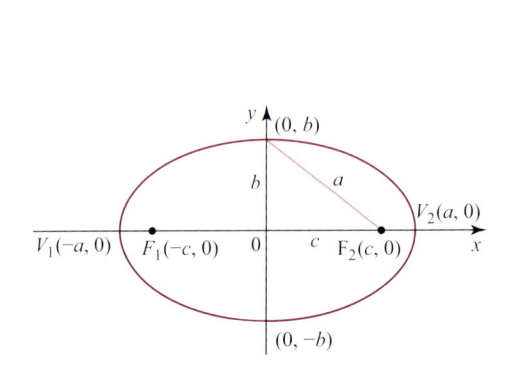

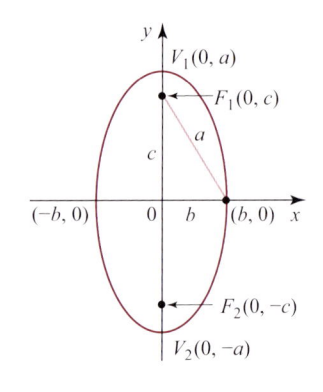

---

**圖 10.16**
中心在原點且置於標準位置的兩個橢圓

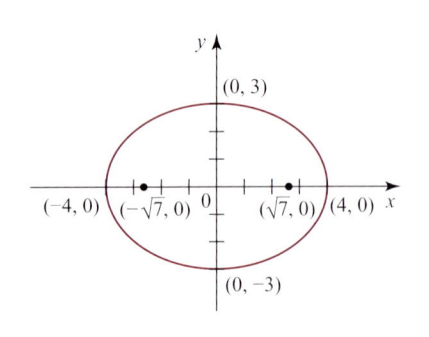

(a) 長軸在 $x$ 軸上

(b) 長軸在 $y$ 軸上

**註** 中心在原點且焦點在 $x$ 軸或 $y$ 軸上的橢圓稱為標準位置的橢圓（圖 10.16）。

**例題 4** 繪畫橢圓 $\dfrac{x^2}{16} + \dfrac{y^2}{9} = 1$。試問它的焦點與頂點為何？

**解** 式子中的 $a^2 = 16$ 且 $b^2 = 9$，所以 $a = 4$ 且 $b = 3$。將 $y = 0$ 與 $x = 0$ 陸續代入式子中，得到 $x$ 的截距與 $y$ 的截距分別為 $\pm 4$ 與 $\pm 3$。所以由

$$c^2 = a^2 - b^2 = 16 - 9 = 7$$

可得 $c = \sqrt{7}$，且結論為此橢圓的焦點為 $(\pm\sqrt{7}, 0)$ 與頂點為 $(\pm 4, 0)$。此橢圓繪畫於圖 10.17。

**圖 10.17**
橢圓 $\dfrac{x^2}{16} + \dfrac{y^2}{9} = 1$

**例題 5** 求焦點 $(0, \pm 2)$ 與頂點 $(0, \pm 4)$ 的橢圓方程式。

**解** 由給予的焦點得知，此橢圓的長軸在 $y$ 軸上。所以使用式(4)，$c = 2$ 且 $a = 4$，所以

$$b^2 = a^2 - c^2 = 16 - 4 = 12$$

此橢圓方程式的標準式為

$$\frac{x^2}{12} + \frac{y^2}{16} = 1$$

即

$$4x^2 + 3y^2 = 48$$

### ■ 橢圓的反射特性

橢圓與拋物線相似，它們都具反射特性。為了描述此特性，考慮圖 10.18 展示的橢圓，它的焦點為 $F_1$ 與 $F_2$。令 $P$ 為橢圓上的點並令 $l$ 為在 $P$ 處的切線，則線段 $F_1P$ 與 $l$ 所夾的角度 $\alpha$ 和線段 $F_2P$ 與 $l$ 所夾的角度 $\beta$ 相等。

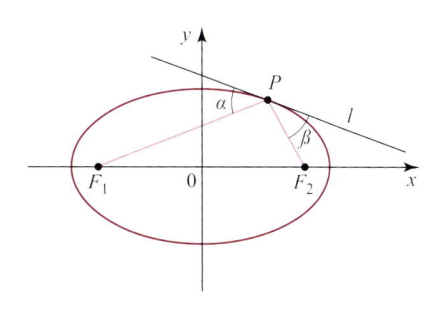

| **圖 10.18**
反射特性敘述 $\alpha = \beta$

橢圓的反射特性被用來設計耳語畫廊（whispering galleries）——於橢圓形屋頂的房間內，一個人站在其中一個焦點的位置可聽到站在另一個焦點位置之人的耳語。耳語畫廊可在華盛頓特區的圓型建築物國會大廈找到。巴黎地鐵隧道幾乎是橢圓形，由於橢圓的反射特性，站在某月台之人的耳語會被另一月台的人聽到（圖 10.19）。

| **圖 10.19**
巴黎地鐵隧道的橫切面幾乎是橢圓形

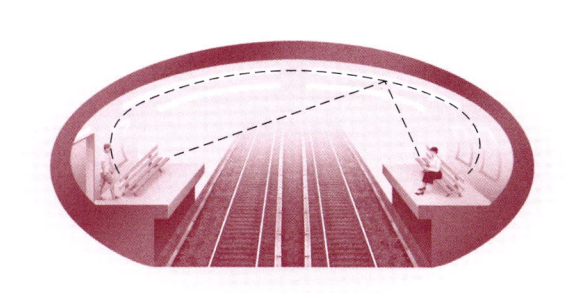

至於橢圓的反射特性之另一用途可在醫學上發現，即移除腎結石的儀器，稱為碎石機（shock wave lithotripsy）。於此過程，將橢圓體的反射器放好，使得換能器位於一個焦點的位置而腎結石位於另一焦點處。根據橢圓的反射特性，衝擊波由換能器發射反射到腎結石上，並將它徹底擊碎。這樣的過程可免除開刀的手術。

### ■ 橢圓的離心率

為了測量橢圓的橢圓形狀，我們介紹離心率的概念。

---

**定義　橢圓的離心率**

橢圓的**離心率**（eccentricity）定義為比例 $e = c/a$。

---

因為 $0 < c < a$，橢圓的離心率滿足 $0 < e < 1$。$e$ 越接近零，此橢圓就越接近圓。

### ■ 雙曲線

雙曲線的定義類似橢圓的。橢圓上的點到焦點之距離和（sum）為固定的，至於雙曲線則是它們的差（difference）為固定的。

---

**定義　雙曲線**

**雙曲線**（hyperbola）是由平面上到兩固定點〔稱為**焦點**（foci）〕的距離差為常數的點所組成的集合。

---

圖 10.20 展示焦點為 $F_1$ 與 $F_2$ 的雙曲線。經過焦點的直線交雙曲線於 $V_1$ 與 $V_2$，這兩點稱為此雙曲線的**頂點**（vertices）。連接頂點的線段稱為此雙曲線的**橫軸**（transverse axis），並且此橫軸的中點稱為此雙曲線的**中心**（center）。觀察到雙曲線有兩條分支與拋物線和橢圓形成對比。

雙曲線方程式的導數類似於橢圓的。譬如：中心在原點且焦點 $F_1(-c, 0)$ 與 $F_2(c, 0)$ 在 $x$ 軸上（圖 10.21）。由條件 $d(P, F_1) - d(P, F_2) = 2a$，$a$ 為正的常數，我們可證明若 $P(x, y)$ 為雙曲線上的點，則雙曲線方程式為

$$\frac{x^2}{a^2} - \frac{y^2}{b^2} = 1$$

其中 $b = \sqrt{c^2 - a^2}$ 或 $c = \sqrt{a^2 + b^2}$

又雙曲線的 $x$ 截距為 $x = \pm a$，所以它的頂點為 $(-a, 0)$ 與

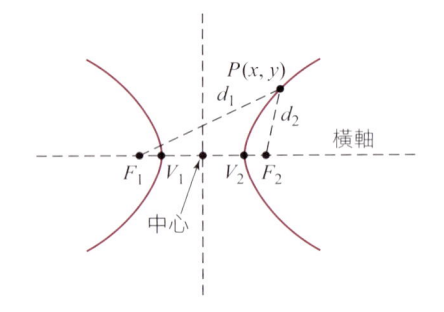

---

**圖 10.20**
焦點為 $F_1$ 和 $F_2$ 的雙曲線。點 $P(x, y)$ 在雙曲線上若且唯若 $|d_1 - d_2|$ 為常數

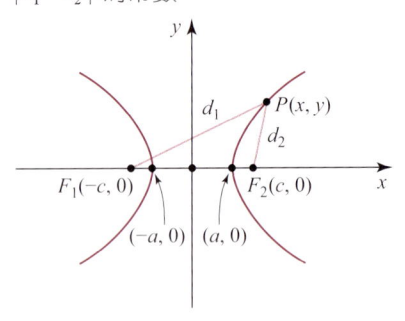

**圖 10.21**
中心 $(0, 0)$ 與焦點 $(-c, 0)$ 與 $(c, 0)$ 的雙曲線方程式為 $\dfrac{x^2}{a^2} - \dfrac{y^2}{b^2} = 1$

$(a, 0)$。然而將 $x = 0$ 代入式子中，可得 $y^2 = -b^2$，它沒有實根，所以該雙曲線沒有 $y$ 截距，並觀察到此雙曲線對稱於雙軸。

若對式子

$$\frac{x^2}{a^2} - \frac{y^2}{b^2} = 1$$

解 $y$，可得

$$y = \pm\frac{b}{a}\sqrt{x^2 - a^2}$$

因為 $x^2 - a^2 \geq 0$，即 $x \leq -a$ 或 $x \geq a$，事實上此雙曲線有分開的兩支，如之前注意到的。若 $x$ 的數大，則 $x^2 - a^2 \approx x^2$，即 $y = \pm(b/a)x$。這提醒我們，不論 $x$ 無限遞增或遞減，此雙曲線的雙支逼近斜漸近線 $y = \pm(b/a)x$（圖 10.22）。於習題 48 題要求讀者證明它為真。

最後，若雙曲線的焦點在 $y$ 軸上，則將 $x$ 與 $y$ 對調可得

$$\frac{y^2}{a^2} - \frac{x^2}{b^2} = 1$$

即為雙曲線的方程式。

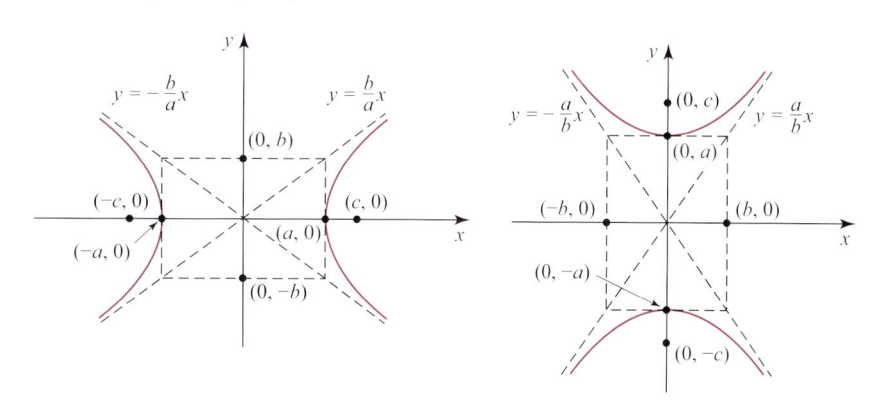

**圖 10.22**

中心在原點之標準位置的兩個雙曲線

(a) $\frac{x^2}{a^2} - \frac{y^2}{b^2} = 1$（橫軸在 $x$ 軸上）  (b) $\frac{y^2}{a^2} - \frac{x^2}{b^2} = 1$（橫軸在 $y$ 軸上）

---

**雙曲線之標準式**

焦點 $(\pm c, 0)$ 與頂點 $(\pm a, 0)$ 之雙曲線的方程式為

$$\frac{x^2}{a^2} - \frac{y^2}{b^2} = 1 \tag{5}$$

其中 $c = \sqrt{a^2 + b^2}$。此雙曲線的漸近線為 $y = \pm(b/a)x$。

焦點 $(0, \pm c)$ 與頂點 $(0, \pm a)$ 之雙曲線的方程式為

$$\frac{y^2}{a^2} - \frac{x^2}{b^2} = 1 \tag{6}$$

其中 $c = \sqrt{a^2 + b^2}$。此雙曲線的漸近線為 $y = \pm(a/b)x$。

連接點 $(0, -b)$ 與點 $(0, b)$ 或點 $(-b, 0)$ 與點 $(b, 0)$ 之長 $2b$ 的線段稱為雙曲線的**共軛軸**（conjugate axis）。

**例題 6**　求雙曲線 $4x^2 - 9y^2 = 36$ 的焦點、頂點與漸近線。

**解**　將式子之等號兩邊同除 36，得到雙曲線的標準式

$$\frac{x^2}{9} - \frac{y^2}{4} = 1$$

此處 $a^2 = 9$ 且 $b^2 = 4$，所以 $a = 3$ 且 $b = 2$。將 $y = 0$ 代入，可得 $x$ 截距為 $\pm 3$。故 $(\pm 3, 0)$ 為此雙曲線的頂點。又 $c = \sqrt{a^2 + b^2} = \sqrt{13}$，所以結論為此雙曲線的焦點為 $(\pm\sqrt{13}, 0)$。它的漸近線為

$$y = \pm\frac{b}{a}x = \pm\frac{2}{3}x$$

當繪畫此雙曲線，先畫它的漸近線然後再藉助它們來繪畫雙曲線（圖 10.23）。

**圖 10.23**
雙曲線 $4x^2 - 9y^2 = 36$ 的圖形

**例題 7**　已知頂點為 $(0, \pm 3)$ 且經過點 $(2, 5)$ 之雙曲線。求此雙曲線的方程式。試問它的焦點與漸近線為何？

**解**　此處的焦點位於 $y$ 軸上，所以此雙曲線的標準式為

$$\frac{y^2}{9} - \frac{x^2}{b^2} = 1 \quad \text{注意 } a = 3$$

為求 $b$，使用此雙曲線經過點 $(2, 5)$ 的條件可得

$$\frac{25}{9} - \frac{4}{b^2} = 1$$

$$\frac{4}{b^2} = \frac{25}{9} - 1 = \frac{16}{9}$$

即 $b^2 = \frac{9}{4}$。因此所求的雙曲線為

$$\frac{y^2}{9} - \frac{x^2}{\frac{9}{4}} = 1$$

即 $y^2 - 4x^2 = 9$。為求雙曲線的焦點，計算

$$c^2 = a^2 + b^2 = 9 + \frac{9}{4} = \frac{45}{4}$$

即 $c = \pm\sqrt{45/4} = \pm 3\sqrt{5}/2$，由此得知焦點為 $\left(0, \pm\frac{3\sqrt{5}}{2}\right)$。最後以 $a = 3$ 與 $b = \frac{3}{2}$ 代入式子 $y = \pm(a/b)x$，可得漸近線 $y = \pm 2x$。此雙曲線圖形展示於圖 10.24。∎

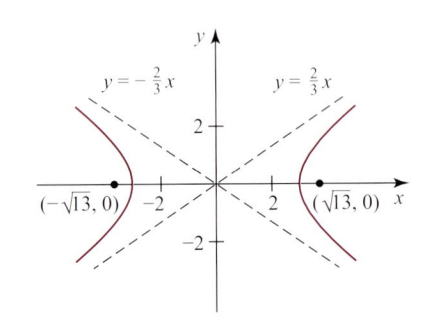

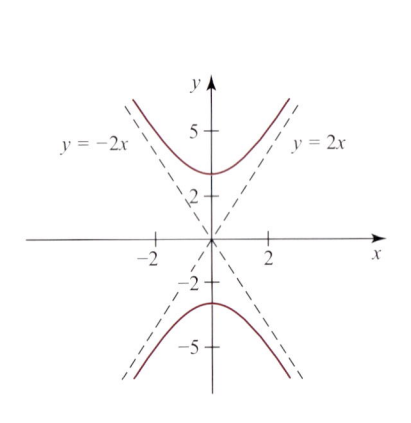

**圖 10.24**
雙曲線 $y^2 - 4x^2 = 9$ 的圖形

**例題 8**　**拉塞福散射**　於拉塞福散射實驗中，位於 $(-2, 0)$ 之原子核標靶如圖 10.25 所示。假設接近此標靶之阿伐粒子的軌跡為漸近

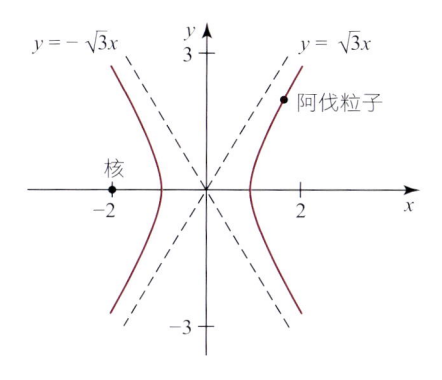

線 $y = \pm\sqrt{3}x$ 且焦點為 $(2, 0)$ 之雙曲線的一支。求此粒子軌跡的方程式。

**解** 中心位於原點且焦點在 $x$ 軸上的雙曲線之漸近線可表示為 $y = \pm(b/a)x$。由於此粒子軌跡之漸近線為 $y = \pm\sqrt{3}x$，故

$$\frac{b}{a} = \sqrt{3} \quad 即 \quad b = \sqrt{3}a$$

又此雙曲線之焦點為 $(\pm 2, 0)$，故 $c = 2$。由於 $c^2 = a^2 + b^2$，所以

$$4 = a^2 + (\sqrt{3}a)^2 = a^2 + 3a^2 = 4a^2$$

即得 $a = 1$ 與 $b = \sqrt{3}$。故此粒子的軌跡方程式為

$$\frac{x^2}{1} - \frac{y^2}{3} = 1$$

即 $3x^2 - y^2 = 3$，其中 $x > 0$。

### 圖 10.25
於拉塞福散射中之阿伐粒子的軌跡為雙曲線的一支

---

**定義　雙曲線的離心率**

雙曲線的**離心率**（eccentricity）定義為比例 $e = c/a$。

因為 $c > a$，雙曲線的離心率滿足 $e > 1$。離心率越大，雙曲線的兩個分支就越平。

## ■ 平移的二次曲線

使用 1.4 節的技巧可得由標準位置平移後之二次曲線的方程式。事實上，於它們的標準式中，$x$ 以 $x-h$ 取代且 $y$ 以 $y-k$ 取代，可得中心由原點平移到 $(h, k)$ 點之拋物線方程式與中心由原點平移到 $(h, k)$ 點之橢圓（或雙曲線）方程式。

將這些結論摘要於表 10.1。圖 10.26 為一些二次曲線的圖形。

### 表 10.1

| 二次曲線 | 定位軸 | 二次曲線方程式 | | |
|---|---|---|---|---|
| 拋物線 | 軸水平 | $(y - k)^2 = 4p(x - h)$ | **(7)** | （圖 10.26a） |
| 拋物線 | 軸垂直 | $(x - h)^2 = 4p(y - k)$ | **(8)** | （圖 10.26b） |
| 橢圓 | 長軸水平 | $\dfrac{(x - h)^2}{a^2} + \dfrac{(y - k)^2}{b^2} = 1$ | **(9)** | （圖 10.26c） |
| 橢圓 | 長軸垂直 | $\dfrac{(x - h)^2}{b^2} + \dfrac{(y - k)^2}{a^2} = 1$ | **(10)** | （圖 10.26d） |
| 雙曲線 | 橫軸水平 | $\dfrac{(x - h)^2}{a^2} - \dfrac{(y - k)^2}{b^2} = 1$ | **(11)** | （圖 10.26e） |
| 雙曲線 | 橫軸垂直 | $\dfrac{(y - k)^2}{a^2} - \dfrac{(x - h)^2}{b^2} = 1$ | **(12)** | （圖 10.26f） |

### 圖 10.26
平移後中心在 (h, k) 的二次曲線

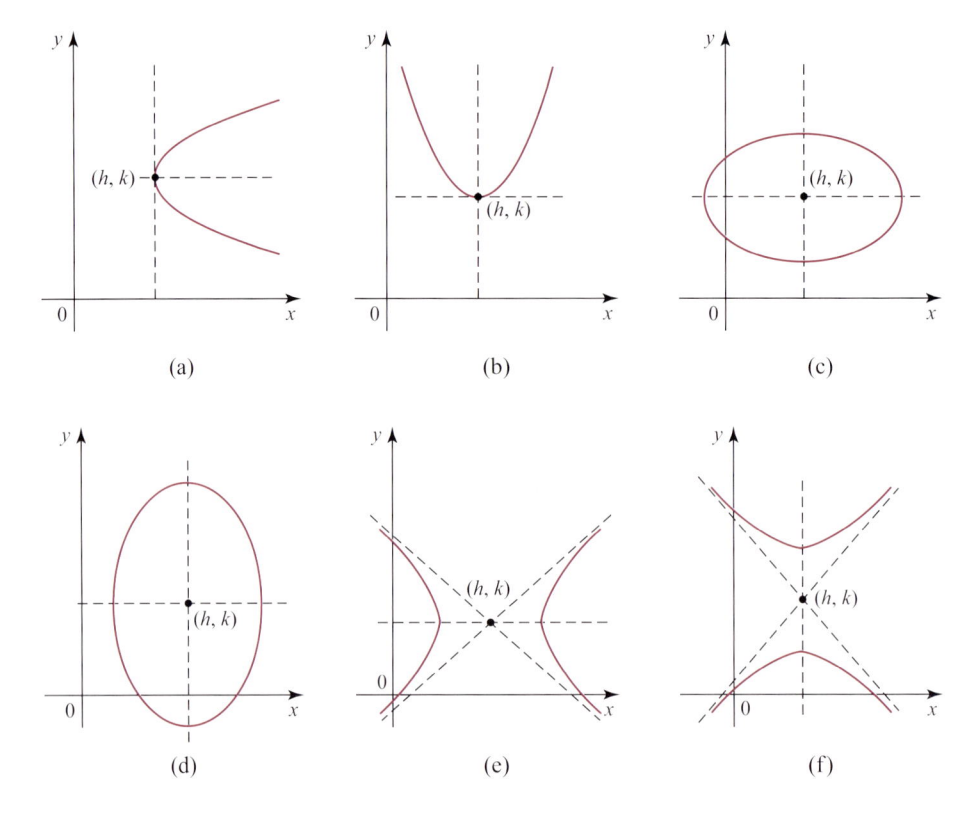

觀察到當 $h = k = 0$，每個在表 10.1 的式子都可簡化為相對應的二次曲線之標準式，它的中心位於原點，即如所預期的。

**例題 9** 求焦點在 (1, 2) 與 (5, 2) 且長軸長度為 6 的橢圓標準式，並繪畫此橢圓。

**解** 因為焦點 (1, 2) 與 (5, 2) 有相同的 $y$ 坐標，所以它們位於平行於 $x$ 軸之直線 $y = 2$ 上。連接 (1, 2) 與 (5, 2) 之線段的中點為 (3, 2)，且它是此橢圓的中心。由此得知，從此橢圓的中心到每個焦點的距離為 2，所以 $c = 2$。因為此橢圓的長軸長為 6，所以 $2a = 6$，即 $a = 3$。最後，由 $c^2 = a^2 - b^2$，可得 $4 = 9 - b^2$，即 $b^2 = 5$。故使用表 10.1 的式 (9) 並取 $h = 3, k = 2, a = 3$ 與 $b = \sqrt{5}$，可得所求的式子：

$$\frac{(x-3)^2}{9} + \frac{(y-2)^2}{5} = 1$$

此橢圓繪於圖 10.27。

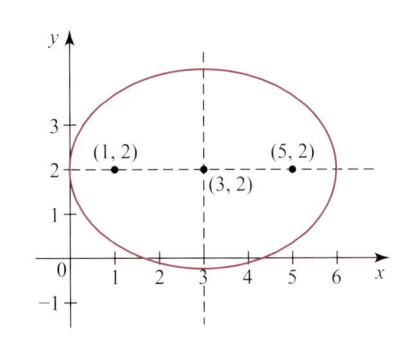

### 圖 10.27
橢圓 $\dfrac{(x-3)^2}{9} + \dfrac{(y-2)^2}{5} = 1$

若將表 10.1 中的每一式展開並簡化，你會發現這些式子都可寫成一般形式

$$Ax^2 + By^2 + Dx + Ey + F = 0$$

並且它們的係數都為實數。反之，給予一個式子，也可使用完全平方的技巧，得到表 10.1 中所對應的式子。後者可直接被用來分析它所代表之二次曲線的特性。

**例題 10**　求雙曲線

$$3x^2 - 4y^2 + 6x + 16y - 25 = 0$$

的標準式。並求它的焦點、頂點與漸近線，以及繪畫它的圖形。

**解**　對 $x$ 與 $y$ 都做完全平方：

$$3(x^2 + 2x) - 4(y^2 - 4y) = 25$$
$$3[x^2 + 2x + (1)^2] - 4[y^2 - 4y + (-2)^2] = 25 + 3 - 16$$
$$3(x + 1)^2 - 4(y - 2)^2 = 12$$

接著將最後一式等號兩邊同時除以 12，可得

$$\frac{(x+1)^2}{4} - \frac{(y-2)^2}{3} = 1$$

將此式子與表 10.1 中的式 (11) 比較，得到中心 $(-1, 2)$ 且橫軸平行於 $x$ 軸的雙曲線方程式。由此得知 $a^2 = 4$ 與 $b^2 = 3$，所以 $c^2 = a^2 + b^2 = 4 + 3 = 7$。可將此雙曲線看成中心位於原點的雙曲線向左移一個單位並向右移兩個單位的結果。因此所求的焦點、頂點與漸近線都可由後來的雙曲線平移它的焦點、頂點與漸近線後得到。結論如下：

| 焦點 | $(-\sqrt{7} - 1, 2)$ 和 $(\sqrt{7} - 1, 2)$ |
|---|---|
| 頂點 | $(-3, 2)$ 和 $(1, 2)$ |
| 漸近線 | $y - 2 = \pm\frac{\sqrt{3}}{2}(x + 1)$ |

此雙曲線繪於圖 10.28。

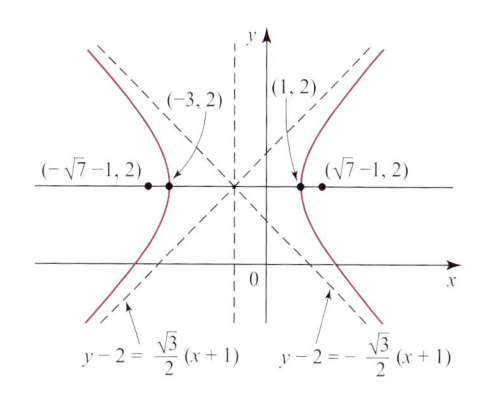

**圖 10.28**

雙曲線
$3x^2 - 4y^2 + 6x + 16y - 25 = 0$

## 10.1 習題

1-4 題，配對給予的方程式與標示 (a)–(d) 的二次曲線。若此二次曲線為拋物線，則求它的頂點、焦點與準線。若它是橢圓或拋物線，則求它的頂點、焦點與離心律。

1. $x^2 = -4y$
2. $y^2 = 8x$
3. $\dfrac{x^2}{9} + \dfrac{y^2}{4} = 1$
4. $\dfrac{x^2}{16} - \dfrac{y^2}{9} = 1$

(a) (b) 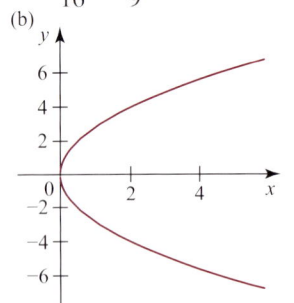 (c) 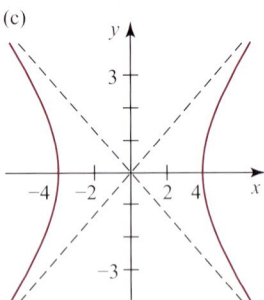 (d)

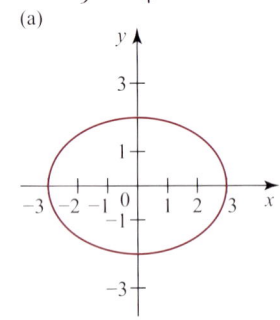

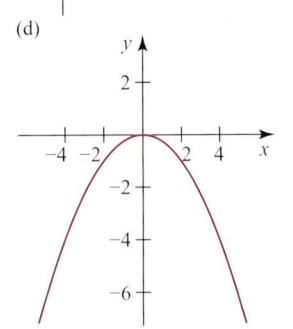

5-7 題，求給予方程式之拋物線的頂點、焦點與準線，並繪畫此拋物線。

5. $y = 2x^2$
6. $x = 2y^2$
7. $5y^2 = 12x$

8-10 題，求給予之橢圓的頂點與焦點，並繪畫它的圖形。

8. $\dfrac{x^2}{4} + \dfrac{y^2}{25} = 1$
9. $4x^2 + 9y^2 = 36$
10. $x^2 + 4y^2 = 4$

11-13 題，求給予之雙曲線的頂點、焦點與漸近線，並使用它的漸近線繪畫圖形。

11. $\dfrac{x^2}{25} - \dfrac{y^2}{144} = 1$
12. $x^2 - y^2 = 1$
13. $y^2 - 5x^2 = 25$

14-15 題，求滿足給予條件之拋物線方程式。

14. 焦點 $(3, 0)$，準線 $x = -3$
15. 焦點 $(-\tfrac{5}{2}, 0)$，準線 $x = \tfrac{5}{2}$

16-19 題，求滿足給予條件之橢圓方程式。

16. 焦點 $(\pm 1, 0)$，頂點 $(\pm 3, 0)$
17. 焦點 $(0, \pm 1)$，主軸長度為 6
18. 頂點 $(\pm 3, 0)$，經過 $(1, \sqrt{2})$
19. 經過 $(2, \tfrac{3\sqrt{3}}{2})$ 且頂點在 $(0, \pm 5)$

20-22 題，求滿足給予條件且中心在原點之雙曲線方程式。

20. 焦點 $(\pm 5, 0)$，頂點 $(\pm 3, 0)$
21. 焦點 $(0, \pm 5)$，共軛軸長度為 4
22. 焦點 $(\pm 2, 0)$，漸近線 $y = \pm\tfrac{3}{2}x$

23-24 題，配對方程式與標示 (a)–(b) 的二次曲線。

23. $(x + 3)^2 = -2(y - 4)$
24. $\dfrac{(y - 3)^2}{16} - \dfrac{(x + 1)^2}{9} = 1$

(a) (b)

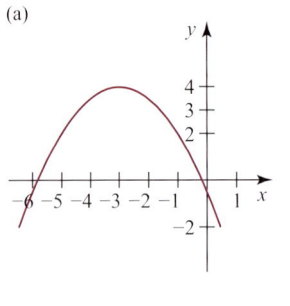

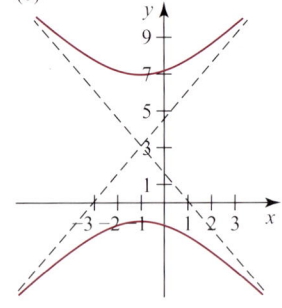

25-33 題，求滿足給予條件之二次曲線方程式。

25. 拋物線，焦點 $(3, 1)$，準線 $x = 1$
26. 拋物線，頂點 $(2, 2)$，焦點 $(\tfrac{3}{2}, 2)$
27. 拋物線，它的軸平行於 $y$ 軸並經過 $(-3, 2)$，$(0, -\tfrac{5}{2})$ 與 $(1, -6)$，
28. 橢圓，焦點 $(\pm 1, 3)$，頂點 $(\pm 3, 3)$
29. 橢圓，焦點 $(\pm 1, 2)$，主軸長度為 8
30. 橢圓，中心 $(2, 1)$，焦點 $(0, 1)$，頂點 $(5, 1)$
31. 雙曲線，焦點 $(-2, 2)$ 與 $(8, 2)$，頂點 $(0, 2)$ 與 $(6, 2)$
32. 雙曲線，焦點 $(6, -3)$ 與 $(-4, -3)$，漸近線 $y + 3 = \pm\tfrac{4}{3}(x - 1)$
33. 雙曲線，頂點 $(4, -2)$ 與 $(4, 4)$，漸近線 $y - 1 = \pm\tfrac{3}{2}(x - 4)$

34-36 題，求拋物線之頂點、焦點與準線，並繪畫它的圖形。

34. $y^2 - 2y - 4x + 9 = 0$
35. $x^2 + 6x - y + 11 = 0$

36. $4y^2 - 4y - 32x - 31 = 0$

37-39 題，求橢圓之中心、焦點與頂點，並繪畫它的圖形。

37. $(x - 1)^2 + 4(y + 2)^2 = 1$
38. $x^2 + 4y^2 - 2x + 16y + 13 = 0$
39. $4x^2 + 9y^2 - 18x - 27 = 0$

40-42 題，求給予之雙曲線的中心、焦點、頂點與漸近線方程式，並使用它的漸近線繪畫圖形。

40. $3x^2 - 4y^2 - 8y - 16 = 0$
41. $2x^2 - 3y^2 - 4x + 12y + 8 = 0$
42. $4x^2 - 2y^2 + 8x + 8y - 12 = 0$

43. **吊橋纜線的形狀** 考慮重 $W$ 磅／呎並由彈性纜線懸吊的橋。假設纜線的重量相較於橋本身可被忽略。下圖展示此橋的部分結構，其中纜線的最低點位於坐標原點。令 $P$ 為纜線上之任意點，並假設纜線在 $P$ 處的張力為 $T$ 磅，且它落在沿著纜線在 $P$ 處之切線上（此情形的纜線為有彈性的）。參考所示之圖可得

$$\frac{dy}{dx} = \tan \phi = \frac{\sin \phi}{\cos \phi} = \frac{T \sin \phi}{T \cos \phi}$$

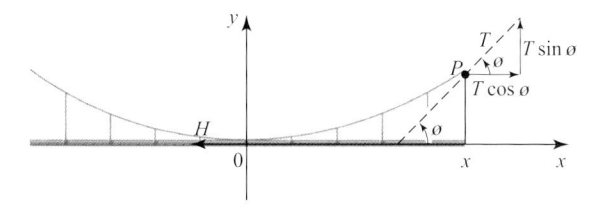

由於吊橋處於平衡狀態，$T$ 之水平分量必須等於纜線在它最低點處（即原點）的張力 $H$，即 $T \cos \phi = H$。同理，$T$ 之垂直分量必須等於纜線所承受介於原點與 $P$ 之間的橋重 $Wx$，即 $T \sin \phi = Wx$。

因此

$$\frac{dy}{dx} = \frac{Wx}{H}$$

最後，由於纜線的最低點位於坐標原點，所以 $y(0) = 0$。解此初始值問題即可證明纜線的形狀為拋物線。

註：於吊橋的例子中，可得纜線支撐一水平方向均勻分布的重量。若纜線支撐一沿著它的長度均勻分布的重量（例如：纜線支撐自身的重量），則它的形狀為於 7.6 節中所見之懸垂線。

44. 證明拋物線上任意兩相異切線必相交於一且唯一的點。

45. 證明橢圓

$$\frac{x^2}{a^2} + \frac{y^2}{b^2} = 1$$

上的點 $(x_0, y_0)$ 之切線方程式可寫成

$$\frac{xx_0}{a^2} + \frac{yy_0}{b^2} = 1$$

46. 證明雙曲線

$$\frac{x^2}{a^2} - \frac{y^2}{b^2} = 1$$

上的點 $(x_0, y_0)$ 之切線方程式可寫成

$$\frac{xx_0}{a^2} - \frac{yy_0}{b^2} = 1$$

47. 證明橢圓

$$\frac{x^2}{a^2} + \frac{2y^2}{b^2} = 1$$

與雙曲線

$$\frac{x^2}{a^2 - b^2} - \frac{2y^2}{b^2} = 1$$

正交。

48. 證明直線 $y = (b/a)x$ 與 $y = -(b/a)x$ 為雙曲線

$$\frac{x^2}{a^2} - \frac{y^2}{b^2} = 1$$

的斜漸近線。

49-51 題，判斷下列敘述是對或是錯。如果它是對，解釋你的理由。如果它是錯，請解釋你的理由或舉例說明。

49. $2x^2 - y^2 + F = 0$ 的圖形為雙曲線且 $F \neq 0$。

50. 橢圓 $b^2x^2 + a^2y^2 = a^2b^2$ 在圓 $x^2 + y^2 = a^2$ 內及圓 $x^2 + y^2 = b^2$ 外，其中 $a > b > 0$。

51. 若 $A$ 與 $C$ 都為正的常數，則

$$Ax^2 + Cy^2 + Dx + Ey + F = 0$$

為橢圓。

## 10.2 平面曲線與參數方程式

### 為何要用參數方程式

圖 10.29a 為遊艇建議之訓練路線的鳥瞰。於圖 10.29b 中，介紹平面上 $xy$ 坐標系統，用以描述此遊艇的位置。於此坐標系統上，此遊艇的位置為 $P(x, y)$，而路線本身是直角坐標方程式 $4x^4 - 4x^2 + y^2 = 0$ 的圖形，稱為雙紐線（lemniscate）。但是就此例子而言，以直角坐標方程式表示此雙紐線有三個主要的缺點。

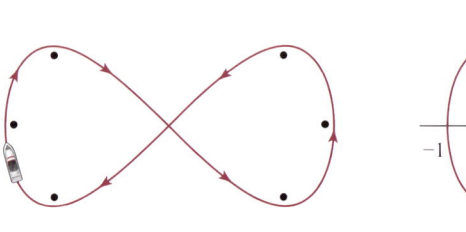

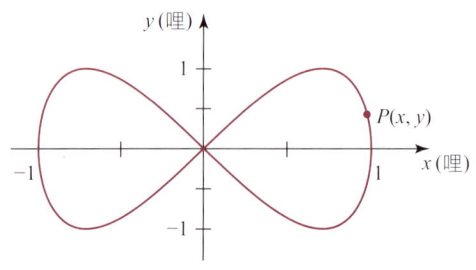

圖 10.29　(a) 點為位置的記號　　(b) 曲線 $C$ 的方程式 $4x^4 - 4x^2 + y^2 = 0$

首先，此式子並沒有清楚地定義 $y$ 為 $x$ 的函數或 $x$ 為 $y$ 的函數。我們也可應用垂直線與水平線檢驗圖 10.29b 中的曲線，並得知它不是函數的圖形（見 1.2 節）。由此可知，此處並不可直接使用之前對函數所發展的結果。第二，此式子沒有告知何時此遊艇會在已知點 $(x, y)$。第三，此式子沒有提示此遊艇的運動方向。

當我們考慮物體在平面上的運動或非函數圖形之平面曲線，為解決這些問題，只好將它們轉換成下面的表示。若 $(x, y)$ 為 $xy$ 平面上曲線的點，則

$$x = f(t) \qquad y = g(t)$$

其中 $f$ 與 $g$ 為輔助變數 $t$ 的函數，它的定義域為某區間 $I$。這些式子稱為**參數方程式**（parametric equations），$t$ 稱為**參數**（parameter）且此區間 $I$ 稱為**參數區間**（parameter interval）。

若閉區間 $[a, b]$ 內的點 $t$ 表示時間，則可將參數方程式解釋為粒子運動，如下：當 $t = a$，此粒子位於此曲線或**彈道**（trajectory）$C$ 的**起點**（initial point）$(f(a), g(a))$。當 $t$ 從 $t = a$ 遞增到 $t = b$，粒子以特定的方向〔稱為此曲線的**方向**（orientation）〕在此曲線上移動，最後在此曲線的**終點**（terminal point）$(f(b), g(b))$ 結束（圖 10.30）。

## 10.2 平面曲線與參數方程式

**圖 10.30**
當 $t$ 從 $a$ 遞增到 $b$，粒子以特定的方向由 $(f(a), g(a))$ 到 $(f(b), g(b))$ 追蹤曲線

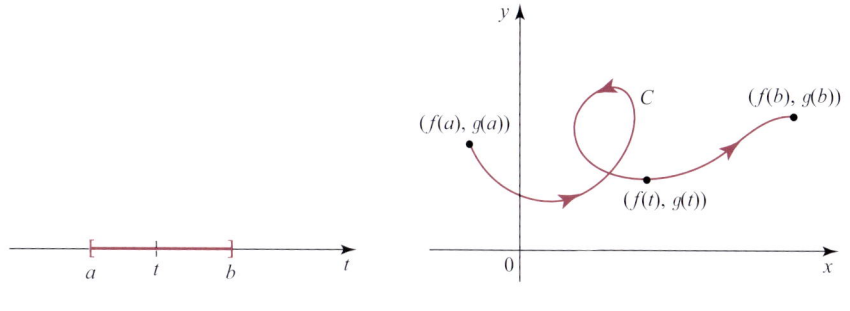

參數區間為 $[a, b]$

我們也可將參數方程式以幾何名詞說明如下：將線段 $[a, b]$ 拉長、彎曲並扭曲，使它在幾何上與此曲線 $C$ 完全吻合。

### ▌繪畫由參數方程式所定義的曲線

看例題之前，先定義下面的名詞。

**定義　平面曲線**

一平面曲線為由參數方程式

$$x = f(t) \quad \text{與} \quad y = g(t)$$

定義之有序對 $(x, y)$ 所組成的集合 $C$，其中 $f$ 與 $g$ 為定義於參數區間 $I$ 之連續方程式。

**例題 1** 繪畫曲線

$$x = t^2 - 4 \quad \text{與} \quad y = 2t \qquad -1 \leq t \leq 2$$

**解** 將所選之 $t$ 值所對應的點 $(x, y)$（表 10.2）標繪出來並連接起來，得到此曲線並展示於圖 10.31。

**表 10.2**

| $t$ | $-1$ | $-\frac{1}{2}$ | $0$ | $\frac{1}{2}$ | $1$ | $2$ |
|---|---|---|---|---|---|---|
| $(x, y)$ | $(-3, -2)$ | $\left(-\frac{15}{4}, -1\right)$ | $(-4, 0)$ | $\left(-\frac{15}{4}, 1\right)$ | $(-3, 2)$ | $(0, 4)$ |

**圖 10.31**
當 $t$ 從 $-1$ 遞增到 $2$，此曲線 $C$ 之蹤跡由點 $(-3, -2)$ 開始並到點 $(0, 4)$ 結束

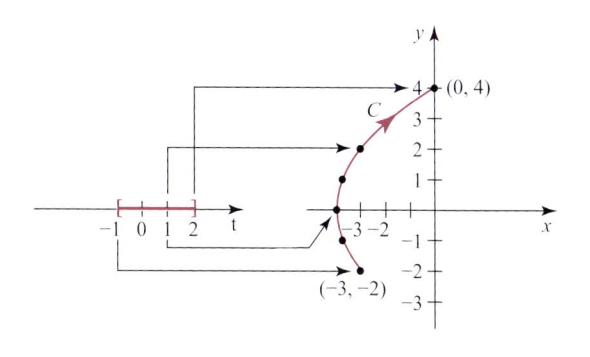

**另解** 求給予之第二式的 $t$ 解，得到 $t = 1/2y$。將此 $t$ 值代入第一式，得到

$$x = \left(\frac{1}{2}y\right)^2 - 4 \quad 即 \quad x = \frac{1}{4}y^2 - 4$$

它是以 $x$ 軸為對稱軸且頂點在 $(-4, 0)$ 處的拋物線方程式。當 $t = -1$，此曲線的起始點為 $(-3, -2)$；當 $t = 2$，此曲線的終點為 $(0, 4)$。所以追蹤此曲線從起始點到終點，可得所求的曲線，與之前得到的相同。∎

習慣上，$x = f(t)$ 與 $y = g(t)$ 的參數區間是由使 $f(t)$ 與 $g(t)$ 都是實數的 $t$ 所組成的。

**例題 2** 繪畫曲線

**a.** $x = \sqrt{t}$ 與 $y = t$

**b.** $x = t$ 與 $y = t^2$

**解**

**a.** 先將第一式平方再減去第二式，並消去 $t$ 後得到 $y = x^2$，即為拋物線方程式。但是第一個參數方程式的 $t \geq 0$，所以 $x \geq 0$。故拋物線為圖 10.32 所示的拋物線右半部。最後，參數區間為 $[0, \infty)$ 且當 $t$ 從 0 遞增，此曲線從起點 $(0, 0)$ 開始沿著拋物線移動。

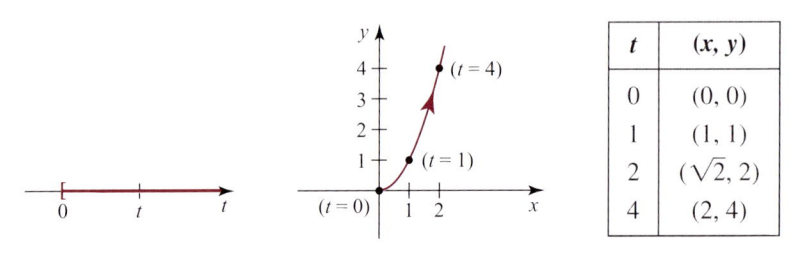

| $t$ | $(x, y)$ |
|---|---|
| 0 | $(0, 0)$ |
| 1 | $(1, 1)$ |
| 2 | $(\sqrt{2}, 2)$ |
| 4 | $(2, 4)$ |

參數區間為 $[0, \infty)$

**圖 10.32**
當 $t$ 從 0 遞增，此曲線從起點 $(0, 0)$ 開始沿著拋物線右半部以指定的方向移動

**b.** 將第一式代入第二式，得到 $y = x^2$。即使此直角坐標方程式與 (a) 的相同，此處的參數方程式之曲線與 (a) 的並不一樣，如稍後所見。此例題之參數區間為 $(-\infty, \infty)$。此外，當 $t$ 從 $-\infty$ 遞增到 $\infty$，此曲線沿著拋物線 $y = x^2$ 從左邊跑到右邊，正如以 $t = -1, 0$ 與 1 對應的點來繪畫曲線。要了解此情形也可由檢驗參數方程式 $x = t$ 得知，它表示當 $t$ 遞增，$x$ 也跟著遞增（圖 10.33）。

**圖 10.33**
當 $t$ 從 $-\infty$ 遞增到 $\infty$，整個拋物線從左邊描繪到右邊

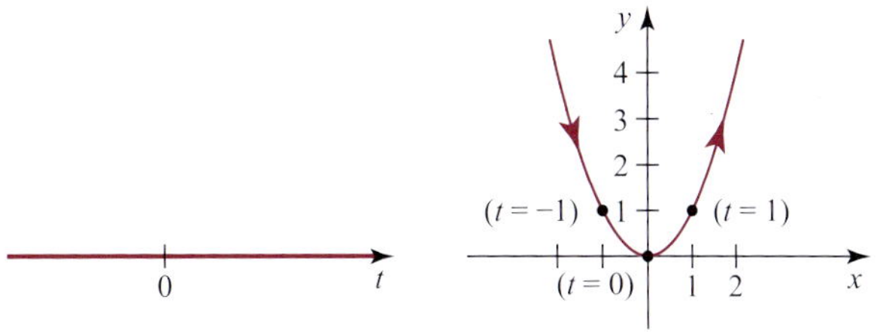

參數區間為 $(-\infty, \infty)$

| $t$ | $(x, y)$ |
|---|---|
| $-1$ | $(-1, 1)$ |
| $0$ | $(0, 0)$ |
| $1$ | $(1, 1)$ |

對於涉及運動的問題，我們自然會使用參數來表示時間 $t$。但其他情形則需要參數不同的表示或解釋，像下面兩個例題所示。此處，以角度為參數。

**例題 3** 描述以參數方程式

$$x = a\cos\theta \quad 與 \quad y = a\sin\theta \quad a > 0$$

表示的曲線且參數區間為
**a.** $[0, \pi]$
**b.** $[0, 2\pi]$
**c.** $[0, 4\pi]$

**解** 因為 $\cos\theta = x/a$ 與 $\sin\theta = y/a$。所以

$$1 = \cos^2\theta + \sin^2\theta = \left(\frac{x}{a}\right)^2 + \left(\frac{y}{a}\right)^2$$

故

$$x^2 + y^2 = a^2$$

這說明所考慮的每條曲線在半徑為 $a$ 且中心在原點的圓內。

**a.** 若 $\theta = 0$，則 $x = a$ 且 $y = 0$。所以 $(a, 0)$ 為此曲線的起點。當 $\theta$ 從 0 遞增到 $\pi$，所求的曲線以逆時針方向走完一次，並在 $(-a, 0)$ 點結束（圖 10.34a）。

**b.** 此處的曲線為完整的一個圓，它以逆時針方向走一圈，從 $(a, 0)$ 開始並在同一點結束（圖 10.34b）。

**c.** 此曲線為一個圓，它以逆時針方向走兩次（twice），從 $(a, 0)$ 開始並在同一點結束（圖 10.34c）。

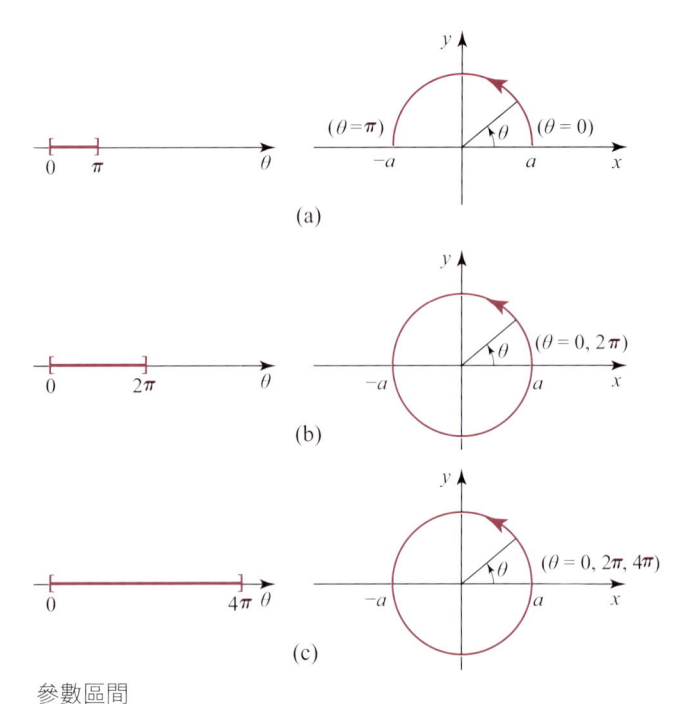

## 圖 10.34

此曲線為 (a) 半圓，(b) 完整的圓，與 (c) 描繪兩次之完整的圓。所有曲線都以逆時針方向描繪

參數區間

**例題 4** 描述曲線

$$x = 4\cos\theta \quad 與 \quad y = 3\sin\theta \quad 0 \leq \theta \leq 2\pi$$

**解** 由第一式解 $\cos\theta$ 並由第二式解 $\sin\theta$ 可得

$$\cos\theta = \frac{x}{4} \quad 與 \quad \sin\theta = \frac{y}{3}$$

每個式子平方後再相加，可得

$$\cos^2\theta + \sin^2\theta = \left(\frac{x}{4}\right)^2 + \left(\frac{y}{3}\right)^2$$

因為 $\cos^2\theta + \sin^2\theta = 1$，所以

$$\frac{x^2}{16} + \frac{y^2}{9} = 1$$

由此得知此曲線在以圓點為中心的橢圓內。若 $\theta = 0$，則 $x = 4$ 且 $y = 0$，故 (4, 0) 為此曲線的起點。當 $\theta$ 從 0 遞增到 $2\pi$，橢圓曲線以逆時針方向描繪並於 (4, 0) 處結束（圖 10.35）。

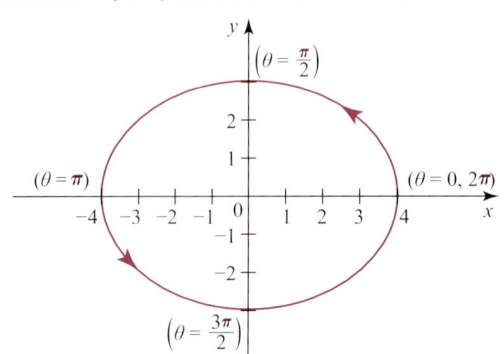

## 圖 10.35

當 $\theta$ 從 0 遞增到 $2\pi$，此曲線是以逆時針方向描繪並於 (4, 0) 處開始與結束之橢圓

## 歷史傳記

**MARIA GAËTANA AGNESI**
(1718–1799)

Maria Gaëtana Agnesi 的特殊學術天分在她年輕時即已顯現,當時她富有的父親為她請了最好的家庭教師。9 歲時,她除了義大利母語外,還學了許多包括希臘文和希伯來文的外語。那時她將一篇她家教老師以義大利文撰寫、關於捍衛婦女接受高等教育權利的文章,翻譯為拉丁文。其後並憑著記憶,將那篇文章送給曾受邀至她家的數位知識份子中之一。雖然 Agnesi 對牛頓物理學極有興趣,不過她主要的興趣卻是宗教學與數學。在 Agnesi 寫了一本微積分的書後,她的天分受到教宗本篤十四世的注意,並聘請她為 Bologna 大學的數學講座。雖然如此,Agnesi 在 1752 年離開了學術界,以實現能夠為其他人服務的熱忱。Agnesi 奉獻其餘生於宗教性的慈善計畫,包括為貧窮者覓得居所。

在 10.2 習題中,21 題的曲線被稱為 **Agnesi 女巫**(witch of Agnesi)。何以它會被賦予如此奇特的名稱?這是因為 Agnesi 發表於 1748 年的著作 *Instituzione analitiche ad uso della gioventu italiana* 被誤譯的緣故。文中關於以直角坐標表示之曲線 $y(x^2 + a^2) = a^3$ 的討論中,她使用了義大利文 versiera,它是由拉丁文 vertere 衍生而來,意指轉動。不過,這個字常與 avversiera,指女巫或魔鬼之妻混淆,以至於該曲線被稱為 Agnesi 女巫。

| 圖 **10.36**
遊艇訓練路線

**例題 5** 遊艇規劃之訓練路線的參數方程式為

$$x = \sin t \quad 與 \quad y = \sin 2t \quad 0 \leq t \leq 2\pi$$

其中 $x$ 與 $y$ 以哩為單位。

**a.** 證明此路線之直角坐標方程式為 $4x^4 - 4x^2 + y^2 = 0$。
**b.** 描述此路線。

**解**

**a.** 使用三角恆等式 $\sin 2t = 2 \sin t \cos t$,則第二個參數方程式可寫成

$$y = 2 \sin t \cos t = 2x \cos t \quad \text{因為 } x = \sin t$$

解 $\cos t$,可得

$$\cos t = \frac{y}{2x}$$

接著使用恆等式 $\sin^2 t + \cos^2 t = 1$,可得

$$x^2 + \left(\frac{y}{2x}\right)^2 = 1$$

$$x^2 + \frac{y^2}{4x^2} = 1$$

即

$$4x^4 - 4x^2 + y^2 = 0$$

**b.** 由 (a) 得知所求的曲線對稱於 $x$ 軸、$y$ 軸與原點。因此只要著重於此曲線在第一象限的部分,然後應用對稱性來完成整個曲線。因為 $\sin t$ 與 $\sin 2t$ 只在 $0 \leq t \leq \frac{\pi}{2}$ 區間都非負,所以先繪畫此曲線在 $[0, \frac{\pi}{2}]$ 區間的圖形。由下表之助得到的曲線展示於圖 10.36。遊艇的方向以箭頭表示。

| $t$ | 0 | $\frac{\pi}{6}$ | $\frac{\pi}{4}$ | $\frac{\pi}{3}$ | $\frac{\pi}{2}$ |
|---|---|---|---|---|---|
| $(x, y)$ | $(0, 0)$ | $\left(\frac{1}{2}, \frac{\sqrt{3}}{2}\right)$ | $\left(\frac{\sqrt{2}}{2}, 1\right)$ | $\left(\frac{\sqrt{3}}{2}, \frac{\sqrt{3}}{2}\right)$ | $(1, 0)$ |

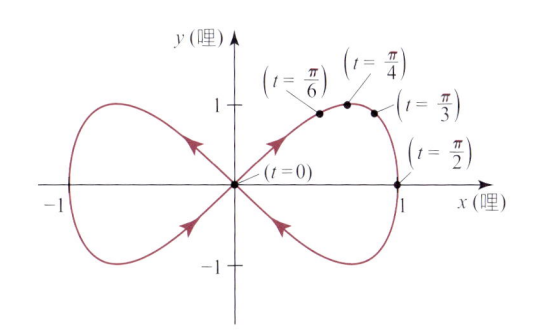

**圖 10.37**
擺線是輪子沿一直線滾動時在該輪子外緣上一固定點 P 之軌跡

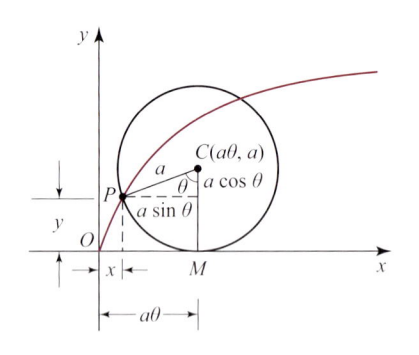

**圖 10.38**
輪子在轉了 θ 弳度後的位置

**例題 6** 擺線　令 P 為輪子外緣上之固定點。若此輪子在不滑動的情況下沿一直線滾動，則 P 點的軌跡稱為**擺線**（cycloid）（圖 10.37）。若半徑為 $a$ 之輪子沿 $x$ 軸滾動，求擺線的參數方程式。

**解**　假設輪子朝 $x$ 軸的正方向滾動且 P 點一開始位於坐標原點。圖 10.38 顯示輪子在轉了 θ 弳度後的位置。若輪子中心為 $C(a\theta, a)$，則由於沒有滑動，輪子所滾動之距離為

$$d(O, M) = PM \text{ 之弧長} = a\theta$$

由圖 10.38 亦可看出 P 點之坐標 $P(x, y)$ 滿足

$$x = d(O, M) - a\sin\theta = a\theta - a\sin\theta = a(\theta - \sin\theta)$$

與

$$y = d(C, M) - a\cos\theta = a - a\cos\theta = a(1 - \cos\theta)$$

雖然這些結果是基於 $0 < \theta < \frac{\pi}{2}$ 之假設，但是可證明它們在其他 θ 值亦成立。因此，所求擺線的參數方程式為

$$x = a(\theta - \sin\theta) \quad \text{與} \quad y = a(1 - \cos\theta) \quad -\infty < \theta < \infty \quad \blacksquare$$

擺線提供兩個數學中著名問題的解：

1. **最速降線問題**（the brachistochrone problem）：粒子受重力影響，由 A 點下滑至非位於其正下方之另一點 B。試問此移動的粒子沿著哪一條曲線下滑所需時間最短（圖 10.39a）？

2. **等時曲線問題**（the tautochrone problem）：求具下列特性之曲線：無論粒子位於曲線何處，自該處滑落至曲線底部所需時間皆相同（圖 10.39b）。

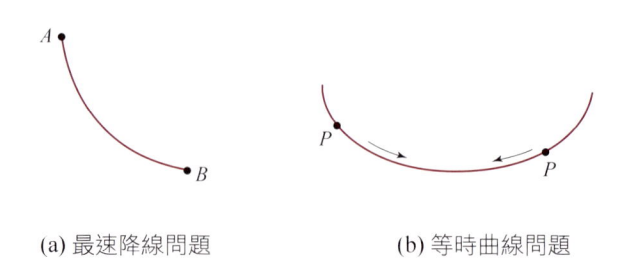

(a) 最速降線問題　　　(b) 等時曲線問題

**圖 10.39**
擺線同時是最速降線問題與等時曲線問題的解

最速降線問題——求粒子沿何曲線下降最快之問題，於 1696 年由瑞士數學家 Johann Bernoulli 提出。因為直線為兩點最短的距離，我們可能會不假思索地推測，這樣的曲線為直線。但是物體若沿著此直線移動，它的速度相對地慢；若沿著一條在 A 點附近較陡

之曲線移動，則雖然路徑長一些，此物體將以較快的速度走過大部分的距離。Johann Bernoulli 與其兄 Jacob Bernoulli, Leibniz, Newton 與 l'Hôpital 等人都曾解過這個問題。他們發現，最快的下降曲線為擺線之一段倒置弧線所構成的曲線（圖 10.39a）。此結論為該曲線也是等時曲線問題的解。

## 10.2 習題

1-14 題，(a) 求直角坐標方程式，它的圖形包含給予之參數方程式的曲線，和 (b) 繪畫曲線 $C$ 並標示它的方向。

1. $x = 2t + 1$, $y = t - 3$
2. $x = \sqrt{t}$, $y = 9 - t$
3. $x = t^2 + 1$, $y = 2t^2 - 1$; $-2 \leq t \leq 2$
4. $x = t^2$, $y = t^3$; $-2 \leq t \leq 2$
5. $x = 2\sin\theta$, $y = 2\cos\theta$; $0 \leq \theta \leq 2\pi$
6. $x = 2\sin\theta$, $y = 3\cos\theta$; $0 \leq \theta \leq 2\pi$
7. $x = 2\cos\theta + 2$, $y = 3\sin\theta - 1$; $0 \leq \theta \leq 2\pi$
8. $x = \cos\theta$, $y = \cos 2\theta$
9. $x = \sec\theta$, $y = \tan\theta$; $-\frac{\pi}{2} < \theta < \frac{\pi}{2}$
10. $x = \sin^2\theta$, $y = \sin^4\theta$; $0 \leq \theta \leq \frac{\pi}{2}$
11. $x = -e^t$, $y = e^{2t}$
12. $x = \ln 2t$, $y = t^2$
13. $x = \cosh t$, $y = \sinh t$
14. $x = (t-1)^2$, $y = (t-1)^3$; $1 \leq t \leq 2$

15-17 題，某粒子在時間 $t$ 的位置為 $(x, y)$。描述此粒子於時間區間 $[a, b]$ 之運動情形。

15. $x = t + 1$, $y = \sqrt{t}$; $[0, 4]$
16. $x = 1 + \cos t$, $y = 2 + \sin t$; $[0, 2\pi]$
17. $x = \sin t$, $y = \sin^2 t$; $[0, 3\pi]$

18. **飛機之飛行路徑** 某飛機以固定方向飛行，起飛 $t$ 秒後的位置 $(x, y)$ 為 $x = \tan(0.025\pi t)$ 與 $y = \sec(0.025\pi t)^{-1}$，其中 $x$ 與 $y$ 以哩為單位。繪畫飛機於 $0 \leq t \leq \frac{40}{3}$ 期間之飛行路徑。

19. 令 $P_1(x_1, y_1)$ 與 $P_2(x_2, y_2)$ 為平面上相異的兩點。證明參數方程式

$$x = x_1 + (x_2 - x_1)t \quad \text{與} \quad y = y_1 + (y_2 - y_1)t$$

描述 (a) 經過 $P_1$ 與 $P_2$ 之直線，其中 $-\infty < t < \infty$，和 (b) 當 $0 \leq t \leq 1$，連接 $P_1$ 與 $P_2$ 的線段。

20. 證明

$$x = a\sec t + h \quad \text{與} \quad y = b\tan t + k$$
$$t \in \left(-\frac{\pi}{2}, \frac{\pi}{2}\right) \cup \left(\frac{\pi}{2}, \frac{3\pi}{2}\right)$$

為中心在 $(h, k)$ 之雙曲線的方程式，且它的橫軸與共軛軸的長度分別為 $2a$ 和 $2b$。

21. **Agnesi 女巫**（witch of Agnesi）為下圖的曲線。證明此曲線之參數方程式為

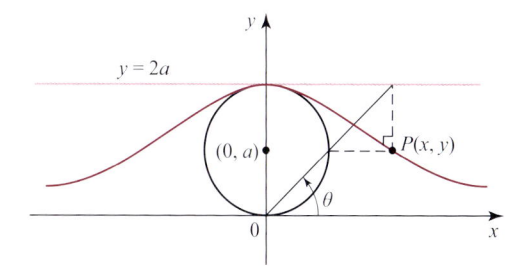

$$x = 2a\cot\theta \quad \text{與} \quad y = 2a\sin^2\theta$$

22-23 題，判斷下列敘述是對或是錯。如果它是對，解釋你的理由。如果它是錯，請解釋你的理由或舉例說明。

22. 參數方程式 $x = \cos^2 t$ 與 $y = \sin^2 t$，$-\infty < t < \infty$，與 $x + y = 1$ 的圖形相同。

23. 參數方程式為 $x = f(t) + a$ 與 $y = g(t) + b$ 之曲線是由參數方程式 $x = f(t)$ 與 $y = g(t)$ 之曲線 $C$ 水平與垂直平移所產生的。

## 10.3 參數方程式的微積分

### ■ 由參數方程式定義的曲線之切線

假設 $C$ 為一平滑的曲線，它的參數方程式為 $x = f(t)$ 與 $y = (t)$ 且參數區間為 $I$，希望求在此曲線上的點 $P$ 之切線斜率（圖 10.40）。令 $t_0$ 為 $I$ 內的點並對應於 $P$，並令 $(a, b)$ 為 $I$ 之子區間，它包含 $t_0$ 並對應於圖 10.40 曲線 $C$ 所強調的部分。此集合 $C$ 為 $x$ 之函數圖形，可應用垂直線檢驗法證明。

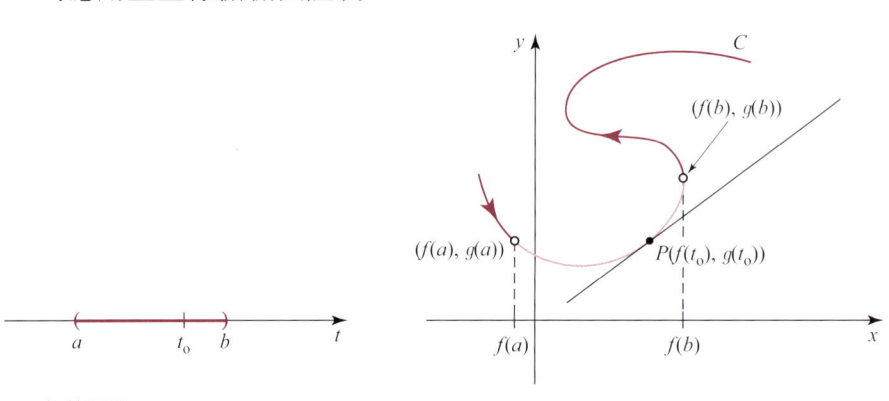

**圖 10.40**

要求此曲線上 $P$ 點的切線斜率

參數區間

將此函數表示為 $F$，使得 $y = F(x)$，其中 $f(a) < x < f(b)$。因為 $x = f(t)$ 且 $y = g(t)$，所以將此式子改寫成

$$g(t) = F[f(t)]$$

應用連鎖規則可得

$$g'(t) = F'[f(t)]f'(t)$$
$$= F'(x)f'(t) \quad \text{以 } x \text{ 取代 } f(t)$$

若 $f'(t) \neq 0$，則解 $F'(x)$ 可得

$$F'(x) = \frac{g'(t)}{f'(t)}$$

它也可寫成

$$\text{若 } \frac{dx}{dt} \neq 0 \text{ , } \frac{dy}{dx} = \frac{\dfrac{dy}{dt}}{\dfrac{dx}{dt}} \tag{1}$$

計算式 (1) 在 $t_0$ 處的值即為所求之 $P$ 點上的切線斜率。觀察到由式 (1) 可直接解此問題，不需要消去 $t$。

**例題 1** 求曲線

$$x = \sec t \qquad y = \tan t \qquad -\frac{\pi}{2} < t < \frac{\pi}{2}$$

於 $t = \pi/4$ 處之切線方程式（圖 10.41）。

**解** 此曲線上任意點 $(x, y)$ 之切線斜率為

$$\frac{dy}{dx} = \frac{\dfrac{dy}{dt}}{\dfrac{dx}{dt}} = \frac{\sec^2 t}{\sec t \tan t} = \frac{\sec t}{\tan t}$$

尤其是在 $t = \pi/4$ 處之點的切線斜率為

$$\left.\frac{dy}{dx}\right|_{t=\pi/4} = \frac{\sec\dfrac{\pi}{4}}{\tan\dfrac{\pi}{4}} = \frac{\sqrt{2}}{1} = \sqrt{2}$$

又當 $t = \pi/4$，$x = \sec(\pi/4) = \sqrt{2}$ 且 $y = \tan(\pi/4) = 1$，得到切點 $(\sqrt{2}, 1)$。最後，應用直線方程式之點斜式，可得所求的式子：

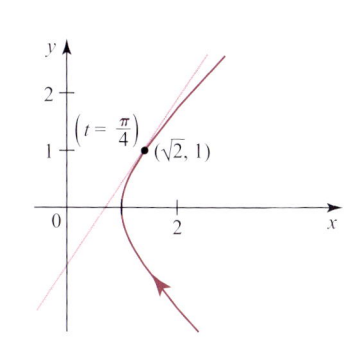

$$y - 1 = \sqrt{2}(x - \sqrt{2}) \quad 即 \quad y = \sqrt{2}x - 1 \qquad \blacksquare$$

**圖 10.41**
在曲線上 $(\sqrt{2}, 1)$ 處之切線

## 水平切線和垂直切線

參數方程式 $x = f(t)$ 與 $y = g(t)$ 所表示之曲線 $C$ 上 $(x, y)$ 處有**水平**（horizontal）切線，其中 $dy/dt = 0$ 且 $dx/dt \neq 0$，並有**垂直**（vertical）切線，其中 $dx/dt = 0$ 且 $dy/dt \neq 0$，所以 $dy/dx$ 在那裡是沒有定義的。故使 $dx/dt$ 與 $dy/dt$ 同時為零的點就可能有水平切線與垂直切線，並可用 l'Hôpital 的規則驗證。

**例題 2** 已知參數方程式為 $x = t^2$ 與 $y = t^3 - 3t$ 之曲線 $C$。
**a.** 求使 $C$ 上之切線為水平或垂直的點。
**b.** 求 $C$ 之 $x$ 截距與 $y$ 截距。
**c.** 繪畫 $C$ 的圖形。

**解**
**a.** 令 $dy/dt = 0$，則 $3t^2 - 3 = 0$，即 $t = \pm 1$。這些 $t$ 值的 $dx/dt = 2t \neq 0$，所以在 $C$ 上對應於 $t = \pm 1$ 之點，亦即，點 $(1, -2)$ 與 $(1, 2)$ 有水平切線。接著，令 $dx/dt = 0$，則 $2t = 0$，即 $t = 0$。此 $t$ 值之 $dy/dt \neq 0$，所以在 $C$ 上對應於 $t = 0$ 之點，即 $(0, 0)$ 有垂直切線。

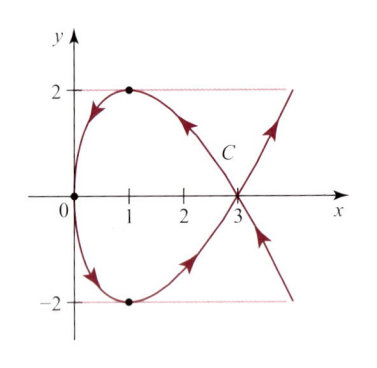

圖 10.42

$x = t^2, y = t^3 - 3t$ 與在 $t = \pm 1$ 的切線的圖形

**b.** 求 $x$ 截距，令 $y = 0$，可得 $t^3 - 3t = t(t^2 - 3) = 0$，即 $t = -\sqrt{3}, 0$ 與 $\sqrt{3}$。將這些 $t$ 值代入 $x$ 的表示式，得到 $x$ 截距為 $0$ 與 $3$。接著令 $x = 0$，得到 $t = 0$ 並代入 $y$ 的表示式，得到 $y$ 截距為 $0$。

**c.** 應用 (a) 與 (b) 的訊息得到的 $C$ 圖形展示於圖 10.42。

## 由參數方程式求 $d^2y/dx^2$

假設參數方程式 $x = f(t)$ 與 $y = g(t)$ 定義 $y$ 在某適當的區間為 $x$ 之可二次微分的函數，則由式 (1) 及連鎖規則之另一應用可得 $d^2y/dx^2$。

$$\text{若 } \frac{dx}{dt} \neq 0 \, , \, \frac{d^2y}{dx^2} = \frac{d}{dx}\left(\frac{dy}{dx}\right) = \frac{\dfrac{d}{dt}\left(\dfrac{dy}{dx}\right)}{\dfrac{dx}{dt}} \tag{2}$$

可用相似的方法求高階導數。

**例題 3** 已知 $x = t^2 - 4$ 和 $y = t^3 - 3t$，求 $\dfrac{d^2y}{dx^2}$。

**解** 首先由式 (1) 計算

$$\frac{dy}{dx} = \frac{\dfrac{dy}{dt}}{\dfrac{dx}{dt}} = \frac{3t^2 - 3}{2t}$$

接著由式 (2) 可得

$$\frac{d^2y}{dx^2} = \frac{\dfrac{d}{dt}\left(\dfrac{dy}{dx}\right)}{\dfrac{dx}{dt}} = \frac{\dfrac{d}{dt}\left(\dfrac{3t^2 - 3}{2t}\right)}{2t}$$

$$= \frac{\dfrac{(2t)(6t) - (3t^2 - 3)(2)}{4t^2}}{2t} \quad \text{使用除法規則}$$

$$= \frac{6t^2 + 6}{8t^3} = \frac{3(t^2 + 1)}{4t^3}$$

## 平滑曲線的長度

平滑函數 $f$ 在 $[a, b]$ 區間之圖形的長度 $L$ 的公式為

$$L = \int_a^b \sqrt{1 + [f'(x)]^2} \, dx \tag{3}$$

現在將此結果一般化，使它可用在參數方程式的曲線。首先解釋以參數定義之平滑曲線的意思。假設 $C$ 為定義於參數區間 $I$ 之參數方程式 $x=f(t)$ 與 $y=g(t)$，若 $f'$ 與 $g'$ 在 $I$ 連續且除了可能在 $I$ 的端點以外不同時為零，則稱 $C$ 為**平滑的**（smooth）。一條平滑曲線不會出現角或尖的圖形。譬如：於 10.2 節中的擺線（圖 10.37），它在 $x = 2n\pi a$ 處有尖角，所以它不是平滑的。然而，它在那些點之間的部分是平滑的。

接著令 $P = \{t_0, t_1, \ldots, t_n\}$ 為參數區間的正分割，則點 $P_k(f(t_k), g(t_k))$ 在 $C$ 上且 $C$ 之長度可由頂點為 $P_0, P_1, \ldots, P_n$ 之多邊曲線（圖 10.43）的長度來近似。即

$$L \approx \sum_{k=1}^{n} d(P_{k-1}, P_k) \tag{4}$$

其中

$$d(P_{k-1}, P_k) = \sqrt{[f(t_k) - f(t_{k-1})]^2 + [g(t_k) - g(t_{k-1})]^2}$$

$f$ 與 $g$ 都有連續的導數，所以由均值定理得知

$$f(t_k) - f(t_{k-1}) = f'(t_k^*)(t_k - t_{k-1})$$

和

$$g(t_k) - g(t_{k-1}) = g'(t_k^{**})(t_k - t_{k-1})$$

其中 $t_k^*$ 與 $t_k^{**}$ 為 $(t_{k-1}, t_k)$ 內的點。將這些式子代入式 (4)，可得

$$L \approx \sum_{k=1}^{n} d(P_{k-1}, P_k) = \sum_{k=1}^{n} \sqrt{[f'(t_k^*)]^2 + [g'(t_k^{**})]^2}\,\Delta t \tag{5}$$

它就是曲線長度的定義

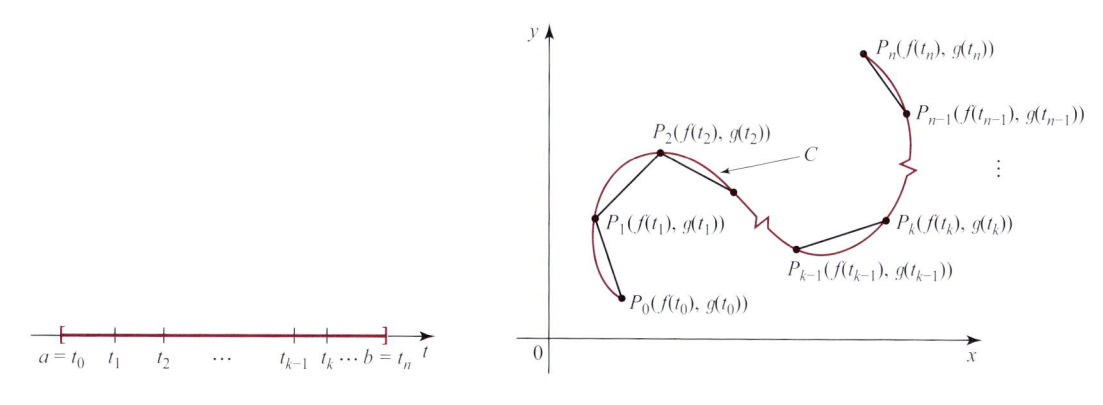

**圖 10.43**

$C$ 的長度可由多邊曲線（黑色線）的長度來近似

$$L = \lim_{n\to\infty} \sum_{k=1}^{n} d(P_{k-1}, P_k)$$

$$= \lim_{n\to\infty} \sum_{k=1}^{n} \sqrt{[f'(t_k^*)]^2 + [g'(t_k^{**})]^2}\, \Delta t \tag{6}$$

式 (6) 的和看起來像函數 $\sqrt{[f']^2 + [g']^2}$ 的黎曼和，然而 $t_k^*$ 不一定等於 $t_k^{**}$，所以它不是黎曼和。但是可以證明式 (6) 的極限與 $t_k^* = t_k^{**}$ 的式子相同。故

$$L = \int_a^b \sqrt{[f'(t)]^2 + [g'(t)]^2}\, dt$$

其結論如下。

---

**定理 1　平滑曲線的長度**

令 $C$ 為定義在參數區間 $[a, b]$ 之參數方程式 $x = f(t)$ 與 $y = g(t)$ 的平滑曲線。若 $C$ 除了可能在 $t = a$ 與 $t = b$ 以外自身不會相交，則 $C$ 的長度為

$$L = \int_a^b \sqrt{[f'(t)]^2 + [g'(t)]^2}\, dt = \int_a^b \sqrt{\left(\frac{dx}{dt}\right)^2 + \left(\frac{dy}{dt}\right)^2}\, dt \tag{7}$$

---

**註**　$L = \int ds$，其中 $(ds)^2 = (dx)^2 + (dy)^2$。

**例題 4**　求擺線

$$x = a(\theta - \sin\theta) \qquad y = a(1 - \cos\theta)$$

的一個拱形長度（見 10.2 節例題 6）。

**解**　擺線的一個拱形為 $\theta$ 從 0 到 $2\pi$ 的軌跡。現在

$$\frac{dx}{d\theta} = a(1 - \cos\theta) \quad \text{且} \quad \frac{dy}{d\theta} = a\sin\theta$$

由式 (7) 得到長度

$$L = \int_0^{2\pi} \sqrt{\left(\frac{dx}{d\theta}\right)^2 + \left(\frac{dy}{d\theta}\right)^2}\, d\theta = \int_0^{2\pi} \sqrt{a^2(1-\cos\theta)^2 + a^2\sin^2\theta}\, d\theta$$

$$= \int_0^{2\pi} \sqrt{a^2 - 2a^2\cos\theta + a^2\cos^2\theta + a^2\sin^2\theta}\, d\theta$$

$$= a\int_0^{2\pi} \sqrt{2(1 - \cos\theta)}\, d\theta \qquad \sin^2\theta + \cos^2\theta = 1$$

要計算這個積分，必須使用恆等式 $\sin^2 x = \frac{1}{2}(1 - \cos 2x)$，其中 $\theta = 2x$。由此可得 $1 - \cos\theta = 2\sin^2(\theta/2)$，故

$$L = a\int_0^{2\pi} \sqrt{4\sin^2\frac{\theta}{2}}\,d\theta = 2a\int_0^{2\pi} \sin\frac{\theta}{2}\,d\theta \quad \text{在 } [0, 2\pi]\text{，}\sin\frac{\theta}{2} \geq 0$$

$$= -4a\left[\cos\frac{\theta}{2}\right]_0^{2\pi} = -4a(-1-1) = 8a \quad \blacksquare$$

## 旋轉體的表面積

公式 $S = 2\pi \int y\,ds$ 與 $S = 2\pi \int x\,ds$ 為旋轉體的表面積，它是函數圖形分別繞 $x$ 軸與 $y$ 軸產生的。這些公式也適用於求由參數方程式之曲線分別繞 $x$ 軸與 $y$ 軸產生的旋轉體之表面積，附帶弧線之元素長度 $ds$ 可以對等的其他變數表示。這些結果可由推導式 (7) 的方法推導出來，並敘述如下。

---

**定理 2　旋轉體的表面積**

令 $C$ 為定義於參數區間 $[a, b]$ 之參數方程式 $x = f(t)$ 與 $y = g(t)$ 的平滑曲線，並假設 $C$ 除了可能在 $t = a$ 與 $t = b$ 以外自身不會相交。若對於 $[a, b]$ 內所有 $t$，$g(t) \geq 0$，則由 $C$ 繞 $x$ 軸旋轉產生之旋轉體的表面積 $S$ 為

$$S = 2\pi \int_a^b y\sqrt{[f'(t)]^2 + [g'(t)]^2}\,dt = 2\pi \int_a^b y\sqrt{\left(\frac{dx}{dt}\right)^2 + \left(\frac{dy}{dt}\right)^2}\,dt \quad \textbf{(8)}$$

對於 $[a, b]$ 內所有 $t$，若 $f(t) \geq 0$，則由 $C$ 繞 $y$ 軸旋轉產生之旋轉體的表面積 $S$ 為

$$S = 2\pi \int_a^b x\sqrt{[f'(t)]^2 + [g'(t)]^2}\,dt = 2\pi \int_a^b x\sqrt{\left(\frac{dx}{dt}\right)^2 + \left(\frac{dy}{dt}\right)^2}\,dt \quad \textbf{(9)}$$

---

**例題 5**　證明半徑 $r$ 之球的表面積為 $4\pi r^2$。

**解**　這個球是由半圓

$$x = r\cos t \qquad y = r\sin t \qquad 0 \leq t \leq \pi$$

繞 $x$ 軸旋轉產生的。由式 (8) 得到此球之表面積為

$$S = 2\pi \int_0^\pi r\sin t \sqrt{(-r\sin t)^2 + (r\cos t)^2}\,dt$$

$$= 2\pi r \int_0^\pi \sin t \sqrt{r^2(\sin^2 t + \cos^2 t)}\,dt$$

$$= 2\pi r \int_0^\pi r\sin t\,dt \qquad \sin^2\theta + \cos^2\theta = 1$$

$$= 2\pi r^2\left[-\cos t\right]_0^\pi = 2\pi r^2[-(-1) + 1] = 4\pi r^2 \quad \blacksquare$$

## 10.3 習題

1-3 題，求曲線上對應於給予的參數值之點上的切線斜率。

1. $x = t^2 + 1$, $y = t^2 - t$; $t = 1$
2. $x = \sqrt{t}$, $y = \dfrac{1}{t}$; $t = 1$
3. $x = 2 \sin \theta$, $y = 3 \cos \theta$; $\theta = \dfrac{\pi}{4}$
4. 求曲線上對應於給予的參數值之點上的切線方程式。

   $x = 2t - 1$, $y = t^3 - t^2$; $t = 1$

5. 求曲線上的點，使得在該點的切線斜率為 $m$。

   $x = 2t^2 - 1$, $y = t^3$; $m = 3$

6-7 題，求曲線上的點，使得在該點的切線斜率為水平線或垂直線。並繪畫此曲線。

6. $x = t^2 - 4$, $y = t^3 - 3t$
7. $x = 1 + 3 \cos t$, $y = 2 - 2 \sin t$

8-11 題，求 $dy/dx$ 與 $d^2y/dx^2$。

8. $x = 3t^2 + 1$, $y = 2t^3$
9. $x = \sqrt{t}$, $y = \dfrac{1}{t}$
10. $x = \theta + \cos \theta$, $y = \theta - \sin \theta$
11. $x = \cosh t$, $y = \sinh t$
12. 令 $C$ 是定義為參數方程式 $x = t^2$ 與 $y = t^3 - 3t$ 的曲線（見例題 2）。求 $d^2y/dx^2$，並使用此結果來決定曲線 $C$ 凹面向上與凹面向下的區間。
13. 證明星形線 $x^{2/3} + y^{2/3} = a^{2/3}$ 之參數方程式為 $x = a \cos^3 t$ 與 $y = a \sin^3 t$。求此星形線上之切線斜率的參數方程式。試問此星形線上之切線斜率為 $-1$ 與 $1$ 的切點分別為何？

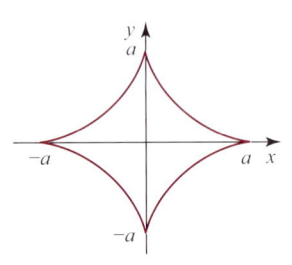

14. 已知函數 $y = f(x)$ 之參數方程式為

    $x = t^5 + 5t^3 + 10t + 2$

    與 $y = 2t^3 - 3t^2 - 12t + 1$    $-2 \leq t \geq 2$

    求 $f$ 的絕對極大值與絕對極小值。

15-17 題，求給予的參數方程式之曲線長度。

15. $x = 2t^2$, $y = 3t^3$; $0 \leq t \leq 1$
16. $x = \sin^2 t$, $y = \cos 2t$; $0 \leq t \leq \pi$
17. $x = a(\cos t + t \sin t)$, $y = a(\sin t - t \cos t)$;

    $0 \leq t \leq \dfrac{\pi}{2}$

18. 求參數方程式

    $$x = a(2 \cos t - \cos 2t)$$

    與

    $$y = a(2 \sin t - \sin 2t)$$

    的心臟線之長度。

19. 某物體於任意時間 $t$ 的位置為 $(x, y)$，其中 $x = \cos^2 t$ 且 $y = \sin^2 t$, $0 \leq t \leq 2\pi$。求當 $t$ 從 $t = 0$ 到 $t = 2\pi$，此物體移動的距離。

20-22 題，求曲線繞 $x$ 軸旋轉產生之曲面的面積。

20. $x = t^3$, $y = t^2$; $0 \leq t \leq 1$
21. $x = \dfrac{1}{3}t^3$, $y = 4 - \dfrac{1}{2}t^2$; $0 \leq t \leq 2\sqrt{2}$
22. $x = t - \sin t$, $y = 1 - \cos t$; $0 \leq t \leq 2\pi$

23-24 題，求曲線繞 $y$ 軸旋轉產生之曲面的面積。

23. $x = 3t^2$, $y = 2t^3$; $0 \leq t \leq 1$
24. $x = e^t - t$, $y = 4e^{t/2}$; $0 \leq t \leq 1$
25. 已知圓 $x^2 + (y - b)^2 = r^2 (0 < r < b)$ 繞 $x$ 軸旋轉產生環形圓曲面，求其表面積。

    提示：將圓方程式以參數式表示：
    $x = r \cos t$, $y = b + r \sin t$, $0 \leq t \leq 2\pi$

26. 證明

    $$x = \dfrac{2at}{1 + t^2} \qquad y = \dfrac{a(1 - t^2)}{1 + t^2}$$

    為圓的參數方程式，其中 $a > 0$ 且 $-\infty < t < \infty$。試問它的圓心與半徑為何？

27. 求笛卡兒葉形線 $x^3 + y^3 = 3axy$ 之參數方程式，它的參數 $t = y/x$。

28 題，判斷下列敘述是對或是錯。如果它是對，解釋你的理由。如果它是錯，請解釋你的理由或舉例說明。

28. 若 $x = f(t)$ 與 $y = g(t)$，且 $f$ 與 $g$ 都有二階導數，又 $f'(t) \neq 0$，則

    $$\dfrac{d^2y}{dx^2} = \dfrac{f'(t)g''(t) - g'(t)f''(t)}{[f'(t)^2]}$$

## 10.4 極坐標

圖 10.44a 展示的曲線為雙紐線,且圖 10.44b 展示的為心臟線。這兩個曲線之直角坐標方程式分別為

$$(x^2 + y^2)^2 = 4(x^2 - y^2)$$

與

$$x^4 - 2x^3 + 2x^2y^2 - 2xy^2 - y^2 + y^4 = 0$$

如同所見,這些式子有些複雜。譬如:若想計算圖 10.44a 雙紐線的雙圈所圍區域之面積或圖 10.44b 心臟線的長度,這些方程式是沒什麼用的。

**圖 10.44**
(a) 的雙紐線之直角坐標方程式為
$(x^2 + y^2)^2 = 4(x^2 - y^2)$,且 (b) 的心臟線之直角坐標方程式為
$x^4 - 2x^3 + 2x^2y^2 - 2xy^2 - y^2 + 4y = 0$

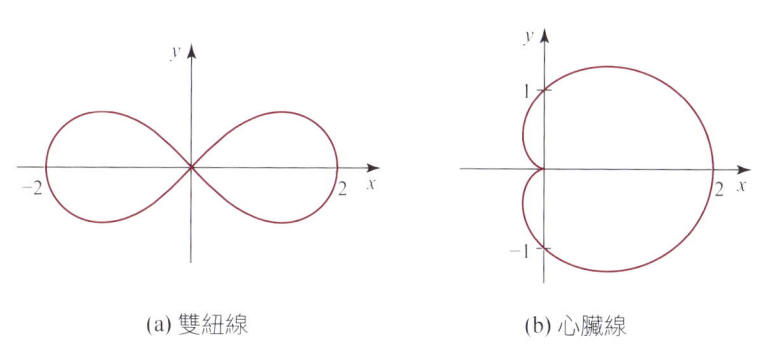

(a) 雙紐線  (b) 心臟線

自然會產生的問題為:是否存在異於直角坐標系的其他坐標系,它可簡單地表示像雙紐線與心臟線之曲線呢?其中之一的系統稱為極坐標系統(polar coordinate system)。

### 極坐標系統

為建立極坐標系統,先固定點 $O$ 稱為**極點**(pole)〔或**原點**(origin)〕並畫一條射線(半線)由 $O$ 射出稱為**極軸**(polar axis)。假設 $P$ 為平面上任意點,令 $r$ 表示由 $O$ 到 $P$ 方向的距離,並令 $\theta$ 表示極軸與線段 $OP$ 的夾角(以度或弳度為單位)(圖 10.45),則點 $P$ 表示為有序對 $(r, \theta)$,並寫成 $P(r, \theta)$,其中數 $r$ 與 $\theta$ 稱為 $P$ 的**極坐標**(polar coordinates)。

若**角的坐標**(angular coordinate)$\theta$ 以逆時針方向由極軸開始測量,則它是正的,若它以順時針方向測量,則它是負的。**徑向的坐標**(radial coordinate)$r$ 可為正值也可為負值。若 $r > 0$,則 $P(r, \theta)$ 位於 $\theta$ 的終邊上並距離極點 $r$ 處。若 $r < 0$,則 $P(r, \theta)$ 位於 $\theta$ 的終邊反方向之射線上並距離極點 $|r| = -r$ 處(圖 10.46)。又習慣上,極點 $O$ 表示為有序對 $(0, \theta)$,$\theta$ 為任意(any)值。最後,賦予極坐標系統

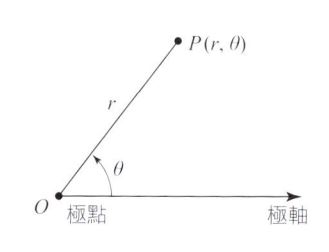

**圖 10.45**

的平面稱為 $r\theta$ 平面。

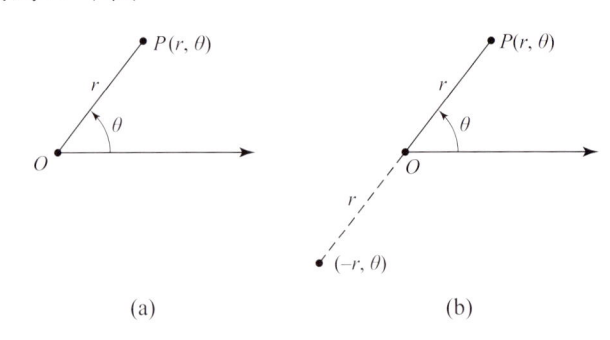

| **圖 10.46**

$r > 0$

**例題 1** 將下列的點標繪於 $r\theta$ 平面。

**a.** $\left(1, \dfrac{2\pi}{3}\right)$　　**b.** $\left(2, -\dfrac{\pi}{4}\right)$　　**c.** $\left(-2, \dfrac{\pi}{3}\right)$　　**d.** $(2, -3\pi)$

**解** 這些點標繪於圖 10.47。

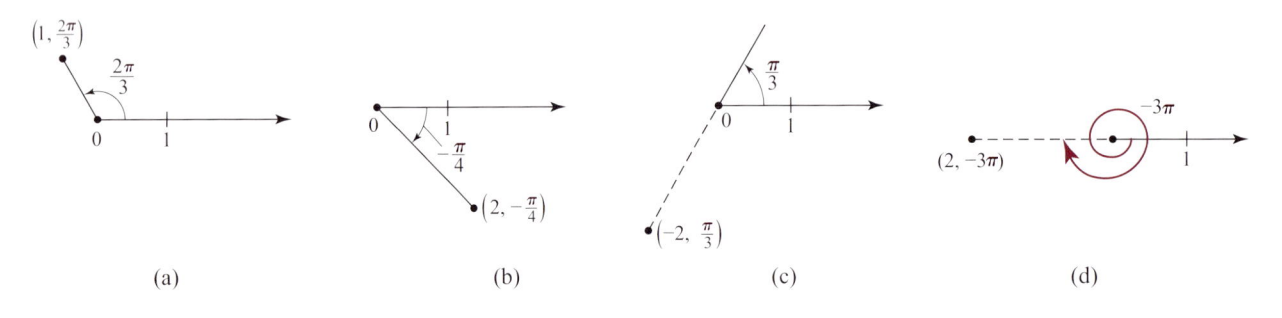

| **圖 10.47**

例題 1 的點

　　不像直角坐標系統點的表示方式，極坐標系統點的表示方式不（not）是唯一。譬如：點 $(r, \theta)$ 也可寫成 $(r, \theta + 2n\pi)$ 或 $(-r, \theta + (2n + 1)\pi)$，其中 $n$ 為任意實數。圖 10.48a 與圖 10.48b 分別展示 $n = 1$ 與 $n = 0$ 的情形。

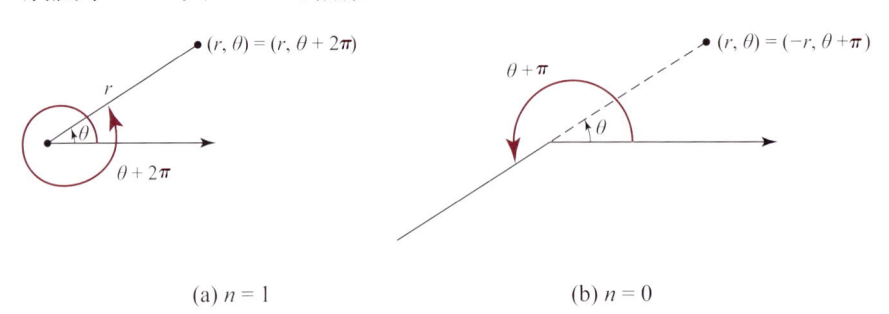

| **圖 10.48**

極坐標系統中，點的表示方式不是唯一

## 極坐標和直角坐標之間的關係

　　為建立極坐標與直角坐標之間的關係，將 $xy$ 平面附加在 $r\theta$ 平面上，共用原點並將 $x$ 軸置於極軸上。令 $P$ 為平面上異於原點之其他點，它的直角坐標為 $(x, y)$ 且極坐標為 $(r, \theta)$。圖 10.49a 展示

$r > 0$ 的情形，而圖 10.49b 則展示 $r < 0$ 的情形。若 $r > 0$，則由圖直接得知

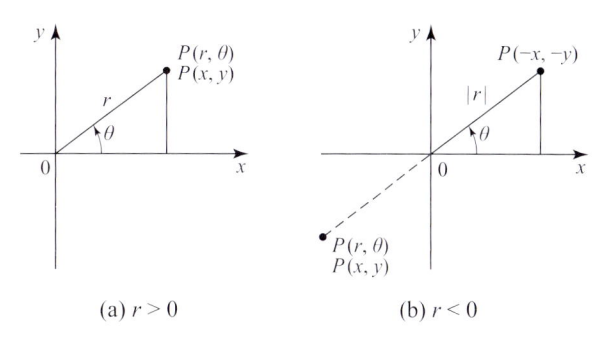

$$\cos\theta = \frac{x}{r} \quad \sin\theta = \frac{y}{r}$$

**圖 10.49**
極坐標與直角坐標之間的關係

(a) $r > 0$      (b) $r < 0$

所以 $x = r\cos\theta$ 且 $y = r\sin\theta$。若 $r < 0$，參考圖 10.49b 得知

$$\cos\theta = \frac{-x}{|r|} = \frac{-x}{-r} = \frac{x}{r} \quad \sin\theta = \frac{-y}{|r|} = \frac{-y}{-r} = \frac{y}{r}$$

可得 $x = r\cos\theta$ 與 $y = r\sin\theta$。最後的結論為

$$x^2 + y^2 = r^2 \quad \text{且} \quad \text{當 } x \neq 0 \text{，} \tan\theta = \frac{y}{x}$$

---

**極坐標與直角坐標之間的關係**

假設點 $P$（異於原點）之極坐標為 $(r, \theta)$ 且其直角坐標為 $(x, y)$，則

$$x = r\cos\theta \quad \text{且} \quad y = \sin\theta \qquad (1)$$

$$r^2 = x^2 + y^2 \quad \text{且} \quad \text{當 } x \neq 0 \text{，} \tan\theta = \frac{y}{x} \qquad (2)$$

---

**例題 2** 已知點之極坐標為 $(4, \frac{\pi}{6})$，求它的直角坐標。

**解** 此處的 $r = 4$ 且 $\theta = \pi/6$。由式 (1) 可得

$$x = r\cos\theta = 4\cos\frac{\pi}{6} = 4 \cdot \frac{\sqrt{3}}{2} = 2\sqrt{3}$$

$$y = r\sin\theta = 4\sin\frac{\pi}{6} = 4 \cdot \frac{1}{2} = 2$$

所以已知點之直角坐標為 $(2\sqrt{3}, 2)$。

**例題 3** 已知點之直角坐標為 $(-1, 1)$，求它的極坐標。

**解** 此處 $x = -1$ 且 $y = \pi/6$。由式 (2) 可得

$$r^2 = x^2 + y^2 = (-1)^2 + 1^2 = 2$$

與

$$\tan\theta = \frac{y}{x} = -1$$

取 $r$ 為正；亦即，$r = \sqrt{2}$。接著觀察得知 $(-1, 1)$ 位於第二象限並取 $\theta = 3\pi/4$（其他選擇為 $\theta = (3\pi/4) \pm 2n\pi$，$n$ 為整數）。所以已知點之極坐標為 $\left(\sqrt{2}, \frac{3\pi}{4}\right)$。∎

### ■ 極坐標方程式的圖形

**極坐標方程式**（polar equation）$r = f(\theta)$ 或更一般地，$F(r, \theta) = 0$ 的圖形為滿足此式子的所有點 $(r, \theta)$ 組成的集合。

**例題 4** 繪畫極坐標方程式的圖形，並以它所對應的直角坐標方程式來驗證它們的一致性。

**a.** $r = 2$    **b.** $\theta = \dfrac{2\pi}{3}$

**解**

**a.** $r = 2$ 的圖形為由 $r = 2$ 與任意（any）$\theta$ 值的點 $P(r, \theta)$ 組成的集合。$r$ 表示 $P$ 到極點 $O$ 的距離，所以此圖形為由距離極點 2 個單位的點所組成的；換言之，$r = 2$ 的圖形是中心在原點且半徑為 2 的圓（圖 10.50a）。為求相對應的直角坐標方程式，將已知方程式等號兩邊同時平方，得到 $r^2 = 4$。但是由式 (2) $r^2 = x^2 + y^2$ 與此式可得 $x^2 + y^2 = 4$。它是中心在原點且半徑為 2 的圓之直角坐標方程式，所以之前得到的結果是正確的。

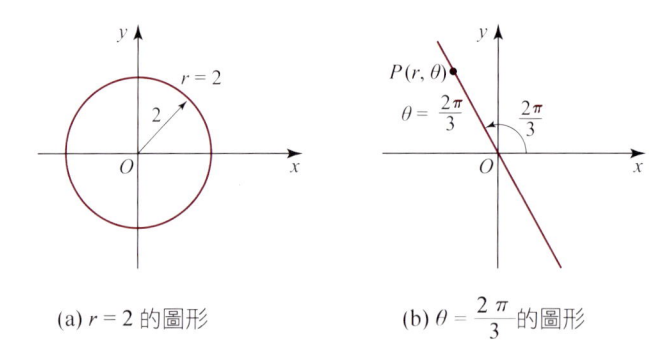

**圖 10.50**　(a) $r = 2$ 的圖形　(b) $\theta = \dfrac{2\pi}{3}$ 的圖形

**b.** $\theta = 2\pi/3$ 的圖形是由 $\theta = 2\pi/3$ 與任意（any）$r$ 值的點 $P(r, \theta)$ 組成之集合。因為 $\theta$ 表示線段 $OP$ 與極軸的夾角，所以此圖形是由位於經過極點 $O$ 並與極軸的夾角為 $2\pi/3$ 之直線上的點所組成的（圖 10.50b）。觀察到第二象限之半線上的點，它們的 $r > 0$，但是在第四象限之半線上的點，它們的 $r < 0$。為求對應的直角坐標方程式，應用式 (2) 之 $\tan\theta = y/x$，可得

$$\tan\frac{2\pi}{3} = \frac{y}{x} \quad \text{或} \quad \frac{y}{x} = -\sqrt{3}$$

即 $y = -\sqrt{3}x$。此式子確認 $\theta = 2\pi/3$ 之圖形為斜率 $-\sqrt{3}$ 之直線。■

如直角坐標方程式的情形，我們都是先標繪此圖上的點，再將它們連接起來的方式，繪畫簡單的極坐標方程式之圖形。

**例題 5** 繪畫極坐標方程式 $r = 2\sin\theta$ 的圖形。求它的直角坐標方程式並驗證你的結果。

**解** 下表陳述對照於某些有用的 $\theta$ 值之 $r$ 值。因為超過 $\pi$ 的 $\theta$ 值與點 $(r, \theta)$ 相同，所以可以將 $\theta$ 值限制在 0 到 $\pi$ 之間。

| $\theta$ | 0 | $\frac{\pi}{6}$ | $\frac{\pi}{4}$ | $\frac{\pi}{3}$ | $\frac{\pi}{2}$ | $\frac{2\pi}{3}$ | $\frac{3\pi}{4}$ | $\frac{5\pi}{6}$ | $\pi$ |
|---|---|---|---|---|---|---|---|---|---|
| $r$ | 0 | 1 | $\sqrt{2} \approx 1.4$ | $\sqrt{3} \approx 1.7$ | 2 | $\sqrt{3} \approx 1.7$ | $\sqrt{2} \approx 1.4$ | 1 | 0 |

$r = 2\sin\theta$ 的圖形如圖 10.51 所示。為求對應的直角坐標方程式，將 $r = 2\sin\theta$ 等號兩邊同乘 $r$，可得 $r^2 = 2r\sin\theta$，接著由式 (2) $r^2 = x^2 + y^2$ 與式 (1) $y = r\sin\theta$ 得到所要的式子

$$x^2 + y^2 = 2y \quad 即 \quad x^2 + y^2 - 2y = 0$$

最後對 $y$ 做完全平方，可得

$$x^2 + y^2 - 2y + (-1)^2 = 1$$

即

$$x^2 + (y - 1)^2 = 1$$

它是中心 $(0, 1)$ 且半徑 1 的圓方程式，如之前所得。■

有時候如最後幾個例題，我們會將極坐標方程式的圖形先轉換成直角坐標方程式，然後再繪圖。但是如所見，有些圖形用極坐標畫比較容易。

**圖 10.51**
$r = 2\sin\theta$ 的圖形為圓。要標繪點之前先畫一條所要之角度的射線，然後再將線上與極點所要的距離處標點

## ■ 對稱性

又如直角坐標方程式，以對稱性來繪畫圖形較容易，對稱性對極坐標方程式也有相同的作用。三種對稱性展示於圖 10.52。每種對稱性的檢驗如下。

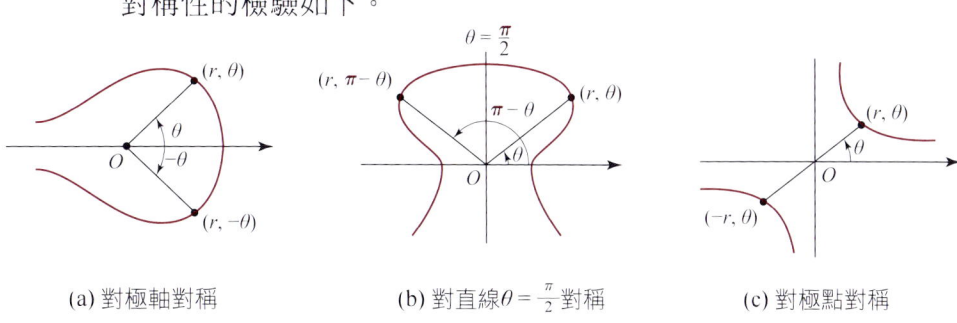

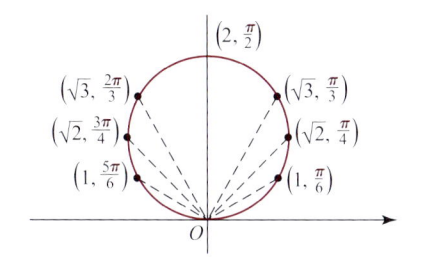

(a) 對極軸對稱　　(b) 對直線 $\theta = \frac{\pi}{2}$ 對稱　　(c) 對極點對稱

**圖 10.52** 極坐標方程式的圖形之對稱性

**對稱性的檢驗**

**a.** 當 $\theta$ 用 $-\theta$ 取代且式子 $r = f(\theta)$ 沒有改變，則它的圖形**對極軸對稱**（symmetric with respect to the polar axis）。

**b.** 當 $\theta$ 用 $\pi-\theta$ 取代且式子 $r = f(\theta)$ 沒有改變，則它的圖形**對直線 $\theta = \pi/2$ 對稱**（symmetric with respect to the vertical line）。

**c.** 當 $r$ 用 $-r$ 取代或當 $\theta$ 用 $\theta + \pi$ 取代，且式子 $r = f(\theta)$ 沒有改變，則它的圖形**對極點對稱**（symmetric with respect to the pole）。

為了說明對稱性的檢驗，考慮例題 5 的式子 $r = 2 \sin \theta$。$f(\theta) = 2 \sin \theta$ 且

$$f(\pi - \theta) = 2\sin(\pi - \theta) = 2(\sin \pi \cos \theta - \cos \pi \sin \theta)$$
$$= 2 \sin \theta = f(\theta)$$

所以 $r = 2 \sin \theta$ 的圖形對稱於垂直線 $\theta = \pi/2$（圖 10.51）。

**例題 6** 繪畫極坐標方程式 $r = 1 + \cos \theta$ 的圖形。它是本節一開始提到的心臟線之直角坐標方程式 $x^4 - 2x^3 + 2x^2y^2 - 2xy^2 - 2y^2 + y^4 = 0$ 之極坐標形式（圖 10.44b）。

**解** 令 $f(\theta) = 1 + \cos \theta$，則

$$f(-\theta) = 1 + \cos(-\theta) = 1 + \cos \theta = f(\theta)$$

所以 $r = 1 + \cos \theta$ 的圖形對稱於極軸。由此可知，只要繪畫 $\theta = 0$ 到 $\theta = \pi$ 之間的圖形，即可運用對稱性完成整個圖形。

至於繪畫 $r = 1 + \cos \theta$ 在 $0 \leq \theta \leq \pi$ 之間的圖形，可依照例題 5 的做法，首先標繪在該區之圖形上幾個點，或以下列方式進行：將 $r$ 與 $\theta$ 看做直角（rectangular）坐標，並根據繪畫直角坐標圖形的知識得到在 $[0, \pi]$ 區間 $r = f(\theta) = 1 + \cos$ 的圖形（圖 10.53a）。接著回顧 $\theta$ 為角坐標且 $r$ 為徑坐標，當 $\theta$ 從 0 遞增到 $\pi$，射線上對應的

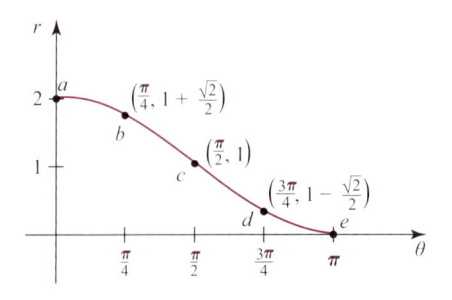

(a) $r = f(\theta)$，將 $r$ 與 $\theta$ 看做直角坐標 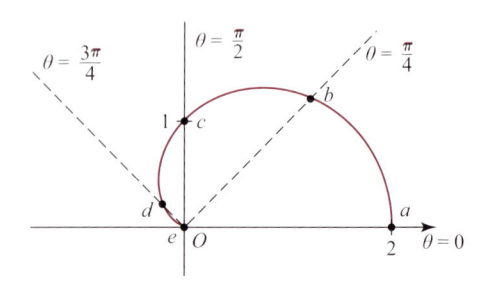　　(b) $r = f(\theta)$，將 $r$ 與 $\theta$ 看做極坐標

**圖 10.53** 兩個步驟繪畫極坐標方程式 $r = 1 + \cos \theta$ 的圖形

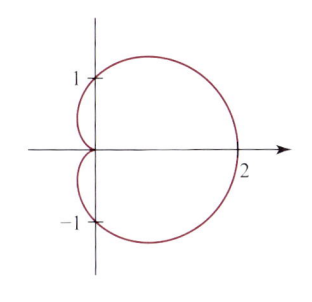

**圖 10.54**

$r = 1 + \cos\theta$ 的圖形是心臟線

點縮到 0（圖 10.53 b）。

最後應用對稱性完成 $r = 1 + \cos\theta$ 的圖形，如圖 10.54 所示。它是心臟形狀，所以稱它為**心臟線**（cardioid）。

**例題 7** 繪畫極坐標方程式 $r = 2\cos 2\theta$ 的圖形。

**解** 令 $f(\theta) = 2\cos 2\theta$，則

$$f(-\theta) = 2\cos 2(-\theta) = 2\cos 2\theta = f(\theta)$$

且

$$f(\pi - \theta) = 2\cos 2(\pi - \theta) = 2\cos(2\pi - 2\theta)$$
$$= 2[\cos 2\pi \cos 2\theta + \sin 2\pi \sin 2\theta] = 2\cos 2\theta = f(\theta)$$

所以給予之圖形對稱於極軸與垂直線 $\theta = \pi/2$。由此可知，只要繪畫 $0 \leq \theta \leq \dfrac{\pi}{2}$ 之間的圖形，即可運用對稱性完成整個圖形。過程如例題 6，首先繪畫 $0 \leq \theta \leq \dfrac{\pi}{2}$ 之 $r = 2\cos 2\theta$ 的圖形，視 $r$ 與 $\theta$ 為直角坐標（圖 10.55a），然後將此圖形的所有訊息轉換到 $0 \leq \theta \leq \dfrac{\pi}{2}$ 之 $r\theta$ 平面上的圖形（圖 10.55b）。

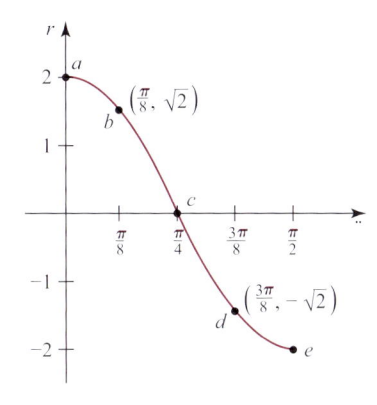

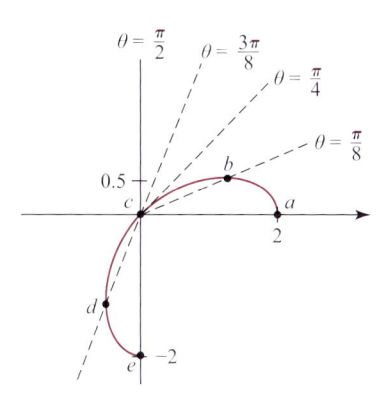

**圖 10.55**

兩個步驟繪畫 $r = 2\cos 2\theta$ 的圖形

(a) $r = f(\theta)$，將 $r$ 與 $\theta$ 看做直角坐標

(b) $r = f(\theta)$，將 $r$ 與 $\theta$ 看做極坐標

最後應用之前建立的對稱性（圖 10.56a）完成 $r = 2\cos 2\theta$ 的圖形，如圖 10.56b 所示。此圖形稱為**四瓣玫瑰線**（four-leaved rose）。

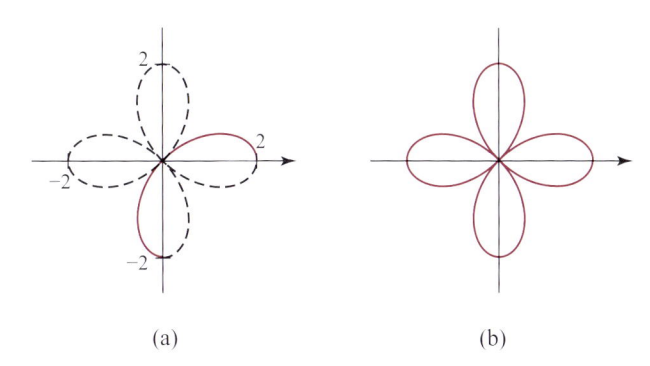

**圖 10.56**

$r = 2\cos 2\theta$ 的圖形是四瓣玫瑰線

(a)　　　(b)

下個例題說明如何將直角坐標方程式之圖形轉換成極坐標的形式會更容易繪畫。

**例題 8** 先將方程式 $(x^2+y^2)^2 = 4(x^2-y^2)$ 轉換成極坐標形式再繪畫它的圖形。此方程式為本節一開始提到的雙紐線。

**解** 應用式 (1) 與式 (2)，將給予之方程式轉化成極坐標形式

$$(r^2)^2 = 4(r^2\cos^2\theta - r^2\sin^2\theta)$$
$$= 4r^2(\cos^2\theta - \sin^2\theta)$$
$$r^4 = 4r^2\cos 2\theta$$

即

$$r^2 = 4\cos 2\theta$$

觀察得知 $f(\theta) = 2\sqrt{\cos 2\theta}$ 定義在 $-\frac{\pi}{4} \leq \theta \leq \frac{\pi}{4}$ 和 $\frac{3\pi}{4} \leq \theta \leq \frac{5\pi}{4}$，又 $f(-\theta) = f(\theta)$ 且 $f(\pi-\theta) = f(\theta)$（這些計算類似例題 7），所以 $r = 2\sqrt{\cos 2\theta}$ 的圖形對稱於極軸與直線 $\theta = \pi/2$。對於 $0 \leq \theta \leq \frac{\pi}{4}$ 並將 $r$ 與 $\theta$ 當作直角坐標之 $r = f(\theta)$ 圖形展示於圖 10.57a。由此可得所求圖形在 $0 \leq \theta \leq \frac{\pi}{4}$ 區間的部分，如圖 10.57b所示。接著應用對稱性，得到 $r = 2\sqrt{\cos 2\theta}$ 的圖形，故 $(x^2+y^2)^2 = 4(x^2-y^2)$ 的圖形如圖 10.58 所示。

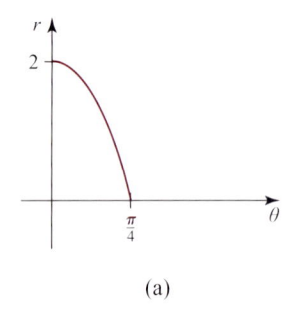

| 圖 **10.57**
兩個步驟繪畫 $r = 2\sqrt{\cos 2\theta}$ 的圖形

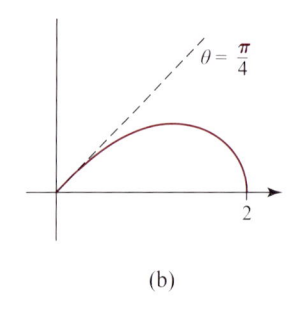

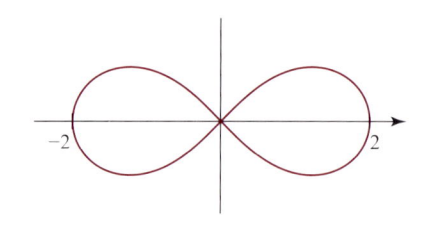

| 圖 **10.58**
$r = 2\sqrt{\cos 2\theta}$ 的圖形為雙紐線

### ■ 極坐標方程式之圖形的切線

要求 $r = f(\theta)$ 圖形在 $P(r, \theta)$ 點之切線斜率，先將 $P$ 點轉換成直角坐標的形式，即

$$x = r\cos\theta = f(\theta)\cos\theta$$
$$y = r\sin\theta = f(\theta)\sin\theta$$

並將它們看成 $r = f(\theta)$ 圖形之參數方程式。由 10.3 節中的式 (1) 可得

$$\frac{dy}{dx} = \frac{\frac{dy}{d\theta}}{\frac{dx}{d\theta}} = \frac{\frac{dr}{d\theta}\sin\theta + r\cos\theta}{\frac{dr}{d\theta}\cos\theta - r\sin\theta}, \quad \frac{dx}{d\theta} \neq 0 \tag{3}$$

由此可計算出 $r = f(\theta)$ 圖形在任意 $P(r, \theta)$ 點之切線斜率。

$r = f(\theta)$ 圖形之水平切線落在那些使 $dy/d\theta = 0$ 與 $dx/d\theta \neq 0$ 之點上，而它的垂直切線則落在那些使 $dx/d\theta = 0$ 與 $dy/d\theta \neq 0$（即 $dy/dx$ 沒有定義）之點上。又使 $dy/d\theta$ 與 $dx/d\theta$ 同時為零的點有可能分別有水平切線或垂直切線，此現象可使用 l'Hôpital 的規則來研究。

式 (3) 可用來求 $r = f(\theta)$ 圖形在極點的切線。為了解此事，假設當 $\theta = \theta_0$，$f$ 的圖形經過極點，所以 $f(\theta_0) = 0$。若 $f'(\theta_0) \neq 0$，則式 (3) 可簡化成

$$\frac{dy}{dx} = \frac{f'(\theta_0) \sin \theta_0 + f(\theta_0) \cos \theta_0}{f'(\theta_0) \cos \theta_0 - f(\theta_0) \sin \theta_0} = \frac{\sin \theta_0}{\cos \theta_0} = \tan \theta_0$$

這證明 $\theta = \theta_0$ 為 $r = f(\theta)$ 圖形在極點 $(0, \theta_0)$ 的切線。此討論之摘要如下。

> 若 $f(\theta_0) = 0$ 且 $f'(\theta_0) \neq 0$，則 $\theta = \theta_0$ 為 $r = f(\theta)$ 圖形在極點的切線。

**例題 9** 考慮例題 6 之心臟線 $r = 1 + \cos \theta$。

**a.** 求心臟線在 $\theta = \pi/6$ 處之切線斜率。

**b.** 求心臟線上的點，使得在該處之切線為水平線或為垂直線。

**解**

**a.** 心臟線 $r = 1 + \cos \theta$ 在任意 $P(r, \theta)$ 點之切線斜率為

$$\frac{dy}{dx} = \frac{\dfrac{dr}{d\theta} \sin \theta + r \cos \theta}{\dfrac{dr}{d\theta} \cos \theta - r \sin \theta} = \frac{(-\sin \theta)(\sin \theta) + (1 + \cos \theta)\cos \theta}{(-\sin \theta)(\cos \theta) - (1 + \cos \theta)\sin \theta}$$

$$= \frac{(\cos^2 \theta - \sin^2 \theta) + \cos \theta}{-2 \sin \theta \cos \theta - \sin \theta} = -\frac{\cos 2\theta + \cos \theta}{\sin 2\theta + \sin \theta}$$

所以心臟線在 $\theta = \pi/6$ 處之切線斜率為

$$\left.\frac{dy}{dx}\right|_{\theta = \pi/6} = -\frac{\cos\left(\dfrac{\pi}{3}\right) + \cos\left(\dfrac{\pi}{6}\right)}{\sin\left(\dfrac{\pi}{3}\right) + \sin\left(\dfrac{\pi}{6}\right)} = -\frac{\dfrac{1}{2} + \dfrac{\sqrt{3}}{2}}{\dfrac{\sqrt{3}}{2} + \dfrac{1}{2}} = -1$$

**b.** 若

$$\cos 2\theta + \cos \theta = 0$$

$$2 \cos^2 \theta + \cos \theta - 1 = 0$$

$$(2 \cos \theta - 1)(\cos \theta + 1) = 0$$

即若 $\cos \theta = \dfrac{1}{2}$ 或 $\cos \theta = -1$，則 $dy/d\theta = 0$。由此可得

$$\theta = \frac{\pi}{3}, \quad \pi \quad 或 \quad \frac{5\pi}{3}$$

又，若

$$\sin 2\theta + \sin \theta = 0$$
$$2\sin\theta\cos\theta + \sin\theta = 0$$
$$\sin\theta(2\cos\theta + 1) = 0$$

即若 $\sin\theta = 0$ 或 $\cos\theta = -\frac{1}{2}$，則 $dx/d\theta = 0$。由此可得

$$\theta = 0, \quad \pi, \quad \frac{2\pi}{3} \quad 或 \quad \frac{4\pi}{3}$$

查看式 (3) 的註，得知於 $\theta = \pi/3$ 與 $\theta = 5\pi/3$ 處，此圖形有水平切線。應用 l'Hôpital 的規則研究使 $dy/d\theta$ 與 $dx/d\theta$ 同時為零可能的點 $\theta = \pi$。故

$$\lim_{\theta \to \pi^-} \frac{dy}{dx} = -\lim_{\theta \to \pi^-} \frac{\cos 2\theta + \cos\theta}{\sin 2\theta + \sin\theta}$$
$$= -\lim_{\theta \to \pi^-} \frac{-2\sin 2\theta - \sin\theta}{2\cos 2\theta + \cos\theta} = 0$$

同理，

$$\lim_{\theta \to \pi^+} \frac{dy}{dx} = 0$$

故在 $\theta = \pi$ 處也有水平切線。因此水平切線發生於

$$\left(\frac{3}{2}, \frac{\pi}{3}\right), \quad (0, \pi) \quad 與 \quad \left(\frac{3}{2}, \frac{5\pi}{3}\right)$$

而垂直切線則發生於 $\theta = 0, 2\pi/3$ 與 $4\pi/3$。這些點為 $(2, 0)$, $\left(\frac{1}{2}, \frac{2\pi}{3}\right)$ 與 $\left(\frac{1}{2}, \frac{4\pi}{3}\right)$。這些切線展示於圖 10.59。

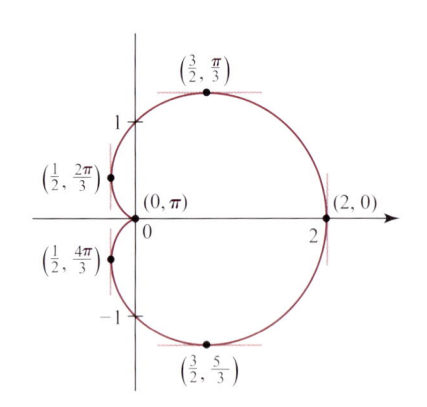

| 圖 10.59

圖形 $r = 1 + \cos\theta$ 之水平切線與垂直切線

**例題 10** 求 $r = \cos 2\theta$ 在原點的切線。

**解** 令 $f(\theta) = \cos 2\theta = 0$，則

$$2\theta = \frac{\pi}{2}, \quad \frac{3\pi}{2}, \quad \frac{5\pi}{2} \quad 或 \quad \frac{7\pi}{2}$$

即

$$\theta = \frac{\pi}{4}, \quad \frac{3\pi}{4}, \quad \frac{5\pi}{4} \quad 或 \quad \frac{7\pi}{4}$$

接著計算 $f'(\theta) = -2\sin 2\theta$。因為在這些點，$f'(\theta) \neq 0$，所以 $\theta = \pi/4$ 與 $\theta = 3\pi/4$（亦即，$y = x$ 與 $y = -x$）為圖形 $r = \cos 2\theta$ 在原點的切線（圖 10.60）。

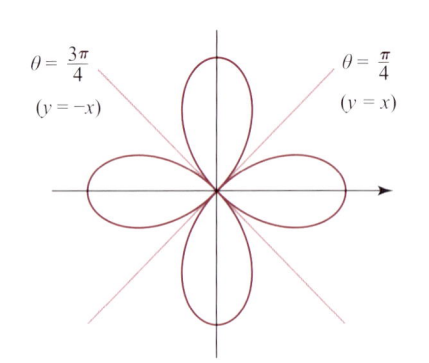

| 圖 10.60

圖形 $r = \cos 2\theta$ 在原點的切線

## 10.4 習題

1-4 題，在極坐標平面上標繪點並求該點之直角坐標。

**1.** $\left(4, \frac{\pi}{4}\right)$  **2.** $\left(4, \frac{3\pi}{2}\right)$

**3.** $\left(-\sqrt{2}, \frac{\pi}{4}\right)$  **4.** $\left(-4, -\frac{3\pi}{4}\right)$

5-8 題，在直角坐標平面上標繪點並求該點之極坐標，取 $r > 0$ 且 $0 \le \theta \le 2\pi$。

**5.** $(2, 2)$  **6.** $(0, 5)$

**7.** $(-\sqrt{3}, -\sqrt{3})$  **8.** $(5, -12)$

9-12 題，繪畫滿足給予條件之區域。

**9.** $r \ge 1$  **10.** $0 \le r \le 2$

**11.** $0 \le \theta \le \frac{\pi}{4}$

**12.** $1 \le r \le 3$, $-\frac{\pi}{6} \le \theta \le \frac{\pi}{6}$

13-16 題，將極坐標方程式轉換成直角坐標方程式。

**13.** $r \cos \theta = 2$  **14.** $2r \cos \theta + 3r \sin \theta = 6$

**15.** $r^2 = 4r \cos \theta$  **16.** $r = \dfrac{1}{1 - \sin \theta}$

17-19 題，將直角坐標方程式轉換成極坐標方程式。

**17.** $x = 4$  **18.** $x^2 + y^2 = 9$

**19.** $xy = 4$

20-32 題，繪畫極坐標方程式之圖形。

**20.** $r = 3$  **21.** $\theta = \dfrac{\pi}{3}$

**22.** $r = 3 \cos \theta$  **23.** $r = 3 \cos \theta - 2 \sin \theta$

**24.** $r = 1 + \cos \theta$  **25.** $r = 4(1 - \sin \theta)$

**26.** $r = 2 \csc \theta$

**27.** $r = \theta$, $\theta \ge 0$（螺旋線）

**28.** $r = e^{\theta}$, $\theta \ge 0$（對數螺旋線）

**29.** $r^2 = 4 \sin 2\theta$（雙紐線）

**30.** $r = 3 + 2 \sin \theta$（蚶線）

**31.** $r = \sin 3\theta$（三瓣玫瑰線）

**32.** $r = 4 \sin 4\theta$（八瓣玫瑰線）

33-36 題，已知極坐標曲線與其上點之對應角 $\theta$，求在該點的切線斜率。

**33.** $r = 4 \cos \theta$, $\theta = \dfrac{\pi}{3}$

**34.** $r = \sin \theta + \cos \theta$, $\theta = \dfrac{\pi}{4}$

**35.** $r = \theta$, $\theta = \pi$

**36.** $r^2 = 4 \cos 2\theta$, $\theta = \dfrac{\pi}{6}$

37-39 題，已知極坐標曲線，求在其上之切線為水平或垂直的切點。

**37.** $r = 4 \cos \theta$  **38.** $r = \sin 2\theta$

**39.** $r = 1 + 2 \cos \theta$

**40.** 證明直角坐標方程式

$$x^4 - 2x^3 + 2x^2 y^2 - 2xy^2 - y^2 + y^4 = 0$$

是極坐標方程式為 $r = 1 + \cos \theta$ 之心臟線方程式。

**41.** a. 證明極坐標分別為 $(r_1, \theta_1)$ 與 $(r_2, \theta_2)$ 的兩點之間的距離為

$$d = \sqrt{r_1^2 + r_2^2 - 2r_1 r_2 \cos(\theta_1 - \theta_2)}$$

b. 求極坐標分別為 $(4, \frac{2\pi}{3})$ 與 $(2, \frac{\pi}{3})$ 的兩點之間的距離。

42-43 題，判斷下列敘述是對或是錯。如果它是對，解釋你的理由。如果它是錯，請解釋你的理由或舉例說明。

**42.** 若 $P(r_1, \theta_1)$ 與 $P(r_2, \theta_2)$ 在極坐標上表示相同的點，則 $r_1 = r_2$。

**43.** 若 $y = f(\theta) \sin \theta$ 且 $dy/d\theta = 0$，則在圖形 $r = f(\theta)$ 上有水平切線。

## 10.5 極坐標上的面積與弧長

於本節中,我們將學習如何使用極坐標方程式表示曲線,如雙紐線與心臟線可經由此過程簡化計算由這些曲線所圍成之區域的面積以及這些曲線的長度。

### ■ 極坐標上的面積

為了推導出由極坐標方程式之曲線圍成的區域之面積的計算公式,我們需要扇形面積的公式

$$A = \frac{1}{2} r^2 \theta \tag{1}$$

其中 $r$ 為圓之半徑且 $\theta$ 為以弧度為單位之中心角(圖 10.61)。此公式為 $\theta/(2\pi)$ 乘以圓面積;亦即,

$$A = \frac{\theta}{2\pi} \cdot \pi r^2 = \frac{1}{2} r^2 \theta$$

令 $R$ 為極坐標方程式 $r = f(\theta)$ 之圖形與射線 $\theta = \alpha$ 和 $\theta = \beta$ 圍成的區域,其中 $f$ 為非負的連續函數且 $0 \leq \beta - \alpha < 2\pi$,如圖 10.62a 所示。令 $P$ 為 $[\alpha, \beta]$ 區間的分割:

$$\alpha = \theta_0 < \theta_1 < \theta_2 < \cdots < \theta_n = \beta$$

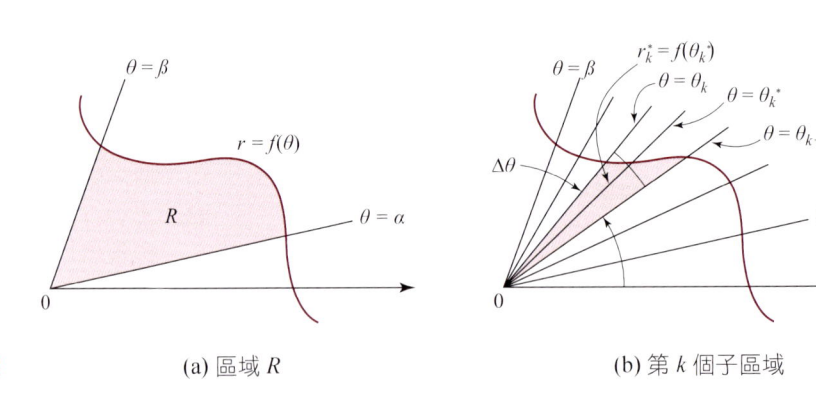

**圖 10.61**
扇形面積為 $A = \frac{1}{2} r^2 \theta$

**圖 10.62**  (a) 區域 $R$   (b) 第 $k$ 個子區域

射線 $\theta = \theta_k$ 將 $R$ 分割成 $n$ 個子區域 $R_1, R_2, \ldots, R_n$,它們的面積分別為 $\Delta A_1, \Delta A_2, \ldots, \Delta A_n$。若於 $[\theta_{k-1}, \theta_k]$ 區間內取一點 $\theta_k^*$,則由射線 $\theta = \theta_{k-1}$ 和 $\theta = \theta_k$ 圍成的第 $k$ 個子區域的面積 $\Delta A_k$ 可用中心角

$$\Delta \theta = \frac{\beta - \alpha}{n}$$

與半徑 $f(\theta_k^*)$ 之扇形來近似(圖 10.62b 所強調的部分)。使用式 (1),可得

$$\Delta A_k \approx \frac{1}{2}[f(\theta_k^*)]^2 \Delta \theta$$

因此 $R$ 的面積 $A$ 為

$$A = \sum_{k=1}^{n} \Delta A_k \approx \sum_{k=1}^{n} \frac{1}{2}[f(\theta_k^*)]^2 \Delta \theta \qquad (2)$$

然而式 (2) 中的和為連續函數 $\frac{1}{2}f^2$ 在 $[\alpha, \beta]$ 區間的黎曼和。所以

$$A = \lim_{n \to \infty} \sum_{k=1}^{n} \frac{1}{2}[f(\theta_k^*)]^2 \Delta \theta = \int_{\alpha}^{\beta} \frac{1}{2}[f(\theta)]^2 d\theta$$

成立。

---

### 定理 1　極坐標曲線圍成的面積

令 $f$ 為非負的函數且在 $[\alpha, \beta]$ 連續，其中 $0 \leq \beta - \alpha < 2\pi$，則圖形 $r = f(\theta)$, $\theta = \alpha$ 與 $\theta = \beta$ 圍成之區域的面積 $A$ 為

$$A = \int_{\alpha}^{\beta} \frac{1}{2}[f(\theta)]^2 d\theta = \int_{\alpha}^{\beta} \frac{1}{2}r^2 d\theta$$

---

**註**　當決定積分式的上限與下限時，要記住區域 $R$ 為由原點發出之射線，它從角 $\alpha$ 開始且止於角 $\beta$，並以逆時針方向橫掃過的區域。

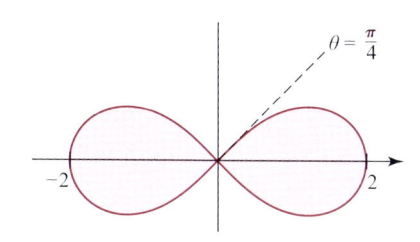

**例題 1**　求由雙紐線 $r^2 = 4\cos 2\theta$ 圍成之區域的面積。此雙紐線之直角坐標方程式為 $x^4 + 2x^2y^2 - 4x^2 + 4y^2 + y^4 = 0$，可自行驗證。

**解**　雙紐線展示於圖 10.63。應用對稱性得知所求的面積 $A$ 為以原點發出之射線且 $\theta$ 由 0 遞增到 $\pi/4$ 所掃過之面積的四倍。換言之，

$$A = 4\int_{0}^{\pi/4} \frac{1}{2}r^2 d\theta = 8\int_{0}^{\pi/4} \cos 2\theta \, d\theta$$
$$= \left[4\sin 2\theta\right]_{0}^{\pi/4} = 4$$

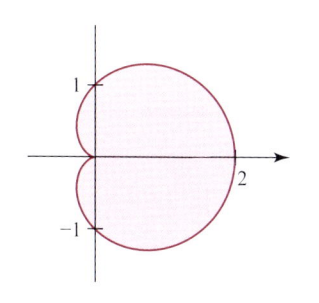

**圖 10.63**
由雙紐線 $r^2 = 4\cos 2\theta$ 圍成之區域

**例題 2**　求由心臟線 $r = 1 + \cos\theta$ 圍成之區域的面積。

**解**　心臟線 $r = 1 + \cos\theta$ 的圖形於 10.4 節例題 6 繪畫過，現在重複展示於圖 10.64。當 $\theta$ 從 0 遞增到 $2\pi$，由原點發出之射線恰掃過所求的區域一次。因此所求的區域 $A$ 為

$$A = \int_{0}^{2\pi} \frac{1}{2}r^2 d\theta = \int_{0}^{2\pi} \frac{1}{2}(1 + \cos\theta)^2 d\theta$$
$$= \frac{1}{2}\int_{0}^{2\pi} (1 + 2\cos\theta + \cos^2\theta) \, d\theta$$
$$= \frac{1}{2}\int_{0}^{2\pi} \left(1 + 2\cos\theta + \frac{1 + \cos 2\theta}{2}\right) d\theta$$

**圖 10.64**
心臟線 $r = 1 + \cos\theta$ 圍成之區域

$$= \frac{1}{2}\int_0^{2\pi}\left(\frac{3}{2} + 2\cos\theta + \frac{1}{2}\cos 2\theta\right)d\theta$$

$$= \frac{1}{2}\left[\frac{3}{2}\theta + 2\sin\theta + \frac{1}{4}\sin 2\theta\right]_0^{2\pi} = \frac{3}{2}\pi \qquad ∎$$

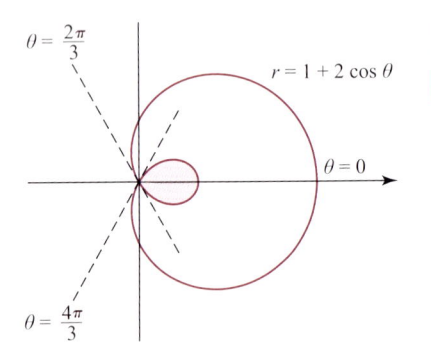

**例題 3** 求蚶線 $r = 1 + 2\cos\theta$ 的較小圈內之區域的面積。

**解** 首先繪畫蚶線 $r = 1 + 2\cos\theta$（圖 10.65）。內圈區域是由原點發出之射線，從 $\theta = 2\pi/3$ 掃到 $4\pi/3$ 的區域。此區域被極軸分割為二，所以我們也可使用對稱性來求其面積。它的一半為 $\theta$ 從 $2\pi/3$ 到 $\pi$ 的區域，因此所求的面積為

$$A = 2\int_{2\pi/3}^{\pi} \frac{1}{2}r^2\,d\theta = \int_{2\pi/3}^{\pi} r^2\,d\theta$$

$$= \int_{2\pi/3}^{\pi} (1 + 2\cos\theta)^2\,d\theta$$

$$= \int_{2\pi/3}^{\pi} (1 + 4\cos\theta + 4\cos^2\theta)\,d\theta$$

$$= \int_{2\pi/3}^{\pi} \left[1 + 4\cos\theta + 4\left(\frac{1 + \cos 2\theta}{2}\right)\right]d\theta$$

$$= \int_{2\pi/3}^{\pi} (3 + 4\cos\theta + 2\cos 2\theta)\,d\theta$$

$$= \left[3\theta + 4\sin\theta + \sin 2\theta\right]_{2\pi/3}^{\pi}$$

$$= 3\pi - \left(2\pi + 4\cdot\frac{\sqrt{3}}{2} - \frac{\sqrt{3}}{2}\right) = \pi - \frac{3\sqrt{3}}{2} \qquad ∎$$

**圖 10.65**
蚶線 $r = 1 + 2\cos\theta$

### ■ 兩條曲線圍成的區域

考慮由極坐標方程式 $r = f(\theta)$ 與 $r = g(\theta)$，以及射線 $\theta = \alpha$ 與 $\theta = \beta$ 圍成的區域 $R$，其中 $f(\theta) \geq g(\theta) \geq 0$ 且 $0 \leq \beta - \alpha < 2\pi$（圖 10.66）。由圖得知，$R$ 的面積 $A$ 為 $r = f(\theta)$ 內的區域減去 $r = g(\theta)$ 內的區域。由定理 1 得到下面的定理。

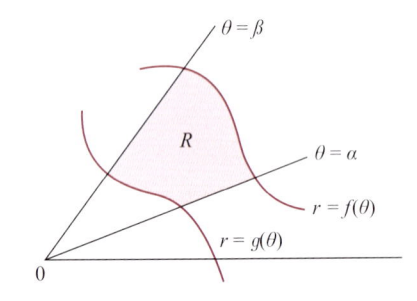

**圖 10.66**
由 $r = f(\theta)$ 與 $r = g(\theta)$ 所圍成的區域 $R$，其中 $\alpha \leq \theta \leq \beta$

---

**定理 2　兩條極坐標曲線圍成的面積**

令 $f$ 與 $g$ 在 $[\alpha, \beta]$ 連續，其中 $0 \leq g(\theta) \leq f(\theta)$ 且 $0 \leq \beta - \alpha < 2\pi$，則由曲線 $r = f(\theta), r = g(\theta), \theta = \alpha$ 與 $\theta = \beta$ 圍成之區域面積 $A$ 為

$$A = \frac{1}{2}\int_{\alpha}^{\beta} \{[f(\theta)]^2 - [g(\theta)]^2\}\,d\theta$$

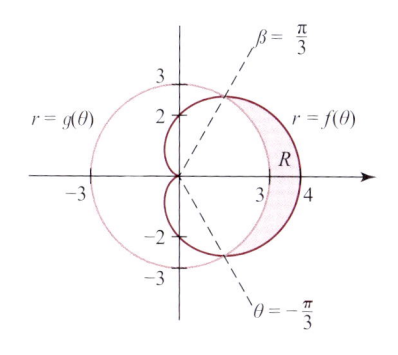

**圖 10.67**

$R$ 是在圓 $r = 3$ 外面並在心臟線 $r = 2 + 2\cos\theta$ 內部的區域

**例題 4** 求在圓 $r = 3$ 外面並在心臟線 $r = 2 + 2\cos\theta$ 內部區域的面積。

**解** 先繪畫圓 $r = 3$ 與心臟線 $r = 2 + 2\cos\theta$ 之圖形。所求的區域為圖 10.67 陰影的部分。

同時解此二方程式可求出它們的交點，所以 $2 + 2\cos\theta = 3$，即 $\cos\theta = \frac{1}{2}$，可得 $\theta = \pi/3$。由於所求的區域是由原點發出的射線從 $\theta = -\pi/3$ 掃到 $\theta = \pi/3$ 的區域，故由定理 2 得知所求的面積為

$$A = \frac{1}{2}\int_{\alpha}^{\beta} \{[f(\theta)]^2 - [g(\theta)]^2\}\, d\theta$$

其中 $f(\theta) = 2 + 2\cos\theta = 2(1 + \cos\theta)$，$g(\theta) = 3$，$\alpha = -\pi/3$ 與 $\beta = \pi/3$。由於對稱性，所以

$$\begin{aligned}
A &= 2\left(\frac{1}{2}\right)\int_0^{\pi/3} \{[2(1 + \cos\theta)]^2 - 3^2\}\, d\theta \\
&= \int_0^{\pi/3} (4 + 8\cos\theta + 4\cos^2\theta - 9)\, d\theta \\
&= \int_0^{\pi/3} \left(-5 + 8\cos\theta + 4 \cdot \frac{1 + \cos 2\theta}{2}\right) d\theta \\
&= \int_0^{\pi/3} (-3 + 8\cos\theta + 2\cos 2\theta)\, d\theta \\
&= \left[-3\theta + 8\sin\theta + \sin 2\theta\right]_0^{\pi/3} \\
&= \left(-\pi + 8\left(\frac{\sqrt{3}}{2}\right) + \frac{\sqrt{3}}{2}\right) = \frac{9\sqrt{3}}{2} - \pi
\end{aligned}$$

■

## 以極坐標表示的弧長

為求極坐標方程式 $r = f(\theta)$ 之曲線的弧長，$\alpha \leq \theta \leq \beta$，我們使用 10.4 節的式 (1)，將此曲線表示為參數方程式

$$x = r\cos\theta = f(\theta)\cos\theta \quad \text{與} \quad y = r\sin\theta = f(\theta)\sin\theta \qquad \alpha \leq \theta \leq \beta$$

並以 $\theta$ 為參數，則

$$\frac{dx}{d\theta} = f'(\theta)\cos\theta - f(\theta)\sin\theta \quad \text{且} \quad \frac{dy}{d\theta} = f'(\theta)\sin\theta + f(\theta)\cos\theta$$

故

$$\begin{aligned}
&\left(\frac{dx}{d\theta}\right)^2 + \left(\frac{dy}{d\theta}\right)^2 \\
&= [f'(\theta)]^2\cos^2\theta - 2f'(\theta)f(\theta)\cos\theta\sin\theta + [f(\theta)]^2\sin^2\theta \\
&\quad + [f'(\theta)]^2\sin^2\theta + 2f'(\theta)f(\theta)\cos\theta\sin\theta + [f(\theta)]^2\cos^2\theta \\
&= [f'(\theta)]^2 + [f(\theta)]^2 \qquad \sin^2\theta + \cos^2\theta = 1
\end{aligned}$$

因此若 $f$ 連續，則由 10.3 節定理 1 得知 $C$ 的弧長為

$$L = \int_\alpha^\beta \sqrt{\left(\frac{dx}{d\theta}\right)^2 + \left(\frac{dy}{d\theta}\right)^2}\, d\theta = \int_\alpha^\beta \sqrt{[f'(\theta)]^2 + [f(\theta)]^2}\, d\theta$$

---

**定理 3　弧長**

令 $f$ 為在 $[\alpha, \beta]$ 區間有連續導數之函數。若 $r = f(\theta)$ 的圖形 $C$ 為 $\theta$ 從 $\alpha$ 遞增到 $\beta$ 剛好走完一次，則 $C$ 的長度 $L$ 定義為

$$L = \int_\alpha^\beta \sqrt{[f'(\theta)]^2 + [f(\theta)]^2}\, d\theta = \int_\alpha^\beta \sqrt{\left(\frac{dr}{d\theta}\right)^2 + r^2}\, d\theta$$

---

**例題 5**　求心臟線 $r = 1 + \cos\theta$ 的長度。

**解**　心臟線展示於圖 10.68。觀察到 $\theta$ 從 0 遞增到 $2\pi$ 剛好走完心臟線一次。然而我們也可利用對稱性得知所求之弧線長，它是心臟線在極軸上方之長度的兩倍。因此，

$$L = 2\int_0^\pi \sqrt{\left(\frac{dr}{d\theta}\right)^2 + r^2}\, d\theta$$

但是 $r = 1 + \cos\theta$，所以

$$\frac{dr}{d\theta} = -\sin\theta$$

故

$$L = 2\int_0^\pi \sqrt{(-\sin\theta)^2 + (1 + \cos\theta)^2}\, d\theta$$

$$= 2\int_0^\pi \sqrt{\sin^2\theta + 1 + 2\cos\theta + \cos^2\theta}\, d\theta$$

$$= 2\int_0^\pi \sqrt{2 + 2\cos\theta}\, d\theta \quad \sin^2\theta + \cos^2\theta = 1$$

$$= 2\sqrt{2}\int_0^\pi \sqrt{1 + \cos\theta}\, d\theta = 2\sqrt{2}\int_0^\pi \sqrt{2\cos^2\frac{\theta}{2}}\, d\theta$$

$$= 4\int_0^\pi \left|\cos\frac{\theta}{2}\right|\, d\theta = 4\int_0^\pi \cos\frac{\theta}{2}\, d\theta \quad \text{在 } [0, \pi]，\cos\frac{\theta}{2} \geq 0$$

$$= \left[4(2)\sin\frac{\theta}{2}\right]_0^\pi = 8$$

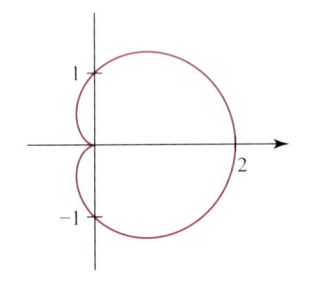

| 圖 10.68
心臟線 $r = 1 + \cos\theta$

## 旋轉體的表面積

求定義為極坐標方程式之曲線繞極軸或繞直線 $\theta = \pi/2$ 旋轉產生之旋轉體表面積的公式，可由 10.3 節的式 (8) 與式 (9) 以及式子 $x = r\cos\theta$ 與 $y = r\sin\theta$ 推導出來。

---

### 定理 4　旋轉體的表面積

令 $f$ 為在 $[\alpha, \beta]$ 區間有連續導數的函數。若 $r = f(\theta)$ 的圖形 $C$ 為 $\theta$ 由 $\alpha$ 遞增到 $\beta$ 剛好走完一次的軌跡，則 $C$ 繞指定之直線旋轉產生的旋轉體表面積為

**a.** $S = 2\pi \int_{\alpha}^{\beta} r\sin\theta \sqrt{\left(\dfrac{dr}{d\theta}\right)^2 + r^2}\, d\theta$　　（繞極軸）

**b.** $S = 2\pi \int_{\alpha}^{\beta} r\cos\theta \sqrt{\left(\dfrac{dr}{d\theta}\right)^2 + r^2}\, d\theta$　　（繞直線 $\theta = \pi/2$）

---

**註**　使用定理 4 時，必須選取 $[\alpha, \beta]$，使得當 $C$ 繞此直線旋轉產生的旋轉體表面只繞一圈。

**例題 6**　求圓 $r = \cos\theta$ 繞直線 $\theta = \pi/2$ 旋轉產生之旋轉體表面積（圖 10.69）。

**解**　觀察得知，當 $\theta$ 從 0 遞增到 $\pi$，此圓確實只繞一圈。所以將 $r = \cos\theta, \alpha = 0$ 與 $\beta = \pi$ 代入定理 4，可得

$$S = 2\pi \int_{\alpha}^{\beta} f(\theta) \cos\theta \sqrt{\left(\dfrac{dr}{d\theta}\right)^2 + r^2}\, d\theta$$

$$= 2\pi \int_{0}^{\pi} \cos\theta(\cos\theta) \sqrt{(-\sin\theta)^2 + (\cos\theta)^2}\, d\theta$$

$$= 2\pi \int_{0}^{\pi} \cos^2\theta\, d\theta = \pi \int_{0}^{\pi} (1 + \cos 2\theta)\, d\theta$$

$$= \pi \left[\theta + \dfrac{\sin 2\theta}{2}\right]_{0}^{\pi} = \pi^2$$

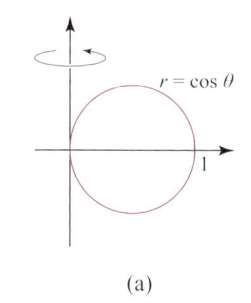

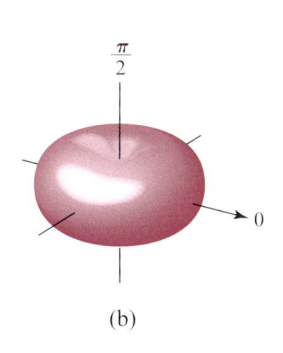

圖 10.69

圓 $r = \cos\theta$ (a) 繞直線 $\theta = \pi/2$ 旋轉產生之旋轉體為環體 (b)

## 10.5 習題

1. **a.** 求圓 $r = 4\cos\theta$ 的直角坐標方程式，並用它求此圓的面積。
   **b.** 以積分方式求 (a) 的圓面積。

2-4 題，求曲線與射線所圍成之區域的面積。

2. $r = \theta$, $\theta = 0$, $\theta = \pi$
3. $r = e^\theta$, $\theta = -\dfrac{\pi}{2}$, $\theta = 0$
4. $r = \sqrt{\cos\theta}$, $\theta = 0$, $\theta = \dfrac{\pi}{2}$

5-6 題，求陰影區域的面積。

5.

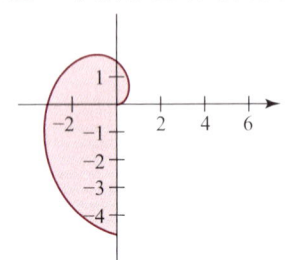

$r = \theta$

6.

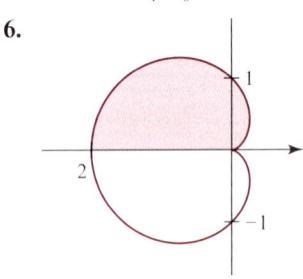

$r = 1 - \cos\theta$

7-9 題，繪畫給予之曲線，並求它所圍成之區域的面積。

7. $r = 3\sin\theta$
8. $r^2 = \sin\theta$
9. $r = 2\sin 2\theta$

10-11 題，求給予之曲線的其中一個線圈所圍成的面積。

10. $r = \cos 2\theta$
11. $r = \sin 4\theta$

12. 求蚶線 $r = 1 + 2\cos\theta$ 內圈的面積。

13-14 題，求陰影部分的面積。

13.

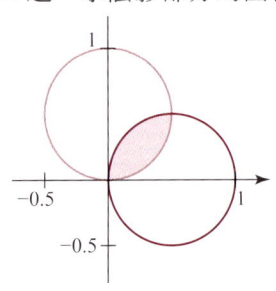

$r = \sin\theta, r = \cos\theta$

14.

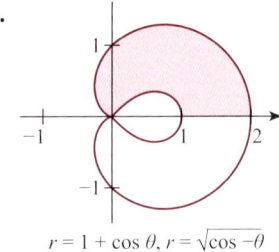

$r = 1 + \cos\theta, r = \sqrt{\cos-\theta}$

15-17 題，求給予之曲線的交點。

15. $r = 1$ 與 $r = 1 + \cos\theta$
16. $r = 2$ 與 $r = 4\cos 2\theta$
17. $r = \sin\theta$ 與 $r = \sin 2\theta$

18-20 題，求在第一條曲線外部並在第二條曲線內部之區域的面積。

18. $r = 1 + \cos\theta$, $r = 3\cos\theta$
19. $r = 4\cos\theta$, $r = 2$
20. $r = 1 - \cos\theta$, $r = \dfrac{3}{2}$

21-23 題，求給予之兩條曲線所圍成之區域的面積。

21. $r = 1$, $r = 2\sin\theta$
22. $r = \sin\theta$, $r = 1 - \sin\theta$
23. $r^2 = 4\cos 2\theta$, $r = \sqrt{2}$

24-27 題，求給予之曲線的線長。

24. $r = 5\sin\theta$
25. $r = e^{-\theta}$; $0 \le \theta \le 4\pi$
26. $r = \sin^3\dfrac{\theta}{3}$; $0 \le \theta \le \pi$
27. $r = a\sin^4\dfrac{\theta}{4}$

28-30 題，求給予之曲線繞給予之線旋轉所得之旋轉體的表面積。

28. $r = 4\cos\theta$ 繞極軸旋轉
29. $r = 2 + 2\cos\theta$ 繞極軸旋轉
30. $r^2 = \cos 2\theta$ 繞射線 $\theta = \dfrac{\pi}{2}$ 旋轉

31. 求曲線 $(x^2 + y^2)^3 = 16x^2y^2$ 圍成之區域的面積（**提示**：將直角坐標方程式轉換成極坐標方程式）。

32. 證明拋物線 $y = (1/2p)x^2$ 在 $[0, a]$ 區間之弧長與螺旋線 $r = p\theta$ 在 $0 \le r \le a$ 區間之弧長相等。

33 題，判斷下列敘述是對或是錯。如果它是對，解釋你的理由。如果它是錯，請解釋你的理由或舉例說明。

33. 若存在 $\theta_0$，使得 $f(\theta_0) = g(\theta_0)$，則 $r = f(\theta)$ 與 $r = g(\theta)$ 之圖形至少有一個交點。

## 第 10 章  複習題

1-3 題，求給予之二次曲線的頂點與焦點並繪畫它的圖形。

1. $\dfrac{x^2}{4} + \dfrac{y^2}{9} = 1$
2. $x^2 - 9y^2 = 9$
3. $y^2 - 9x^2 + 8y + 7 = 0$

4-6 題，求滿足給予條件之二次曲線的直角坐標方程式。

4. 拋物線，焦點 $(-2, 0)$，準線 $x = 2$
5. 橢圓，頂點 $(\pm 7, 0)$，焦點 $(\pm 2, 0)$
6. 雙曲線，焦點 $(0, \pm \tfrac{3}{5}\sqrt{2})$，頂點 $(0, \pm 3)$
7. 證明若 $m$ 為任意實數，則存在斜率為 $m$ 的唯一直線，它與拋物線 $x^2 = 4py$ 相切且它的方程式為 $y = mx - pm^2$。

8-9 題，(a) 求包含已知參數方程式之曲線 $C$ 之圖形的直角坐標方程式，和 (b) 繪畫曲線 $C$ 並標示它的方向。

8. $x = 1 + 2t, \quad y = 3 - 2t$
9. $x = 1 + 2\sin t, \quad y = 3 + 2\cos t$

10-11 題，求給予曲線在指定參數對應之點的切線斜率。

10. $x = t^3 + 1, \quad y = 2t^2 - 1; \quad t = 1$
11. $x = te^{-t}, \quad y = \dfrac{1}{t^2 + 1}; \quad t = 0$
12. 已知 $x = t^3 + 1$ 與 $y = t^4 + 2t^2$，求 $dy/dx$ 與 $d^2y/dx^2$。
13. 已知曲線之參數方程式為 $x = t^3 - 4t$ 與 $y = t^2 + 2$，求曲線上的切點，使得在那些切點上的切線為垂直或水平。
14. 已知曲線的參數方程式為 $x = \tfrac{1}{6}t^6$ 與 $y = 2 - \tfrac{1}{4}t^4$，其中 $0 \le t \le \sqrt[4]{8}$，求它的長度。
15. 物體在時間 $t$ 的位置為 $(x, y)$，其中 $x = e^{-t}\cos t$ 與 $y = e^{-t}\sin t$。求此物體在 $t$ 從 0 到 $\pi/2$ 所移動的距離。
16. 求曲線 $x = t^2$ 與 $y = \tfrac{t}{3}(3 - t^2)$（其中 $0 \le t \le \sqrt{3}$）繞 $x$ 軸旋轉產生之旋轉體的表面積。

17-19 題，繪畫給予之極坐標方程式的曲線。

17. $r = 2\sin\theta$
18. $r = 2\cos 5\theta$
19. $r^2 = \cos 2\theta$
20. 已知極坐標方程式的曲線 $r = e^{2\theta}$，求此曲線在 $\theta = \pi/2$ 對應之點的切線斜率。
21. 求曲線 $r = \sin\theta$ 與 $r = 1 - \sin\theta$ 之交點。
22. 求極坐標方程式 $r = 2 + \cos\theta$ 圍成之區域的面積。
23. 求極坐標方程式分別為 $r = 2\sin 2\theta$ 與 $r = 2\cos 2\theta$ 之葉片曲線之間的區域面積。
24. 已知曲線 $r = \theta^2$，$0 \le \theta \le 2\pi$，求它的長度。
25. 求曲線 $r = 2\sin\theta$ 繞極軸旋轉產生之旋轉體的表面積。
26. 繪畫曲線 $r = \dfrac{1}{1 + \sin\theta}$。
27. 蛋的形狀為以橢圓 $x^2 + 2y^2 = 2$ 上半部繞 $x$ 軸旋轉之旋轉體的形狀。求此蛋的表面積。

# 第 11 章　空間幾何和向量值函數

本章將學習向量和它如何成為空間的線與面之代數表示。以此表示求空間上的點與面之間的距離與兩歪斜（skew）線（兩條直線既不平行也不相交）之間的距離比較容易。

其次，將探討值域在平面或在空間的函數。這些向量值函數可被用來描述平面上的曲線和空間中的曲線，並可用來研究沿著這類曲線運動之粒子的行為。

Stu Forster/Getty Images

## 11.1　空間上的線與面

### ■ 空間上的直線方程式

圖 11.1 描述某一於地面雷達站上方以直線飛行之飛機。試問飛機與雷達站之間的距離在任一時間的變化有多快？此飛機離雷達站有多近？為了回答這些問題，必須有能力描述飛機飛行的路徑。尤其需要將空間中之直線表示成代數式。

於本節中，將看到空間中的線與面如何表示成代數式。現在開始考慮空間中之直線。這樣的直線可由它的方向與它經過的一個點唯一地被決定，並且該方向可由與該直線同向的向量表示。故假設直線 $L$ 經過點 $P_0(x_0, y_0, z_0)$ 並與向量 $\mathbf{v} = \langle a, b, c \rangle$ 同向（圖 11.2）。

令 $P(x, y, z)$ 為 $L$ 上任意（any）點，則向量 $\overrightarrow{P_0P}$ 平行於 $\mathbf{v}$。然而兩個向量互相平行若且唯若其中一個為另一個的常數倍。因此存在某數 $t$，稱為參數（parameter），使得

$$\overrightarrow{P_0P} = t\mathbf{v}$$

亦即，若 $\overrightarrow{P_0P} = \langle x - x_0, y - y_0, z - z_0 \rangle$，則

$$\langle x - x_0, y - y_0, z - z_0 \rangle = t\langle a, b, c \rangle = \langle ta, tb, tc \rangle$$

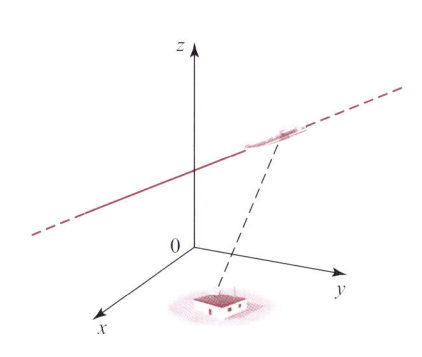

| 圖 11.1

飛機飛行路線為一直線

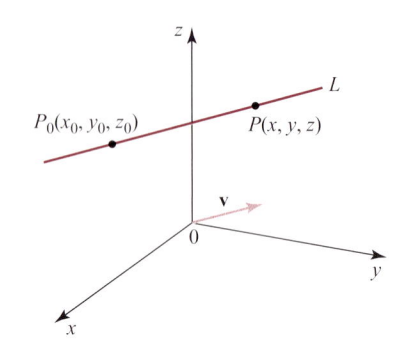

兩向量相對應的各分量相等，所以

$$x - x_0 = ta, \quad y - y_0 = tb \quad 與 \quad z - z_0 = tc$$

分別由這些方程式解 $x, y$ 與 $z$，可得下面直線 $L$ 之標準參數方程式（parametric equations）。

### 定義　直線的參數方程式

經過點 $P_0(x_0, y_0, z_0)$ 並平行於向量 $\mathbf{v} = \langle a, b, c \rangle$ 之直線的參數方程式為

$$x = x_0 + at, \quad y = y_0 + bt \quad 與 \quad z = z_0 + ct \qquad (1)$$

每一參數 $t$ 都對應到 $L$ 上的一個點 $P(x, y, z)$。當 $t$ 表示參數區間 $(-\infty, \infty)$ 內的點，則直線 $L$ 即為它的蹤跡（圖 11.3）。

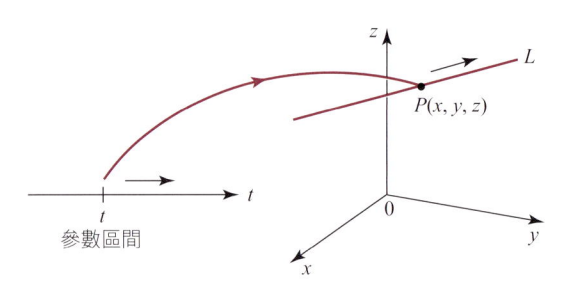

| 圖 11.2
直線 $L$ 經過 $P_0$ 並平行於向量 $\mathbf{v}$

| 圖 11.3
當 $t$ 表示參數區間 $(-\infty, \infty)$ 內的點，則直線 $L$ 即為它的蹤跡

**例題 1**　求經過點 $P_0(-2, 1, 3)$ 並平行於向量 $\mathbf{v} = \langle 1, 2, -2 \rangle$ 之直線的參數方程式。

**解**　使用式 (1) 並以 $x_0 = -2, y_0 = 1, z_0 = 3, a = 1, b = 2$ 和 $c = -2$ 代入，得到

$$x = -2 + t, \quad y = 1 + 2t \quad 與 \quad z = 3 - 2t$$

直線 $L$ 如圖 11.4 所示。∎

假設向量 $\mathbf{v} = \langle a, b, c \rangle$ 表示直線 $L$ 之方向，則數 $a, b$ 與 $c$ 稱為 $L$ 的**方向數**（direction numbers）。觀察到若直線 $L$ 由參數方程式 (1) 的集合表示，則 $L$ 的方向數正是此參數方程式中 $t$ 的係數。

還有其他描述空間之直線的方法。此線 $L$ 之參數方程式

$$x = x_0 + at, \quad y = y_0 + bt \quad 與 \quad z = z_0 + ct$$

若方向數 $a, b$ 與 $c$ 都非零，則可解這些方程式的 $t$。因此，

$$t = \frac{x - x_0}{a}, \quad t = \frac{y - y_0}{b} \quad 與 \quad t = \frac{z - z_0}{c}$$

它提供下列 $L$ 之對稱式（symmetric equations）。

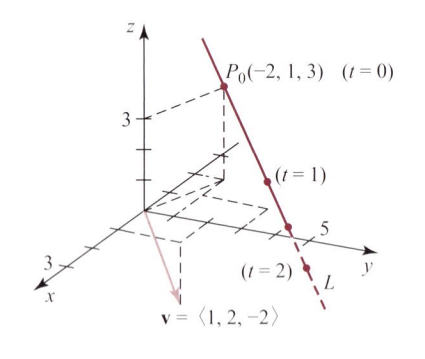

| 圖 11.4
此直線 $L$ 與 $L$ 上的某些點對應到所選的 $t$ 值。注意此線的方向

> **定義 直線之對稱式**
>
> 經過點 $P_0(x_0, y_0, z_0)$ 並平行於向量 $\mathbf{v} = \langle a, b, c \rangle$ 之直線 $L$ 的**對稱式**（symmetric equations）為
>
> $$\frac{x - x_0}{a} = \frac{y - y_0}{b} = \frac{z - z_0}{c} \qquad (2)$$

**註** 假設 $a = 0$ 且 $b$ 與 $c$ 都不等於零，則此線之參數方程式為

$$x = x_0, \qquad y = y_0 + bt \quad \text{與} \quad z = z_0 + ct$$

且此線在平面 $x = x_0$（平行於 $yz$ 平面）上。解第二式與第三式的 $t$，可得

$$x = x_0, \qquad \frac{y - y_0}{b} = \frac{z - z_0}{c}$$

它們是此線之對稱式。將此留給讀者思考並分析其他情況。

### 例題 2

**a.** 求經過點 $P(-3, 3, -2)$ 與 $Q(2, -1, 4)$ 之直線的參數方程式和對稱式。

**b.** 試問 $L$ 與 $xy$ 平面相交於何處？

**解**

**a.** $L$ 與向量 $\overrightarrow{PQ} = \langle 5, -4, 6 \rangle$ 同向。又 $L$ 經過 $P(-3, 3, -2)$，將 $a = 5, b = -4, c = 6, x_0 = -3, y_0 = 3$ 和 $z_0 = -2$ 代入式 (1)，得到參數方程式

$$x = -3 + 5t, \qquad y = 3 - 4t \quad \text{與} \quad z = -2 + 6t$$

接著由式 (2) 得到 $L$ 之對稱式：

$$\frac{x + 3}{5} = \frac{y - 3}{-4} = \frac{z + 2}{6}$$

**b.** 此直線與 $xy$ 平面相交處之 $z = 0$，所以將 $z = 0$ 代入第三個參數方程式，可得 $t = \frac{1}{3}$，又將此 $t$ 值代入其他參數方程式，即得所求的點 $\left(-\frac{4}{3}, \frac{5}{3}, 0\right)$（圖 11.5）。

**圖 11.5**
直線 $L$ 交 $xy$ 平面於點 $\left(-\frac{4}{3}, \frac{5}{3}, 0\right)$

假設 $L_1$ 與 $L_2$ 都是直線並分別與向量 $\mathbf{v}_1$ 與 $\mathbf{v}_2$ 同向，則當 $\mathbf{v}_1$ 平行於 $\mathbf{v}_2$，$L_1$ **平行**（parallel）於 $L_2$。

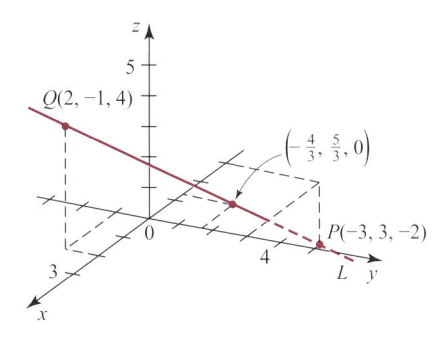

### 例題 3
令 $L_1$ 為直線且它的參數方程式為

$$x = 1 + 2t, \qquad y = 2 - 3t \quad \text{與} \quad z = 2 + t$$

又令 $L_2$ 為直線且它的參數方程式為

$$x = 3 - 4t, \quad y = 1 + 4t \quad 與 \quad z = -3 + 4t$$

**a.** 證明 $L_1$ 與 $L_2$ 彼此不平行。
**b.** 試問 $L_1$ 與 $L_2$ 是否相交？若相交，求它們的交點。

**解**

**a.** 觀察得知 $L_1$ 的方向數為 2, $-3$ 與 1。所以 $L_1$ 與向量 $\mathbf{v}_1 = \langle 2, -3, 1 \rangle$ 同向。同理，$L_2$ 的方向數由 $\mathbf{v}_2 = \langle -4, 4, 4 \rangle = -4 \langle 1, -1, -1 \rangle$ 得知。$\mathbf{v}_1$ 不是 $\mathbf{v}_2$ 的常數倍，此二向量彼此不平行，所以 $L_1$ 與 $L_2$ 彼此也不平行。

**b.** 假設 $L_1$ 與 $L_2$ 相交於點 $P_0(x_0, y_0, z_0)$，則必定存在參數 $t_1$ 與 $t_2$，使得

$$x_0 = 1 + 2t_1, \quad y_0 = 2 - 3t_1 \quad 與 \quad z_0 = 2 + t_1$$

$t_1$ 對應於 $L_1$ 上的 $P_0$

且

$$x_0 = 3 - 4t_2, \quad y_0 = 1 + 4t_2 \quad 與 \quad z_0 = -3 + 4t_2$$

$t_2$ 對應於 $L_2$ 上的 $P_0$

由此得到三個線性方程式

$$1 + 2t_1 = 3 - 4t_2$$
$$2 - 3t_1 = 1 + 4t_2$$
$$2 + t_1 = -3 + 4t_2$$

它們必須滿足 $t_1$ 和 $t_2$。將前兩式相加得到 $3 - t_1 = 4$，即 $t_1 = -1$。將此 $t_1$ 的值代入第一式或第二式，即得 $t_2 = 1$。最後，將 $t_1$ 和 $t_2$ 的值代入第三式，得到 $2 - 1 = -3 + 4(1) = 1$，這說明這些值也滿足第三式。結論 $L_1$ 與 $L_2$ 確實相交於一點。

為求它們的交點，將 $t_1 = -1$ 代入 $L_1$ 之參數方程式，亦即，將 $t_2 = 1$ 代入 $L_2$ 之參數方程式。於這兩種情形，得到 $x_0 = -1$，$y_0 = 5$ 與 $z_0 = 1$，所以交點為 $(-1, 5, 1)$（圖 11.6）。

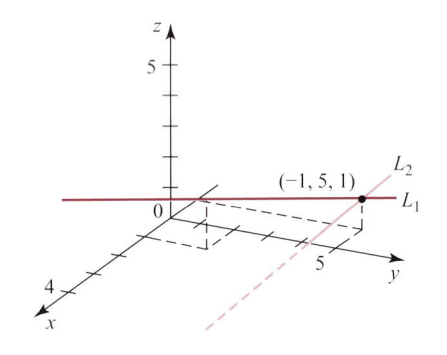

| **圖 11.6**
直線 $L_1$ 與 $L_2$ 相交於點 $(-1, 5, 1)$

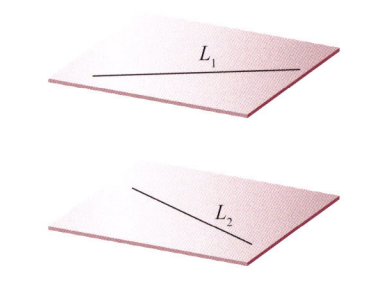

| **圖 11.7**
直線 $L_1$ 與 $L_2$ 為歪斜線

若空間的兩條直線既不相交也不平行，則稱它們為**歪斜**（skew）（圖 11.7）。

**例題 4** **兩架飛機之飛行路徑** 兩架飛機對飛，它們的直線飛行路徑為

$$L_1: \quad x = 1 - t \quad y = -2 - 3t \quad z = 4 + t$$

與

$$L_2: \quad x = 2 - 2t \quad y = -4 + 3t \quad z = 1 + 4t$$

證明這兩條直線路徑為歪斜，所以沒有相撞的危險。

**解** $L_1$ 與 $L_2$ 的方向分別為 $\mathbf{v}_1 = \langle -1, -3, 1 \rangle$ 與 $\mathbf{v}_2 = \langle -2, 3, 4 \rangle$。因為其中一個向量不是另一個的常數倍，所以 $L_1$ 與 $L_2$ 彼此不平行。假設此二線相交於點 $P_0(x_0, y_0, z_0)$，則對於某個 $t_1$ 與 $t_2$，

$$x_0 = 1 - t_1 \qquad y_0 = -2 - 3t_1 \qquad z_0 = 4 + t_1$$

且

$$x_0 = 2 - 2t_2 \qquad y_0 = -4 + 3t_2 \qquad z_0 = 1 + 4t_2$$

$x_0$，$y_0$ 與 $z_0$ 各自對等，可得

$$\begin{aligned} 1 - t_1 &= 2 - 2t_2 \\ -2 - 3t_1 &= -4 + 3t_2 \\ 4 + t_1 &= 1 + 4t_2 \end{aligned}$$

由第一和第二式求出 $t_1 = \frac{1}{9}$ 和 $t_2 = \frac{5}{9}$，將 $t_1$ 與 $t_2$ 的值帶入第三式，得到 $\frac{37}{9} = \frac{29}{9}$，這是個矛盾。由此得知沒有 $t_1$ 與 $t_2$ 的值同時滿足這三式。故 $L_1$ 與 $L_2$ 彼此不相交。這已經證實 $L_1$ 與 $L_2$ 彼此歪斜，所以飛機不會相撞。∎

## 空間中的平面方程式

空間中的平面可由該平面上指定的點 $P_0(x_0, y_0, z_0)$ 與向量 $\mathbf{n} = \langle a, b, c \rangle$ 唯一被決定，$\mathbf{n}$ **垂直**（normal）於該平面（圖 11.8）。為了求平面方程式，令 $P(x, y, z)$ 為此平面上任意（any）點，則向量 $\overrightarrow{P_0P}$ 必正交於 $\mathbf{n}$。然而兩向量正交若且唯若它們的內積等於零。因此

$$\mathbf{n} \cdot \overrightarrow{P_0P} = 0 \tag{3}$$

又 $\overrightarrow{P_0P} = \langle x - x_0, y - y_0, z - z_0 \rangle$，所以也可將式 (3) 寫成

$$\langle a, b, c \rangle \cdot \langle x - x_0, y - y_0, z - z_0 \rangle = 0$$

即

$$a(x - x_0) + b(y - y_0) + c(z - z_0) = 0$$

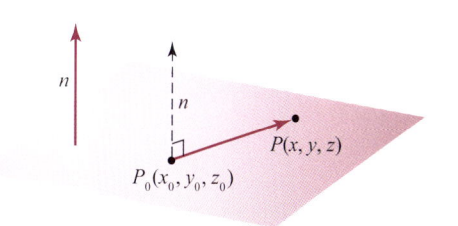

**圖 11.8**

平面上的向量 $\overrightarrow{P_0P}$ 必正交於它的法向量 $\mathbf{n}$，所以 $\mathbf{n} \cdot \overrightarrow{P_0P} = 0$

### 定義　平面方程式的標準式

包含點 $P_0(x_0, y_0, z_0)$ 與法向量 $\mathbf{n} = \langle a, b, c \rangle$ 之**平面方程式的標準式**（standard form of the equation of a plane）為

$$a(x - x_0) + b(y - y_0) + c(z - z_0) = 0 \tag{4}$$

**例題 5**　求包含點 $P_0(3, -3, 2)$ 與法向量 $\mathbf{n} = \langle 4, 2, 3 \rangle$ 之平面方程式。分別求 $x, y$ 與 $z$ 軸的截距，並繪畫此平面。

**解**　將 $a = 4, b = 2, c = 3, x_0 = 3, y_0 = -3$ 與 $z_0 = 2$ 代入式 (4)，可得

$$4(x - 3) + 2(y + 3) + 3(z - 2) = 0$$

即

$$4x + 2y + 3z = 12$$

為了求 $x$ 的截距，注意到 $x$ 軸上的任意點，它的 $y$ 坐標與 $z$ 坐標均為零。將 $y = z = 0$ 代入平面方程式，得到 $x = 3$。所以 3 為 $x$ 的截距。同理，求得 $y$ 的截距與 $z$ 的截距分別為 6 與 4。將點 $(3, 0, 0)$, $(0, 6, 0)$ 和 $(0, 0, 4)$ 用線段連接後即為平面的一部分，並將它繪畫於空間的第一象限（圖 11.9）。

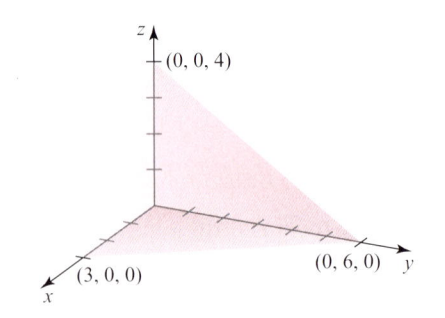

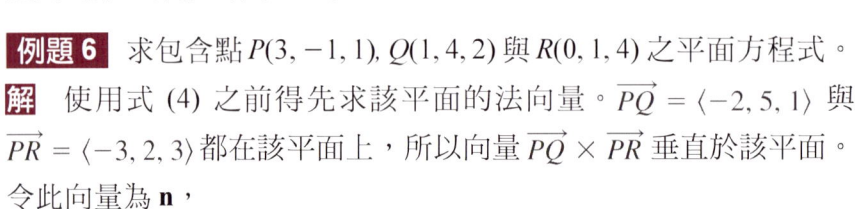

**圖 11.9**
平面 $4x + 2y + 3z = 12$ 的一部分在空間的第一象限

**例題 6**　求包含點 $P(3, -1, 1), Q(1, 4, 2)$ 與 $R(0, 1, 4)$ 之平面方程式。

**解**　使用式 (4) 之前得先求該平面的法向量。$\overrightarrow{PQ} = \langle -2, 5, 1 \rangle$ 與 $\overrightarrow{PR} = \langle -3, 2, 3 \rangle$ 都在該平面上，所以向量 $\overrightarrow{PQ} \times \overrightarrow{PR}$ 垂直於該平面。令此向量為 $\mathbf{n}$，

$$\mathbf{n} = \overrightarrow{PQ} \times \overrightarrow{PR} = \begin{vmatrix} \mathbf{i} & \mathbf{j} & \mathbf{k} \\ -2 & 5 & 1 \\ -3 & 2 & 3 \end{vmatrix} = 13\mathbf{i} + 3\mathbf{j} + 11\mathbf{k}$$

使用平面上的點 $P(3, -1, 1)$（或其他任意兩點也行）與此法向量 $\mathbf{n}$，並將 $a = 13, b = 3, c = 11, x_0 = 3, y_0 = -1$ 與 $z_0 = 1$ 代入式 (4)，可得

$$13(x - 3) + 3(y + 1) + 11(z - 1) = 0$$

簡化後可得

$$13x + 3y + 11z = 47$$

此平面圖繪畫於圖 11.10。

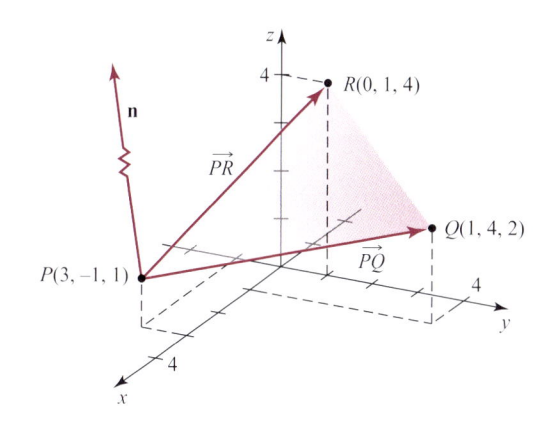

**圖 11.10**
此平面之法向量為 $\mathbf{n} = \vec{PQ} \times \vec{PR}$

將式 (4) 展開並重組各項，如例題 5 與 6，得到空間之平面方程式的**一般式**（general form），

$$ax + by + cz = d \tag{5}$$

其中 $d = ax_0 + by_0 + cz_0$。反之，已知 $ax + by + cz = d$，其中 $a, b$ 與 $c$ 不同時為零，則可以選取數 $x_0, y_0$ 與 $z_0$ 使得 $ax_0 + by_0 + cz_0 = d$。譬如：若 $c \neq 0$，任意選取 $x_0$ 與 $y_0$ 並解式子 $ax_0 + by_0 + cz_0 = d$ 的 $z_0$，可得 $z_0 = (d - ax_0 - by_0)/c$。所以，使用所取之 $x_0, y_0$ 與 $z_0$，式 (5) 變成

$$ax + by + cz = ax_0 + by_0 + cz_0$$

即

$$a(x - x_0) + b(y - y_0) + c(z - z_0) = 0$$

它就是我們所知道的包含點 $(x_0, y_0, z_0)$ 並有法向量 $\mathbf{n} = \langle a, b, c \rangle$ 的平面方程式（式 (4)）。方程式 $ax + by + cz = d$ 稱為 $x, y$ 與 $z$ **三個變數的線性方程式**（linear equation in the three variables），其中 $a, b$ 與 $c$ 不同時為零。

### 定理 1

空間中每一平面都可表示成 $ax + by + cz = d$，其中 $a, b$ 與 $c$ 不同時為零。反之，每一線性方程式 $ax + by + cz = d$ 都表示為空間中法向量為 $\langle a, b, c \rangle$ 的平面。

**註** 注意 $x, y$ 與 $z$ 的係數就是法向量 $\mathbf{n} = \langle a, b, c \rangle$ 的分量。因此，只要觀察平面方程式就可寫出它的法向量。

## 平行平面與正交平面

已知兩平面之法向量為 **m** 與 **n**，若 **m** 與 **n** 平行，則此二平面互相**平行**（parallel）；若 **m** 與 **n** 正交，則此二平面正交（圖 11.11）。

**圖 11.11**
若 **m** 與 **n** 平行，則此二平面平行；若 **m** 與 **n** 正交，則此二平面正交

(a) 平行平面　　(b) 正交平面

**例題 7**　求包含點 $P(2, -1, 3)$ 並平行於平面方程式 $2x - 3y + 4z = 6$ 之平面方程式。

**解**　由定理 1 得知，給予之平面的法向量為 $\mathbf{n} = \langle 2, -3, 4 \rangle$。因為所求的平面平行於給予之平面，所以它的法向量也是 **n**。由式 (4) 得知

$$2(x - 2) - 3(y + 1) + 4(z - 3) = 0$$

即

$$2x - 3y + 4z = 19$$

為平面方程式。

## 二平面之夾角

空間中兩不同平面不是平行就是相交成一直線。若它們相交，則此**二平面之夾角**（angle between the two planes）定義為它們的法向量之夾角的銳角（圖 11.12）。

**例題 8**　求二平面 $3x - y + 2z = 1$ 與 $2x + 3y - z = 4$ 之夾角。

**解**　此二平面之法向量為

$$\mathbf{n}_1 = \langle 3, -1, 2 \rangle \quad 與 \quad \mathbf{n}_2 = \langle 2, 3, -1 \rangle$$

所以它們的夾角為

$$\cos \theta = \frac{\mathbf{n}_1 \cdot \mathbf{n}_2}{|\mathbf{n}_1||\mathbf{n}_2|}$$

$$= \frac{\langle 3, -1, 2 \rangle \cdot \langle 2, 3, -1 \rangle}{\sqrt{9 + 1 + 4}\sqrt{4 + 9 + 1}} = \frac{3(2) + (-1)(3) + 2(-1)}{\sqrt{14}\sqrt{14}} = \frac{1}{14}$$

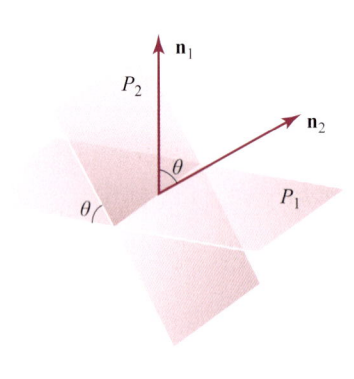

**圖 11.12**
二平面之夾角為它們的法向量之夾角

即
$$\theta = \cos^{-1}\left(\frac{1}{14}\right) \approx 86°$$

**例題 9** 求兩平面 $3x - y + 2z = 1$ 與 $2x + 3y - z = 4$ 相交線的參數方程式。

**解** 我們需要相交線 $L$ 之方向與 $L$ 上的點。為求 $L$ 的方向，觀察得知向量 $\mathbf{v}$ 平行於 $L$ 若且唯若它正交於兩平面之法向量（一般情形見圖 11.13）。換言之，$\mathbf{v} = \mathbf{n}_1 \times \mathbf{n}_2$，其中 $\mathbf{n}_1$ 與 $\mathbf{n}_2$ 為兩平面之法向量。$\mathbf{n}_1 = \langle 3, -1, 2 \rangle$ 與 $\mathbf{n}_2 = \langle 2, 3, -1 \rangle$，所以向量 $\mathbf{v}$ 為

$$\mathbf{v} = \mathbf{n}_1 \times \mathbf{n}_2 = \begin{vmatrix} \mathbf{i} & \mathbf{j} & \mathbf{k} \\ 3 & -1 & 2 \\ 2 & 3 & -1 \end{vmatrix} = -5\mathbf{i} + 7\mathbf{j} + 11\mathbf{k}$$

為求 $L$ 上的點，將 $z = 0$ 代入此二平面之方程式（可得 $L$ 與 $xy$ 平面的交點），得到

$$3x - y = 1 \quad \text{與} \quad 2x + 3y = 4$$

同時解此二式可得 $x = \frac{7}{11}$ 與 $y = \frac{10}{11}$。最後由式 (1) 得到所要的參數方程式

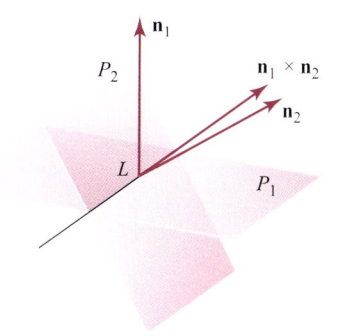

$$x = \frac{7}{11} - 5t, \quad y = \frac{10}{11} + 7t \quad \text{與} \quad z = 11t$$

| 圖 11.13
向量 $\mathbf{n}_1 \times \mathbf{n}_2$ 與兩平面相交線 $L$ 同向

### 點與面之間的距離

為了求點與面之間的距離公式，假設點 $P_1(x_1, y_1, z_1)$ 不（not）在平面 $ax + by + cz = d$ 上。令 $P_0(x_0, y_0, z_0)$ 為平面上任意點，如圖 11.14 所示，則 $P_1$ 與此平面之距離 $D$ 為 $\overrightarrow{P_0P_1}$ 投影在此平面之法向量 $\mathbf{n} = \langle a, b, c \rangle$ 上的長度。也就是說，$D$ 為 $\overrightarrow{P_0P_1}$ 沿著 $\mathbf{n}$ 之常數分量的絕對值，即

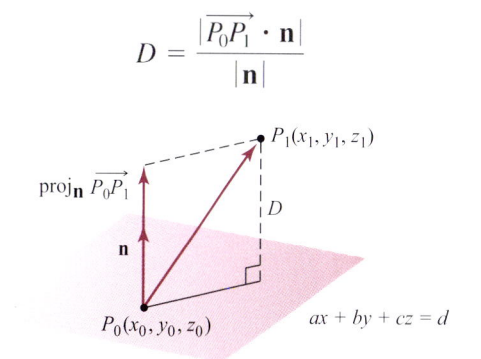

$$D = \frac{|\overrightarrow{P_0P_1} \cdot \mathbf{n}|}{|\mathbf{n}|}$$

| 圖 11.14
$P_1$ 到此平面的距離為 $\text{proj}_\mathbf{n}\overrightarrow{P_0P_1}$ 的長度

$$\vec{P_0P_1} = \langle x_1 - x_0, y_1 - y_0, z_1 - z_0 \rangle \text{,所以}$$

$$D = \frac{|\langle x_1 - x_0, y_1 - y_0, z_1 - z_0 \rangle \cdot \langle a, b, c \rangle|}{\sqrt{a^2 + b^2 + c^2}}$$

$$= \frac{|a(x_1 - x_0) + b(y_1 - y_0) + c(z_1 - z_0)|}{\sqrt{a^2 + b^2 + c^2}}$$

$$= \frac{|ax_1 + by_1 + cz_1 - (ax_0 + by_0 + cz_0)|}{\sqrt{a^2 + b^2 + c^2}}$$

又 $P_0(x_0, y_0, z_0)$ 在此平面上,它的坐標必須滿足此平面方程式,亦即,$ax_0 + by_0 + cz_0 = d$;所以 $D$ 可寫成

$$D = \frac{|ax_1 + by_1 + cz_1 - d|}{\sqrt{a^2 + b^2 + c^2}} \tag{6}$$

**例題 10** 求點 $(-2, 1, 3)$ 與平面 $2x - 3y + z = 1$ 之間的距離。

**解** 將 $x_1 = -2, y_1 = 1, z_1 = 3, a = 2, b = -3, c = 1$ 與 $d = 1$ 代入式 (6),可得

$$D = \frac{|2(-2) - 3(1) + 1(3) - 1|}{\sqrt{2^2 + (-3)^2 + 1^2}} = \frac{5}{\sqrt{14}} = \frac{5\sqrt{14}}{14}$$

## 11.1 習題

以自己的說法描述你解題可能用的策略。譬如:求經過相異兩點之直線的參數方程式,可能用的策略為:令 $P$ 和 $Q$ 表示點,並將向量 $\vec{PQ}$ 表示為該直線的方向,然後使用這些訊息以及 $P$ 或 $Q$,並用式 (1) 寫出所要的方程式。

1. 求直線之參數方程式,已知之直線為:
   a. 經過給予之點並平行於給予之直線。
   b. 經過給予之點並垂直於經過該點之不同的兩條直線。
   c. 經過給予平面上所給予之點並垂直於該平面。
   d. 兩給予之非平行平面的相交。

2-3 題,求經過點 $P$ 並平行於向量 $\mathbf{v}$ 之直線的參數方程式與對稱式。

2. $P(1, 3, 2); \mathbf{v} = \langle 2, 4, 5 \rangle$
3. $P(3, 0, 2); \mathbf{v} = 2\mathbf{i} - \mathbf{j} + 3\mathbf{k}$

4-5 題,求經過給予的點之直線的參數方程式與對稱式。

4. $(2, 1, 4)$ 和 $(1, 3, 7)$
5. $(-1, -2, -\frac{1}{2})$ 和 $(1, \frac{3}{2}, -3)$
6. 若直線經過點 $(1, 2, -1)$ 並平行於參數方程式為 $x = -1 + t, y = 2 + 2t$ 與 $z = -2 - 3t$ 之直線。求它的參數方程式與對稱式,並求此直線與坐標平面相交的點。
7. 判斷點 $(-3, 6, 1)$ 是否在直線 $L$ 上,其中 $L$ 經過點 $(-1, 4, 3)$ 並平行於向量 $\mathbf{v} = -\mathbf{i} + \mathbf{j} - \mathbf{k}$.

8-9 題,判斷直線 $L_1$ 與 $L_2$ 為平行、歪斜線或相交。若它們相交,求它們的交點。

8. $L_1: x = -1 + 3t, y = -2 + 3t, z = 3 + t$
   $L_2: x = 1 + 4t, y = -2 + 6t, z = 4 + t$
9. $L_1: \frac{x-2}{4} = \frac{z-1}{-1}, y = 3$
   $L_2: \frac{x-2}{2} = \frac{y-3}{2} = z - 1$

10-11 題,判斷直線 $L_1$ 與 $L_2$ 是否相交。若它們相交,求它們之間所夾的角之角度。

10. $L_1$: $x = 1 - t$, $y = 3 - 2t$, $z = t$
    $L_2$: $x = 2 + 3t$, $y = 3 + 2t$, $z = 1 + t$
11. $L_1$: $\dfrac{x-1}{-3} = \dfrac{y+2}{2} = \dfrac{z+1}{4}$
    $L_2$: $\dfrac{x+2}{2} = \dfrac{y-4}{4} = z - 3$

12-13題，求法向量為 **n** 並經過給予點之平面方程式。

12. $(2, 1, 5)$;  $\mathbf{n} = \langle 1, 2, 4 \rangle$
13. $(1, 3, 0)$;  $\mathbf{n} = 2\mathbf{i} - 4\mathbf{k}$

14-15題，求經過給予點並平行於給予平面之平面方程式。

14. $(3, 6, -2)$;  $2x + 3y - z = 4$
15. $(-1, -2, -3)$;  $x - 3z = 1$
16. 求經過點 $(1, 0, -2), (1, 3, 2)$ 與 $(2, 3, 0)$ 之平面方程式。

17-18題，求經過給予點並包含給予直線之平面方程式。

17. $(1, 3, 2)$;  $x = 1 + t$, $y = -1 - 2t$, $z = 3 + 2t$
18. $(3, -4, 5)$;  $\dfrac{x-2}{2} = \dfrac{y+1}{-3} = \dfrac{z+3}{5}$
19. 求經過點 $(2, 1, 1)$ 與 $(-1, 3, 2)$ 並垂直於平面 $2x + 3y - 4z = 3$ 之平面方程式。

20-21題，判斷給予之二平面為平行、垂直或兩者都不是。若它們既非平行也非垂直，則求它們所夾的角之角度。

20. $x + 2y + z = 1$,  $2x - 3y + 4z = 3$
21. $3x - y + 2z = 2$,  $2x + 3y + z = 4$
22. 求平面 $x + y + 2z = 6$ 與直線 $x = 1 + t, y = 2 + t, z = -1 + t$ 所夾的角之角度。
23. 求平面 $2x - 3y + 4z = 3$ 與 $x + 4y - 2z = 7$ 相交的直線之參數式。
24. 求經過點 $(2, 3, -1)$ 並垂直於平面 $2x + 4y - 3z = 4$ 之直線式。
25. 已知直線 $x = -1 + 2t$, $y = 2 - 3t$, $z = 1 + t$ 與 $x = 2 - t$, $y = 1 - 2t$, $z = 5 - 3t$。求包含此二直線之平面的參數方程式。
26. 若平面 $A$ 正交於平面 $3x + 2y - 4z = 7$ 並包含與兩平面 $2x - 3y + z = 3$, $x + 2y - 3z = 5$ 相交之直線。求 $A$ 的方程式。
27. 若平面 $2x + 3y - z = 9$ 與直線 $x = 2 + 3t$, $y = -1 + t$, $z = 3 - 2t$ 相交，求它們的交點。
28. 求點 $(3, 1, 2)$ 與平面 $2x - 3y + 4z = 7$ 之間的距離。
29. 證明兩平面 $x + 2y - 4z = 1$ 與 $x + 2y - 4z = 7$ 平行，並求它們之間的距離。
30. 令 $P$ 為非直線 $L$ 上的點。證明 $P$ 與 $L$ 之間的距離 $D$ 為

$$D = \dfrac{|\overrightarrow{QP} \times \mathbf{u}|}{|\mathbf{u}|}$$

其中 $\mathbf{u}$ 為與 $L$ 同向之向量，且 $Q$ 為 $L$ 上的任意點。

31. 使用 30 題的結果求點 $(1, -2, 3)$ 與直線 $\dfrac{x+2}{3} = \dfrac{y-1}{1} = \dfrac{z+3}{2}$ 之間的距離。
32. 證明兩平行平面 $ax + by + cz = d_1$ 與 $ax + by + cy = d_2$ 之間的距離 $D$ 為

$$D = \dfrac{|d_1 - d_2|}{\sqrt{a^2 + b^2 + c^2}}$$

33. 求兩歪斜線 $\dfrac{x-1}{-2} = \dfrac{y-4}{-6} = \dfrac{z-3}{-2}$ 與 $x - 2 = \dfrac{y+2}{-5} = \dfrac{z-1}{-3}$ 之間的距離（提示：使用 32 題的結果）。

34-36題，判斷下列敘述是對或是錯。如果它是對，解釋你的理由。如果它是錯，請解釋你的理由或舉例說明。

34. 若直線 $L_1$ 與 $L_2$ 同時垂直於直線 $L_3$，則 $L_1$ 必定平行於 $L_2$。
35. 若平面 $P_1$ 與 $P_2$ 同時垂直於平面 $P_3$，則 $P_1$ 必定垂直於 $P_2$。
36. 總是有一平面經過給予之點與給予之直線。

## 11.2 空間中的曲面

於 11.1 節中，我們看到三個變數之線性方程式的圖形為空間平面。一般而言，三個變數之方程式的圖形 $F(x, y, z) = 0$，為在三維空間的曲面。於本節中將學習的曲面稱為柱面與二次曲面（cylinders and quadric surfaces）。

圖 11.15 所示之拋物面為二次曲面的一個例子。一種均勻旋轉的液體，它的形狀是由所受的重力與離心力決定。如 10.1 節的說明，這個曲面為無線電望遠鏡與光學望遠鏡之鏡片的理想形狀（圖 11.15b）。數學上，拋物面是拋物線繞它的對稱軸旋轉產生的（圖 11.15c）。

(a) 旋轉液體的表面 　　(b) 無線電望遠鏡的表面 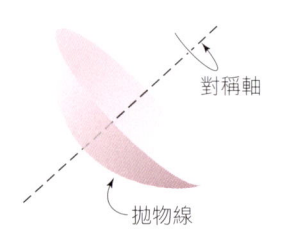　　(c) 曲面為拋物線繞它的對稱軸旋轉產生的

圖 11.15

### 歷史傳記

**HERMANN MINKOWSKI**
(1864–1909)

Hermann Minkowski 大多數的童年時光是在德國 Königsberg 度過，後來就讀於 Königsberg 大學，在此期間他在數學上的特殊天賦開始展現。1881 年，他解出一個由巴黎皇家科學院所提出的競賽問題，並將此證明投稿到該學院。他 140 頁打字稿的證明雖然不是唯一投稿到該學院的稿件，但被認為比英國數學家 H. J. Smith 的還好，因此 19 歲的 Minkowski 獲獎。

1885 年 Minkowski 獲頒 Königsberg 大學的博士學位並開始他的教學生涯。他曾任教於 Zurich 大學、Bonn 大學與 Königsberg 大學。

部分他在數學上的成就包括數字幾何、體積的幾何觀念、關於三元的二次形式研究，以及將這方面的技巧推廣至橢球體與其他如圓柱的凸面形狀體。Minkowski 有極優異的幾何觀念領會能力。在 1905 年參加一個關於電子理論的演講時，他將該理論與由 Einstein 與 Hendrik Lorentz 所提出的次原子粒子觀念結合在一起。Minkowski 看出必須將空間視為一個四維的非歐基里德的時間－空間連續系統。這個四度空間的觀念成為其後愛因斯坦廣義相對論的理論基礎。

Minkowski 於 44 歲死於盲腸破裂。

### 軌跡

正如使用平面曲線之 $x$ 截距與 $y$ 截距來繪製此平面曲線之圖形，我們也可藉助於各坐標平面的表面來繪畫此曲面的軌跡。空間的曲面 $S$ 之**軌跡**（trace）為此曲面與平面的相交。特別是，$S$ 在 $xy$ 平面、$yz$ 平面與 $xz$ 平面之軌跡分別稱為 **$xy$ 軌跡**（$xy$-trace）、**$yz$ 軌跡**（$yz$-trace）與 **$xz$ 軌跡**（$xz$-trace）。

為求 $xy$ 軌跡，令 $z=0$ 並於 $xy$ 平面上繪製此結果之方程式的圖形。其他情形也類似。當然，若此曲面與平面不相交，則在該平面就沒有軌跡。

**例題 1**　考慮式子 $4x + 2y + 3z = 12$ 之平面（見 11.1 節例題 5）。求它於坐標平面上之平面軌跡，並繪製此平面。

**解**　為求 $xy$ 軌跡，先將 $z=0$ 代入給予之式子，並得到式子 $4x+2y=12$。接著在 $xy$ 平面上繪畫此新方程式的圖形（圖 11.16a）。為求 $yz$ 軌

(a) $xy$ 軌跡　　(b) $yz$ 軌跡　　(c) $xz$ 軌跡　　(d) 此平面在空間之第一象限

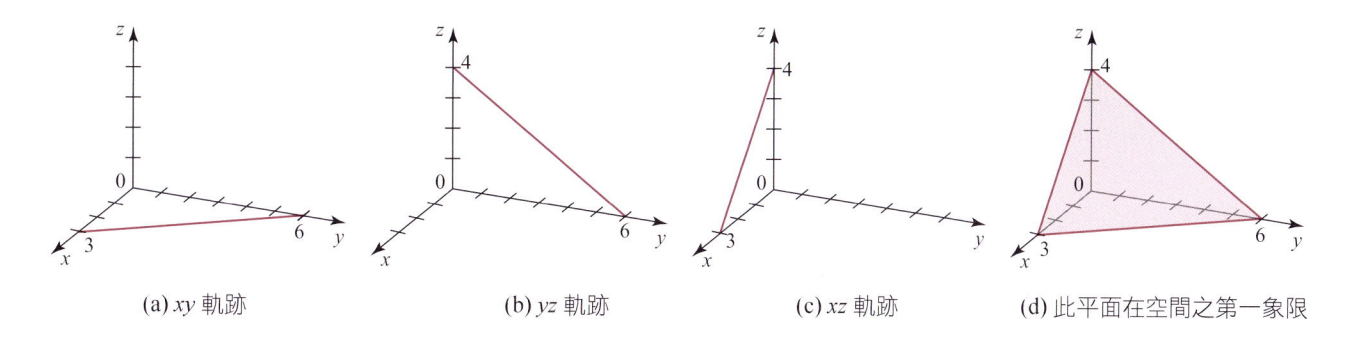

**圖 11.16**

平面 $4x + 2y + 3z = 12$ 在座標平面的軌跡展示於 (a)–(c)

跡，先將 $x = 0$ 代入給予的式子並得到式 $2y + 3z = 12$，它的圖形在 $yz$ 平面上即為所要的軌跡（圖 11.16b）。同理可得 $xz$ 軌跡（圖 11.16c）。此平面在空間之第一象限的圖形如圖 11.16 所示。

有時候，在平行於座標平面之平面上求曲面之軌跡是有用的，如下個例題的說明。

**例題 2** 令 $S$ 為 $z = x^2 + y^2$ 的曲面。
a. 求 $S$ 在座標平面上的軌跡。
b. 求 $S$ 在平面 $z = k$ 上的軌跡，其中 $k$ 為常數。
c. 繪製曲面 $S$。

**解**

a. 將 $z = 0$ 代入式子，得到 $x^2 + y^2 = 0$，由此得知 $xy$ 軌跡為原點 $(0, 0)$（圖 11.17a）。接著令 $x = 0$，得到 $z = y^2$，由此得知 $yz$ 軌跡為拋物線（圖 11.17b）。最後令 $y = 0$，得到 $z = x^2$，由此得知 $xz$ 軌跡也是拋物線（圖 11.17c）。

b. 將 $z = k$ 代入式子，得到 $x^2 + y^2 = k$，由此得知 $S$ 的軌跡為平面 $z = k$，它是半徑 $\sqrt{k}$ 且中心為此平面與 $z$ 軸相交點的圓，其中 $k > 0$（圖 11.17d）。觀察得知當 $k = 0$，此軌跡為點 $(0, 0)$（退化圓），即 (a) 所得的。

c. 繪畫於圖 11.17e 的圖形 $z = x^2 + y^2$ 稱為拋物面體（circular paraboloid），因為它在平面上的軌跡平行於座標平面且此軌跡不是圓就是拋物線。

## 柱面

現在考慮稱為柱面（cylinders）的曲面。

(a) $xy$ 軌跡為一個點

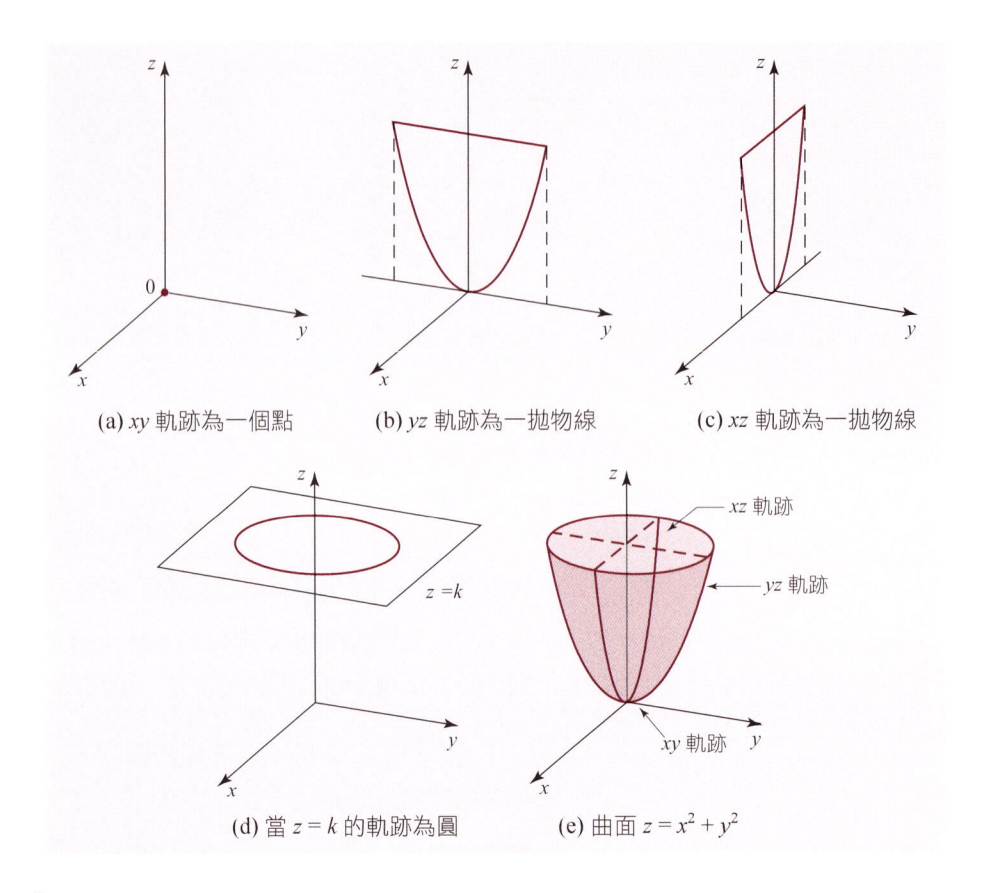

(b) $yz$ 軌跡為一拋物線

(c) $xz$ 軌跡為一拋物線

(d) 當 $z=k$ 的軌跡為圓

(e) 曲面 $z = x^2 + y^2$

**圖 11.17**
曲面 $S$ 的軌跡

---

### 定義　柱面

令 $C$ 為平面上的曲線，並令 $l$ 為不平行於該平面之直線，則由平行於 $l$ 並橫貫 $C$ 之直線所組成的集合稱為柱面。此曲線 $C$ 稱為柱面的**準線**（directrix），而平行於 $l$ 並橫貫 $C$ 的直線稱為柱面的**劃線**（ruling）（圖 11.18）。

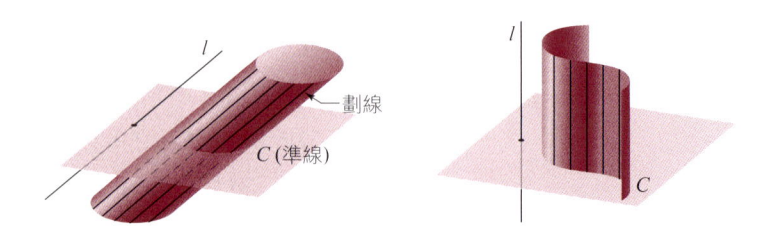

**圖 11.18**
兩個柱面。曲線 $C$ 為柱面的準線。劃線平行於 $l$

準線在坐標平面上且劃線垂直於該平面之柱面有較簡單的代數表示。譬如：方程式為 $f(x, y) = 0$ 之曲面 $S$，它的 $xy$ 軌跡為式子 $f(x, y) = 0$ 在 $xy$ 平面上的圖形 $C$（圖 11.19a）。又觀察得知，若

$(x, y, 0)$ 在 $C$ 上，則對於任意 $z$（因為 $z$ 不在式子內），點 $(x, y, z)$ 必滿足式子 $f(x, y) = 0$。然而所有這類的點形成一條垂直於 $xy$ 平面之直線並經過 $(x, y, 0)$ 點。這證明曲面 $S$ 為準線 $f(x, y) = 0$ 與劃線平行於 $z$ 軸之準線的柱面（圖 11.19b）。

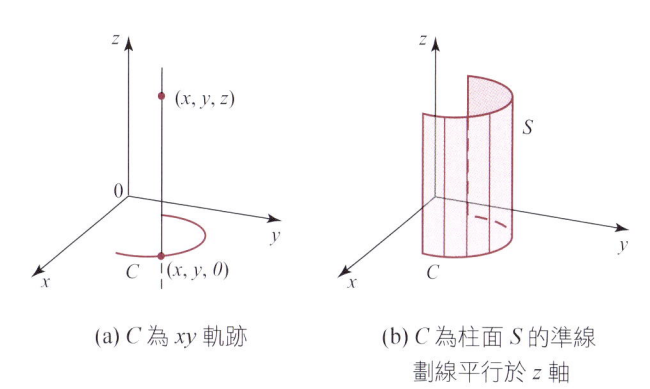

**圖 11.19**
曲面 $f(x, y) = 0$ 為在 $xy$ 平面上的 $f(x, y) = 0$ 之準線 $C$ 與劃線為平行於 $z$ 軸之準線的柱面

(a) $C$ 為 $xy$ 軌跡

(b) $C$ 為柱面 $S$ 的準線劃線平行於 $z$ 軸

**例題 3** 繪畫圖形 $y = x^2 - 4$ 的圖形。

**解** 已知方程式為 $f(x, y) = 0$ 且 $f(x, y) = x^2 - y - 4$。所以，它的圖形為柱面，它的準線為在 $xy$ 平面之圖形 $y = x^2 - 4$，且它的劃線平行於 $z$ 軸（對應於不在方程式中的變數）。在 $xy$ 平面上的圖形 $y = x^2 - 4$ 為拋物線，展示於圖 11.20a。所求之柱面如圖 11.20b 所示，它稱為**拋物線的柱面**（parabolic cylinder）。

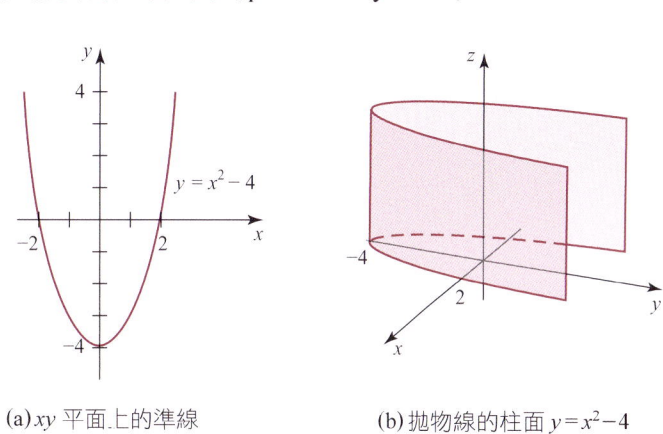

**圖 11.20**
兩個步驟繪畫 $y = x^2 - 4$ 的圖形

(a) $xy$ 平面上的準線

(b) 拋物線的柱面 $y = x^2 - 4$

**例題 4** 繪畫 $\dfrac{y^2}{4} + \dfrac{z^2}{9} = 1$ 的圖形。

**解** 已知方程式為 $f(x, y) = 0$，且

$$f(y, z) = \frac{y^2}{4} + \frac{z^2}{9} - 1$$

它的圖形為準線

$$\frac{y^2}{4} + \frac{z^2}{9} = 1$$

的柱面，且它的劃線平行於 $x$ 軸。圖形

$$\frac{y^2}{4} + \frac{z^2}{9} = 1$$

在 $yz$ 平面為橢圓，展示於圖 11.21a。所求之柱面展示於圖 11.21b。它稱為**橢圓柱面**（elliptic cylinder）。

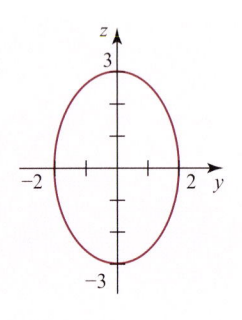

**圖 11.21**　(a) $yz$ 平面上的準線 $\frac{y^2}{4} + \frac{z^2}{9} = 1$　　(b) 柱面 $\frac{y^2}{4} + \frac{z^2}{9} = 1$

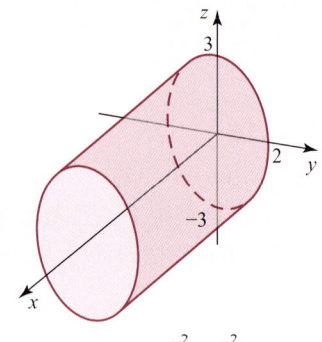

**例題 5**　繪畫 $z = \cos x$ 的圖形。

**解**　已知方程式為 $f(x,z) = 0$，其中 $f(x,z) = z - \cos x$。所以，它的圖形為柱面，假設它的準線為 $xz$ 平面上的圖形 $z = \cos x$，且它的劃線平行於 $y$ 軸。在 $xz$ 平面上之準線圖形展示於圖 11.22a，且所求之柱面展示於圖 11.22b。

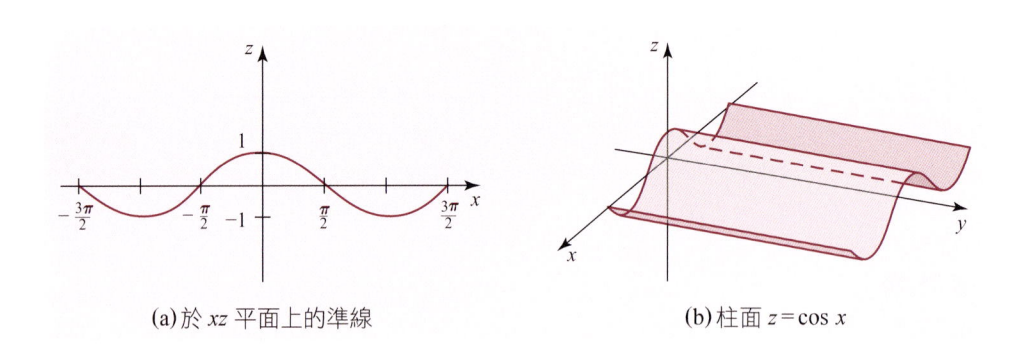

(a) 於 $xz$ 平面上的準線　　(b) 柱面 $z = \cos x$

**圖 11.22**

⚠ 注意，當兩個變數的方程式表示二維空間的曲線，則同一方程式表示三維空間的柱面。譬如：方程式 $x^2 + y^2 = 1$ 在平面上為一個圓，但是同一方程式在三維空間表示直圓柱。

## 二次曲面

本節中之例題 1, 2 與 3 都是 $x, y$ 與 $z$ 之二次方程式

$$Ax^2 + By^2 + Cz^2 + Dxy + Exz + Fyz + Gx + Hy + Iz + J = 0$$

的特例，其中 $A, B, C, \ldots, J$ 為常數。此方程式的圖形稱為**二次曲面**（quadric surface）。將坐標系統適當地移動且／或旋轉，則此二次曲面在新的坐標系統中變為標準位置的圖形（圖 11.23）。於新系統中，方程式將被設定為下面兩個標準形式

$$\overline{A}X^2 + \overline{B}Y^2 + \overline{C}Z^2 + \overline{J} = 0 \quad \text{或} \quad \overline{A}X^2 + \overline{B}Y^2 + \overline{I}Z = 0$$

中的一個。為此，我們將學習集中在那些表示為

$$AX^2 + BY^2 + CZ^2 + J = 0 \quad \text{或} \quad AX^2 + BY^2 + IZ = 0$$

的二次曲面。

| 圖 **11.23**
平移或旋轉 $xyz$ 系統可得在 $xyz$ 系統拋物面之標準式

當繪製下面之二次曲面，我們發現將它們的軌跡置於坐標平面與平行於坐標平面之平面是有用的。

本節其他部分的 $a, b$ 與 $c$ 均為正實數，除非另外說明。

**橢球面**　方程式

$$\frac{x^2}{a^2} + \frac{y^2}{b^2} + \frac{z^2}{c^2} = 1$$

的圖形為橢球面，因為它在平行於坐標平面之平面的軌跡為橢圓。事實上，它在平面 $z = k$ 之軌跡為橢圓

$$\frac{x^2}{a^2} + \frac{y^2}{b^2} = 1 - \frac{k^2}{c^2}$$

其中 $-c < k < c$，尤其是在 $xy$ 平面之軌跡為橢圓

$$\frac{x^2}{a^2} + \frac{y^2}{b^2} = 1$$

如圖 11.24a 所示。

同理，讀者可證明它在平面 $x = k$（$-a < k < a$）與在平面 $y = k$（$-b < k < b$）之軌跡也都是橢圓。同時，它的 $yz$ 軌跡與 $xz$ 軌跡都是橢圓，分別為

$$\frac{y^2}{b^2} + \frac{z^2}{c^2} = 1 \quad \text{與} \quad \frac{x^2}{a^2} + \frac{z^2}{c^2} = 1$$

（圖 11.24 b-c）。橢球面展示於圖 11.24d。

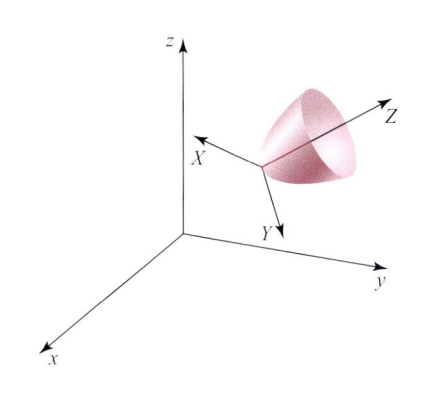

(a) $xy$ 軌跡　　(b) $yz$ 軌跡　　(c) $xz$ 軌跡　　(d) 橢球面

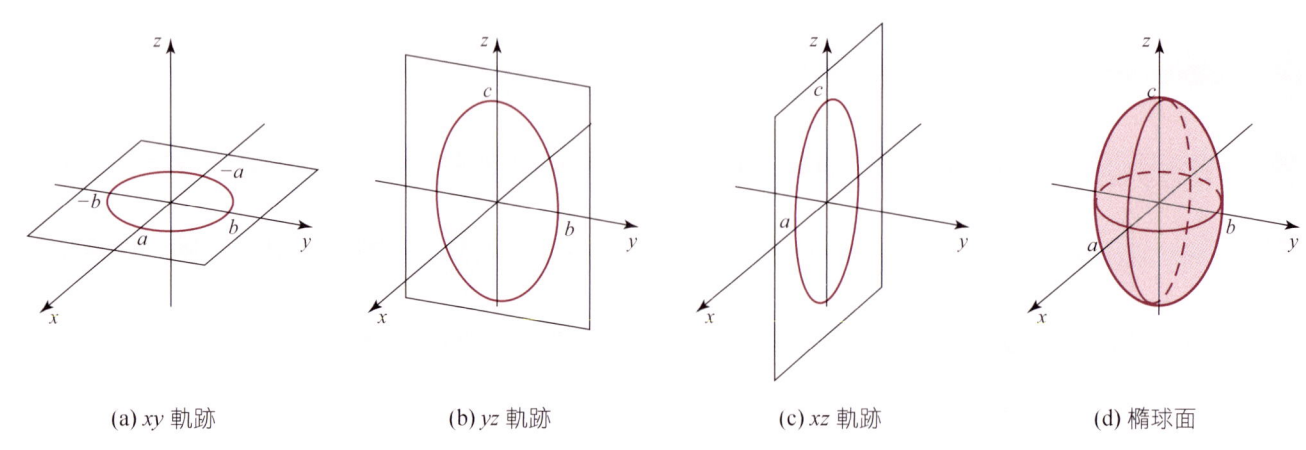

**圖 11.24**

坐標平面上的軌跡與橢球面 $\dfrac{x^2}{a^2} + \dfrac{y^2}{b^2} + \dfrac{z^2}{c^2} = 1$

注意，若 $a = b = c$，則此橢球面是中心在原點且半徑為 $a$ 的球。

**單葉雙曲面**　方程式

$$\frac{x^2}{a^2} + \frac{y^2}{b^2} - \frac{z^2}{c^2} = 1$$

的圖形為**單葉雙曲面**（hyperboloid of one sheet）。此曲面之 $xy$ 軌跡為橢圓

$$\frac{x^2}{a^2} + \frac{y^2}{b^2} = 1$$

（圖 11.25a），且 $yz$ 軌跡與 $xz$ 軌跡都是雙曲線（圖 11-25b-c），請讀者自行證明。此曲面在平面 $z = k$ 之軌跡為橢圓

$$\frac{x^2}{a^2} + \frac{y^2}{b^2} = 1 + \frac{k^2}{c^2}$$

當 $|k|$ 遞增，此橢圓變得越來越大。雙曲面展示於圖 11.25d。

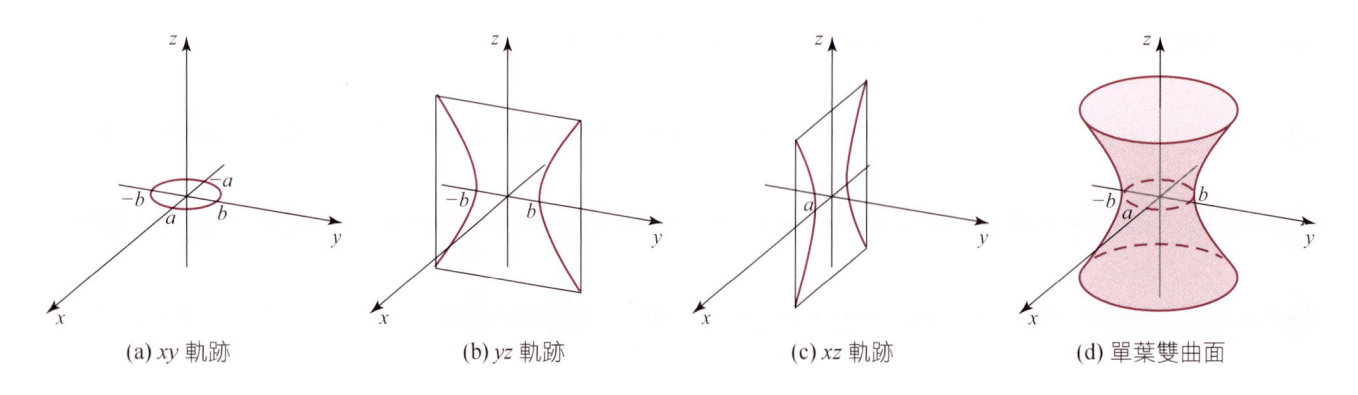

(a) $xy$ 軌跡　　(b) $yz$ 軌跡　　(c) $xz$ 軌跡　　(d) 單葉雙曲面

**圖 11.25**

坐標平面上的軌跡與單葉雙曲面 $\dfrac{x^2}{a^2} + \dfrac{y^2}{b^2} - \dfrac{z^2}{c^2} = 1$

$z$ 軸稱為**雙曲面的軸**（axis of the hyperboloid）。注意，此雙曲面的軸之方向與負號那一項有關。因此，若此負號項有 $x$，則此曲面為以 $x$ 軸為它的軸之單葉雙曲面。

**雙葉雙曲面**　方程式

$$-\frac{x^2}{a^2} - \frac{y^2}{b^2} + \frac{z^2}{c^2} = 1$$

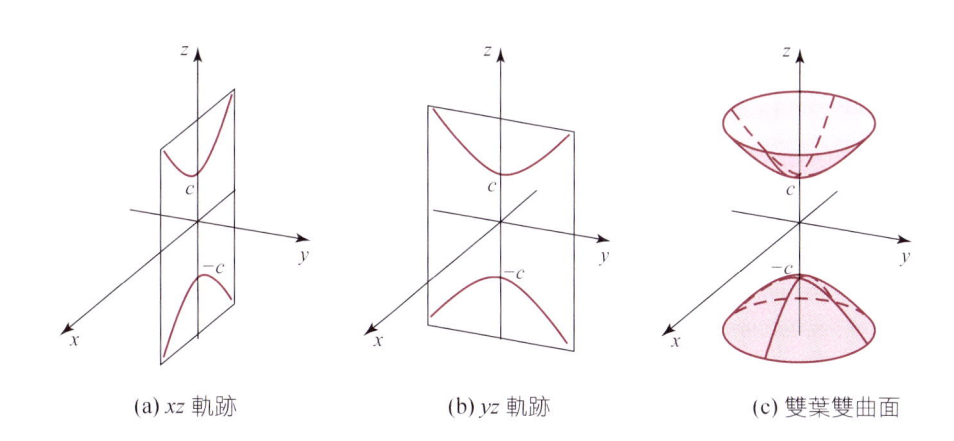

的圖形為**雙葉雙曲面**（hyperboloid of two sheets）。它的 $xz$ 軌跡與 $yz$ 軌跡都是雙曲線，分別為

$$-\frac{x^2}{a^2} + \frac{z^2}{c^2} = 1 \quad \text{與} \quad -\frac{y^2}{b^2} + \frac{z^2}{c^2} = 1$$

如圖 11.26a-b 所示。此曲面在平面 $z = k$ 的軌跡為橢圓

$$\frac{x^2}{a^2} + \frac{y^2}{b^2} = \frac{k^2}{c^2} - 1$$

且 $|k| > c$。當 $|k| < c$，沒有 $x$ 與 $y$ 滿足此式，所以此曲面是由兩個部分組合，如圖 11.26c 所示：其中一部分在平面 $z = c$ 上或在它的上方，而另一部分在平面 $z = -c$ 上或在它的下方。

此雙曲面的軸為 $z$ 軸。觀察得知，變數 $z$ 前面的符號為正。若其他兩個變數中的一個，它前面的符號也為正，則此曲面為雙葉雙曲面，且該變數的軸為它的軸。

| **圖 11.26**
在 $xz$ 平面與 $yz$ 平面上的軌跡與雙葉雙曲面
$-\dfrac{x^2}{a^2} - \dfrac{y^2}{b^2} + \dfrac{z^2}{c^2} = 1$

(a) $xz$ 軌跡　　(b) $yz$ 軌跡　　(c) 雙葉雙曲面

**圓錐**　方程式

$$\frac{x^2}{a^2} + \frac{y^2}{b^2} - \frac{z^2}{c^2} = 0$$

的圖形為雙葉**圓錐**（cone）。$xz$ 軌跡與 $yz$ 軌跡分別為線 $z = \pm(c/a)x$

與 $z = \pm(c/b)y$（圖 11.27a-b）。在平面 $z = k$ 的軌跡為橢圓

$$\frac{x^2}{a^2} + \frac{y^2}{b^2} = \frac{k^2}{c^2}$$

當 $|k|$ 遞增，此橢圓之雙軸變得越來越長。在平行於其他兩個坐標平面之平面上的軌跡都是雙曲線。此圓錐繪畫於圖 11.27c。此**圓錐的軸**（axis of the cone）為 $z$ 軸。

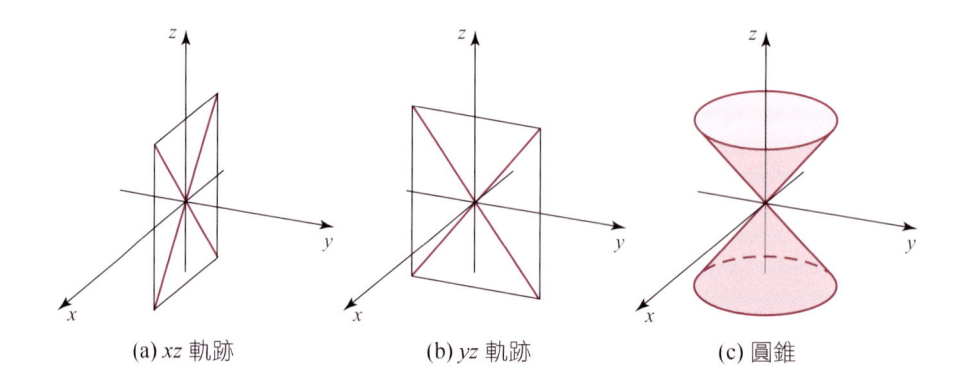

**圖 11.27**
在 $xz$ 平面與 $yz$ 平面上的軌跡與圓錐 $\dfrac{x^2}{a^2} + \dfrac{y^2}{b^2} - \dfrac{z^2}{c^2} = 0$

(a) $xz$ 軌跡　　(b) $yz$ 軌跡　　(c) 圓錐

拋物面　方程式

$$\frac{x^2}{a^2} + \frac{y^2}{b^2} = cz$$

稱為**橢圓拋物面**（elliptic paraboloid），其中 $c$ 為實數，因為它的軌跡在平行於 $xy$ 平面之平面上都是橢圓，且它的軌跡在平行於其他兩個坐標平面之平面上都是拋物線。若 $a = b$，則此曲面稱為**圓形拋物面**（circular paraboloid）。讀者可自行證明這些敘述。$C > 0$ 之橢圓拋物面如圖 11.28a 所示。此拋物面的**軸**（axis）為 $z$ 軸，且它的**頂點**（vertex）在原點。

雙曲拋物面　方程式

$$\frac{x^2}{a^2} - \frac{y^2}{b^2} = cz$$

的圖形稱為**雙曲拋物面**（hyperbolic paraboloid），其中 $c$ 為實數，因為它的 $xz$ 軌跡與 $yz$ 軌跡都是拋物線，且在平行於 $xy$ 平面之平面上的軌跡都是雙曲線。$c < 0$ 之雙曲拋物面圖形展示於圖 11.28b。

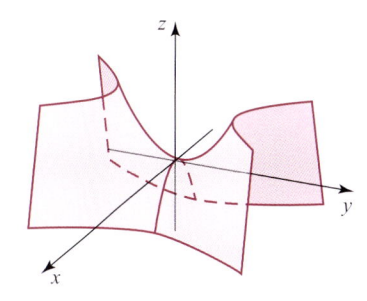

(a) 橢圓拋物面
$$\frac{x^2}{a^2} + \frac{y^2}{b^2} = cz, \quad c > 0$$

(b) 雙曲拋物面
$$\frac{x^2}{a^2} - \frac{y^2}{b^2} = cz, \quad c < 0$$

**圖 11.28**

**例題 6** 確認並繪畫曲面 $12x^2 - 3y^2 + 4z^2 + 12 = 0$。

**解** 將此式改寫成標準形式

$$-\frac{x^2}{1} + \frac{y^2}{4} - \frac{z^2}{3} = 1$$

得知它是以 $y$ 軸為其軸之雙葉雙曲面。

為繪畫此曲面，由觀察得知它與 $y$ 軸相交於兩點 $(0, -2, 0)$ 與 $(0, 2, 0)$，可將 $x = z = 0$ 代入給予的式子證得。接著要求在平面 $y = k$ 的軌跡。所以

$$\frac{x^2}{1} + \frac{z^2}{3} = \frac{k^2}{4} - 1$$

尤其是在平面 $y = 6$ 的軌跡為橢圓

$$\frac{x^2}{1} + \frac{z^2}{3} = 8 \quad 即 \quad \frac{x^2}{8} + \frac{z^2}{24} = 1$$

此軌跡的圖形如圖 11.29a 所示。完整的雙葉雙曲面圖形如圖 11.29b 所示。

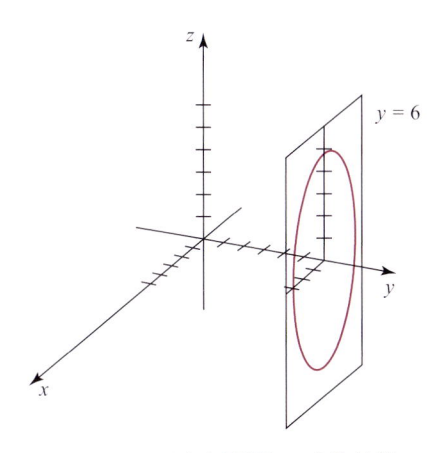

(a) 在平面 $y = 6$ 的軌跡

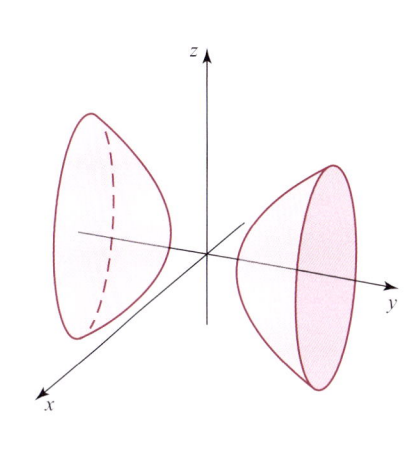

(b) 雙曲面 $12x^2 - 3y^2 + 4z^2 + 12 = 0$

**圖 11.29** 繪畫雙葉雙曲面的步驟

**例題 7** 確認並繪畫曲面 $4x - 3y^2 - 12z^2 = 0$。

**解** 將此式改寫成標準形式

$$4x = 3y^2 + 12z^2$$

它是以 $x$ 軸為其軸之拋物面。為繪畫此曲面，先求 $x = k$ 平面上的軌跡，即

$$4k = 3y^2 + 12z^2$$

令 $k = 3$，則在平面 $x = 3$ 的軌跡為橢圓，它的式子為 $12 = 3y^2 + 12z^2$ 或標準式

$$\frac{y^2}{4} + \frac{z^2}{1} = 1$$

此軌跡的圖形如圖 11.30a 所示。完整的拋物面展示於圖 11.30b。

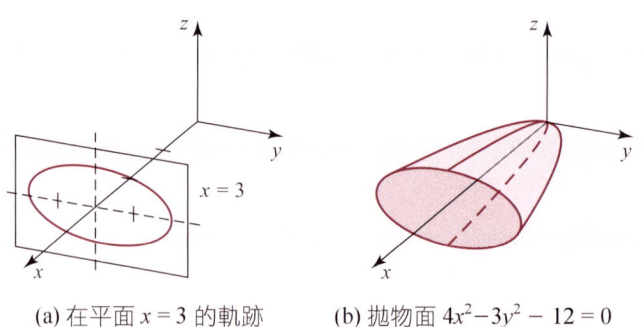

| 圖 11.30　　(a) 在平面 $x = 3$ 的軌跡　　(b) 拋物面 $4x^2 - 3y^2 - 12 = 0$

現在將二次曲面與它們的一般形狀摘要如下，並提供繪製這些曲面的技巧。注意許多例題中，求軸之截距並慎選軌跡將有助於繪製此曲面。

| 方程式 | 曲面（電腦繪圖） | 輔助繪畫圖形 |
| --- | --- | --- |
| **橢球面** $$\frac{x^2}{a^2} + \frac{y^2}{b^2} + \frac{z^2}{c^2} = 1$$ **註**：各項的符號都為正。 |  | 求 $x, y$ 與 $z$ 軸之截距，然後再繪圖。 |

| 方程式 | 曲面（電腦繪圖） | 輔助繪畫圖形 |
| --- | --- | --- |
| **單葉雙曲面**　$$\frac{x^2}{a^2}+\frac{y^2}{b^2}-\frac{z^2}{c^2}=1$$ 註： 1. 其中一項的符號為負。 2. 與坐標軸相同的軸之變數為負係數那一項。 | 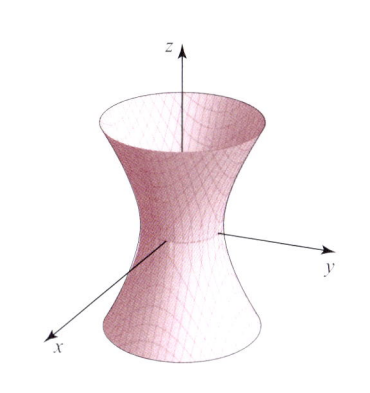 | 取適當的 $k$ 值和 $z=0$，在 $z=k$（在此情形）之平面上繪畫此軌跡，然後使用對稱性。 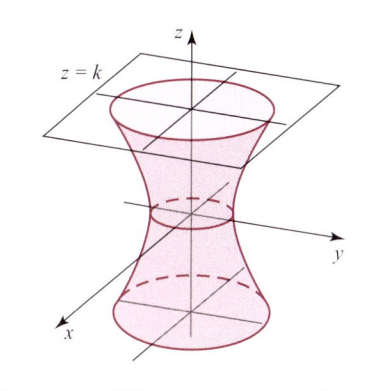 |
| **雙葉雙曲面**　$$-\frac{x^2}{a^2}-\frac{y^2}{b^2}+\frac{z^2}{c^2}=1$$ 註： 1. 其中兩項的符號為負。 2. 與坐標軸相同的軸之變數為正係數那一項。 | 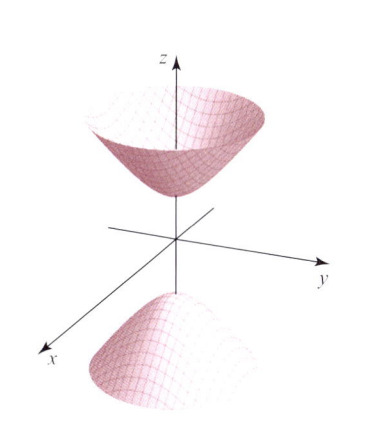 | 取適當的 $k$ 值，在 $z=k$（在此情形）之平面上繪畫此軌跡，求 $z$ 軸之截距（在此情形），並使用對稱性。 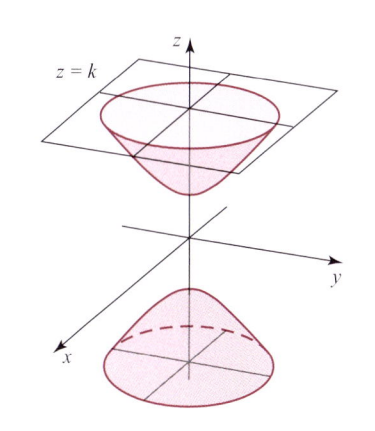 |
| **圓錐**　$$\frac{x^2}{a^2}+\frac{y^2}{b^2}-\frac{z^2}{c^2}=0$$ 註： 1. 其中一項的符號為負。 2. 常數項為零。 3. 與坐標軸相同的軸之變數為負係數那一項。 | 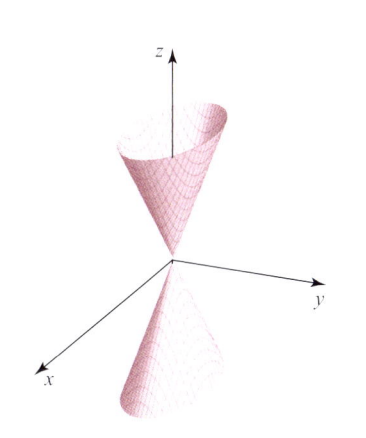 | 取適當的 $k$ 值，在 $z=k$（在此情形）之平面上繪畫此軌跡。然後使用對稱性。 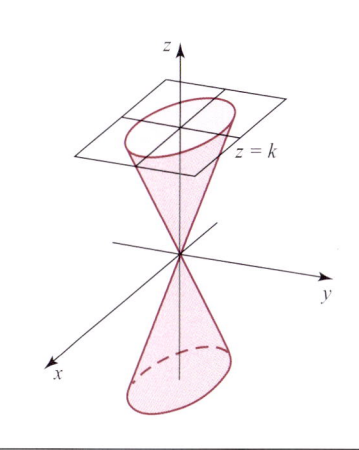 |

| 方程式 | 曲面（電腦繪圖） | 輔助繪畫圖形 |
|---|---|---|
| **拋物面**<br>$$\frac{x^2}{a^2} + \frac{y^2}{b^2} = cz$$<br>註：<br>1. 有兩項的符號為正。<br>2. 與坐標軸相同的軸之變數的階次為 1。<br>3. 若 $c>0$，它的凹面向上；若 $c<0$，它的凹面向下。 | | 取適當的 $k$ 值，在 $z = k$（在此情形）之平面上繪畫此軌跡。 |
| **雙曲拋物面**<br>$$\frac{x^2}{a^2} - \frac{y^2}{b^2} = cz$$<br>註：有一項的符號為正並有一項的符號為負。 | | **a.** 當 $c<0$，繪畫拋物線<br>$$z = \frac{x^2}{ca^2} \quad 和 \quad z = -\frac{y^2}{cb^2}$$<br><br>**b.** 取適當的 $k$ 值，並繪畫雙曲線<br>$$\frac{x^2}{a^2} - \frac{y^2}{b^2} = ck$$<br><br>**c.** 完成繪圖。 |

## 11.2 習題

1-6 題，繪畫給予方程式之柱面。

1. $x^2 + y^2 = 4$
2. $x^2 + z^2 = 16$
3. $z = 4 - x^2$
4. $9x^2 + 4y^2 = 36$
5. $yz = 1$
6. $z = \cos y$

7-10 題，配對方程式與標示 (a)-(d) 的圖形。

7. $x^2 + \dfrac{y^2}{16} + \dfrac{z^2}{4} = 1$
8. $-2x^2 - 2y^2 + z^2 = 1$
9. $x^2 + \dfrac{z^2}{4} = y$
10. $\dfrac{x^2}{4} + \dfrac{y^2}{9} + \dfrac{z^2}{25} = 1$

(a)

(b)

(c)

(d)

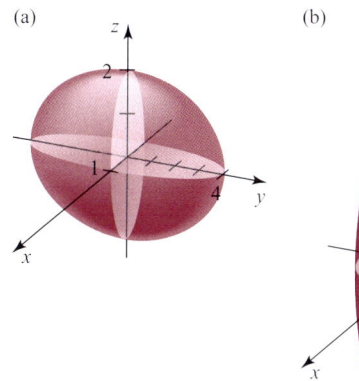

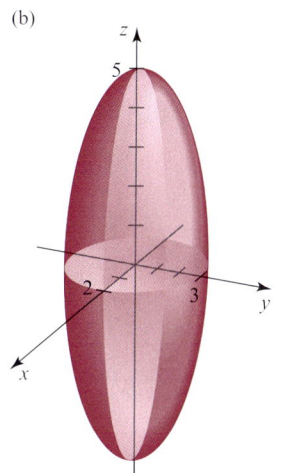

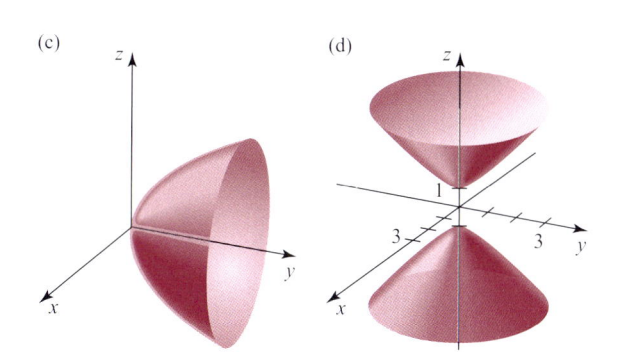

11-22 題，將給予之方程式寫成標準形式並繪畫它所表示的曲面。

11. $4x^2 + y^2 + z^2 = 4$
12. $9x^2 + 4y^2 + z^2 = 36$
13. $4x^2 + 4y^2 - z^2 = 4$
14. $x^2 + 4y^2 - z^2 = 4$
15. $z^2 - x^2 - y^2 = 1$
16. $4x^2 - y^2 + 2z^2 + 4 = 0$
17. $x^2 + y^2 - z^2 = 0$
18. $9x^2 + 4y^2 - z^2 = 0$
19. $x^2 + y^2 = z$
20. $x^2 + 9y^2 = z$
21. $z = x^2 + y^2 + 4$
22. $y^2 - x^2 = z$

23-25 題，繪畫給予方程式之曲面圍成的區域。

23. $x + 3y + 2z = 6$, $x = 0$, $y = 0$ 和 $z = 0$
24. $x^2 + y^2 = 4$, $x + z = 2$, $x = 0$, $y = 0$ 和 $z = 0$
25. $z = \sqrt{x^2 + y^2}$ 和 $z = 9 - x^2 - y^2$

26. 求曲面之方程式，此曲面上所有點到點 $(-3, 0, 0)$ 與到平面 $x = 3$ 等距。並確認此曲面。

27. 證明由曲面 $2x^2 + y^2 - 3z^2 + 2y = 6$ 與 $4x^2 + 2y^2 - 6z^2 - 4x = 4$ 相交之曲線落在某平面上。

28-29 題，判斷下列敘述是對或是錯。如果它是對，解釋你的理由。如果它是錯，請解釋你的理由或舉例說明。

28. 三維空間的圖形 $y = x + 3$ 為一條在 $xy$ 平面上的直線。

29. $\dfrac{x^2}{a^2} + \dfrac{y^2}{b^2} + \dfrac{z^2}{c^2} = 4$ 為一橢球面，它是由橢球面 $\dfrac{x^2}{a^2} + \dfrac{y^2}{b^2} + \dfrac{z^2}{c^2} = 1$ 的 $x, y$ 與 $z$ 方向各伸展 2 倍得到的。

## 11.3 向量值函數與空間曲線

於 10.2 節,我們知道物體的位置,像船或車子在 xy 平面上移動可表示為一對參數方程式

$$x = f(t) \qquad y = g(t)$$

其中 f 與 g 在參數區間 I 為連續函數。

使用向量符號可以物體之位置向量(position vector)**r** 表示該物體之位置如下:對於 I 中每個 t,物體的位置向量 **r** 為起點在原點且終端為 (f(t), g(t)) 的向量。換言之,

$$\mathbf{r}(t) = \langle f(t), g(t) \rangle = f(t)\mathbf{i} + g(t)\mathbf{j} \qquad t \in I$$

當 t 遞增,**r**(t) 的終端走完那區間之平面曲線 C,它是物體之路徑。圖 11.31 有這個參數區間 I = [a, b] 的說明。

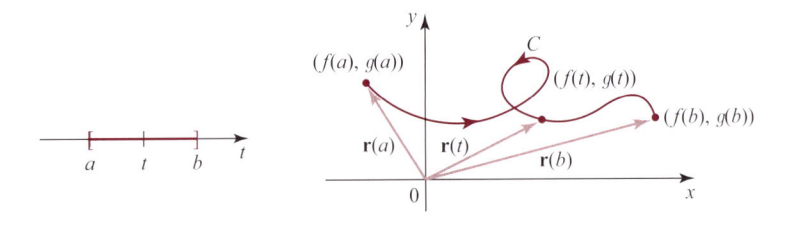

**圖 11.31**
當 t 從 a 遞增到 b,**r** 的終端走完那區間之平面曲線 C

參數區間 [a, b]

同理,於三維空間,像是飛機或衛星,使用參數方程式

$$x = f(t) \qquad y = g(t) \qquad z = h(t)$$

描述物體的位置,其中 f, g 與 h 在參數區間 I 都是連續函數。亦即,我們可用定義為

$$\mathbf{r}(t) = \langle f(t), g(t), h(t) \rangle = f(t)\mathbf{i} + g(t)\mathbf{j} + h(t)\mathbf{k} \qquad t \in I$$

的位置向量 **r** 描述它的位置。當 t 遞增,**r**(t) 的終端走完物體之路徑,即**平面曲線**(space curve)C(圖 11.32)。

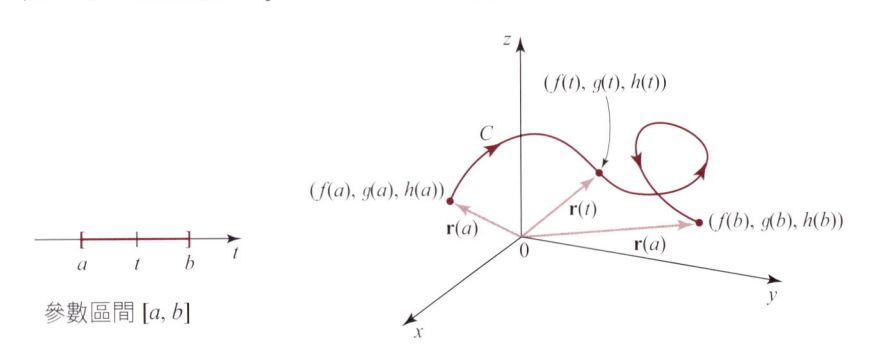

**圖 11.32**
當 t 由 a 遞增到 b,**r** 的終端走過曲線 C

參數區間 [a, b]

函數 **r** 的值 **r**(*t*) 為向量且它的**定義域**（domain）（參數區間）為實數的子集合，所以稱 **r** 為**向量值函數**（vector-valued function）或**向量函數**（vector function）。

---

**定義　向量函數**

**向量值函數**或**向量函數**是定義為

$$\mathbf{r}(t) = f(t)\mathbf{i} + g(t)\mathbf{j} + h(t)\mathbf{k}$$

的函數，其中 **r** 的分量函數 *f*, *g* 與 *h* 是**參數區間 *I***（parameter interval *I*）內的參數 *t* 之實值函數

---

除非有特別說明，此參數區間將是實值函數 *f*, *g* 與 *h* 之定義域的交集。

**例題 1**　求向量函數

$$\mathbf{r}(t) = \left\langle \frac{1}{t}, \sqrt{t-1}, \ln t \right\rangle$$

的定義域（參數區間）。

**解**　**r** 的分量函數為 $f(t) = 1/t$, $g(t) = \sqrt{t-1}$ 與 $h(t) = \ln t$。觀察得知，*f* 定義於除 *t* = 0 外的所有 *t* 值，*g* 定義於所有 *t* ≥ 1，且 *h* 定義於所有 *t* > 0。若 *t* ≥ 1，則 *f*, *g* 與 *h* 都有定義。所以結論為 **r** 的定義域為 [1, ∞)。■

## ■ 向量函數定義的曲線

如前所述，不論是平面曲線或空間曲線，它們都是向量函數 **r** 之 **r**(*t*) 的終端之軌跡所產生的曲線，其中 *t* 值為參數區間的點。

**例題 2**　繪畫向量函數

$$\mathbf{r}(t) = \langle 3\cos t, -2\sin t \rangle \qquad 0 \leq t \leq 2\pi$$

之曲線。

**解**　此曲線之參數方程式為

$$x = 3\cos t \quad \text{與} \quad y = -2\sin t$$

解第一式的 cos *t* 與解第二式的 sin *t*。由恆等式 $\cos^2 t + \sin^2 t = 1$，可得直角坐標方程式

$$\frac{x^2}{9} + \frac{y^2}{4} = 1$$

此式所描述的曲線為橢圓,如圖 11.33 所示。當 $t$ 從 0 遞增到 $2\pi$,**r** 的終端以順時針方向走完此橢圓。

**圖 11.34**
當 $t$ 從 0 遞增 $2\pi$,向量 **r**(t) 的終端以順時針方向走完橢圓
$\dfrac{x^2}{9} + \dfrac{y^2}{4} = 1$,
由 (3, 0) 開始並於 (3, 0) 結束

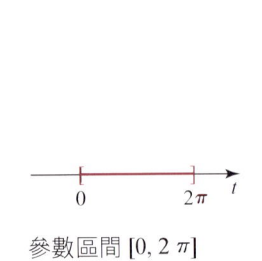

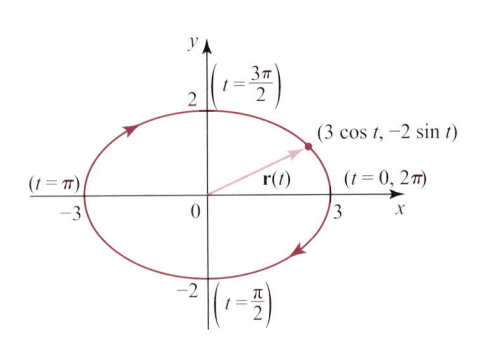

**例題 3** 繪畫向量函數

$$\mathbf{r}(t) = (2 - 4t)\mathbf{i} + (-1 + 3t)\mathbf{j} + (3 + 2t)\mathbf{k} \qquad 0 \le t \le 1$$

之曲線。

**解** 此曲線之參數方程式為

$$x = 2 - 4t \qquad y = -1 + 3t \qquad z = 3 + 2t$$

它是經過點 (2, -1, 3) 且方向數為 -4, 3 與 2。由於參數區間為 [0, 1],所以此曲線為一線段:它的起點 (2, -1, 3) 為向量 $\mathbf{r}(0) = 2\mathbf{i} - \mathbf{j} + 3\mathbf{k}$ 的終端,而它的終點 (-2, 2, 5) 為向量 $\mathbf{r}(1) = -2\mathbf{i} + 2\mathbf{j} + 5\mathbf{k}$ 的終端(圖 11.34)。

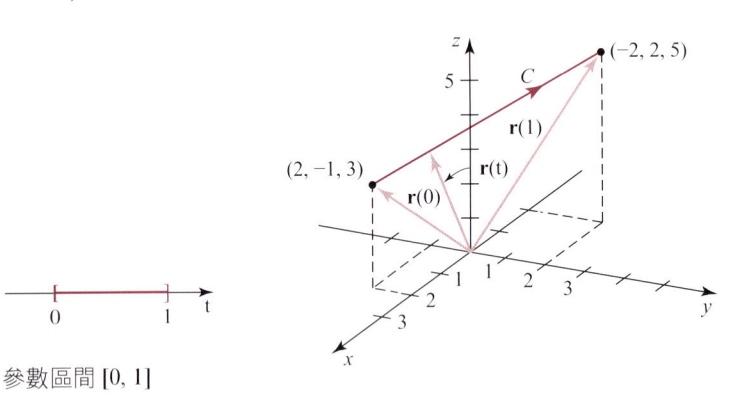

**圖 11.34**
當 $t$ 從 0 遞增 1,向量 **r**(t) 的終端從此線段的 (2, -1, 3) 開始走到 (-2, 2, 5)

**例題 4** 繪畫向量函數

$$\mathbf{r}(t) = 3\mathbf{i} + t\mathbf{j} + (4 - t^2)\mathbf{k} \qquad -2 \le t \le 2$$

之曲線。

**解** 此曲線之參數方程式為

$$x = 3 \qquad y = t \qquad z = 4 - t^2$$

從第二式和第三式中消去 $t$,可得

$$z = 4 - y^2$$

因為 $x = 3$，所以此曲線上的點之 $x$ 坐標都是 3。結論為所求的曲線在平面 $x = 3$ 之拋物線 $z = 4-y^2$ 上。事實上，當 $t$ 從 $-2$ 到 2，**r** 的終端由點 $(3, -2, 0)$（因為 **r**$(-2) = 3$**i**$-2$**j**）開始並到點 $(3, 2, 0)$（因為 **r**$(2) = 3$**i** $+ 2$**j**）結束，走完此拋物線的一部分，如圖 11.5 所示。

**例題 5** 繪畫向量函數

$$\mathbf{r}(t) = 2\cos t\mathbf{i} + 2\sin t\mathbf{j} + t\mathbf{k} \qquad 0 \leq t \leq 2\pi$$

之曲線。

**解** 此曲線之參數方程式為

$$x = 2\cos t \qquad y = 2\sin t \qquad z = t$$

由前兩式可得

$$\left(\frac{x}{2}\right)^2 + \left(\frac{y}{2}\right)^2 = \cos^2 t + \sin^2 t = 1 \quad 即 \quad x^2 + y^2 = 4$$

這說明此曲線在半徑 2 的直圓柱上，它的軸為 $z$ 軸。當 $t = 0$，**r**$(0) = 2$**i** 且 $(2, 0, 0)$ 為此曲線的起點。因為 $z = t$，當 $t$ 遞增，此曲線上的點之 $z$ 坐標也（線性）遞增，並且此曲線以逆時針方向繞著圓柱螺旋形地上升，直到點 $(2, 0, 2\pi)$（**r**$(2\pi) = 2$**i** $+ 2\pi$**k**）結束。此曲線稱為**螺旋線**（helix），展示於圖 11.36。

**例題 6** 求由圓柱 $x^2 + y^2 = 4$ 與平面 $x + y + 2z = 4$ 相交（圖 11.37）產生之曲線的向量函數。

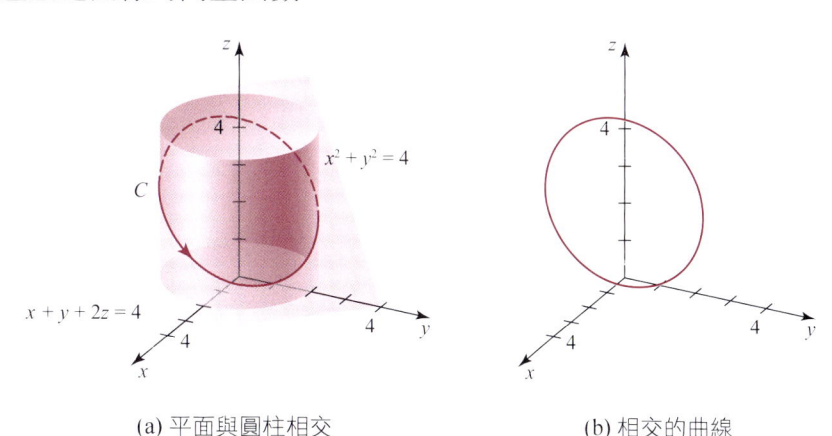

| 圖 11.35

當 $t$ 從 $-2$ 到 2，**r**$(t)$ 的終端由點 $(3, -2, 0)$ 開始走到點 $(3, 2, 0)$，走完平面 $x = 3$ 上之拋物線的一部分

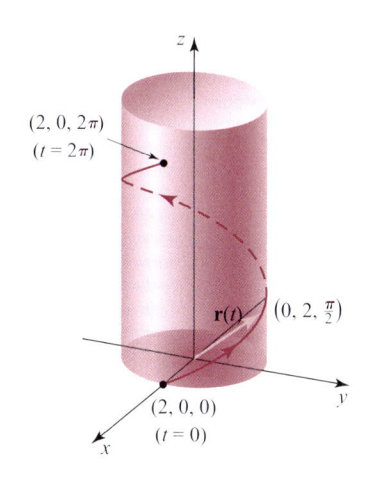

| 圖 11.36

當 $t$ 從 0 遞增到 $2\pi$，**r**$(t)$ 的終端的軌跡由螺旋線上的點 $(2, 0, 0)$ 開始並結束於點 $(2, 0, 2\pi)$

| 圖 11.37

(a) 平面與圓柱相交  (b) 相交的曲線

**解** 若 $P(x, y, z)$ 為相交曲線上的任意點，則它的 $x$ 坐標與 $y$ 坐標都在半徑 2 且軸為 $z$ 軸之正圓柱上。故

$$x = 2\cos t \quad 且 \quad y = 2\sin t$$

為求此點的 $z$ 坐標，先將這些 $x$ 與 $y$ 的值代入平面方程式，可得

$$2\cos t + 2\sin t + 2z = 4 \quad 即 \quad z = 2 - \cos t - \sin t$$

故所求之向量函數為

$$\mathbf{r}(t) = 2\cos t\mathbf{i} + 2\sin t\mathbf{j} + (2 - \cos t - \sin t)\mathbf{k} \quad 0 \leq t \leq 2\pi \quad \blacksquare$$

我們注意到手繪例題 4、例題 5 與例題 6 的空間曲線相對地簡單。部分是因為它們相對地簡單，部分是因為它們都在平面上。至於比較複雜的曲線，只好求助於電腦。

**例題 7** 以電腦繪畫

$$\mathbf{r}(t) = (0.2\sin 20t + 0.8)\cos t\mathbf{i} + (0.2\sin 20t + 0.8)\sin t\mathbf{j}$$
$$+ 0.2\cos 20t\mathbf{k} \quad\quad 0 \leq t \leq 2\pi$$

的圖形。

**解** 圖形如圖 11.38 所示。

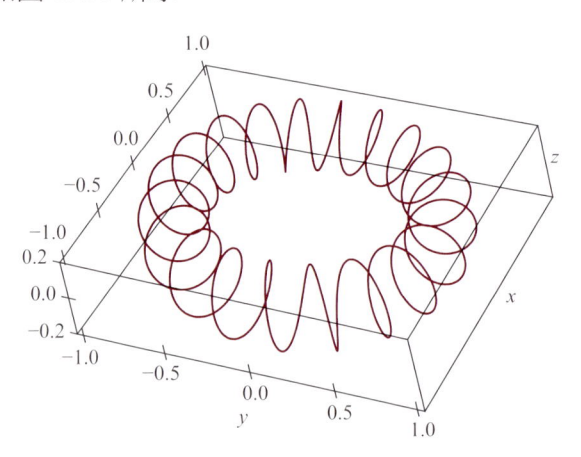

| 圖 **11.38**
由於例題 7 的曲線在平面上如環形狀，故稱之為**環形螺旋線**（toroidal spiral）

### ■ 極限與連續

由於向量函數 **r** 為二維空間或三維空間的部分集合，所以向量函數的特性可依照一維空間的特性來研究。譬如：直接分別對兩個向量函數的分量相加。若

$$\mathbf{r}_1(t) = f_1(t)\mathbf{i} + g_1(t)\mathbf{j} + h_1(t)\mathbf{k} \quad 與 \quad \mathbf{r}_2(t) = f_2(t)\mathbf{i} + g_2(t)\mathbf{j} + h_2(t)\mathbf{k}$$

則

$$(\mathbf{r}_1 + \mathbf{r}_2)(t) = \mathbf{r}_1(t) + \mathbf{r}_2(t)$$
$$= [f_1(t) + f_2(t)]\mathbf{i} + [g_1(t) + g_2(t)]\mathbf{j} + [h_1(t) + h_2(t)]\mathbf{k}$$

同理，若 $c$ 為純量，則 $c$ 乘 **r** 為

$$(c\mathbf{r})(t) = c\mathbf{r}(t) = cf(t)\mathbf{i} + cg(t)\mathbf{j} + ch(t)\mathbf{k}$$

接著因為向量函數 **r** 的分量 $f$, $g$ 與 $h$ 都是實值函數，所以包含 **r** 的極限與連續之概念可以比照函數的特性。如所預期的，$\mathbf{r}(t)$ 的

## 歷史傳記

**JOSIAH WILLARD GIBBS**
(1839–1903)

Josiah Willard Gibbs 為美國的數學家與物理學家，在他的研究成果於 1891 年被翻譯成德文之前，並未享有當代與他同層次的歐陸學者所享有的盛名。他在向量分析、熱力學與電磁學等領域有許多貢獻，並為統計力學建立了穩固的數學基礎。由於其研究成果的深奧與應用價值，Einstein 稱 Gibbs 為「美國歷史上最聰明的人」。Gibbs 的母親是一位業餘鳥類學家，父親則是耶魯大學的聖經文學教授。Gibbs 9 歲上學，後來也任教於耶魯大學。他在 19 歲時獲得學士學位，並展示了將追隨其父進入哲學領域的能力。當時美國的學院僅授予應用科學和數學的博士學位，而 Gibbs 的博士論文是關於正齒輪的設計。由於該論文，他獲頒美國第一位工程學博士。1866 年他開始了為時 3 年的海外之旅，其間他參加了許多歐洲大學的物理學課程。回到美國後，Gibbs 獲聘為耶魯大學的數學物理教授。在耶魯大學任教期間，Gibbs 發表了他的第一篇關於向量分析的研究成果。Gibbs 所教授的課程中包括了初階的大學向量分析課程。後來 Edwin Wilson 採用 Gibbs 的上課筆記寫了一本教科書，於 1901 年出版，該書的書名為《Gibbs 的向量分析》。這本教科書比 Gibbs 自己所出版的還受歡迎，該書也使 Gibbs 獲得許多學術榮譽，其中包括了 Erlangen、Williams College 與普林斯頓等大學的榮譽科學博士學位。

極限是由它的分量函數的極限來定義。

### 定義　向量函數的極限

令 $\mathbf{r}$ 是定義為 $\mathbf{r}(t) = f(t)\mathbf{i} + g(t)\mathbf{j} + h(t)\mathbf{k}$ 的函數，則

$$\lim_{t \to a} \mathbf{r}(t) = \left[\lim_{t \to a} f(t)\right]\mathbf{i} + \left[\lim_{t \to a} g(t)\right]\mathbf{j} + \left[\lim_{t \to a} h(t)\right]\mathbf{k}$$

假若分量函數的極限存在。

為得到 $\lim_{t \to a} \mathbf{r}(t)$ 的幾何意義，假設此極限存在。令 $\lim_{t \to a} f(t) = L_1$, $\lim_{t \to a} g(t) = L_2$ 與 $\lim_{t \to a} h(t)\ L_3$，並令 $\mathbf{L} = L_1 \mathbf{i} + L_2 \mathbf{j} + L_3 \mathbf{k}$，則由定義得知 $\lim_{t \to a} \mathbf{r}(t) = \mathbf{L}$。這說明當 $t$ 逼近 $a$，向量 $\mathbf{r}(t)$ 逼近常數向量 $\mathbf{L}$（圖 11.39）。

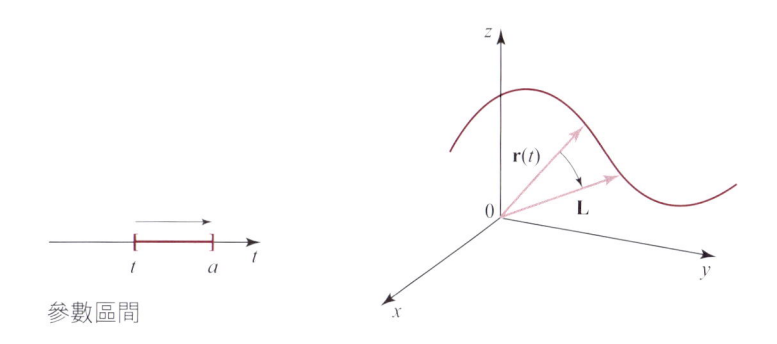

**圖 11.39**　$\lim_{t \to a} \mathbf{r}(t) = \mathbf{L}$ 表示當 $t$ 逼近 $a$，$\mathbf{r}(t)$ 逼近 $\mathbf{L}$

**例題 8**　求 $\lim_{t \to 0} \mathbf{r}(t)$，其中 $\mathbf{r}(t) = \sqrt{t+2}\mathbf{i} + t\cos 2t\mathbf{j} + e^{-t}\mathbf{k}$。

**解**

$$\lim_{t \to 0} \mathbf{r}(t) = \left[\lim_{t \to 0} \sqrt{t+2}\right]\mathbf{i} + \left[\lim_{t \to 0} t\cos 2t\right]\mathbf{j} + \left[\lim_{t \to 0} e^{-t}\right]\mathbf{k}$$
$$= \sqrt{2}\mathbf{i} + \mathbf{k}$$

連續的概念是以下面的定義延伸到向量函數。

### 定義　向量函數的連續性

若

$$\lim_{t \to a} \mathbf{r}(t) = \mathbf{r}(a)$$

則向量函數 $\mathbf{r}$ 在 $a$ 連續。若它在 $I$ 內每一點都連續，則向量函數 **$\mathbf{r}$ 在 $I$ 區間連續**（$\mathbf{r}$ is continuous on an interval $I$）。

由此定義得知向量函數在 $a$ 連續若且唯若它的每個分量函數在 $a$ 連續。

**例題 9** 已知向量函數 **r** 定義為

$$\mathbf{r}(t) = \sqrt{t}\,\mathbf{i} + \left(\frac{1}{t^2-1}\right)\mathbf{j} + \ln t\,\mathbf{k}$$

求 **r** 連續的區間。

**解** **r** 的分量函數為 $f(t) = \sqrt{t}$, $g(t) = 1/(t^2-1)$ 與 $h(t) = \ln t$。觀察到 $f$ 在 $t \geq 0$ 區間連續，$g$ 在除了 $t = \pm 1$ 以外的所有 $t$ 值都連續，且 $h$ 在 $t > 0$ 區間連續。所以，**r** 在 $(0, 1)$ 區間與 $(1, \infty)$ 區間連續。∎

## 11.3 習題

1-3 題，求向量函數的定義域。

1. $\mathbf{r}(t) = t\mathbf{i} + \dfrac{1}{t}\mathbf{j}$
2. $\mathbf{r}(t) = \left\langle \sqrt{t}, \dfrac{1}{t-1}, \ln t \right\rangle$
3. $\mathbf{r}(t) = \ln t\,\mathbf{i} + \cosh t\,\mathbf{j} + \tanh t\,\mathbf{k}$

4-6 題，配對向量函數與標示 (a)-(c) 之曲線並解釋你的選擇。

4. $\mathbf{r}(t) = t^2\mathbf{i} + t^2\mathbf{j} + t^2\mathbf{k}$
5. $\mathbf{r}(t) = t\mathbf{i} + t\mathbf{j} + \left(\dfrac{1}{t^2+1}\right)\mathbf{k}$
6. $\mathbf{r}(t) = 2\cos t\,\mathbf{i} + 3\sin t\,\mathbf{j} + e^{0.1t}\mathbf{k}, \quad t \geq 0$

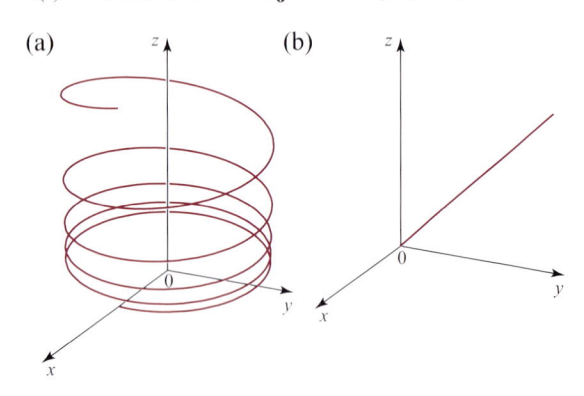

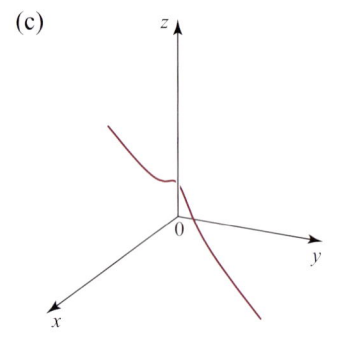

(a)

(b)

(c)

7-13 題，繪畫給予之向量函數，並標示曲線的方向。

7. $\mathbf{r}(t) = 2t\mathbf{i} + (3t+1)\mathbf{j}, \quad -1 \leq t \leq 2$
8. $\mathbf{r}(t) = \langle t^2, t^3 \rangle, \quad -1 \leq t \leq 2$
9. $\mathbf{r}(t) = e^t\mathbf{i} + e^{2t}\mathbf{j}, \quad -\infty < t < \infty$
10. $\mathbf{r}(t) = (1+t)\mathbf{i} + (2-t)\mathbf{j} + (3-2t)\mathbf{k},$
    $-\infty < t < \infty$
11. $\mathbf{r}(t) = \langle t, t^2, t^3 \rangle, \quad t \geq 0$
12. $\mathbf{r}(t) = 2\cos t\,\mathbf{i} + 4\sin t\,\mathbf{j} + t\mathbf{k}, \quad 0 \leq t \leq 2\pi$
13. $\mathbf{r}(t) = \langle t\cos t, t\sin t, t \rangle, \quad -\infty < t < \infty$
    提示：證明它在圓錐上。
14. **a.** 證明曲線

    $\mathbf{r}(t) = \sqrt{1 - 0.09\cos^2 10t}\,\cos t\,\mathbf{i}$
    $+ \sqrt{1 - 0.09\cos^2 10t}\,\sin t\,\mathbf{j} + 0.3\cos 10t\,\mathbf{k}$

    在球上。

    **b.** 用電腦繪畫在 $0 \leq t \leq 2\pi$ 區間曲線 $\mathbf{r}(t)$ 的圖形。

15-17 題，求極限。

15. $\lim\limits_{t \to 0} [(t^2+1)\mathbf{i} + \cos t\,\mathbf{j} - 3\mathbf{k}]$
16. $\lim\limits_{t \to 2} \left[ \sqrt{t}\,\mathbf{i} + \left(\dfrac{t^2-4}{t-2}\right)\mathbf{j} + \left(\dfrac{t}{t^2+1}\right)\mathbf{k} \right]$
17. $\lim\limits_{t \to \infty} \left\langle e^{-t}, \dfrac{1}{t}, \dfrac{2t^2}{t^2+1} \right\rangle$

18-20 題，求向量函數連續的區間。

18. $\mathbf{r}(t) = \sqrt{t+1}\,\mathbf{i} + \dfrac{1}{t}\mathbf{j}$
19. $\mathbf{r}(t) = \left\langle \dfrac{\cos t - 1}{t}, \dfrac{\sqrt{t}}{1+2t}, te^{-1/t} \right\rangle$
20. $\mathbf{r}(t) = e^{-t}\mathbf{i} + \cos\sqrt{4-t}\,\mathbf{j} + \dfrac{1}{t^2-1}\mathbf{k}$
21. **飛機的軌道** 某飛機以固定的形式在機場上空環繞。假設此機場位於三維坐標系統的原點上，並且此飛機以固定速度飛行之軌跡為

$$\mathbf{r}(t) = 44{,}000 \cos 60t\,\mathbf{i} + 44{,}000 \sin 60t\,\mathbf{j} + 10{,}000\,\mathbf{k}$$

它的距離以呎計算而時間以小時計算。試問此飛機飛行 2 分鐘的距離為何？

22-23 題，假設 **u** 與 **v** 都是向量函數，且 $\lim_{t \to a} \mathbf{u}(t)$ 與 $\lim_{t \to a} \mathbf{v}(t)$ 存在，又 $c$ 為常數。證明下列極限的特性。

**22.** $\lim_{t \to a} [\mathbf{u}(t) + \mathbf{v}(t)] = \lim_{t \to a} \mathbf{u}(t) + \lim_{t \to a} \mathbf{v}(t)$

**23.** $\lim_{t \to a} [\mathbf{u}(t) + \mathbf{v}(t)] = \lim_{t \to a} \mathbf{u}(t) + \lim_{t \to a} \mathbf{v}(t)$

**24. a.** 證明若 **r** 為向量函數並在 $a$ 連續，則 $|\mathbf{r}|$ 也在 $a$ 連續。

**b.** 舉一向量函數 **r**，使得 $|\mathbf{r}|$ 在 $a$ 連續，但 **r** 在 $a$ 不連續，以證明它的逆命題是錯的。

**25.** 計算

$$\lim_{t \to 0} \left[ \frac{\sin t}{t}\mathbf{i} + \frac{1 - \cos t}{t^2}\mathbf{j} + \frac{\ln(1 + t^2)}{\cos t - e^{-t}}\mathbf{k} \right]$$

26-27 題，判斷下列敘述是對或是錯。如果它是對，解釋你的理由。如果它是錯，請解釋你的理由或舉例說明。

**26.** 曲線 $\mathbf{r}_1(t) = t^2\mathbf{i} + t^2\mathbf{j} + t^2\mathbf{k}$ 與曲線 $\mathbf{r}_2(\theta) = \theta\mathbf{i} + \theta\mathbf{j} + \theta\mathbf{k}$ 相同。

**27.** 曲線 $\mathbf{r}(t) = f(t)\mathbf{i} + g(t)\mathbf{j} + c\mathbf{k}$ 位於平面 $z = c$ 上，其中 $c$ 為常數。

## 11.4　向量值函數的微分與積分

### ■ 向量函數的導數

向量函數之導數的定義與實變數之實值函數很相似。

---

**定義　向量函數的導數**

**向量函數**（vector function）**r** 的導數為向量函數 **r**′，並定義為

$$\mathbf{r}'(t) = \frac{d\mathbf{r}}{dt} = \lim_{h \to 0} \frac{\mathbf{r}(t + h) - \mathbf{r}(t)}{h}$$

假若它的極限存在。

---

為得到此導數的幾何說明，令 **r** 為向量函數，並令 $C$ 為 **r** 的尖端之軌跡的曲線。令 $t$ 為參數區間 $I$ 內之固定或任意數。若 $h > 0$，則向量 $\mathbf{r}(t + h) - \mathbf{r}(t)$ 位於經過點 $P$ 點與 $Q$ 點的割線上，其中 $P$ 與 $Q$ 分別為向量 $\mathbf{r}(t)$ 與 $\mathbf{r}(t + h)$ 的終端（圖 11.40）。

向量 $[\mathbf{r}(t + h) - \mathbf{r}(t)]/h$ 為 $\mathbf{r}(t + h) - \mathbf{r}(t)$ 的純量倍數，它也在此割線上（圖 11.40b）。當 $h$ 逼近 0，數 $t + h$ 沿著參數區間逼近 $t$，並 $Q$ 點沿著曲線 $C$ 逼近 $P$ 點。結果是向量 $[\mathbf{r}(t + h) - \mathbf{r}(t)]/h$ 逼近固定向量 $\mathbf{r}'(t)$，它是在曲線上 $P$ 處的切線。換言之，向量 **r** 的導數 **r**′ 可解釋為曲線 **r** 在 $P$ 點的**切向量**（tangent vector），假若 $\mathbf{r}'(t) \neq 0$。

參數區間

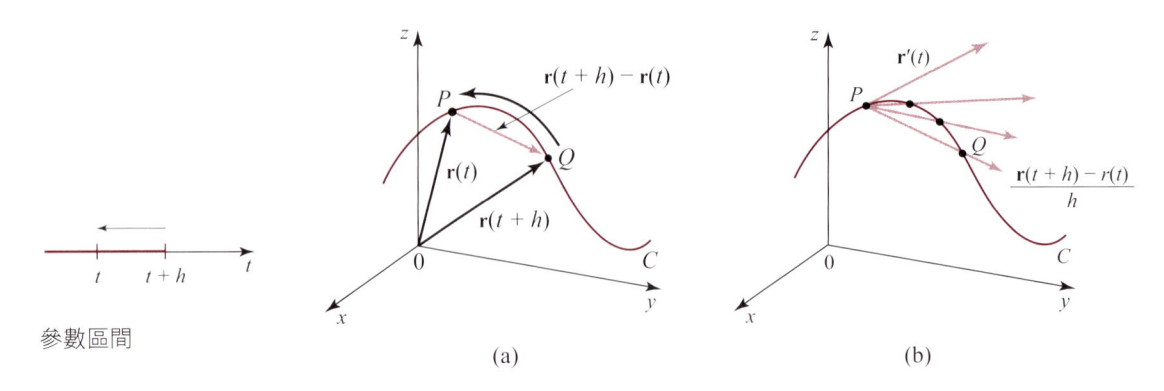

**圖 11.40**

當 $h$ 逼近 0，$Q$ 沿著 $C$ 逼近 $P$ 和向量 $\dfrac{\mathbf{r}(t+h) - \mathbf{r}(t)}{h}$ 逼近切向量 $\mathbf{r}'(t)$

若將 $\mathbf{r}'(t)$ 除以它的長度，則得到**單位切向量**（unit tangent vector）

$$\mathbf{T}(t) = \dfrac{\mathbf{r}'(t)}{|\mathbf{r}'(t)|}$$

它是單位長且 $\mathbf{r}'$ 方向。

下面的定理告訴我們向量函數 $\mathbf{r}$ 的分向量微分就是它的導數 $\mathbf{r}'$。

---

**定理 1　向量函數的微分**

令 $\mathbf{r}(t) = f(t)\mathbf{i} + g(t)\mathbf{j} + h(t)\mathbf{k}$，則

$$\mathbf{r}'(t) = f'(t)\mathbf{i} + g'(t)\mathbf{j} + h'(t)\mathbf{k}$$

其中 $f$, $g$ 與 $h$ 都是 $t$ 的可微分函數。

---

**證明**　計算

$$\mathbf{r}'(t) = \lim_{\Delta t \to 0} \dfrac{\mathbf{r}(t + \Delta t) - \mathbf{r}(t)}{\Delta t}$$

使用 $\Delta t$ 代替 $h$ 才不會將增加 $t$ 的量與分量函數 $h$ 弄混

$$= \lim_{\Delta t \to 0} \left[ \dfrac{f(t + \Delta t)\mathbf{i} + g(t + \Delta t)\mathbf{j} + h(t + \Delta t)\mathbf{k} - [f(t)\mathbf{i} + g(t)\mathbf{j} + h(t)\mathbf{k}]}{\Delta t} \right]$$

$$= \lim_{\Delta t \to 0} \left[ \dfrac{f(t + \Delta t) - f(t)}{\Delta t}\mathbf{i} + \dfrac{g(t + \Delta t) - g(t)}{\Delta t}\mathbf{j} + \dfrac{h(t + \Delta t) - h(t)}{\Delta t}\mathbf{k} \right]$$

$$= \left[ \lim_{\Delta t \to 0} \dfrac{f(t + \Delta t) - f(t)}{\Delta t} \right]\mathbf{i} + \left[ \lim_{\Delta t \to 0} \dfrac{g(t + \Delta t) - g(t)}{\Delta t} \right]\mathbf{j}$$

$$+ \left[ \lim_{\Delta t \to 0} \dfrac{h(t + \Delta t) - h(t)}{\Delta t} \right]\mathbf{k} = f'(t)\mathbf{i} + g'(t)\mathbf{j} + h'(t)\mathbf{k}$$

## 例題 1

**a.** 求 $\mathbf{r}(t) = (t^2 + 1)\mathbf{i} + e^{-t}\mathbf{j} - \sin 2t\mathbf{k}$ 的導數。

**b.** 求曲線上 $t = 0$ 對應之切點與其上之單位切向量。

**解**

**a.** 由定理 1，可得

$$\mathbf{r}'(t) = 2t\mathbf{i} - e^{-t}\mathbf{j} - 2\cos 2t\mathbf{k}$$

**b.** $\mathbf{r}(0) = \mathbf{i} + \mathbf{j}$，所以切點為 $(1, 1, 0)$。又 $\mathbf{r}'(0) = -\mathbf{j} - 2\mathbf{k}$，所以在 $(1, 1, 0)$ 處之單位切向量為

$$\mathbf{T}(0) = \frac{\mathbf{r}'(0)}{|\mathbf{r}'(0)|} = \frac{-\mathbf{j} - 2\mathbf{k}}{\sqrt{1+4}} = -\frac{1}{\sqrt{5}}\mathbf{j} - \frac{2}{\sqrt{5}}\mathbf{k} \quad\blacksquare$$

## 例題 2

已知平面曲線 $C$ 定義為向量函數 $\mathbf{r}(t) = 3\cos t\mathbf{i} + 2\sin t\mathbf{j}$，求曲線在 $t = 0$ 與 $t = \pi/3$ 所對應之點上的切向量。繪畫 $C$ 並標示位置向量 $\mathbf{r}(0)$ 與 $\mathbf{r}(\pi/3)$ 和切向量 $\mathbf{r}'(0)$ 與 $\mathbf{r}'(\pi/3)$。

**解** 在曲線 $C$ 上任意點的切向量為

$$\mathbf{r}'(t) = -3\sin t\mathbf{i} + 2\cos t\mathbf{j}$$

尤其是在 $t = 0$ 與 $t = \pi/3$ 之點的切向量為

$$\mathbf{r}'(0) = 2\mathbf{j} \quad \text{與} \quad \mathbf{r}'\left(\frac{\pi}{3}\right) = -\frac{3\sqrt{3}}{2}\mathbf{i} + \mathbf{j}$$

這些從切點 $(3, 0)$ 與 $(\frac{3}{2}, \sqrt{3})$ 發出的向量展示於圖 11.41。 $\quad\blacksquare$

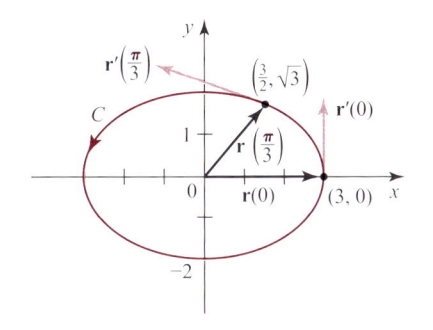

**圖 11.41**
向量 $\mathbf{r}'(0)$ 與 $\mathbf{r}'(\pi/3)$ 分別切此曲線於點 $(3, 0)$ 與 $(\frac{3}{2}, \sqrt{3})$。

## 例題 3

已知螺旋線之參數方程式為

$$x = 3\cos t \qquad y = 2\sin t \qquad z = t$$

求在 $t = \pi/6$ 對應之點的切線參數方程式。

**解** 此螺旋線之向量函數為

$$\mathbf{r}(t) = 3\cos t\mathbf{i} + 2\sin t\mathbf{j} + t\mathbf{k}$$

在它上面任意點之切向量為

$$\mathbf{r}'(t) = -3\sin t\mathbf{i} + 2\cos t\mathbf{j} + \mathbf{k}$$

尤其是在 $t = \pi/6$ 之點 $\left(\frac{3\sqrt{3}}{2}, 1, \frac{\pi}{6}\right)$ 的切向量為

$$\mathbf{r}'\left(\frac{\pi}{6}\right) = -\frac{3}{2}\mathbf{i} + \sqrt{3}\mathbf{j} + \mathbf{k}$$

觀察得知，經過點 $\left(\frac{3\sqrt{3}}{2}, 1, \frac{\pi}{6}\right)$ 的切線與切向量 $\mathbf{r}'(\pi/6)$ 相同方向。由 11.1 節的式 (1) 得知此切線的參數方程式為

$$x = \frac{3\sqrt{3}}{2} - \frac{3}{2}t, \quad y = 1 + \sqrt{3}t \quad 與 \quad z = \frac{\pi}{6} + t$$

## ■ 高階導數

向量函數之高階導數是由此函數之低階導數連續微分產生的。譬如：$\mathbf{r}(t)$ 的**二階導數**（second derivative）為

$$\mathbf{r}''(t) = \frac{d}{dt}\mathbf{r}'(t) = f''(t)\mathbf{i} + g''(t)\mathbf{j} + h''(t)\mathbf{k}$$

**例題 4** 已知 $\mathbf{r}(t) = 2e^{3t}\mathbf{i} + \ln t\mathbf{j} + \sin t\mathbf{k}$，求 $\mathbf{r}''(t)$。

**解**

$$\mathbf{r}'(t) = 6e^{3t}\mathbf{i} + \frac{1}{t}\mathbf{j} + \cos t\mathbf{k}$$

所以

$$\mathbf{r}''(t) = 18e^{3t}\mathbf{i} - \frac{1}{t^2}\mathbf{j} - \sin t\mathbf{k}$$

## ■ 微分規則

下面的定理提供向量函數的微分規則。正如所期待的，有些規則與第 3 章的微分規則相似。

---

**定理 2　微分規則**

假設 $\mathbf{u}$ 與 $\mathbf{v}$ 都是可微分的向量函數，$f$ 是可微分的實值函數以及 $c$ 為純量，則

1. $\dfrac{d}{dt}[\mathbf{u}(t) \pm \mathbf{v}(t)] = \mathbf{u}'(t) \pm \mathbf{v}'(t)$

2. $\dfrac{d}{dt}[c\mathbf{u}(t)] = c\mathbf{u}'(t)$

3. $\dfrac{d}{dt}[f(t)\mathbf{u}(t)] = f'(t)\mathbf{u}(t) + f(t)\mathbf{u}'(t)$

4. $\dfrac{d}{dt}[\mathbf{u}(t) \cdot \mathbf{v}(t)] = \mathbf{u}'(t) \cdot \mathbf{v}(t) + \mathbf{u}(t) \cdot \mathbf{v}'(t)$

5. $\dfrac{d}{dt}[\mathbf{u}(t) \times \mathbf{v}(t)] = \mathbf{u}'(t) \times \mathbf{v}(t) + \mathbf{u}(t) \times \mathbf{v}'(t)$

6. $\dfrac{d}{dt}[\mathbf{u}(f(t))] = \mathbf{u}'(f(t))f'(t)$　　　連鎖規則

---

這裡只證明規則 4，並將其他的規則留做習題。

**證明** 令

$$\mathbf{u}(t) = f_1(t)\mathbf{i} + g_1(t)\mathbf{j} + h_1(t)\mathbf{k} \quad 和 \quad \mathbf{v}(t) = f_2(t)\mathbf{i} + g_2(t)\mathbf{j} + h_2(t)\mathbf{k}$$

則
$$\mathbf{u}(t) \cdot \mathbf{v}(t) = f_1(t)f_2(t) + g_1(t)g_2(t) + h_1(t)h_2(t)$$

故
$$\begin{aligned}\frac{d}{dt}[\mathbf{u}(t) \cdot \mathbf{v}(t)] &= [f_1'(t)f_2(t) + g_1'(t)g_2(t) + h_1'(t)h_2(t)] \\ &\quad + [f_1(t)f_2'(t) + g_1(t)g_2'(t) + h_1(t)h_2'(t)] \\ &= \mathbf{u}'(t) \cdot \mathbf{v}(t) + \mathbf{u}(t) \cdot \mathbf{v}'(t)\end{aligned}$$

**例題 5** 假設 $\mathbf{v}$ 是長度為 $c$ 的可微分向量函數。證明 $\mathbf{v} \cdot \mathbf{v}' = 0$。換言之，向量 $\mathbf{v}$ 與它的切向量 $\mathbf{v}'$ 必須正交。

**解** 由 $\mathbf{v}$ 的條件可得
$$\mathbf{v} \cdot \mathbf{v} = |\mathbf{v}|^2 = c^2$$

此式等號的兩邊同時對 $t$ 微分，並由微分規則 4 可得
$$\frac{d}{dt}(\mathbf{v} \cdot \mathbf{v}) = \mathbf{v} \cdot \mathbf{v}' + \mathbf{v}' \cdot \mathbf{v} = \frac{d}{dt}(c^2) = 0$$

但是 $\mathbf{v}' \cdot \mathbf{v} = \mathbf{v} \cdot \mathbf{v}'$，所以
$$2\mathbf{v} \cdot \mathbf{v}' = 0 \quad 即 \quad \mathbf{v} \cdot \mathbf{v}' = 0$$

例題 5 的結果有下列的幾何意義：若曲線在以原點為中心的球上，則它的切向量 $\mathbf{r}'(t)$ 總是垂直於它的位置向量 $\mathbf{r}(t)$。

**例題 6** 令 $\mathbf{r}(s) = 2\cos 2s\mathbf{i} + 3\sin 2s\mathbf{j} + 4s\mathbf{k}$，其中 $s = f(t) = t^2$。求 $\dfrac{d\mathbf{r}}{dt}$。

**解** 由連鎖規則可得
$$\begin{aligned}\frac{d}{dt}[\mathbf{r}(s)] &= \frac{d}{ds}(2\cos 2s\mathbf{i} + 3\sin 2s\mathbf{j} + 4s\mathbf{k})\left(\frac{ds}{dt}\right) \\ &= (-4\sin 2s\mathbf{i} + 6\cos 2s\mathbf{j} + 4\mathbf{k})(2t) \\ &= -8t\sin 2t^2\mathbf{i} + 12t\cos 2t^2\mathbf{j} + 8t\mathbf{k} \quad \text{用 } t^2 \text{ 取代 } s\end{aligned}$$

## 向量函數的積分

如同向量函數的微分，向量函數的積分也是以分量個別積分的方式計算，所以有下列的定義。

**定義　向量函數的積分**

令 $\mathbf{r}(t) = f(t)\mathbf{i} + g(t)\mathbf{j} + h(t)\mathbf{k}$，其中 $f, g$ 與 $h$ 都是可積分的，則

1. $\mathbf{r}$ 對 $t$ 的**不定積分**（indefinite integral）為

$$\int \mathbf{r}(t)\, dt = \left[\int f(t)\, dt\right]\mathbf{i} + \left[\int g(t)\, dt\right]\mathbf{j} + \left[\int h(t)\, dt\right]\mathbf{k}$$

2. $\mathbf{r}$ 在 $[a, b]$ 區間的**定積分**（definite integral）為

$$\int_a^b \mathbf{r}(t)\, dt = \left[\int_a^b f(t)\, dt\right]\mathbf{i} + \left[\int_a^b g(t)\, dt\right]\mathbf{j} + \left[\int_a^b h(t)\, dt\right]\mathbf{k}$$

**例題 7**　已知 $\mathbf{r}(t) = (t+1)\mathbf{i} + \cos 2t\, \mathbf{j} + e^{3t}\mathbf{k}$，求 $\int \mathbf{r}(t)\, dt$。

**解**

$$\begin{aligned}
\int \mathbf{r}(t)\, dt &= \int [(t+1)\mathbf{i} + \cos 2t\, \mathbf{j} + e^{3t}\mathbf{k}]\, dt \\
&= \left[\int (t+1)\, dt\right]\mathbf{i} + \left[\int \cos 2t\, dt\right]\mathbf{j} + \left[\int e^{3t}\, dt\right]\mathbf{k} \\
&= \left(\frac{1}{2}t^2 + t + C_1\right)\mathbf{i} + \left(\frac{1}{2}\sin 2t + C_2\right)\mathbf{j} + \left(\frac{1}{3}e^{3t} + C_3\right)\mathbf{k}
\end{aligned}$$

其中 $C_1, C_2$ 與 $C_3$ 都是積分常數。最後一式可改寫成

$$\left(\frac{1}{2}t^2 + t\right)\mathbf{i} + \frac{1}{2}\sin 2t\, \mathbf{j} + \frac{1}{3}e^{3t}\mathbf{k} + C_1\mathbf{i} + C_2\mathbf{j} + C_3\mathbf{k}$$

或令 $\mathbf{C} = C_1\mathbf{i} + C_2\mathbf{j} + C_3\mathbf{k}$，

$$\int \mathbf{r}(t)\, dt = \left(\frac{1}{2}t^2 + t\right)\mathbf{i} + \frac{1}{2}\sin 2t\, \mathbf{j} + \frac{1}{3}e^{3t}\mathbf{k} + \mathbf{C}$$

其中 $\mathbf{C}$ 與積分常數（向量）。

**註**　一般而言，$\mathbf{r}$ 的不定積分可寫成

$$\int \mathbf{r}(t)\, dt = \mathbf{R}(t) + \mathbf{C}$$

其中 $\mathbf{C}$ 為任意常數向量且 $\mathbf{R}'(t) = \mathbf{r}(t)$。

**例題 8**　求 $\mathbf{r}'(t) = \cos t\, \mathbf{i} + e^{-t}\mathbf{j} + \sqrt{t}\, \mathbf{k}$ 的反導函數並滿足初始值 $\mathbf{r}(0) = \mathbf{i} + 2\mathbf{j} + 3\mathbf{k}$。

**解**

$$\mathbf{r}(t) = \int \mathbf{r}'(t)\, dt = \int (\cos t\,\mathbf{i} + e^{-t}\mathbf{j} + t^{1/2}\mathbf{k})\, dt$$

$$= \sin t\,\mathbf{i} - e^{-t}\mathbf{j} + \frac{2}{3}t^{3/2}\mathbf{k} + \mathbf{C}$$

其中 **C** 為積分常數（向量）。要求 **C**，使用給予之條件 **r**(0)=**i**+2**j**+3**k** 可得

$$\mathbf{r}(0) = 0\mathbf{i} - \mathbf{j} + 0\mathbf{k} + \mathbf{C} = \mathbf{i} + 2\mathbf{j} + 3\mathbf{k}$$

由此可得 $\mathbf{C} = \mathbf{i} + 3\mathbf{j} + 3\mathbf{k}$。因此，

$$\mathbf{r}(t) = \sin t\,\mathbf{i} - e^{-t}\mathbf{j} + \frac{2}{3}t^{3/2}\mathbf{k} + \mathbf{i} + 3\mathbf{j} + 3\mathbf{k}$$

$$= (1 + \sin t)\mathbf{i} + (3 - e^{-t})\mathbf{j} + \left(3 + \frac{2}{3}t^{3/2}\right)\mathbf{k} \qquad \blacksquare$$

**例題 9** 已知 $\mathbf{r}(t) = t^2\mathbf{i} + \dfrac{1}{t+1}\mathbf{j} + e^{-t}\mathbf{k}$，計算 $\displaystyle\int_0^1 \mathbf{r}(t)\, dt$。

**解**

$$\int_0^1 \mathbf{r}(t)\, dt = \int_0^1 \left(t^2\mathbf{i} + \frac{1}{t+1}\mathbf{j} + e^{-t}\mathbf{k}\right) dt$$

$$= \left[\int_0^1 t^2\, dt\right]\mathbf{i} + \left[\int_0^1 \frac{1}{t+1}\, dt\right]\mathbf{j} + \left[\int_0^1 e^{-t}\, dt\right]\mathbf{k}$$

$$= \left[\frac{1}{3}t^3\right]_0^1 \mathbf{i} + \left[\ln(t+1)\right]_0^1 \mathbf{j} + \left[-e^{-t}\right]_0^1 \mathbf{k}$$

$$= \frac{1}{3}\mathbf{i} + \ln 2\,\mathbf{j} + \left(1 - \frac{1}{e}\right)\mathbf{k} \qquad \blacksquare$$

## 11.4 習題

1-4 題，求 $\mathbf{r}'(t)$ 與 $\mathbf{r}''(t)$。
1. $\mathbf{r}(t) = t\mathbf{i} + t^2\mathbf{j} + t^3\mathbf{k}$
2. $\mathbf{r}(t) = \langle t^2 - 1, \sqrt{t^2 + 1}\rangle$
3. $\mathbf{r}(t) = \langle t\cos t - \sin t, t\sin t + \cos t\rangle$
4. $\mathbf{r}(t) = e^{-t}\sin t\mathbf{i} + e^{-t}\cos t\mathbf{j} + \tan^{-1}t\mathbf{k}$

5-8 題，(a) 求在給予之 $a$ 值的 $\mathbf{r}(a)$ 與 $\mathbf{r}'(a)$。(b) 在同一坐標系統上繪畫曲線 $\mathbf{r}$ 和向量 $\mathbf{r}(a)$ 與 $\mathbf{r}'(a)$。
5. $\mathbf{r}(t) = \sqrt{t}\mathbf{i} + (t-4)\mathbf{j};\quad a = 2$
6. $\mathbf{r}(t) = \langle 4\cos t, 2\sin t\rangle;\quad a = \dfrac{\pi}{3}$
7. $\mathbf{r}(t) = (2+3t)\mathbf{i} + (1-2t)\mathbf{j};\quad a = 1$
8. $\mathbf{r}(t) = \sec t\mathbf{i} + 2\tan t\mathbf{j};\quad a = \dfrac{\pi}{4}$

9-10 題，求在參數 $t$ 值所對應之點的單位切向量 $\mathbf{T}(t)$。
9. $\mathbf{r}(t) = t\mathbf{i} + 2t\mathbf{j} + 3t\mathbf{k};\quad t = 1$
10. $\mathbf{r}(t) = 2\sin 2t\mathbf{i} + 3\cos 2t\mathbf{j} + 3\mathbf{k};\quad t = \dfrac{\pi}{6}$

11-13 題，已知曲線之參數方程式與指定之 $t$ 值，求 $t$ 值對應之點的切線參數方程式。
11. $x = t,\ y = t^2,\ z = t^3;\quad t = 1$
12. $x = \sqrt{t+2},\ y = \dfrac{1}{t+1},\ z = \dfrac{2}{t^2+4};\quad t = 2$
13. $x = t\cos t,\ y = t\sin t,\ z = te^t;\quad t = \dfrac{\pi}{6}$

14-17 題，求積分。
14. $\displaystyle\int (t\mathbf{i} + 2t^2\mathbf{j} + 3\mathbf{k})\,dt$
15. $\displaystyle\int \left(\sqrt{t}\mathbf{i} + \dfrac{1}{t}\mathbf{j} - t^{3/2}\mathbf{k}\right)dt$
16. $\displaystyle\int (\sin 2t\mathbf{i} + \cos 2t\mathbf{j} + e^{-t}\mathbf{k})\,dt$
17. $\displaystyle\int (t\cos t\mathbf{i} + t\sin t^2\mathbf{j} - te^{t^2}\mathbf{k})\,dt$

18-20 題，求滿足給予之條件的 $\mathbf{r}(t)$。
18. $\mathbf{r}'(t) = 2\mathbf{i} + 4t\mathbf{j} - 6t^2\mathbf{k};\quad \mathbf{r}(0) = \mathbf{i} + \mathbf{k}$
19. $\mathbf{r}'(t) = 2e^{2t}\mathbf{i} + 3e^{-t}\mathbf{j} + e^t\mathbf{k};\quad \mathbf{r}(0) = \mathbf{i} - \mathbf{j} + \mathbf{k}$
20. $\mathbf{r}''(t) = \sqrt{t}\mathbf{i} + \sec^2 t\mathbf{j} + e^t\mathbf{k};\quad \mathbf{r}'(0) = \mathbf{i} + \mathbf{k},$
 $\mathbf{r}(0) = 2\mathbf{i} + \mathbf{j} - \mathbf{k}$

21-23 題，已知 $\mathbf{u}(t) = t^2\mathbf{i} - 2t\mathbf{j} + 2\mathbf{k},\ \mathbf{v}(t) = \cos t\mathbf{i} + \sin t\mathbf{j} + t^2\mathbf{k}$ 與 $f(t) = e^{2t}$。
21. 證明 $\dfrac{d}{dt}[\mathbf{u}(t) + \mathbf{v}(t)] = \mathbf{u}'(t) + \mathbf{v}'(t)$
22. 證明 $\dfrac{d}{dt}[f(t)\mathbf{u}(t)] = f'(t)\mathbf{u}(t) + f(t)\mathbf{u}'(t)$
23. 證明 $\dfrac{d}{dt}[\mathbf{u}(t) \times \mathbf{v}(t)] = \mathbf{u}'(t) \times \mathbf{v}(t) + \mathbf{u}(t) \times \mathbf{v}'(t)$

24-26 題，假設 $\mathbf{u}$ 與 $\mathbf{v}$ 都是可微分之向量函數，$f$ 為可微分之向量值函數，且 $c$ 為純量。證明下列規則。
24. $\dfrac{d}{dt}[\mathbf{u}(t) + \mathbf{v}(t)] = \mathbf{u}'(t) + \mathbf{v}'(t)$
25. $\dfrac{d}{dt}[c\mathbf{u}(t)] = c\mathbf{u}'(t)$
26. $\dfrac{d}{dt}[\mathbf{u}(t) \times \mathbf{v}(t)] = \mathbf{u}'(t) \times \mathbf{v}(t) + \mathbf{u}(t) \times \mathbf{v}'(t)$
27. 證明 $\dfrac{d}{dt}[\mathbf{r}(t) \times \mathbf{r}'(t)] = \mathbf{r}(t) \times \mathbf{r}''(t)$

28-29 題，求導數。
28. $\dfrac{d}{dt}\left[\mathbf{r}(-t) + \mathbf{r}\left(\dfrac{1}{t}\right)\right]$
29. $\dfrac{d}{dt}[\mathbf{r}(t) \cdot (\mathbf{r}'(t) \times \mathbf{r}''(t))]$

30. 假設 $\mathbf{u}$ 與 $\mathbf{v}$ 在 $[a, b]$ 區間可微分且 $c$ 為純量。證明 $\displaystyle\int_a^b [\mathbf{u}(t) + \mathbf{v}(t)]\,dt = \int_a^b \mathbf{u}(t)\,dt + \int_a^b \mathbf{v}(t)\,dt$

31. **a.** 假設 $\mathbf{r}$ 在 $[a, b]$ 區間可積分且 $\mathbf{c}$ 為常數向量。證明
$$\int_a^b \mathbf{c} \cdot \mathbf{r}(t)\,dt = \mathbf{c} \cdot \int_a^b \mathbf{r}(t)\,dt$$

 **b.** 已知向量函數
$$\mathbf{r}(t) = \sin t\mathbf{i} + \cos t\mathbf{j} + t\mathbf{k},$$
$\mathbf{c} = 2\mathbf{i} + 3\mathbf{j} - \mathbf{k}$ 與 $a = 0,\ b = \pi$

直接證明此特性。

32-33 題，判斷下列敘述是對或是錯。如果它是對，解釋你的理由。如果它是錯，請解釋你的理由或舉例說明。
32. $\dfrac{d}{dt}(|\mathbf{u}|^2) = 2\mathbf{u} \cdot \mathbf{u}'$
33. 若 $\mathbf{r}$ 可微分且對於所有 $t,\ \mathbf{r}(t) \cdot \mathbf{r}'(t) = 0$，則 $\mathbf{r}$ 的長度一定是常數。

# 第 11 章　複習題

1-2 題，求滿足給予之條件的直線 (a) 參數方程式和 (b) 對稱式。

1. 經過 $(-1, 2, 4)$ 與 $(2, -1, 3)$
2. 經過 $(1, 2, 4)$ 並垂直於 $\mathbf{u} = \langle 1, -2, 1 \rangle$ 與 $\mathbf{v} = \langle 3, 2, 5 \rangle$

3-4 題，求滿足給予之條件的平面方程式。

3. 經過 $(-2, 4, 3)$ 並平行於平面 $2x + 4y - 3z = 12$。
4. 經過 $(3, 2, 2)$ 並平行於 $xz$ 平面。
5. 求點 $(2, 1, 4)$ 與平面 $2x - 3y + 4z = 12$ 之間的距離。
6. 證明對稱式的線

$$\frac{x-1}{-2} = \frac{y-3}{-1} = \frac{z}{2}$$

與

$$\frac{x-2}{-3} = \frac{y-1}{1} = \frac{z+1}{3}$$

相交並求此二線的夾角。

7. 求兩平行平面 $x + 2y - 3z = 2$ 與 $2x + 4y - 6z = 6$ 之間的距離。
8. 求點 $(3, 4, 5)$ 與平面 $2x + 4y - 3z = 12$ 之間的距離。

9-10 題，描述並繪畫由不等式所表示的三維空間區域。

9. $x^2 + y^2 \leq 4$
10. $y \leq x, \ 0 \leq x \leq 1, \ 0 \leq y \leq 1, \ 0 \leq z \leq 1$

11-14 題，確認並繪畫給予之方程式的表面。

11. $2x - y = 6$
12. $x = y^2 + z^2$
13. $4x^2 + 9z^2 = y^2$
14. $x^2 - z^2 = y$

15. 已知與 $(1, 1, \sqrt{2})$ 為直角坐標的點。將它寫成柱狀坐標與球形坐標的形式。

16. 已知 $\left(2, \frac{\pi}{4}, \frac{\pi}{3}\right)$ 為球形坐標的點。將它寫成直角坐標與柱狀坐標的形式。

17-18 題，確認給予之方程式的曲面。

17. $\theta = \dfrac{\pi}{3}$（球形坐標）
18. $r = 2 \sin \theta$

19-20 題，繪畫給予之向量方程式的曲線，並標示它的方向。

19. $\mathbf{r}(t) = (2 + 3t)\mathbf{i} + (2t - 1)\mathbf{j}$
20. $\mathbf{r}(t) = (\cos t - 1)\mathbf{i} + (\sin t + 2)\mathbf{j} + 2\mathbf{k}$
21. 求 $\mathbf{r}(t) = \dfrac{1}{\sqrt{5-t}}\mathbf{i} + \dfrac{\sin t}{t}\mathbf{j} + \ln(1+t)\mathbf{k}$ 的定義域。
22. 求

$$\mathbf{r}(t) = \sqrt{t+1}\,\mathbf{i} + \frac{e^t}{\sqrt{2-t}}\mathbf{j} + \frac{t^2}{(t-1)^2}\mathbf{k}$$

連續的區間。

23-24 題，求 $\mathbf{r}'(t)$ 與 $\mathbf{r}''(t)$。

23. $\mathbf{r}(t) = \sqrt{t}\,\mathbf{i} + t^2\mathbf{j} + \dfrac{1}{t+1}\mathbf{k}$
24. $\mathbf{r}(t) = (t^2 + 1)\mathbf{i} + 2t\mathbf{j} + \ln t\,\mathbf{k}$
25. 已知曲線之參數方程式

$$x = t^2 + 1, \quad y = 2t - 3, \quad z = t^3 + 1$$

求它在 $t = 0$ 所對應的點之切線參數方程式。

26. 計算 $\displaystyle\int \left( \sqrt{t}\,\mathbf{i} + e^{-2t}\mathbf{j} + \frac{1}{t+1}\mathbf{k} \right) dt$

27. 已知 $\mathbf{r}'(t) = 2\sqrt{t}\,\mathbf{i} + 3\cos 2\pi t\,\mathbf{j} - e^{-t}\mathbf{k}$ 與 $\mathbf{r}(0) = \mathbf{i} + 2\mathbf{j}$，求 $\mathbf{r}(t)$。

28. 求定義為 $\mathbf{r}(t) = t\mathbf{i} + t^2\mathbf{j} + t^3\mathbf{k}$ 之曲線 $C$ 在 $t = 1$ 之單位切向量與單位法向量。

# 第 12 章　多變數函數

至今我們所學的都是一個自變數的函數。本章將考慮兩個或更多個自變數的函數。相對於一個變數之函數的極限、連續、微分和最佳化的概念，多變數函數有其符合的部分將於本章中呈現這些觀念。如我們所知，許多數學在真實的生活應用上都是多變數的情形。

Shaun Botterill/Getty Images

## 12.1　兩個變數或更多變數的函數

### ▌兩個變數的函數

至今，我們都是處理一個變數的函數。實際上，我們經常處理跟兩個或兩個以上的量有關之某個量的情形。譬如：

- 直圓柱的體積 $V$ 與它的半徑 $r$ 和高 $h$ 有關（$V = \pi r^2 h$）。
- 長方形盒子的體積 $V$ 與它的長 $l$、寬 $w$ 和高 $h$ 有關（$V = lwh$）。
- 銷售單價分別為 10, 14, 20 和 30 元之日用品 $A, B, C$ 和 $D$，它的收入與日用品 $A, B, C$ 和 $D$ 之銷售量分別為 $x, y, z, w$ 有關（$R = 10x + 14y + 20z + 30w$）。

正如使用單變數函數來描述應變數與單變數的關係，我們可使用多變數函數來描述應變數與多變數的關係。我們以兩個變數函數的定義開始。

> **定義　兩個變數的函數**
>
> 令 $D = \{(x, y) \mid x, y \in R\}$ 為平面上的子集合。**兩個變數的函數** $f$（function $f$ of two variables）是個規則，它指定每個在 $D$ 內的實數序對 $(x, y)$ 有唯一的實數值。此集合 $D$ 稱為 $f$ 的**定義域**（domain），由所對應的值 $z$ 所組成的集合稱為 $f$ 的**值域**（range）。

數 $z$ 通常寫成 $z = f(x, y)$。變數 $x$ 與 $y$ 為**自變數**（independent variables），而 $z$ 是**應變數**（dependent variable）。

如同單變數函數的情形，兩個或兩個以上的變數函數可用口頭的、數值的、圖形的或代數的方式描述。

**例題 1** **房貸付款** 於典型的房貸中，因為出資者要求貸款者付未償還款的利息，所以貸款者使用分期付款以減輕負擔。實際上，貸款者得分期償還貸款，通常以固定期數且每期償還相同額度，使得他的貸款（本金加利息）於最後一期償還完畢。表 12.1 中說明，1,000 元的貸款每個月以月複利計算，本利償還 $f(t, r)$，其中 $t$ 為一年的期數而 $r$ 是年利率（％／年）。由表中得知，現行年利率 7% 之 30 年期貸款 1,000 元，月付 $f(30, 7) = 6.6530$（元）。因此，若借貸 350,000 元，則每個月償還 350(6.6530) 元，即 2328.55 元。

**表 12.1**

| | | | | 利率％／年 | | | | | |
|---|---|---|---|---|---|---|---|---|---|
| $t$\$r$ | 6 | $6\frac{1}{4}$ | $6\frac{1}{2}$ | $6\frac{3}{4}$ | 7 | $7\frac{1}{4}$ | $7\frac{1}{2}$ | $7\frac{3}{4}$ | 8 |
| 5 | 19.3328 | 19.4493 | 19.5661 | 19.6835 | 19.8012 | 19.9194 | 20.0379 | 20.1570 | 20.2764 |
| 10 | 11.1021 | 11.2280 | 11.3548 | 11.4824 | 11.6108 | 11.7401 | 11.8702 | 12.0011 | 12.1328 |
| 15 | 8.4386 | 8.5742 | 8.7111 | 8.8491 | 8.9883 | 9.1286 | 9.2701 | 9.4128 | 9.5565 |
| 20 | 7.1643 | 7.3093 | 7.4557 | 7.6036 | 7.7530 | 7.9038 | 8.0559 | 8.2095 | 8.3644 |
| 25 | 6.4430 | 6.5967 | 6.7521 | 6.9091 | 7.0678 | 7.2281 | 7.3899 | 7.5533 | 7.7182 |
| 30 | 5.9955 | 6.1572 | 6.3207 | 6.4860 | 6.6530 | 6.8218 | 6.9921 | 7.1641 | 7.3376 |
| 35 | 5.7019 | 5.8708 | 6.0415 | 6.2142 | 6.3886 | 6.5647 | 6.7424 | 6.9218 | 7.1026 |
| 40 | 5.5021 | 5.6774 | 5.8546 | 6.0336 | 6.2143 | 6.3967 | 6.5807 | 6.7662 | 6.9531 |

（貸款期限（年））

即使以 1,000 元為單位的每月分期付款展示於表 12.1，它是針對例題 1 所選的 $t$ 值與 $r$ 值呈現的，計算 $f(t, r)$ 的代數式為

$$f(t, r) = \frac{10r}{12\left[1 - \left(1 + \dfrac{0.01r}{12}\right)^{-12t}\right]}$$

然而如同單變數函數，我們主要的興趣在於那些跟**應變數** $z$ 和**自變數** $x$ 與 $y$ 有關的函數。又如單變數的情形，除非另外指定，否則兩個變數函數的定義域為所有使 $z = f(x, y)$ 為實數之點 $(x, y)$ 所組成的集合。

**例題 2** 令 $f(x, y) = x^2 - xy + 2y$。求 $f$ 的定義域，並計算 $f(1, 2)$, $f(2, 1)$, $f(t, 2t)$, $f(x^2, y)$ 與 $f(x + y, x - y)$。

**解** 只要 $(x, y)$ 為實數序對，$x^2 - xy + 2y$ 一定是實數。所以 $f$ 的定

義域為整個 $xy$ 平面。又

$$f(1, 2) = 1^2 - (1)(2) + 2(2) = 3$$
$$f(2, 1) = 2^2 - (2)(1) + 2(1) = 4$$
$$f(t, 2t) = t^2 - (t)(2t) + 2(2t) = -t^2 + 4t$$
$$f(x^2, y) = (x^2)^2 - (x^2)(y) + 2y = x^4 - x^2 y + 2y$$

與

$$\begin{aligned} f(x + y, x - y) &= (x + y)^2 - (x + y)(x - y) + 2(x - y) \\ &= x^2 + 2xy + y^2 - x^2 + y^2 + 2x - 2y \\ &= 2(y^2 + xy + x - y) \end{aligned}$$

**例題 3** 已知函數：

**a.** $f(x, y) = \sqrt{y^2 - x}$    **b.** $g(x, y) = \dfrac{\ln(x + y + 1)}{y - x}$

求其定義域並將它畫出來。

**解**

**a.** 因為 $f(x, y)$ 是實數且 $y^2 - x \geq 0$。所以 $f$ 的定義域為

$$D = \{(x, y) \mid y^2 - x \geq 0\}$$

為了繪畫區域 $D$，首先繪畫曲線 $y^2 - x = 0$，即 $y^2 = x$，它是拋物線（圖 12.1a）。觀察到此曲線將 $xy$ 平面分成兩個區域：滿足 $y^2 - x > 0$ 的點與 $y^2 - x < 0$ 的點。為決定所求的區域，從其中一個區域內選取一個點，稱 $(1, 0)$ 點。將坐標 $x = 1$ 與 $y = 0$ 代入不等式 $y^2 - x > 0$，得到 $0 - 1 > 0$，這是不合理。因此檢驗點並不（not）在所求之區域內。故不包含檢驗點與曲線 $x = y^2$ 的區域即為所求（圖 12.1a）。

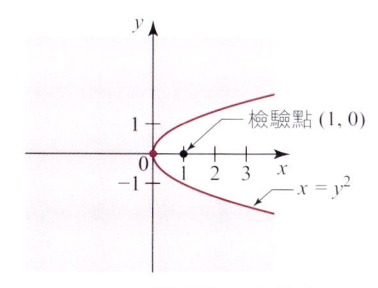

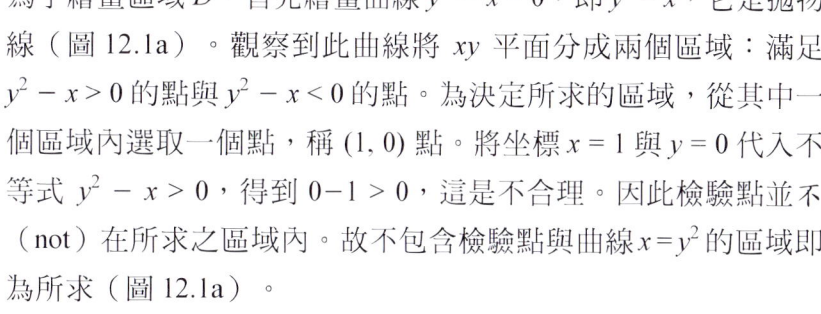

**b.** 因為對數函數只定義在正數上，所以 $x + y + 1 > 0$。又式子的分母不可為零，所以 $y - x \neq 0$，即 $y \neq x$。因此 $g$ 的定義域為

$$D = \{(x, y) \mid x + y + 1 > 0 \ \text{且} \ y \neq x\}$$

為繪畫定義域 $D$，首先繪畫方程式

$$x + y + 1 = 0$$

(a) $f(x, y) = \sqrt{y^2 - x}$ 的定義域

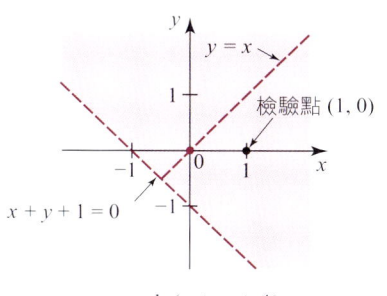

(b) $g(x, y) = \dfrac{\ln(x + y + 1)}{y - x}$ 的定義域

**圖 12.1**

的圖形，它是一條直線。虛線表示此直線上的點但並不在 $D$ 內。此直線將 $xy$ 平面分成兩個半平面。若取點 $(1, 0)$ 並將它代入不等式 $x + y + 1 > 0$，得到 $2 > 0$，此不等式成立。故此上半平面包含檢驗點 $(1, 0)$ 並滿足不等式 $x + y + 1 > 0$。又因為 $y \neq x$，直線 $y = x$ 上的點必須從 $D$ 中排除。我們以虛線表示（圖 12.1b）。

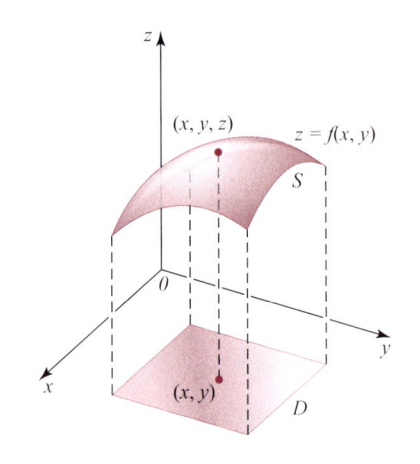

**圖 12.2**
f 的圖形為包含所有 (x, y, z) 點之曲面，其中 (x, y) ∈ D 且 z = f(x, y)

## 兩個變數的函數圖形

正如一個變數之函數圖形，讓我們可看見這個函數，兩個變數的函數圖形也是如此。

> **定義　兩個變數的函數圖形**
> 令 f 為定義於 D 之兩個變數的函數。f 的圖形為
> $$S = \{(x, y, z) \mid z = f(x, y), (x, y) \in D\}$$

每個有序三位數 (x, y, z) 表示三度空間 $R^3$ 內的點，此集合 S 為空間的曲面（圖 12.2）。

**例題 4**　繪畫 $f(x, y) = \sqrt{9 - x^2 - y^2}$ 的圖形。試問 f 的值域為何？

**解**　f 的定義域為 $D = \{(x, y) \mid x^2 + y^2 \leq 9\}$，它是半徑 3 且中心在原點的圓盤。令 z = f(x, y)，則

$$z = \sqrt{9 - x^2 - y^2}$$
$$z^2 = 9 - x^2 - y^2$$

即

$$x^2 + y^2 + z^2 = 9$$

最後一式為半徑 3 且中心在原點的球。因為 $z \geq 0$，所以 f 的圖形就是上半球（圖 12.3）。進一步，因為 z 必須小於或等於 3，所以 f 的值域為 [0, 3]。

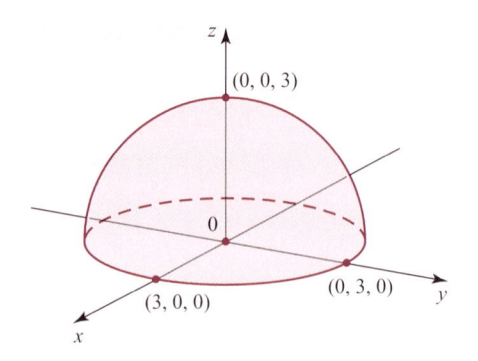

**圖 12.3**
$f(x, y) = \sqrt{9 - x^2 - y^2}$ 的圖形為半徑 3 且圓心在原點的上半球

## 電腦繪圖

兩個變數的函數圖形可用繪圖工具繪畫。多數情形下，所使用之技巧包含點繪垂直平面 x = k 與 y = k 上之曲面的軌跡，對於等空間值 k。此程式使用習慣上的「隱匿線」決定某特定軌跡，它的哪

些部分應被排除，並得到此曲面在三度空間的視覺。於下個例題中，我們將繪畫兩個變數的函數圖形，接著並展示它由電腦所繪的圖形。

**例題 5** 令 $f(x, y) = x^2 + 4y^2$。

**a.** 繪畫 $f$ 的圖形。　**b.** 使用 CAS 點繪 $f$ 的圖形。

**解**

**a.** 我們認出函數圖形是曲面 $z = x^2 + 4y^2$，它是橢圓拋物面

$$\frac{x^2}{1} + \frac{y^2}{\left(\frac{1}{2}\right)^2} = z$$

使用 11.2 節之繪畫技巧，繪畫的圖形展示於圖 12.4a。

**b.** 由電腦產生之 $f$ 圖形展示於圖 12.4b。

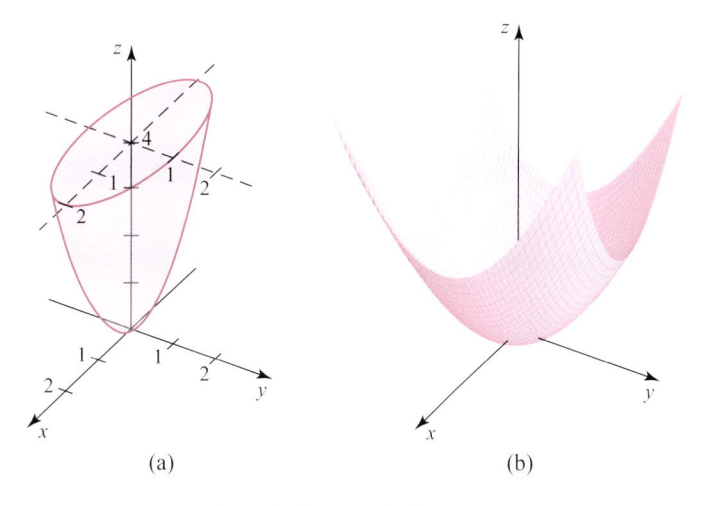

| 圖 12.4

$f(x, y) = x^2 + 4y^2$ 的圖形

圖 12.5 展示電腦畫出之許多函數的圖形。

### 等高線

我們可用等高線看兩個變數的函數。為定義兩個變數的函數 $f$ 之等高線，令 $z = f(x, y)$ 並考慮 $f$ 在平面 $z = k$（$k$ 為常數）上，如圖 12.6a 所示。若將此軌跡投影到 $xy$ 平面，可得方程式 $f(x, y) = k$ 的曲線 $C$，稱之為 $f$ 的等高線（圖 12.6b）。

---

**定義　等高線**

兩個變數的函數 $f$ 之**等高線**（level curves）為方程式 $f(x, y) = k$ 在 $xy$ 平面的曲線，其中 $k$ 為 $f$ 之值域內的常數。

---

注意，此等高線 $f(x, y) = k$ 為所有在 $f$ 定義域內並對應於曲面 $z = f(x, y)$ 上相同高度或深度 $k$ 的點。由繪畫對應於可接受的許多 $k$

(a) $f(x, y) = x^3 - 3y^2 x$

(b) $f(x, y) = \dfrac{\cos(x^2 + 2y^2)}{1 + x^2 + 2y^2}$

(c) $f(x, y) = x^2 y^2 e^{-x^2 - y^2}$

(d) $f(x, y) = \ln(x^2 + 2y^2 + 1)$

**圖 12.5**
許多兩個變數之函數的電腦繪圖

(a) 等高線 $C$，它的方程式 $f(x, y) = k$ 為 $f$ 在平面 $z = k$ 之軌跡投影到 $xy$ 平面

(b) 等高線 $C$

**圖 12.6**

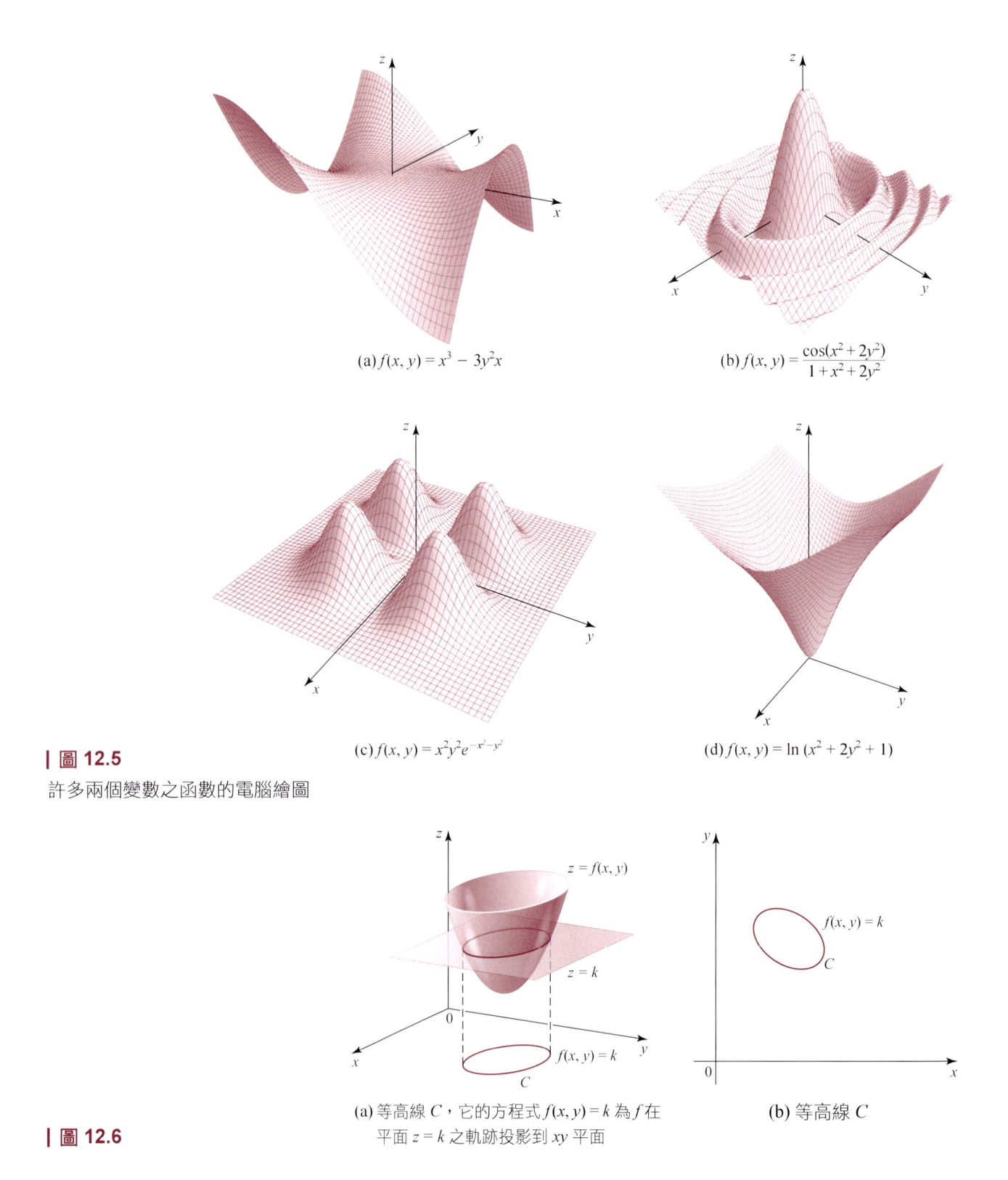

值之等高線，可得一個等高線地圖（contour map）。此地圖讓我們可看見由 $z = f(x, y)$ 的圖形表示的曲面：只要簡單地平移或壓下此等高線即可看到此曲面的「橫切面」。圖 12.7a 展示一個山丘而圖

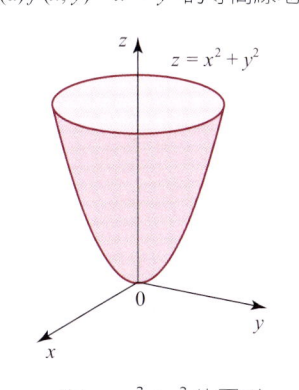

12.7b 展示此山丘地圖。

**例題 6** 使用對應於 $k = 0, 1, 4, 9$ 和 $16$ 之值來繪畫曲面 $f(x, y) = x^2 + y^2$ 之等高線地圖。

**解** 對應於每個 $k$ 值的 $f$ 等高線為中心在原點且半徑 $k$ 之圓 $x^2 + y^2 = k$。譬如：若 $k = 4$，此等高線為 $x^2 + y^2 = 4$ 的圓，它的中心在原點且半徑為 2。所求的 $f$ 之等高線地圖包括原點與四個同心圓，如圖 12.8a 所示。$f$ 的圖形為拋物面，如圖 12.8b 所示。∎

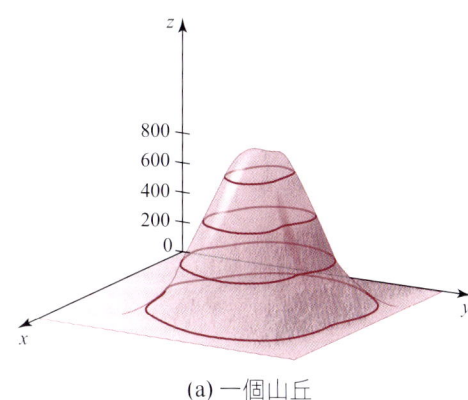

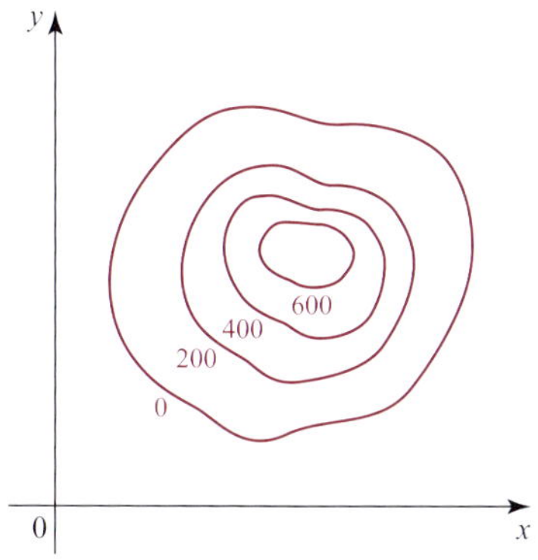

**例題 7** 繪畫雙曲拋物面 $f(x, y) = y^2 - x^2$ 的等高線地圖。

**解** 對應於每個 $k$ 值之等高線為方程式 $y^2 - x^2 = k$ 的圖形。對於 $k > 0$，此等高線方程式為

$$\frac{y^2}{k} - \frac{x^2}{k} = 1$$

或

$$\frac{y^2}{(\sqrt{k})^2} - \frac{x^2}{(\sqrt{k})^2} = 1$$

這些曲線為雙曲線，它們的漸近線為 $y = \pm x$ 且頂點為 $(0, \pm\sqrt{k})$。譬如：若 $k = 4$，則此等高線為雙曲線

$$\frac{y^2}{4} - \frac{x^2}{4} = 1$$

它的頂點為 $(0, \pm 2)$。

若 $k < 0$，則此等高線之方程式為 $y^2 - x^2 = k$，即 $x^2 - y^2 = -k$，它的標準式為

$$\frac{x^2}{(\sqrt{-k})^2} - \frac{y^2}{(\sqrt{-k})^2} = 1$$

並且它表示漸近線 $y = \pm x$ 之雙曲線。此等高線地圖包含對應於 $k = 0, \pm 2, \pm 4, \pm 6$ 與 $\pm 8$ 之等高線，繪畫於圖 12.9a。$z = y^2 - x^2$ 的圖形展示於圖 12.9b。

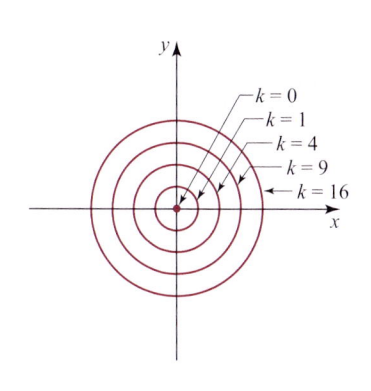

圖 12.10 展示兩個變數函數的一些電腦圖形和它們對應的等高線。

除了使用於製造山脈地形圖，等高線也出現在許多實際有趣的領域中。譬如：若 $T(x, y)$ 表示在美國大陸經度為 $x$ 與緯度為 $y$ 的某處，某日某時之溫度，則在 $(x, y)$ 處之溫度為曲面 $z = T(x, y)$ 的高度（或深度）。此處，等高線 $T(x, y) = k$ 是被附加於美國地圖上，用以連接給予之時間上相同溫度的點（圖 12.11）。這些等高線稱為

**646** 第 12 章　多變數函數

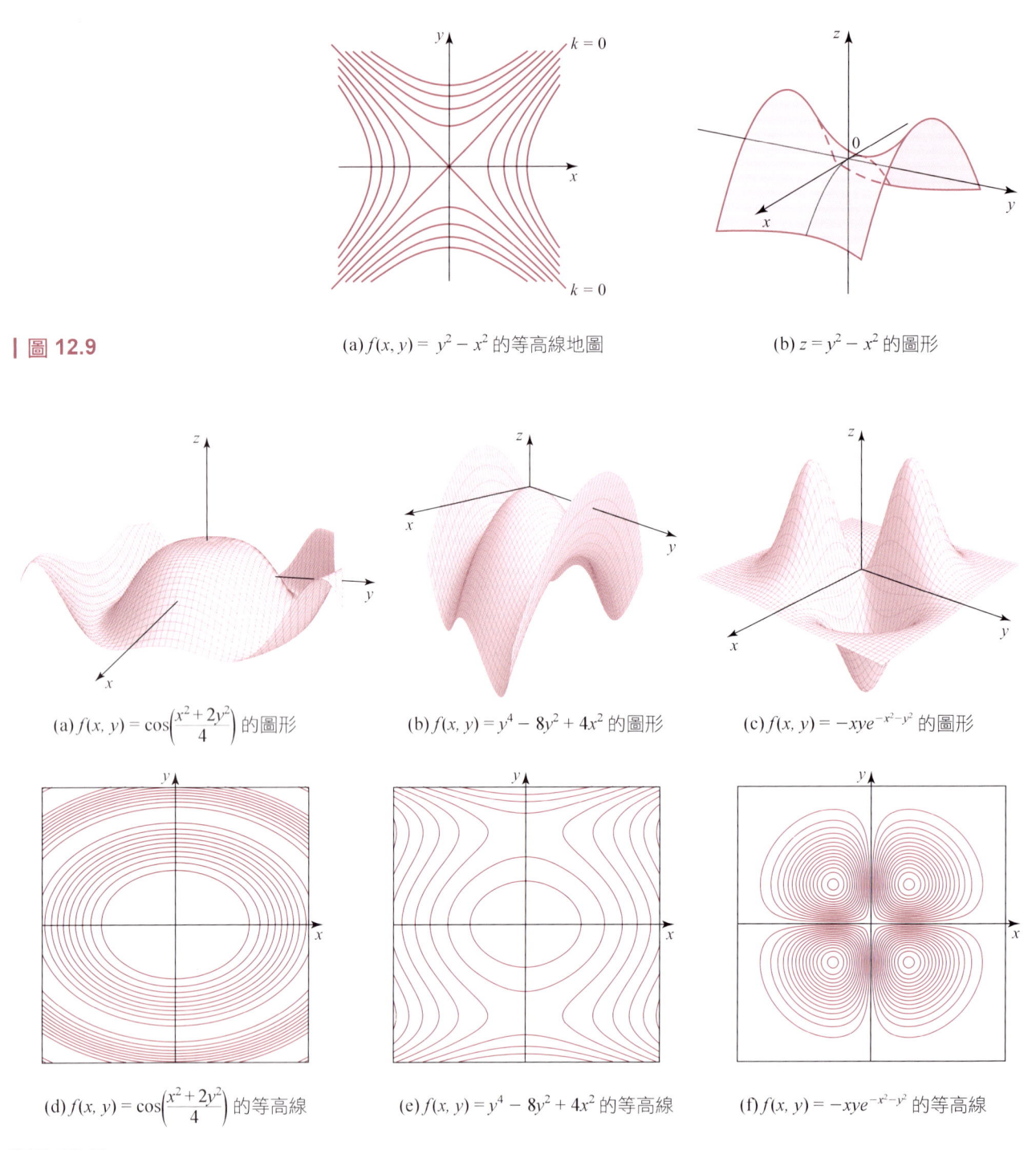

| 圖 **12.9**　　(a) $f(x, y) = y^2 - x^2$ 的等高線地圖　　(b) $z = y^2 - x^2$ 的圖形

(a) $f(x, y) = \cos\left(\dfrac{x^2 + 2y^2}{4}\right)$ 的圖形

(b) $f(x, y) = y^4 - 8y^2 + 4x^2$ 的圖形

(c) $f(x, y) = -xye^{-x^2-y^2}$ 的圖形

(d) $f(x, y) = \cos\left(\dfrac{x^2 + 2y^2}{4}\right)$ 的等高線

(e) $f(x, y) = y^4 - 8y^2 + 4x^2$ 的等高線

(f) $f(x, y) = -xye^{-x^2-y^2}$ 的等高線

| 圖 **12.10**
一些函數的圖形和它們的等高線

等溫線（isotherms）。同理，若 $P(x, y)$ 表示在 $(x, y)$ 處的氣壓，則函數 $P$ 的等高線稱為等壓線（isobars）。所有在等壓線 $P(x, y) = k$ 上的點在給予之時間有相同的氣壓。

**圖 12.11**
等溫線：等高線將相同溫度的點連接在一起

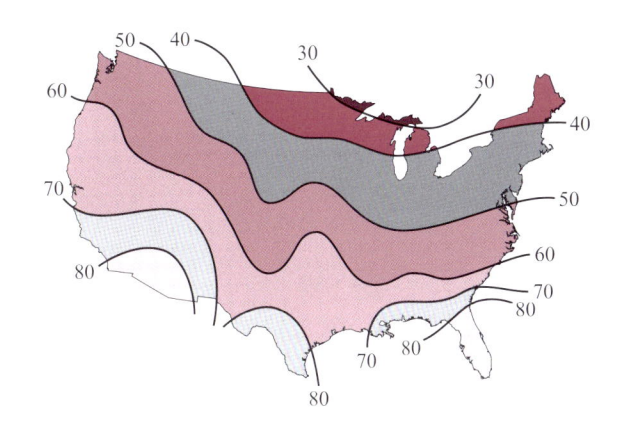

### 三個變數函數和等位面

三個變數函數是將定義域 $D = \{(x, y, z) | x, y, z \in R\}$ 內的每個有序三位數 $(x, y, z)$ 指定唯一的實數 $w$，記作 $f(x, y, z)$ 的一個規則。譬如：長 $x$、寬 $y$ 和高 $z$ 的長方形盒子之體積 $V$ 可由函數 $f(x, y, z) = xyz$ 描述。

**例題 8** 求函數
$$f(x, y, z) = \sqrt{x + y - z} + xe^{yz}$$
的定義域。

**解** 因為 $f(x, y, z)$ 是實數且 $x + y - z \geq 0$ 或寫成 $z \leq x + y$，所以 $f$ 的定義域為
$$D = \{(x, y, z) | z \leq x + y\}$$
它是平面 $z = x + y$ 上或其下的所有點組成的半平面。

因為三個變數的函數圖形是由四度空間內的點 $(x, y, z, w)$ 組成的，其中 $w = f(x, y, z)$，我們無法繪畫這類函數的圖形。然而可以檢查它的**等位面**（level surfaces），它們是曲面
$$f(x, y, z) = k \qquad k\text{為常數}$$
由此可以得到 $f$ 的一些內在現象。

**例題 9** 已知函數 $f$ 定義為
$$f(x, y, z) = x^2 + y^2 + z^2$$
求 $f$ 的等位面。

**解** $f$ 的等位面是方程式 $x^2 + y^2 + z^2 = k$ 的圖形，其中 $k \geq 0$。這些面為中心在原點且半徑 $\sqrt{k}$ 的同心球（圖 12.12）。因為在這樣的球上的所有點 $(x, y, z)$，它們的 $f$ 值都相同。

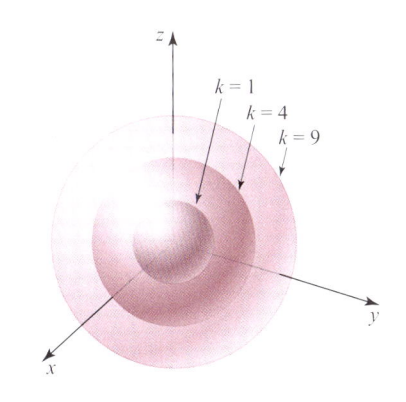

**圖 12.12**
當 $k = 1, 4, 9$，$f(x, y, z) = x^2 + y^2 + z^2$ 的等位面

## 12.1 習題

1. 令 $f(x, y) = x^2 + 3xy - 2x + 3$，求
   a. $f(1, 2)$
   b. $f(2, 1)$
   c. $f(2h, 3k)$
   d. $f(x + h, y)$
   e. $f(x, y + k)$

2. 令 $f(x, y, z) = \sqrt{x^2 + 2y^2 + 3z^2}$，求
   a. $f(1, 2, 3)$
   b. $f(0, 2, -1)$
   c. $f(t, -t, t)$
   d. $f(u, u - 1, u + 1)$
   e. $f(-x, x, -2x)$

3-7 題，求函數的定義域和值域。

3. $f(x, y) = x + 3y - 1$
4. $f(u, v) = \dfrac{uv}{u - v}$
5. $g(x, y) = \sqrt{4 - x^2 - y^2}$
6. $f(x, y, z) = \sqrt{9 - x^2 - y^2 - z^2}$
7. $h(u, v, w) = \tan u + v \cos w$

8-11 題，求函數的定義域並將它畫出來。

8. $f(x, y) = \sqrt{y} - \sqrt{x}$
9. $f(u, v) = \dfrac{uv}{u^2 - v^2}$
10. $f(x, y) = x \ln y + y \ln x$
11. $f(x, y, z) = \sqrt{9 - x^2 - y^2 - z^2}$

12-14 題，繪畫函數圖形。

12. $f(x, y) = 4$
13. $f(x, y) = x^2 + y^2$
14. $h(x, y) = 9 - x^2 - y^2$
15. $f(x, y) = \dfrac{1}{2}\sqrt{36 - 9x^2 - 36y^2}$

16. 圖中顯示一座山的等高線，其中的數字是以呎為單位。看圖回答下面的問題。

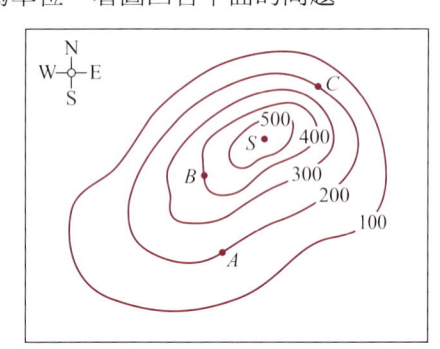

    a. 試問對應於 $A$ 點的山高度為何？對應於 $B$ 點的為何？
    b. 若從山對應於 $A$ 點的地方往北方移動，試問該往上攀登還是往下移動？若從山對應於 $B$ 點的地方往東移動，試問會是怎樣？
    c. 試問山對應於 $A$ 點的地方比較陡峭還是對應於 $C$ 點的地方比較陡峭？解釋你的結果。

17-19 題，配對函數與標示 a 到 c 的圖形。

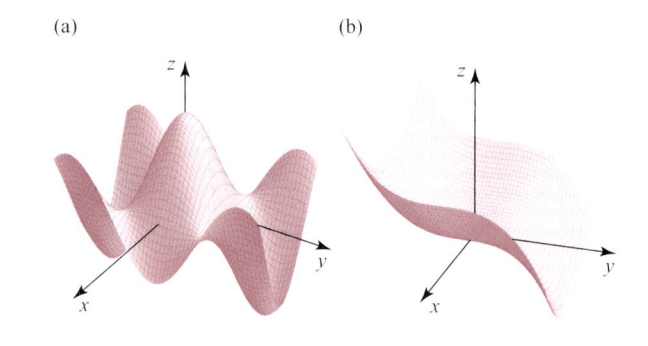

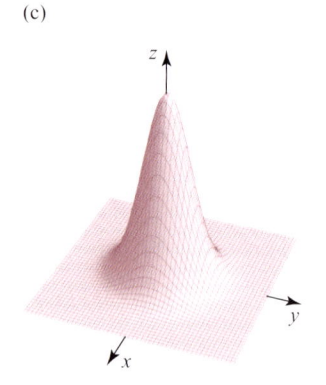

17. $f(x, y) = 2x^2 - y^3$
18. $f(x, y) = \cos\dfrac{x}{2}\cos y$
19. $f(x) = e^{-x^2 - y^2}$

20-24 題，繪畫指定之 $k$ 值的函數等面圖 $f(x, y) = k$。

20. $f(x, y) = 2x + 3y$;  $k = -2, -1, 0, 1, 2$
21. $f(x, y) = xy$;  $k = -2, -1, 0, 1, 2$
22. $f(x, y) = \dfrac{x + y}{x - y}$;  $k = -2, 0, 1, 2$
23. $f(x, y) = \ln(x + y)$;  $k = -2, -1, 0, 1, 2$
24. $f(x, y) = y - x^2$;  $k = -2, -1, 0, 1, 2$

25-26 題，描述函數的等面圖。

25. $f(x, y, z) = 2x + 4y - 3z + 1$
26. $f(x, y, z) = x^2 + y^2 - z^2$

27-29 題，配對等位面的圖形與標示 a 到 c 的等高線圖形。

(a)

(b)

(c)

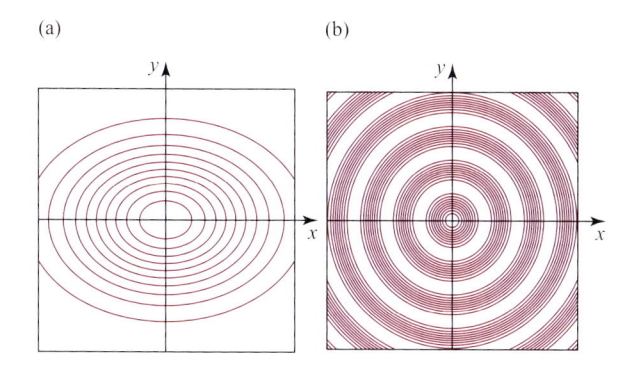

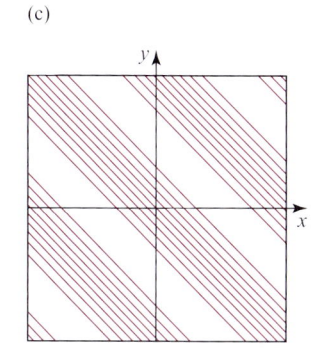

**27.** $f(x, y) = e^{1-2x^2-4y^2}$

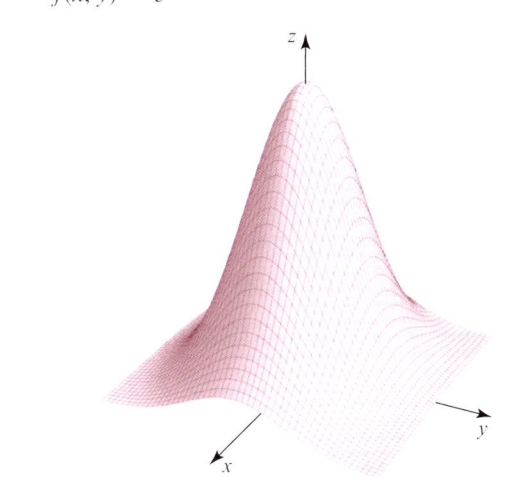

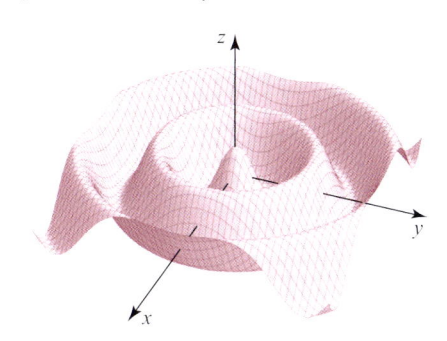

**28.** $f(x, y) = \cos\sqrt{x^2 + y^2}$

**29.** $f(x, y) = \sin(x + y)$

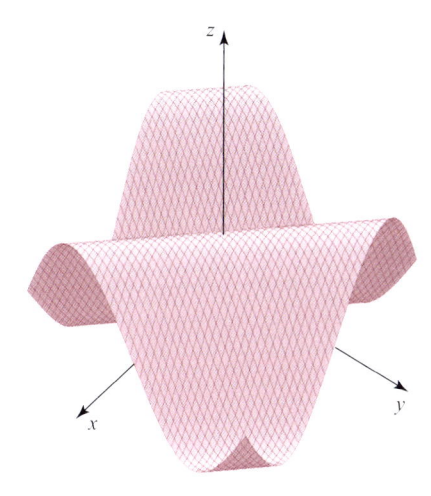

**30.** 求 $f(x, y) = \sqrt{x^2 + y^2}$ 之等位面並經過點 $(3, 4)$ 的方程式。

**31.** 試問可不可能兩個變數 $x$ 與 $y$ 之函數 $f$ 的兩個等位面相交？解釋你的結論。

**32. Poiseuille 的法則** Poiseuille 的法則敘述以達因為單位，血流於長 $l$ 且半徑 $r$（都以公分為單位）的血管中流動的阻力 $R$ 為

$$R = f(l, r) = \frac{kl}{r^4}$$

其中 $k$ 為血液黏度（以達因秒／公分$^2$ 為單位）。試問血液流經半徑 0.1 公分且長 4 公分的小動脈之阻力為何？以 $k$ 表示之。

**33. Cobb-Douglas 生產函數** 經濟學家發現某成品的產量 $f(x, y)$ 有時可表示為

$$f(x, y) = ax^b y^{1-b}$$

其中 $x$ 為勞工的開銷，$y$ 為資本，而 $a$ 和 $b$ 都是正數且 $0 < b < 1$。

a. 若 $p$ 為正數，則證明 $f(px, py) = pf(x, y)$。

b. 使用 (a) 的結果證明若勞工的開銷與資金都同時以 $r\%$ 的速率遞增，則生產量也以百分之 $r\%$ 的速率遞增。

**34. 房貸** 某購屋者得到銀行貸款 $A$ 元購屋。若此貸款之利率為 $r$／年且以 $t$ 年分期償還，則本金在第 $i$ 個月的償還金額為

$$B = f(A, r, t, i) = A\left[\frac{\left(1 + \frac{r}{12}\right)^i - 1}{\left(1 + \frac{r}{12}\right)^{12t} - 1}\right] \quad 0 \leq i \leq 12t$$

假設 Blakely 家跟銀行貸 280,000 元來購屋且銀行以 6%／年的月複利計算。若 Blakely 家同意以 30 年期分期償還。試問他們付了第 60 期款

（5年）後，還欠銀行多少錢？若是付了第 240 期（20年）後，又如何？

35-36題，判斷下列敘述是對或是錯。如果它是對，解釋你的理由。如果它是錯，請解釋你的理由或舉例說明。

35. $f$ 為 $x$ 與 $y$ 的函數若且唯若對於 $f$ 定義域內的任意兩點 $P_1(x_1, y_1)$ 與 $P_2(x_2, y_2)$，$f(x_1, y_1) = f(x_2, y_2)$ 推得 $P_1(x_1, y_1) = P_2(x_2, y_2)$。
36. 對於所有 $k$ 值，兩個變數之函數 $f$ 的等位面 $f(x, y) = k$ 都存在。

## 12.2 極限和連續

### 直觀的極限定義

圖 12.13 展示兩個變數函數 $f$ 的圖形。此圖說明當點 $(x, y)$ 接近點 $(a, b)$，$f(x, y)$ 接近數 $L$。

**定義 兩個變數的函數在一點的極限**

令 $f$ 為定義在所有靠近 $(a, b)$ 且可能除了 $(a, b)$ 本身外的點 $(x, y)$ 之函數，則**當 $(x, y)$ 逼近 $(a, b)$ 之 $f(x, y)$ 的極限**（limit of $f(x, y)$ as $(x, y)$ approaches $(a, b)$）為 $L$。所以，當我們要求 $(x, y)$ 夠接近 $(a, b)$，則可以使 $f(x, y)$ 接近 $L$，並寫成

$$\lim_{(x, y) \to (a, b)} f(x, y) = L$$

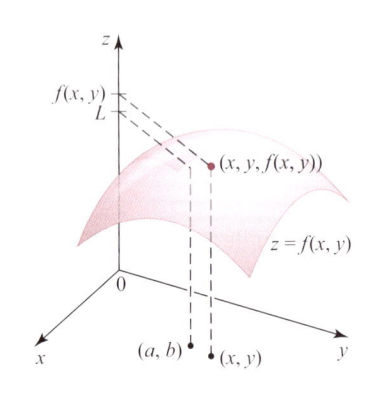

| 圖 12.13
當 $(x, y)$ 接近 $(a, b)$，$f(x, y)$ 接近 $L$

乍看之下，此定義與單變數函數之極限定義似乎有一絲絲不同，就是 $(x, y)$ 與 $(a, b)$ 都在平面上。單變數函數的情形，$x$ 點只可由兩個方向逼近 $x = a$ 點：由左邊與由右邊。結論為當 $x$ 逼近 $a$，函數 $f$ 有極限 $L$ 若且唯若 $f(x)$ 從左邊逼近 $L$（$\lim_{x \to a^-} f(x) = L$）並且 $f(x)$ 從右邊逼近 $L$（$\lim_{x \to a^+} f(x) = L$）。這就是在 2.1 節觀察到的事實。

在平面上逼近 $(a, b)$ 的方向有無窮多（圖 12.14），所以兩個變數的函數的情形有點複雜。故當 $(x, y)$ 逼近 $(a, b)$，$f$ 有極限 $L$，則沿著每一（every）條可能逼近 $(a, b)$ 的路徑，$f(x, y)$ 必定逼近 $L$。

為了解它的原因，我們假設

當 $(x, y) \to (a, b)$ 沿著路徑 $C_1$，$f(x, y) \to L_1$

並且

當 $(x, y) \to (a, b)$ 沿著路徑 $C_2$，$f(x, y) \to L_2$

| 圖 12.14
有無窮多路徑使得 $(x, y)$ 點逼近 $(a, b)$ 點。

其中 $L_1 \neq L_2$。所以不論 $(x, y)$ 多接近 $(a, b)$，$f(x, y)$ 將逼近接近 $L_1$ 的值與逼近接近 $L_2$ 的值，這得看 $(x, y)$ 是在 $C_1$ 上或 $C_2$ 上。因此，讓

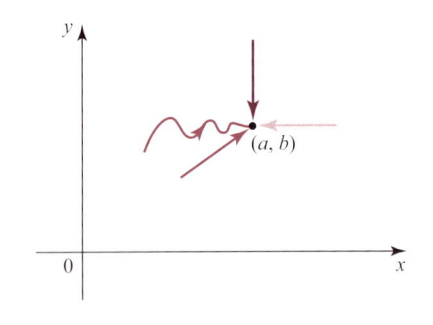

## 12.2 極限和連續

$(x, y)$ 夠接近 $(a, b)$，$f(x, y)$ 不可能隨意逼近唯一的數 $L$；亦即，$\lim_{(x, y) \to (a, b)} f(x, y)$ 不存在。

此觀察的直接結果為下面對極限不（not）存在的判斷。

### 極限 $\lim_{(x, y) \to (a, b)} f(x, y)$ 不存在的證明技巧

當 $(x, y)$ 沿著兩條不同的路徑逼近 $(a, b)$，$f(x, y)$ 逼近兩個不同的數，則 $\lim_{(x, y) \to (a, b)} f(x, y) = L$ 不存在。

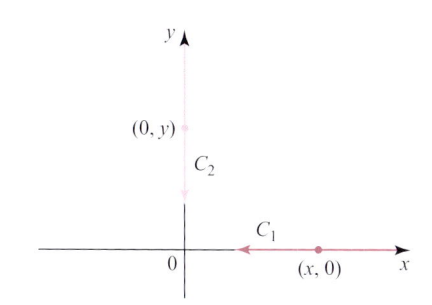

**例題 1** 證明 $\lim_{(x, y) \to (0, 0)} \dfrac{x^2 - y^2}{x^2 + y^2}$ 不存在。

**解** 函數 $f(x, y) = (x^2 - y^2)/(x^2 + y^2)$ 除 $(0, 0)$ 外處處有定義。讓我們沿著 $x$ 軸逼近 $(0, 0)$（圖 12.15），於路徑 $C_1$，$y = 0$，所以

$$\lim_{\substack{(x, y) \to (0, 0) \\ \text{沿著 } C_1}} f(x, y) = \lim_{x \to 0} f(x, 0) = \lim_{x \to 0} \frac{x^2}{x^2} = \lim_{x \to 0} 1 = 1$$

**圖 12.15**

在 $C_1$ 上的點為 $(x, 0)$ 且在 $C_2$ 上的點為 $(0, y)$

接著沿著 $y$ 軸逼近 $(0, 0)$，在路徑 $C_2$，$x = 0$（圖 12.15），所以

$$\lim_{\substack{(x, y) \to (0, 0) \\ \text{沿著 } C_2}} f(x, y) = \lim_{y \to 0} f(0, y) = \lim_{y \to 0} \frac{-y^2}{y^2} = \lim_{y \to 0} (-1) = -1$$

當 $(x, y)$ 沿著兩條不同的路徑逼近 $(a, b)$，$f(x, y)$ 逼近兩個不同的數，所以結論為此極限不存在。 ∎

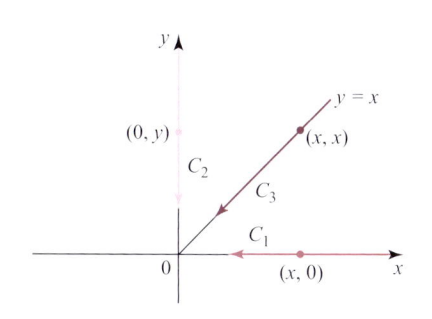

**例題 2** 證明 $\lim_{(x, y) \to (0, 0)} \dfrac{xy}{x^2 + y^2}$ 不存在。

**解** 此函數 $f(x, y) = xy/(x^2 + y^2)$ 除了 $(0, 0)$ 外，處處有定義。讓我們沿著 $x$ 軸逼近 $(0, 0)$（圖 12.16），在路徑 $C_1$ 上，$y = 0$，所以

**圖 12.16**

當 $(x, y) \to (0, 0)$ 沿著 $C_1$ 與 $C_2$，$f(x, y) \to 0$，但是當 $(x, y) \to (0, 0)$ 沿著 $C_3$，$f(x, y) \to \frac{1}{2}$，所以 $\lim_{(x, y) \to (0, 0)} f(x, y)$ 不存在

$$\lim_{\substack{(x, y) \to (0, 0) \\ \text{沿著 } C_1}} f(x, y) = \lim_{x \to 0} f(x, 0) = \lim_{x \to 0} \frac{0}{x^2} = \lim_{x \to 0} 0 = 0$$

同理，我們可以證明當 $(x, y)$ 沿著 $y$ 軸逼近 $(0, 0)$，即在路徑 $C_2$ 上，$f(x, y)$ 也逼近 $0$（圖 12.16）。

現在考慮另一條路徑，就是沿著 $y = x$ 逼近 $(0, 0)$（圖 12.16）。在路徑 $C_3$，即 $y = x$，

$$\lim_{\substack{(x, y) \to (0, 0) \\ \text{沿著 } C_3}} f(x, y) = \lim_{x \to 0} f(x, x) = \lim_{x \to 0} \frac{x^2}{x^2 + x^2} = \lim_{x \to 0} \frac{1}{2} = \frac{1}{2}$$

當 $(x, y)$ 沿著兩條不同的路徑逼近 $(0, 0)$，$f(x, y)$ 逼近兩個不同的數，所以此極限不存在。

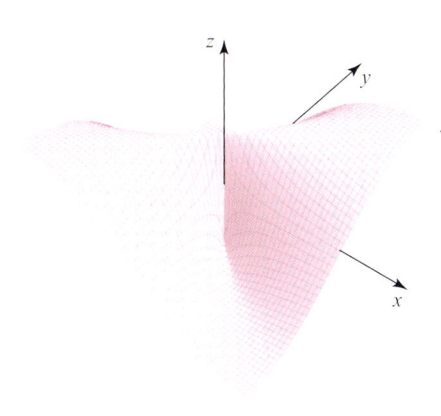

**圖 12.17**

$f(x, y) = \dfrac{xy}{x^2 + y^2}$ 的圖形

圖 12.17 所示之圖形直接確認此結果。注意對於所有在 $y = x$ 上

的點 $(x, y)$，除了原點外，$f(x, y) = \frac{1}{2}$。所以在 $y = x$ 上方會有隆起的情形。∎

雖然例題 1 與例題 2 的方法說明極限不存在是有效的，但是它卻無法用來證明函數在某一點的極限存在。使用這個方法，我們必須證明當 $(x, y)$ 沿著每一（every）條路徑逼近該點，$f(x, y)$ 逼近唯一的數 $L$。很明顯地，這是個不可能的任務。幸運地，單變數函數的極限法則可以延伸到兩個變數或多變數函數。譬如：加法法則、乘法法則、除法法則等等都成立。夾擠定理也可使用。

**例題 3** 計算

**a.** $\lim_{(x, y) \to (1, 2)} (x^3 y^2 - x^2 y + x^2 - 2x + 3y)$

**b.** $\lim_{(x, y) \to (2, 4)} \sqrt[3]{\dfrac{8xy}{2x + y}}$

**解**

**a.**
$$\lim_{(x, y) \to (1, 2)} (x^3 y^2 - x^2 y + x^2 - 2x + 3y)$$
$$= (1)^3 (2)^2 - (1)^2 (2) + (1)^2 - 2(1) + 3(2) = 7$$

**b.**
$$\lim_{(x, y) \to (2, 4)} \sqrt[3]{\dfrac{8xy}{2x + y}} = \sqrt[3]{\lim_{(x, y) \to (2, 4)} \dfrac{8xy}{2x + y}}$$
$$= \sqrt[3]{\dfrac{8(2)(4)}{2(2) + 4}} = \sqrt[3]{8} = 2 \qquad ∎$$

下一個例題使用夾擠定理證明極限存在。

**例題 4** 若 $\lim\limits_{(x, y) \to (0, 0)} \dfrac{2x^2 y}{x^2 + y^2}$ 存在，求此極限。

**解** 觀察得知此有理函數的分子為三階多項式，而分母只有二階。當 $x$ 與 $y$ 同時接近零，分子比分母小很多。直覺上，我們認為此極限存在且等於零。

為證明此推測，由觀察得知 $y^2 \geq 0$，所以 $x^2 / (x^2 + y^2) \leq 1$。因此

$$0 \leq \left| \dfrac{2x^2 y}{x^2 + y^2} \right| = \dfrac{2x^2 |y|}{x^2 + y^2} \leq 2|y|$$

令 $f(x, y) = 0$, $g(x, y) = \left| \dfrac{2x^2 y}{x^2 + y^2} \right|$ 和 $h(x, y) = 2|y|$，則

$$\lim_{(x, y) \to (0, 0)} f(x, y) = \lim_{(x, y) \to (0, 0)} 0 = 0$$

且

$$\lim_{(x, y) \to (0, 0)} h(x, y) = \lim_{(x, y) \to (0, 0)} 2|y| = 0$$

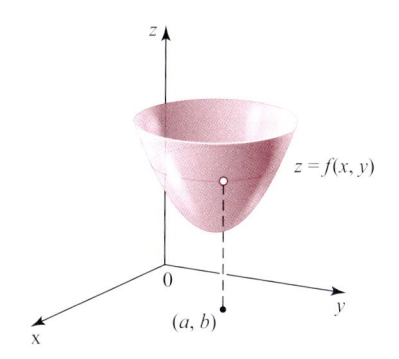

(a) $f$ 在 $(a, b)$ 處沒有定義

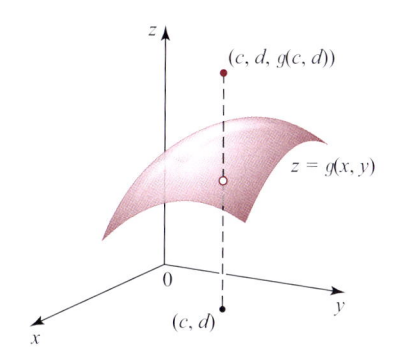

(b) $\lim_{(x, y) \to (c, d)} g(x, y) \neq g(c, d)$

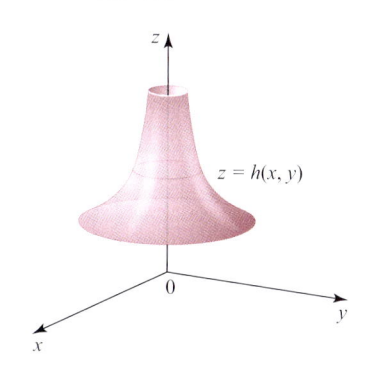

(c) $\lim_{(x, y) \to (c, d)} h(x, y)$ 不存在

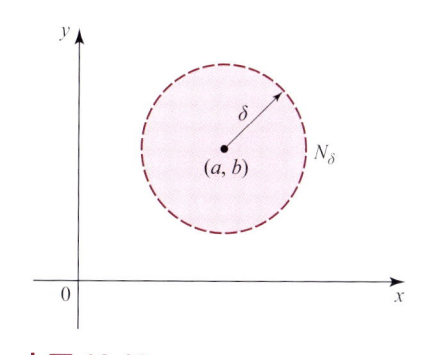

**圖 12.18**

**圖 12.19**
$(a, b)$ 點的 $\delta$ 鄰近

由夾擠定理得到

$$\lim_{(x, y) \to (0, 0)} g(x, y) = \lim_{(x, y) \to (0, 0)} \left| \frac{2x^2 y}{x^2 + y^2} \right| = 0$$

即

$$\lim_{(x, y) \to (0, 0)} \frac{2x^2 y}{x^2 + y^2} = 0$$

## 兩個變數函數的連續性

兩個變數函數連續的定義類似單變數函數連續的定義。

---

**定義　點的連續性**

令 $f$ 為定義於所有靠近點 $(a, b)$ 的點 $(x, y)$，若

$$\lim_{(x, y) \to (a, b)} f(x, y) = f(a, b)$$

則稱 $f$ **在** $(a, b)$ 處**點連續**（continuous at the point）。

---

當 $(x, y)$ 沿著任意路徑逼近 $(a, b)$，$f(x, y)$ 逼近 $f(a, b)$，則 $f$ 在 $(a, b)$ 處連續。簡言之，若 $f$ 的圖形在 $(a, b)$ 處沒有洞、缺口或跳耀，則 $f$ 在點 $(a, b)$ 連續。$f$ 在點 $(a, b)$ 不連續，則稱 $f$ 在那裡**不連續**（discontinuous）。譬如：展示在圖 12.18 的 $f$，$g$ 和 $h$ 在指定的點上不連續。

## 在集合內連續

讓我們先介紹一些專有名詞。定義 $(a, b)$ 點之 $\delta$ **鄰近**（$\delta$-neighborhood）為集合

$$N_\delta = \{(x, y) \mid \sqrt{(x - a)^2 + (y - b)^2} < \delta\}$$

因此，$N_\delta$ 只是個集合，它是以 $(a, b)$ 點為中心，$\delta$ 為半徑之圓內的點組成的（圖 12.19）。

令 $R$ 為一平面區域。若於 $R$ 內存在一 $(a, b)$ 點之 $\delta$ 鄰近（圖 12.20），則 $(a, b)$ 點稱為 $R$ 的**內點**（interior point）。若每個 $R$ 的 $(a, b)$ 點之 $\delta$ 鄰近同時包含 $R$ 內與 $R$ 外面的點，則點 $(a, b)$ 稱為 $R$ 的**邊界點**（boundary point）。

若 $R$ 區域的每一點都是 $R$ 的內點，則稱 $R$ 為**開區域**（open region）。若它包含它的所有邊界點，則稱 $R$ 為**閉區域**（closed region）。最後，一個區域包含一些而不是全部它的邊界點，則此區

圖 12.20
R 的內點與邊界點

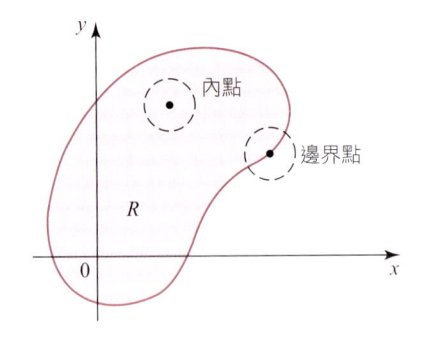

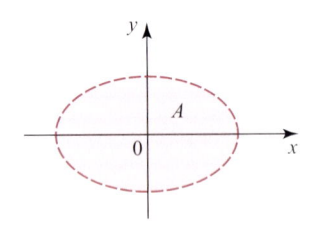

(a) A 是開的

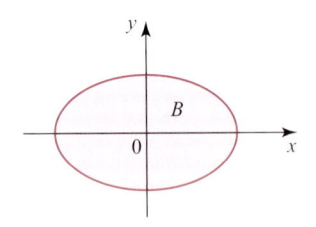

(b) B 是封閉的

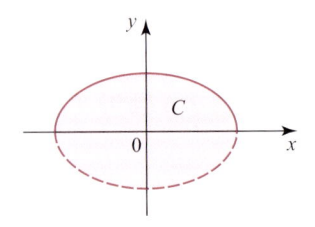

(c) C 是既非開的也非封閉的

圖 12.21
A 內的每一點都是內點；B 包含所有它的邊界點；C 包含一些而不是全部它的邊界點

域既非開區域也非閉區域。譬如：展示於圖 12.21a-c 的區域

$$A = \left\{(x, y) \left| \frac{x^2}{9} + \frac{y^2}{4} < 1\right.\right\}, \quad B = \left\{(x, y) \left| \frac{x^2}{9} + \frac{y^2}{4} \leq 1\right.\right\}$$

與

$$C = \left\{(x, y) \left| \frac{x^2}{9} + \frac{y^2}{4} \leq 1; y \geq 0\right.\right\} \bigcup \left\{(x, y) \left| \frac{x^2}{9} + \frac{y^2}{4} < 1; y < 0\right.\right\}$$

分別是開的、封閉的與既非開的也非封閉的

如 2.3 節所提的，連續是個「區域」的觀念。下面的定義說明區域連續性的意義。

**定義　區域連續性**

令 R 為平面上的區域，若 f 在 R 內每一點 $(x, y)$ 都連續，則稱 **f 在 R 連續**（continuous on R）。若點 $(a, b)$ 為邊界點，則連續的條件可讀成

$$\lim_{(x, y) \to (a, b)} f(x, y) = f(a, b)$$

其中 $(x, y) \in R$，亦即，$(x, y)$ 被限制沿著 R 內的路徑逼近 $(a, b)$。

**例題 5** 證明函數 $f(x, y) = \sqrt{9 - x^2 - y^2}$ 在 xy 平面上半徑 3 且中心 $(0, 0)$ 之圓上與圓內之閉區域 $R = \{(x, y) | x^2 + y^2 \leq 9\}$ 連續。

**解** 觀察得知 R 就是 f 的定義域。若點 $(a, b)$ 為 R 之任意點，則

$$\lim_{(x, y) \to (a, b)} f(x, y) = \lim_{(x, y) \to (a, b)} \sqrt{9 - x^2 - y^2}$$
$$= \sqrt{\lim_{(x, y) \to (a, b)} (9 - x^2 - y^2)}$$
$$= \sqrt{9 - a^2 - b^2}$$
$$= f(a, b)$$

這證明 f 在 $(a, b)$ 連續。

接著，若 $(c, d)$ 在 R 的邊界點並限制 $(x, y)$ 在 R 內，則

$$\lim_{(x, y) \to (c, d)} f(x, y) = f(c, d)$$

如同前面的，證得 f 在 $(c, d)$ 也連續。

f 的圖形為半徑 3 且中心在原點之上半球，且它在 xy 平面上的圓方程式為 $x^2 + y^2 = 9$（圖 12.22）。

下面的定理總結兩個變數的連續函數之特性。這些特性的證明可由極限法則得到，所以這裡省略。

**圖 12.22**

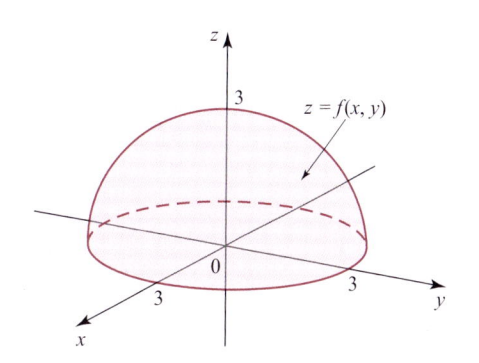

$f(x, y) = \sqrt{9 - x^2 - y^2}$ 的圖形，它沒有洞、缺口或跳躍

---

**定理 1　兩個變數的連續函數之特性**

若 $f$ 與 $g$ 在 $(a, b)$ 處連續，則下列的函數也在 $(a, b)$ 處連續。

**a.** $f \pm g$　　**b.** $fg$　　**c.** $cf$　$c$ 是常數　　**d.** $f/g$　$g(a, b) \neq 0$

---

由定理 1 的結果得知多項式（polynomial）函數與有理（rational）函數都是連續。

兩個變數的**多項式函數**（polynomial function）是個函數，它的規則可表示為形式 $cx^m y^n$ 的有限項和，其中 $c$ 為常數而 $m$ 與 $n$ 為非負的整數。譬如：定義為

$$f(x, y) = 2x^2 y^5 - 3xy^3 + 8xy^2 - 3y + 4$$

的函數 $f$ 是兩個變數 $x$ 與 $y$ 的多項式函數。**有理函數**（rational function）為兩個多項式函數的商。譬如：定義為

$$g(x, y) = \frac{x^3 + xy + y^2}{x^2 - y^2}$$

的函數 $g$ 為有理函數。

---

**定理 2　多項式函數與有理函數的連續性**

多項式函數處處（亦即，在整個平面）連續。有理函數在它的定義域內每個點（亦即，所有使得它的分母有定義且不為零的點）都連續。

---

**例題 6**　判斷函數在哪裡連續：

**a.** $f(x, y) = \dfrac{xy(x^2 - y^2)}{x^2 + y^2}$　　**b.** $g(x, y) = \dfrac{1}{y - x^2}$

**解**

**a.** 函數 $f$ 是有理函數，所以除了使它的分母為零的 $(0, 0)$ 外，處處

連續（圖 12.23）。

**b.** 函數 $g$ 為有理函數，所以除了使它的分母為零的曲線 $y = x^2$ 外，處處連續（圖 12.24）。

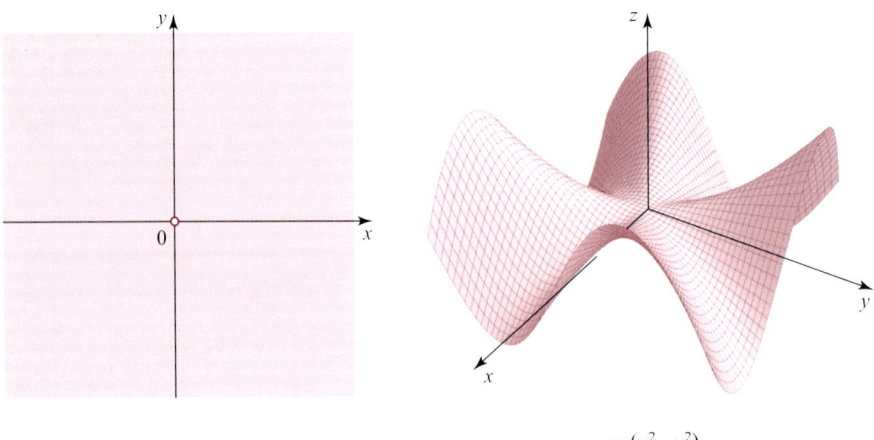

(a) $f$ 的定義域

(b) $z = \dfrac{xy(x^2 - y^2)}{x^2 + y^2}$ 的圖形

**圖 12.23**

$f$ 的圖形在原點有洞

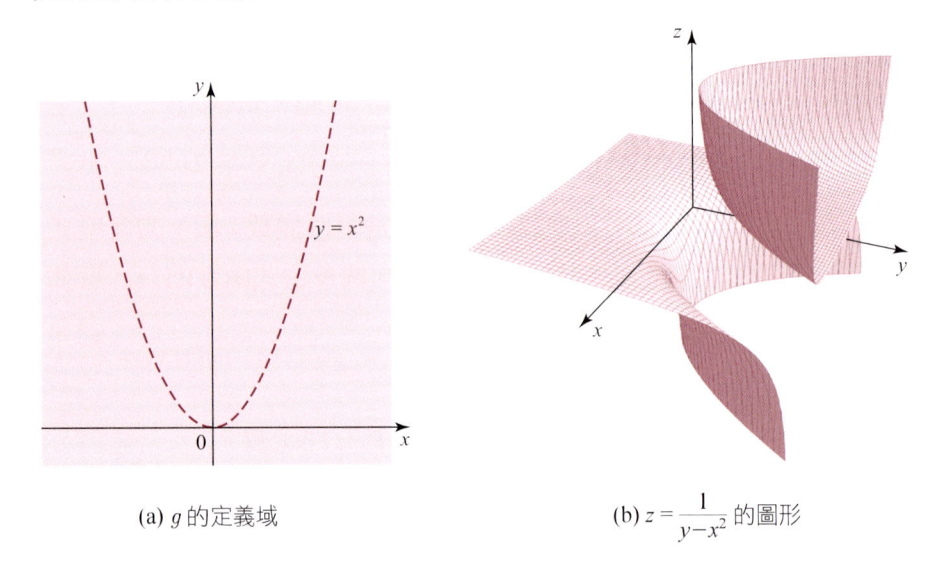

(a) $g$ 的定義域

(b) $z = \dfrac{1}{y - x^2}$ 的圖形

**圖 12.24**

當 $(x, y)$ 從 $y > x^2$ 的區域逼近曲線 $y = x^2$，$z = f(x, y)$ 逼近無窮；當 $(x, y)$ 從 $y < x^2$ 的區域逼近 $y = x^2$，$z$ 逼近負無窮

下個定理告訴我們，兩個連續函數合成後也是個連續函數。

**定理 3  合成函數的連續性**

若 $f$ 在 $(a, b)$ 處連續且 $g$ 在 $f(a, b)$ 處連續，則定義為 $h(x, y) = g(f(x, y))$ 之合成函數 $h = g \circ f$ 在 $(a, b)$ 處也連續。

**例題 7** 決定函數在哪裡連續：

**a.** $F(x, y) = \sin xy$  **b.** $G(x, y) = \dfrac{\frac{1}{2}\cos(2x^2 + y^2)}{1 + 2x^2 + y^2}$

**解**

**a.** 我們可以將函數 $F$ 看作 $f$ 與 $g$ 的合成函數 $g \circ f$，其中 $f(x, y) = xy$ 且 $g(t) = \sin t$。因此，

$$F(x, y) = g(f(x, y)) = \sin(f(x, y)) = \sin xy$$

$f$ 在整個平面上都連續且 $g$ 在 $(-\infty, \infty)$ 連續，所以 $F$ 處處連續。$F$ 的圖形展示於圖 12.25a。

**b.** 函數 $G$ 為 $p(x, y) = \frac{1}{2}\cos(2x^2 + y^2)$ 與 $q(x, y) = 1 + 2x^2 + y^2$ 的商。函數 $p$ 是由 $g(t) = \frac{1}{2}\cos t$ 與 $f(x, y) = 2x^2 + y^2$ 合成的函數。$f$ 與 $g$ 都是處處連續，所以 $p$ 處處連續。$q$ 也是處處連續且永不為零。由定理 3 得知，$G$ 是處處連續。$G$ 的圖形展示於圖 12.25b。

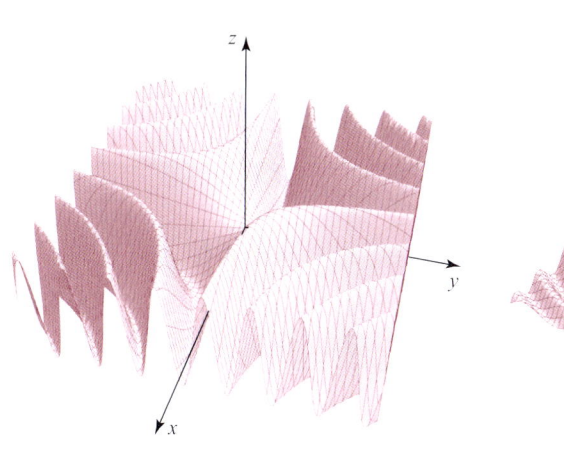

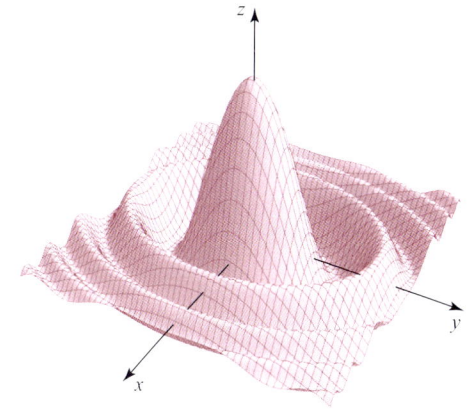

**圖 12.25**  (a) $F(x, y) = \sin xy$ 是處處連續  (b) $G(x, y) = \dfrac{\frac{1}{2}\cos(2x^2 + y^2)}{1 + 2x^2 + y^2}$ 是處處連續

## ■ 三個或更多個變數的函數

三個或更多個變數函數的極限概念與三個或更多個變數函數的連續概念平行於兩個變數函數的這些概念。譬如：若 $f$ 為三個變數函數，則以

$$\lim_{(x, y, z) \to (a, b, c)} f(x, y, z) = L$$

表示數 $L$ 存在，只要限制 $(x, y, z)$ 夠接近 $(a, b, c)$，$f(x, y, z)$ 可隨意接近 $L$。

**例題 8** 計算 $\lim_{(x, y, z) \to (\frac{\pi}{2}, 0, 1)} \dfrac{e^{2y}(\sin x + \cos y)}{1 + y^2 + z^2}$。

**解**
$$\lim_{(x, y, z) \to (\frac{\pi}{2}, 0, 1)} \dfrac{e^{2y}(\sin x + \cos y)}{1 + y^2 + z^2} = \dfrac{e^0[\sin (\pi/2) + \cos 0]}{1 + 0 + 1} = \dfrac{2}{2} = 1 \quad \blacksquare$$

若
$$\lim_{(x, y, z) \to (a, b, c)} f(x, y, z) = f(a, b, c)$$

則三個變數的函數在 $(a, b, c)$ 處連續。

**例題 9** 決定 $f(x, y, z) = \dfrac{\ln z}{\sqrt{1 - x^2 - y^2 - z^2}}$ 在哪裡連續。

**解** 觀察得知 $z > 0$ 與 $1 - x^2 - y^2 - z^2 > 0$；亦即，$z > 0$ 和 $x^2 + y^2 + z^2 < 1$。所以 $f$ 在集合 $\{(x, y, z) \mid x^2 + y^2 + z^2 < 1 \text{ 和 } z > 0\}$ 連續，它是 $xy$ 平面上的點且在原點為圓心與半徑 1 的上半球內。∎

## ■ 極限的 ε-δ 定義（可選擇的）

之前給予的兩個變數的函數極限概念可更精確地定義如下。

> **定義** $f(x, y)$ 的極限
>
> 令 $f$ 為兩個變數的函數，它定義於中心在 $(a, b)$ 之圓盤除了 $(a, b)$ 本身外的所有點 $(x, y)$ 上。對於每個 $\varepsilon > 0$，存在 $\delta > 0$，使得當
> $$0 < \sqrt{(x - a)^2 + (y - b)^2} < \delta, \quad |f(x, y) - L| < \varepsilon$$
> 則
> $$\lim_{(x, y) \to (a, b)} f(x, y) = L$$

幾何上的說法，已知任意（any）$\varepsilon > 0$，我們可以找到中心在 $(a, b)$ 且半徑 $\delta$ 的圓，對於此圓內的所有點 $(x, y) \neq (a, b)$，滿足 $L - \varepsilon < f(x, y) < L + \varepsilon$，則我們稱 $f$ 在 $(a, b)$ 處有極限 $L$（圖 12.26）。

**例題 10** 證明 $\lim_{(x, y) \to (a, b)} x = a$。

**解** 令 $\varepsilon > 0$。我們需要證明每當 $(x, y) \neq (a, b)$ 並在 $(a, b)$ 點之 $\delta$ 鄰近，存在 $\delta > 0$ 使得
$$|f(x, y) - a| < \varepsilon$$

為求此 $\delta$，考慮

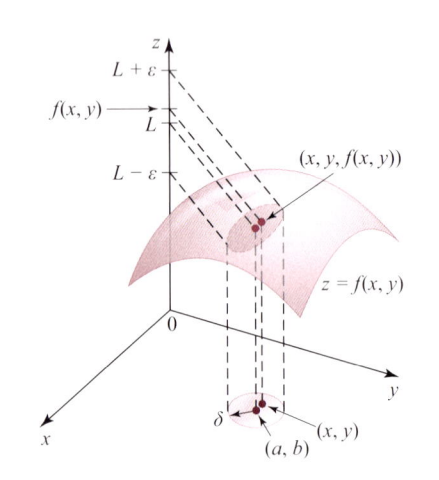

| 圖 12.26
當 $(x, y) \neq (a, b)$ 並在 $(a, b)$ 點之 $\delta$ 鄰近，$f(x, y)$ 在 $(L - \varepsilon, L + \varepsilon)$ 內

$$|f(x,y) - a| = |x - a| = \sqrt{(x-a)^2} \le \sqrt{(x-a)^2 + (y-b)^2}$$

若取 $\delta = \varepsilon$，則 $\delta > 0$ 且 $\sqrt{(x-a)^2 + (y-b)^2} < \delta$，可得 $|f(x, y) - a| < \varepsilon$，這是我們要的。因為 $\varepsilon$ 為任意數，故得證。∎

**例題 11** 證明 $\displaystyle\lim_{(x,y)\to(0,0)} \frac{2x^2y}{x^2+y^2} = 0$（例題 4）。

**解** 給定 $\varepsilon > 0$，考慮

$$|f(x,y) - 0| = \left|\frac{2x^2y}{x^2+y^2}\right| = 2|y|\left(\frac{x^2}{x^2+y^2}\right) \quad (x,y) \ne (0,0)$$

$$\le 2|y| = 2\sqrt{y^2} \le 2\sqrt{x^2+y^2}$$

若取 $\delta = \varepsilon/2$，則 $\delta > 0$，且 $\sqrt{x^2+y^2} < \delta$ 可得 $|f(x,y) - 0| < \varepsilon$。因為 $\varepsilon$ 為任意數，所以得證。∎

## 12.2 習題

1-6 題，證明極限不存在。

1. $\displaystyle\lim_{(x,y)\to(0,0)} \frac{x^2 - y^2}{2x^2 + y^2}$
2. $\displaystyle\lim_{(x,y)\to(0,0)} \frac{3xy}{3x^2 + y^2}$
3. $\displaystyle\lim_{(x,y)\to(0,0)} \frac{2xy}{\sqrt{x^4 + y^4}}$
4. $\displaystyle\lim_{(x,y)\to(1,0)} \frac{2xy - 2y}{x^2 + y^2 - 2x + 1}$
5. $\displaystyle\lim_{(x,y,z)\to(0,0,0)} \frac{xy + yz + xz}{x^2 + y^2 + z^2}$
6. $\displaystyle\lim_{(x,y,z)\to(0,0,0)} \frac{xz^2 + 2y^2}{x^2 + 2y^2 + z^4}$

    提示：沿著參數方程式為 $x = t^2, y = t^2, z = t$ 之曲線逼近 $(0, 0, 0)$。

7-13 題，求極限。

7. $\displaystyle\lim_{(x,y)\to(1,2)} (x^2 + 2y^2)$
8. $\displaystyle\lim_{(x,y)\to(1,2)} \frac{2x^2 - 3y^3 + 4}{3 - xy}$
9. $\displaystyle\lim_{(x,y)\to(1,-2)} \frac{3xy}{2x^2 - y^2}$
10. $\displaystyle\lim_{(x,y)\to(0^+,0^+)} \frac{e^{\sqrt{x+y}}}{x+y-1}$
11. $\displaystyle\lim_{(x,y)\to(1,1)} \frac{\tan^{-1}\left(\frac{x}{y}\right)}{\cos^{-1}(x-2y)}$
12. $\displaystyle\lim_{(x,y)\to(2,1)} \ln(x^2 - 3y)$
13. $\displaystyle\lim_{(x,y,z)\to(1,2,3)} \frac{xy + yz + xz}{xyz - 3}$

14-15 題，用極坐標求極限。

提示：若 $x = r\cos\theta$ 與 $y = r\sin\theta$，則 $(x, y) \to (0, 0)$ 若且唯若 $r \to 0^+$。

14. $\displaystyle\lim_{(x,y)\to(0,0)} \frac{x^3 + y^3}{x^2 + y^2}$
15. $\displaystyle\lim_{(x,y)\to(0,0)} (x^2 + y^2)\ln(x^2 + y^2)$

16-20 題，決定函數連續的範圍。

16. $f(x,y) = \dfrac{2xy}{2x + 3y - 1}$
17. $g(x,y) = \sqrt{x+y} - \sqrt{x-y}$
18. $F(x,y) = \sqrt{x}e^{x/y}$
19. $f(x,y,z) = \dfrac{xyz}{x^2 + y^2 + z^2 - 4}$
20. $h(x,y,z) = x\ln(yz - 1)$

21-23 題，求 $h(x,y) = g(f(x,y))$ 並決定 $h$ 連續的範圍。

21. $f(x,y) = x^2 - xy + y^2, g(t) = t\cos t + \sin t$
22. $f(x,y) = 2x - y, g(t) = \dfrac{t+2}{t-1}$
23. $f(x,y) = x\tan y, g(t) = \cos t$
24. 使用嚴謹的極限定義證明 $\lim_{(x,y)\to(a,b)} c = c$，其中 $c$ 為常數。
25. 使用嚴謹的極限定義證明

$$\lim_{(x,y)\to(0,0)} \frac{3xy^3}{x^2+y^2} = 0$$

26-28 題，判斷下列敘述是對或是錯。如果它是對，解釋你的理由。如果它是錯，請解釋你的理由或舉例說明。

**26.** 若 $\lim_{(x,y)\to(a,b)} f(x,y) = L$，則 $\lim_{(x,y)\to(a,b) \text{ 沿著 } C} f(x,y) = L$，其中 $C$ 為任意可到 $(a,b)$ 的路徑。

**27.** 若 $f(x,y) = g(x)h(y)$，其中 $g$ 與 $h$ 分別在 $a$ 與 $b$ 處連續，則 $f$ 在 $(a,b)$ 連續。

**28.** 若 $f$ 在 $(3,-1)$ 處連續且 $f(3,-1) = 2$，則 $\lim_{(x,y)\to(3,-1)} f(x,y) = 2$。

## 12.3　偏導數

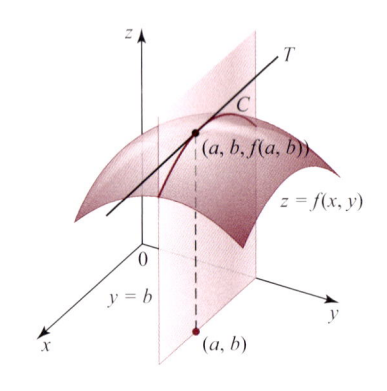

### ■ 兩個變數的偏導數

對於單變數 $x$ 函數，談到 $f(x)$ 對 $x$ 的變化率，是不會混亂的。然而若要學習兩個或多個變數函數，則此情形變得更複雜。譬如：對於定義為 $z = f(x,y)$ 的兩個變數函數，兩個自變數 $x$ 與 $y$ 可以有任意變換，因此「$z$ 對 $x$ 與 $y$ 的變化率」變得不清楚。

為處理此困難，讓一個變數成為常數並考慮 $f$ 對另一個變數的變化率。對每個於討論複雜爭論的真相時使用「其他都一樣」之表示的人，必熟悉此法。

特別是當點 $(a,b)$ 在 $f$ 定義域內，固定 $y = b$，則定義為 $z = f(x,b)$ 的函數是個單變數 $x$ 的函數。它的圖形為垂直平面 $y = b$ 與曲面 $z = f(x,y)$ 相交所產生的曲線 $C$（圖 12.27）。

若

$$\lim_{h\to 0} \frac{f(a+h,b) - f(a,b)}{h} \qquad (1)$$

存在，則它的值表示為曲線 $C$ 上點 $(a,b,f(a,b))$ 之切線 $T$ 的斜率和視 $y$ 為常數之 $f(x,y)$ 在 $x = a$ 與 $y = b$ 處對 $x$（在 $x$ 方向）的變化率。

同理，若

$$\lim_{h\to 0} \frac{f(a,b+h) - f(a,b)}{h} \qquad (2)$$

存在，則它的值表示為曲線 $C$（由垂直平面 $x = a$ 與曲面 $z = f(x,y)$ 相交產生的）上點 $(a,b,f(a,b))$ 之切線 $T$ 的斜率和視 $x$ 為常數之 $f(x,y)$ 在 $x = a$ 與 $y = b$ 處對 $y$（在 $y$ 方向）的變化率（圖 12.28）。

於式 (1) 與式 (2) 中，點 $(a,b)$ 是固定的，其他則是任意的。因此可將 $(a,b)$ 換成 $(x,y)$，並得到下面的定義。

**圖 12.27**
$\lim_{h\to 0} \dfrac{f(a+h,b) - f(a,b)}{h}$ 為 $T$ 的斜率且當 $x = a$ 與 $y = b$，$f(x,y)$ 在 $x$ 方向的變化率

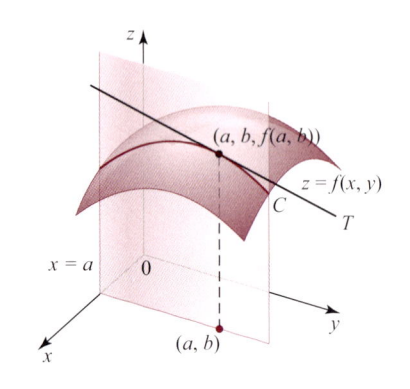

**圖 12.28**
$\lim_{h\to 0} \dfrac{f(a,b+h) - f(a,b)}{h}$ 為 $T$ 的斜率且當 $x = a$ 與 $y = b$，$f(x,y)$ 在 $y$ 方向的變化率

> **定義　兩個變數函數的偏導數**
>
> 令 $z = f(x, y)$，則 **$f$ 對 $x$ 的偏導數**（partial derivative of $f$ with respect to $x$）為
>
> $$\frac{\partial f}{\partial x} = \lim_{h \to 0} \frac{f(x + h, y) - f(x, y)}{h}$$
>
> 與 **$f$ 對 $y$ 的偏導數**（partial derivative of $f$ with respect to $y$）為
>
> $$\frac{\partial f}{\partial y} = \lim_{h \to 0} \frac{f(x, y + h) - f(x, y)}{h}$$
>
> 假若每個極限都存在。

## ■ 計算偏導數

$f$ 的偏導數可用下面的規則來計算。

> **計算偏導數**
>
> 　　計算 $\partial f/\partial x$ 時，將 $y$ 看做常數並以一般方式對 $x$ 微分（運算子表示為 $\partial/\partial x$）。
>
> 　　計算 $\partial f/\partial y$ 時，將 $x$ 看做常數並以一般方式對 $y$ 微分（運算子表示為 $\partial/\partial y$）。

**例題 1**　已知 $f(x, y) = 2x^2y^3 - 3xy^2 + 2x^2 + 3y^2 + 1$，求 $\dfrac{\partial f}{\partial x}$ 與 $\dfrac{\partial f}{\partial y}$。

**解**　計算 $\partial f/\partial x$ 時，將 $y$ 看做常數並對 $x$ 微分。將 $f$ 寫成

$$f(x, y) = 2xy^3 - 3xy^2 + 2x^2 + 3y^2 + 1$$

其中 $y$ 看做常數並以顏色表示，則

$$\frac{\partial f}{\partial x} = 4xy^3 - 3y^2 + 4x$$

計算 $\partial f/\partial y$ 時，將 $x$ 看做常數並對 $y$ 微分。在這個情形下，

$$f(x, y) = 2x^2y^3 - 3xy^2 + 2x^2 + 3y^2 + 1$$

且

$$\frac{\partial f}{\partial y} = 6x^2y^2 - 6xy + 6y$$

再看更多例題之前，先介紹函數導數的某些可替換的符號。若 $z = f(x, y)$，則

$$\frac{\partial}{\partial x}f(x,y) = \frac{\partial f}{\partial x} = f_x = z_x \quad \text{和} \quad \frac{\partial}{\partial y}f(x,y) = \frac{\partial f}{\partial y} = f_y = z_y$$

**例題 2** 已知 $f(x, y) = x \cos xy^2$，求 $f_x$ 與 $f_y$。

**解** 計算 $f_x$ 時，將 $y$ 看做常數並對 $x$ 微分。所以

$$f(x, y) = x \cos xy^2$$

且

$$f_x = \frac{\partial}{\partial x}(x \cos xy^2) = x\frac{\partial}{\partial x}(\cos xy^2) + (\cos xy^2)\frac{\partial}{\partial x}(x) \quad \text{使用乘法規則}$$

$$= x(-\sin xy^2)\frac{\partial}{\partial x}(xy^2) + \cos xy^2 \quad \text{第一項使用連鎖規則}$$

$$= -xy^2 \sin xy^2 + \cos xy^2$$

接著計算 $f_y$，將 $x$ 看做常數並對 $y$ 微分。因此

$$f(x, y) = x \cos xy^2$$

且

$$f_y = \frac{\partial}{\partial y}(x \cos xy^2) = x\frac{\partial}{\partial y}(\cos xy^2) + (\cos xy^2)\frac{\partial}{\partial y}(x)$$

$$= x(-\sin xy^2)\frac{\partial}{\partial y}(xy^2) + 0 = -2x^2 y \sin xy^2 \qquad \blacksquare$$

**例題 3** 已知 $f(x, y) = 4 - 2x^2 - y^2$。求由曲面 $z = f(x, y)$ 與給予之平面相交產生的曲線上點 $(1, 1, 1)$ 的切線斜率。

**a.** 平面 $y = 1$　　**b.** 平面 $x = 1$

**解**

**a.** 由平面 $y = 1$ 與曲面 $z = 4 - 2x^2 - y^2$ 相交產生之曲線上任意點的切線斜率為

$$\frac{\partial f}{\partial x} = \frac{\partial}{\partial x}(4 - 2x^2 - y^2) = -4x$$

特別是所求的切線之斜率為

$$\left.\frac{\partial f}{\partial x}\right|_{(1,1)} = -4(1) = -4$$

**b.** 由平面 $x = 1$ 與曲面 $z = 4 - 2x^2 - y^2$ 相交產生之曲線上任意點的切線斜率為

$$\frac{\partial f}{\partial y} = \frac{\partial}{\partial y}(4 - 2x^2 - y^2) = -2y$$

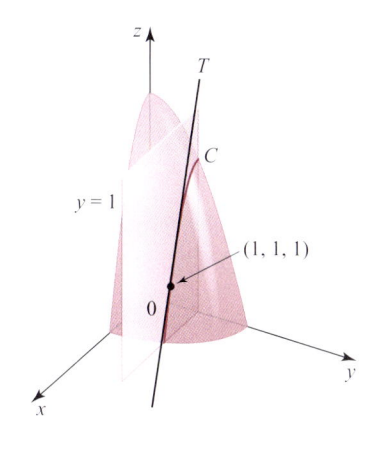

(a) 切線斜率是 $-4$

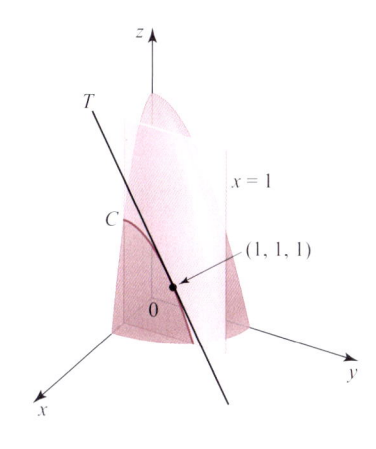

(b) 切線斜率是 $-2$

**圖 12.29**

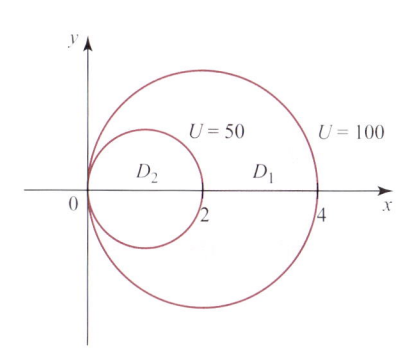

**圖 12.30**
在新月形之區域內的靜電位為 $U(x, y)$

特別是所求的切線之斜率為

$$\left.\frac{\partial f}{\partial y}\right|_{(1,1)} = -2(1) = -2$$

（圖 12.29。）

**例題 4** **靜電位** 圖 12.30 展示一新月形的區域 $R$，它位於圓盤 $D_1 = \{(x, y) | (x - 2)^2 + y^2 \leq 4\}$ 內並在圓盤 $D_2 = \{(x, y) | (x-1)^2 + y^2 \leq 1\}$ 外。假設靜電位沿著內圈保持 50 伏特並且沿著外圈的部分保持 100 伏特，則於 $R$ 內任意點 $(x, y)$ 之靜電位為

$$U(x, y) = 150 - \frac{200x}{x^2 + y^2}$$

伏特。

**a.** 計算 $U_x(x, y)$ 與 $U_y(x, y)$。
**b.** 計算 $U_x(3, 1)$ 與 $U_y(3, 1)$ 並解釋你的結果。

**解**

**a.** $U_x(x, y) = \frac{\partial}{\partial x}\left[150 - \frac{200x}{x^2 + y^2}\right] = -\frac{\partial}{\partial x}\left(\frac{200x}{x^2 + y^2}\right)$

$= -\frac{(x^2 + y^2)\frac{\partial}{\partial x}(200x) - 200x\frac{\partial}{\partial x}(x^2 + y^2)}{(x^2 + y^2)^2}$

$= -\frac{200(x^2 + y^2) - 200x(2x)}{(x^2 + y^2)^2} = \frac{200(x^2 - y^2)}{(x^2 + y^2)^2}$

$U_y(x, y) = \frac{\partial}{\partial y}\left[150 - \frac{200x}{x^2 + y^2}\right] = -\frac{\partial}{\partial y}\left(\frac{200x}{x^2 + y^2}\right)$

$= -200x\frac{\partial}{\partial y}(x^2 + y^2)^{-1}$

$= -200x(-1)(x^2 + y^2)^{-2}\frac{\partial}{\partial y}(x^2 + y^2)$

$= 200x(x^2 + y^2)^{-2}(2y) = \frac{400xy}{(x^2 + y^2)^2}$

**b.** $U_x(3, 1) = \frac{200(9 - 1)}{(9 + 1)^2} = 16$ 和 $U_y(3, 1) = \frac{400(3)(1)}{(9 + 1)^2} = 12$

這說明在 $(3, 1)$ 處 $x$ 方向，當 $y$ 固定於 1 且 $x$ 每改變一單位，靜電位變化率就會是 16 伏特，又在 $(3, 1)$ 處 $y$ 方向，當 $x$ 固定在 3 且 $y$ 每改變一單位，靜電位變化率就會是 12 伏特。

**例題 5** **生產函數** 某國家在花費勞力 $x$ 個十億元和資產 $y$ 個十億元下的生產函數是

$$f(x, y) = 20x^{2/3}y^{1/3}$$

個十億元。

**a.** 計算 $f_x(x, y)$ 與 $f_y(x, y)$。

**b.** 計算 $f_x(125, 27)$ 與 $f_y(125, 27)$ 並解釋你的結果。

**c.** 試問該政府為增加國家生產力，是否應該更鼓勵資產投資而不是勞力的投資？

**解**

**a.** $f_x(x, y) = \dfrac{\partial}{\partial x}(20x^{2/3}y^{1/3}) = (20)\left(\dfrac{2}{3}x^{-1/3}\right)(y^{1/3}) = \dfrac{40}{3}\left(\dfrac{y}{x}\right)^{1/3}$

$f_y(x, y) = \dfrac{\partial}{\partial y}(20x^{2/3}y^{1/3}) = (20x^{2/3})\left(\dfrac{1}{3}y^{-2/3}\right) = \dfrac{20}{3}\left(\dfrac{x}{y}\right)^{2/3}$

**b.** $f_x(125, 27) = \dfrac{40}{3}\left(\dfrac{27}{125}\right)^{1/3} = \dfrac{40}{3}\left(\dfrac{3}{5}\right) = 8$

這說明，當勞力保持在 125 個十億元（資產固定在 27 個十億元）開銷，則每增加勞力 1 個十億元，就增加 8 個十億元的生產量。

接著

$$f_y(125, 27) = \dfrac{20}{3}\left(\dfrac{125}{27}\right)^{2/3} = \dfrac{20}{3}\left(\dfrac{25}{9}\right) = 18\dfrac{14}{27}$$

這說明，當資產保持在 27 個十億元（勞力固定在 125 個十億元）開銷，則每增加資產 1 個十億元費用，大約增加 18.5 個十億元的生產量。

**c.** 是的。因為每增加一個單位的資產比每增加一個單位的勞力所產生的生產量更大，所以政府應該鼓勵花費在資產而不是花費在勞力上。　■

有時候，我們只使用函數的等高線地圖。像這樣的例子，可使用等高線地圖來估算 $f$ 在某特定點上的偏導數，如下個例題所示。

**例題 6** 圖 12.31 展示 $f$ 的等高線地圖。使用它來估算 $f_x(3, 1)$ 與 $f_y(3, 1)$。

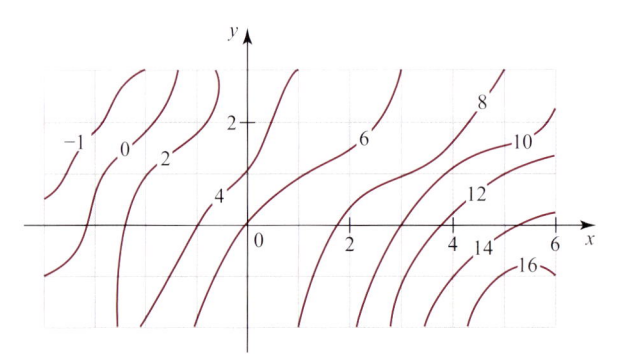

**圖 12.31**
$f$ 的等高線地圖

**解** 要估算 $f_x(3, 1)$，從點 $(3, 1)$ 開始，由等高線地圖上看到 $f$ 在 $(3, 1)$ 處的值：$f(3, 1) = 8$。所以沿著 $x$ 軸的正向前進直到下一個等位線，它大概在 $(3.8, 1)$ 處。應用偏導數的定義，可得

$$f_x(3, 1) \approx \frac{f(3.8, 1) - f(3, 1)}{3.8 - 3} = \frac{10 - 8}{0.8} = 2.5$$

同理，從點 $(3, 1)$ 開始並沿著 $y$ 軸的正向移動，得到

$$f_y(3, 1) \approx \frac{f(3, 3) - f(3, 1)}{3 - 1} = \frac{6 - 8}{2} = -1$$

## 隱微分

**例題 7** 假設 $z$ 是定義為 $x^2 + y^3 - z + 2yz^2 = 5$ 的 $x$ 與 $y$ 可微分函數。求 $\partial z / \partial x$ 與 $\partial z / \partial y$。

**解** 給予之函數對 $x$ 做隱微分可得

$$\frac{\partial}{\partial x}(x^2 + y^3 - z + 2yz^2) = \frac{\partial}{\partial x}(5)$$

$$2x - \frac{\partial z}{\partial x} + 2y\left(2z\frac{\partial z}{\partial x}\right) = 0 \quad \text{記得視 } y \text{ 為常數}$$

$$\frac{\partial z}{\partial x}(4yz - 1) + 2x = 0$$

和

$$\frac{\partial z}{\partial x} = \frac{2x}{1 - 4yz}$$

接著，給予之函數對 $y$ 做隱微分可得

$$\frac{\partial}{\partial y}(x^2 + y^3 - z + 2yz^2) = \frac{\partial}{\partial y}(5)$$

$$3y^2 - \frac{\partial z}{\partial y} + 2y\left(2z\frac{\partial z}{\partial y}\right) + 2z^2 = 0$$

$$3y^2 - \frac{\partial z}{\partial y}(1 - 4yz) + 2z^2 = 0$$

且

$$\frac{\partial z}{\partial y} = \frac{3y^2 + 2z^2}{1 - 4yz}$$

## 兩個以上的變數函數之偏導數

兩個以上的變數函數的偏導數之定義與兩個變數函數的偏導數之定義相同。譬如：假設 $f$ 是定義為 $w = f(x, y, z)$ 之三個變數函數，則 $f$ 對 $x$ 的偏導數為

$$\frac{\partial w}{\partial x} = \frac{\partial f}{\partial x} = \lim_{h \to 0} \frac{f(x+h, y, z) - f(x, y, z)}{h}$$

其中 $y$ 與 $z$ 是固定的，附帶此極限存在。另外兩個偏導數 $\partial f/\partial y$ 與 $\partial f/\partial z$ 的定義也類似。

#### 求兩個以上的變數函數之偏導數

為求兩個以上的變數函數對某特定變數（稱 $x$）的偏導數，我們將其他兩個變數看做常數並對 $x$ 以一般方式微分。

**例題 8** 求

**a.** $f_x$，其中 $f(x, y, z) = x^2 y + y^2 z + xz$

**b.** $h_w$，其中 $h(x, y, z, w) = \dfrac{xw^2}{y + \sin zw}$

**解**

**a.** 為求 $f_x$，我們視 $y$ 與 $z$ 為常數並且 $f$ 對 $x$ 微分得到

$$f_x = \frac{\partial}{\partial x}(x^2 y + y^2 z + xz) = 2xy + z$$

**b.** 為求 $h_w$，我們視 $x, y$ 與 $z$ 為常數並且 $h$ 對 $w$ 微分得到

$$h_w = \frac{\partial}{\partial w}\left(\frac{xw^2}{y + \sin zw}\right)$$

$$= \frac{(y + \sin zw)\dfrac{\partial}{\partial w}(xw^2) - xw^2 \dfrac{\partial}{\partial w}(y + \sin zw)}{(y + \sin zw)^2} \quad \text{使用除法規則}$$

$$= \frac{(y + \sin zw)(2xw) - xw^2\left[0 + \cos zw \cdot \dfrac{\partial}{\partial w}(zw)\right]}{(y + \sin zw)^2} \quad \text{使用連鎖規則}$$

$$= \frac{2xw(y + \sin zw) - xw^2 z \cos zw}{(y + \sin zw)^2} = \frac{xw(2y + 2\sin zw - wz\cos zw)}{(y + \sin zw)^2} \quad ■$$

### ■ 高階導數

考慮兩個變數的函數 $z = f(x, y)$。每個偏導函數 $\partial f/\partial x$ 與 $\partial f/\partial y$ 都是 $x$ 與 $y$ 的函數，所以我們可以取這些函數的偏導數，就會得到四個**第二階偏導數**（second-order partial derivatives）

$$\frac{\partial^2 f}{\partial x^2} = \frac{\partial}{\partial x}\left(\frac{\partial f}{\partial x}\right), \quad \frac{\partial^2 f}{\partial y\,\partial x} = \frac{\partial}{\partial y}\left(\frac{\partial f}{\partial x}\right), \quad \frac{\partial^2 f}{\partial x\,\partial y} = \frac{\partial}{\partial x}\left(\frac{\partial f}{\partial y}\right)$$

與

$$\frac{\partial^2 f}{\partial y^2} = \frac{\partial}{\partial y}\left(\frac{\partial f}{\partial y}\right)$$

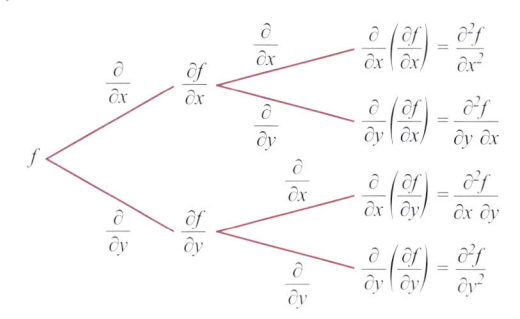

（圖 12.32。）

**圖 12.32**
樹狀圖的微分運算子展示於樹枝上

轉向例題之前，先介紹一些 $f$ 的第二階偏導數的符號：

$$\frac{\partial^2 f}{\partial x^2} = f_{xx} \qquad \frac{\partial^2 f}{\partial y \, \partial x} = f_{xy} \qquad \frac{\partial^2 f}{\partial x \, \partial y} = f_{yx} \qquad \frac{\partial^2 f}{\partial y^2} = f_{yy}$$

注意計算的導數之階數：使用符號 $\partial^2 f/(\partial y \, \partial x)$，先對自變數 $x$ 微分，因為由右邊唸到左邊（right to left），它是第一個出現。但是對於符號 $f_{xy}$，我們也是先對自變數 $x$ 微分，因為由左邊唸到右邊（left to right），它是第一個出現。導數 $f_{xy}$ 與 $f_{yx}$ 稱為**混合的偏導數**（mixed partial derivatives）。

**註** 若 $f$ 定義為 $z = f(x, y)$，則 $f$ 的四個偏導數也可寫成

$$z_{xx} \quad z_{xy} \quad z_{yx} \quad 與 \quad z_{yy}$$

**例題 9** 求 $f(x, y) = 2xy^2 - 3x^2 + xy^3$ 的第二階偏導數。

**解** 首先計算第一階偏導數

$$f_x = \frac{\partial}{\partial x}(2xy^2 - 3x^2 + xy^3) = 2y^2 - 6x + y^3$$

和

$$f_y = \frac{\partial}{\partial y}(2xy^2 - 3x^2 + xy^3) = 4xy + 3xy^2$$

然後對這些函數微分可得

$$f_{xx} = \frac{\partial}{\partial x} f_x = \frac{\partial}{\partial x}(2y^2 - 6x + y^3) = -6$$

$$f_{xy} = \frac{\partial}{\partial y} f_x = \frac{\partial}{\partial y}(2y^2 - 6x + y^3) = 4y + 3y^2$$

$$f_{yx} = \frac{\partial}{\partial x} f_y = \frac{\partial}{\partial x}(4xy + 3xy^2) = 4y + 3y^2$$

$$f_{yy} = \frac{\partial}{\partial y} f_y = \frac{\partial}{\partial y}(4xy + 3xy^2) = 4x + 6xy$$

注意，例題 9 的混合偏導數都相等。下面定理我們只敘述而沒有證明，它提供使它們相等的條件。

## 歷史傳記

**ALEXIS CLAUDE CLAIRAUT**
(1713-1765)

在他母親所生的二十個孩子中，Alexis Claude Clairaut 是唯一得以倖存至成年的。他的父親是巴黎一位數學教師，在家中以極高的標準來教育 Alexis——以 Euclid 的 *Elements* 這本書來教讀。由於遺傳與環境的關係，Clairaut 成為一位非常早熟的數學家。他 10 歲學微積分，13 歲時就寫了一篇原創性的數學論文，18 歲時發表了他的第一篇論文；他也是被甚具名望的 Academie des Sciences 所接受最年輕的成員。Clairaut 在許多數學領域中皆有突出的表現，其中包括幾何、微積分與天體力學。他是第一個證明 Isaac Newton 與天文學家 Christiaan Huygens 關於預測地球是一個扁橢球之預測的人。Clairaut 也精確地預測了哈雷彗星將在 1759 年返回太陽系，這個預測使他成名。Clairaut 首創了迄今仍在使用的偏微分符號，他是第一個證明若一函數在一點的導數連續，則該函數在該點的混合二階偏微分相等。

### 定理 1　Clairaut 的定理

若 $f(x, y)$ 與它的偏導數 $f_x$, $f_y$, $f_{xy}$ 與 $f_{yx}$ 在開區域 $R$ 都連續，則對於所有 $R$ 內的點 $(x, y)$，

$$f_{xy}(x, y) = f_{yx}(x, y)$$

兩個變數 $x$ 與 $y$ 的函數 $u$，對於它定義域內所有點 $(x, y)$，若 $u_{xx} + u_{yy} = 0$，則 $u$ 稱為**調和函數**（harmonic function）。調和函數被用來研究熱傳導、流體流動與位勢論。偏微分方程式（partial differential equation） $u_{xx} + u_{yy} = 0$ 稱為**拉普拉斯方程式**（Laplace's equation），是以皮爾·拉普拉斯（1749-1827）來命名。

**例題 10**　證明函數 $u(x, y) = e^x \cos y$ 在 $xy$ 平面為調和函數。

**解**　因為

$$u_x = \frac{\partial}{\partial x}(e^x \cos y) = e^x \cos y, \qquad u_y = \frac{\partial}{\partial y}(e^x \cos y) = -e^x \sin y$$

$$u_{xx} = \frac{\partial}{\partial x}(e^x \cos y) = e^x \cos y, \qquad u_{yy} = \frac{\partial}{\partial y}(-e^x \sin y) = -e^x \cos y$$

所以

$$u_{xx} + u_{yy} = e^x \cos y - e^x \cos y = 0$$

對於所有在平面上的點 $(x, y)$，它是成立的。所以 $u$ 是調和函數。∎

三階與更高階的偏導數也以類似的方式定義。譬如：

$$f_{xxx} = \frac{\partial}{\partial x} f_{xx} \qquad f_{xxy} = \frac{\partial}{\partial y} f_{xx} \qquad \text{和} \qquad f_{xyx} = \frac{\partial}{\partial x} f_{xy}$$

又定理 1 也適用於高階混合的導數。譬如：若 $f$ 的第三階偏導數連續，則微分的階數沒有限制。

**例題 11**　令 $f(x, y, z) = xe^{yz}$，計算 $f_{xzy}$ 與 $f_{yxz}$。

**解**　因為

$$f_x = \frac{\partial}{\partial x}(xe^{yz}) = e^{yz}$$

$$f_{xz} = \frac{\partial}{\partial z} f_x = \frac{\partial}{\partial z}(e^{yz}) = ye^{yz}$$

所以

$$f_{xzy} = \frac{\partial}{\partial y} f_{xz} = \frac{\partial}{\partial y}(ye^{yz}) = e^{yz} + yze^{yz} = (1 + yz)e^{yz}$$

接著

$$f_y = \frac{\partial}{\partial y}(xe^{yz}) = xze^{yz}$$

$$f_{yx} = \frac{\partial}{\partial x}f_y = \frac{\partial}{\partial x}(xze^{yz}) = ze^{yz}$$

所以

$$f_{yxz} = \frac{\partial}{\partial z}f_{yx} = \frac{\partial}{\partial z}(ze^{yz}) = e^{yz} + yze^{yz} = (1+yz)e^{yz}$$

觀察得知 $f_{xzy}$ 與 $f_{yxz}$ 都處處連續且相等。

## 12.3 習題

1. 令 $f(x,y) = x^2 + 2y^2$。
   a. 求 $f_x(2,1)$ 與 $f_y(2,1)$。
   b. 解釋 (a) 的數是斜率。
   c. 解釋 (a) 的數是變化率。

2. 決定 $\partial f/\partial x$ 與 $\partial f/\partial y$ 在所展示的函數 $f$ 之圖形上的 $P, Q$ 與 $R$ 點的符號。

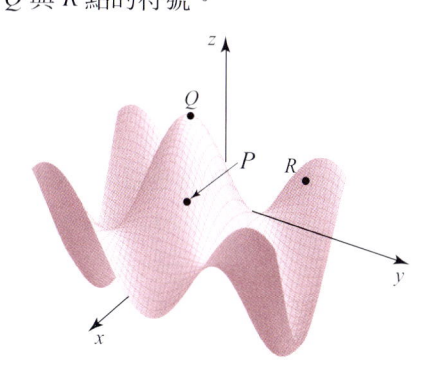

3. 下圖展示函數 $T$（以華氏度量為單位）在 8 吋 $\times$ 5 吋的方形鐵板上每個 $(x,y)$ 點之溫度等高線圖。利用它來估算在正 $x$ 方向與正 $y$ 方向的點 $(3,2)$ 之溫度變化率。

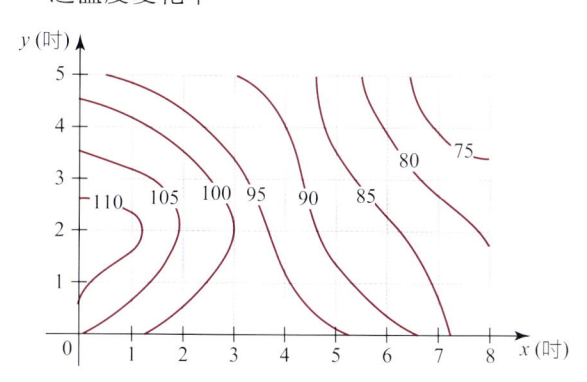

4-15 題，求函數的第一偏導數。

4. $f(x,y) = 2x^2 - 3xy + y^2$
5. $z = x\sqrt{y}$
6. $g(r,s) = \sqrt{r} + s^2$
7. $f(x,y) = xe^{y/x}$
8. $z = \tan^{-1}(x^2 + y^2)$
9. $g(u,v) = \dfrac{uv}{u^2 + v^3}$
10. $g(x,y) = x^2 \cosh\dfrac{x}{y}$
11. $f(x,y) = y^x$
12. $f(x,y) = \displaystyle\int_x^y te^{-t}\,dt$
13. $g(x,y,z) = \sqrt{xyz}$
14. $u = xe^{y/z} - z^2$
15. $f(r,s,t) = rs\ln st$

16-17 題，使用隱微分求 $\partial z/\partial x$ 與 $\partial z/\partial y$。

16. $xe^y + ye^{-x} + e^z = 10$
17. $\ln(x^2+z^2) + yz^3 + 2x^2 = 10$

18-20 題，求函數的第二偏導數。

18. $g(x,y) = x^3y^2 + xy^3 - 2x + 3y + 1$
19. $w = \cos(2u-v) + \sin(2u+v)$
20. $h(x,y) = \tan^{-1}\dfrac{y}{x}$

21-22 題，求指定的偏導數。

21. $f(x,y) = x^4 - 2x^2y^2 + xy^3 + 2y^4$; $f_{xyx}$
22. $z = x\cos y + y\sin x$; $\dfrac{\partial^3 z}{\partial x\,\partial y\,\partial x}$

23-24 題，證明混合的偏導數 $f_{xy}$ 與 $f_{yx}$ 相等。

23. $f(x,y) = x\sin^2 y + y^2\cos x$
24. $f(x,y) = \tan^{-1}(x^2 + y^3)$

25-26 題，證明混合的偏導數 $f_{xyz}$，$f_{yxz}$ 與 $f_{zyx}$ 都相等。

25. $f(x,y,z) = \sqrt{9 - x^2 - 2y^2 - z^2}$
26. $f(x,y,z) = e^{-x}\cos yz$

27. 證明函數 $u = e^{-t}\sin\dfrac{x}{c}$ 滿足一維的熱方程式 $u_t = c^2 u_{xx}$。

28. 證明函數 $u = \cos(x-ct) + 2\sin(x+ct)$ 滿足一維的波方程式 $u_{tt} = c^2 u_{xx}$。

29-31 題，證明函數滿足二維的拉普拉斯方程式 $u_{xx} + u_{yy} = 0$。

29. $u = 3x^2y - y^3$
30. $u = \ln\sqrt{x^2 + y^2}$
31. $u = \tan^{-1}\dfrac{y}{x}$

32. 證明函數 $u = x^2 + 3xy + 2y^2 - 3z^2 + 4xyz$ 滿足三維的拉普拉斯方程式 $u_{xx} + u_{yy} + u_{zz} = 0$。

33. 證明函數 $z = \sqrt{x^2 + y^2} \tan^{-1}\dfrac{y}{x}$ 滿足方程式 $x\dfrac{\partial z}{\partial x} + y\dfrac{\partial z}{\partial y} = z$。

34. $R_1$, $R_2$ 和 $R_3$ 歐姆為三個並聯電阻器之電阻，它們的總電阻（以歐姆為單位）為
$$\dfrac{1}{R} = \dfrac{1}{R_1} + \dfrac{1}{R_2} + \dfrac{1}{R_3}$$
求 $\partial R/\partial R_1$ 並說明你的結果。

35. **利潤對庫存與地板面積** Barker 百貨公司每個月的利潤（以元為單位）與它的庫存 $x$（以千元為單位）和用來展示貨品的地板面積 $y$（以千呎$^2$ 為單位）有關，每個月的利潤為
$$P(x, y) = -0.02x^2 - 15y^2 + xy + 39x + 25y - 15{,}000$$
求當 $x = 5000$ 與 $y = 200$ 時的 $\partial P/\partial x$ 與 $\partial P/\partial y$，並解釋你的結果。

36. **電位** 某電荷 $Q$（以庫倫為單位）放置於三維坐標系統的原點，它產生的電位 $V$（以伏特為單位）為
$$V(x, y, z) = \dfrac{kQ}{\sqrt{x^2 + y^2 + z^2}}$$
其中 $k$ 為正的常數，$x, y$ 與 $z$ 以公尺為單位。求在 $P(1, 2, 3)$ 點 $x$ 方向的電位變化率。

37. **風寒指數** 氣象學家用來計算風寒溫度（我們感受到空氣中因風產生溫度下降之溫度）的公式為
$$T = f(t, s) = 35.74 + 0.6125t - 35.75s^{0.16}$$
$$+ 0.4275ts^{0.16} \quad s \geq 1$$

其中 $t$ 為空氣中的溫度，以華氏度數計算，且 $s$ 為風速，以哩／時計。

a. 溫度為 32°F 且風速為 20 哩／時，試問風寒溫度為何？

b. 溫度為 32°F 且風速為 20 哩／時，試問風寒溫度對風速之變化率為何？

38. 令 $f$ 為兩個變數的函數。

a. 令 $g(x) = f(x, b)$，並使用一個變數函數之導數證明 $f_x(a, b) = g'(a)$。

b. 令 $h(y) = f(a, y)$，並證明 $f_y(a, b) = h'(b)$。

39. **Cobb-Douglas 生產函數** 證明 Cobb-Douglas 生產函數 $P = kx^\alpha y^{1-\alpha}$ 滿足方程式
$$x\dfrac{\partial P}{\partial x} + y\dfrac{\partial P}{\partial y} = P$$
其中 $0 < \alpha < 1$。

註：此方程式稱為**尤拉方程式**（Euler's equation）。

40. 是否存在兩個變數 $x$ 與 $y$ 之函數 $f$，它的二階偏導函數是連續的且 $f_x(x, y) = e^{2x}(2\cos xy - y\sin xy)$ 與 $f_y(x, y) = -ye^{2x}\sin xy$？解釋你的結論。

41-42 題，判斷下列敘述是對或是錯。如果它是對，解釋你的理由。如果它是錯，請解釋你的理由或舉例說明。

41. 假設 $z = f(x, y)$ 在 $(a, b)$ 處有對 $x$ 的偏導數，則
$$\dfrac{\partial f}{\partial x}(a, b) = \lim_{x \to a}\dfrac{f(x, b) - f(a, b)}{x - a}$$

42. 假設對於所有 $x$ 與 $y$，$f_{xx}(x, y)$ 都有定義且對於所有在 $(a, b)$ 內的 $x$，$f_{xx}(a, b) < 0$，則由平面 $y = b$ 與表面 $z = f(x, y)$ 相交產生的曲線 $C$，它在 $(a, b)$ 區間凹面向下。

## 12.4　微分

### ■ 增量

回顧若單變數函數定義為 $y = f(x)$，則 $y$ 的增量（increment）定義為
$$\Delta y = f(x + \Delta x) - f(x)$$
其中 $\Delta x$ 為 $x$ 的增量（圖 12.33a）。兩個或更多個變數函數的增量也以類似的方法定義。譬如：若 $z$ 為定義為 $z = f(x, y)$ 的兩個變數的函數，則分別由自變數 $x$ 與 $y$ 的增量 $\Delta x$ 與 $\Delta y$ 產生的 $z$ 的**增量**（increment）定義為

$$\Delta z = f(x + \Delta x, y + \Delta y) - f(x, y) \tag{1}$$

（圖 12.33b。）

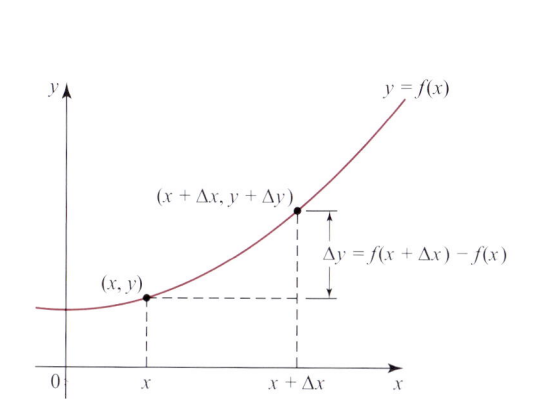

(a) 增量 $\Delta y$ 是當 $x$ 從 $x$ 改變到 $x + \Delta x$ 時，$y$ 的改變

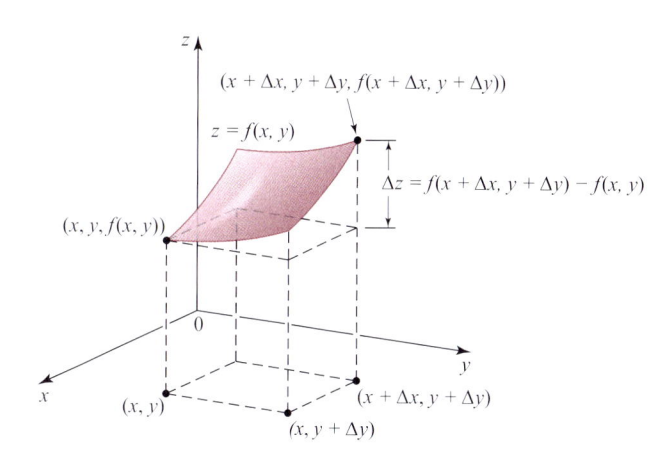

(b) 增量 $\Delta z$ 是當 $x$ 從 $x$ 改變到 $x + \Delta x$ 與 $y$ 從 $y$ 改變到 $y + \Delta y$ 時，$z$ 的改變

**圖 12.33**

**例題 1** 已知 $z = f(x, y) = 2x^2 - xy$，求 $\Delta z$。然後使用你的結果求當 $(x, y)$ 從 $(1, 1)$ 改變到 $(0.98, 1.03)$ 時，$z$ 的改變。

**解** 由式 (1) 得到

$$\begin{aligned}\Delta z &= f(x + \Delta x, y + \Delta y) - f(x, y) \\ &= [2(x + \Delta x)^2 - (x + \Delta x)(y + \Delta y)] - (2x^2 - xy) \\ &= 2x^2 + 4x\,\Delta x + 2(\Delta x)^2 - xy - x\,\Delta y - y\,\Delta x - \Delta x\,\Delta y - 2x^2 + xy \\ &= (4x - y)\,\Delta x - x\,\Delta y + 2(\Delta x)^2 - \Delta x\,\Delta y\end{aligned}$$

接著求當 $(x, y)$ 從 $(1, 1)$ 改變到 $(0.98, 1.03)$ 時，$z$ 的增量。因為 $\Delta x = 0.98 - 1 = -0.02$ 與 $\Delta y = 1.03 - 1 = 0.03$，所以由之前的結果，將 $x = 1, y = 1, \Delta x = -0.02$ 與 $\Delta y = 0.03$ 代入，得到

$$\begin{aligned}\Delta z &= [4(1) - 1](-0.02) - (1)(0.03) + 2(-0.02)^2 - (-0.02)(0.03) \\ &= -0.0886\end{aligned}$$

我們可用計算 $f(0.98, 1.03) - f(1, 1)$ 的量來驗證此結果的正確性。∎

## ■ 全微分

若 $f$ 是定義為 $y = f(x)$ 的單變數函數，則 $f$ 對 $x$ 的全微分為

$$dy = f'(x)\,dx$$

其中 $dx = \Delta x$ 是 $x$ 的微分。此外，若 $\Delta x$ 很小，則

$$\Delta y \approx dy \qquad (2)$$

（圖 12.34。）

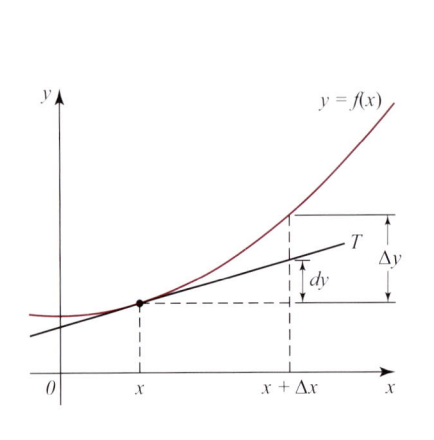

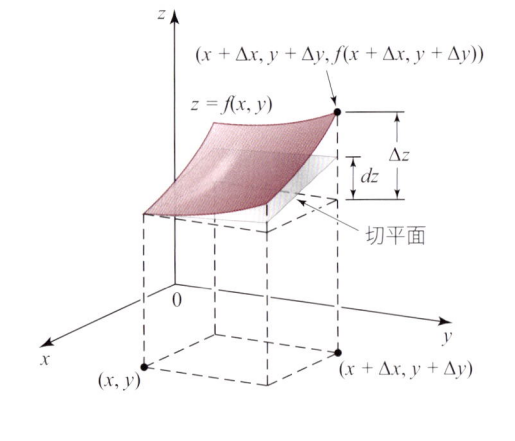

(a) $dy$ 和 $\Delta y$ 的關係

(b) $dz$ 和 $\Delta z$ 的關係。切平面類似於單變數函數的切線 $T$

| 圖 **12.34**

對於類似此結果之兩個變數的函數，我們有下面的定義。

---

**定義　全微分**

令 $z = f(x, y)$ 並令 $\Delta x$ 與 $\Delta y$ 分別為 $x$ 與 $y$ 的增量。自變數 $x$ 與 $y$ 的**微分 $dx$ 與 $dy$**（differential $dx$ and $dy$）是

$$dx = \Delta x \quad \text{與} \quad dy = \Delta y$$

應變數 $z$ 的**微分 $dz$**（differential $dz$），即**全微分**（total differential）是

$$dz = \frac{\partial f}{\partial x} dx + \frac{\partial f}{\partial y} dy = f_x(x, y)\, dx + f_y(x, y)\, dy$$

---

於本節後面將有證明

$$\Delta z = dz + \varepsilon_1 \Delta x + \varepsilon_2 \Delta y$$

其中 $\varepsilon_1$ 與 $\varepsilon_2$ 為 $\Delta x$ 與 $\Delta y$ 的函數，當 $\Delta x$ 與 $\Delta y$ 逼近 0，它們就會逼近 0。由此得知，當 $\Delta x$ 與 $\Delta y$ 都很小，

$$\Delta z \approx dz \qquad (3)$$

圖 12.34b 展示 $\Delta z$ 與 $dz$ 之間的幾何關係。觀察到當 $x$ 從 $x$ 改變到 $x + \Delta x$ 與 $y$ 從 $y$ 改變到 $y + \Delta y$ 時，$\Delta z$ 是量圖形 $f$ 之高度的改變，而 $dz$ 則是量切平面*之高度的改變。

---

*現在我們將仰賴直觀上的切平面之定義並於 12.7 節中定義切平面。

**例題 2** 令 $z = f(x, y) = 2x^2 - xy$。

**a.** 求全微分 $dz$。

**b.** 若 $(x, y)$ 從 $(1, 1)$ 改變到 $(0.98, 1.03)$，試計算 $dz$ 的值，並比較你的結果與例題 1 得到的 $\Delta z$ 值。

**解**

**a.** $dz = \dfrac{\partial f}{\partial x} dx + \dfrac{\partial f}{\partial y} dy = (4x - y)\, dx - x\, dy$

**b.** 因為 $x = 1, y = 1, dx = \Delta x = -0.02$ 和 $dy = \Delta y = 0.03$。所以

$$dz = [4(1) - 1](-0.02) - 1(0.03) = -0.09$$

例題 1 的 $\Delta z$ 是 $-0.0886$，所以在此情形的 $dz$ 是 $\Delta z$ 很好的近似值。觀察到計算 $dz$ 比計算 $\Delta z$ 更容易。 ∎

**例題 3** 有個直圓柱形狀的儲存槽。假設此槽的半徑與高分別為 1.5 呎與 5 呎，且它們的誤差分別為 0.05 呎與 0.1 呎。使用微分來估算於計算此槽的容量時的最大誤差。

**解** 此槽的容量（體積）為 $V = \pi r^2 h$。計算此槽的容量時的誤差為

$$\Delta V \approx dV = \dfrac{\partial V}{\partial r} dr + \dfrac{\partial V}{\partial h} dh = 2\pi rh\, dr + \pi r^2\, dh$$

因為測量 $r$ 與 $h$ 時的最大誤差分別為 0.05 呎與 0.1 呎，所以將 $r = 1.5, h = 5, dr = 0.05$ 與 $dh = 0.1$ 代入公式，得到

$$dV = 2\pi rh\, dr + \pi r^2\, dh$$
$$\approx 2\pi(1.5)(5)(0.05) + \pi(1.5)^2(0.1) = 0.975\pi$$

因此計算此槽容量時的最大誤差大約是 $0.975\,\pi$ 呎$^3$，即 3.1 呎$^3$。∎

**例題 4** **計算發射體發射範圍的誤差** 若發射體以仰角 $\theta$ 和初速度 $v$ 呎／秒發射出去，則它的範圍（以呎計）是

$$R = \dfrac{v^2 \sin 2\theta}{g}$$

其中 $g$ 為重力加速度常數（圖 12.35）。假設某發射體以仰角 $\pi/12$ 強度與初速度 2000 呎／秒發射出去，並且測量 $v$ 和 $\theta$ 時的最大誤差分別為 0.5% 與 1%。

**a.** 估算於計算發射體的範圍時之最大誤差。

**b.** 求於計算發射體的範圍時之最大誤差的百分比。

**解**

**a.** $R$ 的誤差為

**圖 12.35**
求某發射體以仰角 $\theta$ 和初速度 $v$ 呎／秒發射出去的範圍

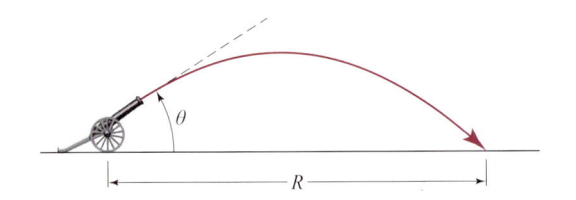

$$\Delta R \approx dR = \frac{\partial R}{\partial v} dv + \frac{\partial R}{\partial \theta} d\theta = \frac{2v \sin 2\theta}{g} dv + \frac{2v^2 \cos 2\theta}{g} d\theta$$

計算 $v$ 時的最大誤差為 $(0.005)(2000)$，即 10 呎／秒；亦即，$|dv| \leq 10$。又計算 $\theta$ 時的最大誤差為 $(0.01)(\pi/12)$ 弧度，換言之，$|d\theta| \leq 0.01(\pi/12)$。所以在計算發射體發射的範圍時之最大誤差為

$$|\Delta R| \approx |dR| \leq \frac{2v \sin 2\theta}{g} |dv| + \frac{2v^2 \cos 2\theta}{g} |d\theta|$$

$$= \frac{2(2000) \sin\left(\frac{\pi}{6}\right)}{32} (10) + \frac{2(2000)^2 \cos\left(\frac{\pi}{6}\right)}{32} \left(\frac{0.01\pi}{12}\right)$$

$$\approx 1192$$

大約 1192 呎。

**b.** 將 $v = 2000$ 與 $\theta = \pi/12$ 代入公式，得到此發射體發射的範圍為

$$R = \frac{v^2 \sin 2\theta}{g} = \frac{(2000)^2 \sin\left(\frac{\pi}{6}\right)}{32} = 62{,}500$$

所以在計算發射體發射的範圍時之最大誤差的百分比為

$$100 \left|\frac{\Delta R}{R}\right| \approx 100 \left(\frac{1192}{62{,}500}\right)$$

大約 1.91%。∎

### ■ 兩個變數函數的微分性

令

$$\Delta z = dz + \varepsilon_1 \Delta x + \varepsilon_2 \Delta y \qquad (4)$$

其中當 $(\Delta x, \Delta y) \to (0, 0)$，$\varepsilon_1 \to 0$ 與 $\varepsilon_2 \to 0$。若 $z = f(x, y)$ 滿足式 (4)，則定義兩個變數函數是可微分的。

> **定義　兩個變數函數的微分性**
>
> 令 $z = f(x, y)$。若 $\Delta z$ 可表示為
> $$\Delta z = f_x(a, b)\,\Delta x + f_y(a, b)\,\Delta y + \varepsilon_1\,\Delta x + \varepsilon_2\,\Delta y$$
> 則函數 $f$ 在 $(a, b)$ 處可微分，附帶當 $(\Delta x, \Delta y) \to (0, 0)$，$\varepsilon_1 \to 0$ 與 $\varepsilon_2 \to 0$。若函數 $f$ 在區域 $R$ 內每一點都可微分，則 $f$ 在 $R$ 可微分。

**例題 5**　證明函數 $f(x, y) = 2x^2 - xy$ 在平面上可微分。

**解**　令 $z = f(x, y) = 2x^2 - xy$，並令 $(x, y)$ 為平面上任意點，則由例題 1 的結果可得

$$\Delta z = (4x - y)\,\Delta x - x\,\Delta y + 2(\Delta x)^2 - \Delta x\,\Delta y$$

$f_x = 4x - y$ 與 $f_y = -x$，所以

$$\Delta z = f_x\,\Delta x + f_y\,\Delta y + \varepsilon_1\,\Delta x + \varepsilon_2\,\Delta y$$

其中 $\varepsilon_1 = 2\Delta x$ 與 $\varepsilon_2 = -\Delta x$。又當 $(\Delta x, \Delta y) \to (0, 0)$，$\varepsilon_1 \to 0$ 與 $\varepsilon_2 \to 0$，所以 $f$ 在 $(x, y)$ 處可微分。但是 $(x, y)$ 是平面上的點，所以 $f$ 在平面上可微分。

下一個定理，保證兩個變數的函數是可微分的。

> **定理 1　微分的準則**
>
> 令 $f$ 是變數 $x$ 與 $y$ 的函數。若 $f_x$ 與 $f_y$ 存在並在開區間 $R$ 連續，則 $f$ 在 $R$ 可微分。

例題 5 的函數 $f(x, y) = 2x^2 - xy$，它的 $f_x(x, y) = 4x - y$ 與 $f_y(x, y) = -x$ 處處連續，所以由定理 1 得知 $f$ 在平面上可微分，如之前所陳述。

⚠ 記住單是在 $(x, y)$ 處 $f_x$ 與 $f_y$ 存在是無法保證 $f$ 在 $(x, y)$ 處可微分（習題 18 題）。

## ■ 微分性與連續性

正如單變數可微分函數的連續性，下面的定理證明兩個變數可微分函數也連續。

> **定理 2　可微分函數都連續**
> 
> 令 $f$ 是兩個變數的函數。若 $f$ 在 $(a, b)$ 處可微分，則 $f$ 在 $(a, b)$ 處連續。

**證明**　因為
$$\Delta z = f(a + \Delta x, b + \Delta y) - f(a, b)$$
$$= f_x(a, b) \Delta x + f_y(a, b) \Delta y + \varepsilon_1 \Delta x + \varepsilon_2 \Delta y$$

令 $x = a + \Delta x$ 與 $y = b + \Delta y$，則
$$f(x, y) - f(a, b) = [f_x(a, b) + \varepsilon_1](x - a) + [f_y(a, b) + \varepsilon_2](y - b)$$

又當 $(\Delta x, \Delta y) \to (0, 0)$，$\varepsilon_1 \to 0$ 與 $\varepsilon_2 \to 0$，所以

當 $(\Delta x, \Delta y) \to (0, 0)$，$f(x, y) - f(a, b) \to 0$

即
$$\lim_{(x, y) \to (a, b)} f(x, y) = f(a, b)$$

故 $f$ 在 $(a, b)$ 處連續。∎

## ■ 三個或更多個變數的函數

兩個以上變數之函數的微分性的概念與微分和兩個變數函數的相似。譬如：假設 $f$ 是定義為 $w = f(x, y, z)$ 的三個變數函數，則對應於分別為 $x, y$ 與 $z$ 的增量 $\Delta x, \Delta y$ 與 $\Delta z$ 的 $w$ 之增量 $\Delta w$ 為

$$\Delta w = f(x + \Delta x, y + \Delta y, z + \Delta z) - f(x, y, z)$$

若 $\Delta w$ 可寫成
$$\Delta w = f_x(x, y, z) \Delta x + f_y(x, y, z) \Delta y + f_z(x, y, z) \Delta z + \varepsilon_1 \Delta x$$
$$+ \varepsilon_2 \Delta y + \varepsilon_3 \Delta z$$

則 $f$ 在 $(x, y, z)$ **可微分**（differentiable），附帶 $\varepsilon_1, \varepsilon_2$ 與 $\varepsilon_3$ 都是 $\Delta x, \Delta y$ 與 $\Delta z$ 的函數，並且當 $(\Delta x, \Delta y, \Delta z) \to (0, 0, 0)$，它們都逼近零。

應變數 $w$ 的**微分**（differential）$dw$ 定義為
$$dw = \frac{\partial w}{\partial x} dx + \frac{\partial w}{\partial y} dy + \frac{\partial w}{\partial z} dz$$

其中 $dx = \Delta x$, $dy = \Delta y$ 與 $dz = \Delta z$ 是自變數 $x, y$ 與 $z$ 的微分。若 $f$ 有連續的偏微分並且 $dx, dy$ 與 $dz$ 都很小，則 $\Delta w \approx dw$。

**例題 6** **計算離心力時的最大誤差** 離心機是讓某物體持續受到離心力的設備力。離心力 $F$ 達因的大小為

$$F = f(M, S, R) = \frac{\pi^2 S^2 M R}{900}$$

其中 $S$ 是每秒旋轉的次數（rmp），$M$ 是質量以公克計，而 $R$ 是半徑以公分計。若測量 $M, S$ 與 $R$ 時的最大誤差百分比分別為 0.1%, 0.4% 與 0.2%。應用微分估算計算於 $F$ 時之最大誤差百分比。

**解** 於計算 $F$ 時的誤差為 $\Delta F$，又

$$\Delta F \approx dF = \frac{\partial F}{\partial M} dM + \frac{\partial F}{\partial S} dS + \frac{\partial F}{\partial R} dR$$

$$= \frac{\pi^2 S^2 R}{900} dM + \frac{2\pi^2 SMR}{900} dS + \frac{\pi^2 S^2 M}{900} dR$$

所以

$$\frac{\Delta F}{F} \approx \frac{dF}{F} = \frac{dM}{M} + 2\frac{dS}{S} + \frac{dR}{R}$$

且

$$\left|\frac{\Delta F}{F}\right| \approx \left|\frac{dF}{F}\right| \leq \left|\frac{dM}{M}\right| + 2\left|\frac{dS}{S}\right| + \left|\frac{dR}{R}\right|$$

又

$$\left|\frac{dM}{M}\right| \leq 0.001, \quad \left|\frac{dS}{S}\right| \leq 0.004 \quad \text{與} \quad \left|\frac{dR}{R}\right| \leq 0.002$$

所以

$$\left|\frac{dF}{F}\right| \leq 0.001 + 2(0.004) + 0.002 = 0.011$$

故計算離心力最大誤差的百分比大約是 1.1%。

## 12.4 習題

1. 令 $z = 2x^2 + 3y^2$，並假設 $(x, y)$ 從 $(2, -1)$ 改變到 $(2.01, -0.98)$。
   a. 計算 $\Delta z$。
   b. 計算 $dz$。
   c. 比較 $\Delta z$ 與 $dz$ 的值。

2-10 題，求函數的微分。

2. $z = 3x^2 y^3$
3. $z = \dfrac{x+y}{x-y}$
4. $z = (2x^2 y + 3y^3)^3$
5. $w = y e^{x^2 - y^2}$
6. $w = x^2 \ln(x^2 + y^2)$
7. $z = e^{2x} \cos 3y$
8. $w = x^2 + xy + z^2$
9. $w = x^2 e^{-yz}$
10. $w = x^2 e^y + y \ln z$

11-12 題，對自變數所指定的改變應用微分來估算 $f$ 的變化。

11. $f(x, y) = x^4 - 3x^2 y^2 + y^3 - 2y + 4$；$(x, y)$ 從 $(2, 3, 0)$ 改變到 $(2.01, 2.97, 0.04)$。
12. $f(x, y, z) = \ln(2x - y) + e^{2xz}$；$(x, y, z)$ 從 $(2, 3, 0)$ 改變到 $(2.01, 2.97, 0.04)$。
13. 封閉的長方形盒子，它的維度為 30 吋、40 吋與 60 吋，並且每一邊最大的誤差為 0.2 吋。應用微分來估算計算此盒子體積時之最大誤差。
14. 有一塊三角形的地，它的兩邊長分別為 80 呎與 100 呎，並且它們的夾角為 $\pi/3$ 弳度。若邊長測量時最大誤差為 0.3 呎並且夾角測量時最大誤差為 $\pi/180$ 弳度。試問計算此地的面積時最大誤差為多少？
15. 某理想氣體的壓力 $P$（以巴斯卡計）、體積 $V$（以公升計）與溫度 $T$（以 K 計）的關係方程式為 $PV = 8.314T$。若此氣體的體積從 20 公升增加到 20.2 公升，而溫度從 300 K 降到 295 K，應用微分來估算它的壓力的變化。
16. **人體的表面積** 人體的表面積 $S$ 和他的體重 $W$ 與身高 $H$ 有關，並可以公式 $S = 0.1091 W^{0.425} H^{0.725}$ 表示。若測量 $W$ 與 $H$ 時的最大誤差分別為 3% 與 2%。求測量 $S$ 時的最大誤差百分比。
17. 證明函數 $f(x, y) = x^2 - y^2$ 在平面上是可微分的（例題 5）。
18. 令 $f$ 定義為

$$f(x, y) = \begin{cases} \dfrac{xy}{x^2 + y^2}, & (x, y) \neq 0 \\ 0, & (x, y) = (0, 0) \end{cases}$$

證明 $f_x(0, 0)$ 與 $f_y(0, 0)$ 都存在，但是 $f$ 在 $(0, 0)$ 不可微分。

提示：應用定理 2 的結果。

19-20 題，判斷下列敘述是對或是錯。如果它是對，解釋你的理由。如果它是錯，請解釋你的理由或舉例說明。

19. 若 $f(x, y)$ 在 $(a, b)$ 可微分，則
$f(a, b) = \lim_{(x, y) \to (a, b)} f(x, y)$。

20. 函數
$$f(x, y) = \begin{cases} x^2 + y^2, & (x, y) \neq (0, 0) \\ 1, & (x, y) = (0, 0) \end{cases}$$
處處可微分。

## 12.5 連鎖規則

### 包含一個自變數的函數之連鎖規則

本節中我們將連鎖規則延伸到兩個或更多個變數的函數。記得單變數函數的連鎖規則：若 $y$ 為 $x$ 的可微分函數且 $x$ 為 $t$ 的可微分函數（所以 $y$ 是 $t$ 的函數），則

$$\dfrac{dy}{dt} = \dfrac{dy}{dx} \dfrac{dx}{dt}$$

此規則很容易從圖 12.36 中記起。

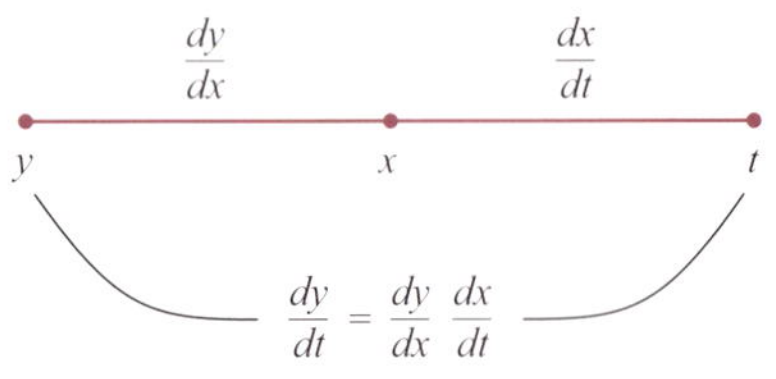

我們以跟兩個中介（intermediate）變數 $x$ 與 $y$ 有關的變數 $w$ 之

**圖 12.36**

為求 $dy/dt$，先計算 $dy/dx$ 與 $dx/dt$，然後再將它們相乘

連鎖規則開始，而 $x$ 與 $y$ 和第三個變數 $t$ 有關（所以 $w$ 是自變數 $t$ 的函數）。

---

**定理 1** 包含一個自變數的函數之連鎖規則

令 $w = f(x, y)$，其中 $f$ 為 $x$ 與 $y$ 的可微分函數。若 $x = g(t)$ 與 $y = h(t)$ 和 $g$ 與 $h$ 都是 $t$ 之可微分函數，則 $w$ 為 $t$ 的可微分函數且

$$\frac{dw}{dt} = \frac{\partial w}{\partial x}\frac{dx}{dt} + \frac{\partial w}{\partial y}\frac{dy}{dt}$$

---

**註** 觀察到 $w$ 是單變數 $t$ 的函數，所以 $w$ 對 $t$ 的導數是普通的 d（$d$）而不是捲曲的 d（$\partial$）。∎

**證明** 若 $t$ 從 $t$ 改變到 $t + \Delta t$，則在 $x$ 方向，從 $x$ 改變到 $x + \Delta x$ 之變化為

$$\Delta x = g(t + \Delta t) - g(t)$$

且

$$\Delta y = h(t + \Delta t) - h(t)$$

為 $y$ 從 $y$ 改變到 $y + \Delta y$ 之方向的變化。因為 $g$ 與 $h$ 都可微分且它們在 $t$ 都連續，所以當 $\Delta t$ 逼近零，$\Delta x$ 與 $\Delta y$ 同時都逼近零。

接著觀察到由 $x$ 的改變 $\Delta x$ 與 $y$ 的改變 $\Delta y$ 產生 $w$ 的改變 $\Delta w$，它是從 $w$ 改變到 $w + \Delta w$ 之變化。$f$ 可微分，所以

$$\Delta w = \frac{\partial w}{\partial x}\Delta x + \frac{\partial w}{\partial y}\Delta y + \varepsilon_1 \Delta x + \varepsilon_2 \Delta y$$

其中當 $(\Delta x, \Delta y) \to (0, 0)$，$\varepsilon_1 \to 0$ 與 $\varepsilon_2 \to 0$。此式子等號兩邊同除 $\Delta t$ 可得

$$\frac{\Delta w}{\Delta t} = \frac{\partial w}{\partial x}\frac{\Delta x}{\Delta t} + \frac{\partial w}{\partial y}\frac{\Delta y}{\Delta t} + \varepsilon_1 \frac{\Delta x}{\Delta t} + \varepsilon_2 \frac{\Delta y}{\Delta t}$$

令 $\Delta t \to 0$，則

$$\frac{dw}{dt} = \lim_{\Delta t \to 0} \frac{\Delta w}{\Delta t}$$

$$= \frac{\partial w}{\partial x}\lim_{\Delta t \to 0}\frac{\Delta x}{\Delta t} + \frac{\partial w}{\partial y}\lim_{\Delta t \to 0}\frac{\Delta y}{\Delta t} + \lim_{\Delta t \to 0}\varepsilon_1 \lim_{\Delta t \to 0}\frac{\Delta x}{\Delta t} + \lim_{\Delta t \to 0}\varepsilon_2 \lim_{\Delta t \to 0}\frac{\Delta y}{\Delta t}$$

$$= \frac{\partial w}{\partial x}\frac{dx}{dt} + \frac{\partial w}{\partial y}\frac{dy}{dt} + 0 \cdot \frac{dx}{dt} + 0 \cdot \frac{dy}{dt}$$

$$= \frac{\partial w}{\partial x}\frac{dx}{dt} + \frac{\partial w}{\partial y}\frac{dy}{dt}$$

∎

**圖 12.37**
$w$ 經由 $x$ 與 $y$ 跟 $t$ 有關

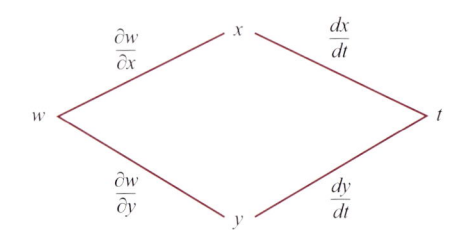

圖 12.37 之樹狀圖有助於我們回顧連鎖規則。此樹從 $w$ 到 $t$ 有兩個「分支」。為求 $dw/dt$，沿著每個分支乘上偏導數，然後再將它們相加即可。

**例題 1** 已知 $w = x^2y - xy^3$ 和 $x = \cos t$ 與 $y = e^t$。求 $dw/dt$ 與當 $t = 0$，$dw/dt$ 的值。

**解** 觀察得知，$w$ 是 $x$ 與 $y$ 的函數且這兩個變數都是 $t$ 的函數，所以有圖 12.37 描述的情形。由連鎖規則得知

$$\frac{dw}{dt} = \frac{\partial w}{\partial x}\frac{dx}{dt} + \frac{\partial w}{\partial y}\frac{dy}{dt}$$
$$= (2xy - y^3)(-\sin t) + (x^2 - 3xy^2)e^t$$
$$= y(y^2 - 2x)\sin t + x(x - 3y^2)e^t$$

為求當 $t = 0$ 時，$dw/dt$ 的值，先計算當 $t = 0$ 時 $x$ 與 $y$ 的值。因為 $t = 0$，$x = \cos 0 = 1$ 與 $y = e^0 = 1$。所以

$$\left.\frac{dw}{dt}\right|_{t=0} = 0 + 1(1 - 3)e^0 = -2$$

定理 1 的連鎖規則可被延伸到包含任意有限個中介變數的函數。譬如：若 $w = f(x_1, x_2, \ldots, x_n)$，其中 $f$ 是 $x_1, x_2, \ldots, x_n$ 的可微分函數並且 $x_1 = f_1(t), x_2 = f_2(t), \ldots, x_n = f_n(t)$，其中 $f_1, f_2, \ldots, f_n$ 都是 $t$ 的可微分函數，則

$$\frac{dw}{dt} = \frac{\partial w}{\partial x_1}\frac{dx_1}{dt} + \frac{\partial w}{\partial x_2}\frac{dx_2}{dt} + \cdots + \frac{\partial w}{\partial x_n}\frac{dx_n}{dt}$$

若看圖 12.38 就比較容易記住，它展示包含的變數之關係：沿著 $w$ 到 $t$ 的每個分支之導數相乘後再將它們相加即可。

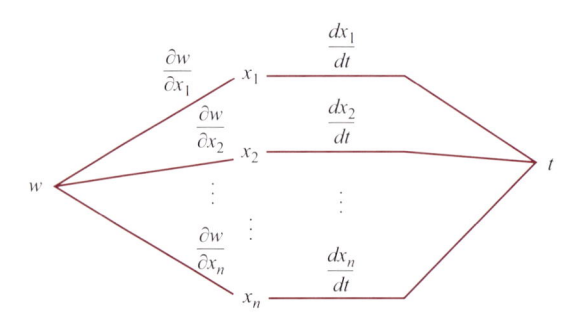

**圖 12.38**
$w$ 經由 $x_1, x_2, \ldots, x_n$ 與 $t$ 有關

**例題 2** 追蹤一艘導彈巡洋艦　圖 12.39 描述某 AWACS（空襲警報與控制系統）以飛機追蹤一艘導彈巡洋艦的情形。飛機之飛行路徑可表示成參數方程式

$$x = 20\cos 12t, \qquad y = 20\sin 12t, \qquad z = 3$$

並且導彈巡洋艦的路徑為

$$x = 30 + 20t, \quad y = 40 + 10t^2, \quad z = 0$$

其中 $0 \leq t \leq 1$，而且 $x, y$ 與 $z$ 以哩為單位且 $t$ 以小時為單位。試問當 $t = 0$，AWACS 飛機與導彈巡洋艦之間的距離改變多快？

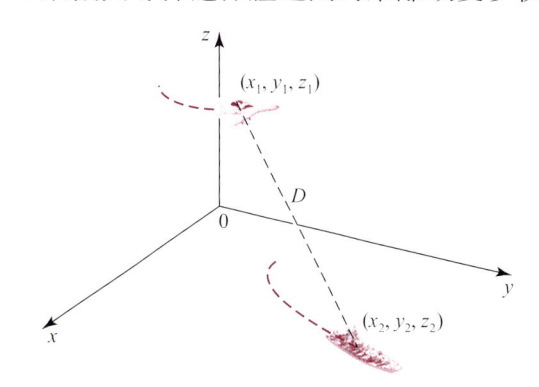

**圖 12.39**
AWACS 飛機追蹤一艘導彈巡洋艦

**解** 於時間 $t$，AWACS 飛機的位置在 $(x_1, y_1, z_1)$ 處且導彈巡洋艦的位置在 $(x_2, y_2, z_2)$ 處，所以飛機與艦艇之間的距離 $D$ 為

$$D = \sqrt{(x_2 - x_1)^2 + (y_2 - y_1)^2 + (z_2 - z_1)^2}$$
$$= \sqrt{(x_2 - x_1)^2 + (y_2 - y_1)^2 + 9}$$

我們要計算當 $t = 0$ 的 $dD/dt$。$D$ 是四個變數 $x_1, x_2, y_1$ 與 $y_2$ 的函數，其中所有變數都是單變數 $t$ 的函數（圖 12.40）。由連鎖規則可得

$$\frac{dD}{dt} = \frac{\partial D}{\partial x_1}\frac{dx_1}{dt} + \frac{\partial D}{\partial x_2}\frac{dx_2}{dt} + \frac{\partial D}{\partial y_1}\frac{dy_1}{dt} + \frac{\partial D}{\partial y_2}\frac{dy_2}{dt}$$

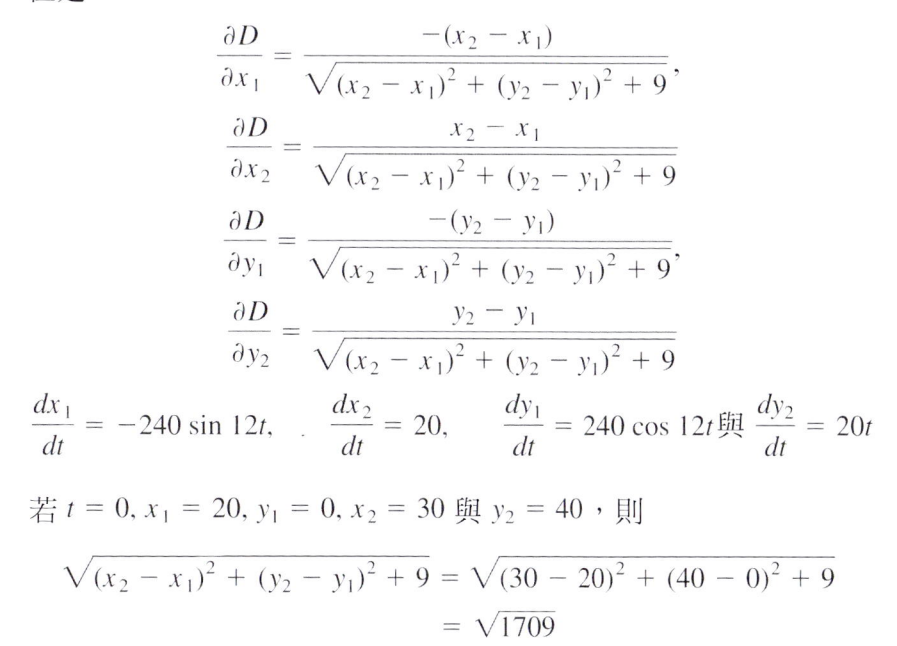

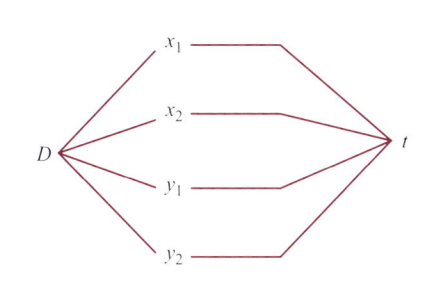

**圖 12.40**
$D$ 經由 $x_1, x_2, y_1$ 和 $y_2$ 與 $t$ 有關

但是

$$\frac{\partial D}{\partial x_1} = \frac{-(x_2 - x_1)}{\sqrt{(x_2 - x_1)^2 + (y_2 - y_1)^2 + 9}},$$

$$\frac{\partial D}{\partial x_2} = \frac{x_2 - x_1}{\sqrt{(x_2 - x_1)^2 + (y_2 - y_1)^2 + 9}}$$

$$\frac{\partial D}{\partial y_1} = \frac{-(y_2 - y_1)}{\sqrt{(x_2 - x_1)^2 + (y_2 - y_1)^2 + 9}},$$

$$\frac{\partial D}{\partial y_2} = \frac{y_2 - y_1}{\sqrt{(x_2 - x_1)^2 + (y_2 - y_1)^2 + 9}}$$

$$\frac{dx_1}{dt} = -240 \sin 12t, \quad \frac{dx_2}{dt} = 20, \quad \frac{dy_1}{dt} = 240 \cos 12t \text{ 與 } \frac{dy_2}{dt} = 20t$$

若 $t = 0, x_1 = 20, y_1 = 0, x_2 = 30$ 與 $y_2 = 40$，則

$$\sqrt{(x_2 - x_1)^2 + (y_2 - y_1)^2 + 9} = \sqrt{(30 - 20)^2 + (40 - 0)^2 + 9}$$
$$= \sqrt{1709}$$

所以

$$\frac{\partial D}{\partial x_1} = -\frac{10}{\sqrt{1709}} \approx -0.24, \qquad \frac{\partial D}{\partial x_2} = \frac{10}{\sqrt{1709}} \approx 0.24,$$

$$\frac{\partial D}{\partial y_1} = -\frac{40}{\sqrt{1709}} \approx -0.97, \qquad \frac{\partial D}{\partial y_2} = \frac{40}{\sqrt{1709}} \approx 0.97$$

和

$$\frac{dx_1}{dt} = 0, \qquad \frac{dx_2}{dt} = 20, \qquad \frac{dy_1}{dt} = 240, \qquad \frac{dy_2}{dt} = 0$$

當 $t = 0$，

$$\frac{dD}{dt} = (-0.24)(0) + (0.24)(20) + (-0.97)(240) + (0.97)(0)$$
$$= -228$$

亦即，在那一瞬間，AWACS 飛機與導彈巡洋艦之間的距離以 228 mph 的速率遞減。∎

### ■ 兩個自變數的函數之連鎖規則

現在要探討的是與兩個中介變數 $x$ 與 $y$ 有關的變數 $w$ 之連鎖規則，而這些中介變數與兩個自變數 $u$ 與 $v$ 有關（使得 $w$ 是兩個自變數 $u$ 與 $v$ 的函數）。特別是下面的定理。

---

**定理 2　兩個自變數的函數之連鎖規則**

令 $w = f(x, y)$，其中 $f$ 是 $x$ 與 $y$ 之可微分函數。假設 $x = g(u, v)$ 與 $y = h(u, v)$，並且偏導數 $\partial g/\partial u, \partial g/\partial v, \partial h/\partial u$ 與 $\partial h/\partial v$ 存在，則

$$\frac{\partial w}{\partial u} = \frac{\partial w}{\partial x}\frac{\partial x}{\partial u} + \frac{\partial w}{\partial y}\frac{\partial y}{\partial u}$$

與

$$\frac{\partial w}{\partial v} = \frac{\partial w}{\partial x}\frac{\partial x}{\partial v} + \frac{\partial w}{\partial y}\frac{\partial y}{\partial v}$$

---

**證明**　對 $\partial w/\partial u$ 而言，必須將 $v$ 看做常數，所以 $g$ 與 $h$ 是 $u$ 的可微分函數。由定理 1，得到結論。同法可得 $\partial w/\partial v$。∎

圖 12.41 所展示的樹狀圖有助於我們回顧定理 2 之連鎖規則。

觀察得知 $w$ 有兩個「分支」連接 $u$，其中一個分支是經由 $x$ 且另一個分支是經由 $y$。沿著每一個分支，將這些偏微分相乘後，再將它們相加即得 $\partial w/\partial u$。同法可得 $\partial w/\partial v$ 的表示。

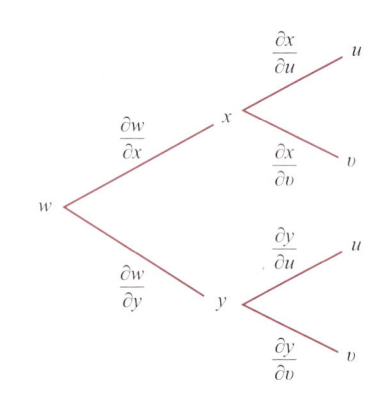

| 圖 **12.41**

$w$ 經由 $x$ 與 $y$ 和 $u$ 與 $v$ 有關

**例題 3** 已知 $w = 2x^2y$，其中 $x = u^2 + v^2$ 與 $y = u^2 - v^2$。求 $\partial w/\partial u$ 與 $\partial w/\partial v$。

**解** $w$ 是 $x$ 與 $y$ 的函數並且它們都是 $u$ 與 $v$ 的函數，所以我們有圖 12.41 陳述的情形。由連鎖規則（定理 2）得知

$$\frac{\partial w}{\partial u} = \frac{\partial w}{\partial x}\frac{\partial x}{\partial u} + \frac{\partial w}{\partial y}\frac{\partial y}{\partial u}$$

$$= 4xy(2u) + 2x^2(2u) = 4xu(2y + x)$$

與

$$\frac{\partial w}{\partial v} = \frac{\partial w}{\partial x}\frac{\partial x}{\partial v} + \frac{\partial w}{\partial y}\frac{\partial y}{\partial v}$$

$$= 4xy(2v) + 2x^2(-2v) = 4xv(2y - x)$$

### 一般的連鎖規則

定理 2 的連鎖規則可被延伸到任意有限個中介變數並且它們是有限個自變數的函數。譬如：若 $w = f(x_1, x_2, \ldots, x_n)$，其中 $f$ 為 $n$ 個中介變數 $x_1, x_2, \ldots, x_n$ 的可微分函數，且 $x_1 = f_1(t_1, t_2, \ldots, t_m)$，$x_2 = f_2(t_1, t_2, \ldots, t_m), \ldots, x_n = f_n(t_1, t_2, \ldots, t_m)$，其中 $f_1, f_2, \ldots, f_n$ 都是 $m$ 個變數 $t_1, t_2, \ldots, t_m$ 的可微分函數，則

$$\frac{\partial w}{\partial t_1} = \frac{\partial w}{\partial x_1}\frac{\partial x_1}{\partial t_1} + \frac{\partial w}{\partial x_2}\frac{\partial x_2}{\partial t_1} + \cdots + \frac{\partial w}{\partial x_n}\frac{\partial x_n}{\partial t_1}$$

$$\frac{\partial w}{\partial t_2} = \frac{\partial w}{\partial x_1}\frac{\partial x_1}{\partial t_2} + \frac{\partial w}{\partial x_2}\frac{\partial x_2}{\partial t_2} + \cdots + \frac{\partial w}{\partial x_n}\frac{\partial x_n}{\partial t_2}$$

$$\vdots$$

$$\frac{\partial w}{\partial t_m} = \frac{\partial w}{\partial x_1}\frac{\partial x_1}{\partial t_m} + \frac{\partial w}{\partial x_2}\frac{\partial x_2}{\partial t_m} + \cdots + \frac{\partial w}{\partial x_n}\frac{\partial x_n}{\partial t_m}$$

（圖 12.42。）

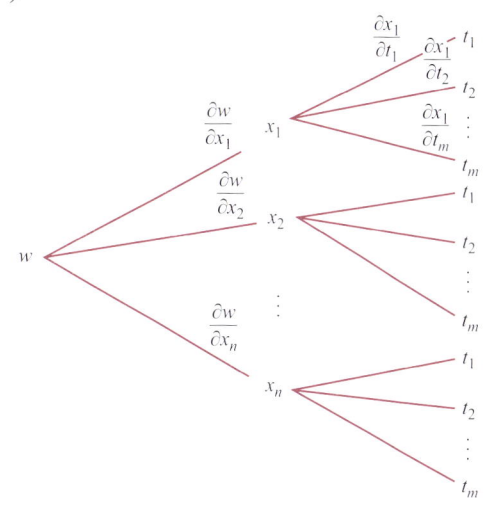

**圖 12.42**

$w$ 經由 $x_1, x_2, \ldots, x_n$ 與 $t_1, t_2, \ldots, t_m$ 有關

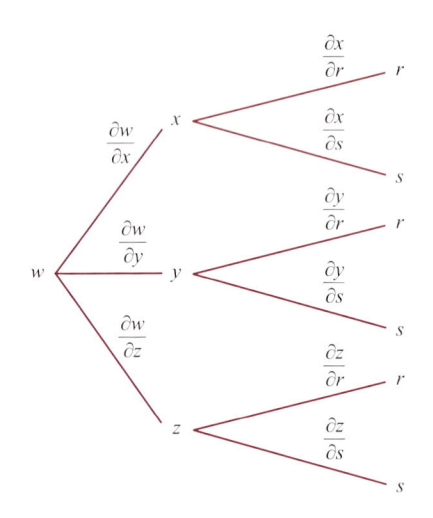

**例題 4** 已知 $w = x^2y + y^2z^3$，其中 $x = r\cos s, y = r\sin s$ 與 $z = re^s$。求當 $r = 1$ 與 $s = 0$，$\partial w/\partial s$ 的值。

**解** $w$ 為 $x, y$ 與 $z$ 的函數，所以它們都是 $r$ 與 $s$ 的函數（圖 12.43）。

將樹狀圖上 $w$ 連接到 $s$ 的每個分支的偏微分相乘後並將這些導數相加，得到

$$\frac{\partial w}{\partial s} = \frac{\partial w}{\partial x}\frac{\partial x}{\partial s} + \frac{\partial w}{\partial y}\frac{\partial y}{\partial s} + \frac{\partial w}{\partial z}\frac{\partial z}{\partial s}$$

$$= 2xy(-r\sin s) + (x^2 + 2yz^3)(r\cos s) + 3y^2z^2(re^s)$$

當 $r = 1$ 與 $s = 0$ 時，$x = 1$，$y = 0$ 與 $z = 1$，所以

$$\frac{\partial w}{\partial s} = 2(1)(0)(0) + (1)(1) + 3(0)(1)(1) = 1 \quad\blacksquare$$

**圖 12.43**
$w$ 經由 $x, y$ 與 $z$ 和 $r$ 與 $s$ 有關

**例題 5** 已知 $w = f(x^2 - y^2, y^2 - x^2)$ 且 $f$ 是可微分的，證明 $w$ 滿足式子

$$y\frac{\partial w}{\partial x} + x\frac{\partial w}{\partial y} = 0$$

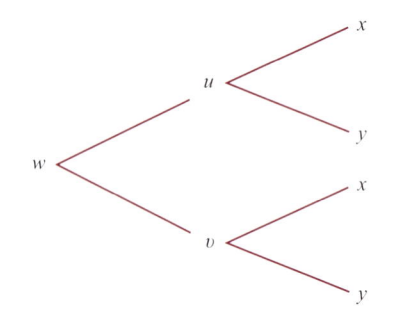

**解** 令 $u = x^2 - y^2$ 與 $v = y^2 - x^2$，則 $w = g(x, y) = f(u, v)$（圖 12.44）。由連鎖規則得知

$$\frac{\partial w}{\partial x} = \frac{\partial w}{\partial u}\frac{\partial u}{\partial x} + \frac{\partial w}{\partial v}\frac{\partial v}{\partial x} = \frac{\partial w}{\partial u}(2x) + \frac{\partial w}{\partial v}(-2x)$$

與

$$\frac{\partial w}{\partial y} = \frac{\partial w}{\partial u}\frac{\partial u}{\partial y} + \frac{\partial w}{\partial v}\frac{\partial v}{\partial y} = \frac{\partial w}{\partial u}(-2y) + \frac{\partial w}{\partial v}(2y)$$

所以

$$y\frac{\partial w}{\partial x} + x\frac{\partial w}{\partial y} = \left(2xy\frac{\partial w}{\partial u} - 2xy\frac{\partial w}{\partial v}\right) + \left(-2xy\frac{\partial w}{\partial u} + 2xy\frac{\partial w}{\partial v}\right) = 0 \quad\blacksquare$$

**圖 12.44**
$w$ 經由中介變數 $u$ 與 $v$ 和 $x$ 與 $y$ 有關

**例題 6** 已知 $w = f(x, y)$ 與 $f$ 的二次偏導數連續，並且 $x = r^2 + s^2$ 與 $y = 2rs$。求 $\partial^2 w/\partial r^2$。

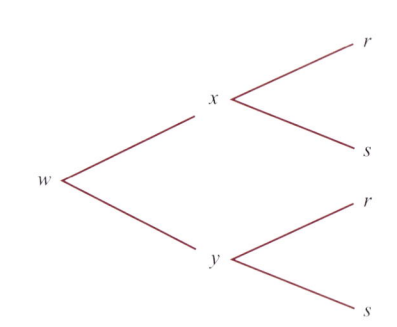

**解** 先算 $\partial w/\partial r$。由連鎖規則得到

$$\frac{\partial w}{\partial r} = \frac{\partial w}{\partial x}\frac{\partial x}{\partial r} + \frac{\partial w}{\partial y}\frac{\partial y}{\partial r} = \frac{\partial w}{\partial x}(2r) + \frac{\partial w}{\partial y}(2s)$$

（圖 12.45）。接著再應用乘法規則得到

$$\frac{\partial^2 w}{\partial r^2} = \frac{\partial}{\partial r}\left(2r\frac{\partial w}{\partial x} + 2s\frac{\partial w}{\partial y}\right)$$

$$= 2\frac{\partial w}{\partial x} + 2r\frac{\partial}{\partial r}\left(\frac{\partial w}{\partial x}\right) + 2s\frac{\partial}{\partial r}\left(\frac{\partial w}{\partial y}\right) \quad\text{(1)}$$

**圖 12.45**
$w$ 經由 中介變數 $x$ 與 $y$ 和 $r$ 與 $s$ 有關

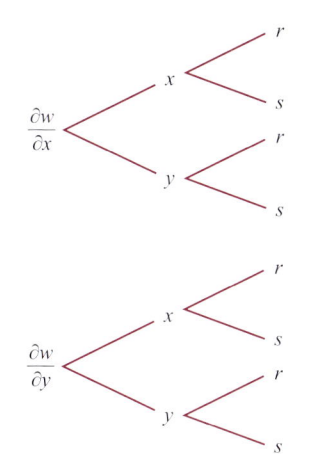

**圖 12.46**
$\partial w/\partial x$ 與 $\partial w/\partial y$ 都經由中介變數 $x$ 與 $y$ 和 $r$ 與 $s$ 有關

為計算式 (1) 等式右邊最後的兩項，我們發現 $w$ 經由中介變數 $x$ 與 $y$ 成為 $r$ 與 $s$ 的函數，相同的情形發生在 $\partial w/\partial x$ 與 $\partial w/\partial y$（圖 12.46）。再次使用連鎖規則得到

$$\frac{\partial}{\partial r}\left(\frac{\partial w}{\partial x}\right) = \frac{\partial}{\partial x}\left(\frac{\partial w}{\partial x}\right)\frac{\partial x}{\partial r} + \frac{\partial}{\partial y}\left(\frac{\partial w}{\partial x}\right)\frac{\partial y}{\partial r}$$

$$= \frac{\partial^2 w}{\partial x^2}(2r) + \frac{\partial^2 w}{\partial y\,\partial x}(2s)$$

與

$$\frac{\partial}{\partial r}\left(\frac{\partial w}{\partial y}\right) = \frac{\partial}{\partial x}\left(\frac{\partial w}{\partial y}\right)\frac{\partial x}{\partial r} + \frac{\partial}{\partial y}\left(\frac{\partial w}{\partial y}\right)\frac{\partial y}{\partial r}$$

$$= \frac{\partial^2 w}{\partial x\,\partial y}(2r) + \frac{\partial^2 w}{\partial y^2}(2s)$$

將這些式子代入式 (1)，因為 $f_{xy} = f_{yx}$ 且連續，所以

$$\frac{\partial^2 w}{\partial r^2} = 2\frac{\partial w}{\partial x} + 2r\left(2r\frac{\partial^2 w}{\partial x^2} + 2s\frac{\partial^2 w}{\partial y\,\partial x}\right) + 2s\left(2r\frac{\partial^2 w}{\partial x\,\partial y} + 2s\frac{\partial^2 w}{\partial y^2}\right)$$

$$= 2\frac{\partial w}{\partial x} + 4r^2\frac{\partial^2 w}{\partial x^2} + 8rs\frac{\partial^2 w}{\partial x\,\partial y} + 4s^2\frac{\partial^2 w}{\partial y^2}$$

## 隱微分

多變數函數可使用連鎖規則並以隱函數的方式求函數的導數。現在考慮兩種情形：

第一種情形，假設式子 $F(x, y) = 0$ 經由式子 $y = f(x)$ 定義 $x$ 的可微分函數 $f$，其中 $F$ 為可微分函數。若 $w = F(x, y) = 0$，等號兩邊同時對 $x$ 微分，則

$$\frac{\partial w}{\partial x} = \frac{\partial F}{\partial x} + \frac{\partial F}{\partial y}\frac{dy}{dx} = 0$$

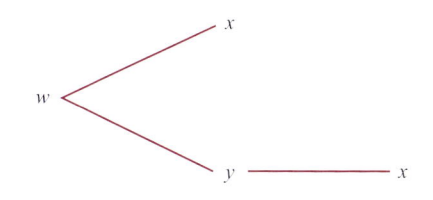

（圖 12.47）。所以

$$\frac{dy}{dx} = -\frac{\dfrac{\partial F}{\partial x}}{\dfrac{\partial F}{\partial y}} = -\frac{F_x}{F_y}, \quad F_y \neq 0$$

**圖 12.47**
樹狀圖顯示 $w$ 直接與 $x$ 有關和經由 $y$ 與 $x$ 有關

摘要此結論如下。

**定理 3　隱微分：一個自變數**

假設式子 $F(x, y) = 0$ 以隱函數的方式定義 $y$ 為 $x$ 的可微分函數，其中 $F$ 可微分，則

$$\frac{dy}{dx} = -\frac{F_x(x,y)}{F_y(x,y)}, \quad F_y(x,y) \neq 0 \tag{2}$$

**例題 7** 已知 $x^3 + xy + y^2 = 4$，求 $\dfrac{dy}{dx}$。

**解** 給予之式子可寫成

$$F(x,y) = x^3 + xy + y^2 - 4 = 0$$

由式 (2) 直接可得

$$\frac{dy}{dx} = -\frac{F_x}{F_y} = -\frac{3x^2 + y}{x + 2y} \qquad \blacksquare$$

第二種情形，假設式子 $F(x, y, z) = 0$ 經由式子 $z = f(x, y)$ 定義 $x$ 與 $y$ 的可微分函數 $f$，其中 $F$ 是可微分函數。若 $w = F(x, y, z) = 0$，等號兩邊同時對 $x$ 微分，則

$$\frac{\partial w}{\partial x} = \frac{\partial F}{\partial x} + \frac{\partial F}{\partial z}\frac{\partial z}{\partial x} = F_x + F_z\frac{\partial z}{\partial x} = 0$$

（圖 12.48），所以

$$\frac{\partial z}{\partial x} = -\frac{F_x}{F_z}$$

附帶 $F_z \neq 0$。

同理

$$\frac{\partial z}{\partial y} = -\frac{F_y}{F_z}, \quad F_z \neq 0$$

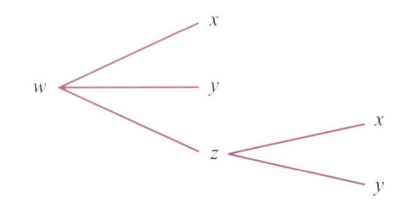

| 圖 12.48
$w$ 直接與 $x$ 和 $y$ 有關並經由 $z$ 與 $x$ 和 $y$ 有關

---

**定理 4　隱微分：兩個自變數**

假設式子 $F(x, y, z) = 0$ 以隱函數的方式定義 $z$ 為 $x$ 與 $y$ 的可微分函數，其中 $F$ 可微分。若 $F_z(x, y, z) \neq 0$，則

$$\frac{\partial z}{\partial x} = -\frac{F_x(x,y,z)}{F_z(x,y,z)} \quad \text{與} \quad \frac{\partial z}{\partial y} = -\frac{F_y(x,y,z)}{F_z(x,y,z)} \tag{3}$$

---

**例題 8** 已知 $2x^2 z - 3xy^2 + yz - 8 = 0$，求 $\dfrac{\partial z}{\partial x}$ 與 $\dfrac{\partial z}{\partial y}$。

**解** 令 $F(x, y, z) = 2x^2 z - 3xy^2 + yz - 8 = 0$，由式 (3)得到

$$\frac{\partial z}{\partial x} = -\frac{F_x(x,y,z)}{F_z(x,y,z)} = -\frac{4xz - 3y^2}{2x^2 + y} = \frac{3y^2 - 4xz}{2x^2 + y}$$

與

$$\frac{\partial z}{\partial y} = -\frac{F_y(x,y,z)}{F_z(x,y,z)} = -\frac{-6xy + z}{2x^2 + y} = \frac{6xy - z}{2x^2 + y}$$

## 12.5 習題

1-4 題，應用連鎖規則求 $dw/dt$。

1. $w = x^2 - y^2$, $x = t^2 + 1$, $y = t^3 + t$
2. $w = r\cos s + s\sin r$, $r = e^{-2t}$, $s = t^3 - 2t$
3. $w = 2x^3 y^2 z$, $x = t$, $y = \cos t$, $z = t\sin t$
4. $w = \tan^{-1} xz + \dfrac{z}{y}$, $x = t$, $y = t^2$, $z = \sinh t$

5-7 題，應用連鎖規則求 $\partial w/\partial u$ 與 $\partial w/\partial v$。

5. $w = x^3 + y^3$, $x = u^2 + v^2$, $y = 2uv$
6. $w = e^x \cos y$, $x = \ln(u^2 + v^2)$, $y = \sqrt{uv}$
7. $w = x\tan^{-1} yz$, $x = \sqrt{u}$, $y = e^{-2v}$, $z = v\cos u$

8-9 題，寫出使用樹狀圖並求指定的導數之連鎖規則。

8. $w = f(r, s, u, v)$, $r = g(t)$, $s = h(t)$, $u = p(t)$, $v = q(t)$; $\dfrac{dw}{dt}$
9. $w = f(x, y, z)$, $x = g(r, s, t)$, $y = h(r, s, t)$, $z = p(r, s, t)$; $\dfrac{\partial w}{\partial t}$

10-13 題，應用連鎖規則求指定的導數。

10. $w = x^2 + xy + y^2 + z^3$, $x = 2t$, $y = e^t$, $z = \cos 2t$; $\dfrac{dw}{dt}$
11. $u = \dfrac{x}{x^2 + y^2}$, $x = \sec 2t$, $y = \tan t$; $\left.\dfrac{du}{dt}\right|_{t=0}$
12. $u = x\csc yz$, $x = rs$, $y = s^2 t$, $z = \dfrac{s}{t^2}$; $\dfrac{\partial u}{\partial s}$ 與 $\dfrac{\partial u}{\partial t}$
13. $w = \dfrac{x^2 y}{z^2}$, $x = re^{st}$, $y = se^{rt}$, $z = e^{rst}$; $\dfrac{\partial w}{\partial r}$ 與 $\dfrac{\partial w}{\partial t}$，其中 $r = 1$, $s = 2$ 與 $t = 0$。
14. 已知
$$\begin{cases} x = u^2 + v^2 \\ y = u^2 - v^2 \end{cases}$$

求 $\partial u/\partial x$, $\partial u/\partial y$, $\partial v/\partial x$ 與 $\partial v/\partial y$。

15-16 題，使用式 (2) 求 $dy/dx$。

15. $x^3 - 2xy + y^3 = 4$
16. $2x^2 + 3\sqrt{xy} - 2y = 4$

17-18 題，使用式 (3) 求 $\partial z/\partial x$ 與 $\partial z/\partial y$。

17. $x^2 + xy - x^2 z + yz^2 = 0$
18. $xe^y + ye^{xz} + x^2 e^{y/x} = 10$
19. 已知 $x^3 + y^3 - 3axy = 0$，$a > 0$，求 $dy/dx$。
20. $A$ 車由北方向十字路口前進並且 $B$ 車由東方向同一個十字路口前進。於某個時間點，$A$ 車距離該十字路口 0.4 哩並以 45 mph 前進，而 $B$ 車距離該十字路口 0.3 哩並以 30 mph 前進。試問兩車之間的距離變化多快？
21. 由 $n$ 個電阻器並聯之總電阻 $R$（以歐姆計）是
$$\frac{1}{R} = \frac{1}{R_1} + \frac{1}{R_2} + \cdots + \frac{1}{R_n}$$
其中各個電阻器的電阻分別為 $R_1, R_2, \ldots, R_n$ 歐姆。證明
$$\frac{\partial R}{\partial R_k} = \left(\frac{R}{R_k}\right)^2$$
22. 令 $u = f(x, y)$，其中 $x = e^r \cos\theta$ 與 $y = e^r \sin\theta$。證明
$$\left(\frac{\partial u}{\partial x}\right)^2 + \left(\frac{\partial u}{\partial y}\right)^2 = e^{-2r}\left[\left(\frac{\partial u}{\partial r}\right)^2 + \left(\frac{\partial u}{\partial \theta}\right)^2\right]$$
23. 令 $z = f(x, y)$，其中 $x = u - v$ 與 $y = v - u$。證明
$$\frac{\partial z}{\partial u} + \frac{\partial z}{\partial v} = 0$$
24. 已知 $z = f(x + at) + g(x - at)$，證明 $z$ 滿足波方程式
$$\frac{\partial^2 z}{\partial t^2} = a^2 \frac{\partial^2 z}{\partial x^2}$$

提示：令 $u = x + at$ 與 $v = x - at$

25. 若對於每個 $t$，函數 $f(tx, ty) = t^n f(x, y)$，則此 $f$ 是 $n$ 階齊次的（homogeneous of degree $n$），其中 $n$ 為整數。證明若 $f$ 是 $n$ 階齊次的，則

$$x \frac{\partial f}{\partial x} + y \frac{\partial f}{\partial y} = nf$$

提示：對給予之方程式等號的兩邊同時對 $t$ 微分。

26-27 題，求 $f$ 的齊次階數，並證明 $f$ 滿足式子

$$x \frac{\partial f}{\partial x} + y \frac{\partial f}{\partial y} = nf \quad \text{習題 25 題}$$

26. $f(x, y) = \dfrac{xy^2}{\sqrt{x^2 + y^2}}$  27. $f(x, y) = e^{x/y}$

28. **a.** 已知隱方程式 $f(x, y) = 0$，應用隱微分求 $d^2y/dx^2$ 之表示（假設 $f$ 的二次偏導數連續）。
    **b.** 假設 $x^3 + y^3 - 3xy = 0$，使用 (a) 求 $d^2y/dx^2$，試問它的定義域為何？

29 題，判斷下列敘述是對或是錯。如果它是對，解釋你的理由。如果它是錯，請解釋你的理由或舉例說明。

29. 若 $F(x, y) = 0$，其中 $F$ 可微分，則

$$\frac{dx}{dy} = -\frac{F_y(x, y)}{F_x(x, y)}$$

附帶 $F_x(x, y) \neq 0$。

## 12.6　方向導數與梯度向量

研究某特定物質的熱傳導特性，是將此物質的薄長方平板的一角加熱。假設將此平板加熱的一角置於 $xy$ 坐標平面的原點，如圖 12.49 所示，並且在此平板上任意點 $(x, y)$ 之溫度為 $T = f(x, y)$。

由之前所學的方法直接計算 $\partial f/\partial x$ 即可得在 $(x, y)$ 處 $x$ 方向的溫度變化率。同樣地，$\partial f/\partial y$ 表示在 $(x, y)$ 處 $y$ 方向溫度 $T$ 的變化率。然而若移動方向改變為其他方向，試問此溫度變化多快？

本節中，我們將回答這個現象的問題。一般而言，我們更有興趣在求 $f$ 在特定方向之變化率的問題。

### ▪ 方向導數

由直觀上看問題，假設 $f$ 是定義為 $z = f(x, y)$ 的函數，並令 $P(a, b)$ 為 $f$ 定義域 $D$ 內的點又令 $\mathbf{u}$ 是特定方向的單位（位置）向量，則包含經過 $P(a, b)$ 並與 $\mathbf{u}$ 同向的直線 $L$ 之垂直平面與曲面 $z = f(x, y)$ 沿著曲線 $C$ 相交（圖 12.50）。直觀上，在 $P(a, b)$ 點並沿著 $L$ 測量

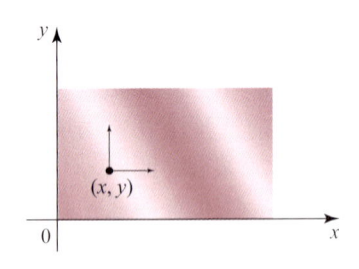

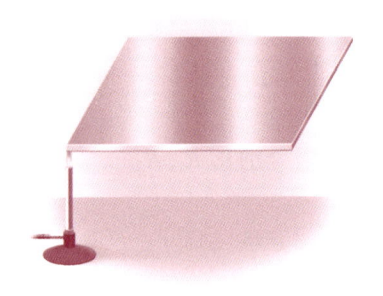

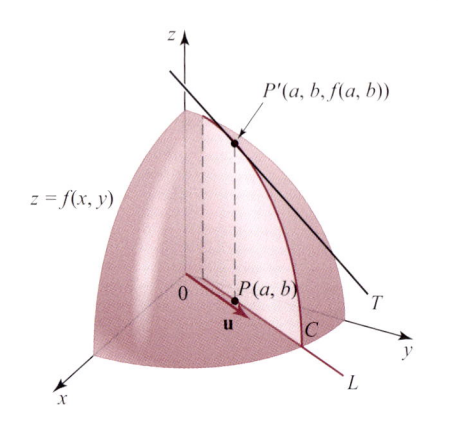

| 圖 12.49
在 $(x, y)$ 處的溫度為 $T = f(x, y)$

| 圖 12.50
在 $P(a, b)$ 點並沿著 $L$ 測量的 $z$ 之變化率為切線 $T$ 之斜率

的 $z$ 之變化率為曲線 $C$ 在 $P'(a, b, f(a, b))$ 處切線 $T$ 之斜率。

現在求 $T$ 的斜率。對於適當的分量 $u_1$ 與 $u_2$，**u** 可寫成 $\mathbf{u} = u_1 \mathbf{i} + u_2 \mathbf{j}$。它等價於，用給予之角 $\theta$ 與 $x$ 軸之正向表示之 **u**，亦即，$u_1 = \cos\theta$ 與 $u_2 = \sin\theta$（圖 12.51）。

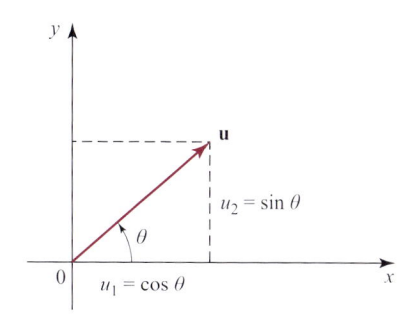

接著令 $Q(a + \Delta x, b + \Delta y)$ 為經過 $P(a, b)$ 之直線上異於 $P$ 並與 **u** 同向的點（圖 12.52）。

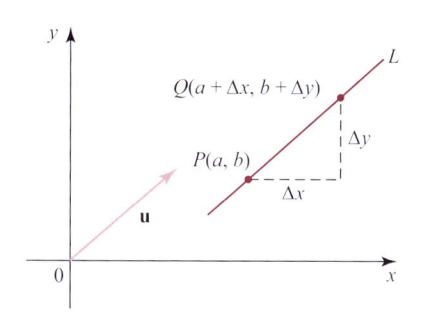

$\overrightarrow{PQ}$ 平行於 **u**，所以它是 **u** 的常數倍。換言之，存在非零之數 $h$，使得

$$\overrightarrow{PQ} = h\mathbf{u} = hu_1\mathbf{i} + hu_2\mathbf{j}$$

但是 $\overrightarrow{PQ}$ 也可表示為 $\Delta x \mathbf{i} + \Delta y \mathbf{j}$，所以

$$\Delta x = hu_1, \quad \Delta y = hu_2 \quad 與 \quad h = \sqrt{(\Delta x)^2 + (\Delta y)^2}$$

故 $Q$ 可表示為 $Q(a + hu_1, b + hu_2)$。因此經過 $P'$ 點與 $Q'$ 點（圖 12.53）之割線 $S$ 的斜率為

$$\frac{\Delta z}{h} = \frac{f(a + hu_1, b + hu_2) - f(a, b)}{h} \tag{1}$$

觀察得知，式 (1) 也給予 $z = f(x, y)$ 從 $P(a, b)$ 到 $Q(a + \Delta x, b + \Delta y) = Q(a + hu_1, b + hu_2)$ 在 **u** 方向之平均變化率。

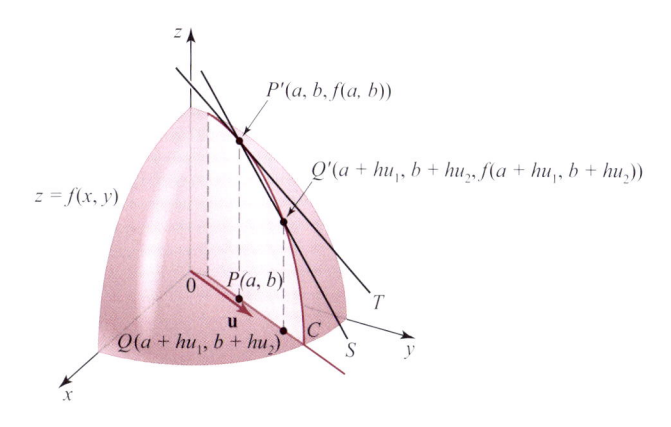

令式 (1) 的 $h$ 逼近零，則此割線 $S$ 的斜率逼近在 $P'$ 處之切線斜率。又 $z$ 之平均變化率逼近 $z$ 在 $(a, b)$ 與 **u** 方向的（瞬間）變化率。此極限若存在，則稱它為 $f$ 在 $(a, b)$ 與 **u** 方向的**方向導數**（directional derivative）。因為 $P(a, b)$ 是任意點，所以可以用 $P(x, y)$ 取代，並定義 $f$ 在任意點之方向導數如下。

### 定義　方向導數

令 $f$ 為 $x$ 與 $y$ 的函數，並令 $\mathbf{u} = u_1\mathbf{i} + u_2\mathbf{j}$ 是單位向量，則當

| **圖 12.51**
平面上任意方向可寫成單位向量 **u** 的表示式

| **圖 12.52**
$Q(a + \Delta x, b + \Delta y)$ 點在 $L$ 上並異於 $P(a, b)$ 點

| **圖 12.53**
割線 $S$ 經過曲線 $C$ 上的 $P'$ 點與 $Q'$ 點

## 歷史傳記

**ADRIEN-MARIE LEGENDRE**
(1752-1833)

由於誕生在富裕的家庭，Adrien-Marie Legendre 得以在巴黎的 Col-lege Mazarin 受教育，在那裡他接受了一些當代有名數學家的指導。1782 年 Legendre 因其「決定砲彈與炸彈的運動軌跡」與「求拋射物不同初速度與角度之範圍的規則」的研究成果獲 Berlin Academy 頒獎。Legendre 的這個研究工作受到著名數學家 Pierre Lagrange 與 Simon Laplace 的注意，也因此開始了他的研究生涯。Legendre 在天體力學、數論、與橢圓函數理論等方面都有重要的貢獻。1794 年 Legendre 發表了 *Elements de geometrie*，這本書是 Euclid 的 *Elements* 一書的簡化版，成為其後 100 年歐陸與美國初等幾何學的標準教科書。Legendre 是歐氏幾何的忠實擁護者，且拒絕接受非歐氏幾何。他花了近 30 年的時間企圖證明歐氏的平行假說（Euclid's parallel postulate）。Legendre 的研究生涯中遭遇過許多障礙，包括法國大革命、Laplace 對他的忌妒，及他與 Carl Friedrich Gauss 間關於優先權的爭論。1824 年 Legendre 拒絕投票給政府推薦給 Institut National des Sciences et des Arts 的候選人；結果政府不再支付他的退休金，使得他 1833 年死於貧窮。

$$D_{\mathbf{u}}f(x, y) = \lim_{h \to 0} \frac{f(x + hu_1, y + hu_2) - f(x, y)}{h} \quad (2)$$

存在，它就是 $f$ 在 $(x, y)$ 處與 $\mathbf{u}$ 方向之方向導數 $\mathbf{u}$。

**註** 若 $\mathbf{u} = \mathbf{i}$（$u_1 = 1$ 與 $u_2 = 0$），則由式 (2) 得到

$$D_{\mathbf{i}}f(x, y) = \lim_{h \to 0} \frac{f(x + h, y) - f(x, y)}{h} = f_x(x, y)$$

亦即，如所期待的，$f$ 在 $x$ 方向的方向導數為 $f$ 在 $x$ 方向的偏導數。同理，我們也可證明 $D_{\mathbf{j}}f(x, y) = f_y(x, y)$。

下面的定理有助於計算函數的方向導數，不需透過方向導數的定義。尤其是，它將 $f$ 的方向導數用偏導數 $f_x$ 與 $f_y$ 表示。

### 定理 1

若 $f$ 是 $x$ 與 $y$ 的可微分函數，則 $f$ 在任意單位向量 $\mathbf{u} = u_1\mathbf{i} + u_2\mathbf{j}$ 方向之方向導數為

$$D_{\mathbf{u}}f(x, y) = f_x(x, y)u_1 + f_y(x, y)u_2 \quad (3)$$

**證明** 固定 $(a, b)$ 點，則定義為

$$g(h) = f(a + hu_1, b + hu_2)$$

之函數 $g$ 是單變數 $h$ 的函數。由導數的定義得知

$$g'(0) = \lim_{h \to 0} \frac{g(h) - g(0)}{h} = \lim_{h \to 0} \frac{f(a + hu_1, b + hu_2) - f(a, b)}{h}$$

$$= D_{\mathbf{u}}f(a, b)$$

又 $g$ 可寫成 $g(h) = f(x, y)$，其中 $x = a + hu_1$ 與 $y = b + hu_2$，所以由連鎖規則得到

$$g'(h) = \frac{\partial f}{\partial x}\frac{dx}{dh} + \frac{\partial f}{\partial y}\frac{dy}{dh} = f_x(x, y)u_1 + f_y(x, y)u_2$$

尤其是當 $h = 0$，$x = a$ 與 $y = b$，所以

$$g'(0) = f_x(a, b)u_1 + f_y(a, b)u_2$$

將此式與之前得到的 $g'(0)$ 做比較，得到

$$D_{\mathbf{u}}f(a, b) = f_x(a, b)u_1 + f_y(a, b)u_2$$

最後因為 $(a, b)$ 是任意的，所以用 $(x, y)$ 替代即得證。

**例題 1** 求 $f(x, y) = 4 - 2x^2 - y^2$ 在 $(1, 1)$ 點與單位向量 **u** 方向之方向導數，其中 **u** 與 $x$ 軸正向之夾角為 $\pi/3$。

**解** 因為
$$\mathbf{u} = \cos\left(\frac{\pi}{3}\right)\mathbf{i} + \sin\left(\frac{\pi}{3}\right)\mathbf{j} = \frac{1}{2}\mathbf{i} + \frac{\sqrt{3}}{2}\mathbf{j}$$

所以 $u_1 = \frac{1}{2}$ 與 $u_2 = \frac{\sqrt{3}}{2}$。由式 (3) 得知
$$D_{\mathbf{u}}f(x, y) = f_x(x, y)u_1 + f_y(x, y)u_2$$
$$= (-4x)\left(\frac{1}{2}\right) + (-2y)\left(\frac{\sqrt{3}}{2}\right) = -(2x + \sqrt{3}y)$$

特別是
$$D_{\mathbf{u}}f(1, 1) = -(2 + \sqrt{3}) \approx -3.732$$

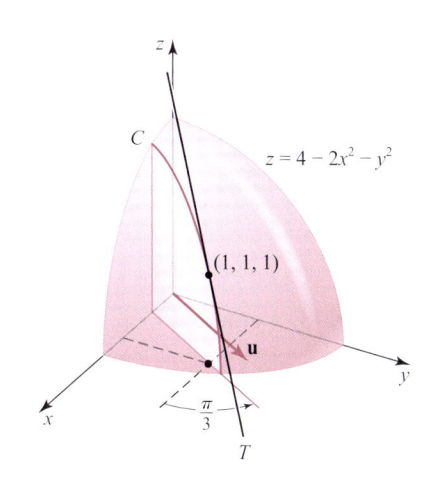

（圖 12.54。）

| 圖 **12.54**
曲線 $C$ 在 $(1, 1, 1)$ 處的切線斜率大約是 $-3.732$

**例題 2** 求 $f(x, y) = e^x \cos 2y$ 在 $\left(0, \frac{\pi}{4}\right)$ 處與 $\mathbf{v} = 2\mathbf{i} + 3\mathbf{j}$ 方向之方向導數。

**解** 與 **v** 同向之單位向量為
$$\mathbf{u} = \frac{\mathbf{v}}{|\mathbf{v}|} = \frac{2}{\sqrt{13}}\mathbf{i} + \frac{3}{\sqrt{13}}\mathbf{j}$$

將 $u_1 = 2/\sqrt{13}$ 與 $u_2 = 3/\sqrt{13}$ 代入式 (3) 得到
$$D_{\mathbf{u}}f(x, y) = f_x(x, y)u_1 + f_y(x, y)u_2$$
$$= (e^x \cos 2y)\left(\frac{2}{\sqrt{13}}\right) + (-2e^x \sin 2y)\left(\frac{3}{\sqrt{13}}\right)$$

所以
$$D_{\mathbf{u}}f\left(0, \frac{\pi}{4}\right) = \left(e^0 \cos \frac{\pi}{2}\right)\left(\frac{2}{\sqrt{13}}\right) - 2(e^0)\left(\sin \frac{\pi}{2}\right)\left(\frac{3}{\sqrt{13}}\right)$$
$$= -\frac{6}{\sqrt{13}} = -\frac{6\sqrt{13}}{13}$$

## 兩個變數函數的梯度

方向導數 $D_{\mathbf{u}}f(x, y)$ 可寫成單位向量
$$\mathbf{u} = u_1\mathbf{i} + u_2\mathbf{j}$$

與向量
$$f_x(x, y)\mathbf{i} + f_y(x, y)\mathbf{j}$$

的內積。所以

$$D_{\mathbf{u}}f(x, y) = (u_1\mathbf{i} + u_2\mathbf{j}) \cdot [f_x(x, y)\mathbf{i} + f_y(x, y)\mathbf{j}]$$
$$= f_x(x, y)u_1 + f_y(x, y)u_2$$

向量 $f_x(x, y)\mathbf{i} + f_y(x, y)\mathbf{j}$ 在許多其他計算中扮演重要角色，並被給予特殊名稱。

---

**定義　兩個變數函數的梯度**

令 $f$ 為兩個變數 $x$ 與 $y$ 的函數，$f$ 的**梯度**（gradient）是向量函數

$$\nabla f(x, y) = f_x(x, y)\mathbf{i} + f_y(x, y)\mathbf{j}$$

---

註

1. $\nabla f$ 唸做 "del $f$"。
2. $\nabla f(x, y)$ 有時可寫成 **grad** $f(x, y)$。

**例題 3**　求 $f(x, y) = x \sin y + y \ln x$ 在 $(e, \pi)$ 處的梯度。

**解**　因為

$$f_x(x, y) = \sin y + \frac{y}{x} \text{ 和 } f_y(x, y) = x \cos y + \ln x$$

所以

$$\nabla f(x, y) = f_x(x, y)\mathbf{i} + f_y(x, y)\mathbf{j}$$
$$= \left(\sin y + \frac{y}{x}\right)\mathbf{i} + (x \cos y + \ln x)\mathbf{j}$$

故 $f$ 在 $(e, \pi)$ 處的梯度為

$$\nabla f(e, \pi) = \left(\sin \pi + \frac{\pi}{e}\right)\mathbf{i} + (e \cos \pi + \ln e)\mathbf{j}$$
$$= \frac{\pi}{e}\mathbf{i} + (1 - e)\mathbf{j}$$

定理 1 可被改寫成 $f$ 的梯度如下。

---

**定理 2**

若 $f$ 是 $x$ 與 $y$ 的可微分函數，則 $f$ 在任意單位向量 $\mathbf{u}$ 的方向上有方向導數

$$D_{\mathbf{u}}f(x, y) = \nabla f(x, y) \cdot \mathbf{u} \tag{4}$$

---

式 (4) 的幾何意義如下：假設 $(a, b)$ 為 $xy$ 平面上的固定點，則

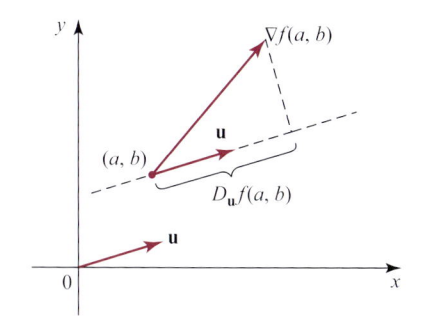

$$D_{\mathbf{u}}f(a,b) = \nabla f(a,b) \cdot \mathbf{u} = \frac{\nabla f(a,b) \cdot \mathbf{u}}{|\mathbf{u}|} \quad \text{因為 } |\mathbf{u}|=1$$

$D_{\mathbf{u}}f(a,b)$ 可被看成沿著 $\mathbf{u}$ 的 $\nabla f(a,b)$ 之純量分量（圖 12.55）。

**例題 4** 已知 $f(x,y) = x^2 - 2xy$。

**a.** 求 $f$ 在 $(1,-2)$ 處的梯度。

**b.** 由 (a) 的結果求 $f$ 在 $(1,-2)$ 處與從 $P(-1,2)$ 到 $Q(2,3)$ 方向之方向導數。

**解**

**a.** $f$ 在任意點 $(x,y)$ 的梯度為

$$\nabla f(x,y) = (2x-2y)\mathbf{i} - 2x\mathbf{j}$$

**b.** $f$ 在 $(1,-2)$ 處的梯度為

$$\nabla f(1,-2) = (2+4)\mathbf{i} - 2\mathbf{j} = 6\mathbf{i} - 2\mathbf{j}$$

所求的方向為向量 $\overrightarrow{PQ} = 3\mathbf{i} + \mathbf{j}$ 之方向，所以單位向量 $\overrightarrow{PQ}$ 為

$$\mathbf{u} = \frac{3}{\sqrt{10}}\mathbf{i} + \frac{1}{\sqrt{10}}\mathbf{j}$$

由式 (4) 可得

$$D_{\mathbf{u}}f(1,-2) = \nabla f(1,-2) \cdot \mathbf{u}$$
$$= (6\mathbf{i} - 2\mathbf{j}) \cdot \left(\frac{3}{\sqrt{10}}\mathbf{i} + \frac{1}{\sqrt{10}}\mathbf{j}\right)$$
$$= \frac{18}{\sqrt{10}} - \frac{2}{\sqrt{10}} = \frac{16}{\sqrt{10}} \approx 5.1$$

即於向量 $\mathbf{u}$ 之方向，每改變一個單位，$f$ 就改變 5.1 個單位。梯度向量 $\nabla f(1,-2)$、單位向量 $\mathbf{u}$ 與 $D_{\mathbf{u}}f(1,-2)$ 展示於圖 12.56。

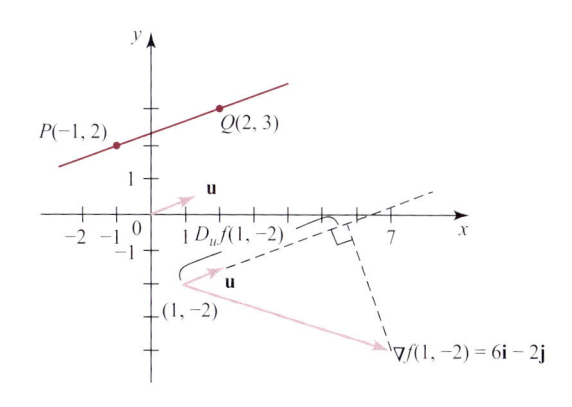

| 圖 12.55
$f$ 在 $(a,b)$ 處與 $\mathbf{u}$ 方向之方向導數為 $f$ 在 $(a,b)$ 處沿著 $\mathbf{u}$ 之純量分量

| 圖 12.56
$D_{\mathbf{u}}f(1,-2)$ 可看成 $\nabla f(1,-2)$ 沿著 $\mathbf{u}$ 之純量分量

## 梯度的特性

下面的定理提供函數梯度的一些重要特性。

> **定理 3　梯度的特性**
> 
> 假設 $f$ 在 $(x, y)$ 處可微分，則
> 1. 若 $\nabla f(x, y) = \mathbf{0}$，則對於每個 $\mathbf{u}$，$D_\mathbf{u} f(x, y) = 0$。
> 2. $D_\mathbf{u} f(x, y)$ 的最大值為 $|\nabla f(x, y)|$，並且它發生在 $\mathbf{u}$ 與 $\nabla f(x, y)$ 同向時。
> 3. $D_\mathbf{u} f(x, y)$ 的最小值為 $-|\nabla f(x, y)|$，並且它發生在 $\mathbf{u}$ 與 $-\nabla f(x, y)$ 同向時。

**證明**　假設 $\nabla f(x, y) = \mathbf{0}$，則對於任意 $\mathbf{u} = u_1\mathbf{i} + u_2\mathbf{j}$，

$$D_\mathbf{u} f(x, y) = \nabla f(x, y) \cdot \mathbf{u} = (0\mathbf{i} + 0\mathbf{j}) \cdot (u_1\mathbf{i} + u_2\mathbf{j}) = \mathbf{0}$$

又 $\nabla f(x, y) \neq \mathbf{0}$，所以

$$D_\mathbf{u} f(x, y) = \nabla f(x, y) \cdot \mathbf{u} = |\nabla f(x, y)||\mathbf{u}|\cos\theta = |\nabla f(x, y)|\cos\theta$$

其中 $\theta$ 為 $\nabla f(x, y)$ 與 $\mathbf{u}$ 之間的夾角。因為 $\cos\theta$ 的最大值為 1 並且它發生在 $\theta = 0$ 時，所以 $D_\mathbf{u} f(x, y)$ 的最大值為 $|\nabla f(x, y)|$，並且它發生在當 $\nabla f(x, y)$ 與 $\mathbf{u}$ 同向時。同理，特性 (3) 的證明由觀察 $\cos\theta$ 在 $\theta = \pi$ 有最小值 $-1$ 即得證。

**註**

1. 定理 3 的特性 (2) 說明 $f$ 在 $\nabla f(x, y)$ 方向遞增（increases）最快。這個方向稱為最陡的上坡。
2. 定理 3 的特性 (3) 說明 $f$ 在 $-\nabla f(x, y)$ 方向遞減（decreases）最快。這個方向稱為最陡的斜坡。

**例題 5**　**最快的下滑**　假設某山丘可用數學模型描述為 $z = f(x, y) = 300 - 0.01x^2 - 0.005y^2$，其中 $x$, $y$ 與 $z$ 都以呎為單位。若人在山丘 $(50, 100, 225)$ 處，則此人要達到最快的下滑，他應以哪個方向急速滑下？試問在該處此山丘高度遞減的最大變化為何？

**解**　「高度」函數的梯度為

$$\nabla f(x, y) = f_x(x, y)\mathbf{i} + f_y(x, y)\mathbf{j} = -0.02x\mathbf{i} - 0.01y\mathbf{j}$$

所以在 $(50, 100, 225)$ 處，$z$ 遞增最大的方向為

$$\nabla f(50, 100) = -\mathbf{i} - \mathbf{j}$$

## 12.6 方向導數與梯度向量

故將平底雪橇指向向量

$$-\nabla f(50, 100) = -(-\mathbf{i} - \mathbf{j}) = \mathbf{i} + \mathbf{j}$$

的方向，就可以達到最快下滑。

在 (50, 100, 225) 處，此山丘高度遞減的最大變化率為

$$|\nabla f(50, 100)| = |-\mathbf{i} - \mathbf{j}| = \sqrt{2}$$

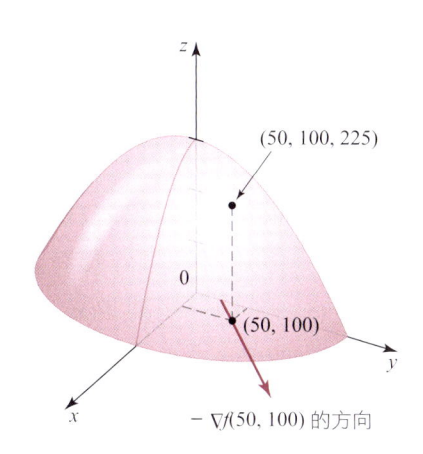

大約 1.41 呎／呎。$f$ 的圖形與最大下滑的方向都展示於圖 12.57。

**圖 12.57**
最大下滑的方向是 $-\nabla f(50, 100)$ 的方向

**例題 6 熱追蹤物體的路徑** 某熱追蹤物體被置於金屬平面上 (2, 3) 處，又此金屬平面上 $(x, y)$ 處的溫度 $T(x, y) = 30 - 8x^2 - 2y^2$。當此物體沿著溫度增加最大的方向之點上連續移動，求它的路徑。

**解** 令此路徑的位置函數為

$$\mathbf{r}(t) = x(t)\mathbf{i} + y(t)\mathbf{j}$$

其中

$$\mathbf{r}(0) = 2\mathbf{i} + 3\mathbf{j}$$

此物體沿著溫度增加最大的方向移動，所以它在時間 $t$ 的速度與時間 $t$ 的 $T$ 之梯度同向。故存在純量函數 $t$ 與常數 $k$，使得 $\mathbf{v}(t) = k\nabla T(x, y)$。但是

$$\mathbf{v}(t) = \mathbf{r}'(t) = \frac{dx}{dt}\mathbf{i} + \frac{dy}{dt}\mathbf{j}$$

且 $\nabla T = -16x\mathbf{i} - 4y\mathbf{j}$，所以

$$\frac{dx}{dt}\mathbf{i} + \frac{dy}{dt}\mathbf{j} = -16kx\mathbf{i} - 4ky\mathbf{j}$$

亦即此系統方程式為

$$\frac{dx}{dt} = -16kx \qquad \frac{dy}{dt} = -4ky$$

故

$$\frac{dy}{dx} = \frac{\frac{dy}{dt}}{\frac{dx}{dt}} = \frac{-4ky}{-16kx} \quad \text{即} \quad \frac{dy}{dx} = \frac{y}{4x}$$

這是一階分離變數的微分方程式。它的解為 $x = Cy^4$，其中 $C$ 為常數。由初始條件 $y(2) = 3$ 可得 $2 = C(3^4)$，即 $C = 2/(81)$。故

$$x = \frac{2y^4}{81}$$

此熱追蹤物體的路徑展示於圖 12.58。∎

於圖 12.58 中觀察到，此路徑與 $T$ 之等位面圖上的某等位線相交，此梯度向量 $\nabla T$ 在該點垂直於該等位線。要知道緣由得參考圖 12.59，它展示某 $k$ 值之函數 $f$ 的等位線 $f(x, y) = k$，且點 $P(x_0, y_0)$ 在此曲線上。若沿著等位線遠離 $P(x_0, y_0)$，則 $f$ 值仍為常數（即 $k$）。合理的推論為當沿著垂直於等位線在 $P(x_0, y_0)$ 之切線方向遠離，則 $f$ 將以最快的速率遞增。然而此方向即為 $\nabla f(x_0, y_0)$ 的方向，將在 12.7 節中說明。

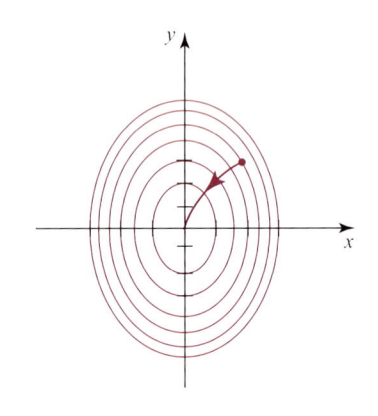

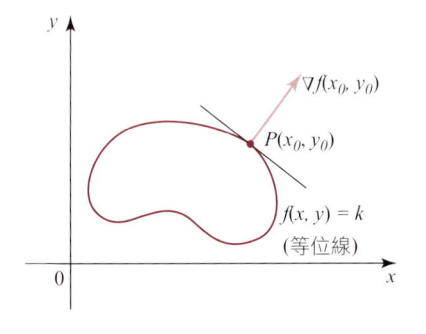

圖 12.58
熱追蹤物體的路徑

圖 12.59
$\nabla f(x_0, y_0)$ 在 $P(x_0, y_0)$ 處垂直於等位線 $f(x, y) = k$

### 三個變數的函數

三個或更多個變數的函數之方向導數與梯度之定義和兩個變數函數的相似。又由兩個變數的函數推導出來的代數結果也適用於更高維度的情形，將它們摘要於下面的定理。

**定理 4　三個變數函數之方向導數與梯度**

令 $f$ 為 $x, y$ 與 $z$ 之可微分函數，並令 $\mathbf{u} = u_1\mathbf{i} + u_2\mathbf{j} + u_3\mathbf{k}$ 為單位向量，則 $f$ 在 $\mathbf{u}$ 方向之方向導數為

$$D_\mathbf{u} f(x, y, z) = f_x(x, y, z)u_1 + f_y(x, y, z)u_2 + f_z(x, y, z)u_3$$

**$f$ 的梯度**（gradient of $f$）為

$$\nabla f(x, y, z) = f_x(x, y, z)\mathbf{i} + f_y(x, y, z)\mathbf{j} + f_z(x, y, z)\mathbf{k}$$

也可寫成

$$D_\mathbf{u} f(x, y, z) = \nabla f(x, y, z) \cdot \mathbf{u}$$

定理 3 的兩個變數函數之梯度特性也適用於三個或多個變數之函數。譬如：$f$ 遞增最快的方向跟 $f$ 的梯度相同且其大小為 $|\nabla f(x, y, z)|$。

**例題 7** 電位能　假設某點電荷 $Q$（以庫倫計）置於三維坐標系統的原點。此電荷產生的電位 $V$（以伏特計）為

$$V(x, y, z) = \frac{kQ}{\sqrt{x^2 + y^2 + z^2}}$$

此處的 $k$ 是正的常數且 $x, y$ 與 $z$ 是以公尺計。

**a.** 求在 $P(1, 2, 3)$ 處與 $\mathbf{v} = 2\mathbf{i} + \mathbf{j} - 2\mathbf{k}$ 方向的位能變化率。

**b.** 試問在 $P$ 的哪個方向，該位能遞增最快？又其遞增的速率為何？

**解**

**a.** 以計算 $V$ 的梯度開始。

$$V_x = \frac{\partial}{\partial x}[kQ(x^2 + y^2 + z^2)^{-1/2}] = kQ\left(-\frac{1}{2}\right)(x^2 + y^2 + z^2)^{-3/2}(2x)$$

$$= -\frac{kQx}{(x^2 + y^2 + z^2)^{3/2}}$$

由對稱形

$$V_y = -\frac{kQy}{(x^2 + y^2 + z^2)^{3/2}} \quad \text{與} \quad V_z = -\frac{kQz}{(x^2 + y^2 + z^2)^{3/2}}$$

得到

$$\nabla V(x, y, z) = V_x\mathbf{i} + V_y\mathbf{j} + V_z\mathbf{k}$$

$$= -\frac{kQ}{(x^2 + y^2 + z^2)^{3/2}}(x\mathbf{i} + y\mathbf{j} + z\mathbf{k})$$

特別是

$$\nabla V(1, 2, 3) = -\frac{kQ}{14^{3/2}}(\mathbf{i} + 2\mathbf{j} + 3\mathbf{k})$$

與 $\mathbf{v} = 2\mathbf{i} + \mathbf{j} - 2\mathbf{k}$ 同向的單位向量為

$$\mathbf{u} = \tfrac{1}{3}(2\mathbf{i} + \mathbf{j} - 2\mathbf{k})$$

由定理 4 得知，$V$ 在 $P(1, 2, 3)$ 與 $\mathbf{v}$ 方向之變化率為

$$D_\mathbf{u}V(1, 2, 3) = \nabla V(1, 2, 3) \cdot \mathbf{u} = -\frac{kQ}{14^{3/2}}(\mathbf{i} + 2\mathbf{j} + 3\mathbf{k}) \cdot \frac{(2\mathbf{i} + \mathbf{j} - 2\mathbf{k})}{3}$$

$$= -\frac{kQ}{(3)(14)\sqrt{14}}(2 + 2 - 6) = \frac{kQ}{21\sqrt{14}} = \frac{\sqrt{14}kQ}{294}$$

換言之，此位能以 $\sqrt{14}\,kQ/294$ 伏特／公尺的速率遞增。

**b.** $V$ 之最大變化率發生在 $V$ 的梯度方向，亦即，向量 $-(\mathbf{i} + 2\mathbf{j} + 3\mathbf{k})$ 的方向。觀察得知此向量由 $P(1, 2, 3)$ 處指向原點。所以在 $P(1, 2, 3)$ 處，$V$ 之最大變化率為

$$|\nabla V(1, 2, 3)| = \left|-\frac{kQ}{14^{3/2}}(\mathbf{i} + 2\mathbf{j} + 3\mathbf{k})\right|$$

$$= \frac{kQ}{14^{3/2}}\sqrt{1 + 4 + 9} = \frac{kQ}{14}$$

即 $kQ/14$ 伏特／米。

## 12.6 習題

1-2 題，求函數 $f$ 在 $P$ 點和單位向量與 $x$ 軸之夾角為 $\theta$ 的方向之方向導數。

1. $f(x, y) = x^3 - 2x^2 + y^3$;　$P(1, 2)$,　$\theta = \dfrac{\pi}{6}$
2. $f(x, y) = (x + 1)e^y$;　$P(3, 0)$,　$\theta = \dfrac{\pi}{2}$

3-5 題，求在 $P$ 點的梯度。

3. $f(x, y) = 2x + 3xy - 3y + 4$;　$P(2, 1)$
4. $f(x, y) = x \sin y + y \cos x$;　$P\left(\dfrac{\pi}{4}, \dfrac{\pi}{2}\right)$
5. $f(x, y, z) = xe^{yz}$;　$P(1, 0, 2)$

6-14 題，求函數 $f$ 在 $P$ 點與 $\mathbf{v}$ 向量的方向之方向導數。

6. $f(x, y) = x^3 - x^2y^2 + xy + y^2$;　$P(1, -1)$
　$\mathbf{v} = \mathbf{i} - 2\mathbf{j}$
7. $f(x, y) = \dfrac{y}{x}$;　$P(3, 1)$,　$\mathbf{v} = -\mathbf{i}$
8. $f(x, y) = \dfrac{x + y}{x - y}$;　$P(2, 1)$,　$\mathbf{v} = -\mathbf{i} + 3\mathbf{j}$
9. $f(x, y) = x \sin^2 y$;　$P\left(-1, \dfrac{\pi}{4}\right)$,　$\mathbf{v} = -2\mathbf{i} + 3\mathbf{j}$
10. $f(x, y, z) = x^2y^3z^4$;　$P(3, -2, 1)$,　$\mathbf{v} = \mathbf{i} + \mathbf{j} + \mathbf{k}$
11. $f(x, y, z) = \sqrt{xyz}$;　$P(4, 2, 2)$,　$\mathbf{v} = 2\mathbf{i} - 4\mathbf{j} + 4\mathbf{k}$
12. $f(x, y, z) = x^2 e^{yz}$;　$P(2, 3, 0)$,　$\mathbf{v} = \mathbf{i} - 2\mathbf{j} + 3\mathbf{k}$
13. $f(x, y, z) = x^2 y \cos 2z$;　$P\left(-1, 2, \dfrac{\pi}{4}\right)$,
　$\mathbf{v} = \mathbf{i} - \mathbf{j} + \mathbf{k}$
14. $f(x, y, z) = x \tan^{-1}\left(\dfrac{y}{z}\right)$;　$P(3, -2, 2)$,
　$\mathbf{v} = \mathbf{i} + 2\mathbf{j} - \mathbf{k}$

15-16 題，求函數 $f$ 在 $P$ 點與從 $P$ 到 $Q$ 的方向之方向導數。

15. $f(x, y) = x^3 + y^3$;　$P(1, 2)$,　$Q(2, 5)$
16. $f(x, y, z) = x \sin(2y + 3z)$;　$P\left(1, \dfrac{\pi}{4}, -\dfrac{\pi}{12}\right)$,
　$Q\left(3, \dfrac{\pi}{2}, -\dfrac{\pi}{4}\right)$

17-18 題，求向量，使得函數 $f$ 在 $P$ 點與它的方向遞增最快速。試問 $f$ 遞增的最大速率為何？

17. $f(x, y) = \sqrt{2x + 3y^2}$;　$P(3, 2)$
18. $f(x, y, z) = x^3 + 2xz + 2yz^2 + z^3$;　$P(-1, 3, 2)$

19-20 題，求向量，使得函數 $f$ 在 $P$ 點與它的方向遞減最快速。試問 $f$ 遞減的最大速率為何？

19. $f(x, y) = \tan^{-1}(2x + y)$;　$P(0, 0)$
20. $f(x, y, z) = \dfrac{x}{y} + \dfrac{y}{z}$;　$P(1, -1, 2)$

21. 某山丘的高度（呎）為
$$h(x, y) = 20(16 - 4x^2 - 3y^2 + 2xy + 28x - 18y)$$
此處 $x$（哩）表示它位於 Bolton 東方的距離與 $y$（哩）表示它位於 Bolton 北方的距離。試問山丘上位於 Bolton 東方 1 哩與北方 1 哩處最陡峭的方向為何？於該處最陡峭的斜率為何？

22. **最陡峭斜坡的路徑**　圖中展示 620 呎高之山丘地形圖與以 100 呎為間隔的等高線圖。

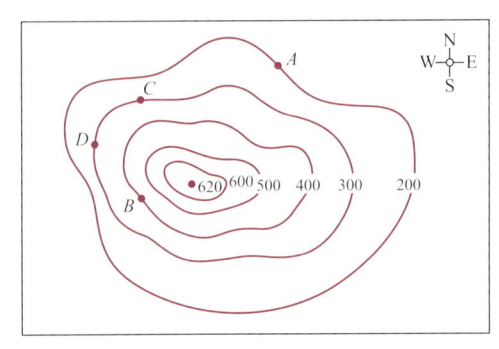

   a. 假設某人由 $A$ 處出發並往西南方前進，試問此人是往上、往下或既非往上也非往下前進？若由 $B$ 處出發又會是什麼情形？
   b. 假設某人由 $C$ 處出發並往西方前進，試問此人是往上、往下或既非往上也非往下前進？
   c. 假設某人由 $D$ 處出發並要以最陡峭的方向往上爬，試問他應以哪個方向前進？
   d. 假設某人要以最平緩的方向爬上山頂，試問他應從東方或從西方出發？

23. 令 $T(x, y, z)$ 表示空間中 $R$ 區域在 $P(x, y, z)$ 處的溫度。若 $T$ 的等溫線都是同心球，證明該溫度的梯度 $\nabla T$ 不是指向球心就是背向球心。
   提示：$T$ 的等溫線為一個集合，其內各點的 $T$ 都相同。

24. 圖中展示兩個變數 $x$ 與 $y$ 的函數 $f$ 之等高線圖。使用它來估算 $f$ 在 $P_0$ 處與指定的方向之方向導數。

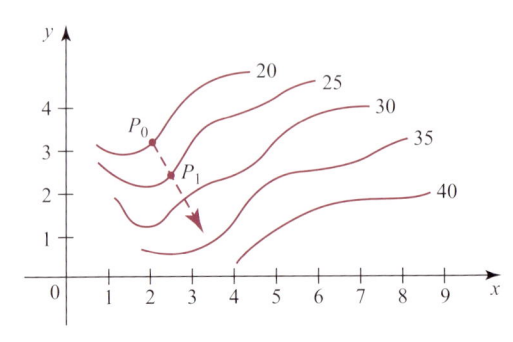

   提示：若指定方向的單位向量為 $\mathbf{u}$，則
   $$D_{\mathbf{u}} f(P_0) \approx \dfrac{f(P_1) - f(P_0)}{d(P_0, P_1)}$$

此處 $f(P_i)$ 表示 $f$ 在 $P_i$（$i = 0, 1$）處的值並且 $d(P_0, P_1)$ 表示 $P_0$ 與 $P_1$ 之間的距離。

25. 假設 $f$ 是可微分的，並假設 $f$ 在原點與從原點到 $(-3, 4)$ 點之方向的方向導數達到最大值 5。求 $\nabla f(0, 0)$。

26-27 題，判斷下列敘述是對或是錯。如果它是對，解釋你的理由。如果它是錯，請解釋你的理由或舉例說明。

26. 若 $f$ 在每一點都可微分，則在任意點並給予之方向的方向導數只與此方向以及在該點之偏導數 $f_x$ 與 $f_y$ 有關。

27. $D_\mathbf{u}f(x, y)$ 的最大值為 $\sqrt{f_x^2(x, y) + f_y^2(x, y)}$。

## 12.7 切平面與法線

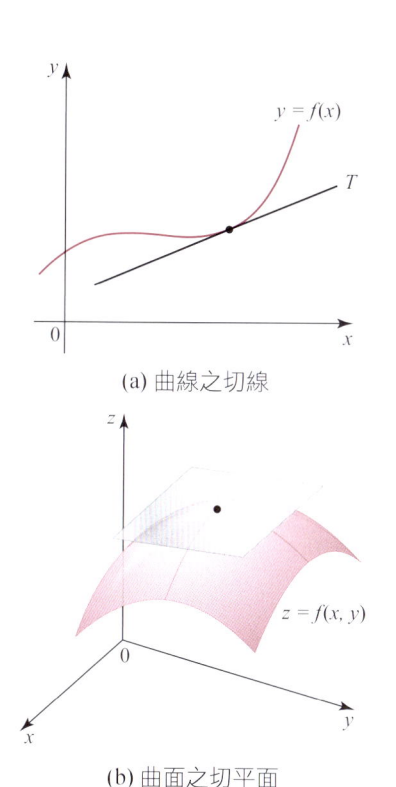

學習曲線上的切線斜率令人讚嘆的理由之一為該曲線可以由靠近切點附近的切線來近似（圖 12.60）。回答有關曲線靠近切點的問題可間接地由分析切線得到而不是直接研究該曲線才能得到，這樣比較簡單。回顧之前的，使用函數的微分估算該函數之變化與使用牛頓法求函數的零根都是以觀察為基礎。

研究空間中曲面之切平面的動機與研究曲線之切線的相同：靠近切點附近，曲面可由切平面來近似（圖 12.60）。之後我們將證明使用微分近似 $z = f(x, y)$ 之變化與使用切平面上 $z$ 的改變來近似該變化是一樣的。

(a) 曲線之切線

(b) 曲面之切平面

| 圖 12.60
靠近切點附近，曲線由切線近似與曲面由切平面近似

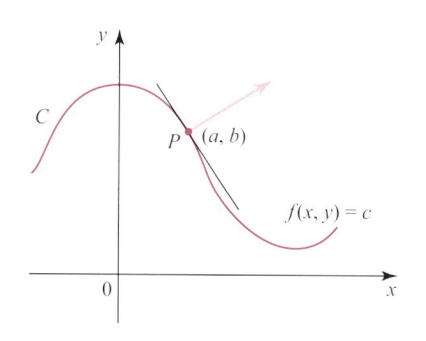

### 梯度的幾何意義

我們以梯度的幾何意義開始，此向量於求曲面之切平面過程中扮演主要的角色。

假設平面上任意點 $(x, y)$ 的溫度 $T$ 為函數 $f$；亦即，$T = f(x, y)$，則等高線 $f(x, y) = c$ 為平面上溫度都為 $c$ 的點組成的集合，此處 $c$ 為常數（圖 12.61）。記得此曲線稱為等溫線。

當我們在 $P(a, b)$ 處並想要感受溫度遞增最快，則我們應往哪個方向移動？因為沿著 $C$ 移動時溫度不會改變，所以合理的推論為，往垂直於 $C$ 在 $P$ 處之切線的方向移動即可感受到溫度遞增最快。然而如 12.6 節，此函數 $f$（此處為溫度）增加最快的方向為它的梯度 $\nabla f(a, b)$。這些觀察說明 $\nabla f(a, b)$ 垂直於等溫線 $f(x, y) = c$ 在 $P$ 處之切線。這正是下面要說明的情形：

若 $C$ 表示為

$$\mathbf{r}(t) = g(t)\mathbf{i} + h(t)\mathbf{j}$$

此處的 $g$ 與 $h$ 都是可微分的函數，又 $a = g(t_0)$ 與 $b = h(t_0)$，且 $t_0$ 在參數區間內（圖 12.62）。對於參數區間內所有 $t$，$(x, y) = (g(t), h(t))$

| 圖 12.61
定義為 $f(x, y) = c$ 的等高線 $C$ 是條等溫線

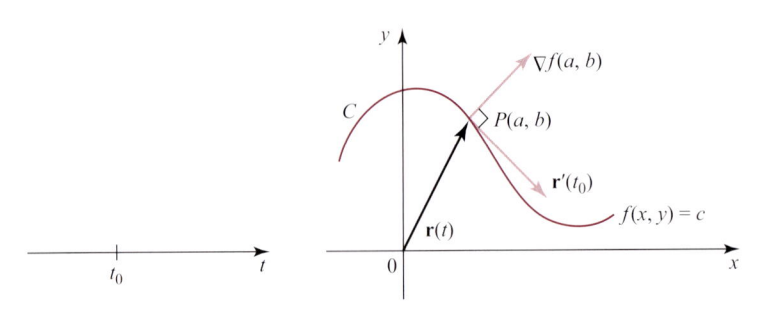

在 C 上，所以
$$f(g(t), h(t)) = c$$

**圖 12.62**
曲線 C 可表示為
$\mathbf{r}(t) = x\mathbf{i} + y\mathbf{j} = g(t)\mathbf{i} + h(t)\mathbf{j}$

此式子等號兩邊同時對 t 微分，並使用兩個變數之連鎖規則，可得

$$\frac{\partial f}{\partial x}\frac{dx}{dt} + \frac{\partial f}{\partial y}\frac{dy}{dt} = 0$$

記得

$$\nabla f(x, y) = \frac{\partial f}{\partial x}\mathbf{i} + \frac{\partial f}{\partial y}\mathbf{j} \quad \text{與} \quad \mathbf{r}'(t) = \frac{dx}{dt}\mathbf{i} + \frac{dy}{dt}\mathbf{j}$$

最後一式可寫成

$$\nabla f(x, y) \cdot \mathbf{r}'(t) = 0$$

當 $t = t_0$，

$$\nabla f(a, b) \cdot \mathbf{r}'(t_0) = 0$$

所以 $\mathbf{r}'(t_0) \neq \mathbf{0}$ 時，$\nabla f(a, b)$ 在 $P(a, b)$ 處與切向量 $\mathbf{r}'(t_0)$ 正交。此說明如下：

> $\nabla f$ 在 P 與等高線 $f(x, y) = c$ 正交。 圖 12.62

**例題 1** 已知 $f(x, y) = x^2 - y^2$。求經過 (5, 3) 點的等高線和 f 的梯度，並繪畫等高線和 f 的梯度向量圖形。

**解** 因為 $f(5, 3) = 25 - 9 = 16$，所求的等高線為雙曲線 $x^2 - y^2 = 16$。
在任意 (x, y) 處之 f 梯度為

$$\nabla f(x, y) = 2x\mathbf{i} - 2y\mathbf{j}$$

尤其是在 (5, 3) 處的 f 梯度為

$$\nabla f(5, 3) = 10\mathbf{i} - 6\mathbf{j}$$

等高線與 $\nabla f(5, 3)$ 都展示於圖 12.63。

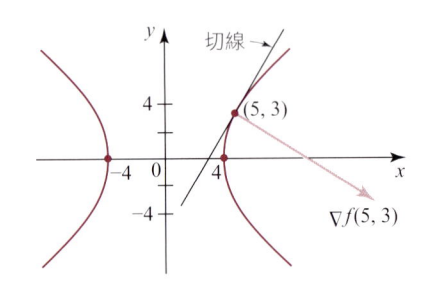

**圖 12.63**
梯度 $\nabla f(5, 3)$ 在 (5, 3) 處與曲線 $x^2 - y^2 = 16$ 正交

**例題 2** 參考例題 1。求曲線 $x^2 - y^2 = 16$ 在 $(5, 3)$ 處的法線方程式與切線方程式。

**解** 將曲線 $x^2 - y^2 = 16$ 看成函數 $f(x, y) = x^2 - y^2$ 的等高線 $f(x, y) = k$，此處 $k = 16$。由例題 1 得知 $\nabla f(5, 3) = 10\mathbf{i} - 6\mathbf{j}$。因為此梯度在 $(5, 3)$ 處垂直於曲線 $x^2 - y^2 = 16$（圖 12.63），所以所求的法線斜率為

$$m_1 = -\frac{6}{10} = -\frac{3}{5}$$

且此法線方程式為

$$y - 3 = -\frac{3}{5}(x - 5) \quad 即 \quad y = -\frac{3}{5}x + 6$$

所求的法線斜率為

$$m_2 = -\frac{1}{m_1} = \frac{5}{3}$$

所以切線方程式為

$$y - 3 = \frac{5}{3}(x - 5) \quad 即 \quad y = \frac{5}{3}x - \frac{16}{3} \quad \blacksquare$$

接著假設 $F(x, y, z) = k$ 是定義為 $T = F(x, y, z)$ 之可微分函數 $F$ 的等高曲面 $S$。將 $F$ 看成空間任意 $(x, y, z)$ 處的溫度，並以該應用解釋下面的論述。

若 $P(a, b, c)$ 為 $S$ 上任意點，令 $C$ 為經過 $P$ 點且在 $S$ 上之平滑曲線，則 $C$ 可表示為向量函數

$$\mathbf{r}(t) = f(t)\mathbf{i} + g(t)\mathbf{j} + h(t)\mathbf{k}$$

此處 $f(t_0) = a$, $g(t_0) = b$ 與 $h(t_0) = c$，且 $t_0$ 為參數區間內的點（圖 12.64）。

| **圖 12.64**
表示為 $\mathbf{r}(t) = f(t)\mathbf{i} + g(t)\mathbf{j} + h(t)\mathbf{k}$ 之曲線 $C$ 與對應於 $t_0$ 之點 $P(a, b, c)$

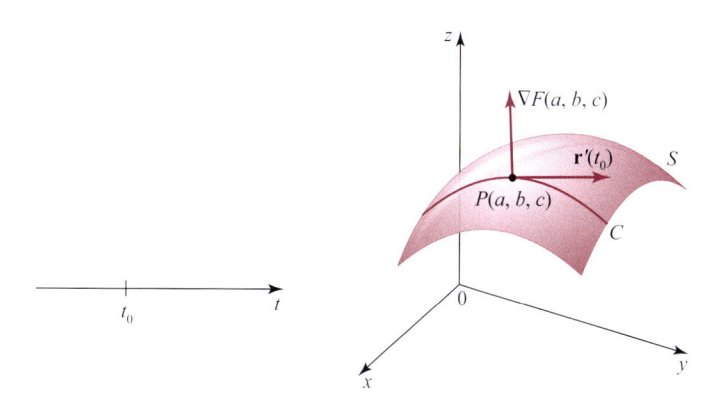

對於參數區間內的所有 $t$，點 $(x, y, z) = (f(t), g(t), h(t))$ 在 $S$ 上，所以

$$F(f(t), g(t), h(t)) = k$$

若 **r** 是可微分的，則使用連鎖規則對此式等號的兩邊同時微分，可得

$$\frac{\partial F}{\partial x}\frac{dx}{dt} + \frac{\partial F}{\partial y}\frac{dy}{dt} + \frac{\partial F}{\partial z}\frac{dz}{dt} = 0$$

它相同於

$$[F_x(x, y, z)\mathbf{i} + F_y(x, y, z)\mathbf{j} + F_z(x, y, z)\mathbf{k}] \cdot \left[\frac{dx}{dt}\mathbf{i} + \frac{dy}{dt}\mathbf{j} + \frac{dz}{dt}\mathbf{k}\right] = 0$$

即

$$\nabla F(x, y, z) \cdot \mathbf{r}'(t) = 0$$

特別是當 $t = t_0$，

$$\nabla F(a, b, c) \cdot \mathbf{r}'(t_0) = 0$$

這證明若 $\mathbf{r}'(t_0) \neq \mathbf{0}$，則 $\nabla F(a, b, c)$ 與在 $P$ 處 $C$ 之切向量 $\mathbf{r}'(t_0)$ 正交（圖 12.65）。對於經過 $S$ 上 $P(a, b, c)$ 點之可微分曲線，此論點成立。我們已經證明 $\nabla F(a, b, c)$ 與經過 $P$ 點且在 $S$ 上的每一條（every）曲線之切線正交，這已經說明下面的結果。

| 圖 12.65

梯度 $\nabla F(a, b, c)$ 與經過點 $P(a, b, c)$ 且在 $S$ 上的每一條曲線之切線正交

> $\nabla F$ 在 $P$ 與等高面 $F(x, y, z) = 0$ 正交。

**註** 如之前所建議，將函數 $F$ 解釋為在空間中任意點 $(x, y, z)$ 的溫度。我們得知等高面 $F(x, y, z) = k$ 表示空間中所有點 $(x, y, z)$ 的溫度為 $k$。剛才推導的結果，簡單地說就是若某人在該曲面任意點上，則他以 $\nabla F$（在該點垂直於該曲面）的方向移動就會感受到溫度遞增最大。

**例題 3** 已知 $F(x, y, z) = x^2 + y^2 + z^2$。求含 $(0, 3, 4)$ 點之等高線，求 $F$ 在該點的梯度，並繪畫此等高線與此梯度向量。

**解** 因為 $F(0, 3, 4) = 0 + 9 + 16 = 25$，所求之等高曲面為中心在原點且半徑 5 的球 $x^2 + y^2 + z^2 = 25$。$F$ 在任意點 $(x, y, z)$ 的梯度為

$$\nabla F(x, y, z) = 2x\mathbf{i} + 2y\mathbf{j} + 2z\mathbf{k}$$

所以 $F$ 在 $(0, 3, 4)$ 的梯度為

$$\nabla F(0, 3, 4) = 6\mathbf{j} + 8\mathbf{k}$$

此等高面與 $\nabla F(0, 3, 4)$ 都展示於圖 12.66。

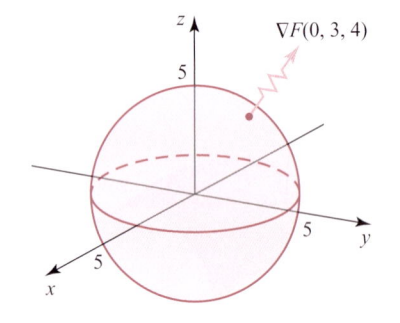

| 圖 12.66

梯度 $\nabla F(0, 3, 4)$ 在 $(0, 3, 4)$ 與曲面 $x^2 + y^2 + z^2 = 25$ 正交

## 切平面與法線

現在要定義空間中曲面上的切平面。然而先討論空間中曲面的表示。至今我們已假設空間中曲面可表示為 $f$ 函數並且是 $z = f(x, y)$。

另外描述空間中曲面的方法為透過隱函數表示,其方程式為

$$F(x, y, z) = 0 \qquad (1)$$

此處的 $F$ 為 $x, y$ 與 $z$ 三個變數的函數,並寫成方程式 $w = F(x, y, z)$。故可以將式 (1) 看成 $F$ 的等高面(level surface)。

對於 $z = f(x, y)$ 之曲面 $S$,定義

$$F(x, y, z) = z - f(x, y)$$

這證明也可將 $S$ 看成式 (1) 之 $F$ 的等高面。譬如:$z = x^2 + 2y^2 + 1$ 之曲面可看成 $F(x, y, z) = 0$ 之 $F$ 的等高面,此處 $F(x, y, z) = z - x^2 - 2y - 1$。

為定義切平面,首先令 $S$ 為 $F(x, y, z) = 0$ 的曲面,並令 $P(a, b, c)$ 為 $S$ 上的點,則如前面所見,在 $P$ 的梯度 $\nabla F(a, b, c)$ 與在 $S$ 上並經過 $P$ 點的每一條(every)曲線之切向量正交(圖 12.67)。所以定義 $S$ 上 $P$ 點的切平面為經過 $P$ 點之平面並包含所有這些切向量。也就是該切平面的法向量應該是 $\nabla F(a, b, c)$。

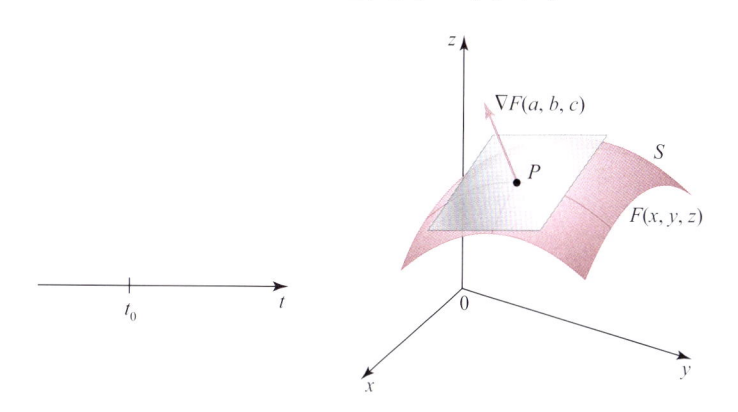

**圖 12.67**
$S$ 上 $P$ 點之切平面包含經過 $P$ 點並在 $S$ 上的所有曲線之切向量

### 定義　切平面與法線

令 $P(a, b, c)$ 為 $F(x, y, z) = 0$ 之曲面 $S$ 上的點,此處的 $F$ 在 $P$ 處可微分,並假設 $\nabla F(a, b, c) \neq \mathbf{0}$,則 $S$ 上 $P$ 點的**切平面**(tangent plane)為經過 $P$ 點且法向量為 $\nabla F(a, b, c)$ 的平面。$S$ 上 $P$ 點的**法線**(normal line)為經過 $P$ 點並與 $\nabla F(a, b, c)$ 同向的直線。

使用 11.1 節的式 (4),得到切平面的方程式為

$$F_x(a, b, c)(x - a) + F_y(a, b, c)(y - b) + F_z(a, b, c)(z - c) = 0 \qquad (2)$$

使用 11.1 節的式 (2) 得知法線的方程式為

$$x = a + F_x(a, b, c)t, \quad y = b + F_y(a, b, c)t \text{ 與 } z = c + F_z(a, b, c)t \quad (3)$$

**例題 4** 已知橢球方程式 $4x^2 + y^2 + 4z^2 = 16$。求橢球在 $(1, 2, \sqrt{2})$ 處之切平面與法線。

**解** 將已知方程式寫成 $F(x, y, z) = 0$，此處 $F(x, y, z) = 4x^2 + y^2 + 4z^2 - 16$。所以 $F$ 的偏導數為

$$F_x(x, y, z) = 8x, \quad F_y(x, y, z) = 2y \text{ 與 } F_z(x, y, z) = 8z$$

特別是在 $(1, 2, \sqrt{2})$ 處，

$$F_x(1, 2, \sqrt{2}) = 8, \quad F_y(1, 2, \sqrt{2}) = 4 \text{ 與 } F_z(1, 2, \sqrt{2}) = 8\sqrt{2}$$

由式 (2) 得知橢球在 $(1, 2, \sqrt{2})$ 處之切平面方程式為

$$8(x - 1) + 4(y - 2) + 8\sqrt{2}(z - \sqrt{2}) = 0$$

即 $2x + y + 2\sqrt{2}z = 8$。又由式 (3) 得到法線在 $(1, 2, \sqrt{2})$ 處的參數方程式如下：

$$\frac{x - 1}{8} = \frac{y - 2}{4} = \frac{z - \sqrt{2}}{8\sqrt{2}} \quad \text{即} \quad \frac{x - 1}{2} = y - 2 = \frac{z - \sqrt{2}}{2\sqrt{2}}$$

該切平面與該法線都展示於圖 12.68。

| 圖 12.68
橢球 $4x^2 + y^2 + 4z^2 = 16$ 在 $(1, 2, \sqrt{2})$ 處之切平面與法線

**例題 5** 已知定義為 $f(x, y) = 4x^2 + y^2 + 2$ 之 $f$ 圖形。求 $f$ 在 $x = 1$ 與 $y = 1$ 處的切平面與法線。

**解** 此處的曲面定義為

$$z = f(x, y) = 4x^2 + y^2 + 2$$

我們知道它是拋物體。此式子可改寫成

$$F(x, y, z) = z - f(x, y) = 0$$

其中 $F(x, y, z) = z - 4x^2 - y^2 - 2$。$F$ 的偏導數為

$$F_x(x, y, z) = -8x, \quad F_y(x, y, z) = -2y \text{ 與 } F_z(x, y, z) = 1$$

當 $x = 1$ 與 $y = 1$，$z = f(1, 1) = 4 + 1 + 2 = 7$。所以在 $(1, 1, 7)$ 處，

$$F_x(1, 1, 7) = -8, \quad F_y(1, 1, 7) = -2 \text{ 與 } F_z(1, 1, 7) = 1$$

由式 (2) 可得該拋物體在 $(1, 1, 7)$ 處的切平面方程式

$$-8(x - 1) - 2(y - 1) + 1(z - 7) = 0$$

即 $8x + 2y - z = 3$。又由式 (3) 得到法線在 $(1, 1, 7)$ 處的參數方程式

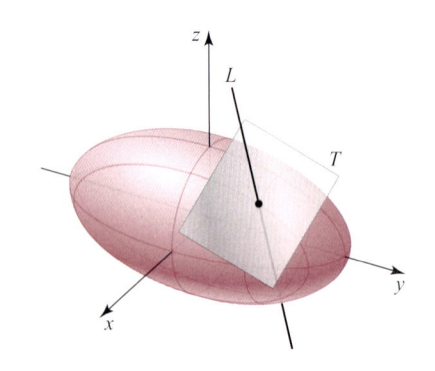

如下：

$$\frac{x-1}{-8} = \frac{y-1}{-2} = \frac{z-7}{1}$$

該切平面與該法線都展示於圖 12.69。

### ■ 應用切平面來近似曲面 $z = f(x, y)$

以說明估算 $\Delta z$ 之變化來結束本節。當 $(x, y)$ 從 $(a, b)$ 移到 $(a + \Delta x, b + \Delta y)$ 時，$z = f(x, y)$ 的變化為 $\Delta z$，它以微分 $dz = f_x(a, b) \Delta x + f_y(a, b) \Delta y$ 估算，如此可有效地應用 $f$ 在點 $P(a, b)$ 附近之切平面估算該處附近的曲面 $z = f(x, y)$。

以求曲面 $z = f(x, y)$ 在 $(a, b)$ 處之切平面表示開始。將 $z = f(x, y)$ 寫成 $F(x, y, z) = z - f(x, y) = 0$，所以

$$F_x(a, b, c) = -f_x(a, b), \quad F_y(a, b, c) = -f_y(a, b) \quad \text{與} \quad F_z(a, b, c) = 1$$

由式 (2) 可得所求之方程式為

$$-f_x(a, b)(x - a) - f_y(a, b)(y - b) + (z - c) = 0$$

即

$$z - f(a, b) = f_x(a, b) \Delta x + f_y(a, b) \Delta y \quad c = f(a, b) \qquad (4)$$

但是式子等號右邊正是 $f$ 在 $(a, b)$ 處的微分。所以由式 (4) 得到 $dz = z - f(a, b)$；亦即 $dz$ 表示該切平面的高度改變（圖 12.70）。

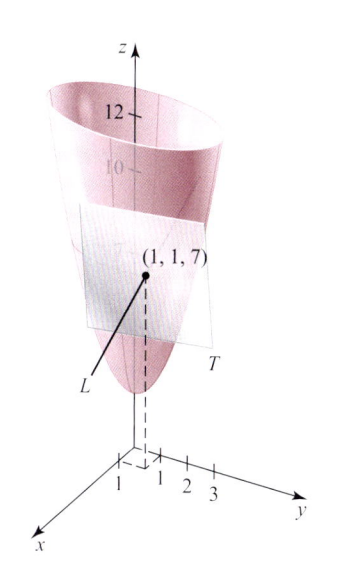

| 圖 **12.69**

拋物體 $z = 4x^2 + y^2 + 2$ 在 $(1, 1, 7)$ 處之切平面與法線

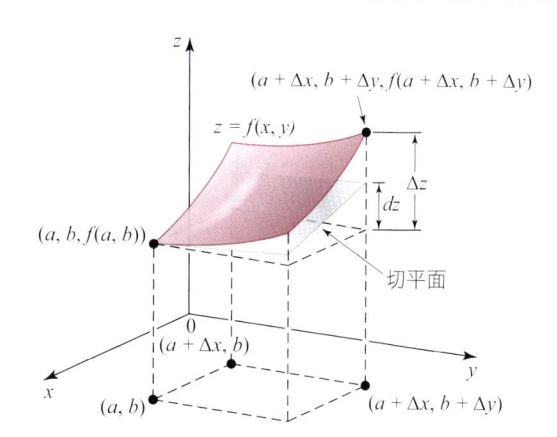

| 圖 **12.70**

$\Delta z$ 與 $dz$ 之間的關係

又

$$\Delta z = f_x(a, b) \Delta x + f_y(a, b) \Delta y + \varepsilon_1 \Delta x + \varepsilon_2 \Delta y$$

即

$$\Delta z - dz = \varepsilon_1 \Delta x + \varepsilon_2 \Delta y$$

此處的 $\varepsilon_1$ 與 $\varepsilon_2$ 為 $\Delta x$ 與 $\Delta y$ 的函數，當 $\Delta x$ 與 $\Delta y$ 逼近 0，它們都逼近 0。所以如 12.4 節陳述的，若 $\Delta x$ 與 $\Delta y$ 都很小，則 $\Delta z \approx dz$。回憶 $\Delta z$ 的意義（圖 12.70），當 $(x, y)$ 接近 $(a, b)$，我們應用了在 $(a, b)$ 處之切平面估算曲面 $z = f(x, y)$。

## 12.7 習題

1-2 題，繪畫 (a) 函數 $f$ 經過 $P$ 點之等位線；與 (b) $f$ 在 $P$ 點的梯度。

1. $f(x, y) = y^2 - x^2$; $P(1, 2)$
2. $f(x, y) = x^2 + y$; $P(1, 3)$

3-4 題，求曲線在給予點之法線與切線方程式。

3. $\dfrac{x^2}{9} + \dfrac{y^2}{16} = 1$; $\left(\dfrac{3\sqrt{3}}{2}, 2\right)$
4. $x^4 + 2x^2y^2 + y^4 - 9x^2 + 9y^2 = 0$; $(\sqrt{5}, -1)$

5-7 題，繪畫 (a) 函數 $F$ 經過 $P$ 點之等位面；和 (b) $F$ 在 $P$ 點的梯度。

5. $F(x, y, z) = x^2 + y^2 + z^2$; $P(1, 2, 2)$
6. $F(x, y, z) = x^2 + y^2$; $P(0, 2, 4)$
7. $F(x, y, z) = -x^2 + y^2 - z^2$; $P(1, 3, 2)$

8-16 題，求曲面在給予點之切平面與法線的方程式。

8. $x^2 + 4y^2 + 9z^2 = 17$; $P(2, 1, 1)$
9. $x^2 - 2y^2 - 4z^2 = 4$; $P(4, -2, -1)$
10. $xy + yz + xz = 11$; $P(1, 2, 3)$
11. $z = 9x^2 + 4y^2$; $P(-1, 2, 25)$
12. $xz^2 + yx^2 + y^2 - 2x + 3y + 6 = 0$; $P(-2, 1, 3)$
13. $z = xe^y$; $P(2, 0, 2)$
14. $z = \ln(xy + 1)$; $P(3, 0, 0)$
15. $z = \tan^{-1}\left(\dfrac{y}{x}\right)$; $P\left(1, 1, \dfrac{\pi}{4}\right)$
16. $\sin xy + 3z = 3$; $P(0, 3, 1)$

17. 已知雙曲面
$$\dfrac{x^2}{a^2} + \dfrac{y^2}{b^2} + \dfrac{z^2}{c^2} = 1$$
在 $(x_0, y_0, z_0)$ 點之切平面方程式為
$$\dfrac{xx_0}{a^2} + \dfrac{yy_0}{b^2} + \dfrac{zz_0}{c^2} = 1$$

又知兩葉雙曲面為
$$\dfrac{x^2}{a^2} - \dfrac{y^2}{b^2} - \dfrac{z^2}{c^2} = 1$$
求它在 $(x_0, y_0, z_0)$ 點之切平面方程式。

18. 已知球方程式 $x^2 + y^2 + z^2 = 14$，求此球之切面平行於平面 $x + 2y + 3z = 12$ 的切點。
19. 已知單葉雙曲面方程式 $2x^2 - y^2 + z^2 = 1$，求此曲面上的法線，它平行於經過點 $(-1, 1, 2)$ 與 $(3, 3, 3)$ 之直線。
20. 兩曲面在 $P$ 點相切（tangent）若且唯若它們在該點有共同的切平面。證明橢圓拋物面 $2x^2 + y^2 - z - 5 = 0$ 與球 $x^2 + y^2 + z^2 - 6x - 8y - z + 17 = 0$ 在 $(1, 2, 1)$ 處相切。
21. 證明橢圓 $(x^2/a^2) + (y^2/b^2) = 1$ 的任意切線方程式為
$$(b \cos \theta)x + (a \sin \theta)y = ab$$
其中 $\theta$ 在 $[0, 2\pi)$ 內。

22-23 題，判斷下列敘述是對或是錯。如果它是對，解釋你的理由。如果它是錯，請解釋你的理由或舉例說明。

22. 直線
$$\dfrac{x - 2}{4} = \dfrac{y + 1}{6} = -\dfrac{z}{2}$$
垂直於平面 $2x + 3y - z = 4$。
23. 經過曲面 $F(x, y, z) = 0$ 上 $P_0(x_0, y_0, z_0)$ 點之法線的向量方程式為 $\mathbf{r}(t) = \langle x_0, y_0, z_0 \rangle + t \nabla F(x_0, y_0, z_0)$。

## 12.8 兩個變數函數的極值

### ■ 相對極值與絕對極值

於第 4 章中,我們看到一個問題的解通常簡化成單變數函數的值。當求兩個或兩個以上變數函數的問題時,類似的情形也會發生。

譬如:假設 Scandi 公司同時製造自組式與非自組式的電腦桌,它每週的利潤 $P$ 為每週自組式電腦桌的銷售個數 $x$ 與非自組式電腦桌的銷售個數 $y$ 之函數;亦即,$P = f(x, y)$。對製造業者來說,最主要的問題是:該公司每週應該製造多少個自組式電腦桌與多少個非自組式電腦桌,才能使每週的利潤達到最大?數學上解該問題是在求 $x$ 與 $y$ 的值,使得 $f(x, y)$ 最大。

於本節與下一節中,我們將著重於求兩個變數函數的極值。如單變數的情形,我們必須辨識兩個變數函數的相對(或區域)極值與絕對極值之間的差異。

> **定義　兩個變數函數的相對極值**
>
> 　　令函數 $f$ 定義在包含 $(a, b)$ 點之區域 $R$ 上,則對於包含 $(a, b)$ 之開圓盤內所有 $(x, y)$ 點,若 $f(x, y) \leq f(a, b)$,則 $f$ 在 $(a, b)$ 處有**相對極大**(relative maximum)。數 $f(a, b)$ 稱為**相對極大值**(relative maximum value)。
>
> 　　同理,對於包含 $(a, b)$ 之開的圓盤內所有 $(x, y)$ 點,若 $f(x, y) \geq f(a, b)$,則 $f$ 在 $(a, b)$ 處有**相對極小**(relative minimum)。數 $f(a, b)$ 稱為**相對極小值**(relative minimum value)。

簡言之,若與 $(a, b, f(a, b))$ 附近的點相比,$(a, b, f(a, b))$ 是圖形 $f$ 的最高點,則 $f$ 在 $(a, b)$ 有相對極大值。至於相對極小值也有相似的論點。

對 $f$ 定義域內的所有點 $(x, y)$,若最後的定義之不等式都成立,則 $f$ 在 $(a, b)$ 處有**絕對極大(絕對極小)**(absolute maximum (absolute minimum)),且**絕對極大值(絕對極小值)**(absolute maximum value (absolute minimum value))為 $f(a, b)$。如圖 12.71 所示,定義在定義域 $D$ 之函數圖形在 $(a, b)$ 與 $(e, g)$ 處有相對極大值並在 $(c, d)$ 處有相對極小值。$f$ 的絕對極大值發生在 $(e, g)$ 處與 $f$ 的絕對極小值發生在 $(h, i)$ 處。

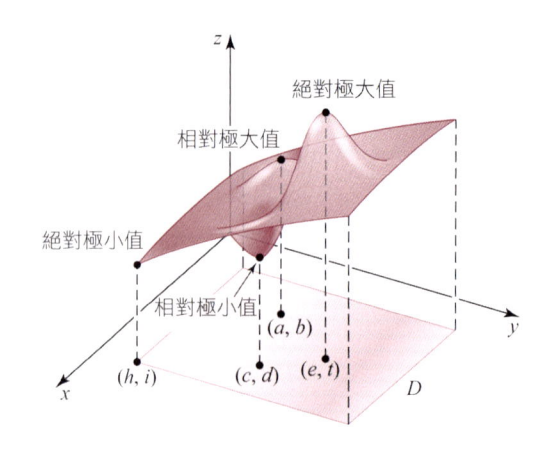

**圖 12.71**
函數 $f$ 在定義域 $D$ 內的相對極值與絕對極值

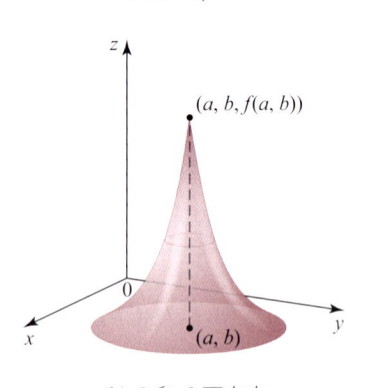

(a) $f_x = f_y = 0$

(b) $f_x$ 和 $f_y$ 不存在

**圖 12.72**
於 $f$ 的相對極值處，不是 $f_x = f_y = 0$ 就是它的偏導數中的其中一個或兩個都不存在

### ■ 臨界點——相對極值的對象

函數 $f$ 的圖形與在 $f$ 定義域內 $(a, b)$ 處之相對極大值展示於圖 12.72a。如圖中所見，曲面 $z = f(x, y)$ 在 $(a, b, f(a, b))$ 處的切平面是水平的。這表示 $f$ 在 $(a, b)$ 處的所有方向導數都必須為零，假若它們都存在。特別是 $f_x(a, b) = 0$ 和 $f_y(a, b) = 0$。又圖 12.72b 展示函數 $f$ 的圖形與在 $(a, b)$ 處之相對極大值。注意因為曲面 $z = f(x, y)$ 有個點 $(a, b, f(a, b))$ 看起來像尖禿的山峰，所以 $f_x(a, b)$ 和 $f_y(a, b)$ 都不存在。

建議讀者繪畫類似的函數圖形，它在定義域內有相對極小值。所有這些點都是兩個變數函數的臨界點。

---

**定義　函數的臨界點**

已知 $f$ 定義於包含 $(a, b)$ 點之開區域 $R$ 上。若
**a.** 於 $(a, b)$ 處 $f_x$ 且／或 $f_y$ 不存在，或
**b.** $f_x(a, b) = 0$ 且 $f_y(a, b) = 0$。
則稱點 $(a, b)$ 為 $f$ 的**臨界點**（critical point）。

---

下個定理說明定義於開區域之函數 $f$ 的相對極值只可能發生在 $f$ 的臨界點。

---

**定理 1　函數 $f$ 的臨界點都是相對極值的對象**

若在 $f$ 定義域內的點 $(a, b)$ 有相對極值（相對極大值或對相對極小值），則點 $(a, b)$ 必定是 $f$ 的臨界點。

---

**證明**　在 $(a, b)$ 處，若不是 $f_x$ 不存在就是 $f_y$ 不存在，則 $(a, b)$ 是 $f$ 的臨界點。假設 $f_x(a, b)$ 與 $f_y(a, b)$ 都存在，並令 $g(x) = f(x, b)$。$f$ 在 $(a, b)$

處有相對極值，則 $g$ 在 $a$ 有相對極值。由 4.1 節定理 1 得知 $g'(a) = 0$。又

$$g'(a) = \lim_{h \to 0} \frac{f(a+h, b) - f(a, b)}{h} = f_x(a, b)$$

所以 $f_x(a, b) = 0$。同理，令函數 $f(y) = f(a, y)$，則 $f_y(a, b) = 0$。故 $(a, b)$ 為 $f$ 的臨界點。

**例題 1** 已知 $f(x, y) = x^2 + y^2 - 4x - 6y + 17$。求 $f$ 的臨界點，並證明 $f$ 在那裡有相對極小值。

**解** 為求 $f$ 的臨界點，計算

$$f_x(x, y) = 2x - 4 = 2(x - 2) \quad \text{與} \quad f_y(x, y) = 2y - 6 = 2(y - 3)$$

觀察到對於所有 $x$ 與 $y$，$f_x$ 與 $f_y$ 都連續。令 $f_x$ 與 $f_y$ 都為零，則 $x = 2$ 與 $y = 3$，所以 $(2, 3)$ 是 $f$ 唯一的臨界點。接著證明 $f$ 在該點有相對極小值。對 $f(x, y)$ 的 $x$ 與 $y$ 做完全平方可得

$$f(x, y) = (x - 2)^2 + (y - 3)^2 + 4$$

因為 $(x - 2)^2 \geq 0$ 且 $(y - 3)^2 \geq 0$，所以對於所有 $(x, y)$，$f(x, y) \geq 4$。因此 $f(2, 3) = 4$ 為 $f$ 的相對極小值。事實上，我們已經證明 $f$ 的絕對極小值為 4。圖 12.73 的 $f$ 圖形確定了此結果。

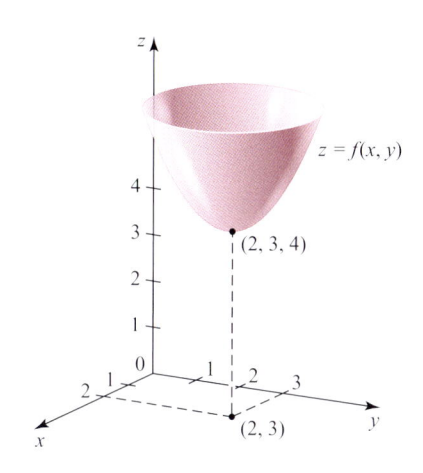

**圖 12.73**
函數 $f$ 在 $(2, 3)$ 處有相對極小值

**例題 2** 已知 $f(x, y) = 3 - \sqrt{x^2 + y^2}$。證明 $(0, 0)$ 是 $f$ 唯一的臨界點且 $f(0, 0) = 3$ 是 $f$ 的相對極大值。

**解** $f$ 的偏導數為

$$f_x(x, y) = -\frac{x}{\sqrt{x^2 + y^2}} \quad \text{與} \quad f_y(x, y) = -\frac{y}{\sqrt{x^2 + y^2}}$$

在 $(0, 0)$ 處，$f_x(x, y)$ 與 $f_y(x, y)$ 都沒有定義，所以 $(0, 0)$ 為 $f$ 的臨界點。又對於任意點，$f_x(x, y)$ 與 $f_y(x, y)$ 不會同時為零，所以 $(0, 0)$ 是 $f$ 唯一的臨界點。最後，對於所有 $x$ 與 $y$，$\sqrt{x^2 + y^2} \geq 0$，故對於所有 $(x, y)$ 點，$f(x, y) \leq 3$。此結論為 $f(0, 0) = 3$ 是 $f$ 的相對（事實上是絕對）極大值。圖 12.74 的 $f$ 圖形確定了此結果。

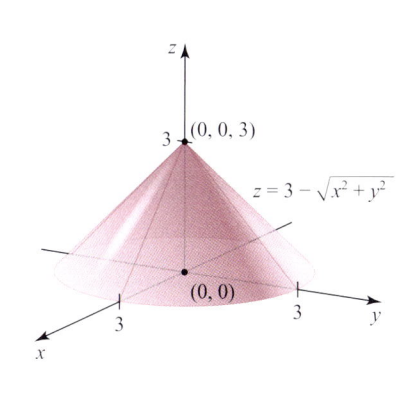

**圖 12.74**
函數 $f$ 在 $(0, 0)$ 處有相對極大值

正如單變數函數的情形，兩個變數函數的臨界點是該函數相對極值的對象。但是相對極值不一定發生在臨界點上，正如下個例題所示。

**例題 3** 證明 $(0, 0)$ 點為 $f(x, y) = y^2 - x^2$ 的臨界點，但是在該處並無 $f$ 的相對極值。

**解** $f$ 的偏導數為

$$f_x(x, y) = -2x \quad \text{和} \quad f_y(x, y) = 2y$$

並且它們處處連續。在 (0, 0) 處，$f_x$ 與 $f_y$ 都為零，所以 (0, 0) 是 $f$ 的臨界點且它是 $f$ 相對極值的唯一對象。然而在 $x$ 軸上的點，$y = 0$，若 $x \neq 0$，則 $f(x, y) = -x^2 < 0$；在 $y$ 軸上的點，$x = 0$，若 $y \neq 0$，則 $f(x, y) = y^2 > 0$。故包含 (0, 0) 的每個開圓盤都有使 $f$ 為正值的點與使 $f$ 為負值的點。如此證明 $f(0, 0) = 0$ 不可能是 $f$ 的相對極值。圖形 $f$ 展示於圖 12.75。(0, 0, 0) 點稱為鞍點。

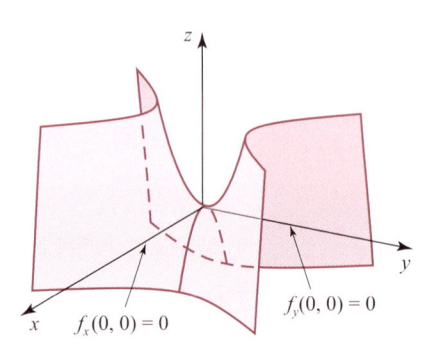

**圖 12.75**
(0, 0) 點為 $f(x, y) = y^2 - x^2$ 的臨界點，但是在該處並無 $f$ 的相對極值

如以上所見，例題 3 中的臨界點 (0, 0) 並不是相對極大值或相對極小值。一般而言，兩個變數之可微分函數的非極值之臨界點稱為**鞍點**（saddle point）。鞍點類似單變數函數之反曲點。

### ■ 相對極值之二階導數檢驗

於例題 1 與例題 3 中，不論由觀察或由簡單的代數運算，我們都可以判斷 $f$ 的臨界點是否有相對極值。至於比較複雜的函數，可以使用下面的檢驗。此檢驗類似單變數函數之二階導數檢驗。它的證明將省略。

**定理 2　兩個變數函數之二階導數檢驗**

假設 $f$ 在某含臨界點 $(a, b)$ 之開區間有連續的二階導數，並令

$$D(x, y) = f_{xx}(x, y)f_{yy}(x, y) - f_{xy}^2(x, y)$$

a. 若 $D(a, b) > 0$ 且 $f_{xx}(a, b) < 0$，則 $f(a, b)$ 是個**相對極大值**（relative maximum value）。

b. 若 $D(a, b) > 0$ 且 $f_{xx}(a, b) > 0$，則 $f(a, b)$ 是個**相對極小值**（relative minimum value）。

c. 若 $D(a, b) < 0$，則 $(a, b, f(a, b))$ 是個**鞍點**。

d. 若 $D(a, b) = 0$，則此檢驗沒有結論。

**例題 4** 求 $f(x, y) = x^3 + y^2 - 2xy + 7x - 8y + 2$ 的相對極值。

**解** 首先求 $f$ 的臨界點。對於所有 $x$ 與 $y$，

$$f_x(x, y) = 3x^2 - 2y + 7 \quad \text{與} \quad f_y(x, y) = 2y - 2x - 8$$

都連續。若 $f$ 有臨界點，則該臨界點滿足聯立方程式 $f_x(x, y) = 0$ 與 $f_y(x, y) = 0$，亦即它滿足方程式

$$3x^2 - 2y + 7 = 0 \quad \text{與} \quad 2y - 2x - 8 = 0$$

由第二式得到 $y = x + 4$，並將它代入第一式得到

$$3x^2 - 2x - 1 = 0 \quad \text{即} \quad (3x + 1)(x - 1) = 0$$

所以，$x = -\frac{1}{3}$ 或 $x = 1$，並將每個 $x$ 值代入式子求 $y$，分別得到 $y = \frac{11}{3}$ 與 $y = 5$。故 $f$ 的臨界點為 $\left(-\frac{1}{3}, \frac{11}{3}\right)$ 與 $(1, 5)$。

接著使用二階導數檢驗來判斷這些臨界點各自的性質。計算 $f_{xx}(x, y) = 6x$, $f_{yy}(x, y) = 2$, $f_{xy}(x, y) = -2$，且

$$D(x, y) = f_{xx}(x, y)f_{yy}(x, y) - f_{xy}^2(x, y)$$
$$= (6x)(2) - (-2)^2 = 4(3x - 1)$$

要檢驗臨界點 $\left(-\frac{1}{3}, \frac{11}{3}\right)$ 點，得計算

$$D\left(-\frac{1}{3}, \frac{11}{3}\right) = 4(-1 - 1) = -8 < 0$$

由此推斷 $f$ 在 $\left(-\frac{1}{3}, \frac{11}{3}\right)$ 處有鞍點 $\left(-\frac{1}{3}, \frac{11}{3}, -\frac{373}{27}\right)$。接著檢驗臨界點 $(1, 5)$，計算

$$D(1, 5) = 4(3 - 1) = 8 > 0$$

由此推斷 $(1, 5)$ 為 $f$ 的相對極值。又

$$f_{xx}(1, 5) = 6(1) = 6 > 0$$

所以 $(1, 5)$ 為 $f$ 的相對極小值。它的值為

$$f(1, 5) = (1)^3 + (5)^2 - 2(1)(5) + 7(1) - 8(5) + 2$$
$$= -15$$

圖 12.76a 與圖 12.76b 展示 $f$ 的圖形與其等高線圖。 ■

**例題 5** **優先郵寄規定** 郵寄規定指明優先郵寄包裹長與周長的總和不得超過 108 吋。求滿足該規定的最大體積之長方形包裹的尺寸。

**解** 令 $x$ 吋、$y$ 吋與 $z$ 吋分別表示該包裹的長、寬與高，如圖 12.77 所示，則該包裹的體積為 $V = xyz$，且該包裹之長與周長相加的長度為 $x + 2y + 2z$ 吋。很明顯地，要求其長度最大，所以令

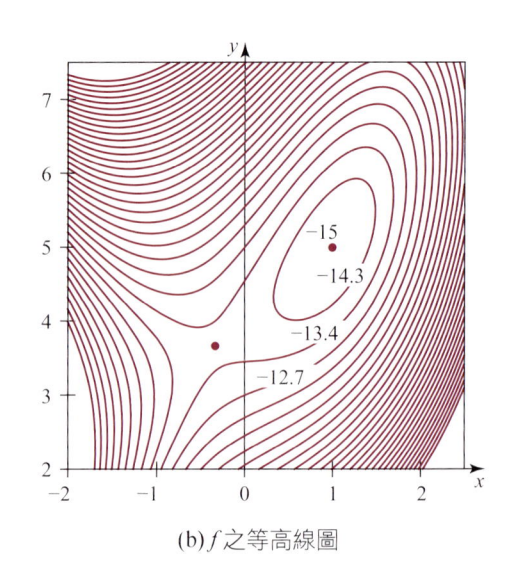

**圖 12.76**

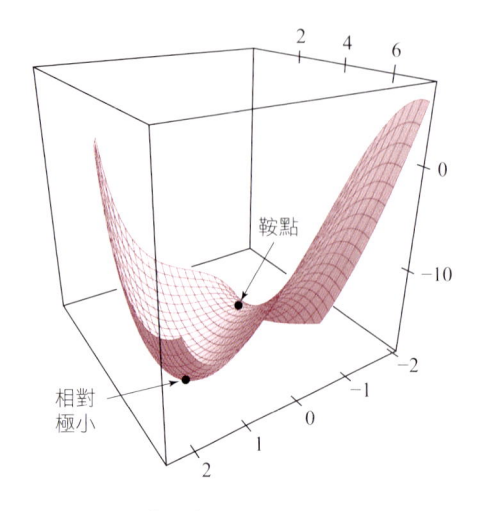

(a) $f(x, y) = x^3 + y^2 - 2xy + 7x - 8y + 2$ 的圖形

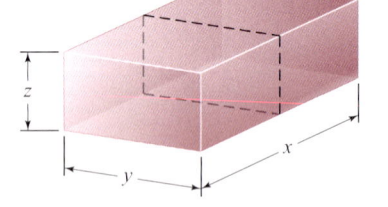

(b) $f$ 之等高線圖

**圖 12.77**

包裹之長與周長相加的長度為 $x + 2y + 2z$ 時

$$x + 2y + 2z = 108$$

由此得知 $V$ 為兩個變數的函數。譬如：求方程式之 $x$ 解為 $y$ 與 $z$ 的函數，所以

$$x = 108 - 2y - 2z$$

並將它代入 $V$，即得

$$V = f(y, z) = (108 - 2y - 2z)yz = 108yz - 2y^2z - 2yz^2$$

為求 $f$ 的臨界點，令

$$f_y = 108z - 4yz - 2z^2 = 2z(54 - 2y - z) = 0$$

與

$$f_z = 108y - 2y^2 - 4yz = 2y(54 - y - 2z) = 0$$

$y$ 與 $z$ 都非零（否則 $V$ 會為零），所以得到聯立方程式

$$54 - 2y - z = 0$$
$$54 - y - 2z = 0$$

第二式乘以 2 得到 $108 - 2y - 4z = 0$，並用第一式減去此式後得到 $-54 + 3z = 0$，即 $z = 18$。將此 $z$ 值代入任一方程式，即得 $y = 18$。故 $(18, 18)$ 為 $f$ 唯一的臨界點。

我們可使用二階導數檢驗來證明在 $(18, 18)$ 處，$V$ 有相對極大值，或簡單地以物理意義解釋為 $V$ 在 $(18, 18)$ 處有絕對極大值。最後由之前的式子

$$x = 108 - 2y - 2z$$

得知當 $y = z = 18$，

$$x = 108 - 2(18) - 2(18) = 36$$

故該包裹的尺寸為 18 吋 × 18 吋 × 36 吋。

## 求閉集合之連續函數的絕對極值

記得若 $f$ 在閉區間 $[a, b]$ 為連續單變數函數，則極值定理保證 $f$ 有絕對極大值與絕對極小值。類似的兩個變數函數之定理如下。

---

**定理 3　兩個變數函數之極值定理**

若 $f$ 在平面上某個有界的閉集合 $D$ 連續，則 $f$ 在 $D$ 內某點 $(a, b)$ 有絕對極大值 $f(a, b)$，並在 $D$ 內某點 $(c, d)$ 有絕對極小值 $f(c, d)$。

---

下面求兩個變數函數之極值的過程類似 4.1 節中描述的求單變數函數之極值的過程。

### 求 $f$ 在某個有界的閉集合 $D$ 之絕對極值

1. 求 $f$ 在 $D$ 內的臨界點之 $f$ 值。
2. 求 $f$ 在 $D$ 之邊界上的極值。
3. $f$ 之絕對極大值與 $f$ 之絕對極小值就是步驟 1 與步驟 2 得到的最大數與最小數。

該過程的證明與在閉區間 $[a, b]$ 單變數函數的情形相似：若 $f$ 在 $D$ 之內點有絕對極值，則該極值必定也是 $f$ 的相對極值。所以它一定發生在 $f$ 的臨界點上，否則 $f$ 的絕對極值必定在 $D$ 的邊界上。

**例題 6**　已知函數 $f(x, y) = 2x^2 + y^2 - 4x - 2y + 3$ 定義於

$$D = \{(x, y) \mid 0 \leq x \leq 3, 0 \leq y \leq 2\}$$

求其絕對極大值與絕對極小值。

**解**　$f$ 為多項式，所以它在有界的閉集合 $D$ 連續。由定理 3 得知，$f$ 在 $D$ 上有絕對極大值與絕對極小值。

步驟 1　求 $f$ 在 $D$ 內的臨界點，令 $f_x = 4x - 4 = 0$ 與 $f_y = 2y - 2 = 0$，則解聯立方程式可得 $(1, 1)$ 為 $f$ 唯一的臨界點。$f$ 在 $(1, 1)$ 處的值為 $f(1, 1) = 0$。

步驟 2　接著求 $f$ 在 $D$ 之邊界上的極值。我們可將邊界看做四條線段 $L_1, L_2, L_3$ 與 $L_4$，如圖 12.78 所示。

於 $L_1$ 上：此處 $y = 0$，

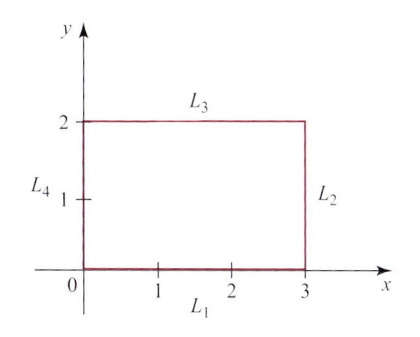

**圖 12.78**
$D$ 之邊界由四條線段 $L_1, L_2, L_3$ 與 $L_4$ 組成

$$f(x, 0) = 2x^2 - 4x + 3 \qquad 0 \leq x \leq 3$$

所以求單變數（one variable）之連續函數 $f(x, 0)$ 在有界的閉區間 $[0, 3]$ 的極值，我們使用 4.1 節的方法。令

$$f'(x, 0) = 4x - 4 = 0$$

則 $x = 1$，又 $(0, 3)$ 為 $f(x, 0)$ 唯一的臨界點。計算在 $x = 1$ 與 $[0, 3]$ 之端點的 $f(x, 0)$，即得 $f(0, 0) = 3$, $f(1, 0) = 1$ 與 $f(3, 0) = 9$。所以 $f$ 在 $L_1$ 上有絕對極小值 1 與絕對極大值 9。

於 $L_2$ 上：此處 $x = 3$，

$$f(3, y) = y^2 - 2y + 9 \qquad 0 \leq y \leq 2$$

令 $f'(3, y) = 2y - 2 = 0$，則 $y = 1$，又 $(0, 2)$ 為 $f(3, y)$ 唯一的臨界點。計算在 $[0, 2]$ 之端點與臨界點 $y = 1$ 處的 $f(3, y)$，得到 $f(3, 0) = 9, f(3, 1) = 8$ 與 $f(3, 2) = 9$。所以 $f$ 在 $L_2$ 上有絕對極小值 8 與絕對極大值 9。

於 $L_3$ 上：此處 $y = 2$，

$$f(x, 2) = 2x^2 - 4x + 3 \qquad 0 \leq x \leq 3$$

令 $f'(x, 2) = 4x - 4 = 0$，則 $x = 1$，又 $(0, 3)$ 為 $f(x, 2)$ 唯一的臨界點。$f(0, 2) = 3, f(1, 2) = 1$ 與 $f(3, 2) = 9$，所以 $f(x, 2)$ 在 $L_3$ 上有絕對極小值 1 與絕對極大值 9。

於 $L_4$ 上：此處 $x = 0$，

$$f(0, y) = y^2 - 2y + 3 \qquad 0 \leq y \leq 2$$

令 $f'(0, y) = 2y - 2 = 0$，則 $y = 1$，且 $(0.2)$ 為 $f(0, y)$ 唯一的臨界點。$f(0, 0) = 3, f(0, 1) = 2$ 與 $f(0, 2) = 3$，所以 $f(0, y)$ 在 $L_4$ 上有絕對極小值 2 與絕對極大值 3。

**步驟 3** 我們將計算後的結果摘要於表 12.2。比較 $f$ 在不同點的值，可得結論：$f$ 在 $D$ 內的臨界點 $(1, 1)$ 有絕對極小值 0 並在 $D$ 的邊界點 $(3, 0)$ 與 $(3, 2)$ 處有絕對極大值 9。

**表 12.2**

|  | 臨界點 | $L_1$ 之邊界點 |  | $L_2$ 之邊界點 |  |  | $L_3$ 之邊界點 |  | $L_4$ 之邊界點 |  |  |
|---|---|---|---|---|---|---|---|---|---|---|---|
| $(x, y)$ | $(1, 1)$ | $(1, 0)$ | $(3, 0)$ | $(3, 1)$ | $(3, 0)$ | $(3, 2)$ | $(1, 2)$ | $(3, 2)$ | $(0, 1)$ | $(0, 0)$ | $(0, 2)$ |
| 極值：$f(x, y)$ | 0 | 1 | 9 | 8 | 9 | 9 | 1 | 9 | 2 | 3 | 3 |

## 12.8 習題

1-11 題，求函數的相對極值與鞍點，並將它們分類。

1. $f(x, y) = x^2 + y^2 - 2x + 4y$
2. $f(x, y) = -x^2 - 3y^2 + 4x - 6y + 8$
3. $f(x, y) = x^2 + 3xy + 3y^2$
4. $f(x, y) = 2x^2 + y^2 - 2xy - 8x - 2y + 2$
5. $f(x, y) = x^2 + 2y^2 + x^2y + 3$
6. $f(x, y) = x^2 + 5y^2 + x^2y + 2y^3$
7. $f(x, y) = x^2 - 6x - x\sqrt{y} + y$
8. $f(x, y) = \dfrac{x^2y^2 - 2y - 4x}{xy}$
9. $f(x, y) = e^{-x^2 - y^2}$
10. $f(x, y) = x \sin y, \quad x \geq 0, \quad 0 \leq y \leq 2\pi$
11. $f(x, y) = e^{-x} \cos y, \quad x \geq 0, \quad 0 \leq y \leq 2\pi$
12. 已知 $f(x, y) = x^3 - 3xy^2 + y^4$，(a) 使用 $f$ 的圖形與其等位線估算 $f$ 的相對極值與鞍點；並 (b) 理論驗證你的結論。

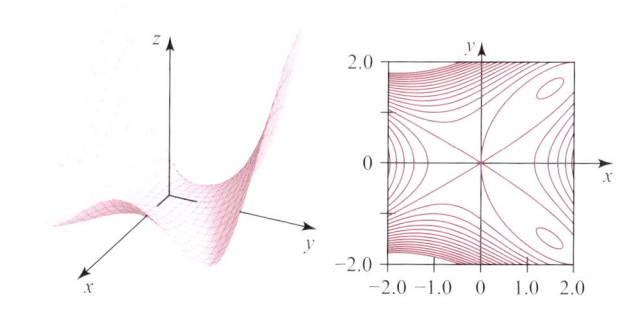

13-16 題，求函數在集合 $D$ 內的絕對極值。

13. $f(x, y) = 2x + 3y - 6$;
    $D = \{(x, y) | 0 \leq x \leq 2, -2 \leq y \leq 3\}$
14. $f(x, y) = 3x + 4y - 12$；$D$ 是頂點分別為 $(0, 0)$, $(3, 0)$ 與 $(3, 4)$ 的封閉三角形區域。
15. $f(x, y) = xy - x^2$；$D$ 是拋物線 $y = x^2$ 與直線 $y = 4$ 圍成的區域。
16. $f(x, y) = x^2 + 4y^2 + 3x - 1$;
    $D = \{(x, y) | x^2 + y^2 \leq 4\}$
17. 求原點到平面 $x + 2y + z = 4$ 的最短距離。
    提示：原點到平面上任意點 $(x, y, z)$ 的距離平方為 $d^2 = x^2 + y^2 + z^2 = x^2 + y^2 + (4 - x - 2y)^2$。將 $d^2 = f(x, y) = x^2 + y^2 + (4 - x - 2y)^2$ 最小化。
18. 求曲面 $z^2 = xy - x + 4y + 21$ 上距離原點最近的點。試問原點到此曲面最短的距離為何？
19. 求三個正的實數，它們的和是 500 並且它們的積最大。
20. 求由 48 呎$^2$ 的硬紙板製造的封閉長方形盒子之維度，使得它的體積最大。
21. 求各個面都平行於坐標平面之封閉長方形盒子的維度，使得它的體積最大並可內接於橢球
    $$\dfrac{x^2}{4} + \dfrac{y^2}{9} + \dfrac{z^2}{16} = 1$$
22. 求在第一象限的長方形盒子之維度，使得它的體積最大且它的其中三面在坐標平面上以及一個頂點在平面 $2x + 3y + z = 6$ 上。試問此盒子的體積為何？
23. **電台位置** 下圖所示為三個相鄰社區的位置。新提出設置電台之經營者已經決定電台的位置 $P(x, y)$ 應設在與每個社區距離之平方和最小的位置。求建議之電台位置。

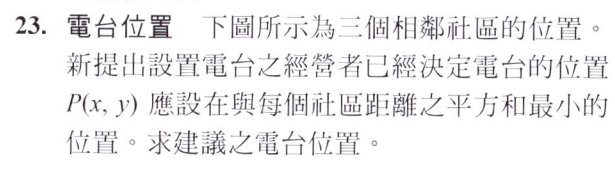

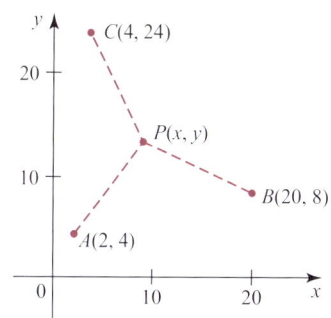

24-25 題，判斷下列敘述是對或是錯。如果它是對，解釋你的理由。如果它是錯，請解釋你的理由或舉例說明。

24. 若 $f(x, y)$ 在 $(a, b)$ 處有相對極小值，則 $f_x(a, b) = 0$ 與 $f_y(a, b) = 0$。
25. 若 $\nabla f(a, b) = \mathbf{0}$，則 $f$ 在 $(a, b)$ 有極值。

## 12.9 拉格朗日乘數

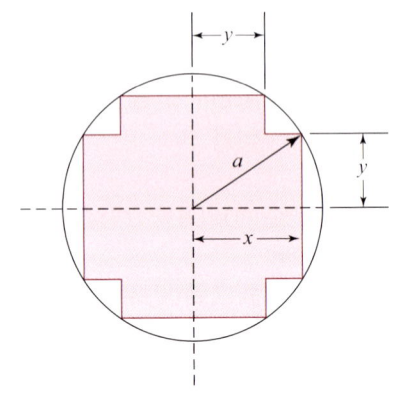

### ■ 限制條件的極大值與極小值

許多實際的最佳化問題都包含某事物在一個或多個限制條件下，或其他條件下之極大值或極小值。於 12.8 節的例題 5 討論（體積）函數

$$V = f(x, y, z) = xyz$$

在

$$g(x, y, z) = x + 2y + 2z = 108$$

限制下的問題。此情形的限制條件為包裹的長與周長之和為 108 吋（郵寄規定之最大許可範圍）。

另一個例題為製造 AC 轉換器的問題。此處要求可以置入半徑 $a$ 之線圈內的十字形鐵芯之最大表面積（圖 12.79）。將鐵芯之表面積表示為 $x$ 與 $y$ 的函數，即

$$S = 4xy + 4y(x - y) = 8xy - 4y^2$$

又 $x$ 與 $y$ 滿足方程式 $x^2 + y^2 = a^2$，所以該問題變為求於

$$f(x, y) = 8xy - 4y^2$$

之限制下的事物函數

$$g(x, y) = x^2 + y^2 = a^2$$

之極大值。我們會在例題 2 完成此問題的解。

圖 12.80a 展示定義為 $z = f(x, y)$ 之函數 $f$ 的圖形。$f$ 在 $(0, 0)$ 處有絕對極小值且其值為 0。然而若自變數 $x$ 與 $y$ 受限於 $g(x,y)=k$，則同時滿足 $z = f(x, y)$ 與 $g(x, y) = k$ 的 $(x, y, z)$ 點都在曲線 $C$ 上，其中 $C$ 為曲面 $z = f(x, y)$ 與圓柱 $g(x, y) = k$ 的交集（圖 12.80b）。由圖得知，被限制於 $g(x, y) = k$ 之 $f$ 絕對極小值發生在 $(a, b)$ 處。又 $f$ 有**被限制**（constrained）的絕對極小值 $f(a, b)$，而不是在 $(0, 0)$ 處沒有被限制的絕對極小值 0。

本節一開始討論的問題（於限制條件下有最大體積的盒子）首先在 12.8 節被解出來。回憶該題之解法：

首先解限制條件之方程式

$$g(x, y, z) = x + 2y + 2z = 108$$

| 圖 12.79
要求可以置入半徑 $a$ 之線圈內的鐵芯之表面積

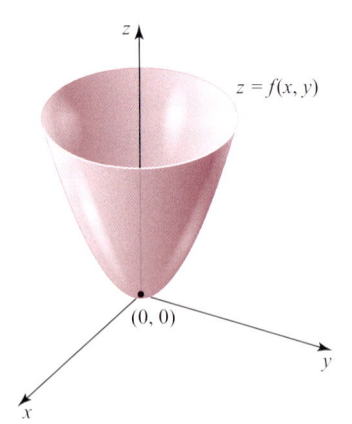

(a) $f$ 沒有被限制之條件

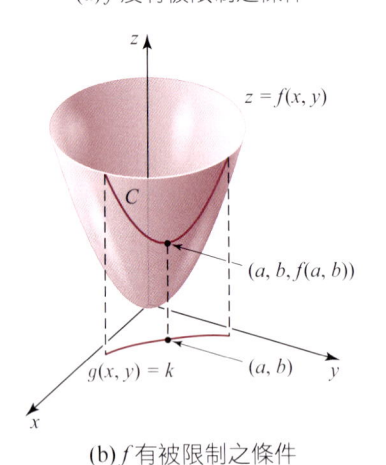

(b) $f$ 有被限制之條件

| 圖 12.80
函數 $f$ 有無限制條件的極小值 0，但是它在限制條件為 $g(x, y) = k$ 有被限制的極小值 $f(a, b)$

的 $x$ 為 $y$ 與 $z$ 的函數。然後將它代入式子

$$V = f(x, y, z) = xyz$$

由此可得 $y$ 與 $z$ 變數之函數 $V$，它滿足該限制條件。接著將 $V$ 看成沒有限制條件的 $y$ 與 $z$ 變數之函數，並求其極大值。

該方法最大的缺點是它需要仰賴我們將限制條件的函數 $g(x, y) = k$ 解為某個變數並寫成另一個變數的函數之能力（或在限制條件下的函數為三個變數的情形，如 $g(x, y, z) = k$，將一個變數寫成另外兩個變數的函數）。事實上，它不一定可行或並不容易解，即使有能力將限制條件的函數 $g(x, y) = k$ 解成 $y$ 為 $x$ 的函數，最後的單變數函數是將解出來的 $y$ 代入事物的函數 $f(x, y)$，它可能是難以想像的複雜。

## ■ 拉格朗日乘數法

現在要考慮的方法稱為**拉格朗日乘數法**（method of Lagrange multipliers）（以法國數學家 Joseph Lagrange 命名，1736-1813），此法排除必須將限制條件的函數解成某個變數為其他變數的函數。要了解此方法，重新檢驗求某事物函數 $f$ 於限制條件 $g(x, y) = k$ 的絕對極小值之問題，它是比較簡單的。圖 12.81a 所示為 $xyz$ 坐標系統 $f$ 的等位線。這些等位線重現於 $xy$ 平面上，如圖 12.81b 所示。

觀察到 $f$ 的等位線 $f(x, y) = c$ 與限制條件 $g(x, y) = k$ 的圖形沒有交點，其中 $c < f(a, b)$（譬如：圖 12.81 所示之等位線 $f(x, y) = c_1$ 與 $f(x, y) = c_2$）。因此，在這些等位線上的點都不是於限制條件下會發生 $f$ 的極小值之對象。

另一方面，$f$ 的等位線 $f(x, y) = c$ 確實與限制條件 $g(x, y) = k$ 的圖形有交點，其中 $c \geq f(a, b)$（譬如：圖 12.81 所示之等位線 $f(x, y) = c_3$ 與 $f(x, y) = c_4$）。這些交點是於限制條件下會發生 $f$ 的極小值之對象。

最後，對於 $c \geq f(a, b)$ 之 $c$ 越大，則在等位線與 $g(x, y) = k$ 之交點 $(x, y)$ 處，$f(x, y)$ 的值也越大。因此於限制條件下選擇所有 $c$ 的最小值之 $f$ 極小值，使得等位線仍然與 $g(x, y) = k$ 相交。於這樣的點 $(a, b)$，使得 $f$ 的等位線與限制條件 $g(x, y) = k$ 的圖形剛好相碰。亦即此二曲線在 $(a, b)$ 處有共同的切線（圖 12.81b）。相同地，它們在該點的法線重疊。以另一個方法來看，梯度向量 $\nabla f(a, b)$ 與 $\nabla g(a, b)$ 同向，所以對於某純量 $\lambda$（lambda），$\nabla f(a, b) = \lambda \nabla g(a, b)$。

相似的結果於限制條件 $g(x, y, z) = k$ 下，三個變數之函數

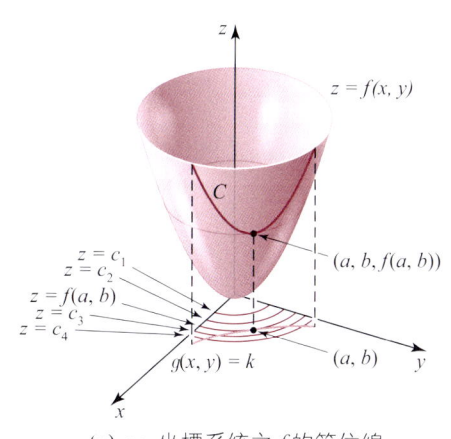

(a) $xyz$ 坐標系統之 $f$ 的等位線

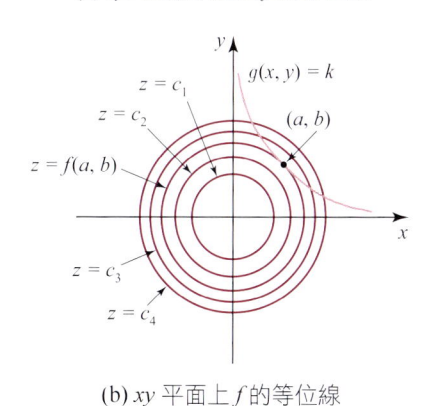

(b) $xy$ 平面上 $f$ 的等位線

**圖 12.81**

$w = f(x, y, z)$ 之極大與極小的問題也成立。於此情形，$f$ 在 $(a, b, c)$ 處有限制條件下的極大值或限制條件下的極小值，其中等位面 $f(x, y, z) = f(a, b, c)$ 與等位面 $g(x, y, z) = k$ 相切。這表示這些曲面在 $(a, b, c)$ 處的法線，亦即它們的梯度，必須彼此平行。因此存在純量 $\lambda$，使得 $\nabla f(a, b, c) = \lambda \nabla g(a, b, c)$。

由此幾何理由得到下面的定理。

### 定理 1　拉格朗日定理

已知函數 $f$ 與 $g$ 在平面上某區域 $D$ 的一階偏導數都連續。又在 $D$ 內之平滑曲線 $g(x, y) = c$ 的限制下，若 $f$ 在 $(a, b)$ 處有極值且 $\nabla g(a, b) \neq 0$，則必定存在實數 $\lambda$ 使得

$$\nabla f(a, b) = \lambda \nabla g(a, b)$$

定理 1 中的 $\lambda$ 稱為**拉格朗日乘數**（Lagrange multiplier）。

**證明**　假設描述為 $g(x, y) = c$ 之平滑曲線 $C$ 可表示為向量函數

$$\mathbf{r}(t) = x(t)\mathbf{i} + y(t)\mathbf{j}, \qquad \mathbf{r}'(t) \neq \mathbf{0}$$

此處 $x'$ 與 $y'$ 在開區間 $I$ 都連續（圖 12.82），則對於 $I$ 內的 $t$，$f$ 在 $C$ 上的值為

$$h(t) = f(x(t), y(t))$$

假設 $f$ 在 $(a, b)$ 處有極值，若 $I$ 內的 $t_0$ 點對應於 $(a, b)$ 點，則 $h$ 在 $t_0$ 處有極值。因此 $h'(t_0) = 0$。使用連鎖規則可得

$$\begin{aligned} h'(t_0) &= f_x(x(t_0), y(t_0))x'(t_0) + f_y(x(t_0), y(t_0))y'(t_0) \\ &= f_x(a, b)x'(t_0) + f_y(a, b)y'(t_0) \\ &= \nabla f(a, b) \cdot \mathbf{r}'(t_0) = 0 \end{aligned}$$

這證明 $\nabla f(a, b)$ 與 $\mathbf{r}'(t_0)$ 正交。其實如 12.7 節中之證明，$\nabla g(a, b)$ 與 $\mathbf{r}'(t_0)$ 正交。亦即，梯度向量 $\nabla f(a, b)$ 與 $\nabla g(a, b)$ 平行，故存在純量 $\lambda$，使得 $\nabla f(a, b) = \lambda \nabla g(a, b)$。

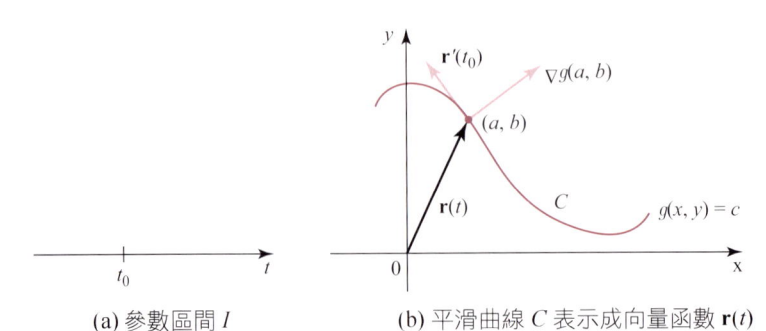

圖 12.82　　(a) 參數區間 $I$　　(b) 平滑曲線 $C$ 表示成向量函數 $\mathbf{r}(t)$

三個變數函數之拉格朗日定理的證明類似於兩個變數函數的。於三個變數的情形，它是包含等位面而不是包含等位線。拉格朗日定理以下面的程序引導我們求函數在有限制條件下的極值，並以三個變數函數的情形開始。

### 拉格朗日乘數法

已知函數 $f$ 與 $g$ 的一階偏導數都連續。在限制條件 $g(x,y,z)=k$ 下，求 $f$ 的極值（假設這些極值都存在並發生在 $g(x,y,z)=k$ 上，$\nabla g \neq \mathbf{0}$）：

**1.** 解聯立方程式

$$\nabla f(x, y, z) = \lambda \nabla g(x, y, z) \quad 與 \quad g(x, y, z) = k$$

的 $x, y, z$ 與 $\lambda$。

**2.** 將步驟 1 的解都代入 $f$ 中計算。比較它們值的大小，最大者為 $f$ 在限制條件下的極大值，而最小者為 $f$ 在限制條件下的極大值。

**註**

$$\nabla f(x, y, z) = f_x(x, y, z)\mathbf{i} + f_y(x, y, z)\mathbf{j} + f_z(x, y, z)\mathbf{k}$$

與

$$\nabla g(x, y, z) = g_x(x, y, z)\mathbf{i} + g_y(x, y, z)\mathbf{j} + g_z(x, y, z)\mathbf{k}$$

向量方程式

$$\nabla f(x, y, z) = \lambda \nabla g(x, y, z)$$

等價於各分量對等後之方程式，

$$f_x(x, y, z) = \lambda g_x(x, y, z), \quad f_y(x, y, z) = \lambda g_y(x, y, z)$$

與

$$f_z(x, y, z) = \lambda g_z(x, y, z)$$

求這些式子加上限制條件之聯立方程組的解，可得四個未知數 $x, y, z$ 與 $\lambda$ 的值。

**例題 1** 在限制條件 $x^2 + y^2 = 9$ 下，求 $f(x,y) = x^2 - 2y$ 的極大值與極小值。

**解** 限制條件為 $g(x, y) = x^2 + y^2 = 9$。

$$\nabla f(x, y) = 2x\mathbf{i} - 2\mathbf{j} \quad 與 \quad \nabla g(x, y) = 2x\mathbf{i} + 2y\mathbf{j}$$

方程式 $\nabla f(x, y) = \lambda \nabla g(x, y)$ 變為

$$2x\mathbf{i} - 2\mathbf{j} = \lambda(2x\mathbf{i} + 2y\mathbf{j}) = 2\lambda x\mathbf{i} + 2\lambda y\mathbf{j}$$

各分量對等後再加上限制條件，即得下面三個變數 $x, y$ 與 $\lambda$ 的聯立方程組：

$$2x = 2\lambda x \quad \text{(1a)}$$
$$-2 = 2\lambda y \quad \text{(1b)}$$
$$x^2 + y^2 = 9 \quad \text{(1c)}$$

由式 (1a) 可得

$$2x(1 - \lambda) = 0$$

即 $x = 0$ 或 $\lambda = 1$。若 $x = 0$，則由式 (1c) 可得 $y = \pm 3$。若 $\lambda = 1$，則由式 (1b) 可得 $y = -1$，並將它代入式 (1c) 可得 $x = \pm 2\sqrt{2}$。所以 $f$ 在 $(0, -3)$，$(0, 3)$，$(-2\sqrt{2}, -1)$ 與 $(2\sqrt{2}, -1)$ 處可能有極值。計算 $f$ 在這些點的值，即

$$f(0, -3) = 6, \quad f(0, 3) = -6, \quad f(-2\sqrt{2}, -1) = 10 \text{ 與 } f(2\sqrt{2}, -1) = 10$$

得到結論為 $f$ 在圓 $x^2 + y^2 = 9$ 上的極大值是 10，它發生在 $(-2\sqrt{2}, -1)$ 與 $(2\sqrt{2}, -1)$ 處，並且 $f$ 在該圓上的極小值是 $-6$，它發生在 $(0, 3)$ 處。

圖 12.83 展示限制條件 $x^2 + y^2 = 9$ 的圖形與該事物函數之某條等位線。又 $f$ 的極值發生於 $f$ 的等位線與限制條件相切處。

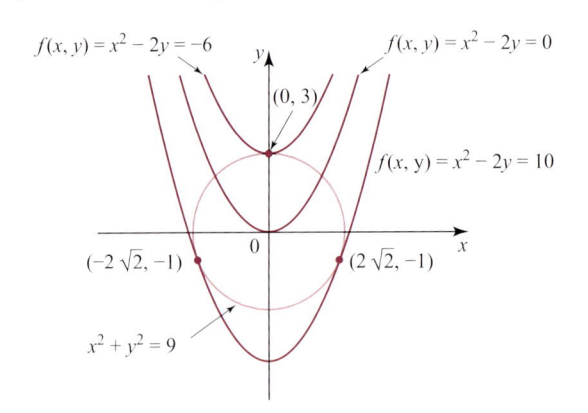

**圖 12.83**
$f$ 的極值發生於 $f$ 的等位線與限制條件（圓）相切處

**例題 2** 完成本節一開始的問題：求十字形鐵芯放置於半徑 $a$ 之線圈內的最大面積（圖 12.84）。

**解** 回憶該問題已經簡化為：於限制條件 $g(x, y) = x^2 + y^2 = a^2$ 下求函數 $f(x, y) = 8xy - 4y^2$ 之最大值。

$$\nabla f(x, y) = 8y\mathbf{i} + (8x - 8y)\mathbf{j} \quad \text{與} \quad \nabla g(x, y) = 2x\mathbf{i} + 2y\mathbf{j}$$

式子 $\nabla f(x, y) = \lambda \nabla g(x, y)$ 可寫成

$$8y\mathbf{i} + (8x - 8y)\mathbf{j} = \lambda(2x\mathbf{i} + 2y\mathbf{j}) = 2\lambda x\mathbf{i} + 2\lambda y\mathbf{j}$$

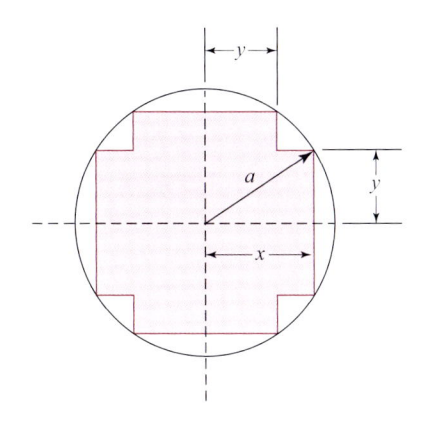

**圖 12.84** 放置於線圈內之最大面積的十字形鐵芯

各分量對等後再加上限制條件,即得下面三個變數 $x, y$ 與 $\lambda$ 的聯立方程組:

$$8y = 2\lambda x \quad \text{(2a)}$$
$$8x - 8y = 2\lambda y \quad \text{(2b)}$$
$$x^2 + y^2 = a^2 \quad \text{(2c)}$$

由式 (2a) 可得 $y = \frac{1}{4}\lambda x$,並將此 $y$ 代入式 (2b),即得

$$8x - 2\lambda x = \frac{1}{2}\lambda^2 x$$

或

$$x(\lambda^2 + 4\lambda - 16) = 0$$

由於 $x \neq 0$,否則由式 (2a) 推得 $y = 0$ 且式 (2c) 變成 $0 = a^2$,這是不可能的。因此 $\lambda^2 + 4\lambda - 16 = 0$。使用二次式公式求得

$$\lambda = \frac{-4 \pm \sqrt{16 + 64}}{2} = -2 \pm 2\sqrt{5}$$

又 $\lambda$ 必須為正數;否則由式 (2a) 得知 $x$ 與 $y$ 其中一個必須為零。故選取 $\lambda = -2 + 2\sqrt{5} \approx 2.4721$。接著將 $y = \frac{1}{4}\lambda x$ 代入式 (2c),得到

$$x^2 + \frac{1}{16}\lambda^2 x^2 = a^2$$

$$x^2\left(1 + \frac{\lambda^2}{16}\right) = a^2$$

$$x^2\left(\frac{\lambda^2 + 16}{16}\right) = a^2$$

即

$$x = \frac{4a}{\sqrt{\lambda^2 + 16}} \approx \frac{4}{\sqrt{(2.4721)^2 + 16}}a \quad \text{回憶 } \lambda \approx 2.4721$$
$$\approx 0.8507a$$

最後

$$y = \frac{1}{4}\lambda x \approx \frac{1}{4}(2.4721)(0.8507a) \approx 0.5258a$$

若 $x \approx 0.8507a$ 與 $y \approx 0.8258a$,則該線圈將有最大的表面積,此處的 $a$ 為線圈的半徑。

圖 12.85 展示限制條件 $x^2 + y^2 = a^2$ 的圖形(半徑 $a$ 且中心在原點的圓)與函數 $f$ 的幾條等位線。又 $f$ 的極大值 $f(0.8507a, 0.5258a) \approx 2.4725a^2$ 發生於 $(0.8507a, 0.5258a)$ 處,即發生於 $f$ 的等位線與限制條件的圓形相切處。∎

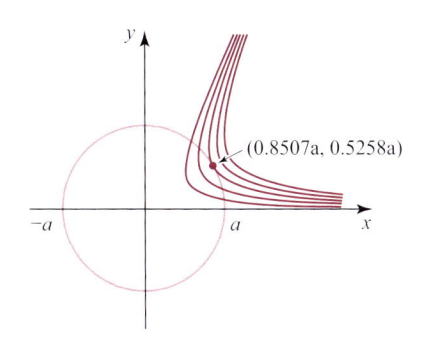

**圖 12.85** $f$ 的極大值發生於 $f$ 的等位線與限制條件的等位線相切處

**例題 3** 郵局規定郵寄包裹的長與周長和不得超過 108 吋，求滿足郵寄規定之長方形盒最大體積的尺寸（12.8 節的例題 5）。

**解** 回憶求此問題的解，需要求於限制條件 $g(x, y, z) = x + 2y + 2z = 108$ 下，體積函數 $f(x, y, z) = xyz$ 的最大值。使用拉格朗日乘數法求此問題的解如下：

$$\nabla f(x, y, z) = yz\mathbf{i} + xz\mathbf{j} + xy\mathbf{k} \quad 與 \quad \nabla g(x, y, z) = \mathbf{i} + 2\mathbf{j} + 2\mathbf{k}$$

所以式子 $\nabla f(x, y, z) = \lambda \nabla g(x, y, z)$ 可寫成

$$yz\mathbf{i} + xz\mathbf{j} + xy\mathbf{k} = \lambda(\mathbf{i} + 2\mathbf{j} + 2\mathbf{k})$$

各分量對等後再加上限制條件，即得下面四個變數 $x, y, z$ 與 $\lambda$ 的聯立方程組：

$$yz = \lambda \quad \textbf{(3a)}$$
$$xz = 2\lambda \quad \textbf{(3b)}$$
$$xy = 2\lambda \quad \textbf{(3c)}$$
$$x + 2y + 2z = 108 \quad \textbf{(3d)}$$

將式 (3a) 代入式 (3b) 可得

$$xz = 2yz \quad 即 \quad z(x - 2y) = 0$$

$z \neq 0$，所以 $x = 2y$。接著將式 (3a) 代入式 (3c) 可得

$$xy = 2yz \quad 即 \quad y(x - 2z) = 0$$

$y \neq 0$，所以 $x = 2z$。將兩個 $x$ 表示對等後可得

$$2y = 2z \quad 即 \quad y = z$$

最後將 $x$ 與 $y$ 的表示代入式 (3d) 可得

$$2z + 2z + 2z = 108 \quad 即 \quad z = 18$$

$y = 18$ 與 $x = 2(18) = 36$。故包裹的尺寸為 18 吋 × 18 吋 × 36 吋，如之前所得。

**結論說明**

　　就幾何上而言，此問題在求平面 $x + 2y + 2z = 108$ 上的點使得 $f(x, y, z) = xyz$ 有最大值。點 $(36, 18, 18)$ 正是等位面 $xyz = f(36, 18, 18) = 11,664$ 與平面 $x + 2y + 2z = 108$ 相切處。

**例題 4** 由一面積為 48 呎$^2$ 之長方形紙板製造一最大體積的長方形開口盒子。求該盒子的尺寸，並問其體積為何？

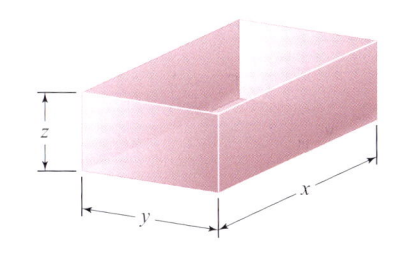

**圖 12.86**
由一紙板製造一最大體積的長方形開口盒子。試問該盒子的尺寸為何？

**解** 已知該盒子之長、寬與高（呎）分別為 $x, y$ 與 $z$，如圖 12.86 所示。所以該盒子之體積為 $V = xyz$。其底面積與周圍四邊的面積和為

$$xy + 2xz + 2yz$$

呎$^2$，又它等於該紙板的面積；亦即

$$xy + 2xz + 2yz = 48$$

所以此問題為於限制條件

$$g(x, y, z) = xy + 2xz + 2yz = 48$$

下求函數

$$f(x, y, z) = xyz$$

的極大值。

$$\nabla f(x, y, z) = yz\mathbf{i} + xz\mathbf{j} + xy\mathbf{k}$$

與

$$\nabla g(x, y, z) = (y + 2z)\mathbf{i} + (x + 2z)\mathbf{j} + (2x + 2y)\mathbf{k}$$

所以式子 $\nabla f(x, y, z) = \lambda \nabla g(x, y, z)$ 可寫成

$$yz\mathbf{i} + xz\mathbf{j} + xy\mathbf{k} = \lambda[(y + 2z)\mathbf{i} + (x + 2z)\mathbf{j} + (2x + 2y)\mathbf{k}]$$

各分量對等後再加上限制條件，即得下面四個變數 $x, y, z$ 與 $\lambda$ 的聯立方程組：

$$yz = \lambda(y + 2z) \qquad \textbf{(4a)}$$

$$xz = \lambda(x + 2z) \qquad \textbf{(4b)}$$

$$xy = \lambda(2x + 2y) \qquad \textbf{(4c)}$$

$$xy + 2xz + 2yz = 48 \qquad \textbf{(4d)}$$

式 (4a)、式 (4b) 與式 (4c) 分別乘以 $x, y$ 與 $z$，可得

$$xyz = \lambda(xy + 2xz) \qquad \textbf{(5a)}$$

$$xyz = \lambda(xy + 2yz) \qquad \textbf{(5b)}$$

$$xyz = \lambda(2xz + 2yz) \qquad \textbf{(5c)}$$

由式 (5a) 與 (5b) 得知

$$\lambda(xy + 2xz) = \lambda(xy + 2yz) \qquad \textbf{(6)}$$

因為 $\lambda \neq 0$；否則由式 (4a)、式 (4b) 與式 (4c) 得到 $yz = xz = xy = 0$，與式 (4d) 矛盾。式 (6) 等號兩邊同乘 $\lambda$ 並簡化後可得

$$2xz = 2yz \quad 即 \quad 2z(x - y) = 0$$

現在 $z \neq 0$；否則由式 (4a) 得到 $\lambda = 0$，它是不可能的，如之前觀察到的。故 $x = y$。

接著由式 (5b) 與式 (5c) 得到

$$\lambda(xy + 2yz) = \lambda(2xz + 2yz) \tag{7}$$

將式 (7) 等號兩邊同除 $\lambda$ 並簡化後可得

$$xy = 2xz \quad 即 \quad x(y - 2z) = 0$$

$x \neq 0$，所以 $y = 2z$。最後，將 $x = y = 2z$ 代入式 (4d) 可得

$$4z^2 + 4z^2 + 4z^2 = 48$$

即 $z = 2$（$z$ 必須為正數，負根不合）。故 $x = y = 4$，該盒子的尺寸為 4 呎 × 4 呎 × 2 呎且其體積為 32 呎$^3$。 ∎

### 結論說明

就幾何上而言，此問題在求曲面 $xy + 2xz + 2yz = 48$ 上的點使得 $f(x, y, z) = xyz$ 有最大值。點 (4, 4, 2) 正是等位面 $xyz = f(4, 4, 2) = 32$ 與平面 $xy + 2xz + 2yz = 48$ 相切處。

下個例題說明拉格朗日乘數法如何用來求定義於有界的閉集合之函數的極值。

**例題 5** 在限制條件 $x^2 + y^2 \leq 4$ 下，求 $f(x, y) = 2x^2 + y^2 - 2y + 1$ 的絕對極值。

**解** 不等式 $x^2 + y^2 \leq 4$ 定義出圓盤 $D$，它是有界的閉集合且其邊界為 $x^2 + y^2 = 4$。依照 12.8 節的程序，我們得先求 $f$ 在 $D$ 內的臨界點。同時令

$$f_x(x, y) = 4x = 0$$
$$f_y(x, y) = 2y - 2 = 2(y - 1) = 0$$

可得 (0, 1) 為 $f$ 在 $D$ 內唯一的臨界點。

接著使用拉格朗日乘數法求 $f$ 在 $D$ 內的臨界點。令 $g(x, y) = x^2 + y^2 = 4$，則

$$\nabla f(x, y) = 4x\mathbf{i} + 2(y - 1)\mathbf{j} \quad 與 \quad \nabla g(x, y) = 2x\mathbf{i} + 2y\mathbf{j}$$

式子 $\nabla f(x, y) = \lambda \nabla g(x, y)$ 加上限制條件，即得聯立方程組：

$$4x = 2\lambda x \tag{8a}$$
$$2(y - 1) = 2\lambda y \tag{8b}$$
$$x^2 + y^2 = 4 \tag{8c}$$

由式 (8a) 可得

$$2x(\lambda - 2) = 0$$

即 $x = 0$ 或 $\lambda = 2$。若 $x = 0$，則由式 (8c) 得到 $y = \pm 2$。若 $\lambda = 2$，則由式 (8b) 得到

$$2(y-1) = 4y \quad 即 \quad y = -1$$

並求得 $x = \pm\sqrt{3}$。所以 $f$ 在 $D$ 的邊界有臨界點 $(0, -2)$, $(0, 2)$, $(-\sqrt{3}, -1)$ 與 $(\sqrt{3}, -1)$。

最後整理出下面的表格。

| $(x, y)$ | $f(x, y) = 2x^2 + y^2 - 2y + 1$ |
|---|---|
| $(0, 1)$ | 0 |
| $(-\sqrt{3}, -1)$ | 10 |
| $(\sqrt{3}, -1)$ | 10 |
| $(0, -2)$ | 9 |
| $(0, 2)$ | 1 |

由表中得知 $f$ 在 $(0, 1)$ 處有絕對極小值 0，並在 $(-\sqrt{3}, -1)$ 與 $(\sqrt{3}, -1)$ 處有絕對極大值 10。

### ■ 兩個限制條件下函數的最佳化

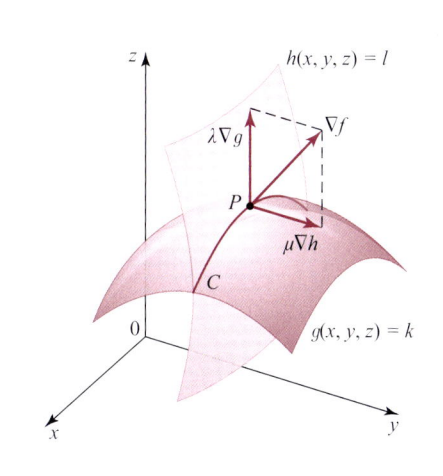

某些應用問題為於兩個或多個限制條件下求事物函數的最大值或最小值。譬如，考慮在兩個限制條件

$$g(x, y, z) = k \quad 與 \quad h(x, y, z) = l$$

下，求 $f(x, y, z)$ 的極值。我們可以證明在這些限制條件下，若 $f$ 在 $(a, b, c)$ 處有極值，則存在實數（拉格朗日乘數）$\lambda$ 與 $\mu$ 滿足

$$\nabla f(a, b, c) = \lambda \nabla g(a, b, c) + \mu \nabla h(a, b, c) \tag{9}$$

就幾何上而言，我們在求於等位面 $g(x, y, z) = k$ 與 $h(x, y, z) = l$ 相交的曲線上 $f(x, y, z)$ 的極值。條件 (9) 陳述：於極值點 $(a, b, c)$，$f$ 的梯度必定在 $g$ 的梯度與 $h$ 的梯度相交之平面上（圖 12.87）。向量方程式 (9) 等價於三個純量方程式。若將兩個限制條件合併，則它會產生五個式子的聯立方程組並求出五個未知數 $x, y, z, \lambda$ 與 $\mu$ 的值。

**圖 12.87**
若 $f$ 在 $P(a, b, c)$ 處有極值，則 $\nabla f(a, b, c) = \lambda \nabla g(a, b, c) + \mu \nabla h(a, b, c)$

**例題 6** 在限制條件 $x - y + 2z = 1$ 與 $x^2 + y^2 = 4$ 下，求 $f(x, y, z) = 3x + 2y + 4z$ 的極大值與極小值。

**解** 將限制條件改寫為

$$g(x, y, z) = x - y + 2z = 1 \quad 與 \quad h(x, y, z) = x^2 + y^2 = 4$$

則式子 $\nabla f(x, y, z) = \lambda \nabla g(x, y, z) + \mu \nabla h(x, y, z)$ 可寫成

$$3\mathbf{i} + 2\mathbf{j} + 4\mathbf{k} = \lambda(\mathbf{i} - \mathbf{j} + 2\mathbf{k}) + \mu(2x\mathbf{i} + 2y\mathbf{j})$$
$$= (\lambda + 2\mu x)\mathbf{i} + (-\lambda + 2\mu y)\mathbf{j} + 2\lambda\mathbf{k}$$

各分量對等後再加上限制條件，即得下面五個變數 $x, y, z, \lambda$ 與 $\mu$ 的聯立方程組：

$$3 = \lambda + 2\mu x \qquad \textbf{(10a)}$$
$$2 = -\lambda + 2\mu y \qquad \textbf{(10b)}$$
$$4 = 2\lambda \qquad \textbf{(10c)}$$
$$x - y + 2z = 1 \qquad \textbf{(10d)}$$
$$x^2 + y^2 = 4 \qquad \textbf{(10e)}$$

由式 (10c) 可得 $\lambda = 2$，並將此 $\lambda$ 值代入式 (10a) 與式 (10b)，得到

$$3 = 2 + 2\mu x \quad 即 \quad 1 = 2\mu x \qquad \textbf{(11a)}$$

與

$$2 = -2 + 2\mu y \quad 即 \quad 4 = 2\mu y \qquad \textbf{(11b)}$$

解式 (11a) 與式 (11b) 的 $x$ 與 $y$，可得 $x = 1/(2\mu)$ 與 $y = 2/\mu$。並將這些值代入式 (10e)，即得

$$\left(\frac{1}{2\mu}\right)^2 + \left(\frac{2}{\mu}\right)^2 = 4$$
$$1 + 16 = 16\mu^2 \quad 即 \quad \mu^2 = \frac{17}{16}$$

所以 $\mu = \pm\sqrt{17}/4$, $x = \pm 2/\sqrt{17}$ 與 $y = \pm 8/\sqrt{17}$。由式 (10d) 得到

$$z = \frac{1}{2}(1 - x + y) = \frac{1}{2}\left(1 \mp \frac{2}{\sqrt{17}} \pm \frac{8}{\sqrt{17}}\right)$$
$$= \frac{1}{2}\left(1 \pm \frac{6}{\sqrt{17}}\right)$$

故 $f$ 在 $\left(\frac{2}{\sqrt{17}}, \frac{8}{\sqrt{17}}, \frac{1}{2} + \frac{3}{\sqrt{17}}\right)$ 點的值為

$$3\left(\frac{2}{\sqrt{17}}\right) + 2\left(\frac{8}{\sqrt{17}}\right) + 4\left(\frac{1}{2} + \frac{3}{\sqrt{17}}\right) = 2 + \frac{34}{\sqrt{17}} = 2(1 + \sqrt{17})$$

並且 $f$ 在 $\left(-\frac{2}{\sqrt{17}}, -\frac{8}{\sqrt{17}}, \frac{1}{2} - \frac{3}{\sqrt{17}}\right)$ 點的值為

$$3\left(-\frac{2}{\sqrt{17}}\right) + 2\left(-\frac{8}{\sqrt{17}}\right) + 4\left(\frac{1}{2} - \frac{3}{\sqrt{17}}\right) = 2 - \frac{34}{\sqrt{17}} = 2(1 - \sqrt{17})$$

因此，$f$ 的最大值是 $2(1+\sqrt{17})$ 且 $f$ 的最小值是 $2(1-\sqrt{17})$。∎

## 12.9 習題

1-2 題，使用拉格朗日乘數法求函數在給予之限制下的極值。繪畫限制條件的函數圖形並繪畫幾條 $f$ 的等位線，含發生極值處的等位線。

1. $f(x, y) = 3x + 4y; \quad x^2 + y^2 = 1$
2. $f(x, y) = x^2 + y^2; \quad xy = 1$

3-8 題，使用拉格朗日乘數法求函數在給予之限制下的極值。

3. $f(x, y) = xy; \quad 2x + 3y = 6$
4. $f(x, y) = xy; \quad x^2 + 4y^2 = 1$
5. $f(x, y) = x^2 + xy + y^2; \quad x^2 + y^2 = 8$
6. $f(x, y, z) = x + 2y + z; \quad x^2 + 4y^2 - z = 0$
7. $f(x, y, z) = x + 2y - 2z; \quad x^2 + 2y^2 + 4z^2 = 1$
8. $f(x, y, z) = xyz; \quad x^2 + 2y^2 + \frac{1}{2}z^2 = 6$

9-10 題，使用拉格朗日乘數法求函數在給予之限制下的極值。

9. $f(x, y, z) = 2x + y; \quad x + y + z = 1, \quad y^2 + z^2 = 9$
10. $f(x, y, z) = yz + xz; \quad xz = 1, \quad y^2 + z^2 = 1$
11. 使用拉格朗日乘數法求函數

    $$f(x, y) = 3x^2 + 2y^2 - 2x - 1, x^2 + y^2 \leq 9$$

    在給予之不等式限制的極值。
12. 求原點到平面 $x + 2y + z = 4$ 上最近的點。
13. 求 $(2, 3, -1)$ 點到平面 $x + 2y - z = 5$ 上最近的點。
14. 求曲面 $xy^2z = 4$ 上最接近原點的點，並求原點與此曲面的最短距離。
15. 用 48 呎$^2$ 的硬紙板製造一個封閉長方形盒子，求它最大面積的維度。
16. 有一體積為 108 吋$^3$ 上開之長方形盒子。求使用最小面積的硬紙板製造之盒子的維度。
17. 有一體積為 16 呎$^3$ 的盒子。若它的底部材料價格（每呎$^2$）為頂部與周邊材料價格的 2 倍，求花費最少所製造出來之盒子的維度。
18. **Cobb-Douglas 生產函數** 假設需要勞力 $x$ 單位與資本 $y$ 單位生產的某產品之生產量為

    $$f(x, y) = 100x^{3/4}y^{1/4}$$

    若勞力的每個單位成本為 200 元且資本的每個單位成本為 300 元，並有總資本 60,000 元可用來生產。試問需要多少單位的勞力與多少單位的資本可以使生產量最大？
19. 令 $f(x, y) = x - y$ 與 $g(x, y) = x + x^5 - y$。
    a. 應用拉格朗日乘數法求在 $g(x,y) = 1$ 限制下，$f$ 有相對極大值或有相對極小值的點。
    b. 使用視窗 $[-4, 4] \times [-4, 4]$ 繪畫 $f(x, y) = k$ 的等位線，其中 $k = -2, -1, 0, 1, 2$。然後使用此圖形解釋為什麼 (a) 的 $f$ 不會有相對極大值或相對極小值。
    c. 以理論分析來驗證 (b) 觀察的結果。
20. 求平面 $x + 2y - 3z = 9$ 與 $2x - 3y + z = 4$ 相交線上到原點最近的點。
21. a. 應用對稱性求原點到狄卡爾葉形線 $x^3 + y^3 - 3axy = 0$ 的最大距離，其中 $a > 0$，$x \geq 0$ 和 $y \geq 0$。
    b. 應用拉格朗日乘數法證明 (a) 的結果。
22. a. 令正數 $p$ 與 $q$ 滿足 $(1/p) + (1/q) = 1$。求在 $xy = c$ 的限制下，

    $$f(x, y) = \frac{x^p}{p} + \frac{y^q}{q} \quad x > 0, \quad y > 0$$

    的最小值，其中 $c$ 是常數。
    b. 使用 (a) 的結果證明若 $x$ 與 $y$ 為正數，則

    $$\frac{x^p}{p} + \frac{y^q}{q} \geq xy$$

    附帶 $p > 0$，$q > 0$ 與 $(1/p) + (1/q) = 1$。

23 題，判斷下列敘述是對或是錯。如果它是對，解釋你的理由。如果它是錯，請解釋你的理由或舉例說明。

23. 若 $f$ 於限制條件 $g(x, y) = 0$ 下，在 $(a, b)$ 處有極值，則 $f$ 於沒限制的情況下，在 $(a, b)$ 處也有極值。

## 第 12 章　複習題

1-2 題，求函數的定義域並繪畫它。

1. $f(x, y) = \dfrac{\sqrt{9 - x^2 - y^2}}{x^2 + y^2}$

2. $f(x, y) = \sin^{-1} x + \tan^{-1} y$

3. 繪畫函數 $f(x, y) = 4 - x^2 - y^2$ 的圖形。

4-5 題，繪畫數條函數的等位線。

4. $f(x, y) = x^2 + y^2$

5. $f(x, y) = e^{x^2 + y^2}$

6-7 題，若極限存在，求它的極限，否則證明它的極限不存在。

6. $\lim\limits_{(x, y) \to (0, 0)} \dfrac{\sqrt{xy + 4}}{2y + 3}$

7. $\lim\limits_{(x, y) \to (1, 0^+)} \dfrac{x^2 y + x^3}{\sqrt{x} + \sqrt{y}}$

8. 判斷函數 $f(x, y) = \dfrac{\ln(x - y)}{(x^2 + y^2)^{3/2}}$ 在哪裡連續。

9-11 題，求函數的第一階偏導數。

9. $f(x, y) = 2x^2 y - \sqrt{x}$

10. $f(r, s) = re^{-(r^2 + s^2)}$

11. $f(x, y, z) = \dfrac{x^2 - y^2}{z^2 - x^2}$

12-13 題，求函數的第二階偏導數。

12. $f(x, y) = x^4 - 2x^2 y^3 + y^2 - 2$

13. $f(x, y, z) = x^2 y z^3$

14. 已知 $u = \sqrt{x^2 + y^2 + z^2}$，證明
$$\dfrac{\partial^2 u}{\partial x^2} + \dfrac{\partial^2 u}{\partial y^2} + \dfrac{\partial^2 u}{\partial z^2} = \dfrac{2}{u}$$

15. 證明函數 $u = 2z^2 - x^2 - y^2$ 滿足拉普拉斯方程式 $u_{xx} + u_{yy} + u_{zz} = 0$。

16. 已知 $z = x^2 \tan^{-1} y^3$，求 $dz$。

17. 試問 $\nabla f = -y\mathbf{i} + x\mathbf{j}$ 是否存在？解釋理由。

18. 令 $z = x^2 y - \sqrt{y}$，其中 $x = e^{2t}$ 與 $y = \cos t$。應用連鎖規則求 $dz/dt$。

19. 已知 $x^3 - 3x^2 y + 2xy^2 + 2y^3 = 9$，應用偏微分求 $dy/dx$。

20-21 題，求函數 $f$ 在指定的點之梯度。

20. $f(x, y) = \sqrt{x^2 + y^2}$；$P(1, 2)$

21. $f(x, y, z) = xy^2 - yz^2 + zx^2$；$P(2, 1, -3)$

22-23 題，求函數 $f$ 在指定的方向與 $P$ 處之方向導數。

22. $f(x, y) = x^3 y^2 - xy^3$；$P(2, -1)$，在 $\mathbf{v} = 3\mathbf{i} - 4\mathbf{j}$ 的方向。

23. $f(x, y, z) = x\sqrt{y^2 + z^2}$；$P(2, 3, 4)$，在 $\mathbf{v} = \mathbf{i} - 2\mathbf{j} + 2\mathbf{k}$ 的方向。

24. 求使函數 $f(x, y) = \sqrt{x} + xy^2$ 在 $(4, 1)$ 點遞增最快的方向。試問它遞增的最大速率為何？

25-26 題，求已知函數在給予點上的切平面與法線。

25. $2x^2 + 4y^2 + 9z^2 = 27$；$P(1, 2, 1)$

26. $z = x^2 + 3xy^2$；$P(3, 1, 18)$

27-28 題，求函數的相對極值與鞍點。

27. $f(x, y) = x^2 + xy + y^2 - 5x + 8y + 5$

28. $f(x, y) = x^3 - 3xy + y^2$

29. 求函數 $f(x, y) = x^2 + xy^2 - y^3$ 在集合 $D = \{(x, y) \mid -1 \leq x \leq 1,\ 0 \leq y \leq 2\}$ 的絕對極值。

30-31 題，使用拉格朗日乘數法求函數在給予之限制下的極值。

30. $f(x, y) = xy^2$；$x^2 + y^2 = 4$

31. $f(x, y, z) = xy + yz + xz$；$x + 2y + 3z = 1$

32. 令 $f(x, y) = Ax^2 + Bxy + Cy^2 + Dx + Ey + F$。證明若 $f$ 在 $(x_0, y_0)$ 處有相對極大值或有相對極小值，則 $x_0$ 與 $y_0$ 必須同時滿足聯立方程式
$$2Ax + By + D = 0$$
$$Bx + 2Cy + E = 0$$

33. 求點 $(3, 0, 0)$ 到拋物體
$$z = \dfrac{x^2}{4} + \dfrac{y^2}{25}$$
上最近距離的點。

34 題，判斷下列敘述是對或是錯。如果它是對，解釋你的理由。如果它是錯，請解釋你的理由或舉例說明。

34. $f(x, y)$ 在 $(a, b)$ 點的正 $x$ 方向之方向導數為 $f_x(a, b)$。

# 第 13 章　重積分

本章我們將單變數函數的積分延伸到兩個或三個變數函數的積分。二重積分與三重積分的應用包括求表面積、求平板物件的質心與求固體的質心。

## 13.1　二重積分

### ■ 一個介紹性的例題

假設有一平直且細的金屬線段，其長 $(b - a)$，被置於坐標系的 $x$ 軸上，如圖 13.1 所示。又假設金屬線具線性的質量密度在 $x$ 處為 $f(x)$，其中 $a \leq x \leq b$ 且 $f$ 在 $[a, b]$ 為非負之連續函數。令 $P = \{x_0, x_1, x_2, ...x_n\}$ 為 $[a, b]$ 之正規切割，此處 $a = x_0$ 與 $b = x_n$，由 $f$ 的連續性得知於第 $k$ 個子區間 $[x_{k-1}, x_k]$ 內的每一點 $x$，$f(x) \approx f(c_k)$，$c_k$ 為 $[x_{k-1}, x_k]$ 內之計算點，此處的 $n$ 得夠大。因此，位於 $[x_{k-1}, x_k]$ 之金屬線段的質量為

$$\Delta m_k \approx f(c_k) \Delta x \qquad \Delta x = \frac{b - a}{n}$$

由此得知金屬線質量的定義為

$$m = \lim_{n \to \infty} \sum_{k=1}^{n} \Delta m_k = \lim_{n \to \infty} \sum_{k=1}^{n} f(c_k) \Delta x = \int_a^b f(x)\, dx$$

故曲線之質量的數值解與圖 13.1 所示之（非負）密度函數圖形下方的面積相同。

現在考慮區域

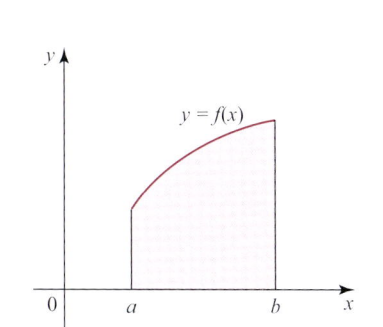

$$R = \{(x, y) \mid a \leq x \leq b, c \leq y \leq d\}$$

**圖 13.1**

長 $(b - a)$ 的平直金屬線之質量為 $\int_a^b f(x)\, dx$，此處 $f(x)$ 為其在任意 $x$ 點的密度，且 $a \leq x \leq b$

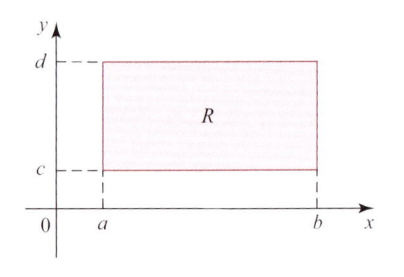

之矩形薄板（圖 13.2）。若此薄板是均勻的（具備常數質量密度 $k$ 公克／公分 $^2$），則它的質量為

$$m = k(b-a)(d-c) \quad \text{質量密度·面積}$$

觀察到 $m$ 與以常數函數圖形 $f(x, y) = k$ 為上界並以 $R$ 為下界之矩形體積有相同的數值（圖 13.3a）。接著假設薄板之質量密度不是常數而是函數 $f$，則可推測薄板之質量為固體區域 $S$ 的「體積」，它位於 $R$ 正上方與圖形 $z = f(x, y)$ 的下方（圖 13.3b）。於 13.4 節中將證實它就是這個情形。

### 曲面與矩形之間的固體體積

現在要證明固體 $S$ 之體積可定義為黎曼和的極限。假設 $f$ 為兩個變數的非負連續函數*並定義於矩形

$$R = [a, b] \times [c, d] = \{(x, y) | a \le x \le b, c \le y \le d\}$$

並假設在 $R$ 區域，$f(x, y) \ge 0$。令

$$a = x_0 < x_1 < \cdots < x_{i-1} < x_i < \cdots < x_m = b$$

為 $[a, b]$ 區間之正規切割，它將 $[a, b]$ 區間分成 $m$ 個長 $\Delta x = (b-a)/m$ 的子區間，又令

$$c = y_0 < y_1 < \cdots < y_{j-1} < y_j < \cdots < y_n = d$$

為 $[c, d]$ 區間之正規切割，它將 $[c, d]$ 區間分成 $n$ 個長 $\Delta y = (d-c)/n$ 的子區間。此格子是由垂直線 $x = x_i$，$0 \le i \le m$ 與水平線 $y = y_j$，$0 \le j \le n$ 切割 $R$ 區域為 $N = mn$ 個子矩形 $R_{11}, R_{12}, \cdots, R_{ij}, \cdots, R_{mn}$，其中 $R_{ij} = [x_{i-1}, x_i] \times [y_{j-1}, y_j] = \{(x, y) | x_{i-1} \le x \le x_i, y_{j-1} \le y \le y_j\}$，如圖 13.4 所示。每個子矩形的面積為 $\Delta A = \Delta x\, \Delta y$。此切割稱為 $R$ 的**正規切割**（regular partition）。

切割 $P = \{R_{11}, R_{12}, \cdots, R_{ij}, \cdots, R_{mn}\}$ 將位於圖形 $z = f(x, y)$ 與 $R$ 之間的固體 $S$ 切割為 $N = mn$ 個固體；固體 $S_{ij}$ 是以 $R_{ij}$ 為下界並以曲面 $z = f(x, y)$ 位於 $R_{ij}$ 正上方的部分為上界（圖 13.5）。

(a) 矩形薄板

(b) 置於 $xy$ 平面上的薄板

**圖 13.2**

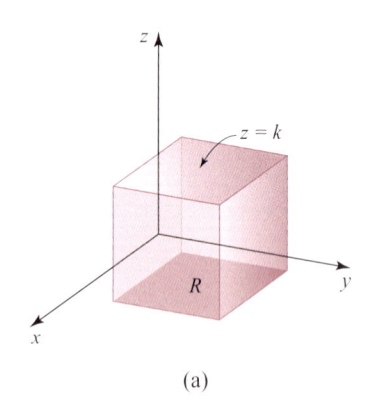

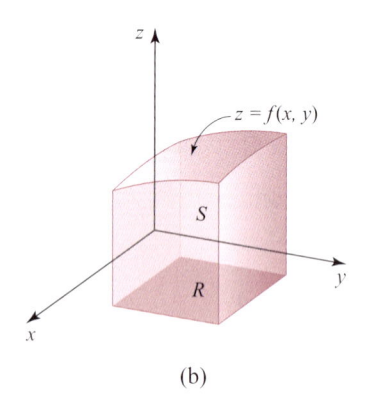

(a)

(b)

**圖 13.3**
薄板 $R$ 之質量與位於 $R$ 的正上方並在曲面 $z = f(x, y)$ 下方之固體體積有相同的數值

---
*如單變數函數的積分，這些假設將簡化該討論。

## 13.1 二重積分

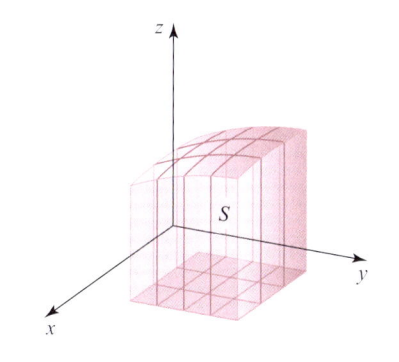

**圖 13.4**
$R$ 的切割 $P = \{R_{ij}\}$

(a) 固體 $S$ 為 $N = mn$ 個固體的聯集（此處 $m = 3, n = 4$）

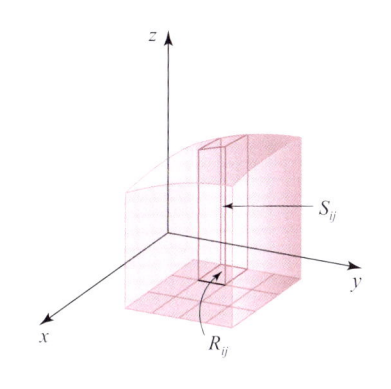

(b) 代表性的固體 $S_{ij}$

**圖 13.5**

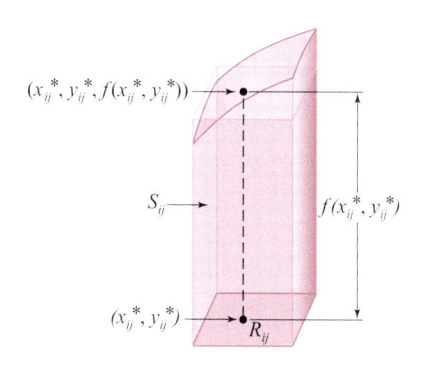

**圖 13.6**
$S_{ij}$ 的體積是由底 $R_{ij}$，高 $f(x_{ij}^*, y_{ij}^*)$ 之平行六邊形的體積近似

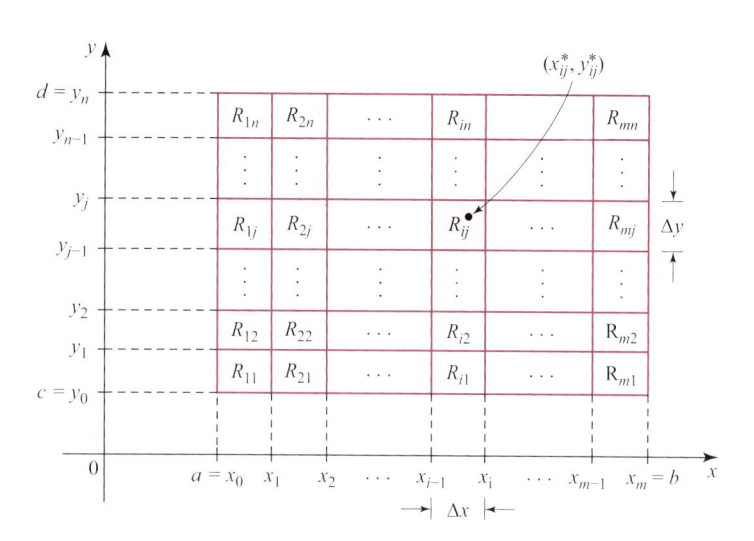

令 $(x_{ij}^*, y_{ij}^*)$ 為 $R_{ij}$ 內之計算點，則底 $R_{ij}$，高 $f(x_{ij}^*, y_{ij}^*)$ 之平行六邊形的體積為

$$f(x_{ij}^*, y_{ij}^*)\, \Delta A$$

它是 $S_{ij}$ 的近似（圖 13.6）。

因此 $S$ 的體積 $V$ 可由 $N = mn$ 個平行六邊形的體積近似；亦即，

$$V \approx \sum_{i=1}^{m} \sum_{j=1}^{n} f(x_{ij}^*, y_{ij}^*)\, \Delta A \tag{1}$$

當 $m$ 與 $n$ 越來越大，則直觀上，我們可以期待近似 (1) 會更好。由此可得下面的定理。

---

**定義　圖形 $z = f(x, y)$ 下方的體積**

令 $f$ 定義在矩形 $R$ 上並假設在 $R$ 上 $f(x, y) \geq 0$，則固體 $S$ 位於 $R$ 正上方並在曲面 $z = f(x, y)$ 下方之體積 $V$ 為

$$V = \lim_{m, n \to \infty} \sum_{i=1}^{m} \sum_{j=1}^{n} f(x_{ij}^*, y_{ij}^*)\, \Delta A \tag{2}$$

附帶該極限存在。

由於假設 $f$ 連續，不論 $R_{ij}$ 內之計算點 $(x_{ij}^*, y_{ij}^*)$ 如何選取，都可以證明式 (2) 的極限一定存在，此處 $1 \leq i \leq m$ 與 $1 \leq j \leq n$。

**例題 1**　求位於橢圓拋物面圖形 $z = 8 - 2x^2 - y^2$ 下方並在矩形 $R = \{(x, y) \mid 0 \leq x \leq 1, 0 \leq y \leq 2\}$ 上方之固體體積的近似。使用直線 $x = \frac{1}{2}$ 與 $y = 1$ 將 $R$ 分割成四個子矩形，並選取 $R$ 的分割 $R_{ij}$ 右上角為計算點 $(x_{ij}^*, y_{ij}^*)$ 計算（圖 13.7）。

**732** 第 13 章 重積分

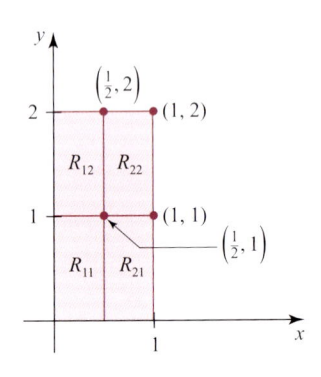

(a) 區域 $R$ 被分割為四個子矩形

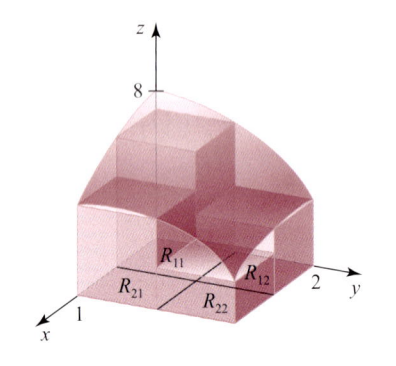

(b) 固體位於圖形 $z = 8 - 2x^2 - y^2$ 下方並在 $R$ 上方

| 圖 **13.7**

**解** 此處

$$\Delta x = \frac{1-0}{2} = \frac{1}{2} \quad \text{與} \quad \Delta y = \frac{2-0}{2} = 1$$

所以 $\Delta A = (\frac{1}{2})(1) = \frac{1}{2}$。又 $x_0 = 0, x_1 = \frac{1}{2}, x_2 = 1$，且 $y_0 = 0, y_1 = 1, y_2 = 2$。取 $(x_{11}^*, y_{11}^*) = (x_1, y_1) = (\frac{1}{2}, 1), (x_{12}^*, y_{12}^*) = (x_1, y_2) = (\frac{1}{2}, 2), (x_{21}^*, y_{21}^*) = (x_2, y_1) = (1, 1)$ 與 $(x_{22}^*, y_{22}^*) = (x_2, y_2) = (1, 2)$，得到

$$\begin{aligned} V &\approx \sum_{i=1}^{2} \sum_{j=1}^{2} f(x_{ij}^*, y_{ij}^*) \Delta A \\ &= f(x_{11}^*, y_{11}^*) \Delta A + f(x_{12}^*, y_{12}^*) \Delta A + f(x_{21}^*, y_{21}^*) \Delta A + f(x_{22}^*, y_{22}^*) \Delta A \\ &= f\left(\frac{1}{2}, 1\right) \Delta A + f\left(\frac{1}{2}, 2\right) \Delta A + f(1, 1) \Delta A + f(1, 2) \Delta A \\ &= \left(\frac{13}{2}\right)\left(\frac{1}{2}\right) + \left(\frac{7}{2}\right)\left(\frac{1}{2}\right) + (5)\left(\frac{1}{2}\right) + (2)\left(\frac{1}{2}\right) = \frac{17}{2} \end{aligned}$$

當 $m$ 與 $n$ 遞增，例題 1 的體積近似就越來越好，如圖 13.8 所示。

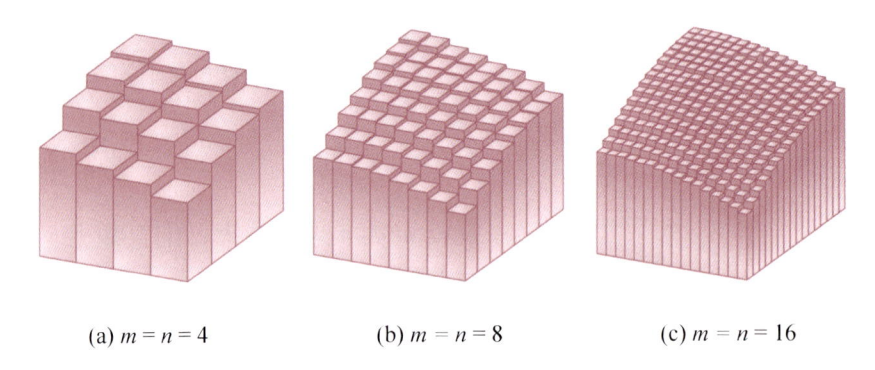

(a) $m = n = 4$  (b) $m = n = 8$  (c) $m = n = 16$

| 圖 **13.8**

於 (a) 中使用 16 個平行六邊形體積的和，於 (b) 中使用 64 個平行六邊形體積的和，於 (c) 中使用 256 個平行六邊形體積和，求 $V$ 的近似

**註** 假設矩形金屬板 $R = \{(x, y) | 0 \leq x \leq 1$ 的質量密度為 $f(x, y) = 8 - 2x^2 - y^2$ 公克／公分$^2$，則例題 1 的結果說明該金屬板的質量大約是 $\frac{17}{2}$ 公克。

### ■ 矩形區域上的二重積分

至今我們已經假設在矩形 $R$ 上，$f(x, y) \geq 0$，所以可以有式 (2) 之極限的幾何詮釋。一般情況如下。

### 定義　黎曼和

令 $f$ 為定義於矩形 $R$ 上之兩個變數的連續函數，並令 $P = \{R_{ij}\}$ 為 $R$ 之正規切割，則 $f$ 在 $R$ 的分割 $P$ 之**黎曼和**（Riemann sum of $f$）是和的形式

$$\sum_{i=1}^{m} \sum_{j=1}^{n} f(x_{ij}^*, y_{ij}^*) \Delta A \tag{3}$$

此處 $(x_{ij}^*, y_{ij}^*)$ 為 $R_{ij}$ 內的計算點。

### 定義　$f$ 在矩形 $R$ 上的二重積分

令 $f$ 為定義於矩形 $R$ 之兩個變數的連續函數，則 $f$ 在 $R$ 的**二重積分**（double integral of $f$）為

$$\iint_R f(x, y)\, dA = \lim_{m, n \to \infty} \sum_{i=1}^{m} \sum_{j=1}^{n} f(x_{ij}^*, y_{ij}^*) \Delta A \tag{4}$$

附帶對於 $R_{ij}$ 內所有選取的計算點 $(x_{ij}^*, y_{ij}^*)$，該極限都存在。

**註**

1. 若 $f$ 在 $R$ 的二重積分存在，則 $f$ 稱為**在 $R$ 可積分**（integrable over $R$）。我們可以證明若 $f$ 在 $R$ 連續，則 $f$ 在 $R$ 可積分。
2. 若 $f$ 在 $R$ 可積分，則黎曼和 (3) 為二重積分 (4) 的近似。
3. 若在 $R$ 上，$f(x, y) \geq 0$，則 $\iint_R f(x, y)\, dA$ 表示位於 $R$ 正上方並在曲面 $z = f(x, y)$ 下方之固體體積。
4. 積分符號與定積分有關，所以只要極限存在，（二重）積分符號可以表示該極限，將於 13.2 節中看到。

**例題 2**　已知 $R = \{(x, y) \mid 0 \leq x \leq 2, 0 \leq y \leq 1\}$，使用 $R$ 上的 $f(x, y) = x - 4y$ 與 $m = n = 2$ 的黎曼和並取 $R_{ij}$ 的中心點為計算點 $(x_{ij}^*, y_{ij}^*)$，求 $\iint_R (x - 4y)\, dA$ 的近似。

**解**　此處

$$\Delta x = \frac{2 - 0}{2} = 1 \qquad \Delta y = \frac{1 - 0}{2} = \frac{1}{2}$$

且 $x_0 = 0, x_1 = 1, x_2 = 2, y_0 = 0, y_1 = \frac{1}{2}, y_2 = 1$。切割 $P$ 如圖 13.9 所示。由式 (3) 與 $f(x, y) = x - 4y$，$\Delta A = \Delta x\, \Delta y = (1)\left(\frac{1}{2}\right) = \frac{1}{2}$，$(x_{11}^*, y_{11}^*) = \left(\frac{1}{2}, \frac{1}{4}\right)$，$(x_{12}^*, y_{12}^*) = \left(\frac{1}{2}, \frac{3}{4}\right)$，$(x_{21}^*, y_{21}^*) = \left(\frac{3}{2}, \frac{1}{4}\right)$ 與 $(x_{22}^*, y_{22}^*) = \left(\frac{3}{2}, \frac{3}{4}\right)$，得到

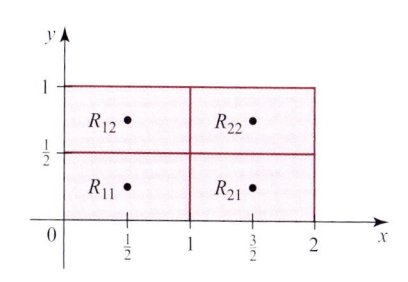

**圖 13.9**

$R$ 的切割 $P = \{R_{11}, R_{12}, R_{21}, R_{22}\}$

$$\iint_R f(x, y)\, dA$$
$$\approx \sum_{i=1}^{2} \sum_{j=1}^{2} f(x_{ij}^*, y_{ij}^*)\, \Delta A$$
$$= f(x_{11}^*, y_{11}^*)\, \Delta A + f(x_{12}^*, y_{12}^*)\, \Delta A + f(x_{21}^*, y_{21}^*)\, \Delta A + f(x_{22}^*, y_{22}^*)\, \Delta A$$
$$= f\left(\frac{1}{2}, \frac{1}{4}\right)\frac{1}{2} + f\left(\frac{1}{2}, \frac{3}{4}\right)\frac{1}{2} + f\left(\frac{3}{2}, \frac{1}{4}\right)\frac{1}{2} + f\left(\frac{3}{2}, \frac{3}{4}\right)\frac{1}{2}$$
$$= \left(-\frac{1}{2}\right)\left(\frac{1}{2}\right) + \left(-\frac{5}{2}\right)\left(\frac{1}{2}\right) + \left(\frac{1}{2}\right)\left(\frac{1}{2}\right) + \left(-\frac{3}{2}\right)\left(\frac{1}{2}\right) = -2 \qquad ■$$

### ■ 廣義區域上的二重積分

接著將二重積分的定義延伸到更廣義的函數與區域。假設 $f$ 為定義於有界金屬板區域 $D$ 之有界函數。可將 $f$ 想成非矩形區域 $D$ 之薄金屬板的質量密度（即在 $D$ 上 $f(x, y) \geq 0$），並如接下來的方法求該金屬板質量。$D$ 有界，所以可被矩形 $R$ 包住。令 $Q$ 表示將 $R$ 分割為子矩形 $R_{11}, R_{12}, \cdots, R_{ij}, \cdots, R_{mn}$ 的正規切割（圖 13.10）。

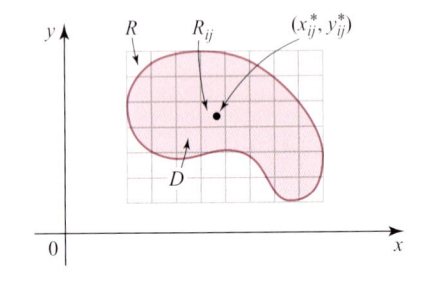

定義函數

$$f_D(x, y) = \begin{cases} f(x, y), & (x, y)\text{在 } D \text{ 內} \\ 0, & (x, y)\text{在 } R \text{ 內但不在 } D \text{ 內} \end{cases}$$

注意若 $(x, y)$ 在 $D$ 內部，$f_D$ 的值與 $f$ 的值相同，但是若 $(x, y)$ 在 $D$ 外部，則 $f_D$ 的值為零（圖 13.11）。

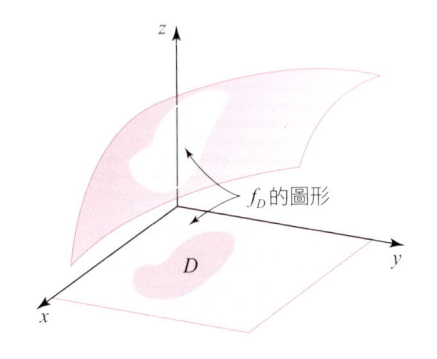

現在令 $(x_{ij}^*, y_{ij}^*)$ 為子矩形 $R_{ij}$ 內 $Q$ 之計算點，$1 \leq i \leq m$ 與 $1 \leq j \leq n$，則其和

$$\sum_{i=1}^{m} \sum_{j=1}^{n} f_D(x_{ij}^*, y_{ij}^*)\, \Delta A$$

為對應於切割 $Q$，**$f$ 在 $D$ 上的黎曼和**（Riemann sum of $f$ over $D$）。取這些和的極限，當 $m, n \to \infty$，得到 **$f$ 在 $D$ 上的二重積分**（double integral of $f$ over $D$）。故

$$\iint_D f(x, y)\, dA = \lim_{m, n \to \infty} \sum_{i=1}^{m} \sum_{j=1}^{n} f_D(x_{ij}^*, y_{ij}^*)\, \Delta A \qquad (5)$$

附帶該極限存在。又可以證明若 $f$ 連續，則不論在 $R_{ij}$ 內的計算點 $(x_{ij}^*, y_{ij}^*)$ 如何選取，該極限 (5) 一定存在。

| 圖 13.10
$R$ 的切割 $Q$

| 圖 13.11
若 $(x, y)$ 在 $D$ 內部，則 $f_D(x, y) = f(x, y)$，但是若 $(x, y)$ 在 $D$ 外部，則 $f_D(x, y) = 0$

## 註

1. 若在 $D$ 上，$f(x, y) \geq 0$，則 $\iint_D f(x, y)\, dA$ 表示位於 $D$ 正上方並在曲面 $z = f(x, y)$ 下方之固體體積。
2. 若在 $D$ 上，$\rho(x, y) \geq 0$，此處的 $\rho$ 為質量密度函數，則 $\iint_D \rho(x, y)\, dA$ 表示在 $xy$ 平面之區域 $D$ 的薄金屬片之質量。將於 13.4 節中說明。

**例題 3** 已知 $D$ 為圖 13.12 的區域，與取 $m = 4$, $n = 3$，將矩形 $\{(x, y) \mid 0 \leq x \leq 2, 0 \leq y \leq 3\}$ 切割為 12 個子矩形之切割 $Q$，並選取 $R_{ij}$ 的中心點為計算點，使用在 $D$ 上的 $f(x, y) = x + 2y$ 之黎曼和，求 $\iint_D (x + 2y)\, dA$ 的近似。

**解** 此處

$$\Delta A = (\Delta x)(\Delta y) = \left(\frac{2-0}{4}\right)\left(\frac{3-0}{3}\right) = \frac{1}{2}$$

接著定義

$$f_D(x, y) = \begin{cases} f(x, y), & (x, y) \text{在 } D \text{ 內} \\ 0, & (x, y) \text{不在 } D \text{ 內} \end{cases}$$

則

$$\iint_D (x + 2y)\, dA$$

$$\approx \sum_{i=1}^{4} \sum_{j=1}^{3} f_D(x_{ij}^*, y_{ij}^*)\, \Delta A \quad f(x,y) = x + 2y$$

$$= \left[ f_D\left(\frac{1}{4}, \frac{1}{2}\right) + f_D\left(\frac{1}{4}, \frac{3}{2}\right) + f_D\left(\frac{1}{4}, \frac{5}{2}\right) + f_D\left(\frac{3}{4}, \frac{1}{2}\right) + f_D\left(\frac{3}{4}, \frac{3}{2}\right) + f_D\left(\frac{3}{4}, \frac{5}{2}\right) \right.$$

$$\left. + f_D\left(\frac{5}{4}, \frac{1}{2}\right) + f_D\left(\frac{5}{4}, \frac{3}{2}\right) + f_D\left(\frac{5}{4}, \frac{5}{2}\right) + f_D\left(\frac{7}{4}, \frac{1}{2}\right) + f_D\left(\frac{7}{4}, \frac{3}{2}\right) + f_D\left(\frac{7}{4}, \frac{5}{2}\right) \right] \Delta A$$

$$= \frac{1}{2}\left[ f\left(\frac{1}{4}, \frac{3}{2}\right) + f\left(\frac{3}{4}, \frac{1}{2}\right) + f\left(\frac{3}{4}, \frac{3}{2}\right) + f\left(\frac{3}{4}, \frac{5}{2}\right) + \left(\frac{5}{4}, \frac{1}{2}\right) + \left(\frac{5}{4}, \frac{3}{2}\right) + f\left(\frac{7}{4}, \frac{1}{2}\right) \right]$$

$$= \frac{1}{2}\left\{\left[\frac{1}{4} + 2\left(\frac{3}{2}\right)\right] + \left[\frac{3}{4} + 2\left(\frac{1}{2}\right)\right] + \left[\frac{3}{4} + 2\left(\frac{3}{2}\right)\right] + \left[\frac{3}{4} + 2\left(\frac{5}{2}\right)\right] + \left[\frac{5}{4} + 2\left(\frac{1}{2}\right)\right] \right.$$

$$\left. + \left[\frac{5}{4} + 2\left(\frac{3}{2}\right)\right] + \left[\frac{7}{4} + 2\left(\frac{1}{2}\right)\right]\right\} = 11.875$$

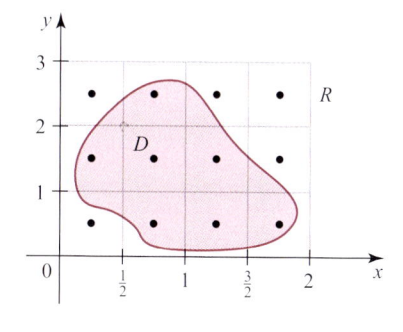

**圖 13.12**

若 $(x, y)$ 在 $D$ 內部，則 $f_D(x, y) = f(x, y)$，但是若 $(x, y)$ 在 $D$ 外部，則 $f_D(x, y) = 0$

### 二重積分的特性

二重積分有許多特性與單變數積分相同。下面的定理陳列一些，其證明略過。

### 定理　定積分的特性

令 $f$ 與 $g$ 定義於適當限制的區域 $D$ 上，使得 $\iint_D f(x,y)\,dA$ 與 $\iint_D g(x,y)\,dA$ 都存在，並令 $c$ 為常數，則

1. $\iint_D cf(x,y)\,dA = c\iint_D f(x,y)\,dA$

2. $\iint_D [f(x,y) \pm g(x,y)]\,dA = \iint_D f(x,y)\,dA \pm \iint_D g(x,y)\,dA$

3. 若在 $D$ 上，$f(x,y) \geq 0$，則 $\iint_D f(x,y)\,dA \geq 0$

4. 若在 $D$ 上，$f(x,y) \geq g(x,y)$，則 $\iint_D f(x,y)\,dA \geq \iint_D g(x,y)\,dA$

5. 若 $D = D_1 \cup D_2$，其中 $D_1$ 與 $D_2$ 為兩個除了可能有共同邊界外的不重疊子區域，則

$$\iint_D f(x,y)\,dA = \iint_{D_1} f(x,y)\,dA + \iint_{D_2} f(x,y)\,dA$$

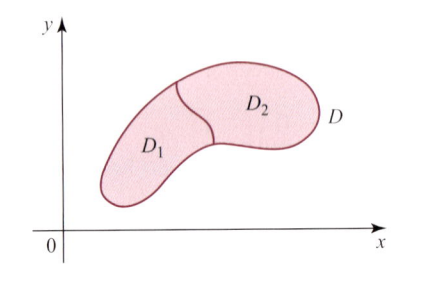

（圖 13.13。）

| 圖 13.13
$D = D_1 \cup D_2$ 且 $D_1 \cap D_2 = \varnothing$

## 13.1 習題

1-2 題，求由橢圓拋物體 $z = 8 - 2x^2 - y^2$ 與矩形區域 $R = \{(x,y) \mid 0 \leq x \leq 1, 0 \leq y \leq 2\}$ 所夾的固體體積之近似。使用 $R$ 的正規切割 $P$ 且 $m = n = 2$，並選取題目中指定的計算點 $(x_{ij}^*, y_{ij}^*)$。

1. $R_{ij}$ 的左下角。
2. $R_{ij}$ 的右下角。

3-4 題，於正規切割 $P$ 與指定的 $m$ 與 $n$ 下，求 $f$ 在區域 $R$ 的黎曼和 $\sum_{i=1}^{m} \sum_{j=1}^{n} f(x_{ij}^*, y_{ij}^*)\,\Delta A$。

3. $f(x,y) = 2x + 3y$; $R = [0,1] \times [0,3]$; $m = 2$, $n = 3$; $(x_{ij}^*, y_{ij}^*)$ 為 $R_{ij}$ 的左下角。

4. $f(x,y) = x^2 + 2y^2$; $R = [-1,3] \times [0,4]$; $m = 4$, $n = 4$; $(x_{ij}^*, y_{ij}^*)$ 為 $R_{ij}$ 的中心。

5. 下圖顯示由矩形區域 $R$ 圍成的區域 $D$ 和 $R$ 以 $m = 5$ 與 $n = 3$ 切割成子矩形的分割 $Q$。假設 $f$ 在 $D$ 連續與 $f$ 在 $D$ 內 $Q$ 的計算點之值都展示於圖中（位於計算點旁）。定義

$$f_D(x,y) = \begin{cases} f(x,y), & (x,y) \text{ 在 } D \text{ 內} \\ 0, & (x,y) \text{ 在 } R \text{ 內卻不在 } D \text{ 內} \end{cases}$$

計算 $\sum_{i=1}^{5} \sum_{j=1}^{3} f_D(x_{ij}^*, y_{ij}^*)\,\Delta A$。

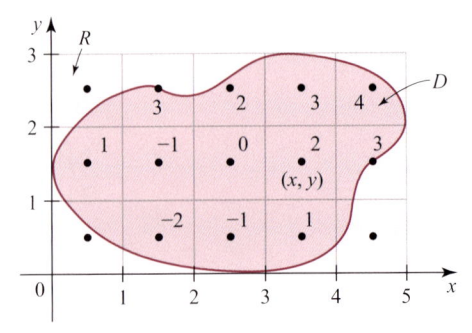

6. 圖中顯示函數 $f$ 在集合 $R = \{(x,y) \mid 0 \leq x \leq 2, 0 \leq y \leq 2\}$ 的等高線圖。使用黎曼和並 $m = n = 2$ 與選擇的計算點 $(x_{ij}^*, y_{ij}^*)$ 為 $R_{ij}$ 的中心來估算 $\iint_R f(x,y)\,dA$。

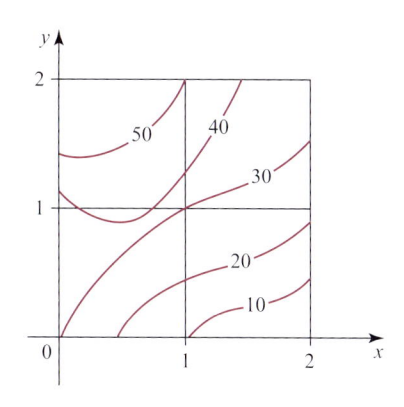

將 $\lim_{m,n\to\infty} \sum_{i=1}^{m} \sum_{j=1}^{n} (3 - 2x_{ij}^* + y_{ij}^*) \Delta A$, $R = [-1, 2] \times [1, 3]$ 表示為 $R$ 上的二重積分。

11. 使用定理 1 的二重積分特性 4 證明若 $f$ 與 $|f|$ 在 $D$ 都可積分，則

$$\left| \iint_D f(x, y) \, dA \right| \leq \iint_D |f(x, y)| \, dA$$

12. 已知 $R = \{(x, y) \mid 0 \leq x \leq 1, 0 \leq y \leq 1\}$。證明 $0 \leq \iint_R e^{-x} \cos y \, dA \leq 1$。

7-8 題，將二重積分解釋為固體的體積，並求其積分。

7. $\iint_R 2 \, dA$，此處 $R = [-1, 3] \times [2, 5]$

8. $\iint_R (6 - 2y) \, dA$，此處 $R = \{(x, y) \mid 0 \leq x \leq 4, 0 \leq y \leq 2\}$

9. 此處的二重積分為固體的體積。描述該固體。
$\iint_R (4 - x^2) \, dA$，此處 $R = \{(x, y) \mid 0 \leq y \leq x, 0 \leq x \leq 2\}$

10. 此處的表示為函數 $f$ 在矩形 $R$ 的黎曼和之極限。

13-14 題，判斷下列敘述是對或是錯。如果它是對，解釋你的理由。如果它是錯，請解釋你的理由或舉例說明。

13. 若 $f$ 與 $g$ 在 $D$ 都連續，則

$$\iint_D [2f(x, y) - 3g(x, y)] \, dA = 2\iint_D f(x, y) \, dA - 3\iint_D g(x, y) \, dA$$

14. $\iint_R \dfrac{\sqrt{x^2 + xy + y^2 + 1}}{\cos(x^2 + y^2)} \, dA \geq \pi$，此處 $R = \{(x, y) \mid x^2 + y^2 \leq 1\}$

## 13.2　逐次積分

### ■ 於矩形區域逐次積分

正如由積分的定義求單變數函數的積分並不容易，二重積分的工作會更困難。幸運地，如將看到的，二重積分的值可透過計算兩個單積分得到。

以簡單的情形開始，即定義於矩形區域 $R = \{(x, y) \mid a \leq x \leq b, c \leq y \leq b\}$ 的連續函數 $f$，如圖 13.14b 所示。

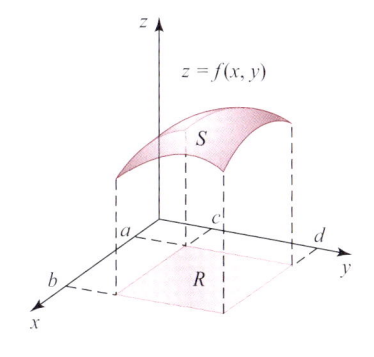

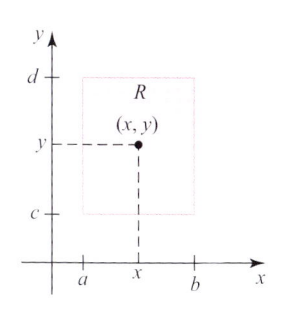

圖 13.14　　(a) $f$ 的圖形　　(b) $f$ 的定義域 $R$

若固定 $x$，則對於 $c \leq y \leq d, f(x, y)$ 為單變數 $y$ 的函數。因此我們可在 $[c, d]$ 區域對 $y$ 積分。這個運算稱為對 $y$ 的偏積分（partial integration with respect to $y$）並且是第 12 章學習的偏微分運算之逆運算。該結果為

$$\int_c^d f(x, y)\, dy$$

它與 $[a, b]$ 內的 $x$ 值有關。換言之，該規則

$$A(x) = \int_c^d f(x, y)\, dy \qquad a \leq x \leq b \tag{1}$$

是定義在 $[a, b]$ 上的 $x$ 函數 $A$。若在 $[a, b]$ 區間函數 $A$ 對 $x$ 積分，則

$$\int_a^b A(x)\, dx = \int_a^b \left[ \int_c^d f(x, y)\, dy \right] dx \tag{2}$$

式 (2) 等號右邊的積分通常寫成

$$\int_a^b \int_c^d f(x, y)\, dy\, dx \tag{3}$$

並沒有括號，它稱為逐次（iterated）或重複積分（repeated integral）。

同理，固定 $y$ 並將最後的函數在 $[a, b]$ 區間對 $x$ 積分，可得在 $[c, d]$ 區間的 $y$ 函數。接著在 $[c, d]$ 區間對 $y$ 積分，得到逐次積分式

$$\int_c^d \int_a^b f(x, y)\, dx\, dy = \int_c^d \left[ \int_a^b f(x, y)\, dx \right] dy \tag{4}$$

觀察到，當計算逐次積分，得由內而外積分。

**例題 1** 計算下列的逐次積分：

**a.** $\displaystyle\int_1^2 \int_0^1 3x^2 y\, dx\, dy$  **b.** $\displaystyle\int_0^1 \int_1^2 3x^2 y\, dy\, dx$

**解**

**a.** 由定義得知

$$\int_1^2 \int_0^1 3x^2 y\, dx\, dy = \int_1^2 \left[ \int_0^1 3x^2 y\, dx \right] dy$$

此處中括號內的積分是將 $y$ 看做常數並對 $x$ 積分後得到的。所以

$$\int_0^1 3x^2 y\, dx = \left[ x^3 y \right]_{x=0}^{x=1} = y$$

因此，

## 歷史傳記
### GUIDO FUBINI
（1879-1943）

在分析、群論、數學物理與非歐氏空間等領域中皆作出貢獻，Guido Fubini 是義大利數學家中著作最多且不拘一格者之一。他的研究生涯開始於其博士論文所屬的微分幾何領域，但其後他在分析、微分幾何、數學物理、群論，甚至工程等領域都有重要的貢獻。他的技巧與幾何直覺令其具有以簡單的方式來表達非常複雜結果的能力。例如，他重新分析了表面積分的表示法，並且證明了該表示法可以兩個比較簡單的積分來表示。Fubini 曾任教於西西里的 Catania 大學、Genoa 大學、Politecnico in Turin，與 Turin 大學。自 Benito Mussolini（墨索里尼）發表了〈法西斯主義的種族主義宣言〉後，Fubini 被迫於 1938 年自其在 Turin 的講座退休，其後的反猶太主義政策也使得猶太人被迫全面退出政府、銀行界與教育界。作為猶太人的後裔，Fubini 十分擔心其子在義大利的前途。1939 年普林斯頓的 The Institute for Advanced Study 聘請其前往任職。雖然 Fubini 與其家庭成員並不想離開義大利，但是為了讓他的兒子有較好的未來，他們還是決定移民至美國。Fubini 在那裡教了幾年書，但是因為健康的惡化，他在 1943 年死於心臟方面的問題。

$$\int_1^2 \int_0^1 3x^2y \, dx \, dy = \int_1^2 y \, dy$$
$$= \left[\frac{1}{2}y^2\right]_1^2 = \frac{3}{2}$$

**b.** 此處先對 $y$ 積分然後再對 $x$ 積分，可得

$$\int_0^1 \int_1^2 3x^2y \, dy \, dx = \int_0^1 \left[\int_1^2 3x^2y \, dy\right] dx$$
$$= \int_0^1 \left[\frac{3}{2}x^2y^2\right]_{y=1}^{y=2} dx$$
$$= \int_0^1 \frac{9}{2}x^2 \, dx = \left[\frac{3}{2}x^3\right]_0^1 = \frac{3}{2}$$

### ■ 於矩形區域的 Fubini 定理

觀察到，例題 1 的兩個二重積分相等。所以這個例題似乎說明逐次積分的順序不重要。要明白此情形發生在連續函數為何是對的，可考慮特例——非負的函數 $f$。計算在圖形 $z = f(x, y)$ 下方並在矩形區域 $R = \{(x, y) | a \le x \le b, c \le y \le d\}$ 上方之固體 $S$ 的體積。

使用 6.2 節之橫切面法，可得

$$V = \int_a^b A(x) \, dx$$

此處的 $A(x)$ 為垂直於 $x$ 軸之平面在 $x$ 處的 $S$ 橫切面之面積（圖 13.15a）。然而由圖中得知，$A(x)$ 為在 $c \le y \le d$ 區間，定義為 $g(y) = f(x, y)$ 之函數圖形 $C$ 下方的面積，此處的 $x$ 被固定住。所以

$$A(x) = \int_c^d g(y) \, dy = \int_c^d f(x, y) \, dy \qquad x \text{ 固定}$$

圖 13.15

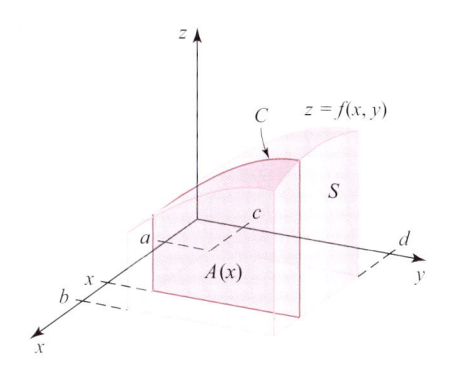

(a) $A(x)$ 為垂直於 $x$ 軸之平面內的 $S$ 橫切面面積

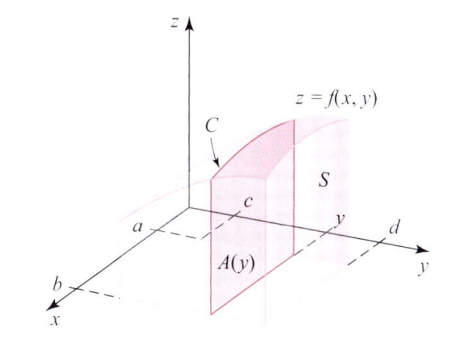

(b) $A(y)$ 為垂直於 $y$ 軸之平面內的 $S$ 橫切面面積

故
$$V = \int_a^b A(x)\, dx = \int_a^b \left[ \int_c^d f(x, y)\, dy \right] dx$$

同理，使用垂直於 y 軸之橫切面（圖 13.15b），可證明
$$V = \int_c^d \left[ \int_a^b f(x, y)\, dx \right] dy$$

又
$$V = \iint_R f(x, y)\, dA$$

所以
$$\iint_R f(x, y)\, dA = \int_a^b \int_c^d f(x, y)\, dy\, dx = \int_c^d \int_a^b f(x, y)\, dx\, dy$$

由此得到下面的定理，它是以義大利數學家 Guido Fubini（1879-1943）命名。它的證明不在本書範圍，所以略過。

---

**定理 1　Fubini 的定理用在矩形區域上**

令 $f$ 在矩形區域 $R = \{(x, y) | a \leq x \leq b, c \leq y \leq d\}$ 連續，則
$$\iint_R f(x, y)\, dA = \int_a^b \int_c^d f(x, y)\, dy\, dx = \int_c^d \int_a^b f(x, y)\, dx\, dy$$

---

Fubini 定理提供實用的方法求二重積分，亦即將它表示為逐次積分的形式，每次對一個變數積分。這也表示它與積分順序無關，之後將會看到。最後觀察到對任意（any）連續函數，Fubini 定理都成立；又在 $R$ 上，$f(x, y)$ 可假設為負值與正值。

**例題 2** 已知 $R = \{(x, y) | 0 \leq x \leq 2, -1 \leq y \leq 1\}$，計算
$$\iint_R (1 - 2xy^2)\, dA$$

**解** 由 Fubini 定理得知
$$\iint_R (1 - 2xy^2)\, dA = \int_{-1}^1 \int_0^2 (1 - 2xy^2)\, dx\, dy$$
$$= \int_{-1}^1 \left[ x - x^2 y^2 \right]_{x=0}^{x=2} dy$$

$$= \int_{-1}^{1} (2 - 4y^2)\, dy = \left[2y - \frac{4}{3}y^3\right]_{-1}^{1}$$
$$= \left(2 - \frac{4}{3}\right) - \left(-2 + \frac{4}{3}\right) = \frac{4}{3}$$

下面等式
$$\iint_R (1 - 2xy^2)\, dA = \int_0^2 \int_{-1}^{1} (1 - 2xy^2)\, dy\, dx = \frac{4}{3}$$

留給讀者證明。

**例題 3** 已知固體位於橢圓拋物面 $z = 8 - 2x^2 - y^2$ 下方並在矩形區域 $R = \{(x, y) | 0 \le x \le 1, 0 \le y \le 2\}$ 的上方（圖 13.16）。將它跟 13.1 節的例題 1 作比較。

**解** 由 Fubini 定理得知所求的體積為
$$V = \iint_R (8 - 2x^2 - y^2)\, dA = \int_0^2 \int_0^1 (8 - 2x^2 - y^2)\, dx\, dy$$
$$= \int_0^2 \left[8x - \frac{2}{3}x^3 - xy^2\right]_{x=0}^{x=1} dy$$
$$= \int_0^2 \left(\frac{22}{3} - y^2\right) dy = \left[\frac{22}{3}y - \frac{1}{3}y^3\right]_0^2 = 12$$

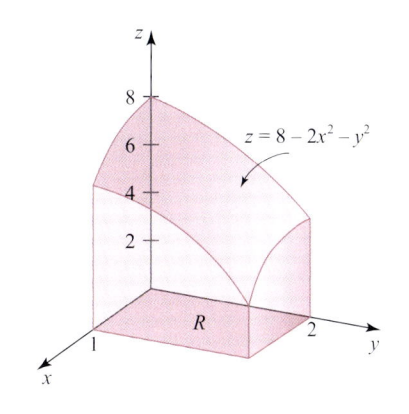

(a) 位於圖形 $z = 8 - 2x^2 - y^2$ 與矩形區域 $R$ 之間的固體

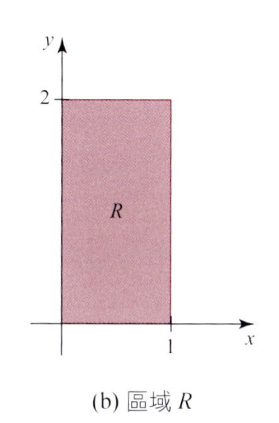

(b) 區域 $R$

**圖 13.16**

## 於非矩形區域上的逐次積分

Fubini 定理也適用於比矩形更廣義的區域。更特別地，它適用於現在要描述的兩種型態的區域。若平面區域 $R$ 位於兩個 $x$ 的函數之間，則它稱為 **y 簡單**（y-simple）；亦即，
$$R = \{(x, y) | a \le x \le b, g_1(x) \le y \le g_2(x)\}$$
其中 $g_1$ 與 $g_2$ 在 $[a, b]$ 都連續（圖 13.17）。

**x 簡單**（x-simple）區域 $R$ 位於兩個 $y$ 的函數之間；亦即，
$$R = \{(x, y) | c \le y \le d, h_1(y) \le x \le h_2(y)\}$$
其中 $h_1$ 與 $h_2$ 在 $[c, d]$ 區間都連續（圖 13.18）。

下面的定理說明在 $y$ 簡單區域或 $x$ 簡單區域的二重積分可使用逐次積分計算。

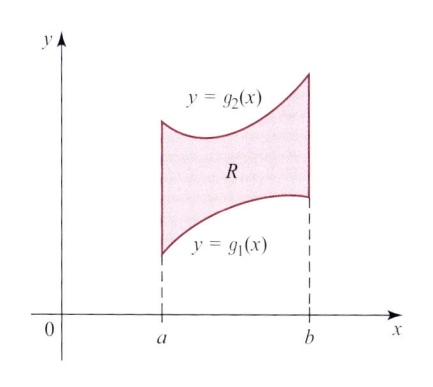

**圖 13.17**
y 簡單區域

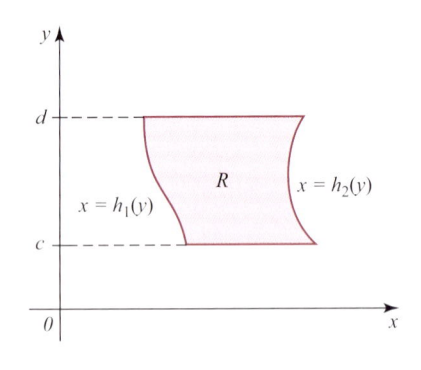

**圖 13.18**
x 簡單區域

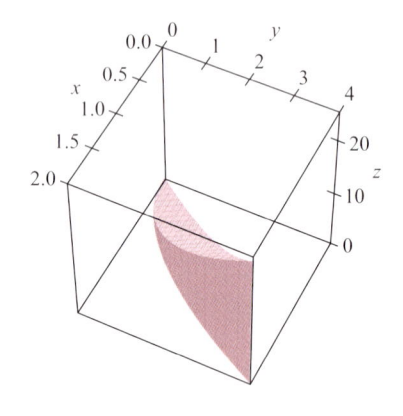

**圖 13.19**
固體 S 的圖形

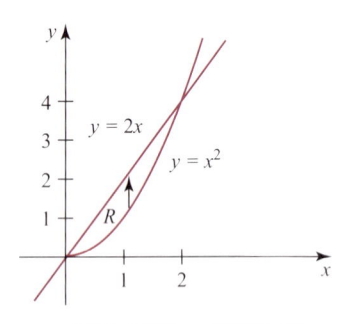

(a) 區域 R 視為 y 簡單區域

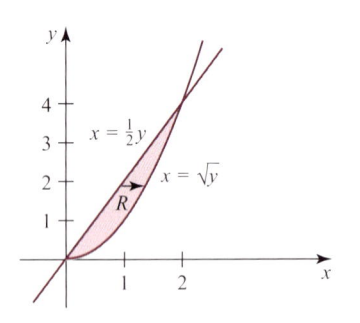

(b) 區域 R 視為 x 簡單區域

**圖 13.20**

**定理 2　廣義區域的 Fubini 定理**

令 f 在區域 R 連續。

1. 若 R 是 y 簡單區域，則

$$\iint_R f(x, y)\, dA = \int_a^b \int_{g_1(x)}^{g_2(x)} f(x, y)\, dy\, dx$$

2. 若 R 是 x 簡單區域，則

$$\iint_R f(x, y)\, dA = \int_c^d \int_{h_1(y)}^{h_2(y)} f(x, y)\, dx\, dy$$

**例題 4** 已知固體 S 位於曲面 $z = x^3 + 4y$ 的圖形下方，並在 xy 平面上直線 $y = 2x$ 與拋物線 $y = x^2$ 圍成之區域 R 上方，求其體積（圖 13.19）。

**解** 首先繪畫區域 R（圖 13.20a）。由此得知我們可以將它視為 y 簡單區域；亦即，

$$R = \{(x, y) \mid 0 \leq x \leq 2, g_1(x) \leq y \leq g_2(x)\}$$

其中 $g_1(x) = x^2$ 與 $g_2(x) = 2x$。觀察到若在 y 簡單區域積分，則先對 y 積分。適當的積分上、下限可由圖 13.20a 所示之垂直箭頭的方向求得。此箭頭開始於該區域之下界 $y = g_1(x) = x^2$，它就是積分下限 $g_1(x) = x^2$，並終止於該區域之上界 $y = g_2(x) = 2x$，它就是積分上限 $g_2(x) = 2x$。為求對 x 積分的上限與下限，觀察到當 $x = 0$（積分下限），該垂直線由左邊掃到右邊，碰到 R 的極左點並且當 $x = 2$，碰到 R 的極右點（積分上限）。由廣義區域之 Fubini 定理可得

$$V = \iint_R f(x, y)\, dA = \int_0^2 \int_{x^2}^{2x} (x^3 + 4y)\, dy\, dx$$

$$= \int_0^2 \left[x^3 y + 2y^2\right]_{y=x^2}^{y=2x} dx = \int_0^2 [(2x^4 + 8x^2) - (x^5 + 2x^4)]\, dx$$

$$= \int_0^2 (8x^2 - x^5)\, dx = \left[\frac{8}{3}x^3 - \frac{1}{6}x^6\right]_0^2 = \frac{32}{3}$$

**另解** 將 R 視為 x 簡單區域

$$R = \{(x, y) \mid 0 \leq y \leq 4, h_1(y) \leq x \leq h_2(y)\}$$

此處的 $h_1(y) = y/2$ 與 $h_2(y) = \sqrt{y}$ 是分別由 $y = 2x$ 與 $y = x^2$ 的 x 解得到（圖 13.20b）。若在 x 簡單區域上積分，則先對 x 積分。水平箭頭

開始於 $R$ 之左邊界 $h_1(y) = y/2$ 並終止於 $R$ 之右邊界 $h_2(y) = \sqrt{2}$，它提供對 $x$ 積分之上限與下限。對 $y$ 積分的上限與下限則是由該水平線掃過的區域決定。當 $y = 0$，該線碰到 $R$ 的最低點（積分的下限）並且當 $y = 4$，碰到 $R$ 的最高點（積分上限）。再次使用 Fubini 定理可得

$$\begin{aligned} V &= \iint_R f(x, y) \, dA \\ &= \int_0^4 \int_{y/2}^{\sqrt{y}} (x^3 + 4y) \, dx \, dy = \int_0^4 \left[ \frac{1}{4} x^4 + 4xy \right]_{x=y/2}^{x=\sqrt{y}} dy \\ &= \int_0^4 \left[ \left( \frac{1}{4} y^2 + 4y^{3/2} \right) - \left( \frac{1}{64} y^4 + 2y^2 \right) \right] dy \\ &= \int_0^4 \left( -\frac{7}{4} y^2 + 4y^{3/2} - \frac{1}{64} y^4 \right) dy \\ &= \left[ -\frac{7}{12} y^3 + \frac{8}{5} y^{5/2} - \frac{1}{320} y^5 \right]_0^4 = \frac{32}{3} \end{aligned}$$

如之前所得。

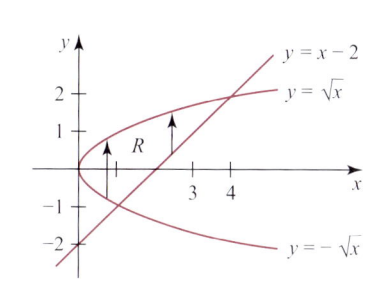

**例題 5** 已知 $R$ 是拋物線 $x = y^2$ 與直線 $x - y = 2$ 圍成的區域，計算 $\iint_R (2x - y) \, dA$。

**解** 圖 13.21 所示的區域 $R$ 同時是 $x$ 簡單與 $y$ 簡單。然而觀察後發現，將它視為 $x$ 簡單會更容易計算。當將它視為 $y$ 簡單，下界 $R$ 是兩個曲線組成的。事實上，將 $R$ 視為 $y$ 簡單區域（圖 13.21a）並使用 Fubini 定理可得

$$\iint_R (2x - y) \, dA = \int_0^1 \int_{-\sqrt{x}}^{\sqrt{x}} (2x - y) \, dy \, dx + \int_1^4 \int_{x-2}^{\sqrt{x}} (2x - y) \, dy \, dx$$

另一方面，將 $R$ 視為 $x$ 簡單區域（圖 13.21b），則

$$\begin{aligned} \iint_R (2x - y) \, dA &= \int_{-1}^2 \int_{y^2}^{y+2} (2x - y) \, dx \, dy = \int_{-1}^2 \left[ x^2 - xy \right]_{x=y^2}^{x=y+2} dy \\ &= \int_{-1}^2 \left\{ \left[ (y+2)^2 - y(y+2) \right] - \left[ y^4 - y^3 \right] \right\} dy \\ &= \int_{-1}^2 (4 + 2y + y^3 - y^4) \, dy \\ &= \left[ 4y + y^2 + \frac{1}{4} y^4 - \frac{1}{5} y^5 \right]_{-1}^2 = \frac{243}{20} \end{aligned}$$

這就是比較容易計算的。

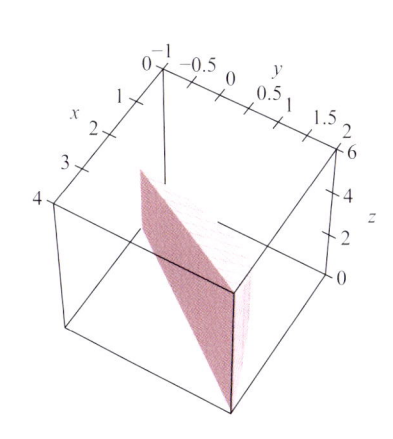

二重積分 $\iint_R (2x - y) \, dA$ 表示固體 $S$ 的體積，如圖 13.22 所示。

(a) $R$ 視為 $y$ 簡單區域

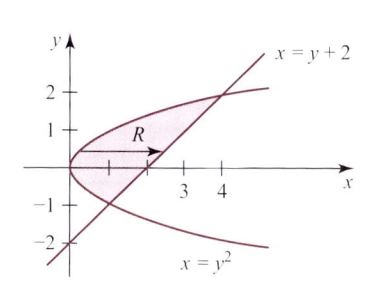

(b) $R$ 視為 $x$ 簡單區域

圖 13.21

圖 13.22

固體 $S$

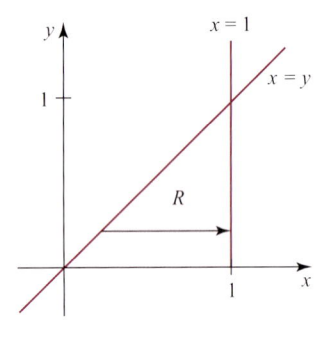

(a) R 視為 x 簡單區域

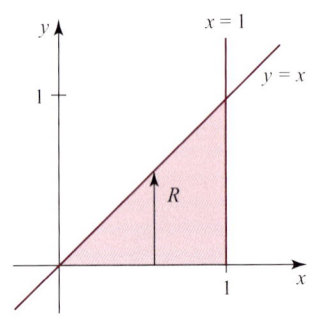

(b) R 視為 y 簡單區域

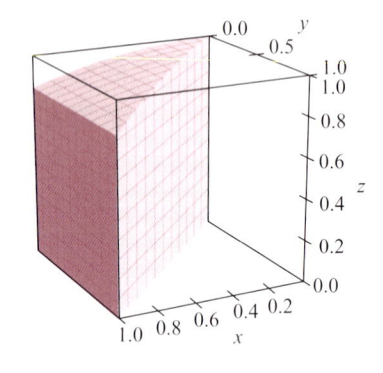

圖 13.23

圖 13.24
由二重積分 $\int_0^1 \int_y^1 \dfrac{\sin x}{x} \, dx \, dy$ 表示的 S 固體體積

例題 5 證明由於 R 的形狀，有時候以這個順序積分會比另一個順序更簡單。有些例子，函數本身的性質決定積分的順序，如下個例題所示。

**例題 6** 計算 $\int_0^1 \int_y^1 \dfrac{\sin x}{x} \, dx \, dy$。

**解** 由於

$$\int \frac{\sin x}{x} \, dx$$

不可表示為基本函數，所以該積分不能以其本身的樣式積分。我們以積分之反向順序操作。使用 Fubini 定理將逐次積分表示為二重積分，亦即

$$\int_0^1 \int_y^1 \frac{\sin x}{x} \, dx \, dy = \iint_R \frac{\sin x}{x} \, dA$$

其中 $R = \{(x, y) \mid 0 \le y \le 1, y \le x \le 1\}$ 被視為 x 簡單區域（圖 13.23a）。

將 R 看作 y 簡單區域（圖 13.23b），再次使用 Fubini 定理，可得

$$\int_0^1 \int_y^1 \frac{\sin x}{x} \, dx \, dy = \iint_R \frac{\sin x}{x} \, dA$$

$$= \int_0^1 \int_0^x \frac{\sin x}{x} \, dy \, dx = \int_0^1 \left[ \frac{y \sin x}{x} \right]_{y=0}^{y=x} dx$$

$$= \int_0^1 \sin x \, dx = \left[ -\cos x \right]_0^1 = -\cos 1 + 1 \approx 0.46$$

此二重積分 $\int_0^1 \int_y^1 \dfrac{\sin x}{x} \, dx \, dy$ 表示固體 S 的體積，如圖 13.24 所示。■

## 13.2 習題

1-6 題，計算逐次積分。

**1.** $\int_0^1 \int_0^2 (x + 2y) \, dy \, dx$   **2.** $\int_0^2 \int_1^4 y\sqrt{x} \, dy \, dx$

**3.** $\int_0^\pi \int_0^\pi \cos(x + y) \, dy \, dx$   **4.** $\int_0^4 \int_0^{\sqrt{x}} 2xy \, dy \, dx$

**5.** $\int_0^1 \int_0^{\sqrt{1-y^2}} x \, dx \, dy$   **6.** $\int_{-1}^1 \int_x^{2x} e^{x+y} \, dy \, dx$

7-16 題，計算二重積分。

**7.** $\iint_R (x + y^2) \, dA$，此處

$R = \{(x, y) | 0 \leq x \leq 1, -1 \leq y \leq 2\}$

8. $\iint_R (x \cos y + y \sin x)\, dA$，此處
   $R = \{(x, y) | 0 \leq x \leq \frac{\pi}{2}, 0 \leq y \leq \frac{\pi}{4}\}$

9. $\iint_R (x + 2y)\, dA$，此處
   $R = \{(x, y) | 0 \leq x \leq 1, 0 \leq y \leq x\}$

10. $\iint_R (x^3 + 2y)\, dA$，此處
    $R = \{(x, y) | 0 \leq x \leq 2, x^2 \leq y \leq 2x\}$

11. $\iint_R (1 + 2x + 2y)\, dA$，此處
    $R = \{(x, y) | 0 \leq y \leq 1, y \leq x \leq 2y\}$

12. $\iint_R x \cos y\, dA$，此處
    $R = \{(x, y) | 0 \leq y \leq \frac{\pi}{2}, 0 \leq x \leq \sin y\}$

13. $\iint_R x^2 y\, dA$，此處 $R$ 為圖形 $y = x, y = 2x, x = 1$ 與 $x = 2$ 圍成的區域。

14. $\iint_R (\sin x - y)\, dA$，此處 $R$ 為圖形 $y = \cos x, y = 0, x = 0$ 與 $x = \pi/2$ 圍成的區域。

15. $\iint_R 4x^3\, dA$，此處 $R$ 為圖形 $y = (x-1)^2$ 與 $y = -x + 3$ 圍成的區域。

16. $\iint_R ye^x\, dA$，此處 $R$ 為頂點 $(0, 0), (4, 4)$ 與 $(6, 0)$ 之三角形圍成的區域。

17-19 題，求圖中所示的固體體積。

17.

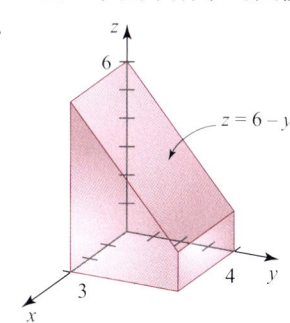

18.

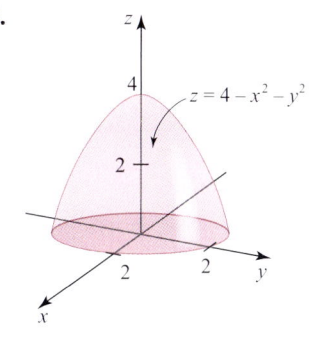

19.

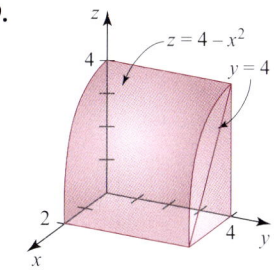

20-23 題，求固體體積。

20. 於平面 $z = 4 - 2x - y$ 下方與 $xy$ 平面上 $R = \{(x, y) | 0 \leq x \leq 1, 0 \leq y \leq 2\}$ 的區域上方的固體。

21. 於曲面 $z = xy$ 下方與 $xy$ 平面上直線 $y = 2x, y = -x + 6$ 與 $y = 0$ 圍成之三角形區域上方之固體。

22. 於拋物面 $z = x^2 + y^2$ 下方與 $xy$ 平面上直線 $y = x$ 與拋物線 $y = x^2$ 圍成之區域上方的固體。

23. 由圓柱面 $y^2 + z^2 = 9$ 下方以及平面 $x = 0, y = 0, z = 0$ 與 $2x + y = 2$ 圍成之固體。

24-27 題，繪畫逐次積分的區域與變換積分順序後的區域。

24. $\int_0^1 \int_0^{1-x} f(x, y)\, dy\, dx$   25. $\int_0^1 \int_{y^2}^{\sqrt{y}} f(x, y)\, dx\, dy$

26. $\int_{-1}^{5/2} \int_{y^2-4}^{(3/2)y-3/2} f(x, y)\, dx\, dy$

27. $\int_1^e \int_0^{\ln x} f(x, y)\, dy\, dx$

28-30 題，變換積分順序後再計算積分。

28. $\int_0^1 \int_{2y}^2 e^{-x^2}\, dx\, dy$   29. $\int_0^4 \int_{\sqrt{x}}^2 \sin y^3\, dy\, dx$

30. $\int_0^4 \int_{\sqrt{y}}^2 \frac{1}{\sqrt{x^3 + 1}}\, dx\, dy$

31. 假設 $f(x, y) = g(x)h(y)$ 與
    $R = \{(x, y) | a \leq x \leq b, c \leq y \leq d\}$。證明
    $$\iint_R f(x, y)\, dA = \left[\int_a^b g(x)\, dx\right]\left[\int_c^d h(y)\, dy\right]$$

32. 下面圖形描繪半圓形鐵片在 $(x, y)$ 處的密度為 $(1+y)$ 史拉格／呎$^2$。試問該鐵片的質量為何？

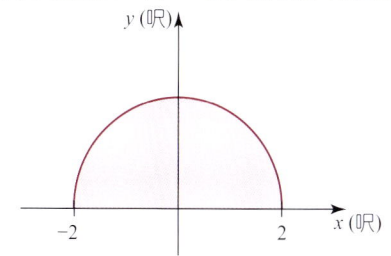

33-35 題，判斷下列敘述是對或是錯。如果它是對，解釋你的理由。如果它是錯，請解釋你的理由或舉例說明。

**33.** 若 $f$ 在 $R = [a, b] \times [c, d]$ 連續，則

$$\iint_R f(x, y) \, dA = \int_a^b \left[ \int_c^d f(x, y) \, dy \right] dx$$

$$= \int_c^d \left[ \int_a^b f(x, y) \, dx \right] dy$$

**34.** 若 $f$ 在 $[a, b]$ 區間為非負的連續函數，則 $f$ 圖形下方在 $[a, b]$ 區間的面積為 $\int_a^b \left[ \int_0^{f(x)} dy \right] dx$。

**35.** $\int_0^2 \int_{-1}^1 x \cos(y^2) \, dx \, dy \neq 0$

## 13.3 極坐標的二重積分

### ■ 極坐標方塊

某些二重積分若它們可以表示為極坐標的形式，則更容易計算。尤其當積分區域為**極坐標方塊**（polar rectangle）

$$R = \{(r, \theta) | a \leq r \leq b, \alpha \leq \theta \leq \beta\}$$

（圖 13.25）。觀察到 $R$ 為內圈半徑 $r = a$ 與外圈半徑 $r = b$ 之同心環。因此，它的面積為半徑 $b$ 與圓心角 $\Delta \theta = \beta - \alpha$ 之扇形面積和半徑 $a$ 與相同的圓心角 $\Delta \theta$ 之扇形面積的差。因為半徑 $r$ 與圓心角 $\theta$ 之扇形面積為 $\frac{1}{2} r^2 \theta$，所以 $R$ 的面積為

$$A = \frac{1}{2} b^2 \Delta \theta - \frac{1}{2} a^2 \Delta \theta = \frac{1}{2} (b^2 - a^2) \Delta \theta \quad \textbf{(1)}$$

$$= \frac{1}{2} (b + a)(b - a) \Delta \theta = \bar{r} \, \Delta r \, \Delta \theta$$

其中 $\Delta r = b - a$ 且 $\bar{r} = \frac{1}{2}(b + a)$ 為極坐標方塊的平均半徑（average radius）。

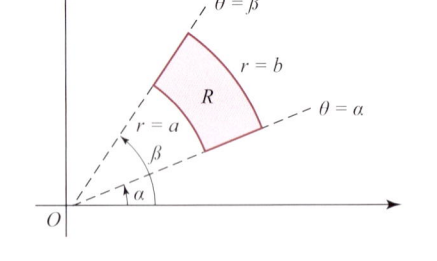

| 圖 13.25
極坐標方塊是由圓弧與射線圍出來的

### ■ 極坐標方塊上的二重積分

為在極坐標方塊 $R$ 上定義二重積分，先假設 $f$ 為在 $R$ 的連續函數，並在 $[a, b]$ 區間選取正規的切割

$$a = r_0 < r_1 < r_2 < \cdots < r_{i-1} < r_i < \cdots < r_m = b$$

將區間分為 $m$ 個等長 $\Delta r = (b - a)/m$ 的子區間，並在 $[\alpha, \beta]$ 選取正規的切割

$$\alpha = \theta_0 < \theta_1 < \theta_2 < \cdots < \theta_{j-1} < \theta_j < \cdots < \theta_n = \beta$$

將該區間分為 $n$ 個等長 $\Delta\theta = (\beta - \alpha)/n$ 的子區間，則圓 $r = r_i$ 與射線 $\theta = \theta_j$ 決定一**極分割**（polar partition）$P$ 將 $R$ 分割為 $N = mn$ 個極坐標方塊 $R_{11}, R_{12}, \cdots, R_{ij}, \cdots, R_{mn}$，此處的 $R_{ij} = \{(r, \theta) \mid r_{i-1} \le r \le r_i, \theta_{j-1} \le \theta \le \theta_j\}$，如圖 13.26 所示。為更清楚，圖 13.27 展示被放大後之典型極坐標子方塊 $R_{ij}$。$R_{ij}$ 的中心為 $(r_i^*, \theta_j^*)$，此處的 $r_i^*$ 為 $R_{ij}$ 的平均半徑，與 $\theta_j^*$ 為 $R_{ij}$ 的平均角度。換言之，$r_i^* = \frac{1}{2}(r_{i-1} + r_i)$ 與 $\theta_j^* = \frac{1}{2}(\theta_{j-1} + \theta_j)$。觀察到當 $R_{ij}$ 的中心被表示為直角坐標，則取此形式 $(r_i^* \cos\theta_j^*, r_i^* \sin\theta_j^*)$。又由式 (1) 得知 $R_{ij}$ 的面積為 $\Delta A_i = r_i^* \Delta r \Delta\theta$。故 $f$ 在極分割 $P$ 的黎曼和為

$$\sum_{i=1}^{m} \sum_{j=1}^{n} f(r_i^* \cos\theta_j^*, r_i^* \sin\theta_j^*) \Delta A_i$$
$$= \sum_{i=1}^{m} \sum_{j=1}^{n} f(r_i^* \cos\theta_j^*, r_i^* \sin\theta_j^*) r_i^* \Delta r \Delta\theta$$
$$= \sum_{i=1}^{m} \sum_{j=1}^{n} g(r_i^*, \theta_j^*) \Delta r \Delta\theta$$

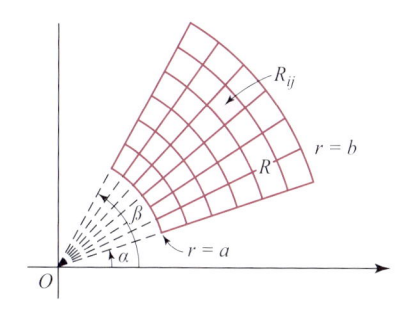

| 圖 **13.26**

$m = 6$ 與 $n = 6$ 極區域 $R$ 的極分割

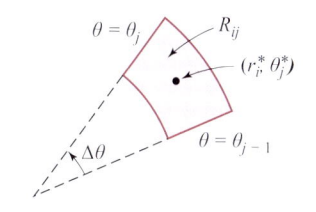

| 圖 **13.27**

極坐標子方塊 $R_{ij}$ 與其中心 $(r_i^*, \theta_j^*)$

其中 $g(r, \theta) = rf(r\cos\theta, r\sin\theta)$。最後的和就是二重積分

$$\int_{\alpha}^{\beta} \int_{a}^{b} g(r, \theta) \, dr \, d\theta$$

的黎曼和。因此，

$$\iint_R f(x, y) \, dA = \lim_{m, n \to \infty} \sum_{i=1}^{m} \sum_{j=1}^{n} f(r_i^* \cos\theta_j^*, r_i^* \sin\theta_j^*) \Delta A$$
$$= \lim_{m, n \to \infty} \sum_{i=1}^{m} \sum_{j=1}^{n} g(r_i^*, \theta_j^*) \Delta r \Delta\theta$$
$$= \int_{\alpha}^{\beta} \int_{a}^{b} g(r, \theta) \, dr \, d\theta = \int_{\alpha}^{\beta} \int_{a}^{b} f(r\cos\theta, r\sin\theta) \, r \, dr \, d\theta$$

### 將極坐標方塊上的二重積分轉換到極坐標

令 $f$ 在極坐標方塊 $R = \{(r, \theta) \mid 0 \le a \le r \le b, \alpha \le \theta \le \beta\}$ 連續，其中 $0 \le \beta - \alpha \le 2\pi$，則

$$\iint_R f(x, y) \, dA = \int_{\alpha}^{\beta} \int_{a}^{b} f(r\cos\theta, r\sin\theta) \, r \, dr \, d\theta \qquad \textbf{(2)}$$

因此，正式地將極坐標方塊上的二重積分以代換

$$x = r\cos\theta, \qquad y = r\sin\theta, \qquad dA = r \, dr \, d\theta$$

由直角坐標轉換到極坐標並適當地加入極限。

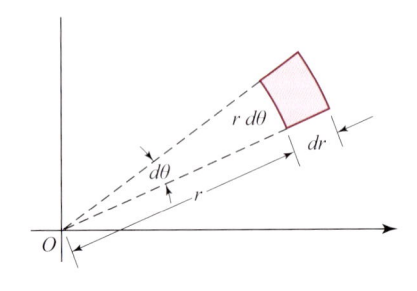

⚠ 千萬別忘記式 (2) 等號右邊的因子 $r$。記得「無限小極坐標方塊」的圖形表示為 $dA$，如圖 13.28 所示。該極坐標方塊與一般邊長 $r\,d\theta$ 與 $dr$ 的矩形相似，故它的「面積」為 $dA = (r\,d\theta)\,dr = r\,dr\,d\theta$。

**圖 13.28**
無限小極坐標方塊的「面積」為 $dA = r\,dr\,d\theta$。

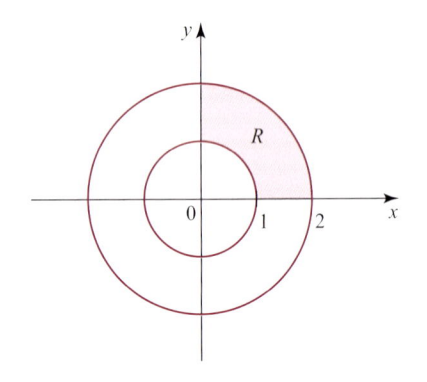

**例題 1** 計算 $\iint_R (2x + 3y)\,dA$，其中 $R$ 為圓 $x^2 + y^2 = 1$ 與 $x^2 + y^2 = 4$ 圍出來在第一象限的區域。

**解** 區域 $R$ 為極坐標方塊，它也可以表示為極坐標形式

$$R = \left\{(r, \theta) \mid 1 \le r \le 2,\ 0 \le \theta \le \tfrac{\pi}{2}\right\}$$

（圖 13.29）。由式 (2)，可得

$$\iint_R (2x + 3y)\,dA = \int_0^{\pi/2} \int_1^2 (2r\cos\theta + 3r\sin\theta)\,r\,dr\,d\theta$$

$$= \int_0^{\pi/2} \int_1^2 (2r^2\cos\theta + 3r^2\sin\theta)\,dr\,d\theta$$

$$= \int_0^{\pi/2} \left[\tfrac{2}{3}r^3\cos\theta + r^3\sin\theta\right]_{r=1}^{r=2} d\theta$$

$$= \int_0^{\pi/2} \left(\tfrac{14}{3}\cos\theta + 7\sin\theta\right) d\theta$$

$$= \left[\tfrac{14}{3}\sin\theta - 7\cos\theta\right]_0^{\pi/2} = \tfrac{35}{3}$$

**圖 13.29**
區域 $R = \left\{(r, \theta) \mid 1 \le r \le 2,\ 0 \le \theta \le \tfrac{\pi}{2}\right\}$

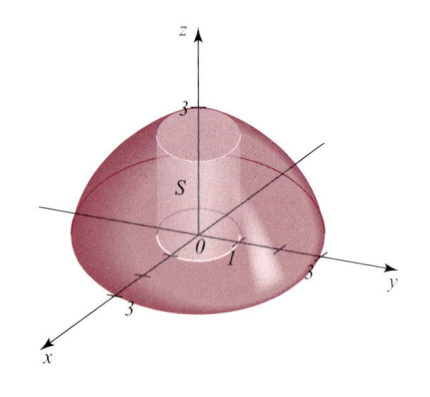

**例題 2** 求固體 $S$ 的體積，它位於半球 $z = \sqrt{9-x^2-y^2}$ 下方，$xy$ 平面的上方，與圓柱 $x^2 + y^2 = 1$ 內。

**解** 固體 $S$ 如圖 13.30 所示。它是在半球 $z = \sqrt{9-x^2-y^2}$ 與中心在原點且半徑為 1 的圓盤。$R$ 的極坐標表示為

$$R = \{(r, \theta) \mid 0 \le r \le 1,\ 0 \le \theta \le 2\pi\}$$

又於極坐標，$z = \sqrt{9 - x^2 - y^2} = \sqrt{9 - r^2}$。因此，所求的體積為

$$V = \iint_R f(x, y)\,dA = \int_0^{2\pi} \int_0^1 \sqrt{9 - r^2}\,r\,dr\,d\theta$$

$$= \int_0^{2\pi} \left[-\tfrac{1}{3}(9 - r^2)^{3/2}\right]_{r=0}^{r=1} d\theta$$

$$= \tfrac{1}{3}(27 - 16\sqrt{2}) \int_0^{2\pi} d\theta = \tfrac{2\pi}{3}(27 - 16\sqrt{2})$$

大約 9.16。

**圖 13.30**
圓盤 $x^2 + y^2 \le 1$ 上方與半球 $z = \sqrt{9 - x^2 - y^2}$ 下方的固體 $S$

註　例題 2 以直角坐標表示為

$$V = \int_{-1}^{1} \int_{-\sqrt{1-y^2}}^{\sqrt{1-y^2}} \sqrt{9 - x^2 - y^2}\, dx\, dy$$

它並不容易計算，但是用極坐標計算就容易多了。

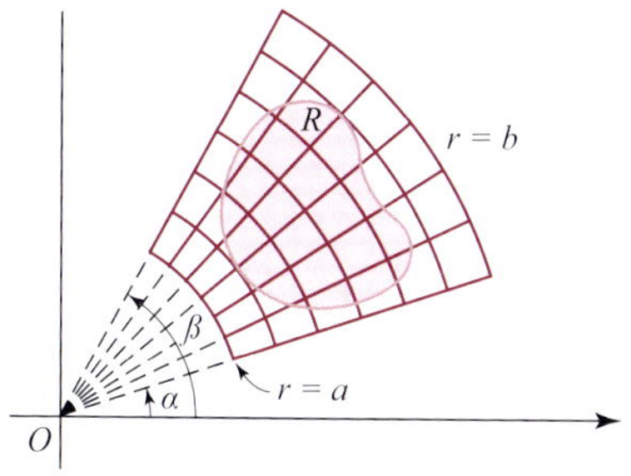

## 廣義區域上的二重積分

至今所得的結果可以延伸到更廣義的區域。若有界區域 $R$ 就是這樣的區域，則可以將該二重積分 $\iint_R f(x, y)\, dA$ 變換為含極坐標的情形，即將它表示為函數

$$f_R(x, y) = \begin{cases} f(x, y), & (x, y) \text{ 在 } R \text{ 內} \\ 0, & (x, y) \text{ 在 } R \text{ 外} \end{cases}$$

之黎曼和的極限（圖 13.31）。

該細節將略過，我們將陳述實務上最常出現的區域型態：若區域是兩個 $\theta$ 函數圖形圍成的，則稱它為 **r 簡單**（r-simple）。r 簡單區域可表示為

$$R = \{(r, \theta)\,|\,\alpha \leq \theta \leq \beta,\ g_1(\theta) \leq r \leq g_2(\theta)\}$$

其中 $g_1$ 與 $g_2$ 在 $[a, b]$ 區間連續，如圖 13.32 所示。

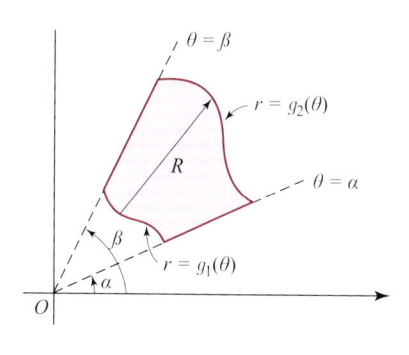

### 將極區域上之二重積分轉換為極坐標的形式

令 $f$ 在極區域

$$R = \{(r, \theta)\,|\,\alpha \leq \theta \leq \beta, g_1(\theta) \leq r \leq g_2(\theta)\}$$

連續且 $0 \leq \beta - \alpha \leq 2\pi$，則

$$\iint_R f(x, y)\, dA = \int_\alpha^\beta \int_{g_1(\theta)}^{g_2(\theta)} f(r\cos\theta, r\sin\theta)\, r\, dr\, d\theta \qquad (3)$$

**例題 3**　使用二重積分求三葉玫瑰線 $r = \sin 3\theta$ 中的一葉區域的面積。

**解**　圖形 $r = \sin 3\theta$ 展示於圖 13.33。觀察得知玫瑰的一葉區域可表示為

$$R = \left\{(r, \theta)\,\Big|\,0 \leq \theta \leq \tfrac{\pi}{3}, 0 \leq r \leq \sin 3\theta\right\}$$

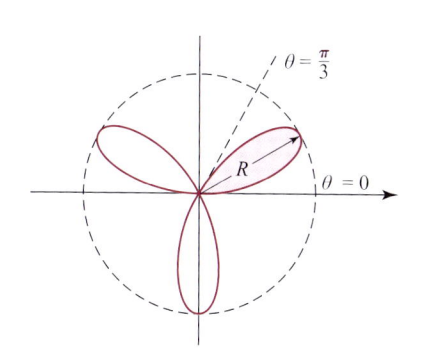

並可視為 $r$ 簡單，其中 $g_1(\theta) = 0$ 與 $g_2(\theta) = \sin 3\theta$。於式 (3) 中取 $f(x, y) = 1$，可得所求的面積

圖 13.31　區域 $R$ 的內部極分割

圖 13.32　極區域 $R = \{(r, \theta)\,|\,\alpha \leq \theta \leq \beta, g_1(\theta) \leq r \leq g_2(\theta)\}$ 觀察到 $r$ 由曲線 $r = g_1(\theta)$ 到曲線 $r = g_2(\theta)$，如箭頭所示

圖 13.33　區域 $R$ 可看成 $r$ 簡單區域

$$A = \iint_R dA = \int_0^{\pi/3} \int_0^{\sin 3\theta} r\, dr\, d\theta$$

$$= \int_0^{\pi/3} \left[\frac{1}{2} r^2\right]_{r=0}^{r=\sin 3\theta} d\theta$$

$$= \frac{1}{2} \int_0^{\pi/3} \sin^2 3\theta\, d\theta = \frac{1}{4} \int_0^{\pi/3} (1 - \cos 6\theta)\, d\theta \quad \sin^2 \theta = \frac{1 - \cos 2\theta}{2}$$

$$= \frac{1}{4} \left[\theta - \frac{1}{6} \sin 6\theta\right]_{\theta=0}^{\theta=\pi/3} = \frac{\pi}{12}$$

大約 0.26。 ∎

**例題 4** 已知 $R$ 位於第一象限並在圓 $r = 2$ 外與心臟線 $r = 2(1 + \cos\theta)$ 內之區域，求 $\iint_R y\, dA$。

**解** 所求的區域為

$$R = \left\{(r, \theta)\,\middle|\, 0 \leq \theta \leq \tfrac{\pi}{2},\, 2 \leq r \leq 2(1 + \cos\theta)\right\}$$

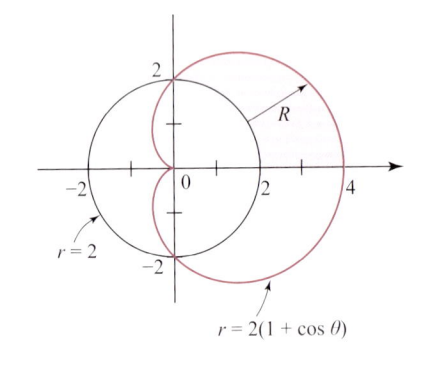

如圖 13.34 所示，並可視為 $r$ 簡單。已知 $y = r\sin\theta$ 並使用式 (3) 可得

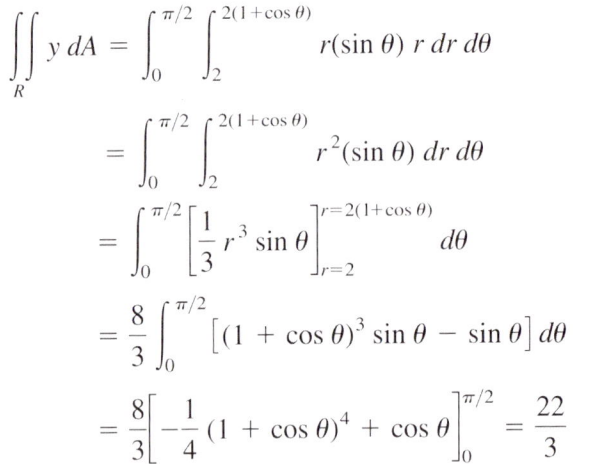

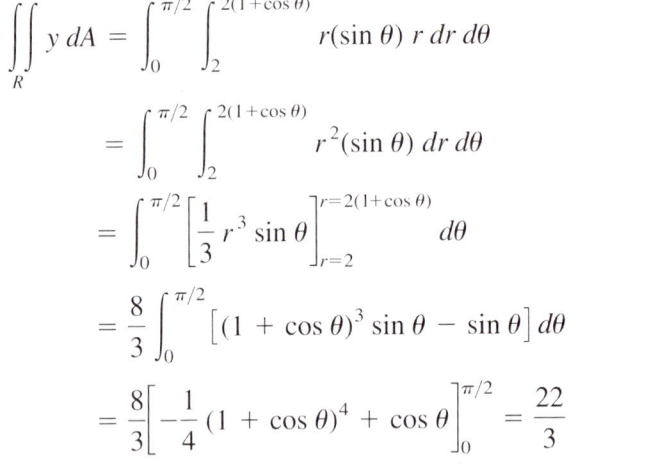

$$\iint_R y\, dA = \int_0^{\pi/2} \int_2^{2(1+\cos\theta)} r(\sin\theta)\, r\, dr\, d\theta$$

$$= \int_0^{\pi/2} \int_2^{2(1+\cos\theta)} r^2 (\sin\theta)\, dr\, d\theta$$

$$= \int_0^{\pi/2} \left[\frac{1}{3} r^3 \sin\theta\right]_{r=2}^{r=2(1+\cos\theta)} d\theta$$

$$= \frac{8}{3} \int_0^{\pi/2} \left[(1 + \cos\theta)^3 \sin\theta - \sin\theta\right] d\theta$$

$$= \frac{8}{3} \left[-\frac{1}{4} (1 + \cos\theta)^4 + \cos\theta\right]_0^{\pi/2} = \frac{22}{3} \quad ∎$$

**圖 13.34**
極區域 $R = \left\{(r, \theta)\,\middle|\, 0 \leq \theta \leq \tfrac{\pi}{2},\, 2 \leq r \leq 2(1 + \cos\theta)\right\}$

**例題 5** 已知固體位於拋物面 $z = 4 - x^2 - y^2$ 下方，$xy$ 平面上方並在圓柱 $(x - 1)^2 + y^2 = 1$ 內，求其體積。

**解** 考慮圖 13.35a 所示之固體 $S$。它是位於半徑 1 與圓心 $(1, 0)$ 之圓內的圓盤 $R$，如圖 13.35b 所示。此單位圓的極方程式為 $r = 2\cos\theta$，我們可將直角坐標之圓方程式的 $x$ 與 $y$ 以 $x = r\cos\theta$ 與 $y = r\sin\theta$ 取代來驗證。故

$$R = \left\{(r, \theta)\,\middle|\, -\tfrac{\pi}{2} \leq \theta \leq \tfrac{\pi}{2},\, 0 \leq r \leq 2\cos\theta\right\}$$

將它視為 $r$ 簡單，其中 $g_1(\theta) = 0$ 與 $g_2(\theta) = 2\cos\theta$。由 $x^2 + y^2 = r^2$ 與對

稱性得知所求的體積為

$$V = \iint_R (4 - x^2 - y^2)\, dA = \int_{-\pi/2}^{\pi/2} \int_0^{2\cos\theta} (4 - r^2)\, r\, dr\, d\theta$$

$$= 2 \int_0^{\pi/2} \int_0^{2\cos\theta} (4r - r^3)\, dr\, d\theta$$

$$= 2 \int_0^{\pi/2} \left[2r^2 - \frac{1}{4}r^4\right]_{r=0}^{r=2\cos\theta} d\theta = 8 \int_0^{\pi/2} (2\cos^2\theta - \cos^4\theta)\, d\theta$$

$$= 8 \int_0^{\pi/2} \left[1 + \cos 2\theta - \left(\frac{1 + \cos 2\theta}{2}\right)^2\right] d\theta \qquad \cos^2\theta = \frac{1 + \cos 2\theta}{2}$$

$$= 8 \int_0^{\pi/2} \left[\frac{3}{4} + \frac{1}{2}\cos 2\theta - \frac{1 + \cos 4\theta}{8}\right] d\theta$$

$$= 8 \left[\frac{5}{8}\theta + \frac{1}{4}\sin 2\theta - \frac{1}{32}\sin 4\theta\right]_0^{\pi/2} = \frac{5\pi}{2}$$

大約 7.85。

(a) 固體 $S$

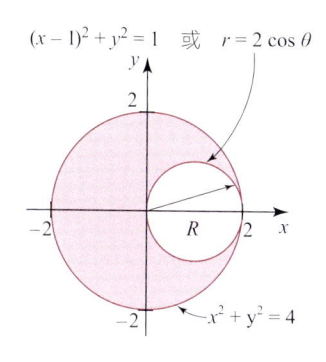

(b) 區域 $R$ 為 $r$ 簡單

圖 13.35

## 13.3 習題

1-2 題，判斷使用極坐標或直角坐標來計算積分 $\iint_R f(x, y)\, dA$，此處 $f$ 為連續函數。然後寫出該（逐次）積分的表示。

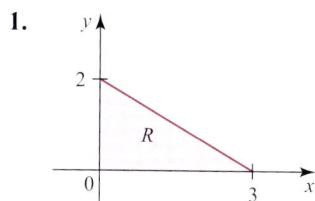

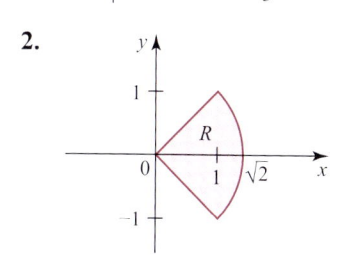

**1.**

**2.**

3-4 題，繪畫積分式之積分區域。

**3.** $\displaystyle\int_0^{\pi} \int_1^4 f(r\cos\theta, r\sin\theta)\, r\, dr\, d\theta$

**4.** $\displaystyle\int_{\pi/4}^{\pi/2} \int_0^{2\sqrt{2}} f(r\cos\theta, r\sin\theta)\, r\, dr\, d\theta$

5-8 題，將積分轉換為極坐標後再計算該積分。

**5.** $\displaystyle\iint_R 3y\, dA$，此處的 $R$ 為半徑 2 且中心在原點的圓盤

**6.** $\displaystyle\iint_R xy\, dA$，此處的 $R$ 為圓 $x^2 + y^2 = 4$ 與直線 $x = 0$ 與 $x = y$ 圍成並在第一象限的區域

**7.** $\displaystyle\iint_R \frac{y^2}{x^2 + y^2}\, dA$，此處的 $R$ 為圓 $x^2 + y^2 = 1$ 與 $x^2 + y^2 = 2$ 圍成的環狀區域

**8.** $\displaystyle\iint_R y\, dA$，此處的 $R$ 為圓 $x^2 + y^2 = 2x$ 與直線 $y = x$ 圍成的兩個區域中比較小的區域

9-13 題，使用極坐標求固體區域 $T$ 的體積。

**9.** $T$ 位於拋物面 $z = x^2 + y^2$ 的下方，$xy$ 平面的上方，與圓柱 $x^2 + y^2 = 4$ 內。

10. $T$ 位於圓錐面 $z = \sqrt{x^2 + y^2}$ 的下方，$xy$ 平面的上方，與圓柱 $x^2 + y^2 = 4$ 內。
11. $T$ 位於平面 $3x + 4y + z = 12$ 的下方，$xy$ 平面的上方，與圓柱 $x^2 + y^2 = 2x$ 內。
12. $T$ 由拋物面 $z = 9 - 2x^2 - 2y^2$ 與平面 $z = 1$ 所圍成。
13. $T$ 位於球面 $x^2 + y^2 + z^2 = 2$ 的下方與圓錐 $z = \sqrt{x^2+y^2}$ 上方。

14-16 題，使用二重積分求 $R$ 區域的面積。

14. $R$ 為圓 $r = 3\cos\theta$ 圍出來的區域。
15. $R$ 為心臟線 $r = 3 - 3\sin\theta$ 圍出來的區域。
16. $R$ 為圓 $r = a$ 的外部與圓 $r = 2a\sin\theta$ 的內部區域。

17-20 題，轉換成極坐標後再計算積分。

17. $\int_{-2}^{2}\int_{0}^{\sqrt{4-x^2}} \sqrt{x^2+y^2}\, dy\, dx$
18. $\int_{-1}^{1}\int_{0}^{\sqrt{1-y^2}} \dfrac{1}{1+x^2+y^2}\, dx\, dy$
19. $\int_{-2}^{2}\int_{0}^{\sqrt{4-x^2}} e^{x^2+y^2}\, dy\, dx$
20. $\int_{0}^{2}\int_{-\sqrt{2x-x^2}}^{\sqrt{2x-x^2}} x\, dy\, dx$

21. 使用極坐標將二重積分
$$\int_{0}^{\sqrt{2}}\int_{0}^{x} xy\, dy\, dx + \int_{\sqrt{2}}^{2}\int_{0}^{\sqrt{4-x^2}} xy\, dy\, dx$$
寫成一個簡單的積分式，然後再計算該積分。

22. **a.** 假設在直線 $y = x, y = -x$ 與 $y = 1$ 圍出來的 $R$ 區域 $f$ 連續。證明
$$\iint_R f(x,y)\, dA = \int_{\pi/4}^{3\pi/4}\int_{0}^{\csc\theta} f(r\cos\theta, r\sin\theta)\, r\, dr\, d\theta$$
**b.** 使用 (a) 的結果計算
$$\int_{0}^{1}\int_{-y}^{y} \sqrt{x^2+y^2}\, dx\, dy$$

23. 於學習機率與統計時，我們會用到積分 $I = \int_{-\infty}^{\infty} e^{-x^2/2}\, dx$。以下面的步驟證明 $I = \sqrt{2\pi}$。
**a.** 於同一平面上繪畫區域
$R_1 = \{(x,y)\,|\, x^2+y^2 \le a^2,\, x \ge 0,\, y \ge 0\}$,
$R_2 = \{(x,y)\,|\, 0 \le x \le a,\, 0 \le y \le a\}$ 與
$R_3 = \{(x,y)\,|\, x^2+y^2 \le 2a^2,\, x \ge 0,\, y \ge 0\}$。
觀察得知 $R_1$ 在 $R_2$ 裡面且 $R_2$ 在 $R_3$ 裡面。
**b.** 證明
$$\iint_{R_1} f(r,\theta)\, dA = \frac{\pi}{4}\left(1 - e^{-a^2}\right)$$
此處 $f(r,\theta) = e^{-r^2}$，且
$$\iint_{R_3} f(r,\theta)\, dA = \frac{\pi}{4}\left(1 - e^{-2a^2}\right)$$
**c.** 考慮 $\iint_{R_2} f(x,y)\, dA$，此處 $f(x,y) = e^{-x^2-y^2}$，並使用 (b) 的結果，證明
$$\frac{\pi}{4}\left(1 - e^{-a^2}\right) < \left(\int_{0}^{a} e^{-x^2}\, dx\right)^2 < \frac{\pi}{4}\left(1 - e^{-2a^2}\right)$$
**d.** 證明 $\int_{0}^{\infty} e^{-x^2}\, dx = \lim_{a\to\infty}\int_{0}^{a} e^{-x^2}\, dx = \sqrt{\pi}/2$，並推得結果 $I = \sqrt{2\pi}$。

24 題，判斷下列敘述是對或是錯。如果它是對，解釋你的理由。如果它是錯，請解釋你的理由或舉例說明。

24. 若 $R = \{(r,\theta)\,|\, \alpha \le \theta \le \beta,\, 0 \le r \le g(\theta)\}$，其中 $0 \le \beta - \alpha \le 2\pi$ 與對於 $R$ 內的所有 $(r,\theta)$，$f(r\cos\theta, r\sin\theta) = 1$，則 $\int_{\alpha}^{\beta}\int_{0}^{g(\theta)} f(r\cos\theta, r\sin\theta)\, r\, dr\, d\theta$ 表示 $R$ 的面積。

## 13.4 二重積分的應用

### ■ 薄板的質量

於 13.1 節中提過，置於 $xy$ 平面上之矩形薄板 $R$，其在 $R$ 內 $(x, y)$ 處的質量密度為 $\rho(x, y)$，$R$ 的質量為置於 $R$ 正上方並在 $z = \rho(x, y)$ 下方之固體 $T$ 的體積（圖 13.36）。我們將證明它就是如此。事實上，我們將說明薄板占據 $xy$ 平面的 $R$ 區域與在 $(x, y)$ 處的質量密度

## 13.4 二重積分的應用

為 $\rho(x, y)$ 之薄板的質量為 $\iint_R \rho(x, y)\, dA$，此處的 $\rho$ 為非負的連續函數。該二重積分也表示置於 $R$ 正上方並在 $z = \rho(x, y)$ 的下方之固體體積（圖 13.37）。

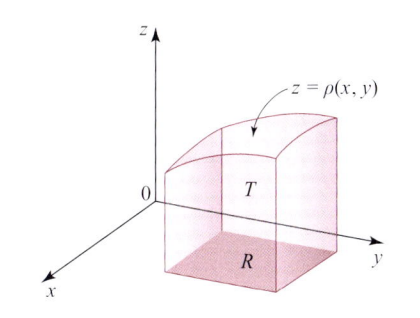

**圖 13.36**
薄板 $R$ 的質量數值上等於固體 $T$ 之體積

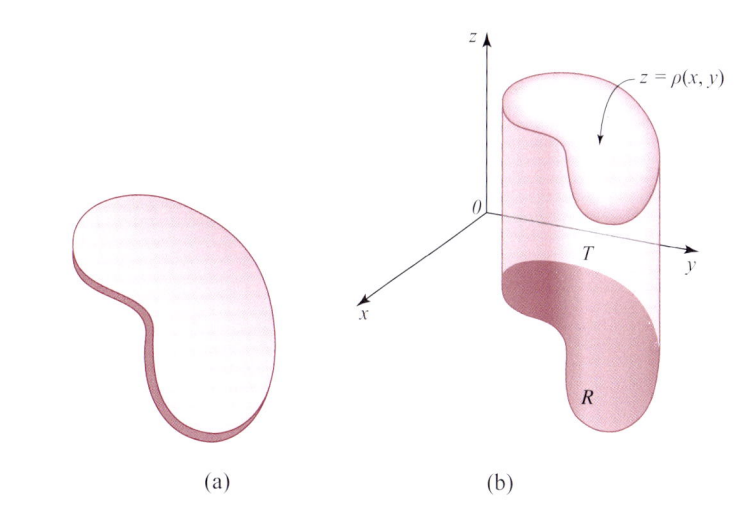

**圖 13.37**
(a) 的薄板質量數值上等於 (b) 固體 $T$ 的體積

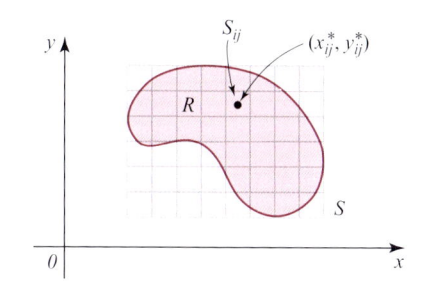

**圖 13.38**
$P = \{S_{11}, S_{12}, \ldots, S_{ij}, \ldots, S_{mn}\}$ 為 $S$ 的切割

令 $S$ 為包含 $R$ 的矩形，並令 $P = \{S_{11}, S_{12}, \ldots S_{ij}, \ldots, S_{mn}\}$ 為 $S$ 的正規切割（圖 13.38）。定義

$$\rho_R(x, y) = \begin{cases} \rho(x, y), & (x, y) \text{ 在 } R \text{ 內} \\ 0, & (x, y) \text{ 在 } S \text{ 內部但在 } R \text{ 外部} \end{cases}$$

令 $(x_{ij}^*, y_{ij}^*)$ 為 $S_{ij}$ 內的點並在 $R$ 內。若 $m$ 與 $n$ 都大（使得 $S_{ij}$ 的維度小），則對於所有 $S_{ij}$ 內的點 $(x, y)$，由 $\rho$ 的連續性可得 $\rho(x, y)$ 近似於 $\rho(x_{ij}^*, y_{ij}^*)$。因此，在 $S_{ij}$ 內且其面積為 $\Delta A$ 的那塊 $R$ 的質量近似於

$$\rho(x_{ij}^*, y_{ij}^*)\, \Delta A \quad \text{常數密度 · 面積}$$

將所有這些質量加起來得到 $R$ 之質量的近似：

$$\sum_{i=1}^{m} \sum_{j=1}^{n} \rho(x_{ij}^*, y_{ij}^*)\, \Delta A$$

當 $m$ 與 $n$ 都越來越大，該近似值會有改善。因此，定義薄板的質量為此公式和的極限值是合理的。但是每個這些和只是 $\rho_R$ 在 $S$ 上的黎曼和。故有下面的定義。

---

**定義　薄板的質量**

假設薄板表示為平面上區域 $R$ 且薄板在 $R$ 內點 $(x, y)$ 之質量密度為 $\rho(x, y)$，此處 $\rho$ 為連續密度函數，則薄板的質量為

$$m = \iint_R \rho(x, y)\, dA \tag{1}$$

**註** 令 $f$ 為不同型態的密度,則可得到二重積分 $\iint_R f(x,y)\,dA$ 之其他物理意義。譬如:若某電荷分散在水平曲面 $R$ 與 $R$ 內點 $(x,y)$ 之電荷密度為 $\sigma(x,y)$,則該曲面上的總電荷為

$$Q = \iint_R \sigma(x,y)\,dA \qquad (2)$$

另一個例子,假設人口密度(每單位面積的人口)在平面區域 $R$ 內 $(x,y)$ 處為 $\delta(x,y)$;則在該區域之總人口為

$$N = \iint_R \delta(x,y)\,dA \qquad (3)$$

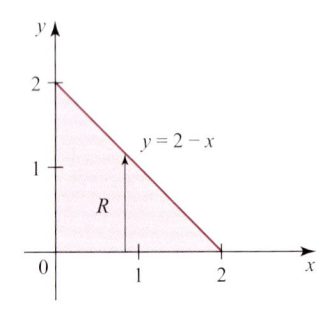

**例題 1** 已知頂點為 $(0,0), (2,0), (0,2)$ 之三角形區域 $R$ 內點 $(x,y)$ 之質量密度為 $\rho(x,y) = x + 2y$,求表示為 $R$ 之薄板質量。

**解** 區域 $R$ 展示於圖 13.39。視 $R$ 為 $y$ 簡單區域並由式 (1) 得知所求之質量為

$$\begin{aligned} m &= \iint_R \rho(x,y)\,dA = \int_0^2 \int_0^{2-x} (x+2y)\,dy\,dx \\ &= \int_0^2 \left[xy + y^2\right]_{y=0}^{y=2-x} dx = \int_0^2 \left[x(2-x) + (2-x)^2\right] dx \\ &= \int_0^2 (4 - 2x)\,dx = \left[4x - x^2\right]_0^2 = 4 \end{aligned}$$

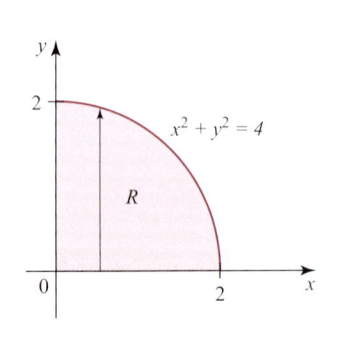

**圖 13.39**
區域 $R$ 同時為 $x$ 簡單與 $y$ 簡單。此處以 $y$ 簡單視之

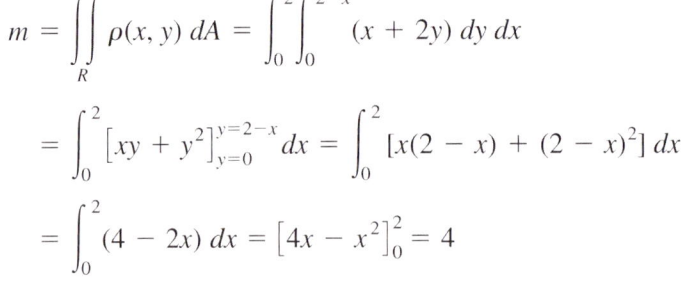

**例題 2 某區域內的總電荷** 考慮分布於第一象限內,由圓 $x^2 + y^2 = 4$ 所定義之區域 $R$ 的電荷。若在 $R$ 內點 $(x,y)$ 之電荷密度(單位為庫侖／公尺$^2$)正比於該點與原點之距離的平方,求 $R$ 內的總電荷。

**解** 區域 $R$ 展示於圖 13.40。該電荷密度函數為 $\sigma(x,y) = k(x^2 + y^2)$,其中 $k$ 為比例常數。視 $R$ 為 $y$ 簡單區域並使用式 (2),則 $R$ 內的總電荷為

$$Q = \iint_R \sigma(x,y)\,dA = \int_0^2 \int_0^{\sqrt{4-x^2}} k(x^2 + y^2)\,dy\,dx$$

或以極坐標表示為

$$\begin{aligned} Q &= \int_0^{\pi/2} \int_0^2 (kr^2)\,r\,dr\,d\theta = k \int_0^{\pi/2} \int_0^2 r^3\,dr\,d\theta = k\int_0^{\pi/2} \left[\frac{1}{4}r^4\right]_{r=0}^{r=2} d\theta \\ &= 4k \int_0^{\pi/2} d\theta = 2\pi k \end{aligned}$$

**圖 13.40**
區域 $R$ 同時為 $x$ 簡單與 $y$ 簡單。此處以 $y$ 簡單視之

即 $2\pi k$ 庫倫。

## 薄板的質心與其慣量

考慮均勻薄板之質心與其慣量。使用二重積分則可求多變化（variable）密度的薄板之質心與其慣量。假設表示為 $xy$ 平面之區域 $R$ 的薄板有連續的質量密度函數 $\rho$（圖 13.41）。

令 $S$ 為包含 $R$ 的矩形，並令 $P = \{S_{11}, S_{12}, \ldots S_{ij}, \ldots, S_{mn}\}$ 為 $S$ 的正規切割。取 $(x_{ij}^*, y_{ij}^*)$ 為 $S_{ij}$ 內任意計算點。若 $m$ 與 $n$ 大，則表示為子矩形 $S_{ij}$ 之薄板部分的質量近似於 $\rho(x_{ij}^*, y_{ij}^*)\Delta A$。結論此部分的薄板對 $x$ 軸之慣量大約為

$$[\rho(x_{ij}^*, y_{ij}^*)\Delta A]y_{ij}^* \quad \text{質量·慣量臂}$$

將這些 $mn$ 個慣量加起來並取 $m$ 與 $n$ 逼近無窮的極限，可得該薄板對 $x$ 軸之慣量。同理可得該薄板對 $y$ 軸之慣量。這些公式與薄板質心的公式如下。

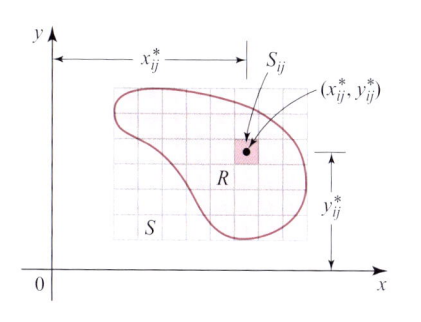

**圖 13.41**
區域 $R$ 包含在矩形 $S$ 內

---

**定義　薄板的質心與其慣量**

假設薄板表示為 $xy$ 平面之區域 $R$ 且該薄板在 $R$ 內點 $(x, y)$ 之質量密度為 $\rho(x, y)$，此處 $\rho$ 為連續的密度函數。則該薄板對 $x$ 軸與對 $y$ 軸之**慣量**（moments）為

$$M_x = \iint_R y\rho(x, y)\, dA \quad \text{與} \quad M_y = \iint_R x\rho(x, y)\, dA \tag{4a}$$

進一步，該薄板的**質心**（center of mass）位於點 $(\bar{x}, \bar{y})$ 處，且

$$\bar{x} = \frac{M_y}{m} = \frac{1}{m}\iint_R x\rho(x, y)\, dA \qquad \bar{y} = \frac{M_x}{m} = \frac{1}{m}\iint_R y\rho(x, y)\, dA$$

$$\tag{4b}$$

其中該薄板之質量為

$$m = \iint_R \rho(x, y)\, dA$$

**註**　若密度函數 $\rho$ 在 $R$ 為常數，則點 $(\bar{x}, \bar{y})$ 也稱為區域 $R$ 的**矩心**（centroid）。

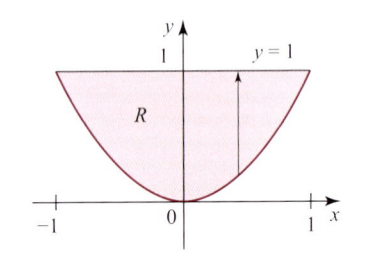

圖 13.42
表示為區域 R 之薄板被視為 y 簡單

**例題 3** 已知位於 xy 平面之區域 R 是拋物線 $y = x^2$ 與直線 $y = 1$ 圍成之薄板（圖 13.42）。若該薄板在點 $(x, y)$ 之質量密度正比於該點與 x 軸之距離，求其質心。

**解** 該薄板在點 $(x, y)$ 之質量密度為 $\rho(x, y) = ky$，其中 k 為比例常數。由於 R 對稱於 y 軸且該薄板密度正比於該點與 x 軸之距離，故薄板之質心在 y 軸上，即 $\bar{x} = 0$。為求 $\bar{y}$，將 R 視為 y 簡單，先計算該薄板之質量

$$m = \iint_R \rho(x, y)\, dA = \int_{-1}^{1} \int_{x^2}^{1} ky\, dy\, dx = k\int_{-1}^{1} \left[\frac{1}{2}y^2\right]_{y=x^2}^{y=1} dx$$

$$= \frac{k}{2}\int_{-1}^{1} (1 - x^4)\, dx = \frac{k}{2}\left[x - \frac{1}{5}x^5\right]_{-1}^{1} = \frac{4k}{5}$$

使用式 (4b) 可得

$$\bar{y} = \frac{1}{m}\iint_R y\rho(x, y)\, dA = \frac{5}{4k}\int_{-1}^{1}\int_{x^2}^{1} y(ky)\, dy\, dx$$

$$= \frac{5}{4}\int_{-1}^{1}\int_{x^2}^{1} y^2\, dy\, dx = \frac{5}{4}\int_{-1}^{1}\left[\frac{1}{3}y^3\right]_{y=x^2}^{y=1} dx$$

$$= \frac{5}{12}\int_{-1}^{1}(1 - x^6)\, dx = \frac{5}{12}\left[x - \frac{1}{7}x^7\right]_{-1}^{1} = \frac{5}{7}$$

故該薄板之質心為 $(0, \frac{5}{7})$。 ∎

## ■ 轉動慣量

薄板之慣量 $M_x$ 與 $M_y$ 稱為薄板對 x 軸與對 y 軸的**第一慣量**（first moments）。也可考慮薄板對於某個軸的**第二慣量**（second moment）或**轉動慣量**（moment of inertia）。回顧質量 m 的粒子對於某個軸之轉動慣量定義為

$$I = mr^2 \quad \text{質量·慣量臂距離的平方}$$

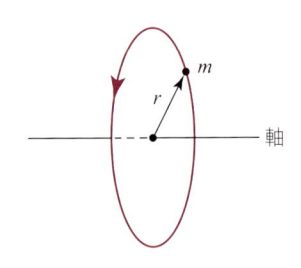

為了解粒子之轉動慣量在物理上的重要性，考慮以固定角速度 $\omega$ 轉動且質量為 m 的粒子（圖 13.43）。粒子的速度為 $v = r\omega$，其中 r 為粒子與該軸之間的距離。由此得知粒子的動能為

$$\frac{1}{2}mv^2 = \frac{1}{2}mr^2\omega^2 = \frac{1}{2}I\omega^2 \quad I = mr^2$$

圖 13.43
質量 m 之粒子繞固定軸旋轉

又由此式得知粒子對於該軸的轉動慣量 I 所扮演的角色與同質量的粒子在直角坐標中的旋轉運動所扮演的一樣。由於在直角坐標中，質量為慣性或運動阻力的量度（質量越大，需要越多的能量來趨動），故轉動慣量可視為粒子旋轉運動阻力的量度。

為定義在 $xy$ 平面上以區域 $R$ 表示且其密度函數為連續函數 $\rho$ 之薄板的轉動慣量，可按前述的作法，先將 $R$ 以矩形圍起來，再將其矩形切割，則表示為子矩形區間 $R_{ij}$ 之薄板對 $x$ 軸之轉動慣量可近似為 $[\rho(x_{ij}^*, y_{ij}^*)\Delta A](y_{ij}^*)^2$，其中 $(x_{ij}^*, y_{ij}^*)$ 為 $R_{ij}$ 內的點。取 $m$ 與 $n$ 趨近無限時之第二慣量的極限，可得原薄板**對 $x$ 軸之轉動慣量**（moment of inertia with respect to the $x$-axis）。採用類似的方法可得該薄板**對 $y$ 軸之轉動慣量**（moment of inertia with respect to the $y$-axis）。

這些轉動慣量與該薄板**對原點**（with respect to the origin）之轉動慣量（對 $x$ 軸與對 $y$ 軸之轉動慣量和）的計算公式如下。

---

**定義　薄板之轉動慣量**

薄板對於 **$x$ 軸**（$x$-axis）、**$y$ 軸**（$y$-axis）、**原點**（origin）之**轉動慣量**（moment of inertia）分別為

$$I_x = \lim_{m,n\to\infty}\sum_{i=1}^{m}\sum_{j=1}^{n}(y_{ij}^*)^2\rho(x_{ij}^*, y_{ij}^*)\Delta A = \iint_R y^2\rho(x,y)\,dA \quad \textbf{(5a)}$$

$$I_y = \lim_{m,n\to\infty}\sum_{i=1}^{m}\sum_{j=1}^{n}(x_{ij}^*)^2\rho(x_{ij}^*, y_{ij}^*)\Delta A = \iint_R x^2\rho(x,y)\,dA \quad \textbf{(5b)}$$

$$\begin{aligned}I_0 &= \lim_{m,n\to\infty}\sum_{i=1}^{m}\sum_{j=1}^{n}[(x_{ij}^*)^2 + (y_{ij}^*)^2]\rho(x_{ij}^*, y_{ij}^*)\Delta A \\ &= \iint_R (x^2+y^2)\rho(x,y)\,dA = I_x + I_y\end{aligned} \quad \textbf{(5c)}$$

---

**例題 4**　已知一質量 $m$ 與半徑 $a$ 且中心在原點之均勻薄圓盤。求其對於 $x$ 軸、$y$ 軸、原點之轉動慣量。

**解**　由於該圓盤是均勻的，所以其密度為常數並為 $\rho(x,y) = m/(\pi a)^2$。由式 (5a) 得知其對 $x$ 軸之轉動慣量為

$$\begin{aligned}I_x &= \iint_R y^2\rho(x,y)\,dA = \frac{m}{\pi a^2}\int_0^{2\pi}\int_0^{a}(r\sin\theta)^2\,r\,dr\,d\theta \\ &= \frac{m}{\pi a^2}\int_0^{2\pi}\int_0^{a}r^3\sin^2\theta\,dr\,d\theta = \frac{m}{\pi a^2}\int_0^{2\pi}\left[\frac{1}{4}r^4\sin^2\theta\right]_{r=0}^{r=a}d\theta \\ &= \frac{ma^2}{4\pi}\int_0^{2\pi}\sin^2\theta\,d\theta = \frac{ma^2}{8\pi}\int_0^{2\pi}(1-\cos 2\theta)\,d\theta \\ &= \frac{ma^2}{8\pi}\left[\theta - \frac{1}{2}\sin 2\theta\right]_0^{2\pi} = \frac{1}{4}ma^2\end{aligned}$$

由對稱性得知 $I_y = I_x = \frac{1}{4}ma^2$。最後由式 (5c) 得知其對於原點之轉動慣量為

$$I_0 = I_x + I_y = \frac{1}{4}ma^2 + \frac{1}{4}ma^2 = \frac{1}{2}ma^2$$

### ■ 薄板之旋轉半徑

若想像薄板之質量集中於距離軸 $R$ 的點上，則該「點質量」之轉動慣量與該薄板之轉動慣量相同（圖 13.44）。此距離 $R$ 稱為該薄板**對該軸之旋轉半徑**（radius of gyration with respect to the axis）。若該薄板之質量為 $m$ 且其對於該軸之轉動慣量為 $I$，則

$$mR^2 = I$$

由此得知

$$R = \sqrt{\frac{I}{m}} \tag{6}$$

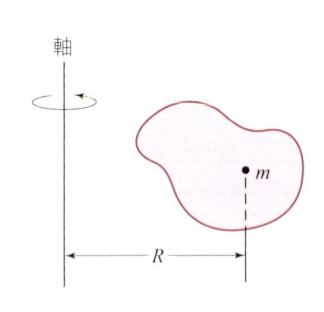

| 圖 13.44

$R$ 為該薄板對該軸之旋轉半徑

**例題 5** 求例題 4 之圓盤對 $y$ 軸的旋轉半徑。

**解** 使用例題 4 的結果，得到 $I_y = \frac{1}{4}ma^2$。由式 (6) 得知，圓盤對 $y$ 軸的旋轉半徑為

$$\bar{\bar{x}} = \sqrt{\frac{I_y}{m}} = \sqrt{\frac{\frac{1}{4}ma^2}{m}} = \frac{1}{2}a$$

**註** 於例題 5 中，使用習慣性的符號 $\bar{\bar{x}}$ 表示薄板對 $y$ 軸的旋轉半徑。薄板對 $x$ 軸的旋轉半徑則表示為 $\bar{\bar{y}}$。

## 13.4 習題

1-6 題，求以區域 $R$ 表示並給予之質量密度的薄板質量與質心。

1. $R$ 為頂點 $(0, 0), (3, 0), (3, 2)$ 與 $(0, 2)$ 的矩形區域；$\rho(x, y) = y$
2. $R$ 為頂點 $(0, 0), (2, 1)$ 與 $(4, 0)$ 的三角形區域；$\rho(x, y) = x$
3. $R$ 為圖形 $y = \sqrt{x}, y = 0$ 與 $x = 4$ 圍成的區域；$\rho(x, y) = xy$
4. $R$ 為圖形 $y = e^x, y = 0, x = 0$ 與 $x = 1$ 圍成的區域；$\rho(x, y) = 2xy$
5. $R$ 為圖形 $y = \sin x, y = 0, x = 0$ 與 $x = \pi$ 圍成的區域；$\rho(x, y) = y$
6. $R$ 為圓 $r = 2\cos\theta$ 圍成的區域；$\rho(r, \theta) = r$
7. 電荷分布於某矩形區域 $R = \{x, y) \mid 0 \leq x \leq 3, 0 \leq y \leq 1\}$ 內。已知在 $R$ 內任一點 $(x, y)$ 之電荷密度為 $\sigma(x, y) = 2x^2 + y^3$（庫倫／公尺$^2$），求 $R$ 內的總電荷。
8. **熱板之溫度** 某 8 吋熱板表示為 $S = \{(x, y) \mid x^2 + y^2 \leq 16\}$。已知在點 $(x, y)$ 之電荷密度為 $T(x, y) = 400\cos(0.1\sqrt{x^2 + y^2})$（°F），求

該熱板之平均溫度。

9-10 題，已知以區域 $R$ 表示之薄板有均勻密度 $\rho$，求轉動慣量 $I_x, I_y$ 與 $I_0$ 以及其旋轉半徑 $\bar{\bar{x}}$ 與 $\bar{\bar{y}}$。

9. $R$ 為頂點 $(0,0), (a,0), (a,b)$ 與 $(0,b)$ 之矩形區域。
10. $D$ 為半個圓盤 $H = \{(x, y) | x^2 + y^2 \le R^2, y \ge 0\}$。

11-12 題，求轉動慣量 $I_x, I_y$ 與 $I_0$ 以及薄板的旋轉半徑 $\bar{\bar{x}}$ 與 $\bar{\bar{y}}$。

11. 習題第 1 題的薄板。
12. 習題第 3 題的薄板。

13-14 題，判斷下列敘述是對或是錯。如果它是對，解釋你的理由。如果它是錯，請解釋你的理由或舉例說明。

13. 已知金屬薄板由兩片密度分別為 $\rho_1(x, y)$ 與 $\rho_2(x, y)$ 之金屬薄板碾壓而成。若該薄板可以平面上的區域 $R$ 表示，則其質量可表示為 $\iint_R \rho_1(x, y)\, dA + \iint_R \rho_2(x, y)\, dA$。
14. 若薄板可以平面上的區域 $R$ 表示，則其質心必在 $R$ 內。

## 13.5 表面積

考慮曲面為兩個變數函數的圖形，這些表面積可使用二重積分求得。

### 表面 $z = f(x, y)$ 的面積

為簡單化，考慮 $f$ 定義於包含矩形區域 $R = [a, b] \times [c, d] = \{(x, y) | a \le x \le b, c \le y \le d\}$ 的開區間並在 $R$ 上 $f(x, y) \ge 0$。進一步，假設 $f$ 在該區域有一階連續的偏導數。首先希望定義 $S$ 曲面 $z = f(x, y)$（圖 13.45）的面積（area）的意義，然後再找計算該面積的公式。

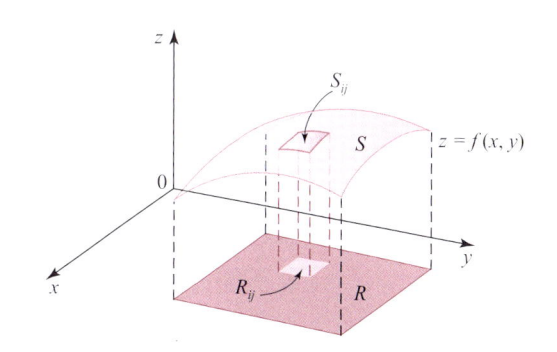

**圖 13.45**
曲面 $S$ 為 $z = f(x, y)$ 的圖形，其中 $(x, y)$ 在 $R$ 內

令 $P$ 為 $R$ 之正規分割，並將 $R$ 分割成 $N = mn$ 個子矩形 $R_{11}, R_{12}, \ldots, R_{mn}$。$S$ 的一部分 $S_{ij}$〔稱為一小片（patch）〕對應於每個子矩形 $R_{ij}$，它位於 $R_{ij}$ 正上方且其面積表示為 $\Delta S_{ij}$。因為子矩形 $R_{ij}$ 除了它們的共同邊界外，它們沒有重疊，所以 $S$ 的小片 $S_{ij}$ 也是如此。故 $S$ 的面積為

$$A = \sum_{i=1}^{m} \sum_{j=1}^{n} \Delta S_{ij} \tag{1}$$

接著要求 $\Delta S_{ij}$ 的近似。令 $(x_i, y_j)$ 為 $R_{ij}$ 靠近原點的角，並令 $(x_i, y_j, f(x_i, y_j))$ 為其正上方的點。由圖 13.46 得知 $\Delta S_{ij}$ 可由平行四邊形 $T_{ij}$ 之 $\Delta T_{ij}$ 的面積近似，該 $T_{ij}$ 為 S 在 $(x_i, y_j, f(x_i, y_j))$ 處之切平面的一部分並位於 $R_{ij}$ 的正上方。為求 $\Delta T_{ij}$ 的公式，令 **a** 與 **b** 為起點 $(x_i, y_j, f(x_i, y_j))$ 的向量並位於近似之平行四邊形的邊上。現在由 12.3 節得知經過 $(x_i, y_j, f(x_i, y_j))$ 之切線並有方向 **a** 與 **b** 的切線斜率分別為 $f_x(x_i, y_j)$ 與 $f_y(x_i, y_j)$。因此

$$\mathbf{a} = \Delta x \mathbf{i} + f_x(x_i, y_j) \Delta x \mathbf{k} \quad 與 \quad \mathbf{b} = \Delta y \mathbf{j} + f_y(x_i, y_j) \Delta y \mathbf{k}$$

所以 $\Delta T_{ij} = |\mathbf{a} \times \mathbf{b}|$。然而

$$\mathbf{a} \times \mathbf{b} = \begin{vmatrix} \mathbf{i} & \mathbf{j} & \mathbf{k} \\ \Delta x & 0 & f_x(x_i, y_j) \Delta x \\ 0 & \Delta y & f_y(x_i, y_j) \Delta y \end{vmatrix}$$

$$= -f_x(x_i, y_j) \Delta x \Delta y \mathbf{i} - f_y(x_i, y_j) \Delta x \Delta y \mathbf{j} + \Delta x \Delta y \mathbf{k}$$

$$= [-f_x(x_i, y_j) \mathbf{i} - f_y(x_i, y_j) \mathbf{j} + \mathbf{k}] \Delta A$$

此處 $\Delta A = \Delta x \Delta y$ 為 $R_{ij}$ 的面積。故

$$\Delta T_{ij} = |\mathbf{a} \times \mathbf{b}| = \sqrt{[f_x(x_i, y_j)]^2 + [f_y(x_i, y_j)]^2 + 1} \, \Delta A \qquad (2)$$

若 $\Delta S_{ij}$ 以 $\Delta T_{ij}$ 近似，則式 (1) 變成

$$A \approx \sum_{i=1}^{m} \sum_{j=1}^{n} \Delta T_{ij}$$

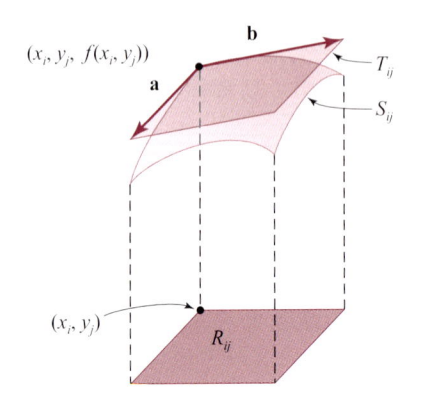

直觀上，當 m 與 n 越來越大，該近似會越來越好。由此可定義

$$A = \lim_{m, n \to \infty} \sum_{i=1}^{m} \sum_{j=1}^{n} \sqrt{[f_x(x_i, y_j)]^2 + [f_y(x_i, y_j)]^2 + 1} \, \Delta A$$

使用二重積分的定義，可得下面的結果。它是廣義的情形，亦即，R 不需要是矩形並且 $f(x, y)$ 不需要是正的。

---

### 求曲面 $z = f(x, y)$ 的面積公式

令 $f$ 定義在 $xy$ 平面上的區域 R，並假設 $f_x$ 與 $f_y$ 都連續。曲面 $z = f(x, y)$ 的面積 A 為

$$A = \iint_R \sqrt{[f_x(x, y)]^2 + [f_y(x, y)]^2 + 1} \, dA \qquad (3)$$

---

**例題 1** 求曲面 $z = 2x + y^2$ 在 $xy$ 平面上且位於頂點為 $(0, 0)$, $(1, 1)$, $(0, 1)$ 之三角形區域 R 正上方的部分之面積。

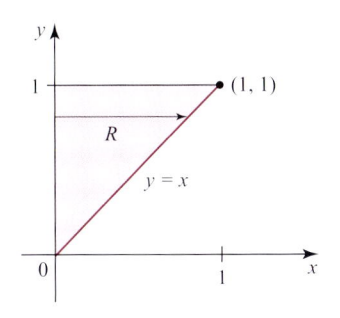

圖 13.47

區域
$R = \{(x, y) | 0 \leq x \leq y, 0 \leq y \leq 1\}$
被視為 $x$ 簡單區域

### 歷史傳記

**GASPARD MONGE**
（1746-1818）

1789 年法國大革命之初，Gaspard Monge 已是法國最著名的數學家之一。除了從事圖形幾何（descriptive geometry）方面的理論研究外，Monge 也將其專長用於建造計畫、一般建築學，與軍事上的應用。法國大革命前他曾擔任過海軍軍校學生的稽查。這個職務使 Monge 無法繼續他在 Méziéres 的教學工作，不過他以其薪資聘請他人替代了那份工作。這個安排使 Monge 得以自 1796 年起離開法國至國外長期工作。首先，他前往義大利，在那裡成為拿破崙波拿巴家族（Napoleon Bonaparte）的朋友。兩年後，他參與了 Bonaparte 的遠征團隊前往埃及。Monge 在埃及進行了許多技術性與科學性的工作。其中包括創立開羅的 Institut d'Egypt。1799 年 Monge 回到巴黎，重返其教學與研究的工作。他的成就使其獲獎無數，並且在拿破崙軍事專政期間被任命為終生的參議員。不過在 1815 年拿破崙戰敗後，Monge 的人生開始變得艱困。他被逐出 Institut de France，且其生命持續地受到威脅。1818 年 Monge 死於巴黎。他主要以將微積分應用於表面曲度的計算而成名，如今也被視為是微分幾何之父。

**解** 區域 $R$ 如圖 13.47 所示。它同時是 $y$ 簡單區域與 $x$ 簡單區域。將它視為 $x$ 簡單區域

$$R = \{(x, y) | 0 \leq x \leq y, 0 \leq y \leq 1\}$$

則由式 (3) 與 $f(x, y) = 2x + y^2$ 得知所求的面積

$$A = \iint_R \sqrt{[f_x(x, y)]^2 + [f_y(x, y)]^2 + 1}\, dA$$

$$= \iint_R \sqrt{2^2 + (2y)^2 + 1}\, dA = \int_0^1 \int_0^y \sqrt{4y^2 + 5}\, dx\, dy$$

$$= \int_0^1 \left[ x\sqrt{4y^2 + 5} \right]_{x=0}^{x=y} dy = \int_0^1 y\sqrt{4y^2 + 5}\, dy$$

$$= \left[ \frac{1}{8} \cdot \frac{2}{3} (4y^2 + 5)^{3/2} \right]_0^1 = \frac{1}{12}(27 - 5\sqrt{5})$$

大約 1.32。

**例題 2** 求拋物面 $z = 9 - x^2 - y^2$ 位於平面 $z = 5$ 上方的部分之曲面面積。

**解** 此拋物面展示於圖 13.48a。此拋物面沿著圓 $x^2 + y^2 = 4$ 與平面 $z = 5$ 相交。因此，相交的曲面位於圓盤 $R = \{(x, y) | x^2 + y^2 \leq 4\}$ 的正上方，如圖 13.48b 所示。由式 (3) 與 $f(x, y) = 9 - x^2 - y^2$ 可得所求的面積，即

$$A = \iint_R \sqrt{[f_x(x, y)]^2 + [f_y(x, y)]^2 + 1}\, dA$$

$$= \iint_R \sqrt{(-2x)^2 + (-2y)^2 + 1}\, dA$$

$$= \iint_R \sqrt{4x^2 + 4y^2 + 1}\, dA$$

將它轉變成極坐標的形式

$$A = \int_0^{2\pi} \int_0^2 \sqrt{4r^2 + 1}\, r\, dr\, d\theta$$

$$= \int_0^{2\pi} \left[ \frac{1}{8} \cdot \frac{2}{3} (4r^2 + 1)^{3/2} \right]_{r=0}^{r=2} d\theta$$

$$= \int_0^{2\pi} \left[ \frac{1}{12} (17^{3/2} - 1) \right] d\theta = 2\pi \left( \frac{1}{12} \right)(17\sqrt{17} - 1)$$

$$= \frac{1}{6} \pi (17\sqrt{17} - 1)$$

圖 13.48

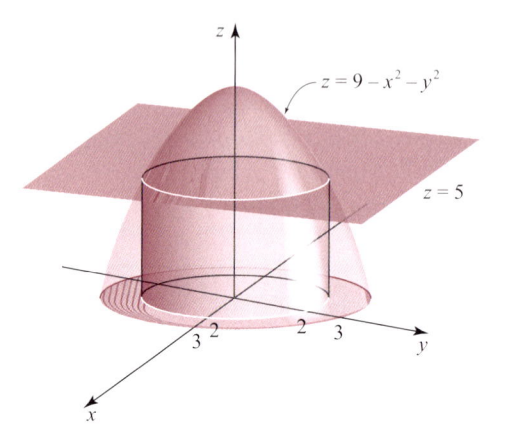

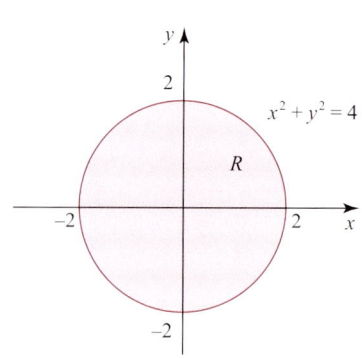

(a) 拋物面位於平面 $z = 5$ 上方的部分

(b) 圓盤 $R = \{(x, y) \mid x^2 + y^2 \leq 4\}$

大約 36.2。

## 方程式 $y = g(x, z)$ 與 $x = h(y, z)$ 之曲面面積

圖形 $y = g(x, z)$ 與 $x = h(y, z)$ 之曲面面積的公式是以類似的方式推導出來的。

**$y = g(x, z)$ 與 $x = h(y, z)$ 形式之曲面面積的公式**

令 $g$ 定義於 $xz$ 平面 $R$ 區域上，並假設 $g_x$ 與 $g_z$ 都連續。曲面 $y = g(x, z)$ 的面積 $A$ 為

$$A = \iint_R \sqrt{[g_x(x,z)]^2 + [g_z(x,z)]^2 + 1}\, dA \qquad (4)$$

令 $h$ 定義於 $yz$ 平面 $R$ 區域上，並假設 $h_y$ 與 $h_z$ 都連續。曲面 $x = h(y, z)$ 的面積 $A$ 為

$$A = \iint_R \sqrt{[h_y(y,z)]^2 + [h_z(y,z)]^2 + 1}\, dA \qquad (5)$$

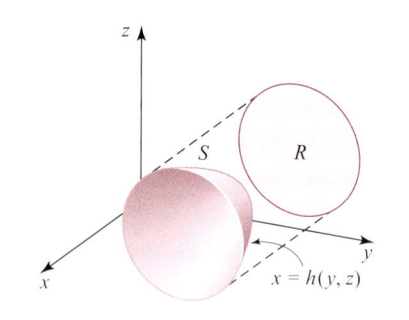

(a) 曲面 $S$ 之方程式 $y = g(x, z)$ 與映成到 $xz$ 平面的投影 $R$

(b) 曲面 $S$ 之方程式 $x = h(y, z)$ 與映成到 $yz$ 平面的投影 $R$

圖 13.49

這些情形描繪於圖 13.49。

**例題 3** 求平面 $y + z = 2$ 在圓柱 $x^2 + z^2 = 1$ 內部分的面積。

**解** 要求的曲面 $S$ 如圖 13.50a 所示。又映成到 $xz$ 平面之 $S$ 的投影為圓盤 $R = \{(x, z) \mid x^2 + z^2 \leq 1\}$，如圖 13.50b 所示。由式 (4) 與 $g(x, z) = 2 - z$ 得知 $S$ 的面積為

$$A = \iint_R \sqrt{[g_x(x,z)]^2 + [g_z(x,z)]^2 + 1}\, dA$$

$$= \iint_R \sqrt{0^2 + (-1)^2 + 1}\, dA = \sqrt{2} \iint_R 1\, dA = \sqrt{2}\,\pi$$

因為觀察得知 $R$ 的面積為 $\pi$。

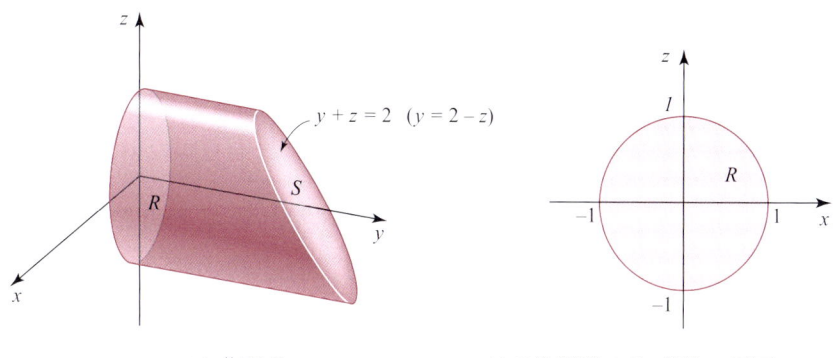

圖 13.50　　(a) 曲面 $S$　　(b) $S$ 的投影 $R$ 映成到 $xz$ 平面 $S$

## 13.5 習題

1-7 題，球曲面 $S$ 的面積。

1. $S$ 為平面 $2x + 3y + z = 12$ 位於矩形區域 $R = \{(x, y) \mid 0 \le x \le 2, 0 \le y \le 1\}$ 正上方的部分。
2. $S$ 為平面 $z = \frac{1}{2}x^2 + y$ 位於頂點為 $(0, 0), (1, 0), (1, 1)$ 之三角形區域正上方的部分。
3. $S$ 為拋物面 $z = 9 - x^2 - y^2$ 位於 $xy$ 平面上方的部分。
4. $S$ 為橢圓 $x^2 + y^2 + z^2 = 9$ 位於平面 $z = 2$ 上方的部分。
5. $S$ 為曲面 $x = yz$ 位於圓柱 $y^2 + z^2 = 16$ 內的部分。
6. $S$ 為橢圓 $x^2 + y^2 + z^2 = 8$ 位於圓錐 $z^2 = x^2 + y^2$ 內的部分。
7. $S$ 為橢圓 $x^2 + y^2 + z^2 = a^2$ 位於圓柱 $x^2 - ax + y^2 = 0$ 內的部分。
8. 已知 $S$ 為平面 $ax + by + cz = d$ 在第一象限的部分，它投射到 $xy$ 平面上的區域為 $R$。證明 $S$ 的區域為 $(1/c)\sqrt{a^2 + b^2 + c^2}\, A(R)$，此處 $A(R)$ 表示 $R$ 的面積。

9-10 題，寫出表示圖形 $f$ 位於區域 $R$ 上方的部分之表面積的二重積分。不需要計算該積分。

9. $f(x, y) = 3x^2 y^2$；
   $R = \{(x, y) \mid -1 \le x \le 1, -1 \le y \le 1\}$
10. $f(x, y) = \dfrac{1}{2x + 3y}$；
    $R = \{(x, y) \mid 0 \le x \le 2, 0 \le y \le x\}$

11 題，判斷下列敘述是對或是錯。如果它是對，解釋你的理由。如果它是錯，請解釋你的理由或舉例說明。

11. 若 $f(x, y) = \sqrt{4 - x^2 - y^2}$，則
    $\iint_R \sqrt{f_x^2 + f_y^2 + 1}\, dA = 8\pi$，其中
    $R = \{(x, y) \mid 0 \le x^2 + y^2 \le 4\}$。

## 13.6 三重積分

### ◼ 矩形盒上的三重積分

正如質量密度 $\delta(x)$ 是線性之平直又纖細的金屬線段之質量為單變數的積分 $\int_a^b \delta(x)\, dx$，$a \le x \le b$，而質量密度 $\sigma(x, y)$ 的薄板 $D$ 之質量為二重積分 $\iint_D \sigma(x, y)\, dA$，所以我們將得知質量密度 $\rho(x, y, z)$ 之

固體 $T$ 之質量為三重積分（triple integral）。

現在考慮最簡單的情形，固體為矩形盒：

$$B = [a, b] \times [c, d] \times [p, q]$$
$$= \{(x, y, z) \mid a \leq x \leq b, c \leq y \leq d, p \leq z \leq q\}$$

假設該固體的質量密度為 $\rho(x, y, z)$ 公克／公尺$^3$，此處的 $\rho$ 為定義在 $B$ 的正值連續函數。令

$$a = x_0 < x_1 < \cdots < x_{i-1} < x_i < \cdots < x_l = b$$
$$c = y_0 < y_1 < \cdots < y_{j-1} < y_j < \cdots < y_m = d$$
$$p = z_0 < z_1 < \cdots < z_{k-1} < z_k < \cdots < z_n = q$$

為區間 $[a, b], [c, d], [p, q]$ 且長度分別為 $\Delta x = (b - a)/l$, $\Delta y = (d - c)/m$, $\Delta z = (q - p)/n$ 的正規切割。平面 $x = x_i, y = y_j, z = z_k$，分別平行於 $yz, xz, xy$ 坐標平面，其中 $1 \leq i \leq l, 1 \leq j \leq m, 1 \leq k \leq n$，並將矩形盒 $B$ 分割為 $N = lmn$ 個盒子 $B_{111}, B_{112}, \ldots, B_{ijk}, \ldots, B_{lmn}$，如圖 13.51 所示。$B_{ijk}$ 的體積為 $\Delta V = \Delta x \Delta y \Delta z$。

令 $(x_{ijk}^*, y_{ijk}^*, z_{ijk}^*)$ 為 $B_{ijk}$ 內任意點。若 $l, m, n$ 夠大（使得 $B_{ijk}$ 的維度變小），則由於 $\rho$ 連續，所以只要 $(x, y, z)$ 在 $B_{ijk}$ 內，$\rho(x, y, z)$ 與 $\rho(x_{ijk}^*, y_{ijk}^*, z_{ijk}^*)$ 之間不會有太大的變化。故 $B_{ijk}$ 的質量可用

$$\rho(x_{ijk}^*, y_{ijk}^*, z_{ijk}^*) \Delta V \quad \text{常數質量密度．體積}$$

來近似，此處 $\Delta V = \Delta x \Delta y \Delta z$。將此 $N$ 個盒子加起來，可得矩形盒 $B$ 的近似

$$\sum_{i=1}^{l} \sum_{j=1}^{m} \sum_{k=1}^{n} \rho(x_{ijk}^*, y_{ijk}^*, z_{ijk}^*) \Delta V \qquad (1)$$

當 $l, m, n$ 越來越大，我們可期待它有更好的近似。故可合理地定義矩形盒 $B$ 的質量為

$$\lim_{l, m, n \to \infty} \sum_{i=1}^{l} \sum_{j=1}^{m} \sum_{k=1}^{n} \rho(x_{ijk}^*, y_{ijk}^*, z_{ijk}^*) \Delta V \qquad (2)$$

(1) 表示為在某個盒子的三個變數函數之黎曼和（Riemann sum）並於 (2) 中對應的極限為 $f$ 在 $B$ 的三重積分。更一般化地為下面的定義。注意，於這些定義中都不考慮 $f(x, y, z)$ 的符號。

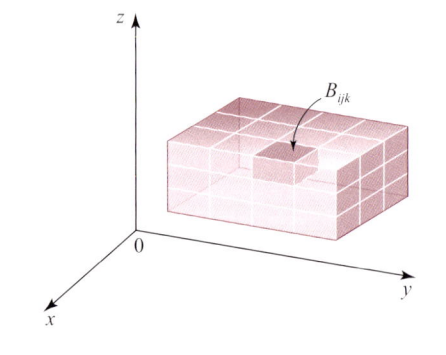

| 圖 13.51
$B$ 的切割 $P = \{B_{ijk}\}$

### 定義　$f$ 在矩形盒 $B$ 上的三重積分

令 $f$ 為定義於矩形盒 $B$ 上的三個變數之連續函數，並令 $P = \{B_{ijk}\}$ 為 $B$ 的切割。

1. 對於分割 $P$，***f 在 B 上的黎曼和***（Riemann sum of $f$ over $B$）為

$$\sum_{i=1}^{l} \sum_{j=1}^{m} \sum_{k=1}^{n} f(x_{ijk}^*, y_{ijk}^*, z_{ijk}^*) \Delta V$$

此處的 $(x_{ijk}^*, y_{ijk}^*, z_{ijk}^*)$ 為 $B_{ijk}$ 內的點。

2. 若此處的極限存在，則對於 $B_{ijk}$ 內的點 $(x_{ijk}^*, y_{ijk}^*, z_{ijk}^*)$，***f 在 B 上的三重積分***（triple integral of $f$ over $B$）為

$$\iiint_B f(x, y, z)\, dV = \lim_{l, m, n \to \infty} \sum_{i=1}^{l} \sum_{j=1}^{m} \sum_{k=1}^{n} f(x_{ijk}^*, y_{ijk}^*, z_{ijk}^*) \Delta V$$

如二重積分的情形，三重積分也可用適當的逐次積分計算。

### 定理 1

令 $f$ 在矩形盒

$$B = \{(x, y, z) \mid a \leq x \leq b, c \leq y \leq d, p \leq z \leq q\}$$

連續，則

$$\iiint_B f(x, y, z)\, dV = \int_p^q \int_c^d \int_a^b f(x, y, z)\, dx\, dy\, dz \tag{3}$$

式 (3) 中的逐次積分是第一次對 $x$ 積分時先將 $y$ 和 $z$ 當常數看，然後將 $z$ 當常數看，對 $y$ 積分，最後再對 $z$ 積分。式 (3) 中的三重積分也可表示為其他五個不同順序積分中的任意一個逐次積分。譬如：

$$\iiint_B f(x, y, z)\, dV = \int_a^b \int_p^q \int_c^d f(x, y, z)\, dy\, dz\, dx$$

此處的逐次積分為依次對 $y, z$，再對 $x$ 積分（記住，「由內而外」的順序）。

**例題 1**　計算 $\iiint_B (x^2 y + y z^2)\, dV$，此處

$$B = \{(x, y, z) \mid -1 \leq x \leq 1, 0 \leq y \leq 3, 1 \leq z \leq 2\}$$

**解** 給予之積分可表示為六個逐次積分中的一個。譬如：若選擇依次對 $x, y, z$ 積分，則

$$\iiint_B (x^2y + yz^2)\, dV = \int_1^2 \int_0^3 \int_{-1}^1 (x^2y + yz^2)\, dx\, dy\, dz$$

$$= \int_1^2 \int_0^3 \left[\frac{1}{3}x^3y + xyz^2\right]_{x=-1}^{x=1} dy\, dz$$

$$= \int_1^2 \int_0^3 \left[\frac{2}{3}y + 2yz^2\right] dy\, dz$$

$$= \int_1^2 \left[\frac{1}{3}y^2 + y^2z^2\right]_{y=0}^{y=3} dz$$

$$= \int_1^2 (3 + 9z^2)\, dz = \left[3z + 3z^3\right]_1^2 = 24 \quad\blacksquare$$

## 空間中一般有界區域上的三重積分

我們可使用相同的技巧將三重積分的定義延伸到更廣義的區域。假設 $T$ 為空間中有界之固體區域，則它可被矩形盒 $B = [a, b] \times [c, d] \times [p, q]$ 圍住。令 $P$ 為一個正規切割，將它分割成 $N = lmn$ 個邊長分別為 $\Delta x = (b-a)/l$, $\Delta y = (d-c)/m$, $\Delta z = (q-p)/n$ 且體積為 $\Delta V = \Delta x \Delta y \Delta z$ 的盒子。因此 $P = \{B_{111}, B_{112}, \ldots, B_{ijk}, \ldots, B_{lmn}\}$（圖 13.52）。

定義

$$F(x, y, z) = \begin{cases} f(x, y, z), & (x, y, z) \text{ 在 } T \text{ 內} \\ 0, & (x, y, z) \text{ 在 } B \text{ 內但不在 } T \text{ 內} \end{cases}$$

則對於此切割 $P$，$f$ 在 $T$ 上的**黎曼和**（Riemann sum of $f$ over $T$）為

$$\sum_{i=1}^l \sum_{j=1}^m \sum_{k=1}^n F(x_{ijk}^*, y_{ijk}^*, z_{ijk}^*)\, \Delta V$$

此處的 $(x_{ijk}^*, y_{ijk}^*, z_{ijk}^*)$ 為 $B_{ijk}$ 內任意點且 $\Delta V$ 為 $B_{ijk}$ 的體積。若對這些和取極限，亦即將 $l, m, n$ 逼近無窮，則可得 **$f$ 在 $T$ 上的三重積分**（triple integral of $f$ over $T$）。故

$$\iiint_T f(x, y, z)\, dV = \lim_{l, m, n \to \infty} \sum_{i=1}^l \sum_{j=1}^m \sum_{k=1}^n F(x_{ijk}^*, y_{ijk}^*, z_{ijk}^*)\, \Delta V$$

附帶對於所有 $T$ 內的點 $(x_{ijk}^*, y_{ijk}^*, z_{ijk}^*)$，此極限必存在。

**註**

1. 若 $f$ 連續且圍住 $T$ 的曲面為「夠小」，則可以證明 $f$ 在 $T$ 上是可積分的。

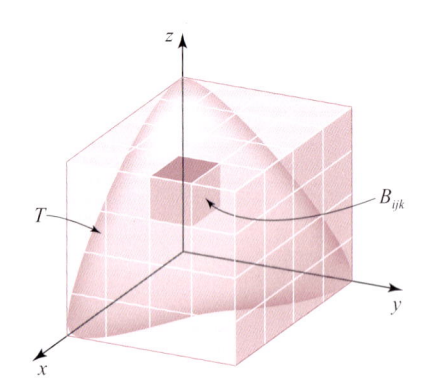

| 圖 13.52
盒子 $B_{ijk}$ 為 $B$ 之分割的典型元素

**2.** 將 13.1 節定理 1 中之二重積分的特性做必要的修正後也可用於三重積分。

## 計算一般區域上的三重積分

現在考慮某些型態的區域。若某區域落在兩個連續之 $x$ 與 $y$ 函數的圖形之間，亦即，若

$$T = \{(x, y, z) \mid (x, y) \in R, k_1(x, y) \leq z \leq k_2(x, y)\}$$

其中 $R$ 為 $T$ 在 $xy$ 平面的投影（圖 13.53），則區域 $T$ 稱為 **$z$ 簡單**（$z$-simple）。若 $f$ 在 $T$ 連續，則

$$\iiint_T f(x, y, z)\, dV = \iint_R \left[ \int_{k_1(x,y)}^{k_2(x,y)} f(x, y, z)\, dz \right] dA \qquad (4)$$

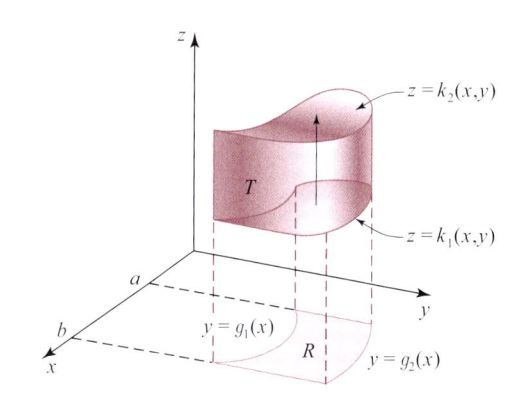

| 圖 **13.53**

$z$ 簡單區域 $T$ 是曲面 $z = k_1(x, y)$ 與 $z = k_2(x, y)$ 圍成的

計算式 (4) 等號右邊的逐次積分時，先將 $x$ 與 $y$ 當作常數並對 $z$ 積分，得到的二重積分再依照 13.2 節的方法計算。譬如：若 $R$ 為 $y$ 簡單，如圖 13.53 所示，則

$$R = \{(x, y) \mid a \leq x \leq b, g_1(x) \leq y \leq g_2(x)\}$$

如此式 (4) 變為

$$\iiint_T f(x, y, z)\, dV = \int_a^b \int_{g_1(x)}^{g_2(x)} \int_{k_1(x,y)}^{k_2(x,y)} f(x, y, z)\, dz\, dy\, dx$$

為決定對 $z$ 方向之「積分的極限」，要注意 $z$ 是從下方的曲面 $z = k_1(x, y)$ 移動到上方的曲面 $z = k_2(x, y)$，如圖 13.53 箭頭指示的方向。

**例題 2** 已知 $T$ 是在第一象限並被圖形 $z = 1 - x^2$ 與 $y = x$ 圍成的固體，求 $\iiint_T z\, dV$。

**解** 此該固體之下界為 $z = k_1(x, y) = 0$ 且其上界為 $z = k_2(x, y) = 1 - x^2$，所以如圖 13.54a 所示的固體 $T$，它是 $z$ 簡單。

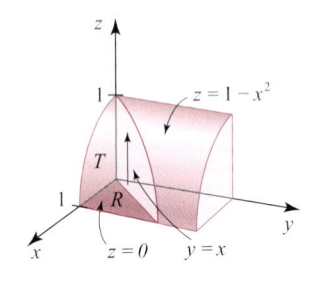

(a) 固體 $T$ 為 $z$ 簡單

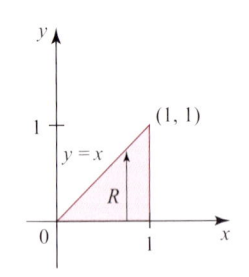

(b) 固體 $T$ 在 $xy$ 平面之 $R$ 上的投影為 $y$ 簡單

| 圖 13.54

$T$ 對應到 $xy$ 平面之投影為集合 $R$，如圖 13.54b 所示。將 $R$ 視為 $y$ 簡單區域，得到

$$\iiint_T z\, dV = \iint_R \left[\int_{z=k_1(x,y)}^{z=k_2(x,y)} z\, dz\right] dA = \int_0^1 \int_0^x \int_0^{1-x^2} z\, dz\, dy\, dx$$

$$= \int_0^1 \int_0^x \left[\frac{1}{2}z^2\right]_{z=0}^{z=1-x^2} dy\, dx$$

$$= \frac{1}{2}\int_0^1 \int_0^x (1-x^2)^2\, dy\, dx$$

$$= \frac{1}{2}\int_0^1 \left[(1-x^2)^2 y\right]_{y=0}^{y=x} dx$$

$$= \frac{1}{2}\int_0^1 x(1-x^2)^2\, dx = \left[\left(\frac{1}{2}\right)\left(-\frac{1}{2}\right)\left(\frac{1}{3}\right)(1-x^2)^3\right]_0^1 = \frac{1}{12} \blacksquare$$

除了剛考慮的 $z$ 簡單區域外，還有其他兩個簡單區域。**$x$ 簡單區域 $T$**（$x$-simple region $T$）為位於兩個連續之 $x$ 與 $y$ 函數圖形之間。換言之，$T$ 可描述如下：

$$T = \{(x, y, z) \mid (y, z) \in R, k_1(y, z) \leq x \leq k_2(y, z)\}$$

其中 $R$ 為 $T$ 在 $yz$ 平面上的投影（圖 13.55）。此處，

$$\iiint_T f(x, y, z)\, dV = \iint_R \left[\int_{k_1(y,z)}^{k_2(y,z)} f(x, y, z)\, dx\right] dA \qquad (5)$$

在平面區域 $R$ 之（二重）積分是以先對 $y$ 或對 $z$ 積分的方式計算，得看 $R$ 是 $y$ 簡單或是 $z$ 簡單。

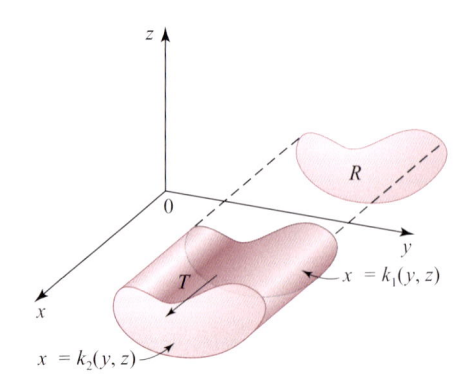

| 圖 13.55
$x$ 簡單區域 $T$ 是由曲面 $x = k_1(y, z)$ 與 $x = k_2(y, z)$ 圍成的

**$y$ 簡單區域 $T$**（$y$-simple region $T$）為位於兩個連續之 $x$ 與 $z$ 函數圖形之間。換言之，$T$ 可描述如下：

$$T = \{(x, y, z) \mid (x, z) \in R, k_1(x, z) \leq y \leq k_2(x, z)\}$$

其中 $R$ 為 $T$ 在 $xz$ 平面上的投影（圖 13.56）。此處，

$$\iiint_T f(x,y,z)\, dV = \iint_R \left[ \int_{k_1(x,z)}^{k_2(x,z)} f(x,y,z)\, dy \right] dA \qquad (6)$$

又依照 $R$ 為 $x$ 簡單平面區域或為 $z$ 簡單平面區域，決定二重積分要先對 $x$ 或先對 $z$ 積分。

**例題 3** 已知 $T$ 是圓柱 $x^2 + z^2 = 1$ 和平面 $y + z = 2$ 與 $y = 0$ 圍成的區域，求 $\iiint_T \sqrt{x^2 + z^2}\, dV$。

**解** 圖 13.57a 所示為固體 $T$。雖然 $T$ 可視為 $x$ 簡單區域或為 $z$ 簡單區域，但將它看做 $y$ 簡單區域會更容易（試一試！）。此處 $T$ 由左邊函數 $y = k_1(x, z) = 0$ 圖形與右邊函數 $y = k_2(x, z) = 2 - z$ 圖形所圍成。$T$ 對應到 $xz$ 平面之投影為集合 $R$，如圖 13.57b 所示。所以

$$\begin{aligned}
\iiint_T \sqrt{x^2 + z^2}\, dV &= \iint_R \left[ \int_{k_1(x,z)}^{k_2(x,z)} \sqrt{x^2 + z^2}\, dy \right] dA \\
&= \iint_R \left[ \int_0^{2-z} \sqrt{x^2 + z^2}\, dy \right] dA \\
&= \iint_R \left[ \sqrt{x^2 + z^2}\, y \right]_{y=0}^{y=2-z} dA \\
&= \iint_R \sqrt{x^2 + z^2}\,(2 - z)\, dA
\end{aligned}$$

$R$ 為圓形區域，所以對 $R$ 積分時，使用極坐標比較方便。令 $x = r \cos \theta$ 與 $z = r \sin \theta$，則

$$\begin{aligned}
\iint_R \sqrt{x^2 + z^2}\,(2 - z)\, dA &= \int_0^{2\pi} \int_0^1 r(2 - r \sin \theta)\, r\, dr\, d\theta \\
&= \int_0^{2\pi} \int_0^1 (2r^2 - r^3 \sin \theta)\, dr\, d\theta \\
&= \int_0^{2\pi} \left[ \frac{2}{3} r^3 - \frac{1}{4} r^4 \sin \theta \right]_{r=0}^{r=1} d\theta \\
&= \int_0^{2\pi} \left( \frac{2}{3} - \frac{1}{4} \sin \theta \right) d\theta \\
&= \left[ \frac{2}{3} \theta + \frac{1}{4} \cos \theta \right]_0^{2\pi} = \frac{4\pi}{3}
\end{aligned}$$

故

$$\iiint_T \sqrt{x^2 + z^2}\, dV = \frac{4\pi}{3}$$

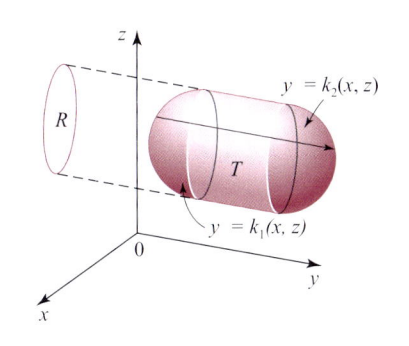

| 圖 13.56

$y$ 簡單區域 $T$ 是由曲面 $y = k_1(x, z)$ 與 $y = k_2(x, z)$ 圍成的

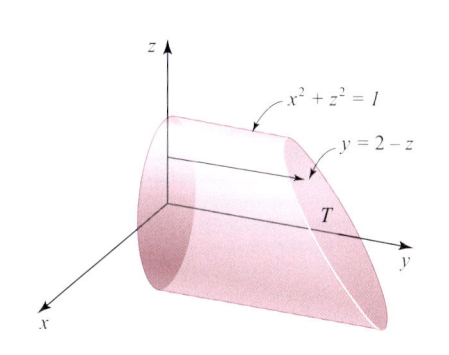

(a) 固體 $T$ 視為 $y$ 簡單

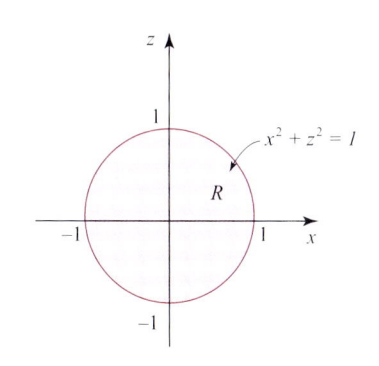

(b) 固體 $T$ 在 $xz$ 平面之 $R$ 上的投影

| 圖 13.57

## ■ 體積、質量、質心與轉動慣量

看其他例題之前，先列示一些三重積分的應用。對於固體 $T$ 內所有點，令 $f(x, y, z) = 1$，則 $f$ 在 $T$ 上的三重積分為 $T$ 的**體積**（volume）$V$；亦即，

$$V = \iiint_T dV \tag{7}$$

---

**定義　空間中固體之質量、質心與轉動慣量**

假設 $\rho(x, y, z)$ 為固體 $T$ 在 $(x, y, z)$ 處之質心，則 $T$ 的**質量**（mass）$m$ 為

$$m = \iiint_T \rho(x, y, z)\, dV \tag{8}$$

$T$ 在三維平面的**慣量**（moments）為

$$M_{yz} = \iiint_T x\rho(x, y, z)\, dV \tag{9a}$$

$$M_{xz} = \iiint_T y\rho(x, y, z)\, dV \tag{9b}$$

$$M_{xy} = \iiint_T z\rho(x, y, z)\, dV \tag{9c}$$

$T$ 的**質心**（center of mass）位於 $(\bar{x}, \bar{y}, \bar{z})$ 處，其中

$$\bar{x} = \frac{M_{yz}}{m}, \quad \bar{y} = \frac{M_{xz}}{m}, \quad \bar{z} = \frac{M_{xy}}{m} \tag{10}$$

並於三維坐標軸之 $T$ 的**轉動慣量**（moments of inertia）為

$$I_x = \iiint_T (y^2 + z^2)\rho(x, y, z)\, dV \tag{11a}$$

$$I_y = \iiint_T (x^2 + z^2)\rho(x, y, z)\, dV \tag{11b}$$

$$I_z = \iiint_T (x^2 + y^2)\rho(x, y, z)\, dV \tag{11c}$$

(a) 固體 T 視為 x 簡單區域

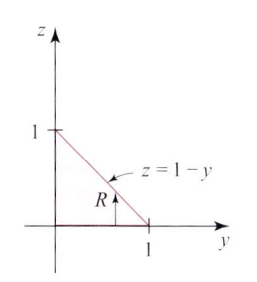

(b) 固體 T 在 yz 平面上的投影視為 z 簡單區域

**圖 13.58**

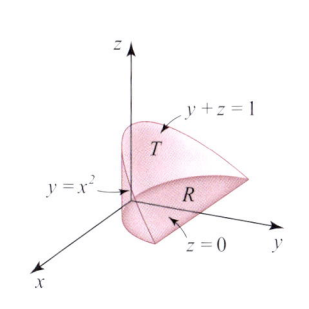

(a) 固體 T 視為 z 簡單區域

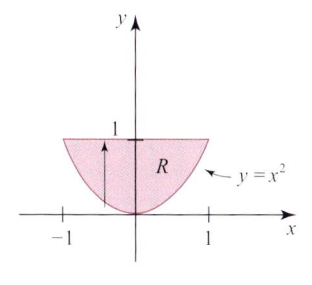

(b) T 在 xy 平面上的投影 R 視為 y 簡單區域

**圖 13.59**

若質量密度為常數，則該固體之質心稱為 T 的**矩心**（centroid）。

**例題 4** 已知四面體 T 是由平面 $x+y+z=1$ 和三個坐標平面 $x=0$，$y=0$ 與 $z=0$ 圍成的。假設 T 之質量密度正比於 T 的底到 T 上的點之距離，求 T 的質量。

**解** 圖 13.58a 所示之固體 T 為 x, y 與 z 簡單。譬如：若觀察到它是由曲面 $x=k_1(y,z)=0$ 與曲面 $x=k_2(y,z)=1-y-z$ 圍成的，則它就是 x 簡單（對方程式 $x+y+z=1$ 解 x）。

T 在 yz 平面上的投影為集合 R，如圖 13.58b 所示。觀察到 R 的上界位於平面 $x+y+z=1$ 與平面 $x=0$ 相交處，因此得到方程式 $y+z=1$，即 $z=1-y$。若取 T 的底為四面體在 xy 平面上的面（事實上，因對稱性，任意面都可以），則 T 的質量密度函數 $\rho(x,y,z)=kz$，此處 k 為比例常數。由式 (8) 得到所求的質量為

$$m = \iiint_T \rho(x,y,z)\, dV = \iiint_T kz\, dV$$

$$= k \int_0^1 \int_0^{1-y} \int_0^{1-y-z} z\, dx\, dz\, dy \quad \text{視 } T \text{ 為 } x \text{ 簡單}$$

$$= k \int_0^1 \int_0^{1-y} \left[zx\right]_{x=0}^{x=1-y-z} dz\, dy = k \int_0^1 \int_0^{1-y} [(1-y)z - z^2]\, dz\, dy$$

視 R 為 z 簡單

$$= k \int_0^1 \left[\frac{1}{2}(1-y)z^2 - \frac{1}{3}z^3\right]_{z=0}^{z=1-y} dy$$

$$= k \int_0^1 \frac{1}{6}(1-y)^3\, dy = k\left[\left(\frac{1}{6}\right)\left(-\frac{1}{4}\right)(1-y)^4\right]_0^1 = \frac{k}{24}$$

**例題 5** 已知固體 T 是由拋物圓柱 $y=x^2$ 與平面 $z=0$ 與 $y+z=1$ 圍成的。又 T 有均勻的密度 $\rho(x,y,z)=1$，求 T 的質心。

**解** 圖 13.59a 所示之固體 T 為 x, y 與 z 簡單。選取它為 z 簡單（我們可以將 T 視為 x 簡單或 y 簡單後再解此問題）。於此情形，T 位於 xy 平面 $z=k_1(x,y)=0$ 與平面 $z=k_2(x,y)=1-y$ 之間。T 在 xy 平面上的投影為區域 R，如圖 13.59b 所示。先求 T 的質量後再求它的質心。由式 (8) 得到

$$m = \iiint_T \rho(x,y,z)\, dV = \iiint_T dV$$

$$= \int_{-1}^1 \int_{x^2}^1 \int_0^{1-y} dz\, dy\, dx = \int_{-1}^1 \int_{x^2}^1 [z]_{z=0}^{z=1-y}\, dy\, dx$$

$$= \int_{-1}^1 \int_{x^2}^1 (1-y)\, dy\, dx = \int_{-1}^1 \left[y - \frac{1}{2}y^2\right]_{y=x^2}^{y=1} dx$$

$$= \int_{-1}^{1}\left(\frac{1}{2} - x^2 + \frac{1}{2}x^4\right)dx = \left[\frac{1}{2}x - \frac{1}{3}x^3 + \frac{1}{10}x^5\right]_{-1}^{1} = \frac{8}{15}$$

由對稱性得知 $\bar{x} = 0$。接著由式 (9b) 與式 (10) 得到

$$\bar{y} = \frac{1}{m}\iiint_T y\rho(x,y,z)\,dV = \frac{15}{8}\iiint_T y\,dV$$

$$= \frac{15}{8}\int_{-1}^{1}\int_{x^2}^{1}\int_{0}^{1-y} y\,dz\,dy\,dx = \frac{15}{8}\int_{-1}^{1}\int_{x^2}^{1}\left[yz\right]_{z=0}^{z=1-y}dy\,dx$$

$$= \frac{15}{8}\int_{-1}^{1}\int_{x^2}^{1}(y - y^2)\,dy\,dx = \frac{15}{8}\int_{-1}^{1}\left[\frac{1}{2}y^2 - \frac{1}{3}y^3\right]_{y=x^2}^{y=1}dx$$

$$= \frac{15}{8}\int_{-1}^{1}\left(\frac{1}{6} - \frac{1}{2}x^4 + \frac{1}{3}x^6\right)dx = 2\left(\frac{15}{8}\right)\int_{0}^{1}\left(\frac{1}{6} - \frac{1}{2}x^4 + \frac{1}{3}x^6\right)dx \quad \text{被積分函數為偶函數}$$

$$= \frac{15}{4}\left[\frac{1}{6}x - \frac{1}{10}x^5 + \frac{1}{21}x^7\right]_{0}^{1} = \frac{3}{7}$$

同理可證

$$\bar{z} = \frac{1}{m}\iiint_T z\rho(x,y,z)\,dV = \frac{15}{8}\iiint_T z\,dV \qquad \text{使用式 (9c)}$$

$$= \frac{15}{8}\int_{-1}^{1}\int_{x^2}^{1}\int_{0}^{1-y} z\,dz\,dy\,dx = \frac{2}{7}$$

故 $T$ 的質心位於 $\left(0, \frac{3}{7}, \frac{2}{7}\right)$ 處。 ◼

**例題 6** 已知均勻密度 $k$ 的平行六邊形之矩形固體，如圖 13.60 所示。求對三個坐標軸之轉動慣量。

**解** 由式 (11a) 與 $\rho(x,y,z) = k$ 可得

$$I_x = \iiint_T (y^2 + z^2)k\,dV$$

$$= \int_{-c/2}^{c/2}\int_{-b/2}^{b/2}\int_{-a/2}^{a/2} k(y^2 + z^2)\,dx\,dy\,dz$$

觀察到被積分函數為 $x, y$ 與 $z$ 的偶函數。由對稱性得知

$$I_x = 8k\int_{0}^{c/2}\int_{0}^{b/2}\int_{0}^{a/2}(y^2 + z^2)\,dx\,dy\,dz$$

$$= 8k\int_{0}^{c/2}\int_{0}^{b/2}\left[(y^2 + z^2)x\right]_{x=0}^{x=a/2}dy\,dz$$

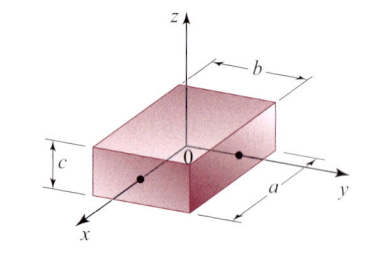

| 圖 13.60
該固體的中心位於原點

$$= 4ka \int_0^{c/2} \int_0^{b/2} (y^2 + z^2) \, dy \, dz = 4ka \int_0^{c/2} \left[ \frac{1}{3} y^3 + z^2 y \right]_{y=0}^{y=b/2} dz$$

$$= 4ka \int_0^{c/2} \left( \frac{b^3}{24} + \frac{bz^2}{2} \right) dz = 4ka \left( \frac{b^3}{24} z + \frac{b}{6} z^3 \right) \Big|_{z=0}^{z=c/2}$$

$$= 4ka \left( \frac{b^3 c}{48} + \frac{bc^3}{48} \right) = \frac{kabc}{12} (b^2 + c^2)$$

$$= \frac{1}{12} m(b^2 + c^2) \quad m = kabc = \text{固體的質量}$$

同理可得

$$I_y = \frac{1}{12} m(a^2 + c^2) \quad \text{與} \quad I_z = \frac{1}{12} m(a^2 + b^2)$$

## 13.6 習題

1-2 題，使用指定的積分順序計算積分 $\iiint_B f(x, y, z) \, dV$。

1. $f(x, y, z) = x + y + z$;
   $B = \{(x, y, z) \mid 0 \leq x \leq 2, 0 \leq y \leq 1, 0 \leq z \leq 3\}$
   (a) 依次對 $x, y, z$ 積分；(b) 依次對 $z, y, x$ 積分。

2. $f(x, y, z) = xy^2 + yz^2$;
   $B = \{(x, y, z) \mid 0 \leq x \leq 2, -1 \leq y \leq 1, 0 \leq z \leq 3\}$。
   (a) 依次對 $z, y, x$ 積分；(b) 依次對 $x, y, z$ 積分。

3-5 題，計算逐次積分。

3. $\int_0^1 \int_0^x \int_0^{x+y} x \, dz \, dy \, dx$

4. $\int_0^{\pi/2} \int_1^2 \int_0^{\sqrt{1-z}} y \cos x \, dy \, dz \, dx$

5. $\int_0^4 \int_0^1 \int_0^x 2\sqrt{y} e^{-x^2} \, dz \, dx \, dy$

6-7 題，圖中展示 $\iiint_T f(x, y, z) \, dV$ 的積分區域。將三重積分表示為六個不同積分順序的逐次積分。

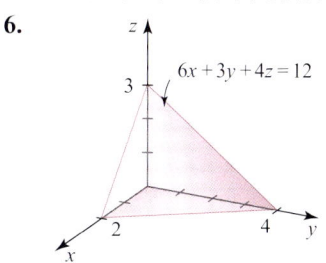

6.

7.

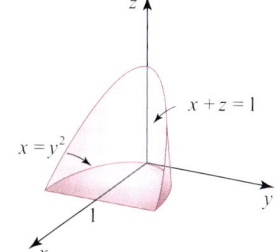

8-11 題，計算積分 $\iiint_T f(x, y, z) \, dV$。

8. $f(x, y, z) = x$；$T$ 為平面 $x = 0, y = 0, z = 0, x + y + z = 1$ 圍成的四面體。

9. $f(x, y, z) = 2z$；$T$ 為圓柱 $y = x^3$ 與平面 $y = x, z = 2x, z = 0$ 圍成的區域。

10. $f(x, y, z) = y$；$T$ 為拋物面 $y = x^2 + z^2$ 與平面 $y = 4$ 圍成的區域。

11. $f(x, y, z) = z$；$T$ 為圓柱 $x^2 + z^2 = 4$ 與平面 $x = 2y, y = 0, z = 0$ 圍成的區域。

12-14 題，繪畫由方程式之圖形圍成的固體，然後使用三重積分計算該固體之體積。

12. $3x + 2y + z = 6$, $x = 0$, $y = 0$, $z = 0$

13. $x = 4 - y^2$, $x + z = 4$, $x = 0$, $z = 0$

14. $z = x^2 + y^2$, $z = 8 - x^2 - y^2$

15. 求頂點為 $(0, 0, 0), (1, 0, 0), (0, 3, 0), (0, 0, 2)$ 之四面體體積。

16-17 題，繪畫體積為給予之逐次積分的固體。

16. $\int_0^1 \int_0^{1-y} \int_0^{1-x-y} dz\, dx\, dy$

17. $\int_{-2}^2 \int_0^{4-y^2} \int_0^{y+2} dz\, dx\, dy$

18. $T$ 為平面 $x + 2y + 3z = 6, x = 0, y = 0, z = 0$ 圍成的固體。將三重積分 $\iiint_T f(x, y, z)\, dV$ 表示為六個不同積分順序的逐次積分。

19. $T$ 為圓柱 $x^2 + y^2 = 1$ 與平面 $z = 0$ 和 $z = 2$ 圍成的固體。

20. 已知 $f(x, y, z) = x + y + z$ 與 $B = \{(x, y, z) \mid 0 \leq x \leq 4, 0 \leq y \leq 4, 0 \leq z \leq 4\}$。
    a. 使用黎曼和與 $m = n = p = 2$，並選取計算點 $(x_{ijk}^*, y_{ijk}^*, z_{ijk}^*)$ 為子矩形 $R_{ijk}$（$1 \leq i, j, k \leq 2$）的中點，計算 $\iiint_B f(x, y, z)\, dV$。
    b. 求 $\iiint_B f(x, y, z)\, dV$ 的真值。

21-22 題，給予固體 $T$ 之質量密度，求此固體 $T$ 的質心。

21. $T$ 為平面 $x = 0, y = 0, z = 0$ 與 $x + y + z = 1$ 圍成的四面體。$T$ 在 $P$ 處的質量密度直接地正比於 $P$ 與 $yz$ 平面的距離。

22. $T$ 為圓柱 $y^2 + z^2 = 4$ 與平面 $x = 0$ 與 $x = 3$ 圍成的固體。$T$ 在 $P$ 處的質量密度直接正比於 $P$ 與 $yz$ 平面的距離。

23-24 題，建立質心為函數 $\rho$ 之固體 $T$ 之質量的三重積分，但不用計算。

23. $T$ 為圓柱 $x^2 + z^2 = 1$ 在第一象限的部分與平面 $z + y = 1$ 圍成的固體；$\rho(x, y, z) = xy + z^2$

24. $T$ 為拋物柱 $z = 1 - y^2$ 與平面 $2x + y = 2, y = 0, z = 0$ 圍成的固體；$\rho(x, y, z) = \sqrt{x^2 + y^2 + z^2}$

三個變數函數 $f$ 在立方體區域 $T$ 的平均值為

$$f_{av} = \frac{1}{V(T)} \iiint_T f(x, y, z)\, dV$$

此處 $V(T)$ 為 $T$ 的體積。使用此定義計算習題 25-26 題。

25. 求 $f(x, y, z) = x + y + z$ 在矩形盒 $T$ 之平均值，$T$ 是由平面 $x = 0, x = 1, y = 0, y = 2, z = 0, z = 3$ 圍成的。

26. 求 $f(x, y, z) = xyz$ 在固體區域之平均值，該區域位於半徑 2 且球心在原點之圓球內部與第一象限內。

27. 求區域 $T$，使得 $\iiint_T (1 - 2x^2 - 3y^2 - z^2)^{1/3}\, dV$ 盡可能大。

28-29 題，判斷下列敘述是對或是錯。如果它是對，解釋你的理由。如果它是錯，請解釋你的理由或舉例說明。

28. 若 $B = [-1, 1] \times [-2, 2] \times [-3, 3]$，則 $\iiint_B \sqrt{x^2 + y^2 + z^2}\, dV > 0$。

29. $12 \leq \int_1^2 \int_1^3 \int_1^4 \sqrt{1 + x^2 + y^2 + z^2}\, dz\, dy\, dx \leq 6\sqrt{30}$

## 13.7　重積分中的變數變換

當我們對單變數函數積分，常使用變數變換（代換），將被積分函數轉換為比較容易計算的函數。譬如：使用 $x = \sin\theta$ 作代換，則

$$\int_0^1 \sqrt{1 - x^2}\, dx = \int_0^{\pi/2} \cos^2\theta\, d\theta = \frac{1}{2} \int_0^{\pi/2} (1 + \cos 2\theta)\, d\theta = \frac{\pi}{4}$$

觀察得知，若對 $x$ 積分，其積分區間為 $[0, 1]$，若對 $\theta$ 積分，則其積分區間變為 $\left[0, \frac{\pi}{2}\right]$。更一般的情形，$x = g(u)$（故 $dx = g'(u)\, du$）的代換，該積分可寫成

$$\int_a^b f(x)\, dx = \int_c^d f(g(u)) g'(u)\, du \tag{1}$$

其中 $a = g(c)$ 與 $b = g(d)$。

　　如之前所見的許多情形，變數變換有助於計算兩個或更多個變數之函數的積分。譬如：計算二重積分 $\iint_R f(x, y)\, dA$ 時，此處 $R$ 為圓形區域，通常使用代換

$$x = r \cos \theta \qquad y = r \sin \theta$$

將原積分轉換為極坐標的形式。

$$\iint_R f(x, y)\, dA = \iint_D f(r \cos \theta, r \sin \theta)\, r\, dr\, d\theta$$

其中 $D$ 為 $r\theta$ 平面內的區域，它是對應於 $xy$ 平面上之區域 $R$。

　　這些例子帶出下列問題：

**1.** 對變數 $x$ 與 $y$ 積分，$\iint f(x, y)$ 並不容易積分，可否找個代換 $x = g(u, v)$, $y = h(u, v)$，將該積分轉換為比較容易計算之變數 $u$ 與 $v$ 的積分？

**2.** 後來的積分是什麼形式？

### ■ 轉換

　　此代換將含 $x$ 與 $y$ 變數之函數轉變為含 $u$ 與 $v$ 變數之函數，它是決定於由 $uv$ 平面到 $xy$ 平面的**轉換**（transformation）或函數 $T$。該函數將 $uv$ 平面上 $S$ 區域內的點 $(u, v)$ 映成到 $xy$ 平面上唯一的點 $(x, y)$（圖 13.61）。此點 $(x, y)$ 稱為點 $(u, v)$ 於轉換 $T$ 下的**像**（image），又寫成 $(x, y) = T(u, v)$，並定義為

$$x = g(u, v) \qquad y = h(u, v) \qquad (2)$$

此處 $g$ 與 $h$ 都是兩個變數的函數。所有在 $xy$ 平面上且成為 $S$ 內所有點之像的點稱為 **$S$ 的像**（image of $S$），並表示為 $T(S)$。圖 13.61 提供轉換 $S$ 的幾何形象，它將 $uv$ 平面上的區域 $S$ 映成到 $xy$ 平面上的 $R$ 區域。

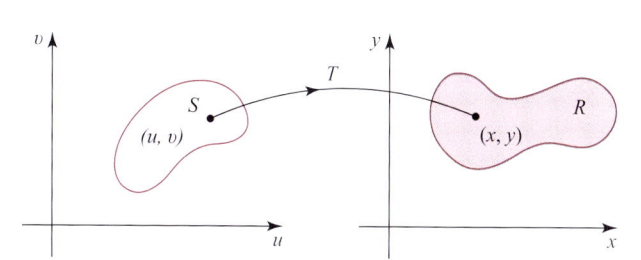

**圖 13.61**

$T$ 將 $uv$ 平面上的 $S$ 區域映成到 $xy$ 平面上的 $R$ 區域

　　若 $uv$ 平面上沒有任意兩個不同點的像相同，則轉換 $T$ 為**一對一**（one-to-one）。於此情形，可以將式 (2) $u$ 與 $v$ 的解寫成 $x$ 與 $y$ 的

函數，即
$$u = G(x, y) \qquad v = H(x, y)$$
它定義**反轉換**（inverse transformation）$T^{-1}$ 由 $xy$ 平面對映到 $uv$ 平面。

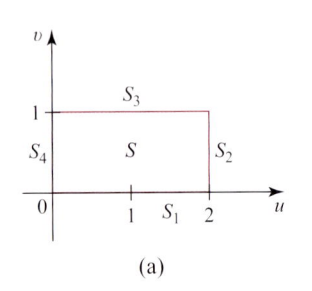

**例題 1** 已知轉換 $T$ 定義為
$$x = u + v \qquad y = v$$
求於轉換 $T$ 作用下矩形區域 $S = \{(u, v) | 0 \leq u \leq 2, 0 \leq v \leq 1\}$ 的像。

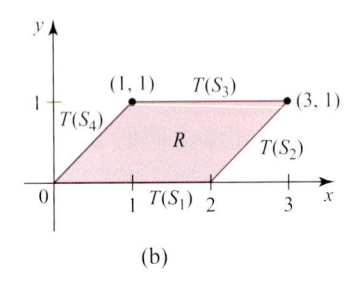

**解** 現在看矩形 $S$ 的邊在轉換 $T$ 作用下為何。由圖 13.62a 得知在 $S_1, 0 \leq u \leq 2$ 與 $v = 0$。由 $T$ 之方程式得知 $x = u$ 與 $y = 0$。這說明 $S_1$ 對應到線段 $0 \leq x \leq 2$ 與 $y = 0$（圖 13.62b 所示之 $T(S_1)$）。於 $S_2, u = 2$ 與 $0 \leq v \leq 1$，故對於 $0 \leq y \leq 1, x = 2 + y$。這說明在 $T$ 的作用下 $S_2$ 的像為線段 $T(S_2)$。於 $S_3, 0 \leq u \leq 2$ 與 $v = 1$，故 $x = u + 1$ 與 $y = 1$，這表示 $S_3$ 映成到線段 $T(S_3)$，即 $1 \leq x \leq 3, y = 1$。最後於 $S_4, u = 0$ 與 $0 \leq v \leq 1$，這說明 $S_4$ 為線段 $x = y$，此處 $0 \leq y \leq 1$。觀察到當 $S$ 之周邊以逆時針方向移動，$S$ 的像 $R = T(S)$ 之邊界也是如此。於 $T$ 作用下 $S$ 的像為在平行四邊形 $R$ 上或其內的區域。 ■

## ■ 二重積分之變數變換

要了解二重積分於式 (2) 之轉換 $T$ 下如何被改變，考慮 $T$ 作用在 $uv$ 平面內頂點為 $(u_0, v_0), (u_0 + \Delta u, v_0), (u_0 + \Delta u, v_0 + \Delta v)$ 與 $(u_0, v_0 + \Delta v)$ 之小矩形區域 $S$ 的面積上的結果，如圖 13.63a 所示。$S$ 的像為 $xy$ 平面內的區域 $R = T(S)$，如圖 13.63b 所示。$S$ 左下角 $(u_0, v_0)$ 經 $T$ 映成到 $(x_0, y_0) = T(u_0, v_0) = (g(u_0, v_0), h(u_0, v_0))$。於 $S$ 的邊 $L_1, u_0 \leq u \leq u_0 + \Delta u$ 與 $v = v_0$。故，$L_1$ 於 $T$ 作用下的像 $T(L_1)$ 為曲線
$$x = g(u, v_0) \qquad y = h(u, v_0)$$

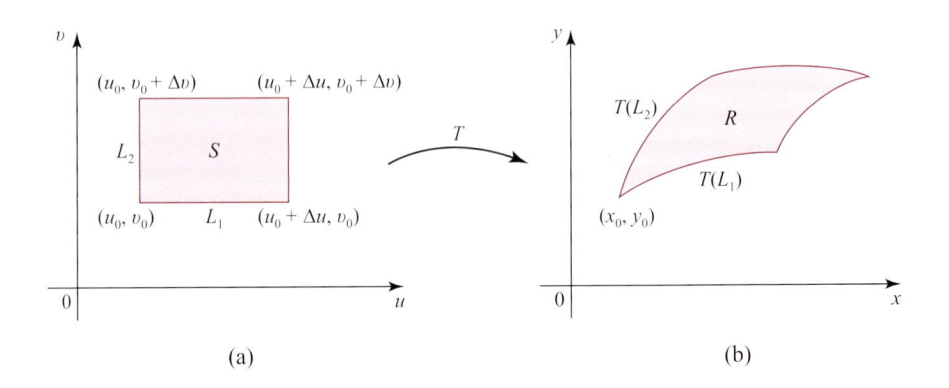

| 圖 13.62
(a) 的 $S$ 區域被 $T$ 轉換成 (b) 的 $R$ 區域

| 圖 13.63
變換 $T$ 將 $S$ 映成 $R$

即向量形式

$$\mathbf{r}(u, v_0) = g(u, v_0)\mathbf{i} + h(u, v_0)\mathbf{j}$$

且其參數區間 $[u_0, u_0 + \Delta u]$。如圖 13.64 所示，向量

$$\mathbf{a} = \mathbf{r}(u_0 + \Delta u, v_0) - \mathbf{r}(u_0, v_0)$$

給予 $\mathbf{T}(L_1)$ 的近似。同理，向量

$$\mathbf{b} = \mathbf{r}(u_0, v_0 + \Delta v) - \mathbf{r}(u_0, v_0)$$

給予 $\mathbf{T}(L_2)$ 的近似。

然而 $\mathbf{a}$ 可寫成

$$\mathbf{a} = \left[\frac{\mathbf{r}(u_0 + \Delta u, v_0) - \mathbf{r}(u_0, v_0)}{\Delta u}\right]\Delta u$$

假設 $\Delta u$ 小，則中括號內那一項近似 $\mathbf{r}_u(u_0, v_0)$。故

$$\mathbf{a} \approx \Delta u\, \mathbf{r}_u(u_0, v_0)$$

同理，

$$\mathbf{b} \approx \Delta v\, \mathbf{r}_v(u_0, v_0)$$

這說明 $R$ 可由 $\Delta u\, \mathbf{r}_u(u_0, v_0)$ 與 $\Delta v\, \mathbf{r}_v(u_0, v_0)$ 為鄰邊之平行四邊形近似（圖 13.65）。該平行四邊形的面積為 $|\mathbf{a}\times\mathbf{b}|$，即

$$|(\Delta u\, \mathbf{r}_u) \times (\Delta v\, \mathbf{r}_v)| = |\mathbf{r}_u \times \mathbf{r}_v|\Delta u\,\Delta v$$

此處的偏導數是計算在 $(u_0, v_0)$ 的值。但是

$$\mathbf{r}_u = g_u\mathbf{i} + h_u\mathbf{j} = \frac{\partial x}{\partial u}\mathbf{i} + \frac{\partial y}{\partial u}\mathbf{j}$$

此處的偏導數是計算在 $(u_0, v_0)$ 的值。同理

$$\mathbf{r}_v = g_v\mathbf{i} + h_v\mathbf{j} = \frac{\partial x}{\partial v}\mathbf{i} + \frac{\partial y}{\partial v}\mathbf{j}$$

故

$$\mathbf{r}_u \times \mathbf{r}_v = \begin{vmatrix} \mathbf{i} & \mathbf{j} & \mathbf{k} \\ \frac{\partial x}{\partial u} & \frac{\partial y}{\partial u} & 0 \\ \frac{\partial x}{\partial v} & \frac{\partial y}{\partial v} & 0 \end{vmatrix} = \begin{vmatrix} \frac{\partial x}{\partial u} & \frac{\partial y}{\partial u} \\ \frac{\partial x}{\partial v} & \frac{\partial y}{\partial v} \end{vmatrix}\mathbf{k} = \begin{vmatrix} \frac{\partial x}{\partial u} & \frac{\partial x}{\partial v} \\ \frac{\partial y}{\partial u} & \frac{\partial y}{\partial v} \end{vmatrix}\mathbf{k}$$

繼續下去之前，先定義下面的定義，它是以德國數學家 Carl Jacobi（1804-1851）命名。

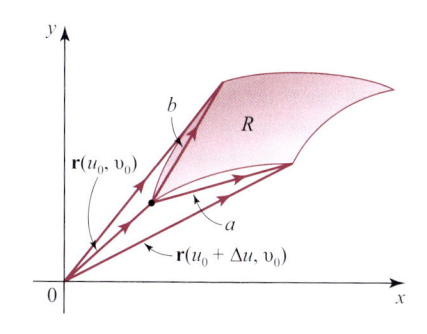

| 圖 13.64

向量 $\mathbf{a} = \mathbf{r}(u_0 + \Delta u, v_0) - \mathbf{r}(u_0, v_0)$

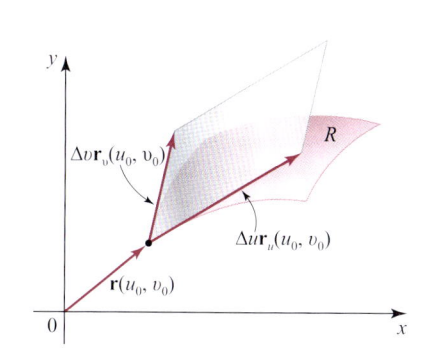

| 圖 13.65

像的區域 $R$ 可由 $\Delta u\, \mathbf{r}_u(u_0, v_0)$ 與 $\Delta v\, \mathbf{r}_v(u_0, v_0)$ 為鄰邊之平行四邊形近似

## 定義　Jacobi 行列

由 $x = g(u, v)$ 與 $y = h(u, v)$ 定義之轉換 $T$ 的 Jacobi 行列式為

$$\frac{\partial(x, y)}{\partial(u, v)} = \begin{vmatrix} \dfrac{\partial x}{\partial u} & \dfrac{\partial x}{\partial v} \\ \dfrac{\partial y}{\partial u} & \dfrac{\partial y}{\partial v} \end{vmatrix} = \frac{\partial x}{\partial u}\frac{\partial y}{\partial v} - \frac{\partial y}{\partial u}\frac{\partial x}{\partial v}$$

$R$ 的面積 $\Delta A$ 之近似以 Jacobi 行列式表示可寫成

$$\Delta A \approx |\mathbf{r}_u \times \mathbf{r}_v| \Delta u\, \Delta v = \left| \frac{\partial(x, y)}{\partial(u, v)} \right| \Delta u\, \Delta v \tag{3}$$

此處 Jacobi 行列式是計算在 $(u_0, v_0)$ 的值。

現在令 $R$ 為 $uv$ 平面之 $S$ 區域經 $T$ 作用的像（在 $xy$ 平面）；亦即，如圖 13.66 所示的 $R = T(S)$。$S$ 被矩形圍住並將它切割為 $mn$ 個子矩形 $S_{ij}$，其中 $1 \leq i \leq m, 1 \leq j \leq n$。像 $S_{ij}$ 被轉換成 $xy$ 平面上的像 $R_{ij}$，如圖 13.66 所示。

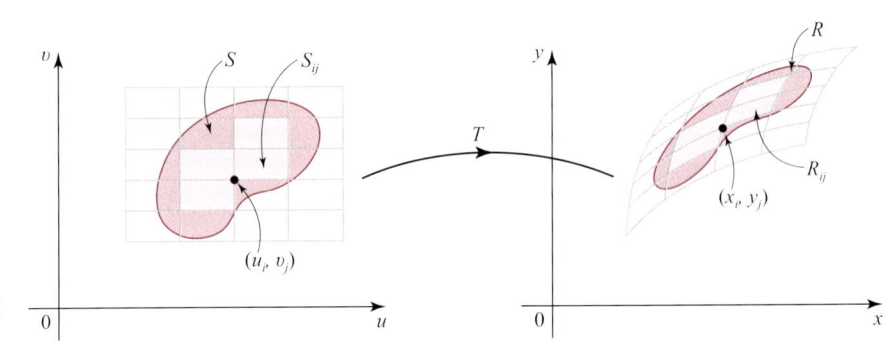

| **圖 13.66**
$uv$ 平面的像 $S_{ij}$ 被轉換成 $xy$ 平面上的像 $R_{ij}$

假設 $f$ 在 $R$ 連續，並定義 $F$ 為

$$F_R(x, y) = \begin{cases} f(x, y), & (x, y) \in R \\ 0, & (x, y) \notin R \end{cases}$$

於每個子矩形 $R_{ij}$ 上，使用式 (3) 的近似，可將 $f$ 在 $R$ 之二重積分寫成

$$\iint\limits_R f(x, y)\, dA = \lim_{m, n \to \infty} \sum_{i=1}^{m} \sum_{j=1}^{n} F_R(x_i, y_j) \Delta A$$

$$= \lim_{m, n \to \infty} \sum_{i=1}^{m} \sum_{j=1}^{n} F_R(g(u_i, v_j), h(u_i, v_j)) \left| \frac{\partial(x, y)}{\partial(u, v)} \right| \Delta u\, \Delta v$$

此處 Jacobi 行列式是計算在 $(u_i, v_j)$ 的值。但是等號右邊的和為積分

$$\iint\limits_S f(g(u, v), h(u, v)) \left| \frac{\partial(x, y)}{\partial(u, v)} \right| du\, dv$$

的黎曼和。由此可得下面的結論。它的證明通常出現在高微的書中。

> **定理 1　二重積分之變數變換**
>
> 已知 $T$ 定義為 $x = g(u, v)$ 與 $y = h(u, v)$ 之一對一轉換，它將 $uv$ 平面之 $S$ 區域映成到 $xy$ 平面之 $R$ 區域。假設 $R$ 與 $S$ 的邊界是由許多片段平滑、簡單、封閉曲線組成。進一步假設 $f$ 與 $g$ 的一階偏導數都連續。若 $f$ 在 $R$ 連續且 $T$ 的 Jacobi 行列式不為零，則
>
> $$\iint_R f(x, y)\, dA = \iint_S f(g(u, v), h(u, v)) \left| \frac{\partial(x, y)}{\partial(u, v)} \right| du\, dv \qquad (4)$$

**註**　定理 1 說明我們可以正式地將含變數 $x$ 與 $y$ 之積分 $\iint_R (x + y)\, dA$ 轉換為含變數 $u$ 與 $v$ 之積分，其中 $x$ 表示為 $g(u, v)$ 與 $y$ 表示為 $h(u, v)$ 並且變數 $x$ 與 $y$ 之面積元素 $dA$ 表示為 $u$ 與 $v$ 之形式

$$dA = \left| \frac{\partial(x, y)}{\partial(u, v)} \right| du\, dv$$

若比較式 (4) 與式 (1)，則 $T$ 之 Jacobi 行列式的絕對值之角色與一維的情形一樣，即定義為 $x = g(u)$ 之「轉換」$g$ 的導數 $g'(u)$。

**例題 2**　已知 $R$ 為圖 13.62b 所示的平行四邊形，使用定義為 $x = u + v$ 與 $y = v$ 的轉換 $T$，計算 $\iint_R (x + y)\, dA$（例題 1）。

**解**　回顧轉換 $T$ 將矩形區域 $S = \{(u, v) \mid 0 \le u \le 2, 0 \le v \le 1\}$ 映成 $R$，這也是選擇此轉換的原因。$T$ 之 Jacobi 行列式為

$$\frac{\partial(x, y)}{\partial(u, v)} = \begin{vmatrix} \dfrac{\partial x}{\partial u} & \dfrac{\partial x}{\partial v} \\ \dfrac{\partial y}{\partial u} & \dfrac{\partial y}{\partial v} \end{vmatrix} = \begin{vmatrix} 1 & 1 \\ 0 & 1 \end{vmatrix} = 1$$

由定理 1 可得

$$\begin{aligned}
\iint_R (x + y)\, dA &= \iint_S [(u + v) + v](1)\, du\, dv \\
&= \int_0^1 \int_0^2 (u + 2v)\, du\, dv = \int_0^1 \left[ \frac{1}{2} u^2 + 2uv \right]_{u=0}^{u=2} dv \\
&= \int_0^1 (2 + 4v)\, dv = \left[ 2v + 2v^2 \right]_0^1 = 4
\end{aligned}$$

例題 2 轉換 $T$ 的選擇是為了使 $uv$ 平面之 $S$ 區域對映到區域 $R$ 後可以被描述得更簡單，並使轉換後的積分更容易計算。其他的例題選取的轉換是為了使對應之變數 $u$ 與 $v$ 的被積分函數比原來的變數 $x$ 與 $y$ 的被積分函數更容易積分，如下面例題所示。

**例題 3** 計算

$$\iint_R \cos\left(\frac{x-y}{x+y}\right) dA$$

此處 $R$ 為頂點 $(1, 0), (2, 0), (0, 2), (0, 1)$ 的梯形區域。

**解** 如所示，此積分不容易計算。然而觀察其被積分函數，可使用代換

$$u = x - y \qquad v = x + y$$

這些式子定義轉換 $T^{-1}$ 由 $xy$ 平面對應到 $uv$ 平面。若求這些式子的 $x$ 與 $y$ 以 $u$ 與 $v$ 表示，則可得由 $uv$ 平面對應到 $xy$ 平面之轉換 $T$，它定義為

$$x = \frac{1}{2}(u + v) \qquad y = \frac{1}{2}(v - u)$$

所得的區域 $R$ 如圖 13.67 所示。

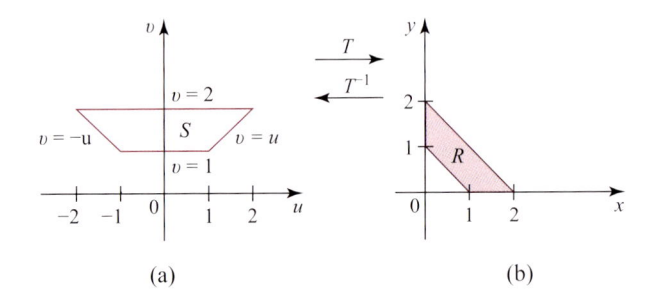

**圖 13.67**
$T$ 將 $S$ 映成 $R$ 與 $T^{-1}$ 將 $R$ 映成 $S$

為求 $uv$ 平面之 $S$ 區域，轉換 $T$ 將它映成 $R$，觀察得知 $R$ 的邊在

$$y = 0, \quad y + x = 2, \quad x = 0 \quad \text{與} \quad y + x = 1$$

的直線上。由此定義 $T^{-1}$，得到對應於 $R$ 的這些邊之 $S$ 的邊為

$$v = u, \quad v = 2, \quad v = -u \quad \text{與} \quad v = 1$$

所得的區域 $S$ 如圖 13.67a 所示。

$T$ 之 Jacobi 行列式為

$$\frac{\partial(x, y)}{\partial(u, v)} = \begin{vmatrix} \dfrac{\partial x}{\partial u} & \dfrac{\partial x}{\partial v} \\ \dfrac{\partial y}{\partial u} & \dfrac{\partial y}{\partial v} \end{vmatrix} = \begin{vmatrix} \dfrac{1}{2} & \dfrac{1}{2} \\ -\dfrac{1}{2} & \dfrac{1}{2} \end{vmatrix} = \frac{1}{2}$$

當將 S 看成 u 簡單區域，則由定理 1 可得

$$\iint_R \cos\left(\frac{x-y}{x+y}\right) dA = \iint_S \cos\left(\frac{u}{v}\right) \left|\frac{\partial(x,y)}{\partial(u,v)}\right| du\, dv$$

$$= \int_1^2 \int_{-v}^{v} \cos\left(\frac{u}{v}\right) \cdot \left(\frac{1}{2}\right) du\, dv$$

$$= \frac{1}{2} \int_1^2 \left[v \sin\left(\frac{u}{v}\right)\right]_{u=-v}^{u=v} dv$$

$$= \sin 1 \int_1^2 v\, dv = \frac{3}{2} \sin 1$$

下個例題顯示藉由定理 1 來推導出極坐標的積分公式。

**例題 4** 假設 $f$ 在 $xy$ 平面之極矩形

$$R = \{(r,\theta) \mid a \leq r \leq b, \alpha \leq \theta \leq \beta\}$$

連續。證明

$$\iint_R f(x,y)\, dA = \iint_S f(r\cos\theta, r\sin\theta)\, r\, dr\, d\theta$$

其中 S 為 $r\theta$ 平面之區域經轉換 T

$$x = g(r,\theta) = r\cos\theta \qquad y = h(r,\theta) = r\sin\theta$$

映成到 R。

**解** 觀察 T 由 $r\theta$ 簡單區域

$$S = \{(r,\theta) \mid a \leq r \leq b, \alpha \leq \theta \leq \beta\}$$

映成到極矩形 R，如圖 13.68 所示。T 之 Jacobi 行列式為

$$\frac{\partial(x,y)}{\partial(r,\theta)} = \begin{vmatrix} \dfrac{\partial x}{\partial r} & \dfrac{\partial x}{\partial \theta} \\ \dfrac{\partial y}{\partial r} & \dfrac{\partial y}{\partial \theta} \end{vmatrix} = \begin{vmatrix} \cos\theta & -r\sin\theta \\ \sin\theta & r\cos\theta \end{vmatrix}$$

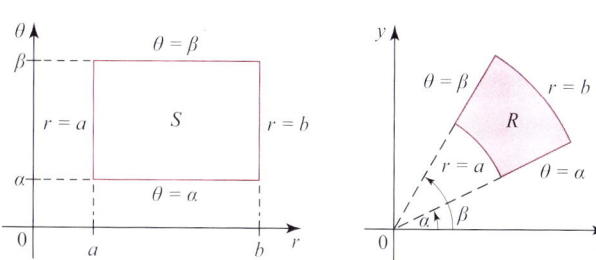

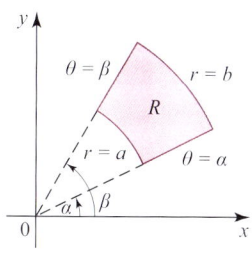

$$= r\cos^2\theta + r\sin^2\theta = r > 0$$

**圖 13.68**

T 將區域 S 映成到極矩形 R

由定理 1 得到

$$\iint_R f(x, y)\, dA = \iint_S f(g(r, \theta), h(r, \theta)) \left| \frac{\partial(x, y)}{\partial(r, \theta)} \right| dr\, d\theta$$

$$= \int_\alpha^\beta \int_{g_1(\theta)}^{g_2(\theta)} f(r\cos\theta, r\sin\theta)\, r\, dr\, d\theta$$

如之前顯示的。∎

### 三重積分之變數變換

二重積分之變數變換的結果可以被延伸到三重積分的情形。令 $T$ 為一個由 $uvw$ 空間對映到 $xyz$ 空間之轉換，它定義為

$$x = g(u, v, w), \quad y = h(u, v, w), \quad z = k(u, v, w)$$

並假設 $T$ 將 $uvw$ 空間之 $S$ 區域對應到 $xyz$ 空間之 $R$ 區域。$T$ 之 Jacobi 行列式為

$$\frac{\partial(x, y, z)}{\partial(u, v, w)} = \begin{vmatrix} \dfrac{\partial x}{\partial u} & \dfrac{\partial x}{\partial v} & \dfrac{\partial x}{\partial w} \\ \dfrac{\partial y}{\partial u} & \dfrac{\partial y}{\partial v} & \dfrac{\partial y}{\partial w} \\ \dfrac{\partial z}{\partial u} & \dfrac{\partial z}{\partial v} & \dfrac{\partial z}{\partial w} \end{vmatrix}$$

與式 (4) 類似之三重積分如下面所示。

---

**三重積分之變數變換**

$$\iiint_R f(x, y, z)\, dV$$
$$= \iiint_S f(g(u, v, w), h(u, v, w), k(u, v, w)) \left| \frac{\partial(x, y, z)}{\partial(u, v, w)} \right| du\, dv\, dw \quad (5)$$

---

## 13.7 習題

1-3 題，繪畫集合 $S$ 在轉換 $T$ 的像 $R = T(S)$，$T$ 定義為式子 $x = g(u, v),\, y = h(u, v)$。

1. $S = \{(u, v) \mid 0 \leq u \leq 2,\, 0 \leq v \leq 1\};\, x = u - v,\, y = v$
2. $S$ 為頂點 $(0, 0), (1, 1), (0, 1)$ 的三角形區域；$x = u + 2v,\, y = 2v$
3. $S = \{(u, v) \mid u^2 + v^2 \leq 1,\, u \geq 0,\, v \geq 0\};\, x = u^2 - v^2,\, y = 2uv$

4-6 題，求定義為下列式子之轉換 $T$ 的 Jacobi 行列式。

4. $x = 2u + v, \quad y = u^2 - v$
5. $x = e^u \cos 2v, \quad y = e^u \sin 2v$
6. $x = u + v + w, \quad y = u - v + w,$
   $z = u - 2v + 3w$

7-10 題，使用轉換 $T$ 計算積分。

7. $\iint\limits_R (x+y)\,dA$，此處 $R$ 為直線 $y=-2x, y=\frac{1}{2}x-\frac{15}{2}$, $y=-2x+10, y=\frac{1}{2}x$ 圍成的平行四邊形區域；$T$ 定義為 $x=u+2v, y=v-2u$

8. $\iint\limits_R 2xy\,dA$，此處 $R$ 為橢圓 $4x^2+9y^2=36$ 圍成並在第一象限的區域；$T$ 定義為 $x=3u$ 與 $y=2v$

9. $\iint\limits_R \sqrt{1-\frac{x^2}{4}-\frac{y^2}{9}}\,dA$，此處 $R$ 為橢圓 $\frac{x^2}{4}+\frac{y^2}{9}=1$ 圍成的區域；$T$ 定義為 $x=2u$ 與 $y=3v$

10. $\iint\limits_R \frac{1}{\sqrt{x^2+y^2}}\,dA$，此處 $R=\{(x,y)\mid x^2+y^2\leq 1, y\geq 0\}$；$T$ 定義為 $x=u^2-v^2$ 與 $y=2uv$，其中 $u, v \geq 0$

11-13 題，做適當的變數變換後再計算積分。

11. $\iint\limits_R (2x+y)\,dA$，此處 $R$ 為直線 $x+y=-1$, $x+y=3, 2x-y=0, 2x-y=4$ 圍成的平行四邊形區域

12. $\iint\limits_R e^{(x-y)/(x+y)}\,dA$，此處 $R$ 為直線 $x=0, y=0$, $x+y=1$ 圍成的三角形區域

13. $\iint\limits_R xy\,dA$，此處 $R$ 為橢圓 $\frac{x^2}{a^2}+\frac{y^2}{b^2}=1$ 圍成且在第一象限的區域

14. 已知橢圓面
$$\frac{x^2}{a^2}+\frac{y^2}{b^2}+\frac{z^2}{c^2}=1$$
圍成的固體 $E$，求其體積 $V$。
提示：$V=\iiint_E dV$。使用轉換 $x=au, y=bv, z=cw$。

15 題，判斷下列敘述是對或是錯。如果它是對，解釋你的理由。如果它是錯，請解釋你的理由或舉例說明。

15. 若 $T$ 定義為 $x=g(u,v), y=h(u,u)$，並將區域 $S$ 對應到區域 $R$，則
$$\iint\limits_R (x^2+y^2)\,dx\,dy = \iint\limits_S (u^2+v^2)\left|\frac{\partial(x,y)}{\partial(u,v)}\right|\,du\,dv$$

# 第 13 章　複習題

1-4 題，計算逐次積分。

1. $\int_0^2 \int_{-1}^2 (2x+3xy^2)\,dx\,dy$

2. $\int_0^1 \int_x^{\sqrt{x}} (2x+3y)\,dy\,dx$

3. $\int_0^2 \int_y^2 \frac{1}{4+y^2}\,dx\,dy$

4. $\int_0^2 \int_0^{\sqrt{z}} \int_0^x (x+2z)\,dy\,dx\,dz$

5-6 題，繪畫逐次積分的區域。

5. $\int_1^2 \int_{\ln x}^{\sqrt{x}} f(x,y)\,dy\,dx$

6. $\int_0^\pi \int_0^{1+\cos\theta} f(r,\theta)\,r\,dr\,d\theta$

7. 調換積分 $\int_0^1 \int_y^1 \sin x^2\,dx\,dy$ 的順序並計算最後的積分。

8-13 題，計算重積分。

8. $\iint\limits_R (x^2+3y^2)\,dA$，此處 $R=\{(x,y)\mid -1\leq x\leq 1, 0\leq y\leq 2\}$

9. $\iint\limits_R y\,dA$，此處 $R$ 為拋物線 $x=y^2$ 與直線 $x-2y=3$ 圍成的區域

10. $\iint\limits_R x\,dA$，此處 $R$ 為橢圓 $4x^2+9y^2=36$ 圍成並在第一象限的區域

11. $\iiint\limits_T xy\,dV$，此處 $T=\{(x,y,z)\mid 0\leq x\leq 1, 0\leq y\leq x^2, 0\leq z\leq x+y\}$

12. $\iiint\limits_T xyz\,dV$，此處 $T$ 為半球 $z=\sqrt{1-x^2-y^2}$ 與平面 $z=0$ 圍成的區域

13. $\iiint_T x^2 z \, dV$,此處區域 $T$ 由上方為拋物面 $y = 1 - x^2 - z^2$,下方為平面 $z = 0$,且左方為平面 $y = 0$ 所圍成。

14. 固體在曲面 $z = xy^2$ 下方並在矩形區域 $R = \{(x, y) | 0 \le x \le 1, 1 \le y \le 2\}$ 上方,求其面積。

15. 已知表示為區域 $D$ 之薄板,$D$ 為圖形 $y = x$ 與 $y = x^3$ 圍成並在第一象限的區域,與質量密度 $\rho(x, y) = y$,求其質量與質心。

16. 已知表示為區域 $D$ 之薄板與其質量密度 $\rho(x, y) = x^2 + y^2$,求其轉動慣量 $I_x, I_y, I_0$。此處的 $D$ 為頂點 $(0, 0), (0, 1), (1, 1)$ 之三角形圍成的區域。

17. 已知 $S$ 為平面 $2x + 3y + z = 6$ 在第一象限的部分,求曲面 $S$ 的面積。

18. 使用不同的積分順序,將三重積分 $\iiint_T f(x, y, z) \, dV$ 表示為六個不同的逐次積分,此處 $T$ 為平面 $2x + 3y + z = 6, x = 0, y = 0, z = 0$ 圍成的四面體。

19. 已知轉換 $T$ 定義為 $x = u + w^2, y = 2u^2 + v, z = u^2 - v^2 + 2w$,求 $T$ 的 Jacobi 行列式。

20. 已知 $R$ 為直線 $y = x, x + y = 2, y = 0$ 圍成之三角形區域,計算 $\iint_R e^{(x-y)/(x+y)} \, dA$。

21-23 題,判斷下列敘述是對或是錯。如果它是對,解釋你的理由。如果它是錯,請解釋你的理由或舉例說明。

21. $\int_0^1 \int_{-2}^3 (x + \cos xy) \, dx \, dy = \int_{-2}^3 \int_0^1 (x + \cos xy) \, dy \, dx$

22. 若 $\iint_D f(x, y) \, dA \ge 0$,則對於 $D$ 內所有點 $(x, y), f(x, y) \ge 0$。

23. $\int_0^1 \int_1^3 [\sqrt{x} + \cos^2(xy)] \, dx \, dy \le 6$

# 附錄　實數線、不等式與絕對值

## 實數線

　　實數系統是由實數集合與四則運算（加、減、乘和除）組成的。我們也可將實數以幾何形式表示為**實數線**（real number line）或**坐標線**（coordinate line）上的點。該線的組成如下：任意取直線上的一個點表示數 0，並稱它為**原點**（origin）。若該直線為水平，則在原點的右邊選擇適當的距離表示數 1。如此決定數線上的尺度。每個正實數位於原點右邊對應的距離，並且每個正實數位於原點左邊對應的距離（圖 A.1）。

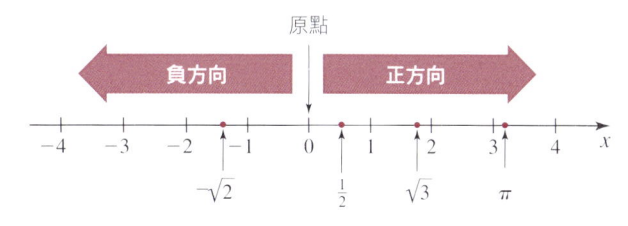

**圖 A.1**
實數線

　　**一對一之對應**（one-to-one correspondence）是建立在所有實數的集合與實數線上的點所組成的集合之間；亦即，線上僅有一點與每個實數有關。反之，僅有一個實數與線上每一點有關。對應於實數線上之點的實數稱為該點的**坐標**（coordinate）。

## 區間

　　此整本書內經常限制在實數的集合上討論。譬如，若 $x$ 表示在工廠裝配線上之汽車個數，則 $x$ 不可為零 —— 亦即，$x \geq 0$。再者，假設管理部門決定每日汽車生產量不超過200，則 $0 \leq x \leq 200$。

　　一般而言，我們對下列的實數集合有興趣：開區間、閉區間與半開區間。絕對（strictly）落在兩個數 $a$ 與 $b$ 之間的所有實數所形成的集合成為**開區間**（open interval）$(a, b)$。它是由滿足不等式 $a < x < b$ 之所有實數 $x$ 組成，又因為區間的兩個端點並不在其中，所以稱它為「開」。**閉區間**（closed interval）同時包含它的兩個端點。因此，滿足不等式 $a \leq x \leq b$ 之所有實數 $x$ 的集合是閉區間 $[a, b]$。注意中括號用來表示端點包含在該區間內。**半開區間**（half-open interval）只包含兩個端點中的一個。故，區間 $[a, b)$ 為滿足 $a \leq x < b$

785

之所有實數 $x$ 的集合，而區間 $(a, b]$ 表示不等式 $a < x \leq b$。這些**有限區間**（finite intervals）的例子如表 A.1 所示。

| 表 **A.1** 有限區間

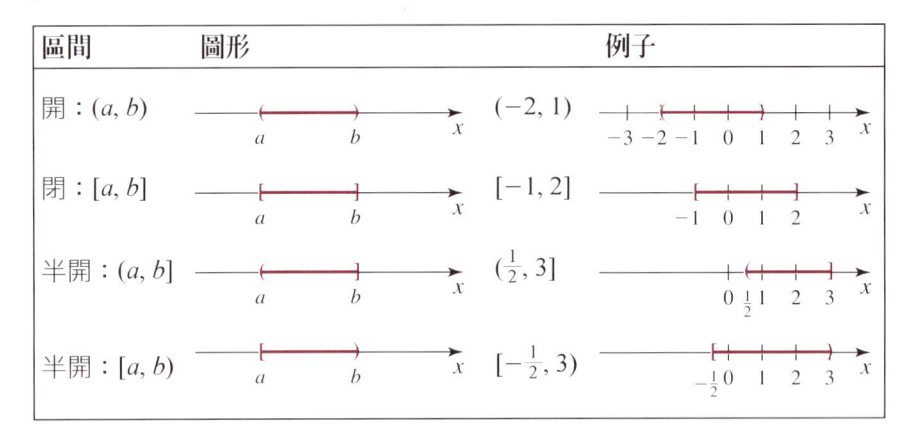

| 區間 | 圖形 | 例子 |
| --- | --- | --- |
| 開：$(a, b)$ | | $(-2, 1)$ |
| 閉：$[a, b]$ | | $[-1, 2]$ |
| 半開：$(a, b]$ | | $(\frac{1}{2}, 3]$ |
| 半開：$[a, b)$ | | $[-\frac{1}{2}, 3)$ |

除了有限區間外，還有**無限區間**（infinite intervals）。無限區間的例子有半線 $(a, \infty), [a, \infty), (-\infty, a)$ 與 $(-\infty, a]$ 分別定義為滿足 $x > a, x \geq a, x < a$ 與 $x \leq a$ 之所有實數的集合。符號 $\infty$ 稱為無窮（infinity），它不是實數，此處只是符號的作用。由定義得知，對於任意實數 $x$，不等式 $-\infty < x < \infty$ 都成立，所以符號 $(-\infty, \infty)$ 表示所有實數 $x$ 的集合。無限區間如表 A.2 所示。

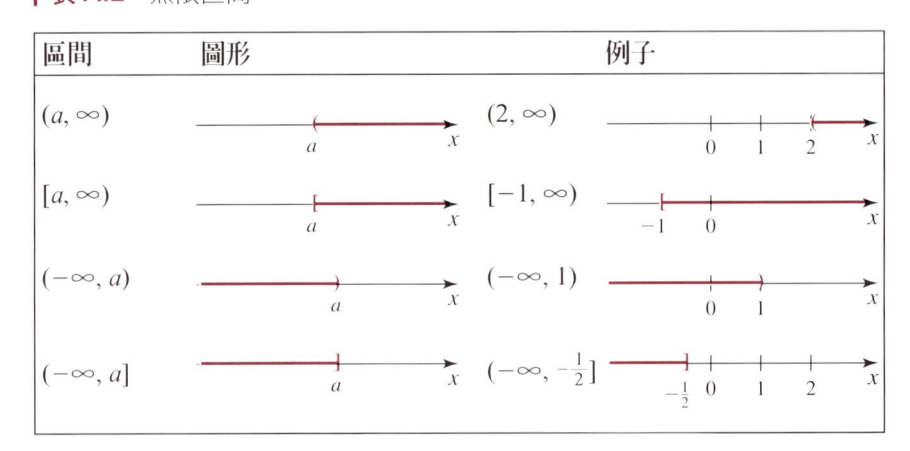

| 表 **A.2** 無限區間

| 區間 | 圖形 | 例子 |
| --- | --- | --- |
| $(a, \infty)$ | | $(2, \infty)$ |
| $[a, \infty)$ | | $[-1, \infty)$ |
| $(-\infty, a)$ | | $(-\infty, 1)$ |
| $(-\infty, a]$ | | $(-\infty, -\frac{1}{2}]$ |

## ■ 不等式

下列的特性可用來解一個或多個單變數之不等式。

### 不等式的特性

若 $a, b$ 與 $c$ 為任意實數，則

**例子**

**特性 1** 若 $a<b$ 與 $b<c$，則 $a<c$。    $2<3$ 與 $3<8$，所以 $2<8$。

**特性 2** 若 $a<b$，則 $a+c<b+c$。    $-5<-3$，所以 $-5+2<-3+2$；亦即，$-3<-1$。

**特性 3** 若 $a<b$ 與 $c>0$，則 $ac<bc$。    $-5<-3$，並因為 $2>0$，所以 $(-5)(2)<(-3)(2)$；亦即 $-10<-6$。

**特性 4** 若 $a<b$ 與 $c<0$，則 $ac>bc$。    $-2<4$，並因為 $-3<0$，所以 $(-2)(-3)>(4)(-3)$；亦即，$6>-12$。

若 $a$ 與 $b$ 之間和 $c$ 與 $d$ 之間，每個不等式符號 < 用 ≥, > 或 ≤ 取代，則類似的特性都成立。注意特性 4 說明當不等式兩邊同乘一個負數時，該不等式符號要顛倒。

若變數由某數取代後得到一個真敘述句時，則該數稱為含單變數之不等式的解（solution of an inequality）。滿足該不等式之所有實數的集合稱為解的集合（solution set）。通常以區間表示解的集合。

**例題 1** 求滿足 $-1 \leq 2x-5 < 7$ 之實數的集合。

**解** 對給予之雙重不等式的每個數加 5，可得

$$4 \leq 2x < 12$$

接著對結果的每個數乘以 $\frac{1}{2}$，得到

$$2 \leq x < 6$$

因此，其解為在區間 [2, 6) 內所有 $x$ 值的集合。 ∎

**例題 2** 解不等式 $x^2 + 2x - 8 < 0$。

**解** 觀察到 $x^2 + 2x - 8 = (x+4)(x-2)$，所以給予之不等式等價於不等式 $(x+4)(x-2)<0$。因為相乘的兩個實數為負若且唯若該二數有相異的符號，所以由該二因子 $x+4$ 與 $x-2$ 的符號來解不等式 $(x+4)(x-2)<0$。若 $x>-4$，則 $x+4>0$，並若 $x<-4$，則 $x+4<0$。同理，若 $x>2$，則 $x-2>0$，並若 $x<2$，則 $x-2<0$。這些結果圖示摘要於圖 A.2。

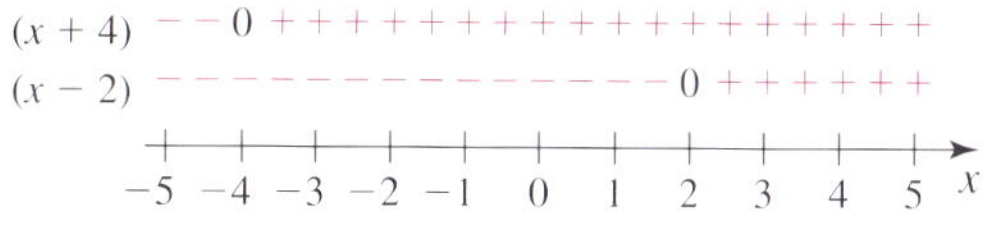

**圖 A.2**

$(x+4)(x-2)$ 的符號圖示

由圖 A.2 得知二因子 $x+4$ 與 $x-2$ 異號若且唯若 $x$ 嚴格地落在 $-4$ 與 $2$ 之間，不包含 $-4$ 與 $2$。故所求的解為區間 $(-4, 2)$。

**例題 3** 求不等式 $\dfrac{x+1}{x-1} \geq 0$ 的解。

**解** 分式 $(x+1)/(x-1)$ 是嚴格地正的若且唯若分子與分母同號。$x+1$ 與 $x-1$ 之符號圖示於圖 A.3。

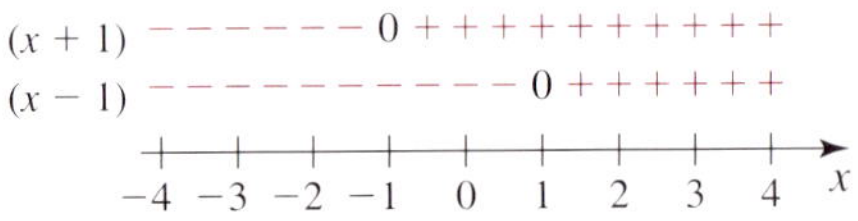

**圖 A.3**
$(x+1)/(x-1)$ 之符號圖示

由圖 A.3 得知 $x+1$ 與 $x-1$ 同號若且唯若 $x < -1$ 或 $x > 1$。分式 $(x+1)/(x-1)$ 為零若且唯若 $x = -1$。故，所求的解為在區間 $(-\infty, -1]$ 與 $(1, \infty)$ 內所有 $x$ 的集合。

## 絕對值

**定義　絕對值**

數 $a$ 的**絕對值**（absolute value）表示為 $|a|$ 並定義為

$$|a| = \begin{cases} a, & a \geq 0 \\ -a, & a < 0 \end{cases}$$

當 $a$ 為負數時，$-a$ 為正，所以實數的絕對值一定非負。譬如：$|5| = 5$ 且 $|-5| = -(-5) = 5$。幾何上，$|a|$ 為原點與數線上表示數 $a$ 之點的距離（圖 A.4）。

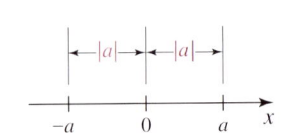

**圖 A.4**
實數的絕對值

**絕對值的特性**

若 $a$ 與 $b$ 為任意實數，則

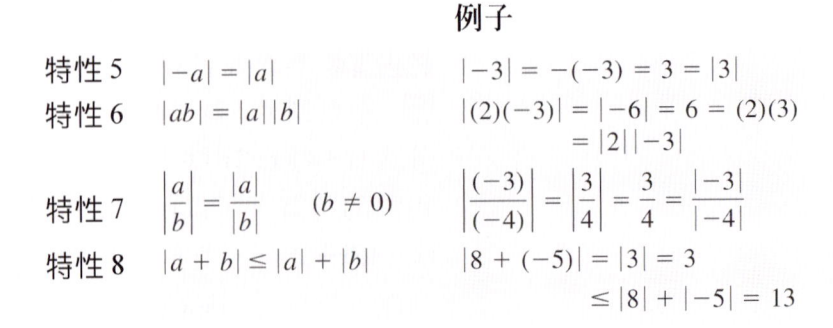

　　　　　　　　　　　　　　　　　例子

特性 5　$|-a| = |a|$　　　　　　　$|-3| = -(-3) = 3 = |3|$

特性 6　$|ab| = |a||b|$　　　　　　$|(2)(-3)| = |-6| = 6 = (2)(3)$
　　　　　　　　　　　　　　　　　　$= |2||-3|$

特性 7　$\left|\dfrac{a}{b}\right| = \dfrac{|a|}{|b|}$　$(b \neq 0)$　$\left|\dfrac{(-3)}{(-4)}\right| = \left|\dfrac{3}{4}\right| = \dfrac{3}{4} = \dfrac{|-3|}{|-4|}$

特性 8　$|a+b| \leq |a| + |b|$　　$|8 + (-5)| = |3| = 3$
　　　　　　　　　　　　　　　　　　$\leq |8| + |-5| = 13$

特性 8 稱為**三角不等式**（triangle inequality）。要證明此三角不等式，注意

$$-|a| < a < |a| \quad \text{與} \quad -|b| < b < |b|$$

將這兩個不等式相對應的部分相加後得到

$$-(|a| + |b|) \leq a + b \leq |a| + |b|$$

它等價於

$$|a + b| \leq |a| + |b|$$

即得證。

**例題 4** 計算下列各小題。

**a.** $|\pi - 5| + 3$  **b.** $|\sqrt{3} - 2| + |2 - \sqrt{3}|$

**解**

**a.** 因為 $\pi - 5 < 0$，所以 $|\pi - 5| = -(\pi - 5)$。故

$$|\pi - 5| + 3 = -(\pi - 5) + 3 = 8 - \pi$$

**b.** 因為 $\sqrt{3} - 2 < 0$，所以 $|\sqrt{3} - 2| = -(\sqrt{3} - 2)$。又因為 $2 - \sqrt{3} > 0$，所以 $|2 - \sqrt{3}| = 2 - \sqrt{3}$。故

$$|\sqrt{3} - 2| + |2 - \sqrt{3}| = -(\sqrt{3} - 2) + (2 - \sqrt{3})$$
$$= 4 - 2\sqrt{3} = 2(2 - \sqrt{3})$$

**例題 5** 解不等式 $|x| \leq 5$ 與 $|x| \geq 5$。

**解** 首先考慮不等式 $|x| \leq 5$。若 $x \geq 0$，則 $|x| = x$。由 $|x| \leq 5$ 得知，於此情形，$x \leq 5$。另一方面，若 $x < 0$，則 $|x| = -x$，由 $|x| \leq 5$ 得知 $-x \leq 5$ 即 $x \geq -5$。因此，$|x| \leq 5$ 表示 $-5 \leq x \leq 5$（圖 A.5a）。為求另外的解，觀察到 $|x|$ 表示從該點到零的距離，由 $|x| \leq 5$ 直接可得 $-5 \leq x \leq 5$。

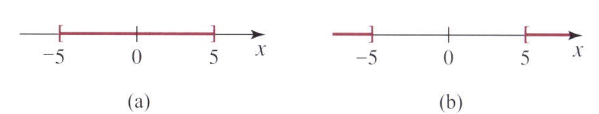

| 圖 A.5

(a)      (b)

接著不等式 $|x| \geq 5$ 表示從 $x$ 到零的距離大於或等於 5。由此得到結果 $x \geq 5$ 或 $x < -5$（圖 A.5b）。

**例題 6** 解不等式 $|2x - 3| \leq 1$。

**解** 不等式 $|2x - 3| \leq 1$ 等價於不等式 $-1 \leq 2x - 3 \leq 1$（例題 5）。所以 $2 \leq 2x \leq 4$，即 $1 \leq x \leq 2$。故其解為 $[1, 2]$（圖 A.6）。

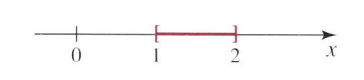

| 圖 A.6

**例題 7** 解 $|2x + 3| \geq 5$。

**解** 不等式 $|2x + 3| \geq 5$ 等價於 $2x + 3 \geq 5$ 或 $2x + 3 \leq -5$（見例題 5 將 $x$ 用 $2x + 3$ 取代）。由第一個不等式得到 $x \geq 1$，並由第二個不

等式得到 $x \leq -4$。所以其解為 $\{x \mid x \leq -4 \text{ 或 } x \geq 1\} = (-\infty, -4] \cup [1, \infty)$。

**例題 8** 若 $|x-2| < 0.1$ 且 $|y-3| < 0.2$，求 $|x+y-5|$ 的上界。

**解** 因為

$$\begin{aligned}|x+y-5| &= |(x-2)+(y-3)| \\ &\leq |x-2|+|y-3| \quad \text{使用三角不等式}\\ &< 0.1+0.2 = 0.3\end{aligned}$$

所以 $|x+y-5| < 0.3$。

## 習題

1-6 題，將區間表示於數線上。

1. $(3, 6)$
2. $(-2, 5]$
3. $[-1, 4)$
4. $\left[-\dfrac{6}{5}, -\dfrac{1}{2}\right]$
5. $(0, \infty)$
6. $(-\infty, 5]$

7-10 題，判斷下列敘述句是對或是錯。

7. $-3 < -20$
8. $-5 \leq -5$
9. $\dfrac{2}{3} > \dfrac{5}{6}$
10. $-\dfrac{5}{6} < -\dfrac{11}{12}$

11-28 題，求滿足不等式之 $x$ 值。

11. $2x + 4 < 8$
12. $-6 > 4 + 5x$
13. $-4x \geq 20$
14. $-12 \leq -3x$
15. $-6 < x - 2 < 4$
16. $0 \leq x + 1 \leq 4$
17. $x + 1 > 4$ 或 $x + 2 < -1$
18. $x + 1 > 2$ 或 $x - 1 < -2$
19. $x + 3 > 1$ 且 $x - 2 < 1$
20. $x - 4 \leq 1$ 且 $x + 3 > 2$
21. $(x+3)(x-5) \leq 0$
22. $(2x-4)(x+2) \geq 0$
23. $(2x-3)(x-1) \geq 0$
24. $(3x-4)(2x+2) \leq 0$
25. $\dfrac{x+3}{x-2} \geq 0$
26. $\dfrac{2x-3}{x+1} \geq 4$
27. $\dfrac{x-2}{x-1} \leq 2$
28. $\dfrac{2x-1}{x+2} \leq 4$

29-38 題，求下列的值。

29. $|-6+2|$
30. $4 + |-4|$
31. $\dfrac{|-12+4|}{|16-12|}$
32. $\left|\dfrac{0.2-1.4}{1.6-2.4}\right|$
33. $\sqrt{3}|-2| + 3|-\sqrt{3}|$
34. $|-1| + \sqrt{2}|-2|$
35. $|\pi - 1| + 2$
36. $|\pi - 6| - 3$
37. $|\sqrt{2}-1| + |3-\sqrt{2}|$
38. $|2\sqrt{3}-3| - |\sqrt{3}-4|$

39-44 題，假設 $a$ 與 $b$ 為異於零之實數，且 $a > b$。判斷下列不等式是對或是錯。

39. $b - a > 0$
40. $\dfrac{a}{b} > 1$
41. $a^2 > b^2$
42. $\dfrac{1}{a} > \dfrac{1}{b}$
43. $a^3 > b^3$
44. $-a < -b$

45-50 題，對於所有實數 $a$ 與 $b$，判斷下列敘述句是否正確。

45. $|-a| = a$
46. $|b^2| = b^2$
47. $|a-4| = |4-a|$
48. $|a+1| = |a|+1$
49. $|a+b| = |a|+|b|$
50. $|a-b| = |a|-|b|$

51-54 題，求方程式 $x$ 的解。

51. $|3x| = 4$
52. $|2x+4| = 1$
53. $|x+2| = |2x+3|$
54. $\left|\dfrac{3x+1}{x+2}\right| = 3$

55-64 題，求不等式的解。

55. $|x| < 4$
56. $|x| > 3$
57. $|x-2| < 1$
58. $|x-4| < 0.1$
59. $|x+3| \geq 2$
60. $|3x-2| > 1$
61. $|2x+3| \leq 0.2$
62. $|3x-2| < 4$
63. $1 \leq |x| \leq 3$
64. $0 < |x-2| < \dfrac{1}{3}$

65. 若 $|x-1| < 0.2$ 且 $|y-4| < 0.2$，求 $|x+y-5|$ 的上界。
66. 證明 $|x-y| \geq |x|-|y|$。
    提示：寫出 $x = (x-y) + y$ 並使用三角不等式。

# 索引

($x$-$c$) 的冪級數　power series in ($x$-$c$)　507
[$a$, $b$] 的分割點　partition of [$a$, $b$]　276
Agnesi 女巫　witch of Agnesi　567, 569
arcsine 函數　arcsine function　368
$f$ 之黎曼和　Riemann sum of $f$　733
$f$ 在 [$a$, $b$] 的定積分　definite integral of $f$ on [$a$, $b$]　264, 277
$f$ 在 $B$ 上的三重積分　triple integral of $f$ over $B$　765
$f$ 在 $B$ 上的黎曼和　Riemann sum of $f$ over $B$　765
$f$ 在 $c$ 處的 $n$ 階泰勒多項式　$n$th-degree Taylor polynomial of $f$ at $c$　529
$f$ 在 $c$ 處的泰勒餘項　Taylor remainder of $f$ at $c$　532
$f$ 在 $D$ 上的二重積分　double integral of $f$ over $D$　734
$f$ 在 $D$ 上的黎曼和　Riemann sum of $f$ over $D$　734
$f$ 在 $T$ 上的三重積分　triple integral of $f$ over $T$　766
$f$ 在 $T$ 上的黎曼和　Riemann sum of $f$ over $T$　766
$f$ 在半開區間連續　$f$ is continuous on a half-open interval　83
$f$ 在閉區間連續　$f$ is continuous on a closed interval　83
$f$ 在開區間連續　$f$ is continuous on an open interval　83
$f$ 在點 $a$ 右連續　$f$ is continuous from the right at $a$　83
$f$ 在點 $a$ 左連續　$f$ is continuous from the left at $a$　83
$f$ 在點 $a$ 連續　$f$ is continuous at $a$　80
$f$ 的 $n$ 階馬克勞林多項式　$n$th-degree Maclaurin polynomial of $f$　529
$f$ 的二重積分　double integral of $f$　733
$f$ 的平均值　average value of $f$　281
$f$ 的馬克勞林級數　Maclaurin series of $f$　516
$f$ 的馬克勞林餘項　Maclaurin remainder of $f$　532
$f$ 的梯度　gradient of $f$　696
$f$ 對 $x$ 在 $a$ 處的（瞬間）變化率　(instantaneous) rate of change of a function $f$ with respect to $x$ at $a$　96
$f$ 對 $x$ 的偏導數　partial derivative of $f$ with respect to $x$　661
$f$ 對 $y$ 的偏導數　partial derivative of $f$ with respect to $y$　661
$f$ 在 $D$ 的二重積分　double integral of $f$ over $D$　734
$n$ 次多項式函數　polynomial function of degree $n$　41
$n$ 項後的餘數　remainder after $n$ terms　494
$n$ 項部分和　$n$th partial sum　471
$p$ 級數　$p$-series　482, 503
$r$ 在 $I$ 區間連續　$r$ is continuous on an interval $I$　627
$r$ 簡單　$r$-simple　749
$S$ 的像　image of $S$　775
$x$ 的自然對數　natural logarithm of $x$　330
$x$ 的冪級數　power series in $x$　507
$x$ 軸　$x$-axis　757
$x$ 簡單　$x$-simple　741
$x$ 簡單區域 $T$　$x$-simple region $T$　768
$xy$ 軌跡　$xy$-trace　608
$xz$ 軌跡　$xz$-trace　608
$y$ 軸　$y$-axis　757
$y$ 簡單　$y$-simple　741
$y$ 簡單區域 $T$　$y$-simple region $T$　768
$yz$ 軌跡　$yz$-trace　608
$z$ 簡單　$z$-simple　767

$\delta$ 之鄰近　$\delta$-neighborhood　653

## 一劃

一小片　patch　759
一次方程式　first-degree equation　5
一般式　general form　603
一般項　general term　470
一般解　general solution　237
一對一　one-to-one　344, 775

## 二劃

二平面之夾角　angle between the two planes　604
二次曲面　quadric surface　613
二次函數　quadratic function　43
二階導數　second derivative　632
二項式係數　binomial coefficients　520

## 三劃

三次多項式　cubic polynomial　44
三角不等式　triangle inequality　788
三角代換法　trigonometric substitution　415
三角恆等式　trigonometric identities　27
三個變數的線性方程式　linear equation in the three variables　603
下界　bounded below　465
上界　bounded above　465

## 四劃

不定形式的類型　indeterminate form of the type　391
不定形式的類型 $0 \cdot \infty$　indeterminate form of the type $0 \cdot \infty$　390
不定形式的類型 $0/0$　indeterminate form of the type $0/0$　386
不定形式的類型 $\infty/\infty$　indeterminate form of the type $\infty/\infty$　388
不定形式的類型 $\infty - \infty$　indeterminate form of the type $\infty - \infty$　390
不定積分　indefinite integral　233, 634

不連續　discontinuous　80, 653
中心　center　550, 554
中心為 $c$ 的冪級數　power series centered at $c$　508
五次多項式　quintic polynomial　44
內點　interior point　653
分部積分公式　formula for integration by parts　398
切平面　tangent plane　703
切向量　tangent vector　629
切線　tangent line　94
升高　rise　1
反正弦函數　inverse sine function　368
反曲點　inflection point　181
反微分　antidifferentiation　233
反導函數　antiderivative　232
反轉換　inverse transformation　776
尤拉方程式　Euler's equation　670
心臟線　cardioid　583
方向　orientation　562
方向數　direction numbers　598
比例檢驗　Ratio Test　503
水平　horizontal　571
水平漸近線　horizontal asymptote　194

## 五劃

以冪級數表示的 $f$　$f$ is represented by the power series　508
代數函數　algebraic functions　47
凹面朝下　concave downward　179
凹面朝上　concave upward　179
加　addition　27
半角公式　half-angle formulas　28
半開區間　half-open interval　785
可移除的不連續　removable discontinuity　82
可微分　differentiable　106, 676
四次多項式　quartic polynomial　44
四瓣玫瑰線　four-leaved rose　583
平行　parallel　599, 604

平均速度　average velocity　281
平面方程式的標準式　standard form of the equation of a plane　602
平面曲線　space curve　622
平滑的　smooth　573
本利和　accumulated amount　365
正交的　orthogonal　147
正規分割　regular partition　257
正規的　regular　276

## 六劃

交錯級數　alternating series　491, 503
全微分　total differential　672
共軛軸　conjugate axis　556
同界角　coterminal　21
向量函數　vector function　623, 624, 629
向量值函數　vector-valued function　623, 624
名目的　nominal　365
合成　composition　31
在 [a, b] 是可積分的　integrable on [a, b]　264
在 a 處有不連續點　discontinuity at a　81
在 R 可積分　integrable over R　733
在 R 連續　continuous on R　654
在點 a 為不連續的　discontinuous at a　81
在點連續　continuous at the point　653
多項式函數　polynomial function　655
收斂　converge　458, 459, 471
收斂半徑　radius of convergence　509
收斂的　convergent　441, 445
收斂區間　interval of convergence　509
有界　bounded　465, 277
有限區間　finite intervals　786
有理函數　rational function　47, 655
自然對數函數　natural logarithmic function　329, 348
自變數　independent variables　13, 640

## 七劃

位移　displacement　54

坐標　coordinate　785
坐標線　coordinate line　785
角的坐標　angular coordinate　577

## 八劃

兩個變數的函數 f　function f of two variables　639
函數　function　11
函數 f 在 c 處的泰勒級數　Taylor series of the function f at c　516
函數 f 的平均變化率　average rate of change of a function f　96
和　sum　471
奇函數　odd function　17
定義域　domain　11, 623, 639
定積分　definite integral　634
底為 a 的對數函數　logarithmic function with base a　361
拉格朗日乘數　Lagrange multiplier　718
拉格朗日乘數法　method of Lagrange multipliers　717
拉普拉斯方程式　Laplace's equation　668
拉普拉斯轉換　Laplace transform　451
拋物線　parapola　546
拋物線的柱面　parabolic cylinder　611
法線　normal line　703
直線方程式的一般式　general equation of a line　5
初始值問題　initial value problem　237
初始條件　initial condition　237
長軸　major axis　550

## 九劃

係數　coefficients　41, 507
垂直　normal　601
垂直　vertical　571
垂直切線　vertical tangent line　107
垂直漸近線　vertical asymptote　190
指定的利率 stated rate 365
歪斜　skew　600

相嵌級數　telescoping series　472, 503
相對（或局部）極大　relative (or local) maximum　159
相對（或局部）極小　relative (or local) minimum　159
相對極大　relative maximum　707
相對極大值　relative maximum value　707, 710
相對極小　relative minimum　707
相對極小值　relative minimum value　707, 710
軌跡　trace　608
降階公式　reduction formulas　404

## 十劃

倍角　double-angle　27
值域　range　11, 639
原點　origin　577, 757, 785
差分有理式　difference quotient　94
振幅　amplitude　26
根式檢驗　Root Test　504
特殊解　particular solution　237
矩心　centroid　771
級數　series　470
起點　initial point　562
徑向的坐標　radial coordinate　577
弳度量　radian measure　20

## 十一劃

偶函數　even function　17
參考角　reference angle　23
參數　parameter　562
參數方程式　parametric equations　562
參數區間　parameter interval　562
參數區間 $I$　parameter interval $I$　624
常用對數　common logarithms　363
常模　norm　276
斜（右）漸近線　slant / oblique (right) asymptote　208
斜（左）漸近線　slant (left) asymptote　208
斜率　slope　1

斜截式　slope-intercept form　4
旋轉軸　axis of revolution　307
旋轉體　solid of revolution　307
梯度　gradient　692
條件收斂　conditional convergent　498
混合的偏導數　mixed partial derivatives　667
移動　run　1
第 $k$ 項　$k$th term
第 $n$ 項　$n$th term　456, 470
第一慣量　first moments　756
第二階偏導數　second-order partial derivatives　666
第二階導數　second derivative　122
第二慣量　second moment　756
終點　terminal point　562
被限制　constrained　716
被積分函數　integrand　233, 265
連續複利　compound continously　367
部分分式的方法　method of partial fractions　422
閉區域　closed region　653
閉區間　closed interval　785
頂點　vertex　19, 546, 616
頂點　vertices　550, 554

## 十二劃

最大整數　greatest integer　67
單位切向量　unit tangent vector　630
單位圓　unit circle　20
單葉雙曲面　hyperboloid of one sheet　614
單調的　monotonic　172, 464
單邊極限　one-sided limits　58
幾何級數　geometric series　473, 503
減　subtraction　27
焦點　foci　550, 554
焦點　focus　546
無限區間　infinite intervals　786
無窮不連續　infinite discontinuity　82
無窮級數　infinite series　470
發散　diverge　458, 471

發散的　divergent　441, 445
短軸　minor axis　550
等位面　level surfaces　647
等高線　level curves　643
等溫線　isotherms　646
等壓線　isobars　646
絕對收斂　absolute convergence　497
絕對值　absolute value　788
絕對極大　absolute maximum　158, 707
絕對極大值　absolute maximum value　707
絕對極小　absolute minimum　158, 707
絕對極小值　absolute minimum value　707
軸　axis　546, 616
週期　period　25
週期性的　periodic　25
開區域　open region　653
開區間　open interval　785
項　term　456, 470

## 十三劃

傾斜角度　angle of inclination　6
圓形拋物面　circular paraboloid　616
圓錐　cone　615
圓錐的軸　axis of the cone　616
微分　differential　676
微分　differentiation　103
微分 $dx$ 與 $dy$　differential $dx$ and $dy$　672
微分 $dz$　differential $dz$　672
微分方程式　differential equations　237
微分的運算子　differential operator　103
微積分基本定理　Fundamental Theorem of Calculus　279
極大值　maximum value　158
極小值　minimum value　158
極分割　polar partition　747
極坐標　polar coordinates　577
極坐標方程式　polar equation　580
極坐標方塊　polar rectangle　746
極限　limit　458, 459

極值　extreme values /extrema　158
極軸　polar axis　577
極點　pole　577
準線　directrix　546, 610
瑕積分　improper integrals　439
當 $(x, y)$ 逼近 $(a, b)$ 之 $f(x, y)$ 的極限　limit of $f(x, y)$ as $(x, y)$ approaches $(a, b)$　650
葉形線　folium of Descartes　147
解　solution　237
跳躍不連續　jump discontinuity　82

## 十四劃

像　image　775
劃線　ruling　610
圖形 $f$ 下方的面積　area under the graph of $f$　248
實數線　real number line　785
對 $c$ 的冪級數　power series about $c$　508
對 $x$ 軸之轉動慣量　moment of inertia with respect to the $x$-axis　757
對 $y$ 軸之轉動慣量　moment of inertia with respect to the $y$-axis　757
對直線對稱　symmetric with respect to the vertical line　582
對原點　with respect to the origin　757
對極軸對稱　symmetric with respect to the polar axis　582
對極點對稱　symmetric with respect to the pole　582
對該軸之旋轉半徑　radius of gyration with respect to the axis　758
對稱式　symmetric equations　599
對數微分　logarithmic differentiation　335
慣量　moments　755, 770
截距式　intercept form　10
遞迴地　recursively　457
遞減　decreasing　172, 464
遞增　increasing　172, 464

## 十五劃

增量　increment　670
廣義的冪函數　generalized power functions　134
彈道　trajectory　562
數列　sequence　456
數學模型　mathematical model　40
標準位置　standard position　547
線性方程式　linear equation　5
線性函數　linear function　41
複利　compound interest　365
調和函數　harmonic function　668
調和級數　harmonic series　476
質心　center of mass　755, 770
質量　mass　770
鞍點　saddle point　710
黎曼和　Riemann sum　265

## 十六劃

冪函數　power function　46
橫軸　transverse axis　554
橢圓拋物面　elliptic paraboloid　616
橢圓柱面　elliptic cylinder　612
積分　integration　233, 264
積分下限　lower limit of integration　264
積分上限　upper limit of integration　264
積分界限　limits of integration 264
積分常數　constant of integration　233
積分檢驗　Integral Test　503

## 十七劃

應變數　dependent variable　13, 640
環形螺旋線　toroidal spiral　626
總和的上限和下限　upper and lower limits of summation
總和的根指數　index of summation
臨界點　critical number　160
臨界點　critical point　708
螺旋線　helix　625
避險期　conversion period　365
隱微分　implicit differentiation　141
點斜式　point-slope form　3

## 十八劃

擺線　cycloid　568
轉動慣量　moment of inertia　756, 757, 770
轉換　transformation　775

## 十八劃

離心率　eccentricity　554, 557
雙曲正切　hyperbolic tangent　378
雙曲正弦　hyperbolic sine　378
雙曲函數　hyperbolic functions　378
雙曲拋物面　hyperbolic paraboloid　616
雙曲面的軸　axis of the hyperboloid　615
雙曲線　hyperbola　554
雙曲餘弦　hyperbolic cosine　378
雙葉雙曲面　hyperboloid of two sheets　615
雙邊極限　two-sided limit　58

## 十九劃

邊界點　boundary point　653

## 二十三劃

體積　volume　315, 770

## 代數

### 算術運算

$$\frac{a+b}{c} = \frac{a}{c} + \frac{b}{c}$$

$$\frac{a}{b} + \frac{c}{d} = \frac{ad+bc}{bd}$$

$$\frac{\left(\dfrac{a}{b}\right)}{\left(\dfrac{c}{d}\right)} = \left(\frac{a}{b}\right)\left(\frac{d}{c}\right) = \frac{ad}{bc}$$

### 指數與根數

$$x^m x^n = x^{m+n} \qquad \frac{x^m}{x^n} = x^{m-n} \qquad (x^m)^n = x^{mn}$$

$$x^{-n} = \frac{1}{x^n} \qquad (xy)^n = x^n y^n \qquad \left(\frac{x}{y}\right)^n = \frac{x^n}{y^n}$$

$$x^{n/m} = \sqrt[m]{x^n} \qquad \sqrt[n]{xy} = \sqrt[n]{x}\sqrt[n]{y} \qquad \sqrt[n]{\frac{x}{y}} = \frac{\sqrt[n]{x}}{\sqrt[n]{y}}$$

### 因式分解

$$x^2 - y^2 = (x-y)(x+y)$$
$$x^3 - y^3 = (x-y)(x^2 + xy + y^2)$$
$$x^3 + y^3 = (x+y)(x^2 - xy + y^2)$$

### 二項式定理

$$(x+y)^2 = x^2 + 2xy + y^2$$
$$(x-y)^2 = x^2 - 2xy + y^2$$
$$(x+y)^3 = x^3 + 3x^2 y + 3xy^2 + y^3$$
$$(x-y)^3 = x^3 - 3x^2 y + 3xy^2 - y^3$$
$$(x+y)^n = x^n + nx^{n-1}y + \frac{n(n-1)}{2}x^{n-2}y^2 + \cdots$$
$$+ \binom{n}{k}x^{n-k}y^k + \cdots + nxy^{n-1} + y^n$$

其中 $\binom{n}{k} = \dfrac{n(n-1)\cdots(n-k+1)}{1\cdot 2\cdot 3\cdots k}$

### 二次公式

若 $ax^2 + bx + c = 0$,則 $x = \dfrac{-b \pm \sqrt{b^2 - 4ac}}{2a}$

## 不等式與絕對值

若 $a < b$ 且 $b < c$,則 $a < c$

若 $a < b$,則 $a + c < b + c$

若 $a < b$ 且 $c > 0$,則 $ca < cb$

若 $a < b$ 且 $c < 0$,則 $ca > cb$

若 $a > 0$,則

$|x| = a$ 若且唯若 $x = a$ 或 $x = -a$

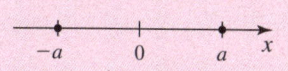

$|x| < a$ 若且唯若 $-a < x < a$

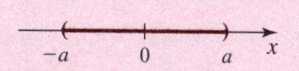

$|x| > a$ 若且唯若 $x > a$ 或 $x < -a$

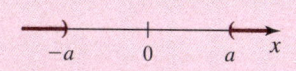

## 幾何

### 幾何的公式

面積 $A$,周長 $C$ 與體積 $V$ 的公式:

**三角形**

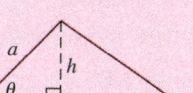

$A = \tfrac{1}{2}bh = \tfrac{1}{2}ab\sin\theta$

**圓**

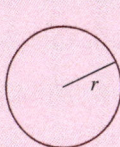

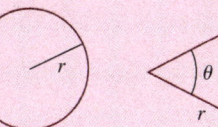

$A = \pi r^2$
$C = 2\pi r$

**扇形**

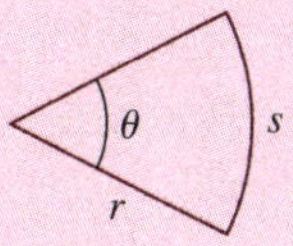

$\tfrac{1}{2}r^2\theta$ ($\theta$ 以弧度計)
$s = r\theta$

**平行四邊形**

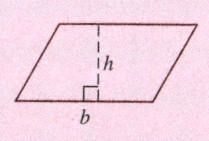

$A = bh$

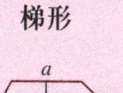

**梯形**

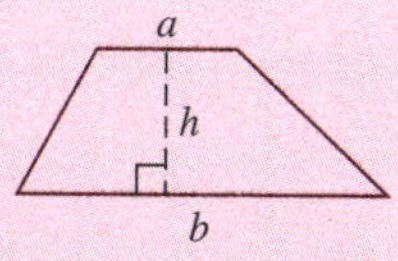

$A = \tfrac{1}{2}(a+b)h$

**球**

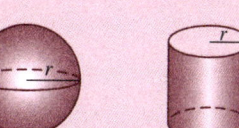

$V = \tfrac{4}{3}\pi r^3$
$A = 4\pi r^2$

**圓柱**

$V = \pi r^2 h$

**正圓錐**

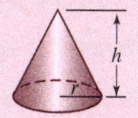

$V = \tfrac{1}{3}\pi r^2 h$
$A = \pi r\sqrt{r^2 + h^2}$
(側面的面積)

## 距離與中點公式

$P_1 = (x_1, y_1)$ 與 $P_2 = (x_2, y_2)$ 之間的距離：

$$d = \sqrt{(x_2 - x_1)^2 + (y_2 - y_1)^2}$$

$\overline{P_1 P_2}$ 的中點：

$$\left(\frac{x_1 + x_2}{2}, \frac{y_1 + y_2}{2}\right)$$

## 直線

經過 $P_1 = (x_1, y_1)$ 與 $P_2 = (x_2, y_2)$ 之直線的斜率為：

$$m = \frac{y_2 - y_1}{x_2 - x_1}$$

斜率 $m$ 與 $y$ 的截距 $b$ 的直線之斜截式為：

$$y = mx + b$$

經過 $P_1 = (x_1, y_1)$ 且斜率 $m$ 的直線之點斜式為：

$$y - y_1 = m(x - x_1)$$

## 圓方程式

中心 $(h, k)$ 且半徑 $r$ 的圓：

$$(x - h)^2 + (y - k)^2 = r^2$$

# 三角

## 角度測量

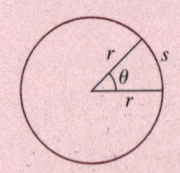

$\pi$ 弳度 $= 180°$ $\quad 1° = \frac{\pi}{180}$ 弳度 $\quad 1$ 弳度 $= \frac{180}{\pi}$

## 直角三角形的定義

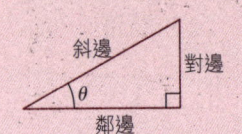

$\sin \theta = \dfrac{\text{對邊}}{\text{斜邊}} \quad \cos \theta = \dfrac{\text{鄰邊}}{\text{斜邊}} \quad \tan \theta = \dfrac{\text{對邊}}{\text{鄰邊}}$

$\csc \theta = \dfrac{\text{斜邊}}{\text{對邊}} \quad \sec \theta = \dfrac{\text{斜邊}}{\text{鄰邊}} \quad \cot \theta = \dfrac{\text{鄰邊}}{\text{對邊}}$

## 三角函數

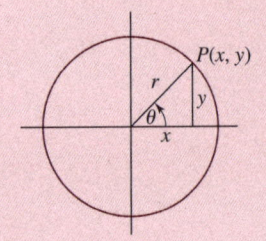

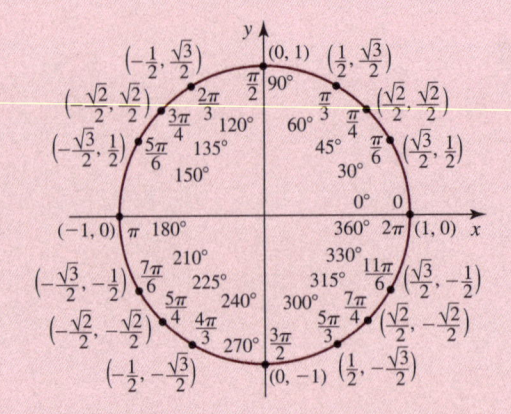

$\sin \theta = \dfrac{y}{r} \quad \cos \theta = \dfrac{x}{r} \quad \tan \theta = \dfrac{y}{x}$

$\csc \theta = \dfrac{r}{y} \quad \sec \theta = \dfrac{r}{x} \quad \cot \theta = \dfrac{x}{y}$

## 三角函數圖形

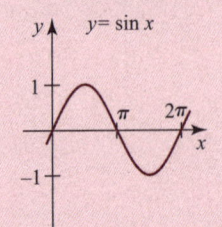

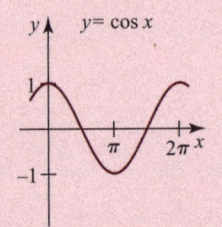

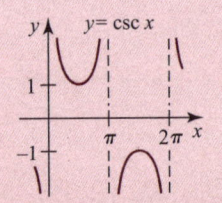

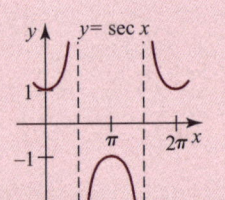

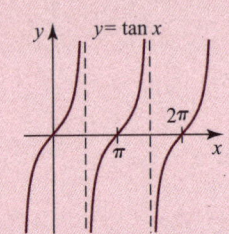

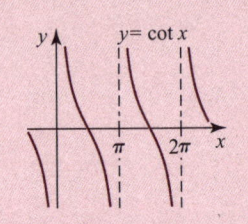

$y = \sin x$

$y = \cos x$

$y = \csc x$

$y = \sec x$

$y = \tan x$

$y = \cot x$

## 基本恒等式

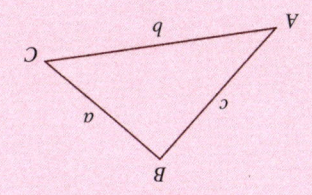

$$\csc\theta = \frac{1}{\sin\theta}$$

$$\sec\theta = \frac{1}{\cos\theta}$$

$$\tan\theta = \frac{\sin\theta}{\cos\theta} \qquad \cot\theta = \frac{\cos\theta}{\sin\theta}$$

$$\sin^2\theta + \cos^2\theta = 1 \qquad 1 + \tan^2\theta = \sec^2\theta$$

$$1 + \cot^2\theta = \csc^2\theta$$

$$\sin(-\theta) = -\sin\theta \qquad \tan(-\theta) = -\tan\theta$$

$$\cos(-\theta) = \cos\theta$$

$$\sin\left(\frac{\pi}{2} - \theta\right) = \cos\theta \qquad \cos\left(\frac{\pi}{2} - \theta\right) = \sin\theta$$

$$\tan\left(\frac{\pi}{2} - \theta\right) = \cot\theta$$

### 正弦法则

$$\frac{\sin A}{a} = \frac{\sin B}{b} = \frac{\sin C}{c}$$

### 余弦法则

$$a^2 = b^2 + c^2 - 2bc\cos A$$

## 加法公式和减法公式

$$\sin(x + y) = \sin x \cos y + \cos x \sin y$$
$$\sin(x - y) = \sin x \cos y - \cos x \sin y$$
$$\cos(x + y) = \cos x \cos y - \sin x \sin y$$
$$\cos(x - y) = \cos x \cos y + \sin x \sin y$$
$$\tan(x + y) = \frac{\tan x + \tan y}{1 - \tan x \tan y}$$
$$\tan(x - y) = \frac{\tan x - \tan y}{1 + \tan x \tan y}$$

### 倍角公式

$$\sin 2x = 2\sin x \cos x$$
$$\cos 2x = \cos^2 x - \sin^2 x = 2\cos^2 x - 1 = 1 - 2\sin^2 x$$
$$\tan 2x = \frac{2\tan x}{1 - \tan^2 x}$$

### 半角公式

$$\sin^2 x = \frac{1 - \cos 2x}{2} \qquad \cos^2 x = \frac{1 + \cos 2x}{2}$$